人证系列丛书

华为技术认证

华为HCIP-Datacom路由交换学习指南

王 达 主编

人民邮电出版社

北京

图书在版编目（CIP）数据

华为HCIP-Datacom路由交换学习指南 / 王达主编
. — 北京：人民邮电出版社，2024.1
（ICT认证系列丛书）
ISBN 978-7-115-62665-3

Ⅰ．①华… Ⅱ．①王… Ⅲ．①计算机网络－路由选择
－指南②计算机网络－信息交换机－指南 Ⅳ.
①TN915.05-62

中国国家版本馆CIP数据核字(2023)第177373号

内 容 提 要

本书是专门针对华为最新发布的 HCIP-Datacom 高级路由交换技术（Advanced Routing & Switching Technology）认证考试大纲要求编写，全书包括华为设备交换技术、路由技术，例如，华为交换机堆叠/集群、STP/RSTP/MSTP生成树技术，VLAN聚合/MUX VLAN/QinQ等高级VLAN技术，端口隔离/MAC地址表安全/MSC地址漂移预防/端口安全/DHCP Snooping/IPSG等以太网安全技术，OSPF/IS-IS/BGP 路由、DHCP/BFD/VRRP、MPLS/MPLS LDP/MPLS VPN、IPv6/DHCPv6/OSPFv3、IP组播和大型WLAN组网、网络管理与维护等。

本书内容丰富、原理剖析深入、配置思路清晰，既可以作为准备参加华为 HCIP-Datacom 认证考试学员的自学教材，也可以作为高校相关通信和网络专业、培训机构的教学参考书。

◆ 主　编　王 达
　责任编辑　刘亚珍
　责任印制　马振武

◆ 人民邮电出版社出版发行　　北京市丰台区成寿寺路 11 号
　邮编　100164　电子邮件　315@ptpress.com.cn
　网址　https://www.ptpress.com.cn
　涿州市殷润文化传播有限公司印刷

◆ 开本：775×1092　1/16
　印张：51　　　　　　　　2024 年 1 月第 1 版
　字数：1210 千字　　　　2024 年 12 月河北第 4 次印刷

定价：328.00 元

读者服务热线：**(010)53913866**　印装质量热线：**(010)81055316**
反盗版热线：**(010)81055315**
广告经营许可证：京东市监广登字 20170147 号

前　言

雄关漫道真如铁，而今迈步从头越。笔者从事写作 20 余年，出版了 100 多部著作，可以说是出版行业的老江湖了。但说句实话，每写一本书都是一个新的开始，不敢有丝毫懈怠，内心的压力还是挺大的，生怕因这一部书，甚至一部书中的某个地方给读者留下不好的印象，某句话误导了读者。

自正式编写本书以来，我一刻都不敢懈怠，不分周末、节假日，坚持创作。经过几个月的奋战，本书终于完稿了。在此，要感谢广大读者朋友、人民邮电出版社的各位领导和编辑老师的信任与支持。

1．本书创作背景

自笔者 2004 年出版第一部华为技术有限公司（以下简称"华为"）官方 ICT 认证培训教材以来，所出版的数部华为官方教材均得到华为、人民邮电出版社和广大读者朋友的高度认可。2022 年，应广大读者朋友希望笔者专门针对华为最新的 Datacom 系列编写教材的要求，我专门编写了两部针对华为 HCIA-Datacom 认证的培训教材：《华为 HCIA-Datacom 学习指南》和《华为 HCIA-Datacom 实验指南》，这两本书已出版。这是当时国内罕见且真正全面符合考试大纲要求的两部 HCIA-Datacom 认证培训教材。《华为 HCIA-Datacom 学习指南》中的内容系统、深入，《华为 HCIA-Datacom 实验指南》更是内容丰富、实用性较强，因此，一上市便得到了许多读者朋友的大力支持。

这两部华为 HCIA-Datacom 认证教材出版后，得到了广大读者朋友的高度赞誉，于是又有许多读者朋友希望我尽快出版更高级别的华为 HCIP-Datacom 和 HCIE-Datacom 认证培训教材。非常感谢这些读者朋友的信任与支持，但由于笔者近些年来，不仅有图书创作任务，更有繁重的视频课程教学任务，所以一直未能协调好时间，因为我知道这些更高级别的教材编写的篇幅量要大许多，要花更多的时间和精力。2022 年年底，我终于把原来计划录制的视频课程完成了，为了使许多想参加华为 HCIP-Datacom 认证考试的朋友可以尽快有针对性地学习，笔者终于下定决心编写本书。

华为的 HCIP-Datacom 认证是一个系列，包括 HCIP-Datacom-Advanced Routing & Switching Technology（HCIP-Datacom 高级路由交换技术）、HCIP-Datacom-Network Automation Developer（HCIP-Datacom 网络自动化开发）、HCIP-Datacom-Campus Network Planning and Deployment（HCIP-Datacom 园区网络规划和部署）、HCIP-Datacom-SD-WAN Planning and Deployment（HCIP-Datacom SD-WAN 网络规划和部署）、HCIP-Datacom-Enterprise Network Solution Design（HCIP-Datacom 企业网络解决方案设计）、HCIP-

Datacom-WAN Planning and Deployment（HCIP-Datacom 广域网规划和部署）、HCIP-Datacom-Carrier IP Bearer（HCIP-Datacom IP 承载网）和 HCIP-Datacom-Carrier Cloud Bearer（HCIP-Datacom 云承载网）等多个认证。其中，最核心的就是 HCIP-Datacom-Advanced Routing & Switching Technology 认证，也就是我们通常所说的路由交换方向的认证，这也是其他几个方向 HCIP-Datacom 认证的前提。

本书是专门针对 HCIP-Datacom-Advanced Routing & Switching Technology 认证编写的，难度比较大，一方面，由于在 HCIP-Datacom 认证中，涉及的知识面非常广，内容非常多，可以说包括了数据通信领域各个方面的知识，例如，各种以太网交换技术、各种 IP 路由技术、IPv6 技术，以及 WLAN 和 MPLS 技术等；另一方面，一部图书的篇幅又十分有限，所以需要严格按照大纲要求，对每部分内容重新提炼，以最精简的方式进行介绍。正因如此，尽管书中的各个方面内容在笔者以前出版的多部华为官方 ICT 教材中都有介绍，但还得花许多时间和精力，重写每部分内容。

2．本书的主要特色

本书是在经过仔细查阅华为官方相关资料、了解考试大纲要求后，在充分满足大纲要求的基础上，结合作者 20 余年专注计算机网络的专业经验和企业实际网络运维需求编写而成的。综合起来，本书具有以下 3 个方面的主要特色。

（1）内容丰富、系统

本书的内容非常丰富且系统，不仅有专业的网络技术基础介绍，更有深入浅出的技术原理剖析，还有不少实战案例及相关知识点的延伸介绍，方便读者阅读和学习。

（2）思路清晰、易懂

在本书的创作过程中，作者穿插了 20 多年来在工作、学习、图书创作、课程录制和直播培训过程中积累的大量独家、实用且专业的经验，使复杂的系统原理不再难懂，使复杂的设备配置思路清晰。另外，本书非常注重细节，使本书内容"干货满满"。

（3）适用面广、可读性强

本书内容系统、专业，且包含许多实战案例和学习资源，因此，无论您是自学，还是高校或培训机构教学 HCIP-Datacom 路由交换认证，本书都将使您能从容应对。

3．服务与支持

本书由长沙达哥网络科技有限公司（原名"王达大讲堂"）组织编写，并由该公司创始人王达先生负责主编，感谢人民邮电出版社的各位领导、编辑老师的信任并为本书进行辛苦编辑，同时，感谢华为技术有限公司为我们提供了大量的学习资源。

由于编者水平有限，书中难免存在一些错误和瑕疵，敬请读者批评指正，万分感谢！

王达

2023.9.27

目 录

第 1 章
交换机堆叠与集群

本章主要内容

交换机设备除了可以单独接入网络使用，还可以通过部署堆叠或集群接入网络组合使用，在华为交换机中对应的分别是智能堆叠（Intelligent Stack，IS，常写作 iStack）、集群交换系统（Cluster Switch System，CSS）功能。

1.1　交换机堆叠、集群概述

随着企业网络的发展，企业网络的规模越来越大，同层次的设备越来越多，这不仅对企业网络管理提出了更高的要求，而且对保障企业网络可靠、稳定运行提出了更高要求。

传统的企业网络可靠性方案通常是主/备方案，这种技术很难做到一旦主设备出现故障时，备份设备能在毫秒级内实现切换。而且通常情况下，备份设备是只有在主设备出现故障时，才接替主设备的工作，平时处于待命状态，导致设备的利用率较低，企业的设备维护成本大大增加。为了构建更加可靠、更高设备利用率，更易管理和扩展的企业交换网络，引入交换机的堆叠和集群技术。

华为交换机的堆叠技术称为智能堆叠（iStack）。它的基本思想是将多台支持堆叠特性的交换机通过线缆连接在一起，并使它们在逻辑上可以作为一台虚拟交换机进行管理，各成员交换机协同参与数据转发。交换机堆叠示意如图 1-1 所示，两台物理交换机最终合成一台虚拟交换机。

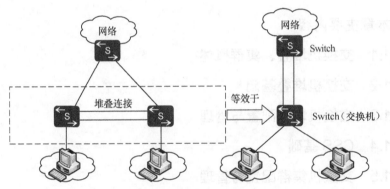

图 1-1　交换机堆叠示意

华为交换机的集群技术称为集群交换系统（Cluster Switch System，CSS）。他的基本思想是将两台（目前仅支持两台）支持集群特性的交换机形成一个组，然后形成一台虚拟交换机，交换机集群示意如图 1-2 所示。

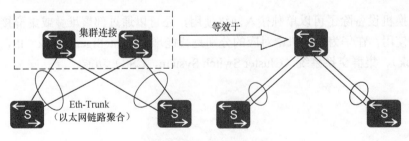

图 1-2　交换机集群示意

在华为 S 系列交换机中，框式设备（例如，S7700、7900、9700、12800 等系列）支持 CSS，盒式设备（例如，S2700、S3700、5700、6700 等系列）支持 iStack。在实际应用中，一般接入层、汇聚层盒式交换机采用堆叠技术，汇聚层、核心层框式交换机采用集群技术。通过使用交换机堆叠、集群技术，再结合链路聚合技术，可以简单地构建高可靠、无环路（不需要利用生成树技术破环）的二层交换网络。

使用交换机堆叠和集群进行交换组网可以带来以下优势。

（1）提高设备的利用率，获得更高的转发性能

无论是交换机堆叠还是集群，其中的成员设备都可以同时参与数据转发，结合链路聚合技术，可以提高设备的利用率，同时也提高了数据转发性能。

（2）降低网络规划的复杂度，提高网络管理效率

在传统的交换网络中，各台交换机均是单独进行管理的，在网络规划时也需要单独进行考虑，在引入堆叠和集群技术之后，同层次的设备可以通过堆叠或集群形成一台虚拟设备进行管理，在网络规划时也只须考虑各层需要使用的技术即可，极大地简化了网络中交换设备的管理，方便了网络规划的设计。

（3）降低故障的影响和业务中断时间

在传统交换网络中，一旦有设备或链路出现故障，有可能导致整个网络或一大片区域网络中断，即使采用了主/备方案，设备的切换主要依赖生成树技术的收敛性能，通常需要数秒。而采用堆叠和集群技术后，由于多台设备以一台设备进行管理，在成员设备之间就有相互备份和负载分担功能，所以即使其中一台或少数几台成员设备出现故障，通常也不会出现业务完全中断的现象。

1.2　交换机堆叠基础

交换机堆叠技术是将多台支持堆叠特性的交换机组合在一起，从逻辑上组合成一台整体交换机，这样不仅可以通过一个命令行界面，一个 IP 地址对这些交换机进行集中管理，还可以提高单台交换机的转发性能和可靠性，实现各成员交换机之间的负载分担。

1.2.1　交换机堆叠的基本概念

（1）交换机角色

在 iStack 中所有的单台交换机都称为成员交换机，按照各自功能的不同又可以分为以下 3 种角色。

- **主交换机**（Master）：负责整个堆叠系统的管理。**一个堆叠只有一台主交换机。**
- **备交换机**（Standby）：是主交换机的备用交换机，用于当原主交换机出现故障时，接替原主交换机的工作，管理整个堆叠系统。与主交换机一样，**一个堆叠也只有一台备交换机。**
- **从交换机**（Slave）：除了主交换机的其他所有交换机（**包括备交换机**）都是从交换机，从交换机主要用于业务转发，其数量越多，堆叠系统的转发能力越强。

【注意】堆叠系统中的所有交换机同时工作，并不是只有主交换机处于工作状态。

（2）堆叠 ID

堆叠 ID 为成员交换机在堆叠系统中的槽位号（Slot ID），用来标识和管理成员交换

机，堆叠中所有成员交换机的堆叠 ID 都是唯一的。堆叠 ID 是接口编号中的第一段数字，例如，GE0/0/1 中左边第一个 "0" 就是堆叠 ID，即槽位号。

所有成员交换机的堆叠 ID 缺省均为 0，如果新成员与现有成员的堆叠 ID 相冲突，堆叠主交换机会为它分配一个最小的可用堆叠 ID。如果一个堆叠中现已有两个成员交换机，堆叠 ID 分别为 0 和 1，则现在新加入一个成员交换机，它的堆叠 ID 缺省也为 0，于是堆叠主交换机会为它分配一个新的最小可用堆叠 ID——2。

当堆叠中各成员交换机的堆叠 ID 确定后，他们的接口编号也要做相应修改，否则，在配置时会出现错误。如果某成员交换机的堆叠 ID 为 2，则原来的 GE0/0/1、GE0/0/2 等接口编号就要改成 GE2/0/1、GE2/0/2 等。

（3）堆叠优先级

堆叠优先级用于在堆叠角色选举过程中确定主交换机和备交换机的角色。优先级值越大，表示优先级越高，优先级越高的交换机当选为主交换机和备交换机的可能性越大。

1.2.2　堆叠连接方式

华为 S 系列交换机支持采用两种接口（专门的堆叠卡上的接口和普通业务端口）连接方式来组建 iStack 堆叠，因此，又分为两种堆叠连接方式：堆叠卡堆叠和业务口堆叠。

其中，堆叠卡堆叠是各成员交换机之间采用专用堆叠卡上的接口和专用堆叠线缆进行连接；业务口堆叠是指交换机之间通过与逻辑堆叠端口绑定的普通业务端口连接，不需要采用专用的堆叠插卡连接。业务口堆叠涉及以下两种端口的概念。

（1）物理成员端口

成员交换机之间用于堆叠连接的物理端口，是普通的业务端口，用于转发需要跨成员交换机的业务报文或成员交换机之间的堆叠协议报文。

（2）逻辑堆叠端口

逻辑堆叠端口是专用于堆叠的逻辑端口，但需要和前面介绍的物理成员端口进行绑定才能起作用。堆叠的每台成员交换机上支持两个逻辑堆叠端口，分别为 stack-port $n/1$ 和 stack-port $n/2$。其中，n 为成员交换机的堆叠 ID。**一个逻辑堆叠端口可以与多个物理成员端口进行绑定**，以便实现成员交换机间的冗余链路连接，可提高堆叠连接的可靠性。

一台成员交换机上的 **stack-port $n/1$** 逻辑堆叠端口中的成员端口必须与对端成员交换机的 **stack-port $m/2$** 逻辑堆叠端口中的物理成员端口进行连接。**如果一个逻辑成员端口中有多个物理成员端口，则两端的物理成员端口的连接没有端口限制。**

例如，交换机 1 中有 stack-port 1/1 中包括 GE1/0/1、GE1/0/2、GE1/0/3 共 3 个物理成员端口，stack-port 1/2 中包括 GE1/0/4、GE1/0/5、GE1/0/6 共 3 个物理成员端口。交换机 2 中有 stack-port 2/1 中包括 GE2/0/1、GE2/0/2、GE2/0/3 共 3 个物理成员端口，stack-port 2/2 中包括 GE2/0/4、GE2/0/5、GE2/0/6 共 3 个物理成员端口。此时，在进行堆叠连接时，交换机 1 上的 GE1/0/1、GE1/0/2、GE1/0/3 只能与交换机 2 上的 GE2/0/4、GE2/0/5、GE2/0/6 端口连接（但两端交换机之间的这些端口的连接是任意的），而不能与交换机 2 上的 GE2/0/1、GE2/0/2、GE2/0/3 端口连接，反之亦然。

在业务口堆叠中，各成员交换机之间通过物理成员端口连接的线缆又分为专用堆叠线缆和普通堆叠线缆两种。

（1）专用堆叠线缆

专用堆叠线缆外观如图 1-3 所示，其两端区分主和备，带有 Master 标签的一端为主端，不带有标签的一端为备端。主端插入主交换机堆叠业务口或从交换机连接下行从交换机的堆叠业务口上。备端插入从交换机连接主机交换机或上行从交换机的堆叠业务口上。**专用堆叠线缆按照规则插入物理成员端口后，交换机就可以自动组建堆叠，不需要对逻辑堆叠端口进行额外配置。**

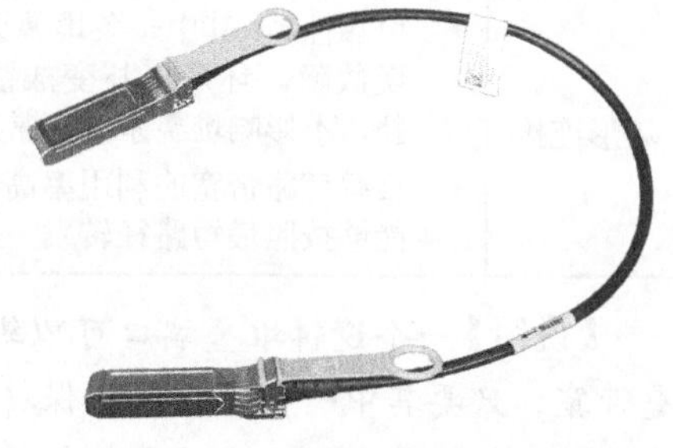

（2）普通堆叠线缆

在业务口堆叠中也可以使用普通堆叠线缆连接，

图 1-3　专用堆叠线缆外观

包括光线缆（是集光模块和光纤为一体的有源光线缆）、双绞网线和高速电缆。**使用普通线缆堆叠时，需要手动配置物理成员端口对应的逻辑堆叠端口，否则，无法完成堆叠的组建。**

1.2.3　堆叠的建立流程

要成功组建一个堆叠系统，需要按照以下流程进行。

① 物理连接：根据网络需求，选择适当的堆叠连接方式和连接拓扑。

② 主交换机选举：一个堆叠系统中只有一台交换机可以成为主交换机。主交换机是通过选举确定的。

③ 备交换机选举：堆叠系统的主交换机确定后，主交换机会收集所有成员交换机的拓扑信息，并向所有成员交换机分配堆叠 ID，之后选举出堆叠系统备交换机。

④ 软件和配置同步：主交换机将整个堆叠系统的拓扑信息同步给所有成员交换机，成员交换机同步主交换机的系统软件和配置文件，之后进入稳定运行状态。

1. 物理连接

iStack 堆叠系统有"链形"和"环形"两种连接拓扑，iStack 堆叠的两种拓扑如图 1-4 所示。两种 iStack 堆叠拓扑的比较见表 1-1。

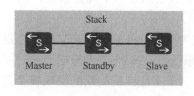

链形连接

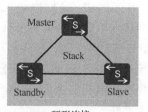

环形连接

图 1-4　iStack 堆叠的两种拓扑

表 1-1　两种 iStack 堆叠拓扑的比较

连接拓扑	优点	缺点	适用场景
链形连接	首尾不需要有物理连接，适合长距离堆叠	• 可靠性低：其中一条堆叠链路出现故障，就会造成堆叠分裂。 • 堆叠链路带宽利用率低：整个堆叠系统只有一条路径	堆叠成员交换机距离较远时，组建环形连接比较困难，可以使用链形连接

续表

连接拓扑	优点	缺点	适用场景
环形连接	• 可靠性高：其中一条堆叠链路出现故障，环形拓扑变成链形拓扑，不影响堆叠系统正常工作。 • 堆叠链路带宽的利用率高：数据能够按照最短路径转发	首尾需要有物理连接，不适合长距离堆叠	堆叠成员交换机距离较近时，从可靠性和堆叠链路利用率上考虑，建议使用环形连接

【说明】一个逻辑堆叠端口可以绑定多个物理成员端口，用来提高堆叠的可靠性和堆叠带宽；只要其中一条物理链路保持连接堆叠就不会分裂，但堆叠带宽会降低。

3 台或者 3 台以上成员交换机组建堆叠时，为了提高可靠性，建议采用环形组网，此时堆叠系统的带宽取所有堆叠端口带宽的最小值。2 台成员交换机组建堆叠时，建议每台成员交换机只创建一个逻辑堆叠端口，逻辑堆叠端口包含多个物理成员端口。

2. 主交换机选举

确定好堆叠系统的连接方式和连接拓扑，并完成成员交换机之间的物理连接之后，给所有成员交换机上电。此时，堆叠系统开始进行主交换机的选举。

主交换机的选举规则如下（选举出最优交换机即止）。

① 运行状态比较：已经运行的交换机比处于启动状态的交换机优先竞争为主交换机。如果希望指定某一成员交换机为主交换机，则可以先为其上电，待其启动完成后再给其他成员交换机上电。

堆叠主交换机选举超时为 20s，堆叠成员交换机上电或重启时，由于不同成员交换机所需的启动时间可能差异较大，所以不是所有成员交换机都有机会参与主交换机的第一次选举。后启动的交换机加入堆叠系统时，最终的主交换机选举结果会因后启动的交换机在堆叠中所处位置的不同，以及先启动交换机间是否已成功组建一个统一的堆叠系统而有所不同。

例如，有以 A—B—C 连接方式的 3 台设备组建链形堆叠。

• 如果 A、B 先启动，C 后启动，A、B 已组建一个堆叠系统，则 C 后面加入时，只能被动加入堆叠成为非主交换机。

• 如果 A、C 先启动，A、C 各自成为自己堆叠系统的主交换机，没有形成统一的堆叠系统，则在 B 启动加入堆叠系统时，A 和 C 会根据启动时间重新进行新的统一堆叠系统中的主交换机竞争，竞争主交换机失败的交换机会重启再以非主交换机加入堆叠。

② 如果两台竞争主交换机的成员交换机同时启动，此时，再看哪台成员交换机的堆叠优先级高，堆叠优先级高的交换机优先作为主交换机。

③ 当有多台成员交换机同时启动，并且堆叠优先级也相同时，MAC 地址（堆叠接口的 MAC 地址）小的交换机优先竞争为主交换机。

3. 备交换机选举

主交换机选举完成后，主交换机会收集所有成员交换机的拓扑信息，根据拓扑信息计算出堆叠转发表项和破环点（仅适用于环形堆叠结构）信息下发给堆叠中的所有成员交换机，并向所有成员交换机分配堆叠 ID，之后进行备交换机的选举。

除了主交换机，最先完成设备启动的交换机优先被选为备交换机，当其他交换机同时完成启动时，备交换机的选举规则如下（选举出最优交换机即止）。

① 堆叠优先级最高的交换机成为备交换机。

② 堆叠优先级相同时，MAC 地址最小的交换机成为备交换机。

除了主交换机和备交换机，剩下的其他成员交换机作为从交换机加入堆叠。

4. 软件和配置同步

交换机角色选举、拓扑收集完成之后，所有成员交换机会自动同步主交换机的系统软件和配置文件。

iStack 堆叠系统具有自动加载系统软件的功能，**待组成堆叠的成员交换机不需要具有相同通用路由平台（Versatile Routing Platform，VRP）系统软件版本，只需要版本之间兼容即可。当从交换机与主交换机的软件版本不一致时，从交换机会自动在主交换机上下载系统软件，然后使用新系统软件重启，并重新加入堆叠。**

iStack 堆叠系统也具有配置文件同步机制，备交换机或从交换机会将主交换机的配置文件同步到本设备并执行，以保证堆叠中的多台设备能够像一台设备一样在网络中工作，并且在主交换机出现故障之后，其余交换机仍然能够正常执行各项功能。

1.2.4　堆叠的登录

iStack 堆叠系统建立好后，多台成员交换机就以一台虚拟设备存在于网络中，堆叠系统的接口编号规则及登录与访问的方式都发生了变化。

1. 接口编号规则

堆叠系统的接口编号采用堆叠 ID 作为标识信息，所有成员交换机的堆叠 ID 都是唯一的。对于单台没有运行堆叠的设备，接口编号采用：槽位号/子卡号/端口号（支持 iStack 堆叠功能的 S 系列交换机均为盒式设备，槽位号缺省为 0）。设备加入堆叠后，接口编号采用堆叠 ID/子卡号/端口号。

设备加入堆叠前后，接口编号变化的只是其组成的第一部分由原来的 0 变成对应的堆叠 ID，子卡号与端口号的编号规则与在单机状态下一致。此时各成员交换机就相当于虚拟交换机中的一个业务板。例如，某设备没有运行堆叠时，某个接口的编号为 GigabitEthernet0/0/1；当该设备加入堆叠后，如果堆叠 ID 为 2，则该接口的编号将变为 GigabitEthernet2/0/1。

【注意】如果设备曾加入过堆叠，则在退出堆叠后，仍然会使用组成堆叠时的堆叠 ID 作为自身的槽位号。但对于管理网口，无论系统是否运行堆叠及运行堆叠后堆叠 ID 是多少，每台成员交换机的管理网口的编号均固定为 MEth 0/0/1，但此时并不是每台成员交换机的管理网口均可用。

2. 堆叠系统的登录

堆叠系统中所有成员交换机都可以看成一体，因此，可以通过任意成员交换机的 Console（控制台）进行本地登录，但远程登录时需要用到管理 IP 地址，而这个管理 IP 地址又与当前堆叠系统使用的有效配置文件有关，因此，不能随意选择。

有管理网口的设备组建堆叠后，**只有一台成员交换机的管理网口生效，称为主用管理网口。堆叠系统启动后，默认选取主交换机的管理网口为主用管理网口。**如果主交换机的管理网口异常或不可用，则选取其他成员交换机的管理网口为主用管理网口。通过管理网口 IP 进行远程登录时，一定要使用主用管理网口的 IP 地址。如果使用非主用管理网口的 IP 地址，或者通过计算机直连到非主用管理网口，都无法正常登录堆叠系统。另外，堆叠系统建立后，主交换机的配置文件生效，如果远程登录堆叠系统，则需要主交换机的 IP 地址。

不管通过哪台成员交换机登录到堆叠系统，实际登录的都是主交换机。主交换机负责将用户的配置下发给其他成员交换机，统一管理堆叠系统中所有成员交换机的资源。

1.2.5　堆叠成员加入与退出

在网络维护过程中，有时会因为端口数或性能扩展需要添加一些新成员，有时又会因为堆叠中某台设备出现故障，或者因为公司网络结构发生了变化，原有堆叠系统中不再需要有那么多成员交换机，所以经常会根据实际需要对原有堆叠系统进行成员更新。

1．堆叠成员加入

堆叠成员加入是指向已经稳定运行的堆叠系统添加一台新交换机。堆叠成员加入分为带电加入和不带电加入两种，堆叠成员不带电加入的过程如图 1-5 所示，具体描述如下。

① 新加入的交换机连线上电启动后，进行角色选举，被选举为从交换机，**堆叠系统中原有主/备/从交换机的角色不变。**

② 角色选举结束后，主交换机更新堆叠拓扑信息，同步到其他成员交换机上，并向新加入的交换机分配堆叠 ID（新加入的交换机没有配置堆叠 ID 或配置的堆叠 ID 与原堆叠系统的冲突时）。

③ 新加入的交换机更新堆叠 ID，

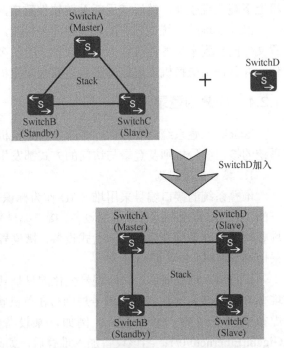

图 1-5　堆叠成员不带电加入的过程

并与主交换机的配置文件和系统软件同步，之后进入稳定运行状态。

如果新加入的成员交换机未上电，则要分析当前堆叠的物理连接，选择适当的加入点。

- 如果是链形连接，则新加入的交换机建议添加到链形的两端，这样对现有的业务影响最小。
- 如果是环形连接，则需要把当前环形拆成链形，然后在链形的两端添加设备。

2．堆叠成员的退出

堆叠成员退出是指成员交换机从当前堆叠系统中离开。根据退出成员交换机角色的不同，对堆叠系统的影响也有所不同。

- 当主交换机退出，备份交换机升级为主交换机时，重新计算堆叠拓扑并同步到其他成员交换机，指定新的备交换机，之后进入稳定运行状态。

- 当备交换机退出，主交换机重新指定备交换机，重新计算堆叠拓扑并同步到其他成员交换机，之后进入稳定运行状态。
- 当从交换机退出，主交换机重新计算堆叠拓扑并同步到其他成员交换机，之后进入稳定运行状态。

堆叠成员交换机退出的过程，主要就是拆除堆叠线缆和移除交换机的过程。

- 对于环形堆叠：成员交换机退出后，为了保证网络的可靠性还需要把退出交换机连接的两个端口通过堆叠线缆进行连接。
- 对于链形堆叠：拆除中间交换机会造成堆叠分裂。这时需要在拆除前进行业务分析，尽量减少对业务的影响。

1.2.6 堆叠合并

堆叠合并是指稳定运行的两个堆叠系统合并成一个新的堆叠系统。堆叠系统合并如图 1-6 所示，两个堆叠系统的主交换机通过竞争，选举出一个更优的作为新堆叠系统的主交换机。

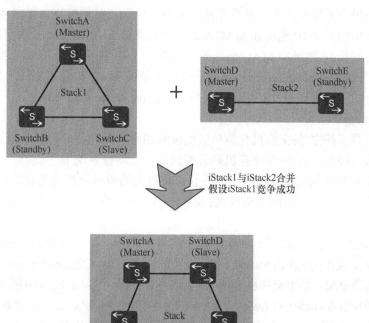

图 1-6　堆叠系统合并示意

堆叠合并时主交换机的选举规则如下。

① 先比较运行时间，竞争以运行时间较早的堆叠系统为主，此时该堆叠系统的主交换机将成为合并后的堆叠系统的主交换机。

② 如果两个堆叠系统的运行时间一样，则其主交换机的选举规则与堆叠建立时一

样。不过此时是直接在两个堆叠系统中的主交换机之间选举合并后堆叠系统的主交换机。

在以上堆叠合并过程中，竞争成功的主交换机所在的堆叠系统将保持原有主/备/从角色和配置不变，业务也不会受到影响；而另外一个堆叠系统的所有成员交换机将重新启动，以从交换机的角色加入新堆叠系统，其堆叠 ID 将由新主交换机重新分配，并将同步新主交换机的配置文件和系统软件，该堆叠系统的原有业务也将中断。

堆叠合并通常在以下两种情形下出现。

- 堆叠链路或设备故障导致堆叠分裂，链路或设备故障恢复后，分裂的堆叠系统重新合并。
- 待加入堆叠系统的交换机配置了堆叠功能，在交换机不下电的情况下，使用堆叠线缆连接到正在运行的堆叠系统。通常情况下，我们之所以不建议使用该方式形成堆叠，是因为在合并前的过程中可能会导致正在运行的堆叠系统重启，影响业务运行。

1.2.7　堆叠的分裂与多主检测

堆叠分裂是指稳定运行的堆叠系统中带电移出部分成员交换机，或者堆叠线缆多点故障导致一个堆叠系统变成多个堆叠系统。另外，由于正常情况下，堆叠系统中所有成员交换机都使用同一个 IP 地址和 MAC 地址（堆叠系统 MAC），一个堆叠分裂后，可能产生多个具有相同 IP 地址和 MAC 地址的堆叠系统（缺省情况下，堆叠系统的 MAC 地址会延迟 10 分钟切换，即在 10 分钟内两个堆叠系统的 MAC 地址是相同的），形成冲突，为此需要进行阻止，需要进行多主检测（Multi-Active Detection，MAD）。

1. 堆叠的分裂

根据原堆叠系统主/备交换机分裂后所处位置的不同，堆叠分裂可以分为以下两类。

（1）堆叠分裂后，原主/备交换机被分裂到同一个堆叠系统中

此时，原主交换机会重新计算堆叠拓扑，将移出的成员交换机的拓扑信息删除，并将新的拓扑信息同步给其他成员交换机；而移出的成员交换机检测到堆叠协议报文超时，将自行复位，重新进行选举。

原主/备交换机被分裂到同一个堆叠系统中如图 1-7 所示，主交换机为 SwitchA，备交换机为 SwitchB。现在主交换机 SwitchA 与从交换机 SwitchD、从交换机 SwitchC 与从 SwitchE 之间出现了堆叠分裂，原主交换机 SwitchA 删除 SwitchD 和 SwitchE 的拓扑信息，并将新的拓扑信息同步给 SwitchB 和 SwitchC，SwitchD 和 SwitchE 重启后，组建新的堆叠。

（2）堆叠分裂后，原主/备交换机被分裂到不同的堆叠系统中

此时，原主交换机所在的堆叠系统重新指定备交换机，重新计算拓扑信息并同步给其他成员交换机；原备交换机所在堆叠系统将升为主交换机，重新计算堆叠拓扑并同步到其他成员交换机，并指定新的备交换机。

原主/备交换机被分裂到不同的堆叠系统中如图 1-8 所示，在主交换机 SwitchA 与备交换机 SwitchB 之间，从交换机 SwitchC 与从 SwitchE 之间出现了堆叠分裂后，原主交换机 SwitchA 指定 SwitchD 作为新的备交换机，重新计算拓扑信息，并将新的拓扑信息同步给 SwitchD 和 SwitchE；原备交换机 SwitchB 与从 SwitchC 重组新的堆叠，并且 SwitchB 升级为主交换机，重新计算堆叠拓扑并同步给 SwitchC，指定 SwitchC 作为新的备交换机。

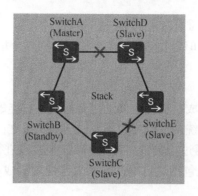

图 1-7　原主/备交换机被分裂到同一个堆叠系统中

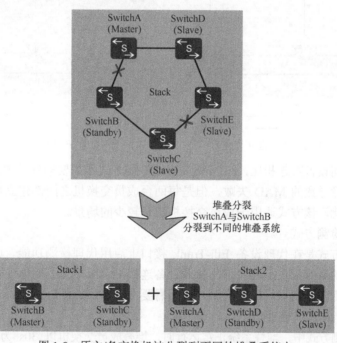

图 1-8　原主/备交换机被分裂到不同的堆叠系统中

2. 多主检测

为了防止堆叠分裂后，产生多个具有相同 IP 地址和 MAC 地址的堆叠系统，引起网络故障，必须进行 IP 地址和 MAC 地址的冲突检查。多主检测（MAD）是一种检测和处理堆叠分裂的协议。链路故障导致堆叠系统分裂后，MAD 可以实现堆叠分裂的检测、冲突处理和故障恢复，降低堆叠分裂对业务的影响。

MAD 有直连检测方式和代理检测方式两种。在同一个堆叠系统中，两种检测方式互斥，不可以同时配置。

（1）直连检测方式

直连检测方式是指堆叠成员交换机间通过**普通线缆直连的专用链路**进行多主检测。在直连检测方式中，堆叠系统正常运行时不发送 MAD 报文；堆叠系统分裂后，分裂后的两台交换机以 1s 为周期通过检测链路发送 MAD 报文以进行多主冲突处理。

直连检测的连接方式又包括通过中间设备直连和堆叠成员交换机 Full-mesh（全互联）两种方式。

通过中间设备的直连检测方式如图 1-9 所示，SwitchD 为检测设备，堆叠系统的各成员交换机均至少有一条链路与中间检测设备相连。通过中间设备直连可以实现缩短堆叠成员交换机之间的检测链路长度，适用于成员交换机相距较远的场景。

Full-mesh 直连检测方式如图 1-10 所示，堆叠系统的各成员交换机之间通过检测链路建立 Full-mesh 全连接，即每两台成员交换机之间至少有一条检测链路。为了保证可靠性，成员交换机之间最多可以配置 8 条直连检测链路。

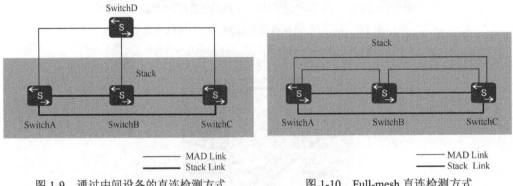

图 1-9　通过中间设备的直连检测方式　　　　图 1-10　Full-mesh 直连检测方式

与通过中间设备直连相比，**Full-mesh 直连检测方式不需要额外的中间设备，可以避免中间设备故障导致的 MAD 失败**，但是每两台成员交换机之间都建立全连接会占用较多的接口，因此，该方式适用于成员交换机数目较少的场景。

（2）代理检测方式

代理检测方式是在代理设备 Eth-Trunk 接口上启用代理检测功能。此种检测方式要求堆叠系统中的所有成员交换机都与代理设备连接，并将这些链路加入同一个 Eth-Trunk 内。**与直连检测方式相比，代理检测方式不需要占用额外的接口，因为 Eth-Trunk 接口可同时运行 MAD 和其他业务。**

在代理检测方式中，堆叠系统正常运行时，堆叠成员交换机以 30s 为周期通过检测链路发送 MAD 报文。堆叠成员交换机对在正常工作状态下收到的 MAD 报文不做任何处理；堆叠分裂后，分裂后的两台交换机以 1s 为周期通过检测链路发送 MAD 报文来处理冲突。

根据代理设备的不同，代理检测方式可以分为单机作为代理和两套堆叠系统互为代理两种方式。单机作为代理设备示例如图 1-11 所示，两套堆叠系统互为代理示例如图 1-12 所示。

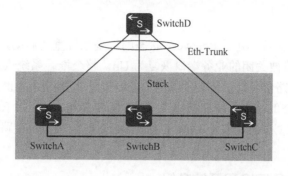

图 1-11 单机作为代理设备示例

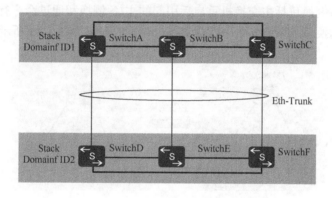

图 1-12 两套堆叠系统互为代理示例

3. MAD 冲突处理

堆叠分裂后, MAD 冲突处理机制会使分裂后的堆叠系统处于 Detect 状态或 Recovery 状态。Detect 状态表示堆叠正常工作状态, Recovery 状态表示堆叠禁用状态。

MAD 分裂检测机制会检测到网络中存在多个处于 Detect 状态的堆叠系统, 这些堆叠系统之间相互竞争, 竞争成功的堆叠系统保持 Detect 状态, 竞争失败的堆叠系统会转入 Recovery 状态。在 Recovery 状态堆叠系统的所有成员交换机上, 关闭除了保留端口外的其他所有物理端口, 以保证该堆叠系统不再转发业务报文。

MAD 竞争原则与主交换机选举的原则类似, 具体说明如下。

① 先比较启动时间, 启动完成时间早的堆叠系统成为 Detect 状态。如果启动完成时间差在 20s 内, 则认为两套堆叠系统的启动时间相同。

② 如果启动完成时间相同, 则比较两套堆叠中主交换机的优先级, 优先级高的堆叠系统进入 Detect 状态。

③ 如果两套堆叠系统主交换机的优先级也相同, 则比较两套堆叠系统的 MAC 地址, MAC 地址小的堆叠系统进入 Detect 状态。

4. MAD 故障修复

通过修复故障链路, 分裂后的堆叠系统会重新合并为一个堆叠系统。重新合并的方式有以下两种。

① 堆叠链路修复后，处于 Recovery 状态的堆叠系统重新启动，与 Detect 状态的堆叠系统合并，同时将被关闭的业务端口恢复为 Up，整个堆叠系统恢复。

② 如果故障链路修复前，承载业务的 Detect 状态的堆叠系统也出现了故障。此时，可以先将 Detect 状态的堆叠系统从网络中移除，再通过命令行启用 Recovery 状态的堆叠系统，接替原来的业务，再修复原 Detect 状态堆叠系统的故障及链路故障。故障修复后，重新合并堆叠系统。

1.2.8　堆叠的主/备倒换和系统升级

1. 堆叠的主/备倒换

堆叠的主/备倒换包括主交换机重启后引起的主/备倒换和通过命令行执行的主/备倒换。堆叠主/备倒换后，系统内各个成员交换机角色的变化如图 1-13 所示。

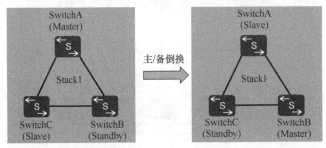

图 1-13　堆叠主/备倒换后，系统内各个成员交换机角色的变化

原来的备交换机升为主交换机，新主交换机重新指定备交换机。原来的主交换机重启后重新加入堆叠系统，被选举为从交换机。

2. 堆叠的系统升级

堆叠的系统升级包括智能升级、传统升级和平滑升级 3 种方式。

（1）智能升级

在堆叠建立时或新成员交换机加入堆叠时，**备/从交换机或新加入的成员交换机会与主交换机的软件版本进行比较，如果不一样，会自动从主交换机下载系统软件并以新的系统软件重启后重新加入堆叠系统。**

（2）传统升级

先配置主交换机的启动系统软件，然后整个堆叠系统重启进行升级，这种升级方式会导致较长时间的业务中断，适用于对业务中断时间要求不高的场景。

（3）平滑升级

平滑升级是指在堆叠系统上行及下行链路形成备份的组网中，将堆叠系统划分成 active 区（主交换机所在的区域）和 backup 区两个相互备份的流量区域，平滑升级区域划分如图 1-14 所示。启动升级后，两个区域依次进行升级，以保证其中一个区域的流量不会中断，减少因升级对业务造成的影响。平滑升级方式适用于对业务中断时间要求较高的场景。

上行及下行链路形成备份的组网是指上行和下行的流量都会流经 active 区和 backup

区，当 backup 区的成员交换机升级时，流量
从 active 区传输，当 active 区的成员交换机升
级时，流量从 backup 区传输。

平滑升级划分区域的原则如下。

① backup 区成员交换机和 active 区成员
交换机不能有重叠，且两区均必须有成员交
换机。

② backup 区不能包含主交换机。

③ backup 区和 active 区各自的成员交换
机在堆叠拓扑中要相互连接，不能断开。

④ backup 区的成员交换机和 active 区的
成员交换机构成整个堆叠系统。

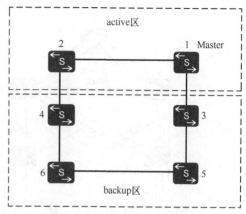

图 1-14　平滑升级区域划分

平滑升级分为 3 个阶段。

① 主交换机下发命令触发整个堆叠系统进入平滑升级状态，backup 区各个成员交
换机以新的系统软件进行启动。

② backup 区以新版本建立一个独立的堆叠系统，并通知 active 区进入升级阶段，
主控权由 active 区的主交换机转移到 backup 区的主交换机，backup 区负责流量传输，
active 区进入升级过程。

③ active 区以新系统软件重新启动并加入 backup 区的堆叠系统，backup 区的主交
换机根据最终堆叠建立的结果发布升级的结果。

1.2.9　跨设备链路聚合与流量本地优先转发

iStack 堆叠系统支持跨设备链路聚合技术，通过配置跨设备 Eth-Trunk 接口实现。用
户可以将不同成员交换机上的物理以太网端口配置成一个聚合端口连接到上游或下游设
备，实现多台设备之间的链路聚合。当其中一条聚合链路故障或堆叠中某台成员交换机
故障时，Eth-Trunk 接口通过堆叠线缆将流量重新分布到其他聚合链路上，实现了链路间
和设备间的备份，保证了数据流量的可靠传输。

跨设备 Eth-Trunk 接口实现链路间的备份如图 1-15 所示，流向网络核心的流量将均
匀分布在聚合链路上，当某条聚合链路失效，Eth-Trunk 接口流量会重新分布到其他聚合
链路上，实现了链路间的备份。

跨设备 Eth-Trunk 接口实现设备间的备份如图 1-16 所示，流向网络核心的流量将均
匀分布在聚合链路上，当某台成员交换机故障时，Eth-Trunk 接口也可以将流量重新分布
到其他聚合链路上，实现设备间的备份。

跨设备链路聚合实现了数据流量的可靠传输和堆叠成员交换机的相互备份，但是由
于堆叠设备间堆叠线缆的带宽有限，跨设备转发流量增加了堆叠线缆的带宽承载压力，
同时也降低了流量转发效率。为了提高转发效率，减少堆叠线缆上的转发流量，设备支
持流量本地优先转发。设备使能流量本地优先转发后，从本设备进入的流量，优先从本
设备相应的接口转发出去，当本设备无出接口或者出接口全部故障时，才会从其他成员
交换机的接口转发出去。

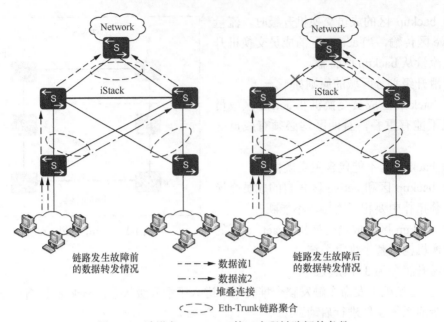

图 1-15　跨设备 Eth-Trunk 接口实现链路间的备份

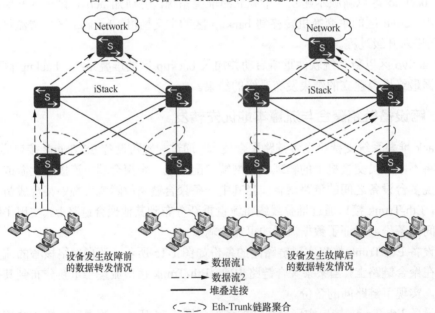

图 1-16　跨设备 Eth-Trunk 接口实现设备间的备份

　　流量本地优先转发如图 1-17 所示，SwitchA 与 SwitchB 组成堆叠，上下行都加入 Eth-Trunk。如果在堆叠系统中没有使能流量本地优先转发，则从 SwitchA 进入上游网络的流量，根据当前 Eth-Trunk 的负载分担方式，会有一部分经过堆叠线缆从 SwitchB 的物理接口转发出去。但使能流量本地优先转发之后，从 SwitchA 进入上游网络的流量只会从 SwitchA 的接口转发，不经过堆叠线缆传送给 SwitchB，这样可以提高转发效率。

　　缺省情况下，设备已使能流量本地优先转发功能，如果想在不同成员设备间实现负载分担，则可以关闭此功能。

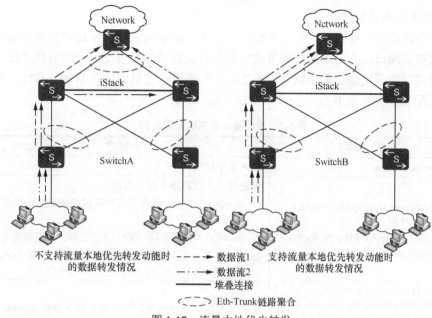

图 1-17　流量本地优先转发

1.3　交换机堆叠配置与管理

本节仅介绍通过业务口普通电缆组建堆叠的配置方法。

1.3.1　配置交换机堆叠

业务口连接方式堆叠的组建流程如图 1-18 所示。用户通过普通业务口连接方式组建堆叠之前，需要做好前期规划，明确堆叠系统内各成员交换机的角色和功能，建议用户按照图 1-18 中的流程进行组建，图 1-18 中虚框内的配置任务对应软件配置部分。

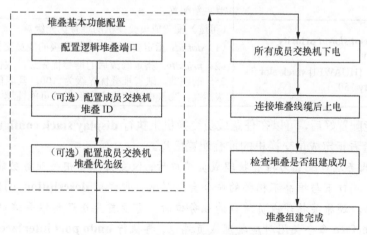

图 1-18　业务口连接方式堆叠的组建流程

1. 堆叠基本功能配置

通过普通业务口连接方式组建堆叠时，**需要先创建逻辑堆叠端口并在逻辑堆叠端口添加物理成员端口**，然后可选配置堆叠中各成员交换机的堆叠 ID 和堆叠优先级。一个逻辑堆叠端口中可以添加多个物理成员端口，以提高堆叠链路的带宽和可靠性。堆叠基本功能的配置步骤见表 1-2。

表 1-2　堆叠基本功能的配置步骤

步骤	命令	说明
1	**system-view**	进入系统视图
2	**interface stack-port** *member-id/port-id* 例如，[HUAWEI] **interface stack-port** 1/1	创建并进入逻辑堆叠端口视图。 • *member-id*: 指定堆叠成员交换机的堆叠 ID，整数形式，取值范围为 0～8。 • *port-id*: 指定堆叠端口编号，整数形式，取值范围为 1～2。 每台成员交换机上有两个堆叠端口，为 Stack-Port*n*/1 和 Stack-Port*n*/2，其中 *n* 为成员交换机的堆叠 ID
3	**port interface** { *interface-type interface-number1* [**to** *interface-type interface-number2*] } &<1-10> **enable** 例如，[HUAWEI-stack-port1/1] **port interface** xgigabitethernet 0/0/15 **enable**	配置业务口为物理成员端口并将其加入逻辑堆叠端口，仅支持业务口堆叠的交换机支持该命令。但在不同型号交换机上可用于堆叠的普通业务口不一样，具体参见对应产品手册
4	**quit**	退出逻辑堆叠端口视图
5	**stack slot** *slot-id* **renumber** *new-slot-id* 例如，[HUAWEI] **stack slot 4 renumber 5**	（可选）配置成员交换机的堆叠 ID。 ① *slot-id*: 指定需要修改的成员交换机堆叠 ID，取值范围为 0～8 的整数，缺省堆叠 ID 为 0。 ② *new-slot-id*: 指定修改后的堆叠 ID，取值范围为 0～8 的整数。 修改堆叠 ID 后，如果保存当前配置并重启本设备，则新堆叠 ID 生效，需要用新堆叠 ID 来标识物理资源；原配置文件中只有全局配置、成员优先级会继续生效，其他与堆叠 ID 相关的配置（例如，接口的配置等）不再生效，需要重新配置
6	**stack slot** *slot-id* **priority** *priority* 例如，[HUAWEI] **stack slot 5 priority** 150	（可选）配置成员交换机的堆叠优先级。 （1）*slot-id*: 指定要修改堆叠优先级的成员交换机堆叠 ID。 （2）*priority*: 指定修改后的堆叠优先级，取值范围为 1～255 的整数，缺省堆叠优先级为 100。其取值越大，优先级越高，交换机被选为主交换机的可能性越大

以上功能配置好后，可以在任意成员交换机上执行 **display stack configuration** [**slot** *slot-id*]命令查看指定成员交换机的堆叠配置信息。

【注意】业务端口配置为堆叠物理成员端口后，仅支持堆叠相关业务功能，其他业务功能不可用。端口下与堆叠不相关的命令会被屏蔽，仅保留 **description**（接口视图）等端口基本命令。还原某物理成员端口为业务口时，需要首先在逻辑堆叠端口视图下执行 **shutdown interface** 命令关闭对应物理成员端口，再执行 **undo port interface** 命令取消此端口作为堆叠的物理成员端口。

2．下电

以上步骤完成后，将所有成员交换机下电。组建堆叠的相关配置是自动保存的，但如果用户需要保存其他配置，下电前可通过 **save** 命令进行保存。

3．连接堆叠线缆并上电

通过业务口普通线缆组建堆叠时所用的线缆可以是"SFP（光模块）+电缆"或 AOC（有源光缆）光线缆，连接拓扑也可以是链形或环形。

以 3 台 S5700-28X-LI-AC 设备进行环形连接和链形连接举例，将每台交换机的前两个 10GE 光口配置成逻辑端口 1，后两个 10GE 光口配置成逻辑端口 2，业务口堆叠环形连接如图 1-19 所示，业务口堆叠链形连接如图 1-20 所示。**堆叠线缆连接前请将交换机下电**，堆叠成员交换机之间，本端交换机的逻辑堆叠端口 stack-port n/1 必须与对端交换机的逻辑堆叠端口 stack-port m/2 相连。

如果用户希望某台交换机为主交换机，则可以先为其上电，启动完成后再给其他交换机上电（时间间隔至少为 20s）。

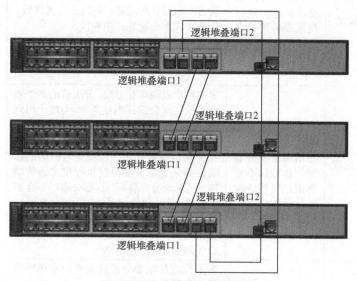

图 1-19　业务口堆叠环形连接

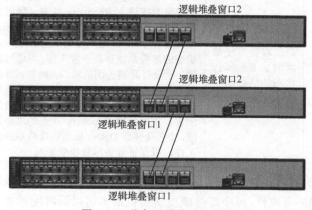

图 1-20　业务口堆叠链形连接

1.3.2 配置多主检测

通过配置堆叠多主检测，可以检测并处理堆叠分裂时网络中出现的多主冲突，多主检测的配置任务见表 1-3。

表 1-3　多主检测的配置任务

序号	配置任务	配置任务说明	任务场景	配置流程说明
1	配置直连方式多主检测	配置直连方式多主检测，使成员交换机之间通过专用直连链路进行多主检测	如果堆叠系统的成员交换机上有闲置的端口，则可以采用直连方式的多主检测，因为直连检测方式需要额外占用端口且此端口只能用作多主检测，所以端口间的连接使用普通线缆即可	在同一个堆叠系统中，两种检测互斥，不可同时配置。缺省情况下，交换机上没有配置多主检测功能
2	配置代理方式多主检测	配置代理方式多主检测，使成员交换机之间通过代理设备进行多主检测	如果堆叠系统上配置了堆叠 Eth-Trunk，此时可以采用代理方式的多主检测。代理方式多主检测需要在堆叠系统 Eth-Trunk 上启用代理方式多主检测功能，并在代理设备上启用代理功能。与直连方式比较，代理方式不会额外占用端口。代理方式多主检测根据代理设备的不同，可以分为单机作为代理和两套堆叠系统互为代理	
3	（可选）配置保留端口	配置保留端口，在出现堆叠分裂时，该端口不被关闭，仍能正常转发业务	多主检测发现堆叠分裂，分裂后的多个堆叠系统之间会进行相互竞争，为防止相同的 MAC 地址、IP 地址引起网络振荡，竞争失败的堆叠系统内成员交换机的所有业务端口会被关闭，以减少对网络的影响。如果有部分端口仅执行报文透传功能，出现堆叠分裂后，这部分端口不会影响网络运行。用户如果希望保留这些端口的业务，可以通过命令将这些端口配置为保留端口。堆叠分裂后，多主检测功能不会关闭保留端口的业务	—
4	（可选）恢复被关闭的端口	恢复被关闭的端口，在 Detect 状态的堆叠系统故障时，Recovery 状态的堆叠系统能够重新工作	多主检测使堆叠分裂后出现的多个堆叠系统相互竞争，竞争成功的堆叠系统保持 Detect 状态（正常工作状态），竞争失败的堆叠系统进入 Recovery 状态（禁用状态，即除了保留端口，其他端口会被关闭，相关业务中断）。用户如果希望 Recovery 状态的堆叠系统重新正常工作，可通过配置，重新打开被关闭的端口。例如，堆叠分裂故障恢复前，Detect 状态的堆叠系统也发生故障或被移出网络，此时可以通过配置，重新启用 Recovery 状态的堆叠系统，让它接替原 Detect 状态的堆叠系统的工作，以保证业务尽量少受影响	该配置在 Detect 状态的堆叠系统故障时执行，如果 Detect 状态的堆叠系统仍可以正常工作，则不要执行此配置

【注意】直连检测方式只能配置于二层以太物理端口上，且端口必须为 Up 状态。

为了保证检测的可靠性，每个堆叠成员交换机最多可以同时配置 8 条直连检测链路。在出现多主时，每个堆叠成员交换机上只要保证有 1 条直连检测链路处于正常工作状态即可。同一个堆叠系统支持同时在 4 个 Eth-Trunk 接口上配置代理检测。在出现多主时，堆叠系统只要保证有 1 个 Eth-Trunk 处于正常工作状态即可。

配置采用代理检测方式的 MAD 时，要确保堆叠系统成员交换机的 MAC 地址各不相同，否则，代理设备不能转发 MAD 报文。

1. 配置直连方式多主检测

直连方式多主检测的配置步骤见表 1-4。

表 1-4　直连方式多主检测的配置步骤

步骤	命令	说明
1	**system-view**	进入系统视图
2	**interface** *interface-type interface-number* 例如，[HUAWEI] **interface gigabitethernet 0/0/1**	进入要用于检测多主状态的二层接口视图
3	**mad detect mode direct** 例如，[HUAWEI-GigabitEthernet0/0/1] **mad detect mode direct**	接口配置直连方式多主检测功能。 【注意】配置接口直连方式多主检测功能后，STP 端口状态会变成 Discarding，会影响数据报文的转发和某些协议报文的上送，因此，不要在此接口上再配置其他业务。但取消配置指定接口，采用直连方式多主检测功能后，接口会恢复转发功能，如果网络中存在环路，则会引起广播风暴。 缺省情况下，接口的直连方式多主检测功能处于关闭状态，可用 **undo mad detect** 命令取消接口的直连方式多主检测功能

2. 配置代理方式多主检测

代理方式多主检测分为单机作为代理和两套堆叠系统互为代理方式。单机作为代理方式下的多主检测的配置步骤见表 1-5，两套堆叠系统互为代理方式下的多主检测配置步骤见表 1-6。在单机作为代理方式情形下，需要先在堆叠系统和代理设备上分别创建 Eth-Trunk 聚合链路，在两套堆叠系统互为代理情形下，每套堆叠系统均要执行表 1-6 中的配置步骤。

表 1-5　单机作为代理方式下的多主检测的配置步骤

步骤	命令	说明
1	**system-view**	进入系统视图
2	**interface eth-trunk** *trunk-id* 例如，[HUAWEI] **interface eth-trunk 2**	进入堆叠系统或代理交换机的 Eth-Trunk 接口视图
3	**mad detect mode relay** 例如，[HUAWEI-Eth-Trunk2] **mad detect mode relay**	（二选一）在堆叠系统上配置 Eth-Trunk 接口的代理方式多主检测功能。 缺省情况下，接口的代理多主检测功能处于关闭状态，可用 **undo mad detect mode relay** 命令取消接口的代理多主检测功能
	mad relay 例如，[HUAWEI-Eth-Trunk2] **mad relay**	（二选一）在代理交换机的 Eth-Trunk 接口上启用代理多主检测功能。 缺省情况下，接口未启用代理功能，可用 **undo mad relay** 命令取消指定接口的代理多主检测功能

表 1-6　两套堆叠系统互为代理方式下的多主检测的配置步骤

步骤	命令	说明
1	**system-view**	进入系统视图
2	**mad domain** *domain-id* 例如，[HUAWEI] **mad domain** 1	配置堆叠系统 MAD 域值，整数形式，取值范围为 0～255，要保证两套堆叠系统的 MAD 域值不同。 缺省情况下，堆叠系统 MAD 域值为 0，可用 **undo mad domain** 命令恢复堆叠系统的 MAD 域值为缺省值
3	**interface eth-trunk** *trunk-id* 例如，[HUAWEI] **interface eth-trunk 2**	进入 Eth-Trunk 接口视图
4	**mad relay** 例如，[HUAWEI-Eth-Trunk2] **mad relay**	在 Eth-Trunk 接口上启用代理功能。 缺省情况下，接口未启用代理功能，可用 **undo mad relay** 命令取消指定接口的代理功能
5	**mad detect mode relay** 例如，[HUAWEI-Eth-Trunk2] **mad detect mode relay**	配置 Eth-Trunk 接口的代理方式多主检测功能。 缺省情况下，接口的代理方式多主检测功能处于关闭状态，可用 **undo mad detect mode relay** 命令取消接口的代理方式多主检测功能

3．配置保留端口和恢复被关闭端口

在系统视图下执行 **mad exclude interface** { *interface-type interface-number1* [**to** *interface-type interface-number2*] } &<1-10>命令，配置堆叠系统内指定端口为保留端口。

缺省情况下，堆叠物理成员端口为保留端口，其他所有业务口均为非保留端口。**用于多主检测的端口不需要被指定为保留端口。**堆叠分裂后，用于多主检测的端口也会被关闭。在系统视图下执行 **mad restore** 命令，可使原来处于关闭状态的端口重新恢复正常。

1.3.3　配置堆叠系统的其他功能

本节要介绍堆叠系统中以下可选功能的配置。

1．配置堆叠系统 MAC 地址的切换时间

整个堆叠系统作为一台设备与网络中的其他设备通信，具有唯一的 MAC 地址，称为堆叠系统 MAC 地址。通常情况下使用主交换机的 MAC 地址作为堆叠系统 MAC 地址，因此，当堆叠系统的主交换机离开时，会引起堆叠系统的 MAC 地址切换，造成流量中断，对业务产生影响。可以通过配置堆叠系统 MAC 地址的切换时间，尽量减少堆叠系统 MAC 地址的切换操作。

① 如果堆叠系统的 MAC 地址是主交换机的 MAC 地址，则当主交换机发生故障或脱离堆叠系统时，会出现如下情况。

* 在去使能堆叠系统 MAC 地址时延切换功能的情况下，堆叠系统 MAC 地址会立刻切换为新主交换机的 MAC 地址，默认使能堆叠系统 MAC 地址时延切换功能，延迟 10 分钟切换。
* 在使能了堆叠系统 MAC 地址时延切换功能的情况下，如果在切换时间内，旧的主交换机还没有重新加入堆叠系统，堆叠系统 MAC 地址会切换为新主交换机的 MAC 地址；在切换时间内，旧的主交换机作为从交换机重新加入堆叠系统，此时堆叠系统的 MAC 地址不切换，堆叠系统的 MAC 地址为从交换机的 MAC 地址。

② 如果堆叠系统 MAC 地址是从交换机的 MAC 地址，当从交换机从堆叠系统离开后，如果在切换时间内没有重新加入堆叠系统，堆叠系统 MAC 地址就会切换为主交换机的 MAC 地址。

可在系统视图下通过 **stack timer mac-address switch-delay** *delay-time* 命令配置堆叠系统 MAC 地址切换时间，取值范围为 0～60，单位为分钟。缺省情况下，堆叠系统 MAC 地址的切换时间为 10 分钟。

2. 配置堆叠系统主/备倒换

如果堆叠系统当前的主交换机不是用户期望的，则此时可以通过配置主/备倒换实现将堆叠备交换机升为堆叠主交换机。通过命令行进行堆叠系统主/备倒换后，堆叠系统内各个成员交换机角色的变化如下。

① 原来的备交换机升为主交换机。

② 新主交换机重新指定备交换机。

③ 原来的主交换机重启后重新加入堆叠系统，并被选举为从交换机。

在堆叠交换机的系统视图下先执行 **slave switchover enable** 命令，使能堆叠系统主/备倒换功能。缺省情况下，主/备倒换功能处于使能状态。然后，在系统视图下执行 **slave switchover** 命令强制进行主/备倒换。

在进行主/备倒换时，需要保证备交换机处于实时备份阶段。可以先在任意视图下执行 **display switchover state** 命令查看系统是否满足主/备倒换的条件，仅当备交换机显示 "receiving realtime or routine data"（实时接收数据）状态时，才可以执行主/备倒换。

以上各小节的堆叠功能配置完成后，可通过以下命令查看或清除相关配置信息。

* **display stack**：查看堆叠成员交换机的堆叠信息。
* **display stack peers**：查看堆叠成员交换机的邻居信息。
* **display stack port** [**brief** | **slot** *slot-id*]：查看堆叠端口信息。
* **display stack configuration** [**slot** *slot-id*]：查看堆叠系统当前配置的堆叠命令信息。
* **display stack channel** [**all** | **slot** *slot-id*]：查看堆叠链路的连线及状态信息。
* **reset stack configuration**：清除堆叠系统的所有配置，将堆叠系统的配置恢复到缺省值。
* **reset stack-port configuration**：清除业务口的堆叠系统配置。

1.3.4　通过业务口普通线缆组建堆叠配置示例

通过业务口普通线缆组建堆叠配置示例拓扑结构如图 1-21 所示，用户需求为 SwitchA、SwitchB 和 SwitchC 3 台接入交换机采用业务端口普通线缆的方式组建环形堆叠，并通过跨设备 Eth-Trunk 连接上层设备 SwitchD。其中，要求 SwitchA、SwitchB 和 SwitchC 的堆叠 ID 分别为 0、1、2，优先级分别为 200、100、100，即 SwitchA 为主交换机。

1. 基本配置思路分析

根据 1.3.1 节介绍的通过业务端口普通线缆组建堆叠的配置方法可以得出本示例的基本配置思路，具体描述如下。

① 在 SwitchA、SwitchB、SwitchC 上分别配置堆叠系统基本功能。

② 关闭 SwitchA、SwitchB、SwitchC 电源，然后按照图 1-21，使用"SFP+电缆"连接各物理成员端口，再接上电源。

③ 为了提高可靠性、增加上行链路带宽，配置跨设备 Eth-Trunk。

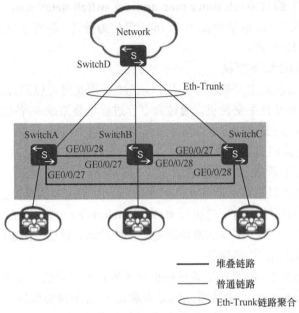

图 1-21　通过业务端口普通线缆组建堆叠配置示例拓扑结构

2. 具体配置步骤

（1）在 SwitchA、SwitchB、SwitchC 上分别配置堆叠系统基本功能

把 GE0/0/27 作为 stack-port 0/1 中的物理成员端口，把 GE0/0/28 作为 stack-port 0/2 中的物理成员端口。堆叠 ID 保持缺省的 0，堆叠优先级最高，其值为 200，使 SwitchA 成为主交换机。SwitchA 上的配置如下。

```
<HUAWEI> system-view
[HUAWEI] sysname SwitchA
[SwitchA] interface stack-port 0/1
[SwitchA-stack-port0/1] port interface gigabitethernet 0/0/27 enable
Warning: Enabling stack function may cause configuration loss on the interface. Continue? [Y/N]:y
Info: This operation may take a few seconds. Please wait.
[SwitchA-stack-port0/1] quit
[SwitchA] interface stack-port 0/2
[SwitchA-stack-port0/2] port interface gigabitethernet 0/0/28 enable
Warning: Enabling stack function may cause configuration loss on the interface. Continue? [Y/N]:y
Info: This operation may take a few seconds. Please wait.
[SwitchA-stack-port0/2] quit
[SwitchA] stack slot 0 priority 200
```

把 GE0/0/27 作为 stack-port 0/1 中的物理成员端口，把 GE0/0/28 作为 stack-port 0/2 中的物理成员端口。堆叠 ID 为 1，堆叠优先级为缺省的 100。SwitchB 上的配置如下。

```
<HUAWEI> system-view
[HUAWEI] sysname SwitchB
[SwitchB] interface stack-port 0/1
[SwitchB-stack-port0/1] port interface gigabitethernet 0/0/27 enable
```

```
Warning: Enabling stack function may cause configuration loss on the interface. Continue? [Y/N]:y
Info: This operation may take a few seconds. Please wait.
[SwitchB-stack-port0/1] quit
[SwitchB] interface stack-port 0/2
[SwitchB-stack-port0/2] port interface gigabitethernet 0/0/28 enable
Warning: Enabling stack function may cause configuration loss on the interface. Continue? [Y/N]:y
Info: This operation may take a few seconds. Please wait.
[SwitchB-stack-port0/2] quit
[SwitchB] stack slot 0 renumber 1
```

把 GE0/0/27 作为 stack-port 0/1 中的物理成员端口,把 GE0/0/28 作为 stack-port 0/2 中的物理成员端口。堆叠 ID 为 2,堆叠优先级为缺省的 100。SwitchC 上的配置如下。

```
<HUAWEI> system-view
[HUAWEI] sysname SwitchC
[SwitchC] interface stack-port 0/1
[SwitchC-stack-port0/1] port interface gigabitethernet 0/0/27 enable
Warning: Enabling stack function may cause configuration loss on the interface. Continue? [Y/N]:y
Info: This operation may take a few seconds. Please wait.
[SwitchC-stack-port0/1] quit
[SwitchC] interface stack-port 0/2
[SwitchC-stack-port0/2] port interface gigabitethernet 0/0/28 enable
Warning: Enabling stack function may cause configuration loss on the interface. Continue? [Y/N]:y
Info: This operation may take a few seconds. Please wait.
[SwitchC-stack-port0/2] quit
[SwitchC] stack slot 0 renumber 2
```

(2)给 SwitchA、SwitchB、SwitchC 下电

该步骤使用"SFP+电缆"按照图 1-21 所示连接好后再重新上电。下电前,建议通过 save 命令保存配置。

为了保证堆叠组建成功,先给 SwitchA 上电,至少等待 20s 后再依次给 SwitchB、SwitchC 上电,使最终 SwitchA 成为主交换机。

(3)配置跨设备 Eth-Trunk

在堆叠系统上行链路上配置跨设备 Eth-Trunk,在 SwitchD 上也要配置 Eth-Trunk。

3. 配置结果验证

全部配置完成后,可通过在任意成员交换机执行 display stack 命令查看堆叠系统的基本信息。从中可以看出所包括的成员交换机,以及主/备/从交换机信息,具体配置如下。

```
[SwitchA] display stack
Stack mode: Service-port
Stack topology type : Ring
Stack system MAC: 0018-82d2-2e85
MAC switch delay time: 10 min
Stack reserved vlan : 4093
Slot of the active management port: --
Slot      Role        Mac address      Priority    Device type
-------------------------------------------------------------------
  0       Master      0018-82d2-2e85     200        S5700-28P-LI-AC
  1       Standby     0018-82c6-1f44     100        S5700-28P-LI-AC
  2       Slave       0018-82c6-1f4c     100        S5700-28P-LI-AC
```

1.3.5　直连方式多主检测配置示例

直连方式多主检测配置示例拓扑结构如图 1-22 所示,SwitchA 和 SwitchB 已组成堆

叠系统，SwitchA 的堆叠 ID 为 0，SwitchB 的堆叠 ID 为 1。在 GE0/0/5 和 GE1/0/5 接口上配置采用直连方式的多主检测功能，以减少堆叠分裂给网络带来的影响。

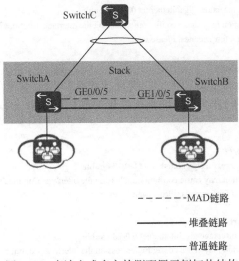

图 1-22　直连方式多主检测配置示例拓扑结构

　　根据 1.3.2 节介绍的配置任务，可以很容易得出本示例的具体配置步骤，仅需要在堆叠双方交换机用于直连方式检测的端口上启用直连方式多主检测功能即可。本示例中的堆叠配置方法参见 1.3.4 节中示例介绍。

　　SwitchA 上配置直连方式多主检测功能如下。

```
<HUAWEI> system-view
[HUAWEI] interface gigabitethernet 0/0/5
[HUAWEI-GigabitEthernet0/0/5] mad detect mode direct
Warning: This command will block the port, and no other configuration running on
 this port is recommended. Continue?[Y/N]:y
```

　　SwitchB 上配置直连方式多主检测功能如下。

```
<HUAWEI> system-view
[HUAWEI] interface gigabitethernet 1/0/5
[HUAWEI-GigabitEthernet1/0/5] mad detect mode direct
Warning: This command will block the port, and no other configuration running on
 this port is recommended. Continue?[Y/N]:y
```

　　配置好后，可在任意视图下通过 **display mad verbose** 命令查看堆叠系统多主检测详细配置信息。验证配置结果如下。

```
<HUAWEI> display mad verbose

Current DAD status: Detect
Mad direct detect interfaces configured:
 GigabitEthernet0/0/5
 GigabitEthernet1/0/5
Mad relay detect interfaces configured:
Excluded ports(configurable):
Excluded ports(can not be configured):
 GigabitEthernet0/0/27
 GigabitEthernet1/0/27
```

1.4 CSS 基础

随着数据中心数据访问量的逐渐增大及网络可靠性要求越来越高，单台交换机已经无法满足需求，而通过交换机的集群能够实现数据中心大数据量转发和网络高可靠性。华为交换机集群技术称为集群交换系统（Cluster Switch System，CSS），可将 2 台支持集群特性的交换机组合在一起，从逻辑上组合成一台整体交换机，参见 1.1 节图 1-2。

1.4.1 集群基本概念

CSS 与 iStack 堆叠技术无论是在特性上，还是在实现原理、配置上，二者都存在许多相似之处，但主要用途还是有区别的。

iStack 堆叠主要解决的是单台交换机端口不足问题，同时也便于对多台交换机设备进行集中管理，而 CSS 集群主要解决的是单台交换机性能不足的问题。正因为如此，iStack 堆叠应用于汇聚层或接入层，仅华为 S6700 系列及以下盒式系列交换机支持；而 CSS 集群应用于汇聚层或核心层，仅华为 S7700 系列及以上框式系列交换机支持。下文所说的"框"就是指一台框式交换机。

与 iStack 堆叠一样，CSS 集群也涉及一些基本概念。

（1）集群角色

目前，华为 S 系列交换机仅支持两台交换机的集群，集群中两台交换机都称为成员交换机。按照功能不同，它们分为以下两种角色。

① 主交换机：Master，负责管理整个集群系统。**集群系统中只有一台主交换机。**

② 备交换机：Standby，是主交换机的备用交换机。当主交换机故障时，备交换机会接替原主交换机的所有业务。**集群系统中只有一台备交换机。**

（2）集群 ID

集群 ID 即 CSS ID，用来标识和管理成员交换机，集群中成员交换机的集群 ID 是唯一的。缺省情况下，CSS ID 为 1。

（3）集群优先级

集群优先级即 CSS Priority，主要用于角色选举过程中确定成员交换机的角色，优先级值越大，表示优先级越高，优先级越高当选为主交换机的可能性越大。

1.4.2 集群的连接

根据集群技术的发展，集群成员交换机之间的物理连接又有两种不同方式。

① 传统 CSS：使用主控板上的集群卡或业务端口建立集群连接。

使用业务端口连接时，有以下两种组网方式，两端的成员端口数量、类型必须相同，但接线顺序无限制。

- "1+0"组网方式：每台成员交换机配置一个逻辑集群端口，物理成员端口分布在一块业务板上，依靠业务板上的物理成员端口与对框的物理成员端口实现集群连接。

- **"1+1"组网方式**：每台成员交换机配置两个逻辑集群端口，物理成员端口分布在两块业务板上，不同业务板上的集群连接相互形成备份。

传统 CSS 中，框内接口板之间的流量及跨框流量必须经过主控板。当单框上没有正常工作的主控板时，接口板之间的流量及跨框的流量都无法实现转发。

在传统的主控板集群卡连接方式中，跨框单播报文需要先经过本框主控板上的交换网，然后通过集群卡、集群线缆转发到对框主控板上的交换网，再从交换网转发至接口板（LPU），最后转发到相应的端口，传统 CSS 主控板集群卡连接方式的转发路径如图 1-23 所示。在传统的业务端口连接方式中，跨框报文需要分别经过本框和对框主控板上的交换网，才能将报文转发至对框相应的端口，传统 CSS 业务端口连接方式转发路径如图 1-24 所示。

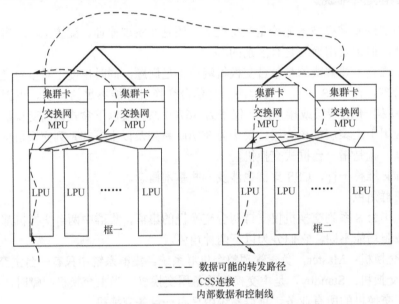

图 1-23　传统 CSS 主控板集群卡连接方式的转发路径

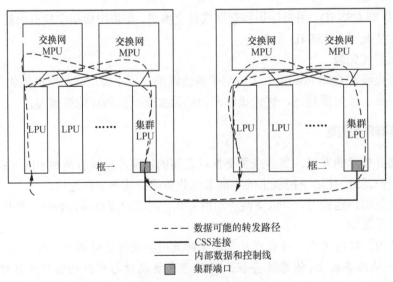

图 1-24　传统 CSS 业务端口连接方式转发路径

② CSS2：第二代集群交换机系统，通过交换网板（Switch Farbic Unit，SFU）上的集群卡建立集群连接。

在 CSS2 交换网板集群卡连接方式中，跨框单播报文先经过本框的交换网板，然后通过集群卡、集群线缆转发到对框的交换网板，再从交换网板转发至接口板，最后转发到相应的端口，CSS2 交换网板集群卡连接方式跨框报文转发路径如图 1-25 所示。

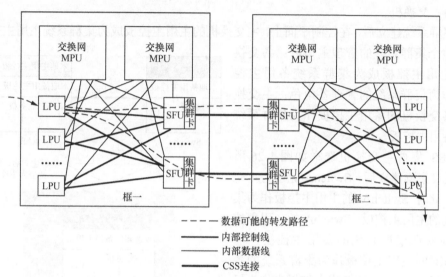

图 1-25　CSS2 交换网板集群卡连接方式跨框报文转发路径

相对于传统业务端口集群而言，CSS2 支持"转控分离"，集群系统的控制报文和数据报文不需要经由业务板转发，而是直接通过交换网板一次转发，这样不仅减少了软件故障可能带来的干扰，降低了单板故障带来的风险，在时延上也大大缩减。另外，相对于传统主控板插集群卡建立集群，CSS2 的连线更为简单，在启动阶段交换网板与主控板并行启动，启动性能更强。

另外，CSS2 支持主控"1+N"备份，只要保证任意一框的一个主控板运行正常，两框业务即可稳定运行。相对于传统业务端口集群而言，每个框至少要有一块主控板运行正常的限制，CSS2 进一步提高了集群系统的可靠性；相对于传统主控板集群卡集群对硬件环境的严格限制，CSS2 更加灵活。

1.4.3　集群建立原理

华为交换机的 CSS 集群只能连接两台交换机，两台交换机使用集群线缆连接，分别使能集群功能并重启，集群系统会自动建立。集群建立时，成员交换机间相互发送集群竞争报文，通过竞争，一台成为主交换机，负责管理整个集群系统；另一台则成为备交换机。在整个集群建立过程中，涉及角色选举、版本同步、配置同步和配置备份四大步骤，下面分别予以具体介绍。

1. 角色选举

在 CSS 集群中，要选举一台交换机作为主交换机（另一台就自动成为备交换机），负责整个集群的管理。主交换机选举的规则如下。

① 最先完成启动，并进入单框集群运行状态的交换机成为主交换机。

② 当两台交换机同时启动时，集群优先级高的交换机成为主交换机。

③ 当两台交换机同时启动且集群优先级又相同时，MAC 地址小的交换机成为主交换机。

④ 当两台交换机同时启动且集群优先级和 MAC 地址都相同时，集群 ID 小的交换机成为主交换机。

集群系统建立后，在控制平面上，主交换机的主用主控板成为集群系统主用主控板，作为整个集群系统的管理主角色；备交换机的主用主控板成为集群系统备用主控板，作为集群系统的管理备角色；主交换机和备交换机的备用主控板作为集群系统候选备用主控板。

CSS 集群主交换机选举如图 1-26 所示，假设集群建立后，SwitchA 竞争为主交换机。此时 SwitchA 的主用主控板作为集群系统的主用主控板，SwitchA 的备用主控板作为候选集群系统的备用主控板，而 SwitchB 的主用主控板作为集群系统的备用主控板，SwitchB 的备用主控板也作为候选集群系统的备用主控板。

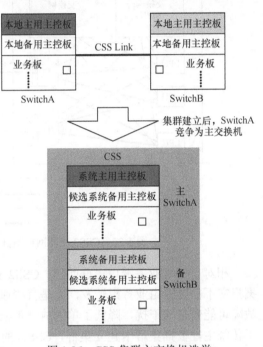

图 1-26　CSS 集群主交换机选举

2．版本同步

与 iStatic 一样，CSS 也具有自动加载系统软件的功能，也就是说，待加入集群的成员交换机不需要具有与主交换机相同的软件版本，只需版本间兼容即可。当主交换机选举结束后，如果备交换机与主交换机的软件版本号不一致时，备交换机会自动从主交换机下载系统软件，然后使用新的系统软件重启，并重新加入集群。

3．配置同步

与 iStatic 一样，CSS 也具有配置文件同步机制，用以保证集群中的两台交换机能够像一台设备一样在网络中工作。

集群中的备交换机在启动时，会将主交换机的当前配置文件同步到本地。集群正常运行后，用户所进行的任何配置，都会记录到主交换机的当前配置文件中，并同步到备交换机。通过即时同步，集群中的所有交换机均保存相同的配置，这样即使主交换机出现故障，备交换机也能够按照相同的配置执行各项功能。

4．配置备份

交换机从非集群状态进入集群状态后，会自动将原有的非集群状态下的配置文件加上 .bak 的扩展名进行备份，以便在去使能集群功能后恢复原有配置。例如，原配置文件扩展名为 .cfg，则备份配置文件扩展名为 .cfg.bak。

去使能交换机集群功能时，用户如果希望恢复交换机的原有配置，可以更改备份配置文件名，并指定其为下一次启动的配置文件，然后重新启动交换机，恢复原有配置。

1.4.4 集群登录

集群建立后，两台成员交换机组成一台虚拟设备存在于网络中，集群系统的接口编号规则及登录与访问的方式都发生了变化。

1. 接口编号规则

对于单台没有使能集群的交换机，接口编号采用三维格式：槽位号/子卡号/端口号。交换机使能集群后，使用集群 ID 区分不同的成员交换机，接口编号采用 4 维格式：集群 ID/槽位号/子卡号/端口号。

例如，设备没有使能集群时，某个接口的编号为 GigabitEthernet1/0/1；当该设备使能集群后，如果集群 ID 为 2，则该接口的编号将变为 GigabitEthernet2/1/0/1。

对于集群系统的管理网口，接口编号为 Ethernet0/0/0/0。

【说明】单台交换机使能集群功能后重启，接口编号也将采用 4 维格式，此种情况属于单框集群。

集群去使能后不能自动将接口的 4 维格式转换为 3 维格式，此时需要手动配置。因为集群使能后，系统会自动备份原非集群状态的配置文件（原配置文件扩展名后加上.bak），所以在集群去使能之前，将改名后的原非集群状态的配置文件设置为下次启动配置文件。设置好后，将集群去使能，然后重启设备，编号即可恢复为 3 维格式。

2. 集群系统的登录

集群系统的登录方式如下。

① 本地登录：通过集群系统**任意主控板**上的 Console 登录。

② 远程登录：两台交换机上**任意主控板的管理网口及其他三层接口**，只要路由可达，即可通过 Telnet、STelnet、Web 及 SNMP 等方式远程登录集群。

无论通过哪台成员交换机登录到集群系统，实际登录的都是主交换机。主交换机负责将用户的配置下发给备交换机，统一管理所有集群成员交换机的资源。

1.4.5 集群成员加入与集群合并

在实际的 CSS 集群配置中，往往是先在一台成员交换机上使能 CSS 集群功能，然后通过集群方式连接另一台成员交换机，最后使能集群功能，此时就相当于向现有 CSS 集群中添加成员交换机。当然，也可以先对两个成员交换机分别使能 CSS 集群功能，然后通过集群方式将它们连接在一起，此时就相当于两个 CSS 集群合并。

1. 集群成员加入

集群成员加入是指向稳定运行的单框集群系统中添加一台新的交换机（使能了集群功能的单台交换机即为单框集群）。集群成员加入如图 1-27 所示，新交换机 SwitchB

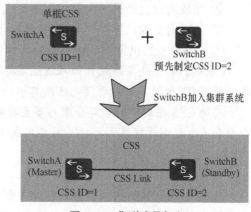

图 1-27 集群成员加入

将加入单框集群系统从而形成新的集群系统。原单框集群的交换机成为主交换机，新加入的交换机成为备交换机。

集群加入通常在以下两种情形下出现。

- 在建立集群时，先将一台交换机使能集群功能后重启，重启后这台交换机将进入单框集群状态，然后使能另外一台交换机的集群功能后重启，则后启动的交换机按照集群成员加入的流程加入集群系统，成为备交换机。
- 在稳定运行的两框集群场景中，将其中一台交换机重启，这台交换机将以集群成员加入的流程重新加入集群系统，并成为备交换机。

2. 集群合并

集群合并是指稳定运行的两个单框集群系统合并成一个新的集群系统。集群合并示意如图 1-28 所示，两个单框集群系统将自动选出一个更优的交换机作为合并后集群系统的主交换机。被选为主交换机的配置不变，业务也不会受到影响，框内的备用主控板将重启。而备交换机将整框重启，以集群备用的角色加入新的集群系统，并将同步主交换机的配置，该交换机原有的业务也将中断。

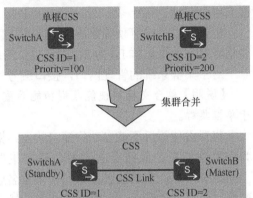

图 1-28　集群合并示意

集群合并通常在以下两种情形下出现。

- 将两台交换机分别使能集群功能后重启（重启后的两台交换机都属于单框集群），再使用集群线缆将两台交换机连接，之后会进入集群合并流程。通常情况下，不建议使用该方式形成集群。
- 集群链路或设备故障导致集群分裂。故障恢复后，分裂后的两个单框集群系统重新合并。

集群合并时主交换机的选举规则如下。

① 比较两台交换机的运行时间，运行时间长的交换机成为主交换机（仅主控板是 SRUH/SRUE/SRUF/SRUK 且集群方式为卡集群的环境中适用，其他环境中直接进行下面②③④的比较）。如果两台交换机的运行时间相差小于 20s，则视为运行时间相同。

② 比较两台交换机的集群优先级，优先级高的交换机成为主交换机。

③ 当两台交换机集群优先级相同时，MAC 地址小的交换机成为主交换机。

④ 当两台交换机集群优先级和 MAC 地址都相同时，集群 ID 小的交换机成为主交换机。

【说明】不管是集群成员加入还是集群合并，需要确保两框的集群 ID 不同。如果两框的集群 ID 相同，则需要预先修改其中一台交换机的集群 ID。

因为 CSS 集群中的集群分裂与多主检测原理与 1.2.7 节介绍的 iStack 堆叠中的堆叠分裂和多主检测原理基本一样，且应用也不多，所以在此不作介绍。

1.4.6　集群主/备倒换和升级

集群主/备倒换的原因较多，在此主要介绍由于主控板故障引起的主/备倒换及通过命令行执行的主/备倒换。

1. 主控板故障引起的主备倒换

集群系统主控板（包括主用主控板、备用主控板和候选备用主控板）出现故障后可能引起集群系统内角色的变化。

（1）集群系统主用主控板故障

当集群系统主用主控板出现故障时，集群系统主用主控板故障后主/备倒换如图 1-29 所示。

① 原备交换机升级为主交换机，原系统备用主控板升为系统主用主控板。

② 原主交换机降级为备交换机，原主交换机内的备用主控板升为系统备用主控板，并从系统主用主控板进行数据同步。

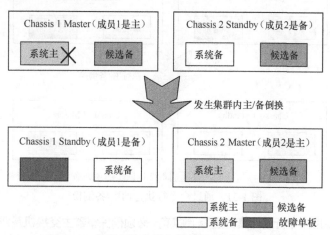

图 1-29 集群系统主用主控板故障后主/备倒换

（2）集群系统备用主控板故障

当集群系统备用主控板出现故障，集群系统备用主控板故障后主/备倒换如图 1-30 所示，具体表现如下。

① 主交换机和备交换机的角色不会发生变化。

② 备交换机的备用主控板升为系统备用主控板，并从系统主用主控板中进行数据同步。

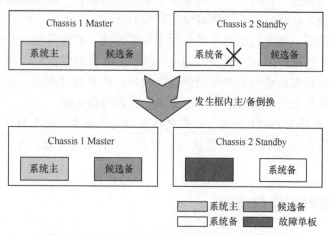

图 1-30 集群系统备用主控板故障后主/备倒换

（3）集群系统候选备用主控板故障

需要说明的是，集群系统候选备用主控板出现故障不会引起任何角色的变化。

2. 通过命令行执行的主备倒换

如果集群系统当前的主交换机不是用户期望的，例如，设备启动后需要调整主备角色或是执行快速升级后需要恢复原来的主备角色，则此时可以在集群系统中通过执行命令（先在系统视图下执行 **slave switchover enable** 命令，使能集群主/备倒换功能，然后执行 **slave switchover** 命令进行集群主/备倒换），配置主/备倒换实现将集群备交换机升为集群主交换机。通过命令行进行集群主/备倒换后，通过命令行执行的主/备倒换如图 1-31 所示。

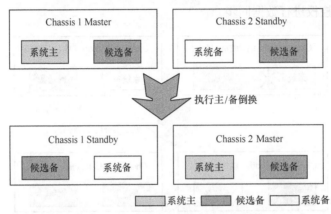

图 1-31　通过命令行执行的主/备倒换

具体表现（**使用命令行进行集群主/备倒换前，必须确保集群主交换机是双主控环境**）如下。

① 原备交换机升为主交换机，原系统备用主控板升为系统主用主控板。

② 原系统主用主控板重启降为系统候选备用主控板，主交换机降为备交换机。

③ 原主交换机内的备用主控板升为系统备用主控板，并从系统主用主控板进行数据同步。

3. 集群升级

集群升级可以通过传统的指定启动文件后整机重启的方式，也可以使用集群快速升级方式。如果使用传统的升级方式，则业务中断时间比较长，不太适用于对业务中断影响要求较高的场景。此时可以选择集群快速升级方式。

集群快速升级时，备交换机将先以新版本重新启动，实现升级，此时数据流量由主交换机转发。备交换机升级成功后，升为主交换机，转发数据流量，原主交换机以新版本重新启动，完成升级后成为集群系统的备交换机。在升级过程中，如果备交换机升级失败，则备交换机将重新启动并回退为原版本，集群升级失败。

【说明】CSS 集群与 iStack 一样，也有链路聚合与流量本地优先转发技术，且原理也是一样的，只不过 CSS 中只包括两台设备，因此，不再重复介绍。

1.5　交换机集群配置与管理

本节仅介绍传统 CSS 业务端口连接方式的安装、配置方法。通过业务端口连接方式组建集群之前，需要做好前期规划，明确业务端口连接方式组建集群的软硬件要求、集群系统内成员交换机的角色和功能。业务端口连接方式集群的组建流程如图 1-32 所示。

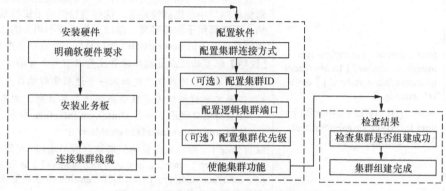

图 1-32　业务端口连接方式集群的组建流程

1.5.1　配置交换机集群软件

业务端口连接方式集群的软件配置步骤见表 1-7。

表 1-7　业务端口连接方式集群的软件配置步骤

步骤	命令	说明
1	**system-view**	进入系统视图
2	**set css mode lpu** 例如，[HUAWEI] **set css mode lpu**	配置业务端口连接方式。 缺省情况下，SRUD 主控板为业务端口连接方式，其他均为集群卡连接方式（此时的命令为 **set mode css-card**）
3	**set css id** *new-id* 例如，[HUAWEI] **set css id 2**	（可选）配置交换机的集群 ID，取值为 1 或 2
4	**interface css-port** *port-id* 例如，[HUAWEI] **interface css-port 2/1**	进入逻辑集群端口视图。参数 *port-id* 用来指定逻辑端口号，如果此时还没使能集群功能，则格式为逻辑集群端口号；如果已使能集群功能，则格式为集群 ID/逻辑集群端口号。集群 ID 和逻辑集群端口号只能为 1 或 2。 【注意】配置集群逻辑端口时要注意以下 5 个方面。 • 设备最多支持两个逻辑集群端口。 • 取消某个逻辑集群端口会删除该集群端口下所有集群物理成员端口，如果取消了设备上的所有的逻辑集群端口，则会造成集群分裂。 • 一个逻辑集群端口映射到一个单板上，不允许将两个单板上的物理成员接口加入同一个逻辑集群端口。 • 一个逻辑集群端口只能与另一个逻辑集群端口相连，不允许一个逻辑集群端口同时与两个逻辑集群端口相连。 • 取消某个逻辑集群端口时，需要先将集群端口下的所有集群物理成员端口执行 **shutdown interface** 命令，才能执行 **undo interface css-port** 命令

续表

步骤	命令	说明
5	**port interface** { *interface-type interface-number1* [**to** *interface-type interface-number2*] } &<1-10> **enable** 例如，[HUAWEI-css-port2/1] **port interface** xgigabitethernet 2/5/0/1 **enable**	配置业务端口为物理成员端口，并将物理成员端口加入逻辑集群端口中。**集群使能后，这些端口仅用于集群系统通信，不能再用于业务转发。端口下与集群不相关的命令会被屏蔽，仅保留 description（接口视图）等端口基本命令。** 【说明】配置物理成员端口时要注意以下两个方面。 • 一个单板上的端口只能加入一个逻辑集群端口。 • 还原某集群物理成员端口为普通业务口时，需要首先在集群端口视图下执行 **shutdown interface** 命令，才能执行 **undo port interface enable** 命令。 缺省情况下，接口未配置为集群物理成员端口，可用 **undo port interface** { *interface-type interface-number*1 [**to** *interface-type interface-number*2] }&< 1-10> **enable** 命令恢复集群物理成员端口为业务端口
6	**quit**	退出接口视图，返回系统视图
7	**set css priority** *priority* 例如，[HUAWEI] **set css priority** 100	（可选）配置设备的集群优先级，整数形式，取值范围为 1~255。其值越大，优先级越高。缺省为 1。修改设备集群优先级后，需要重新启动设备配置才生效
8	**css master force** 例如，[HUAWEI] **css master force**	（可选）强制指定该交换机在集群中作为集群主交换机。如果指定交换机此时在集群系统中是备交换机，那么在集群系统数据备份正常结束以后，会发生集群系统倒换，集群系统的主交换机变为指定的交换机。 缺省情况下，未强制本机框在集群系统中作为集群主交换机，可用 **undo css master force** 命令取消强制指定机框在集群系统中作为集群主交换机
9	**css enable** 例如，[HUAWEI] **css enable**	使能交换机的集群功能。使能集群功能后，系统会提示立即重启使配置生效，此时需要输入 Y，否则，所有配置不会生效，集群也不会成功建立。 缺省情况下，设备的集群功能处于未使能状态，可用 **undo css enable** 命令去使能设备的集群功能

1.5.2　通过业务端口组建集群的配置示例

通过业务端口组建集群配置示例的拓扑结构如图 1-33 所示，根据用户需求，核心层 SwitchA 和 SwitchB 两台交换机采取业务端口集群方式进行组网。其中，SwitchA 为主交换机，SwitchB 为备交换机。汇聚层 Switch 通过 Eth-Trunk 连接到集群系统，同时，集群系统通过 Eth-Trunk 接入上行网络。

1. 基本配置思路分析

根据 1.5.1 节的介绍可得出本示例的基本配置思路如下。

① 采用"1+1"组网方式为 SwitchA 和 SwitchB 分别安装 2 块业务板，通过 4 条链路连接集群线缆（物理成员端口分布在 2 块业务板上），具体过程不再详述。

② 在 2 个交换机上分别配置 CSS 集群，采用业务端口连接方式，集群 ID 分别为 1 和 2，集群优先级分别为 100 和 10。

③ 在 2 个交换机上分别配置 2 个逻辑集群端口，将 4 对物理成员端口分别加入这 2

个逻辑集群端口中。

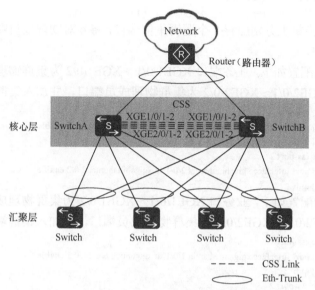

图 1-33　通过业务端口组建集群配置示例的拓扑结构

④ 先使能 SwitchA 的集群功能，再使能 SwitchB 的集群功能，以保证 SwitchA 成为主交换机。

⑤ 配置集群系统的下行 Eth-Trunk，增加与接入层交换机间的转发带宽，提高可靠性。

2. 具体配置步骤

上述②～④项配置任务的具体配置方法的说明如下。

① 在 2 个交换机上分别配置 CSS 集群，采用业务端口连接方式，集群 ID 分别为 1 和 2，集群优先级分别为 100 和 10。

SwitchA 上的配置如下，集群 ID 采用 ID 为 1，集群优先级为 100。

```
<HUAWEI> system-view
[HUAWEI] sysname SwitchA
[SwitchA] set css mode lpu
[SwitchA] set css id 1
[SwitchA] set css priority 100
```

SwitchB 上的配置如下，集群 ID 为 2，集群优先级为 10。

```
<HUAWEI> system-view
[HUAWEI] sysname SwitchB
[SwitchB] set css mode lpu
[SwitchB] set css id 2
[SwitchB] set css priority 10
```

配置完成后，在两个交换机上执行 **display css status saved** 命令，可以查看以上配置信息是否正确。SwitchA 上执行该命令的输出如下。

```
[SwitchA] display css status saved
Current Id    Saved Id    CSS Enable    CSS Mode    Priority    Master force
--------------------------------------------------------------------------
1             1           Off           LPU         100         Off

[SwitchB] display css status saved
```

Current Id	Saved Id	CSS Enable	CSS Mode	Priority	Master force
1	2	Off	LPU	10	Off

② 在 2 个交换机上分别配置 2 个逻辑集群端口,将 4 对物理成员端口分别加入这 2 个逻辑集群端口中。

SwitchA 上的配置如下,业务端口 XGE1/0/1～XGE1/0/2 为集群物理成员端口,并加入集群端口 1,XGE2/0/1～XGE2/0/2 为集群物理成员端口,并加入集群端口 2。

```
[SwitchA] interface css-port 1
[SwitchA-css-port1] port interface xgigabitethernet 1/0/1 to xgigabitethernet 1/0/2 enable
[SwitchA-css-port1] quit
[SwitchA] interface css-port 2
[SwitchA-css-port2] port interface xgigabitethernet 2/0/1 to xgigabitethernet 2/0/2 enable
[SwitchA-css-port2] quit
```

SwitchB 上的配置如下,业务口 XGE1/0/1～XGE1/0/2 为集群物理成员端口,并加入集群端口 1,XGE2/0/1～XGE2/0/2 为集群物理成员端口,并加入集群端口 2。

```
[SwitchB] interface css-port 1
[SwitchB-css-port1] port interface xgigabitethernet 1/0/1 to xgigabitethernet 1/0/2 enable
[SwitchB-css-port1] quit
[SwitchB] interface css-port 2
[SwitchB-css-port2] port interface xgigabitethernet 2/0/1 to xgigabitethernet 2/0/2 enable
[SwitchB-css-port2] quit
```

逻辑集群端口配置完成后,在 2 个交换机上执行 **display css css-port saved** 命令,可以查看配置的端口是否正确及状态是否都为 up。

③ 先使能 SwitchA 的集群功能,然后使能 SwitchB 的集群功能,以保证 SwitchA 成为主交换机。

SwitchA 上的配置如下,按 Y 键重启交换机。

```
[SwitchA] css enable
Warning: The CSS configuration will take effect only after the system is rebooted. T
he next CSS mode is LPU. Reboot now? [Y/N]:y
```

SwitchB 上的配置如下,接 Y 键重启交换机。

```
[SwitchB] css enable
Warning: The CSS configuration will take effect only after the system is rebooted. T
he next CSS mode is LPU. Reboot now? [Y/N]:y
```

以上配置完成后,先查看 SwitchA 主控板上的 ACT(活动)灯绿色是否常亮,如果常亮,则表示该主控板为集群系统主用主控板,SwitchA 为主交换机。此时,SwitchB 主控板上 ACT 灯为绿色闪烁,表示该主控板为集群系统备用主控板,SwitchB 为备交换机。

在 2 个交换机上执行 **display device** 命令,结果如下,如果可以查看到 2 台成员交换机(**Chassis 1** 和 **Chassis 2**)的单板状态,则表示集群建立完成,还可以执行 **display css channel all** 命令查看集群链路拓扑是否与硬件连接一致。

```
<SwitchA> display device
Chassis 1 (Master Switch)
S9706's Device status:
Slot  Sub  Type            Online   Power    Register    Status   Role
-------------------------------------------------------------------
1     -    EH1D2X12SSA0 Present   PowerOn  Registered  Normal   NA
2     -    EH1D2X12SSA0 Present   PowerOn  Registered  Normal   NA
7     -    EH1D2SRUC000 Present   PowerOn  Registered  Normal   Master
8     -    EH1D2SRUC000 Present   PowerOn  Registered  Normal   Slave
```

```
PWR1   -   -                Present   PowerOn   Registered    Normal    NA
PWR2   -   -                Present   -         Unregistered  -         NA
CMU2   -   EH1D200CMU00 Present  PowerOn   Registered    Normal    Master
FAN1   -   -                Present   PowerOn   Registered    Abnormal  NA
FAN2   -   -                Present   -         Unregistered  -         NA
```

Chassis 2 (Standby Switch)
S9706's Device status:

```
Slot  Sub Type          Online    Power     Register      Status    Role
- - - - - - - - - - - - - - - - - - - - - - - - - - - - - - - - - -
1     -   EH1D2X12SSA0 Present  PowerOn   Registered    Normal    NA
2     -   EH1D2X12SSA0 Present  PowerOn   Registered    Normal    NA
7     -   EH1D2SRUC000 Present  PowerOn   Registered    Normal    Master
8     -   EH1D2SRUC000 Present  PowerOn   Registered    Normal    Slave
PWR1   -   -                Present   PowerOn   Registered    Normal    NA
PWR2   -   -                Present   PowerOn   Registered    Normal    NA
CMU1   -   EH1D200CMU00 Present  PowerOn   Registered    Normal    Master
FAN1   -   -                Present   PowerOn   Registered    Normal    NA
FAN2   -   -                Present   PowerOn   Registered    Normal    NA
```

<SwitchA> display css channel all
CSS link-down-delay: 500ms

```
                    Chassis 1            ||          Chassis 2

Num [CSS port]      [LPU Port]       ||   [LPU Port]              [CSS port]
 1     1/1    XGigabitEthernet1/1/0/1   XGigabitEthernet2/1/0/1     2/1
 2     1/1    XGigabitEthernet1/1/0/2   XGigabitEthernet2/1/0/2     2/1
 3     1/2    XGigabitEthernet1/2/0/1   XGigabitEthernet2/2/0/1     2/2
 4     1/2    XGigabitEthernet1/2/0/2   XGigabitEthernet2/2/0/2     2/2
                    Chassis 2            ||          Chassis 1

Num [CSS port]      [LPU Port]       ||   [LPU Port]              [CSS port]
 1     2/1    XGigabitEthernet2/1/0/1   XGigabitEthernet1/1/0/1     1/1
 2     2/1    XGigabitEthernet2/1/0/2   XGigabitEthernet1/1/0/2     1/1
 3     2/2    XGigabitEthernet2/2/0/1   XGigabitEthernet1/2/0/1     1/2
 4     2/2    XGigabitEthernet2/2/0/2   XGigabitEthernet1/2/0/2     1/2
```

第 2 章
RSTP 和 MSTP

本章主要内容

　　快速生成树协议（Rapid Spanning Tree Protocol，RSTP）、多生成树协议（Multiple Spanning Tree Protocol，MSTP）与生成树协议（Spanning Tree Protocol，STP）一样，都是用于消除交换网络中环路的生成树技术。RSTP 是针对 STP 的改进，MSTP 又是针对 RSTP 的改进。本章具体介绍 RSTP 的改进、MSTP 基础知识，以及 RSTP 和 MSTP 基本功能的配置与管理方法。

2.1　STP 的不足

STP 虽然能够解决环路问题，但是由于网络拓扑收敛慢，影响了用户通信质量。如果网络中的拓扑结构频繁变化，则网络也会随之频繁失去连通性，从而导致用户通信频繁中断，这是用户无法忍受的。

STP 的不足主要体现在以下几个方面。

首先，STP 没有细致区分端口状态和端口角色，不利于初学者学习及部署。

在 STP 中划分了 5 种端口状态，然而其中的 Listening、Learning 和 Blocking 这 3 种状态并没有实质上的区别，都不转发用户流量。另外，从使用和配置角度来讲，端口之间本质的区别并不在于端口状态，而是在于端口扮演的角色。而在 STP 中，根端口和指定端口既可能都处于 Listening（监听）状态，又可能都处于 Forwarding（转发）状态，没有一个很好的体现。

其次，STP 采用的是被动算法，依赖定时器（例如，转发时延定时器）等待的方式判断拓扑变化，因此，其收敛速度慢。

STP 使用定时器功能防止临时环路，当 STP 选举出端口角色后，即使为指定端口或根端口角色，仍然需要等待 2 倍 Forward Delay（转发时延）时间（30s）才能进行数据转发。在运行 STP 的环境中，终端或服务器接入网络后，由于连接终端或服务器的交换机端口需要依次从 Blocking（阻塞）状态转换到 Listening、Learning 状态，再到 Forwarding（转发）状态，需要经过 2 倍转发时延才能访问网络。

在网络出现故障时，定时器功能会导致网络重新收敛性能不高。直连故障时的网络重收敛如图 2-1 所示，正常情况下，运行 STP 后，假设已选举 SwitchA 为根桥，它与 SwitchB 之间采用双链路连接，会有其中一条直连链路（如图 2-1 中的②号链路）处于阻塞状态，SwitchB 的 P2 端口也呈阻塞状态。当原来处于正常工作的直连链路（如图 2-1 中的①号链路）出现故障时，P2 端口会依次从 Blocking（阻塞）状态转换到 Listening、Learning 状态，再到 Forwarding（转发）状态，需要时延 30s。

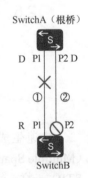

图 2-1　直连故障时的网络重收敛

非直连故障时的网络重收敛如图 2-2 所示，假设 SwitchA 已选举为根桥，SwitchC 的 P2 端口呈阻塞状态。正常工作时，SwitchC 上阻塞端口 P2 会定期通过 SwitchB 收到根桥的配置 BPDU。一旦 SwitchA 与 SwitchB 之间的链路出现故障，SwitchB 会及时检测到故障，然后认为自己是新的根桥，于是向 SwitchC 发送自己的配置 BPDU。SwitchC 收到新收的配置 BPDU 后，经比较并不比原来缓存的配置 BPDU 更优（因为原配置 BPDU 中的桥 ID 更小），因此，SwitchC 会忽略该配置 BPDU。等到原来缓存的配置 BPDU 中 Max Age 计时器（20s）超时后，SwitchC 的 P2 端口开始从 Blocking 状态先依次转换为 Listening、Learning 状态，再转换到 Forwarding 状态，一共是 50s，即此时的时延是 20s 的 Max Age 定时器，再加上 2 倍转发时延（30s）。然后，SwitchC 通过 P2 端口向 SwitchB 转发来自根桥的 BPDU，SwitchB 收到该 BPDU 后，重新认定

SwitchA 为根桥。

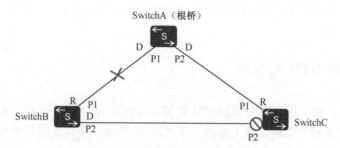

图 2-2　非直连故障时的网络重收敛

最后，STP 中的算法规定，在稳定的拓扑中，只有根桥才能主动发出配置 BPDU 报文，而其他桥设备只能被动地进行转发，直到传遍整个 STP 网络。这也是拓扑收敛慢的主要原因之一。

在发生拓扑变化时，需要将拓扑变化信息传递到根桥，再由根桥向下游设备泛洪拓扑变化信息。STP 拓扑变化机制如图 2-3 所示，SwitchD 上连接的一个网段连接出现了故障，引起了网络拓扑变化。

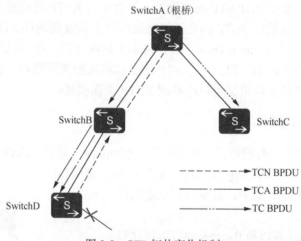

图 2-3　STP 拓扑变化机制

首先，发生拓扑变化的 SwitchD 以 Hello Time（缺省为 2s）为周期通过根端口不断向上游 SwitchB 发送拓扑更改通知（Topology Change Notification，TCN）BPDU，直到接收到 SwitchB 发来的拓扑更改确认（Topology Change Acknowledgement，TCA）位置 1 的配置 BPDU。上游设备收到下游设备发来的 TCN BDPU 后，一方面会通过其指定端口向下游设备以 TCA 位置 1 的配置 BPDU（即 TCA BPDU）进行响应，另一方面又会继续通过其根端口以 Hello Time 为周期向它的上游设备转发所接收的 TCN BPDU，直到根桥（SwitchA）。根桥（SwitchA）收到 TCN BPDU 后，会向所有下游设备发送 TC 位置 1 的配置 BPDU（即 TC BPDU）。下游设备收到根桥（SwitchA）的 TC BPDU 后，会立即删除出现故障网段的对应 MAC 地址表项，然后重新进行 MAC 地址学习，重新进行网络收敛。

正因为 STP 有上述不足，IEEE 于 2001 年发布的 802.1W 标准定义了 RSTP。该协议基于 STP，在绝大多数方面是直接继承的，但也针对 STP 的许多不足进行了修改和补充。

2.2　RSTP 对 STP 的改进

RSTP 保留了 STP 的大部分算法和计时器，并对原有的 STP 进行了更加细致的修改和补充。这些改进相当关键，极大地提升了 STP 的性能，使其能满足如今低时延、高可靠性的网络要求。

RSTP 的主要改进如下。

① 重新划分了端口角色。

② 重新划分了端口状态。

③ 配置 BPDU 格式和处理行为，做了相应的改动。

④ 增加了快速收敛技术。

⑤ 增加了保护功能。

RSTP 发送的是 RST BPDU，可以向下兼容 STP，但是此时会丧失以上这些 RSTP 优势。当一个网段中既有运行 STP 的交换机，又有运行 RSTP 的交换机时，STP 交换机会忽略 RST BPDU，而运行 RSTP 的交换机在某端口上接收到运行 STP 的交换机发出的配置 BPDU 时，会在两个 Hello Time（缺省共 4s）时间之后，把自己的端口转换到 STP 工作模式，发送配置 BPDU。但当运行 STP 的交换机被撤离网络后，原来被转换到 STP 工作模式运行 RSTP 的交换机又可以迁移到 RSTP 工作模式。

2.2.1　端口角色的变化

RSTP 的端口角色共有根端口、指定端口、Alternate（替代）端口和 Backup（备份）端口 4 种。需要说明的是，Edge（边缘）端口也是指定端口的一种类型，RSTP 的 4 种端口角色如图 2-4 所示，其中，根端口和指定端口的定义与 STP 一样。

Alternate（替代）端口和 Backup 端口可以从以下两个角度来理解。

① 从配置 BPDU 报文发送角度来看：Alternate（替代）端口是由学习到其他桥发送的更优配置 BPDU 报文而阻塞的端口；Backup（备份）端口是由学习到自己其他端口发送的更优配置 BPDU 报文而阻塞的端口。

② 从用户流量角度来看：Alternate（替代）端口提供了从指定桥到根桥的一条可切换路径，作为根端口的备份端口；而 Backup（备份）端口作为指定端口的备份，提供一条从根桥到相应网段的备份通路。

Edge（边缘）端口是管理员根据实际需要配置的一种指定端口，用以连接计算机或

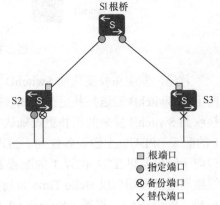

图 2-4　RSTP 的 4 种端口角色

图例：
□ 根端口
● 指定端口
⊗ 备份端口
× 替代端口

不需要运行 STP 的下游交换机。管理员需要保证该端口下游不存在环路，Edge（边缘）端口能够直接进入 Forwarding（转发）状态。

给一个 RSTP 域内所有端口分配角色的过程就是整个拓扑收敛的过程，远比 STP 中要同时顾及端口角色与端口状态之间关系的效率高。

2.2.2　重新划分的端口状态

在端口状态上，RSTP 把 STP 的 5 种状态缩减为 3 种，而且是根据端口是否转发用户流量和学习 MAC 地址来进行划分。

① Discarding（丢弃）状态：不转发用户流量也不学习 MAC 地址。

② Learning（学习）状态：不转发用户流量但是学习 MAC 地址。

③ Forwarding（转发）状态：既转发用户流量又学习 MAC 地址。

STP 与 RSTP 中的端口状态比较见表 2-1。从表 2-1 中可以看出，RSTP 中的端口状态和端口角色没有必然关联，RSTP 把 STP 中的 Blocking（阻塞）、Listening（监听）和 Disabled（禁用）3 种状态统一用一种状态——Discarding（丢弃）替代，使一个端口从初始状态转变为转发状态只需一个转发时延周期时间即可。

表 2-1　STP 与 RSTP 中的端口状态比较

STP 端口状态	RSTP 端口状态	对应的端口角色	是否发送 BPDU	是否学习 MAC 地址	是否 发送数据
Forwarding	Forwarding	包括根端口、指定端口	是	是	是
Learning	Learning	包括根端口、指定端口	是	是	否
Listening	Discarding	包括根端口、指定端口	否	否	否
Blocking	Discarding	包括 Alternate 端口、 Backup 端口	否	否	否
Disabled	Discarding	包括 Disable	否	否	否

2.2.3　配置 BPDU 格式的变化

在 BPDU 格式上，RSTP 的 RST BPDU 与 STP 的配置 BPDU 没做重大修改，主要是对 STP 配置 BPDU 中 1 字节的 Flag（标志）字段进行了填充，使在 RST BPDU 中就可以看出对应端口的端口角色。另外，在 BPDU 类型值上做了改变。具体表现在以下两个字段。

① BPDU Type 字段：RST BPDU 类型不再是 0，而是 2。

② Flag 字段：在 RST BPDU 中使用了在 STP 配置 BPDU 中该字段保留的中间 6 位（最高位仍为 TCA，最低位仍为 TC），RST BPDU 中的 Flag 字段结构如图 2-5 所示，具体作用如下。

Bit7	Bit6	Bit5	Bit4	Bit3	Bit2	Bit1	Bit0
TCA	Agreement	Forwarding	Learning	Port role		Proposal	TC

图 2-5　RST BPDU 中的 Flag 字段结构

- TCA：拓扑更改确认，位于 Bit7，置 1 时，表示发送的是拓扑改变确认配置 BPDU。

- Agreement：同意，位于 Bit6，用于 P/A 机制，置 1 时，表示该 BPDU 报文为快速收敛机制中的 Agreement 报文，是对所收到的 Proposal BPDU（此时 Bit1 位置为 1）的提议进行确认。
- Fowarding：转发状态，位于 Bit5，置 1 时，表示发送该 BPDU 报文的端口处于 Forwarding 状态。
- Learning：学习状态，位于 Bit4，置 1 时，表示发送该 BPDU 报文的端口处于 Learning 状态。
- Port role：端口角色，位于 Bit3 和 Bit2 共两位，取值为 00 时，表示发送该 BPDU 的端口的角色未知，取值为 01 时，表示该端口为 Alternate 端口或 Backup 端口，取值为 10 时，表示该端口为根端口，取值为 11 时，表示该端口为指定端口。
- Proposal：提议，位于 Bit1，置 1 时，表示该 BPDU 报文为快速收敛机制中的 Proposal 报文。对端在收到该报文后，如果同意，则需要发送 Bit6 位置 1 的确认报文。
- TC：拓扑改变，位于 Bit0，置 1 时，表示发送的是拓扑改变配置 BPDU。

RSTP BPDU 用于检测最优 BPDU 的参数和定时器等参数也与 STP 配置 BPDU 相同，也是包括 Root Identifer（根标识符）、Root Path Cost（根路径开销）、Bridge Identifier（桥 ID）和 Port Identifer（端口 ID）这 4 个参数。

2.2.4　配置 BPDU 处理的变化

RSTP 在配置 BPDU 处理上的变化主要体现在以下 3 个方面。

① 在 STP 中，拓扑稳定后，只有根桥可以按照 Hello Time 定时器规定的时间间隔发送配置 BPDU，其他非根桥设备在收到上游设备发来的配置 BPDU 后，才会触发在对所接收的配置 BPDU 进行修改后发送配置 BPDU。而在 RSTP 中，拓扑稳定后无论非根桥设备是否接收到根桥传来的 RST BPDU 报文，非根桥设备仍然按照 Hello Time 定时器规定的时间间隔定期发送配置 BPDU，即在 RSTP 中，各桥的配置 BPDU 发送行为完全是由每台桥设备自主进行的。

② 更短的 BPDU 超时计时。在 RSTP 中规定，如果一个端口连续 3 倍 Hello Time 定时器时间内没有收到上游设备发送过来的 RST BPDU，那么该设备认为与此邻居之间的协商失败，直接发送自己的配置 BPDU。而不是像 STP 规定的那样，需要先等待一个 Max Age（最大生存时间）。

③ 改进的次优 BPDU 处理方式。在 STP 中指定端口在收到次优 BPDU 会在 Max Age 定时器超时后，老化次优 BPDU，然后把端口保存的更优的 BPDU 发送出去，但非指定端口不会处理次优 BPDU。而在 RSTP 中不管是不是指定端口，收到次优 RST BPDU 都会马上（不再需要等待次优 BPDU 老化）发送本地更优的 RST BPDU 给对端，以使对端口快速更新自己的 RST BPDU。

RSTP 对次优 BPDU 的具体处理方式如下。当一个端口收到上游的指定桥发来的 RST BPDU 报文时，该端口会将自身存储的 RST BPDU 与收到的 RST BPDU 进行比较。如果该端口存储的 RST BPDU 的优先级高于收到的 RST BPDU，那么该端口会直接丢弃收到的 RST BPDU，立即以自身存储的 RST BPDU 进行响应。当上游设备收到下游设备响应的 RST BPDU 后，上游设备会根据收到的 RST BPDU 报文中相应的字段立即更新自己存储的 RST BPDU。由此可见，RSTP 处理次优 BPDU 报文不再像 STP 那样依赖于任何定时器，通过超时解决拓扑收敛，从而加快了拓扑收敛。

对次优 BPDU 处理的示例一如图 2-6 所示，假设桥优先级 S3<S2<S1，各段链路的开销值在图 2-6 中进行了标注。正常情况下，S1 为根桥，S2 的 port1 端口为 S2 的根端口，S2 的 port2 端口为 S2 的指定端口，S3 的 port2 端口为 S3 的根端口，S3 的 port1 端口为阻塞端口。因为 S3 经过 S2 到达根桥 S1 的开销更小，所以 S3 会从 port2 端口发送数据，而不会从 port1 端口发送数据。

对次优 BPDU 处理的示例 2 如图 2-7 所示。在 STP 中，如果 S1、S2 之间的链路 down（断）了，则一开始 S2 会认为自己是根桥（因为此时 S2 误认为 S1 不存在了），并发送配置 BPDU。但 S3 的 port2 不会立即以更优的 BPDU 响应 S2，直到 Max Age（缺省为 20s）过期，即 S3 要等到 port2 端口上保存的原 BPDU 超时，才会发送新的以 S1 为根桥（因为此时 S3 与 S1 仍然保持连接，S1 的优先级更高，所以 S3 认为 S1 仍为该交换网络的根桥）的 BPDU。S2 接收到这个 BPDU 后，承认 S1 为根桥（原因是 S1 的优先级高于 S2），修改自己的桥角色。此时 S2 的 port2 端口状态会发生一系列的变化，需要经过 2 倍转发时延，即 30s 才进入转发状态。这样一来一共经历 50s 的时间。

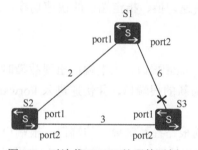

图 2-6　对次优 BPDU 处理的示例一

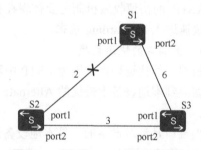

图 2-7　对次优 BPDU 处理的示例二

如果是在 RSTP 中，S3 的 port2 端口收到 S2 发来的次优 BPDU 后，则会马上发送本端口的更优 BPDU，不需要等待 Max Age 时间。因为此时 S2 的 port2 与 S3 的 port2 端口是点对点连接，所以这两个端口都能快速地进行状态迁移，即由 Discarding 状态迁移到 Forwarding，实现拓扑瞬间收敛，不需要等待 2 倍的转发时延。

2.2.5　拓扑变更机制的变化

STP 中只要有端口变为 Forwarding 状态，或从 Forwarding 状态转变到 Blocking 状态均会触发拓扑改变处理过程。在发生拓扑变化时，下游设备会不间断地向上游设备发送 TCN BPDU 报文。上游设备在收到下游设备发来的 TCN BPDU 报文后，使用 Flag 字段中 TCA 标志位置 1 的配置 BPDU 报文发送给对应的下游设备，告知下游设备停止发送 TCN BPDU 报文。与此同时，上游设备复制一份 TCN BPDU 报文，向根桥方向发送。当根桥收到 TCN BPDU 报文后，根桥又使用 Flag 字段中 TC 标志位置 1 的配置 BPDU 报文向对应的下游设备回送，通知它们直接删除发生故障的端口的 MAC 地址表项。整个过程同时使用了 TCN BPDU 和配置 BPDU。

在 RSTP 中检测拓扑是否发生变化只有一个标准：非边缘端口迁移到 Forwarding 状态。一旦检测到拓扑发生变化，则将进行以下处理。

① **为本设备上的所有非边缘指定端口和根端口启动一个 TC While 定时器**，该定时器值是 Hello Time 定时器的 2 倍。在这个时间内，清空所有非边缘端口和根端口上学习到的 MAC 地址。同时，由这些端口向外发送 TC 位置 1 的 RST BPDU。一旦 TC While 定时器超时，则停止发送 RST BPDU。

② 其他交换机接收到 TC 位置 1 的 RST BPDU 后，清空所有端口（除了接收该 RST BPDU 的端口）学习到的 MAC 地址。然后也为自己所有的非边缘指定端口和根端口启动 TC While 定时器，重复上述过程。

由此可见，在 RSTP 中不再使用 TCN BPDU，而是发送 TC 位置 1 的 RST BPDU，并通过泛洪的方式快速通知整个网络，不需要依次向上发送 TCN BPDU 至根桥，当其他桥收到 TC 位置 1 的 RST BPDU 之后，也不需要等待由根桥向下发送的 TC 位置 1 的 RST BPDU，直接清除端口（除了边缘端口）学习到的 MAC 地址，重新学习，实现网络的快速收敛。

2.2.6　RSTP 的快速收敛机制

RSTP 的快速收敛机制主要体现在根端口的快速切换、指定端口的快速切换，边缘端口快速进入 Forwarding 状态。

1. 根端口的快速切换

根端口的快速切换是因为 RSTP 中新增了 Alternate 端口。当根端口出现故障时，会快速切换到本地设备上最优的 Alternate 端口，成为新的根端口，并快速进入 Forwarding 状态。

根端口是针对设备的，是本地设备到达根桥的根路径开销最小的端口。根端口及作为根端口的备份端口——Alternate 端口，通常是连接根桥路径上的上游端口，但也可以是连接下游 LAN 网段的端口。根端口切换到 Alternate 端口的示例如图 2-8 所示，S3 上原来直接连接根桥 S1 的 P1 端口所在链路出现故障时，可快速切换到连接下游网段的 P2 端口（正常情况下是 Alternate 端口），选举成为 S3 新的根端口，进入 Forwarding 状态，通过下游 LAN 网段及 S2 到达根桥。

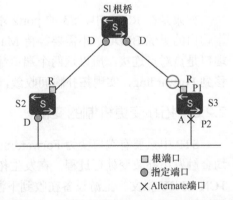

图 2-8　根端口切换到 Alternate 端口的示例

2. 指定端口的快速切换

当指定端口出现故障时，会快速切换到同网段中最优的 Backup 端口，成为新的指定端口，并快速进入 Forwarding 状态。指定端口是针对具体网段的，Backup 端口与同网段当前的指定端口连接的是同一个 LAN 网段。指定端口切换到 Backup 端口的示例如图 2-9 所示，S2 通过 P1 和 P2 两个端口连接到下游 LAN 网段。正常情况下，P1 成为 S2 上该网段的指定端口，P2 作为该网段的 Backup 端口，呈阻塞状态。但当 P1 端口所在链路出现故障时，P2 端口会立即被选举为该网段新的指定端口，并快速进入 Forwarding 状态。

3. 边缘端口快速进入 Forwarding 状态

边缘端口通常是连接主机或不需要运行 STP 的交换机，即生成树网络的边缘。边缘端口不需要参与生成树计算（不管该端口是 Up，还是 Down 状态），因此，可以直接由 Discarding 状态进入 Forwarding 状态。但是边缘端口一旦收到配置 BPDU，就丧失了边缘端口属性，成为普通的 RSTP 端口，参与生成树计算，这样会引起网络震荡。

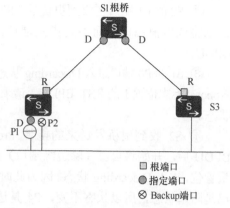

图 2-9　指定端口切换到 Backup 端口的示例

2.2.7　P/A 收敛机制

在 STP 中，当一个端口被选举为指定端口之后，至少要等待两个 Forward Delay 的时间，才会迁移到 Forwarding 状态发送数据。这种保守的设计可以保证不产生环路，但显然会在一定程度上影响网络收敛性能，为此 RSTP 引入一种新的快速收敛机制，即 Proposal/Agreement 机制。**P/A 机制的目的是使一个原来处于 Discarding 状态、新选举成为指定端口可以尽快进入 Forwarding 状态。**

1. P/A 机制工作原理

P/A 协商过程的完成根据以下 5 个步骤，这些步骤也是 P/A 机制的具体工作原理。

① proposing（提议请求）：当一个指定端口处于 Discarding 或 Learning 状态时，proposing 变量置位，并向下游桥设备传递 Flags 字段 Proposal 标志位置 1 的 RST BPDU（表示此 BPDU 为 Proposal RST BPDU 报文），请求快速切换到 Forwarding 状态。

② proposed（提议采纳）：当对端的根端口收到以上 Proposal RST BPDU 时，将自己的 proposed 变量置位。该变量指示本网段上的指定端口希望尽快进入 Forwarding 状态。

③ sync（同步请求）：当根端口的 proposed 变量置位后会依次为本桥上的其他端口的 sync 变量置位，使所有非边缘端口都进入 Discarding 状态，准备重新同步。

④ synced（同步完成）：所有非边缘端口进入 Discarding 状态，将自己的 synced 变量置位。然后根端口也将自己的 synced 变量置位，表示本桥上已正式完成同步操作，向上游设备传回 Agreement 标志位置 1 的 RST BPDU（表示此 BPDU 为 Agreement RST BPDU 报文）。

⑤ agreed（提议确认）：当原来想要进入转发状态的上游设备指定端口收到对端根端口发来的一个 Agreement RST BPDU 时，此指定端口的 agreed 变量被置位。Agreed 变量一旦被置位，则该指定端口马上转入 Forwarding 状态。

2. P/A 机制解析示例

P/A 机制解析示例如图 2-10 所示，根桥 S1 和 S2 之间新添加了一条链路。在当前状态下，S2 中的 P2 是 Alternate 端口，P3 是指定端口并且处于 Forwarding 状态，P4 是边缘端口。新链路连接成功后，P/A 机制的协商过程如下。

① S1 的 P0 端口和 S2 的 P1 端口先成为指定端口，相互发送 RST BPDU。

② S2 的 P1 端口在收到更优的 RST BPDU 后马上意识到自己将成为根端口，而不是指定端口，于是停止发送 RST BPDU。

③ S1 的 P0 端口进入 Discarding 状态，并向对端的 S2 发送 Proposal 标志位置 1 的 RST BPDU，请求快速切换到 Forwarding 状态。

④ S2 收到根桥发送来的携带 Proposal 标志位的 RST BPDU 后，开始将自己（除边缘端口）的所有端口的 sync 变量置位，进入 Discarding 状态。因为此时 P2 是 Alternate 端口，已是阻塞状态，所以状态不变，P4 是边缘端口不参与运算，所以实际上只阻塞指定端口 P3。

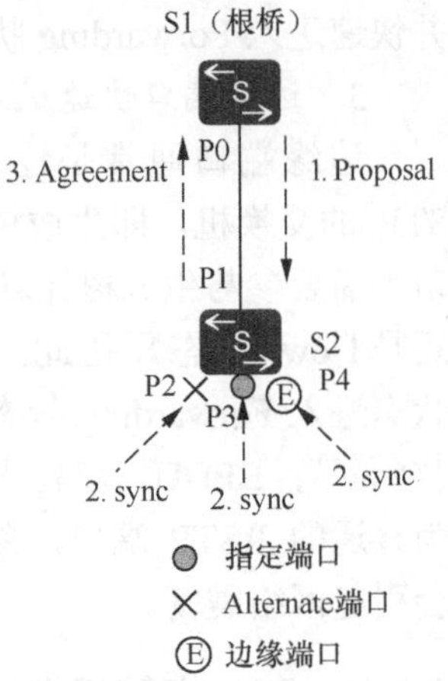

⑤ P2、P3、P4 端口在都进入 Discarding 状态之后，将自己的 synced 变量置位，然后根端口 P1 也将自己的 synced 变量置位，并向 S1 返回 Agreement 标志位置 1 的响应 RST BPDU。

⑥ 当 S1 收到 Agreement RST BPDU 后，知道是对自己刚刚发出的 Proposal 的响应，端口 P0 马上进入 Forwarding 状态。

以上 P/A 过程可以向下游设备继续传递，也就是说，不一定是根桥与非根桥之间，也可以是非根桥之间。

图 2-10　P/A 机制解析示例

【说明】P/A 机制要求 2 台交换机之间链路必须是点对点的全双工模式。一旦 P/A 协商不成功，指定端口的选择就仍需要等待 2 个 Forward Delay，协商过程与 STP 一样。

2.3　RSTP 配置

虽然 RSTP 对 STP 有了重大改进，但在配置方法方面二者的区别不大。

2.3.1　RSTP 基本功能配置

RSTP 基本功能配置包括 RSTP 工作模式、桥和备份桥、桥优先级，端口路径开销、端口优先级、RSTP 功能启用等，RSTP 基本功能的配置步骤见表 2-2。

表 2-2　RSTP 基本功能的配置步骤

步骤	命令	说明
1	**system-view**	进入系统视图
2	**stp mode rstp** 例如，[HUAWEI] **stp mode rstp**	配置交换机的生成树工作模式为 RSTP 模式， 缺省为 MSTP 模式，可用 **undo stp mode** 命令恢复缺省配置
3	**stp root** { **primary** | **secondary** } 例如，[HUAWEI] **stp root primary**	（可选）配置当前设备为根桥（选择 **primary** 选项时）或备份根桥（选择 **secondary** 选项时）。配置为根桥、备份根桥后该设备 BID 中的优先级值分别自动设为 0、4096，并且都不能更改。 缺省没有配置根桥和备份根桥，可用 **undo stp root** 命令恢复缺省配置

步骤	命令	说明
4	**stp priority** *priority* 例如，[HUAWEI] **stp priority 4096**	（可选）配置交换机的桥优先级，取值范围为 0～61440，步长为 4096，即仅可以配置 **16** 个优先级取值，例如、0、4096、8192 等。**优先级值越小，则优先级越高，越能成为根桥或备份根桥。** 缺省情况下，交换机的桥优先级值为 32768，可用 **undo stp priority** 命令恢复为缺省值。 【注意】如果已经通过执行命令 **stp root primary** 或命令 **stp root secondary** 指定当前设备为根桥或备份根桥，要改变当前设备的优先级，则需要先执行命令 **undo stp root** 去使能根桥或者备份根桥功能，然后执行本命令配置新的优先级数值
5	**stp pathcost-standard { dot1d-1998 | dot1t | legacy }** 例如，[HUAWEI] **stp pathcost-standard dot1d-1998**	（可选）配置端口路径开销缺省值的计算方法 • **dot1d-1998**：多选一选项，表示采用 IEEE 802.1d 标准计算方法。 • **dot1t**：多选一选项，表示采用 IEEE 802.1t 标准计算方法。 • **legacy**：多选一选项，表示采用华为的私有计算方法。 缺省情况下，路径开销缺省值的计算方法为 IEEE 802.1t（**dot1t**）标准方法，可用 **undo stp pathcost-standard** 命令恢复为缺省计算方法，而且同一交换网络内所有交换机应使用相同的计算方法
6	**interface** *interface-type interface-number* 例如，[HUAWEI] **interface GigabitEthernet 1/0/0**	进入要修改生成树协议配置的接口视图
7	**stp cost** *cost* 例如，[HUAWEI-GigabitEthernet1/0/0] **stp cost 200**	（可选）设置当前端口的路径开销值，取值范围根据所采用的计算方法的不同而不同。 • 使用华为的私有计算方法时，参数 *cost* 的取值范围为 1～200000。 • 使用 IEEE 802.1d 标准方法时，参数 *cost* 的取值范围为 1～65535。 • 使用 IEEE 802.1t 标准方法时，参数 *cost* 的取值范围为 1～200000000。 缺省情况下，端口的路径开销值为接口速率对应的路径开销缺省值
8	**stp port priority** *priority* 例如，[HUAWEI-GigabitEthernet1/0/0] **stp port priority 64**	（可选）配置端口的优先级，取值范围为 0～240，**步长为 16**，例如、0、16、32 等，**优先级值越小，优先级越高，越能成为指定端口。** 缺省情况下，端口的优先级取值是 128，可用 **undo stp port priority** 命令恢复当前接口的优先级为缺省值
9	**stp edged-port enable** 例如，[HUAWEI-GigabitEthernet1/0/0] **stp edged-port enable**	（可选）配置当前端口为边缘端口。 缺省情况下，所有端口均为非边缘端口，可用 **undo stp edged-port enable** 命令恢复为缺省配置
10	**quit**	退出接口视图，返回系统视图
11	**stp enable** 例如，[HUAWEI] **stp enable**	（可选）使能交换机全局或端口的生成树协议（包括各种生成树模式）功能。缺省情况下，全局和端口的生成树协议功能均处于使能状态，可用 **undo stp enable** 命令全局或端口禁止运行生成树协议

2.3.2　RSTP 基本功能配置示例

RSTP 配置示例的拓扑结构如图 2-11 所示，网络中，SwitchA、SwitchB、SwitchC 和 SwitchD 构成环路，现在这些交换机上都运行 RSTP，以 SwitchA 为根桥，SwitchD 为备份根桥，并阻塞 SwitchC 的 GE0/0/1 端口，以消除环路，同时使连接用户主机的交换机端口不参与生成树计算。

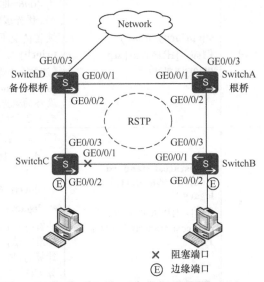

图 2-11　RSTP 配置示例的拓扑结构

1. 配置思路分析

无论是 STP，还是 RSTP，根桥和备份根桥都可以自动按照各交换机的 BID 进行选举，但这种方式很难控制选举结果。本示例明确指定 SwitchA 为根桥，SwitchD 为备份根桥，这时有两种配置方式：一是通过桥优先级配置实现；二是采用手动指定根桥和备份根桥的方式实现，在此采用的是后一种方式。

因为本示例中各交换机端口都是千兆以太网端口，缺省情况下，各端口的开销值相同，所以最终在环路中阻塞哪个接口也是按照复杂的各种端口角色选举、根路径开销计算方式自动确定。本示例明确要求阻塞 SwitchC 的 GE0/0/1 端口来消除环路，此时可以人为地把该端口的端口开销值调大。这样一来，SwitchC 通过 GE0/0/1 端口到达根桥 SwitchA 的根路径开销要比通过 GE0/0/3 端口到达根桥的根路径开销大，GE0/0/3 成为根端口，而 GE0/0/1 成为 Alternate 端口，成为阻塞状态。

至于要使连接用户主机的端口不参与生成树计算，也有两种配置方式：一是禁止在连接用户主机的交换机端口上运行 RSTP；二是把这些端口配置为边缘端口，在此采用后一种方式。

根据前面的分析和 2.3.1 节介绍的配置方法可以得出以下基本配置思路（仅针对环网结构中的 4 台交换机）。

① 配置环网中 4 台交换机的生成树协议工作在 RSTP 模式。

② 手动指定 SwitchA 为根桥，SwitchD 为备份根桥。

③ 配置环网中 4 台交换机的端口路径开销计算方法，加大 SwitchC 的 GE0/0/1 端口的开销值，以阻塞该端口，消除环路。

④ 在环网中，4 台交换机上全局使能 RSTP 功能，将与计算机相连的端口配置为边缘端口，将 SwitchA 和 SwitchD 连接外部网络的 GE0/0/3 端口上禁止运行生成树协议。

2. 具体配置步骤

① 配置环网中 4 台交换机的生成树协议工作在 RSTP 模式。在此仅以 SwitchA 交换机上的配置为例进行介绍，其他交换机的配置方法完全一样，具体配置如下。

```
<HUAWEI> system-view
[HUAWEI] sysname SwitchA
[SwitchA] stp mode rrstp
```

② 手动指定 SwitchA 为根桥，SwitchD 为备份根桥，具体配置如下。

```
[SwitchA] stp root primary
[SwitchD] stp root secondary
```

③ 配置环网中 4 台交换机的端口路径开销计算方法（在此采用华为私有计算方法）。在此仅以 SwitchA 上的配置为例进行介绍，具体配置如下。

```
[SwitchA] stp pathcost-standard legacy
```

增大 SwitchC 上的 GE0/0/1 端口的开销值，此处为 20000（千兆端口的缺省值为 2），具体配置如下。

```
[SwitchC] interface gigabitethernet 0/0/1
[SwitchC-GigabitEthernet0/0/1] stp cost 20000
```

④ 在环网中 4 台交换机上使能 RSTP 功能，将与计算机相连的端口配置为边缘端口。

全局使能 RSTP 功能，将 SwitchA 和 SwitchD 连接外部网络的 GE0/0/3 端口上禁止运行生成树协议。在此仅以 SwitchA 上的配置为例进行介绍，其他交换机上的配置方法完全一样，具体配置如下。

```
[SwitchA] stp enable
[SwitchA] interface gigabitethernet 0/0/1
[SwitchA-GigabitEthernet0/0/3] undo stp enable    #---禁止运行生成树协议
[SwitchA-GigabitEthernet0/0/3] quit
```

在 SwitchB 和 SwitchC 上将连接计算机的端口配置为边缘端口，具体配置如下。

```
[SwitchB] interface gigabitethernet 0/0/2
[SwitchB-GigabitEthernet0/0/2] stp edged-port enable
[SwitchB-GigabitEthernet0/0/2] quit

[SwitchC] interface gigabitethernet 0/0/2
[SwitchC-GigabitEthernet0/0/2] stp edged-port enable
[SwitchC-GigabitEthernet0/0/2] quit
```

3. 配置结果验证

以上配置完成后，过段时间，在网络计算稳定后，在各交换机上执行 **display stp brief** 命令查看各端口角色和端口状态。

在 SwitchA 上执行 **display stp brief** 命令的输出如图 2-12 所示，因为它是根桥，所以它的两个端口均是指定端口，呈转发状态。

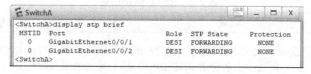

图 2-12 在 SwitchA 上执行 **display stp brief** 命令的输出

在 SwitchB 上执行 **display stp brief** 命令的输出如图 2-13 所示，从图 2-13 中可以看到，GE0/0/3 端口为根端口，连接 SwitchC 的 GE0/0/1 端口作为 SwitchB 与 SwitchC 之间 LAN 网段的指定端口，连接计算机的 GE0/0/2 端口也为指定端口，之所以指定它为边缘端口，是因为边缘端口是指定端口的一种特殊类型。

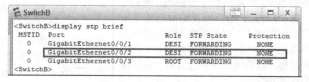

图 2-13 在 SwitchB 上执行 **display stp brief** 命令的输出

在 SwitchC 上执行 **display stp brief** 命令的输出如图 2-14 所示，从图 2-14 中可以看到，GE0/0/3 端口为根端口，连接 SwitchB 的 GE0/0/1 端口作为 SwitchC 与 SwitchB 之间 LAN 网段的 Alternate 端口，处于 **Discarding** 状态，连接计算机的 GE0/0/2 端口虽然也配置为边缘端口，但也是指定端口，原因同上。

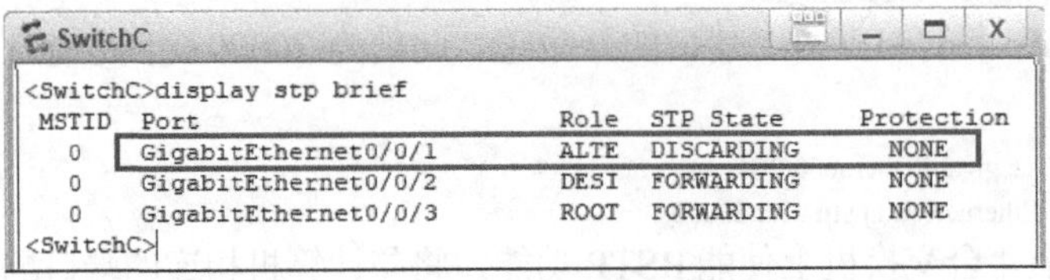

图 2-14　在 SwitchC 上执行 **display stp brief** 命令的输出

在 SwitchD 上执行 **display stp brief** 命令的输出如图 2-15 所示，其中，连接根桥 SwitchA 的 GE0/0/1 端口为根端口，连接 SwitchC 的 GE0/0/2 端口作为 SwitchD 与 SwitchC 之间 LAN 网段的指定端口，均为转发状态。

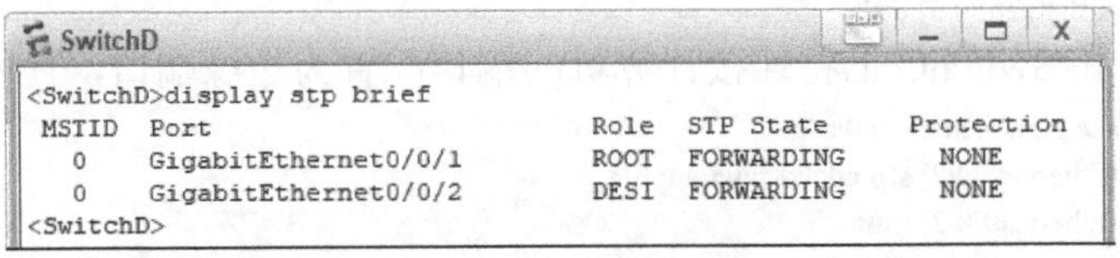

图 2-15　在 SwitchD 上执行 **display stp brief** 命令的输出

通过以上验证，前面的配置符合需求，说明配置正确。

2.3.3　RSTP 保护功能及配置

RSTP 提供了一系列的保护功能，包括 BPDU 保护、根保护、环路保护和防 TC-BPDU 攻击保护，RSTP 保护功能见表 2-3。

表 2-3　RSTP 保护功能

保护功能	场景	配置影响
BPDU 保护	正常情况下，边缘端口是不会收到 RST BPDU 的，但当攻击者伪造 RST BPDU 恶意攻击时，边缘端口在收到 RST BPDU 后端口状态将变为非边缘端口，此时就会造成生成树的重新计算，引起网络振荡	在交换机上启动 BPDU 保护功能后，如果边缘端口收到 RST BPDU，边缘端口将被 error-down，但是边缘端口属性不变，同时通知网管系统，被 error-down 的边缘端口只能由网络管理员手动恢复
根保护	由于维护人员的错误配置或网络中的恶意攻击，根桥收到优先级更高的 BPDU，会失去根桥的地位，重新进行生成树的计算，并且由于拓扑结构的变化，可能造成高速流量迁移到低速链路上，引起网络拥塞。可以在根桥的指定端口（只能是指定端口）上启用根保护功能，以确保根桥不会因为一些网络问题而改变角色	一旦启用根保护功能的指定端口收到优先级更高的 RST BPDU 时，端口状态将进入 Discarding 状态，不再转发报文。在经过一段时间（通常为 2 倍的 Forward Delay），如果端口一直没有再收到优先级较高的 RST BPDU，端口会自动恢复到正常的 Forwarding 状态

续表

保护功能	场景	配置影响
环路保护	根端口状态是依靠切断上游交换机发来的 RST BPDU 维持秩序。当出现链路拥塞或者单向链路故障，根端口收不到来自上游交换机的 RST BPDU 时，交换机会重新选举新的根端口，例如，用 Alternate 端口接替原来的根端口，原来的根端口可能成为指定端口，形成环路	在启动了环路保护功能后，如果根端口或 Alternate 端口长时间收不到来自上游的 RST BPDU 时，则向网管发出通知信息。此时如果是根端口，则进入 Discarding 状态，成为指定端口；如果是 Alternate 端口，则会一直保持 Discarding 状态，但角色也会切换为指定端口，不转发报文，从而不会在网络中形成环路。直到链路不再拥塞，或单向链路故障恢复，根端口或 Alternate 端口重新收到 RST BPDU，端口状态才恢复正常故障前的角色和状态
防 TC-BPDU 攻击保护	交换机在接收到 TC 置位的 RST BPDU 后，会执行 MAC 地址表项删除操作。如果有人恶意在短时间内伪造发送大量这类 RST BPDU，交换机可能会因频繁进行这类操作而导致性能下降甚至崩溃	启用防 TC-BPDU 攻击保护功能后，在单位时间内，交换机处理 TC-BPDU 的次数可配置。如果在单位时间内交换机在收到这类 BPDU 的数量大于配置的阈值，则设备只处理阈值指定的次数，对于其他超出阈值的该类 BPDU，定时器到期后设备只对其统一处理一次，可避免频繁地删除 MAC 地址表项，从而达到保护设备的目的

RSTP 保护功能的配置步骤见表 2-4，但各功能的配置没有严格的先后顺序。

表 2-4　RSTP 保护功能的配置步骤

步骤	命令	说明
1	**system-view**	进入系统视图
2	**stp bpdu-protection** 例如，[HUAWEI]**stp bpdu-protection**	使能边缘端口的 BPDU 保护功能，如果边缘端口收到 BPDU 报文，边缘端口将会被 error-down。如果用户希望被 error-down 的边缘端口自动恢复，则可通过在系统视图下执行 **error-down auto-recoverycause bpdu-protection interval** *interval-value* 命令，配置使能端口自动恢复功能，并设置延迟时间，使被关闭的端口经过延迟时间后能够自动恢复。 在配置自动恢复功能时需要注意以下两个方面。 • 缺省情况下，未使能处于 error-down 的接口状态自动恢复为 up 的功能，因此，没有缺省延迟时间值。 • 自动恢复功能仅对配置了本命令之后发生 error-down 的端口有效，对配置此命令之前已经 **error-down** 的接口不生效。 缺省情况下，设备的 BPDU 保护功能处于去使能状态，可使用 **undo stp bpdu-protection** 命令去使能设备的 BPDU 保护功能
3	**stp tc-protection** 例如，[HUAWEI] **stp tc-protection**	使能交换机对防 TC-BPDU 攻击保护的功能，还可以通过 **stp tc-protection threshold** *threshold* 命令配置交换机在单位时间内处理 TC 类型的 BPDU 报文的次数。 缺省情况下，交换机的 TC 保护功能处于关闭状态，可以用 **undo stp tc-protection** 命令去使能设备对 TC 类型 BPDU 报文的保护功能
4	**interface** *interface-type interface-number* 例如，[HUAWEI]**interface** gigabitethernet 0/0/1	进入交换机接口视图

续表

步骤	命令	说明
5	**stp root-protection** 例如，[HUAWEI-GigabitEthernet0/0/1] **stp root-protection**	在指定端口（**只能在指定端口下配置**）上使能根保护功能，但配置了根保护的端口不可再配置环路保护功能。 缺省情况下，端口的 Root 保护功能处于去使能状态，可用 **undo stp root-protection** 命令去使能当前指定端口的根保护功能
6	**stp loop-protection** 例如，[HUAWEI-GigabitEthernet0/0/2]**stp loop-protection**	在根端口或 Alternate 端口上使能环路保护功能（**不能在指定端口下配置**）。 【注意】由于 Alternate 端口是根端口的备份端口，如果交换机上有 Alternate 端口，需要在根端口和 Alternate 端口上同时配置环路保护。配置了根保护的端口，不可以配置环路保护。 缺省情况下，端口的环路保护功能处于关闭状态，可使用 **undo stp loop-protection** 命令去使能当前端口的环路保护功能

2.4　MSTP

无论是 STP，还是 RSTP，它们都是针对整个交换网络计算单一生成树，因此，它们都为单生成树协议。这对于一些小型网络是有效的，而且配置也非常简单。但是对于一些规模比较大，结构比较复杂，特别是多 VLAN 的交换网络来说，显然会使生成树的计算更复杂，甚至无法最终形成一棵无环路的生成树。这时就要用到本节将要介绍的 MSTP 了。

2.4.1　MSTP 产生的背景

在 RSTP 和 STP 中，局域网内所有的 VLAN 共享一棵生成树，无法在 VLAN 之间实现数据流量的负载均衡，被阻塞的冗余链路将不承载任何流量，造成带宽浪费，还有可能造成部分 VLAN 的报文无法转发。

采用 STP/RSTP 时的单生成树如图 2-16 所示，如果在局域网内应用 STP 或 RSTP，则生成的生成树结构如图 2-16 中的虚线所示，S6 为根桥。此时，S2 和 S5 之间、S1 和 S4 之间的链路被阻塞，再结合图 2-16 中各链路上所配置的允许通过的 VLAN，可以得出虽然 HostA（主机 A）和 HostB（主机 B）同属于 VLAN2，但它们之间无法互相通信。

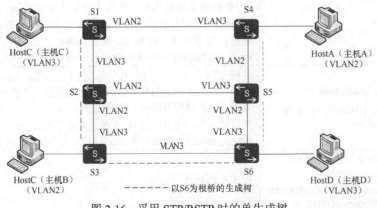

图 2-16　采用 STP/RSTP 时的单生成树

为了弥补 STP 和 RSTP 的缺陷，IEEE 于 2002 年发布的 802.1S 标准定义了 MSTP。MSTP 兼容 STP 和 RSTP，既可以快速收敛，又能使不同 VLAN 的流量沿各自的路径转发，从而为冗余链路提供更好的负载分担机制。

MSTP 通过把一个交换网络划分成多个域，每个域内单独形成一棵生成树，整个交换网络就可以形成多棵互不影响的生成树。在 MSTP 网络中，每棵生成树叫作一个多生成树实例（Multiple Spanning Tree Instance，MSTI），每个域叫作一个多生成树域（Multiple Spanning Tree Region，MSTR）。

MSTP 把一个生成树网络划分成多个域，每个域内形成多棵内部生成树，各个生成树实例之间彼此独立。然后，MSTP 通过 VLAN 生成树实例的映射表把 VLAN 和生成树实例联系起来，将多个 VLAN 捆绑到一个实例中，并以生成树实例为基础实现负载均衡。每个 VLAN 只能映射一个 MSTI，即同一 VLAN 的数据只能在一个 MSTI 中传输，而一个 MSTI 可能对应多个 VLAN。但是一个交换机可以位于多个 MSTI 中。

下面同样以图 2-16 中网络为例，如果网络中各交换机都运行的是 MSTP，就可以解决在采用 STP 和 RSTP 时，同在 VLAN2 的 HostA 和 HostB 不能通信的问题。此时可以划分两个 MSTI，生成两棵生成树，采用 MSTP 时的两棵生成树如图 2-17 所示。

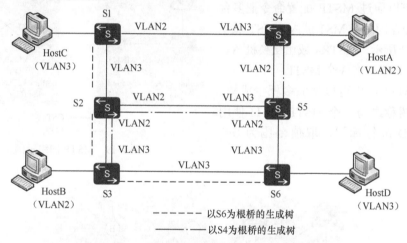

图 2-17　采用 MSTP 时的两棵生成树

① MSTI1：以 S4 为根桥（非根桥包括 S5、S2、S3），转发 VLAN2 的报文。
② MSTI2：以 S6 为根桥（非根桥包括 S3、S2、S1），转发 VLAN3 的报文。

这样所有 VLAN 内部可以互通，同时不同 VLAN 的报文沿不同的路径转发，实现了负载分担。S2～S5 的链路是通的，允许转发 VLAN2 报文，因此，最终不会出现同在 VLAN2 的 HostA 和 HostB 不能通信的问题。

另外，采用 STP 和 RSTP 生成单生成树时，还会造成二层次优路径问题。STP、RSTP 引起二层次优路径示例如图 2-18 所示，由于 S2 与 S3 之间的链路都被阻塞，S3 连接的 VLAN3 用户

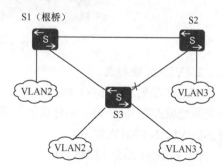

图 2-18　STP、RSTP 引起二层次优路径示例

与 S2 上连接的 VLAN3 用户之间的访问经过 S1，而最优的路径是直接通过 S3 与 S2 之间的链路。

2.4.2 MSTP 基本概念

1. MST 域

MST Region（常写作 MST 域）由交换网络中的多台交换机及它们之间的网段构成。同一个 MST 域的设备具有下列特点。

① 都启动了 MSTP。

② 具有相同的域名。

③ 具有相同的 VLAN 到生成树实例映射配置。

④ 具有相同的 MSTP 修订级别配置。

一个 MSTP 网络可以存在多个 MST 域，各 MST 域之间在物理上直接或间接相连，MSTP 网络示例如图 2-19 所示。

用户可以通过 MSTP 配置命令把多台交换机划分在同一个 MST 域内。MST 域示例如图 2-20 所示，MSTR4 域由交换机 A、B、C 和 D 构成，有 3 个 MSTI。

每个 MST 域内可以生成多棵生成树，每棵生成树称之为一个 MSTI。MSTI 使用 Instance ID 进行标识，取值范围为 0～4094。

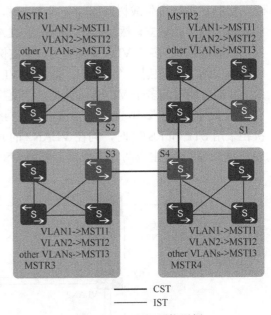

图 2-19　MSTP 网络示例

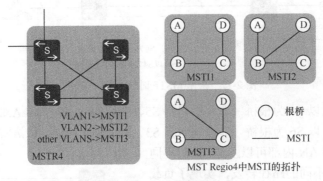

图 2-20　MST 域示例

2. VLAN 映射表

VLAN 映射表是 MST 域的属性，描述了 VLAN 和 MSTI 之间的映射关系，这种映射关系也就是把那些 VLAN 分别加入哪个 MSTI。在图 2-20 中的 MSTP 网络中，MSTR4 包括的 VLAN 映射表如下。

① VLAN1 映射到 MSTI1。

② VLAN2 和 VLAN3 映射到 MSTI2。

③ 其余 VLAN 映射到 MSTI3。

3. 内部生成树

内部生成树（Internal Spanning Tree，IST）是各个 MST 域内的一棵生成树，**是仅针对具体的 MST 域来计算的**。但它是一个特殊的 MSTI，其 Instance ID 为 0，即 IST 通常称为 MSTI0，是缺省存在的。**每个 MST 域中只有一个 IST**，缺省情况下，所有 VLAN 都加入该实例中。

图 2-19 中每个 MST 域内部用细线连接的各交换机就构成了对应 MST 域中的 IST。

4. 公共生成树

公共生成树（Common Spanning Tree，CST）是连接整个 MSTP 网络内所有 MST 域的一棵单生成树，**是针对整个 MSTP 网络来计算的**。如果把每个 MST 域看作一台"交换机"，每个 MST 域看作 CST 的一个节点，则 CST 就是这些节点"交换机"通过 STP 或者 RSTP 计算生成的一棵生成树。**每个 MSTP 网络中只有一个 CST**。

图 2-19 中用粗线连接的各个 MST 域就构成 CST。

5. 公共和内部生成树

公共和内部生成树（Common and Internal Spanning Tree，CIST）是通过 STP 或 RSTP 协议计算生成的，连接整个 MSTP 网络内所有交换机的单生成树，**由 IST 和 CST 共同构成**。CST 是连接交换网络中**所有 MST 域**的单生成树，而 CIST 则是连接交换网络内的**所有交换机**的单生成树。**每个 MSTP 网络中也只有一个 CIST**。交换网络中的所有 MST 域的 IST 和 CST 一起构成一棵完整的生成树，即 CIST。

图 2-19 中所有 MST 域的 IST 加上 CST 就构成一棵完整的生成树，即 CIST。

6. 单生成树

单生成树（Single Spanning Tree，SST）构成包括以下两种情况。

① 运行 STP 或 RSTP 的交换机只属于一个生成树。

② MST 域中只有一个交换机，这个交换机构成单生成树。

7. 总根

总根是 CIST 生成树的根桥，通常是交换网络中最上层的交换机。**一个 MSTP 网络只有一个总根**。

8. 域根

因为在 MSTP 网络中，每个 MST 域都有一个特殊的 IST 实例及许多 MSTI，所以域根（Regional Root）又分为 IST 域根和 MSTI 域根两种。

各个 MST 域中的 IST 生成树中距离 CIST 总根最近的交换机是 IST 域根，如图 2-19 中的 S1、S2、S3 和 S4 交换机。MSTI 域根是对应生成树实例的树根，域中不同的 MSTI 有各自的域根。

9. 主桥

主桥（Master Bridge）属于内部生成树，是域内离总根最近的交换机。如果总根在 MST 域中，则总根为该域的主桥。**主桥包括总根和 IST 域根**。

2.4.3 MSTP 的端口角色

MSTP 的端口角色主要有根端口（Root Port）、指定端口（Designated Port）、替代端口（Alternate Port）、备份端口（Backup Port）、主端口（Master Port）、域边缘端口（Region Edge Port）和边缘端口（Edge Port）7 种，MSTP 端口角色见表 2-5。其中，根端口、指定端口、替代端口、备份端口和边缘端口这 5 种主要端口角色的作用与 RSTP 协议中对应的端口角色定义完全相同。除边缘端口外，其他端口角色都参与 MSTP 的计算过程。根端口、指定端口、替代端口、备份端口如图 2-21 所示，主端口和域边缘端口如图 2-22 所示。

表 2-5　MSTP 端口角色

端口角色	说明
根端口	在非根桥上，离根桥最近的端口是本交换机的根端口，根桥上没有根端口。 根端口负责向树根方向转发数据。图 2-21 中 S1 为根桥，CP1 为 S3 的根端口，BP1 为 S2 的根端口
指定端口	对一台交换机而言，指定端口是向下游交换机转发 BPDU 报文的端口。图 2-21 中 AP2 和 AP3 为 S1 的指定端口，CP2 为 S3 的指定端口
替代端口	从配置 BPDU 报文发送角度来看，Alternate 端口是由于学习到了其他网桥发送的配置 BPDU 报文而阻塞的端口。从用户流量角度来看，Alternate 端口提供了从指定桥到根的另一条可切换路径，作为根端口的备份端口。如图 2-21 所示，BP2 为 Alternate 端口
备份端口	从配置 BPDU 报文发送角度来看，Backup 端口就是由于学习到了自己发送的配置 BPDU 报文而阻塞的端口。从用户流量角度来看，Backup 端口作为指定端口的备份，提供了另外一条从根节点到叶节点的备份通路。图 2-21 中 CP3 为 Backup 端口
主端口	Master 端口是 MST 域和总根相连的所有路径中最短路径上的端口，它是交换机上连接 MST 域到总根的端口。Master 端口是域中的报文去往总根的必经之路，是特殊域边缘端口，在 CIST 上的角色是根端口，在其他各实例上的角色都是 Master 端口。 图 2-22 中 S1、S2、S3、S4 和它们之间的链路构成一个 MST 域，S1 交换机的端口 AP1 在域内的所有端口中到总根的路径开销最小，所以 AP1 为 Master 端口
域边缘端口	域边缘端口是指位于 MST 域的边缘并连接其他 MST 域或 SST 的端口。图 2-22 中 MST 域内的 AP1、DP1 和 DP2 都和其他域直接相连，它们都是本 MST 域的域边缘端口
边缘端口	如果指定端口位于整个域的边缘，不再与任何交换机连接，这种端口叫作边缘端口，一般与用户终端设备直接连接。 使能 MSTP 功能后，会默认启用边缘端口自动探测功能，当端口在（2×Hello Timer + 1）秒的时间内收不到 BPDU 报文，自动将端口设置为边缘端口，否则设置为非边缘端口

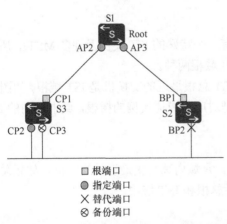

图 2-21　根端口、指定端口、替代端口、备份端口

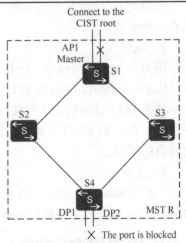

图 2-22　主端口和域边缘端口

同一端口在不同 MSTI 中的端口角色可以不同。

2.4.4　MSTP 的端口状态

MSTP 定义的端口状态也与 RSTP 中的定义完全相同，也是根据端口是否转发用户流量、接收/发送 BPDU 报文，把端口状态划分为以下 3 种。

① Forwarding 状态：转发状态，既转发用户流量又接收/发送 BPDU 报文。

② Learning 状态：学习状态，不转发用户流量，只接收/发送 BPDU 报文。

③ Discarding 状态：丢弃状态，只接收 BPDU 报文，不转发报文。

根端口、Master 端口、指定端口和域边缘端口支持 Forwarding、Learning 和 Discarding 状态，Alternate 端口和 Backup 端口仅支持 Discarding 状态。在 Learning 状态下，交换机会根据收到的用户流量构建 MAC 地址表，但不转发用户流量。

2.4.5　MSTP BPDU 报文

MSTP 使用多生成树桥协议数据单元（Multiple Spanning Tree Bridge Protocol Data Unit，MST BPDU）作为生成树计算的依据。MST BPDU 报文用来计算生成树的拓扑、维护网络拓扑及传达拓扑变化记录。

STP 中定义的配置 BPDU、RSTP 中定义的 RST BPDU、MSTP 中定义的 MST BPDU 及 TCN BPDU 在版本号和类型值方面各有不同，4 种 BPDU 的比较见表 2-6。

表 2-6　4 种 BPDU 的比较

名称	版本	类型
配置 BPDU	0	0x00
TCN BPDU	0	0x80
RST BPDU	2	0x02
MST BPDU	3	0x02

MST BPDU 报文结构如图 2-23 所示。无论是域内的 MST BPDU，还是域间的 MST BPDU，前 36 个字节和 RST BPDU 相同。从第 37 个字节开始是 MSTP 专有字段。最后的 MSTI 配置信息字段由若干 MSTI 配置信息组连缀而成。MST BPDU 格式字段说明见表 2-7。

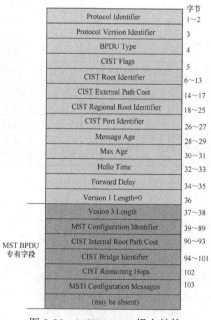

图 2-23　MST BPDU 报文结构

表 2-7　MST BPDU 格式字段说明

字段内容	字节数	说明
Protocol Identifier	2	协议标识符，目前总为 0
Protocol Version Identifier	1	协议版本标识符，STP 为 0，RSTP 为 2，MSTP 为 3
BPDU Type	1	BPDU 类型： • 0x00：STP 的 Configuration BPDU。 • 0x80：STP 的 TCN BPDU。 • 0x02：RST BPDU 或者 MST BPDU
CIST Flags	1	CIST 标志字段，与 RSTP 中的标志字段完全一样
CIST Root Identifier	8	CIST 的总根桥 ID
CIST External Path Cost	4	CIST 外部路径开销，是指从本桥所属的 MST 域到 CIST 根桥所属的 MST 域的累计路径开销，类似于 RSTP 中的根路径开销，也是根据链路带宽计算的
CIST Regional Root Identifier	8	CIST 的域根桥 ID，即 IST Master 的 ID。如果总根在这个域内，那么该域的根桥 ID 就是总根桥 ID
CIST Port Identifier	2	发送 BPDU 报文的端口在 IST 中的指定端口 ID
Message Age	2	MST BPDU 报文的生存期
Max Age	2	MST BPDU 报文的最大生存期，如果超时，则认为到根交换机的链路故障
Hello Time	2	Hello 定时器，缺省为 2s
Forward Delay	2	Forward Delay 定时器，缺省为 15s
Version 1 Length	1	Version1 BPDU 的长度，值固定为 0
Version 3 Length	2	Version3 BPDU 的长度
MST Configuration Identifier	51	MST 配置标识符，表示 MST 域的标签信息，包含 4 个字段，MST 配置标识符结构如图 2-24 所示。只有这里面的 4 个字段是完全相同的，并且互联的交换机，才属于同一个域。MST 配置标识符字段说明见表 2-8
CIST Internal Root Path Cost	4	CIST 内部路径开销，是指从发送 BPDU 报文的端口到 IST Master（主桥）的累计路径开销。CIST 内部路径开销也是根据链路带宽计算的
CIST Bridge Identifier	8	CIST 的指定桥 ID
CIST Remaining Hops	1	BPDU 报文在 CIST 中的剩余跳数（每经过一个桥设备跳数减 1）
MSTI Configuration Messages (may be absent)	16	MSTI 配置消息。每个 MSTI 的配置消息占 16 个字节，如果有 n 个 MSTI，就占用 $n \times 16$ 个字节。MSTI 配置消息的结构如图 2-25 所示，MSTI 配置消息字段说明见表 2-9

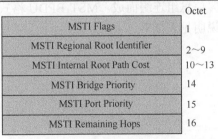

	Octet
Configuration Identifier Format Selector	39
Configuration Name	40～71
Revision Level	72～73
Configuration Digest	74～89

图 2-24　MST 配置标识符结构

	Octet
MSTI Flags	1
MSTI Regional Root Identifier	2～9
MSTI Internal Root Path Cost	10～13
MSTI Bridge Priority	14
MSTI Port Priority	15
MSTI Remaining Hops	16

图 2-25　MSTI 配置消息的结构

表 2-8 MST 配置标识符字段说明

字段	字节数	说明
Configuration Identifier Format Selector	1	配置标识符格式选择器，固定为 0
Configuration Name	32	MST 域名，32 字节长字符串，每个 MST 域有唯一的配置消息
Revision Level	2	MST 配置修订级别，2 字节非负整数
Configuration Digest	16	配置摘要，利用 HMAC-MD5 算法将域中 VLAN 和实例的映射关系加密成 16 字节的摘要

表 2-9 MSTI 配置消息字段说明

字段	字节数	说明
MSTI Flags	1	MSTI 标志位
MSTI Regional Root Identifier	8	MSTI 域根桥 ID
MSTI Internal Root Path Cost	4	MSTI 内部路径开销，是指从本端口到 MSTI 域根桥的累计路径开销。MSTI 内部路径开销根据链路带宽计算
MSTI Bridge Priority	1	本桥在 MSTI 中的桥优先级
MSTI Port Priority	1	发送 MST BPDU 的端口在 MSTI 中的端口优先级
MSTI Remaining Hops	1	BPDU 报文在 MSTI 中的剩余跳数

2.4.6 MSTP 拓扑计算原理

MSTP 将整个二层网络划分为多个 MST 域，把每个域视为一个节点。**各个 MST 域之间按照 STP 或者 RSTP 算法进行计算并生成 CST（单生成树）；在一个 MST 域内则是通过 MSTP 算法计算生成若干个 MSTI（多生成树）**。其中，实例 0 被称为 IST。在 MSTP 网络中，一个 VLAN 中的帧在所加入的 MST 域内按照所加入的 MSTI 路径转发，在 MST 域间按照 CST 路径转发。

1. MSTP 向量优先级

MSTI 和 CIST 拓扑都是根据优先级向量来计算的。优先级向量信息都包含在 MST BPDU 中。各交换机互相交换 MST BPDU 来生成 MSTI 和 CIST。

参与 CIST 计算的向量按优先级别从高到低依次是根桥 ID、外部路径开销、域根 ID、内部路径开销、指定桥 ID、指定端口 ID、接收端口 ID；参与 MSTI 计算的向量按优先级别从高到低依次是域根 ID、内部路径开销、指定桥 ID、指定端口 ID、接收端口 ID。向量说明见表 2-10。

表 2-10 向量说明

向量名	说明
根桥 ID	根桥 ID 用于选择 CIST 中的根桥，计算公式为：Priority(16 位)+MAC(48 位)，其中，Priority 为 MSTI0 的优先级
外部路径开销（ERPC）	从 MST 域根到达总根的路径开销。MST 域内所有交换机上保存的外部路径开销相同。如果 CIST 根桥在域中，则域内所有交换机上保存的外部路径开销为 0
域根 ID	域根 ID 也就是通常所说的 MSTI 树根，域根 ID 用于选择 MSTI 中的树根，计算公式为：Priority(16 位)+MAC(48 位)，其中，Priority 为 MSTI0 的优先级

向量名	说明
内部路径开销（IRPC）	本交换机到达域根桥的路径开销。域边缘端口保存的内部路径开销值大于（优先级越低）非域边缘端口保存的内部路径开销
指定桥	CIST 或 MSTI 实例的指定桥是本交换机通往域根的最邻近的上游交换机。如果本交换机就是总根或域根，则指定桥为自己
指定端口	指定桥上与本交换机根端口相连的端口就是指定端口。其端口 ID（Port ID）＝Priority(4位)＋端口号(12 位)。其端口优先级必须是 16 的整数倍
接收端口	接收到 BPDU 报文的端口。其端口 ID（Port ID）＝Priority(4 位)＋端口号(12 位)。其端口优先级必须是 16 的整数倍

同一类向量比较时，值最小的向量，其优先级最高，具体比较规则如下。

① 首先，比较根桥 ID。

② 如果根桥 ID 相同，则比较外部路径开销。

③ 如果外部路径开销还相同，则比较域根 ID。

④ 如果域根 ID 仍然相同，则比较内部路径开销。

⑤ 如果内部路径仍然相同，则比较指定桥 ID。

⑥ 如果指定桥 ID 仍然相同，则比较指定端口 ID。

⑦ 如果指定端口 ID 还相同，则比较接收端口 ID。

如果端口接收到的 BPDU 内包含的配置消息优于端口上保存的配置消息，则端口上原来保存的配置消息被新收到的配置消息替代。端口同时更新交换机保存的全局配置消息。反之，新收到的 BPDU 被丢弃。

2. CIST 的计算

经过配置消息比较后，首先在整个网络中选择一个优先级最高的交换机作为 CIST 的树根（即总根），然后在每个 MST 域内通过 MSTP 算法计算生成 IST；同时，MSTP 将每个 MST 域作为单台交换机（对应各 MST 域的 IST 域根）对待，通过 STP 或者 RSTP 算法在 MST 域间计算生成 CST。CST 和各 MST 域中的 IST 共同构成整个交换机网络的 CIST。

3. MSTI 的计算

在 MST 域内，MSTP 根据 VLAN 和生成树实例的映射关系，针对不同的 VLAN 生成不同的生成树实例。每棵生成树独立进行计算，计算过程与 STP 计算生成树的过程类似，参见《华为 HCIA-Datacom 学习指南》。MSTI 具有以下特点。

① 每个 MSTI 独立计算自己的生成树，互不干扰。

② 每个 MSTI 的生成树计算方法与 RSTP 基本相同。

③ 每个 MSTI 的生成树可以有不同的根、不同的拓扑。

④ 每个 MSTI 在自己的生成树内发送 BPDU。

⑤ 每个 MSTI 的拓扑通过命令配置决定（不是自动生成的）。

⑥ 每个端口在不同 MSTI 上的生成树参数可以不同。

⑦ 每个端口在不同 MSTI 上的角色、状态可以不同。

4. MSTI 生成树算法实现

在一开始时，每台交换机的各个端口会生成以自身交换机为根桥的配置消息，其中，根路径开销为 0，指定桥 ID 为自身交换机 ID，指定端口为本端口。每台交换机都向外发送自己的配置消息，并在接收到其他配置消息后进行以下处理。

① 当端口收到比自身的配置消息优先级低（优先级的比较就是根据前面介绍的向量优先级比较规则进行的）的配置消息时，交换机把接收到的配置消息丢弃，对该端口的配置消息不做任何处理。

② 当端口接收到比本端口配置消息优先级高的配置消息时，交换机用接收到的配置消息中的内容替换该端口的配置消息中的内容；然后交换机将该端口的配置消息和交换机上的其他端口的配置消息进行比较，选出最优的配置消息。

MSTI 生成树的计算步骤如下。

① 选举根桥。此步是通过比较所有交换机发送的配置消息的树根 ID，树根 ID 值最小的交换机为 CIST 根桥，或者 MST 域根桥。

② 选举非根桥上的根端口。每台非根桥把接收到最优配置消息的那个端口定为自身交换机的根端口。

③ 选举指定端口。在这一步又分为以下两个子步骤。

首先，交换机根据根端口的配置消息和根端口的路径开销，为每个端口计算一个标准的指定端口配置消息：用树根 ID 替换为根端口配置消息中的树根 ID；用根路径开销替换为根端口配置消息中的根路径开销加上根端口的路径开销；用指定桥 ID 替换自身交换机的 ID；用指定端口 ID 替换自身端口 ID。

然后，交换机对以上规则计算出来的配置消息和对应端口上原来的配置消息进行比较。如果端口上原来的配置消息更优，则交换机将此端口阻塞，端口的配置消息不变，并且此端口将不再转发数据，只接收配置消息（相当于根端口）；如果通过以上替换计算出来的配置消息比端口上原来的配置消息更优，则交换机将该端口设置为指定端口，端口上的配置消息替换成通过以上替换计算出来的配置消息，并周期性地向外发送。

④ 在 MSTI 生成树拓扑收敛后，无论非根桥是否接收到根桥传来的信息，都按照 Hello 定时器周期性发送 BPDU。如果一个端口连续 3 个 Hello 时间（这个是缺省的设置）接收不到指定桥（也就是它所连接的上一级交换机）送来的 BPDU，那么认为该交换机与此邻居之间的链路连接失败。

5. MSTP 对拓扑变化的处理

在 MSTP 中检测拓扑是否发生了变化的标准是根据一个非边缘端口的状态是否迁移到 Forwarding 状态，如果迁移到了 Forwarding 状态，则会发生拓扑变化。

交换机一旦检测到拓扑发生变化，将会进行以下处理。

① 为本交换机的所有非边缘指定端口启动一个 TC While 定时器（该定时器值是 Hello 定时器的 2 倍），并在这个时间内，清空这些端口上学来的 MAC 地址。如果是根端口上有状态变化，则启动根端口。

② 发生状态变化的这些端口向外发送 TC BPDU，其中的 TC 置位，直到 TC While 定时器超时。根端口总是要发送这种 TC BPDU。

其他交换机接收到 TC BPDU，将会进行以下处理。

　　① 清空所有端口学来的 MAC 地址，收到 TC BPDU 的端口除外。

　　② 为所有自己的非边缘指定端口和自己的根端口启动 TC While 定时器，重复上述过程。

2.5　MSTP 配置

　　MSTP 相关参数的缺省配置见表 2-11，实际配置可以基于缺省配置进行修改。

表 2-11　MSTP 相关参数的缺省配置

参数	缺省值
生成树协议工作模式	MSTP 模式
MSTP 功能	全局 MSTP 功能使能，接口的 MSTP 功能使能
交换机的优先级	32768
端口的优先级	128
路径开销缺省值的计算方法	dot1t，即 IEEE 802.1t 标准
Forward Delay Time	1500cs（厘秒）
Hello Time	200cs（厘秒）
Max Age Time	2000cs（厘秒）

2.5.1　MSTP 基本功能配置

　　MSTP 可以把一个交换网络划分成多个域，每个域内形成多棵生成树，生成树之间彼此独立，实现不同 VLAN 流量的分离，达到网络负载均衡的目的。MSTP 基本功能的配置步骤见表 2-12。

表 2-12　MSTP 基本功能的配置步骤

步骤	命令	说明
1	**system-view**	进入系统视图
2	**stp mode mstp** 例如，[HUAWEI] **stp mode mstp**	（可选）配置交换机的 MSTP 生成树工作模式。 因为 STP 和 MSTP 不能互相识别报文，而 MSTP 和 RSTP 可以互相识别报文，所以如果设备工作在 MSTP 工作模式下，会将所有与运行 STP 的交换设备直接相连的端口工作在 STP 模式下，其他端口工作在 MSTP 模式下，实现运行不同生成树协议的设备之间的互通。 缺省情况下，运行 MSTP 模式，可用 **undo stp mode** 命令恢复缺省配置
3	**stp region-configuration** 例如，[HUAWEI] **stp region-configuration**	进入 MST 域视图。只要当两台交换机的以下配置相同，这两台交换机才属于同一个 MST 域。 ① MST 域的域名：缺省为桥系统 MAC 地址。 ② 多生成树实例和 VLAN 的映射关系：缺省所有 VLAN 均映射到 CIST 上。 ③ MST 域的修订级别：缺省为 0。 可以采用 **undo stp region-configuration** 命令将其恢复为缺省配置

续表

步骤	命令	说明
4	**region-name** *name* 例如，[HUAWEI-mst-region] **region-name** lycb	（可选）配置 MST 域名，1～32 个字符，不支持空格，区分大小写。 缺省情况下，MST 域的域名为交换机 MAC 地址，即桥 MAC 地址，可用 **undo region-name** 命令恢复交换机 MST 域名为缺省值
5	**instance** *instance-id* **vlan** { *vlan-id1* }&<1-10> 例如，[HUAWEI-mst-region] **instance** 1 **vlan** 1 **to** 3	配置多生成树实例和 VLAN 的映射关系。 ① *instance-id*：指定生成树实例的编号，取值范围为 0～4094 的整数，取值为 0 表示的是 CIST。 ② *vlan-id1*[**to** *vlan-id2*]：指定要映射的 VLAN 的起始、结束 VLAN ID，取值范围为 1～4094。 ③ &<1-10>：表示前面的参数或参数对最多可以重复 10 次。 缺省情况下，所有 VLAN 均映射到 CIST，即实例 0 上，可用 **undo instance** *instance-id* [**vlan** { *vlan-id1* [**to** *vlan-id2*] } &<1-10>]命令删除指定 VLAN 和指定生成树实例的映射关系，但此时 *instance-id* 不能为 0，即实例 0 不允许被删除
6	**revision-level** *level* 例如，[HUAWEI-mst-region] **revision-level** 5	（可选）配置 MST 域的 MSTP 修订级别，取值范围为 0～65535 的整数。缺省情况下，MST 域的 MSTP 修订级别为 0。 【说明】各厂商设备的 MSTP 修订级别一般都默认为 0。如果某厂商的设备不为 0，则为了保持 MST 域内计算，在部署 MSTP 时，需要将各设备的 MSTP 修订级别修改为一致
7	**active region-configuration** 例如，[HUAWEI-mst-region]**active region-configuration**	激活 MST 域的配置，使以上 MST 域名、VLAN 映射表和 MSTP 修订级别配置生效。 如果不执行本操作，则以上配置的域名、VLAN 映射表和 MSTP 修订级别无法生效。如果在启动 MSTP 特性后又修改了交换机的 MST 域相关参数，则可以通过执行本命令激活 MST 域，使修改后的参数生效
8	**quit**	退出 MST 域视图，返回系统视图
9	**stp** [**instance**|*instance-id*] **root** {**primary** | **secondary**} 例如，[HUAWEI] **stp** **instance** 1 **root primary**	（可选）配置当前设备为指定 MSTI 的根桥或备份根桥。可选参数 *instance-id* 用来指定 MSTI 的编号，如果不指定此可选参数，则将作为 CIST 的根桥或备份根桥。 配置为根桥后，该设备优先级 BID 值自动为 0；配置为备份根桥后，该设备优先级 BID 值自动为 4096，且都不能更改。 缺省情况下，交换机不作为任何生成树的根桥和备份根桥，可以采用 **undo stp root** 命令恢复缺省配置
10	**stp** [**instance** *instance-id*] **priority** *priority* 例如，[HUAWEI] **stp** **instance** 1 **priority** 100	（可选）配置当前设备在指定 MSTI 中的桥优先级。 ① *instance-id*：可选参数，指定 MSTI 的编号。 ② *priority*：指定当前设备的桥优先级，取值范围为 0～61440，步长为 4096，即仅可以配置 **16 个优先级取值**，例如，**0、4096、8192** 等，不能随便设。优先级值越小，其优先级越高，越能成为根桥或备份根桥。 缺省情况下，交换机的桥优先级值为 32768，可用 **undo** [**instance** *instance-id*] **stp priority** 命令恢复为缺省值。 【注意】如果已执行了上步命令将当前交换机作为根桥或备份根桥，则在需要改变当前设备的优先级时，需先执行 **undo stp** [**instance** *instance-id*] **root** 去使能根交换机或者备份根交换机功能，然后执行本命令配置新的优先级数值

续表

步骤	命令	说明
11	**stp pathcost-standard** **{ dot1d-1998 | dot1t |** **legacy }** 例如，[HUAWEI]**stp** **pathcost-standard dot1d-** **1998**	（可选）配置端口路径开销缺省值的计算方法。 ① **dot1d-1998**：多选一选项，表示采用 IEEE 802.1d 标准计算方法。 ② **dot1t**：多选一选项，表示采用 IEEE 802.1t 标准计算方法。 ③ **legacy**：多选一选项，表示采用华为的私有计算方法。 缺省情况下，路径开销缺省值的计算方法为 IEEE 802.1t（**dot1t**）标准方法，可用 **undo stp pathcost-standard** 命令恢复路径开销缺省值，采用缺省计算方法，且同一网络内所有交换机的端口路径开销应使用相同的计算方法
12	**interface** *interface-type* *interface-number* 例如，[HUAWEI] **interface** GigabitEthernet 1/0/0	进入接口视图
13	**stp** [**instance** *instance-id*] **cost** *cost* 例如，[HUAWEI-GigabitEthernet1/0/0]**stp** **instance** 1 **cost** 200	（可选）设置当前端口在指定生成树实例中的路径开销值，值越大，优先级越低。 ① *instance-id*：可选参数，指定要设置当前端口路径开销值的所在 MSTI 编号。 ② *cost*：设置当前端口在指定 MSTI 中的路径开销值。取值范围根据所采用的计算方法的不同而不同，具体参见产品说明。 缺省情况下，端口的路径开销值为接口速率对应的路径开销缺省值，可用 **undo stp** [**instance** *instance-id*] **cost** 命令恢复为缺省值
14	**stp** [**instance** *instance-id*] **port priority** *priority* 例如，[HUAWEI-GigabitEthernet1/0/0] **stp** **port priority** 64	（可选）配置端口在指定生成树实例中的优先级。 ① *instance-id*：可选参数，指定要设置当前端口优先级值的所在 MSTI 编号。 ② *priority*：设置当前端口在指定 MSTI 中的优先级，取值范围为 0~240，步长为 16，不能随便设置，且优先级值越小，其优先级越高，越能成为指定端口。 缺省情况下，端口的优先级取值是 128，可用 **undo stp port** **priority** 命令恢复当前接口的优先级为缺省值
15	**quit**	退出接口视图，返回系统视图
16	**stp enable** 例如，[HUAWEI] **stp enable**	（可选）使能交生成树协议功能。 缺省情况下，全局和端口的 STP/RSTP/MSTP 均使能，可用 **undo stp enable** 命令使能交换机或端口上的 STP/RSTP/ MSTP 功能

　　MSTP 基本功能配置好后，可以使用 **display stp** [**instance** *instance-id*] [**interface** *interface-type interface-number*] [**brief**]命令查看生成树的状态信息与统计信息，可使用 **display stp region-configuration** 命令查看已经生效的 MST 域的配置信息。

2.5.2　MSTP 功能配置示例

　　MSTP 配置示例的拓扑结构如图 2-26 所示，各交换机彼此相连形成一个环网。为了实现 VLAN2~VLAN10 和 VLAN11~VLAN20 的流量负载分担，配置了两个 MSTI：MSTI1 和 MSTI2。其中，MSTI1 与 VLAN2~10 映射，以 SwitchA 为根桥，SwitchB 为备份根桥；MSTI2 与 VLAN 11~20 映射，以 SwitchB 为根桥，SwitchA 为备份根桥。

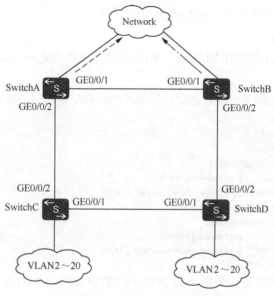

图 2-26 MSTP 配置示例的拓扑结构

1. 配置思路分析

根据图 2-26 中的示例，MSTI1 的根桥为 SwitchA，备份根桥为 SwitchB；MSTI2 的根桥为 SwitchB，备份根桥为 SwitchA，因此，各段链路均要求同时允许 VLAN 2～20 的流量通过。现假设在 MSTI1 实例中要求阻塞 SwitchD 的 GE0/0/2 端口，MSTI2 实例中要求阻塞 SwitchC 的 GE0/0/2 端口，此时可在 MSTI1 实例中增大 SwitchD GE0/0/2 端口的开销，在 MSTI2 实例中增大 SwitchC GE0/0/2 端口的开销。由此可以得出 MSTI1、MSTI2 的生成树分别如图 2-27、图 2-28 所示。

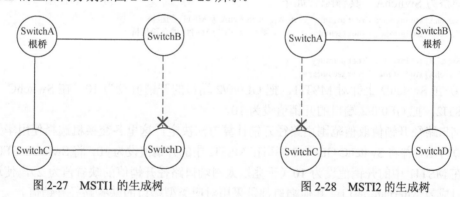

图 2-27 MSTI1 的生成树　　　　　图 2-28 MSTI2 的生成树

① 在 4 台交换机上均创建 VLAN2～20，并在各交换机相连的端口允许所有这些 VLAN 通过。

② 在 4 台交换机创建一个相同的 MST 域，然后在这个 MST 域中创建 MSTI1 和 MSTI2 两个实例。把 VLAN2～10 映射到 MSTI1 中，把 VLAN11～20 映射到 MSTI2 中。

③ 指定 MSTI1 的根桥为 SwitchA，备份根桥为 SwitchB，MSTI2 的根桥为 SwitchB，备份根桥为 SwitchA。

④ 在 SwitchD 上针对 MSTI1，把 GE0/0/2 端口的开销值设为 10，在 SwitchC 上针

对 MSTI2，把 GE0/0/2 端口的开销值设为 10。

2. 具体配置步骤

① 在 4 台交换机上均创建 VLAN2～20，并在各交换机相连的端口允许所有这些 VLAN 通过。

因为各交换机上的配置一样，在此仅以 SwitchA 的配置为例进行介绍，具体配置如下。

```
<HUAWEI> system-view
[HUAWEI] sysname SwitchA
[SwitchA] vlan batch 2 to 20
[SwitchA] interface gigabitethernet 0/0/1
[SwitchA-GigabitEthernet0/0/1] port link-type trunk
[SwitchA-GigabitEthernet0/0/1] port trunk allow-pass vlan 2 to 20
[SwitchA-GigabitEthernet0/0/1] quit
[SwitchA] interface gigabitethernet 0/0/2
[SwitchA-GigabitEthernet0/0/2] port link-type trunk
[SwitchA-GigabitEthernet0/0/2] port trunk allow-pass vlan 2 to 20
[SwitchA-GigabitEthernet0/0/2] quit
```

② 在 4 台交换机创建一个相同的 MST 域（假设域名为 RG1），然后在这个 MST 域中创建 MSTI1 和 MSTI2 两个实例。把 VLAN2～10 映射到 MSTI1 中，把 VLAN11～20 映射到 MSTI2 中，并激活 MST 域配置。

因各交换机上的配置完全一样，在此仅以 SwitchA 的配置为例进行介绍，具体配置如下。

```
[SwitchA] stp region-configuration
[SwitchA-mst-region] region-name RG1
[SwitchA-mst-region] instance 1 vlan 2 to 10
[SwitchA-mst-region] instance 2 vlan 11 to 20
[SwitchA-mst-region] active region-configuration
[SwitchA-mst-region] quit
```

③ 指定 MSTI1 的根桥为 SwitchA，备份根桥为 SwitchB，MSTI2 的根桥为 SwitchB，备份根桥为 SwitchA，具体配置如下。

```
[SwitchA] stp instance 1 root primary      #--- 配置 SwitchA 为 MSTI1 的根桥
[SwitchB] stp instance 1 root secondary    #---配置 SwitchB 为 MSTI1 的备份根桥

[SwitchB] stp instance 2 root primary
[SwitchA] stp instance 2 root secondary
```

④ 在 SwitchD 上针对 MSTI1，把 GE0/0/2 端口的开销值设为 10，在 SwitchC 上针对 MSTI2，把 GE0/0/2 端口的开销值设为 10。

端口路径开销值取值范围由路径开销计算方法决定，这里各交换机选择使用华为私有计算方法，并将 SwitchC GE0/0/2 端口在 MSTI2 中的开销值设为 10，将 SwitchD GE0/0/2 端口在 MSTI1 中的开销值设为 10（千兆以太网端口路径开销值的缺省值为 2），使这两个端口成为 Alternate 端口，其他端口都是采用对应类型端口的缺省路径开销值。

SwitchA 上的配置如下。

```
[SwitchA] stp pathcost-standard legacy   #---配置采用华为的私有端口路径开销计算方法
```

SwitchB 上的配置如下。

```
[SwitchB] stp pathcost-standard legacy
```

SwitchC 上的配置如下。

```
[SwitchC] stp pathcost-standard legacy
[SwitchC] interface gigabitethernet 0/0/2
[SwitchC-GigabitEthernet0/0/2] stp instance 2 cost 10   #---将端口 GE0/0/2 在实例 MSTI2 中的路径开销值配置为 10
[SwitchC-GigabitEthernet0/0/2] quit
```

SwitchD 上的配置如下。

```
[SwitchD] stp pathcost-standard legacy
[SwitchD] interface gigabitethernet 0/0/2
[SwitchD-GigabitEthernet0/0/2] stp instance 1 cost 10
[SwitchD-GigabitEthernet0/0/2] quit
```

因为缺省情况下，使用了 MSTP 模式的生成树协议，所以不需要另外配置生成树模式、启用生成树协议。如果生成树协议未使能，则可以在系统视图下执行 stp enable 命令。

3. 配置结果验证

以上配置完成后，在网络稳定后可以进行以下配置结果验证。

① 在各交换机上执行 **display stp region-configuration** 命令，可以查看当前生效的 MST 域配置信息，包括域名、域的修订级别、VLAN 与生成树实例的映射关系。在 SwitchA 上执行 **display stp region-configuration** 命令的输出如图 2-29 所示。

```
<SwitchA>display stp region-configuration
 Oper configuration
   Format selector     :0
   Region name         :RG1
   Revision level      :0

   Instance   VLANs Mapped
      0       1, 21 to 4094
      1       2 to 10
      2       11 to 20
<SwitchA>
```

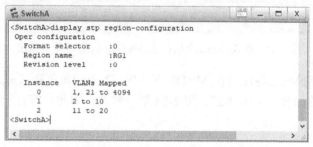

图 2-29　在 SwitchA 上执行 **display stp region-configuration** 命令的输出

② 在各交换机上执行 **display stp brief** 命令，可以查看各端口角色和状态。在 SwitchA、SwitchB、SwitchC、SwitchD 上分别执行 **display stp brief** 命令的输出如图 2-30、图 2-31、图 2-32、图 2-33 所示，各交换机端口分别在 MSTI1 和 MSTI2 实例的端口角色和状态。SwitchC 的 GE0/0/2 端口在 MSTI2 中为 Alternate 端口，呈阻塞状态，SwitchD 的 GE0/0/2 端口在 MSTI1 中为 Alternate 端口，呈阻塞状态，其他端口在两 MSTI 中均为转发状态。

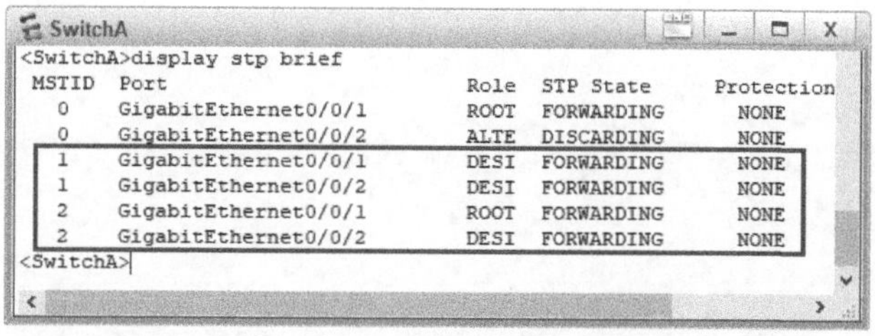

```
<SwitchA>display stp brief
 MSTID  Port                        Role  STP State     Protection
   0    GigabitEthernet0/0/1        ROOT  FORWARDING      NONE
   0    GigabitEthernet0/0/2        ALTE  DISCARDING      NONE
   1    GigabitEthernet0/0/1        DESI  FORWARDING      NONE
   1    GigabitEthernet0/0/2        DESI  FORWARDING      NONE
   2    GigabitEthernet0/0/1        ROOT  FORWARDING      NONE
   2    GigabitEthernet0/0/2        DESI  FORWARDING      NONE
<SwitchA>
```

图 2-30　在 SwitchA 上执行 **display stp brief** 命令的输出

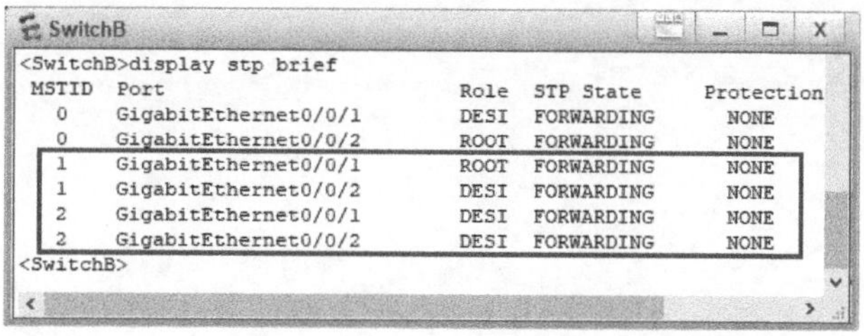

```
<SwitchB>display stp brief
 MSTID  Port                        Role  STP State     Protection
   0    GigabitEthernet0/0/1        DESI  FORWARDING      NONE
   0    GigabitEthernet0/0/2        ROOT  FORWARDING      NONE
   1    GigabitEthernet0/0/1        ROOT  FORWARDING      NONE
   1    GigabitEthernet0/0/2        DESI  FORWARDING      NONE
   2    GigabitEthernet0/0/1        DESI  FORWARDING      NONE
   2    GigabitEthernet0/0/2        DESI  FORWARDING      NONE
<SwitchB>
```

图 2-31　在 SwitchB 上执行 **display stp brief** 命令的输出

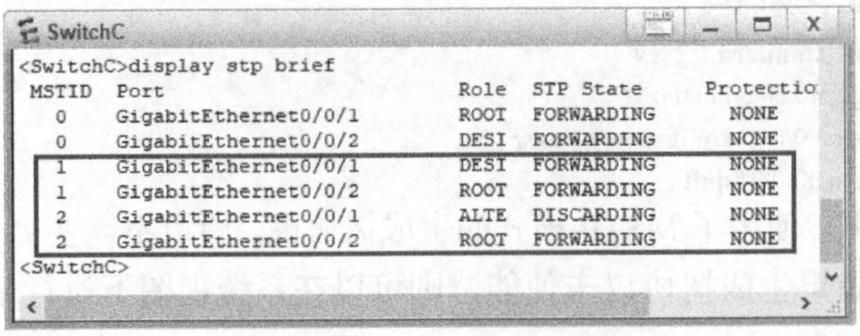

图 2-32　在 SwitchC 上执行 **display stp brief** 命令的输出

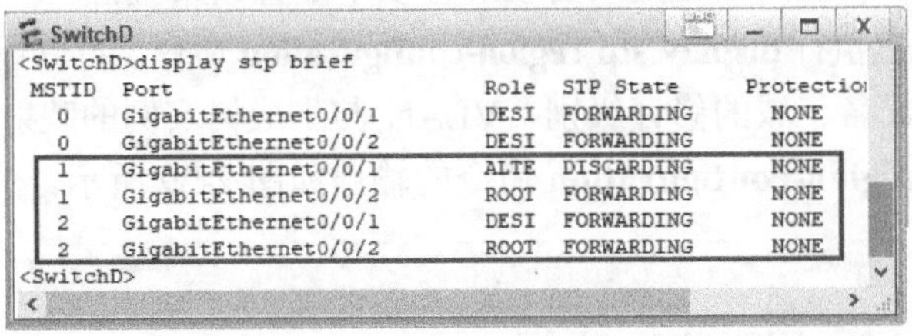

图 2-33　在 SwitchD 上执行 **display stp brief** 命令的输出

根据以上各交换机上各端口在 MSTI1 和 MSTI2 中的角色和状态，得出 MSTI1 和 MSTI2 生成树与前面分析的图 2-27、图 2-28 是一致的，因此，符合示例要求。

第3章
VLAN 高级技术

本章主要内容

3.1 VLAN 聚合

3.2 MUX VLAN

3.3 QinQ

　　VLAN 技术在园区网络中的应用非常广泛，但随着园区网络规模的不断扩大，普通的 VLAN 技术有时也无法满足用户的一些特殊需求，例如，VLAN ID 不够用，难以实现不同 VLAN 中用户的二层互通，而同一 VLAN 中的用户相互隔离，以及电信运营商无法根据 VLAN 标签区分所接入的用户或业务类型等。

　　本章为了解决以上问题，专门介绍了 VLAN 聚合、MUX VLAN 和 QinQ 3 种 VLAN 高级技术。

3.1　VLAN 聚合

在普通 VLAN 之间的通信过程中需要为每个 VLAN 创建并配置一个 VLANIF 接口，并为每个 VLAN 单独使用一个 IP 子网，这样就会导致整个公司网络 IP 子网数可能非常多，最终也将导致 IP 地址浪费的现象也非常严重。

为了解决这一问题，就诞生了一种可以聚合多个 VLAN 的超级 VLAN（Super-VLAN）技术，即 VLAN 聚合（VLAN Aggregation）技术。这个超级 VLAN 可以包含多个位于同一 IP 子网的 VLAN，并且只须使用一个 VLANIF 接口 IP 地址作为各成员 VLAN 的共同网关，实现同一超级 VLAN 内不同成员 VLAN 之间，以及与外部网络之间的通信。

3.1.1　VLAN 聚合原理

VLAN 聚合技术是把多个不配置三层 VLANIF 接口，同处一个 IP 子网的 VLAN（称之为 Sub-VLAN）作为一个配置了三层 VLANIF 接口的 VLAN（称为 Super-VLAN）的成员 VLAN。这些 Sub-VLAN 之间既可以实现二层隔离，又可以通过上层的 Super-VLAN 配置的三层 VLANIF 接口 IP 地址作为缺省网关在各成员 VLAN 之间，以及与网络中其他 VLAN 间进行三层通信。

① Super-VLAN：可以看作一个大的逻辑 VLAN，或者说它是 Sub-VLAN 的上层 VLAN。它与通常意义上的 VLAN 不同，它的成员是 Sub-VLAN，而不是交换机端口（**不添加交换机物理端口**），但需要创建三层 VLANIF 接口，并配置 IP 地址。Super-VLAN 的 VLANIF 接口状态取决于 Sub-VLAN 中物理成员端口的状态，只要有一个 Sub-VLAN 中的物理成员端口是 up，则 Super-VLAN 的 VLANIF 接口状态就是 up。

② Sub-VLAN：Super-VLAN 中的成员 VLAN。每个 VLAN 聚合中可以有一个或多个 Sub-VLAN，各 Sub-VLAN 成员都同处于一个 IP 子网中，但不能创建三层 VLANIF 接口。各 Sub-VLAN 中的用户网关 IP 地址都是 Super-VLAN 的 VLANIF 接口 IP 地址。

Super-VLAN 与 Sub-VLAN 之间的关系示意如图 3-1 所示。在同一个 Super-VLAN 中，各 Sub-VLAN 中的用户主机 IP 地址都在 Super-VLAN 的 VLANIF 接口 IP 地址所在子网内。这样既减少了一部分子网网络地址、子网缺省网关地址和子网定向广播地址的消耗，又实现了不同广播域（各 Sub-VLAN）使用同一 IP 子网地址的目标。

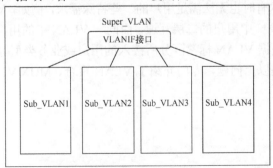

图 3-1　Super-VLAN 和 Sub-VLAN 之间的关系示意

　　VLAN 聚合示例如图 3-2 所示，VLAN 10 为 Super-VLAN，所在 IP 子网为 10.1.1.1/24，其 VLANIF 接口 IP 地址为 10.1.1.1。被聚合的 3 个子 Sub-VLAN（VLAN2、VLAN3 和 VLAN4）中的用户均使用 VLANIF10 接口 IP 地址作为网关，既可实现各 Sub-VLAN 间用户的二层隔离，又可实现各 Sub-VLAN 之间用户的三层互通，还可实现各 Sub-VLAN 中用户与其他 VLAN 中用户的三层互通。

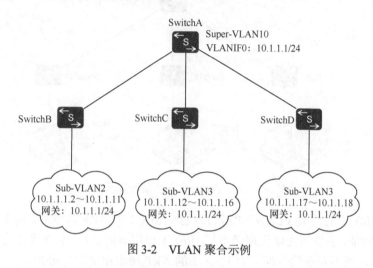

图 3-2　VLAN 聚合示例

3.1.2　Sub-VLAN 之间的三层通信原理

　　在 VLAN 聚合中，Super-VLAN 和 Sub-VLAN 都存在一些特殊性，例如，Super-VLAN 必须配置三层 VLANIF 接口，但不能有交换机端口成员；各个 Sub-VLAN 成员同处于 Super-VLAN 的 VLANIF 接口 IP 地址所在的一个 IP 子网中，必须有交换机端口成员，但都不能配置三层的 VLANIF 接口。这也造成 Sub-VLAN 之间，或者与外部网络之间的二、三层通信也存在一定的特殊性。本节先介绍 Sub-VLAN 之间的三层通信原理。

　　VLAN 聚合在实现了不同 Sub-VLAN 之间共用一个 IP 子网地址的同时，也带来了 Sub-VLAN 之间的三层转发问题。因为在普通 VLAN 实现方式中，VLAN 之间的主机可以通过各自不同的网关（即各自的 VLANIF 接口 IP 地址）实现三层互通。但是在 VLAN 聚合方式下，由于同一个 Super-VLAN 内的所有主机使用同一个 IP 子网、同一个网关 IP 地址，无法直接通过同一个网关进行三层通信。

　　解决以上问题的方法就是在作为这些 Sub-VLAN 网关的 Super-VLAN 的 VLANIF 接口上启用 Proxy ARP（ARP 代理）功能。如果 ARP 请求是从一个网络的主机发往同一 IP 网段，但不在同一物理网络上的另一台主机（例如，VLAN 聚合中的两个 Sub-VLAN 中的用户主机），那么连接这两个网络的设备（例如，VLAN 聚合中的 Super-VLANIF 接口）就可以响应该 ARP 请求。使用 Super-VLANIF 接口作为各 Sub-VLAN 中用户主机之间通信的代理 ARP，代理发送 ARP 请求报文查找目的主机的 MAC 地址。

　　在 Super-VLANIF10 接口上启用 ARP 代理功能，现以 Sub-VLAN2 内的主机 Host_1 与 Sub-VLAN3 内的主机 Host_2 通信为例介绍 Sub-VLAN 之间通信原理。

　　① Host_1 将 Host_2 的 IP 地址（10.1.1.12）和自己所在网段 10.1.1.0/24 进行比较，

发现 Host_2 和自己在同一个 IP 子网，但是 Host_1 的 ARP 表中无 Host_2 的对应表项。于是 Host_1 发送一个 ARP 广播报文，请求查找 Host_2 的 MAC 地址。Sub-VLAN 之间三层通信示例如图 3-3 所示。

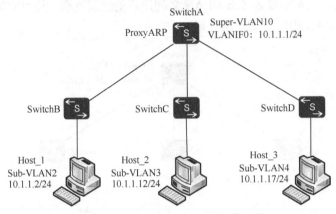

图 3-3　Sub-VLAN 之间三层通信示例

② SwitchA 上的网关 VLANIF10 接口收到 Host_1 的 ARP 请求后，由于网关上使能了 ARP 代理功能，于是网关要代理源主机 Host_1 使用 ARP 报文来查找目的主机 Host_2 的 MAC 地址，暂不对所接收的来自 Host_1 的 ARP 请求报文进行处理。

③ 网关首先使用 Host_1 发送的 ARP 请求报文中的目的 IP 地址（Host_2 的 IP 地址）在本地路由表中查找，发现匹配了一条路由，下一跳为直连网段（VLANIF10 的 10.1.1.1/24）。于是在 Super-VLAN10 中所有 Sub-VLAN 的物理成员端口上代理 Host_1 以广播方式发送（并不是直接转发 Host_1 发送的 ARP 请求报文）一个 ARP 请求报文，查询 Host_2 的 MAC 地址。

④ Host_2 收到网关发送的 ARP 请求报文后，对网关发送 ARP 应答报文，这样网关获知了 Host_2 的 MAC 地址。此时，网关就可以对原来暂存的来自 Host_1 的 ARP 请求报文进行应答，在 ARP 应答报文中以自己的 MAC 地址（VLANIF10 的 MAC 地址）作为源 MAC 地址。

⑤ Host_1 收到来自网关发来的 ARP 应答报文后，认为目的 IP 地址（Host_2 的 IP 地址）对应的 MAC 地址就是网关的 MAC 地址，之后要发给 Host_2 的报文都先发送给网关（以网关 MAC 地址作为目的 MAC 地址），再由网关做三层转发。

Host_2 发送报文给 Host_1 的过程和上述的 Host_1 发送报文给 Host_2 的过程类似，不再赘述。

3.1.3　Sub-VLAN 与其他设备的二层通信原理

Sub-VLAN 与其他设备的二层通信与普通 VLAN 内的二层通信原理是一样的。由于 Super-VLAN 中没有物理端口成员，所以在基于端口划分的 VLAN 不能是基于 MAC 地址、IP 子网、协议类型和策略的动态 VLAN 划分的 VLAN。这些 VLAN 中端口成员可以动态加入二层通信中，无论是数据帧进入交换机端口，还是从交换机端口发出都不会打上 Super-VLAN 的标签。

Sub-VLAN 与外部设备的二层通信示例如图 3-4 所示，在 SwitchB 上创建了 VLAN2、VLAN3 和 VLAN4，其中，VLAN2 和 VLAN3 作为 Sub-VLAN，VLAN4 作为 Super-VLAN。SwitchA 的 GE0/0/2 和 GE0/0/3 配置为 Access 端口，分别加入 VLAN2 和 VLAN3，GE0/0/1 配置为 Trunk 端口，并允许 VLAN2 和 VLAN3 通过。SwitchA 连接 SwitchB 的 GE0/0/1 配置为 Trunk 端口，同时允许 VLAN2 和 VLAN3 中的帧通过，GE0/0/2 配置为 Access 端口，加入 VLAN2。

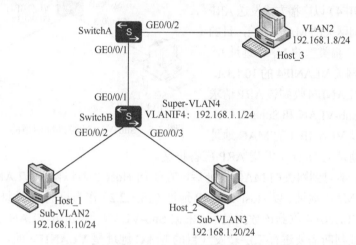

图 3-4　Sub-VLAN 与外部设备的二层通信示例

从 Host_1 进入 SwitchB 的数据帧会被打上 VLAN2 的标签。在 SwitchB 中，不会因为 VLAN2 是 VLAN4 的 Sub-VLAN 而打上 VLAN4 的标签，所以该数据帧从 SwitchB 的 Trunk 接口 GE0/0/1 端口出去时，依然携带的是 VLAN2 标签。到了 SwitchA 时，就可以与位于同一 IP 网段的 VLAN 2 用户 Host_3 直接进行二层通信。

也就是说，SwitchB 本身不会发出 VLAN4 的帧。就算其他设备有 VLAN4 的帧发送到该设备上，这些帧也会因为 SwitchB 上没有 VLAN4 对应的物理接口而被丢弃。因为 SwitchB 的 GE0/0/1 端口上根本不允许 VLAN4 的帧通过。对于其他设备而言，有效的 VLAN 只有 Sub-VLAN2 和 Sub-VLAN3，所有的帧都是在这些 VLAN 中交互的。因此，SwitchB 上虽然配置了 VLAN 聚合，但与其他设备的二层通信，不会涉及 Super-VLAN，与正常的二层通信流程一样，此处不再赘述。

3.1.4　Sub-VLAN 与外部网络的三层通信原理

所有 Sub-VLAN 都是以 Super-VLAN 的 VLANIF 接口作为默认网关，再通过路由与外部网络进行三层通信的。Sub-VLAN 与外部网络的三层通信示例如图 3-5 所示，下面以 Sub-VLAN2 中 Host_1 访问 VLAN20 中的 Host_3 为例介绍 Sub-VLAN 与外部网络的三层通信原理。

在本示例中，SwitchB 上配置了 Super-VLAN4，Sub-VLAN2 和 Sub-VLAN3，并配置一个普通的 VLAN10；SwitchA 上配置两个普通的 VLAN10 和 VLAN20。假设 Sub-VLAN 2 下的主机 Host_1 想访问与 SwitchA 相连的 Host_3，则通信过程如下（假设 SwitchB 上已配置了去往 10.1.2.0/24 网段的路由，SwitchA 上已配置了去往 10.1.1.0/24

网段的路由，但 2 个交换机没有任何三层转发表项）。

① Host_1 将 Host_3 的 IP 地址（10.1.2.2）和自己所在网段 10.1.1.0/24 进行比较，发现和自己不在同一个 IP 子网，于是向网关（位于 SwicthB 上 Super-VLAN 4 对应的 VLANIF4）以广播方式发送 ARP 请求报文，查询网关的 MAC 地址，目的 MAC 为全 F（广播类型的 MAC 地址），目的 IP 地址为网关 VLANIF4 的 10.1.1.1。

② 网关 VLANIF4 收到该 ARP 请求报文后，查找 Sub-VLAN 和 Super-VLAN 的对应关系，以 VLANIF4 的 MAC 地址作为源 MAC 地址向 Host_1 发送 ARP 应答报文。

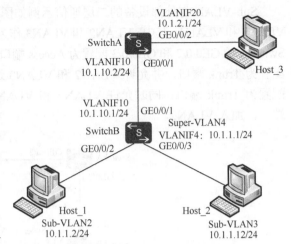

图 3-5   Sub-VLAN 与外部网络的三层通信示例

③ Host_1 学习到网关的 MAC 地址后，在访问 Host_3 时以网关 VLANIF4 的 MAC 地址作为目的 MAC 地址、以 Host_3 的 IP 地址（10.1.2.2）作为目的 IP 地址发送数据包。

④ 网关 VLANIF4 收到该数据包后，根据 Sub-VLAN 和 Super-VLAN 的对应关系及目的 MAC 地址判断需要进行三层转发（**目的 MAC 地址是 VLANIF4 的，但目的 IP 地址却不是 VLANIF4 的**）。但在三层转发表中没有找到匹配的表项，于是传输到 CPU 去查找路由表，得到下一跳 IP 地址为 10.1.10.2，出接口为 VLANIF10，然后把数据包转发给 SwitchA。

⑤ SwitchA 根据正常的三层转发流程把数据发送给 Host_3。

3.1.5   配置 VLAN 聚合

VLAN 聚合包括了 Spuer-VLAN 和 Sub-VLAN 两类 VLAN，在 Spuer-VLAN 中不需要添加成员端口，只需把 Sub-VLAN 作为其聚合的成员，并配置好 Spuer-VLAN 对应的 VLANIF 接口 IP 地址、使能 ARP 代理功能即可。在各 Sub-VLAN 上需要添加各成员端口。VLAN 聚合涉及的主要配置任务如下。

① 创建各个 Sub-VLAN，然后以基于端口划分方式把交换机端口加入对应的 Sub-VLAN 中。

② 创建 Spuer-VLAN，指定成员 Sub-VLAN，并配置 Super-VLANIF 接口的 IP 地址，使能 ARP 代理功能。

【注意】必须先创建、配置各个 Sub-VLAN，再创建、配置 Spuer-VLAN，否则在 Super-VLAN 中无法添加成员 Sub-VLAN。

1. 配置 Sub-VLAN

在 VLAN 聚合中，Sub-VLAN 的配置很简单，仅需要创建对应的 Sub-VLAN，然后以基于端口划分方式把各用户计算机所连接的交换机端口加入对应的 Sub-VLAN 中，所有 Sub-VLAN 内的用户均以 Super-VLAN 的 VLANIF 接口 IP 地址作为默认网关即可。

2. 配置 Super-VLAN

Super-VLAN 内可以包括多个 Sub-VLAN，不能加入任何物理端口，但可以创建三层 VLANIF 接口并配置 IP 地址。另外，为了确保实现各 Sub-VLAN 间的三层通信，还需要在 Super-VLAN 的 VLANIF 接口上启用 ARP 代理功能。

Super-VLAN 的具体配置步骤见表 3-1。

表 3-1　Super-VLAN 的具体配置步骤

步骤	命令	说明
1	system-view	进入系统视图
2	vlan *vlan-id* 例如，[HUAWEI] vlan 2	创建 Super-VLAN，并进入 VLAN 视图。本配置步骤中的 *vlan-id* 与 Sub-VLAN 中的 *vlan-id* 必须使用不同的 VLAN ID
3	aggregate-vlan 例如，[HUAWEI -VLAN2] aggregate-vlan	将以上 VLAN 指定为 Super-VLAN，进入 VLAN 配置视图。Super-VLAN 中不能包含任何成员端口，如果该 VLAN 原来包括成员端口，则需要将其全部删除，且 VLAN1 不能配置为 Super-VLAN。 缺省情况下，没有配置当前 VLAN 为 Super-VLAN，可用 undo aggregate-vlan 命令恢复当前 VLAN 为普通 VLAN
4	access-vlan { *vlan-id1* [to *vlan-id2*] } &<1-10> 例如，[HUAWEI-vlan2] access-vlan 20 to 30	将配置好的 Sub-VLAN 作为 Super-VLAN 的成员，各 VLAN ID 的取值范围均为 1～4094。 【说明】一个 VLAN 不能同时加入多个不同的 Super-VLAN 中。多次使用本命令将 Sub-VLAN 加入 Super-VLAN 中，配置结果按多次累加生效。 缺省情况下，Super-VLAN 中没有加入任何 Sub-VLAN，可用 undo access-vlan { *vlan-id1* [to *vlan-id2*] } &<1-10>命令将一个或一组 Sub-VLAN 从 Super-VLAN 中删除
5	quit	退出 VLAN 视图，返回系统视图
6	interface vlanif *vlan-id* 例如，[HUAWEI] interface vlanif 2	首先进入 Super-VLAN 的 VLANIF 接口，然后进入接口视图
7	ip address *ip-address* { *mask* | *mask-length* } [sub] 例如，[HUAWEI-Vlanif2] ip address 10.1.1.2 8	为以上 VLANIF 接口配置主或从 IP 地址
8	arp-proxy inter-sub-vlan-proxy enable 例如，[HUAWEI-Vlanif2] arp-proxy inter-sub-vlan-proxy enable	（可选）使能 Sub-VLAN 间的 ARP 代理功能。如果需要在不同的 Sub-VLAN 之间实现三层互通，必须在 Super-VLANIF 接口上使能 ARP 代理功能。 缺省情况下，关闭 VLAN 之间 ARP 代理功能，可用 undo arp-proxy inter-sub-vlan-proxy enable 命令恢复缺省配置

配置好后，可在任意视图下执行以下 display 命令查看相关配置，验证配置结果如下。

① display vlan [{ *vlan-id* \| vlan-name *vlan-name* } [verbose]]：查看所有 VLAN 或指定 VLAN 的相关信息。

② display interface vlanif [*vlan-id*]：查看 VLANIF 接口信息。

③ display sub-vlan [*vlan-id*]：查看 Sub-VLAN 类型的 VLAN 表项信息。

④ display super-vlan [*vlan-id*]：查看 Super-VLAN 类型的 VLAN 表项信息。

3.1.6　VLAN 聚合配置示例

本示例拓扑结构参见图 3-5，某公司拥有多个部门且位于同一 IP 子网 10.1.1.0/24 中。为了提升业务的安全性，已将不同部门的用户划分到不同 VLAN 中。现在由于业务需要，不同部门（例如，VLAN 2 和 VLAN 3 为不同部门）之间的用户需要实现三层互通，同时要实现访问外部网络中的 Host_3。

1．基本配置思路分析

根据 3.1.5 节介绍的 VLAN 聚合配置任务，再结合本示例实际需求，可以得出以下基本配置思路。

① 在 SwitchA 上创建 VLAN10 和 VLAN20，配置 GE0/0/1 和 GE0/0/2 接口均为 Access 类型，分别加入 VLAN10、VLAN20 中，分别创建 VLANIF10 和 VLANIF20 接口，并配置 IP 地址。

② 在 SwitchB 上创建 VLAN2、VLAN3、VLAN4 和 VLAN10，配置 VLAN4 作为 Super-VLAN，VLAN2 和 VLAN3 作为 Sub-VLAN，配置 GE0/0/1、GE0/0/2 和 GE0/0/5 接口均为 Access 类型，加入对应的 VLAN 中。

③ 在 SwitchB 上创建 VLANIF4，并配置与 VLAN2、VLAN3 中用户 IP 地址在同一网段的 IP 地址，使能 ARP 代理功能；创建 VLANIF10 接口，并配置 IP 地址。

④ 在 SwitchA 上配置访问内部网络的静态缺省路由，在 SwitchB 上配置访问外部网络的静态缺省路由。

2．具体配置步骤

① 在 SwitchA 上创建 VLAN10 和 VLAN20，配置 GE0/0/1 和 GE0/0/2 接口均为 Access 类型，并分别加入 VLAN10、VLAN20 中，分别创建 VLANIF10 和 VLANIF20 接口，并配置 IP 地址，具体配置如下。

```
<HUAWEI> system-view
[HUAWEI] sysname SwitchA
[SwitchA] vlan batch 10 20
[SwitchA] interface gigabitethernet 0/0/1
[SwitchA-Gigabitethernet0/0/1] port link-type access
[SwitchA-Gigabitethernet0/0/1] port default vlan 10
[SwitchA-Gigabitethernet0/0/1] quit
[SwitchA] interface gigabitethernet 0/0/2
[SwitchA-Gigabitethernet0/0/2] port link-type access
[SwitchA-Gigabitethernet0/0/2] port default vlan 20
[SwitchA-Gigabitethernet0/0/2] quit
[SwitchA] interface vlanif 10
[SwitchA-Vlanif10] ip address 10.1.10.2 255.255.255.0
[SwitchA-Vlanif10] quit
[SwitchA] interface vlanif 20
[SwitchA-Vlanif20] ip address 10.1.2.1 255.255.255.0
[SwitchA-Vlanif20] quit
```

② 在 SwitchB 上创建 VLAN2、VLAN3、VLAN4 和 VLAN10，配置 VLAN4 作为 Super-VLAN，VLAN2 和 VLAN3 作为 Sub-VLAN。配置 GE0/0/1、GE0/0/2 和 GE0/0/5 接口均为 Access 类型，加入对应的 VLAN 中，具体配置如下。

```
<HUAWEI> system-view
[HUAWEI] sysname SwitchB
```

```
[SwitchB] vlan batch 2 to 4 10
[SwitchB] interface gigabitethernet 0/0/1
[SwitchB-Gigabitethernet0/0/1] port link-type access
[SwitchB-Gigabitethernet0/0/1] port default vlan 10
[SwitchB-Gigabitethernet0/0/1] quit
[SwitchB] interface gigabitethernet 0/0/2
[SwitchB-Gigabitethernet0/0/2] port link-type access
[SwitchB-Gigabitethernet0/0/2] port default vlan 2
[SwitchB-Gigabitethernet0/0/2] quit
[SwitchB] interface gigabitethernet 0/0/3
[SwitchB-Gigabitethernet0/0/3] port link-type access
[SwitchB-Gigabitethernet0/0/3] port default vlan 3
[SwitchB-Gigabitethernet0/0/3] quit
[SwitchB] vlan 4
[SwitchB-vlan4] aggregate-vlan    #---指定 VLAN 4 作为 Super_VLAN
[SwitchB-vlan4] access-vlan 2 3     #---指定 VLAN 2 和 VLAN 3 是 VLAN 4 的子 VLAN
[SwitchB-vlan4] quit
```

③ 在 SwitchB 上创建 VLANIF4 接口，配置与 VLAN2、VLAN3 中用户 IP 地址在同一网段的 IP 地址，使能 ARP 代理功能；创建 VLANIF10 接口，并配置 IP 地址，具体配置如下。

```
[SwitchB] interface vlanif 4
[SwitchB-Vlanif4] ip address 10.1.1.1 255.255.255.0
[SwitchB-Vlanif4] arp-proxy inter-sub-vlan-proxy enable   #---使能 ARP 代理功能
[SwitchB-Vlanif4] quit
[SwitchB] interface vlanif 10
[SwitchB-Vlanif10] ip address 10.1.10.1 255.255.255.0
[SwitchB-Vlanif10] quit
```

然后在 VLAN2 和 VLAN3 中的用户主机上配置以 VLANIF4 接口 IP 地址作为默认网关。

④ 在 SwitchA 上配置访问内部网络的静态缺省路由，在 SwitchB 上配置访问外部网络的静态缺省路由，具体配置如下。

```
[SwitchA] ip route-static 0.0.0.0 0 10.1.10.1
[SwitchB] ip route-static 0.0.0.0 0 10.1.10.2
```

3. 配置结果验证

① 在 SwitchB 上分别执行 **display sub-vlan**、**display super-vlan** 命令查看 Sub-VLAN、Super-VLAN 类型的 VLAN 表项信息，在 SwitchB 上执行 **display sub-vlan**、**display super-vlan** 两个命令的输出如图 3-6 所示。

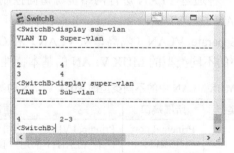

图 3-6　在 SwitchB 上执行 **display sub-vlan**、**display super-vlan** 两个命令的输出

② 在 Host_1 上 ping Host_2 是通的，Host_1 上 ping Host-2 的结果如图 3-7 所示，表明 VLAN 聚合中通过 ARP 代理功能已使各 Sub-VLAN 间三层互通。

　　③ 在 Host_1 上 ping Host_3 也是通的，Host_1 上 ping Host-3 的结果如图 3-8 所示，证明 Sub-VLAN 中的用户通过 Super-VLAN 已实现了与外部网络的三层互通。

　　通过以上验证，可证明前面的配置是正确的，实验成功。

图 3-7　Host_1 上 ping Host_2 的结果

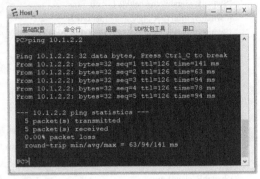

图 3-8　Host_1 上 ping Host_3 的结果

3.2　MUX VLAN

　　在 VLAN 的应用过程中经常遇到这样的需求：整个公司网络的用户都处于一个 IP 子网中，但希望在所有员工都能直接二层访问网络中的某关键设备的同时，一部分员工之间也能互相二层隔离。例如，在企业网络中，企业员工和企业客户可以访问企业的服务器，但是仅希望企业内部员工之间可以互相交流，而企业客户之间是隔离的。

　　此时，如果使用普通 VLAN 就很难实现了，因为如果企业规模很大，要实现同一 IP 网段的用户间二层隔离，所以就需要分配大量的 VLAN（特别是在 ISP 中）。这不仅需要耗费大量的 VLAN ID，还在增加了网络管理者的工作量同时增加了维护量。通过本节介绍的 MUX VLAN（Multiplex VLAN，复合 VLAN）提供的二层流量隔离机制可以实现以上双重目标。

3.2.1　MUX VLAN 概述

　　MUX VLAN 提供了一种通过 VLAN 进行网络资源访问控制的机制。MUX 包括两种 VLAN，即 Principal VLAN（主 VLAN）和 Subordinate VLAN（从 VLAN）。其中，从 VLAN 又分为两类，即 Separate VLAN（隔离型从 VLAN）和 Group VLAN（互通型从 VLAN）。MUX VLAN 中的不同类型的 MUX VLAN 的基本特性见表 3-2。

表 3-2　MUX VLAN 中的不同类型的 MUX VLAN 的基本特性

MUX VLAN	VLAN 类型	所属端口	通信权限
Principal VLAN（主 VLAN）	—	Principal port（主端口）	Principal VLAN 中的用户可以和 MUX VLAN 内的所有 VLAN 中的用户直接进行二层通信
Subordinate VLAN（从 VLAN）	Separate VLAN（隔离型从 VLAN）	Separate port（隔离型从端口）	Separate VLAN 中的用户只能和 Principal VLAN 中的用户进行二层通信，同一 Separate VLAN 内的用户之间，以及与其他从 VLAN 中的用户之间二层隔离。每个 Separate VLAN 必须绑定一个 Principal VLAN

续表

MUX VLAN	VLAN 类型	所属端口	通信权限
Subordinate VLAN（从 VLAN）	Group VLAN（互通型从 VLAN）	Group port（互通型从端口）	Group VLAN 中的用户可以和 Principal VLAN 进行二层通信，在同一 Group VLAN 内的用户也可以直接二层通信，但不能和其他 Group VLAN 或 Separate VLAN 中的用户直接二层通信。每个 Group VLAN 必须绑定一个 Principal VLAN

MUX VLAN 与 VLAN 聚合在形式上有些类似，各 VLAN 中的用户在同一个 IP 子网中，且都有两种类型的 VLAN。但这两种 VLAN 技术有着本质的区别。

- VLAN 聚合中的 Sub-VLAN 可以看作 Super-VLAN 的成员，即具有包含和被包含的关系，而 MUX VLAN 中的 Principal VLAN 和 Subordinate VLAN 是主、从关系，但也有逻辑上的包含和被包含的关系。
- VLAN 聚合中的 Super-VLAN 不能包含成员交换机端口，而 MUX VLAN 中的 Principal VLAN 可以包含成员交换机端口。
- VLAN 聚合中的各 Sub-VLAN 内部各用户间是可以直接二层通信的，而在 MUX VLAN 的 Separate VLAN 中的不同用户之间是隔离的，只是 Group VLAN 内的用户可以直接二层通信。

MUX VLAN 典型应用示例如图 3-9 所示，企业可以使用 Principal port 连接用户需要共同访问的企业服务器，Separate port 连接企业客户，Group port 连接企业员工。这样就能够实现企业客户、企业员工都能够访问企业服务器，而企业员工内部可以通信，企业客户之间不能通信，企业客户和企业员工之间不能互访的目标。

另外，在汇聚层部署 MUX VLAN 的示例如图 3-10 所示，也可以在汇聚层设备配置 MUX VLAN，此时还可以为 Principal VLAN 创建 VLANIF 接口并为之配置 IP 地址，作为 MUX VLAN 中各 Host 或 Server 与外部网络三层通信的共同网关，可以灵活实现接入流量的隔离或者互通。

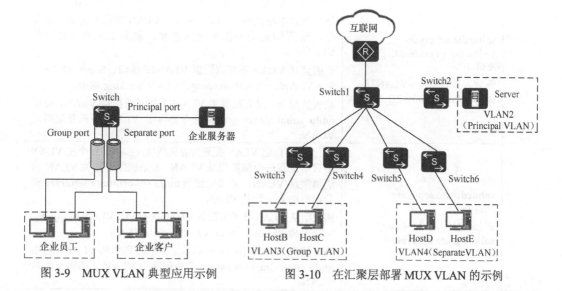

图 3-9　MUX VLAN 典型应用示例　　　　图 3-10　在汇聚层部署 MUX VLAN 的示例

3.2.2　配置 MUX VLAN

MUX VLAN 的配置中涉及主 VLAN（Principal VLAN）和从 VLAN 的配置。主 VLAN
的配置步骤见表 3-3。

表 3-3　主 VLAN 的配置步骤

步骤	命令	说明
1	**system-view**	进入系统视图
2	**vlan** *vlan-id* 例如，[HUAWEI] **vlan** 2	创建主 VLAN，并进入 VLAN 视图
3	**mux-vlan** 例如，[HUAWEI-VLAN2] **mux-vlan**	将以上 VLAN 指定为 MUX VLAN 的主 VLAN，即 Principal VLAN。缺省情况下，没有配置当前 VLAN 为主 VLAN，可用 **undo mux-vlan** 命令取消当前 VLAN 为主 VLAN

从 VLAN（Subordinate VLAN）又可以分为互通型从 VLAN（Group VLAN）和隔离型
从 VLAN（Separate VLAN）两类。但一个 MUX VLAN 不一定要求同时包括这两种从 VLAN，
且一个主 VLAN 下只能配置一个隔离型从 VLAN，最多配置 128 个互通型从 VLAN。

互通型从 VLAN 可以实现同一 VLAN 内用户端口之间的相互通信；隔离型从 VLAN
可隔离同一 VLAN 内用户端口间的相互通信。从 VLAN 的配置步骤见表 3-4。

表 3-4　从 VLAN 的配置步骤

步骤	命令	说明
1	**system-view**	进入系统视图
2	**vlan** *vlan-id* 例如，[HUAWEI] **vlan** 2	创建各个从 VLAN，并进入 VLAN 视图
3	**quit**	返回系统视图
4	**vlan** *vlan-id* 例如，[HUAWEI] **vlan** 5	进入主 VLAN 视图
5	**subordinate group** { *vlan-id1* [**to** *vlan-id2*] } &<1-10> 例如，[HUAWEI-VLAN2] **subordinate group** 2 3	（可选）把指定范围的 VLAN 配置为互通型从 VLAN。 该命令为累增式命令，如果在同一 VLAN 视图多次执行本命令，配置结果为多次配置的累加，最多 128 个互通型从 VLAN。 **互通型从 VLAN 不可以配置 VLANIF 接口、Super-VLAN、Sub-VLAN、VLAN Mapping、VLAN Stacking 功能。** 缺省情况下，没有配置主 VLAN 下的互通型从 VLAN，可用 **undo subordinate group** 命令删除主 VLAN 下的互通型从 VLAN
6	**subordinate separate** *vlan-id* 例如，[HUAWEI-vlan2] **subordinate separate** 4	（可选）将指定 VLAN 配置为隔离型从 VLAN。**一个主 VLAN 下只能配置一个隔离型从 VLAN。**如果想配置其他 VLAN 为隔离型从 VLAN，必须先使用 **undo subordinate separate** 删除已有的隔离型从 VLAN。 **隔离型从 VLAN 不可以配置 VLANIF 接口、VLAN Mapping、VLAN Stacking、Super-VLAN、Sub-VLAN** 缺省情况下，没有配置主 VLAN 下的隔离型从 VLAN，可用 **undo subordinate separate** 命令删除主 VLAN 下的隔离型从 VLAN

以上配置完成后，还需要在各主/从 VLAN 中的交换机端口上执行 **port mux-vlan enable** vlan *vlan-id* 命令，使能在对应 VLAN 中的 MUX VLAN 功能。端口使能 MUX VLAN 功能后，该接口不可以再用于 VLAN Mapping、VLAN Stacking 配置。但在交换机端口下使能 MUX VLAN 功能之前，需要完成以下任务。

① 已配置端口以 Access、Hybrid 或 Trunk 类型加入 MUX VLAN（**不能是 negotiation-auto 和 negotiation-desirable 类型端口**）。

② 端口可允许多个普通 VLAN 通过，但仅支持加入一个 MUX VLAN。

配置完成后，可使用 **display mux-vlan** 命令查看 MUX VLAN 配置信息，包括主 VLAN ID、从 VLAN ID、VLAN 的类型、VLAN 包含的交换机端口。

3.2.3　MUX VLAN 配置示例

MUX VLAN 配置示例的拓扑结构如图 3-11 所示，某小型企业网络的一台交换机上连接了位于在同一 IP 网段，颁布在多个 VLAN 中的用户主机和服务器。现要求通过 MUX VLAN 功能实现企业所有员工都可以访问企业服务器（Server），但希望 VLAN3 中的员工之间可以互相通信，而 VLAN4 中的员工之间是隔离的，不能够互相访问。

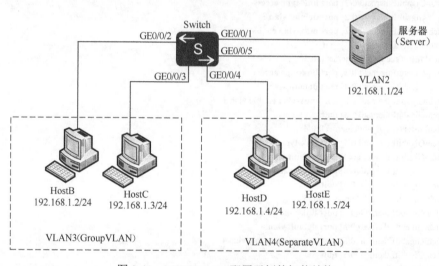

图 3-11　MUX VLAN 配置示例的拓扑结构

1. 基本配置思路分析

根据示例要求，在 MUX 的 VLAN 划分中，把企业服务器单独划入一个 VLAN（VLAN 2）中，配置作为主 VLAN；把 VLAN3 配置作为 Group VLAN；把 VLAN4 配置作为 Separate VLAN。根据 3.2.2 节介绍的配置步骤，可以得出本示例的基本配置思路如下。

① 在 Switch 上创建主/从 VLAN，并在主 VLAN 下指定 Group VLAN 和 Separate VLAN。

② 配置连接员工主机和服务器的交换机端口类型，加入对应的 VLAN，并使能 MUX VLAN 功能。

2. 具体配置步骤

① 在 Switch 上创建主/从 VLAN，并在主 VLAN 下指定 Group VLAN 和 Separate

VLAN，具体配置如下。

```
<HUAWEI> system-view
[HUAWEI] sysname Switch
[Switch] vlan batch 2 to 4
[Switch] vlan 2
[Switch-vlan2] mux-vlan    #---指定 VLAN 2 为主 VLAN
[Switch-vlan2] subordinate group 3    #---指定 VLAN 3 作为 VLAN 2 的 Group VLAN
[Switch-vlan2] subordinate separate 4    #---指定 VLAN 4 作为 VLAN 2 的 Separate VLAN
[Switch-vlan2] quit
```

② 配置各接口类型，并加入对应的 VLAN，使能 MUX VLAN 功能。在华为模拟器的对应版本 VRP 系统中使能 MUX 功能的命令是 **port mux-vlan enable**。

本示例中各交换机端口均是直接连接主机的，因此，均可以采用 Access 类型，具体配置如下。

```
[Switch] interface gigabitethernet 0/0/1
[Switch-GigabitEthernet0/0/1] port link-type access
[Switch-GigabitEthernet0/0/1] port default vlan 2
[Switch-GigabitEthernet0/0/1] port mux-vlan enable vlan 2    #---使能接口的 MUX VLAN 功能
[Switch-GigabitEthernet0/0/1] quit
[Switch] interface gigabitethernet 0/0/2
[Switch-GigabitEthernet0/0/2] port link-type access
[Switch-GigabitEthernet0/0/2] port default vlan 3
[Switch-GigabitEthernet0/0/2] port mux-vlan enable vlan 3
[Switch-GigabitEthernet0/0/2] quit
[Switch] interface gigabitethernet 0/0/3
[Switch-GigabitEthernet0/0/3] port link-type access
[Switch-GigabitEthernet0/0/3] port default vlan 3
[Switch-GigabitEthernet0/0/3] port mux-vlan enable vlan 3
[Switch-GigabitEthernet0/0/3] quit
[Switch] interface gigabitethernet 0/0/4
[Switch-GigabitEthernet0/0/4] port link-type access
[Switch-GigabitEthernet0/0/4] port default vlan 4
[Switch-GigabitEthernet0/0/4] port mux-vlan enable vlan 4
[Switch-GigabitEthernet0/0/4] quit
[Switch] interface gigabitethernet 0/0/5
[Switch-GigabitEthernet0/0/5] port link-type access
[Switch-GigabitEthernet0/0/5] port default vlan 4
[Switch-GigabitEthernet0/0/5] port mux-vlan enable vlan 4
[Switch-GigabitEthernet0/0/5] quit
```

3. 配置结果验证

① 在 Switch 上执行 **display mux-vlan** 命令查看 MUX VLAN 配置信息，以验证配置是否正确。在 Switch 上执行 **display mux-vlan** 命令的输出如图 3-12 所示，从图 3-12 中可以看出，该配置是正确的。

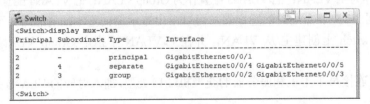

图 3-12　在 Switch 上执行 **display mux-vlan** 命令的输出

② 在 Group VLAN3 中的员工主机上 ping Server，以及 ping 同样位于 VLAN3 中的

员工主机和 Separate VLAN4 中的员工主机，发现可以 ping 通 Server、VLAN3 中的员工主机，但却 ping 不通 VLAN4 中的员工主机，符合 Group VLAN 的特性。Host_B ping Server、Host_C、Host_D 结果如图 3-13 所示。

③ 在 Separate VLAN4 中的员工主机上 ping Server，以及位于 Group VLAN3 中的员工主机和同位于 VLAN4 中的员工主机，发现除了可以 ping 通 Server，其他主机均不可以 ping 通，即使同位于 VLAN4 的其他主机也 ping 不通，符合 Separate VLAN 的特性。Host_D ping Server、Host_B、Host_E 结果如图 3-14 所示。

图 3-13　Host_B ping Server、Host_C、Host_D 结果　　图 3-14　Host_D ping Server、Host_B、Host_E 结果

以上验证可证明，上述配置是正确的，而且是符合示例要求的。

3.3　QinQ

随着以太网技术在各类网络中的大量部署，单层标签的普通 VLAN 技术的应用受到很大的限制。因为一个 VLAN 标签只有 12bit，仅能表示 4096 个 VLAN，无法满足城域和广域以太网中标识大量用户的需求，所以就开发了 QinQ（802.1Q-in-802.1Q 的简称）技术。

3.3.1　QinQ 概述

QinQ 最初主要是为了扩展 VLAN ID 空间，但随着城域以太网的发展及运营商精细化运作的要求，QinQ 的双层标签有了进一步的使用场景。它的内、外层标签可以代表不同的信息, 例如, 内层标签代表用户、外层标签代表业务。另外, QinQ 数据帧带着两层标签穿越运营商网络, 内层标签透明传送, 也可以看作一种简单、实用的 VPN 技术。因此, 它又可以作为核心 MPLS VPN 在城域以太网 VPN 的延伸, 最终形成端到端的 VPN 技术。由于 QinQ 方便易用的特点, 所以现在已经在各家电信运营商中得到广泛的应用, 例如, QinQ 技术在城域以太网解决方案中和多种业务相结合。特别是灵活 QinQ 的出现, 使该业务受到了电信运营商的推崇和青睐。

普通 VLAN 中的 VLAN 标签是用来区分用户的, QinQ 典型应用示例如图 3-15 所示, 一个总公司下面连接了两个分公司, 而两个分公司中又对不同部门的员工采用了 VLAN 进行区分, 且两个分公司的部门 VLAN ID 规划重叠, 都划分了 VLAN2 和 VLAN3。因此, 如果数据帧中只采用一层 VLAN 标签, 总公司就无法区分数据是来自哪个分公司, 也就无法针对不同分公司的数据进行任何处理了。

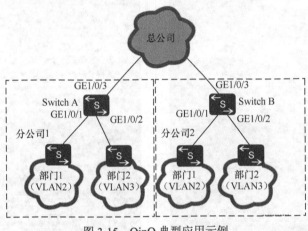

图 3-15　QinQ 典型应用示例

为了解决这个问题, 可以设想在总公司的交换机上为各分公司创建了不同的 VLAN。这样当连接对应分公司的总公司交换机端口收到数据帧后, 再在数据帧外面添加一层 VLAN 标签 (此时数据帧中就有两层 VLAN 标签了, 原来的 VLAN 标签称之为内层 VLAN 标签, 新添加的称为外层 VLAN 标签)。

在图 3-15 的示例中, 如果为分公司 1 和分公司 2 的数据帧分别添加的外层 VLAN 标签为 VLAN10 和 VLAN20, 就可实现在总公司中对来自不同分公司的数据进行区分, 也可以对来自这两个分公司的数据提供不同的服务, 实现差分服务。

另外, 在基于传统的 802.1Q 协议的二层局域网互联模式中, 当两个用户网络需要通过服务提供商 (ISP) 互相访问时 (例如, 在城域以太网中), ISP 必须为每个接入用户创建不同的 VLAN。这种配置方法一方面使用户的 VLAN 在骨干网络上可见, 存在一定的安全隐患, 同时也会消耗大量服务提供商的 VLAN ID 资源。因为只有 4094 个 VLAN ID 可用, 所以当接入的用户数目很多时, 可能使 ISP 网络的 VLAN ID 不够用。

通过 QinQ 技术可以有效地解决以上问题, 因为它可以为许多不同内层 VLAN 标签用户使用同一个外层 VLAN 标签进行封装, 所以解决了 ISP 的 VLAN ID 资源不足的问题。另外, 通过外层 VLAN 标签对内层 VLAN 标签的屏蔽作用, 使用户自己的内层 VLAN

ID 部署可以由用户自己作主，而不必由 ISP 统一部署。

3.3.2　QinQ 封装结构

QinQ 是在传统 802.1Q VLAN 标签基础上再增加一层新的 802.1Q VLAN 标签，传统 802.1Q 帧和 QinQ 帧格式比较如图 3-16 所示，QinQ 帧比传统的 802.1Q 帧多了一个 4 字节的 "802.1Q 标签" 字段。

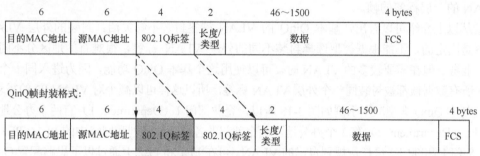

图 3-16　传统 802.1Q 帧和 QinQ 帧格式比较

使用 QinQ 封装的私网 VLAN 帧在公网的传输中全部作为数据部分，仅根据新增的外层公网 VLAN 标签进行报文转发和 MAC 地址学习，建立 MAC 地址表。

QinQ 典型应用组网如图 3-17 所示，用户网络 A 和 B 的私网 VLAN 分别为 VLAN1～10 和 VLAN1～20。电信运营商为用户网络 A 和 B 分配的公网 VLAN 分别为 VLAN3 和 VLAN4。当用户网络 A 和 B 中带 VLAN 标签的报文进入电信运营商网络时，会在原来的私网 VLAN 标签外面再分别封装上 VLAN3 和 VLAN4 的公网 VLAN 标签，然后在公网中直接按照新增的公网 VLAN 标签传输。

这样，来自不同用户网络的报文在电信运营商网络中传输时被完全分开，即使这些用户网络各自的 VLAN 范围存在重叠（例如，两个用户网络中都包含

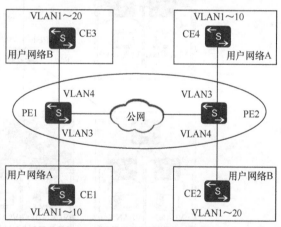

图 3-17　QinQ 典型应用组网

了 VLAN1～10），在电信运营商网络中传输时也不会产生冲突。而当报文穿过电信运营商网络，到达电信运营商网络另一侧 PE 后，报文会被剥离电信运营商网络为其添加的公网 VLAN 标签，使原来的用户私网 VLAN 标签为最外层 VLAN 标签，然后按用户私网 VLAN 标签传送给用户网络的 CE。

3.3.3　QinQ 的实现方式

QinQ 帧封装的过程就是把单层 802.1Q 标签数据帧转换成双层 802.1Q 标签数据帧的

过程。封装过程主要发生在城域网侧连接用户的交换机端口上。根据不同的 VLAN 标签封装依据，QinQ 可以分为基本 QinQ 封装和灵活 QinQ 封装两种类型。

1. 基本 QinQ 封装

基本 QinQ 封装是将进入一个端口的所有流量全部用同一个外层 VLAN 标签封装，是一种基于端口的 QinQ 封装方式，也称 QinQ 二层隧道。开启端口的基本 QinQ 功能后，当该端口接收到已经带有 VLAN 标签的数据帧时，则该数据帧就将被封装成双层标签的帧；如果接收到的是不带 VLAN 标签的数据帧，则该数据帧将被封装成带有端口缺省VLAN 的一层标签的帧。

从以上介绍可以看出，基本 QinQ 的 VLAN 标签封装不够灵活，封装的外层 VLAN标签是固定的，不能根据类型选择封装不同的外层 VLAN 标签，很难有效地区分不同的用户业务。但在需要较多的 VLAN 时，可以使用这个基本 QinQ 功能，因为进入同一个端口的所有数据帧都被封装同一个外层 VLAN 标签，所以这样可以减少对 VLAN ID 的需求。

基本 QinQ 典型应用示例如图 3-18 所以，企业部门 1（Department 1）有两个办公地，部门 2（Department 2）有 3 个办公地，两个部门的各办公地分别和网络中的 PE1、PE2 相连，部门 1 和部门 2 可任意规划自己的 VLAN。可在 PE1 和 PE2 上通过以下思路配置 QinQ二层隧道功能，使同一部门内的各个办公地网络可以互通，但两个部门之间的网络不能互通。

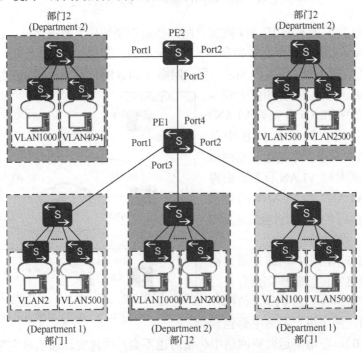

图 3-18　基本 QinQ 典型应用示例

① 在 PE1 上，对于进入端口 Port1 和 Port2 的用户（都属于部门 1）数据帧都封装外层 VLAN 10，对于进入端口 Port3 中的用户（属于部门 2）数据帧都封装外层 VLAN 20。

② 在 PE2 上，对于进入端口 Port1 和 Port2 的用户（都属于部门 2）数据帧都封装外层 VLAN20。

③ PE1 上的端口 Port4 和 PE2 上的端口 Port3 允许 VLAN20 的用户数据帧通过，以

便实现连接在 PE1 的 Port3 上部门 2 中的用户，与连接在 PE2 的 Port1 和 Port2 上部门 2 中的用户互通。

2. 灵活 QinQ 封装

灵活 QinQ 封装是对 QinQ 封装的一种更灵活的实现，是基于端口与 VLAN 的结合方式，又称为 VLAN Stacking 或 QinQ Stacking，可以先根据用户的 VLAN 标签、优先级、MAC 地址、IP 协议、源 IP 地址、目的 IP 地址或传输层端口对业务进行分类，然后灵活 QinQ 封装根据业务分类选择是否添加外层标签，添加哪个外层 VLAN 标签。

灵活 QinQ 封装又有以下 3 种方式实现。

① 基于 VLAN ID 的灵活 QinQ 封装：基于数据帧中不同的内层标签的 VLAN ID 添加不同的外层标签，即具有相同内层 VLAN 标签的帧添加相同的外层 VLAN 标签，具有不同内层标签的帧添加不同的外层 VLAN 标签。**这就要求不同用户的内层 VLAN ID 或 VLAN ID 范围不能重叠或交叉。**

② 基于 802.1p 优先级的灵活 QinQ 封装：基于数据帧中不同的内层标签的 802.1p 优先级添加不同的外层标签，即具有相同内层 VLAN 802.1p 优先级的帧添加相同的外层标签，具有不同内层 VLAN 802.1p 优先级的帧添加不同的外层标签。**这就要求不同用户的内层 VLAN 的 802.1p 优先级或 802.1p 优先级范围不能重叠或交叉，但内层 VLAN ID 可以重叠或交叉。**

③ 基于流策略的灵活 QinQ 封装：基于所定义的 QoS 策略为不同的数据帧添加不同的外层标签。基于流策略的灵活 QinQ 封装能够针对业务类型提供差别服务。

灵活 QinQ 典型应用示例如图 3-19 所示，企业的部门 1（Department1）有两个办公地，部门 2（Department 2）有 3 个办公地。PE1 的 Port1 端口会同时收到两个部门不同 VLAN 区间的用户数据帧。

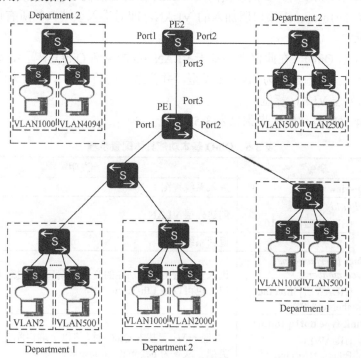

图 3-19　灵活 QinQ 典型应用示例

此时可以根据图 3-19 中标识的各办公地的用户 VLAN ID 范围，在 PE1 和 PE2 上通过以下思路配置基于 VLAN 的灵活 QinQ 功能，使每个部门的各个办公地网络之间可以互通，但两个部门之间的网络不能互通。

① 对于进入 PE1 的 Port1 端口的用户数据帧，依据其 VLAN ID 的不同，添加对应的外层 VLAN 标签。如果 VLAN ID 在 2～500，则封装 VLAN ID 为 10 的外层标签；如果 VLAN ID 在 1000～2000，则封装 VLAN ID 为 20 的外层标签。

② 对于进入 PE1 的 Port2 端口的用户数据帧，如果 VLAN ID 在 100～500，则封装 VLAN ID 为 10 的外层标签。

③ 对于进入 PE2 的 Port1 端口的用户数据帧，如果 VLAN ID 在 1000～4094，则封装 VLAN ID 为 20 的外层标签。

④ 对于进入 PE2 的 Port2 端口的用户数据帧，如果 VLAN ID 在 500～2500，则封装 VLAN ID 为 20 的外层标签。

⑤ 在 PE1 和 PE2 的 Port3 端口上允许 VLAN20 的帧通过，以便实现连接在 PE1 的 Port1 端口下连接的部门 2 用户与连接在 PE2 的 Port1 和 Port2 的部门 2 的用户互通。

从以上可以看出，灵活 QinQ 比基本 QinQ 的外层标签封装更加灵活，可以根据用户数据帧中原来的 VLAN ID 范围来确定封装不同的外层标签，这样更方便对相同网络中不同业务的用户数据流提供差分服务。

3.3.4 配置 QinQ

QinQ 均在公网边缘交换机上配置。

① 配置基本 QinQ 时，要把接收内网 VLAN 帧的交换机端口配置为 dot1q-tunnel 类型，且指定该 dot1q-tunnel 接口所加入的 VLAN，即对进入该端口的所有帧添加统一的外层 VLAN 标签。

② 配置灵活 QinQ（在此仅介绍基于 VLAN ID 的灵活 QinQ 配置），要把接收内网 VLAN 帧的交换机端口配置为 Hybrid 类型，并依据不同的内层 VLAN 标签对所接收的帧添加不同的外层 VLAN 标签。

QinQ 基本功能具体配置步骤见表 3-5。

表 3-5 QinQ 基本功能具体配置步骤

步骤	命令	说明
1	**system-view**	进入系统视图
2	**vlan** *vlan-id* 例如，[HUAWEI]**vlan** 10	创建外层 VLAN
3	**quit**	返回系统视图
4	**interface** *interface-type* *interface-number* 例如，[HUAWEI] **interface** gigabitethernet 1/0/1	进入要配置 QinQ 功能的交换机端口，该接口可以是物理接口，也可以是 Eth-Trunk 接口
5	**port link-type dot1q-tunnel** 例如，[HUAWEI- GigabitEthernet1/0/1]**port** **link-type dot1q-tunnel**	（二选一）配置基本 QinQ 时，将以上端口配置为 dot1q-tunnel 类型。缺省为 negotiation-desirable 类型

步骤	命令	说明
5	**port link-type hybrid** 例如， [HUAWEI-GigabitEthernet1/ 0/1]**port link-type hybrid**	（二选一）配置灵活 QinQ 时，将以上端口配置为 Hybrid 类型。缺省为 negotiation-desirable 类型
6	**port default vlan** *vlan-id* 例如，[HUAWEI- GigabitEthernet1/0/1]**port default vlan 5**	（二选一）配置基本 QinQ 的外层 VLAN 标签的 VLAN ID（与第 2 步创建的 VLAN 一致）。 当端口接收到带 VLAN 标签的帧时，打上一层缺省外层 VLAN 标签；当接口发送带有外层 VLAN 标签的帧时，均在去掉帧中的该外层 VLAN 标签后发送。 缺省情况下，所有端口的缺省 VLAN ID 为 1，可用 **undo port default vlan** 命令删除端口配置的缺省 VLAN，恢复为缺省的 VLAN 1
7	**qinq vlan-translation enable** 例如， [HUAWEI-GigabitEthernet1/0/ 1]**qinq vlan-translation enable**	使能以上端口的 VLAN 转换功能。仅在端口使能了 VLAN 转换功能后，才可以在端口上配置灵活 QinQ 功能。 缺省情况下，没有使能接口 VLAN 转换功能，可用 **undo qinq vlan-translation enable** 命令取消端口的 VLAN 转换功能
8	**port vlan-stacking vlan** *vlan-id1*[**to** *vlan-id2*] **stack-vlan** *vlan-id3* [**remark-8021p** *8021p-value*] 例如， [HUAWEI-GigabitEthernet1/ 0/1] **port vlan-stacking vlan 10 to 40 stack-vlan 2**	（二选一）配置灵活 QinQ 外层 VLAN 配置基于 VLAN ID 的灵活 QinQ 的 VLAN Stacking 功能。 ① *vlan-id1* [**to** *vlan-id2*]：指定要添加由参数 *vlan-id3* 指定的外层标签的内层 VLAN ID 范围。 【说明】添加不同外层 VLAN 标签的内层 VLAN ID 范围绝对不能重叠，或者交叉，否则，端口无法正确添加外层 VLAN 标签。 ② *vlan-id3*：指定要添加的外层 VLAN 标签对应的 VLAN ID（与第 2 步创建的 VLAN 一致）。 【说明】端口配置灵活 QinQ 功能后在发送帧时，如果需要剥掉外层 VLAN 标签，则该端口要以 Untagged 方式加入外层 VLAN 标签对应的 VLAN 中；如果不需要剥掉外层 VLAN 标签，该端口要以 Tagged 方式加入外层 VLAN 标签对应的 VLAN 中。 ③ *8021p-value*：可选参数，重新标记添加外层 VLAN 标签后帧的 802.1p 优先级，取值范围为 0～7，该值越大，优先级越高。缺省情况下，外层 VLAN 标签的 802.1p 优先级与内层 VLAN 标签的 802.1p 优先级一致。 缺省情况下，端口没有配置灵活 QinQ 功能，可用 **undo port vlan-stacking vlan** *vlan-id*1 [**to** *vlan-id*2] [**stack-vlan** *vlan-id*3]命令取消对应的灵活 QinQ 配置

续表

步骤	命令	说明
9	**qinq protocol** *protocol-id* 例如，[HUAWEI- GigabitEthernet1/0/1] **qinq** **protocol** 9100	（可选）配置端口的 QinQ 帧外层 VLAN 标签中的标签协议符（Tag Protocol IDentifier，TPID）值，即外层 VLAN 标签的协议号，4 位 16 进制整数形式，取值范围为 0x0600～0xFFFF，其目的是使发送到公网中的 QinQ 帧携带的 TPID 值与当前网络配置相同，从而实现与现有网络的兼容。 缺省情况下，内层 VLAN 标签中的 TPID 值为 0x8100，华为设备中的外层 VLAN 标签中的 TPID 值也为 0x8100，但其他厂商设备中使用的值可能不一样

3.3.5　基本 QinQ 配置示例

基本 QinQ 配置示例如图 3-20 所示，企业 1 和企业 2 各有在不同地点办公的两个分支。这两个分支的企业网络与同一电信运营商网络中的 SwitchA 和 SwitchB 相连，且 ISP 公网中存在其他厂商设备，其外层 VLAN 标签的 TPID 值为 0x9100。

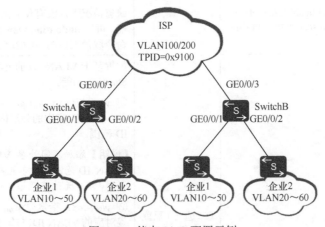

图 3-20　基本 QinQ 配置示例

现要实现企业 1 和企业 2 独立划分 VLAN，二者互不影响；各企业的两分支机构之间的流量通过公网透明传输，相同企业之间可以互通，不同企业之间互相隔离。

1. 配置思路分析

本示例中，同一企业在不同地点的两个分支网络中的 VLAN 划分一样，这样在两地、两个企业分支网络连接的电信运营商边缘交换机 SwitchA 和 SwitchB 的端口上配置相同的基本 QinQ，即可实现同一企业两地分支网络相同 VLAN 中的用户二层互通。这是因为基本 QinQ 的外层 VLAN 标签，在 QinQ 帧配置了基本 QinQ 功能的交换机端口上发出时会去掉。

如果要使两个企业的两个分支网络之间的流量通过公网透明传输，就需要在分支网络数据帧进入公网前打上一层外层 VLAN 标签，使原数据帧的私网 VLAN 标签当作数据部分进行处理。要在电信运营商网络中区分两个企业的数据，可通过配置基于端口的基本 QinQ 为两个企业的数据流打上不同的外层 VLAN 标签。例如，为企业 1 的两个分支网络数据流打上 VLAN100 的标签，为企业 2 的两个分支网络数据流打上 VLAN200 的标签，需要分别在 SwitchA 和 SwitchB 连接对应企业分支交换机的端口上进行配置。

同时，通过在连接其他厂商设备的端口上配置修改 QinQ 外层 VLAN 标签的 TPID 值，实现与其他厂商设备的互通。

根据以上分析，本示例的基本配置思路如下。

① 在 SwitchA 和 SwitchB 上配置基本 QinQ。在 SwitchA 和 SwitchB 上均创建 VLAN100 和 VLAN200，把连接分支网络的 GE0/0/1 和 GE0/0/2 端口配置 dot1q-tunnel 类型，并分别加入对应的外层 VLAN 100 或 VLAN 200。

② 在 SwitchA 和 SwitchB 配置上行数据转发。将 SwitchA 和 SwitchB 连接公网的 GE0/0/3 端口为 Trunk 类型，然后同时允许 VLAN100 和 VLAN200 的数据帧带标签通过，并配置外层 VLAN 标签的 TPID 值为 9100，实现与其他厂商设备的互通。

2. 具体配置步骤

（1）在 SwitchA 和 SwitchB 上配置基本 QinQ

SwitchA 上的配置如下。

```
<HUAWEI> system-view
[HUAWEI] sysname SwitchA
[SwitchA] vlan batch 100 200
[SwitchA] interface gigabitethernet 0/0/1
[SwitchA-GigabitEthernet0/0/1] port link-type dot1q-tunnel    #---配置交换机端口为 dot1q-tunnel 类型
[SwitchA-GigabitEthernet0/0/1] port default vlan 100   #---打上外层 VLAN 100 标签
[SwitchA-GigabitEthernet0/0/1] quit
[SwitchA] interface gigabitethernet 0/0/2
[SwitchA-GigabitEthernet0/0/2] port link-type dot1q-tunnel
[SwitchA-GigabitEthernet0/0/2] port default vlan 200
[SwitchA-GigabitEthernet0/0/2] quit
```

SwitchB 上的配置如下。

```
<HUAWEI> system-view
[HUAWEI] sysname SwitchB
[SwitchB] vlan batch 100 200
[SwitchB] interface gigabitethernet 0/0/1
[SwitchB-GigabitEthernet0/0/1] port link-type dot1q-tunnel
[SwitchB-GigabitEthernet0/0/1] port default vlan 100
[SwitchB-GigabitEthernet0/0/1] quit
[SwitchB] interface gigabitethernet 0/0/2
[SwitchB-GigabitEthernet0/0/2] port link-type dot1q-tunnel
[SwitchB-GigabitEthernet0/0/2] port default vlan 200
[SwitchB-GigabitEthernet0/0/2] quit
```

（2）在 SwitchA 和 SwitchB 配置上行数据转发

SwitchA 上的配置如下。

```
[SwitchA] interface gigabitethernet 0/0/3
[SwitchA-GigabitEthernet0/0/3] port link-type trunk
[SwitchA-GigabitEthernet0/0/3] port trunk allow-pass vlan 100 200 #---同时允许 VLAN 100 和 VLAN 200 帧带标签转发
[SwitchA-GigabitEthernet0/0/3] qinq protocol 9100   #---修改外层 VLAN 标签中的 TPID 值为 0x9100
[SwitchA-GigabitEthernet0/0/3] quit
```

SwitchB 上的配置如下。

```
[SwitchB] interface gigabitethernet 0/0/3
[SwitchB-GigabitEthernet0/0/3] port link-type trunk
[SwitchB-GigabitEthernet0/0/3] port trunk allow-pass vlan 100 200
[SwitchB-GigabitEthernet0/0/3] qinq protocol 9100
[SwitchB-GigabitEthernet0/0/3] quit
```

以上配置完成后，因为 QinQ 帧在到达对方时启用了 QinQ 功能，而且配置了相同外层 VLAN 标签的端口后又会剥离对应的外层标签，所以从企业 1 的一分支机构内的任意 VLAN 中，用户可以成功访问企业 1 的另一分支机构内相同 VLAN 内的用户；同理，从企业 2 的一分支机构内的任意 VLAN 中用户可以成功访问企业 2 的另一分支机构相同 VLAN 内的用户，实现相同企业的相同 VLAN 间用户的互通。

3.3.6　基于 VLAN ID 的灵活 QinQ 配置示例

基于 VLAN ID 的灵活 QinQ 配置示例的拓扑结构如图 3-21 所示，两地的计算机上网用户（假设用户 VLAN ID 范围为 100～200）和 VoIP 用户（假设用户 VLAN ID 范围为 300～400）通过 SwitchA 和 SwitchB 接入。现要求两地的计算机上网用户之间、VoIP 用户之间通过电信运营商网络（Carrier Network）实现互通。

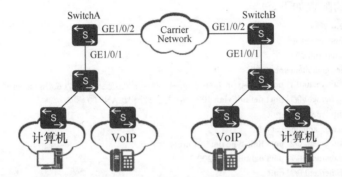

图 3-21　基于 VLAN ID 的灵活 QinQ 配置示例的拓扑结构

1. 配置思路分析

本示例其实与 3.3.5 节所介绍 QinQ 的示例虽然看起来要求是类似的，但拓扑结构的不同决定了本示例不能采用基本 QinQ 来实现。

3.3.5 节示例中电信运营商网络边缘交换机通过不同交换机端口连接不同的分支网络，所以可分别在两个端口配置基本 QinQ 来实现数据流区分。而本示例中，电信运营商网络边缘交换机是通过一个端口连接了两类不同的业务交换机，即两类业务数据进入同一交换机端口，因此，不能采用基本 QinQ 来实现，只能采用基于 VLAN ID 的灵活 QinQ 来实现。

根据 3.3.4 节介绍的基于 VLAN ID 的灵活 QinQ 配置方法，再结合本示例的实际需求，可以得出本示例的基本配置思路，具体描述如下。

① 在 SwitchA 和 SwitchB 上配置基于 VLAN ID 的灵活 QinQ，在向内网转发数据帧时，去掉外层 VLAN 标签。

② 在 SwitchA 和 SwitchB 配置上行数据转发，允许外层 VLAN 通过。

2. 具体配置步骤

① 在 SwitchA 和 SwitchB 上配置基于 VLAN ID 的灵活 QinQ，在向内网转发数据帧时去掉外层 VLAN 标签。

如果在 SwitchA 和 SwitchB 上为计算机用户分配的外层 VLAN 为 VLAN2，为 VoIP 用户分配的外层 VLAN 为 VLAN3，则交换机端口只能是 Access、Trunk 或 Hybrid 类型。

SwitchA 上的配置如下。

```
<HUAWEI> system-view
[HUAWEI] sysname SwitchA
[SwitchA] vlan batch 2 3    #--创建外层 VLAN 2 和 VLAN 3
[SwitchA] interface gigabitethernet 1/0/1
[SwitchA-GigabitEthernet1/0/1] port link-type hybrid
[SwitchA-GigabitEthernet1/0/1] port hybrid untagged vlan 2 3    #---指定向外发送数据时去掉外层 VLAN 标签
[SwitchA-GigabitEthernet1/0/1] qinq vlan-translation enable    #---使能端口的 VLAN 转换功能
[SwitchA-GigabitEthernet1/0/1]port vlan-stacking vlan 100 to 200 stack-vlan 2 #--为计算机上网用户添加外层标签 VLAN2
[SwitchA-GigabitEthernet1/0/1]port vlan-stacking vlan 300 to 400 stack-vlan 3 #---为 VoIP 网用户添加外层标签 VLAN3
[SwitchA-GigabitEthernet1/0/1] quit
```

SwitchB 上的配置如下。

```
<HUAWEI> system-view
[HUAWEI] sysname SwitchB
[SwitchB] vlan batch 2 3
[SwitchB] interface gigabitethernet 1/0/1
[SwitchB-GigabitEthernet1/0/1] port link-type hybrid
[SwitchB-GigabitEthernet1/0/1] port hybrid Untagged vlan 2 3
[SwitchB-GigabitEthernet1/0/1]qinq vlan-translation enable
[SwitchB-GigabitEthernet1/0/1] port vlan-stacking vlan 100 to 200 stack-vlan 2
[SwitchB-GigabitEthernet1/0/1] port vlan-stacking vlan 300 to 400 stack-vlan 3
[SwitchB-GigabitEthernet1/0/1] quit
```

② 在 SwitchA 和 SwitchB 配置上行数据转发，允许外层 VLAN 通过。

SwitchA 上的配置如下。

```
[SwitchA] interface gigabitethernet 1/0/2
[SwitchA-GigabitEthernet1/0/2] port link-type trunk
[SwitchA-GigabitEthernet1/0/2] port trunk allow-pass vlan 2 3    #---指定发送数据时保留外层 VLAN 2、VLAN 3 标签
[SwitchA-GigabitEthernet1/0/2] quit
```

SwitchB 上的配置如下。

```
[SwitchB] interface gigabitethernet 1/0/2
[SwitchB-GigabitEthernet1/0/2] port link-type trunk
[SwitchB-GigabitEthernet1/0/2] port trunk allow-pass vlan 2 3
[SwitchB-GigabitEthernet1/0/2] quit
```

以上配置完成后，则可实现两地的计算机上网用户通过电信运营商网络互相通信，两地的 VoIP 用户也可以通过电信运营商网络互相通信。

第4章
以太网交换安全技术

本章主要内容

在企业以太网中，为了通信安全和网络稳定，开发了许多安全技术，例如，端口隔离、介质访问控制（Media Access Control，MAC）地址表安全、MAC 地址防漂移和检测、端口安全、流量抑制、风暴控制、DHCP Snooping、IPSG 等，本章将具体介绍这些技术的实现原理和配置方法。

4.1 端口隔离

以前为了实现报文之间的二层隔离，通常采用将不同端口加入不同 VLAN 的方法实现。但这样配置不但比较麻烦，而且为了实现二层隔离使用了大量的 VLAN，因而造成了有限的 VLAN 资源浪费。端口隔离技术可以轻松解决这一问题。

4.1.1 端口隔离概述

端口隔离可以实现连接在同一交换机上，同一 VLAN 内端口之间的隔离。用户只需要将端口加入同一隔离组，就可以实现同一隔离组内端口之间二层通信隔离，为用户提供更安全、更灵活的组网方案。

如果用户希望隔离同一 VLAN 内的广播报文，但是不同端口下的用户还可以进行三层通信，则可以将隔离模式设置为二层隔离、三层互通；如果用户希望同一 VLAN 不同端口下用户彻底无法通信，则可以将隔离模式配置为二层、三层均隔离即可。

端口隔离应用示例如图 4-1 所示，PC1、PC2 和 PC3 同在 VLAN10 中，且 IP 地址在同一 IP 网段。缺省情况下，它们之间是可以直接二层互通的。现将 PC1 与 PC2 对应的端口 GE1/0/1 和 GE1/0/2 加入端口隔离组后，PC1 与 PC2 在 VLAN10 内不能互相访问，但是 PC3 与 PC1 之间可以互相访问，PC3 与 PC2 之间也可以互相访问。

在端口隔离方案中，支持单向隔离和双向隔离这两种方法。单向隔离是在要阻止某个本地端口发送的报文到达本地交换机上的其他端口，而不限制其他端口的报文到达本地端口时所采用的隔离方法。接入同一个交换机不同端口的多台主机，若某台主机存在安全隐患，可能会向其他主机发送大量的广播报文，可以通过配置端口间的单向隔离来实现。例如端口 A 与端口 B 之间单向隔离，即端口 A 发送的报文不能到达端口 B，但从端口 B 发送的报文可以到达端口 A。

单向隔离应用示例如图 4-2 所示，假设 PC4 存在安全隐患，会向其他主机发送大量的广播报文，可以仅在 PC4 连接的 GE1/0/4 接口上配置与 GE1/0/5、GE1/0/6 接口进行单向隔离，这样 PC4 发送的报文不能到达 PC5、PC6，但从 PC5、PC6 发送的报文可以到达 PC4。

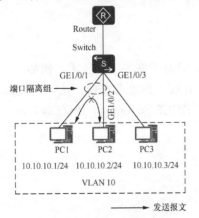

图 4-1　端口隔离应用示例

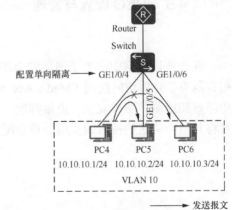

图 4-2　单向隔离应用示例

　　双向隔离是通过隔离组实现的，在要实现一组端口间相互（双向）隔离时采用。但也仅限同一隔离组中的端口之间互相隔离，不同隔离组中的端口之间不隔离。

4.1.2　配置端口隔离

　　端口隔离包括单向隔离和双向隔离两种方法，均可选择仅二层隔离（三层互通）和二层、三层均隔离模式。端口隔离的配置步骤见表 4-1。

表 4-1　端口隔离的配置步骤

步骤	命令	说明
1	**system-view**	进入系统视图
2	**port-isolate mode** { **l2** | **all** } 例如，[HUAWEI] **port-isolate mode** l2	（可选）全局配置端口隔离模式，同设备上配置的所有端口隔离都采用相同的隔离模式。 ① **l2**：二选一选项，指定端口隔离模式为二层隔离、三层互通。 ② **all**：二选一选项，指定端口隔离模式为二层、三层都隔离。 缺省情况下，端口隔离模式为二层隔离、三层互通，可用 **undo port-isolate mode** 命令恢复端口隔离模式为缺省模式
3	**interface** *interface-type interface-number* 例如，[HUAWEI] **interface Ethernet** 0/0/1	键入要配置端口隔离的以太网接口，进入以太网接口视图
4	**am isolate** { *interface-type interface-number* }&<1-8> 或 **am isolate** *interface-type interface-number1* [**to** *interface-number2*] 例如，[HUAWEI-GigabitEthernet0/0/1]**am isolate** gigabitethernet0/0/2 **to** 0/0/4	（二选一）配置当前接口与指定端口的单向隔离，参数 *interface-type interface-number* 和 *interface-type interface-number1* [**to** *interface-number2*]用来指定要与当前端口单向隔离的接口列表，**to** 两端的接口类型必须一致；参数&<1-8>用来指定最多可以有 8 个接口或接口列表，一个接口最多可以与其他 128 个接口之间实现单向隔离。 【说明】端口单向隔离支持不同类型的端口混合隔离（这时要分别用多条命令配置），但不支持端口与管理网口单向隔离，也不支持 Eth-Trunk 与自身成员端口单向隔离。 缺省情况下，未配置端口单向隔离，可用 **undo am isolate** [{ *interface-type interface-number* }&<1-8>]或者 **undo am isolate** [*interface-type interface-number* [**to** *interface-number*]] 命令取消当前端口与指定端口的单向隔离；如果不指定参数表示取消当前端口与所有端口的单向隔离配置
	port-isolate enable [**group** *group-id*] 例如，[HUAWEI-GigabitEthernet0/0/1] **port-isolate enable group** 10	（二选一）使能端口双向隔离功能，并把以上端口加入由可选参数 *group-id*（整数形式，取值范围是 1～64）指定的端口隔离组中（在指定端口隔离组的同时会创建相应的组）。如果不指定 *group-id* 可选参数，则缺省加入的端口隔离组为 1。 【注意】要相互隔离的端口一定要加入同一个端口隔离组，否则不会起到隔离的作用，因为同一端口隔离组的端口之间互相隔离，不同端口隔离组的端口之间不隔离。 缺省情况下，未使能端口隔离功能，可用 **undo port-isolate enable** 命令关闭端口的隔离功能

　　配置好端口隔离组后，可通过任意视图下的 **display port-isolate group** { *group-id* \| **all** }命令查看端口隔离组的配置。为了减少维护量和降低操作的复杂度，也可以在系统视图下执行 **clear configuration port-isolate** 命令一键式清除设备上所有的端口隔离配置，

包括端口隔离组、端口单向隔离和隔离模式相关配置。

　　当希望端口的隔离配置在某个 VLAN 内不生效，即使同一隔离组中的端口间在指定 VLAN 中的用户间依旧可以互相访问时，可以在系统视图下执行 **port-isolate exclude vlan** { *vlan-id1* [**to** *vlan-id2*] } &<1-10>命令配置端口隔离功能生效时排除的 VLAN。

4.1.3　端口隔离配置示例

　　端口隔离配置示例的拓扑结构如图 4-3 所示，PC1、PC2 和 PC3 连接在同一交换机上，同属于 VLAN10，且位于同一 IP 网段。现希望 PC1 与 PC2 之间不能二层互访，PC1 与 PC3 之间以及 PC2 与 PC3 之间都可以二层互访。

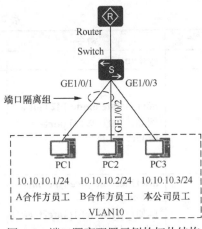

　　1. 基本配置思路分析

　　本示例要求 PC1 和 PC2 之间不能进行二层互访，因此需要采用端口双向隔离的方式，只需要将 PC1 和 PC2 所连接的交换机端口（分别为 GE0/0/1 和 GE0/0/2）加入同一隔离组即可。因为端口隔离模式缺省是二层隔离、三层互通，满足本示例要求，所以不需要另外配置。

图 4-3　端口隔离配置示例的拓扑结构

　　另外，需要按要求配置好交换机上各端口所加入的 VLAN 及各用户主机 IP 地址（略）。

　　2. 具体配置步骤

　　① 配置 VLAN 如下。

```
<HUAWEI> system-view
[HUAWEI]sysname Switch
[Switch] vlan 10
[Switch-vlan10] quit
[Switch] interface gigabitethernet 0/0/1
[Switch-GigabitEthernet0/0/1] port link-type access
[Switch-GigabitEthernet0/0/1] port default vlan 10
[Switch-GigabitEthernet0/0/1] quit
[Switch] interface gigabitethernet 0/0/2
[Switch-GigabitEthernet0/0/2] port link-type access
[Switch-GigabitEthernet0/0/2] port default vlan 10
[Switch-GigabitEthernet0/0/2] quit
[Switch] interface gigabitethernet 0/0/3
[Switch-GigabitEthernet0/0/3] port link-type access
[Switch-GigabitEthernet0/0/3] port default vlan 10
[Switch-GigabitEthernet0/0/3] quit
```

　　以上配置完成后，PC1、PC2 和 PC3 之间可以直接二层互通。配置端口隔离前，PC1 可以成功 ping 通 PC2 和 PC3。配置端口隔离前 PC1 成功 ping 通 PC2 和 PC3 的结果如图 4-4 所示。

　　② 配置 GE0/0/1 与 GE0/0/2 接口双向隔离（加入的端口隔离组号为 10）如下。

```
[Switch] interface gigabitethernet 0/0/1
[Switch-GigabitEthernet0/0/1] port-isolate enable group 10
[Switch-GigabitEthernet0/0/1] quit
[Switch] interface gigabitethernet 0/0/2
```

```
[Switch-GigabitEthernet0/0/2] port-isolate enable group 10
[Switch-GigabitEthernet0/0/2] quit
```

以上配置完成后，PC1 与 PC2 之间不能二层互通了，但 PC1 仍可以 PC3 二层互通。配置端口隔离后 PC1 ping PC2 和 PC3 的结果如图 4-5 所示。证明以上配置是正确的。

图 4-4　配置端口隔离前 PC1 成功
ping 通 PC2 和 PC3 的结果

图 4-5　配置端口隔离后 PC1 ping PC2
和 PC3 的结果

4.2　MAC 地址表安全

介质访问控制（Media Access Control，MAC）地址表记录了交换机学习到的其他设备的 MAC 地址与接口的对应关系，以及接口所属 VLAN 等信息，用于指导报文在同一网络内部的转发。在转发数据时，设备根据报文中的目的 MAC 地址查询 MAC 地址表，根据查询结果做出以下转发行为。

① 如果 MAC 地址表中有与报文中目的 MAC 地址匹配的表项，并且收到该报文的接口与表项中映射的出接口不同时，则直接通过该出接口转发。如果收到该报文的接口与表项中映射的出接口相同时，则丢弃报文。

② 如果 MAC 地址表中没有与报文中目的 MAC 地址匹配的表项，将以广播方式在报文所属 VLAN 内，除接收该报文的接口外，其他所有接口转发该报文。

4.2.1　MAC 地址表项类型

MAC 地址表分为静态表项、动态表项和黑洞表项 3 种形式。

（1）静态 MAC 地址表项

静态 MAC 地址表项是由用户手动配置的，不会老化，在系统复位后保存的表项也不会丢失。通过绑定静态 MAC 地址表项，可以保证合法用户的使用，也可以防止其他用户使用该 MAC 地址进行攻击，因为静态 MAC 地址表项优先级最高。

一个接口和一个 MAC 地址静态绑定后，本地设备其他接口收到源 MAC 地址是该 MAC 地址的报文将会被丢弃，即一条静态 MAC 地址表项，只能绑定一个出接口。但一个接口和 MAC 地址静态绑定后，不会影响该接口动态 MAC 地址表项的学习。

（2）动态 MAC 地址表项

动态 MAC 地址表项由接口通过对报文中的源 MAC 地址学习方式动态获得，有老化时间，在系统复位后动态表项也会丢失。通过查看动态 MAC 地址表项，可以判断两台相连设备之间是否有数据转发。

（3）黑洞 MAC 地址表项

黑洞 MAC 地址表项是一种特殊的静态 MAC 地址表项，用于丢弃含有特定源 MAC 地址或目的 MAC 地址的数据帧，在系统复位后，保存的黑洞 MAC 地址表项不会丢失。

为了防止无用 MAC 地址表项占用 MAC 地址表，同时为了防止黑客通过 MAC 地址攻击用户设备或网络，可将非信任用户的 MAC 地址配置为黑洞 MAC 地址，**当设备收到目的 MAC 地址或源 MAC 地址为黑洞 MAC 地址的报文时，直接丢弃**。黑洞 MAC 地址表项也是由用户手动配置的，不会老化。

4.2.2　配置 MAC 地址表安全功能

MAC 地址表的安全功能包括以下 5 种。

（1）配置静态 MAC 地址表项

为了防止一些关键设备（例如，各种服务器或网关设备）被非法用户恶意修改其 MAC 地址表项，可以在交换机上为这些设备配置静态 MAC 地址表项。因为静态 MAC 地址表项优先于动态 MAC 地址表项，所以不易被非法修改。

（2）配置黑洞 MAC 地址表项

为了防止无用 MAC 地址表项占用 MAC 地址表，同时为了防止黑客通过 MAC 地址攻击用户设备或网络，可将那些有着恶意历史的非信任 MAC 地址配置为黑洞 MAC 地址，使交换机在收到源 MAC 或目的 MAC 地址作为这些黑洞 MAC 地址的报文时，直接予以丢弃，不修改原有的 MAC 地址表项，也不增加新的 MAC 地址表项。

（3）配置动态 MAC 地址老化时间

为了减轻手动配置静态 MAC 地址表项的工作量，可使能动态 MAC 地址学习功能。但又为了避免 MAC 地址表项爆炸式增长，可合理配置动态 MAC 地址表项的老化时间，以便及时删除 MAC 地址表中的废弃 MAC 地址表项。老化时间越短，交换机对周边的网络变化越敏感，适合在网络拓扑变化比较频繁的环境；老化时间越长，越适合在网络拓扑比较稳定的环境中进行。

（4）禁止 MAC 地址学习功能

为了提高网络的安全性，避免学习到非法的 MAC 地址或错误地修改原有 MAC 地址表项，可以选择关闭指定端口或指定 VLAN 中所有端口的 MAC 地址学习功能。

（5）限制 MAC 地址学习数量

在网络安全性较差的环境中，通过限制 MAC 地址学习数量，可以防止攻击者通过不断变换源 MAC 地址而实施的网络攻击。

　　MAC 地址表安全功能的配置步骤见表 4-2，可根据需要选择配置，各项功能没有严格的配置顺序。

表 4-2　MAC 地址表安全功能的配置步骤

步骤	命令	说明
1	**system-view**	进入系统视图
2	**mac-address static** *mac-address interface-type interface-number* **vlan** *vlan-id* 例如，[HUAWEI] **mac-address static** 0001-0002-0003 **gigabitethernet** 0/0/2 **vlan 4**	添加静态 MAC 地址表项。 ① *mac-address*：指定要绑定的 MAC 的地址，不能是广播 MAC 地址、多播 MAC 地址和全零 MAC 地址。 ② *interface-type interface-number*：指定要绑定的出接口，也就是通过这个接口可以访问到以上 MAC 地址所对应的主机或其他设备。但该接口必须先加入下面由 *vlan-id* 参数指定的 VLAN，否则无法成功配置。 ③ *vlan-id*：配置出接口所属的 VLAN 编号，必须是已经创建并且已指定的出接口。 【说明】在 MAC 地址表已满的情况下，继续配置静态 MAC 地址表项，则系统的处理方法如下。 • 如果 MAC 地址表中存在和静态 MAC 地址相同（指 MAC 地址和 VLAN ID 均相同）的动态 MAC 表项，则自动覆盖该动态 MAC 地址表项。 • 如果 MAC 地址表中不存在和静态 MAC 地址相同的动态 MAC 表项，则该静态 MAC 表项将配置失败。 可用 **undo mac-address static** *mac-address interface-type interface-number* **vlan** *vlan-id* 命令删除指定的静态 MAC 地址表项
3	**mac-address blackhole** *mac-address* [**vlan** *vlan-id*] 例如，[HUAWEI]**mac-address blackhole** 0011-0022-0033 **vlan 5**	添加黑洞 MAC 地址表项。 ① *mac-address*：指定黑洞 MAC 地址表项中的 MAC 地址。 ② *vlan-id*：可选参数，指定以上黑洞 MAC 地址所属 VLAN 的 ID。 【注意】与静态 MAC 地址表项配置不同，配置黑洞 MAC 表项时，不需要指定出接口。但黑洞 MAC 地址表项也是静态 MAC 地址表项，在 MAC 地址表已满的情况下，继续配置黑洞 MAC 地址表项，系统的处理方法与第 2 步介绍的静态 MAC 地址表项的处理方法一样。 可用 **undo mac-address blackhole** *mac-address* [**vlan** *vlan- id*] 命令删除指定的黑洞 MAC 地址表项
4	**mac-address aging-time** *aging-time* 例如，[HUAWEI] **mac-address aging-time** 600	（可选）配置动态 MAC 地址表项的老化时间，取值范围是 0 和 10～1000000 的整数秒，0 表示动态 MAC 地址表项不老化。 缺省情况下，动态 MAC 地址表项的老化时间为 300s，可用 **undo mac-address aging-time** 命令恢复动态 MAC 地址表项的老化时间为缺省值
5	**interface** *interface-type interface-number* 例如，[HUAWEI]**interface** gigabitethernet 0/0/2	（二选一）键入要配置 MAC 地址表安全功能的接口（必须是二层接口），进入接口视图
	vlan *vlan-id* 例如，[HUAWEI] **vlan 5**	（二选一）键入要配置 MAC 地址表安全功能的 VLAN，进入 VLAN 视图

续表

步骤	命令	说明
6	**mac-address learning disable** [**action** { **discard** | **forward** }] 例如，[HUAWEI-GigabitEthernet0/0/2] **mac-address learning disable action discard** 或 [HUAWEI-vlan5] **mac-address learning disable**	在接口或 VLAN 下禁止 MAC 地址学习功能。 ① **action discard**：二选一可选项，指定在收到报文后，对报文的目的 MAC 地址进行匹配，当与 MAC 地址表中某个表项匹配时，则对该报文进行转发，否则丢弃该报文。仅可在接口下选择配置。 ② **action forward**：二选一可选项，指定在收到报文后，直接按照报文中的目的 MAC 地址进行转发。 如果不指定以上关闭 MAC 地址学习后的动作，则采用缺省的 **forward** 动作，但不会通过学习报文中的 MAC 地址来生成新的 MAC 地址表项。 缺省情况下，MAC 地址学习功能是使能的，可用 **undo mac-address learning disable** 命令恢复缺省配置
7	**mac-limit maximum** *max-num* 例如，[HUAWEI-GigabitEthernet0/0/2] **mac-limit maximum 500** 或 [HUAWEI-vlan5] **mac-limit maximum 500**	限制以上接口或以上 VLAN 下所有接口的 MAC 地址学习数量，不同型号设备的取值范围不一样，参照对应产品手册即可。0 表示不限制 MAC 地址学习数量。 缺省情况下，不限制 MAC 地址学习数量，可用 **undo mac-limit** 命令取消配置 MAC 地址学习限制
	mac-limit action { **discard** | **forward** } 例如，[HUAWEI-GigabitEthernet0/0/2] **mac-limit action forward** 或 [HUAWEI-vlan5] **mac-limit action forward**	在接口或 VLAN 下限制 MAC 地址学习数量（见下列说明）： （可选）配置当 MAC 地址数达到限制后，对报文应采取的动作。 ① **discard**：二选一选项，MAC 地址表项数目达到限制后，源 MAC 地址为新 MAC 地址的报文将被丢弃。有些机型不支持此选项。 ② **forward**：二选一选项，MAC 地址表项数目达到限制后，源 MAC 地址为新 MAC 地址的报文继续被转发，但是 MAC 地址表项不记录。 缺省情况下，对超过 MAC 地址学习数限制的报文采取丢弃动作，可用 **undo mac-limit** 命令取消配置 MAC 地址学习限制规则
	mac-limit alarm { **disable** | **enable** } 例如，[HUAWEI-GigabitEthernet0/0/2] **mac-limit alarm enable**	（可选）配置当 MAC 地址数量达到限制后是否进行告警。 ① **disable**：二选一选项，指定当 MAC 地址表项数目达到限制后，系统不发送告警。 ② **enable**：二选一选项，指定当 MAC 地址表项数目达到限制后，系统发送告警。 缺省情况下，对超过 MAC 地址学习数量限制的报文进行告警，可用 **undo mac-limit alarm** 命令取消发送告警功能

4.2.3　MAC 地址表安全功能配置示例

　　MAC 地址表安全功能配置示例的拓扑结构如图 4-6 所示，用户网络 1 和用户网络 2 分属于 VLAN10 和 VLAN20。现要求在 SwitchA 上禁止学习 VLAN10 中的 MAC 地址，但仍允许报文继续转发；限制学习 VLAN20 中的 MAC 地址数量为 50，超出时丢弃报文，并发出告警。

1. 基本配置思路分析

依据本示例的拓扑结构，两个要求均有两种配置方式：一是在二层物理接口下配置；二是在对应的 VLAN 下配置。

根据以上分析，可以得出本示例的基本配置思路如下。

① 在 SwitchA 上创建 VLAN10 和 VLAN20，并把 GE0/0/1 和 GE0/0/2 接口均配置为 Access 类型，分别加入 VLAN10 和 VLAN20 中。

② 在 SwitchA 的 GE0/0/1 接口视图，或 VLAN10 视图下关闭 MAC 地址学习功能，允许报文继续转发。

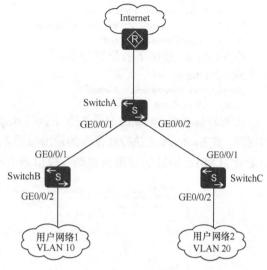

图 4-6　MAC 地址表安全功能配置示例的拓扑结构

③ 在 SwitchA 的 GE0/0/2 接口视图或 VLAN20 视图下进行配置允许学习 MAC 地址的数量为 50，超出时发出告警。

2. 具体配置步骤

① 在 SwitchA 上创建 VLAN10 和 VLAN20，并把 GE0/0/1 和 GE0/0/2 接口均配置为 Access 类型，分别加入 VLAN10 和 VLAN20 中，具体配置如下。

```
<HUAWEI> system-view
[Huawei] sysname SwitchA
[SwitchA] vlan batch 10 20
[SwitchA] interface gigabitethernet 0/0/1
[SwitchA-GigabitEthernet0/0/1] port link-type access
[SwitchA-GigabitEthernet0/0/1] port default vlan 10
[SwitchA-GigabitEthernet0/0/1] quit
[SwitchA] interface gigabitethernet 0/0/2
[SwitchA-GigabitEthernet0/0/2] port link-type access
[SwitchA-GigabitEthernet0/0/2] port default vlan 20
[SwitchA-GigabitEthernet0/0/2] quit
```

② 在 SwitchA 的 GE0/0/1 接口视图，或 VLAN10 视图下关闭 MAC 地址学习功能，但仍能进行数据转发（是默认动作，不用配置）。

在 GE0/0/1 接口视图下的配置如下。

```
[SwitchA] interface gigabitethernet 0/0/1
[SwitchA-GigabitEthernet0/0/1] mac-address learning disable
[SwitchA-GigabitEthernet0/0/1] quit
```

在 VLAN10 视图下的配置如下。

```
[SwitchA] vlan 10
[SwitchA-vlan-10] mac-address learning disable
[SwitchA-vlan-10] quit
```

③ 在 SwitchA 的 GE0/0/2 接口视图或 VLAN20 视图下进行配置，允许学习 MAC 地址的数量为 50，超出时丢弃报文（模拟器中不支持限制动作配置，缺省为转发动作）并发出告警，这些均是默认动作，不用配置。

在 GE0/0/2 接口视图下的配置如下。

```
[SwitchA] interface gigabitethernet 0/0/2
[SwitchA-GigabitEthernet0/0/2] mac-limit maximum 50
[SwitchA-GigabitEthernet0/0/2] quit
```

在 VLAN20 视图下的配置如下。

```
[SwitchA] vlan 20
[SwitchA-vlan-20] mac-limit maximum 50
[SwitchA-vlan-20] quit
```

配置好后可在 SwitchA 任意视图下执行 **display mac-limit** 命令，查看 MAC 地址学习限制规则，在 SwitchA 上执行此命令的输出如图 4-7 所示，显示了在 GE0/0/2 接口和 VLAN20 中配置的 MAC 地址学习限制规则（模拟器中不支持限制动作配置，缺省为转发动作）。

```
 SwitchA                                                    _  □  X
<SwitchA>display mac-limit
MAC Limit is enabled
Total MAC Limit rule count : 2

PORT              VLAN/VSI/SI      SLOT Maximum Rate(ms) Action   Alarm
────────────────────────────────────────────────────────────────────
GE0/0/2           -                -    50      -        forward  enable
-                 20               -    50      -        forward  enable
<SwitchA>
```

图 4-7　在 SwitchA 上执行 **display mac-limit** 命令的输出

4.3　MAC 地址漂移预防与检测

MAC 地址漂移就是设备上一个接口学习到的 MAC 地址在同一 VLAN 中的另一个接口上也被学习到，这样后面学习到的 MAC 地址表项就会覆盖原来的表项（对应的出接口不同）。

4.3.1　配置防 MAC 地址漂移功能

出现 MAC 地址漂移的原因主要有两个：一是网络中交换机网线误接或配置错误形成了环网；二是网络中某些非法用户仿冒合法的 MAC 地址进行 MAC 地址攻击。

交换环路形成的 MAC 地址漂移示例如图 4-8 所示，Host 主机发送的广播报文经过 SwitchA 时会分别向 SwitchB 和 SwitchC 发送，如果此时 SwitchB 和 SwitchC 之间存在误连接（例如，图 4-8 中 SwitchB、SwitchC 的 GE0/0/2 接口之间的虚线连接），又没有启用生成树协议，则 3 台交换机之间就形成了环路。此时，SwitchB 就可能在 GE0/0/1 接口和 GE0/0/2 接口先后从 SwitchA、SwitchC 收到同一个报文，在 SwitchB 上就会形成 MAC 地址漂移，后生成的 MAC 地址表项会覆盖先生成的 MAC 地址表项。SwitchA 和 SwitchC 上同样会出现这种现象，而且会频繁发生，形成广播风暴。

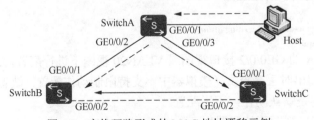

图 4-8　交换环路形成的 MAC 地址漂移示例

如果是因为交换环路引起的 MAC 地址漂移，则可以采用生成树技术。如果是因为网络攻击形成的 MAC 地址漂移，则可以通过以下两种方式来预防。

（1）提高接口 MAC 地址学习优先级

当不同接口学到相同的 MAC 地址表项时，可以将其中一个接口的 MAC 地址学习优先级提高，高优先级接口学到的 MAC 地址表项可以覆盖低优先级接口学到的 MAC 地址表项，防止 MAC 地址在接口间发生漂移。

（2）不允许相同优先级的接口发生 MAC 地址表项覆盖

在配置不允许相同优先级的接口发生 MAC 地址表项覆盖后，当伪造网络设备所连接口的优先级与安全的网络设备相同时，后学习到的伪造网络设备的 MAC 地址表项不会覆盖之前正确的表项。但这样配置后也有负面的影响，例如，交换机接口连接的网络设备（例如，服务器）关机后，而交换机上另一个优先级相同的接口学习到与该网络设备同样的 MAC 地址（**可能是伪造的**），这时当原来关闭的网络设备再次上电后就不能再次正确学习这个设备的 MAC 地址，造成与该网络设备通信的中断。

以上两项 MAC 地址防漂移功能的配置步骤见表 4-3。

表 4-3　MAC 地址防漂移功能的配置步骤

步骤	命令	说明
1	**system-view**	进入系统视图
2	**interface** *interface-type interface-number* 例如，[HUAWEI]**interface** gigabitethernet 0/0/2	键入要配置 MAC 地址防漂移功能的接口（必须是二层接口），进入接口视图
3	**mac-learning priority** *priority-id* 例如，[HUAWEI-GigabitEthernet0/0/2] **mac-learning priority** 2	配置接口学习 MAC 地址的优先级，取值范围为 0～3 的整数，数值越大，优先级越高。配置本命令后，如果网络设备下电，此时会学习到伪造网络设备的 MAC 地址，当网络设备**再次**上电时还可以学习到正确的 MAC 地址。 本命令为覆盖式命令，每个接口只允许配置一个 MAC 地址学习优先级，多次执行本命令后，以最后一次配置为准。 缺省情况下，所有接口学习 MAC 地址的优先级均为 0，可用 **undo mac-learning priority** 命令恢复为缺省值
4	**quit**	退出接口视图，返回系统视图
5	**undo mac-learning priority** *priority-id* **allow-flapping** 例如，[HUAWEI] **undo mac-learning priority** 2 **allow-flapping**	配置不允许相同优先级的接口发生 MAC 地址漂移，即不允许相同优先级的接口发生 MAC 地址表项覆盖。参数 *priority-id* 用来指定不允许发生 MAC 地址漂移的接口学习 MAC 地址的优先级，取值范围为 0～3 的整数。 配置本命令后，如果网络设备下电，此时会学习到伪造网络设备的 MAC 地址，当网络设备**再次**上电时将无法学习到正确的 MAC 地址。 缺省情况下，允许相同优先级的接口发生 MAC 地址漂移，可用 **mac-learning priority allow-flapping** 命令恢复缺省情况
6	**mac-learning priority flapping-defend action discard** 例如，[HUAWEI] **mac-learning priority flapping-defend action discard**	配置禁止 MAC 地址漂移时报文的处理动作是丢弃。 缺省情况下，禁止 MAC 地址漂移时报文的处理动作是转发，可用 **undo mac-learning priority flapping-defend action** 命令恢复为缺省配置

4.3.2　配置 MAC 地址漂移检测功能

MAC 地址漂移检测是交换机对 MAC 地址漂移现象进行检测的功能。MAC 地址漂移检测是利用 MAC 地址出接口跳变的现象，检测 MAC 地址是否发生漂移的功能。配置 MAC 地址漂移检测功能后，在发生 MAC 地址漂移时，可以上报包括 MAC 地址、VLAN，以及跳变的接口等信息的告警。其中，跳变的接口即为可能出现环路的接口。网络管理员可以根据告警信息，手动排查网络中环路的源头，也可以使用 MAC 漂移检测提供的后续动作，使跳变的端口 Down 或者 VLAN 从端口中退出，实现自动破环。

【注意】在配置 MAC 地址漂移检测时要注意以下 4 个方面。

① 为避免重要上行流量中断，不建议在上行接口配置 MAC 地址漂移处理动作。

② MAC 地址漂移检测功能只能做单点环路检测，无法获取整个网络的拓扑信息。如果网络支持破环协议（例如，STP），建议使用破环协议来消除环路。

③ 如果下挂网络中可能只是在少量 VLAN 内出现环路，则建议配置 MAC 地址漂移检测与接口退出 VLAN 联动机制。

④ 如果下挂网络中大量 VLAN 形成环路，则建议直接使用 MAC 地址漂移检测与接口 error-down 联动机制。这样可以提升处理性能，而且接口 down 能够被对端设备感知，如果对端设备有冗余保护链路，则可以快速切换。

可以分别基于 VLAN 和全局配置 MAC 地址漂移检测，推荐用户使用全局 MAC 地址漂移检测功能。配置全局 MAC 地址漂移检测功能可以检测到设备上所有的 MAC 地址是否发生了漂移。配置基于 VLAN 的 MAC 地址漂移检测功能可以检测指定 VLAN 下的所有 MAC 地址是否发生了漂移。发生 MAC 地址漂移时，可以根据需求配置阻断接口或 MAC 地址，或者上报告警。MAC 地址漂移检测功能的具体配置步骤见表 4-4。

表 4-4　MAC 地址漂移检测功能的具体配置步骤

步骤	命令	说明
1	**system-view**	进入系统视图
	配置全局 MAC 地址漂移检测	
2	**mac-address flapping detection** 例如，[HUAWEI] **mac-address flapping detection**	使能全局 MAC 地址漂移检测功能。 缺省情况下，已经使能了全局 MAC 地址漂移检测功能，可用 **undo mac-address flapping detection** 命令恢复缺省配置
3	**mac-address flapping detection exclude vlan** { *vlan-id1* [**to** *vlan-id2*] } &<1-10> 例如，[HUAWEI] **mac-address flapping detection exclude vlan** 5 **to** 10	（可选）配置 MAC 地址漂移检测的 VLAN 白名单，即指定不进行 MAC 地址漂移检测的 VLAN。 缺省情况下，没有配置 MAC 地址漂移检测的 VLAN 白名单，可用 **undo mac-address flapping detection exclude vlan** {{ *vlan-id1* [**to** *vlan-id2*] } &<1-10>	**all** }命令删除 MAC 地址漂移检测时指定的或所有 VLAN 白名单
4	**mac-address flapping detection vlan** { { *vlan-id1* [**to** *vlan-id2*] } &<1-10>	**all** } **security-level** { **high**	**middle**	**low** } 例如，[HUAWEI]**mac-address flapping detection vlan** 5 **security-level high**	（可选）配置指定 VLAN 中 MAC 地址漂移检测的安全级别。 ① *vlan-id1* [**to** *vlan-id2*]：二选一选项，指定要配置 MAC 地址漂移检测的安全级别的 VLAN。 ② &<1-10>：表示 *vlan-id1* [**to** *vlan-id2*]参数可以最多有 10 个。 ③ **all**：二选一选项，指定在所有 VLAN 上配置 MAC 地址漂移检测的安全级别

步骤	命令	说明
4	**mac-address flapping detection vlan** { { *vlan-id1* [**to** *vlan-id2*] } &<1-10> | **all** } **security-level** { **high** | **middle** |**low** } 例如，[HUAWEI]**mac-address flapping detection vlan 5 security-level high**	④ **high**：多选一选项，配置对指定 VLAN 的 MAC 漂移检测安全级别为高，即 MAC 地址发生 3 次迁移后，系统认为发生了 MAC 地址漂移。 ⑤ **middle**：多选一选项，配置对指定 VLAN 的 MAC 漂移检测安全级别为中，即 MAC 地址发生 10 次迁移后，系统认为发生了 MAC 地址漂移。 ⑥ **low**：多选一选项，配置对指定 VLAN 的 MAC 漂移检测安全级别为低，即 MAC 地址发生 50 次迁移后，系统认为发生了 MAC 地址漂移。 缺省情况下，MAC 地址漂移检测的安全级别为 **middle**，可用 **undo mac-address flapping detection vlan** { { *vlan-id1* [**to** *vlan-id2*] } &<1-10> | **all** } **security- level** [**high** | **middle** | **low**]命令恢复指定 VLAN 的安全级别为缺省值
5	**mac-address flapping aging-time** *aging-time* 例如，[HUAWEI] **mac-address flapping aging-time 100**	（可选）配置 MAC 地址漂移表项的老化时间，取值范围为 60～900 的整数。 缺省情况下，MAC 地址漂移表项的老化时间为 300s，可用 **undo mac-address flapping aging-time** 命令恢复为缺省值
6	**interface** *interface-type interface-number* 例如，[HUAWEI]**interface gigabitethernet 0/0/1**	（可选）键入要配置发生 MAC 漂移后的处理动作的接口，进入接口视图
7	**mac-address flapping action** { **quit-vlan** | **error-down** } 例如，[HUAWEI-GigabitEthernet0/0/1] **mac-address flapping action quit-vlan**	（可选）配置接口发生 MAC 漂移后的处理动作。 ① **quit-vlan**：二选一选项，指定接口在发生 MAC 地址漂移后，该接口从原 VLAN 中退出。 如果希望因发生了 MAC 地址漂移而被迫退出了原有VLAN 的接口自动恢复，则可在系统视图下通过 **mac-address flapping quit-vlan recover-time** *time-value* 命令配置自动恢复的延迟时间。 ② **error-down**：二选一选项，指定接口在发生 MAC 地址漂移后，关闭该接口，不再转发数据。 如果希望因发生了 MAC 地址漂移而被 **error-down** 的接口能够自动恢复，则可在系统视图下通过 **error-down auto-recovery cause mac-address-flapping interval** *time-value* 命令配置自动恢复的延迟时间。 缺省情况下，没有配置接口 MAC 地址漂移后的处理动作（只会简单的发出告警），可用 **undo mac-address flapping action** { **error-down** | **quit-vlan** }命令恢复缺省情况
8	**mac-address flapping action priority** *priority* 例如，[HUAWEI-GigabitEthernet0/0/1] **mac-address flapping action priority 3**	（可选）配置发生 MAC 地址漂移时接口动作的优先级，整数形式，取值范围是 0～255，数值越大，优先级越高，默认值为 127。多次执行本命令，结果按最后一次的配置生效。 配置本命令后，检测到在两个或多个接口间发生 MAC 地址漂移，并且有配置处理动作时，就把优先级低的接口关闭或者退出 VLAN。在多个接口动作优先级相同的情况下，漂移后的接口先执行对应处理动作。如果漂移后接口没有配置处理动作，则对漂移前接口做动作。 缺省情况下，接口动作的优先级为 127，可用 **undo mac-address flapping action priority** 命令恢复缺省值

续表

步骤	命令	说明
		配置基于 VLAN 的 MAC 地址漂移检测
9	**vlan** *vlan-id* 例如，[HUAWEI] **vlan 10**	进入要配置 MAC 地址潜移检测功能的 VLAN
10	**loop-detect eth-loop** { [**block-mac**] **block-time** *block-time* **retry-times** *retry-times* | **alarm-only** } 例如，[HUAWEI-vlan10] **loop-detect eth-loop block-time 10 retry-times 3**	配置对指定 VLAN 的 MAC 地址漂移检测功能。 ① **block-mac**：可选项，指定根据 MAC 地址阻断。当没有指定本选项时，如果发现 MAC 地址漂移，则阻断整个接口；指定本选项后，*block-time* 和 *retry-times* 参数为阻断 MAC 地址的时间和重试次数。 ② **block-time** *block-time* **retry-times** *retry-times*：二选一参数，参数 *block-time* 用来指定接口的阻断时间，整数形式，取值范围是 10～65535，单位是秒；参数 *retry-times* 用来指定接口永久阻断的重试次数，整数形式，取值范围是 1～5。 ③ **alarm-only**：二选一选项，表示系统检测到 MAC 地址漂移时不阻断接口，而是只给网管发送告警。 缺省情况下，没有配置对指定 VLAN 进行 MAC 地址漂移检测，可用 **undo loop-detect eth-loop** 命令取消对 VLAN 的 MAC 地址漂移检测功能

配置好以后，可以在任意视图下执行 **display mac-address flapping** 命令，查看 MAC 地址漂移的配置信息。

4.3.3　MAC 地址防漂移与检测配置示例

MAC 地址防漂移配置示例拓扑结构如图 4-9 所示，某小型企业交换网络中有一台企业服务器（Server），现需要防止其他服务器非法冒充。另外，接入层交换机之间有时可能存在误连接，也希望能及时检测到。

1. 基本配置思路分析

本示例有两项要求，防止网络中有非法冒充服务器的现象，可在 SwitchA 连接服务器的 GE0/0/1 接口配置 MAC 地址防漂移功能；检测接入交换机之间误连接现象，最好的方法是在各交换机上

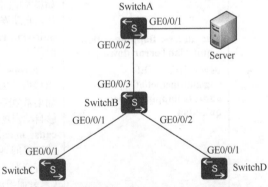

图 4-9　MAC 地址防漂移配置示例拓扑结构

启用生成树技术，以消除环路。临时的检测可以在 SwitchB 上配置 MAC 地址漂移检测功能，并配置 GE0/0/1 和 GE0/0/2 接口在检测到 MAC 地址漂移时关闭接口。以下是本示例的基本配置思路。

① 在 SwitchA 的 GE0/0/1 接口上配置 MAC 地址防漂移功能。

② 在 SwitchB 上配置 MAC 地址漂移检测功能。

2. 具体配置步骤

① 在 SwitchA 的 GE0/0/1 接口上配置 MAC 地址防漂移功能。MAC 地址防漂移功能是通过提高合法接口的 MAC 地址学习优先级来实现的。缺省情况下，接口的 MAC

地址的学习优先均为 0（最低）。在此，把 GE0/0/1 接口的 MAC 地址学习优先级设为 3（最高），具体配置如下。

```
<HUAWEI> system-view
[Huawei] sysname SwitchA
[SwitchA] interface gigabitethernet 0/0/1
[SwitchA-GigabitEthernet0/0/1] mac-learning priority 3
[SwitchA-GigabitEthernet0/0/1] quit
```

② 在 SwitchB 上配置 MAC 地址漂移检测功能，具体配置如下。

```
<HUAWEI> system-view
[Huawei] sysname SwitchB
[SwitchB] mac-address flapping detection   #---使能 MAC 地址漂移检测功能
[SwitchB] error-down auto-recovery cause mac-address-flapping interval 500   #---配置处于 Error-Down 状态的接口
自动恢复为 up 状态的时间为 500 秒
[SwitchB] interface gigabitethernet 0/0/1
[SwitchB-GigabitEthernet0/0/1] mac-address flapping action error-down   #---发生 MAC 地址漂移后的处理动作设为关
闭该接口
[SwitchB-GigabitEthernet0/0/1] quit
[SwitchB] interface gigabitethernet 0/0/2
[SwitchB-GigabitEthernet0/0/2] mac-address flapping action error-down
[SwitchB-GigabitEthernet0/0/2] quit
```

配置好后，在任意视图下执行 **display current-configuration** 命令可查看接口 MAC 地址学习的优先级配置是否正确。

4.4　端口安全

为了保障网络安全，通常有部分用户要求接入层交换机每个连接终端的接口上只允许接一台 PC（个人计算机），以防止私接交换设备，还有些用户要求只允许 MAC 地址为可信任的终端接入网络，或者不允许用户私自更换接入的交换机端口。在这些要求下，端口安全（Port Security）功能就应运而生了。

4.4.1　端口安全概述

端口安全功能主要是用来防止非法接入和仿冒，可将交换设备端口学习到的 MAC 地址转换为安全 MAC 地址，以限制交换机接口学习 MAC 地址的数量，以阻止除安全 MAC 地址和静态 MAC 地址之外的主机通过本接口和交换机通信，从而增强设备的安全性。

安全 MAC 地址分为安全动态 MAC 地址、安全静态 MAC 地址与 Sticky MAC 地址。安全 MAC 地址的分类见表 4-5。

表 4-5　安全 MAC 地址的分类

类型	定义	特点
安全动态 MAC 地址	使能端口安全而未使能 Sticky MAC 功能时转换的 MAC 地址	• 设备重启后表项会丢失，需要重新学习 • 缺省情况下不会老化，只有在配置安全 MAC 的老化时间后才可以老化
安全静态 MAC 地址	使能端口安全时手工配置的静态 MAC 地址	不会老化，手动保存配置后重启设备不会丢失

续表

类型	定义	特点
Sticky MAC 地址	使能端口安全后又同时使能 Sticky MAC 功能后转换到的 MAC 地址	不会老化，手动保存配置后重启设备不会丢失

当接口上学习到的安全 MAC 地址数达到限制后，如果收到源 MAC 地址不存在的报文，无论目的 MAC 地址是否存在，交换机都认为有非法用户攻击，就会根据配置的动作对接口执行相应的保护动作，端口安全的保护动作见表 4-6。缺省情况下，保护动作是丢弃该报文并上报告警。告警信息可以通过 **display trapbuffer** 命令查看，也可以直接上报网管系统，通过网管查看。

表 4-6　端口安全的保护动作

动作	说明
restrict	丢弃源 MAC 地址不存在的报文并上报告警。推荐使用 restrict 动作
protect	只丢弃源 MAC 地址不存在的报文，不上报告警
shutdown	接口状态被置为 error-down，并上报告警。默认情况下，接口关闭后不会自动恢复，只能由网络管理人员在接口视图下使用 **restart** 命令重启接口进行恢复。 如果用户希望被关闭的接口可以自动恢复，则可以在接口 error-down 前通过在系统视图下执行 **error-down auto-recovery cause port-security interval** *interval-value* 命令使能接口状态自动恢复为 up 的功能，并设置接口自动恢复为 up 的时延，使被关闭的接口经过时延后能够自动恢复

安全动态 MAC 地址的老化类型分为绝对时间老化和相对时间老化。

① 例如，设置绝对老化的时间为 5 分钟：系统每隔 1 分钟计算一次每个 MAC 的存在时间，如果大于等于 5 分钟，则立即将该安全动态 MAC 地址老化。否则，等待 1 分钟后再检测计算。

② 例如，设置相对老化的时间为 5 分钟：系统每隔 1 分钟检测一次是否有该 MAC 的流量。如果没有流量，则经过 5 分钟后将该安全动态 MAC 地址老化。

4.4.2　配置端口安全功能

在对接入用户的安全性要求较高的网络中，可以配置端口安全功能，将接口学习到的 MAC 地址转换为安全动态 MAC 地址或 Sticky MAC 地址，且当接口上学习的最大 MAC 数量达到上限后不再学习新的 MAC 地址，只允许这些 MAC 地址和设备通信。这样可以在一定程度上（因为非信任的 MAC 地址也可以在达到最大可学习 MAC 地址数之前学习到）阻止其他非信任的 MAC 主机通过本接口和交换机通信，提高设备与网络的安全性。

配置端口安全功能后，接口学习到的 MAC 地址将转换为安全 MAC 地址，接口学习的最大 MAC 地址数量达到上限后不再学习新的 MAC 地址，仅允许这些安全 MAC 地址对应的设备在网络中进行通信。如果接入用户发生变动，可以通过设备重启或者配置安全 MAC 地址老化时间刷新 MAC 地址表项。对于相对比较稳定的接入用户，如果不希望后续发生变化，也可以进一步使能接口的 Sticky MAC 地址功能，这样在保存配置后，设备重启后 MAC 地址表也不会发生变化或丢失。

【说明】在配置、应用端口安全功能时要注意以下内容。

① 接口使能端口安全功能时，接口上之前学习到的动态 MAC 地址表项将被删除，之后学习到的 MAC 地址将变为安全动态 MAC 地址。接口去使能端口安全功能时，接口上的安全动态 MAC 地址将被删除，重新学习动态 MAC 地址。

② 接口使能 Sticky MAC 功能时，接口上的安全动态 MAC 地址表项将转化为 Sticky MAC 地址，之后学习到的 MAC 地址也变为 Sticky MAC 地址。接口去使能 Sticky MAC 功能时，接口上的 Sticky MAC 地址会转换为安全动态 MAC 地址。

端口安全功能的配置步骤见表 4-7。

表 4-7　端口安全功能的配置步骤

步骤	命令	说明
1	**system-view**	进入系统视图
2	**interface** *interface-type interface-number* 例如，[HUAWEI]**interface** gigabitethernet 0/0/2	键入要配置端口安全功能的接口（必须是二层接口），进入接口视图
3	**port-security enable** 例如，[HUAWEI-GigabitEthernet0/0/2] **port-security enable**	使能以上接口的端口安全功能。使能端口安全功能后，接口之前学习到的动态 MAC 地址表项将被删除，之后学习到的 MAC 地址将变为安全动态 MAC 地址。 缺省情况下，未使能端口安全功能，可用 **undo port-security enable** 命令去使能该功能。去使能端口安全功能后，接口上的安全动态 MAC 地址将被删除，重新学习动态 MAC 地址
4	**port-security max-mac-num** *max-number* 例如，[HUAWEI-GigabitEthernet0/0/2] **port-security max-mac-num** 100	（可选）配置以上接口允许学习的安全 MAC 地址数量，不同型号设备的取值范围不同，具体参见相应的产品手册。在同一接口上多次执行本命令后，以最后一次配置为准。 缺省情况下，接口学习的安全 MAC 地址限制数量为 1，可用 **undo port-security max-mac-num** 命令恢复端口安全 MAC 地址学习限制数为缺省值
5	**port-security mac-address** *mac-address* **vlan** *vlan-id* 例如，[HUAWEI-GigabitEthernet0/0/1] **port-security mac-address** 286E-D488-B6FF **vlan** 10	（可选）配置静态安全 MAC 地址。 • *mac-address*：配置为静态安全 MAC 的 MAC 地址。静态安全 MAC 不能是 VRRP 虚 MAC 地址。 • **vlan** *vlan-id*：配置 VLAN 的编号，整数形式，取值范围是 1～4094。 可以手动配置一条或多条静态安全 MAC 地址表项，多次执行本命令，配置结果是多次配置的累加。 缺省情况下，设备上未配置静态安全 MAC 地址，可用 **undo port-security mac-address** *mac-address* **vlan** *vlan-id* 命令删除静态安全 MAC 地址
6	**port-security protect-action** { **protect** | **restrict** | **shutdown** } 例如，[HUAWEI-GigabitEthernet0/0/2] **port-security protect-action protect**	（可选）配置以上接口的端口安全保护动作。 • **protect**：多选一选项，指定当接口学习到的 MAC 地址数达到接口限制数时，丢弃源 MAC 地址不在 MAC 地址表中的报文。出现静态 MAC 地址漂移时，接口将丢弃带有该 MAC 地址的报文。 • **restrict**：多选一选项，指定当接口学习到的 MAC 地址数超过接口限制数时，丢弃源 MAC 地址不在 MAC 地址表中的报文，同时发出告警。出现静态 MAC 地址漂移时，接口将丢弃带有该 MAC 地址的报文，同时发出告警

续表

步骤	命令	说明
6	**port-security protect-action { protect | restrict | shutdown }** 例如，[HUAWEI-GigabitEthernet0/0/2] **port-security protect-action protect**	• **shutdown**：多选一选项，指定当接口学习到的 MAC 地址数超过接口限制数时，接口将执行 error down（一种管理关闭模式）操作，同时发出告警。 接口被 error down 后不会自动恢复，可在接口被 error down 前通过 **error-down auto-recovery cause port-security interval** *interval-value* 命令配置因端口安全功能被 error down 后自动恢复的时延。 缺省情况下，端口安全保护动作为 **restrict**，可用 **undo port-security protect-action** 命令配置接口安全功能的保护动作为缺省动作
7	**port-security aging-time** *time* [**type** { **absolute** | **inactivity** }] 例如，[HUAWEI-GigabitEthernet0/0/2] **port-security aging-time** 30	（可选）配置以上接口学习到的安全动态 MAC 地址的老化时间。 • *time*：指定安全动态 MAC 地址的老化时间，取值范围为 1～1440 的整数分钟。 • **absolute**：二选一选项，配置安全动态 MAC 地址表项的老化类型为绝对时间老化，即系统每隔所设置的时间检测一次是否有该 MAC 地址的流量。如果没有流量，则立即将该安全动态 MAC 地址老化。 • **inactivity**：二选一选项，配置安全动态 MAC 地址表项的老化类型为相对时间老化，即系统会每隔 1min 检测一次是否有该 MAC 地址的流量。如果没有流量，则经过所设置的时间后将该安全动态 MAC 地址老化。 如果没有指定以上可选项，则缺省值为 **absolute**，即绝对时间老化类型。 缺省情况下，接口学习的安全动态 MAC 地址不老化，可用 **undo port-security aging-time** 命令使该接口的安全动态 MAC 地址不老化
8	**port-security mac-address sticky** 例如，[HUAWEI-GigabitEthernet0/0/2] **port-security mac-address sticky**	使能以上接口的 Sticky MAC 功能，接口将学习到的动态 MAC 地址转化为 Sticky MAC 地址。 【注意】接口使能 Sticky MAC 功能后，安全动态 MAC 地址表项将转化为 Sticky MAC 地址表项，之后学习到的 MAC 地址也变为 Sticky MAC 地址，但第 7 步配置的 **port-security aging-time** 命令无效。 Sticky MAC 地址表项，保存后重启设备不丢弃。 缺省情况下，接口未使能 Sticky MAC 功能，可用 **undo port-security mac-address sticky** 命令去使能接口的 Sticky MAC 功能。去使能 Sticky MAC 功能后，接口上的 Sticky MAC 地址会转换为安全动态 MAC 地址
9	**port-security mac-address sticky** *mac-address* **vlan** *vlan-id* 例如，[HUAWEI-GigabitEthernet0/0/2] **port-security mac-address sticky** 0001-0002-0003 **vlan** 5	（可选）手动配置 **sticky-mac** 地址表项。 • *mac-address*：配置为 Sticky MAC 地址的 MAC 地址，格式为 H-H-H，其中 H 为 1～4 位的十六进制数，不能为 FFFF-FFFF-FFFF。 • *vlan-id*：指定以上 Sticky MAC 地址对应的出接口所属 VLAN 的 VLAN ID，取值范围为 1～4094。 缺省情况下，接口上没配置 Sticky MAC 地址，可用 **undo port-security mac-address sticky** [*mac-address* **vlan** *vlan-id*] 命令删除指定的 Sticky MAC 地址

配置好后，可在任意视图下执行以下 **display** 命令查看相关配置，验证配置结果。

① **display mac-address security** [**vlan** *vlan-id* | *interface-type interface-number*] [*] [**verbose**]：查看安全动态 MAC 表项。

② **display mac-address sec-config** [**vlan** *vlan-id* | *interface-type interface-number*] [*] [**verbose**]：查看配置的安全静态 MAC 表项。

③ **display mac-address sticky** [**vlan** *vlan-id* | *interface-type interface-number*] [*] [**verbose**]：查看 Sticky MAC 表项。

4.4.3　端口安全配置示例

端口安全配置示例拓扑结构如图 4-10 所示，在 SwitchA、SwitchB 和 SwitchC 上配置端口安全功能（全网均处于缺省的 VLAN 1 中），实现以下要求。

① 在 SwitchA 的 GE0/0/4 接口静态绑定服务器的 MAC 地址（假设为 54-89-98-91-74-A5），防止非法的服务器仿冒。

② 在 SwitchB 上将 GE0/0/2 接口允许学习的 MAC 地址数量限制为 1，超出限制时发出告警，并丢弃报文。且仅允许学习第一个接入的终端 MAC 地址，交换机重启后也不改变。

③ 在 SwitchC 上将 GE0/0/2 接口允许学习的 MAC 地址数量限制为 2，超时限制时发出告警，并关闭端口。

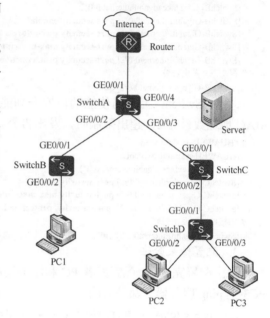

图 4-10　端口安全配置示例拓扑结构

1. 基本配置思路分析

对于示例中的防止非法的服务器仿冒要求，可以在 SwitchA 上配置基于服务器的静态 MAC 地址表项；对于 SwitchB GE0/0/2 接口仅允许学习第一个接入终端的 MAC 地址的要求，可以配置基于第一个终端的 Sticky MAC 地址表项；对于 SwitchC 的 GE0/0/2 接口可以配置限制学习 MAC 地址数为 2。

根据以上分析可以得出本示例以下的基本配置思路。

① 在 SwitchA 上全局使能端口安全功能，在 GE0/0/4 接口上配置静态安全 MAC 地址，绑定服务器的 MAC 地址，以防非法的服务器仿冒。当出现静态 MAC 地址漂移时丢弃报文，同时发出告警。

② 在 SwitchB 上全局使能端口安全功能，在 GE0/0/2 接口上使能 Sticky MAC 功能，且仅允许学习的 MAC 地址数量为 1，超出限制时，丢弃报文，并发出告警。

③ 在 SwitchC 上全局使能端口安全功能，在 GE0/0/2 接口上配置允许学习的最大安全 MAC 地址数量为 2，超出限制时，发出告警，并关闭端口。

2. 具体配置步骤

① 在 SwitchA 上全局使能端口安全功能，在 GE0/0/4 接口上配置静态安全 MAC 地址，绑定服务器的 MAC 地址，以防非法的服务器仿冒，具体配置如下。

```
<HUAWEI> system-view
[HUAWEI] sysname SwitchA
[SwitchA] interface gigabitethernet 0/0/4
[SwitchA-GigabitEthernet0/0/4] port-security enable        #---使能端口安全功能
[SwitchA-GigabitEthernet0/0/4] port-security mac-address 5489-9891-74A5 vlan 1   #---创建基于服务器的 MAC 地址的
静态安全 MAC 地址表项
[SwitchA-GigabitEthernet0/0/4] port-security protect-action restrict #---当出现静态 MAC 地址漂移时，丢弃携带服务器
的 MAC 地址的报文，并发出告警
[SwitchA-GigabitEthernet0/0/4] quit
```

② 在 SwitchB 上全局使能端口安全功能，在 GE0/0/2 接口上使能 Sticky MAC 功能，且仅允许学习的 MAC 地址数量为 1，超出限制时，丢弃报文，并发出告警，具体配置如下。

```
<HUAWEI> system-view
[HUAWEI] sysname SwitchB
[SwitchB] interface gigabitethernet 0/0/2
[SwitchB-GigabitEthernet0/0/2] port-security enable
[SwitchB-GigabitEthernet0/0/2] port-security mac-address sticky    #---使能接口 Sticky MAC 功能
[SwitchB-GigabitEthernet0/0/2] port-security max-mac-num 1   #---配置接口允许学习 MAC 地址的数量最多为 1 个
[SwitchB-GigabitEthernet0/0/2] port-security protect-action restrict #---当动态学习的 MAC 地址数量超出限制时，丢
弃携带报文，并发出告警
[SwitchB-GigabitEthernet0/0/2] quit
```

③ 在 SwitchC 上全局使能端口安全功能，在 GE0/0/2 接口上配置允许学习的安全 MAC 地址数量为 2，超出限制时，发出告警，并关闭端口，具体配置如下。

```
<HUAWEI> system-view
[HUAWEI] sysname SwitchC
[SwitchC] interface gigabitethernet 0/0/2
[SwitchC-GigabitEthernet0/0/2] port-security enable
[SwitchC-GigabitEthernet0/0/2] port-security max-mac-num 10   #---配置接口允许学习 MAC 地址的数量最多为 10 个
[SwitchC-GigabitEthernet0/0/2] port-security protect-action shutdown   #---当出动态学习的 MAC 地址数量超出限制
时，关闭接口，并发出告警
[SwitchC-GigabitEthernet0/0/2] quit
```

3. 配置结果验证

以上配置完成后，配置好各 PC 和服务器的 IP 地址（在同一 IP 网段），在 PC1、PC2、PC3 上 ping 服务器，都是通的。

① 在 SwitchA 上执行 **display mac-address sec-config** 命令，查看配置的静态安全 MAC 地址。

② 在 SwitchB 上执行 **display mac-address sticky** 命令，查看生成的 Sticky MAC 地址表项，在 SwitchB 上执行 **display mac-address sticky** 命令的输出如图 4-11 所示。把 GE0/0/2 端口连接另一台 PC，PC 上配置相同网段的 IP 地址，再 ping 服务器，发现不通，在 SwitchB GE0/0/2 接口上连接其他 PC 时 ping 不通服务器的输出如图 4-12 所示。因为 GE0/0/2 接口限制了只能学习一个 MAC 地址，并且生成了不可老化的 Sticky MAC 地址表项，即使交换机重启也不会变。但 SwitchB 的 GE0/0/2 接口仍呈 up 状态。

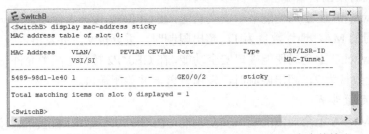

图 4-11 在 SwitchB 上执行 **display mac-address sticky** 命令的输出

PC5
基础配置
命令行
组播
UDP发包工具
串口
PC>ping 192.168.1.1
Ping 192.168.1.1: 32 data bytes, Press Ctrl_C to break
From 192.168.1.50: Destination host unreachable
From 192.168.1.50: Destination host unreachable
From 192.168.1.50: Destination host unreachable
From 192.168.1.50: Destination host unreachable
From 192.168.1.50: Destination host unreachable
--- 192.168.1.1 ping statistics ---
5 packet(s) transmitted
0 packet(s) received
100.00% packet loss
PC>

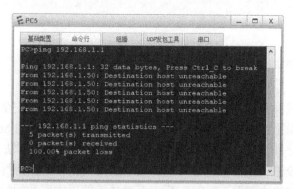

图 4-12　在 SwitchB GE0/0/2 接口上连接其他 PC 时 ping 不通服务器的输出

③ 在 SwitchC 上执行 **display mac-address security** 命令，查看学习的动态 MAC 地址，在 SwitchC 上执行 **display mac-address security** 命令的输出如图 4-13 所示。此时如果在 SwitchD 上再接入一台新的 PC，同样配置了与服务器在同一 IP 网段的 IP 地址，再 ping 服务器，发现也不通，在 SwitchD 上连接新 PC 时 ping 不通服务器的输出如图 4-14 所示，并且在 SwitchC 上会显示告警消息，显示 GE0/0/2 端口变为 down 状态，因为已配置该接口在学习到超出限制数量的 MAC 地址时的保护动作为 shutdown，当 SwitchC 上学习的 MAC 地址数超过限制时，显示的日志消息如图 4-15 所示。

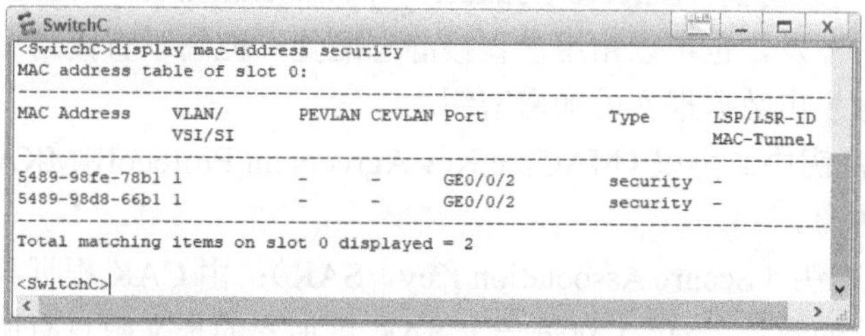

SwitchC
<SwitchC>display mac-address security
MAC address table of slot 0:
MAC Address　VLAN/VSI/SI　PEVLAN　CEVLAN　Port　Type　LSP/LSR-ID MAC-Tunnel
5489-98fe-78b1　1　-　-　GE0/0/2　security　-
5489-98d8-66b1　1　-　-　GE0/0/2　security　-
Total matching items on slot 0 displayed = 2
<SwitchC>

图 4-13　在 SwitchC 上执行 **display mac-address security** 命令的输出

PC4
基础配置
命令行
组播
UDP发包工具
串口
PC>ping 192.168.1.1
Ping 192.168.1.1: 32 data bytes, Press Ctrl_C to break
From 192.168.1.40: Destination host unreachable
From 192.168.1.40: Destination host unreachable
From 192.168.1.40: Destination host unreachable
From 192.168.1.40: Destination host unreachable
From 192.168.1.40: Destination host unreachable
--- 192.168.1.1 ping statistics ---
5 packet(s) transmitted
0 packet(s) received
100.00% packet loss
PC>

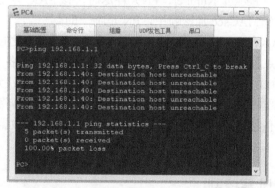

图 4-14　在 SwitchD 上连接新 PC 时 ping 不通服务器的输出

SwitchC
<SwitchC>
Apr 1 2023 16:53:51-08:00 SwitchC L2IFPPI/4/PORTSEC_ACTION_ALARM:OID 1.3.6.1.4.1.2011.5.25.42.2.1.7.6 The number of MAC address on interface (29/29) GigabitEthernet0/0/2 reaches the limit, and the port status is : 3. (1:restrict;2:protect;3:shutdown)
Apr 1 2023 16:53:52-08:00 SwitchC %%01PHY/1/PHY(1)[0]: GigabitEthernet0/0/2: change status to down

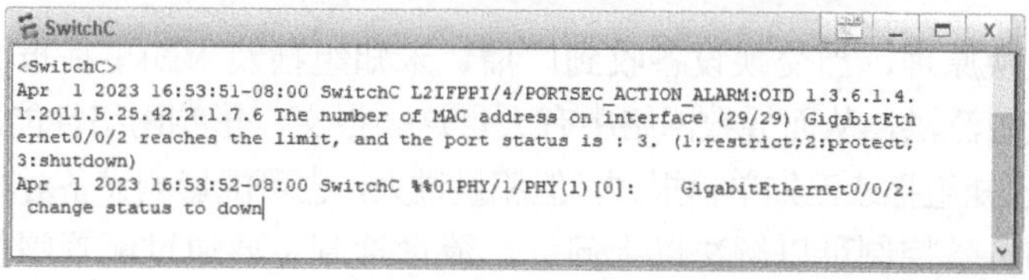

图 4-15　当 SwitchC 上学习的 MAC 地址数超过限制时，显示的日志消息

4.5　介质访问控制安全简介

在企业以太局域网中，绝大部分数据是明文传输，这在某些安全性要求较高的场景下存在一定的安全隐患。介质访问控制安全（Media Access Control Security，MACsec）是基于 IEEE 802.1ae 和 IEEE 802.1x 协议的局域网上的安全通信方法。它通过身份认证、数据加密、完整性校验、重播保护等功能保证以太网数据帧的安全性，防止设备处理有安全威胁的报文。网络中部署 MACsec 后，可对传输的以太网数据帧进行保护，降低信息泄露和遭受恶意网络攻击的风险。

MACsec 使用二层加密技术提供逐跳设备的数据安全传输，适用于政府、金融等对数据机密性要求较高的场合。可以在接入层交换机与汇聚层交换机之间部署 MACsec，也可以在交换机之间存在传输设备时部署 MACsec 以保护数据安全。但 MACsec 采用插件化交付方式，华为 VRP 系统软件中不包含上述功能，需要单独加载相应的插件。缺省情况下，交换机不支持 MACsec 功能。从 V200R009 版本开始，加载 MACsec 插件后支持 MACsec 功能。

MACsec 技术涉及以下几个协议或实体。

① 安全连接关联密钥（Sercure Connectivity Association Key，CAK）：可以在 IEEE 802.1x 认证过程中下发，也可以由用户直接静态配置，但它不直接用于数据加密，而是用于与其他参数派生出数据报文的加密密钥。

② MACsec 密钥协商协议（MACsec Key Agreement Protocol，MKA）：用于 MACsec 数据加密密钥的协商。

③ 安全关联密钥（Secure Association Key，SAK）：由 CAK 根据算法产生，用于加密安全通道间传输的数据。MKA 对每一个 SAK 可加密的报文数目有所限制，当使用某 SAK 加密的包的编号（Packet Number，PN）耗尽时，该 SAK 会被刷新。PN 主要用于防止重放攻击，在每个 MACsec 加密帧中，PN 是唯一的。

④ 密钥服务器（Key Server）：决定加密方案和进行密钥分发的 MKA 实体。

在设备运行点到点的 MACsec 时，网络管理员可以在两台设备上通过命令行预配置相同的 CAK，然后通过 MKA 选举一个 Key Server。Key Server 决定加密方案，会根据 CAK 等参数使用某种加密算法生成 SAK 数据密钥，由 Key Server 将 SAK 分发给对端设备。这样两台设备拥有相同的 SAK 数据密钥，后续由 MACsec 数据报文加解密收发。

4.6　流量抑制及风暴控制

根据二层交换原理，当交换设备收到广播、未知组播及未知单播报文时，会向同一 VLAN 内所有接口泛洪，从而导致网络中有大量这类报文，影响网络性能。另外，尽管接口收到的报文是已知组播或已知单播报文，但流量过大，也可能影响设备对其他流量的转发。

流量抑制和风暴控制可以解决以上问题。流量抑制主要通过配置阈值来限制流量，而风暴控制则主要通过关闭端口来阻断流量。

4.6.1　流量抑制和风暴控制基本原理

流量抑制和风暴控制功能类似，但风暴控制功能可以对接口下发惩罚动作（例如，阻塞或关闭接口），而流量抑制功能只对接口上的流量进行限制。

1. 流量抑制基本原理

流量抑制特性按以下 3 种形式来限制广播、未知组播及未知单播报文产生的广播风暴。

① 在接口入方向上，支持分别对以上 3 类报文按百分比、包速率和比特速率进行流量抑制。

设备监控接口下的 3 类报文速率，与配置的阈值进行比较，当入口流量超过配置的阈值时，设备会丢弃超额的流量。

② 在接口出方向上，支持对以上 3 类报文的阻塞（Block）。

③ 在 VLAN 下，仅支持对广播报文按比特速率进行流量抑制。

设备监控同一 VLAN 内广播报文的速率，与配置的阈值进行比较，当 VLAN 内流量超过配置的阈值时，会丢弃超额的流量。

流量抑制还可以通过配置阈值的方式对 ICMP 报文进行限速，防止大量 ICMP 报文（例如，不断执行 ping 命令）上送 CPU 外理，而影响其他业务的正常处理。

流量抑制应用示例如图 4-16 所示，在 SwitchA 上可以采用以下 3 种方式进行流量抑制。

图 4-16　流量抑制应用示例

① 在 VLAN 内，配置广播报文的转发速率阈值。

② 在 GE0/0/1 接口入方向上，配置广播、未知组播和未知单播报文的转发速率阈值。

③ 在 GE0/0/1 接口出方向上，配置阻塞广播、未知组播和未知单播报文发送，保证二层网络内用户和其他网络设备的安全性。

2. 风暴控制基本原理

风暴控制可以用来对广播、未知组播及未知单播报文分别按包速率进行控制，以免产生广播风暴。在一个检测时间间隔内，设备监控接口下接收的这 3 类报文的平均速率，与配置的最大阈值进行比较，当报文速率大于配置的最大阈值时，设备会对该接口进行风暴控制，执行配置好的风暴控制动作。风暴控制动作包括阻塞（Block）报文和关闭（Shutdown）接口（流量抑制还可对接口发送的报文进行控制，超出阈值时则会对流量进行阻塞）。如果控制动作为关闭接口，则需要手动执行命令来开启接口，或者使能接口状态自动恢复为 up 功能。

在图 4-16 中，当需要限制二层网络转发的来自用户的广播、未知组播和未知单播报文时，可以通过在 SwitchA 的 GE0/0/1 接口上配置风暴控制功能来实现。

【说明】设备在检测单播/组播报文时，不区分未知单播/组播报文和已知单播/组播报文，统计的报文速率是未知单播/组播报文和已知单播/组播报文共同的速率。但当风暴控制动作为阻塞报文时，设备仅对未知单播/组播报文进行阻塞。

4.6.2　配置流量抑制和风暴控制

可以基于接口（可针对全部的 3 类报文）或 VLAN（仅可针对广播报文）进行流量抑制，还可以对 ICMP 报文进行流量抑制。流量抑制的配置步骤见表 4-8。

表 4-8　流量抑制的配置步骤

步骤	命令	说明
1	**system-view**	进入系统视图
		基于接口配置流量抑制
2	**suppression mode { by-packets | by-bits }** 例如，[HUAWEI] **suppression mode by-bits**	（可选）全局配置流量抑制模式 • **by-packets**：二选一选项，指定流量抑制模式为 **packets**，即按接口通过的报文数计算 • **by-bits**：二选一选项，指定流量抑制模式为 **by-bits**，即按接口通过的流量字节数计算 如果已在接口下配置对某种流量按 **packets** 进行抑制，之后又在全局下配置流量抑制模式为 **bits**，设备则会按照转换关系将配置转化为按 **bits** 模式进行抑制。例如，在 GE 接口视图下配置该接口允许每秒广播报文的包速率为 1000pps[1]，则设备在下发规则时转换为 1000×84×8=672000bit=672kbit，其中 84 是平均报文长度（包括 60 字节的报文和 20 字节的帧间隙及 4 字节的校验信息），8 是每字节 bit 数。 缺省情况下，流量抑制模式为 **packets**，可用 **undo suppression mode** 命令恢复缺省配置
3	**interface** *interface-type interface-number* 例如，[HUAWEI]**interface** gigabitethernet 0/0/2	键入要配置流量抑制功能的接口（必须是二层接口），进入接口视图
4	**{ broadcast-suppression | multicast-suppression | unicast-suppression }** **{** *percent-value* | **cir** *cir-value* **[cbs** *cbs-value* **] | packets** *packets-per-second* **}** 例如，[HUAWEI-GigabitEthernet0/0/2] **multicast-suppression packets** 100000	在接口入方向上配置流量抑制 • **broadcast-suppression**：多选一选项，指定对广播流量进行抑制。 • **multicast-suppression**：多选一选项，指定对未知组播流量进行抑制。 • **unicast-suppression**：多选一选项，指定对未知单播流量进行抑制。 • *percent-value*：多选一参数，指定报文速率和接口速率的比值，整数形式，对于 40GE 接口，取值范围为 0～80；对于其他接口类型，取值范围为 0～100。 • **cir** *cir-value*：多选一参数，指定承诺信息速率（Committed Information Rate），即保证能够通过的速率，不同类型接口取值范围不同，参见具体的产品手册。此时必须保证全局下的流量抑制模式为 bit/s。 • **cbs** *cbs-value*：可选参数，指定承诺突发尺寸（Committed Burst Size），即瞬间能够通过的承诺流量，整数形式，取值范围是 10000～4294967295，单位是 byte。*cbs-value* 缺省为 *cir-value* 的 188 倍。 • **packets** *packets-per-second*：多选一参数，指定每秒包速率，不同类型接口取值范围不同，参见具体的产品手册。此时必须保证全局下的流量抑制模式为 packets

1. pps 是英文 packets per second 的简称，中文意思为每秒发送多少个分组数据包，是常用的网络吞吐率的单位。

续表

步骤	命令	说明
4	**{ broadcast-suppression | multicast-suppression | unicast-suppression }** **{** *percent-value* | **cir** *cir-value* [**cbs** *cbs-value*] | **packets** *packets-per-second* **}** 例如，[HUAWEI-GigabitEthernet0/0/2] **multicast-suppression packets** 100000	缺省情况下，接口允许通过的最大广播报文流量按照百分比抑制，比例为 10%，未配置未知组播和未知单播报文流量抑制功能，可用 **undo { broadcast-suppression | multicast-suppression | unicast-suppression }** 命令恢复缺省配置
5	**{ broadcast-suppression | multicast-suppression | unicast-suppression } block outbound** 例如，[HUAWEI-GigabitEthernet0/0/2] **unicast-suppression block outbound**	配置在接口出方向上阻塞广播、未知组播和未知单播报文。但本命令仅适用于在不需要接收广播、未知组播或未知单播流量的接口上配置，否则会影响网络的正常运行。 缺省情况下，未阻断接口出方向上的以上 3 类报文，可用 **undo { broadcast-suppression | multicast-suppression | unicast-suppression } block outbound** 命令恢复缺省配置
		基于 VLAN 配置流量抑制
6	**vlan** *vlan-id* 例如，[HUAWEI] **vlan** 10	进入要配置流量抑制功能的 VLAN 视图
7	**broadcast-suppression** *threshold-value* 例如，[HUAWEI-vlan10] **broadcast-suppression** 1000	配置 VLAN 的广播抑制速率，整数形式，取值范围是 64～10000000，单位是 kbit/s。 缺省情况下，不对 VLAN 下的广播报文进行抑制，可用 **undo broadcast-suppression** 命令恢复缺省配置
		配置 ICMP 报文的流量抑制
8	**icmp rate-limit enable** 例如，[HUAWEI] **icmp rate-limit enable**	使能 ICMP 流量抑制功能。 缺省情况下，ICMP 流量抑制功能未使能，可用 **undo icmp rate-limit enable** 命令恢复缺省配置
9	**icmp rate-limit { total | interface** *interface-type interface-number1* [**to** *interface-number2*] **} threshold** *threshold-value* 例如，[HUAWEI] **icmp rate-limit interface gigabitethernet** 0/0/1 **to** 0/0/5 **threshold** 20	配置 ICMP 报文限速阈值。 • **total**：二选一选项，指定设置设备总共的限速阈值。 • **interface** *interface-type interface-number1* [**to** *interface-number2*]：二选一参数，指定按接口设置限制阈值。 • **threshold** *threshold-value*：指定 ICMP 报文的限速阈值，取值范围 0～1000，单位为 pps，取值为 0 表示不对 ICMP 报文进行限速。 缺省情况下，全局和接口下的 ICMP 报文限速阈值不同型号的设备有所不同，具体参见产品手册，可用 **undo icmp rate-limit { total | interface** *interface-type interface-number1* [**to** *interface-number2*] **}** 命令恢复缺省配置

当同时配置在接口入方向和 VLAN 配置流量抑制功能时，接口下的配置优于 VLAN 下的配置。配置好流量抑制功能后，可在任意视图下通过 **display flow-suppression interface** *interface-type interface-number* 命令查询指定接口下流量抑制功能的配置情况。

为了限制进入接口的广播、未知组播或未知单播类型报文的速率，避免设备受到大的流量冲击，可以在接口入方向上配置对应报文类型的风暴控制功能。风景控制的配置步骤见表 4-9。

表 4-9　风暴控制的配置步骤

步骤	命令	说明
1	**system-view**	进入系统视图
2	**interface** *interface-type interface-number* 例如，[HUAWEI]**interface gigabitethernet 0/0/2**	键入要配置风暴控制功能的接口（必须是二层接口），进入接口视图
3	**storm-control** { **broadcast** | **multicast** | **unicast** } **min-rate** *min-rate-value* **max-rate** *max-rate-value* 或 **storm-control** { **broadcast** | **multicast** | **unicast** } **min-rate cir** *min-rate-value-cir* **max-rate cir** *max-rate-value-cir* 或 **storm-control** { **broadcast** | **multicast** | **unicast** } **min-rate percent** *min-rate-value-percent* **max-rate percent** *max-rate-value-percent* 例如，[HUAWEI-GigabitEthernet0/0/2] **storm-control broadcast min-rate 5000 max-rate 8000**	对接口下接收的广播、未知组播或未知单播报文进行控制。 • **min-rate** *min-rate-value*、**min-rate cir** *min-rate-value-cir*、**min-rate percent** *min-rate-value-percent*：分别指定包模式（单位为 pps），或字节模式（单位为 kbit/s），或百分比模式（单位为百分比，取值范围为 1～100）的最小阈值，当接口在风暴控制检测时间间隔内接收报文的平均速率小于该值时，则将该接口的报文恢复到正常的转发状态。在包模式和字节模式下，不同型号设备的参数取值范围有所不同，具体参见产品手册。 • **max-rate** *max-rate-value*、**max-rate cir** *max-rate-value-cir*、**max-rate percent** *max-rate-value-percent*：分别指定包模式（单位为 pps），或字节模式（单位为 kbit/s），或百分比模式（单位为百分比，取值范围为 1～100）的最大阈值，当接口在风暴控制检测时间间隔内接收报文的平均速率大于该值时，则对该接口进行风暴控制。在包模式和字节模式下，不同型号设备的参数取值范围有所不同，具体参见产品手册。 缺省情况下，未配置接口下的风暴控制，可用 **undo storm-control** { **broadcast** | **multicast** | **unicast** | **all-packets** } 命令恢复缺省配置
4	**storm-control action** { **block** | **error-down** } 例如，[HUAWEI-GigabitEthernet0/0/2] **storm-control action block**	当接口接收的 3 类报文超出第 3 步配置的最大阈值时执行的风暴控制的动作：为关闭接口（选择 **error-down** 选项时）或阻塞报文（选择 **block** 选项时）。当风暴控制动作为关闭接口时，有以下两种方式可以恢复接口状态。 • 手动恢复（Error-Down 发生后）。当处于 Error-Down 状态的接口数量较少时，可以在该接口视图下依次执行 **shutdown** 和 **undo shutdown** 命令，或者执行 **restart** 命令重启接口。 • 自动恢复（Error-Down 发生前）。如果处于 Error-Down 状态的接口数量较多，逐一手动恢复接口状态将产生大量的重复工作，并且可能出现部分接口配置遗漏。为避免这一问题，用户可在系统视图下执行 **error-down auto-recovery cause storm-control interval** *interval-value* 命令，使能接口状态自动恢复为 up 的功能，并设置接口自动恢复为 up 的时延。可以通过执行 **display error-down recovery** 命令查看接口状态自动恢复信息。但方式对已经处于 Error-Down 状态的接口不生效，只对配置该命令后进入 Error-Down 状态的接口生效。 缺省情况下，未配置风暴控制动作，可用 **undo storm-control action** 命令恢复缺省配置
5	**storm-control enable** { **log** | **trap** } 例如，[HUAWEI-GigabitEthernet0/0/2] **storm-control enable trap**	（可选）使能风暴控制时记录日志（选择 **log** 选项时）或者上报告警（选择 **trap** 选项时）。使能记录日志功能后，相关日志将记录在 SECE 模块带有 "STORMCTRL" 字段的日志中；使能上报告警功能后，相关告警为 SECE_1.3.6.1.4.1.2011.5.25.32.4.1.14.1 hwXQoSStormControlTrap。 缺省情况下，记录日志和上报告警未使能，可用 **undo storm-control enable** 命令恢复缺省配置

续表

步骤	命令	说明
6	**storm-control interval** *interval-value* 例如，[HUAWEI-GigabitEthernet0/0/1] **storm-control interval** 10	（可选）配置风暴控制的检测时间间隔，整数形式，单位是秒，取值范围为 1～180。 缺省情况下，风暴控制的检测时间间隔是 5s，可用 **undo storm-control interval** 命令恢复缺省配置

以上风暴控制配置好后，可在任意视图下执行 **display storm-control** [**interface** *interface-type interface-number*]命令查看接口的风暴控制信息。

4.7 DHCP Snooping

DHCP Snooping 是一种 DHCP 安全技术，通过设置非信任接口，能够有效防止网络中仿冒 DHCP 服务器的攻击，保证客户端从合法的服务器获取 IP 地址。另外，DHCP Snooping 功能还可以通过 DHCP 应答报文信息，记录 DHCP 客户端 IP 地址与 MAC 地址等参数的对应关系进而生成绑定表，然后通过对接收的 DHCP 报文中的 IP 地址和 MAC 地址与绑定表进行比较，从而可以防范各种基于 DHCP、ARP 服务的攻击。

4.7.1 DHCP Snooping 概述

目前，DHCP 在应用过程中遇到很多安全方面的问题，网络中存在一些针对 DHCP 的各种攻击，例如 DHCP 服务器仿冒者攻击、DHCP 服务器拒绝服务攻击、仿冒 DHCP 报文攻击等。

DHCP Snooping 主要通过信任功能和绑定表实现 DHCP 网络安全。

1. DHCP Snooping 信任功能

DHCP Snooping 的信任功能，将设备端口分为信任接口和非信任接口。信任接口可以正常接收 DHCP 服务器响应的 DHCP ACK、DHCP NAK 和 DHCP Offer 报文，非信任接口在接收到 DHCP 服务器响应的 DHCP ACK、DHCP NAK 和 DHCP Offer 报文时丢弃，可以保证 DHCP 客户端只能从合法的 DHCP 服务器上获取 IP 地址。

DHCP Snooping 信任功能部署示例如图 4-17 所示。在进行网络部署时，一般将直接或间接连接合法 DHCP 服务器的端口设置为信任端口（图 4-17 中的 if1 接口），其他端口设置为非信任端口（图 4-17 中的 if2 接口），在连接 DHCP 客户端侧的接口（图 4-17 中的 if3 和 if4 接口）上使能 DHCP Snooping 功能，从而保证 DHCP 客户端只能从合法的 DHCP 服务器获取 IP 地址，而私自架设的伪 DHCP 服务器无法为 DHCP 客户端分配 IP 地址。

2. DHCP Snooping 绑定表

开启 DHCP Snooping 功能后，二层交换机能够从收到的 DHCP ACK 报文中提取相关信息（包括 DHCP 客户端的 MAC 地址、分配给客户端的 IP 地址及租约期），并获取使能了 DHCP Snooping 的功能，与 DHCP 客户端连接的接口信息（包括接口编号和所属 VLAN），生成 DHCP Snooping 绑定表。

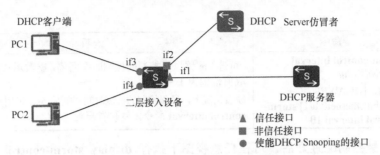

图 4-17   DHCP Snooping 信任功能部署示例

DHCP Snooping 绑定表示如图 4-18 所示，在 DHCP 场景中，PC1 和 PC2 作为 DHCP 客户端，配置从 DHCP 服务器自动获取 IP 地址。首先两台 PC 以广播方式发送 DHCP 请求报文，然后使能了 DHCP Snooping 功能的二层接入设备将其通过信任接口转发给 DHCP 服务器，最后 DHCP 服务器将含有为两台 PC 分配的 IP 地址信息的 DHCP ACK 报文通过单播的方式发送给 PC。

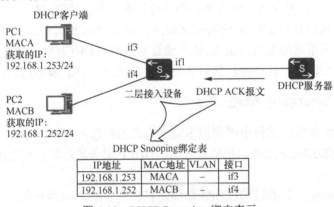

图 4-18   DHCP Snooping 绑定表示

在这个过程中，二层接入设备收到来自合法 DHCP 服务器的 DHCP ACK 报文后，会从中提取关键信息（包括 PC 的 MAC 地址以及获取到的 IP 地址和租约期），并获取与 PC 连接，使能了 DHCP Snooping 功能的接口信息（包括接口编号及该接口所属的 VLAN），然后根据这些信息生成 DHCP Snooping 绑定表。以 PC1 为例，图 4-18 中二层接入设备会从 DHCP ACK 报文提取到为 PC1 分配的 IP 地址 192.168.1.253，PC1 的 MAC 地址 MACA。再获取与 PC1 连接的接口信息为 if3，根据这些信息生成一条 DHCP Snooping 绑定表项。

DHCP Snooping 绑定表记录了 DHCP 客户端 IP 地址与 MAC 地址等参数的对应关系，通过对所接收的报文与 DHCP Snooping 绑定表进行匹配检查，能够有效防范非法用户的攻击。但为了保证设备在生成 DHCP Snooping 绑定表时能够获取到客户端 MAC 等参数，DHCP Snooping 功能需要应用在二层网络中的接入设备或第一个 DHCP 中继上。DHCP Snooping 绑定表会根据 DHCP 租期进行老化或根据用户释放 IP 地址时发出的 DHCP Release 报文自动删除对应表项。

4.7.2   配置 DHCP Snooping 基本功能

DHCP Snooping 的基本功能能够保证客户端从合法的服务器获取 IP 地址，而且能够记录 DHCP 客户端 IP 地址与 MAC 地址等参数的对应关系进而生成绑定表。

DHCP Snooping 的基本功能的配置任务如下。

（1）使能 DHCP Snooping 功能

使能 DHCP Snooping 功能的配置顺序是先使能全局下的 DHCP Snooping 功能，再使能接口或 VLAN 下的 DHCP Snooping 功能。使能 VLAN 下的 DHCP Snooping 功能时既可以在系统视图下配置，又可以在具体 VLAN 视图下配置。

（2）配置接口信任状态

为使 DHCP 客户端能通过合法的 DHCP 服务器获取 IP 地址，需要将把信任的 DHCP 服务器直接或间接连接的设备接口（必须是二层接口）设置为信任接口，把其他接口设置为非信任接口，以保证 DHCP 客户端只能从合法的 DHCP 服务器获取 IP 地址，私自架设的伪 DHCP 服务器无法为 DHCP 客户端分配 IP 地址。

接口信任状态可以在 VLAN 视图或者具体接口视图下配置。在 VLAN 视图下配置信任接口，则仅对加入该 VLAN 的接口收到的属于此 VLAN 的 DHCP 报文生效；在接口下配置，则对当前接口接收到的所有 DHCP 报文生效。

（3）（可选）配置丢弃 Giaddr 字段非零的 DHCP Request 报文

DHCP 请求报文中的 Giaddr（网关 IP 地址）字段记录了 DHCP 请求报文经过的第一个 DHCP 中继的 IP 地址。正常情况下，当客户端发出 DHCP 请求时，如果 DHCP 服务器和客户端不在同一个网段，那么第一个 DHCP 中继在将 DHCP 请求报文转发给 DHCP 服务器前，就把自己的 IP 地址填入了 Giaddr 字段中。DHCP 服务器在收到 DHCP 请求报文后，会根据 Giaddr 字段值来判断出客户端所在的网段地址，从而选择合适的地址池，为客户端分配该网段的 IP 地址。然而，在 DHCP Snooping 生成绑定表的过程中，为了保证设备能够获取客户端 MAC 地址等参数，DHCP Snooping 功能需要应用在二层接入设备或第一个 DHCP 中继上。此时，在 DHCP Snooping 设备接收到的 DHCP 请求报文中 Giaddr 字段必然为 0.0.0.0，如果不为 0.0.0.0，则为非法报文，需要丢弃此类报文。

Giaddr 字段非零检查功能也可以在系统视图、VLAN 视图或者接口视图下进行配置。当在系统视图或 VLAN 视图下配置时，则对 DHCP Snooping 设备上所有接口在接收到的属于该 VLAN 的 DHCP 请求报文时都要进行 Giaddr 字段是否非零的检测，而在接口视图下配置时，仅对对应接口上收到的 DHCP 请求报文进行 Giaddr 字段是否非零的检测。

DHCP Snooping 基本功能的配置步骤见表 4-10。

表 4-10 DHCP Snooping 基本功能的配置步骤

步骤	命令	说明
1	**system-view**	进入系统视图
2	**dhcp snooping enable ipv4** 例如，[Huawei]**dhcp snooping enable ipv4**	全局使能 IPv4 的 DHCP Snooping 功能。使能 DHCP Snooping 功能之前，必须已执行 dhcp enable 命令使能了全局 DHCP 功能。 缺省情况下，设备全局未使能 DHCP Snooping 功能，可用 **undo dhcp snooping enable** 命令去使能全局 DHCP Snooping 功能

续表

步骤	命令	说明
3	**dhcp snooping enable** vlan { *vlan-id1* [**to** *vlan-id2*] } &<1-10>	（三选一）使能指定范围 VLAN 的 DHCP Snooping 功能。 缺省情况下，设备未使能 DHCP Snooping 功能，可用 **undo dhcp snooping enable vlan** { *vlan-id1* [**to** *vlan-id2*] } &<1-10>]命令去使能指定范围VLAN中的DHCP Snooping 功能
	vlan *vlan-id* 例如，[Huawei] **vlan 2** **dhcp snooping enable** 例如，[Huawei-vlan2] **dhcp snooping enable**	（三选一）在具体 VLAN 下，使能 DHCP Snooping 功能。 缺省情况下，设备未使能 DHCP Snooping 功能，可用 **undo dhcp snooping enable** 命令去使能对应 VLAN 的 DHCP Snooping 功能
	interface *interface-type interface-number* 例如，[Huawei] **interface ethernet 2/0/0** **dhcp snooping enable** [Huawei-Ethernet2/0/0]**dhcp snooping enable**	（三选一）在具体接口下，使能 DHCP Snooping 功能。 缺省情况下，设备未使能 DHCP Snooping 功能，可用 **undo dhcp snooping enable** 命令去使能对应接口的 DHCP Snooping 功能
4	**dhcp snooping trusted interface** *interface-type interface-number* 例如，[Huawei-vlan2] **dhcp snooping trusted interface ethernet 2/0/0**	（二选一）在 VLAN 视图下，配置指定接口、信任接口。 参数 *interface-type interface-number* 用来指定要配置为信任状态的接口。 缺省情况下，接口状态为非信任状态，可用 **undo dhcp snooping trusted interface** *interface-type interface-number* 命令恢复指定接口为非信任状态
	dhcp snooping trusted 例如，[Huawei-Ethernet2/0/0] **dhcp snooping trusted**	（二选一）在接口视图下，配置以上接口为信任接口。 缺省情况下，接口状态为非信任状态，可用 **undo dhcp snooping trusted** 命令恢复以上接口为非信任状态
5	**dhcp snooping check dhcp-giaddr enable vlan** { *vlan-id1* [**to** *vlan-id2*] } &<1-10>	（二选一）在系统视图下，使能对从指定 VLAN 内上送的 DHCP 报文进行 Giaddr 字段是否非零的检测功能。 缺省情况下，未使能检测 DHCP Request 报文中 Giaddr 字段是否非零的功能，可用 **undo dhcp snooping check dhcp-giaddr enable vlan** { *vlan-id1* [**to** *vlan-id2*] } &<1-10>命令在对应 VLAN 中去使能检测 DHCP 报文中 Giaddr 字段是否非零的功能
	dhcp snooping check dhcp-giaddr enable 例如， [HUAWEI-vlan10] **dhcp snooping check dhcp-giaddr enable** 或[HUAWEI-GigabitEthernet1/0/1] **dhcp snooping check dhcp-giaddr enable**	（二选一）在VLAN 或接口视图下，使能 VLAN 或接口的检测 DHCP Request 报文中 Giaddr 字段是否非零的功能。 缺省情况下，未使能检测 DHCP Request 报文中 Giaddr 字段是否非零的功能，可用 **undo dhcp snooping check dhcp-giaddr enable** 命令恢复缺省配置

以上配置完成后，可在任意视图下执行以下 **display** 命令查看相关配置信息，验证配置结果；也可以使用以下 **reset** 用户视图命令清除相关统计信息。

① **display dhcp snooping** [**interface** *interface-type interface-number* | **vlan** *vlan-id*]：查看指定接口或全部接口的 DHCP Snooping 运行信息。

② **display dhcp snooping configuration** [**vlan** *vlan-id* | **interface** *interface-type interface-*

number]：查看指定 VLAN，或者指定接口，或者全部的 DHCP Snooping 配置信息。

③ **display dhcp snooping user-bind** { { **interface** *interface-type interface-number* | **ip-address** *ip-address* | **mac-address** *mac-address* | **vlan** *vlan-id* } * | **all** } [**verbose**]：查看指定接口、IP 地址、MAC 地址、VLAN 或者所有 DHCP Snooping 绑定表信息。

④ **reset dhcp snooping statistics global**：清除全局的报文丢弃统计计数。

⑤ **reset dhcp snooping statistics interface** *interface-type interface-number* [**vlan** *vlan-id*]：清除指定接口下指定 VLAN 或者所有 VLAN 中的报文丢弃统计计数。

⑥ **reset dhcp snooping statistics vlan** *vlan-id* [**interface** *interface-type interface-number*]：清除指定 VLAN 下指定接口或者所有接口的报文丢弃统计计数。

⑦ **reset dhcp snooping user-bind** [**vlan** *vlan-id* | **interface** *interface-type interface-number*] *：清除指定 VLAN、指定接口或者所有 DHCP Snooping 动态绑定表。

4.7.3　DHCP Snooping 基本功能配置示例

DHCP Snooping 基本功能配置示例的拓扑结构如图 4-19 所示，Router 担当 DHCP 服务器，已配置好为 VLAN10 和 VLAN20 中的用户分配 IP 地址。现要在二层交换机 Switch 上配置 DHCP Snooping 功能，确保两个 VLAN 中的用户仅可以从合法的 DHCP 服务器上分配到 IP 地址，而不从非法接入的 DHCP 服务器上分配到 IP 地址。

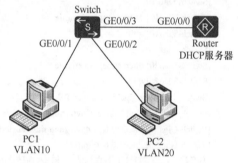

图 4-19　DHCP Snooping 基本功能配置示例的拓扑结构

1. 基本配置思路分析

本示例二层交换机 Switch 的 GE0/0/1、GE0/0/2 接口均配置为 Access 类型，分别加入 VLAN10、VLAN20 中，GE0/0/3 接口配置 Trunk 类型，同时允许 VLAN10 和 VLAN20 通过。Router 的 GE0/0/0 接口划分两个子接口，分别终结 VLAN10 和 VLAN20，并为这两个 VLAN 配置 DHCP 服务器。现假设 Router 已经配置好，不作介绍。

以下是本示例的基本配置思路（仅介绍 Switch 上的配置）。

① 创建 VLAN10 和 VLAN20，并把 GE0/0/1~GE0/0/3 加入对应的 VLAN 中。

② 配置 DHCP Snooping 基本功能。

2. 具体配置步骤

① 创建 VLAN10 和 VLAN20，并把 GE0/0/1~GE0/0/3 加入对应的 VLAN 中，具体配置如下。

```
<HUAWEI> system-view
[HUAWEI] sysname Switch
[Switch] vlan batch 10 20
[Switch] interface gigabitethernet 0/0/1
[Switch-GigabitEthernet0/0/1] port link-type access
[Switch-GigabitEthernet0/0/1] port default vlan 10
[Switch-GigabitEthernet0/0/1] quit
[Switch] interface gigabitethernet 0/0/2
[Switch-GigabitEthernet0/0/2] port link-type access
```

```
[Switch-GigabitEthernet0/0/2] port default vlan 20
[Switch-GigabitEthernet0/0/2] quit
[Switch] interface gigabitethernet 0/0/3
[Switch-GigabitEthernet0/0/3] port link-type trunk
[Switch-GigabitEthernet0/0/3] port trunk allow vlan 10 20
[Switch-GigabitEthernet0/0/3] quit
```

② 配置 DHCP Snooping 基本功能，在各接口下使能 DHCP Snooping 功能，把连接担当 DHCP 服务器的 Router 的 GE0/0/3 接口配置为信任端口，其他接口保持缺省的非信任状态。

接入 PC 的接口可以在对应 VLAN 中一次性使能其中所有接口的 DHCP Snooping 功能，各接口下也可以分别使能 DHCP Snooping 功能。

方案一：在 VLAN 下配置，具体配置如下。

```
<HUAWEI> system-view
[HUAWEI] sysname Switch
[Switch] dhcp enable
[Switch] dhcp snooping enable ipv4
[Switch] vlan 10
[Switch-Vlan10] dhcp snooping enable
[Switch-Vlan10] quit
[Switch] vlan 20
[Switch-Vlan20] dhcp snooping enable
[Switch-Vlan20] quit
[Switch] interface gigabitethernet 0/0/3
[Switch-GigabitEthernet0/0/3] dhcp snooping enable
[Switch-GigabitEthernet0/0/3] dhcp snooping trusted
[Switch-GigabitEthernet0/0/3] quit
```

方案二：在接口下配置，具体配置如下。

```
<HUAWEI> system-view
[HUAWEI] sysname Switch
[Switch] dhcp enable
[Switch] dhcp snooping enable ipv4
[Switch] interface gigabitethernet 0/0/1
[Switch-GigabitEthernet0/0/1] dhcp snooping enable
[Switch-GigabitEthernet0/0/1] quit
[Switch] interface gigabitethernet 0/0/2
[Switch-GigabitEthernet0/0/2] dhcp snooping enable
[Switch-GigabitEthernet0/0/2] quit
[Switch] interface gigabitethernet 0/0/3
[Switch-GigabitEthernet0/0/3] dhcp snooping enable
[Switch-GigabitEthernet0/0/3] dhcp snooping trusted
```

以上配置好后，可在任意视图下执行 **display dhcp snooping interface** gigabitethernet0/0/3 命令，查看连接 DHCP 服务器的 GE0/0/3 接口的 DHCP Snooping 功能配置信息，在 Switch 上执行 **display dhcp snooping interface** gigabitethernet0/0/3 命令的输出如图 4-20 所示。从中可以看出，GE0/0/3 接口上已使能了 DHCP Snooping 功能，并且已配置为信任端口。

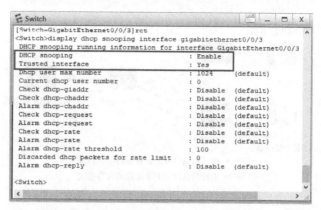

图 4-20　在 Switch 上执行 **display dhcp snooping interface** gigabitethernet0/0/3 命令的输出

4.7.4　DHCP Snooping 的防攻击功能

DHCP Snooping 的防攻击功能主要体现在防 DHCP 服务器仿冒攻击、防仿冒 DHCP 报文攻击、防 DHCP 服务器拒绝服务攻击和中间人攻击等方面。

1. 防 DHCP 服务器仿冒攻击

由于 DHCP 服务器和 DHCP 客户端之间没有认证机制，所以如果在网络上随意添加一台 DHCP 服务器，它就可以为客户端分配 IP 地址以及其他网络参数。如果该 DHCP 服务器为用户分配错误的 IP 地址和其他网络参数，将会对网络造成非常大的危害。

DHCP 客户端发送 DHCP Discover 报文示意如图 4-21 所示，DHCP 客户端发送的 DHCP Discover 报文是以广播形式发送的，无论是合法的 DHCP 服务器，还是非法的 DHCP 服务器都可以接收到。如果此时 DHCP 服务器仿冒者回应给 DHCP 客户端仿冒信息，例如，错误的网关地址、错误的 DNS 服务器、错误的 IP 等信息，DHCP 客户端将无法获取正确的 IP 地址和相关信息，导致合法客户无法正常访问网络或信息安全受到严重威胁。DHCP 服务器仿冒者攻击示意如图 4-22 所示。

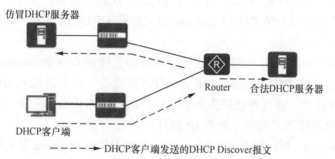

图 4-21　DHCP 客户端发送 DHCP Discover 报文示意

为了防止这种 DHCP 服务器仿冒者，可将与合法 DHCP 服务器直接或间接连接的接口设置为信任接口，其他端口设置为非信任接口。此后，从"非信任（Untrusted）"接口上收到的 DHCP 回应报文将被直接丢弃，这样可以有效防止 DHCP 服务器仿冒者的攻击。

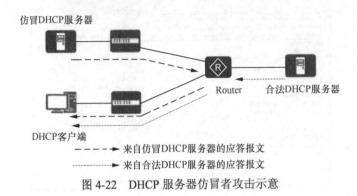

图 4-22　DHCP 服务器仿冒者攻击示意

在使能 DHCP Snooping 功能并配置了接口的信任状态之后，设备将能够保证 DHCP 客户端从合法的 DHCP 服务器获取 IP 地址，但却不能定位 DHCP 服务器仿冒者的位置，网络中仍然存在安全隐患。此时，通过配置 DHCP 服务器探测功能，DHCP Snooping 设备会检查并在日志中记录所有 DHCP 应答（DHCP Reply）报文中携带的 DHCP 服务器地址与端口等信息，此后网络管理员可以根据日志来判定网络中是否存在伪 DHCP 服务器进而对网络进行维护。

【说明】日志文件名由系统自动生成，其后缀是 "*.log" 或者 "*.dblg"，可用 **display logfile** *file-name* 任意视图命令查看日志文件，也可用 **display logbuffer** 任意视图命令查看 Log 缓冲区记录的日志信息。

DHCP 服务器探测功能的方法很简单，仅须在系统视图下执行 **dhcp server detect** 命令即可。但在执行本命令之前，需要确保已使用 **dhcp snooping enable** 命令使能了设备的 DHCP Snooping 功能。缺省情况下，未使能 DHCP 服务器的探测功能，可用 **undo dhcp server detect** 命令去使能 DHCP 服务器的探测功能。

2. 防仿冒 DHCP 报文攻击

在 DHCP 网络环境中，如果攻击者仿冒合法用户的 DHCP Request 报文并发往 DHCP 服务器，将导致合法用户的 IP 地址租约到期之后不能及时释放，也无法使用该 IP 地址；如果攻击者仿冒合法用户的 DHCP Release 报文发往 DHCP 服务器，又将导致合法用户异常下线。

使能了 DHCP Snooping 功能后，设备可以根据生成的 DHCP Snooping 绑定表项，对 DHCP Request 报文或 DHCP Release 报文进行匹配检查，只有匹配成功的报文设备才将其转发，否则将丢弃。这可有效地防止非法用户通过发送伪造 DHCP Request 或 DHCP Release 报文冒充合法用户续租或释放 IP 地址。

DHCP Snooping 设备对 DHCP Request 报文或 DHCP Release 报文的匹配检查规则如下。

（1）对 DHCP Request 报文

① 检查报文的目的 MAC 地址是否为全 F，如果是，则认为是第一次上线的 DHCP Request 广播报文，直接通过；如果报文的目的 MAC 地址不是全 F，则认为是续租报文，将根据绑定表项对报文中的 VLAN、IP 地址、接口信息进行匹配检查，完全匹配才可以通过。

② 检查报文中的客户端硬件地址（Client Hardware Address，CHADDR）字段值是否与绑定表中的网关地址匹配，如果不匹配，则认为是用户第一次上线，直接通过；如果匹配，则继续检查报文中的 VLAN、IP 地址、接口信息是否均和绑定表匹配，完全匹配通过，否则丢弃。

（2）对 DHCP Release 报文

直接检查报文中的 VLAN、IP 地址、MAC 地址、接口信息是否匹配绑定表，匹配则通过，不匹配则丢弃。

防仿冒 DHCP 报文攻击的配置步骤见表 4-11。

表 4-11　防仿冒 DHCP 报文攻击的配置步骤

步骤	命令	说明
1	**system-view**	进入系统视图
2	**dhcp snooping check dhcp-request enable vlan** { *vlan-id1* [**to** *vlan-id2*] }&<1-10>	（三选一）在系统视图下使能对从指定 VLAN 内上送的 DHCP 报文进行绑定表匹配检查的功能。 缺省情况下，未使能对 DHCP 报文进行绑定表匹配检查功能，可用 **undo dhcp snooping check dhcp-request enable vlan** { *vlan-id1* [**to** *vlan-id2*] }&< 1-10>命令去使能对应 VLAN 下所有接口的该功能
	vlan *vlan-id* 例如，[Huawei] **vlan** 10 **dhcp snooping check user-bind enable** 例如，[Huawei-vlan10] **dhcp snooping check user-bind enable**	（三选一）在 VLAN 视图下使能当前 VLAN 中所有接口对 DHCP 报文进行绑定表匹配检查的功能。 缺省情况下，未使能对 DHCP 报文进行绑定表匹配检查功能，可用 **undo dhcp snooping check user-bind enable** 命令去使能当前 VLAN 下所有接口的该功能
	interface *interface-type interface-number* 例如，[Huawei] **interface** ethernet 2/0/0 **dhcp snooping check user-bind enable** 例如，[Huawei-Ethernet2/0/0] **dhcp snooping check user-bind enable**	（三选一）在接口视图下使能当前接口对 DHCP 报文进行绑定表匹配检查的功能。 缺省情况下，未使能对 DHCP 报文进行绑定表匹配检查功能，可用 **undo dhcp snooping check user-bind enable** 命令去使能当前接口的该功能
3	**dhcp snooping alarm user-bind enable** 例如，[Huawei-Ethernet2/0/0] **dhcp snooping alarm user-bind enable**	（可选）在接口视图下使能与绑定表不匹配而被丢弃的 DHCP 报文数达到阈值时的 DHCP Snooping 告警功能。使能告警功能后如果有对应的攻击，并且丢弃的攻击报文超过阈值，会有相应的告警信息出现。发送告警的最小时间间隔为 1 min。 缺省情况下，未使能 DHCP Snooping 告警功能，可用 **undo dhcp snooping alarm enable** 命令去使能该功能
4	**quit**	返回系统视图
5	**dhcp snooping alarm threshold** *threshold* 例如，**dhcp snooping alarm threshold** 200	（二选一）在系统视图下全局指定 DHCP Snooping 丢弃报文的告警阈值，整数形式，取值范围是 1~1000。 缺省情况下，DHCP Snooping 丢弃报文数量的告警阈值为 100packets，可用 **undo dhcp snooping alarm threshold** 命令恢复缺省配置

续表

步骤	命令	说明
5	**interface** *interface-type interface-number* 例如，[Huawei] **interface ethernet** 2/0/0 **dhcp snooping alarm user-bind threshold** *threshold* 例如，[Huawei-Ethernet2/0/0] **dhcp snooping alarm user-bind threshold** 10	（二选一）在接口视图下配置与绑定表不匹配而被丢弃的 DHCP 报文数的告警阈值，取值范围是 1～1000 的整数。 缺省情况下，接口下 DHCP Snooping 丢弃报文数量的告警阈值为在系统视图下使用 **dhcp snooping alarm threshold** *threshold* 命令配置的值，可用 **undo dhcp snooping alarm threshold** 命令恢复对应接口的告警阈值为缺省值 【说明】如果在系统视图、接口视图下同时进行了配置，则接口下 DHCP Snooping 丢弃报文数量的告警阈值以二者最小值为准

3. 防 DHCP 服务器拒绝服务攻击

这类攻击俗称"DHCP 饿死攻击"，有以下两种攻击方式。

第一种攻击方式是恶意攻击者持续向 DHCP 服务器发送大量源 MAC 地址不断变化的 DHCP Request 报文，该报文向 DHCP 服务器申请 IP 地址，这将会导致 IP 地址池中的 IP 地址快速耗尽，致使 DHCP 服务器无法继续为合法客户端分配 IP 地址，因为 DHCP 服务无法区分是正常申请还是恶意申请。

对于这类攻击方式的防范，可配置接口允许学习的 DHCP Snooping 绑定表项的最大个数，当用户数达到该值时，则任何用户将无法通过此接口成功申请到 IP 地址，可在系统视图、VLAN 视图或接口视图下配置。

第二种攻击方式是恶意攻击者通过不断改变 DHCP 请求报文中的 CHADDR 字段（源 MAC 地址不变）向 DHCP 服务器申请 IP 地址，也将会导致 DHCP 服务器上的地址池被耗尽，从而无法为其他正常用户提供 IP 地址。DHCP 服务器通常仅根据 CHADDR 字段来确认客户端的 MAC 地址，无法区分 CHADDR 的合法性。

对于这类攻击方式的防范，可使能检测 DHCP 请求报文帧头 MAC 地址与 DHCP 数据区中的 CHADDR 字段是否相同的功能，相同则转发报文，否则丢弃。也可在系统视图、VLAN 视图或接口视图下进行配置。

防 DHCP 服务器拒绝服务攻击的配置步骤见表 4-12。

表 4-12　防 DHCP 服务器拒绝服务攻击的配置步骤

步骤	命令	说明
1	**system-view**	进入系统视图
	在系统视图下的全局配置	
2	**dhcp snooping max-user-number** *max-user-number* [**vlan** {*vlan-id1* [**to** *vlan-id2*]} &<1-10>] 例如，[HUAWEI] **dhcp snooping max-user-number** 100 **vlan** 10	全局配置接口允许学习的 DHCP Snooping 绑定表项的最大个数，整数形式，取值范围是 1～32768。可选参数[**vlan** { *vlan-id1* [**to** *vlan-id2*]用来限定专门对指定 VLAN 内的所有接口进行配置。 缺省情况下，接口允许学习的 DHCP Snooping 绑定表项的最大个数为 32768，可用 **undo dhcp snooping max-user-number** [**vlan** { *vlan-id1* [**to** *vlan-id2* }] &<1-10>]命令恢复为缺省配置

步骤	命令	说明
3	**dhcp snooping user-alarm percentage** *percent-lower-value percent-upper-value* 例如，[HUAWEI] **dhcp snooping user-alarm percentage** 30~80	（可选）全局配置 DHCP Snooping 绑定表的告警阈值百分比。 • *percent-lower-value*：指定 DHCP Snooping 绑定表的下限告警阈值百分比，整数形式，取值范围是 1~100。 • *percent-upper-value*：指定 DHCP Snooping 绑定表的上限告警阈值百分比，整数形式，取值范围是 1~100，但必须大于或等于下限告警阈值。 缺省情况下，DHCP Snooping 绑定表的下限告警阈值百分比为 50，上限告警阈值百分比为 100，可用 **undo dhcp snooping user-alarm percentage** 命令恢复缺省配置
4	**dhcp snooping check dhcp-chaddr enable vlan** { *vlan-id1* [**to** *vlan-id2*] } &<1-10> 例如，**dhcp snooping check dhcp-chaddr enable vlan** 10	全局使能指定 VLAN 中所有接口检测 DHCP Request 报文帧头 MAC 与 DHCP 数据区中的 CHADDR 字段是否一致功能。可选参数 [**vlan** { *vlan-id1* [**to** *vlan-id2*]用来限定专门对指定 VLAN 内的所有接口进行配置。 缺省情况下，未使能检测 DHCP Request 报文帧头 MAC 与 DHCP 数据区中的 CHADDR 字段是否一致功能，可用 **undo dhcp snooping check dhcp-chaddr enable vlan** { *vlan-id1* [**to** *vlan-id2*] }&< 1-10>命令恢复为缺省配置
5	**dhcp snooping alarm threshold** *threshold* 例如，[HUAWEI] **dhcp snooping alarm threshold** 200	（可选）配置 DHCP Snooping 丢弃报文数量的告警阈值，整数形式，取值范围是 1~1000。 缺省情况下，全局 DHCP Snooping 丢弃报文数量的告警阈值为 100packets，可用 **undo dhcp snooping alarm threshold** 命令恢复告警阈值为缺省值
	在 VLAN 或接口视图下的配置	
6	**vlan** *vlan-id* 例如，[Huawei] **vlan** 10	（二选一）进入要配置防 DHCP 服务器拒绝服务攻击的 VLAN
	interface *interface-type interface-number* 例如，[Huawei] **interface** ethernet 2/0/0	（二选一）进入要配置防 DHCP 服务器拒绝服务攻击的交换机接口（必须是二层接口）
7	**dhcp snooping max-user-number** *max-user-number* 例如，[Huawei-vlan10] **dhcp snooping max-user-number** 100	配置当前 VLAN 中的所有接口，或当前接口允许学习的 DHCP Snooping 绑定表项的最大个数，整数形式，取值范围是 1~32768。 缺省情况下，允许学习的 DHCP Snooping 绑定表项的最大个数为 32768，可用 **undo dhcp snooping max-user-number** 命令恢复为缺省配置
8	**dhcp snooping check dhcp-chaddr enable** 例如，[Huawei-vlan10] **dhcp snooping check dhcp-chaddr enable**	使能当前 VLAN 中所有接口或者当前接口检测 DHCP Request 报文帧头源 MAC 地址与 CHADDR 字段是否相同的功能。 缺省情况下，未使能检测 DHCP Request 报文帧头源 MAC 地址与 CHADDR 字段是否相同的功能，可用 **undo dhcp snooping check dhcp-chaddr enable** 命令恢复为缺省配置
9	**dhcp snooping alarm dhcp-chaddr enable** 例如，[Huawei-Ethernet2/0/0] **dhcp snooping alarm dhcp-chaddr enable**	（可选）使能当前接口（仅可在接口视图下配置）数据帧头 MAC 地址与 DHCP 报文中的 CHADDR 字段不一致被丢弃的报文达到阈值时的 DHCP Snooping 告警功能。 缺省情况下，未使能 DHCP Snooping 告警功能，可用 **undo dhcp snooping alarm enable** 命令去使能 DHCP Snooping 告警功能

续表

步骤	命令	说明
10	**dhcp snooping alarm dhcp-chaddr threshold** *threshold* 例如，[Huawei-Ethernet2/0/0] **dhcp snooping alarm dhcp-chaddr threshold** 1000	（可选）配置当前接口（仅可在接口视图下配置）因帧头 MAC 地址与 DHCP 数据区中 CHADDR 字段不匹配而被丢弃的 DHCP 报文的告警阈值，整数形式，取值范围是 1～1000。 缺省情况下，接口下 DHCP Snooping 丢弃报文数量的告警阈值为在系统视图下使用 **dhcp snooping alarm threshold** 命令配置的值。如果在系统视图和接口视图下同时进行配置，则接口下 DHCP Snooping 丢弃报文数量的告警阈值以二者的最小值为准。可用 **undo dhcp snooping alarm threshold** 命令恢复缺省配置

4. 中间人攻击

中间人攻击就是攻击者作为 DHCP 服务器和 DHCP 客户端之间的中间角色，同时仿冒合法的 DHCP 服务器和 DHCP 客户端，进行 IP 报文交互，这样通过 ARP 机制既让 DHCP 客户端学到合法 DHCP 服务器的 IP 地址与攻击者非法 MAC 地址的虚拟映射关系，又让 DHCP 服务器学习到合法 DHCP 客户端 IP 地址与攻击者非法 MAC 地址的虚拟映射关系。

DHCP 中间人攻击示意如图 4-23 所示。

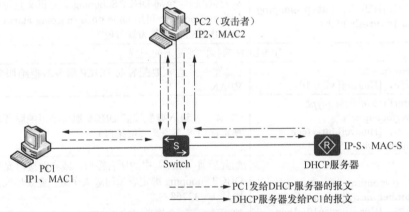

图 4-23　DHCP 中间人攻击示意

① 攻击者 PC2 首先通过 ARP 机制让 PC1 学习到和 DHCP 服务器的 IP 地址（IP-S）与攻击者 PC2 的 MAC 地址（MAC2），以及让 DHCP 服务器学习到 PC1 的 IP 地址（IP1）与攻击者 PC2 的 MAC 地址（MAC2）的非法映射。

② 当 DHCP 客户端 PC1 向 DHCP 服务器发送 IP 报文时，目的 IP 地址为 DHCP 服务器的 IP 地址（IP-S），源 IP 地址为 PC1 的 IP 地址（IP1），源 MAC 地址为 PC1 的 MAC 地址（MAC1），目的 MAC 地址为虚假的 DHCP 服务器 MAC 地址（即攻击者的 MAC 地址——MAC2）。此时，IP 报文会直接发给攻击者 PC2。

③ 攻击者 PC2 收到这个 IP 报文后，非法获取其中的信息，然后把目的 MAC 地址修改为 DHCP 服务器的 MAC 地址（MAC-S），把 IP 报文发送给 DHCP 服务器。这样 DHCP 服务器在收到这个 IP 报文后是无法获知这个报文是来自攻击者的。

同样，当 DHCP 服务器向 DHCP 客户端 PC1 发送 IP 报文时，目的 IP 地址为 PC1 的 IP 地址（IP1），源 IP 地址为 DHCP 服务器的 IP 地址（IP-S），源 MAC 地址为 DHCP 服务器的 MAC 地址（MAC-S），目的 MAC 地址为虚假的 PC1 的 MAC 地址（即攻击者的 MAC 地址——MAC2）。此时，IP 报文也会直接发送给攻击者 PC2。然后攻击者在收到该 IP 报文后，获取其中的信息后再把报文中的目的 MAC 地址修改为 DHCP 客户端 PC1 的 MAC 地址（MAC1），发送给 PC1。这样 PC1 在收到该 IP 报文后是无法获知这个报文是来自攻击者的。

这样一来，攻击者很容易窃取 DHCP 客户端和 DHCP 服务器之间交互的报文，然后利用这些信息进行其他破坏行为，甚至非法篡改报文中的信息，以达到攻击目的。

为了防止这种 DHCP 中间人攻击行为，可在交换机系统视图下执行 **arp dhcp-snooping-detect enable** 命令，使能 ARP 与 DHCP Snooping 的联动功能，当接口收到 ARP 时，对 ARP 报文中的源 IP 地址和源 MAC 地址与 DHCP Snooping 绑定表进行匹配。成功匹配则转发，否则直接丢弃。

本示例中，攻击者 PC2 为了让 DHCP 服务器学习到 PC1 的 IP 地址（IP1）与攻击者 PC2 的 MAC 地址（MAC2）的映射，必须要向 DHCP 服务器发送以 PC1 的 IP 地址（IP1）为源 IP 地址，以攻击者 PC2 的 MAC 地址（MAC2）为源 MAC 地址的 ARP 请求报文。在交换机接口上启用了 DHCP Snooping 绑定表匹配功能后，就会检查 ARP 请求报文中的源 IP 地址和源 MAC 地址映射关系，发现不匹配时就会丢弃该 ARP 报文。这样 DHCP 服务器自然不会生成这种非法的 ARP 映射表项。

另外，DHCP 用户在发出 DHCP Release 报文来释放已申请的 IP 地址时，DHCP Snooping 设备将会立刻删除该 DHCP 用户对应的绑定表。但若用户发生了异常下线而无法发出 DHCP Release 报文时，DHCP Snooping 设备将不能及时删除该 DHCP 用户对应的绑定表。使用 **arp dhcp-snooping-detect enable** 命令使能 ARP 与 DHCP Snooping 的联动功能后，此时如果 DHCP Snooping 表项中的 IP 地址对应的 ARP 表项达到老化时间，则 DHCP Snooping 设备会对该 IP 地址进行 ARP 探测，如果在规定的探测次数内探测不到用户，设备将删除用户对应的 ARP 表项。之后，设备将会再次按规定的探测次数对该 IP 地址进行 ARP 探测，如果最后仍不能探测到用户，则设备将会删除该用户对应的绑定表项。探测次数可以使用命令 **arp detect-times** 进行配置，缺省情况下为 3 次。

4.7.5　DHCP Snooping 攻击防范配置示例

DHCP Snooping 的攻击防范配置示例基本网络结构如图 4-24 所示，SwitchB 与 SwitchC 是二层交换机，SwitchA 是用户网关，作为 DHCP 中继向 DHCP 服务器转发 DHCP 报文，使 DHCP 客户端可以从 DHCP 服务器上申请到 IP 地址等相关配置信息。各 PC 均在 VLAN10 中。现发现网络中可能会存在以下类型的 DHCP 服务攻击，需要通过 DHCP Snooping 功能增加防范。

① DHCP 服务器仿冒者攻击：网络中可能有非法的 DHCP 服务器，为客户端非法分配 IP 地址。

② 仿冒 DHCP 报文攻击：网络中可能存在恶意攻击的黑客，冒充合法用户不断向 DHCP 服务器发送 DHCP Request 或 DHCP Release 报文，经常导致到期的 IP 地址无法正

常回收，合法用户不能获得 IP 地址，或导致用户异常下线。

③ DHCP 服务器服务拒绝攻击：网络中可能存在恶意攻击的黑客，发送大量不断变化的伪造源 MAC 地址或 CHADDR 字段值的 DHCP 报文向 DHCP 服务器申请 IP 地址，经常导致 DHCP 服务器因 IP 地址耗尽而不能为合法用户提供 IP 地址分配服务。

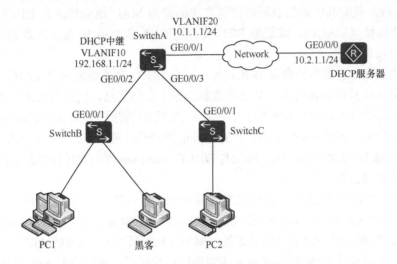

图 4-24　DHCP Snooping 的攻击防范配置示例基本网络结构

1. 基本配置思路分析

本示例涉及的 3 种 DHCP 攻击均可以通过 DHCP Snooping 功能进行防范。DHCP Snooping 是一种二层功能，可以在接入层二层交换设备或第一个 DHCP 中继设备上配置。结合本示例实际，再根据 4.7.4 节介绍的 DIICP 服务攻击防范方法能够得出以下基本配置思路（全都在 SwitchA 上配置）。

① 配置 DHCP 功能，实现转发不同网段的 DHCP 报文给 DHCP 服务器。

② 配置 DHCP Snooping 的基本功能，防止 DHCP 服务器仿冒者攻击。

③ 使能对 DHCP 报文进行绑定表匹配检查的功能，防止仿冒 DHCP 报文攻击。同时可以使能与绑定表不匹配而被丢弃的 DHCP 报文数达到阈值时产生告警信息功能。

④ 配置允许接入的最大用户数及使能检测 DHCP Request 报文帧头 MAC 地址与 DHCP 数据区中 CHADDR 字段是否一致功能，防止 DHCP 服务器拒绝攻击。同时可以使能数据帧头 MAC 地址与 DHCP 报文中的 CHADDR 字段不一致被丢弃的报文达到阈值时产生告警信息功能。

2. 具体配置步骤

① 配置 DHCP 中继功能，具体配置如下。

```
<HUAWEI> system-view
[HUAWEI] sysname SwitchA
[SwitchA] dhcp server group dhcpserver   #---创建 DHCP 服务器组
[SwitchA-dhcp-server-group-dhcpsever] dhcp-server 10.2.1.1   #---指定 DHCP 服务器组中的 DHCP 服务器 IP 地址
[SwitchA-dhcp-server-group-dhcpserver] quit
[SwitchA] vlan batch 10 20
[SwitchA] interface gigabitethernet 0/0/2
[SwitchA-GigabitEthernet0/0/2] port link-type access
```

```
[SwitchA-GigabitEthernet0/0/2] port default vlan 10
[SwitchA-GigabitEthernet0/0/2] quit
[SwitchA] interface gigabitethernet 0/0/3
[SwitchA-GigabitEthernet0/0/3] port link-type access
[SwitchA-GigabitEthernet0/0/3] port default vlan 10
[SwitchA-GigabitEthernet0/0/3] quit
[SwitchA] interface gigabitethernet 0/0/1
[SwitchA-GigabitEthernet0/0/1] port link-type access
[SwitchA-GigabitEthernet0/0/1] port default vlan 20
[SwitchA-GigabitEthernet0/0/1] quit
[SwitchA] dhcp enable   #---全局使能 DHCP 服务功能
[SwitchA] interface vlanif 10
[SwitchA-Vlanif10] ip address 192.168.1.1 255.255.255.0
[SwitchA-Vlanif10] dhcp select relay   #---使能 DHCP 中继服务
[SwitchA-Vlanif10] dhcp relay server-select dhcpserver   #---指定 DHCP 中继对应的 DHCP 服务器组
[SwitchA-Vlanif10] quit
[SwitchA] interface vlanif 20
[SwitchA-Vlanif20] ip address 10.1.1.2 255.255.255.0
[SwitchA-Vlanif20] quit
[SwitchA] ip route-static 0.0.0.0 0.0.0.0 10.1.1.2   #---配置访问 DHCP 服务器的静态缺省路由
```

【说明】DHCP 服务器 IP 地址配置为 10.2.1.1/24，同时配置一个 IP 地址范围为 192.168.1.0/24 的地址池，地址池中网关配置为 VLANIF10 接口 IP 地址 192.168.1.1。有关 DHCP 服务器的配置此处不再展开介绍。

以下 DHCP Snooping 功能既可以在具体的二层以太网接口下配置，也可以在连接 DHCP 客户端所属的 VLAN 10 中进行集中配置。在此以在各二层以太网接口下分别配置为例进行介绍。

② 配置 DHCP Snooping 的基本功能，防止 DHCP 服务器仿冒者攻击。

首先，全局使能 DHCP Snooping 功能，然后在连接 DHCP 客户端侧的二层接口上使能 DHCP Snooping 功能，具体配置如下。

```
[SwitchA] dhcp snooping enable ipv4   #---全局使能 IPv4 DHCP Snooping 功能
[SwitchA] interface gigabitethernet 0/0/1
[SwitchA-GigabitEthernet0/0/1]
[SwitchA] interface gigabitethernet 0/0/2
[SwitchA-GigabitEthernet0/0/2] dhcp snooping enable
[SwitchA-GigabitEthernet0/0/2] quit
[SwitchA] interface gigabitethernet 0/0/3
[SwitchA-GigabitEthernet0/0/3] dhcp snooping enable
[SwitchA-GigabitEthernet0/0/3] quit
```

③ 使能对 DHCP 报文进行绑定表匹配检查的功能，防止仿冒 DHCP 报文攻击。同时可以使能与绑定表不匹配而被丢弃的 DHCP 报文数达到阈值（本示例为 100 个报文）时产生告警信息功能，具体配置如下。

```
[SwitchA] interface gigabitethernet 0/0/2
[SwitchA-GigabitEthernet0/0/2] dhcp snooping check dhcp-request enable   #---使能对 DHCP 报文进行绑定表匹配检查的功能
[SwitchA-GigabitEthernet0/0/2] dhcp snooping alarm dhcp-request enable   #---使能与绑定表不匹配而被丢弃的 DHCP 报文数达到阈值时的 DHCP Snooping 告警功能
[SwitchA-GigabitEthernet0/0/2] dhcp snooping alarm dhcp-request threshold 100 #---配置 DHCP Snooping 丢弃报文数量的告警阈值为 100
[SwitchA-GigabitEthernet0/0/2] quit
[SwitchA] interface gigabitethernet 0/0/3
```

```
[SwitchA-GigabitEthernet0/0/3] dhcp snooping check dhcp-request enable
[SwitchA-GigabitEthernet0/0/3] dhcp snooping alarm dhcp-request enable
[SwitchA-GigabitEthernet0/0/3] dhcp snooping alarm dhcp-request threshold 100
[SwitchA-GigabitEthernet0/0/3] quit
```

④ 配置允许接入的最大用户数（本示例为 50）以及使能检测 DHCP Request 报文帧头 MAC 地址与 DHCP 数据区中 CHADDR 字段是否一致功能，防止 DHCP 服务器拒绝攻击。同时可以使能数据帧头 MAC 地址与 DHCP 报文中的 CHADDR 字段不一致被丢弃的报文数达到阈值（本示例为 50 个报文）时产生告警信息功能，具体配置如下。

```
[SwitchA] interface gigabitethernet 0/0/2
[SwitchA-GigabitEthernet0/0/2] dhcp snooping max-user-number 50    #---配置设备允许学习的 DHCP Snooping 绑定表
项数最大为 50
[SwitchA-GigabitEthernet0/0/2] dhcp snooping check dhcp-chaddr enable    #---使能检测 DHCP Request 报文帧头 MAC
与 DHCP 数据区中 CHADDR 字段是否一致功能
[SwitchA-GigabitEthernet0/0/2] dhcp snooping alarm dhcp-chaddr enable    #---使能数据帧头 MAC 地址与 DHCP 报文
中的 CHADDR 字段不一致被丢弃的报文达到阈值时的 DHCP Snooping 告警功能
[SwitchA-GigabitEthernet0/0/2] dhcp snooping alarm dhcp-chaddr threshold 50    #---配置帧头 MAC 地址与 DHCP 数
据区中 CHADDR 字段不匹配而被丢弃的 DHCP 报文的告警阈值为 50
[SwitchA-GigabitEthernet0/0/2] quit
[SwitchA] interface gigabitethernet 0/0/3
[SwitchA-GigabitEthernet0/0/3] dhcp snooping max-user-number 50
[SwitchA-GigabitEthernet0/0/3] dhcp snooping check dhcp-chaddr enable
[SwitchA-GigabitEthernet0/0/3] dhcp snooping alarm dhcp-chaddr enable
[SwitchA-GigabitEthernet0/0/3] dhcp snooping alarm dhcp-chaddr threshold 50
[SwitchA-GigabitEthernet0/0/3] quit
```

3. 配置结果验证

以上配置完成后，可在 SwitchA 上执行以下配置结果验证操作。

① 在 SwitchA 上执行 **display dhcp snooping configuration** 命令查看 DHCP Snooping 的配置信息，在 SwitchA 上执行 **display dhcp snooping configuration** 命令的输出如图 4-25 所示。

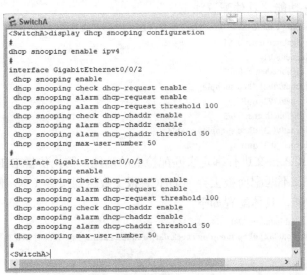

图 4-25　在 SwitchA 上执行 **display dhcp snooping configuration** 命令的输出

② 在 SwitchA 上执行命令 **display dhcp snooping interface**，查看接口下的 DHCP Snooping 运行信息。可以看到 Check dhcp-chaddr、Alarm dhcp-chaddr 和 Check dhcp-request、Alarm dhcp-request 字段均为 **Enable**（已使能），并能查看各告警阈值。在 SwitchA 上执行 **display dhcp snooping interface** gigabitethernet0/0/2 命令的输出。在 SwitchA 上执行 **display dhcp snooping interface** gigabitethernet0/0/2 命令的输出如图 4-26 所示。

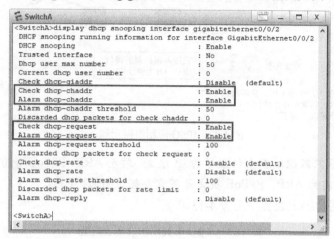

图 4-26　在 SwitchA 上执行 **display dhcp snooping interface** gigabitethernet0/0/2 命令的输出

通过以上验证，已证明本示例前面的配置是正确的。

4.8　IPSG 配置与管理

在 IP 地址欺骗攻击中，攻击者往往是通过伪造合法用户的 IP 来获取网络访问权限的，这会造成合法用户无法访问网络，甚至造成信息泄露。IP 源防攻击（IP Source Guard，IPSG）是一种基于二层接口的源 IP 地址过滤技术，不仅能够防止恶意主机伪造合法主机的 IP 地址来仿冒合法主机，还能确保非授权主机不能通过以自己设置的 IP 地址来访问网络或攻击网络，可以有效防止 IP 地址私自更改。

IPSG 一般应用到与用户终端直接连接的接入设备上，可以基于接口或 VLAN 进行应用配置。

4.8.1　IPSG 基本工作原理

IPSG 应用组网示例如图 4-27 所示。非法主机（IP 地址为 10.10.1.10）伪造合法主机的 IP 地址（10.10.1.1）获取上网权限。此时，通过在 Switch 的接入用户侧的接口或 VLAN 上部署 IPSG 功能，Switch 就可以对进入该接口的 IP 报文进行检查，丢弃非法主机的报文，从而阻止此类攻击。

IPSG 防攻击的基本原理：在使能了 IPSG 功能的接口接收到用户报文后，首先查找与该接口绑定的表项（简称为绑定表项，是源 IP 地址、源 MAC 地址、所属 VLAN 和入接口的绑定关系），如果报文的信息与某绑定表项匹配，则转发该报文；如果匹配失败，则查看是否配置了全局静态绑定表项；如果配置了此类表项，且报文的信息与表项匹配，则转发该报文，否则丢弃该报文。

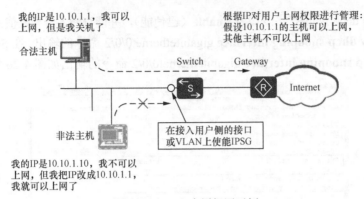

图 4-27　IPSG 应用组网示例

【注意】IPSG 只匹配检查主机发送的 IP 报文，对于 ARP、PPPoE 等非 IP 报文，IPSG 不做匹配检查，因为 ARP、PPPoE 报文是不需要经过 IP 封装的。

IPSG 可利用的绑定表类型见表 4-13。

表 4-13　IPSG 可利用的绑定表类型

绑定表类型	绑定表生成过程	适用场景
静态绑定表	使用 user-bind 命令手工配置，静态绑定表项中包括 MAC 地址、IP 地址、VLAN ID 和入接口	适用于主机数较少且主机使用静态 IP 地址的场景
DHCP Snooping 动态绑定表	动态绑定表项中也包括 MAC 地址、IP 地址、VLAN ID 和入接口，但 IPSG 依据绑定表中哪些信息过滤接口接收的报文，由用户设置的检查项决定，常用的检查项包括以下 6 种。 • 源 IP 地址。 • 源 MAC 地址。 • 源 IP 地址＋源 MAC 地址。 • 源 IP 地址＋所属 VLAN。 • 源 MAC 地址＋所属 VLAN。 • 源 IP 地址＋源 MAC 地址＋所属 VLAN	适用于主机数较多且主机从 DHCP 服务器获取 IP 地址的场景

绑定表生成后，IPSG 基于绑定表向指定的接口，或者指定的 VLAN 下发 ACL，由该 ACL 来检查对应用户发送的 IP 报文，只有参数信息匹配了绑定表的报文才会允许通过，不匹配绑定表的报文都将被丢弃。当绑定表信息变化时，设备会重新下发 ACL。

【注意】在缺省情况下，如果在没有绑定表的情况下使能了 IPSG，设备会允许所有 IP 类型的协议报文通过，但是会拒绝所有的用户数据报文。

IPSG 仅支持在二层物理接口或者 VLAN 上应用，且只对使能了 IPSG 功能的非信任接口进行检查。对于 IPSG 来说，缺省所有的接口均为非信任接口，信任接口由用户指定。IPSG 的信任接口/非信任接口也就是 DHCP Snooping 中的信任接口/非信任接口，信任接口/非信任接口同样适用于基于静态绑定表方式的 IPSG。IPSG 中的接口角色示意如图 4-28 所示。

① IF1 和 IF2 接口为非信任接口且使能 IPSG 功能，此时从 IF1 和 IF2 接口收到的报文会执行 IPSG 检查。

② IF3 接口为非信任接口但未使能 IPSG 功能，此时从 IF3 接口收到的报文不会执行 IPSG 检查，可能存在攻击。

　　③ IF4 接口为用户指定的信任接口，此时从 IF4 接口收到的报文也不会执行 IPSG 检查，但此接口一般不存在攻击。在 DHCP Snooping 的场景下，通常把与合法 DHCP 服务器直接或间接连接的接口设置为信任接口。

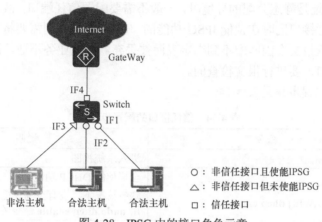

图 4-28　IPSG 中的接口角色示意

4.8.2　配置基于静态绑定表的 IPSG

　　配置基于静态绑定表的 IPSG，可以实现对非信任接口上接收的 IP 报文进行过滤控制，防止恶意主机盗用合法主机的 IP 地址来仿冒合法主机，获取网络资源的使用权限。该方式适用于局域网络中主机数较少，且主机使用静态配置 IP 地址的情况。

　　基于静态绑定表的 IPSG 配置任务包括以下 4 个部分。

　　1．创建静态绑定表项

　　静态绑定表项的创建方法是在系统视图下使用 **user-bind static** { { **ip-address** { *start-ip* [**to** *end-ip*] } &<1-10> } | **mac-address** *mac-address* } * [**interface** *interface-type interface-number*] [**vlan** *vlan-id* [**ce-vlan** *ce-vlan-id*]]命令配置。

　　① **interface** *interface-type interface-number*：可选参数，指定绑定的交换机接口。

　　② **ip-address** { *start-ip* [**to** *end-ip*] }：可多选参数，指定绑定的 IP 地址。

　　③ **mac-address** *mac-address*：可多选参数，指定绑定的 MAC 地址。

　　④ **vlan** *vlan-id*：可选参数，指定绑定的 VLAN 编号。

　　⑤ **ce-vlan** *ce-vlan-id*：可选参数，指定绑定的 QinQ 内层 VLAN 编号。

　　从命令格式可以看出，IP 地址和 MAC 地址是至少要绑定其中一个，也可以两个同时绑定，至于入接口和 VLAN 都是可选绑定的参数。配置静态绑定表后，交换机会根据已配置的静态绑定表项对接收的报文进行检查，不匹配的报文都将被丢弃。如果绑定表创建错误或者已绑定主机的网络权限变更，要删除某些静态表项，请执行 **undo user-bind static** [**interface** *interface-type interface-number* | { **ip-address** { *start-ip* [**to** *end-ip*] } &<1-10> | **mac-address** *mac-address* | **vlan** *vlan-id* [**ce-vlan** *ce-vlan-id*]] *命令。

　　【说明】IPSG 按照静态绑定表项进行完全匹配，即静态绑定表项包含几项就检查几项。请确保所创建的绑定表是正确且完整的，主机发送的报文只有匹配绑定表才会允许通过，不匹配绑定表的报文都将被丢弃。

支持将多个 IP 地址（段）做批量绑定，例如多个 IP 批量绑定到同一个接口或同一个 MAC 地址，相当于同时允许多台主机连接到该接口来访问网络。

2.（可选）配置信任端口

当主机 IP 地址是静态分配的环境时，一般不需要配置信任端口，故本项配置任务是可选的。但当上行接口同时在使能 IPSG 功能的 VLAN 内时，则需要将上行口配置成信任端口，否则回程报文会因匹配不到绑定表而被丢弃，导致业务不通，因为缺省所有接口都是非信任端口，要进行报文检查的。

信任接口的配置步骤见表 4-14。

表 4-14　信任接口的配置步骤

步骤	命令	说明
1	**system-view**	进入系统视图
2	**dhcp enable** 例如，[HUAWEI] **dhcp enable**	全局使能 DHCP 功能。 缺省情况下，没有全局使能 DHCP 功能，可用 **undo dhcp enable** 命令关闭 DHCP 功能
3	**dhcp snooping enable** 例如，[HUAWEI] **dhcp snooping enable**	全局使能 DHCP Snooping 功能。 缺省情况下，没有全局使能 DHCP Snooping 功能，可用 **undo dhcp snooping enable** 命令去使能 DHCP Snooping 功能
4	进入上行接口的接口视图，然后执行命令： **dhcp snooping trusted** 例如，[HUAWEI-GigabitEthernet0/0/1] **dhcp snooping trusted** 或进入上行接口所属 VLAN 的 VLAN 视图，然后执行命令： **dhcp snooping trusted interface** *interface-type interface-number* 例如，[HUAWEI-vlan100] **dhcp snooping trusted interface** gigabitethernet 0/0/1	配置接口为信任状态。 缺省情况下，接口为非信任状态，可用 **undo dhcp snooping trusted** 或 **undo dhcp snooping trusted interface** *interface-type interface-number* 命令恢复接口的状态为非信任状态

3. 使能 IPSG 功能

配置好静态的绑定表后，IPSG 功能仍并未生效，只有在指定接口（接入用户侧的接口）或在指定 VLAN 上使能 IPSG 后才生效，这个要特别注意，不是配置好静态绑定表就可以达到禁止非法主机接入网络的目的。

（1）基于接口使能 IPSG

配置方法是在对应的接口视图下执行 **ip source check user-bind enable** 命令，使能该接口的 IP 报文检查功能。此时，该接口接收的所有报文均进行 IPSG 检查。如果用户只希望在某些不信任的接口上进行 IPSG 检查，而信任其他接口，可以选择此方式。并且，当接口属于多个 VLAN 时，基于接口使能 IPSG 更方便，不需要在每个 VLAN 上使能，因为在接口上使能后配置将同时作用于该接口加入的所有 VLAN。

（2）基于 VLAN 使能 IPSG

配置方法是在对应的 VLAN 视图下执行 **ip source check user-bind enable** 命令，使能该 VLAN 的 IP 报文检查功能。此时，属于该 VLAN 的所有接口接收的报文均进行 IPSG

检查。如果用户只希望在某些不信任的 VLAN 上进行 IPSG 检查，而信任其他 VLAN，可以选择此方式。并且，当多个接口属于相同的 VLAN 时，基于 VLAN 使能 IPSG 更方便，不需要在每个接口上使能。

缺省情况下，接口和 VLAN 上未使能 IP 报文检查功能，可用 **undo ip source check user-bind enable** 命令去使能 IP 报文检查功能。

4.（可选）配置 IP 报文检查告警功能

仅当在接口下使能 IPSG 时才可以配置本任务，IP 报文检查告警功能的配置步骤见表 4-15。配置了 IP 报文检查告警功能后，当丢弃的 IP 报文超过告警阈值时，会产生告警提醒用户。

表 4-15 IP 报文检查告警功能的配置步骤

步骤	命令	说明
1	**system-view**	进入系统视图
2	**interface** *interface-type interface-number* 例如，[HUAWEI] **interface** gigabitethernet 0/0/1	进入使能了 IPSG 的接口视图
3	**ip source check user-bind alarm enable** 例如，[HUAWEI-GigabitEthernet0/0/1] **ip source check user-bind alarm enable**	使能 IP 报文检查告警功能。 缺省情况下，未使能 IP 报文检查告警功能，可用 **undo ip source check user-bind alarm enable** 命令去使能 IP 报文检查告警功能
4	**ip source check user-bind alarm threshold** *threshold* 例如，[HUAWEI-GigabitEthernet0/0/1] **ip source check user-bind alarm threshold** 200	配置 IP 报文检查告警阈值，整数形式，取值范围是 1~1000。当丢弃的 IP 报文超过告警阈值时，会产生告警提醒用户。 缺省情况下，IP 报文检查告警阈值为 100，可用 **undo ip source check user-bind alarm threshold** 命令恢复 IP 报文检查告警阈值为缺省值

以上基于静态绑定表的 IPSG 功能配置好后，可在任意视图下执行以下 **display** 命令查看相关配置，验证配置结果。

① **display ip source check user-bind interface** *interface-type interface-number*：查看接口下 IPSG 的配置信息。

② **display dhcp static user-bind** { { **interface** *interface-type interface-number* | **ip-address** | **mac-address** *mac-address* | **vlan** *vlan-id* }[*] | **all** } [**verbose**]：查看 IPv4 静态绑定表信息。

带 **verbose** 参数可以查看到 IPSG 的状态。如果 IPSG Status 显示为"effective"，表示该条表项的 IPSG 已经生效；如果 IPSG Status 显示为"ineffective"，表示该条表项的 IPSG 未生效，这可能是因硬件 ACL 资源不足导致的。

4.8.3 静态绑定 IPSG 防止主机私自更改 IP 地址配置示例

静态绑定 IPSG 防止主机私自更改 IP 地址配置示例的拓扑结构如图 4-29 所示，两主机通过 Switch 接入外部网络（例如 Internet），Router 为企业出口网关，Server 代表外部网络中的一台服务器，内网各主机均静态配置 IP 地址。管理员希望主机使用管理员分配的固定 IP 地址上网，不允许私自更改 IP 地址非法获取外部网络的访问权限。

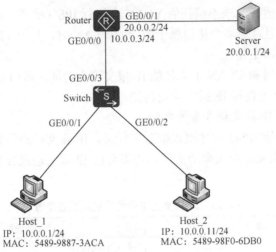

图 4-29　静态绑定 IPSG 防止主机私自更改 IP 地址配置示例的拓扑结构

1. 基本配置思路分析

本示例要求不允许两台主机私设 IP 地址通过网关访问外部网络,表示这两台主机只能采用管理员分配的 IP 地址上网,无论这两台主机连接在哪个交换机的接口上。这样一来,就可以仅配置两台主机的 IP 地址和 MAC 地址的绑定,主机连接在本地交换机任意接口上都必须符合此绑定策略。又因为两台主机的 IP 地址是静态配置的,所以只能采用 4.8.2 节介绍的静态绑定 IPSG 功能来限制主机私自更改 IP 地址接入网络。根据 4.8.2 节介绍的配置步骤,可以得出本示例以下的基本配置思路。

① 在 Switch 上配置 Host_1 和 Host_2 的静态绑定表,固定 IP 地址和 MAC 地址的绑定关系。

② 在 Switch 连接用户主机的接口上使能 IPSG,实现主机只能使用管理员分配的固定 IP 地址上网。同时,在接口开启 IP 报文检查告警功能,当交换机丢弃非法上网用户的报文达到阈值后上报告警。

③ 配置 Router 上接口、Server,以及各主机的 IP 地址和网关。

2. 具体配置步骤

① 创建基于 Host_1 和 Host_2 的 IP 地址和 MAC 地址的静态绑定表项,具体配置如下。

```
<HUAWEI> system-view
[HUAWEI] sysname Switch
[Switch] user-bind static ip-address 10.0.0.1 mac-address 5489-9887-3ACA
[Switch] user-bind static ip-address 10.0.0.11 mac-address 5489-98F0-6DB0
```

② 在连接两台主机的交换机接口上使能 IPSG 功能,并设置丢弃报文上报告警功能。

在连接 Host_1、Host_2 的 GE0/0/2、GE0/0/3 接口上使能 IPSG 和 IP 报文检查告警功能,当丢弃报文阈值到达 200 将上报告警,具体配置如下。

```
[Switch] interface gigabitethernet 0/0/2
[Switch-GigabitEthernet0/0/2] ip source check user-bind enable
[Switch-GigabitEthernet0/0/2] ip source check user-bind alarm enable
[Switch-GigabitEthernet0/0/2] ip source check user-bind alarm threshold 200
[Switch-GigabitEthernet0/0/2] quit
[Switch] interface gigabitethernet 0/0/3
[Switch-GigabitEthernet0/0/3] ip source check user-bind enable
```

```
[Switch-GigabitEthernet0/0/3] ip source check user-bind alarm enable
[Switch-GigabitEthernet0/0/3] ip source check user-bind alarm threshold 200
[Switch-GigabitEthernet0/0/3] quit
```

【说明】如果还要防止这两台主机私自更改 IP 地址，连接其他交换机接口访问 Internet，则还需要在其他交换机接口上使能 IPSG 功能。

以上配置完成后，可在 Switch 上执行 **display dhcp static user-bind all** 命令，查看静态绑定表信息，为两台主机创建的静态 IPSG 绑定表项如图 4-30 所示。从中可以看出，已为两台主机成功创建了静态绑定表项。

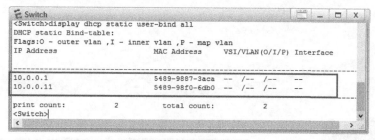

图 4-30　为两台主机创建的静态 IPSG 绑定表项

③ 配置 Router 上接口、Server，以及各主机的 IP 地址和网关，具体配置如下。

```
<Huawei> system-view
[Huawei] sysname Router
[Router] interface gigabitethernet 0/0/0
[Router-GigabitEthernet0/0/0] ip address 10.0.0.3 24
[Router-GigabitEthernet0/0/0] quit
[Router] interface gigabitethernet 0/0/1
[Router-GigabitEthernet0/0/1] ip address 10.0.0.3 24
[Router-GigabitEthernet0/0/1] quit
```

服务器及主机的 IP 地址和网关配置略。

以上配置完成后，Host_1 和 Host_2 使用管理员分配的固定 IP 地址可以正常访问外部网络，例如可以访问服务器，但如果更改两台主机的 IP 地址后，则无法访问网络。Host_1 更改 IP 地址前后 ping 服务器的结果如图 4-31 所示。

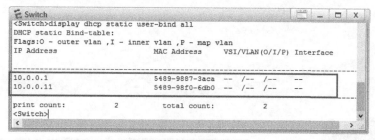

图 4-31　Host_1 更改 IP 地址前后 ping 服务器的结果

第5章
路由控制和流量控制

本章主要内容

　　本书后面多个章节要用到路由控制和流量控制技术，其中涉及 ACL、IP 前缀列表等路由信息或流量匹配工具，以及 Filter-Policy、MQC、路由策略和策略路由等策略工具，为此本章先介绍这些相关技术。由于篇幅的限制，本章没有对涉及的所有命令进行详细的参数介绍，可参见华为官方教材《华为交换机学习指南（第二版）》和《华为路由器学习指南（第二版）》。

5.1　路由控制和流量控制概述

1. 路由控制

缺省情况下，路由一旦生成就会全部向邻居设备进行发布，也可以接收来自邻居设备的全部路由。对于不同协议路由的相互引入，通常情况下也是完整引入。但有时我们需要对发布、接收和引入的路由进行过滤，仅允许符合条件的路由向邻居设备发布，或者仅允许从邻居设备接收符合条件的路由（或仅允许符合条件的路由加入 IP 路由表），或者仅允许从其他路由协议中引入符合条件的路由，这就是路由控制功能。

路由控制示例如图 5-1 所示，为了实现链路负载分担，要求在 OSPF 路由域中的 RouterA 上，仅从 GE0/0/0 接口发送本地连接的 192.168.0.0/24 网段路由，仅从 GE0/0/1 接口发送本地连接的 172.16.0.0/24 和 172.16.1.0/24 两个网段路由。另外，如果仅允许 OSPF 和 IS-IS 两路由域中的 192.168.0.0/24 和 192.168.1.0/24 两个网段用户的访问，可以在两个路由域的边界路由器 RouterD 上控制两个路由域中路由的相互引入。

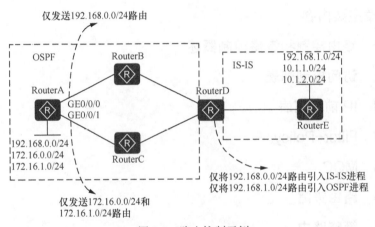

图 5-1　路由控制示例

控制路由的发布、接收或引入，首先就必须要有相应的匹配工具对路由进行过滤。这些匹配工具通常包括访问控制列表（Access Control List，ACL）、IP 前缀列表（IP-Prefix List）。有了这些匹配工具，指定了路由过滤条件，还需要有路由控制策略工具来应用这些匹配工具中设置的过滤条件。这些策略工具包括在各动态路由协议中使用的 Filter-Policy（过滤策略）、Router-Policy（路由策略）。

2. 流量控制

流量控制就是控制流量的发送、接收、提供的 QoS 服务水平，以及转发路径。

控制流量的发送和接收可将不信任的报文丢弃在网络边界，以提高网络中数据访问的安全性，可使用 Traffic-Filter（流量过滤器）和模块化 QoS 命令行（Modular QoS Command-Line，MQC）工具。Traffic-Filter 只能在接口视图下进行应用，而 MQC 可以在全局、VLAN、接口等多种视图下进行应用。

　　流量过滤示例如图 5-2 所示，某公司有生产部、工程部、研发部等多个部门，为了确保公司数据的安全，需要对各部门间的用户访问进行控制，例如生产部不能主动访问工程部、研发部，但工程部和研发部都可以主动访问生产部，工程部和研发部之间可以相互访问。这时可以通过对不同部门划分不同的 VLAN，或者配置不同的 IP 子网，在汇聚层交换机上利用 ACL 作为流量过滤工具进行流量过滤。

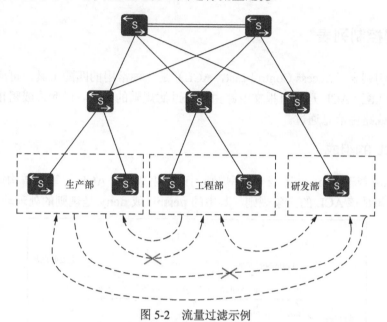

图 5-2　流量过滤示例

　　控制流量的 QoS 服务水平是通过 MQC 实现的，可以对符合条件的流量在设备或网络边界对发送或接收的流量修改其 QoS 优先级和处理行为，以便接收设备为所接收的流量提供对应的 QoS 服务水平。在 HCIP-Datacom 认证级别中对这方面没做出具体要求。

　　传统的路由转发是根据报文的目的地址查找路由表中匹配的路由表项，按照表项中对应的下一跳 IP 地址进行的。但有些关键业务流量，用户可能更希望根据自己定义的策略进行报文转发。控制流量的转发路径是让符合条件的流量不按路由表中的路由表项进行转发，而按用户自定义的路径进行转发，可以通过策略路由和 MQC 实现。

　　控制流量转发路径示例如图 5-3 所示，用户要求 10.1.1.0/24 网段用户通过 ISP1 访问 Internet，10.1.2.0/24 网段用户通过 ISP2 访问 Internet。此时可在 Router 上通过 MQC 来实现。

　　无论是 Traffic-Filter，还是 MQC、策略路由都涉及流量匹配，但它们采用的流量匹配方式并不完全相同。Traffic-Filter 的流量匹配方式是通过 ACL 实现的，可以对设备某接口发送或接收的流量进行过滤。MQC 对流量

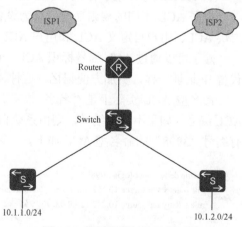

图 5-3　控制流量转发路径示例

的匹配是采用流量分类方式，而流量分类所依据的参数非常多，不仅可以采用 ACL 对流量中的相关信息进行过滤，还可以针对 ACL 中不能包括的其他报文信息进行过滤，例如 VLAN ID、IP 优先级、DSCP 优先级等。策略路由对流量的匹配主要通过 ACL、VLAN ID、报文长度等参数进行。

5.2　访问控制列表

访问控制列表（Access Control List，ACL）是一种常用的匹配工具，可应用于路由信息或流量匹配。ACL 是一组报文或路由信息过滤规则的集合，以允许或阻止符合特定条件的报文或路由信息通过。

5.2.1　ACL 的组成

ACL 是由若干条 **permit** 或 **deny** 规则的语句组成的。ACL 的基本结构如图 5-4 所示，每条语句是该 ACL 的一条规则，其中的 **permit** 或 **deny** 是规则的处理动作。

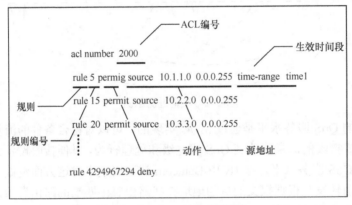

图 5-4　ACL 的基本结构

① ACL 编号：用于标识 ACL。

根据 ACL 不同的规则功能，华为设备中的 ACL 被划分为基本 ACL、高级 ACL、二层 ACL、用户自定义 ACL 和用户 ACL 5 种类型，每类 ACL 编号的取值范围不同。

除了可以通过 ACL 编号标识 ACL，设备还支持通过名称来标识 ACL，就像用域名代替 IP 地址一样，更加方便记忆。这种 ACL 称为命名型 ACL。

命名型 ACL 实际上是"名字+数字"的形式，可以在定义命名型 ACL 的同时指定 ACL 编号。如果不指定编号，则由系统自动分配。一个既有名字"deny-telnet-login"又有编号"3998"的命名型 ACL 如下。

```
#
acl name deny-telnet-login 3998
    rule 0 deny tcp source 10.152.0.0 0.0.63.255 destination 10.64.0.97 0 destination-port eq telnet
    rule 5 deny tcp source 10.242.128.0 0.0.127.255 destination 10.64.0.97 0 destination-port eq telnet
#
```

② 规则：描述报文匹配条件的判断语句，其中包括规则编号、动作和匹配项。

- 规则编号：用于标识一条 ACL 规则。

每条规则都有一个相应的编号，称为"规则编号"，取值范围是 0～4294967294，用来标识对应的 ACL 规则。规则编号可以自行配置，也可以由系统自动分配。

- 动作：包括 **permit/deny** 两种动作，表示允许/拒绝。但 ACL 一般是结合其他技术使用，在不同的应用场景中，**permit/deny** 的处理动作含义可能不同。
- 匹配项：ACL 定义了极其丰富的匹配参数。除了图 5-4 中的源地址和生效时间段，ACL 还支持很多其他匹配参数，例如，二层以太网帧头信息（例如，源 MAC 地址、目的 MAC 地址、以太帧协议类型）、三层数据包报头信息（例如，目的 IP 地址、三层协议类型），以及四层报文信息（例如 TCP/UDP 端口号）等。

5.2.2　ACL 的分类

按规则定义方式，ACL 的分类见表 5-1。对于使用 ACL 进行路由过滤的应用，只能使用基本 ACL，其中的 **source** *ip-address*（源 IP 地址）参数匹配的是路由中的目的 IP 地址。但 ACL 只能匹配路由中的前缀，无法匹配路由中的掩码，因此，很难做到精确匹配，不如本章节后面将要介绍的 IP 前缀列表。

表 5-1　ACL 的分类

ACL 类型	编号范围	规则过滤条件
基本 ACL	2000～2999	可以使用 IP 报文的源 IP 地址、分片标记和时间段信息来定义规则
高级 ACL	3000～3999	既可以使用 IP 报文的源 IP 地址，也可以使用目的 IP 地址、IP 优先级、ToS、DSCP、IP 承载的协议类型、ICMP 类型、TCP 源端口/目的端口、UDP 源端口/目的端口号等来定义规则
二层 ACL	4000～4999	可以根据 IP 报文的以太网帧头信息来定义规则，例如，根据源 MAC 地址、目的 MAC 地址、以太帧协议类型等，过滤规则较简单
用户自定义 ACL	5000～5999	使用报头、偏移位置、字符串掩码和用户自定义字符串来定义规则，即以报文头为基准，指定从报文的第几个字节开始与字符串掩码进行"与"操作，并将提取出的字符串与用户自定义的字符串进行比较，从而过滤出相匹配的报文
用户 ACL	6000～9999	既可以使用 IP 报文中的源 IP 地址或源用户控制列表（User Control List，UCL）组，也可以使用目的 IP 地址或目的 UCL 组、IP 协议类型、ICMP 类型、TCP 源端口/目的端口、UDP 源端口/目的端口号等来定义规则

5.2.3　ACL 的匹配机制

ACL 的匹配机制是在设备收到报文后，会将该报文与所引用的 ACL 中的规则逐条进行匹配，如果不能匹配当前规则，则继续尝试去匹配下一条规则；如果匹配了当前规则，则设备对该报文执行该条规则中的动作，并且不再继续尝试与后续规则进行匹配。ACL 的匹配流程如图 5-5 所示，具体说明如下。

① 首先系统会检查本地设备上是否配置了策略中引用的 ACL，如果引用的 ACL 在本地设备上不存在，则匹配结果是"不匹配"。

② 如果引用的 ACL 存在，则继续查找 ACL 是否配置了规则：如果 ACL 中没有规则，则返回的结果也为"不匹配"；如果有规则，则从 ACL 中编号最小的规则开始查找。

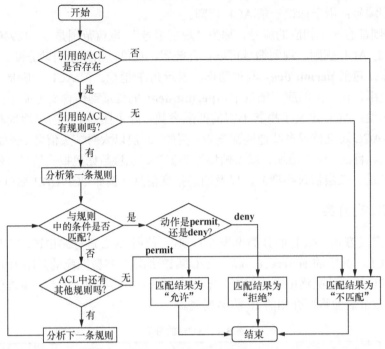

图 5-5　ACL 的匹配流程

- 如果匹配上 **permit** 规则，则停止继续查找规则，并返回匹配结果"匹配"（允许）。
- 如果匹配上 **deny** 规则，也要停止继续查找规则，并返回匹配结果"匹配"（拒绝）。
- 如果报文没有匹配上所引用的 ACL 中的任何规则，则返回匹配结果"不匹配"。

从以上可以看出，无论匹配动作是 **permit**，还是 **deny**，都称为"匹配"，而不只是匹配上了 **permit** 规则才算"匹配"。"不匹配"的情形包括所引用的 ACL 不存在，或者引用的 ACL 中无规则，或者虽然在 ACL 中有规则，但报文遍历了所有规则都没找到符合匹配条件的规则。

无论报文匹配 ACL 的结果是"不匹配""允许"还是"拒绝"，该报文最终是被允许通过还是拒绝通过，实际上是由应用 ACL 的各个业务模块来决定的。不同的业务模块，对匹配和不匹配规则报文的处理方式也各不相同。例如，在 Telnet 模块中应用 ACL，只要报文匹配了 **permit** 规则，就允许通过；而在流策略中应用 ACL，如果报文匹配了 **permit** 规则，但流行为动作配置的是 **deny**，该报文仍会被拒绝通过。

如果 ACL 中存在规则，但报文未与其中任一规则匹配上时，将应用 ACL 的默认动作（即 ACL 最后一条隐含规则的动作）。但在各类业务模块中应用 ACL 时，ACL 的默认动作也各有不同。例如，流策略中（用于报文过滤）的 ACL 默认动作是 **permit**，如果 ACL 中存在规则但报文未匹配上，该报文仍可以正常通过。而在 Telnet 和路由信息过滤（例如，路由策略和 Filter-Policy 过滤器）中的 ACL 默认动作是 **deny**，如果 ACL 中存在规则但报文未匹配上，该报文会被拒绝通过。

5.2.4　ACL 规则的匹配顺序

一个 ACL 可以由多条"**deny | permit**"语句组成，每一条语句描述一条规则。由于

每条规则中的报文匹配项不同（同一 ACL 中的各条规则间不能完全相同），从而使这些规则之间可能存在交叉甚至矛盾的地方，因此，在将一个报文与 ACL 的各条规则进行匹配时，就需要有明确的匹配顺序来确定规则执行的优先级。

ACL 规则匹配顺序有配置顺序和自动排序两种。当一个数据包与访问控制列表的规则进行匹配的时候，由规则的匹配顺序设置决定规则的优先级。ACL 通过设置规则的优先级来处理规则之间重复或矛盾的情形。

① 配置顺序（**config** 模式）：按照用户配置规则编号的大小、顺序进行匹配。我们可以利用这一特点在原来规则前、后或者中间插入新的规则，以修改原来的规则匹配结果。因此，后插入的规则如果编号较小也有可以先被匹配。缺省采用配置顺序进行匹配

② 自动排序（**auto** 模式）：按照深度优先原则由深到浅进行匹配。深度优先即根据规则的精确度排序，匹配条件（例如，协议类型、源和目的 IP 地址范围等）限制越严格越精确，优先级越高。

在自动排序的 ACL 中配置规则时，不允许自行指定规则编号。系统能自动识别出该规则在这条 ACL 中对应的优先级，并为其分配一个适当大小的规则编号（优先级越高的规则的编号越小）。不同类型 ACL 的深度优先排序规则比较复杂，在此不做讨论。

无论是哪种匹配顺序，最终都按照规则编号由小到大的顺序进行匹配，当报文与各条规则进行匹配时，一旦匹配上某条规则，都不会再继续匹配下去，系统将依据该规则对该报文执行相应的操作。因此，每个报文实际匹配的规则只有一条。

5.2.5　基本 ACL 的配置与管理

基本 ACL 的配置步骤见表 5-2。配置完 ACL 后，必须在具体的业务模块中应用 ACL，才能使 ACL 正常下发和生效。

表 5-2　基本 ACL 的配置步骤

步骤	命令	说明
1	**system-view**	进入系统视图
2	**acl** [**number**]*acl-number* [**match-order** { **auto** | **config** }] 例如，[Huawei] **acl number** 2100	（二选一）创建数字型的基本 ACL，并进入基本 ACL 视图。 • **number**：可选项，指定创建数字型 ACL，缺省也是数字型的，所以也可以不选择此可选项。 • *acl-number*：用来指定基本 ACL 的编号，取值范围是 2000～2999。 • **match-order** { **auto** | **config** }：可选项，用来指定规则的匹配顺序。**auto** 表示按照自动排序（即按深度优先原则）的顺序进行规则匹配，**config** 表示按照配置顺序进行规则匹配。 缺省情况下，不存在任何 ACL，可用 **undo acl** { [**number**] *acl-number* | **all** }命令删除指定的，或者所有基本 ACL。删除 ACL 时，如果删除的 ACL 被其他业务引用，可能造成该业务中断，所以在删除 ACL 时请先确认是否有业务正在引用该 ACL
	acl name *acl-name* { **basic** | *acl-number* } [**match-order** { **auto** | **config** }] 例如，[Huawei] **acl name** test1 2001	（二选一）创建命名型的基本 ACL，并进入基本 ACL 视图。 • *acl-name*：指定创建的 ACL 的名称，为 1～32 个字符，区分大小写，且需要以英文字母 a～z 或 A～Z 开始。 • **basic**：二选一选项，指定 ACL 的类型为基本 ACL。 • *acl-number*：二选一选项，指定基本 ACL 的编号，取值范围是 2000～2999

步骤	命令	说明
2	**acl name** *acl-name* { **basic** | *acl-number* } [**match-order** { **auto** | **config** }] 例如，[Huawei] **acl name** test1 2001	• **match-order** { **auto** | **config** }：可选项，用来指定规则的匹配顺序。具体说明同上一步。 缺省情况下，系统中没有创建命名型 ACL，可用 **undo acl name** *acl-name* 来删除指定的命名型 ACL
3	**description** *text* 例如，[Huawei-acl-basic-2100] **description** This acl is used in Qos policy	（可选）定义 ACL 的描述信息，主要目的是便于理解，例如可以用来描述该 ACL 规则列表的具体用途。参数 *text* 表示 ACL 的描述信息，为 1～127 个字符的字符串，区分大小写。 缺省情况下，ACL 没有描述信息，可用 **undo description** 命令删除 ACL 的描述信息
4	**step** *step* 例如，[Huawei-acl-basic-2100] **step** 8	（可选）为一个 ACL 规则组中的规则编号配置步长，取值范围是 1～20 的整数。 缺省情况下，步长值为 5，可用 **undo step** 命令用来恢复为缺省值
5	**rule** [*rule-id*] { **deny** | **permit** } [**source** { *source-address source-wildcard* | **any** } | **fragment** | **logging**] * 例如，[Huawei-acl-basic-2100] **rule permit source** 192.168.32.1 0	配置基本 ACL 的规则。各过滤参数都是可选的，所有过滤参数都不选时，直接按规则动作允许或拒绝所有报文通过。 • *rule-id*：可选参数，用来指定基本 ACL 规则的编号，取值范围是 0～4294967294 的整数。如果指定规则号的规则已经存在，则在原规则基础上添加新定义的规则参数，相当于编辑一个已经存在的规则；如果指定的规则号的规则不存在，则使用指定的规则号创建一个新规则，并且按照规则号的大小决定规则插入的位置。如果不指定本参数，则增加一个新规则时设备自动会为这个规则分配一个规则号，规则号按照大小排序。系统自动分配规则号时会留有一定的空间，相邻规则号的范围由上一步的 **step** *step* 命令指定。 • **deny**：二选一选项，设置拒绝型操作，表示拒绝符合条件的报文通过。 • **permit**：二选一选项，设置允许型操作，表示允许符合条件的报文通过。 • **source** { *source-address source-wildcard* | **any** }：可多选选项，指定规则的源地址信息。二选一参数 *source-address source-wildcard* 分别表示报文的源 IP 地址和通配符掩码。通配符掩码是用来确定源 IP 地址中对应位是否要匹配的，值为 "0" 的位表示要匹配（即报文中的源 IP 地址与规则中指定的源 IP 地址对应位必须一致），值为 "1" 的位表示不需要匹配。通配符掩码全为 0 时，表示源 IP 地址为主机地址，表示报文中的源 IP 地址中的每一位都必须与规则中指定的源 IP 地址一致。二选一选项 **any** 表示任意源 IP 地址，相当于 *source-address* 为 0.0.0.0（代表任意 IP 地址）或者 *source-wildcard* 为 255.255.255.255（每一位均不需要匹配）。 • **fragment**：可多选选项，表示该规则仅对非首片分片报文有效，而对非分片报文和首片分片报文无效。如果没有指定本参数，则表示该规则对非分片报文和分片报文均有效。 • **logging**：可多选选项，指定将该规则匹配的报文的 IP 信息进行日志记录。 缺省情况下，未配置任何规则，可用 **undo rule** { **deny** | **permit** } [**source** { *source-address source-wildcard* | **any** } | **fragment** | **logging**] *命令在对应 ACL 视图下删除指定的一条规则或一条规则中的部分内容

　　ACL 在进行路由匹配时只以路由的目的 IP 地址作为匹配条件，所以它的匹配是比较粗略的，但也正因为它的粗略匹配特性，可以使一条 ACL 规则匹配多条路由，下面是一些基本 ACL 在路由匹配方面的应用示例。

　　例如，一台路由器上现有 1.1.1.0/24、1.1.2.0/24、1.1.3.0/24 3 条路由，如果 ACL 中仅配置了一条 **rule permit source** 1.1.0.0 0.0.255.255 的规则，对这 3 条路由匹配的结果是这 3 条路由都匹配上了。因为本规则中的通配符掩码高两个字节均为 0，表示前面 16 位必须与规则中指定的源 IP 地址中的高 16 位完全相同，即高 16 位必须是 1.1，而这 3 条路由中的高 16 均为 1.1，所以均匹配。

　　如果把规则改为 **rule permit source** 1.1.1.0 0.0.0.255，则仅匹配 1.1.1.0/24 网段路由。因为本规则中的通配符掩码高 3 个字节均为 0，表示前面 24 位必须与规则中指定的源 IP 地址中的高 24 位完全相同，即高 24 位必须是 1.1.1，而这 3 条路由中只有 1.1.1.0/24 的高 24 为 1.1.1，所以只匹配了这一条路由。

　　如果把规则改为 **rule permit source** 1.1.1.0 0.0.254.255，则会同时匹配 1.1.1.0/24 和 1.1.3.0/24 这两条路由。因为这条规则中的通配符掩码高两个字节均为 0，表示前面 16 位必须与规则中指定的源 IP 地址中的高 16 位完全相同，即高 16 位必须是 1.1。同时，通配符掩码中的高第三个字节不是全 1，而是 254（对应的二进制为 11111110），表示路由中的目的地址高第三个字节高 7 位任意，但最低位必须与规则中源 IP 地址中高第三个字节（为 1，对应的二进制 00000001）的最低位相同，必须为 1。目的地址 1.1.2.0 中的高第三个字节为 00000010，最低位不为 1（为 0），所以与规则中的通配符掩码不匹配，但 1.1.1.0 和 1.1.3.0 中的高第三个字节的最低位均为 1，所以匹配。

　　如果把规则改为 **rule permit source** 1.1.2.0 0.0.253.255，则匹配 1.1.2.0/24 和 1.1.3.0/24 这两条路由。通配符掩码中的高两个字节的比较同上，不再赘述，高第三个字节为 253（对应的二进制为 11111101），表示路由中目的地址高第三个字节中高 6 位和最低位任意，低第二位必须规则中源 IP 地址中高第三个字节的低第二位相同。规则中源 IP 地址的第三个字节为 2，对应二进制为 00000010，低第二位为 1，1.1.2.0/24 和 1.1.3.0/24 这两条路由的高第三个字节的低第二位均为 1，所以均匹配，但 1.1.1.0/24 路由中高第三个字节的低第二位为 0，所以不匹配。

　　如果把规则改为 **rule permit source** 0.0.0.0 255.255.255.255 或 **rule permit source any**，则表示任意路由都与规则匹配。

5.3　IP 前缀列表

　　IP 前缀列表（IP-Prefix List）也是一种应用非常广泛的匹配工具，包括用于路由信息和 IP 报文过滤。但与 ACL 不同的是，ACL 在进行路由信息过滤时仅以路由前缀作为匹配条件，而不能匹配路由的网络掩码，但 IP 前缀列表可以同时以路由前缀和网络掩码作为匹配条件，增强了匹配的精确度。另外，IP 前缀列表既可以单独使用，也可以在各种策略中被调用，而 ACL 不能单独使用，但 ACL 的应用更广。

5.3.1　IP 前缀列表的匹配机制

一个 IP 前缀列表中可以创建多个索引表项，每个索引对应一条过滤规则。待过滤路由按照索引号从小到大的顺序进行匹配，当匹配上某一索引表项时，如果该索引表项是 **permit**，则这条路由被允许通过；如果该索引表项是 **deny**，则这条路由被拒绝通过；当遍历了地址前缀列表中的所有索引表项，都没有匹配上，那么这条路由就被拒绝通过。

IP 前缀列表的匹配机制与 ACL 的匹配机制既有类似之处，又有不同之处，可以总结为顺序匹配、唯一匹配、默认拒绝。IP 前缀列表的匹配机制如图 5-6 所示。

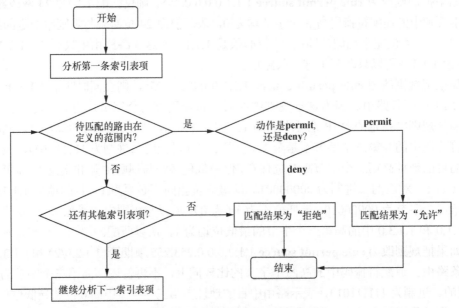

图 5-6　IP 前缀列表的匹配机制

① 顺序匹配：按列表中的索引号从小到大的顺序进行匹配。同一个 IP 地址前缀列表中可以包括多条索引表项，每个索引表项都对应一个不同的索引号（类似于 ACL 中的规则号）。

② 唯一匹配：待过滤路由只要与其中一个索引表项匹配，就不会再去尝试匹配其他索引表项。这与 ACL 中只要匹配一条规则即不再尝试与其他规则进行匹配的原则是一样的。

③ 默认拒绝：默认所有未与任何一个索引表项匹配的路由都视为未通过 IP 地址前缀列表的过滤，即相当于在列表最后隐含了一条"拒绝所有"的表项（ACL 在路由信息过滤中的默认动作也是拒绝所有）。因此，在一个 IP 地址前缀列表中仅创建了一个或多个 **deny** 模式的索引表项后，需要创建一个 **permit** 索引表项来允许所有其他路由通过，否则所有路由均被拒绝。

5.3.2　IP 前缀列表与 ACL 的区别

IP 前缀列表和 ACL 都可以对路由信息进行过滤，但 ACL 在匹配路由信息时只能匹配路由中的目的网络地址，无法匹配掩码，因为 ACL 后跟的是通配符掩码，而不是网络掩码；而 IP 前缀列表可以匹配路由的网络地址及网络掩码（或地址前缀），或网络掩码的长度范围，增强了路由匹配的精确度。

利用地址前缀地址列表过滤路由的示例如图 5-7 所示，RouterB 上有两条静态路由，如果只想将 192.168.0.0/16 这一条路由引入 OSPF 中，该怎么配置呢？

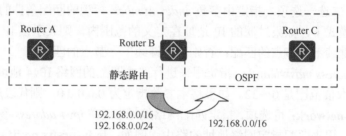

图 5-7　利用地址前缀地址列表过滤路由的示例

如果用 **rule permit source** 192.168.0.0 0.0.255.255 这条 ACL 规则作为引入 OSPF 进程的路由过滤会发现有两条 192.168.0.0 网段的路由，说明两条路由都被引入了。这是由于 ACL 规则中的 0.0.255.255 是通配符掩码，而不是掩码长度。

通配符掩码换算成二进制后，"0"表示必须要与网络地址匹配的位，"1"表示不需要与网络地址匹配的位。192.168.0.0 0.0.255.255 则表示匹配的网络地址为 192.168.0.0～192.168.255.255，而 192.168.0.0/16 和 192.168.0.0/24 都能成功匹配，因为通配符掩码 0.0.255.255 表示路由目的地址只须匹配命令中网络地址的最高两个字节 192.168 就可以，所以这两条路由匹配了 OSPF 路由引入的路由策略，都被引入了。在此这种场景中，ACL 无法实现只匹配 192.168.0.0/16 或者只匹配 192.168.0.0/24。

用 IP 前缀列表就可以轻松对引入的路由进行精确过滤，如果前面仅需要引入 192.168.0.0/16 这条路由（不引入 192.168.0.0/24 路由），则只需要配置：**ip ip-prefix huawei index** 10 **permit** 192.168.0.0 16 表项即可。因为在地址前缀列表中明确了路由目的网络的掩码长度为 16，所以最终只会允许 16 位掩码的 192.168.0.0/16 路由通过，而过滤掉 192.168.0.0/24 这条路由。

当然，IP 前缀列表与 ACL 还有其他区别，例如，IP 前缀列表仅可根据报文 IP 地址进行过滤，ACL 还可以根据 MAC 地址进行过滤（即可以过滤二层数据帧），甚至用户报文内容（即根据应用层内容进行过滤）。

5.3.3　创建 IP 前缀列表

创建 IP 前缀列表的方法是在系统视图下使用 **ip ip-prefix** *ip-prefix-name* [**index** *index-number*] { **permit** | **deny** } *ipv4-address mask-length* [**match-network**] [**greater- equal** *greater-equal-value*] [**less-equal** *less-equal-value*]命令。

① *ip-prefix-name*：指定 IP 前缀列表名称，唯一标识一个 IP 前缀列表，为 1～169 个字符，**区分大小写**，不支持空格。

② *index-number*：可选参数，标识 IP 前缀列表中的一条匹配条件的索引号，取值范围是 1～4294967295 的整数。缺省情况下，该序号值按照配置先后顺序依次递增，每次

加 10，第一个序号值为 10，值越小越优先被匹配。同一名称的 IP 地址前缀列表最多可以支持配置 65535 个索引号。

③ **permit**：二选一选项，指定由参数 *index-number* 标识的匹配条件的匹配模式为允许模式。在该模式下，如果过滤的 IP 地址在定义的范围内，则表示该 IP 地址是允许通过，进行相应设置的；否则，必须继续下一节点的匹配。

④ **deny**：二选一选项，指定由参数 *index-number* 标识的匹配条件的匹配模式为拒绝模式。在该模式下，如果过滤的 IP 地址在定义的范围内，则表示该 IP 地址是被拒绝通过的，不能继续下一节点的匹配；否则，将继续下一节点的匹配。

⑤ *ipv4-address mask-length*：指定用来进行路由匹配的网络 IPv4 地址和掩码长度，*mask-length* 的取值范围是 0～32。如果将本参数指定为 0.0.0.0 0，则代表所有路由。

⑥ **match-network**：可选项，指定匹配网络地址，仅在 *ipv4-address* 参数值为 0.0.0.0 时才可以配置，用来匹配指定网络地址的路由。例如，**ip ip-prefix** prefix1 **permit** 0.0.0.0 8 可以匹配掩码长度为 8 的所有路由；而 **ip ip-prefix** prefix1 **permit** 0.0.0.0 8 **match-network** 可以匹配目的 IP 地址在 0.0.0.1～0.255.255.255 的所有路由。

⑦ **greater-equal** *greater-equal-value*：可选参数，指定掩码（或前缀）长度可以匹配范围的下限（即最小长度），取值限制为 *mask-length*≤*greater-equal-value*≤*less-equal-value*≤32。如果只配置本数，则掩码长度范围在 *greater-equal-value* 和 32 之间，相当于 *less-equal-value* 等于 32；如果同时不配置本参数和 **less-equal** *less-equal-value* 参数，则使用 *mask-length* 参数作为掩码长度。

⑧ **less-equal** *less-equal-value*：可选参数，指定掩码（或前缀）长度匹配范围的上限（即最大长度），取值限制为 *mask-length*≤*greater-equal-value*≤*less-equal-value*≤32。如果只配置本参数，则掩码长度范围在 *mask-length* 和 *less-equal-value* 之间，相当于 *greater-equal-value* 等于 *mask-length*。如果同时不配置本参数和 **greater-equal** *greater-equal-value* 参数，则使用 *mask-length* 作为掩码长度。

【经验之谈】在配置 IPv4 地址前缀时，要注意以下 7 个方面。

① 如果指定 *ipv4-address mask-length* 为 0.0.0.0 0，则只匹配缺省路由。

② 如果指定的 IPv4 地址前缀范围为 0.0.0.0 0 **less-equal** 32，则匹配所有路由。

③ 如果不配置 **greater-equal** 和 **less-equal**，则进行精确匹配，即只匹配掩码长度为 *mask-length* 的路由。

④ 如果只配置 **greater-equal**，则匹配的掩码长度范围为[*greater-equal-value*，32]。

⑤ 如果只配置 **less-equal**，则匹配的掩码长度范围为[*mask-length*，*less-equal-value*]。

⑥ 如果同时配置 **greater-equal** 和 **less-equal**，则匹配的掩码长度范围为[*greater-equal-value*，*less-equal-value*]。

⑦ 因为 IP 前缀列表采用默认拒绝的匹配原则，如果其中所有条件都是 **deny** 模式，则任何路由都不能通过该过滤列表。这种情况下，建议在多条 **deny** 模式的条件后定义一条 **permit** 0.0.0.0 0 **less-equal** 32，允许其他所有 IPv4 通过。

配置完成后，可执行 **display ip ip-prefix** [*ip-prefix-name*]任意视图命令查看 IP 前缀列表的详细配置信息。也可通过 **reset ip ip-prefix** [*ip-prefix-name*]用户视图命令清除 IP 前缀列表统计数据。

5.3.4　IP 前缀列表的应用情形

IP 前缀列表的配置看起来比较简单，只有一条命令，但因为一个列表中可以包括多个索引表项，配置多条匹配规则，还可以指定用于匹配的掩码或前缀长度范围，所以最终的匹配结果往往比较复杂。如果同一个 IP 前缀列表包含了多个索引表项，即有多个匹配条件，则多个条件之间是逻辑"或"的关系，即只要匹配了对应 IP 前缀列表中的一个条件便认为符合该 IP 前缀列表的过滤条件。

现假设有以下 5 条 IPv4 路由：1.1.1.1/24、1.1.1.1/32、1.1.1.1/26、2.2.2.2/24 和 1.1.1.2/16，下面看看使用不同的 IP 前缀列表配置情形后，这 5 条 IPv4 路由的最终过滤效果。IPv4地址前缀列表匹配示例见表 5-3。

表 5-3　IPv4 地址前缀列表匹配示例

序号	命令	匹配结果	匹配结果说明
Case1	**ip ip-prefix aa index 10 permit 1.1.1.1 24**	路由 1.1.1.1/24 permit，其他 **deny**	这属于单节点的精确匹配情形，只有目的地址、掩码与表项中的完全相同的路由才会匹配成功。本示例中节点的匹配模式为 **permit**，所以 5 条路由中只有 1.1.1.1/24 路由被 **permit**，属于匹配成功且被 **permit**。另据默认拒绝原则，其他路由由于未匹配成功被 **deny**
Case2	**ip ip-prefix aa index 10 deny 1.1.1.1 24**	路由全部被 **deny**	这也属于单节点的精确匹配情形，但表项中节点的匹配模式为 **deny**，所以 1.1.1.1/24 路由被 **deny**，属于匹配成功但被 **deny**。另据默认拒绝原则，其他路由则属于未匹配成功被默认 **deny**
Case3	**ip ip-prefix aa index 10 permit 1.1.1.1 24 less-equal 32**	路由 1.1.1.1/24、1.1.1.1/32、1.1.1.1/26 被 **permit**，其他路由被 **deny**	这依然属于单节点的精确匹配情形，表项中节点的匹配模式为 **permit**，但同时定义了 **less-equal** 等于 32，也就是说前缀为 1.1.1.0，掩码在 24~32 的路由（包括 1.1.1.1/24、1.1.1.1/26 和 1.1.1.1/32 这 3 条路由）都会被 **permit**。另据默认拒绝原则，其他路由则属于未匹配成功被默认 **deny**
Case4	**ip ip-prefix aa index 10 permit 1.1.1.0 24 greater-equal 24 less-equal 32**	路由 1.1.1.1/24、1.1.1.1/32、1.1.1.1/26 被 **permit**，其他路由被 **deny**	这依然属于单节点的精确匹配情形，表项中节点的匹配模式为 **permit**，但同时配置了 greater-equal 等于 24，less-equal 等于 32，也就是说前缀为 1.1.1.0，掩码在 24~32 的路由都会被 **permit**，等效于 Case3。另据默认拒绝原则，其他路由则属于未匹配成功被默认 **deny**
Case5	**ip ip-prefix aa index 10 permit 1.1.1.1 24 greater-equal 26**	路由 1.1.1.1/32、1.1.1.1/26 被 **permit**，其他路由被 **deny**	这依然属于单节点的精确匹配情形，表项中节点的匹配模式为 **permit**，但同时配置了 greater-equal 等于 26，也就是说前缀为 1.1.1.0，掩码在 26~32 的路由（包括 1.1.1.1/26 和 1.1.1.1/32 这两条路由）都会被 **permit**。另据默认拒绝原则，其他路由则属于未匹配成功被默认 **deny**
Case6	**ip ip-prefix aa index 10 permit 1.1.1.1 24 greater-equal 26 less-equal 32**	路由 1.1.1.1/32、1.1.1.1/26 被 **permit**，其他路由被 **deny**	这依然属于单节点的精确匹配情形，表项中节点的匹配模式为 **permit**，但同时配置了 greater-equal 等于 26，less-equal 等于 32，也就是说前缀为 1.1.1.0，掩码在 26~32 的路由都会被 **permit**，等效于 Case5。另据默认拒绝原则，其他路由则属于未匹配成功被默认 **deny**

序号	命令	匹配结果	匹配结果说明
Case7	**ip ip-prefix aa index 10 deny** 1.1.1.1 24 **ip ip-prefix aa index 20 permit** 1.1.1.1 32	路由 1.1.1.1/32 被 **permit**，其他路由被 **deny**	这属于多节点的精确匹配情形。表项中有两个节点，路由 1.1.1.1/24 在匹配 index 10 时满足匹配条件，节点匹配模式是 **deny**，根据唯一匹配原则，属于匹配成功但被 **deny**；路由 1.1.1.1/32 在匹配 index 10 时不满足匹配条件，然后根据顺序匹配原则继续匹配 index 20，此时匹配成功，且 index 20 的匹配模式是 **permit**，属于匹配成功并被 **permit**。另据默认拒绝原则，其他路由则属于未匹配成功被默认 **deny**
Case8	**ip ip-prefix aa index 10 permit** 0.0.0.0 8 **less-equal** 32	路由 1.1.1.1/24、1.1.1.1/32、1.1.1.1/26、2.2.2.2/24 和 1.1.1.2/16 被 **permit**	这属于单节点通配地址匹配情形。当前缀为 0.0.0.0 时，可以在其后指定掩码以及掩码范围。但无论掩码指定为多少，都表示掩码长度范围内的所有路由全部被 **permit** 或 **deny**。本示例中，相当于 greater-equal 等于 8，less-equal 等于 32，又由于地址前缀为 0.0.0.0（为通配地址），节点的模式是 **permit**，所以所有掩码长度在 8~32 的路由（5 条路由均在此范围内）都被 **permit**
Case9	**ip ip-prefix aa index 10 deny** 0.0.0.0 24 **less-equal** 32 **ip ip-prefix aa index 20 permit** 0.0.0.0 0 **less-equal** 32	路由 1.1.1.2/16 被 **permit**，其他路由被 **deny**	这属于多节点通配地址匹配情形。对于 index 10，相当于 greater-equal 等于 24，less-equal 等于 32，由于 0.0.0.0 为通配地址，又由于节点的匹配模式是 deny，所有掩码长度在 24~32 的路由（包括 1.1.1.1/24、1.1.1.1/26、1.1.1.1/32 和 2.2.2.2/24 这四条路由）全部被 **deny**。1.1.1.2/16 由于不匹配 index 10，继续进行 index 20 的匹配。对于 index 20，greater-equal 等于 0，less-equal 等于 32，由于 0.0.0.0 为通配地址，又由于节点的匹配模式是 **permit**，所以 1.1.1.2/16 属于可以匹配上被 **permit**
Case10	**ip ip-prefix aa index 10 deny** 2.2.2.2 24 **ip ip-prefix aa index 20 permit** 0.0.0.0 0 **less-equal** 32	除路由 2.2.2.2/24 外的其他路由被 **permit**	这属于式节点混合匹配情形。对于 index 10，符合条件的路由 2.2.2.2/24 被 **deny**。其他路由不匹配 index 10，将进行 index 20 的匹配，由于都可以匹配上，所以被 **permit**

5.4　Filter-Policy

Filter-Policy 是一种很常用的路由过滤工具，可以对发布、接收和引入的路由进行过滤，广泛应用于 RIP、OSPF、IS-IS、BGP 等动态路由协议中。

5.4.1　Filter-Policy 在距离矢量路由协议中的应用

在距离矢量路由协议（例如 RIP、BGP），设备之间传递的是路由表中真正的路由信息，如果需要对本地设备向邻居设备发布的路由进行过滤，可使用 **filter-policy** { *acl-number* | **acl-name** *acl-name* | **ip-prefix** *ip-prefix-name* } **export** [*protocol* [*process-id*] | *interface-type interface-number*] 路由进程视图命令；如果需要对邻居设备发布，且本地接

收的路由进行过滤，可使用 **filter-policy** { *acl-number* | **acl-name** *acl-name* | **ip-prefix** *ip-prefix-name* [**gateway** *ip-prefix-name*] } **import** [*interface-type interface-number*]路由进程视图命令。

从以上两条命令可以看出，匹配工具可以是 ACL（均是基本 ACL）或 IP 前缀列表。

在 BGP 中，还可以使用 **peer** { *group-name* | *ipv4-address* } **filter-policy** { *acl-number* | **acl-name** *acl-name* } { **import** | **export** }BGP 视图命令向对等体（组）发布，或对从对等体（组）接收的路由使用 Filter-Policy 工具进行过滤。但此时只能使用基本 ACL 作为匹配工具。

Filter-Policy 在 BGP 中的应用示例如图 5-8 所示，各设备均同在 AS 100 中，同时运行 BGP。RouterA 上有 3 个网段的 BGP 路由，现要使 RouterB 仅从 RouterA 学习到其中的 192.168.1.0/24 网段 BGP 路由。

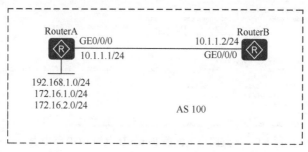

图 5-8　Filter-Policy 在 BGP 中的应用示例

在利用 Filter-Policy 工具配置路由过滤前先要完成 BGP 基本功能配置（假设 RouterA 上的 3 个网段对应 3 个 Loopback 接口的 IP 地址所在网段）。有关 BGP 路由的具体配置方法参见本书第 8 章。

① RouterA 上的配置如下。

```
<Huawei> system-view
[Huawei] sysname RouterA
[RouterA] interface gigabit0/0/0
[RouterA-Gigabit0/0/0] ip address 10.1.1.1 24
[RouterA-Gigabit0/0/0] quit
[RouterA] interface loopback0
[RouterA-Loopback0] ip address 192.168.1.1 24
[RouterA-Loopback0]quit
[RouterA] interface loopback1
[RouterA-Loopback1] ip address 172.16.1.1 24
[RouterA-Loopback1]quit
[RouterA] interface loopback2
[RouterA-Loopback2] ip address 172.16.2.1 24
[RouterA-Loopback2]quit
[RouterA]bgp 100
[RouterA-bgp] router-id 1.1.1.1    #---配置路由器 ID
[RouterA-bgp] peer 10.1.1.2 as-number 100   #---配置 IBGP 对等体
[RouterA-bgp]network 192.168.1.0 24
[RouterA-bgp]network 172.16.1.0 24
[RouterA-bgp]network 172.16.2.0 24
[RouterA-bgp]quit
```

② RouterB 上的配置如下。

```
<Huawei> system-view
[Huawei] sysname RouterB
[RouterB] interface gigabit0/0/0
[RouterB-Gigabit0/0/0] ip address 10.1.1.1 24
[RouterB-Gigabit0/0/0] quit
[RouterB]bgp 100
[RouterB-bgp] router-id 2.2.2.2
[RouterB-bgp] peer 10.1.1.1 as-number 100
[RouterB-bgp]quit
```

以上配置完成后，在 RouterB 上执行 **display bgp routing-table** 命令，会看到已经从 RouterA 学习到全部的 3 条 BGP 路由，配置路由过滤前 RouterB 上的 BGP 路由表如图 5-9 所示。

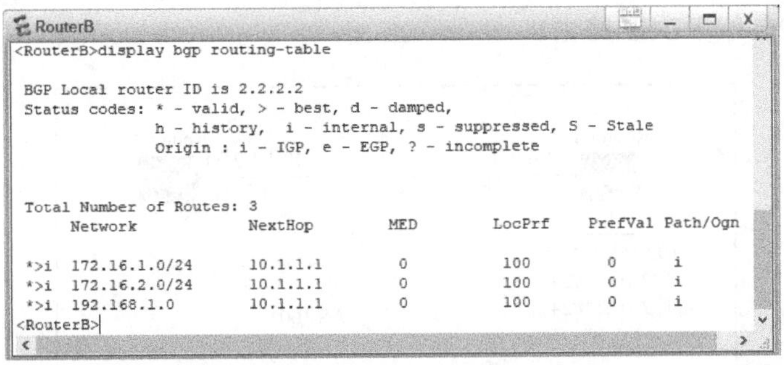

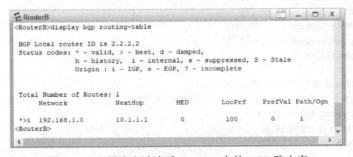

图 5-9　配置路由过滤前 RouterB 上的 BGP 路由表

要使 RouterB 仅从 RouterA 学习到 192.168.1.0/24 网段 BGP 路由，使用 Filter-Policy 工具有以下两种配置方法：一是在 RouterA 上配置仅向对等体 RouterB 发布 192.168.1.0/24 网段 BGP 路由；二是在 RouterB 上配置仅从对等体 RouterA 学习 192.168.1.0/24 网段 BGP 路由。下面是两种方案的具体配置方法。

方案一：在 RouterA 上配置向 RouterB 发布的路由进行过滤，具体配置如下。

```
[RouterA]acl 2000
[RouterA- acl-basic-2000] rule permit source 192.168.1.0 0.0.0.255
[RouterA-acl-basic-2000] quit
[RouterA]bgp 100
[RouterA-bgp]peer 10.1.1.2 filter-policy 2000 export
```

以上配置完成后，再在 RouterB 上执行 **display bgp routing-table** 命令，会看到从 RouterA 上仅学习到 192.168.1.0/24 这一条 BGP 路由，配置路由过滤后 RouterB 上的 BGP 路由表如图 5-10 所示。

图 5-10　配置路由过滤后 RouterB 上的 BGP 路由表

方案二：在 RouterB 上配置从 RouterA 接收的路由进行过滤。

先删除方案中 RouterA 上的 Filter-Policy 配置。方案二是在 RouterB 进行配置的，其中的 ACL 配置与方案一中 RouterA 上的配置完全一样。然后在 BGP 视图下执行 **peer** 10.1.1.1 **filter-policy** 2000 **import** 命令，可以得到与方案一相同的效果，即使 RouterB 的 BGP 路由表中仅有 192.168.1.0/24 这一条 BGP 路由。

5.4.2　Filter-Policy 在链路状态路由协议中的应用

在链路状态路由协议（例如，OSPF、IS-IS）中，设备之间传递的不是路由表中的路由表项，而是链路状态信息，例如，OSPF 中的链路状态通告（Link State Advertisement，LSA），IS-IS 中的链路状态协议数据单元（Link state Protocol Data Unit，LSP）。但 Filter-Policy 不能过滤 LSA 和 LSP，只能过滤路由，因此，此时的出/入方向路由过滤与距离矢量路由协议中的出/入方向路由过滤的含义是不一样的。

在链路状态路由协议中，出方向的路由过滤是使用 **filter-policy** { *acl-number* | **acl-name** *acl-name* | **ip-prefix** *ip-prefix-name* | **route-policy** *route-policy-name* } **export** [*protocol* [*process-id*]]路由进程视图命令，对向外发布从其他协议中引入的路由（不是本地协议路由）进行过滤。缺省情况下，设备将把引入的全部外部路由发布给邻居。

入方向的路由过滤是使用 **filter-policy** { *acl-number* | **acl-name** *acl-name* | **ip-prefix** *ip-prefix-name* | **route-policy** *route-policy-name* } **import** 路由进程视图命令，对从本地 LSDB 中生成的协议路由在下发到本地 IP 路由表中时进行过滤，但不影响对外发布。

从以上两个命令可以看出，匹配工具可以是 ACL、IP 前缀列表或路由策略。

Filter-Policy 在 OSPF 中的应用示例如图 5-11 所示，各设备上均运行 OSPF，RouterA 上有 3 个网段的 OSPF 路由，RouterB 上引入了两条静态路由，现要使 RouterB 仅从 RouterA 学习其中的 192.168.1.0/24 网段 OSPF 路由进入 IP 路由表，使 RouterA 仅从 RouterB 学习 192.168.2.0/24 网段的路由。

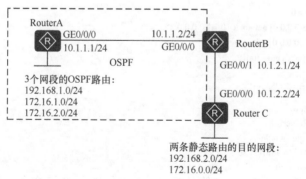

图 5-11　Filter-Policy 在 OSPF 中的应用示例

在利用 Filter-Policy 工具配置路由过滤前先要完成 OSPF 基本功能配置。假设 RouterA 上的 3 个网段对应 3 个 Loopback 接口，RouterB 的两条静态路由的下一跳均为 10.1.2.2。两设备的各接口均运行 OSPF 1 进程在区域 0 中。

① RouterA 上的配置如下。

```
[RouterA-Gigabit0/0/0] ip address 10.1.1.1 24
[RouterA-Gigabit0/0/0] quit
[RouterA] interface loopback0
[RouterA-Loopback0] ip address 192.168.1.1 24
[RouterA-Loopback0] ospf network broadcast   #---配置 Loopback 接口的网络类型为广播网络
[RouterA-Loopback0]quit
[RouterA] interface loopback1
[RouterA-Loopback1] ip address 172.16.1.1 24
[RouterA-Loopback1] ospf network broadcast
[RouterA-Loopback1]quit
[RouterA] interface loopback2
[RouterA-Loopback2] ip address 172.16.2.1 24
[RouterA-Loopback2] ospf network broadcast
[RouterA-Loopback2]quit
[RouterA] ospf
[RouterA-ospf-1] area 0
[RouterA-ospf-1-area-0.0.0.0] network 10.1.1.0 0.0.0.255
[RouterA-ospf-1-area-0.0.0.0] network 192.168.1.0 0.0.0.255
[RouterA-ospf-1-area-0.0.0.0] network 172.16.1.0 0.0.0.255
[RouterA-ospf-1-area-0.0.0.0] network 172.16.2.0 0.0.0.255
[RouterA-ospf-1-area-0.0.0.0]quit
```

② RouterB 上的配置如下。

```
<Huawei> system-view
[Huawei] sysname RouterB
[RouterB] interface gigabit0/0/0
[RouterB-Gigabit0/0/0] ip address 10.1.1.1 24
[RouterB-Gigabit0/0/0] quit
[RouterB] interface gigabit0/0/1
[RouterB-Gigabit0/0/1] ip address 10.1.2.1 24
[RouterB-Gigabit0/0/1] quit
[RouterB] ip route-static 192.168.2.0 24 10.1.2.2
[RouterB] ip route-static 172.168.0.0 24 10.1.2.2
[RouterB] ospf
[RouterB-ospf-1] area 0
[RouterB-ospf-1-area-0.0.0.0] network 10.1.1.0 0.0.0.255
[RouterA-ospf-1-area-0.0.0.0]quit
[RouterB-ospf-1] import-route static
[RouterB] quit
```

③ RouterC 上的配置如下。

```
<Huawei> system-view
[Huawei] sysname RouterC
[RouterC] interface gigabit0/0/0
[RouterC-Gigabit0/0/0] ip address 10.1.2.2 24
[RouterC-Gigabit0/0/0] quit
```

以上配置完成后，在 RouterA 上执行 **display ospf routing** 命令，会发现在 OSPF 路由表已有在 RouterB 引入的两条静态路由对应的 OSPF 外部路由，配置路由过滤前 RouterA 上的 OSPF 路由表如图 5-12 所示。在 RouterB 上执行 **display ip routing-table** 命令，会发现在 IP 路由表中有从 RouterA 学习到的全部 3 个网段的 OSPF 路由，配置路由过滤前 RouterB 上的 IP 路由表如图 5-13 所示。

```
RouterA
<RouterA>display ospf routing

         OSPF Process 1 with Router ID 10.1.1.1
                  Routing Tables

 Routing for Network
 Destination        Cost  Type       NextHop        AdvRouter      Area
 10.1.1.0/24        1     Transit    10.1.1.1       10.1.1.1       0.0.0.0
 172.16.1.1/32      0     Stub       172.16.1.1     10.1.1.1       0.0.0.0
 172.16.2.1/32      0     Stub       172.16.2.1     10.1.1.1       0.0.0.0
 192.168.1.1/32     0     Stub       192.168.1.1    10.1.1.1       0.0.0.0

 Routing for ASEs
 Destination        Cost       Type       Tag       NextHop        AdvRouter
 172.16.0.0/24      1          Type2      1         10.1.1.2       10.1.1.2
 192.168.2.0/24     1          Type2      1         10.1.1.2       10.1.1.2

 Total Nets: 6
 Intra Area: 4  Inter Area: 0  ASE: 2  NSSA: 0

<RouterA>
```

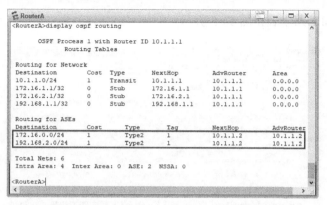

图 5-12　配置路由过滤前 RouterA 上的 OSPF 路由表

```
RouterB
<RouterB>display ip routing-table
Route Flags: R - relay, D - download to fib
------------------------------------------------------------------------------
Routing Tables: Public
         Destinations : 15       Routes : 15

Destination/Mask    Proto   Pre  Cost      Flags NextHop         Interface

        10.1.1.0/24  Direct  0    0           D   10.1.1.2        GigabitEthernet
0/0/0
        10.1.1.2/32  Direct  0    0           D   127.0.0.1       GigabitEthernet
0/0/0
      10.1.1.255/32  Direct  0    0           D   127.0.0.1       GigabitEthernet
0/0/0
        10.1.2.0/24  Direct  0    0           D   10.1.2.1        GigabitEthernet
0/0/1
        10.1.2.1/32  Direct  0    0           D   127.0.0.1       GigabitEthernet
0/0/1
      10.1.2.255/32  Direct  0    0           D   127.0.0.1       GigabitEthernet
0/0/1
        127.0.0.0/8  Direct  0    0           D   127.0.0.1       InLoopBack0
       127.0.0.1/32  Direct  0    0           D   127.0.0.1       InLoopBack0
127.255.255.255/32   Direct  0    0           D   127.0.0.1       InLoopBack0
      172.16.0.0/24  Static  60   0          RD   10.1.2.2        GigabitEthernet
0/0/1
      172.16.1.0/24  OSPF    10   1           D   10.1.1.1        GigabitEthernet
0/0/0
      172.16.2.0/24  OSPF    10   1           D   10.1.1.1        GigabitEthernet
0/0/0
     192.168.1.0/24  OSPF    10   1           D   10.1.1.1        GigabitEthernet
0/0/0
     192.168.2.0/24  Static  60   0          RD   10.1.2.2        GigabitEthernet
0/0/1
255.255.255.255/32   Direct  0    0           D   127.0.0.1       InLoopBack0

<RouterB>
```

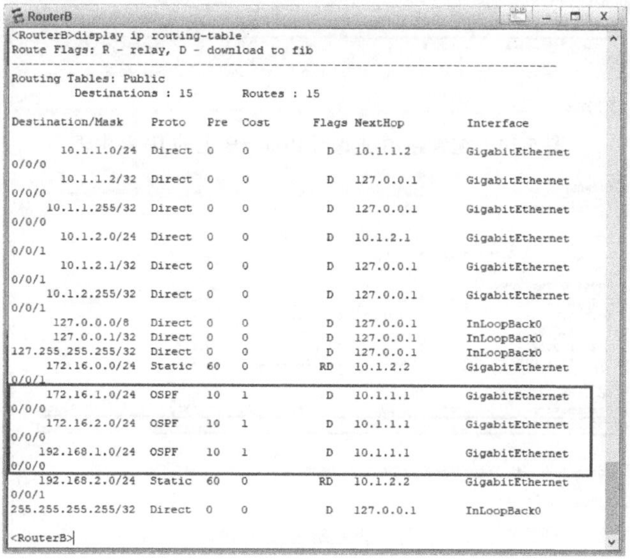

图 5-13　配置路由过滤前 RouterB 上的 IP 路由表

在 RouterB 上通过 Filter-Policy 工具配置仅把从 RouterA 学习到的 192.168.1.0/24 网段 OSPF 路由下发到 IP 路由表中。此处采用 IP 前缀列表作为匹配工具，具体配置如下。

```
[RouterB] ip ip-prefix 1 permit 192.168.1.0 24
[RouterB]ospf
[RouterB-ospf-1] filter-policy ip-prefix 1 import
```

以上配置好后，再在 RouterB 上执行 **display ip routing-table** 命令，会发现在 IP 路由表中从 RouterA 学习的 OSPF 路由只有 192.168.1.0/24 网段，配置路由过滤后 RouterB 上的 IP 路由表如图 5-14 所示。

在 RouterB 上配置仅向 RouterA 发布所引入的 192.168. 2.0/24 网段 OSPF 路由。此处也采用 IP 前缀列表作为匹配工具，具体配置如下。

```
[RouterB] ip ip-prefix 2 permit 192.168.2.0 24
[RouterB]ospf
[RouterB-ospf-1] filter-policy ip-prefix 2 export
```

以上配置好后，再在 RouterA 上执行 **display ospf routing** 命令，会发现在 OSPF 路由表中从 RouterB 学习的 OSPF 外部路由只有 192.168.2.0/24 网段，配置路由过滤后

RouterA 上的 OSPF 路由表如图 5-15 所示。

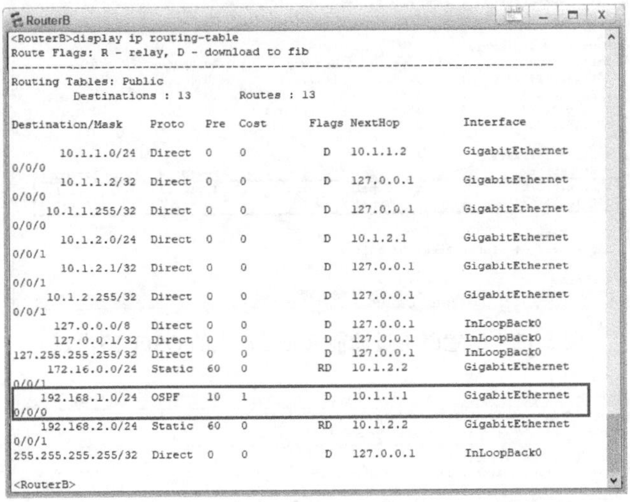

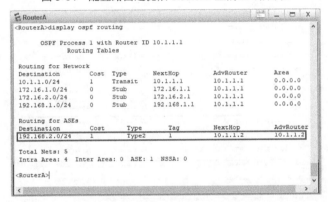

图 5-14　配置路由过滤后 RouterB 上的 IP 路由表

图 5-15　配置路由过滤后 RouterA 上的 OSPF 路由表

Filter-Policy 在 IS-IS 中的应用配置方法与在 OSPF 中的应用配置方法类似。

5.5　MQC

随着网络中 QoS 业务的不断丰富,在网络规划时若要实现对不同流量(例如,不同业务或不同用户)的差分服务,会使部署比较复杂。模块化 QoS 命令行(Modular QoS Command-Line,MQC)的出现,会使用户对网络中的流量进行精细化处理,用户可以更加便捷地针对自己的需求对网络中的流量提供不同的服务,从而完善了网络的服务能力。

MQC 可以通过将具有某类共同特征的报文划分为一类,并为同一类报文配置相同的服务,也可以对不同类的报文配置不同的服务。

5.5.1　MQC 简介

MQC 是一种模块化配置 QoS 服务的方式,包含三大主要步骤(即 3 个要素):流分类（Traffic Classifier）、流行为（Traffic Behavior）和流策略（Traffic Policy）。

1. 流分类

流分类（Traffic Classifier）可用来定义一组流量匹配规则，以对报文进行分类。不同类型流的分类规则见表 5-4。

表 5-4　不同类型流的分类规则

流层级	分类规则
二层	<ul><li>目的 MAC 地址</li><li>源 MAC 地址</li><li>VLAN 报文外层 Tag 的 ID 信息</li><li>VLAN 报文外层 Tag 的 802.1p 优先级</li><li>VLAN 报文内层 Tag 的 ID 信息</li><li>VLAN 报文内层 Tag 的 802.1p 优先级</li><li>基于二层封装的协议字段</li><li>ACL 4000～4999 匹配的字段</li></ul>
三层	<ul><li>IP 报文的 DSCP 优先级</li><li>IP 报文的 IP 优先级</li><li>IP 协议类型（IPv4 协议或 IPv6 协议）</li><li>TCP 报文的 TCP-Flag 标志</li><li>ACL 2000～3999 匹配的字段</li></ul>
其他	<ul><li>所有报文</li><li>入接口</li><li>出接口</li><li>ACL 5000～5999 匹配的字段（自定义 ACL）</li></ul>

流分类中各规则之间的关系分为 and（逻辑"与"）或 or（逻辑"或"），缺省情况下的关系为 or。

① and：当流分类中有 ACL 规则时，报文必须匹配其中一条 ACL 规则以及**所有非 ACL 规则**才属于该类；当流分类中没有 ACL 规则时，报文必须匹配所有非 ACL 规则才属于该类。

② or：当报文只要匹配了流分类中的**一个规则**，设备就认为报文属于该类。

2. 流行为

流行为（Traffic Behavior）用来定义要执行的动作，支持报文过滤、重标记报文优先级、重定向、流量统计等动作。流分类要与流行为进行绑定才有意义。

3. 流策略

流策略（Traffic Policy）用来将指定的流分类和流行为绑定，对分类后的报文执行对应流行为中定义的行为。一个流策略可以绑定多个流分类和流行为，流策略绑定多个流分类和流行为示例如图 5-16 所示。

流策略的应用要区分方向，入方向是针对流入本地设备，且符合流分类条件的流量应用流策略中绑定的流行为，出方向是针对从本地设备发出，且符合流分类条件的流量应用流策略中绑定的流行为。流策略可以应用到全局、接口（二层/三层物理接口、子接口或者 VLANIF 接口）、VLAN。

图 5-16　流策略绑定多个流分类和流行为示例

5.5.2　配置流分类

配置流分类可以将符合一定规则的报文分为一类，区分用户流量。如果使用 ACL 作为流分类规则，则在配置流分类之前要配置相应的 ACL。各个流分类各规则之间属于并列关系，只要匹配规则不冲突，都可以在同一流分类中配置。

流分类的配置方法很简单，只需要以下两步。

① 先在系统视图下使用 **traffic classifier** *classifier-name* [**operator** { **and** | **or** }]命令创建一个流分类，进入流分类视图。

- *classifier-name*：用来指定所创建的流分类的名称，为 1～31 个字符，不支持空格，区分大小写。
- **and** | **or**：指定各流分类规则之间的关系为逻辑"与"还是"或"，参见 5.5.1 节介绍。

缺省情况下，流分类中各规则之间的关系为逻辑"或"（or）。

② 流分类中可以选择的流分类规则见表 5-5。根据实际情况在表 5-5 中选择对应 **if-match** 语句配置流分类中的匹配规则。

表 5-5　流分类中可以选择的流分类规则

命令	说明
if-match vlan-id *start-vlan-id* [**to** *end-vlan-id*] [**cvlan-id** *cvlan-id*] 例如，[Huawei-classifier-class1] **if-match vlan-id** 1 to 10	配置基于 VLAN ID 进行分类的匹配规则
if-match cvlan-id *start-vlan-id* [**to** *end-vlan-id*] [**vlan-id** *vlan-id*] 例如，[Huawei-classifier-class1] **if-match cvlan-id** 2 to 5	配置基于 QinQ 报文内外两层 VLAN ID 进行分类的匹配规则
if-match 8021p { *8021p-value* } &<1-8> 例如，[Huawei-classifier-class1] **if-match 8021p** 1	配置基于 VLAN 报文的 802.1p 优先级进行流分类的匹配规则
if-match cvlan-8021p { *8021p-value* } &<1-8> 例如，[Huawei-classifier-class1] **if-match cvlan-8021p** 1	配置基于 QinQ 报文内层 802.1p 优先级进行分类的匹配规则
if-match discard 例如，[Huawei-classifier-class1]**if-match discard**	配置基于丢弃报文进行分类的匹配规则，包含该流分类的报文只能与流量统计和流镜像两种动作绑定
if-match double-tag 例如，[Huawei-classifier-class1]**if-match double-tag**	配置基于双层 Tag 进行流分类的匹配规则

续表

命令	说明
if-match destination-mac *mac-address* [*mac-address-mask*] 例如，[Huawei-classifier-class1]**if-match destination-mac** 0050-b007-bed3 00ff-f00f-ffff	配置基于报文目的 MAC 地址进行流分类的匹配规则
if-match source-mac *mac-address* [*mac-address-mask*] 例如，[Huawei-classifier-class1] **if-match source-mac** 0050-b007-bed3 00ff-f00f-ffff	配置基于报文源 MAC 地址进行流分类的匹配规则
if-match l2-protocol { **arp** | **ip** | **mpls** | **rarp** | *protocol-value* } 例如，[Huawei-classifier-class1] **if-match l2-protocol ip**	配置基于二层报文封装的协议字段进行流分类的匹配规则
if-match any 例如，[Huawei-classifier-class1] **if-match any**	配置基于所有报文进行分类的匹配规则
if-match dscp *dscp-value* &<1-8> 例如，[Huawei-classifier-class1] **if-match dscp 10**	配置基于报文 DSCP 值的匹配规则
if-match ip-precedence *ip-precedence-value* &<1-8> 例如，[Huawei-classifier-class1] **if-match ip-precedence** 1	配置基于 IP 优先级进行分类的匹配规则
if-match protocol { **ip** | **ipv6** } 例如，[Huawei-classifier-class1] **if-match protocol ip**	配置基于 IPv4 或者 IPv6 协议进行流分类的匹配规则
if-match tcp syn-flag { *syn-flag-value* | **ack** | **fin** | **psh** | **rst** | **syn** | **urg** } 例如，[Huawei-classifier-class1] **if-match tcp syn-flag ack**	配置基于 TCP 报文头中的 SYN 标志字段进行流分类的匹配规则
if-match inbound-interface *interface-type interface-number* 例如，[Huawei-classifier-class1]**if-match inbound-interface** gigabitethernet 0/0/1	配置基于入接口对报文进行流分类的匹配规则 **【注意】**包含该流分类的流策略不能应用在出方向，也不能在接口视图下应用
if-match outbound-interface *interface-type interface-number* 例如，[Huawei-classifier-class1]**if-match inbound-interface** gigabitethernet 0/0/2	配置基于出接口对报文进行流分类的匹配规则
if-match acl { *acl-number* | *acl-name* } 例如，[Huawei-classifier-class1] **if-match acl** 2001	配置基于 ACL 进行流分类的匹配规则
if-match flow-id *flow-id* 例如，[Huawei-classifier-class1] **if-match flow-id** 1	配置基于流 ID 进行分类的匹配规则。流 ID 的取值为 1~8

配置好流分类后，可以通过执行 **display traffic classifier user-defined** [*classifier-name*]任意视图命令查看设备上的流分类信息。

5.5.3　配置流行为

配置流行为即为符合流分类规则的流量指定后续行为。与流分类规则一样，在配置流行为时各行为属于叠加关系，只要不冲突，都可以在同一流行为中配置。

定义流行为的配置方法也很简单，只需以下两步。

① 先在系统视图下使用 **traffic behavior** *behavior-name* 命令创建一个流行为并进入流行为视图，或进入已存在的流行为视图。

② 可以配置的流行为见表 5-6。根据实际情况选择表 5-6 中的一条或多条命令定义流行为。

表 5-6　可以配置的流行为

动作	命令
配置重标记优先级	**remark 8021p** [*8021p-value* | **inner-8021p**]：重标记报文 802.1p 优先级 **remark dscp** { *dscp-name* | *dscp-value* }：重标记报文 DSCP 优先级 **remark mpls-exp** *exp-value*：重标记 MPLS 报文的 EXP 优先级 **remark local-precedence** { *local-precedence-name* | *local-precedence-value* } [**green** | **yellow** | **red**]：重标记本地优先级和报文颜色 **remark ip-precedence** *ip-precedence*：重标记报文 IP 优先级
配置重标记目的 MAC 地址	**remark destination-mac** *mac-address*
配置重标记流 ID	**remark flow-id** *flow-id*
配置重定向	**redirect cpu**：重定向报文到 CPU **redirect interface** *interface-type interface-number* [**forced**]：重定向报文到指定接口
配置流量监管	**car**（不同系列设备有不同的命令格式）
配置层次化流量监管	**car** *car-name* **share**
配置流镜像	**mirroring to observe-port** *observe-port-index*
配置策略路由	**redirect** [**vpn-instance** *vpn-instance-name*] **ip-nexthop** { *ip-address* [**track-nqa** *admin-name test-name*] } &<1-4> [**forced** | **low-precedence**]*：重定向报文到单个下一跳 IP 地址 **redirect** [**vpn-instance** *vpn-instance-name*] **ip-multihop** { **nexthop** *ip-address* } &<2-4>：重定向报文到多个下一跳 IP 地址
配置禁止 MAC 地址学习	**mac-address learning disable**
配置 VLAN Mapping	**remark vlan-id** *vlan-id* **remark cvlan-id** *cvlan-id*
配置灵活 QinQ	**add-tag vlan-id** *vlan-id*
配置流量统计	**statistic enable**

配置好流行为后可以通过 **display traffic behavior user-defined** [*behavior-name*] 任意视图命令查看流行为的配置信息。

5.5.4　配置流策略

通过配置流策略，将流分类和流行为绑定起来，形成完整的策略，这一步的配置很简单。流策略配置步骤见表 5-7。

表 5-7　流策略配置步骤

步骤	命令	说明
1	**system-view**	进入系统视图
2	**traffic policy** *policy-name* [**match-order** { **auto** | **config** } [**atomic**] 例如，[Huawei] **traffic policy** p1	创建一个流策略并进入流策略视图，或进入已经存在的流策略视图。 • *policy-name*：指定流策略名称。 • **match-order** { **auto** | **config** }：可选项，指定流策略中流分类匹配顺序，选择 **auto** 选项时，表示由系统预先指定的流分类类型的优先级决定匹配顺序，该优先级排序如下：基于二层和三层信息流分类 > 基于二层信息流分类 > 基于三层信息流分类；选择 **config** 选项时，表示由流分类与流行为绑定的先后顺序决定匹配顺序

续表

步骤	命令	说明
2	**traffic policy** *policy-name* [**match-order** { **auto** | **config** } [**atomic**] 例如，[Huawei] **traffic policy** p1	• **atomic**：可选项，指定流策略的原子属性。也就是说，指定该选项后，如果流策略中包含 ACL 配置并且已经被应用到指定对象，则动态刷新 ACL 配置不会造成业务中断。 缺省情况下，系统未创建任何流策略，可用 **undo traffic policy** *policy-name* 命令删除指定的流策略
3	**classifier** *classifier-name* **behavior** *behavior-name* 例如，[Huawei-trafficpolicy-p1] **classifier** c1 **behavior** b1	在流策略中为指定的流分类配置所需流行为，即绑定前面已定义好的流分类和流行为。 缺省情况下，流策略中没有绑定流分类和流行为，可用 **undo classifier** *classifier-name* 命令在流策略中取消流分类和流行为的绑定

5.5.5　应用流策略

绑定了流行为与流分类的完整流策略可应用到交换机全局、接口（包括二层/三层物理接口、VLANIF 接口和以太网子接口）或 VLAN 上，实现针对不同业务的差分服务。下面分别介绍不同应用方式的具体配置方法。

1. 在全局应用流策略

在全局应用流策略是指在设备所有端口的某个方向上应用所创建的流策略，具体配置方法是在系统视图下执行 **traffic-policy** *policy-name* **global** { **inbound** \| **outbound** } [**slot** *slot-id*]命令在全局，或具体单板，或具体 slot 上应用指定的流策略。

① *policy-name*：指定要应用的流策略的名称，即 5.5.4 节创建的流策略。

② **inbound** \| **outbound**：在入方向或出方向上应用流策略。

③ **slot** *slot-id*：可选参数，指定要应用流策略的堆叠/成员的 ID 号，或者框式设备上要应用流策略的单板所在的槽位号，如果不指定本参数，则流策略应用在当前堆叠的所有设备，或者当前在位的所有单板上。

缺省情况下，没有在全局应用任何流策略，可用 **undo traffic-policy** [*policy-name*] **global** { **inbound** \| **outbound** } [**slot** *slot-id*]命令删除在全局应用的流策略。

2. 在接口上应用流策略

在接口（包括子接口）上应用流策略是在具体接口视图下执行 **traffic-policy** *policy-name* { **inbound** \| **outbound** }命令。**每个接口的每个方向上能且只能应用一个流策略**，但同一个流策略可以同时应用在不同接口的不同方向。应用后，系统对流经该接口并匹配流分类中规则的入方向或出方向报文实施策略控制。但是流策略对 VLAN 0 的报文不生效。

【说明】流策略也可以在 VLANIF 接口上应用，但仅可在 VLANIF 接口入方向上应用，且每个 VLANIF 接口的入方向上能且只能应用一个流策略，但同一个流策略可以同时应用在不同 VLANIF 接口的入方向。

3. 在 VLAN 上应用流策略

在 VLAN 上应用流策略是在对应的 VLAN 视图下执行 **traffic-policy** *policy-name* { **inbound** \| **outbound** }命令。应用后，系统对属于该 VLAN 并匹配流分类中规则的入方

向或出方向的二层报文实施策略控制。但是如果匹配到 VLAN 0 报文，则流策略不生效。

在 VLAN 上应用流策略的配置方法是在对应 VLAN 视图下使用 **traffic-policy** *policy-name* { **inbound** | **outbound** }命令进行。

5.5.6 MQC 在策略路由中的应用

从 5.4.3 节表 5-6 中可以看出，MQC 可以实现的功能非常丰富，包括可以实现策略路由功能（对应 5.7.4 节介绍的接口策略路由功能），通过重定向功能改变报文的转发路径。

通过 MQC 实现策略路由的应用示例如图 5-17 所示，某公司内网有 10.1.1.0/24（LAN1）和 10.1.2.0/24（LAN2）两个网段，分别通过 ISP1 和 ISP2 接入 Internet 的线路。现要求，10.1.1.0/24 网段用户通过 ISP1 接入 Internet，10.1.2.0/24 网段用户通过 ISP2 接入 Internet。图 5-17 中 Internet 路由器代表 Internet，Internet-PC 代表 Internet 中的一台设备，10.1.1.0/24 内网用户在 VLAN10 中，10.1.2.0/24 内网用户在 VLAN20 中。

【说明】在用华为模拟器做实验时，ISP1 和 ISP2 各用一段网线代替，对应的下一跳 IP 地址直接为 Internet 路由器的 GE0/0/0 和 GE0/0/1 接口的 IP 地址。

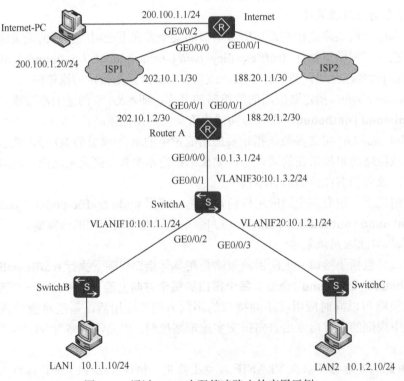

图 5-17　通过 MQC 实现策略路由的应用示例

1. 基本配置思路由分析

本示例采用 MQC 来实现策略路由功能，只需要在 RouterA 上对进入 GE0/0/0 接口的流量按内网网段进行流分类，然后通过重定向下一跳功能对两个流分类定义的流量进入 Internet 的不同下一跳的动作，并在 GE0/0/0 接口上应用 MQC 即可，基本配置思路如下。

① 配置好各设备的接口 IP 地址。

② 在 SwitchA 上配置内网用户访问外部网络的缺省路由；在 RouterA 上配置内部网络与外部网络互访的静态路由；在 Internet 路由器上配置访问内部网络的缺省路由。

③ 在 RouterA 上创建 MQC，对两个内网网段用户发送的流量进行分类，并绑定不同的重定向下一跳动作，然后在 GE0/0/0 接口入方向上应用 MQC。

2. 具体配置步骤

（1）配置好各设备的接口 IP 地址

在本项配置任务中，因为 SwitchA 是一台三层交换机，通常情况下，不能直接在物理接口上配置 IP 地址，需要通过创建 VLANIF 接口进行配置。把 GE0/0/2 以 Access 类型加入 VLAN10 中，把 GE0/0/3 以 Access 类型加入 VLAN20 中，把 GE0/0/0 以 Access 类型加入 VLAN 30 中，并分别创建对应的 VLANIF 接口，具体配置如下。

```
<Huawei>system-view
[Huawei] sysname SwitchA
[SwitchA] vlan batch 10 20 30
[Switch] interface gigabitethernet0/0/1
[Switch-Gigabitethernet0/0/1] port link-type access
[Switch-Gigabitethernet0/0/1] port default vlan 10
[Switch-Gigabitethernet0/0/1] quit
[Switch] interface gigabitethernet0/0/2
[Switch-Gigabitethernet0/0/2] port link-type access
[Switch-Gigabitethernet0/0/2] port default vlan 20
[Switch-Gigabitethernet0/0/2] quit
[Switch] interface gigabitethernet0/0/0
[Switch-Gigabitethernet0/0/0] port link-type access
[Switch-Gigabitethernet0/0/0] port default vlan 30
[Switch-Gigabitethernet0/0/0] quit
[Switch] interface vlanif 10
[Switch-vlanif10] ip address 10.1.1.1 24
[Switch-vlanif10] quit
[Switch] interface vlanif 20
[Switch-vlanif20] ip address 10.1.2.1 24
[Switch-vlanif20] quit
[Switch] interface vlanif 30
[Switch-vlanif30] ip address 10.1.3.2 24
[Switch-vlanif30] quit
```

其他设备上的接口 IP 地址（包括 PC 上的网关）配置方法很简单，在此不做介绍。

（2）配置缺省路由

在 SwitchA 上配置内网用户访问外部网络的缺省路由；在 RouterA 上配置内部网络与外部网络互访的静态路由；在 Internet 路由器上配置访问内部网络的缺省路由。

【说明】本来在 RouterA 上不需要配置访问外部网络的路由，因为最终内部网络用户访问外部网络时不通过普通路由，而是通过策略路由进行数据转发的，但为了验证配置 MQC 前后，不同内部网络用户访问外部网络时所选择的路径不同，所以在配置 MQC 前先在 RouterA 上配置访问外部网络的两条静态缺省路由。

① SwitchA 上的配置如下。

```
[SwitchA] ip route-static 0.0.0.0 0 10.1.3.1    #---内网访问外网的静态缺省路由
```

② RouterA 上的配置如下。

```
[RouterA] ip route-static 0.0.0.0 0 200.10.1.1      #---内网通过 ISP1 访问外网的静态缺省路由
[RouterA] ip route-static 0.0.0.0 0 188.20.1.1      #---内网通过 ISP2 访问外网的静态缺省路由
[RouterA] ip route-static 10.1.0.0 16 10.1.3.2      #---外网访问内网的静态路由
```

③ Internet 路由器上的配置如下。

```
[Internet] ip route-static 0.0.0.0 0 200.10.1.2     #---外网通过 ISP1 访问内网的静态缺省路由
[Internet] ip route-static 0.0.0.0 0 188.20.1.2     #---外网通过 ISP2 访问内网的静态缺省路由
```

以上配置完成后，内网用户可以与 Internet 中的用户三层互通。配置 MQC 前 LAN1 网段用户访问 Internet 的路径如图 5-18 所示，图 5-18 是 LAN1 网段用户与 Internet-PC 之间的执行 ping、tracert 命令的结果，从中可以看出，此时 LAN1 网段用户流量走的是 ISP2 线路。配置 MQC 前 LAN2 网段用户访问 Internet 的路径如图 5-19 所示。图 5-19 是 LAN2 网段用户与 Internet-PC 之间的执行 ping、tracert 命令的结果，从中可以看出，此时 LAN2 网段用户流量走的是 ISP1 线路。

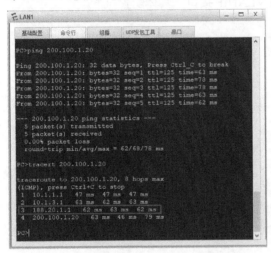

图 5-18　配置 MQC 前 LAN1 网段用户
访问 Internet 的路径

图 5-19　配置 MQC 前 LAN2 网段用户
访问 Internet 的路径

（3）创建应用 MQC

在 RouterA 上创建并应用 MQC，使 LAN1 网段用户访问 Internet 时固定走 ISP1 线路，LAN2 网段用户访问 Internet 时固定走 ISP2 线路。

#---创建两个匹配两个内网网段的基本 ACL（也可以采用高级 ACL，不能使用 IP 前缀列表），具体配置如下。

```
[RouterA] acl 2000
[RouterA-acl-basic-2000] rule permit source 10.1.1.0 0.0.0.255
[RouterA-acl-basic-2000] quit
[RouterA] acl 2001
[RouterA-acl-basic-2001] rule permit source 10.1.2.0 0.0.0.255
[RouterA-acl-basic-2001] quit
```

#---创建基于两个内网网段的流分类，具体配置如下。

```
[RouterA] traffic classifier 1
[RouterA-classifier-1] if-match acl 2000
[RouterA-classifier-1]quit
[RouterA] traffic classifier 2
[RouterA-classifier-2] if-match acl 2001
[RouterA-classifier-2]quit
```

#---创建两个基于两个内网网段用户访问 Internet 时重定向下一跳 IP 地址的流行为，具体配置如下。

```
[RouterA] traffic behavior 1
[RouterA-behavior-1] redirect ip-nexthop 202.10.1.1    #---指定把报文重定向转发到 IP 地址为 202.10.1.1 的下一跳
[RouterA-behavior-1] quit
[RouterA] traffic behavior 2
[RouterA-behavior-2] redirect ip-nexthop 188.20.1.1    #---指定把报文重定向转发到 IP 地址为 188.20.1.1 的下一跳
[RouterA-behavior-2] quit
```

#---创建流策略，具体配置如下。

```
[RouterA] traffic policy redirect
[RouterA-redirect] classifier 1 behavior 1    #---使 LAN1 网段用户的流量到了 RouterA 后向 IP 地址为 202.10.1.1 的下一
跳进行转发
[RouterA-redirect] classifier 2 behavior 2 #---使 LAN2 网段用户的流量到了 RouterA 后向 IP 地址为 188.20.1.1 的下一
跳进行转发
[RouterA-redirect] quit
```

#---在 GE0/0/0 入方面上应用流策略，具体配置如下。

```
[RouterA] interface gigabitethernet0/0/0
[RouterA-Gigabitethernet0/0/0] traffic-policy redirect inbound
[RouterA-Gigabitethernet0/0/0] quit
```

以上配置好后（此时也可以删除原来的 RouterA 上配置的访问外部网络的两条静态缺省路由），再分别在 LAN1、LAN2 网段用户上执行 **ping**、**tracert** 命令访问 Internet-PC，会看到 LAN1 网段用户访问 Internet 的流量走的是 ISP1 线路，LAN2 网段用户访问 Internet 的流量走的是 ISP2 线路。配置 MQC 后 LAN1 网段用户访问 Internet 的路径如图 5-20 所示，配置 MQC 后 LAN2 网段用户访问 Internet 的路径如图 5-21 所示，达到本实验中通过 MQC 改变用户流量转发路径的目的。

图 5-20　配置 MQC 后 LAN1 网段用户　　　图 5-21　配置 MQC 后 LAN2 网段用户
　　　　访问 Internet 的路径　　　　　　　　　　访问 Internet 的路径

5.6　路由策略

路由策略（Route-Policy）是通过使用不同的匹配条件和匹配模式来对路由信息进行

过滤，或改变路由属性。路由策略主要应用在路由信息发布、接收、引入和路由属性修改等方面。

① **控制路由的发布**。可通过路由策略对所要发布的路由信息进行过滤，只允许发布满足条件的路由信息，可使邻居设备所连网段用户不能访问特定网络。

② **控制路由的接收**。可通过路由策略对所要接收的路由信息进行过滤，只允许接收满足条件的路由信息。这样既可以控制路由表中路由表项的数量，提高网络的路由效率，也可以控制本地设备所连网段用户访问不了特定的外部网络。

③ **控制路由的引入**。可通过路由策略只引入满足条件的外部路由信息，并控制引入后的路由信息的某些属性，以满足引入路由协议的路由属性要求。

④ **设置路由的属性**。修改符合路由策略过滤条件的路由的路由属性，满足某些特定的路由过滤，或者路由属性配置需要。

5.6.1　路由策略的组成及匹配规则

一个路由策略可以由一个或多个节点（Node）构成，当接收或者发送的路由要应用该路由策略时，会按节点序号从小到大依次检查与各个节点是否匹配，路由策略的匹配流程如图 5-22 所示。

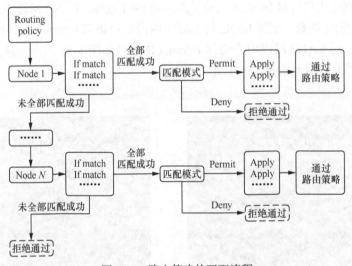

图 5-22　路由策略的匹配流程

路由与路由策略匹配时遵循以下两个规则。

① 顺序匹配：在匹配过程中，系统按节点号从小到大的顺序依次进行匹配检查。因此在指定节点号时，要注意符合期望的匹配顺序。

② 唯一匹配：路由策略各节点号之间是逻辑"**或**"的关系，即只要匹配了一个节点，就不再进行其他节点的匹配检查。

每个路由策略节点中又可以包含零个、一个或多个 **if-match** 子句和 **apply** 子句。

if-match 子句定义匹配规则，匹配对象是路由信息的一些属性。同一节点中的不同 **if-match** 子句间是逻辑"**与**"的关系，即只有满足节点内所有 **if-match** 子句指定的匹配条件，才算通过该节点的匹配检查。如果某个 **permit** 节点没有配置任何 **if-match** 子句，则该节点匹配所有的路由。

Apply 子句用来指定动作，也就是对通过节点匹配的路由信息进行属性设置。如果只需要过滤路由，不需要设置路由的属性，则不使用 **apply** 子句。

仅当路由与某节点的**所有 if-match** 子句都匹配，才表示与该节点匹配成功，不再匹配其他节点。当路由与某节点的任意一个 **if-match** 子句匹配失败，都将进入下一节点进行继续匹配。如果该路由与所有节点都匹配失败，则该路由信息将被拒绝通过，即路由策略最后都隐含了一个包含"拒绝所有"规则的节点，与 Filter-Policy 一样。

路由策略中的节点有两种匹配模式：**permit** 和 **deny**。

① **permit** 指定节点的匹配模式为允许。当路由通过该节点中**所有 if-match** 子句的过滤后，将执行该节点的**所有 apply** 子句，不进入下一个节点；如果路由没有通过该节点中的**任意 if-match** 子句的过滤，则都将进入下一个节点继续匹配。

② **deny** 指定节点的匹配模式为拒绝。不执行该节点下的任何 **apply** 子句。当路由满足该节点的**所有 if-match** 子句时，将被拒绝通过该节点，不进入下一个节点；只要路由没有通过该节点的任意 **if-match** 子句，都将进入下一个节点继续匹配。

在使用 ACL 或 IP 前缀列表作为匹配工具时，路由在路由策略节点中的最终过滤结果要综合以下两个方面，调用 ACL 或 IP 前缀列时路由策略节点的匹配情形见表 5-8。

① 路由策略节点的匹配模式（**permit** 或 **deny**）。

② 所调用的 ACL 或 IP 前缀列表中包含的匹配条件（**permit** 或 **deny**）。

表 5-8　调用 ACL 或 IP 前缀列时路由策略节点的匹配情形

AC 或 IP 前缀列表中包含的匹配条件	节点的匹配模式	匹配结果
permit	permit	• 匹配该节点所有 **if-match** 子句的路由在本节点允许通过，匹配结束。 • 不匹配任意 **if-match** 子句的路由进行下一个节点的匹配
	deny	• 匹配该节点所有 **if-match** 子句的路由在本节点不允许通过，匹配结束。 • 不匹配任意 **if-match** 子句的路由进行下一个节点的匹配
deny	permit	• 匹配该节点所有 **if-match** 子句的路由在本节点**不允许通过**，继续进行下一个节点的匹配。 • 不匹配任意 **if-match** 子句的路由进行下一个节点的匹配
	deny	• 匹配该节点所有 **if-match** 子句的路由在本节点**不允许通过**，继续进行下一个节点的匹配。 • 不匹配任意 **if-match** 子句的路由进行下一个节点的匹配

【经验之谈】路由策略中，因为默认所有未与路由策略任意节点匹配的路由将被拒绝通过，所以如果路由策略中定义了一个以上的节点，应保证各节点中至少有一个节点的匹配模式是 **permit**，否则没有任何路由信息能通过该路由策略。如果某路由信息没有通过任一节点，则认为该路由信息没有通过该路由策略，也将被拒绝通过。

5.6.2　配置路由策略

在配置路由策略之前，需要先配置好要使用的过滤器（例如，ACL 或 IP 前缀列表、AS 路径过滤器、团体属性过滤器等）和对应的路由协议，并事先规划好路由策略的名称、节点序号、匹配条件，以及要修改的路由属性值。

1. 创建路由策略

在系统视图下使用 **route-policy** *route-policy- name* { **permit** | **deny** } **node** *node* 命令创建路由策略。

① *route-policy-name*：指定要创建的路由策略的名称，用来唯一标识一个路由策略，为 1~40 个字符的字符串，区分大小写。

② **permit | deny**：指定所定义的路由策略节点的匹配模式为允许或拒绝模式。

③ **node** *node*：标识路由策略中的一个节点号，节点号小的进行匹配，取值范围是 0~65535 的整数。

2. 配置 if-match 子句

if-match 子句是路由策略中用来作为匹配条件的子句，可以根据多种路由属性来进行匹配，例如，路由的目的 IP 地址、路由标记、路由下一跳、路由源 IP 地址、路由出接口、路由开销、路由类型、BGP 路由的团体属性、BGP 路由的扩展团体属性、BGP 路由的 AS 路径属性等。路由策略中常见的 **if-match** 子句命令见表 5-9。

表 5-9　路由策略中常见的 if-match 子句命令

命令	说明
if-match acl { *acl-number* | *acl-name* } 例如，[Huawei-route-policy]**if-match acl** 2000	创建基于基本 ACL 的匹配规则
if-match ip-prefix *ip-prefix-name* 例如，[Huawei-route-policy]**if-match ip-prefix** p1	创建基于 IP 前缀列表的匹配规则
if-match as-path-filter { *as-path-filter-number* &<1-16> |*as-path-filter-name* } 例如，[Huawei-route-policy]**if-match as-path-filter** 2	创建基于 AS 路径过滤器的匹配规则
if-match community-filter { *basic-comm-filter-num* [**whole-match**] | *adv-comm-filter-num* } &<1-16> 或 **if-match community-filter** *comm-filter-name* [**whole-match**] 例如，[Huawei-route-policy]**if-match community-filter** 1 **whole-match** 2 **whole-match**	创建基于团体属性过滤器的匹配规则
if-match cost { *cost* | **greater-equal** *greater-equal-value* [**less-equal** *less-equal-value*] | **less-equal** *less-equal-value* } 例如，[Huawei-route-policy] **if-match cost** 40	创建基于路由开销的匹配规则
if-match interface { *interface-type interface-number* }&<1-16> 例如，[Huawei-route-policy] **if-match interface** gigabitethernet 1/0/0	创建基于出接口的匹配规则
if-match ip { **next-hop** | **route-source** | **group-address** } { **acl** { *acl-number* | *acl-name* }| **ip-prefix** *ip-prefix-name* } 例如，[Huawei-route-policy] **if-match ip route-source acl** 2000	创建基于 IP 信息（下一跳、源地址或组播组地址）的匹配规则

续表

命令	说明
if-match mpls-label 例如，[Huawei-route-policy] **if-match mpls-label**	匹配 MPLS 标签
if-match route-type { **external-type1** | **external-type1or2** | **external-type2** | **internal** | **nssa-external-type1** | **nssa-** **external-type1or2** | **nssa-external-type2** } 例如，[Huawei-route-policy] **if-match route-type nssa-** **external-type1**	创建基于 OSPF 路由类型的匹配规则
if-match route-type { **is-is-level-1** | **is-is-level-2** } 例如，[Huawei-route-policy] **if-match route-type is-is-level-1**	创建基于 IS-IS 路由类型的匹配规则
if-match tag *tag* 例如，[Huawei-route-policy] **if-match tag** 8	创建基于路由信息标记（Tag）的匹 配规则

【注意】表 5-9 中的各种 **if-match** 子句命令是并列关系，没有严格的先后次序。但如果在同一路由策略节点下配置了多个 **if-match** 子句命令，除了 **if-match as-path-filter**、**if-match community-filter**、**if-match extcommunity-filter**、**if-match interface** 和 **if-match route- type** 子句命令间是逻辑"或"关系，其他各 **if-match** 子句命令之间是逻辑"与"关系，即必须与该节点下的所有 **if-match** 子句匹配成功。但以上 5 个命令对应 **if-match** 子句与其他 **if-match** 子句间仍是逻辑"与"的关系。在一个路由策略节点中，如果不配置 **if-match** 子句，则表示路由信息在该节点匹配成功。

另外，对于同一个路由策略节点，表中的 **if-match acl** 命令和 **if-match ip-prefix** 命令不能同时配置，且后配置的命令会覆盖先配置的命令。

3. 配置 apply 子句

apply 子句用来为匹配了节点中所有 **if-match** 子句的路由应用指定的动作。在一个节点中，如果没有配置 **apply** 子句，则该节点仅起过滤路由的作用。如果配置一个或多个 **apply** 子句，则通过节点匹配的路由将执行所有 **apply** 子句。路由策略中常见的 **apply** 子句命令见表 5-10。

表 5-10　路由策略中常见的 apply 子句命令

命令	说明
apply as-path { { *as-number-plain* | *as-number-dot* } &<1- 10> { **additive** | **overwrite** } | **none overwrite** } 例如，[Huawei-route-policy] **apply as-path** 200 10.10 **additive**	配置改变 BGP 路由的 AS_Path 属性的 动作
apply backup-interface *interface-type interface-number* 例如，[Huawei-route-policy] **apply backup-interface** gigabitethernet1/0/0	配置创建备份出接口的动作
apply backup-nexthop { *ipv4-address* | **auto** } 例如，[Huawei-route-policy] **apply backup-nexthop** 192.168.20.2	配置创建备份下一跳的动作
apply comm-filter { *basic-comm-filter-number* | *adv-comm-filter-number* | *comm-filter-name* } **delete** 例如，[Huawei-route-policy] **apply comm-filter** 1 **delete**	在路由策略中配置删除指定团体属性 过滤器中的团体属性的动作

续表

命令	说明
apply community { *community-number* | *aa:nn* |**internet** | **no-advertise** | **no-export** | **no-export-subconfed** }&<1-32> [**additive**]　或 **apply community none** 例如，[Huawei-route-policy]**apply community no-export**	设置改变 BGP 路由团体属性的动作，或者删除全部的 BGP 路由团体属性
apply cost [+ | -] *cost* 例如，[Huawei-route-policy]**apply cost** 120	配置改变路由的开销值的动作
apply cost-type { **external** | **internal** } 例如，[Huawei-route-policy] **apply cost-type external**	配置改变 IS-IS 或者 BGP 路由的开销类型的动作
apply cost-type { **type-1** |**type-2** } 例如，[Huawei-route-policy] **apply cost-type type-1**	配置改变 OSPF 路由的开销类型的动作
apply ip-address next-hop { *ipv4-address* | **peer-address** } 例如，[Huawei-route-policy] **apply ip-address next-hop** 193.1.1.8	配置改变 BGP 路由的下一跳 IPv4 地址的动作
apply isis { **level-1** | **level-1-2** | **level-2** } 例如，[Huawei-route-policy] **apply isis level-1**	配置改变引入 IS-IS 协议中路由的级别的动作
apply local-preference *preference* 例如，[Huawei-route-policy] **apply local-preference** 130	配置改变 BGP 路由信息的本地优先级的动作
apply origin { **egp** { *as-number-plain* | *as-number-dot* } | **igp** | **incomplete** } 例如，[Huawei-route-policy] **apply origin igp**	配置改变 BGP 路由的 Origin 属性的动作
apply preference *preference* 例如，[Huawei-route-policy] **apply preference** 90	配置改变路由的优先级的动作
apply preferred-value *preferred-value* 例如，[Huawei-route-policy] **apply preferred-value** 66	配置改变 BGP 路由的首选值的动作
apply tag *tag* 例如，[Huawei-route-policy] **apply tag** 100	配置改变路由信息标记（Tag）的动作

5.6.3　路由策略的应用

当前，可使用到路由策略的协议包括直连路由、静态路由、RIP/RIPng、IS-IS、OSPF/OSPFv3、BGP/BGP4+、组播和 BGP/MPLS IP VPN 等。另外，路由策略在手动 FRR（快速重路由）中也有应用。本节介绍路由策略在路由过滤方面的常见应用。

1. 在 OSPF 中的应用

路由策略在 OSPF 中的主要应用见表 5-11，表 5-11 中命令在对应的 OSPF 路由进程视图或区域视图下进行配置。

表 5-11　路由策略在 OSPF 中的主要应用

应用	命令
配置将缺省路由通告到普通 OSPF 区域	**default-route-advertise** [[**always** | **permit-calculate-other**] | **cost** *cost* | **type** *type* | **route-policy** *route-policy-name* [**match-any**]]*
配置对 OSPF 向外发布自己从其他路由协议引入的路由应用路由策略	**filter-policy route-policy** *route-policy-name* **export** [*protocol* [*process-id*]]

续表

应用	命令
配置对 OSPF 接收的路由应用路由策略	**filter-policy route-policy** *route-policy-name* [**secondary**] **import**
配置对 OSPF 引入的路由应用路由策略	**import-route** { **limit** *limit-number* | { **bgp** [**permit-ibgp**] | **direct** | **unr** | **rip** [*process-id-rip*] | **static** | **isis** [*process-id-isis*] | **ospf** [*process-id-ospf*] } [**cost** *cost* | **type** *type* | **tag** *tag* | **route-policy** *route-policy-name*][*] }
配置 OSPF 路由的优先级	**preference** [**ase**] { *preference* | **route-policy** *route-policy-name* }[*]
配置对区域内出/入方向的 Type-3 LSA（Summary LSA）应用路由策略（在区域视图下执行）	**filter route-policy** *route-policy-name* { **export** | **export** }

2. 在 IS-IS 中的应用

路由策略在 IS-IS 中的主要应用见表 5-12，表中命令在对应的 IS-IS 路由进程视图下进行配置。

表 5-12　路由策略在 IS-IS 中的主要应用

应用	命令
配置 IS-IS 设备生成缺省路由	**default-route-advertise** [**always** | **match default** | **route-policy** *route-policy-name*] [**cost** *cost* | **tag** *tag* | [**level-1** | **level-1-2** | **level-2**]][*] [**avoid-learning**]
配置对 IS-IS 向外发布自己从其他路由协议引入的路由应用 Route-Policy	**filter-policy route-policy** *route-policy-name* **export** [*protocol* [*process-id*]]
配置对 IS-IS 接收的路由应用 Route-Policy	**filter-policy route-policy** *route-policy-name* **import**
配置 IS-IS 引入其他路由协议的路由信息	**import-route** { { **rip** | **isis** | **ospf** } [*process-id*] | **static** | **direct** | **unr** | **bgp** [**permit-ibgp**] } [**cost-type** { **external** | **internal** } | **cost** *cost* | **tag** *tag* | **route-policy** *route-policy-name* | [**level-1** | **level-2** | **level-1-2**]][*] **import-route** { { **rip** | **isis** | **ospf** } [*process-id*] | **direct** | **unr** | **bgp** } **inherit-cost** [**tag** *tag* | **route-policy** *route-policy-name* | [**level-1** | **level-2** | **level-1-2**]][*]
配置 Level-1 路由向 Level-2 区域的渗透	**import-route isis level-1 into level-2 filter-policy route-policy** *route-policy-name*
配置 Level-2 路由向 Level-1 区域的渗透	**import-route isis level-2 into level-1 filter-policy route-policy** *route-policy-name*
配置 IS-IS 协议优先级	**preference** { *preference* | **route-policy** *route-policy-name* }[*]

3. 在 BGP 中的应用

路由策略在 BGP 中的主要应用见表 5-13，表中命令在对应的 BGP IPv4 单播地址族视图下进行配置。

表 5-13　路由策略在 BGP 中的主要应用

应用	命令
配置在 BGP 路由表中创建一条聚合路由	**aggregate** *ipv4-address* { *mask* | *mask-length* } [**as-set** | **attribute-policy** *route-policy-name1* | **detail-suppressed** | **origin-policy** *route-policy-name2* | **suppress-policy** *route-policy-name3*][*]

应用	命令
配置 BGP 路由衰减	**dampening** [*half-life-reach reuse suppress ceiling* | **route-policy** *route-policy-name*] *
配置 BGP 引入其他协议路由信息	**import-route** *protocol* [*process-id*] [**med** *med* | **route-policy** *route-policy-name*] *
配置 BGP 引入本地路由	**network** *ipv4-address* [*mask* | *mask-length*] [**route-policy** *route-policy-name*]
配置 BGP 路由按照路由策略进行下一跳迭代	**nexthop recursive-lookup route-policy** *route-policy-name*
配置向对等体或对等体组发送缺省路由。通过 **route-policy** *route-policy-name* 参数可以修改 BGP 发布的缺省路由的属性	**peer** { *group-name* | *ipv4-address* } **default-route-advertise** [**route-policy** *route-policy-name*] [**conditional-route-match-all** { *ipv4-address1* { *mask1* | *mask-length1* } } &<1-4> | **conditional-route-match-any** { *ipv4-address2* { *mask2* | *mask-length2* } } &<1-4>]
配置为来自对等体（组）的路由或向对等体（组）发布的路由指定应用的路由策略，对接收或发布的路由进行控制	**peer** { *group-name* | *ipv4-address* } **route-policy** *route-policy-name* { **import** | **export** }
配置按照路由策略设置 BGP 协议优先级	**preference route-policy** *route-policy-name*
配置禁止 BGP 路由下发到 IP 路由表	**routing-table rib-only** [**route-policy** *route-policy-name*]

5.6.4　路由策略应用配置示例

　　路由策略应用配置示例的拓扑结构如图 5-23 所示，RouterB 是 OSPF 路由域和 IS-IS 路由域的边界路由器，OSPF 路由和 IS-IS 路由相互引入，具体要求如下。

　　① IS-IS 路由域用户不能访问 192.168.3.0/24 网段，OSPF 路由域用户不能访问 172.16.0.0/24 网段，其他网段用户均需能互访。

　　② 将引入 IS-IS 路由域后的 192.168.1.0/24 网段路由开销值为 20（缺省为 0），使其在到达 RouterA 的选路优先级较低；将引入 IS-IS 路由域后的 172.16.1.0/24 网段路由的 Tag 属性设置为 20，方便以后路由策略的应用。

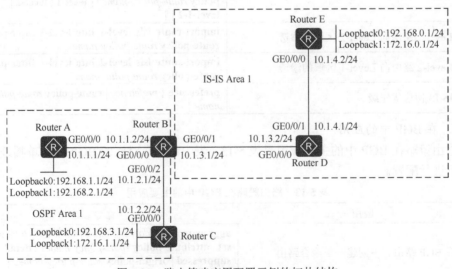

图 5-23　路由策略应用配置示例的拓扑结构

1. 基本配置思路分析

本示例采用路由策略对引入的路由进行控制，要实现 IS-IS 路由域用户不能访问 192.168.3.0/24 网段，可以在 RouterB 上的路由策略配置中拒绝引入 192.168.3.0/24 网段路由进入 IS-IS 路由进程。要实现 OSPF 路由域用户不能访问 172.16.0.0/24 网段，可以在 RouterB 上的路由策略配置中拒绝引入 172.16.0.0/24 网段路由进入 OSPF 路由进程。

要使引入后的 192.168.1.0/24 网段 IS-IS 路由开销值为 20，可在 RouterB 上的路由策略配置中将 192.168.1.0/24 路由引入 IS-IS 进程中后的开销设置为 20。要使引入后的 172.16.1.0/24 网段 IS-IS 路由的 Tag 属性设置为 20，可在 RouterB 上的路策略配置中将 172.16.1.0/24 路由引入 IS-IS 进程后的 Tag 属性设置为 20。

根据以上分析，可以得出本示例的以下基本配置思路。

① 配置各路由器接口的 IP 地址。

② 在 RouterA、RouterB 和 RouterC 上配置 OSPF 基本功能，在 RouterB、RouterD 和 RouterE 上配置 IS-IS 基本功能，在 RouterB 上配置 OSPF 路由和 IS-IS 路由相互引入。

③ 在 RouterB 上分别为 OSPF 进程引入 IS-IS 路由，IS-IS 进程引入 OSPF 路由时配置并应用路由策略，实现以上各项具体要求。

2. 具体配置步骤

① 配置各路由器的接口 IP 地址。下面仅以 RouterB 上接口 IP 地址的配置为例进行介绍，其他路由器接口 IP 地址的配置方法一样，参见即可。

【注意】在 OSPF 网络中，缺省情况下 Loopback 接口只能生成 32 位掩码的 OSPF 路由，要生成 IP 地址对应的网段 OSPF 路由，则需要在对应 Loopback 接口视图下通过 **ospf network-type broadcast** 命令把其网络类型改为广播网络，具体配置如下。

```
<RouterB> system-view
[RouterB] interface gigabitethernet 0/0/0
[RouterB-GigabitEthernet0/0/0] ip address 10.1.1.2 24
[RouterB-GigabitEthernet0/0/0] quit
[RouterB] interface gigabitethernet 0/0/1
[RouterB-GigabitEthernet0/0/1] ip address 10.1.3.1 24
[RouterB-GigabitEthernet0/0/1] quit
[RouterB] interface gigabitethernet 0/0/2
[RouterB-GigabitEthernet0/0/2] ip address 10.1.2.1 24
[RouterB-GigabitEthernet0/0/2] quit
```

② 在 RouterA、RouterB 和 RouterC 上配置 OSPF 基本功能，在 RouterB、RouterD 和 RouterE 上配置 IS-IS 基本功能，在 RouterB 上配置 OSPF 路由和 IS-IS 路由相互引入。

【说明】此时配置 OSPF 和 IS-IS 路由的相互引入，仅为了验证在引入路由时使用路由策略前后，两路由域中设备所学习到的对方路由域中路由的区别。

假设 RouterB、RouterD 和 RouterE 的 System ID 分别为 0000.0000.0001 和 0000.0000.0002，全为 Level-2 路由器。OSPF 和 IS-IS 均采用缺省的 1 号进程，区域 ID 均为 1。

RouterA 上的配置如下。

```
[RouterA] ospf 1
[RouterA-ospf-1] area 1
[RouterA-ospf-1-area-0.0.0.1] network 10.1.1.0 0.0.0.255
[RouterA-ospf-1-area-0.0.0.1] network 192.168.1.0 0.0.0.255
```

```
[RouterA-ospf-1-area-0.0.0.1] network 192.168.2.0 0.0.0.255
[RouterA-ospf-1-area-0.0.0.1] quit
[RouterA-ospf-1] quit
```

RouterB 上的配置如下。

```
[RouterB] ospf 1
[RouterB-ospf-1] area 1
[RouterB-ospf-1-area-0.0.0.1] network 10.1.1.0 0.0.0.255
[RouterB-ospf-1-area-0.0.0.1] network 10.1.2.0 0.0.0.255
[RouterB-ospf-1-area-0.0.0.1] quit
[RouterB-ospf-1] import-route isis 1
[RouterB-ospf-1] quit
[RouterB] isis 1
[RouterB-isis-1] is-level level-2
[RouterB-isis-1] network-entity 01.0000.0000.0001.00
[RouterB-isis-1] import–route ospf 1
[RouterB-isis-1] quit
[RouterB] interface gigabitethernet 0/0/1
[RouterB-GigabitEthernet0/0/1] isis enable
[RouterB-GigabitEthernet0/0/1] quit
```

RouterC 上的配置如下。

```
[RouterC] ospf 1
[RouterC-ospf-1] area 1
[RouterC-ospf-1-area-0.0.0.1] network 10.1.2.0 0.0.0.255
[RouterC-ospf-1-area-0.0.0.1] network 192.168.3.0 0.0.0.255
[RouterC-ospf-1-area-0.0.0.1] network 172.16.1.0 0.0.0.255
[RouterC-ospf-1-area-0.0.0.1] quit
[RouterC-ospf-1] quit
```

RouterD 上的配置如下。

```
[RouterD] isis 1
[RouterD-isis-1] is-level level-2
[RouterD-isis-1] network-entity 01.0000.0000.0002.00
[RouterD-isis-1] quit
[RouterD] interface gigabitethernet 0/0/0
[RouterD-GigabitEthernet0/0/0] isis enable
[RouterD-GigabitEthernet0/0/0] quit
[RouterD] interface gigabitethernet 0/0/1
[RouterD-GigabitEthernet0/0/1] isis enable
[RouterD-GigabitEthernet0/0/1] quit
```

RouterE 上的配置如下。

```
[RouterE] isis 1
[RouterE-isis-1] is-level level-2
[RouterE-isis-1] network-entity 01.0000.0000.0003.00
[RouterE-isis-1] quit
[RouterE] interface gigabitethernet 0/0/0
[RouterE-GigabitEthernet0/0/0] isis enable
[RouterE-GigabitEthernet0/0/0] quit
[RouterE] interface loopback0
[RouterE-Loopback0] isis enable
[RouterE-Loopback0] quit
[RouterE] interface loopback1
[RouterE-Loopback1] isis enable
[RouterE-Loopback1] quit
```

以上配置完成后，在 OSPF 路由域设备上执行 **display ospf routing** 命令，会发现已学习到 OSPF 路由域中各网段路由，以及从 IS-IS 路由域中引入的全部路由。应用路由策略前 RouterA 上的 OSPF 路由表如图 5-24 所示。

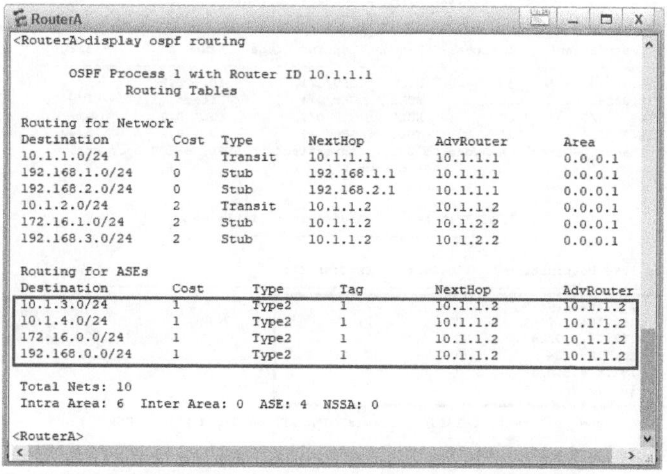

```
RouterA
<RouterA>display ospf routing

        OSPF Process 1 with Router ID 10.1.1.1
                Routing Tables

Routing for Network
Destination      Cost  Type     NextHop       AdvRouter     Area
10.1.1.0/24      1     Transit  10.1.1.1      10.1.1.1      0.0.0.1
192.168.1.0/24   0     Stub     192.168.1.1   10.1.1.1      0.0.0.1
192.168.2.0/24   0     Stub     192.168.2.1   10.1.1.1      0.0.0.1
10.1.2.0/24      2     Transit  10.1.1.2      10.1.1.2      0.0.0.1
172.16.1.0/24    2     Stub     10.1.1.2      10.1.2.2      0.0.0.1
192.168.3.0/24   2     Stub     10.1.1.2      10.1.2.2      0.0.0.1

Routing for ASEs
Destination      Cost      Type      Tag       NextHop      AdvRouter
10.1.3.0/24      1         Type2     1         10.1.1.2     10.1.1.2
10.1.4.0/24      1         Type2     1         10.1.1.2     10.1.1.2
172.16.0.0/24    1         Type2     1         10.1.1.2     10.1.1.2
192.168.0.0/24   1         Type2     1         10.1.1.2     10.1.1.2

Total Nets: 10
Intra Area: 6  Inter Area: 0  ASE: 4  NSSA: 0

<RouterA>
```

图 5-24　应用路由策略前 RouterA 上的 OSPF 路由表

在 IS-IS 路由域设备上执行 **display isis route** 命令，会发现已学习到 IS-IS 路由域中各网段路由，以及从 OSPF 路由域中引入的所有路由。应用路由策略前 RouterD 上的 IS-IS 路由表如图 5-25 所示。

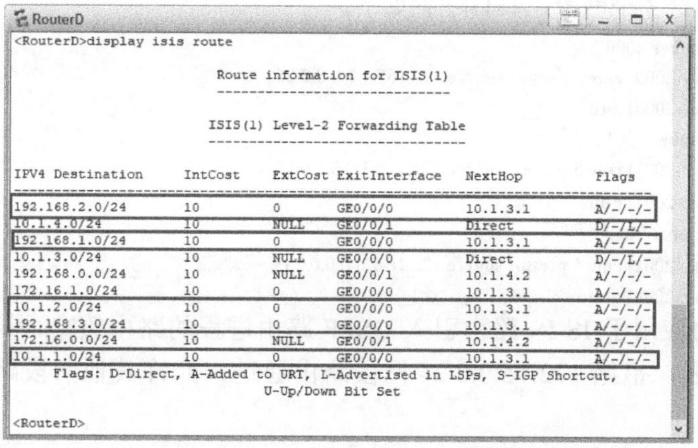

```
RouterD
<RouterD>display isis route

             Route information for ISIS(1)
             ------------------------------

             ISIS(1) Level-2 Forwarding Table
             --------------------------------

IPV4 Destination   IntCost   ExtCost ExitInterface   NextHop     Flags
-------------------------------------------------------------------------
192.168.2.0/24     10        0       GE0/0/0         10.1.3.1    A/-/-/-
10.1.4.0/24        10        NULL    GE0/0/1         Direct      D/-/L/-
192.168.1.0/24     10        0       GE0/0/0         10.1.3.1    A/-/-/-
10.1.3.0/24        10        NULL    GE0/0/0         Direct      D/-/L/-
192.168.0.0/24     10        NULL    GE0/0/1         10.1.4.2    A/-/-/-
172.16.1.0/24      10        0       GE0/0/0         10.1.3.1    A/-/-/-
10.1.2.0/24        10        0       GE0/0/0         10.1.3.1    A/-/-/-
192.168.3.0/24     10        0       GE0/0/0         10.1.3.1    A/-/-/-
172.16.0.0/24      10        NULL    GE0/0/1         10.1.4.2    A/-/-/-
10.1.1.0/24        10        0       GE0/0/0         10.1.3.1    A/-/-/-
Flags: D-Direct, A-Added to URT, L-Advertised in LSPs, S-IGP Shortcut,
       U-Up/Down Bit Set

<RouterD>
```

图 5-25　应用路由策略前 RouterD 上的 IS-IS 路由表

在 RouterB 上执行 **display isis route** 命令，在其重发布路由表列中也可以看到其从 OSPF 路由域中引入的全部 6 条路由，应用策略前，RouterB 从 OSPF 路由域中引入的 6 条路由如图 5-26 所示。

③ 在 RouterB 上配置并应用路由策略，拒绝引入 172.16.0.0/24 网段 IS-IS 路由进入 OSPF 路由进程，拒绝引入 192.168.3.0/24 网段 OSPF 路由进入 IS-IS 路由进程。将 192.168.1.0/24 网段 OSPF 路由引入 IS-IS 进程中后的开销设置为 20（缺省开销值为 0）；将 172.16.1.0/24 网段 OSPF 路由引入 IS-IS 进程后的 Tag 属性设置为 20。

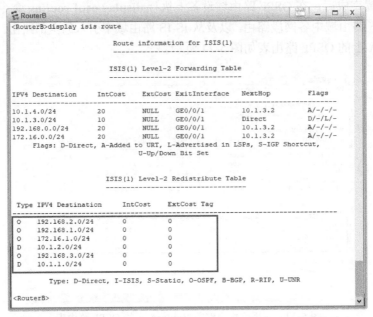

图 5-26　应用策略前，RouterB 从 OSPF 路由域中引入的 6 条路由

配置 IP 地址前缀列表（也可采用基本 ACL），匹配 172.16.0.0/24 网段，具体配置如下。

[RouterB] **ip ip-prefix** prefix-a **index** 10 **permit** 172.16.0.0 24

配置 3 个基本 ACL（也可采用 IP 前缀列表），分别匹配 192.168.1.0/24、192.168.3.0/24 和 172.16.1.0/24 这 3 个网段，具体配置如下。

[RouterB] **acl number** 2000
[RouterB-acl-basic-2000] **rule** 5 **permit source** 192.168.1.0 0.0.0.255
[RouterB-acl-basic-2000] **quit**
[RouterB] **acl number** 2001
[RouterB-acl-basic-2001] **rule** 5 **permit source** 192.168.3.0 0.0.0.255
[RouterB-acl-basic-2001] **quit**
[RouterB] **acl number** 2002
[RouterB-acl-basic-2002] **rule** 5 **permit source** 172.16.1.0 0.0.0.255
[RouterB-acl-basic-2002] **quit**

创建一个将应用于 IS-IS 路由引入 OSPF 路由进程的路由策略，调用前面配置的 IP 地址前缀列表，拒绝 172.16.0.0/24 网段路由通过，允许其他网段路由通过，配置如下。

[RouterB] **route-policy** isis2ospf **deny node** 10
[RouterB-route-policy] **if-match ip-prefix** prefix-a
[RouterB-route-policy] **quit**
[RouterB] **route-policy** isis2ospf **permit node** 20　　#---空的节点用于允许其他路由通过
[RouterB-route-policy] **quit**
[RouterB]**ospf** 1
[RouterB-ospf-1] **import-route isis route-policy** isis2ospf
[RouterB-ospf-1] **quit**

【经验之谈】在上面的配置中我们加了一个节点 20 的策略项，尽管其中并没有任何 **if-match** 和 **appy** 子句，但这并不是可有可无的。因为在路由策略中，最后隐含了一条拒绝所有通过的规则，而现在仅拒绝 172.16.0.0/24 网段路由通过。

以上配置完成后，再在 OSPF 路由域中路由器上执行 **display ospf routing** 命令，会发现外部 OSPF 路由中没有了 172.16.0.0/24 网段路由，所引入的其他 IS-IS 路由域中的外部 OSPF 路由均拥有。应用路由策略后 RouterA 上的 OSPF 路由表如图 5-27 所示。

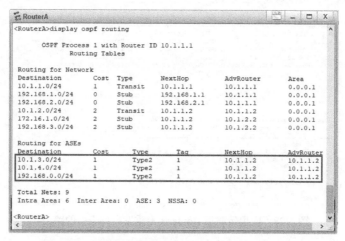

图 5-27　应用路由策略后 RouterA 上的 OSPF 路由表

创建一个将应用于 OSPF 路由引入 IS-IS 路由进程的路由策略，在 3 个节点中分别调用前面的 3 个基本 ACL，实现将引入后的 192.168.1.0/24 网段 IS-IS 路由的开销设置为 20，拒绝引入 192.168.3.0/24 网段路由，为引入后的 172.16.1.0/24 网段 IS-IS 路由达到路由标记的目的，具体配置如下。

```
[RouterB] route-policy ospf2isis permit node 10
[RouterB-route-policy] if-match acl 2000
[RouterB-route-policy] apply cost 20    #---修改引入后的 192.168.1.0/24 IS-IS 路由开销值为 20
[RouterB-route-policy] quit
```

【说明】如果修改后的开销值大于 63，则要在 IS-IS 视图下执行 **cost-style wide** 或 **cost-style wide-compatible** 命令把开销类型设置为 **wide** 或 **wide-compatible** 类型，否则只会显示 63，因为缺省情况下的 IS-IS 开销类型为 narrow，取值范围为 1～63，具体配置如下。

```
[RouterB] route-policy ospf2isis deny node 20
[RouterB-route-policy] if-match acl 2001     #---拒绝引入 192.168.3.0/24 网段路由进入 IS-IS 进程
[RouterB-route-policy] quit
[RouterB] route-policy ospf2isis permit node 30
[RouterB-route-policy] if-match acl 2002
[RouterB-route-policy] apply tag 20     #---对引入 IS-IS 进程的 172.16.1.0/24 网段路由打上 20 的路由标记
[RouterB-route-policy] quit
[RouterB] route-policy ospf2isis permit node 40    #---空的节点用于允许其他 OSPF 路由不做修改引入 IS-IS 进程
[RouterB-route-policy] quit
[RouterB] isis 1
[RouterB-isis-1] import-route ospf 1 route-policy ospf2isis
[RouterB-isis-1] quit
```

以上配置完成后，可在 RouterB 上执行 **display isis route** 命令，在输出中对照图 5-26 可以看出，在重发布列表中没有了原来从 OSPF 路由域中引入的 192.168.3.0/24 网段路由，192.168.1.0/24 网段路由的开销值也变为 20；为 172.16.1.0/24 网段路由打上了 20 的路由标记，应用策略后 RouterB 上重发布列表中的路由如图 5-28 所示。

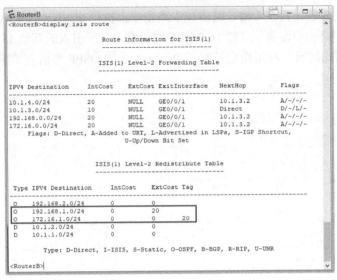

图 5-28　应用策略后 RouterB 上重发布列表中的路由

通过以上验证，已证明前面的配置是正确、成功的，且符合本示例的要求。

5.7　策略路由

在某些场景下，用户希望一些流量按照指定的路径，而不是按照路由表进行转发，这就是策略路由（Policy Based Routing，PBR）的功能。

5.7.1　策略路由概述

传统的路由转发原理是首先根据报文的目的地址查找路由表，然后进行报文转发。目前，越来越多的用户希望能够使一些特定的报文按照自己定义的策略进行选路和转发。策略路由正是这样一种可依据用户制定的策略进行报文路由选路的机制。

策略路由可使网络设备不仅能够基于报文的 IP 地址进行数据转发，还能够基于其他元素进行数据转发，例如，源 IP 地址、源 MAC 地址、目的 MAC 地址、源端口号、目的端口号、VLAN ID 等。总体而言，策略路由具有以下优点。

① 可以根据用户实际需求制定策略进行路径选择，增强路径选择的灵活性和可控性。

② 可以使不同的数据流通过不同的路径进行发送，提高链路的利用效率。

③ 在满足业务服务质量的前提下，选择费用较低的链路传输业务数据，从而降低企业数据服务的成本。

路由策略和策略路由的区别见表 5-14。

表 5-14　路由策略与策略路由的区别

区别项目	路由策略	策略路由
作用对象	路由信息	数据流
转发规则	按路由表转发	优先基于策略的转发，失败后再查找路由表并转发

续表

区别项目	路由策略	策略路由
服务对象	基于控制平面，为路由协议和路由表服务	基于转发平面，为转发策略服务
实现方式	与路由协议结合完成策略	需要人工逐跳配置，以保证报文按策略转发

华为设备主要支持"本地策略路由"和"接口策略路由"，两种策略路由具体说明见表 5-15。设备配置策略路由后，当设备下发或转发文时，报文优先根据策略路由转发，若没有配置策略路由或配置了策略路由但找不到匹配的表项时，再根据路由表来转发。

表 5-15　两种策略路由具体说明

策略路由类别	功能	应用场景
本地策略路由	对本地设备发送的报文实施策略路由，例如，本机下发的 ICMP、BGP 等协议报文	当用户需要使不同源地址报文或者不同长度的报文通过不同的方式进行发送时，需要配置本地策略路由。本地策略路由应用较少，且华为 S 系列交换机不支持
接口策略路由	对本地设备转发的报文实施策略路由，对本机下发的报文不生效	当用户需要将到达本地设备接口的某些报文通过特定的下一跳 IP 地址进行转发时，需要配置接口策略路由。使匹配重定向规则的转发报文通过特定的下一跳，及相关的出接口进行转发，不匹配重定向规则的转发报文仍根据路由表转发。接口策略路由多应用于负载分担和安全监控

5.7.2　策略路由语法结构

策略路由与路由策略的语法结构一样，也是由一个或多个节点（Node）组成的。每个节点分配一个编号，编号越小，优先级越高，优先与报文进行匹配。

每个节点由匹配条件语句（**if-match** 子句）和执行动作语句（**apply** 子句）组成。每个节点可以包括一个或多个 **if-match** 子句，各子句之间的关系为逻辑"与"，即匹配节点内所有条件语句的流量才会执行本节点的动作语句。每个节点可以包括一个或多个 **apply** 子句，匹配节点内条件语句的流量将执行本节点的所有动作语句。

同一策略路由下的节点间的关系为逻辑"或"，匹配时会根据节点编号从小到大进行，匹配了当前节点的条件语句后便不会继续向下面的节点匹配。策略路由的匹配模式也是 **permit** 和 **deny** 两种，**permit** 表示对满足匹配条件的报文进行策略路由，**deny** 表示对满足匹配条件的报文不进行策略路由。

5.7.3　本地策略路由

本地策略路由是仅对本机始发的报文（各种本地始发的协议报文，例如，各路由协议报文）进行处理，可通过策略路由控制路由信息传递的路径，也可实现路由控制。但本地策略路由对转发的报文不起作用，所以不能应用于用户数据报文的转发控制。

本地策略路由支持基于 ACL 或报文长度的匹配规则。当本机始发报文时，会根据本地策略路由节点的优先级（节点编号越小，优先级越高），依次匹配各节点下的 **if-match** 子句。如果找到了匹配的本地策略路由节点，则按照以下步骤与策略路由中配置的 **apply** 子句进行比较，最终确定报文的发送路径；如果没有找到匹配的本地策略路由节点，按照根据目的 IP 地址查找路由表。

（1）查看本地策略路由中是否配置了报文优先级设置

① 如果本地策略路由中配置了报文优先级设置，则先根据本地策略路由中设置的优先级，设置符合过滤条件的报文的优先级，然后继续执行第（2）步。

② 如果没有设置报文的优先级，则直接进行第（2）步。

（2）查看本地策略路由中是否配置了出接口

① 如果本地策略路由中设置了出接口，将报文从指定的出接口发送出去，不再执行以下步骤。

② 如果没有设置出接口，则直接进行第（3）步。

（3）查看本地策略路由中是否设置了下一跳

① 如果设置了策略路由的下一跳，且下一跳可达，则查看是否设置了下一跳联动路由。

如果设置了下一跳联动路由功能，设备会根据配置的联动路由的 IP 地址检测该 IP 地址是否路由可达。

如果该 IP 地址路由可达，则配置的下一跳生效，设备将报文发往下一跳，不再执行下面步骤。

如果该 IP 地址路由不可达，则配置的下一跳不生效，设备会继续查看是否配置备份下一跳。

如果本地策略路由中配置了备份下一跳，且备份下一跳可达，将报文发往备份下一跳，不再执行下面的步骤。

如果本地策略路由未配置备份下一跳，或配置的备份下一跳不可达，则按照正常流程根据报文的目的地址查找路由。如果没有查找到路由，则执行第（4）步。

如果本地策略路由中没有设置下一跳联动路由功能，将报文发往下一跳，不再执行下面的步骤。

② 如果设置了策略路由的下一跳，但下一跳不可达，则设备会继续查看是否配置备份下一跳。

如果配置了备份下一跳，且备份下一跳可达，将报文发往备份下一跳，不再执行下面的步骤。

如果没有配置备份下一跳，或配置的备份下一跳不可达，则按照正常流程根据报文的目的地址查找路由。如果没有查找到路由，则执行第（4）步。

③ 如果没有设置策略路由下一跳，则按照正常流程根据报文的目的地址查找路由表。如果没有查找到路由表项，则执行第（4）步。

（4）查看本地策略路由中是否设置了缺省出接口

① 如果设置了缺省出接口，将报文从缺省出接口发送出去，不再执行下面的步骤。

② 如果用户没有设置缺省出接口，则执行第（5）步。

（5）查看本地策略路由中是否设置了缺省下一跳

① 如果设置了缺省下一跳，将报文发往缺省下一跳，不再执行下面的步骤。

② 如果没有设置缺省下一跳，则执行第（6）步。

（6）丢弃报文，产生 ICMP_UNREACH 消息

从以上分析可以看出，对于找到了本地策略路由匹配某节点的报文，会在本节点的动作配置中按以下顺序（优先级依次降低）依次进行查找、应用，最终决定转发路径：

报文优先级设置→出接口→下一跳→缺省出接口→缺省下一跳。出接口和下一跳均可唯一确定报文的转发路径。

5.7.4　接口策略路由

接口策略路由与前面介绍的本地策略路由正好相反，它仅对转发的报文起作用，对本地始发的报文不起作用，且仅对接口接收的报文生效。

接口策略路由是通过 5.5.3 节介绍的 MQC 流行为中重定向功能实现的。缺省情况下，设备按照 IP 路由表的下一跳进行报文转发，如果配置了接口策略路由，且报文符合分类条件，则设备按照接口策略路由指定的下一跳对这些报文进行转发。

在按照接口策略路由指定的下一跳进行报文转发时，如果设备上有，或者学习到下一跳的 ARP 表项，则按照接口策略路由指定的下一跳 IP 地址进行报文转发；如果设备上没有该下一跳 IP 地址对应的 ARP 表项，设备会触发 ARP 学习。如果一直学习不到下一跳 IP 地址对应的 ARP 表项，则报文按照路由表指定的下一跳进行转发。

接口策略路由的主要功能体现在引流和路径选择两个方面。引流主要应用在网络边缘设备接口上，对来自外网的流量先引入指定的设备（例如内网防火墙）进行安全检查，再返回到边缘设备向内网进行转发。路径选择也主要应用在网络边缘设备接口上，对来自内网的不同用户流量选择不同的出接口或下一跳（例如，不同的 ISP）进行转发。

5.7.5　配置本地策略路由

本地策略路由的配置思路是，先配置用于报文匹配的本地策略路由的匹配规则，然后配置本地策略路由的动作，最后在出接口上应用以上配置的本地策略路由。但在配置本地策略路由之前，需要完成以下任务。

① 配置接口的链路层协议参数，使接口的链路协议状态为 Up。

② 配置用于匹配报文的 ACL。不限于基本 ACL，还可以是高级 ACL，可同时过滤报文的源 IP 地址、目的 IP 地址、源端口、目的端口等。

③ 如果希望报文进入 VPN，则需要预先配置 VPN。

1. **配置本地策略路由的匹配规则**

本地策略路由的匹配规则就是用来定义哪些本地始发的报文将应用本地策略路由进行转发，可通过 ACL 中的 IP 地址等信息或者报文长度（可单独配置，也可同时配置）进行过滤，本地策略路由的配置步骤见表 5-16。如果没有找到匹配的本地策略路由节点，这些报文将按照 IP 路由表进行转发。

表 5-16　本地策略路由的配置步骤

步骤	命令	说明
1	**system-view**	进入系统视图
2	**policy-based-route** *policy-name* { **deny** | **permit** } **node** *node-id* 例如，[Huawei] **policy-based-route** pbr1 **permit node** 10	创建策略路由和策略节点，如果策略节点已创建则进入本地策略路由视图。 • *policy-name*：指定要创建的策略名称，1～19 个字符，不支持空格，区分大小写。

步骤	命令	说明
2	**policy-based-route** *policy-name* { **deny** | **permit** } **node** *node-id* 例如，[Huawei] **policy-based-route** pbr1 **permit node** 10	• **deny**：二选一选项，设置策略节点的匹配模式为拒绝模式，表示对满足匹配条件的报文不进行策略路由。 • **permit**：二选一选项，设置策略节点的匹配模式为允许模式，表示对满足匹配条件的报文进行策略路由。 • *node node-id*：指定策略节点的顺序号，取值范围为 0～65535 的整数。策略节点顺序号的值越小，优先级越高，相应策略优先执行。 重复执行本命令可以在一条本地策略路由下创建多个节点。 缺省情况下，本地策略路由中未创建策略路由或策略路由节点，可用 **undo policy-based-route** *policy-name* [**permit** | **deny** | **node** *node-id*]命令删除本地策略路由中指定的策略路由或节点
3	**if-match acl** *acl-number* 例如，[Huawei-policy-based-route-policy1-10] **if-match acl** 2000	（可选）设置本地策略路由中 IP 报文的 ACL 匹配条件。参数 *acl-number* 可用来指定要调用的 ACL 号。它与下面的报文长度过滤可以单独配置，也可以同时配置。 【注意】因为在策略的执行过程中有本地策略路由和 ACL 两个匹配模式，所以在配置时要注意以下的匹配结果。 • 当 ACL 的 rule 配置为 **permit** 时，设备会对匹配该规则的报文执行本地策略路由相应的动作：如果本地策略路由中策略节点为 **permit**，则对通过 ACL 匹配条件的报文进行策略路由；如果本地策略路由中策略节点为 **deny**，则对通过 ACL 匹配条件的报文不进行策略路由，仍根据目的地址查找路由表转发报文。 • 当 ACL 的 rule 配置为 **deny** 或 ACL 未配置规则时，应用该 ACL 的本地策略路由不生效，即根据目的地址查找路由表转发报文。 • 当 ACL 配置了 rule，但报文未匹配上 ACL 中的任何规则，则该报文仍根据目的地址查找路由表转发报文，不应用策略路由。 如果在策略路由的同一个策略节点下多次配置了本命令，则按最后一次配置结果生效。 缺省情况下，本地策略路由中未配置 IP 地址匹配条件，可用 **undo if-match acl** 命令删除本地策略路由中的 IP 地址匹配条件
4	**if-match packet-length** *min-length max-length* 例如，[Huawei-policy-based-route-map1-10] **if-match packet-length** 100 200	（可选）设置 IP 报文长度匹配条件。它与上面的 ACL 过滤可以单独配置，也可以同时配置。 • *min-length*：指定策略路由要匹配的最短 IP 报文长度，取值范围为 0～65535 整数个字节。 • *max-length*：指定策略路由要匹配的最长 IP 报文长度，取值范围为 1～65535 整数个字节，且不能小于 *min-length* 参数值。 在策略路由的同一个策略节点下多次执行该命令，按最后一次配置结果生效。 缺省情况下，本地策略路由中未配置 IP 报文长度匹配条件，可用 **undo if-match packet-length** 命令删除本地策略路由中 IP 报文长度匹配条件的配置

2. 配置本地策略路由的动作

配置本地策略路由的动作是指对通过本地策略路由的报文进行出接口、下一跳，或者 IP 报文优先级指定等。配置时要注意以下情形。

① 如果策略中设置了两个下一跳，那么报文转发在两个下一跳之间负载分担。

② 如果策略中设置了两个出接口，那么报文转发在两个出接口之间负载分担。

③ 如果策略中同时设置了两个下一跳和两个出接口，那么报文转发仅在两个出接口之间负载分担。

本地策略路由的动作配置步骤见表 5-17。

表 5-17 本地策略路由的动作配置步骤

步骤	命令	说明
1	**system-view**	进入系统视图
2	**policy-based-route** *policy-name* { **deny** | **permit** } **node** *node-id* 例如，[Huawei] **policy-based-route** pbr1 **permit node** 10	进入本地策略路由视图
	以下命令是并列关系，没有先后次序，且均为可选配置，但一个策略节点中至少包含下面一条 apply 子句，也可以多条 apply 子句组合使用	
3	**apply output-interface** *interface-type interface-number* 例如，[Huawei-policy-based-route-policy1-10]**apply output-interface** dialer 1	（可选）指定本地策略路由中报文的出接口
	apply ip-address next-hop *ip-address1* [*ip-address2*] 例如，[Huawei-policy-based-route-policy1-10]**apply ip-address next-hop** 1.1.1.1	（可选）设置本地策略路由中报文的下一跳
	apply ip-address next-hop { *ip-address1* **track ip-route** *ip-address2* { *mask* | *mask-length* } } &<1-2>	（可选）配置本地策略路由的下一跳联动路由功能
	apply ip-address backup-nexthop *ip-address* 例如，[Huawei-policy-based-route-policy1-10] **apply ip-address backup-nexthop** 1.1.2.1	（可选）配置本地策略路由中报文转发的备份下一跳
	apply default output-interface *interface-type interface-number* 例如，[Huawei-policy-based-route-policy1-10] **apply default output-interface** dialer 1	（可选）配置本地策略路由中报文的缺省出接口，同样不能为广播类型接口
	apply ip-address default next-hop *ip-address1* [*ip-address2*] 例如，[Huawei-policy-based-route-policy1-10] **apply ip-address default next-hop** 1.1.1.10	（可选）配置本地策略路由中报文的缺省下一跳，仅对在路由表中未查询到路由的报文起作用
	apply access-vpn vpn-instance *vpn-instance-name* &<1-6> 例如，[Huawei-policy-based-route-policy1-10] **apply access-vpn vpn-instance** vpn1vpn2	（可选）设置本地策略路由中报文转发的 VPN 实例
	apply ip-precedence *precedence* 例如，[Huawei-policy-based-route-policy1-10] **apply ip-precedence critical**	（可选）设置本地策略路由中 IP 优先级

3. 应用本地策略路由

应用本地策略路由的方法很简单，只需在系统视图下通过 **ip local policy-based-route** *policy-name* 命令调用对应本地策略路由即可。这样在本地始发的报文（不包括转发的报文）都将应用本地路由策略。

【注意】一台路由器只能应用一个本地策略路由，且本命令为覆盖式命令，多次执行该命令后，仅最后一次配置结果生效。如果要使能其他本地策略路由，则必须先取消正在应用的另一条本地策略路由。

缺省情况下，没有配置任何本地策略路由，可用 **undo ip local policy- based-route** [*policy-name*]命令取消已使能的指定的本地策略路由。

本地策略路由应用后，可通过以下任意视图下的 **display** 命令查看相关信息，验证配置结果。

① **display ip policy-based-route**：查看本地已使能的策略路由的策略。

② **display ip policy-based-route setup local** [**verbose**]：查看本地策略路由的配置。

③ **display ip policy-based-route statistics local**：查看本地策略路由报文统计信息。

④ **display policy-based-route** [*policy-name* [**verbose**]]：查看已创建的策略内容。

5.7.6　配置接口策略路由

配置接口策略路由可以将到达本地设备，需经本地设备接口转发的报文重定向到指定的下一跳地址。接口策略路由可对匹配 MQC 流分类规则的数据流按照 MQC 重定向流行为选择转发路径，同样包括了 MQC 配置中的 3 项基本配置任务（需要按顺序配置）。

1. 定义策略路由流分类

定义流分类就是将匹配一定规则的报文归为一类，对匹配同一流分类的报文进行相同的处理，是实现差分服务的前提和基础。流分类通过 **if-match** 子句进行匹配，可以基于报文中的内/外层 VLAN ID、源 IP 地址、IP 地址、协议类型、DSCP/IP 优先级等进行匹配。策略路由中流分类的配置步骤见表 5-18。

表 5-18　策略路由中流分类的配置步骤

步骤	命令	说明
1	**system-view**	进入系统视图
2	**traffic classifier** *classifier-name* [**operator** { **and** | **or** }] 例如，[Huawei] **traffic classifier c1 operator and**	创建一个流分类，进入流分类视图
以下 if-match 匹配规则是并列关系，至少要选择一项，但可以同时配置多项		
3	**if-match vlan-id** *start-vlan-id* [**to** *end-vlan-id*] 例如，[Huawei-classifier-c1] **if-match vlan-id 2**	（可选）创建基于外层 VLAN ID 进行分类的匹配规则
	if-match cvlan-id *start-vlan-id* [**to** *end-vlan-id*] 例如，[Huawei-classifier-c1] **if-match cvlan-id 100**	（可选）创建基于 QinQ 报文内层 VLAN ID 进行分类的匹配规则
	if-match 8021p { *8021p-value* } &<1-8> 例如，[Huawei-classifier-c1] **if-match 8021p 1**	（可选）创建基于 VLAN 报文的 802.1 p 优先级进行分类的匹配规则
	if-match cvlan-8021p { *8021p-value* } &<1-8> 例如，[Huawei-classifier-c1] **if-match cvlan-8021p 1**	（可选）创建基于 QinQ 报文内层 802.1 p 优先级进行分类的匹配规则
	if-match destination-mac *mac-address* [**mac-address-mask** *mac-address-mask*] 例如，[Huawei-classifier-c1] **if-match destination-mac 0050-b007-bed3 mac-address-mask 00ff-f00f-ffff** （匹配目的 MAC 地址为××50-b××7-bed3 的报文）	（可选）创建基于目的 MAC 地址进行分类的匹配规则
	if-match source-mac *mac-address* [**mac-address-mask** *mac-address-mask*] 例如，[Huawei-classifier-c1] **if-match source-mac 0050-ba27-bed5 mac-address-mask 00ff-f00f-ffff** （匹配源 MAC 地址为××50-b××7-bed5 的报文）	（可选）创建基于源 MAC 地址进行分类的匹配规则

续表

步骤	命令	说明
	if-match l2-protocol { **arp** | **ip** | **mpls** | **rarp** | *protocol-value* } 例如，[Huawei-classifier-c1]**if-match l2-protocol arp**	（可选）创建基于二层封装的上层协议字段进行分类的匹配规则，对匹配同一流分类的报文进行相同的处理
	if-match any 例如，[Huawei-classifier-c1] **if-match any**	（可选）创建基于所有报文进行分类的匹配规则。当需要对所有的报文作统一处理时，可以使用本命令匹配所有的报文（但不匹配上送CPU的控制报文，例如，STP中的BPDU（Bridge Protocol Data Unit）报文）
3	**if-match ip-precedence** *ip-precedence-value* &<1-8> 例如，[Huawei-classifier-class1] **if-match ip-precedence** 1	（可选）创建基于 IP 优先级进行分类的匹配规则
	if-match tcp syn-flag { **ack** | **fin** | **psh** | **rst** | **syn** | **urg** }[*] 例如，[Huawei-classifier-c1] **if-match tcp syn-flag psh syn**	（可选）创建基于 TCP 报文头中的 SYN Flag 字段进行分类的匹配规则
	if-match inbound-interface *interface-type interface-number* 例如，[Huawei-classifier-class1]**if-match inbound-interface** ethernet 2/0/0	（可选）创建基于入接口对报文进行分类的匹配规则
	if-match outbound-interface *interface-type interface-number:channel* 例如，[Huawei-classifier-class1]**if-match outbound-interface** Cellular 3/0/0:1	（可选）创建基于 Cellular 出通道口对报文进行分类的匹配规则
	if-match acl { *acl-number* | *acl-name* } 例如，[Huawei-classifier-c1] **if-match acl** 2046	（可选）创建基于 ACL 进行分类的匹配规则

2. 配置流行为

在接口策略路由的流行为中仅支持重定向功能，包含重定向动作的流策略也只能在接口的入方向上应用。通过配置重定向，设备将符合流分类规则的报文重定向到指定的下一跳地址或指定出接口进行转发。

接口策略路由还可以通过与网络质量分析（Network Quality Analysis，NQA）联动，在网络链路出现故障时，实现路由快速切换，保障数据流量正常转发。与 NQA 实现联动后有以下两种情况。

① 当 NQA 检测到与目的 IP 可达时，按照指定的 IP 进行报文转发，即重定向生效。

② 当 NQA 检测到与目的 IP 不可达时，系统将按匹配的路由表路径转发报文，即重定向不生效。

接口策略路由流重定向行为的配置步骤见表 5-19。

表 5-19　接口策略路由流重定向行为的配置步骤

步骤	命令	说明
1	**system-view**	进入系统视图
2	**traffic behavior** *behavior-name* 例如，[Huawei] **traffic behavior** b1	创建一个流行为，进入流行为视图

步骤	命令	说明
3	**redirect ip-nexthop** *ip-address* [**vpn-instance** *vpn-instance-name*] [**track** { **nqa** *admin-name test-name* | **ip-route** *ip-address* { *mask* | *mask-length* } | **interface** *interface-type interface-number* }] [**post-nat**] [**discard**] 例如，[Huawei-behavior-b1] **redirect ip-nexthop** 10.0.0.1	（可选）将符合流分类的报文重定向到单个下一跳，并配置重定向与 NQA 测试例联动
	redirect backup-nexthop *ip-address* [**vpn-instance** *vpn-instance-name*] 例如，[Huawei-behavior-b1] **redirect backup-nexthop** 20.0.0.1	（可选）配置备份下一跳的重定向，必须已配置重定向下一跳
	redirect interface *interface-type interface-number* [**track** { **nqa** *admin-name test-name* | **ip-route** *ip-address* { *mask* | *mask-length* } | **ipv6-route** *ipv6-address mask-length* }] [**discard**] 例如，[Huawei-behavior-b1] **redirect interface** cellular 0/0/1	（可选）将符合流分类的报文重定向到指定接口
4	**statistic enable** 例如，[Huawei-behavior-b1] **statistic enable**	（可选）使能流量统计功能，将相应的流分类跟配置了流量统计功能的流行为绑定

3. 配置并应用流策略

以上接口策略路由的流分类和流行为配置好后，还需要创建一个流策略将它们关联起来，形成接口策略路由。接口策略路由应用配置步骤见表 5-20。

表 5-20　接口策略路由应用配置步骤

步骤	命令	说明
1	**system-view**	进入系统视图
2	**traffic policy** *policy-name* 例如，[Huawei] **traffic pollcy** p1	创建一个流策略，并进入流策略视图
3	**classifier** *classifier-name* **behavior** *behavior-name* [**precedence** *precedence-value*] 例如，[Huawei-trafficpolicy-p1] **classifier** c1 **behavior** b1	在流策略中为指定的流分类配置所需流行为，即绑定流分类和流行为。 目前，设备最多可以配置的流分类、流行为和流策略数目均为 1024 个。在单个流策略下，每个流分类只能与一个流行为关联，每个流策略支持 1024 个流分类和流行为的绑定
4	**quit**	退出流策略视图，返回系统视图
5	**interface** *interface-type interface-number* [*.subinterface-number*] 例如，[Huawei] **interface** ethernet 2/0/0	键入要应用流策略的接口，或子接口，进入接口视图
6	**traffic-policy** *policy-name* **inbound** 例如，[Huawei-Ethernet2/0/0] **traffic-policy** p1 **inbound**	（可选）在接口或子接口的入方向应用流策略

接口策略路由配置好后，可以通过以下 **display** 视图命令查看相关配置，验证配置结果。

① **display traffic classifier user-defined** [*classifier-name*]：查看设备上所有或者指定的流分类信息。

② **display acl** { **name** *acl-name* \| *acl-number* \| **all** }：查看指定的 ACL 规则的配置信息。

③ **display acl resource** [**slot** *slot-id*]：查看所有或者指定主控板上的 ACL 规则的资源信息。

④ **display traffic policy user-defined** [*policy-name* [classifier *classifier-name*]]：查看所有或者指定的流策略的配置信息。

⑤ **display traffic-policy applied-record** *policy-name*：查看指定流策略的应用记录信息。

⑥ **display traffic behavior** { **system-defined** | **user-defined** } [*behavior-name*]：查看所有或者指定的流行为的配置信息。

有关通过 MQC 实现接口策略路由的配置示例参见 5.5.6 节。

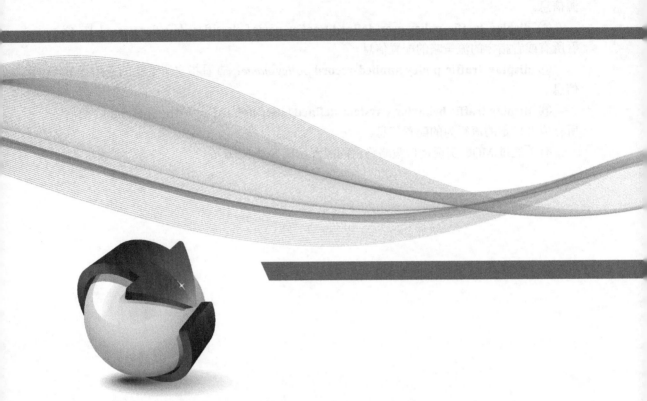

第6章
OSPF 路由

本章主要内容

6.1 OSPF 基础

6.2 OSPF 报文

6.3 OSPF LSA

6.4 OSPF 工作原理

6.5 配置 OSPF 特殊区域

6.6 OSPF 基本特性及配置

6.7 OSPF 路由控制

6.8 OSPF 快速收敛特性及配置

OSPF 协议是应用最广的一种动态路由协议，无论是在局域网中，还是在广域网中，因为它既是一种无环路由协议，配置方法又比较简单，容易掌握。

本章介绍了在 HCIP-Datacom 认证中必须掌握的 OSPF 协议基础知识、工作原理，以及常用 OSPF 特性、路由控制方法等高级功能的配置与管理方法。

目前，OSPF 主要有两个版本：IPv4 网络环境中使用的 OSPFv2（简称 OSPF）版本；IPv6 网络环境中使用的 OSPFv3 版本。它们的技术基础和主要工作原理基本一样。本章主要介绍 OSPFv2，如果无特殊说明，则本章中的 OSPF 均代表 OSPFv2。

【说明】因为已在《华为 HCIA-Datacom 学习指南》和《华为 HCIA-Datacom 实验指南》对 OSPF 的基础知识、基本工作原理和基本功能配置作了部分介绍，因此，这部分内容在本章不再赘述。

6.1 OSPF 基础

开放最短路径优先（Open Shortest Path First，OSPF）协议是 IETF 组织开发的一个基于链路状态的自治系统（Autonomous System，AS）内部的内部网关协议（Interior Gateway Protocol，IGP），广泛应用于各种网络中。

在 OSPF 出现前，网络上广泛使用路由信息协议（Routing Information Protocol，RIP）作为内部网关协议。但 RIP 收敛慢、路由环路、可扩展性差，所以逐渐被 OSPF 取代。OSPF 具有以下优势。

① 以链路状态信息作为路由计算参数，采用最短通路优先（Shortest Path First，SPF）算法计算路由，可消除路由环路。

② 以路由路径的累计"链路开销"作为选路参考的度量，相比 RIP 以路由路径中的三层设备数作为度量，更能真实反映不同路径的性能。

③ 采用组播方式收发报文，可以减少对其他不运行 OSPF 的路由器的影响。

④ 支持区域划分，可以支持大型网络。

⑤ OSPF 支持对等价路由进行负载分担。

⑥ OSPF 支持报文认证和加密。

目前，OSPF 主要有两个版本：一个是在 IPv4 网络中应用的 OSPFv2，对应 RFC2328；另一个是在 IPv6 网络应用的 OSPFv3，对应 RFC2740。本章主要介绍 OSPFv2 版本，若没有特别说明，本章后面所有 OSPF 均代表 OSPFv2。

6.1.1 基于链路状态运行

OSPF 是一种工作在网络层（IP 协议号为 89）的典型链路状态路由协议，所通告的是用于计算路由的链路状态信息。运行 OSPF 的路由器之间需要先建立邻居关系，才能彼此交互链路状态信息——链路状态公告（Link State Announcement，LSA）。LSA 描述的是路由器的接口状态信息，包括各接口的开销值、连接的 IP 网段等。这些都是用来计算到达各目的网段 OSPF 路由的依据。

OSPF 中有多种不同用途的 LSA，具体将在 6.3 节介绍。每台运行 OSPF 的路由器均会产生 LSA，同时也会接收邻居发来的 LSA，然后把从邻居接收到的 LSA 放入自己的链路状态数据库（Link State Data Base，LSDB）中。路由器会通过对 LSDB 中的 LSA 进行分析，从而了解整个网络的拓扑结构。

OSPF 路由器到达各目的网段的 OSPF 路由是由 SPF 算法进行计算生成的。SPF 计算 OSPF 路由基本原理是以本地路由器为根，生成无环，且拥有最短路径（依据 OSPF 开销比较）的"树"，然后计算出到达网络中各目的网段的最优路径。SPF 计算出来的各条最短路径就是各目的网段的 OSPF 路由，会加入本地 OSPF 进程（OSPF 支持同时启动多个路由进程）的 OSPF 路由表中。

OSPF 基于链路状态计算 OSPF 路由需要经过以下 4 个主要步骤。

① 相邻的 OSPF 路由器之间必须建立邻居关系。

② 邻居 OSPF 路由器之间互相通告 LSA，建立 LSDB，然后进行 LSDB 同步。

③ 本地 OSPF 路由器使用 SPF 算法依据 LSDB 计算到达各目的网段的最优路径。

④ 以计算出的各目的网段最短路径生成最终到达各目的网段的 OSPF 路由表项，并加入对应进程中的 OSPF 路由表中。

6.1.2　区域

在大中型网络中，运行 OSPF 的路由器设备可能非常多，如果不进行区域划分，则整个网络中的所有设备都要彼此学习路由信息，最终所生成的路由信息数据库就可能非常庞大，这样既大幅消耗了路由器的有限存储空间，也不利于进行高效路由选择。

另外，网络规模增大之后，拓扑结构发生变化的概率也增大，这样可能使网络时常处于"动荡"中，造成网络中会有大量的 OSPF 报文在传递，降低了网络的带宽利用率。更为严重的是，每一次变化都会导致网络中所有的路由器重新进行路由计算，消耗大量的设备和网络带宽资源。

OSPF 通过将 AS 划分成多个不同层次的区域（Area）来解决 LSDB 频繁更新的问题，提高网络的可靠性。区域是从逻辑上将各 OSPF 路由器划分为不同的组，每个组用区域号（Area ID）来标识。划分区域后，各路由器发送的大多数 LSA 只需在区域内传播，仅有少数用于计算区域间路由的 LSA 需要跨区域传播。这样一来，既大幅减少了网络中 LSA 传输的数量，降低了每台路由器用于存储 LSDB 所需的存储空间需求，也使单一链路故障对整个网络所带来的影响降到最低，使网络总体更加稳定。

划分区域后链路震荡的影响范围减小示例如图 6-1 所示，Area 1 中的链路质量不好，一直处于闪断中，所以 Area 1 的 SPF 算法会频繁运算。但是这种影响仅局限在 Area 1 内，其他区域不会因此而重新进行 SPF 运算，使网络的震荡被限制在一个更小的范围内，提高了网络的稳定性。

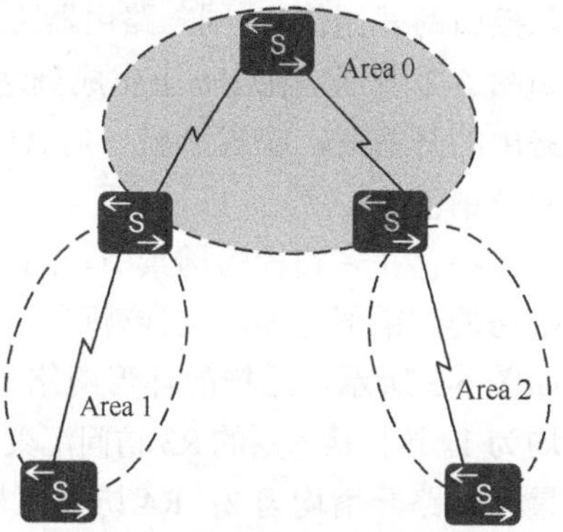

图 6-1　划分区域后链路震荡的影响范围减小示例

另外，划分区域后，可以在 ABR 路由器上进行路由聚合，不同区域之间仅向外通告其聚合路由，这样就可以大幅减少通告到其他区域的 LSA（链路状态公告）数量。

OSPF 的区域 ID 是一个 IPv4 格式的 32 位无符号数，但为了简便起见，通常直接用一个对应的整数（把 4 字节二进制数中的每个字节转换成对应的十进制数）表示，例如，区域 0 对应的就是区域 0.0.0.0、区域 10 对应的就是区域 0.0.0.10，而区域 256 对应的就是区域 0.0.1.0。

OSPF 有多种区域类型，缺省情况下，OSPF 区域被定义为普通区域。普通区域包括标准区域和骨干区域，可传输区域内、区域间路由和外部路由，其中，骨干区域是连接所有其他 OSPF 区域的中央区域，用 Area 0 表示。OSPF 特殊区域包括 Stub 区域、Totally Stub 区域、NSSA 区域和 Totally NSSA 区域，具体将在 6.1.5 节介绍。

OSPF 区域的划分和配置都不是随意的，必须遵循以下原则。

① OSPF 网络中只能有一个骨干区域，且区域 ID 必须是 0（或 0.0.0.0），其他区域

ID 所代表的区域均是非骨干区域。

② 骨干区域是所有其他区域之间的路由信息交互或者通信的必经区域，不能在两个标准区域之间，或者在两个特殊区域，或者标准区域与特殊区域之间直接进行路由信息交互或通信。

③ 非骨干区域必须直接或通过虚连接（Virtual Link）与骨干区域相连，即任何非骨干区域必须至少有一台设备连接到骨干区域。

④ 同一链路两端的接口必须属于同一区域，因为 OSPF 的区域边界是路由器，而不是链路。

6.1.3　度量

每一种动态路由协议在计算路由时都有一个"度量"参考，但不同的路由协议的度量类型不一样，例如，RIP 路由的度量是 Hop（跳数），而 OSPF 路由的度量是指链路开销（Cost）。每一个运行 OSPF 的接口都会有一个对应的接口开销值，可以手动配置，也可直接采用缺省值。

OSPF 缺省的接口开销值的计算公式为：100Mbit/s 除以接口带宽，结果必须是整数，小于 1 时以 1 计算。公式中的 100Mbit/s 是 OSPF 指定的缺省参考值，该值可以配置修改。缺省情况下，FE 接口和 GE 接口的开销值均为 1，而 Serial 接口的开销值为 64。

OSPF 路由的开销不是仅计算本地路由器连接到达某目的网段的对应接口的接口开销，而是要累计从本地路由器到达目的网段的路径中所有**出接口**的接口开销值（**不计算入接口的开销值**）。同一路由器上的各接口间的路由开销为 0。OSPF 路由开销计算示例如图 6-2 所示，在 R1 上生成到达 R3 上 GE0/0/1 接口所连接网段 10.10.1.0/24 的 OSPF 路由的开销值，缺省情况下是 R1 的 GE0/0/0 接口的开销值 1，加上 R2 的 GE0/0/1 接口的开销值 10，等于 11。

在存在多路径的场景中，通常会将上层直连链路的开销值设为大于接入下层的所有链路的开销值之和，这样就可保证下层访问上层时存在单一路径。OSPF 开销设置示例如图 6-3 所示，这样的环形网络中，如果都采用缺省开销值，则各条千兆接口的开销值均为 1。这样接入层的 R3 访问汇聚层的 R2 直连网络有两条等价路径：R3-R1-R2、R3-R4-R2，累计链路开销均为 2；R4 访问汇聚层 R1 上直连网络时也有两条等价路径：R4-R3-R1、R4-R2-R1，累计链路开销值均为 2。

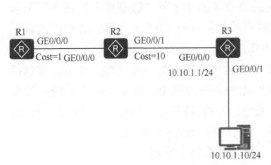

图 6-2　OSPF 路由开销计算示例

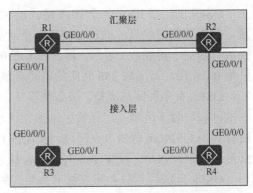

图 6-3　OSPF 开销设置示例

如果把汇聚层 R1 与 R2 之间直连链路的接口开销值改成大于接入环中所有链路（包括 R1 与 R3、R3 与 R4、R4 与 R2，共 3 段接入链路）开销之和（3），假设为 10，即可使 R3 访问汇聚层的 R2 直连网络时只能从接入层选择 R3-R4-R2 路径，而不能选择包含了汇聚层直连链路的 R3-R1-R2 路径，R4 访问汇聚层 R1 上直连网络时也只能从接入层选择 R4-R3-R1 的路径，而不能选择包含汇聚层直连链路的 R4-R2-R1 的路径。

6.1.4　路由类型

划分区域的目的是想减少网络中交互的 LSA 数量，最终减少路由器上依据 LSA 计算的路由数量，这就自然会想到对在区域内部，或者区域之间，甚至从其他 AS 引入的路由进行分类。在 OSPF 网络中，有以下 4 类路由。

① 区域内（Intra Area）路由：**区域内 IR 路由器之间的路由**，仅用于 IR 设备间的互联，不向区域外通告。

② 区域间（Inter Area）路由：**区域间 ABR 之间的路由**，仅用于通过骨干区域与其他区域相互通告路由信息。

③ 第一类外部（Type-1 External）路由：这是经由 ASBR 引入的外部路由，包括引入直连路由、静态路由、RIP 路由、IS-IS 路由或者其他进程 OSPF 路由而生成的 OSPF 路由。这类外部路由的开销值计算方法与 OSPF 路由的开销值计算方法具有可比性，可信度较高。**第一类外部路由的开销为本设备到相应的 ASBR 的开销与 ASBR 到该路由目的网络的开销之和。**

④ 第二类外部（Type-2 External）路由：这也是经由 ASBR 引入的外部路由，但通常是引入 BGP 路由而生成的 OSPF 路由。这类外部路由的开销值计算方法与 OSPF 的开销值计算方法不具有可比性，可信度较低。OSPF 认为，从 ASBR 到 AS 外目的网络的开销远远大于在 AS 内到达 ASBR 的开销，因此，OSPF 计算第二类外部路由的开销时只考虑 ASBR 到 AS 外目的网络的开销。**第二类外部路由的开销为 ASBR 到该路由目的网络的开销。**

以上第一类外部路由和第二类外部路由不是由系统自动判定的，而是由管理员依据上述两种路由的特性手动设置的，缺省为第二类外部路由。

6.1.5　OSPF 特殊区域

OSPF 的区域整体而言可分"传输区域"（Transit Area）和"末端区域"（Stub Area）两种。Transit 区域除了有本区域发起的流量和访问本区域的流量，还承载了源 IP 地址和目的 IP 地址均不属于本区域的流量，例如，骨干区域。Stub 区域只承载本区域发起的流量和访问本区域的流量。

OSPF 路由的计算依赖的是 LSA，但网络中的设备性能参差不齐。当网络规模比较大时，设备 LSDB 中存储的 LSA 会越来越多，这样一些性能较差的设备在进行路由计算时可能越来越吃力，造成设备可用性下降。为此就设想，是否可以使一些区域中的设备不接受外部某些 LSA，以减少需要存储、计算的 OSPF 路由表项数目，提高路由效率。这就是 OSPF 网络中的 Stub、Totally Stub、NSSA 和 Totally NSSA 4 种特殊区域。

1. Stub（末端）区域

Stub 区域示例如图 6-4 所示。Stub 区域是根据需要在非骨干区域的普通区域中配置而成的，如图 6-4 中的区域 2。当一个 OSPF 的区域只存在一个区域出口点（只与一个其他区域连接）时，就可以将该区域配置成一个 Stub 区域。这时，该区域的 ABR 会对区域内通告缺省路由信息，以减少该区域内所接收的 LSA 和生成的 OSPF 路由数量。要注意的是，一个 Stub 区域中的所有路由器都必须知道自身属于该区域（也就是需要在其中的各路由器上启用 Stub 功能），否则 Stub 区域的设置不会起作用。

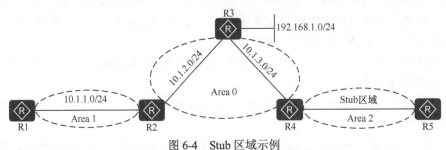

图 6-4 Stub 区域示例

Stub 区域具有以下特性。

① Stub 区域的 ABR 不向区域内传播所接收的外部 AS 路由（即不允许传播 Type-4、Type-5 LSA），但仍传播来自其他区域的路由（即允许传播 Type-3 LSA）。

② Stub 区域内不引入外部 AS 路由，即无 ASBR。

③ Stub 区域内的路由器通过其 ABR 产生的一条缺省路由（使用 Type-3 LSA 生成）与外部 AS 通信。

Stub 区域通过禁止 ABR 接收 Type-4 LSA 和 Type-5 LSA，仅允许同一 AS 中其他区域的 Type-3 LSA 通过 ABR 进入区域，来实现在这些区域中的路由器减小路由表规模，并大幅减少路由信息传递的数量的目的，同时减少了设备内存资源消耗，提高了路由效率。这样一来，在 Stub 区域内部路由器中**仅有 Type-1 LSA、Type-2 LSA（广播网络中才有）和 Type-3 LSA 存在**，没有 Type-4 LSA 和 Type-5 LSA（更没有专用于 NSSA 和 Totally NSSA 区域的 Type-7 LSA）。**但骨干区域不能配置为 Stub 区域，虚连接也不能穿越 Stub 区域。**

在禁止了 Type-4 LSA 和 Type-5 LSA 的情况下，为了实现 Stub 区域内路由器与外部 AS 网络通信，Stub 区域的 ABR 自动产生并向区域内通告一条缺省的 Network-summary-LSA（Type-3 LSA），生成 Type-3 缺省路由（0.0.0.0）。

2. Totally Stub 区域

如果觉得对于区域间的明细路由也没必要都了解，仅保留一个出口（如图 6-4 中的 R4）让 Area 2 中的路由器的数据包能够访问到其他区域就行了，则可以把该区域配置为 Totally Stub（完全末梢）区域。

Totally Stub 区域所需满足的条件与 Stub 区域一样，即**只有处于 AS 边缘，只有一个连接其他区域的 ABR，没有 ASBR**，且没有虚连接穿越的非骨干区域才可配置为 Totally Stub 区域。

　　Totally Stub 区域中，**既不允许自治系统外部的路由在区域内传播，也不允许区域间路由在区域内传播**。即在 LSA 的限制上，Totally Stub 区域比 Stub 区域更加严格，除了不允许与外部 AS 路由相关的 Type-4 LSA 和 Type-5 LSA 进入区域内，还不允许同一 AS 中其他区域的 Type-3 LSA 经由 ABR 向区域内泛洪。这样一来，在 Totally Stub 区域内部路由器中**仅有 Type-1 LSA 和 Type-2 LSA**（广播网络中才有），**没有 Type-3 LSA、Type-4 LSA 和 Type-5 LSA**（同样更没有 Type-7 LSA），进一步减小了区域内部路由器的路由表规模，进一步降低了设备内在资源消耗，提高了路由效率，这对那些较低配置的设备来说非常重要。

　　与 Stub 区域类似，为了解决有时 Totally Stub 区域内部路由器需要与其他区域，或者与外部 AS 进行通信的问题，ABR 也会自动产生并向区域内通告一条缺省的 Network-summary-LSA（Type-3 LSA）。

3. NSSA 区域

　　Stub 区域仅位于网络边缘，只能有一个 ABR，不能有 ASBR，也不能引入来自其他区域的外部路由，虽然大幅减小了区域内路由器 LSDB 规模和资源消耗，但同时又因为本区域内没有 ASBR，不能引入外部路由，应用受到了限制。为了弥补缺陷，提出了一种新的概念——非纯末梢区域（Not-So-Stubby Area，NSSA），并且作为 OSPF 的一种扩展属性单独在 RFC 1587 中描述。

　　NSSA 区域是对原来的 Stub 区域概念的延伸，或者说是 Stub 区域修订版本，在必备条件方面有所放宽，即 **NSSA 区域可以位于非边缘区域，可以有多个 ABR**（**Stub 区域仅允许有一个 ABR**），**还可以有一个或多个 ASBR**（可在本区域内引入外部路由）。NSSA 区域示例如图 6-5 所示，区域 2 配置为 NSSA 区域，R5 作为区域 2 的 ASBR，引入 192.168.2.0/24 网段的其他类型路由。

　　在 LSA 的限制方面，NSSA 区域与 Stub 区域既有相同的地方，又有不同的地方，具体表现如下。

　　① 允许本区域 ASBR 上引入的外部 AS 路由以 Type-7 LSA 在 NSSA 区域内泛洪，然后在该区域的 ABR 上转换成 Type-5 LSA 后再以 **ABR 的身份**（源 IP 地址为 ABR 的）发布到其他区域（相当于此 **ABR 又是 ASBR 了**），因为 Type-7 LSA 是专门为 NSSA 区域新定义的，所以非 NSSA 区域设备不可识别。

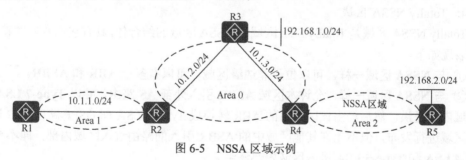

图 6-5　NSSA 区域示例

　　Type-7 LSA 转换成 Type-5 LSA 如图 6-6 所示，NSSA 区域（区域 2）中 ASBR-2 引入了 RIP 路由，通过 Type-7 LSA 在该区域内发布，再经过 ABR-2 转换成 Type-5 LSA，向 OSPF 网络中其他普通区域（如图 6-6 中的区域 0 和区域 1）泛洪，在 ABR-1 上会生成到达 ABR-2 的 Type-4 LSA。

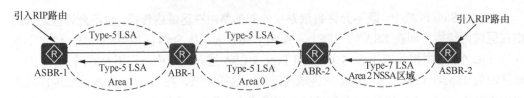

图 6-6　Type-7 LSA 转换成 Type-5LSA

② 与 Stub 区域一样，NSSA 区域允许区域间的 Type-3 LSA 进入，不允许与其他区域中 ASBR 发布的外部 AS 路由相关的 Type-4 LSA 和 Type-5 LSA 进入 NSSA 区域内泛洪，即 NSSA 区域不会学习来自其他区域的外部路由。因此，在图 6-6 区域 1 中的 ASBR-1 发布的 Type-5 LSA 只能在普通区域中泛洪，到达 ABR-2 后也不能再通过转换成 Type-7 LSA 向 NSSA 区域泛洪。

【说明】为了将 NSSA 区域引入的外部路由发布到其他区域，需要把 Type-7 LSA 转化为 Type-5 LSA，以便在整个 OSPF 网络中通告。Type-7 LSA 头部中的 P-bit（Propagate bit）用于告知转化路由器（缺省情况下，转化路由器是 NSSA 区域中 Router ID 最大的 ABR）该条 Type-7 LSA 是否需要转化（非转化路由器不能转换 Type-7 LSA 为 Type-5 LSA）。只有 P-bit 置位（为 1），且转发地址（Forwarding Address，FA）不为 0 的 Type-7 LSA 才能转化为 Type-5 LSA。FA 用来表示发送的某个目的地址的报文将被转发到 FA 所指定的地址。但 NSSA 区域 ASBR 产生的缺省路由 Type-7 LSA 不会置位 P-bit。

可以看出，NSSA 区域限制了由其他区域中的 ASBR 所引入的外部 AS 路由进入区域内，但同样 NSSA 区域内部路由器有可能需要与其他区域连接的外部 AS 进行通信。

为了解决这一问题，NSSA 区域仍采用缺省路由的方式来解决，就是在该区域的 ABR 上向区域内部路由器泛洪一条指向自己的缺省路由，使该 ABR 作为区域内部路由器与其他区域 ASBR 所连接的外部 AS 网络进行通信的唯一路由。但在 NSSA 区域中，可能同时存在多个 ABR，为了防止路由环路产生，**ABR 之间不计算对方发布的缺省路由。**

通过以上介绍可以看出，**在 NSSA 区域中存在 Type-1 LSA、Type-2 LSA（广播网络中才有）、Type-3 LSA 和 Type-7 LSA，但没有 Type-4 LSA 和 Type-5 LSA。**

4. Totally NSSA 区域

Totally NSSA 区域是 Totally Stub 区域和 NSSA 区域的结合体，具有它们双方的特点，具体表现如下。

① 与 **NSSA 区域一样，可以位于非边缘区域，可以有多个 ABR 和 ASBR。**

② 与 **NSSA 区域一样，允许本区域 ASBR 引入外部 AS 路由，并以 Type-7 LSA 进入区域内部泛洪，**然后经由该区域内的 ABR 转换成 Type-5 LSA 向 OSPF 路由域中其他所有区域进行发布，但不允许其他区域中的 ASBR 引入的路由进入区域内部，即不允许 **Type-4 LSA 和 Type-5 LSA 进入区域内部泛洪。**

③ 与 **Totally Stub 区域一样，不允许 Type-3 LSA 进入区域内部泛洪**（NSSA 区域是允许的），这样可进一步减小区域内部路由器的路由表规模。

同样，因为 Totally NSSA 区域禁止了其他区域的 Type-3 LSA 和其他区域中 ASBR 连接的外部 AS 相关 Type-4 LSA、Type-5 LSA 进入区域内，所以区域内部路由器无法获知到达这些地方的路由信息。为了解决这一问题，Totally NSSA 区域的 ABR 会自动产生一条缺省的 Type-3 LSA 通告到整个 NSSA 区域。这条缺省路由作为 Totally NSSA 区域内路由器与其他区域 ASBR 所连接的外部 AS 网络及其他区域通信的唯一路由。

4 种特殊区域的比较见表 6-1。

表 6-1　4 种特殊区域的比较

特点	Stub 区域	Totally Stub 区域	NSSA 区域	Totally NSSA 区域
是否必须位于 AS 边缘	是	是	不是	不是
ABR 数量	一个	一个	一个或多个	一个或多个
是否允许有 ASBR	不允许	不允许	允许一个或多个	允许一个或多个
是否允许虚连接穿过	不允许	不允许	不允许	不允许
Type-3 LSA	允许	不允许	允许	不允许
Type-4 LSA、Type-5 LSA	不允许	不允许	不允许	不允许
Type-7 LSA	不允许	不允许	允许	允许
缺省路由	作为区域内部路由器与外部 AS 网络通信时在到达 ABR 前的唯一路由，也作为外部 AS 网络与区域内部路由器通信时在到达 ABR 后的唯一路由	作为区域内部路由器与其他区域、外部 AS 网络通信时在到达 ABR 前的唯一路由，也作为其他区域、外部 AS 网络与区域内部路由器通信时在到达 ABR 后的唯一路由	作为区域内部路由器与其他区域 ASBR 连接的外部 AS 网络通信时在到达 ABR 前的唯一路由，也作为其他区域 ASBR 连接的外部 AS 网络与区域内部路由器通信时在到达 ABR 后的唯一路由	作为区域内部路由器与其他区域、其他区域 ASBR 连接的外部 AS 网络通信时在到达 ABR 前或者 ASBR 的唯一路由，也作为其他区域、其他区域 ASBR 连接的外部 AS 网络与区域内部路由器通信时在到达 ABR 或者 ASBR 后的唯一路由
允许的 LSA	Type-1 LSA、Type-2 LSA 和 Type-3 LSA	Type-1 LSA 和 Type-2 LSA	Type-1 LSA、Type-2 LSA、Type-3 LSA 和 Type-7 LSA	Type-1 LSA、Type-2 LSA 和 Type-7 LSA
不允许的 LSA	Type-4 LSA、Type-5 LSA 和 Type-7 LSA	Type-3 LSA、Type-4 LSA、Type-5 LSA 和 Type-7 LSA	Type-4 LSA 和 Type-5 LSA	Type-3 LSA、Type-4 LSA 和 Type-5 LSA

6.2　OSPF 报文

OSPF 把 AS 划分成逻辑意义上的一个或多个区域，通过 LSA 的形式发布路由信息，然后依靠在 OSPF 区域内各设备间各种 OSPF 报文的交互来达到区域内路由信息的统一，最终在区域内部路由器中构建完全同步的 LSDB。因为 OSPF 是专为 TCP/IP 网络而设计、工作在网络层的路由协议，所以 OSPF 的各种报文都采用 IP 封装，可以以单播或组播方式发送。

6.2.1　OSPF 报头格式

　　OSPF 有 5 种报文，分别是 Hello 报文、数据库描述（Database Description，DD）报文、链路状态请求（Link State Request，LSR）报文、链路状态更新（Link State Update，LSU）报文、链路状态确认（Link State Ack，LSAck）报文。OSPF 报头格式如图 6-7 所示，OSPF 报头字段说明见表 6-2。一个 OSPF 报头的示例如图 6-8 所示。

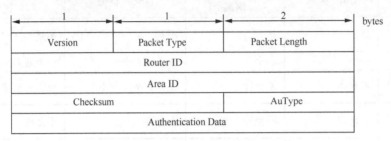

图 6-7　OSPF 报头格式

```
⊟ OSPF Header
    OSPF Version: 2
    Packet  Type: LS Update (4)
    Packet Length: 92
    Router ID: 10.0.2.2 (10.0.2.2)
    Area ID: 0.0.0.0 (Backbone)
    Packet Checksum: 0xe479 [correct]
    AuType: Null
    Authentication Data (none)
```

图 6-8　一个 OSPF 报头示例

表 6-2　OSPF 报头字段说明

字段名	长度	功能
Version	1 字节	版本，指出所采用的 OSPF 版本号，OSPFv2 的版本值就为 2，即 0000 0010
Packet Type	1 字节	报文类型，标识对应 OSPF 报文的类型，取值为 1~5 的整数，分别对应 Hello 报文、DD 报文、LSR 报文、LSU 报文、LSAck 报文
Packet Length	2 字节	包长度，以字节为单位标识整个 OSPF 报文长度
Router ID	4 字节	路由器 ID，标识生成此 OSPF 报文的路由器的 ID
Area ID	4 字节	区域 ID，指定发送报文的路由器接口所在的 OSPF 区域号
Checksum	2 字节	校验和，是对整个 OSPF 报文（包括 OSPF 报头和报文具体内容，但不包括 Authentication Data 字段）的校验和，用于**对端路由器**校验报文的完整性和正确性。正确时显示 correct，不正确时显示 incorrect
AuType	2 字节	验证类型，指定在进行 OSPF 报文交互时所需采用的验证类型，0 为不验证，1 为进行简单验证，2 为采用 MD5 方式验证
Authentication Data	8 字节	验证数据，具体值根据不同验证类型而定。验证类型为不验证时，此字段没有数据；验证类型为简单验证时，此字段为验证密码；验证类型为 MD5 验证时，此字段为 MD5 摘要消息

6.2.2　Hello 报文格式

　　OSPF 使用 Hello 报文来建立和维护邻居路由器之间的邻居关系。

　　在 P2P 和广播类型网络中，Hello 报文以 HelloInterval 为周期（缺省为 10s），**以组**

播方式向 **224.0.0.5**（如果是向 **DR** 或 **BDR** 发送，则组播地址为 **224.0.0.6**）组播组发送。
在 P2MP 和 NBMA 类型网络中，Hello 报文是以 PollInterval 为周期（缺省为 30s）发送
的（**P2MP 网络是以组播方式发送，NBMA 网络是以单播方式发送**）。如果在设定的
DeadInterval 时间（**通常至少是 Hello 报文发送时间间隔的 4 倍**）内没有收到对方 OSPF
路由器发送来的 Hello 报文，则本地路由器会认为该对方路由器无效。

　　Hello 报文格式如图 6-9 所示，Hello 报文内容部分字段说明见表 6-3。Hello 报文内
容包括一些定时器设置、DR、BDR 及本路由器已知的邻居路由器信息。OSPF Hello 报
文内容示例如图 6-10 所示。

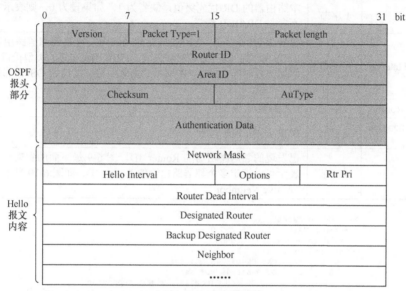

图 6-9　Hello 报文格式

表 6-3　Hello 报文内容部分字段说明

字段名	长度	功能
Network Mask	4 字节	发送 Hello 报文的接口的 IP 地址所对应的子网掩码
Hello Interval	2 字节	指定周期性发送 Hello 报文的时间间隔。P2P、Broadcast 类型接口发送 Hello 报文的时间间隔为 10s；P2MP、NBMA 类型接口发送 Hello 报文的时间间隔为 30s
Options	1 字节	可选项，置 "1" 时代表具有相应特性，置 "0" 时代表不具备相应特性。该字节中的每一位均代表一种特性，说明如下（参见图 6-10）。 • DN：Down 比特位，置 0。 • O：Opaque 比特位，置 0。 • DC：Demand Circuit（按需电路）比特位，描述当前路由器是否支持按需拨号链路。 • L：链路本地信令（Link Local Signaling，LLS）数据块比特位，包括 Extended Options TLV 和 Cryptographic Authentication TLV 两种新的 TLV，带有这两种 TLV 的 OSPF 报文置 1，否则置 0。 • N/P：N 或 P 比特位，在 Hello 和 DD 报文中为 N 比特位，指示当前路由器是否在 NSSA 区域中，置 1 时，E 比特位必须被清零。在 LSA 报文中为 P 比特位，置 1 时，表示要把 Type-7 LSA 转换成 Type-5 LSA

续表

字段名	长度	功能
Options		• MC：MultiCast（组播）比特位，描述当前路由器是否支持转发 IP 组播报文。 • E：External Routing（外部路由）比特位，描述当前路由器是否支持外部路由，标识发送该 Hello 报文的接口是否具有接收和发送 Type-5 LSA 的能力，置 1 时表示具有该能力，置 0 时表示不具有该能力。 • MT：Muti-Topology（多拓扑）比特位，描述当前路由器是否支持多拓扑路由
Rtr Pri	1 字节	本路由器的 DR 优先级值，缺省为 1。如果设为 0，则表示本路由器不参与 DR/BDR 选举
Router Dead Interval	4 字节	邻居失效的时间，指定如果在此时间内没有收到邻居路由器发来的 Hello 报文，则认为该邻居失效。P2P、Broadcast 类型接口的 OSPF 邻居失效时间为 40s，P2MP、NBMA 类型接口的 OSPF 邻居失效时间为 120s
Designated Router	4 字节	DR 的接口 IP 地址
Backup Designated Router	4 字节	BDR 的接口 IP 地址
Neighbor	4 字节	已发现的邻居路由器的 Router ID。图 6-9 最下面的省略号（……）表示可以指定多个邻居路由器的 Router ID，即图 6-10 最下面的多个 "Active Neighbor"

```
⊟ OSPF Hello Packet
    Network Mask: 255.255.255.0
    Hello Interval: 10 seconds
  ⊟ Options: 0x02 (E)
      0... .... = DN: DN-bit is NOT set
      .0.. .... = O: O-bit is NOT set
      ..0. .... = DC: Demand Circuits are NOT supported
      ...0 .... = L: The packet does NOT contain LLS data block
      .... 0... = NP: NSSA is NOT supported
      .... .0.. = MC: NOT Multicast Capable
      .... ..1. = E: External Routing Capability
      .... ...0 = MT: NO Multi-Topology Routing
    Rtr Pri: 255
    Router Dead Interval: 40 seconds
    Designated Router: 10.1.234.2
    Backup Designated Router: 10.1.234.3
    Active Neighbor: 10.0.2.2
    Active Neighbor: 10.0.4.4
```

图 6-10　OSPF Hello 报文内容示例

6.2.3　DD 报文格式

DD 报文可用来描述本地路由器的链路状态数据库（LSDB），即在本地 LSDB 中包括哪些 LSA。在两个 OSPF 路由器通过 Hello 报文建立好邻居关系后，就要开始交换 DD 报文（**除了 P2P 网络以组播方式向 224.0.0.5 发送，其他网络类型均以单播方式发送**），以便进行 LSDB 同步。

DD 报文格式如图 6-11 所示，DD 报文内容部分字段说明见表 6-4。DD 报文内容部分包括 DD 报文序列号和本地 LSDB 中每一条 LSA 的头部。DD 报文内容示例如图 6-12 所示。

对端路由器根据所收到的 DD 报文内容部分所列出的 LSA 头部，可以判断出本地是否已有这条 LSA。由于 LSDB 的内容可能相当长，所以可能需要经过多个 DD 报文的交互来完成双方 LSDB 的同步。正因如此，在 DD 报文中有 I 和 M 这两个专门用于标识 DD 报文序列的比特位。接收方可依据这两个比特位对接收到的 DD 报文重新排序，重组所接收的 DD 报文。

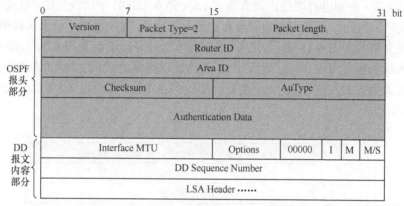

图 6-11　DD 报文格式

表 6-4　DD 报文内容部分字段说明

字段名	长度	功能
Interface MTU	2 字节	指出发送 DD 报文的接口在不分段的情况下，可以发出的最大 IP 报文长度。DD 报文中包括 MTU 参数，如果收到的 DD 报文中的 MTU 值与本地配置的 MTU 值不相等，则丢弃该报文。缺省没有开启 MTU 值检查功能
Options	1 字节	选项，与 Hello 报文中的该字段一样，参见表 6-3 中的 Options 字段说明
I	1 比特	指定在连续发送多个 DD 报文时，如果是第一个 DD 报文，则该比特位置 1，其他的均置 0
M	1 比特	指定在连续发送多个 DD 报文时，如果是最后一个 DD 报文，则置 0，否则均置 1
M/S	1 比特	指定 DD 报文交互双方的主/从（M/S）关系，这是在交互 DD 报文前需要确定的。Router ID 大的一方将成为 Master（主）角色，置 1 为主角色，置 0 则表示 Slave（从）角色
DD Sequence Number	4 字节	指定所发送的 DD 报文序列号。主/从双方均使用主设备的 DD 报文序列号来确保 DD 报文传输的可靠性和完整性
LSA Header	4 字节	指定 DD 报文中所包括的 LSA 头部。后面的省略号（……）表示在一个 DD 报文中可以包括多个 LSA 头部

```
⊟ OSPF DB Description
    Interface MTU: 0
  ⊟ Options: 0x02 (E)
        0... .... = DN: DN-bit is NOT set
        .0.. .... = O: O-bit is NOT set
        ..0. .... = DC: Demand Circuits are NOT supported
        ...0 .... = L: The packet does NOT contain LLS data block
        .... 0... = NP: NSSA is NOT supported
        .... .0.. = MC: NOT Multicast Capable
        .... ..1. = E: External Routing Capability
        .... ...0 = MT: NO Multi-Topology Routing
  ⊞ DB Description: 0x07 (I, M, M/S)
    DD Sequence Number: 63
```

图 6-12　DD 报文内容示例

6.2.4　LSR 报文格式

　　LSR 报文用于请求邻居路由器 LSDB 中存在，而本地 LSDB 中不存在的 LSA（通过比对 DD 报文中所包括的 LSA 头部与本地 LSDB 中的 LSA 得出）。当两台路由器互相交换完 DD 报文后，会知道对端路由器有哪些 LSA 是本 LSDB 中所没有的，以及哪些 LSA 是已经失效的，因此，需要向对端邻居路由器发送一个 LSR 报文，请求所需的 LSA。

　　LSR 报文格式如图 6-13 所示，LSR 报文内容部分字段说明见表 6-5。LSR 报文内容部分包括本端需要向对端请求（**除了 P2P 网络是以组播方式向 224.0.0.5 发送，其他类型网络均以单播方式发送**）的 LSA 摘要（即仅包括 LSA 头部）。LSR 报文内容示例如图 6-14 所示。

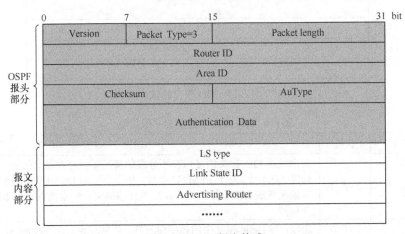

图 6-13　LSR 报文格式

表 6-5　LSR 报文内容部分字段说明

字段名	长度	功能
LS type	4 字节	指定所请求的 LSA 类型
Link State ID	4 字节	具体含义根据所请求的 LSA 类型不同而不同：当为 Type-1 LSA 时，标识的是产生所请求 LSA 的路由器的 Router ID；当为 Type-2 LSA 时，标识的是 DR 接口的 IP 地址；当为 Type-3 LSA 时，标识的是内部目的网络的 IP 地址；当为 Type-4 LSA 时，标识的是 ASBR 的 Router ID；当为 Type-5 LSA 或 Type-7 LSA 时，标识的是外部目的网络的 IP 地址
Advertising Router	4 字节	指定发送此 LSR 报文的路由器的 Router ID

```
⊟ Link State Request
    LS Type: Router-LSA (1)
    Link State ID: 10.0.4.4
    Advertising Router: 10.0.4.4 (10.0.4.4)
```

图 6-14　LSR 报文内容示例

6.2.5　LSU 报文格式

　　LSU 报文是 LSR 报文的应答报文，用来发送对端路由器所需的真正 LSA 内容，可以包括多条完整 LSA。**LSU 报文在 P2P 网络和广播网络中是以组播方式向 224.0.0.5 发送，在 NBMA 网络和 P2MP 网络中以单播方式发送**，并且对没有收到对方确认应答（即下面将要介绍的 LSAck 报文）的 LSA 进行重传，但重传时的 LSA 是直接发给邻居路由器，即采用单播发送方式，而不再是泛洪。

　　LSU 报文格式如图 6-15 所示，LSU 报文内容部分字段说明见表 6-6。LSU 报文内容示例如图 6-16 所示（仅包括一个 Router-LSA）。

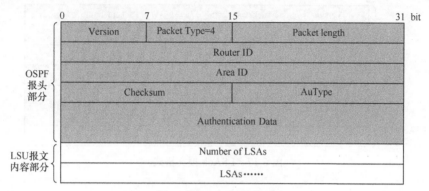

图 6-15　LSU 报文格式

表 6-6　LSU 报文内容部分字段说明

字段名	长度	功能
Number of LSAs	4 字节	标识此报文中共发送的 LSA 数量。如图 6-16 中的 "Number of LSAs" 为 8，表示此 LSU 报文中包含 8 个完整的 LSA 信息，但图 6-16 中仅显示了一个 Router-LSA 的内容
LSAs	4 字节	是一条条具体的 LSA 完整信息，后面的省略号表示可多条 LSA

```
⊟ LS Update Packet
    Number of LSAs: 8
  ⊟ LS Type: Router-LSA
      LS Age: 1 seconds
      Do Not Age: False
    ⊟ Options: 0x02 (E)
        0... .... = DN: DN-bit is NOT set
        .0.. .... = O: O-bit is NOT set
        ..0. .... = DC: Demand Circuits are NOT supported
        ...0 .... = L: The packet does NOT contain LLS data block
        .... 0... = NP: NSSA is NOT supported
        .... .0.. = MC: NOT Multicast Capable
        .... ..1. = E: External Routing Capability
        .... ...0 = MT: NO Multi-Topology Routing
      Link-State Advertisement Type: Router-LSA (1)
      Link State ID: 10.0.3.3
      Advertising Router: 10.0.3.3 (10.0.3.3)
      LS Sequence Number: 0x80000008
      LS Checksum: 0x24f8
      Length: 48
    ⊞ Flags: 0x01 (B)
      Number of Links: 2
    ⊟ Type: Transit  ID: 10.1.234.2    Data: 10.1.234.3    Metric: 1
        IP address of Designated Router: 10.1.234.2
        Link Data: 10.1.234.3
        Link Type: 2 - Connection to a transit network
        Number of TOS metrics: 0
        TOS 0 metric: 1
    ⊟ Type: Stub    ID: 10.0.3.0    Data: 255.255.255.0  Metric: 0
        IP network/subnet number: 10.0.3.0
        Link Data: 255.255.255.0
        Link Type: 3 - Connection to a stub network
        Number of TOS metrics: 0
        TOS 0 metric: 0
```

图 6-16　LSU 报文内容示例

6.2.6 LSAck 报文格式

LSAck 报文是路由器在收到对端发来的 LSU 报文后发出的确认报文，内容是需要确认的 LSA 头部。**LSAck 报文在 P2P 网络和广播网络中以组播方式向 224.0.0.5 发送，在 NBMA 网络和 P2MP 网络中以单播方式发送。**LSAck 报文格式如图 6-17 所示。

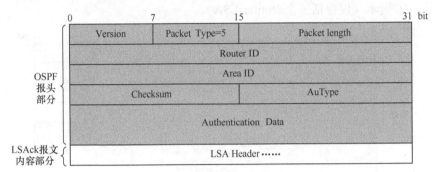

图 6-17 LSAck 报文格式

6.3 OSPF LSA

LSA 是 OSPF 进行路由计算的依据，由 LSU 报文携带在邻居路由器之间进行交互。OSPF LSA 分类及说明见表 6-7，不同类型的 LSA 的用途和可以通告的范围不同。

表 6-7 OSPF LSA 分类及说明

类型	名称	说明
Type-1	路由器 LSA（Router-LSA）	每台 OSPF 路由器都会产生，描述设备的链路状态和开销，仅在接口所在区域内泛洪
Type-2	网络 LSA（Network-LSA）	由广播网络或 NBMA 网络中的 DR 产生，描述该 DR 接入的 MA（多路访问）网络中所有与之建立了邻接关系的路由器，仅在接口所属区域内泛洪
Type-3	网络汇总 LSA（Network-Summary LSA）	由 ABR 产生，描述区域内某个网段的路由，用于区域间路由的传播和计算
Type-4	ASBR 汇总 LSA（ASBR-Summary-LSA）	由 ABR 产生，描述到达 ASBR 的路由，通告给除 ASBR 所在区域外的其他区域
Type-5	外部 ASLSA（AS External LSA）	由 ASBR 产生，描述到达外部 AS 的路由
Type-6	非完全末梢区域 LSA（NNSA LSA）	由 ASBR 产生，描述从 NSSA 区域到达外部 AS 的路由。NNSA LSA 与外部 ASLSA 功能类似，但二者的泛洪范围不同：NSSA LSA 只在始发的 NSSA 区域内泛洪，并不能直接进入骨干区域，而是需要先转换成外部 ASLSA 再注入骨干区域

同一区域中的 OSPF 路由器通过邻居之间交互 LSA（由 LSU 报文携带）实现 LSDB 同步。缺省情况下，OSPF 生成同一 LSA 的新实例的周期（即 LSA 的刷新周期）为 30min（1800s），每生成一个新实例，序列号会加 1。在收到邻居发来的 LSA 后按照以下原则

进行处理。

① 如果收到的 LSA 损坏，例如，校验和错误，则不接收。

② 如果收到的 LSA 正常，且本地 LSDB 中没有，则更新本地 LSDB。

③ 如果收到的 LSA 正常，但在本地 LSDB 已存在，且完全（包括序列号）相同，则忽略。

④ 如果收到的 LSA 正常，且在本地 LSDB 中存在，但又不完成相同，即收到的是同一个 LSA 的多个实例，则按图 6-18 的流程进行处理。LSA Age 为某 LSA 当前的生存时间，Max Age 是 LSA 缺省的最长生存时间，为 3600s（1h）。

【说明】OSPF LSA 有 3 个周期比较容易混淆：一个是刷新周期（Refresh Timer），一个是老化周期（Max Age），一个是发送周期（Originate Interval）。

LSA 刷新周期是当某一 LSA 自产生后的生存时间（LSA Age）达到刷新周期后，便生成同一 LSA 的不同实例，每生成一次，序列号都会在前一个实例序列号基础上加 1，缺省为 30min（1800s）。当某 LSA 实例的生存时间达到了老化周期（缺省为 1h，即 3600s）时便要从 LSDB 中被删除。LSA 发送周期是指该 LSA 实例在没有老化前，会周期性地重复发送同一个 LSA 实例，缺省为 5s。

从以上可以看出，刷新周期只是老化周期的二分之一，所以邻居设备可能会收到同一 LSA 的多个不同实例。

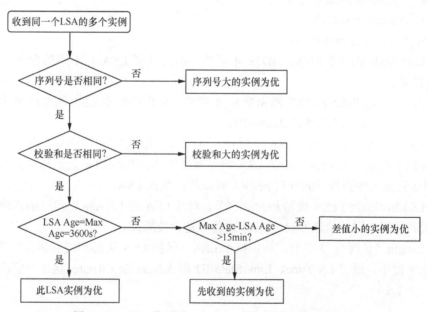

图 6-18　OSPF 收到同一个 LSA 多个实例时的处理流程

6.3.1　LSA 头部格式

LSA 包括 LSA 头部和 LSA 信息两个部分，但所有类型 LSA 的头部格式相同，LSA 头部格式如图 6-19 所示，各字段说明如下。

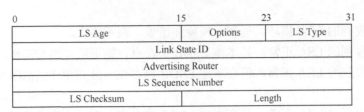

图 6-19　LSA 头部格式

① LS Age（LSA 生存时间）：2 字节，标识本 LSA 自产生后所经过的时间，以秒为单位。LSA 始发时，该字段值为 0，随着 LSA 在网络中被泛洪，该时间逐渐累加。无论 LSA 是在链路上传输，还是在 LSDB 中保存，一直处于计时状态。当累计的时间达到 MaxAge（最大生存时间）参数值（缺省为 3600s）时，该 LSA 不再用于路由计算。

② Options（选项）：可选项，1 字节，每 1 位标识对一种 OSPF 特性的支持。

③ LS type（LSA 类型）：1 字节，标识本 LSA 的类型，主要有以下 6 类。

- 1：Router-LSA。
- 2：Network-LSA。
- 3：Network-summary-LSA。
- 4：ASBR-summary-LSA。
- 5：AS-external-LSA。
- 6：NSSA-external-LSA。

④ Link State ID（链路状态 ID）：4 字节，不同类型 LSA 有不同的含义，参见表 6-5 中的说明。

⑤ Advertising Router（通告路由器）：4 字节，标识产生本 LSA 的路由器的 Router ID，即始发该 LSA 的路由器的 Router ID。

⑥ LS Sequence Number（LSA 序列号）：4 字节，标识 LSA 的序号，用于判断 LSA 的新旧或是不是重复的 LSA。始发 LSA 的序列号为 0x80000001，之后每次更新序列号加 1，当达到最大序列号（0x7FFFFFFF）时重新产生该 LSA。

⑦ LS Checksum（LSA 校验和）：2 字节，对除 LSA 的 LS Age 字段外的其他各字段进行校验和计算，用于验证 LSA 在传输过程中是否被篡改。

⑧ Length（长度）：2 字节，标识整个 LSA（包括 LSA 头部和信息部分）的长度。

以上字段中，通过 LS Type、Link State ID 和 Advertising Router 这 3 个字段可以唯一标识一个 LSA。

6.3.2　Router-LSA

Router-LSA 即 Type-1 LSA，描述的是**路由器各区域中直连接口的信息，每台 OSPF 路由器都会产生** Router-LSA，但每个接口发送的 Router-LSA 仅会在该接口所在的区域内泛洪。如果一路由器的不同接口分别加入了多个不同区域，则该路由器产生的 Router-LSA 会在多个区域中传播。

Router-LSA 格式如图 6-20 所示，上面深色部分是 LSA 头部，**其中的 "Link State ID"**

字段代表始发本 LSA 的路由器的 Router ID，下面是信息部分，各字段的具体说明如下。

① V：1 位，如果产生此 LSA 的路由器是虚连接的端点，则置 1，否则置 0。

② E：1 位，如果产生此 LSA 的路由器是 ASBR，则置 1，否则置 0。

③ B：1 位，如果产生此 LSA 的路由器是 ABR，则置 1，否则置 0。

④ # links（链路）：2 字节，标识本地路由器中属于相同区域的链路数，代表了该 LSA 泛洪的范围。Router-LSA 使用 Link 来承载路由器直连接口的信息。路由器可能会用一个或多个 Link 来描述某一个接口的链路状态。

⑤ Link ID（链路 ID）：4 字节，标识链路连接对象，取值会根据下面的"Link Type"字段的取值（链路类型）不同而不同。

⑥ Data（链路数据）：4 字节，链路数据，取值也会根据下面的"Link Type"字段的取值（链路类型）不同而不同。

⑦ Link Type（链路类型）：1 字节，标识本地路由器与邻居路由器之间的链路类型。"Link ID"和 Data 字段的值会根据本字段的值的不同而不同，Router-LSA 中"Link Type"字段含义见表 6-8。

⑧ # ToS（服务类型）：1 字节，用于实现基于 ToS（服务类型）的 QoS 路由，对于不同的 ToS 值，链路可以配置不同的开销值，但目前固定为 0。

⑨ metric（度量）：2 字节，发送该 LSA 的接口的开销值。

⑩ ToS metric（服务类型度量）：2 字节，基于 ToS 所附加的开销。

0	15	23	31
LS age	Options	LS type=1	
Link State ID			
Advertising Router			
LS sequence number			
LS checksum	Length		
0 V E B 0	#Links		
Link ID			
Link Data			
Link Type	#ToS	metric	
······			
ToS	0	ToS metric	
Link ID			
Data			

图 6-20 Router-LSA 格式

表 6-8 Router-LSA 中"Link Type"字段含义

链路类型	Link Type 字段含义	Link ID 字段含义	Data 字段含义
P2P（点对点）	本地路由器与邻居路由器采用 P2P 链路连接，属于拓扑信息	邻居路由器的 Router ID	发送该 LSA 的接口 IP 地址
TransNet（传输网络）	本地路由器连接的是一个 MA（多路访问）或 NBMA 传输网段，属于拓扑信息	DR 接口的 IP 地址	发送该 LSA 的接口 IP 地址

续表

链路类型	Link Type 字段含义	Link ID 字段含义	Data 字段含义
StubNet（末梢网络）	本地路由器连接的是一个 Stub 网段，包括 Loopback 接口所连接网段和 P2P 链路网段，属于网段信息	Stub 网段的网络 IP 地址	Stub 网段的子网掩码
Virtual Link（虚连接）	本地路由器与邻居路由器是通过虚连接建立邻居关系的	虚连接对端路由器的 Router ID	发送该 LSA 的接口 IP 地址

　　Router-LSA 示例如图 6-21 所示，是在 OSPF 路由器执行 **display ospf lsdb router self-originate** 命令查看由本地设备始发的 Router-LSA。

　　因为此处查看的仅是本地路由器始发的 Router-LSA，所以 LSA 头部中的"Ls id"（全称为"Link State ID"）和"Adv rtr"（全称为"Advertising Router"）两个字段的值均为本地路由器的 Router ID。在信息部分，显示包括 4 条 Link 信息，"Link ID"和 Data 两字段的取值受"Link Type"字段的取值影响，参见表 6-8 的说明。Priority 字段标识该链路状态信息在 OSPF 收敛中的优先级，Medium 表示中优先级，Low 表示低优先级。

　　需要特别说明的是，Router-LSA 对于描述广播链路、NBMA 链路和 P2P 链路的方式有所不同。描述广播链、NBMA 类型链路时，只有一个 Link。

　　① 如果本地接口 OSPF 状态是 Waiting，或者该网段上只有一个运行 OSPF 的路由器，或者该网段上没有 DR（例如，Loopback 接口所代表的网段），则只通告一个通往该网段的 StubNet 类型的 Link，"Link ID"字段为该 Stub 网段的网络地址，Data 字段为该 Stub 网段的子网掩码，如图 6-21 中的第 2 个 Link。

　　② 其他情况下，只通告一个通往该网段的 TransNet 类型的 Link，"Link ID"字段为 DR 的接口的 IP 地址，Data 字段为发送该 LSA 的接口的 IP 地址，如图 6-21 中的第 1 个 Link。

　　以上每个 Link 的开销值（Metric）均为发送该 LSA 的接口的开销值。

　　在描述广播链路、NBMA 链路的 Link 中只有 IP 地址，没有子网掩码，不能完整地描述网段信息，因此，在这两类链路的 DR 还会发送 Network-LSA，用于描述网段信息。

　　在描述 P2P 类型链路中有两个 Link。

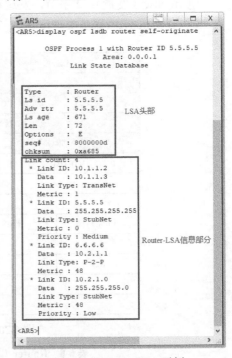

图 6-21　Router-LSA 示例

　　① 一个为 P2P 类型的 Link，通告本地路由器与邻居路由器之间的点对点链路。其中的"Link ID"字段为对端路由器的 Router ID，Data 字段为发送该 LSA 的接口的 IP 地址，如图 6-21 中的第 3 个 Link。

　　② 另一个是 StubNet 类型 Link，通告该点对点链路上的 Stub 网段。其中的"Link

ID"字段为该点到点网段的网络地址，Data 字段为该点到点网段的子网掩码，如图 6-21 中的第 4 个 Link。

上述两个 Link 的开销值均为发送该 LSA 的点到点接口的开销值。

6.3.3 Network-LSA

Network-LSA 即 Type-2 LSA，**由 DR（指定路由器）产生**，描述了 DR 所在网段（属于 TransNet 网段）的链路状态，记录本网段内所有与 DR 建立了邻接关系的 OSPF 路由器，并携带了该网段的网络掩码，仅在接口所在的区域内泛洪。

Network-LSA 格式如图 6-22 所示，上面深色部分是 LSA 头部，**其中的"Link State ID"字段代表 DR 路由器接口的 IP 地址**，下面是 Network-LSA 信息部分，各字段的具体说明如下。

① Network mask：4 字节，标识本地广播或 NBMA 网段的子网掩码。

② Attached Router：4 字节，标识本网段中所有当前与 DR 建立了邻接关系路由器的 Router ID（包括 DR 自身的 Router ID）。

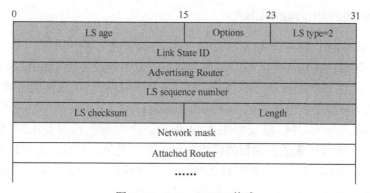

图 6-22　Network-LSA 格式

LSA 头部的"Link State ID"字段中标识的 DR 接口 IP 地址，与"Network mask"字段可共同确定该网段的网络 IP 地址。因为从 DR 到各所连接的路由器的链路没有开销（也即开销值为 0），所以在 Network-LSA 中没有 Metric 字段。

【说明】DR 仅在广播网络和 NBMA 网络中存在，需经过选举产生。在各路由器尽可能同时启动的情况下，DR 的选举规则是先比较同网段中的各路由器的 DR 优先级值（值越大，优先级越高），最大的为 DR；如果各路由器上的 DR 优先级值都相等，则 Router ID 最大的为 DR。

Network-LSA 示例如图 6-23 所示，是在 OSPF DR 路由器上执行 **display ospf lsdb network** 10.1.1.2 命令查看 DR 发送的 Network-LSA。Network-LSA 头部中的"Ls id"字段为 DR 路由器接口的 IP 地址 10.1.1.2，"Adv rtr"字段为 DR 路由器的 Router ID。在信息部分，"Net mask"字段值为 255.255.255.0，表示该 MA（多路访问）网段的子网掩码长度为 24 位，由此可确定该网段的网络 IP 地址为 10.1.1.0/24。下面各"Attached Router"字段标识的是该 MA 网段连接的各路由器的 Router ID，包括 DR 自己的 Router ID。

通过 Router-LSA 和 Network-LSA（仅广播网络和 NBMA 网络中有）在区域内洪泛，

区域内每个路由器可以完成 LSDB 同步，解决了区域内部的通信问题。

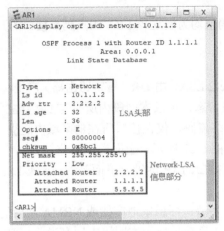

图 6-23　Network-LSA 示例

6.3.4　Network-summary-LSA

Network-summary-LSA 即 Type-3 LSA，**由 ABR 产生**，用于计算，并向一个区域通告到达另一个区域的路由（即区域间路由）信息，**但不会通告给 Totally Stub 和 Totally NSSA 区域**。本区域中没有自己的 Network-summary-LSA，只有其他区域的 Network-summary-LSA。**从骨干区域传来的 Network-summary-LSA 不会再传回骨干区域**。

Network-summary-LSA 格式如图 6-24 所示，上面深色部分是 LSA 头部，**其中，"Link State ID"字段代表通告的目的网络地址**，下面是信息部分，各字段说明如下。

① Network Mask：4 字节，通告目的网络的子网掩码，与 LSA 头部中的"Link State ID"字段所代表的目的网络地址一起共同确定目的网络。

② metric：3 字节，开销值，除了对应目的网段自己的开销值，还要加上从本地 ABR 去往通告路由器的开销值。

③ ToS：1 字节，到达目的网络的 ToS（服务类型），即 QoS 优先级。

④ ToS metric：3 字节，ToS 附加的链路开销。

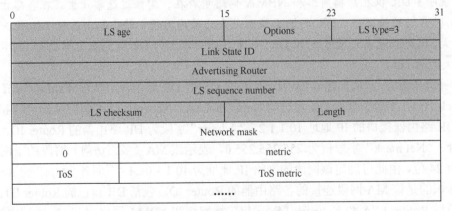

图 6-24　Network-summary-LSA 格式

Network-summary-LSA 每经过一个 ABR 都会重新产生，当在第二个 ABR 上中转信息时，LSA 头部中的 Advertising Router（通告路由器）字段值将会更改为第二个 ABR 的 Router ID，再重新计算到目的网段的开销，即上一个 ABR 通告的网段开销值加上自己到达通告路由器的开销值。

因为 Network-summary-LSA 是由连接了多个区域的 ABR 发布的，所发布的是汇总链路状态信息，而这些链路状态可能来自不同区域、不同路由器，到达不同目的网络，所以每条汇总链路状态信息均将单独有一个 LSA 头部，即使是由同一个 ABR 始发的。Network-summary-LSA 示例如图 6-25 所示，在 OSPF ABR 路由器执行 **display ospf lsdb summary self-originate** 命令查看本地设备始发的 Network-summary-LSA。由此可以看出，虽然全是由本地 ABR 始发的，但每条链路状态信息中均独立包含一个 LSA 头部，及到达一个不同目的网络的路由信息。

如果一台 ABR 在与它本身相连的区域内有多条路径可以到达同一个目的网络，那么它将只

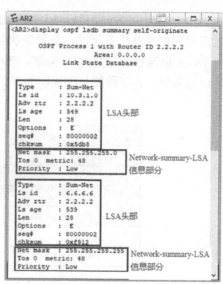

图 6-25　Network-summary-LSA 示例

会发送一条网络汇总 LSA，而且这条网络汇总 LSA 是上述多条路径中开销最小的。如果一条 Type-3 LSA 通告的是一条缺省路由器，那么其 "Link State ID" 和 "Network mask" 两字段的值均为 0。

6.3.5　ASBR-summary-LSA

ASBR-summary-LSA 即 Type-4 LSA，**也是由 ABR 产生的**，描述从该 ABR 到达 OSPF 路由域中各个 ASBR 连接本地 AS 的路由器接口所在网段的路由，通告给整个 OSPF 网络中除目的 **ASBR 所在区域外的其他普通区域**（包括骨干区域，不包括 Stub 区域、Totally Stub 区域、NSSA 区域和 Totally NSSA 区域），**但每个区域单独产生。**

ASBR-summary-LSA 格式与 Network-summary-LSA 格式一样，参见图 6-24，其中 **"Link State ID" 字段表示目的 ASBR 的 Router ID**，信息部分中的 **"Net mask" 字段固定为 0.0.0.0**（不显示），因为 **ASBR-summary-LSA 是用于计算到达目的 ASBR 接口的主机路由**。metric 字段是从本地路由器到达目的 ASBR 的总开销。

ASBR-summary-LSA 示例如图 6-26 所示，在 OSPF ABR 路由器执行 **display ospf lsdb asbr self-originate** 命令查看本地设备始发的 ASBR-summary-LSA。因此可以看出，该 ABR 发送了一条到达 Router ID 为 4.4.4.4 的 ASBR 的 ASBR-

图 6-26　ASBR-summary-LSA 示例

summary-LSA，开销值为 2。

6.3.6　AS-external-LSA

AS-external-LSA 即 Type-5 LSA，由 **ASBR 产生**，描述到达外部 AS 目的网络的路由，**也仅可向普通区域中泛洪，各设备收到后，直接转发。**AS-external-LSA 格式如图 6-27 所示，上面深色部分是 LSA 头部，其中**"Link State ID"**字段代表外部网络地址，下面是信息部分，各字段的具体说明如下。

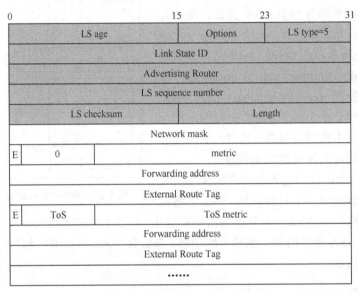

图 6-27　AS-external-LSA 格式

① Network mask：4 字节，通告的外部 AS 目的网络的子网掩码，与 LSA 头部中的 "Link State ID" 字段值共同确定外部 AS 目的网络。

② E：1 位，描述外部路由的类型，置 "0" 代表第一类外部路由，置 "1" 代表第二类外部路由。

③ metric：3 字节，到达外部 AS 目的网络的开销总和，不同类型的外部路由计算方法不同。

④ Forwarding address：转发地址，4 字节，表示外部 AS 目的网络的流量将被转发到该地址所对应的设备上。当转发地址为 0.0.0.0 时，则到达目的网络的流量会被发往引入该外部路由的 ASBR。**如果转发地址不是 0.0.0.0，则流量会被发往该转发地址对应的设备。**

⑤ External Route Tag：外部路由标记，4 字节，常用于通过路由策略过滤外部路由。

⑥ ToS：1 字节，到达目的网络的服务类型，即 QoS 优先级。

⑦ ToS metric：3 字节，ToS 附加的链路开销。

ASBR-summary-LSA 示例如图 6-28 所示，是在 OSPF ABR 路由器执行 **display ospf**

lsdb ase self-originate 命令查看本地设备始发的 ASBR-summary-LSA。由此可以看出，LSA 头部的"Ls id"字段值为 192.168.1.0，表示该外部 AS 目的网络的网络地址，ASBR-summary-LSA 信息部分的"Net mask"字段值为 255.255.255.0，表示该外部 AS 目的网络的网络掩码为 24 位。这两个字段共同确定该外部 AS 目的网络为 192.168.1.0/24。"E type"字段为 2，表示为第二类外部路由，第二类外部路由只计算 ASBR 到达外部网络的开销；metric 字段值为 1，即从该 ASBR 到达 192.168.1.0/24 网络的总开销。

图 6-28 ASBR-summary-LSA 示例

6.3.7 NSSA LSA

NSSA LSA 即 Type-7 LSA，是由 **ASBR 产生的**，格式与 AS-external-LSA 相同，参见图 6-27。但 **NSSA LSA 仅可由 NSSA 区域和 Totally NSSA 区域连接的 ASBR 产生，**且只能在这两种区域内部泛洪，但可在 NSSA 或 Totally NSSA 区域 ABR 上转换成 Type-5 ASBR-summary-LSA 向 OSPF 路由域内其他区域传播。

NSSA LSA 中的 Forward Adress（转发地址）字段值不为 0.0.0.0，因为不能通过 ASBR-summary-LSA 直接计算到达 NSSA 或 Totally NSSA 区域的 ASBR 的路由（ASBR-summary-LSA 不能在 NSSA 和 Totally NSSA 区域内传播），具体转发地址的原则如下。

① 如果该路由器上存在 loopback 接口启用 OSPF，则 FA 地址将等于启用 OSPF 的 loopback 接口地址。

② 如果该路由器上不存在 loopback 接口启用 OSPF，则 FA 地址将等于启用 OSPF 的物理接口地址。

6.4 OSPF 工作原理

本节介绍 OSPF 区域内路由、区域间路由计算原理，OSPF 区域间路由防环机制，以及引入外部 AS 路由的计算原理。

6.4.1 OSPF 的 3 张表

OSPF 有 3 张重要的表：分别是 OSPF 邻居表、OSPF LSDB 和 OSPF 路由表。

1. OSPF 邻居表

OSPF 路由器之间要交互链路状态信息，首先需要先在它们之间通过 Hello 报文建立邻居关系。用户可在任意视图下执行 **displsy ospf peer** 命令，查看本地路由器与哪些设备之间成功建立了邻居关系，即邻居表的详细信息，OSPF 邻居表示例如图 6-29 所示；

用户还可以执行 **displsy ospf peer brief** 命令，查看 OSPF 邻居表摘要信息，OSPF 邻居表摘要示例如图 6-30 所示。

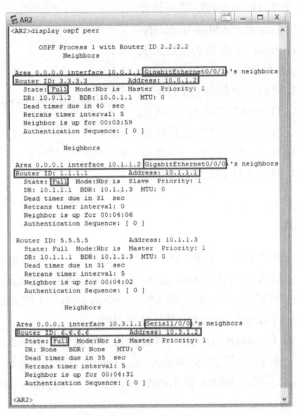

图 6-29 OSPF 邻居表示例

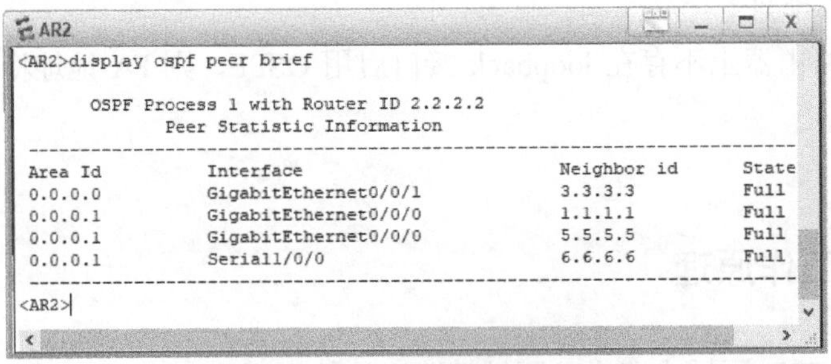

图 6-30 OSPF 邻居表摘要示例

在图 6-29 所示邻居表详细信息中，以每个接口所连接的邻居分栏列出。其中，Router ID 是指邻居设备的 Router ID，Address 是指邻居设备与本地设备连接的接口的 IP 地址；State 是指建立的邻居状态，具体包括以下 8 种状态（有关 OSPF 邻居状态机和邻接关系建立流程参见《华为 HCIA-Datacom 学习指南》）。

① Down：该状态为邻居的初始状态，表示没有邻居收到任何信息。在 NBMA 网络中，Hello 报文在该状态时仍然可以收发。

② Attempt：该状态只存在于 NBMA 网络上，表明正在尝试建立邻居关系。

③ Init：该状态表明已经接收到了从邻居发送来的 Hello 报文。

④ 2-Way：该状态表明已经接收到了从邻居发送过来的 Hello 报文，并且该 Hello 报文的邻居列表中包含本地 Router ID，即双方可以互通，建立了邻居关系。

⑤ ExStart：该状态为建立邻接关系的第一步，进行主从关系、DD 报文序列号的协商。

⑥ Exchange：从该状态开始，进行 LSDB 同步操作，交互的报文有 DD 报文、LSR 报文、LSU 报文。

⑦ Loading：LSDB 正在进行同步操作，交互的报文有 LSR 报文和 LSU 报文。

⑧ Full：该状态说明邻居之间已完成 LSDB 同步，双方建立了邻接关系。

在图 6-30 所示的邻居表摘要中，Interface 是指本地设备的接口；Neighbord id 是指邻居设备的 Router ID；State 是指与邻居之间建立的邻居状态。

2. OSPF LSDB

LSDB 是 OSPF 路由器的链路状态数据库，每个区域单独一个，即如果一台路由器（例如，ABR）连接了多个区域，则该路由器有对应的多个 LSDB。每台 OSPF 路由器都会在对应 LSDB 中保存自己产生的 LSA，以及从邻居路由器接收到的 LSA。这些 LSA 用来计算区域内和区域外路由的依据。在各邻居路由器之间成功建立了邻接关系后，同一区域的各 OSPF 路由器均有完全相同的 LSDB，即实现了 LSDB 的同步。

可在任意视图下执行 **display ospf lsdb** 命令，查看本地 LSDB 中的所有 LSA 摘要信息。LSDB 示例如图 6-31 所示。Type 字段是指 LSA 类型，LinkState ID 字段的含义要区分不同类型的 LSA，AdvRouter 字段是指产生此 LSA 的路由器的 Router ID，Age 字段是指此 LSA 自产生至当前已经过的时间（以秒为单位）。

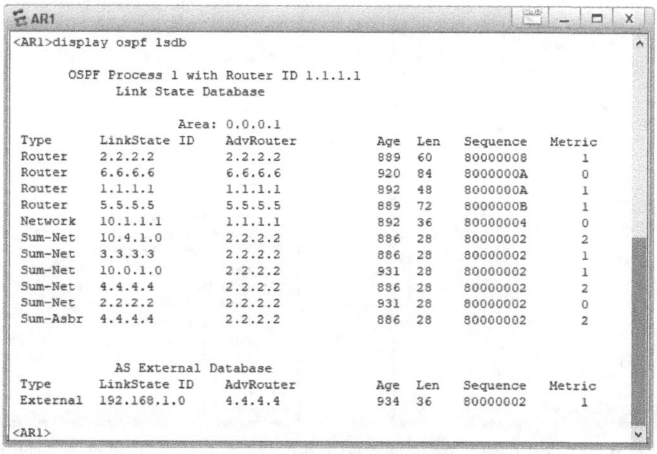
```
<AR1>display ospf lsdb

	 OSPF Process 1 with Router ID 1.1.1.1
		 Link State Database

		         Area: 0.0.0.1
 Type      LinkState ID    AdvRouter          Age  Len   Sequence   Metric
 Router    2.2.2.2         2.2.2.2            889  60    80000008       1
 Router    6.6.6.6         6.6.6.6            920  84    8000000A       0
 Router    1.1.1.1         1.1.1.1            892  48    8000000A       1
 Router    5.5.5.5         5.5.5.5            889  72    8000000B       1
 Network   10.1.1.1        1.1.1.1            892  36    80000004       0
 Sum-Net   10.4.1.0        2.2.2.2            886  28    80000002       2
 Sum-Net   3.3.3.3         2.2.2.2            886  28    80000002       1
 Sum-Net   10.0.1.0        2.2.2.2            931  28    80000002       1
 Sum-Net   4.4.4.4         2.2.2.2            886  28    80000002       2
 Sum-Net   2.2.2.2         2.2.2.2            931  28    80000002       0
 Sum-Asbr  4.4.4.4         2.2.2.2            886  28    80000002       2


		 AS External Database
 Type      LinkState ID    AdvRouter          Age  Len   Sequence   Metric
 External  192.168.1.0     4.4.4.4            934  36    80000002       1

<AR1>
```

图 6-31　LSDB 示例

如果想要仅查看某一类的 LSA，则可以在命令后面再加上 **router**、**network**、**summary**、**asbr**、**ase**、**nssa** 关键字，分别代表仅查看第 1~5 类和第 7 类 LSA，仅查看 Router-LSA 的示例如图 6-32 所示。执行 **display ospf lsdb router** 命令仅查看 Router-LSA 的示例，显示了每个 LSA 各字段值的详细信息。如果想仅查看本地设备产生的 LSA，则可在命令后面加上 **self-originate** 关键字。仅查看由本地设备产生的 Router-LSA 的示例如图 6-33 所示。执行 **display ospf lsdb router self-originate** 命令仅查看由本地设备自产生的 Router- LSA 的示例，也显示了每个 LSA 各字段值的详细信息。

3. OSPF 路由表

OSPF 路由表是通过对 LSDB 中的 LSA 计算生成的，包括当前路由器上区域内或区域间和外部路由中的**最优** OSPF 路由表项。

需要注意的是，在路由器上，除了有运行的各种动态路由协议的路由表（例如，OSPF 路由表），还有一个全局的核心路由表（也称为 IP 路由表）。核心路由表中包括当前设备所有可达目的网络、所有类型的路由表项。如果到达同一个目的网络有多条不同类型的路由表项，则要根据路由选优策略进行选择（具体参见《华为 HCIA-Datacom 学习指南》），**只有最优的路由表项才能进入核心路由表**。尽管有些路由表项在对应的动态路由协议路由表中是最优的，但也不一定能进入核心路由表，它还可能需要与到达同一目的网络的其他类型路由表项进行比较。

图 6-32　仅查看 Router-LSA 的示例　　图 6-33　仅查看由本地设备产生的 Router-LSA 的示例

可在任意视图下执行 **display ospf routing** 命令，查看当前设备上的 OSPF 路由表，OSPF 路由表示例如图 6-34 所示。该图包括 OSPF 网络内（Routing for Network）的路由表项（同时包括区域内路由和区域间路由）和到达外部 AS（Routing for ASEs）的外部路由。每个 OSPF 路由表项主要包括 Destination（目的网络）、Cost（开销）、Type（路由类型）、NextHop（下一跳 IP 地址）和 AdvRouter（目的路由器的 Router ID）等字段。

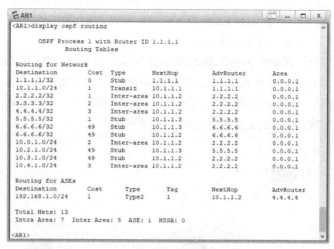

图 6-34　OSPF 路由表示例

其中，Type 字段所标识的路由类型的具体说明如下。

① Stub：Router-LSA 发布的路由，对应非 MA 网络（例如，P2P 网络）的直连路由，也包括 Loopback 接口的主机路由（本地 Loopback 接口路由的开销固定为 0）。

② Transit：Network-LSA 发布的路由，仅在 MA 网络中存在。

③ Inter-area：区域间路由。

④ Type1：第一类外部路由。

⑤ Type2：第二类外部路由。

6.4.2　OSPF 区域内路由计算原理

OSPF 路由分区域内路由、区域外路由和外部路由这三大类。它们的计算方法各不相同。本节先来介绍 OSPF 区域内路由的计算方法。

OSPF 区域内路由是 SPF 根据对应区域 LSDB 中仅可在本区域内传播的 Router-LSA 和 Network-LSA（仅由广播网络和 NBMA 网络中的 DR 产生）计算得出的。OSPF 区域内路由计算分为以下两个阶段。

① 生成 SPF 最短路径树：每个路由器以自己作为 SPF 最短路径树的根，根据 Router-LSA 和 Network-LSA 中的拓扑信息，依次将开销最小的邻居路由器添加到 SPF 最短路径树中。

【说明】OSPF 区域内路由仅依据 Router-LSA 和 Network-LSA（仅广播网络和 NBMA 网络才有）这两类 LSA。其中，从 Router-LSA 中得出各节点的各接口连接的邻居节点信息，从 Network-LSA 中得出共享网段的节点信息。

TransNet 类型接口（广播网络和 NBMA 网络接口）发送的 Router-LSA 中携带了拓扑信息，Network-LSA 中同时携带了拓扑信息和网段信息。P2P 类型接口（点对点链路接口）发送的 Router-LSA 中同时携带了拓扑信息和网段信息。

DR 和其所连接的路由器的接口开销值固定为 0，因为 DR 连接各路由器的链路是虚拟的，所以实际上仍是 DR 物理路由器上的这段链路。SPF 树中的最短路径是单向的，这样可保证 OSPF 区域内路由计算不会出现环路。

② 计算最优路由：将 Router-LSA 和 Network-LSA 中的**路由信息**以子节点的形式附加在对应的 OSPF 路由器上计算最优路由。

SPF 区域内路由计算示例拓扑结构如图 6-35 所示，拓扑中 AR1 的 OSPF 区域内路由为例介绍 SPF 区域内路计算原理。图 6-35 中的各设备均在区域 1 中，各链路上的数字代表对应接口的开销值。每个路由器的 Router ID 以该路由器上的 Loopback1 接口的 IP 地址担当，并已通过配置使 AR2 成为 10.1.1.0/24 共享网段的 DR。

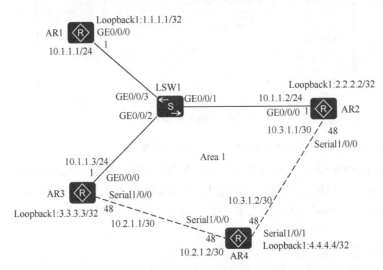

图 6-35　SPF 区域内路由计算示例拓扑结构

在正式计算之前，先要按照拓扑结构画出对应的向量图，SPF 区域内路由计算拓扑结构的向量图示例如图 6-36 所示。向量图中每条链路包括两个方向，并且要把 DR 虚拟出来，以单独节点表示（本示例中它与 AR2 是同一台设备）。之所以要把 DR 单独以一台设备画出来，是因为由 DR 到达同网段设备的链路开销为 0，而各同网段设备到达 DR 的链路才是对应链路的开销。另外，还要把各路由器的各个接口（包括 Loopback 接口）连接的网段以"叶子"的形式附加在对应的路由器节点上，并予以编号（例如，N1、N2 等），这是最后计算最优路由的依据。

下面正式介绍 AR1 的区域内路由，具体分为两个阶段：一是计算 AR1 的 SPF 最短路径树；二是计算 AR1 到达各网段的最优路由。

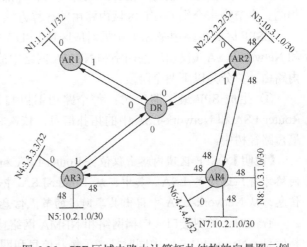

图 6-36　SPF 区域内路由计算拓扑结构的向量图示例

① 首先要以 AR1 为 SPF 最短路径的根节点得出初始的最短路径树。此时到达根节点（AR1 自身）的总开销为 0，无下一跳。初始的 SPF 最短路径树见表 6-9。

表 6-9　初始的 SPF 最短路径树

节点 ID	到根节点的总开销	下一跳
1.1.1.1	0	—

② 在 AR1 上执行 **display ospf lsdb router self-originate** 命令，查看自己发送的 Router-LSA，得出本地路由器的各接口所连接的邻居信息，AR1 自发的 Router-LSA 如图 6-37 所示。

首先，把所有非 StubNet 类型的 Link 的 Link ID 添加到候选列表中，并记录它们到达根节点的总路径开销。

本示例中，AR1 只有一条到达 DR 的链路，因此，此处只有一个 TransNet 类型 Link。其中，Link ID 字段值 10.1.1.2 是该网段的 DR 接口（AR2 的 GE0/0/0 接口）的 IP 地址，Data 字段值 10.1.1.1 是本地路由器发送此 LSA 的 GE0/0/0 接口的 IP 地址（即到达 AR1 的下一跳），AR1 到达 DR 的开销值为 1，此时的候选列表示例（1）见表 6-10。

表 6-10　此时的候选列表示例（1）

节点 ID	到根节点的总开销	下一跳
~~10.1.1.2~~	~~1~~	~~10.1.1.1~~

【说明】候选列表实际就是邻居列表，到根节点的总开销是 LSA 中显示的开销（Metric）与父节点（即下一跳）到达根节点的开销之和。

然后，将候选列表中到达根节点的总开销最小的表项移到最短路径树中，并从候选列表中删除。

此处在候选列表中只有一个表项，且其 Link ID（10.1.1.2）没有在表 6-9 的最短路径树中，因此，需要添加到最短路径树的根节点下面（相当于该路径得到了确认，不再是候选），并记录其到达根节点的总路径开销（1+0=1），即 LSA 中显示的 Metric 值，再加上其父节点（AR1）到达根节点（也是 AR1）的总开销，同时删除候选列表中的该表项（这也是在表 6-10 中该表项带删除线的原因，下文候选列表项带删除线的原因相同，不再赘述）。

此时，最新的最短路径树（1）见表 6-11，候选列表为空，拓扑结构（1）如图 6-38 所示，DR 是新添加的节点。

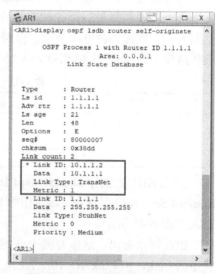

图 6-37　AR1 自发的 Router-LSA

表 6-11　最新的最短路径树（1）

节点 ID	到根节点的总开销	下一跳
1.1.1.1	0	—
10.1.1.2	1	10.1.1.1

图 6-38　拓扑结构（1）

③ 表 6-11 中的 10.1.1.2 代表的是 DR，因此，需要在 AR1 上执行 **display ospf lsdb network** 10.1.1.2 命令，查看 DR 发布的 Network-LSA，得出本共享网段中的各节点信息，DR 发送的 Network-LSA 如图 6-39 所示。

从输出信息中可以看出，除了 AR1（1.1.1.1），在同一共享网段的节点还有两个，即 2.2.2.2（AR2）和 3.3.3.3（AR3）。现在要计算 AR1 的最短路径树，根节点是 AR1，由于它已经在最短路径树上了，所以忽略 AR1，把其余两个节点添加到候选列表中。在计算到达根节点的总路径开销时需要注意的是，DR（即 10.1.1.2）到这些路由器的开销值均为 0，再加上根节点 AR1 到达 DR 的开销值为 1，最新的候选列表示例（2）见表 6-12。

```
E AR1                                          _ □ X
<AR1>display ospf lsdb network 10.1.1.2

        OSPF Process 1 with Router ID 1.1.1.1
                Area: 0.0.0.1
            Link State Database

Type      : Network
Ls id     : 10.1.1.2
Adv rtr   : 2.2.2.2
Ls age    : 40
Len       : 36
Options   : E
seq#      : 80000005
chksum    : 0xd44f
Net mask  : 255.255.255.0
Priority  : Low
    Attached Router    2.2.2.2
    Attached Router    1.1.1.1
    Attached Router    3.3.3.3

<AR1>
```

图 6-39　DR 发送的 Network-LSA

表 6-12　最新的候选列表示例（2）

节点 ID	到根节点的总开销	下一跳
~~2.2.2.2~~	~~1+0=1~~	~~10.1.1.1~~
~~3.3.3.3~~	~~1+0=1~~	~~10.1.1.1~~

因为候选列表中的两个节点的总开销值相同，且当前候选列表中只有这两个节点，所以都可以添加到最短路径树中，再从候选列表中删除。此时，最新的最短路径树（2）见表 6-13，候选列表再次为空。但因 AR2、AR3 到达 AR1 的开销相同，且下一跳相同，拓扑结构（2）如图 6-40 所示，AR2 和 AR3 代表的是 DR 连接的两个分支。

表 6-13　最新的最短路径树（2）

节点 ID		到根节点的总开销	下一跳
1.1.1.1		0	—
10.1.1.2		1	10.1.1.1
2.2.2.2	3.3.3.3	1	10.1.1.1

④ 在 AR1 上执行 **display ospf lsdb router** 2.2.2.2 命令，查看 AR2 发送到区域 1 的 Router-LSA，AR2 发送到区域 1 中的 Router-LSA 如图 6-41 所示。

由此可以看出，这里有两个非 StubNet 类型的 Link，但 Link ID 10.1.1.2 是 DR 接口 IP 地址，已在最短路径中了，因此，将其忽略，只需把 Link ID 4.4.4.4（下一跳为 10.3.1.1）添加到候选列表中，并记录其到达根节点的总路径开销（48+1=49）即可，此时，最新的候选列表示例（3）见表 6-14。

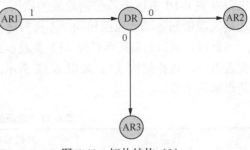

图 6-40　拓扑结构（2）

表 6-14　最新的候选列表示例（3）

节点 ID	到根节点的开销	下一跳
4.4.4.4	48+1=49	~~10.3.1.1~~

因为此时的候选列表中只有 4.4.4.4（AR4）这个节点，而且不在前面的最短路径树中，所以需要将其添加到最短路径树中，然后从候选列表中删除，此时，最新的最短路径树（3）见表 6-15，候选列表再次为空，拓扑结构（3）如图 6-42 所示（AR4 连接在 AR2 之下）。

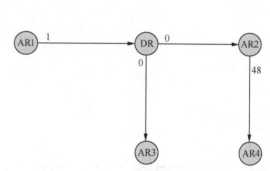

图 6-41　AR2 发送到区域 1 中的 Router-LSA

图 6-42　拓扑结构（3）

表 6-15　最新的最短路径树（3）

节点 ID		到根节点的总开销	下一跳
1.1.1.1		0	—
10.1.1.2		1	10.1.1.1
2.2.2.2	3.3.3.3	1	10.1.1.1
4.4.4.4		48+1=49	10.3.1.1

⑤ 在 AR1 上执行 **display ospf lsdb router** 3.3.3.3 命令，查看 AR3 发送的 Router-LSA，AR3 发送的 Router-LSA 如图 6-43 所示。

由此可以看出，有两个非 StubNet 类型 Link：10.1.1.2 和 4.4.4.4。其中，Link 的 10.1.1.2 已在表 6-15 的最短路径树中，因此，将其忽略。Link 的 4.4.4.4 虽然已在表 6-15 中的最短路径树中，但是连接在 AR2 之下，不在 AR3 分支中，因此，需要将其添加到 AR3 分支下面。最新的最短路径树（4）见表 6-16，拓扑结构（4）如图 6-44 所示。

⑥ 在 AR1 上执行 **display ospf lsdb router** 4.4.4.4 命令，查看 AR4 发送的 Router-LSA，AR4 发送的 Router-LSA 如图 6-45 所示。

由此可以看出，此处有两个非 StubNet 类型的 Link：2.2.2.2 和 3.3.3.3，二者均已在最短路径树中，因此，将其忽略。此时最新的候选列表、最短路径树和拓扑结构

图 6-43　AR3 发送的 Router-LSA

均不变。最终的拓扑结构，即拓扑结构（4）如图 6-44 所示。

表 6-16　最新的最短路径树（4）

节点 ID		到根节点的总开销	下一跳
1.1.1.1		0	—
10.1.1.2		1	10.1.1.1
2.2.2.2	3.3.3.3	1	10.1.1.1
4.4.4.4		48+1=49	10.3.1.1
	4.4.4.4	48+1=49	10.2.1.1

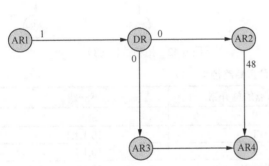

图 6-44　拓扑结构（4）　　　　　图 6-45　AR4 发送的 Router–LSA

⑦ 最后，根据前面查看的各节点 Router-LSA 和 Network-LSA 的 Stub 网段路由信息，完成最优路由的计算。

- AR1 的 Router-LSA 中共有一个 StubNet 类型的 Link，即 1.1.1.1/32，开销值为 0。
- DR 的 Network-LSA 中的 Stub 网段为 10.1.1.0/24，开销值为 1+0=1。
- AR2 的 Router-LSA 中共有两个 StubNet 类型的 Link，2.2.2.2/32 网段的开销值为 1+0=1，10.3.1.0/30 网段的开销值为 1+48=49。
- AR3 的 Router-LSA 中共有两个 StubNet 类型的 Link，3.3.3.3/32 网段的开销值为 1+0=1，10.2.1.0/30 网段的开销值为 1+48=49。
- AR4 的 Router-LSA 中共有 3 个 StubNet 类型的 Link。其中，4.4.4.4/32 网段根据表 6-15 可有两个父节点：AR2 和 AR3，开销值均为 1+48+0=49；10.2.1.0/30 和 10.3.1.0/30 这两个网段均已分别在 AR5 和 AR2 上，因此，可以将其忽略。

从以上分析可知，AR1 上有 7 个网段、8 条 OSPF 路由。其中，到达 AR4 的 4.4.4.4 网段有两条等价路由。在 AR1 上执行 **display ospf routing** 命令，查看 AR1 上的 OSPF 路由表，AR1 上的 OSPF 路由表如图 6-46 所示。与前面的路由计算结果进行比较，发现彼此完全一致。由此可以证明前面的 SPF 区域内路由计算分析是正确的。

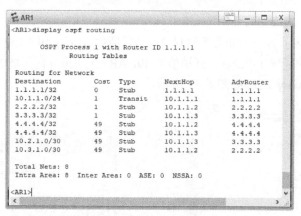

图 6-46　AR1 上的 OSPF 路由表

6.4.3　OSPF 区域间路由计算原理

OSPF 区域间路由是通过 ABR 产生的 Type-3 Network-summary-LSA 进行计算的。但计算出的区域间路由只有继续在全网扩散，才能使网络中其他区域中各路由器都能生成到达目的网络的 OSPF 路由，其基本流程如下。

① 首先 ABR 将所连接的非骨干区域内的链路状态信息抽象成路由信息，然后以 Network-summary-LSA 发布到其连接的骨干区域中。

② 在骨干区域内部，各路由器根据收到的 Network-summary-LSA 计算到达目的网络的路由。

③ 在骨干区域连接的其他 ABR 上，经过开销值修改，**重新生成新的 Network-summary-LSA** 向其连接的非骨干区域泛洪。

④ 最终可使一个区域内部的路由信息在全网的普通区域（不包括 6.1.5 节所介绍的特殊区域）内传播。

OSPF 区域间路由计算拓扑结构示例如图 6-47 所示，下面以图 6-47 中拓扑结构区域 1 中 AR1 与 AR2 之间的 10.3.1.0/30 网段信息，通过 AR2 生成的 Network-summary-LSA 在骨干区域 0 和区域 2 进行传播为例，介绍 OSPF 区域间路由计算和传播方法，具体步骤如下。

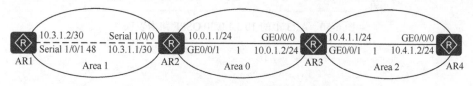

图 6-47　OSPF 区域间路由计算拓扑结构示例

① 在连接区域 1 的 ABR AR2 上执行 **display ospf lsdb summary** 10.3.1.0 命令，查看针对 10.3.1.0/30 网段生成的 Network-summary-LSA，AR2 上生成的 10.3.1.0/30 网段的 Network-summary-LSA 如图 6-48 所示。其中，Ls id 和 Net mask 两个字段共同确定了 10.3.1.0/30 网段，metric 字段值为 48，表示 AR2 上该网段的路由开销值为 48。

AR2 上生成的 Network-summary-LSA 会向骨干区域 0 中泛洪，使 AR3 收到。AR3 到 AR2 的路由是区域内路由，根据 SPF 计算，开销值为 1，因此，AR3 到达 10.3.1.0/30

网段的路由开销为 48+1=49。

　　② AR3 又连接了另一个非骨干区域 2，会重新生成针对 10.3.1.0/30 网段的 Network-summary-LSA，再向区域 2 中泛洪，开销值为 49，AR3 上生成并向区域 2 泛洪的 10.3.1.0/30 网段 Network-summary-LSA 如图 6-49 所示。

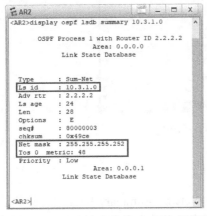

图 6-48　AR2 上生成的 10.3.1.0/30 网段的
Network-summary-LSA

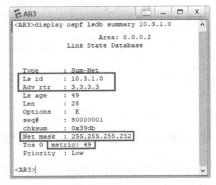

图 6-49　AR3 上生成并向区域 2 泛洪的 10.3.1.0/30
网段 Network-summary-LSA

　　AR3 上生成并向区域 2 泛洪的 Network-summary-LSA，AR4 也会收到。AR4 到 AR3 的路由也是区域内路由，根据 SPF 计算，开销值为 1，因此，AR4 到达 10.3.1.0/30 网段的路由开销为 49+1=50。

　　③ 进行结果验证。分别在 AR3 和 AR4 上执行 **display ospf routing** 10.3.1.0 命令，查看它们到达该网段的 OSPF 路由表项，AR3 上的 10.3.1.0/30 OSPF 路由表项如图 6-50 所示，AR4 上的 10.3.1.0/30 OSPF 路由表项如图 6-51 所示，由此可以看出，它们的开销值分别为 49 和 50，与之前的计算一致，这表明之前的计算分析是正确的。

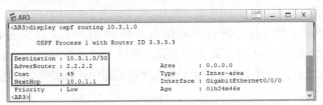

图 6-50　AR3 上的 10.3.1.0/30 OSPF 路由表项

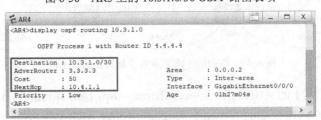

图 6-51　AR4 上的 10.3.1.0/30 OSPF 路由表项

6.4.4　区域间路由的防环机制

　　OSPF 区域内路由是根据携带链路状态信息的 Router-LSA 和 Network-LSA，由 SPF

算法计算出以本地路由器为根的最短路径树，这棵树是无环的。但用于计算 OSPF 区域间路由的 Network-summary-LSA 携带的是网段路由信息，在区域间的传播过程与距离矢量路由协议（例如，RIP）的传播过程类似，在环形网络结构中，区域间路由信息可能在环路上往返传输，因此，可能会形成路由环路，需要有一定的防环机制。

总体而言，OSPF 的区域间路由包含以下 3 条防环机制。

① 所有非骨干区域必须与骨干区域直接相连（包括通过"虚连接"方式的连接），区域间的路由必须经过骨干区域中转，不能直接在非骨干区域中传播。

这个机制使整个 OSPF 网络结构点类似无环的星形拓扑结构，骨干区域是拓扑结构的中心，各非骨干区域就是拓扑结构的分支。

② ABR 不会将描述到达某个区域内部网段路由信息的 Network-summary-LSA 再返回该区域。

这个机制类似于距离矢量路由协议中的水平分割机制，即从一个区域发送的路由信息不能再返回到该区域。

③ ABR 从非骨干区域收到的 Network-summary-LSA 不会用来计算区域间路由。

从非骨干区域收到的 Network-summary-LSA 主要发生在骨干区域不连续且一个区域存在多个 ABR 的场景。

区域间路由防环机制示例如图 6-52 所示。在此拓扑结构中，正常情况下，区域 0 中各路由器均可计算出到达连接在 AR1 上的 1.1.1.1/32 网段 OSPF 路由，并可以成功访问该网段。区域 1 中的 AR5 和 AR6 可以收到 AR4 发送的携带 1.1.1.1/32 网段路由信息的 Network-summary-LSA，最终计算出对应的区域间路由，也可以成功访问该网段。

但如果区域 0 中的 AR1 与 AR2 之间，以及 AR3 与 AR4 之间的链路同时出现故障，则会造成骨干区域不连续，尽管 AR1～AR4 仍均配置在骨干区域中，但 AR1、AR4 不能直接在区域内与 AR2、AR3 互通。此时 AR2

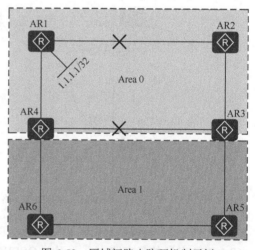

图 6-52　区域间路由防环机制示例

和 AR3 就只能从非骨干区域——区域 1 的 AR5 转发 Network-summary-LSA。需要注意的是，OSPF 规定，AR3 收到来自非骨干区域 AR5 的 Network-summary-LSA 是不能用来计算区域间路由的，也不会继续转发到其他区域，这主要是为了避免在骨干区域故障恢复后，形成路由环路。

这样一来，在骨干区域故障未恢复前，AR2 和 AR3 就无法成功访问连接在 AR1 上的 1.1.1.1/32 网段。此时可以通过配置虚连接功能，把两个分离的骨干区域连接起来。例如，图 6-52 这种情形，可以在 AR3 和 AR4 之间通过区域 1 建立虚连接，AR3 与 AR4 之间就可以直接交互 LSA，AR3 收到来自 AR4 的 Network-summary-LSA 后，也会用来计算到达该网段的区域间路由。

6.4.5　OSPF 外部路由引入原理

大型的网络往往不只运行一种路由协议。在 OSPF 网络中，如果某 OSPF 路由器有些接口连接了运行其他路由协议的网络，或者配置了到达某个目的网络的静态路由，要想实现整个网络的三层互通，就需要在 OSPF 路由进程下引入其他路由协议的路由，这就是 OSPF 的外部路由引入功能。当然，如果引入的是其他动态路由协议的路由，则要在该动态路由协议进程下，同时引入 OSPF 路由进程下的路由，即动态路由协议之间的路由要双向引入。

OSPF 外部路由信息是通过 ASBR 产生的 AS-extenal-LSA 在 OSPF 网络内各普通区域（包括骨干区域）泛洪的。所有引入了外部路由的 OSPF 路由器都是 ASBR，不一定位于 AS 边界，也可以是某个区域的内部路由器。

OSPF 外部路由引入计算拓扑结构示例如图 6-53 所示，下面以图 6-53 中 AR3 的 OSPF 路由进程中引入 AR5 上配置到达 192.168.1.0/24 网段的静态路由为例，介绍引入外部 AS 路由的计算方法。此时 AR3 是 ASBR，各路由器的相关配置已经配置好，可选参数值均采用缺省配置。

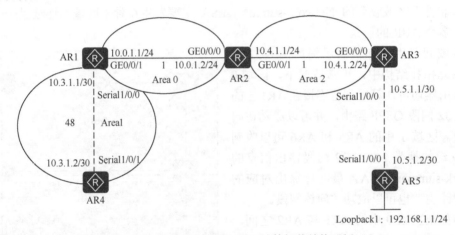

图 6-53　OSPF 外部路由引入计算拓扑结构示例

① 在 AR1～AR4 上完成 OSPF 基本功能配置，并在 AR3 上配置到达 AR5 上 192.168.1.0/24 网段的静态路由，并引入 OSPF 路由进程中。

OSPF 基本功能配置方法很简单，在《华为 HCIA-Datacom 学习指南》一书中已有介绍，在此不再多介绍。在 AR3 上引入静态路由的配置如下。

```
[AR3]ospf 1
[AR3-ospf-1] import-route static
```

② 在 AR3 上执行 **display ospf lsdb ase self-originate** 命令，查看 AR3 自己引入外部的静态路由后产生的 AS-extenal-LSA，AR3 上产生的 AS-extenal-LSA 如图 6-54 所示。由此可以看出，AR3 引入了一条到达 192.168.1.0/24 网络的外部路由，引入后生成的 OSPF 路由开销值为缺省的 1，外部路由类型也为缺省的第二类外部路由，转发地址（Forwarding Address）也是缺省的配置 0.0.0.0，表示到达该外部网络必须通过本地 ASBR 转发。

③ AR3 发布的 AS-extenal-LSA 会传播到同区域的 AR2，AR2 会根据 SPF 区域内路由的计算方法得知，到达 AR3 的下一跳为 AR3 的 GE0/0/0 接口 IP 地址为 10.4.1.2/24。

　　至于 AR2 上收到的 AS-extenal-LSA 中的开销值要区分外部路由的类型。第一类外部路由开销＝本设备到相应的 ASBR 的开销＋ASBR 到该路由目的地址的开销；第二类外部路由开销＝ASBR 到该路由目的地址的开销。

　　本示例中，由于采用了缺省的第二类外部路由，所以 OSPF 网络内到达外部网络的路由开销值仅为引入该外部路由的 ASBR 到达该外部网络的开销，即仅 AR3 到达 192.168.1.0/24 网络的开销为 1。可以在 AR2 上执行 **display ospf routing** 命令，查看到达 192.168.1.0/24 网络的路由开销值为 1 得到验证，AR2 上的 OSPF 路由表如图 6-55 所示。

图 6-54　AR3 上产生的 AS-extenal-LSA

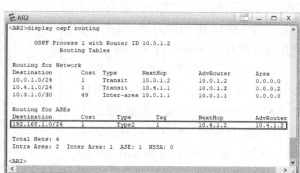

图 6-55　AR2 上的 OSPF 路由表

　　④ AR2 收到的来自 AR3 的 AS-extenal-LSA 后，会直接转发该 LSA 到骨干区域，使 AR1 也可以收到该 LSA。

　　此时在 AR1 上执行 **display ospf routing** 命令，查看到达 192.168.1.0/24 网络的外部路由时的开销仍为 1，AR1 上的 OSPF 路由表如图 6-56 所示。此时，之所以 OSPF 网络中所有路由器到达该外部网络的路由开销均为 1，是因为计算第二类外部路由开销时，不再考虑 OSPF 域内的开销。

　　【说明】如果在 AR3 上引入到达 192.168.1.0/24 网络时指定外部类型为第一类时，则在 AR2 上查看这条外部路由时的开销就要同时加上 AR3 到达 AR4 的开销，即 1+1=2，AR1 查看这条外部路由时的开销就要同时加上 AR1 到达 AR2、AR2 到达 AR3 的开销，即 1+1+1=3。

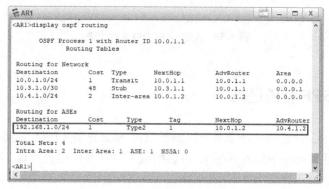

图 6-56　AR1 上的 OSPF 路由表

　　这里需要注意的是，AR1 与 AR3 不在同一区域，不能通过 SPF 区域内路由计算方法获知到达发送该 AS-extenal-LSA 的 AR3 的下一跳，那怎么办呢？这时就要通过由 ABR 产生的第 4 类 LSA，即 ASBR-summary-LSA 来获知目的 ASBR 的相关信息。**ASBR-summary-LSA 会在除了目的 ASBR 所在区域的其他所有普通区域中传播，途经的每个区域的 ABR 会单独产生到达目的 ASBR 的 LSA。**

　　在 AR1 上执行 **display ospf lsdb asbr** 3.3.3.3 **originate-router** 2.2.2.2 命令，即可查看来自 AR2 产生的到达目的 ASBR（AR3）的 ASBR-summary-LSA，AR1 收到来自 AR3 的 ASBR-summary-LSA 如图 6-57 所示。然后根据 SPF 区域内路由计算原理，AR1 可以获知到达 AR2 的下一跳为 AR2 的 GE0/0/0 接口 IP 地址为 10.0.1.2，这也作为到达目的 ASBR 的下一跳。

　　⑤ 在区域 1 中的 AR4 也可以收到由 AR1 产生的到达目的 ASBR（AR3）的 ASBR-summary-LSA。根据 SPF 区域内路由计算原理，AR4 可以获知到达 AR1 的下一跳为 AR1 的 Serial1/0/0 接口 IP 地址为 10.3.1.1，其也是作为到达

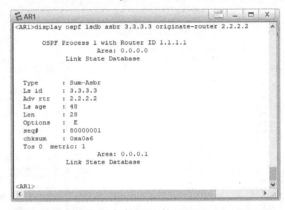

图 6-57　AR1 收到来自 AR3 的 ASBR-summary-LSA

目的 ASBR 的下一跳。可以在 AR4 上执行 **display ospf routing** 命令，查看到达外部网络 192.168.1.0/24 的外部路由表项，即可验证。AR4 上的 OSPF 路由表如图 6-58 所示。

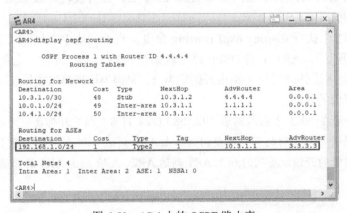

图 6-58　AR4 上的 OSPF 路由表

6.5　配置 OSPF 特殊区域

　　通过将位于 AS 边缘的一些非骨干区域配置成 Stub 区域（包括 Totally Stub 区域）或 NSSA 区域（包括 Totally NSSA 区域），可以缩减 LSDB 和路由表规模，减少需要传递的路由信息数量。

　　当配置为 Stub 或者 Totally Stub 区域后，为了保证到达外部自治系统，或者同时包

括到达其他区域（仅在配置为 Totally Stub 区域时）的路由可达，Stub 或者 Totally Stub 区域的 ABR 将**自动**生成一条缺省路由，并发布给区域内的其他路由器。

6.5.1　配置 OSPF 的 Stub/Totally Stub 区域

Stub 区域主要包括以下 3 项配置任务，Stub 或者 Totally Stub 区域的配置步骤见表 6-17，但在配置之前，需要先配置好接口的网络层地址，使各相邻节点网络层可达，同时也要先完成 OSPF 基本功能的配置。

① 配置当前区域为 Stub 区域。

②（可选）配置发送到 Stub 区域缺省路由的开销。

③ 如果要配置为 Totally Stub 区域，则还要在 ABR 上禁止 Type-3 LSA 向区域内泛洪。

表 6-17　Stub 或者 Totally Stub 区域的配置步骤

步骤	命令	说明
1	**system-view**	进入系统视图
2	**ospf** [*process-id*] 例如，[Huawei] **ospf** 10	启动对应的 OSPF 进程，进入 OSPF 视图
3	**area** *area-id* 例如，[Huawei-ospf-10] **area** 10	键入要配置为 Stub 或 Totally Stub 的区域，进入 OSPF 区域视图
4	**stub** [**no-summary** | **default-route-advertise backbone-peer-ignore**] * 例如，[Huawei-ospf-10area-0.0.0.10] **stub**	配置当前区域为 Stub 或 Totally Stub 区域。需要在区域内所有路由器上配置，但命令中的可选项均只能在 **ABR** 上选择。 • **no-summary**：可多选选项，配置为 Totally Stub 区域（配置 Stub 区域时不能选择该可选项），禁止 ABR 向区域内发送 Network-summary-LSA。 • **default-route-advertise**：可多选选项，产生缺省的 Type-3 LSA 到 Stub 或 Totally Stub 区域，作为区域内用户到达外部 AS 网络，或同时（配置为 Totally Stub 区域时）作为到达其他区域网络的缺省路由。 • **backbone-peer-ignore**：可多选选项，忽略检查骨干区域的邻居状态，即骨干区域中只要存在 Up 状态的接口，无论是否存在 Full 状态的邻居，ABR 都会产生缺省的 Type-3 LSA 到 Stub 区域。缺省会检查骨干区域的邻居状态，当骨干区域中不存在 Up 状态的接口时，ABR 不产生缺省的 Type-3 LSA 到 Stub 区域。 【注意】配置或取消 Stub 属性，可能会触发区域更新，因此，只有在上一次区域更新完成后，才能进行再次配置或取消配置操作。 缺省情况下，没有区域被设置为 Stub 区域，可用 **undo stub** 命令取消对应区域为 Stub 区域
5	**default-cost** *cost* 例如，[Huawei-ospf-10area-0.0.0.10] **default-cost** 10	(可选)在 **ABR** 上配置发送到 Stub 或 Totally Stub 区域缺省路由的开销，取值范围为 0～16777214 的整数。但必须已在本地路由表中存在该缺省路由，即已在上一步的 **stub** 命令中选择了 **default-route-advertise** 选项。 缺省情况下，发送到 Stub 或 Totally Stub 区域的 Type-3 缺省路由的开销为 1，可用 **undo default-cost** 命令将 Stub 区域缺省路由的开销恢复为缺省值

6.5.2 OSPF Stub 和 Totally Stub 区域配置示例

OSPF Stub、Totally Stub 区域配置示例拓扑结构如图 6-59 所示，某公司网络中有 OSPF 和 RIP 两个路由域。OSPF 路由域划分了 3 个区域。其中，由于区域 1 中对应设备的性能和硬件配置比较低，所以一般希望配置成 Stub 或者 Totally Stub 区域。

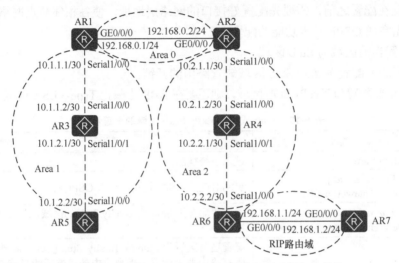

图 6-59 OSPF Stub、Totally Stub 区域配置示例拓扑结构

1. 基本配置思路分析

本示例中 AR6 与 AR7 之间运行 RIP，将 RIP 作为 OSPF 路由域的外部 AS 网络。Stub 区域的 ABR 不向区域内传播其所接收的外部 AS 路由，但仍接收来自其他区域的区域间路由。区域内路由器通过该区域的 ABR 产生的一条 Type-3 LSA 计算生成到达外部 AS 的缺省路由。

Totally Stub 区域比 Stub 区域要求更严格，除了不接收外部 AS 路由，还不接收区域间路由。区域内路由器也是通过该区域的 ABR 产生的一条 Type-3 LSA 计算生成到达其他区域和外部 AS 的缺省路由。

在配置 Stub 或 Totally Stub 区域前，先完成 OSPF 基本功能配置，再在对应区域中进行特殊区域属性的配置，基本配置思路如下。

① 配置各路由器接口的 IP 地址。

② 配置各路由器的 OSPF 和 RIP 基本功能，并在 AR6 的 OSPF 路由进程中引入 RIP 路由。

③ 配置区域 1 为 Stub 区域，验证区域 1 中的各路由器 LSDB 中接收的 LSA 类型和 OSPF 路由表中的路由表项的变化。

④ 配置区域 1 为 Totally Stub 区域，验证区域 1 中的各路由器 LSDB 中接收的 LSA 类型和 OSPF 路由表中的路由表项的变化。

2. 具体配置步骤

① 配置各路由器接口的 IP 地址。

在此仅以 AR1 上的配置为例进行介绍，其他路由器的配置方法一样，不再赘述。

AR1 上路由器接口的 IP 地址的具体配置如下。

```
<Huawei> system-view
[Huawei] sysname AR1
[AR1] interface gigabitethernet 0/0/0
[AR1-GigabitEthernet0/0/0] ip address 192.168.0.1 255.255.255.0
[AR1-GigabitEthernet0/0/0] quit
[AR1] interface Serial 1/0/0
[AR1-Serial1/0/0] ip address 10.1.1.1 255.255.255.252
[AR1-Serial1/0/0] quit
```

② 配置各路由器的 OSPF 和 RIP 基本功能，并在 AR6 的 OSPF 路由进程中引入 RIP 路由。AR1～AR6 的 OSPF Router ID 分别为 1.1.1.1～6.6.6.6。

AR1 上的配置如下。

```
[AR1]ospf 1 router-id 1.1.1.1
[AR1-ospf-1]area 0
[AR1-ospf-1-area-0.0.0.0]network 192.168.0.0 0.0.0.255
[AR1-ospf-1-area-0.0.0.0]quit
[AR1-ospf-1]area 1
[AR1-ospf-1-area-0.0.0.1]network 10.1.1.0 0.0.0.3
[AR1-ospf-1-area-0.0.0.1]quit
```

AR2 上的配置如下。

```
[AR2]ospf 1 router-id 2.2.2.2
[AR2-ospf-1]area 0
[AR2-ospf-1-area-0.0.0.0]network 192.168.0.0 0.0.0.255
[AR2-ospf-1-area-0.0.0.0]quit
[AR2-ospf-1]area 2
[AR2-ospf-1-area-0.0.0.2]network 10.2.1.0 0.0.0.3
[AR2-ospf-1-area-0.0.0.2]quit
```

AR3 上的配置如下。

```
[AR3]ospf 1 router-id 3.3.3.3
[AR3-ospf-1]area 1
[AR3-ospf-1-area-0.0.0.1]network 10.1.1.0 0.0.0.3
[AR3-ospf-1-area-0.0.0.1]network 10.1.2.0 0.0.0.3
[AR3-ospf-1-area-0.0.0.1]quit
```

AR4 上的配置如下。

```
[AR4]ospf 1 router-id 4.4.4.4
[AR4-ospf-1]area 2
[AR4-ospf-1-area-0.0.0.2]network 10.2.1.0 0.0.0.3
[AR4-ospf-1-area-0.0.0.2]network 10.2.2.0 0.0.0.3
[AR4-ospf-1-area-0.0.0.2]quit
```

AR5 上的配置如下。

```
[AR5]ospf 1 router-id 5.5.5.5
[AR5-ospf-1]area 1
[AR5-ospf-1-area-0.0.0.1]network 10.1.2.0 0.0.0.3
[AR5-ospf-1-area-0.0.0.1]quit
```

AR6 上的配置如下。

```
[AR6]ospf 1 router-id 6.6.6.6
[AR6-ospf-1]area 2
[AR6-ospf-1-area-0.0.0.2]network 10.2.2.0 0.0.0.3
[AR6-ospf-1-area-0.0.0.2]quit
[AR6-ospf-1] import-route rip 1      !---引入 RIP 1 进程路由
[AR6-ospf-1] quit
[AR6]rip 1
[AR6-rip-1] version 2
[AR6-rip-1]network 192.168.1.0
[AR6-rip-1]quit
```

【说明】如果想要实现 OSPF 路由域与 RIP 路由域用户间的通信，则必须在 AR6 的 RIP 路由进程中引入 OSPF 路由。

AR7 上的配置如下。

```
[AR7]rip 1
[AR7-rip-1] version 2
[AR7-rip-1]network 192.168.1.0
[AR7-rip-1]quit
```

以上配置完成后，OSPF 网络各区域中的路由器均可以接收到所有类型的 LSA，学习到整个网络，包括 RIP 路由域中的路由。区域 1 配置为 Stub 区域前 AR3 上的 LSDB 如图 6-60 所示，它是在 AR3 上执行 **display ospf lsdb** 命令的结果，由此可以看出，其 LSDB 中不仅有区域 1 中的 Type-1 LSA，还有区域间的 Type-3 LSA 和外部 AS 的 Type-5 LSA，其他路由器与之类似。

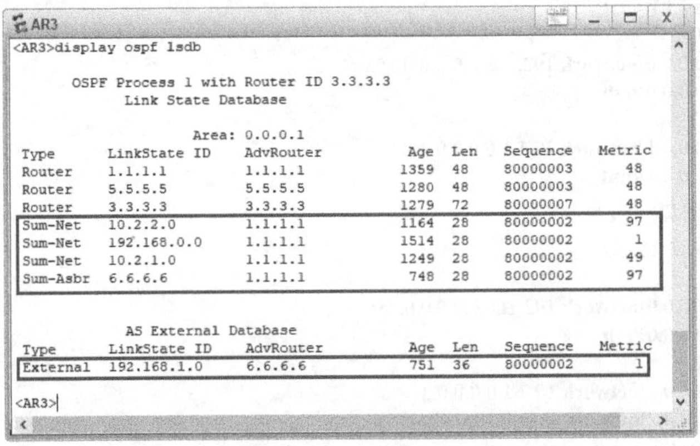

图 6-60　区域 1 配置为 Stub 区域前 AR3 上的 LSDB

区域 1 配置为 Stub 区域前 AR3 上的 OSPF 路由表如图 6-61 所示，在 AR3 上执行 **display ospf routing** 命令的结果，由此可以看出，AR3 不仅学习到所在的区域 1 内部路由，还学习到其他区域的区域间路由，以及从 RIP 路由域中引入的外部 AS 路由 192.168.1.0/24。

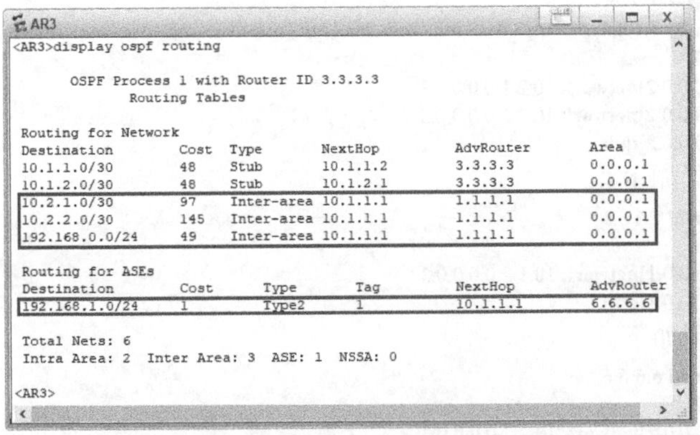

图 6-61　区域 1 配置为 Stub 区域前 AR3 上的 OSPF 路由表

③ 配置区域 1 为 Stub 区域，验证区域 1 中的各路由器 LSDB 中接收的 LSA 类型和 OSPF 路由表中的路由表项的变化。

在此仅以 AR1 上的配置为例进行介绍，R3 和 AR5 上的配置一样，不再赘述，具体配置如下。

```
[AR1] ospf
[AR1-ospf-1] area 1
[AR1-ospf-1-area-0.0.0.1] stub
```

在区域 1 各路由器上执行 **display ospf lsdb** 命令，区域 1 配置为 Stub 区域后，AR3 上的 LSDB 如图 6-62 所示，在 AR3 上执行该命令的输出对比图 6-60 可以发现，多了一条用于产生 Type-3 缺省路由的 Network-summary-LSA，但没有原来的 ASBR-summary-LSA 和 AS-external LSA。

```
<AR5>display ospf lsdb

         OSPF Process 1 with Router ID 5.5.5.5
             Link State Database

                 Area: 0.0.0.1
Type      LinkState ID     AdvRouter          Age  Len  Sequence    Metric
Router    1.1.1.1          1.1.1.1            34   48   80000003    48
Router    5.5.5.5          5.5.5.5            15   48   80000003    48
Router    3.3.3.3          3.3.3.3            16   72   80000004    48
Sum-Net   0.0.0.0          1.1.1.1            53   28   80000001    1
Sum-Net   10.2.2.0         1.1.1.1            53   28   80000001    97
Sum-Net   192.168.0.0      1.1.1.1            53   28   80000001    1
Sum-Net   10.2.1.0         1.1.1.1            53   28   80000001    49

<AR5>
```

图 6-62　区域 1 配置为 Stub 区域后，AR3 上的 LSDB

在区域 1 各路由器上执行 **display ospf routing** 命令，区域 1 配置为 Stub 区域后，AR3 上的 OSPF 路由表如图 6-63 所示，在 AR3 上执行该命令的输出对比图 6-61 可以发现，多了一条由 AR1 产生，到达区域 1 ABR——AR1 的区域间缺省路由，并且同时拥有到达其他区域的各网段路由，但却没有到达外部 AS192.168.1.0/24 网段路由，这是因为 Stub 区域内不通告外部路由。

```
<AR3>display ospf routing

         OSPF Process 1 with Router ID 3.3.3.3
             Routing Tables

Routing for Network
Destination      Cost   Type        NextHop      AdvRouter     Area
10.1.1.0/30      48     Stub        10.1.1.2     3.3.3.3       0.0.0.1
10.1.2.0/30      48     Stub        10.1.2.1     3.3.3.3       0.0.0.1
0.0.0.0/0        49     Inter-area  10.1.1.1     1.1.1.1       0.0.0.1
10.2.1.0/30      97     Inter-area  10.1.1.1     1.1.1.1       0.0.0.1
10.2.2.0/30      145    Inter-area  10.1.1.1     1.1.1.1       0.0.0.1
192.168.0.0/24   49     Inter-area  10.1.1.1     1.1.1.1       0.0.0.1

Total Nets: 6
Intra Area: 2  Inter Area: 4  ASE: 0  NSSA: 0

<AR3>
```

图 6-63　区域 1 配置为 Stub 区域后，AR3 上的 OSPF 路由表

④ 配置区域 1 为 Totally Stub 区域，验证区域 1 中的各路由器 LSDB 中接收的 LSA 类型和 OSPF 路由表中的路由表项的变化。

【注意】此时仅需要修改区域 1 的 ABR，即 AR1 上的配置，区域内部的 AR3 和 AR5 仍保留原来的 Stub 区域配置即可，因为只有 ABR 才可以产生 Network-summary-LSA，具体配置如下。

```
[AR1-ospf-1-area-0.0.0.1] stub no-summary
[AR1-ospf-1-area-0.0.0.1] quit
```

此时 Totally Stub 区域的 ABR 不再向区域内通告区域间路由了，在区域 1 各路由器上执行 **display ospf lsdb** 命令，区域 1 配置为 Totally Stub 区域后，AR3 上的 LSDB 如图 6-64 所示，在 AR3 上执行该命令的输出对比图 6-61 可以发现，没有原来存在的其他区域网段的 Network-summary-LSA（LSA 数量进一步减少），但仍有一条用于生成缺省路由的 Network-summary-LSA。

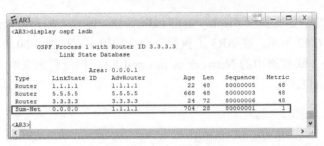

图 6-64　区域 1 配置为 Totally Stub 区域后，AR3 上的 LSDB

在区域 1 各路由器上执行 **display ospf routing** 命令，区域 1 配置为 Totally Stub 区域后，AR3 上的 OSPF 路由表如图 6-65 所示，在 AR3 上执行该命令的输出对比图 6-63 发现，已没有原来到达其他区域的各网段区域间路由，所有到达区域外和外部 AS 网络均通过一条 Type-3 缺省路由。

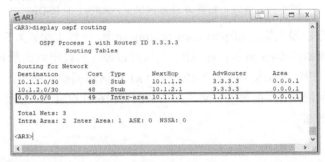

图 6-65　区域 1 配置为 Totally Stub 区域后，AR3 上的 OSPF 路由表

通过以上步骤，已验证了 Stub 和 Totally Stub 区域的各项特性。

6.5.3　配置 OSPF 的 NSSA/Totally NSSA 区域

NSSA（包括 Totally NSSA）区域与 Stub（包括 Totally Stub）区域有许多相似的地方，二者都不传播来自 OSPF 网络其他区域的外部路由，其区别在于，Stub 区域是不能引入外部 AS 路由的，而 NSSA 区域可以。NSSA 区域内部路由器通过 ABR 产生的 Type-7 缺省路由访问外部 AS 网络；Totally NSSA 区域内部路由器不仅通过 ABR 产生的 Type-7 缺省路由访问外部 AS 网络，还通过 Type-3 缺省路由访问区域间网络。

NSSA 区域主要包括以下 3 项配置任务，NSSA 区域配置步骤见表 6-18。

① 配置当前区域为 NSSA 区域。

②（可选）配置发送到 NSSA 区域缺省路由的开销。

③（可选）当配置为 Totally NSSA 区域时，要在 ABR 上禁止 Type-3 LSA 向区域内泛洪。

表 6-18　NSSA 区域配置步骤

步骤	命令	说明
1	**system-view**	进入系统视图
2	**ospf** [*process-id*] 例如，[Huawei] **ospf** 10	启动对应的 OSPF 进程，进入 OSPF 视图

续表

步骤	命令	说明
3	**area** *area-id* 例如，[Huawei-ospf-10] **area** 10	键入要配置为 NSSA 或 Totally NSSA 的区域，进入 OSPF 区域视图
4	**nssa** [{ **default-route-advertise** [**backbone-peer-ignore**] | **suppress-default-route** } | **flush-waiting-timer** *interval-value* | **no-import-route** | **no-summary** | **set-n-bit** | **suppress-forwarding-address** | **translator-always** | **translator-interval** *interval-value* | **zero-address-forwarding** | **translator-strict**]* 例如，[Huawei-ospf-10area-0.0.0.10] **nssa**	配置当前区域为 NSSA 或 Totally NSSA 区域。需要在区域内所有路由器上配置，**但命令中的可选项或可选参数只能在 ABR 或 ASBR 上选择。** ① **default-route-advertise**：二选一可选项，在 **ASBR** 上配置产生缺省路由通告，以生成 Type-7 缺省路由发布到 NSSA 或 Totally NSSA 区域，但此时 **ASBR** 的路由表中必须已经存在缺省路由 **0.0.0.0/0**。在 ABR 上会自动产生缺省的 Type-7 路由发布到 NSSA 或 Totally NSSA 区域。 ② **backbone-peer-ignore**：可选项，忽略检查骨干区域的邻居状态，即骨干区域中只要存在 Up 状态的接口，无论是否存在 Full 状态的邻居，ABR 都会自动产生缺省的 Type-7 LSA 到 NSSA 或 Totally NSSA 区域。 ③ **suppress-default-route**：二选一可选项，在 ABR 或 ASBR 上禁止产生缺省路由通告到 NSSA 或 Totally NSSA 区域。 ④ **flush-waiting-timer** *interval-value*：可多选参数，在 **ASBR** 上配置向 NSSA 区域内部路由器发送老化 Type-5 LSA（老化时间被设置为最大值——3600 秒的 Type-5 LSA）的时间间隔，取值范围为 1~40 的整数，用来及时清除区域内其他路由器上原来产生但现在已经没用的 Type-5 LSA（因为该区域已配置成 NSSA 区域了），**本端路由器上没用的 Type-5 LSA** 会立即被自动删除。但当 ASBR 同时还是 ABR 时，本参数配置不会生效，以防止删除非 NSSA 区域的 Type-5 LSA。 ⑤ **no-import-route**：可多选选项，当 ASBR 同时还是 ABR 时，指定不向 NSSA 区域泛洪，但在 ABR 上由 **import-route** 命令引入的外部路由。 ⑥ **no-summary**：可多选选项，在 **ABR** 上禁止向 NSSA 区域内发送 Type-3 LSA。此时 NSSA 区域就变成 Totally NSSA 区域，仅可以在 **ABR** 上选择此选项。 ⑦ **set-n-bit**：可多选选项，指定在 DD 报文中设置 N-bit 位的标志。选择本选项后，本端路由器会在与邻居路由器同步时，在 DD 报文中设置 N-bit 位的标志，代表自己直连在 NSSA 区域。 ⑧ **suppress-forwarding-address**：可多选选项，在 **ABR** 上配置将转换后生成的 Type-5 LSA 的 FA（Forwarding Address）设置为 0.0.0.0。Type-7 LSA 的 FA 不为 0.0.0.0。 ⑨ **translator-always**：可多选选项，在 **ABR** 上指定为转换路由器。当 NSSA 区域中有多个 ABR 时，系统会根据规则，自动选择一个 ABR 作为转换路由器（通常情况下是 NSSA 区域中 Router ID 最大的设备），将 Type-7 LSA 转换为 Type-5 LSA。通过本选项可以指定当前 ABR 为转换路由器。如果需要指定某两台 ABR 进行负载分担，则可以分别在这两台 ABR 上通过配置此选项来使两个转换器同时工作

步骤	命令	说明
4	**nssa** [{ **default-route-advertise** [**backbone-peer-ignore**]	**suppress-default-route** }	**flush-waiting-timer** *interval-value*	**no-import-route**	**no-summary**	**set-n-bit**	**suppress-forwarding-address**	**translator-always**	**translator-interval** *interval-value*	**zero-address-forwarding**	**translator-strict**]* 例如，[Huawei-ospf-10area-0.0.0.10] **nssa**	⑩ **translator-interval** *interval-value*：可多选参数，在转换路由器 **ABR** 上配置当前转换器失效的时间，取值范围为 1～120 的整数，缺省值是 40s，主要用于转换器切换，保障切换平滑进行。 ⑪ **zero-address-forwarding**：可多选选项，在 **ABR** 上配置引入外部路由时，将生成的 NSSA LSA 的 FA 设置为 0.0.0.0。 ⑫ **translator-strict**：可多选选项，在转换路由器 **ABR** 上对 P-bit（Propagate bit）进行严格检查。P-bit 用于告知转换路由器是否将 Type-7 LSA 转换成 Type-5 LSA。 缺省情况下，OSPF 没有区域被设置成 NSSA 区域，可用 **undo nssa** [**flush-waiting-timer** *interval-value*] 命令取消 NSSA 区域配置，恢复 OSPF 区域为普通区域
5	**default-cost** *cost* 例如，[Huawei-ospf-10area-0.0.0.10] **default-cost** 10	（可选）在 **ABR** 上配置发送到 NSSA 或 Totally NSSA 区域的 Type-3 LSA 的缺省路由的开销，取值范围为 0～16777214 的整数。 【注意】在 NSSA 和 Totally NSSA 区域中，可能同时存在多个 ABR。为了防止路由环路产生，ABR 之间互不计算对方发布的缺省路由。 缺省情况下，发送到 NSSA 区域的 Type-3 缺省路由的开销值为 1，可用 **undo default-cost** 命令将 NSSA 区域缺省路由的开销恢复为缺省值

6.5.4　OSPF NSSA 和 Totally NSSA 区域配置示例

OSPF NSSA 和 Totally NSSA 区域配置示例拓扑结构如图 6-66 所示，某公司网络中有 OSPF 和 RIP 两个路由域。OSPF 路由域划分了 3 个区域。其中，区域 1 中引入了外部 AS 路由，但由于其中的设备性能和硬件配置比较低，所以希望把区域 1 配置成 NSSA 或者 Totally NSSA 区域。

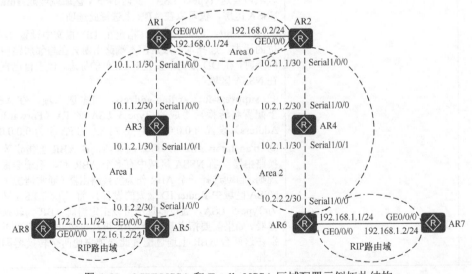

图 6-66　OSPF NSSA 和 Totally NSSA 区域配置示例拓扑结构

1. 基本配置思路分析

本示例的基本配置思路其实与 6.5.2 节介绍的 Stub、Totally Stub 区域的配置思路差不多，只不过本示例配置的是 NSSA、Totally NSSA 区域，并且在 NSSA 或 Totally NSSA 区域中引入了外部 AS 路由。

本示例的基本配置思路如下。

① 配置各路由器接口的 IP 地址。

② 配置各路由器的 OSPF 和 RIP 基本功能，并在 AR5 和 AR6 的 OSPF 路由进程中分别引入对应进程的 RIP 路由。

③ 配置区域 1 为 NSSA 区域，验证区域 1 中的各路由器 LSDB 中接收的 LSA 类型和 OSPF 路由表中路由表项的变化。

④ 配置区域 1 为 Totally NSSA 区域，验证区域 1 中的各路由器 LSDB 中接收的 LSA 类型和 OSPF 路由表中的路由表项的变化。

2. 具体配置步骤

① 配置各路由器接口的 IP 地址。因为本示例的拓扑结构与 6.5.2 节图 6-59 拓扑结构大部分一样，下面仅介绍 AR5 和 AR8 上的接口 IP 地址配置，其他配置参见 6.5.2 节即可。

AR5 上的配置如下。

```
<Huawei> system-view
[Huawei] sysname AR5
[AR5] interface gigabitethernet 0/0/0
[AR5-GigabitEthernet0/0/0] ip address 172.16.1.2 255.255.255.0
[AR5-GigabitEthernet0/0/0] quit
```

AR8 上的配置如下。

```
<Huawei> system-view
[Huawei] sysname AR8
[AR8] interface gigabitethernet 0/0/0
[AR8-GigabitEthernet0/0/0] ip address 172.16.1.1 255.255.255.0
[AR8-GigabitEthernet0/0/0] quit
```

② 配置各路由器的 OSPF 和 RIP 基本功能，并在 AR5 和 AR6 的 OSPF 路由进程中分别引入对应的 RIP 路由。

本项配置任务的大部分配置与 6.5.2 节一样，下面仅介绍 AR5 与 AR8 之间的 RIP 路由，以及在 AR5 的 OSPF 路由进程中进入 RIP 路由的配置，其他配置参见 6.5.2 节即可。

AR5 上的配置如下。

```
[AR5]rip 1
[AR5-rip-1] version 2
[AR5-rip-1]network 172.16.0.0
[AR5-rip-1]quit
[AR5] ospf 1
[AR5-ospf-1] import-route rip 1    #---在 OSPF 路由进程中引入 RIP 路由
[AR5-ospf-1] quit
```

AR8 上的配置如下。

```
[AR8]rip 1
[AR8-rip-1] version 2
[AR8-rip-1]network 172.16.0.0
[AR8-rip-1]quit
```

以上配置完成后，在 OSPF 网络各区域中的路由器间都能接收到所有类型的 LSA，学习到整个网络，包括 RIP 路由域中的路由。区域 1 配置为 NSSA 区域前 AR3 上的 LSDB 如图 6-67 所示，在 AR3 上执行 **display ospf lsdb** 命令的结果，从中可以看出，LSDB 中有 Type-1 LSA、Type-3～Type-5 所有类型的 LSA，其中 Type-5 LSA 有两条：一条是区域 1 中 AR5 引入的 172.16.1.0/24 网段；另一条是 AR6 引入的 192.168.1.0/24 网段。

图 6-67 区域 1 配置为 NSSA 区域前 AR3 上的 LSDB

区域 1 配置为 NSSA 区域前 AR3 上的 OSPF 路由表如图 6-68 所示，在 AR3 上执行 **display ospf routing** 命令，由此可以看出，AR3 不仅学习到所在的区域 1 的内部路由，还学习到其他区域的区域间路由，以及两个从 RIP 路由域中引入的外部 AS 路由 192.168.1.0/24 和 172.16.1.0/24。

图 6-68 区域 1 配置为 NSSA 区域前 AR3 上的 OSPF 路由表

③ 配置区域 1 为 NSSA 区域，验证区域 1 中的各路由器 LSDB 中接收的 LSA 类型和 OSPF 路由表中的路由表项的变化。

在此仅以 AR1 上的配置为例进行介绍，R3 和 AR5 上的配置一样，不再赘述，具体配置如下。

```
[AR1] ospf
[AR1-ospf-1] area 1
[AR1-ospf-1-area-0.0.0.1] nssa
```

在区域 1 各路由器上执行 **display ospf lsdb** 命令，区域 1 配置为 NSSA 区域后，AR3 上的 LSDB 如图 6-69 所示，在 AR3 上执行该命令的输出对比图 6-66，发现多了一条用于产生到达其他区域外部 AS 网络的缺省路由 AS- external-LSA，但却没有了原来到达外部 ASBR（AR6）的 ASBR-summary-LSA 和外部 AS 路由 192.168.1.0/24 的 AS-external-LSA，原来 172.16.1.0 网络的 Type-5 LSA 换成了 Type-7 LSA。

```
E AR3                                                                  □ _ □ X
<AR3>display ospf lsdb

        OSPF Process 1 with Router ID 3.3.3.3
            Link State Database

                    Area: 0.0.0.1
Type     LinkState ID     AdvRouter       Age  Len  Sequence   Metric
Router   1.1.1.1          1.1.1.1         323  48   80000003   48
Router   5.5.5.5          5.5.5.5         310  48   80000003   48
Router   3.3.3.3          3.3.3.3         309  72   80000004   48
Sum-Net  10.2.2.0         1.1.1.1         343  28   80000001   97
Sum-Net  192.168.0.0      1.1.1.1         343  28   80000001   1
Sum-Net  10.2.1.0         1.1.1.1         343  28   80000001   49
NSSA     0.0.0.0          1.1.1.1         343  36   80000001   1
NSSA     172.16.1.0       5.5.5.5         316  36   80000001   1

<AR3>
```

图 6-69　区域 1 配置为 NSSA 区域后，AR3 上的 LSDB

在区域 1 各路由器上执行 **display ospf routing** 命令，区域 1 配置为 NSSA 区域后，AR3 上的 OSPF 路由表如图 6-70 所示，在 AR3 上执行该命令的输出对比图 6-68，多了一条由 AR1 生成并通告的 Type-7 缺省路由，之所以作为到达其他区域引入的外部 AS 网络的路由，却没有到达外部 AS 的 192.168.1.0/24 网络的路由，是因为 NSSA 区域内不通告外部 AS 路由，但本区域内引入的外部 AS 路由 172.16.1.0/24 仍然存在。

```
E AR3                                                                  □ _ □ X
<AR3>display ospf routing

        OSPF Process 1 with Router ID 3.3.3.3
            Routing Tables

Routing for Network
Destination      Cost   Type        NextHop     AdvRouter    Area
10.1.1.0/30      48     Stub        10.1.1.2    3.3.3.3      0.0.0.1
10.1.2.0/30      48     Stub        10.1.2.1    3.3.3.3      0.0.0.1
10.2.1.0/30      97     Inter-area  10.1.1.1    1.1.1.1      0.0.0.1
10.2.2.0/30      145    Inter-area  10.1.1.1    1.1.1.1      0.0.0.1
192.168.0.0/24   49     Inter-area  10.1.1.1    1.1.1.1      0.0.0.1

Routing for NSSAs
Destination      Cost   Type      Tag      NextHop     AdvRouter
0.0.0.0/0        1      Type2     1        10.1.1.1    1.1.1.1
172.16.1.0/24    1      Type2     1        10.1.2.2    5.5.5.5

Total Nets: 7
Intra Area: 2  Inter Area: 3  ASE: 0  NSSA: 2

<AR3>
```

图 6-70　区域 1 配置为 NSSA 区域后，AR3 上的 OSPF 路由表

④ 配置区域 1 为 Totally NSSA 区域，验证区域 1 中的各路由器 LSDB 中接收的 LSA 类型和 OSPF 路由表中的路由表项的变化。

【注意】此时仅需要修改区域 1 的 ABR，即 AR1 上的配置，因为只有 ABR 可以产生 Type-3 Network-summary-LSA，所以区域内部的 AR3 和 AR5 仍保留原来的 NSSA 区域配置即可，具体的配置如下。

```
[AR1-ospf-1-area-0.0.0.1] nssa no-summary
[AR1-ospf-1-area-0.0.0.1] quit
```

此时 NSSA 区域的 ABR 不再向区域内通告区域间路由了，而是在区域 1 各路由器上执行 **display ospf lsdb** 命令，区域 1 配置为 Totally NSSA 区域后，AR3 上的 LSDB 如图 6-71 所示，在 AR3 上执行该命令的输出对比图 6-69，发现没有了其他区域网段的 Type-3 Network-summary-LSA（LSA 数量进一步减少），但多了一条用于生成到达其他区域的

Type-3 缺省路由的 Network-summary-LSA。

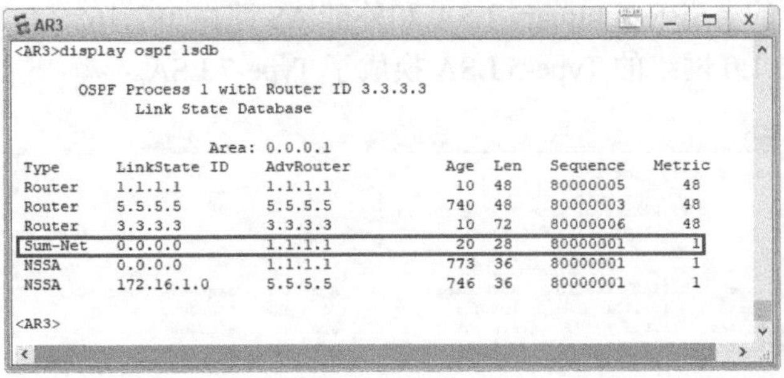

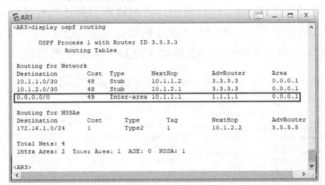

图 6-71　区域 1 配置为 Totally NSSA 区域后，AR3 上的 LSDB

在区域 1 各路由器上执行 **display ospf routing** 命令，区域 1 配置为 Totally NSSA 区域后，AR3 上的 OSPF 路由表如图 6-72 所示，在 AR3 上执行该命令的输出对比图 6-70，可以发现没有到达其他区域的各网段路由，也没有到达外部 AS 的 Type-7 缺省路由，所有到达区域外和外部 AS 的报文均通过一条 Type-3 缺省路由转发，但本地区域中引入的外部 AS 路由 172.16.1.0/24 仍然存在。

图 6-72　区域 1 配置为 Totally NSSA 区域后，AR3 上的 OSPF 路由表

综上所述，以上步骤已验证了 NSSA 和 Totally NSSA 区域的各项特性。

6.6　OSPF 基本特性及配置

本节主要围绕配置 OSPF 在不同网络类型中的属性、配置 OSPF 虚连接、OSPF 虚连接配置示例、配置 OSPF 报文认证和 OSPF 报文认证配置示例 5 个方面介绍 OSPF 的基本特性。

6.6.1　配置 OSPF 在不同网络类型中的属性

本节具体介绍了 OSPF 支持的广播网络、NBMA 网络、P2P 网络和 P2MP 网络 4 种网络类型，以及 3 项配置任务。

① 配置接口的网络类型。

②（可选）配置 P2MP 网络属性。

③（可选）配置 NBMA 网络属性。

1. 配置接口的网络类型

配置接口的网络方法很简单，只需在对应接口（不支持 NULL 接口）视图下通过 **ospf network-type** { **broadcast** | **nbma** | **p2mp** | **p2p** [**peer-ip-ignore**]} 命令配置即可。可选项 **peer-ip-ignore** 用来指定 OSPF 在使用 Broadcast（广播）接口修改的 P2P（点对点）接口，建立邻居且接口在没有配置地址借用时，忽略网段检查。缺省情况下，OSPF 在建立邻居时，会进行网段检查，即链路两端接口的 IP 地址必须在同一网段，否则 OSPF 不能建立邻居。

缺省情况下，接口的网络类型是根据物理接口的类型而定的，即以太网接口的网络类型为 Broadcast，串口和 POS 口（封装 PPP 或 HDLC 协议时）的网络类型为 P2P，ATM 和 Frame-relay（帧中继）接口的网络类型为 NBMA，可用 **undo ospf network-type** 命令恢复 OSPF 接口为缺省的网络类型。

应根据实际情况配置接口的网络类型，具体要考虑以下 4 个方面内容。

- 如果同一网段内只有两台设备运行 OSPF，则可将接口的网络类型改为 P2P。
- 如果接口的网络类型是 Broadcast，但在广播网络上有不支持组播地址的路由器，则可将接口的网络类型改为 NBMA。
- 如果接口的网络类型是 NBMA，且网络是全连通的，即任意两台路由器都直接可达，则可将接口类型改为 Broadcast，且可不配置邻居。
- 如果接口的网络类型是 NBMA，**但网络不是全连通的，则必须将接口的网络类型改为 P2MP**。这样两台不能直接可达的路由器就可以通过一台与二者都直接可达的路由器交换路由信息。接口的网络类型改为 P2MP 网络后，不必再配置邻居路由器。

2. （可选）配置 P2MP 网络属性

缺省情况下，在 P2MP 网络上，接口 IP 地址的子网掩码长度不一致的设备不可以建立邻居关系。但如果通过配置设备间忽略对 Hello 报文中网络掩码的检查，则可以正常建立 OSPF 邻居关系。另外，在 P2MP 网络中，当两台路由器之间存在多条链路时，通过对出方向的 LSA 进行过滤可以减少 LSA 在某些链路上的传送，减少不必要的 LSA 重传，节省带宽资源。P2MP 网络属性配置步骤见表 6-19。

表 6-19　P2MP 网络属性配置步骤

步骤	命令	说明
1	**system-view**	进入系统视图
2	**interface** *interface-type interface-number* 例如，[Huawei] **interface** gigabitethernet 1/0/0	键入要配置为 P2MP 网络类型的接口（可以是以太网接口，也可以是串行接口），进入接口视图
3	**ospf network-type p2mp** 例如，[Huawei-GigabitEthernet1/0/0] **ospf network-type p2mp**	配置以上接口为 P2MP 网络类型。**P2MP 网络类型必须是由其他的网络类型强制更改的**，可用 **undo ospf network-type** 命令恢复 OSPF 接口为缺省的网络类型
4	**ospf p2mp-mask-ignore** 例如，[Huawei-GigabitEthernet1/0/0] **ospf p2mp-mask-ignore**	配置在 P2MP 网络上忽略对网络掩码的检查。 OSPF 需要对接收到的 Hello 报文进行网络掩码检查，如果接收到的 Hello 报文中携带的网络掩码和本设备接口的网络掩码不一致，则丢弃这个 Hello 报文，使用此命令忽略对 Hello 报文中网络掩码的检查。 缺省情况下，不使能在 P2MP 网络上对网络掩码检查的功能，可用 **undo ospf p2mp-mask-ignore** 命令恢复缺省配置

续表

步骤	命令	说明
5	**quit**	退出接口视图，返回系统视图
6	**ospf** [*process-id*] 例如，[Huawei] **ospf** 10	启动对应的 OSPF 进程，进入 OSPF 视图
7	**p2mp-peer** *ip-address* cost *cost* 例如，[HUAWEI-ospf-100] **p2mp-peer** 10.1.1.1 **cost** 100	（可选）配置 P2MP 网络上到指定邻居所需的开销值，整数形式，取值范围是 1～65535。 缺省情况下，P2MP 网络上到指定邻居所需的开销值等于接口的开销值，可用 **undo p2mp-peer** *ip-address* 命令恢复 P2MP 网络上到指定邻居所需的开销值为缺省值
8	**filter-lsa-out peer** *ip-address* { **all** | { **summary** [**acl** { *acl-number* | *acl-name* }] | **ase** [**acl** { *acl-number* | *acl-name* }] | **nssa** [**acl** { *acl-number* | *acl-name* }] } \}* } 例如，[Huawei-ospf-10] **filter-lsa-out peer** 10.1.1.1 **all**	配置在 P2MP 网络中对发送的 LSA 进行过滤。 • *ip-address*：指定过滤发送 LSA 的 P2MP 邻居的 IP 地址，即不向这个邻居发送 LSA。 • **all**：多选一选项，指定对除了 Grace-LSA 的所有 LSA 进行过滤。 • **summary**：多选一选项，指定对 Type-3 LSA 进行过滤。 • **ase**：多选一选项，指定对 Type-5 LSA 进行过滤。 • **nssa**：多选一选项，指定对 Type-7 LSA 进行过滤。 • **acl** { *acl-number* | *acl-name* }：可选参数，指定用于对发送的 Type-3 LSA/Type-5 LSA/Type-7 LSA 进行过滤的基本 ACL 编号。 缺省情况下，在 P2MP 网络中不对向指定邻居发送的 LSA 进行过滤，可用 **undo filter-lsa-out peer** *ip-address* 命令取消在 P2MP 网络中对指定邻居发送的 LSA 进行过滤

3.（可选）配置 NBMA 网络属性

NBMA 网络 OSPF 路由器之间需要手动指定邻居才能建立邻居关系，并可选配置 DR 优先级及 Hello 报文的发送时间间隔，NBMA 网络属性的配置步骤见表 6-20。

表 6-20　NBMA 网络属性的配置步骤

步骤	命令	说明
1	**system-view**	进入系统视图
2	**interface** *interface-type interface-number* 例如，[Huawei] **interface** gigabitethernet 1/0/0	键入要配置为 NBMA 网络类型的接口，进入接口视图
3	**ospf network-type nbma** 例如，[Huawei-GigabitEthernet1/0/0] **ospf network-type nbma**	配置以上接口为 NBMA 网络类型，可用 **undo ospf network-type** 命令恢复 OSPF 接口为缺省的网络类型
4	**ospf timer poll** *interval* 例如，[Huawei-GigabitEthernet1/0/0] **ospf timer poll** 150	配置 NBMA 网络上发送轮询 Hello 报文的时间间隔，取值范围为 1～3600 的整数。轮询 Hello 报文的发送时间间隔值至少应为 Hello 报文发送时间间隔的 4 倍。 缺省情况下，时间间隔为 120 秒，可用 **undo ospf timer poll** 命令恢复发送轮询 Hello 报文间隔的缺省值
5	**quit**	退出接口视图，返回系统视图
6	**ospf** [*process-id*] 例如，[Huawei] **ospf** 10	启动对应的 OSPF 进程，进入 OSPF 视图

续表

步骤	命令	说明
7	**peer** *ip-address* [**dr-priority** *priority*] 例如，[Huawei-ospf-10] **peer** 1.1.1.1	配置 NBMA 网络的邻居。 • *ip-address*：指定邻居的接口主 IP 地址。 • **dr-priority** *priority*：指定相邻设备的优先级，用于 DR、BDR 选举，取值范围为 0～255 的整数，缺省值为 1，其值为 **0** 时，**无资格参加 DR、BDR 选举**。 缺省情况下，没有在 NBMA 网络上指定相邻路由器的 IP 地址，可用 **undo peer** *ip-address* 命令取消指定 IP 地址的设备为接口的邻居路由器

6.6.2　配置 OSPF 虚连接

OSPF 要求非骨干区域必须与骨干区域连接，但这种连接不一定是物理上的直连，还可以通过一种虚连接（Virtual-Link）进行间接连接。

虚连接示例如图 6-73 所示，虚连接可以在有端口连接、在同一个相同非骨干区域、非特殊区域的两个 ABR 上配置。在图 6-73 中，区域 2 没有与骨干区域直连，按照 OSPF 的规定是不允许的，因此，需要采用虚连接把区域 2 与骨干区域间接连接起来。此时，在中间的传输区域两端的 ABR（AR2 和 AR4）之间建立虚连接，就可使区域 2 通过 AR4 连接骨干区域。

【注意】一段虚连接只能跨越一个区域，如果某区域与骨干区域之间隔了多个非骨干区域，则必须在其间隔的每个区域的两端 ABR 上分别创建虚连接。

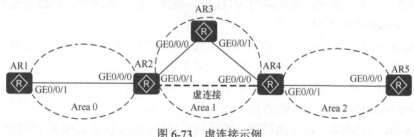

图 6-73　虚连接示例

虚连接是通过 **vlink-peer** *router-id* [**smart-discover** | **hello** *hello-interval* | **retransmit** *retransmit-interval* | **trans-delay** *trans-delay-interval* |**dead** *dead-interval* |**simple** [**plain** *plain-text* | [**cipher**] *cipher-text*] | { **md5** | **hmac-md5** | **hmac-sha256** } [*key-id* { **plain** *plain-text*| [**cipher**] *cipher-text* }] | **authentication-null** | **keychain** *keychain-name*]]*命令进行配置的。虚连接必须在每个传输区域两端的 ABR 上同时配置，且每段虚连接的参数（除了对端 Router ID）配置必须一致。

• *router-id*：指定建立虚连接**对端设备**的 Router ID。

• **smart-discover**：可多选项，设置主动发送 Hello 报文。

• **hello** *hello-interval*：可多选参数，指定接口发送 Hello 报文的时间间隔，取值范围为 1～65535 的整数，缺省值为 10 秒。但该值必须与建立虚连接路由器上的 *hello-interval* 值相等。

- **retransmit** *retransmit-interval*：可多选参数，指定接口在发送 LSU 报文后，多长时间后没有收到 LSAck 应答报文，就会重传原来发送的 LSA 报文，取值范围为 1～3600 的整数，缺省值为 5 秒。
- **trans-delay** *trans-delay-interval*：可多选参数，指定接口延迟发送 LSA（为了避免频繁发送 LSA，而造成设备 CPU 负担过重）的时间间隔，取值范围为 1～3600 的整数，缺省值为 1 秒。
- **dead** *dead-interval*：可多选参数，指定在多长时间没收到对方发来的 Hello 报文后，即宣告对方路由器失效，取值范围为 1～235926000 的整数，缺省值为 40 秒。**该值必须与对端设备的该参数值相等，并至少为** *hello-interval* **参数值的 4 倍**。
- **simple**：多选一可选项，设置采用简单验证模式。
- **plain** *plain-text*：二选一可选参数，指定采用明文密码类型。此时只能键入明文密码，在查看配置文件时也是以明文方式显示密码的。同时指定明文密码，**simple** 模式下的取值范围为 1～8 个字符，不支持空格；**md5**、**hmac-md5**、**hmac-sha256** 模式下的取值范围为 1～255 个字符，不支持空格。
- **[cipher]** *cipher-text*：二选一可选参数，指定采用密文密码类型。虽然可以键入明文或密文密码，但在查看配置文件时均以密文方式显示密码。**simple** 验证模式缺省是 **cipher** 密码类型。同时指定密文密码，**simple** 模式下的取值范围为 1～8 个字符明文密码，或者 32 个字符密文密码，不支持空格；**md5**、**hmac-md5**、**hmac-sha256** 模式下的取值范围为 1～255 个字符对应明文，20～392 个字符密文密码不支持空格。
- **md5**：多选一选项，设置采用 MD5 验证模式。缺省情况下，**md5** 验证模式缺省是 **cipher** 密码类型。
- **hmac-md5**：多选一可选项，设置采用 HMAC-MD5 验证模式。缺省情况下，**hmac-md5** 验证模式缺省是 **cipher** 密码类型。
- **hmac-sha256**：多选一可选项，设置采用 HMAC-SHA256 验证模式。缺省情况下，**hmac-sha256** 验证模式缺省是 **cipher** 密码类型。
- *key-id*：可选参数，指定接口密文验证的验证标识符，取值范围为 1～255 的整数，但必须与对端的验证标识符一致。
- **authentication-null**：多选一可选项，设置采用无验证模式。
- **keychain** *keychain-name*：多选一可选项，设置采用 Keychain 验证模式，并指定所使用 Keychain 的名称，长度范围为 1～47 个字符，不区分大小写。

采用此验证模式前，需要首先通过 **keychain** *keychain-name* 命令创建一个 keychain，并分别通过 **key-id** *key-id*、**key-string** { [**plain**] *plain-text* | [**cipher**] *cipher-text* } 和 **algorithm** { **hmac-md5** | **hmac-sha-256** | **hmac-sha1-12** | **hmac-sha1-20** | **md5** | **sha-1** | **sha-256** | **simple** } 命令配置该 keychain 采用的 key-id、密码及其验证算法，否则会造成 OSPF 验证始终处于失败状态。

缺省情况下，OSPF 不配置虚连接，可用 **undo vlink-peer** *router-id* [**dead** | **hello** | **retransmit** | **smart-discover** | **trans-delay** | [**simple** | **md5** | **hmac-md5** | **hmac-sha256** | **authentication-null** | **keychain**]][*] 命令删除指定虚连接或恢复指定虚连接的参数为缺省值。

6.6.3　OSPF 虚连接配置示例

OSPF 虚连接配置拓扑结构示例如图 6-74 所示，区域 2 没有与骨干区域直接相连，区域 1 被用作传输区域连接区域 2 和区域 0。为了使区域 2 与骨干区域直接连接，需要在 RouterA 和 RouterB 之间配置一条虚连接。

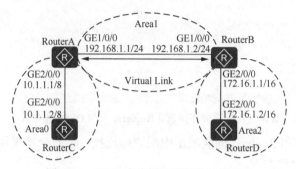

图 6-74　OSPF 虚连接配置拓扑结构示例

1. 基本配置思路分析

OSPF 虚连接需要在配置 OSPF 基本功能的基础上进行配置，因此，首先需要配置各路由器的 OSPF 基本功能，然后在 RouterA 和 RouterB 上分别配置虚连接，使非骨干区域 2 与骨干区域 0 直接连接。

根据以上分析可以得出本示例以下的基本配置思路。

① 配置各路由器接口 IP 地址。

② 在各路由器上配置 OSPF 基本功能。

③ 在区域 1 中的 RouterA 与 RouterB 之间配置虚连接。

2. 具体配置步骤

① 配置各路由器接口的 IP 地址。在此仅以 AR1 上的配置为例进行介绍，其他路由器的配置方法一样，具体配置如下。

```
<Huawei> system-view
[Huawei] sysname RouterA
[RouterA] interface gigabitethernet 1/0/0
[RouterA-GigabitEthernet1/0/0] ip address 192.168.1.1 24
[RouterA-GigabitEthernet1/0/0] quit
[RouterA] interface gigabitethernet 2/0/0
[RouterA-GigabitEthernet2/0/0] ip address 10.1.1.1 8
[RouterA-GigabitEthernet2/0/0] quit
```

② 配置 OSPF 基本功能。采用缺省的 1 号进程，RouterA～RouterD 的 Router ID 分别配置为 1.1.1.1～4.4.4.4。在此仅以 RouterA 的配置为例进行介绍，其他路由器的配置类似，具体配置如下。

```
[RouterA] ospf router-id 1.1.1.1
[RouterA-ospf-1] area 0
[RouterA-ospf-1-area-0.0.0.0] network 10.0.0.0 0.255.255.255
[RouterA-ospf-1-area-0.0.0.0] quit
[RouterA-ospf-1] area 1
[RouterA-ospf-1-area-0.0.0.1] network 192.168.1.0 0.0.0.255
[RouterA-ospf-1-area-0.0.0.1] quit
```

以上配置完成后，在 RouterA 上执行 **display ospf routing** 命令，查看 RouterA 的 OSPF 路由表，发现由于区域 2 没有与区域 0 直连，所以 RouterA 的 OSPF 路由表中没有区域 2 中的 172.16.0.0/16 网段路由，配置虚连接前，RouterA 上的 OSPF 路由表如图 6-75 所示。

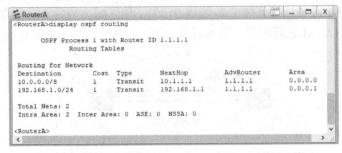

图 6-75　配置虚连接前，RouterA 上的 OSPF 路由表

③ 在 RouterA 和 RouterB 的区域 1 中配置虚连接，参数全部采用缺省配置。

RouterA 上的配置如下。

[RouterA] **ospf**
[RouterA-ospf-1] **area** 1
[RouterA-ospf-1-area-0.0.0.1] **vlink-peer** 2.2.2.2
[RouterA-ospf-1-area-0.0.0.1] **quit**

RouterB 上的配置如下。

[RouterB] **ospf**
[RouterB-ospf-1] **area** 1
[RouterB-ospf-1-area-0.0.0.1] **vlink-peer** 1.1.1.1
[RouterB-ospf-1-area-0.0.0.1] **quit**

在 RouterA 上执行 **display ospf routing** 命令，发现 RouterA 上的 OSPF 路由表中已学习到区域 2 中的 172.16.0.0/16 网段路由，配置虚连接后，RouterA 上的 OSPF 路由表如图 6-76 所示。

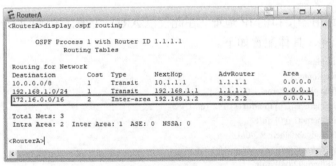

图 6-76　配置虚连接后，RouterA 上的 OSPF 路由表

综上所述，以上验证证明虚连接的配置是成功的。

6.6.4　配置 OSPF 报文认证

为了拒绝非法 OSPF 报文进入，OSPF 支持报文认证功能，使只有通过认证的 OSPF 报文才能被接收，否则将不能正常建立邻居关系。路由器支持区域认证方式和接口认证方式。**使用区域认证时，一个区域中所有的路由器的认证模式和认证密码必须一致。这两种认证方式仅可采用其中一种，也可同时采用二者，但如果同时配置了两种认证方式，**

则优先使用接口认证方式。

OSPF 区域和接口认证的配置步骤见表 6-21。

表 6-21　OSPF 区域和接口认证的配置步骤

步骤	命令	说明
1	**system-view**	进入系统视图
		配置区域认证方式
2	**ospf** [*process-id*] 例如，[Huawei] **ospf** 10	键入要配置区域认证的 OSPF 进程，进入 OSPF 视图
3	**area** *area-id* 例如，[Huawei-ospf-10] **area** 1	键入要配置区域认证的区域 ID，进入区域视图
4	**authentication-mode simple** [**plain** *plain-text* | [**cipher**] *cipher-text*] 例如，[Huawei-ospf-10-area- 0.0.0.1] **authentication-mode simple cipher** huawei	（三选一）配置 OSPF 区域的简单认证模式。 • **plain** *plain-text*：二选一可选参数，指定明文密码，1～8 个字符，可以为字母或数字，区分大小写，不支持空格。此模式下只能键入明文密码，密码将以明文形式保存在配置文件中。 • **cipher**：可选项，指定密文密码显示方式，此时可以键入明文或密文密码。选择此可选项时，在查看配置文件时密码是以密文方式显示的。 • *cipher-text*：二选一可选参数，指定密文密码，可以为字母或数字，区分大小写，不支持空格，长度为 1～8 位明文密码或 32 位密文密码。 缺省情况下，没有配置区域认证模式，可用 **undo authentication-mode** 命令取消对应区域已配置的认证模式
	authentication-mode { **md5** | **hmac-md5** | **hmac-sha256** } [*key-id* { **plain** *plain-text* | [**cipher**] *cipher-text* }] 例如，[Huawei-ospf-10-area- 0.0.0.1] **authentication-mode md5** 1 **cipher** huawei	（三选一）配置 OSPF 区域的 **md5** 或 **hmac-md5** 或 **hmac-sha256** 认证模式。 • **md5**：多选一选项，指定使用 MD5 密文认证模式。 • **hmac-md5**：多选一选项，指定使用 HMAC MD5 密文认证模式。 • **hmac-sha256**：多选一选项，使用 HMAC-SHA256 密文认证模式。 • *key-id*：可选参数，指定密文认证的认证密钥标识符，取值范围为 1～255 的整数，**必须与对端的认证密钥标识符一致**。 • **plain** *plain-text*：二选一可选参数，指定认证的明文密码，1～255 个字符，可以为字母或数字，**区分大小写，不支持空格**。此模式下只能键入明文密码，密码将以明文形式保存在配置文件中。 • **cipher**：可选项，指定为密文密码，此时可以键入明文或密文密码，但在查看配置文件时是以密文方式显示的。 • *cipher-text*：二选一可选参数，指定简单认证的密文密码，可以为字母或数字，**区分大小写，不支持空格**，长度为 1～255 位明文密码或 20～392 位密文密码。 缺省情况下，没有配置区域认证模式，可用 **undo authentication-mode** 命令取消对应区域已配置的认证模式
	authentication-mode keychain *keychain-name* 例如，[Huawei-ospf-10-area- 0.0.0.1] **authentication-mode keychain** areachain	（三选一）配置 OSPF 区域的 Keychain 认证模式，参数 *keychain-name* 用来指定 Keychain 名称，1～47 个字符，不区分大小写，不支持空格。 缺省情况下，没有配置区域认证模式，可用 **undo authentication-mode** 命令取消对应区域已配置的认证模式

续表

步骤	命令	说明
		配置接口认证方式
5	**interface** *interface-type interface-number* 例如，[Huawei] **interface** gigabitethernet 1/0/0	键入要配置接口认证的 OSPF 接口，进入接口视图
6	**ospf authentication-mode simple** [**plain** *plain-text* | [**cipher**] *cipher-text*] 例如，[Huawei-GigabitEthernet1/0/0] **ospf authentication-mode simple cipher** huawei	（三选一）配置 OSPF 接口的简单认证模式，命令中的参数和选项说明参见本表前面介绍的区域简单认证方式。 缺省情况下，接口不对 OSPF 报文进行认证，可用 **undo ospf authentication-mode** 命令删除接口下已设置的认证模式
	ospf authentication-mode { **md5** | **hmac-md5** | **hmac-sha256**} [*key-id* { **plain** *plain-text* | [**cipher**] *cipher-text* }] 例如，[Huawei-GigabitEthernet1/0/0] **ospf authentication-mode md5** 1 **cipher** huawei	（三选一）配置 OSPF 接口的 **md5** 或 **hmac-md5** 或 **hmac-sha256** 认证模式，命令中的参数和选项说明参见本表前面介绍的区域 **md5** 或 **hmac-md5** 或 **hmac-sha256** 认证方式。 缺省情况下，接口不对 OSPF 报文进行认证，可用 **undo ospf authentication-mode** 命令删除接口下已设置的认证模式
	ospf authentication-mode keychain *keychain-name* 例如，[Huawei-GigabitEthernet1/0/0] **ospf authentication-mode keychain** areachain	（三选一）配置 OSPF 接口的 Keychain 认证模式，命令中的参数及其他说明参见本表前面介绍的区域 Keychain 认证方式。 缺省情况下，接口不对 OSPF 报文进行认证，可用 **undo ospf authentication-mode** 命令删除接口下已设置的认证模式

6.6.5　OSPF 报文认证配置示例

OSPF 报文认证配置示例拓扑结构如图 6-77 所示，在区域 1 中采用 MD5 模式的区域认证，在区域 2 的 AR4 和 AR6 相连的 Serial1/0/0 接口上采用简单认证模式。

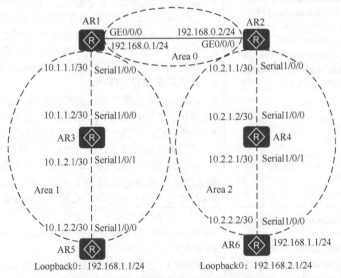

图 6-77　OSPF 报文认证配置示例拓扑结构

1. 基本配置思路分析

本示例是一个三区域的基本 OSPF 网络，实验的目的是验证 OSPF 报文区域认证和接口认证的功能及特性。在配置 OSPF 报文认证之前，要先完成 OSPF 基本功能的配置，使整个网络三层互通。以下是本示例的基本配置思路。

① 配置各路由器的接口 IP 地址。

② 配置各路由器的 OSPF 基本功能。

③ 在区域 1 中各设备接口上配置 MD5 认证模式，采用相同的密钥 ID 和密钥。

④ 在 AR4 和 AR6 相连的 Serial1/0/0 接口上配置 Simple 认证模式，采用相同的明文密码。

2. 配置步骤

① 配置各路由器的接口 IP 地址。

【注意】Loopback 接口默认生成的 OSPF 路由都是 32 位的，无论其配置的 IP 地址是多少位掩码，要使 Loopback 接口生成对应网段的 OSPF 路由，需要把该接口网络类型改为广播类型。

在此仅以 AR5 上的配置为例进行介绍，其他路由器的配置方法一样，具体配置如下。

```
<Huawei> system-view
[Huawei] sysname AR5
[AR5] interface serial 1/0/0
[AR5-Serial1/0/0] ip address 10.1.1.2 255.255.255.252
[AR5-Serial1/0/0] quit
[AR5] interface loopback0
[AR5-Loopback0] ip address 192.168.1.1 255.255.255.0
[AR5-Loopback0] ospf network-type broadcast   #---配置该接口为广播网络类型
[AR5-Loopback0] quit
```

② 配置各路由器的 OSPF 基本功能。

各路由器均采用缺省的 1 号 OSPF 路由进程（相邻路由器的 OSPF 路由进程号可以不一致），AR1～AR6 的 OSPF Router ID 分别设置为 1.1.1.1～6.6.6.6。在此仅以 AR1 的配置为例进行介绍，其他路由器的配置类似，具体配置如下。

```
[AR1]ospf router-id 1.1.1.1
[AR1-ospf-1]area 0
[AR1-ospf-1-area-0.0.0.0]network 192.168.0.0 0.0.0.255
[AR1-ospf-1-area-0.0.0.0]quit
[AR1-ospf-1]area 1
[AR1-ospf-1-area-0.0.0.1]network 10.1.1.0 0.0.0.3
[AR1-ospf-1-area-0.0.0.1]quit
```

以上配置好后，各路由器中均有全网的 OSPF 路由表项，且均可以实现三层互通。AR3 上的 OSPF 路由表如图 6-78 所示，在 AR3 上执行 **display ospf routing** 命令的输出结果，由此可以看出，AR3 已经学习到网络中各网段的 OSPF 路由。

③ 在区域 1 中各设备接口上配置 MD5 认证模式，采用相同的密钥 ID 和密钥。

在此仅以 AR1 上的配置为例进行介绍，AR3 和 AR5 上的配置一样，具体配置如下。

```
[AR1]ospf
[AR1-ospf-1]area 1
[AR1-ospf-1-area-0.0.0.1]authentication-mode md5 1 cipher huawei
[AR1-ospf-1-area-0.0.0.1]quit
[AR1-ospf-1]quit
```

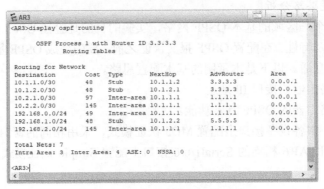

图 6-78　AR3 上的 OSPF 路由表

以上配置完成后，在各路由器上执行 **display ospf routing** 命令，仍然可以看到已经学习到各网段的 OSPF 路由。需要说明的是，如果区域内不是所有路由器均配置相同的区域认证，则配置不同区域认证的路由器可能学习不到全部网段的 OSPF 路由。

另外，如果在区域 1 中加入一台新设备，但不配置区域认证，或者区域认证配置不一样，则不仅这台设备自己不能学习到所有非直连网段的路由，而且还可能造成区域内其他路由器也学习不到全部网段的 OSPF 路由。假设在 AR3 上连接一台路由器，在该路由器上不配置区域认证，或者区域认证配置与前面介绍的不一样，则该路由器学习不到非直连网段的 OSPF 路段路由。

④ 在 AR4 和 AR6 相连的 Serial1/0/0 接口上配置 Simple 认证模式，采用相同的明文密码。

AR4 上的配置如下。

[AR4] **interface** serial1/0/1
[AR4-Serial1/0/0]**ospf authentication-mode simple cipher** lycb
[AR4-Serial0/0/0]**quit**

AR6 上的配置如下。

[AR6] **interface** serial1/0/0
[AR6-Serial1/0/0]**ospf authentication-mode simple cipher** lycb
[AR6-Serial1/0/0]**quit**

此时在各路由器上执行 **display ospf routing** 命令，也可以看到已经学习到各网段的 OSPF 路由。但是仅完成了一端配置，或者两端配置的认证模式和密钥不一样时，AR4 与 AR6 之间的邻居关系会中断。

6.7　OSPF 路由控制

本节集中介绍 OSPF 在路由信息控制和路由选路控制方面的一些功能及相关配置方法。其中，OSPF 路由信息控制包括外部路由引入，Slient-Interface 功能、路由汇总，以及对 OSPF 路由信息和各种 LSA 的过滤；OSPF 选路控制包括接口开销调整、等价路由，使网络满足复杂环境中的需要。

6.7.1　配置 OSPF 接口开销

OSPF 接口开销值影响路由的选择，开销值越大，优先级越低。OSPF 既可以根据接口的带宽自动计算其链路开销值，也可以通过命令固定配置。根据该接口的带宽自动计算开销值的公式为：接口开销=带宽参考值/接口带宽，取计算结果的整数部分作为接口开销值（当结果小于 1 时取 1），通过改变带宽参考值可以间接改变接口的开销值。这样就可以有两种方式来调整 OSPF 的接口开销值：一是直接配置接口的开销值；二是通过改变带宽参考值调整接口开销值。OSPF 的接口开销值的配置步骤见表 6-22。

表 6-22　OSPF 的接口开销值的配置步骤

步骤	命令	说明
1	**system-view**	进入系统视图
方式 1：直接配置接口开销		
2	**interface** *interface-type interface-number* 例如，[Huawei] **interface** gigabitethernet 1/0/0	键入要配置 OSPF 开销的接口，进入接口视图
3	**ospf cost** *cost* [Huawei-GigabitEthernet1/0/0] **ospf cost 65**	配置接口的 OSPF 开销，取值范围为 1～65535 的整数，缺省值是 1。 缺省情况下，OSPF 会根据该接口的带宽自动计算其开销值，可用 **undo ospf cost** 命令恢复接口上运行 OSPF 所需开销的缺省值 【说明】由于 Eth-Trunk 接口开销是各个成员接口开销的总和，并且各个成员接口是变化的，所以 Eth-Trunk 接口没有缺省的接口开销值
方式 2：通过改变带宽参考值间接调整接口开销		
2	**ospf** [*process-id*] 例如，[Huawei] **ospf 10**	启动对应的 OSPF 进程，进入 OSPF 视图
3	**bandwidth-reference** *value* 例如，[Huawei-ospf-10] **bandwidth-reference 1000**	设置通过公式计算接口开销所依据的带宽参考值，取值范围为 1～2147483648Mbit/s。配置成功后，进程内所有接口的带宽参考值都会改变，**必须保证该进程中所有路由器的带宽参考值一致**。 缺省情况下，带宽参考值为 100 Mbit/s，可用 **undo bandwidth-reference** 命令恢复带宽参考值为缺省值

6.7.2　配置 OSPF 等价路由

如果网络中存在多条由**相同路由协议发现**（这是前提条件）的到达同一目的地的路由，并且这几条路由的开销值相同，那么这些路由就是等价路由，可以实现负载分担。

OSPF 等价路由示例如图 6-79 所示，RouterA 和 RouterB 之间有 3 条通信路径。这 3 条路径都运行 OSPF，且 OSPF 开销值也相同（均为 15），因此，这 3 条路由是等价路由，起到负

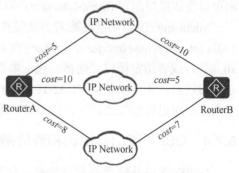

图 6-79　OSPF 等价路由示例

载分担的作用。

在 OSPF 中可以配置最大的等价路由条数，OSPF 等价路由的配置步骤见表 6-23。

表 6-23 OSPF 等价路由的配置步骤

步骤	命令	说明
1	**system-view**	进入系统视图
2	**ospf** [*process-id*] 例如，[Huawei] **ospf** 10	启动对应的 OSPF 进程，进入 OSPF 视图
3	**maximum load-balancing** *number* 例如，[Huawei-ospf-10] **maximum load-balancing** 2	配置最大等价路由数量，但不同 AR G3 系列的取值范围不一样，具体参见对应的产品手册。如果需要取消负载分担，则可以将 *number* 参数设置为 1。 缺省情况下，不同系列所支持的最大等价路由的数量也不同，具体参见对应的产品手册，可用 **undo maximum load-balancing** 命令恢复等价路由的最大数量为缺省值
4	**nexthop** *ip-address* **weight** *value* 例如，[Huawei-ospf-10] **nexthop** 10.0.0.3 **weight** 1	（可选）配置 OSPF 的负载分担优先级。如果网络中到达某一目的网络存在的等价路由数量大于在上一步配置的最大等价路由数量，则可以通过本命令配置路由的优先级，指定是哪些等价路由可以用于负载分担（依次按优先级高低进行选择） • *ip-address*：指定要配置路由优先级的某条等价路由的下一跳 IP 地址。 • *value*：指定由参数 *ip-address* 指定的路由的优先级，取值范围是 1～254 的整数，其值越小，路由优先级越高。 缺省情况下，weight 的取值是 255（最低），即各等价路由之间没有优先级高低之分，同时转发报文，进行负载分担，可用 **undo nexthop** *ip-address* 命令取消对应下一跳的等价路由的优先级设置

6.7.3 配置 Silent-Interface

当希望本地 OSPF 路由信息不被其他网络中的设备获得，并且本地设备也不接收网络中其他设备发布的路由更新信息时，可以通过配置 Silent-Interface（静默接口）功能禁止 OSPF 接口发送和接收协议报文来实现。Silent-Interface 是预防路由环路的一种方法，通常不使用。

配置 Silent-Interface 功能后，该接口的直连路由仍可以通过其他接口在网络中发布出去，但从该接口发送的 Hello 报文将被阻塞，无法通过此接口与相邻设备建立邻居关系。如果某 OSPF 路由器接口连接的是一个不支持 OSPF 的设备，例如，服务器主机，则可以将该接口配置 Silent-Interface，以减少不必要的 OSPF 报文发送。

Silent-Interface 功能的配置方法是在对应的 OSPF 进程视图下通过 **silent-interface** { **all** | *interface-type interface-number* }命令把本地路由器上的所有接口（选择二选一选项 **all** 时），或者指定接口（选择二选一参数 *interface-type interface-number* 时）（除了可以是物理接口，还可以是像 **VLANIF** 和 **Eth-Trunk** 等类型的逻辑接口）配置为静默接口。本命令仅对已经使能当前进程的 OSPF 接口起作用，对其他进程中的接口不起作用。

6.7.4 OSPF 接口开销调和等价路由配置示例

OSPF 接口开销调整和等价路由配置示例的拓扑结构如图 6-80 所示，各设备运行

OSPF，均位于区域 1 中。初始状态下各链路的 OSPF 接口开销均采用缺省配置，AR1～AR5 的 Router ID 分别为 1.1.1.1～5.5.5.5。现要通过接口开销调整、等价路由实现 192.168.1.0/24 和 192.168.2.0/24 两网段用户互访的流量双路径负载分担。

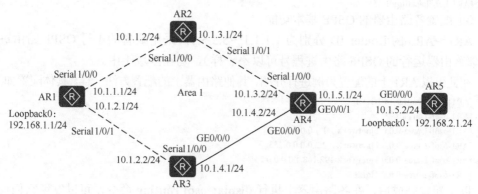

图 6-80　OSPF 接口开销调整和等价路由配置示例的拓扑结构

1. 基本配置思路分析

本示例是一个单区域的 OSPF 网络，区域 ID 不受限制。网络中有 P2P 链路和千兆以太网链路，它们的缺省接口开销分别是 48 和 1。很显然，缺省情况下，192.168.1.0/24 和 192.168.2.0/24 两网段之间互访时，在 AR1 与 AR4 之间会选择经过 AR3 这条路径，因为这条路径下的总链路开销（48+1+1=50）要小于经过 AR2 这条路径的总链路开销（48+48+1=97）。

要实现两条路径负载分担，必须进行两项配置：一是通过接口开销调整把在 AR1 与 AR4 之间的 2 条路径的总链路开销值配置相同；二是允许 AR1 和 AR4 有 2 条路由实现负载分担，这是因为缺省是不允许负载分担的。

综上所述，可得出本示例以下的基本配置思路。

① 配置各路由器接口的 IP 地址。

② 配置各路由器的 OSPF 基本功能。

③ 配置 AR3 和 AR4 上的 GE0/0/0 端口的接口开销值为 48，以实现 AR1 与 AR4 之间 2 条路径的链路开销值相同，形成 2 条等价路由。

④ 配置 AR1 和 AR4 的最大负载均衡路由数为 2，实现 2 条路由负载分担。

2. 具体配置步骤

① 配置各路由器接口的 IP 地址。

需要注意的是，Loopback 接口缺省生成的都是 32 位掩码的 OSPF 路由，如果想要生成对应网段的 OSPF 路由，则必须把 Loopback 接口设置成广播网络类型。

在此仅以 AR1 上的配置为例进行介绍，其他路由器上的配置方法一样，具体配置如下。

```
<Huawei> system-view
[Huawei] sysname AR1
[AR1] interface Serial 1/0/0
[AR1-Serial1/0/0] ip address 1.1.1.1 255.255.255.0
[AR1-Serial1/0/0] quit
[AR1] interface Serial 1/0/1
[AR1-Serial1/0/0] ip address 2.2.2.1 255.255.255.0
```

```
[AR1-Serial1/0/0] quit
[AR1]interface loppback0
[AR1-Loopback0]ip address 192.168.1.1 24
[AR1-Loopback0]ospf network-type brocast    #---把 Loopback 接口设置为广播网络类型
[AR1-Loopback0]quit
```

② 配置各路由器的 OSPF 基本功能。

AR1～AR5 的 Router ID 分别为 1.1.1.1～5.5.5.5，采用缺省的 1 号 OSPF 路由进程（相邻路由器运行的 OSPF 路由进程号可以不一样），均在区域 1 中。

在此仅以 AR1 上的配置为例进行介绍，其他路由器上的配置方法一样，具体配置如下。

```
[AR1]ospf 1 router-id 1.1.1.1
[AR1-ospf-1]area 1
[AR1-ospf-1-area-0.0.0.1]network 1.1.1.0 0.0.0.255
[AR1-ospf-1-area-0.0.0.1]network 2.2.2.0 0.0.0.255
[AR1-ospf-1-area-0.0.0.1]network 192.168.1.0 0.0.0.255
[AR1-ospf-1-area-0.0.0.1]quit
```

以上配置完成后，在各路由器上执行 **display ospf routing** 命令，可以发现它们均已成功学习到网络中各网段的 OSPF 路由，但在 AR1 上到达 192.168.2.0/24 网段，只有经过 AR3 的路径这一条路由，开销值为 50，接口开销调整前，AR1 上的 OSPF 路由表如图 6-81 所示；在 AR4 上到达 192.168.1.0/24 网段，只有经过 AR3 的路径这一条路由，开销值为 49，接口开销调整前，AR4 上的 OSPF 路由表如图 6-82 所示。

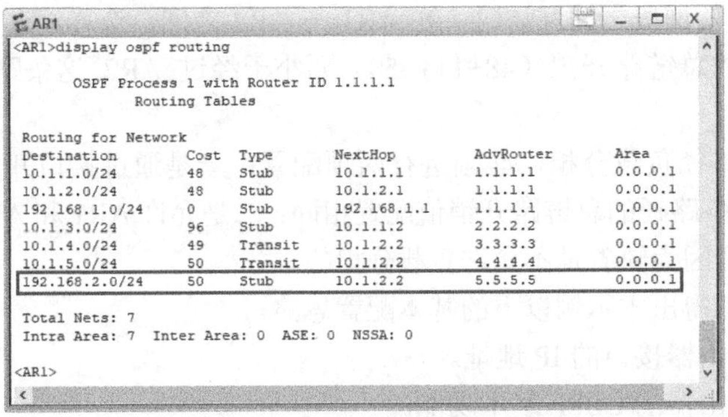

```
<AR1>display ospf routing

     OSPF Process 1 with Router ID 1.1.1.1
         Routing Tables

 Routing for Network
 Destination        Cost  Type       NextHop         AdvRouter       Area
 10.1.1.0/24        48    Stub       10.1.1.1        1.1.1.1         0.0.0.1
 10.1.2.0/24        48    Stub       10.1.2.1        1.1.1.1         0.0.0.1
 192.168.1.0/24     0     Stub       192.168.1.1     1.1.1.1         0.0.0.1
 10.1.3.0/24        96    Stub       10.1.1.2        2.2.2.2         0.0.0.1
 10.1.4.0/24        49    Transit    10.1.2.2        3.3.3.3         0.0.0.1
 10.1.5.0/24        50    Transit    10.1.2.2        4.4.4.4         0.0.0.1
 192.168.2.0/24     50    Stub       10.1.2.2        5.5.5.5         0.0.0.1

 Total Nets: 7
 Intra Area: 7  Inter Area: 0  ASE: 0  NSSA: 0

<AR1>
```

图 6-81　接口开销调整前，AR1 上的 OSPF 路由表

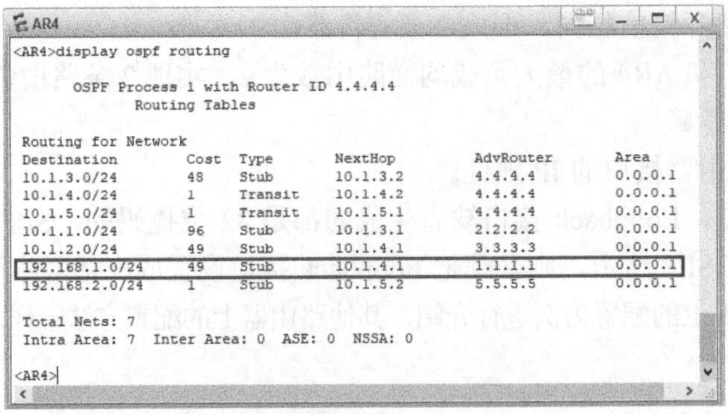

```
<AR4>display ospf routing

     OSPF Process 1 with Router ID 4.4.4.4
         Routing Tables

 Routing for Network
 Destination        Cost  Type       NextHop         AdvRouter       Area
 10.1.3.0/24        48    Stub       10.1.3.2        4.4.4.4         0.0.0.1
 10.1.4.0/24        1     Transit    10.1.4.2        4.4.4.4         0.0.0.1
 10.1.5.0/24        1     Transit    10.1.5.1        4.4.4.4         0.0.0.1
 10.1.1.0/24        96    Stub       10.1.3.1        2.2.2.2         0.0.0.1
 10.1.2.0/24        49    Stub       10.1.4.1        3.3.3.3         0.0.0.1
 192.168.1.0/24     49    Stub       10.1.4.1        1.1.1.1         0.0.0.1
 192.168.2.0/24     1     Stub       10.1.5.2        5.5.5.5         0.0.0.1

 Total Nets: 7
 Intra Area: 7  Inter Area: 0  ASE: 0  NSSA: 0

<AR4>
```

图 6-82　接口开销调整前，AR4 上的 OSPF 路由表

③ 把 AR3 和 AR4 上的 GE0/0/0 接口的开销均设为 48，与 Serial 接口一样。此时，在 AR1 和 AR4 上执行 **display ospf routing** 命令，会发现 AR1 到达 192.168.2.0/24 网段有

两条等价路由，且开销值均为 97，接口开销调整后，AR1 上的 OSPF 路由表如图 6-83 所示；AR4 到达 192.168.1.0/24 网段也有两条等价路由，开销值均为 96，接口开销调整后，AR4 上的 OSPF 路由表如图 6-84 所示，具体配置如下。

```
[AR3]interface gigabitethernet0/0/0
[AR3-GigabitEthernert0/0/0]ospf cost 48

[AR4]interface gigabitethernet0/0/0
[AR4-GigabitEthernert0/0/0]ospf cost 48
```

```
<AR1>display ospf routing

         OSPF Process 1 with Router ID 1.1.1.1
                  Routing Tables

 Routing for Network
 Destination        Cost  Type       NextHop         AdvRouter       Area
 10.1.1.0/24        48    Stub       10.1.1.1        1.1.1.1         0.0.0.1
 10.1.2.0/24        48    Stub       10.1.2.1        1.1.1.1         0.0.0.1
 192.168.1.0/24     0     Stub       192.168.1.1     1.1.1.1         0.0.0.1
 10.1.3.0/24        96    Stub       10.1.1.2        2.2.2.2         0.0.0.1
 10.1.4.0/24        96    Transit    10.1.2.2        3.3.3.3         0.0.0.1
 10.1.5.0/24        97    Transit    10.1.1.2        4.4.4.4         0.0.0.1
 10.1.5.0/24        97    Transit    10.1.2.2        4.4.4.4         0.0.0.1
 192.168.2.0/24     97    Stub       10.1.1.2        5.5.5.5         0.0.0.1
 192.168.2.0/24     97    Stub       10.1.2.2        5.5.5.5         0.0.0.1

 Total Nets: 9
 Intra Area: 9  Inter Area: 0  ASE: 0  NSSA: 0

<AR1>
```

图 6-83　接口开销调整后，AR1 上的 OSPF 路由表

```
<AR4>display ospf routing

         OSPF Process 1 with Router ID 4.4.4.4
                  Routing Tables

 Routing for Network
 Destination        Cost  Type       NextHop         AdvRouter       Area
 10.1.3.0/24        48    Stub       10.1.3.2        4.4.4.4         0.0.0.1
 10.1.4.0/24        48    Transit    10.1.4.2        4.4.4.4         0.0.0.1
 10.1.5.0/24        1     Transit    10.1.5.1        4.4.4.4         0.0.0.1
 10.1.1.0/24        96    Stub       10.1.3.1        2.2.2.2         0.0.0.1
 10.1.2.0/24        96    Stub       10.1.4.1        3.3.3.3         0.0.0.1
 192.168.1.0/24     96    Stub       10.1.3.1        1.1.1.1         0.0.0.1
 192.168.1.0/24     96    Stub       10.1.4.1        1.1.1.1         0.0.0.1
 192.168.2.0/24     1     Stub       10.1.5.2        5.5.5.5         0.0.0.1

 Total Nets: 8
 Intra Area: 8  Inter Area: 0  ASE: 0  NSSA: 0

<AR4>
```

图 6-84　接口开销调整后，AR4 上的 OSPF 路由表

④ 配置 AR1 和 AR4 的最大负载均衡路由数为 2，实现 2 条路由负载分担。

尽管 AR1 到达 192.168.2.0/24 网段，AR4 到达 192.168.1.0/24 网段均已有 2 条等价路由，但是它们还不会进行负载分担，这是因为缺省情况下，OSPF 不允许等价路由负载分担。此时，可以在 AR1 和 AR4 上配置允许的最大负载均衡路由数为 2，具体配置如下。

```
[AR1]ospf
[AR1-ospf-1] maximum load-balancing 2
[AR1-ospf-1]quit

[AR4]ospf
[AR4-ospf-1] maximum load-balancing 2
[AR4-ospf-1]quit
```

以上配置完成后，如果 AR1 与 AR5 之间访问的流量比较大，超过了单条路径承载的最大负荷，则 2 条路径会进行负载分担。但如果流量小于单条路径的最大承载负荷，

则所有流量仍只在一条路径上传输。

6.7.5　配置 OSPF 引入外部路由

当 OSPF 网络中的设备需要访问运行其他协议网络中的设备时，需要将本地路由表中其他协议的路由（**缺省路由除外**）引入 OSPF 进程中，此时本地设备就成了 ASBR。ASBR将外部路由信息以 AS-external-LSA，即 Type-5 LSA 的形式在 OSPF 网络各普通区域中泛洪。

OSPF ASBR 引入外部路由的配置步骤见表 6-24。

表 6-24　OSPF ASBR 引入外部路由的配置步骤

步骤	命令	说明
1	**system-view**	进入系统视图
2	**ospf** [*process-id*] 例如，[Huawei] **ospf** 10	启动对应的 OSPF 进程，进入 OSPF 视图
3	**import-route** { **limit** *limit-number*	{ **bgp** [**permit-ibgp**]	**direct**	**unr**	**rip** [*process-id-rip*]	**static**	**isis** [*process-id-isis*]	**ospf**[*process-id-ospf*] } [**cost** *cost*	**type** *type*	**tag** *tag*	**route-policy** *route-policy-name*][*] } 例如，[Huawei-ospf-10] **import-route rip** 40 **type** 2 **tag** 33 **cost** 50 （引入 RIP 进程 40 的路由，并设置外部路由类型为 2，路由标记为 33，开销值为 50）	引入其他路由协议学习到的非**缺省**路由信息。 • **limit** *limit-number*：二选一参数，指定在一个 OSPF 进程中可引入的最大外部路由数量，取值范围为 1～4294967295 的整数。 • **bgp**：多选一选项，指定引入 BGP 路由。 • **permit-ibgp**：可选项，指定允许同时引入 IBGP 路由，但引入 IBGP 路由后可能导致路由环路，因此，在非必要场合请不要选择。 • **direct**：多选一选项，指定引入直连路由。 • **unr**：多选一选项，指定引入用户网络路由（User Network Route, UNR）。UNR 主要用在用户上线过程中由于无法使用动态路由协议时给用户分配的路由。 • **rip**：多选一选项，指定引入 RIP 路由。 • *process-id-rip*：可多选参数，指定仅引入指定进程的 RIP 路由，取值范围为 1～65535 的整数，缺省值是 1。 • **static**：多选一选项，指定引入静态路由。 • **isis**：多选一选项，指定引入 IS-IS 路由。 • *process-id-isis*：可多选参数，指定仅引入指定进程的 IS-IS 路由，取值范围为 1～65535 的整数，缺省值是 1。 • **ospf**：多选一选项，指定引入 OSPF 路由。 • *process-id-ospf*：可多选参数，指定仅引入指定进程的 OSPF 路由，取值范围为 1～65535 的整数，缺省值是 1。 • **cost** *cost*：可多选参数，指定引入后的外部路由开销值，取值范围为 0～16777214 的整数，缺省值是 1。 • **type** *type*：可多选参数，指定引入后的外部路由的类型，取值为 1（代表第一类外部路由）或 2（代表第二类外部路由），缺省值是 2。 • **tag** *tag*：可多选参数，指定引入后的外部路由的标记，取值范围为 0～4294967295 的整数，缺省值是 1。 • **route-policy** *route-policy-name*：可多选参数，只能引入符合指定路由策略的路由（相应的路由策略必须创建）。 缺省情况下，不引入其他协议的路由信息，可用 **undo import-route** { **limit**	**bgp**	**direct**	**unr**	**rip** [*process-id-rip*]	**static**	**isis** [*process-id-isis*]	**ospf** [*process-id-ospf*] } 命令删除指定引入的外部路由信息

步骤	命令	说明
4	**default** { **cost** { *cost-value* | **inherit-metric** } | **limit** *limit* | **tag** *tag* | **type** *type* } * 例如，[Huawei-ospf-10] **default cost 10 tag 100 type 2**	（可选）对于没有在上一步为引入的外部路由配置开销值、引入的路由条数、标记和外部路由类型等参数的外部路由，可以统一配置引入外部路由时的参数缺省。 • **cost**：可多选选项，配置引入的外部路由的缺省开销。 • *cost-value*：二选一参数，指定引入的外部路由的缺省度量值，取值范围是 0～16777214 的整数。 • **inherit-metric**：二选一选项，指定引入路由的开销值为路由自带的开销值。 • **limit** *limit*：可多选参数，指定单位时间内引入外部路由上限的缺省值，取值范围为 1～2147483647 的整数。 • **tag** *tag*：可多选参数，指定引入的外部路由的标记，取值范围为 0～4294967295 的整数。 • **type** *type*：可多选参数，指定引入的外部路由的缺省类型，取值为 1 或 2。 缺省情况下，OSPF 引入外部路由的缺省度量值为 1，一次可引入外部路由数量的上限为 2147483647，引入的外部路由类型为 Type2，缺省标记值为 1，可用 **undo default** { **cost** | **limit** | **tag** | **type** } * 命令恢复各项为缺省值

6.7.6　配置 OSPF 路由汇总

路由汇总又称为"路由聚合"，是将一组相同前缀的路由汇聚成一条路由，从而达到减少设备上路由表规模、优化设备资源利用率的目的，即在计算机网络原理课程中学到的"子网聚合"。汇聚后的路由称为"汇总路由"或者"聚合路由"，汇聚前的路由称为"明细路由"。配置路由汇总后，如果被聚合的 IP 地址范围内的某条链路频繁 Up 和 Down，该变化并不会通告到被聚合的 IP 地址范围外的设备，这样可以避免网络中的路由振荡，并在一定程度上提高了网络的稳定性。

OSPF 路由汇总可以在 ABR 和 ASBR 上进行。在 ABR 上可以对 OSPF 区域间的路由进行汇总，对来自某一区域，在汇总范围内的各网段路由信息汇总生成一条 Type-3 LSA，向所连接的其他区域泛洪。而在 ASBR 上则是在引入的外部路由进行汇总，此时会对在汇总范围内引入的各外部路由以一条 Type-5 LSA（在普通区域中的 ASBR 上生成）或 Type-7 LSA（仅在 NSSA 或 Totally NSSA 区域的 ASBR 上生成）向普通区域或 NSSA、Totally NSSA 区域泛洪。

【说明】在 ABR 或 ASBR 上配置路由汇总后，**ABR 和 ASBR 本地的 OSPF 路由表是保持不变的，仍为各网段的明细路由**，但是在它们向区域内其他 OSPF 设备通告时，这些连续子网路由将只以一条汇总路由进行通告，这样区域内其他路由器上的 OSPF 路由表中只有这一条聚合路由到达对应聚合网段的路由。直到网络中被聚合的路由都出现故障而消失时，该汇总路由才会消失。

在 ASBR 上对引入的路由进行路由汇总后，有以下 3 种情况。

① 如果本地设备是 ASBR 且处于普通区域中，则将对引入的聚合地址范围内的所有 Type-5 LSA 进行路由汇总。

② 如果本地设备是 ASBR，且处于 NSSA 或者 Totally NSSA 区域中，则对引入的聚合地址范围内的所有 Type-5 LSA 和 Type-7 LSA 进行路由汇总。

③ 如果本地设备既是 ASBR，又是 ABR，且处于 NSSA 或者 Totally NSSA 区域中，则除了对引入聚合地址范围内的所有 Type-5 LSA 和 Type-7 LSA 进行路由汇总，还将对由 Type-7 LSA 转化成的 Type-5 LSA 也进行路由汇总。

OSPF 路由汇总配置步骤见表 6-25。

表 6-25　OSPF 路由汇总配置步骤

步骤	命令	说明
1	**system-view**	进入系统视图
2	**ospf** [*process-id*] 例如，[Huawei] **ospf** 10	启动对应的 OSPF 进程，进入 OSPF 视图
	在 ABR 上配置路由汇总	
3	**area** *area-id* 例如，[Huawei-ospf-10] **area** 1	键入 ABR 所连接的，要配置路由汇总的区域，进入区域视图
4	**abr-summary** *ip-address mask* [[**advertise** | **not-advertise** | **generate-null0-route**] | **cost** { *cost* | **inherit-minimum** }] * 例如，[Huawei-ospf-10-area-0.0.0.1]**abr-summary** 36.42.0.0 255.255.0.0	配置 ABR 对区域内路由进行路由汇总（**不能聚合不同区域中的路由**）。ABR 向其他区域发送路由信息时，以网段为单位生成 Type-3 LSA。 • *ip-address mask*：指定汇总路由的 IP 地址和子网掩码。 • **advertise**：多选一可选项，指定向其他区域发布汇总路由。 • **not-advertise**：多选一可选项，指定不向其他区域发布汇总路由。 • *cost*：二选一可选参数，指定汇总路由的开销值，取值范围为 0~16777214 的整数。如果不配置此参数，则取所有被聚合的路由中**最大的开销值**作为汇总路由的开销。 • **inherit-minimum**：二选一可选项，设置以汇总前所有路由开销值中的最小值为聚合后路由的开销值。 • **generate-null0-route**：多选一可选项，生成"黑洞"路由，用来防止路由环路。 缺省情况下，区域边界路由器不对路由汇总，可用 **undo abr-summary** *ip-address mask* 命令取消在区域边界路由器上进行路由汇总的功能
	在 ASBR 上配置路由汇总	
3	**asbr-summary type nssa-trans-type-reference** [**cost nssa-trans-cost-reference**] 例如，[Huawei-ospf-10] **asbr-summary type nssa-trans-type-reference**	（可选）配置 OSPF 设置汇总路由类型（Type）和开销值（cost）时考虑 Type-7 转换到 Type-5 的 LSA。不配置此命令时，OSPF 在设置汇总路由类型和开销时都不考虑 Type-7 转换到 Type-5 的 LSA。 • **type nssa-trans-type-reference**：指定设置汇总路由类型（Type）时考虑 Type-7 转换到 Type-5 的 LSA。 • **cost nssa-trans-cost-reference**：可选项，指定设置汇总路由开销值（cost）时考虑 Type-7 转换到 Type-5 的 LSA。 缺省情况下，ASBR 不对 OSPF 引入的路由进行路由汇总，可用 **undo asbr-summary type** 命令取消相关配置

续表

步骤	命令	说明
4	**asbr-summary** *ip-address mask* [**not-advertise** | **tag** *tag* | **cost** *cost* | **distribute-delay** *interval*][*] 例如，[Huawei-ospf-10] **asbr-summary** 10.2.0.0 255.255.0.0 **not-advertise tag** 2 **cost** 100	设置 ASBR 对 OSPF 引入的外部路由进行路由汇总。 • *ip-address mask*：指定汇总路由的 IP 地址和子网掩码。 • **not-advertise**：可多选选项，设置不发布该汇总路由，如果不选择此可选项，则向区域内发布该汇总路由。 • **tag** *tag*：可多选参数，指定汇总路由的标记，取值范围为 0~4294967295 的整数。如果不指定此可选参数，缺省值为 1。 • **cost** *cost*：可多选参数，设置汇总路由的开销，取值范围为 0~16777214 的整数。如果不配置此可选参数，对于 1 类外部路由，取所有被汇总路由中的**最大开销值**作为汇总路由的开销；对于 2 类外部路由，则取所有被汇总路由中的**最大开销值再加 1** 作为汇总路由的开销。 • **distribute-delay** *interval*：可多选参数，指定延迟发布该汇总路由的时间，取值范围为 1~65535 的整数，单位为秒。 缺省情况下，ASBR 不对 OSPF 引入的路由进行路由汇总，可用 **undo asbr-summary** *ip-address mask* 命令取消 ASBR 对 OSPF 引入的路由进行指定的路由汇总

6.7.7　OSPF 路由引入和路由汇总配置示例

OSPF 路由引入和路由汇总配置示例的拓扑结构如图 6-85 所示，整个网络有 OSPF 和 RIP 两个路由域，AR1~AR6 的 OSPF Router ID 分别是 1.1.1.1~6.6.6.6。

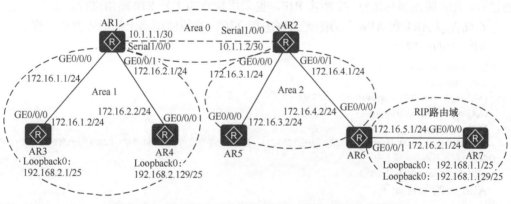

图 6-85　OSPF 路由引入和路由汇总配置示例的拓扑结构

现通过配置实现以下要求。

• 在 AR1 上对 192.168.2.0/25 和 192.168.2.128/25、172.16.1.0/24 和 172.16.2.0/24 网段进行路由汇总。

• 在 AR6 上引入并对 192.168.1.0/25 和 192.168.1.128/25 路由进行汇总，并把引入后的路由度量值设为 10。

1. 基本配置思路分析

本示例涉及在 ABR（AR1）上对区域间路由进行汇总，在 ASBR（AR6）上引入外部路由,并对外部路由进行汇总 3 个方面的配置。但这些配置均是需要完成 OSPF 和 RIP 基本功能配置后才进行的。下面是本示例的基本配置思路。

① 配置各路由器接口的 IP 地址。

② 在 AR1~AR6 上配置 OSPF 基本功能,在 AR6 和 AR7 上配置 RIP 基本功能。

③ 在 AR1 上对 192.168.2.0/25 和 192.168.2.128/25、172.16.1.0/24 和 172.16.2.0/24 网段路由配置路由汇总。

④ 在 AR6 上引入 192.168.1.0/25 和 192.168.1.128/25 两网段的 RIP 路由,并把引入后的路由度量值设为 10,然后对引入后的 192.168.1.0/25 和 192.168.128.0/25 两网段路由配置路由汇总。

2. 具体配置步骤

① 配置各路由器接口的 IP 地址。

在此仅以 AR3 上的配置为例进行介绍,其他路由器的配置方法一样,具体配置如下。

```
<Huawei> system-view
[Huawei] sysname AR3
[AR3] interface gigabitethernet 0/0/0
[AR3-GigabitEthernet0/0/0] ip address 172.16.1.1 255.255.255.0
[AR3-GigabitEthernet0/0/0] quit
[AR3] interface loopback0
[AR3-Loopback0] ip address 192.168.2.1 255.255.255.128
[AR3-Loopback0]ospf network brodcast
[AR3-Loopback0] quit
```

② 在 AR1~AR6 上配置 OSPF 基本功能,在 AR6 和 AR7 上配置 RIP 基本功能。

AR1~AR6 的 OSPF Router ID 分别为 1.1.1.1~6.6.6.6,均采用缺省的 1 号 OSPF 路由进程。RIP 路由器均运行 V2 版本 RIP,也采用缺省的 1 号 RIP 路由进程。

在此仅以 AR1 和 AR6 上的配置为例进行介绍,其他路由器上的配置方法一样。

AR1 上的配置如下。

```
[AR1]ospf router-id 1.1.1.1
[AR1-ospf-1]area 0
[AR1-ospf-1-area-0.0.0.0]network 10.1.1.0 0.0.0.3
[AR1-ospf-1-area-0.0.0.0]quit
[AR1-ospf-1]area 1
[AR1-ospf-1-area-0.0.0.1]network 172.16.0.0 0.0.255.255   #---此一条命令可使GE0/0/0和GE0/0/1两个端口同时运行在
1 号 OSPF 进程,且均在区域 1 中
[AR1-ospf-1-area-0.0.0.1]quit
```

AR6 上的配置如下。

```
[AR6]ospf router-id 6.6.6.6
[AR6-ospf-1]area 2
[AR6-ospf-1-area-0.0.0.2]network 172.16.4.0 0.0.0.255
[AR6-ospf-1-area-0.0.0.2]quit
[AR6-ospf-1] quit
[AR6]rip
[AR6]version 2
[AR6-rip-1]network 172.16.0.0   #---RIP 只能通告主网络
[AR6-rip-1]quit
```

以上配置完成后,在各 OSPF 路由器上执行 **display ospf routing** 命令,可以发现它们已经学习到域内各网段的 OSPF 路由,在各 RIP 路由上执行 **display rip** 1 **route** 命令,

也可以发现它们已经学习到域内各网段的 RIP 路由，但两个路由域中的路由是彼此隔离的。

在进行路由汇总和引入前，AR2 上的 OSPF 路由表如图 6-86 所示，在 AR2 上执行 **display ospf routing** 命令的输出，由此可以看出，没有 RIP 路由域中的各网段路由，且来自区域 1 中的 4 个子网是以对应的子网路由存在的。AR6 上的 RIP 路由表如图 6-87 所示，在 AR6 上执行 **display rip 1 route** 命令的输出，由此可以看出，没有 OSPF 路由域中的各网段路由。

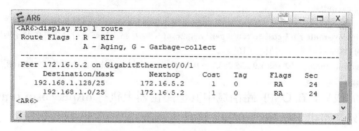

图 6-86　在进行路由汇总和引入前，AR2 上的 OSPF 路由表

图 6-87　AR6 上的 RIP 路由表

③　在 AR1 上把来自区域 1 的 192.168.2.0/25 和 192.168.2.128/25 路由汇总成 192.168.2.0/24，把 172.16.1.0/24 和 172.16.2.0/24 路由汇总成 172.16.0.0/22，具体配置如下。

```
[AR1]ospf
[AR1-ospf-1]area 1
[AR1-ospf-1-area-0.0.0.1]abr-summary 192.168.2.0 255.255.255.0
[AR1-ospf-1-area-0.0.0.1]abr-summary 172.16.0.0 255.255.252.0
[AR1-ospf-1-area-0.0.0.1]quit
[AR1-ospf-1]quit
```

以上配置完成后，AR1 会把来自区域 1 中的以上 4 个子网的路由分别以对应汇总路由的 Type-3 LSA 向骨干区域通告，骨干区域再向其他普通区域通告。在 AR2 上执行 **display ospf routing** 命令，会发现这些路由已变成对应的汇总路由，在进行路由汇总后，AR2 上的 OSPF 路由表如图 6-88 所示。但在区域 1 中各路由器（包括 AR1）上仍以原来的子网路由存在。

④　在 AR6 上引入 192.168.1.0/25 和 192.168.1.128/25 两网段的 RIP 路由，并把引入后的路由度量值设为 10，然后对引入后的 192.168.1.0/25 和 192.168.128.0/25 两网段路由汇总成 192.168.1.0/24。

因为本示例只须引入 192.168.1.0/25 和 192.168.1.128/25 两个网段（不包括 172.16.

5.0/24 网段）的 RIP 路由，所以需要先创建一个路由策略。在此以基本 ACL 进行路由过滤来创建路由策略，具体配置如下。

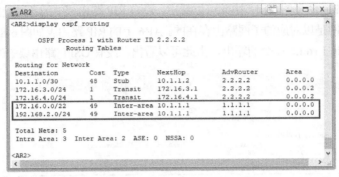

图 6-88　在进行路由汇总后，AR2 上的 OSPF 路由表

```
[AR6] acl 2002
[AR6-acl-basic-2002] rule permit source 192.168.1.0 0.0.0.127
[AR6-acl-basic-2002] rule permit source 192.168.1.128 0.0.0.127
[AR6-acl-basic-2002] quit
[AR6] route-policy rip2ospf permit node 10
[AR6-route-policy] if-match acl 2002
[AR6-route-policy] quit
[AR6]ospf
[AR6-ospf-1] import-route rip 1 cost 10 route-policy rip2ospf   #---按路由策略对符合条件的两子网路由进行过滤、引
入，并设置引入后的 OSPF 外部路由开销值为 10
[AR6-ospf-1]asbr-summary 192.168.1.0 255.255.255.0 #---对引入的两子网外部路由汇总成 192.168.1.0/24
[AR6-ospf-1]quit
```

　　以上配置完成后，在 OSPF 路由域中其他路由器上执行 **display ospf routing** 命令，会发现已有一条外部路由 192.168.1.0/24，这是由 AR6 引入并汇总后的路由，开销值为 11，（该值为所设置的引入路由开销值为 10 与缺省的千兆以太网接口开销值为 1 之和）。在 AR6 上引入并进行路由汇总配置后，AR2 上的 OSPF 路由表如图 6-89 所示。

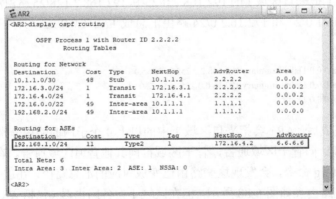

图 6-89　在 AR6 上引入并进行路由汇总配置后，AR2 上的 OSPF 路由表

6.7.8　配置 OSPF 路由过滤

　　OSPF 路由过滤包括对接收和发布的路由进行过滤两个方面。
　　其中，OSPF 对接收路由的过滤适用于任意 OSPF 路由器，通过对接收的路由设置过滤策略，**只允许通过过滤策略的路由添加到本地设备的 IP 路由表中，但本地 OSPF 路由表中仍然有该路由**。由于被过滤的接收路由不影响对外发布，所以下游路由器仍可以接收到该路由，但这些路由器所连接的用户可能访问不了该网段，除非有其他路径，或在配置过滤路由器的 IP 路由表中有其他协议类型的路由到达该网段。

OSPF 对发布路由的过滤仅针对在 ASBR 上引入的外部路由，通过设置发布策略设备仅允许满足条件的外部路由生成 Type-5 LSA 向外发布，这主要是为了避免产生路由环路。

OSPF 对接收和发布的路由进行过滤是通过 Filter-Policy 策略工具进行的。

6.7.9　OSPF 路由过滤配置示例

OSPF 路由过滤配置示例的拓扑结构如图 6-90 所示，在 AR3 上配置并引入了到达 "192.168.2.0/24" "192.168.3.0/24" "172.16.1.0/24" 3 个网段的静态路由，下一跳均为 AR5 上的 GE0/0/0 接口 IP 地址，但不向外发布所引入的 172.16.1.0/24 网段路由，使 OSPF 路由域中其他路由器所连接的用户均不能访问 172.16.1.0/24 网段。同时要求在 AR4 连接的用户不能访问 192.168.1.0/24 网段，但其他路由器连接的用户仍可以访问该网段。

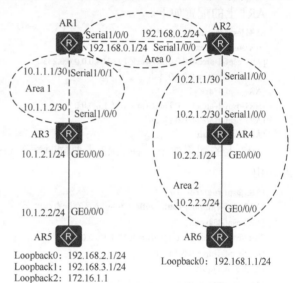

图 6-90　OSPF 路由过滤配置示例的拓扑结构

1. 基本配置思路分析

本示例涉及在 ASBR AR3 上对引入的静态路由进行过滤，即仅向 OSPF 路由域中发布所需的外部路由，以及对普通 OSPF 路由器的接收路由过滤，即 AR4 不接收连接在 AR6 上的 192.168.1.0/24 网段的 OSPF 路由，但该网段路由信息仍会通过 AR4 扩散到其他路由器上，使这些路由器所连接的用户仍然可以访问 192.168.1.0/24 网段。

根据以上分析可以得出本示例的以下基本配置思路。

① 配置各路由器接口的 IP 地址。

② 在 AR1～AR4、AR6 上配置 OSPF 基本功能，在 AR3 和 AR5 上配置静态路由，并在 AR3 上引入配置的静态路由。

③ 在 AR3 上配置向外发布路由时过滤 172.16.1.0/24 网段路由。

④ 在 AR4 上配置接收路由过滤，不接收 192.168.1.0/24 网段路由信息。

2. 具体配置步骤

① 配置各路由器接口 IP 地址。

在此仅以 AR1 上的接口 IP 地址配置为例进行介绍，其他路由器的配置方法一样，具体配置如下。

```
<Huawei> system-view
[Huawei] sysname AR1
```

```
[AR1] interface Serial 1/0/0
[AR1-Serial1/0/0] ip address 192.168.0.1 255.255.255.0
[AR1-Serial1/0/0] quit
[AR1] interface Serial 1/0/1
[AR1-Serial1/0/1] ip address 10.1.1.1 255.255.255.252
[AR1-Serial1/0/1] quit
```

② 在 AR1～AR4、AR6 上配置 OSPF 基本功能，在 AR3 和 AR5 上配置静态路由，并在 AR3 上引入所配置的静态路由。

本示例中，AR5 不需要运行 OSPF，其他各路由器均需要运行 OSPF。假设 AR1～AR4、AR6 的 Router ID 分别为 1.1.1.1～4.4.4.4、6.6.6.6，均采用缺省的 1 号 OSPF 路由进程。另外，AR3 和 AR5 上要配置静态路由。

在此仅以 AR1、AR3 和 AR5 上的配置为例进行介绍，其他路由器的 OSPF 基本功能配置方法一样。

AR1 上的配置如下。

```
[AR1]ospf router-id 1.1.1.1
[AR1-ospf-1]area 0
[AR1-ospf-1-area-0.0.0.0]network 192.168.0.0 0.0.0.255
[AR1-ospf-1-area-0.0.0.0]quit
[AR1-ospf-1]area 1
[AR1-ospf-1-area-0.0.0.1]network 10.1.1.0 0.0.0.3
[AR1-ospf-1-area-0.0.0.1]quit
[AR1-ospf-1]quit
```

AR3 上的配置如下，在 AR3 上要同时配置 OSPF 基本功能和到达 3 个外部子网的静态路由。

```
[AR3]ospf router-id 3.3.3.3
[AR3-ospf-1]import-route static   #---引入所有静态路由
[AR3-ospf-1]area 1
[AR3-ospf-1-area-0.0.0.1]network 10.1.1.0 0.0.0.3
[AR3-ospf-1-area-0.0.0.1]quit
[AR3-ospf-1]quit
[AR3]ip route-static 192.168.2.0 24 10.1.2.2
[AR3]ip route-static 192.168.3.0 24 10.1.2.2
[AR3]ip route-static 172.16.1.0 24 10.1.2.2
```

AR5 上的配置如下，在 AR5 上配置到达外部网络的缺省路由。

```
[AR5]ip route-static 0.0.0.0 0 10.1.2.1
```

此时，在各 OSPF 路由器上执行 **display ospf routing** 命令，会发现各路由器均可以学习到 OSPF 路由域内各网段的 OSPF 路由，包括所引入的到达 AR5 上所连接的 3 个网段的路由。在 AR3 上引入静态路由后，AR1 上的 OSPF 路由表如图 6-91 所示，在 AR1 上执行该命令的输出。

③ 在 AR3 上配置向外发布路由时过滤 172.16.1.0/24 网段路由。

在此采用基于基本 ACL 的过滤策略，先配置拒绝源 IP 地址为 172.16.1.0/24 网段，允许其他网段的基本 ACL，然后在发布路由的过滤策略中过滤该 ACL，具体配置如下。

```
[AR3]acl number 2001
[AR3-acl-basic-2001]rule 5 deny source 172.16.1.0 0.0.0.255
[AR3-acl-basic-2001]rule 10 permit
[AR3-acl-basic-2001]quit
[AR3]ospf
```

```
[AR3-ospf-1]filter-policy 2001 export
[AR3-ospf-1]quit
```

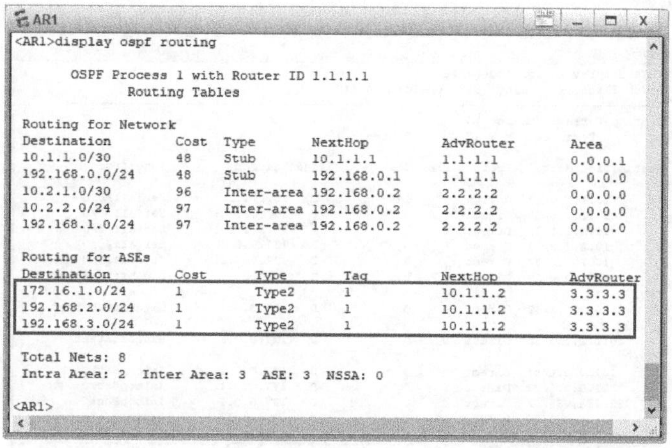

```
 AR1                                                          ▢ _ □ X
<AR1>display ospf routing

        OSPF Process 1 with Router ID 1.1.1.1
              Routing Tables

Routing for Network
Destination       Cost  Type   NextHop        AdvRouter    Area
10.1.1.0/30       48    Stub   10.1.1.1       1.1.1.1      0.0.0.1
192.168.0.0/24    48    Stub   192.168.0.1    1.1.1.1      0.0.0.0
10.2.1.0/30       96    Inter-area 192.168.0.2  2.2.2.2    0.0.0.0
10.2.2.0/24       97    Inter-area 192.168.0.2  2.2.2.2    0.0.0.0
192.168.1.0/24    97    Inter-area 192.168.0.2  2.2.2.2    0.0.0.0

Routing for ASEs
Destination       Cost       Type    Tag      NextHop      AdvRouter
172.16.1.0/24     1          Type2   1        10.1.1.2     3.3.3.3
192.168.2.0/24    1          Type2   1        10.1.1.2     3.3.3.3
192.168.3.0/24    1          Type2   1        10.1.1.2     3.3.3.3

Total Nets: 8
Intra Area: 2  Inter Area: 3  ASE: 3  NSSA: 0

<AR1>
```

图 6-91　在 AR3 上引入静态路由后，AR1 上的 OSPF 路由表

以上配置完成后，在 OSPF 路由域中（除了 AR3 的其他路由器）执行 **display ospf routing** 命令。在 AR3 上配置发布路由过滤后，AR1 上的 OSPF 路由表如图 6-92 所示，在 AR1 上执行该命令的输出，从输出中可以发现 OSPF 路由表中已经没有 172.16.1.0/24 这条原来引入的外部路由了，这表明过滤是成功的。

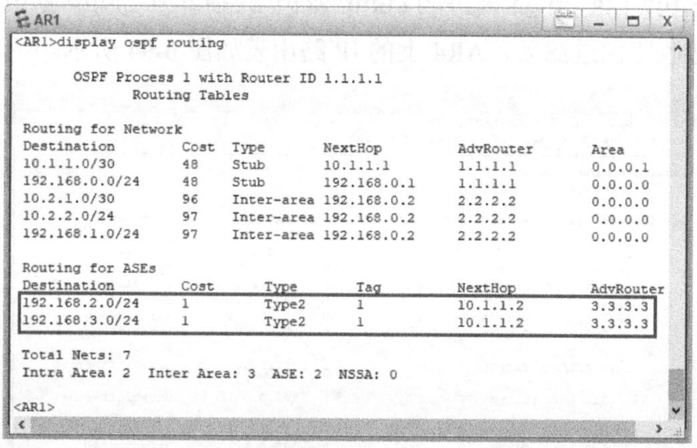

```
 AR1                                                          ▢ _ □ X
<AR1>display ospf routing

        OSPF Process 1 with Router ID 1.1.1.1
              Routing Tables

Routing for Network
Destination       Cost  Type   NextHop        AdvRouter    Area
10.1.1.0/30       48    Stub   10.1.1.1       1.1.1.1      0.0.0.1
192.168.0.0/24    48    Stub   192.168.0.1    1.1.1.1      0.0.0.0
10.2.1.0/30       96    Inter-area 192.168.0.2  2.2.2.2    0.0.0.0
10.2.2.0/24       97    Inter-area 192.168.0.2  2.2.2.2    0.0.0.0
192.168.1.0/24    97    Inter-area 192.168.0.2  2.2.2.2    0.0.0.0

Routing for ASEs
Destination       Cost       Type    Tag      NextHop      AdvRouter
192.168.2.0/24    1          Type2   1        10.1.1.2     3.3.3.3
192.168.3.0/24    1          Type2   1        10.1.1.2     3.3.3.3

Total Nets: 7
Intra Area: 2  Inter Area: 3  ASE: 2  NSSA: 0

<AR1>
```

图 6-92　在 AR3 上配置发布路由过滤后，AR1 上的 OSPF 路由表

④ 在 AR4 上配置接收路由过滤，不接收 192.168.1.0/24 网段路由信息。

在配置过滤前，在 AR4 上执行 **display ip routing-table** 命令查看 IP 路由表，发现有到达 192.168.1.0/24 网段的 OSPF 路由，在 AR4 上配置接收路由过滤前，AR4 上的 IP 路由表如图 6-93 所示。

在此采用基于基本 ACL 的过滤策略，先配置拒绝源 IP 地址为 192.168.1.0/24 网段，允许其他网段的基本 ACL，然后在接收路由的过滤策略中过滤该 ACL，具体配置如下。

```
[AR4]acl number 2001
[AR4-acl-basic-2001]rule 5 deny source 192.168.1.0 0.0.0.255
[AR4-acl-basic-2001]rule 10 permit source any
[AR4-acl-basic-2001]quit
```

```
[AR4]ospf
[AR4-ospf-1]filter-policy 2001 import
[AR4-ospf-1] quit
```

```
<AR4>display ip routing-table
Route Flags: R - relay, D - download to fib
------------------------------------------------------------------------------
Routing Tables: Public
         Destinations : 17       Routes : 17

Destination/Mask    Proto   Pre  Cost      Flags NextHop         Interface

       10.1.1.0/30  OSPF    10   144         D   10.2.1.1        Serial1/0/0
       10.2.1.0/30  Direct  0    0           D   10.2.1.2        Serial1/0/0
       10.2.1.1/32  Direct  0    0           D   10.2.1.1        Serial1/0/0
       10.2.1.2/32  Direct  0    0           D   127.0.0.1       Serial1/0/0
       10.2.1.3/32  Direct  0    0           D   127.0.0.1       Serial1/0/0
       10.2.2.0/24  Direct  0    0           D   10.2.2.1        GigabitEthernet
0/0/0
       10.2.2.1/32  Direct  0    0           D   127.0.0.1       GigabitEthernet
0/0/0
     10.2.2.255/32  Direct  0    0           D   127.0.0.1       GigabitEthernet
0/0/0
      127.0.0.0/8   Direct  0    0           D   127.0.0.1       InLoopBack0
      127.0.0.1/32  Direct  0    0           D   127.0.0.1       InLoopBack0
127.255.255.255/32  Direct  0    0           D   127.0.0.1       InLoopBack0
     172.16.1.0/24  O_ASE   150  1           D   10.2.1.1        Serial1/0/0
    192.168.0.0/24  OSPF    10   96          D   10.2.1.1        Serial1/0/0
    192.168.1.0/24  OSPF    10   1           D   10.2.2.2        GigabitEthernet
0/0/0
    192.168.2.0/24  O_ASE   150  1           D   10.2.1.1        Serial1/0/0
    192.168.3.0/24  O_ASE   150  1           D   10.2.1.1        Serial1/0/0
255.255.255.255/32  Direct  0    0           D   127.0.0.1       InLoopBack0

<AR4>
```

图 6-93 在 AR4 上配置接收路由过滤前，AR4 上的 IP 路由表

以上配置完成后，在 AR4 上执行 **display ip routing-table** 命令查看 IP 路由表，会发现已经没有到达 192.168.1.0/24 网段的 OSPF 路由了，但在其 OSPF 路由表中有该路由，在 AR4 上配置接收路由过滤后，AR4 上的 IP 路由表如图 6-94 所示。

```
<AR4>display ip routing-table
Route Flags: R - relay, D - download to fib
------------------------------------------------------------------------------
Routing Tables: Public
         Destinations : 16       Routes : 16

Destination/Mask    Proto   Pre  Cost      Flags NextHop         Interface

       10.1.1.0/30  OSPF    10   144         D   10.2.1.1        Serial1/0/0
       10.2.1.0/30  Direct  0    0           D   10.2.1.2        Serial1/0/0
       10.2.1.1/32  Direct  0    0           D   10.2.1.1        Serial1/0/0
       10.2.1.2/32  Direct  0    0           D   127.0.0.1       Serial1/0/0
       10.2.1.3/32  Direct  0    0           D   127.0.0.1       Serial1/0/0
       10.2.2.0/24  Direct  0    0           D   10.2.2.1        GigabitEthernet
0/0/0
       10.2.2.1/32  Direct  0    0           D   127.0.0.1       GigabitEthernet
0/0/0
     10.2.2.255/32  Direct  0    0           D   127.0.0.1       GigabitEthernet
0/0/0
      127.0.0.0/8   Direct  0    0           D   127.0.0.1       InLoopBack0
      127.0.0.1/32  Direct  0    0           D   127.0.0.1       InLoopBack0
127.255.255.255/32  Direct  0    0           D   127.0.0.1       InLoopBack0
     172.16.1.0/24  O_ASE   150  1           D   10.2.1.1        Serial1/0/0
    192.168.0.0/24  OSPF    10   96          D   10.2.1.1        Serial1/0/0
    192.168.2.0/24  O_ASE   150  1           D   10.2.1.1        Serial1/0/0
    192.168.3.0/24  O_ASE   150  1           D   10.2.1.1        Serial1/0/0
255.255.255.255/32  Direct  0    0           D   127.0.0.1       InLoopBack0

<AR4>
```

图 6-94 在 AR4 上配置接收路由过滤后，AR4 上的 IP 路由表

此时在 AR1～AR3 上各路由器上执行 **display ospf routing** 命令时，会发现仍有这条 OSPF 路由，但因为本示例中其他路由器必须经过 AR4 访问 192.168.1.0/24 网段，而 AR4 的 IP 路由表中又没有到达该网段的路由，所以不能再访问该网段。在 AR4 上配置接收路由过滤后，AR1 上的 OSPF 路由表如图 6-95 所示，在 AR3 上的 OSPF 路由表，仍有 192.168.1.0/24 网段的 OSPF 路由。

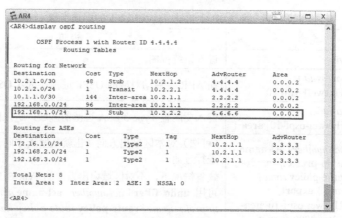

图 6-95 在 AR4 上配置接收路由过滤后，AR1 上的 OSPF 路由表

6.7.10 配置对发送的 OSPF LSA 进行过滤

当两台路由器之间存在多条链路时，通过对发送的 LSA 进行过滤，减少不必要的重传，从而节省带宽资源。

对发送的 LSA 进行过滤，可以在任意 OSPF 路由器上配置（除了一些特定选项），具体方法就是在对应的接口视图下使用 **ospf filter-lsa-out** { **all** | { **summary** [**acl** { *acl-number* | *acl-name* }] | **ase** [**acl** { *acl-number* | *acl-name* }] | **nssa** [**acl** {*acl-number* | *acl-name* }] } * }命令进行 LSA 发送过滤策略的配置。这是一项基于接口的 LSA 过滤技术，但此命令仅对使能的接口生效，需要在本端和对端设备的接口上同时配置，且对于已经发送的 LSA，要到 3600 秒（10 分钟）才能达到老化时间。

① **all**：多选一选项，指定对除了 Grace LSA 的所有 LSA 进行过滤。

② **summary**：可多选选项，对 Type-3 LSA 进行过滤，仅可在 **ABR** 上配置。

③ **ase**：可多选选项，对 Type-5 LSA 进行过滤，仅可在普通区域 **ASBR** 上配置。

④ **nssa**：可多选选项，对 Type-7 LSA 进行过滤，仅可在 **NSSA** 区域 **ASBR** 上配置。

⑤ **acl** { *acl-number* | *acl-name* }：可选参数，指定用于过滤 Type-3 LSA，或者 Type-5 LSA，或者 Type-7 LSA 的基本 ACL 列表号或者 ACL 名称。其他说明参见 6.7.10 节 OSPF 接收路由过滤中相应参数的介绍。

缺省情况下，不对发送的 LSA 进行过滤，可用 **undo ospf filter-lsa-out** 命令取消对 OSPF 接口出方向的 LSA 进行过滤。

6.7.11 配置对 Type-3 LSA 进行过滤

可在 **ABR** 上通过对区域内出、入方向的 Type-3 LSA 设置过滤条件，进一步减少区域间 LSA 的发布和接收。这是一项基于区域的 Type-3 LSA 过滤技术。在 ABR 上过滤 Type-3 LSA 的配置步骤见表 6-26。如果不想某个区域中的 Type-3 LSA 向另外一个区域发布，或者不想接收某个区域发来的 Type-3 LSA，可按照表 6-26 的配置步骤对 Type-3 LSA 进行过滤。

【说明】还可在 OSPF 视图下通过 **lsdb-overflow-limit** *number* 命令设置 LSDB 中对 AS-external-LSA 的最大数量，保证引入的外部路由在一个合理的范围内，调整和优化 OSPF 网络。该命令的配置需要在整个 AS 中保持一致。

表 6-26 在 ABR 上过滤 Type-3 LSA 的配置步骤

步骤	命令	说明
1	**system-view**	进入系统视图
2	**ospf** [*process-id*] 例如，[Huawei] **ospf** 10	在 ABR 上启动对应的 OSPF 进程，进入 OSPF 视图
3	**area** *area-id* 例如，[Huawei-ospf-10] **area** 1	键入要配置 Type-3 LSA 过滤的区域，进入区域视图
4	**filter** { *acl-number* | **acl-name** *acl-name* | **ip-prefix** *ip-prefix-name* | **route-policy** *route-policy-name* } **export** 例如，[Huawei-ospf-10-area-0.0.0.1] **filter** 2000 **export**	（可选）对本区域出方向（也就是发送方向）的 Type-3 LSA 进行过滤。 缺省情况下，不对区域内出方向的 Type-3 LSA 进行过滤，可用 **undo filter** [*acl-number* | **acl-name** *acl-name* | **ip-prefix** *ip-prefix-name* | **route-policy** *route-policy-name*] **export** 命令取消对区域内出方向的 Type-3 LSA 进行过滤
5	**filter** { *acl-number* | **acl-name** *acl-name* | **ip-prefix** *ip-prefix-name* | **route-policy** *route-policy-name* } **import** 例如，[Huawei-ospf-10-area-0.0.0.1] **filter ip-prefix** my-prefix-list **import**	（可选）对区域内入方向（也就是接收方向）的 Type-3 LSA 进行过滤。 缺省情况下，不对区域内入方向的 Type-3 LSA 进行过滤，可用 **undo filter** [*acl-number* | **acl-name** *acl-name* | **ip-prefix** *ip-prefix-name* | **route-policy** *route-policy-name*] **import** 命令取消对区域内入方向的 Type-3 LSA 进行过滤

6.7.12 OSPF 转发地址

OSPF 转发地址（Forwarding Address，FA）是 Type-5 和 Type-7 LSA 中的一个字段，用来宣告到达所通告的外部目的网络的数据包应该转发到的地址，可使在某些特殊的场景下避免次优路径问题。如果 FA 为 0.0.0.0，则数据包将被转发到始发的 ASBR 上。

OSPF FA 应用示例如图 6-96 所示。RouterB、RouterC 和 RouterD 均运行 OSPF，且均在骨干区域 0 中。RouterA 为外部网络设备，RouterB 与 RouterC 建立了 OSPF 邻接关系。在 RouterB 上配置一条到达 RouterA 上所连接的外部网络 172.16.1.0/24 的静态路由，下一跳为 RouterA 的 GE1/0/0 接口 IP 地址为 10.1.1.1，然后在 RouterB 上引入该静态路由到 OSPF 进程中。此时，RouterB 将产生一条 Type-5 LSA 在骨干区域内泛洪。

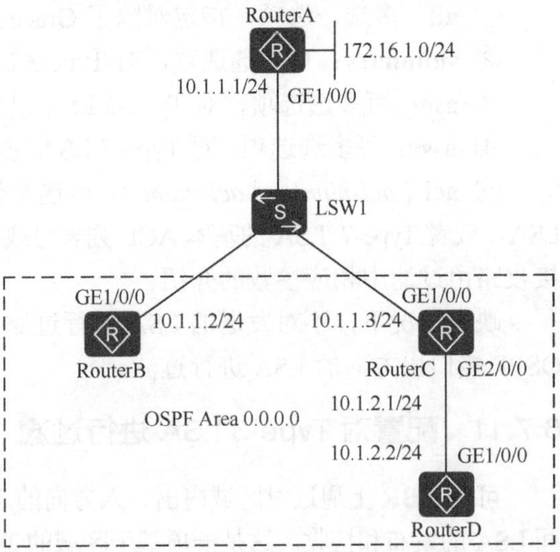

因为 RouterC 与 RouterB 建立了 OSPF 邻接关系，所以 RouterC 可以收到 RouterB 发来的该 Type-5 LSA。如果在 Type-5 LSA

图 6-96 OSPF FA 应用示例

中没有 FA，则 RouterC 可以根据该 LSA 计算出到达外部网络 172.16.1.0/24 的外部路由，下一跳为 RouterB 的 GE1/0/0 接口 IP 地址为 10.1.1.2。

同理，位于骨干区域中的 RouterD 也将收到该 LSA，然后计算到达外部网络 172.16.1.0/24 的外部路由，下一跳 RouterC 的 GE2/0/0 接口 IP 地址为 10.1.2.1。这样一来，

RouterD 计算的到达外部网络 172.16.1.0/24 的路由完整转发路径为 RouterD→RouterC→RouterB→RouterA。很显然，该路径是次优的，因为 RouterD 到达外部网络 172.16.1.0/24 的最优路径是 RouterD→RouterC→RouterA。

如果在 Type-5 LSA 中有 FA，则当 RouterC 收到来自 RouterB 发来的该 LSA 时，就可以根据该 FA 地址获知到达外部网络 172.16.1.0/24 的下一跳为 RouterA 的 GE1/0/0 接口 IP 地址为 10.1.1.1。同理，RouterD 也可以从该 LSA 中获知到达外部网络 172.16.1.0/24 的下一跳为 RouterA 的 GE1/0/0 接口 IP 地址为 10.1.1.1。因此，RouterD 计算的到达外部网络的路由路径就是最优的 RouterD→RouterC→RouterA，不会出现次优路径问题。

在 ASBR 上引入 AS 外部路由时，如果 FA 字段的值为 0，则表示路由器认为到达外部目的网络的数据包应该发往该 ASBR；如果 FA 字段的值不为 0，则表示路由器认为到达外部目的网络的数据包应该发往指定的地址的设备。

仅当以下条件全部满足时，FA 字段的值才会设置为非 0。

- ASBR 在其连接外部网络的接口上运行了 OSPF，且该接口没有被配置为 Silent-Interface（静默接口）。
- ASBR 连接外部网络的接口的 OSPF 网络类型为广播或 NBMA，且该接口的 IP 地址在 OSPF 配置的 **network** 命令指定的网段范围内。

到达 FA 地址的路由必须是 OSPF 区域内部路由或区域间路由，这样接收到该外部 LSA 的路由器才能加载该 LSA 进入 OSPF 路由表中。接收到 Type-5 或 Type-7 LSA 的 OSPF 路由器，最终使用到达该 LSA 中 FA 对应的 OSPF 路由的下一跳作为到达外部目的网络路由的下一跳。

6.8　OSPF 快速收敛特性及配置

OSPF 快速收敛特性是为了提高路由的收敛速度，主要包括部分路由计算（Partial Route Calculation，PRC）和智能定时器等方面。另外，为了支持在出现故障后进行路由快速收敛，支持 OSPF IP FRR（快速重路由）实现主备链路切换，还可以与 BFD 联运实现对故障的快速感知。

6.8.1　PRC 工作原理

OSPF PRC 为了提高网络收敛性能，采用的是部分路由计算机制，即仅对发生了变化（主要是新增或者撤销网段）的那部分路由重新计算，而不是对所有路由重新进行完整的 SPF 计算，这样就加快了路由计算的速度。需要注意的是，**PRC 在进行路由重新计算时，不计算节点路径（即不重新计算拓扑结构）**，而是由原来已经通过 SPF 计算出的最短路径树中发生了路由信息变化的直连节点（路由器），直接泛洪变化了的那部分路由信息。

新增或撤销网段只是 SPF 最短路径树的"叶子"（Stub 网段）发生了变化，而"树干"（各个路由器节点）并没有发生变化，也就是整个网络拓扑结构并没有发生变化。最短路径树中的"叶子"网段是通过 Type-1 LSA（Router-LSA）泛洪更新的，所以这时往往只需在发生了路由信息变化的直连节点再次泛洪新的 Type-1 LSA 即可。当然，Type-1 LSA 只会在本区域内泛洪，用于计算区域内路由。如果在其他区域的路由器要同步新增或撤销该网段路由，则还要通过该区域的 ABR 发送的 Type-3 LSA 中包括更新路由信息，用于区域外的路由器新增或撤销到达该网段的区域间路由。

PRC 示例如图 6-97 所示，原来区域 2 中的 AR4 上的 Loopback0 接口上并没有运行 OSPF，但由于实际情况，需要该网段运行 OSPF。无论如何，如果 AR4 上的 OSPF 在感知到发生网段变化，就会立即发送一条 Type-1 LSA 在区域内进行通告，而不用等到 LSA 更新周期（缺省为 5s）。这样区域内的 AR3 也会收到这条 Router- LSA，从中可以得到新增或撤销了某网段，然后重新计算该网段的路由（新增或撤销）。AR3 是区域 2 的 ABR，在发现网段路由信息更新后，也会立即向它连接的区域 0 发布关于该网段更新后的 Type-3 LSA，使区域 0 中的路由器及时得到路由更新。AR2 在收到这条 Type-3 LSA 后，又会**重新**生成一条新的 Type-3 LSA 向其所连接的区域 1 中泛洪，最终就可以使 AR1 及时进行路由更新。

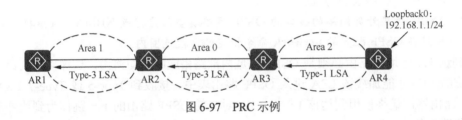

图 6-97　PRC 示例

6.8.2　配置智能定时器

OSPF 智能定时器是在进行 SPF 路由计算和 LSA 生成、接收时用到的一种定时器。

OSPF RFC2328（早期标准为 RFC1583）中规定通过以下两条设置来避免网络连接或路由频繁动荡生成、接收大量的 LSA，从而引发过多占用设备资源的情况。

- 同一条 LSA 在 1s 内不能再次生成，LSA 的更新时间间隔为 5s。
- LSA 被接收的时间间隔为 1s。

在网络相对稳定、对路由收敛时间要求较高的组网环境中，可以通过"智能定时器"功能配置指定 LSA 更新、被接收的时间间隔为 0，使拓扑或者路由的变化可以立即通过 LSA 发布到网络中，或者立即被感知到，从而加快路由的收敛速度。

另外，还可以通过智能定时器控制 SPF 路由计算频次。当网络发生变化时，缺省情况下，OSPF 需要重新进行路由计算。为了避免这种频繁的网络变化对设备造成冲击，OSPF RFC2328 规定路由计算时要使用延迟定时器，仅当该定时器超时后才进行路由计算。但该定时器的定时间隔固定，无法做到既能快速响应，又能抑制振荡。此时，又可通过配置"智能定时器"功能，设置合理的 SPF 计算时间间隔，达到对低频率变化快速响应，又能对高频率变化起到有效抑制的目的。

"智能定时器"首次超时时间是一个固定值，但如果在该定时器超时前，又有触发定时器的事件发生，则该定时器下次的超时时间会增加。

接下来介绍的是，在 LSA 更新、接收和 SPF 路由计算中"智能定时器"的配置方法。

1. 配置更新 LSA 的时间间隔

OSPF 规定 LSA 的更新时间间隔为 5s，这是为了防止网络连接或者路由频繁动荡引起的过多占用网络带宽和设备资源。在网络相对稳定、对路由收敛时间要求较高的组网环境中，可以指定 LSA 的更新时间间隔为 0，从而取消 LSA 的更新时间间隔，使拓扑或者路由的变化可以立即通过 LSA 发布到网络中，进而加快网络中路由的收敛速度。

LSA 更新时间间隔是在对应的 OSPF 进程视图下通过 **lsa-originate-interval** { **0** | { **intelligent-timer** *max-interval start-interval hold-interval* | **other-type** *interval* } * }命令配置。

- **0**：二选一选项，指定 LSA 更新的时间间隔为 0，即取消 LSA 的 5s 的更新时间间隔。
- **intelligent-timer**：可多选参数，表示通过智能定时器设置 OSPF Router LSA 和 Network LSA 的更新间隔时间。
- *max-interval*：指定更新 OSPF LSA 的最长间隔时间，取值范围是 1～120000，单位是 ms，缺省值是 5000。
- *start-interval*：指定更新 OSPF LSA 的初始间隔时间，取值范围是 0～60000，单位是 ms，缺省值是 500。
- *hold-interval*：指定更新 OSPF LSA 的基数间隔时间，取值范围是 1～60000，单位是 ms，缺省值是 1000。
- **other-type** *interval*：可多选参数，表示设置除了 OSPF Router LSA 和 Network LSA 的 LSA 的更新间隔时间，其取值范围是 0～10，单位是秒，缺省值是 5。

缺省情况下，使能 "智能定时器" 功能，更新 LSA 的最长间隔时间的缺省值为 5000ms、初始间隔时间的缺省值为 500ms、基数间隔时间的缺省值为 1000ms（以 ms 为单位的时间间隔）。更新 LSA 的时间间隔的规则如下。

- 初次更新 LSA 的间隔时间由 *start-interval* 参数指定。
- 第 n（n≥2）次更新 LSA 的间隔时间为 *hold-interval*×$2^{(n-2)}$。
- 当 *hold-interval*×$2^{(n-2)}$ 达到指定的最长间隔时间 *max-interval* 时，OSPF 连续 3 次更新 LSA 的时间间隔都是最长的，之后，再次按照初始间隔时间 *start- interval* 更新 LSA。

2. 配置接收 LSA 的时间间隔

OSPF 规定 LSA 的接收时间间隔为 1s，这是为了防止网络连接或者路由频繁动荡引起的过多占用网络带宽和设备资源。在网络相对稳定、对路由收敛时间要求较高的组网环境中，可以指定 LSA 的接收时间间隔为 0 来取消 LSA 的接收时间间隔，使拓扑或者路由的变化可以立即通过 LSA 发布到网络中，从而加快网络中路由的收敛速度。

LSA 接收时间间隔是在对应的 OSPF 进程视图下通过 **lsa-arrival-interval** { *interval* | **intelligent-timer** *max-interval start-interval hold-interval* }命令配置的。

- *Interval*：二选一参数，指定 LSA 被接收的时间间隔，整数形式，其取值范围是 0～10000，单位是 ms。
- **intelligent-timer**：二选一参数，表示通过 "智能定时器" 设置 OSPF Router LSA 和 Network LSA 的接收间隔时间。
- *max-interval*：指定接收 OSPF LSA 的最长间隔时间，整数形式，其取值范围是 1～120000，单位是 ms，缺省值是 1000。

- *start-interval*：指定接收 OSPF LSA 的初始间隔时间，整数形式，其取值范围是 0～60000，单位是 ms，缺省值是 500。
- *hold-interval*：指定接收 OSPF LSA 的基数间隔时间，整数形式，其取值范围是 1～60000，单位是 ms，缺省值是 500。

缺省情况下，使能"智能定时器"功能，接收 LSA 的最长间隔时间的缺省值为 1000ms、初始间隔时间的缺省值为 500ms、基数间隔时间的缺省值为 500ms（以 ms 为单位的时间间隔）。接收 LSA 的最长间隔时间的规则如下。

- 初次接收 LSA 的间隔时间由 *start-interval* 参数指定。
- 第 n（$n \geq 2$）次接收 LSA 的间隔时间为 $hold\text{-}interval \times 2^{(n-2)}$。
- 当 $hold\text{-}interval \times 2^{(n-2)}$ 达到指定的最长间隔时间 *max-interval* 时，OSPF 连续 3 次接收 LSA 的时间间隔都是最长的，之后，再次按照初始间隔时间 *start-interval* 接收 LSA。

3. 配置 SPF 计算路由的时间间隔

当 OSPF 的链路状态数据库（LSDB）发生改变时，需要重新计算最短路径。如果网络频繁变化，则由于不断地计算最短路径，因此，会占用大量的系统资源，影响设备的效率。通过配置"智能定时器"，设置合理的 SPF 计算的间隔时间，可以避免占用过多的路由器内存和带宽资源。

SPF 计算间隔是在对应的 OSPF 路由进程视图下通过 **spf-schedule-interval** { *interval1* | **intelligent-timer** *max-interval start-interval hold-interval* | **millisecond** *interval2* }命令配置。

- *interval1*：多选一参数，指定 OSPF 的 SPF 计算间隔时间，整数形式，取值范围是 1～10，单位是 s。
- **intelligent-timer**：多选一参数，表示通过"智能定时器"设置 OSPF SPF 计算的间隔时间。
- *max-interval*：指定 OSPF SPF 计算的最长间隔时间，整数形式，取值范围是 1～120000，单位是 ms，缺省值是 10000。
- *start-interval*：指定 OSPF SPF 计算的初始间隔时间，整数形式，取值范围是 1～60000，单位是 ms，缺省值是 500。
- *hold-interval*：指定 OSPF SPF 计算的基数间隔时间，整数形式，取值范围是 1～60000，单位是 ms，缺省值是 1000。
- **millisecond** *interval2*：多选参数，指定 OSPF 的 SPF 计算间隔时间，整数形式，取值范围是 1～10000，单位是 ms。

缺省情况下，使能"智能定时器"，SPF 计算的最长间隔时间为 10000ms、初始间隔时间为 500ms、基数间隔时间为 1000ms（以 ms 为单位的时间间隔）。使能"智能定时器"后，有如下注意事项。

- 初次计算 SPF 的间隔时间由 *start-interval* 参数指定。
- 第 n（$n \geq 2$）次计算 SPF 的间隔时间为 $hold\text{-}interval \times 2^{(n-2)}$。
- 当 $hold\text{-}interval \times 2^{(n-2)}$ 达到指定的最长间隔时间 *max-interval* 时，OSPF 连续 3 次计算 SPF 的时间间隔都是最长的，之后，再次按照初始间隔时间 *start-interval* 计算 SPF。

6.8.3　配置 OSPF IP FRR

传统的 OSPF 故障恢复需要经历以下几个过程才能将流量切换到新的链路上：故障检测（需要几毫秒）、向控制平面通知故障（需要几毫秒）、生成并洪泛新的拓扑信息（需要几十毫秒）、触发 SPF 计算（需要几十毫秒）、通知并安装新的路由（需要几百毫秒）。

OSPF IP 快速重路由（Fast Re-Route，FRR）利用无环替换（Loop-Free Alternates，LFA）算法预先计算好备份链路，并与主链路一起加入转发表。当网络出现故障时，OSPF IP FRR 可以在路由收敛前将流量快速（50 毫秒内）切换到备份链路上，保证流量不中断，从而达到保护流量的目的，因此，极大地提高了 OSPF 网络的可靠性。

LFA 计算备份链路的基本思路是：以可以提供备份链路的邻居为根节点，利用 SPF 算法计算出到目的节点的最短距离，然后，按照 RFC5286 规定的不等式计算出开销最小且无环的备份链路。

OSPF IP FRR 支持对需要加入 IP 路由表的备份路由进行过滤，通过过滤策略的备份路由才会加入 IP 路由表，因此，用户可以更灵活地控制加入 IP 路由表的 OSPF 备份路由。

OSPF IP FRR 流量保护分为"链路保护"和"节点链路双保护"两种。当需要保护的对象是**经过特定链路**的流量时，流量保护类型即为链路保护；而当需要保护的对象是**经过特定设备**的流量时，流量保护类型为节点链路双保护，此时节点保护的优先级要高于链路保护。

OSPF IP FRR 涉及一个重要参数——Distance_opt(X, Y)，具体是指节点 X 到 Y 之间的最短路径总开销。

1. OSPF IP FRR 链路保护

链路保护方式中，链路开销必须满足不等式 Distance_opt(N, D) < Distance_opt(N, S) + Distance_opt(S, D)。其中，S 是转发流量的源节点，N 是备份链路节点，D 是流量转发的目的节点。**也就是说，备份链路节点经过备份链路到达目的节点的总链路开销必须小于经过源节点，再从主链路到达目的节点的总链路开销。**

OSPF IP FRR 链路保护示例如图 6-98 所示，流量从 AR1（源节点）到 AR4（目的节点）进行转发有两条路径：一条是 AR1→AR2→AR4，这是主链路；另一条是 AR1→AR3→AR2→AR4，这是备份链路。其中，AR3 为备份链路节点。

根据前面的链路开销不等式要求，必须使从 AR3 到 AR4 的总链路开销小于 AR3 到 AR1 的总链路开销，再加上 AR1 经 AR2 到达 AR4 的总链路开销。

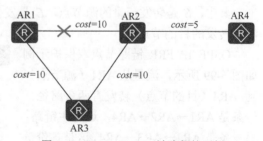

图 6-98　OSPF IP FRR 链路保护示例

从 AR3 到 AR4 的总链路开销为 10+5=15，即 Distance_opt(N, D)为 15；AR3 到 AR1 的总链路开销为 10，即 Distance_opt(N, S)为 10；AR1 经 AR2 到达 AR4 的总链路开销为 10+5=15，即 Distance_opt(S, D)为 15。由此可知，Distance_opt(N, S)+ Distance_opt(S, D)=10+15=25，显然，这里的开销配置满足前面提到的链路开销不等式要求，可保证当主链路发生故障后，AR1 将流量切换到 AR1 到 AR3 的备份链路后可以继续向下游转发，确

保流量中断小于 50ms。

下面以图 6-98 为例来分析，链路保护为什么必须满足前面的链路开销不等式。

正常情况下，AR1 到达 AR4 走的是主链路，这是因为这条路径的总链路开销为 10+5=15，这一数值小于走经过 AR3 这条备份链路径的链路总开销 10+10+5=25。AR3 正常情况下到达 AR4 是走 AR3→AR2→AR4 这条路径的，这是因为这条路径的总链路开销为 10+5=15，这一数值小于经过 AR1、AR2 这条主链路的总链路开销 10+10+5=25。

当 AR1 与 AR2 之间的链路出现故障时，AR1 会感知到故障，所以到达 AR4 的流量会马上切换到经过备份链路，而 AR3 因为以前到达 AR4 的路由就是以 AR2 为下一跳，根本不需要等到路由重新收敛，在接收到来自 AR1 到达 AR4 的流量时，直接按原来的路径向下一跳 AR2 转发，不会出现环路。

如果从备份链路节点 AR3 到达目的节点 AR4 的总链路开销（假设把 AR3 与 AR2 之间的链路开销改为 50，即总链路开销为 50+5=55）大于 AR3 经 AR1、AR2 到达 AR4 的总链路开销（25）。即使在正常情况下，AR3 到达 AR4 也不会以 AR2 为下一跳，而是以 AR1 为下一跳。

此时，当 AR1 与 AR2 之间的链路出现故障，AR3 接收到来自 AR1 到达 AR4 的流量时，在路由重新收敛前，AR3 会首先按照原来的路由表继续选择以 AR1 为下一跳进行转发，这样就相当于把流量回传到 AR1 上。但因为 AR1 与 AR2 之间的路径不通，所以 AR1 又会再次把流量转发到 AR3，形成路由环路。而且这会持续一段时间，一直到 AR3 重新进行 SPF 计算完成，删除原来选择以 AR1 为下一跳到达 AR4 的路由表项，重新生成以 AR2 为下一跳后，才能正确地为 AR1 转发到达 AR4 的流量。

2. 节点链路双保护

节点链路双保护必须同时满足以下两个条件。

① $Distance\_opt(N, D) < Distance\_opt(N, S) + Distance\_opt(S, D)$。

这要求**备份链路节点经过备份链路到达目的节点的总链路开销必须小于经过源节点，再从主链路到达目的节点的总链路开销**。

② $Distance\_opt(N, D) < Distance\_opt(N, E) + Distance\_opt(E, D)$。

其中，S 是转发流量的源节点，E 是发生故障的节点，N 是备份链路的节点，D 是流量转发的目的节点。

OSPF IP FRR 链路节点双保护示例如图 6-99 所示，流量从 AR1（源节点）到 AR4（目的节点）转发有两条路径：一条是 AR1→AR2→AR4，这是主链路；另一条是 AR1→AR3→AR4，这是备份链路。其中，AR3 为备份链路节点，AR2 为要保护的节点。

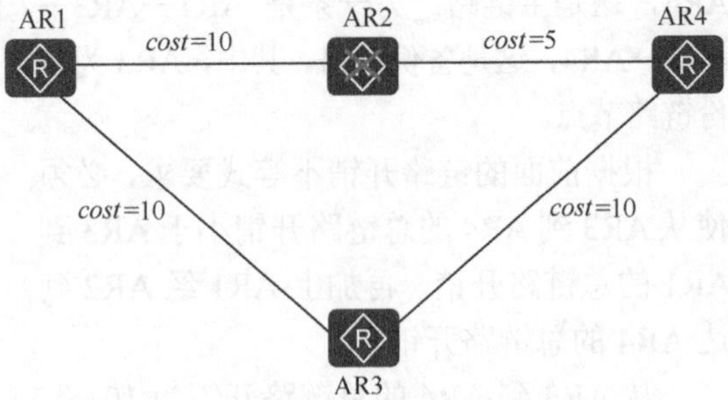

图 6-99　OSPF IP FRR 链路节点双保护示例

根据 $Distance\_opt(N, D) < Distance\_opt(N, S) + Distance\_opt(S, D)$ 不等式的要求，必须使从 AR3 到 AR4 的总链路开销小于 AR3 到 AR1 的总链路开销+AR1 经过 AR2 到达 AR4 的总链路开销。

AR3 到 AR4 的总链路开销为 10，即 $Distance\_opt(N, D)$ 为 10；AR3 到 AR1 的总链

路开销为 10，即 Distance_opt(N, S)为 10；AR1 经过 AR2 到达 AR4 的总链路开销为 10+5=15，即 Distance_opt(S, D)为 15。显然，这一数值满足前面第①个不等式的要求。

下面再看看这一数值是否满足 Distance_opt(N, D) < Distance_opt(N, E) + Distance_opt(E, D)不等式的要求。

Distance_opt(N, D)是 AR3 到达 AR4 的总链路开销，等于 10；Distance_opt(N, E)是 AR3 经过 AR1 到达 AR2 的总链路开销，等于 10+10=20；Distance_opt(E, D)是 AR2 到达 AR4 的总链路开销，等于 5。显然，这一数值也满足前面的第②个不等式的要求。

因此，当主链路上 AR2 出现故障时，AR1 会将流量切换到 AR1 到 AR3 的备份链路后继续向下游转发，确保流量中断小于 50ms。

下面我们来分析为什么必须同时满足第②个不等式的要求。针对图 6-99 的拓扑结构，第②个不等式其实与第①个不等式是一样的，但其实图 6-99 还有另外一个情形：备份链路节点 AR3 和故障节点 AR2 之间存在链路，OSPF IP FRR 节点链路保护的另一种拓扑结构如图 6-100 所示。

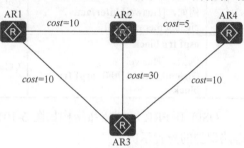

图 6-100　OSPF IP FRR 节点链路保护的另一种拓扑结构

在图 6-100 拓扑结构中，Distance_opt(N, E)是 AR3 直接到达 AR2 的链路开销，等于 30，再加上 Distance_opt(E, D)，即 AR2 到达 AR4 的链路开销 5，即从 AR3 经 AR2 到达 AR4 的总链路开销为 35，也大于 AR3 直接到达 AR4 的链路开销[即 Distance_opt(N, D)]10。正常工作时，AR1 到达 AR4 的流量走的是经过 AR2 的主链路，开销最小，其值为 10+5=15，AR3 到达 AR4 选择的是它们之间的直连链路。

如果把 AR3 与 AR4 之间的链路开销值设置得大一些（例如，改为 40），则即使正常工作时，AR3 到达 AR4 也不会选择它们之间的直连链路，而是走经过 AR2 的链路。因此，当 AR2 出现故障，收到来自 AR1 到达 AR4 的流量时，AR3 在路由重新收敛前，仍然会按照以 AR2 为下一跳的路径进行转发，结果造成流量丢失。为了确保流量不丢失，要求备份链路节点 AR3 到达目的节点 AR4 的路由路径不经过主链路上的任何节点，包括 AR1 和 AR2。

3. OSPF IP FRR 配置

OSPF IP FRR 的配置步骤见表 6-27。

表 6-27　OSPF IP FRR 的配置步骤

步骤	命令	说明
1	**system-view**	进入系统视图
2	**ospf** [*process-id*] 例如，[Huawei] **ospf** 10	进入 OSPF 视图
3	**frr** 例如，[Huawei-ospf-10] **frr**	进入 OSPF IP FRR 视图
4	**loop-free-alternate** 例如，[Huawei-ospf-10] **loop-free-alternate**	使能 OSPF IP FRR 特性，生成无环的备份链路，但前提是需要满足 OSPF IP FRR 流量保护不等式要求。 缺省情况下，不使能 OSPF IP FRR，可用 **undo loop-free-alternate** 命令取消 OSPF IP FRR 功能

续表

步骤	命令	说明
5	**frr-priority static low** 例如，[Huawei-ospf-10] **frr-priority static low**	（可选）设置利用 LFA 算法计算备份下一跳和备份出接口，还可以通过系统视图下的 **ip frr** route-policy *route-policy-name* 命令创建路由策略，结合 **apply backup-interface** 和 **apply backup-nexthop** 命令静态指定备份路径。 缺省情况下，不使能该功能，静态备份路径的优先级高于动态备份路径的优先级，可用 **undo frr-priority static** 命令使能该功能
6	**quit**	返回系统视图
7	**interface** *interface-type interface-number* 例如，[Huawei] **interface** gigabitethernet 1/0/0	（可选）进入运行 FRR 的 OSPF 接口视图
8	**ospf frr block** 例如，[Huawei-GigabitEthernet1/0/0] **ospf frr block**	（可选）阻止指定 OSPF 接口的 FRR 能力

OSPF IP FRR 示例拓扑结构如图 6-101 所示，下面以图 6-101 为例介绍 OSPF IP FRR 链路保护的配置示例。

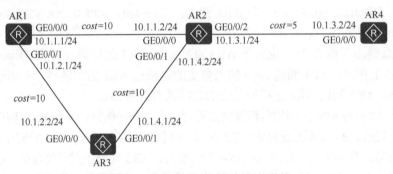

图 6-101　OSPF IP FRR 示例拓扑结构

① 按图 6-101 中标识配置好各路由器接口的 IP 地址。

② 配置各路由器接口的 OSPF 接口开销。

在此仅以 AR2 上的 OSPF 接口开销配置为例进行介绍，其他路由器接口的 OSPF 接口开销的配置方法一样。AR2 上的 OSPF 接口开销配置如下。

```
[AR2] interface gigabitethernet 0/0/0
[AR2-GigabitEthernet0/0/0] ospf cost 10
[AR2-GigabitEthernet0/0/0] quit
[AR2] interface gigabitethernet 0/0/1
[AR2-GigabitEthernet0/0/1] ospf cost 10
[AR2-GigabitEthernet0/0/1] quit
[AR2] interface gigabitethernet 0/0/2
[AR2-GigabitEthernet0/0/2] ospf cost 5
[AR2-GigabitEthernet0/0/2] quit
```

③ 以各设备均在同一区域 1，采用缺省 OSPF 路由进程号 1 为例，配置各路由器的 OSPF 基本功能。

④ 在 AR1 上配置 OSPF IP FRR，具体配置如下。

```
[AR1] ospf
[AR1-ospf-1] frr
[AR1-ospf-1] loop-free-alternate
[AR1-ospf-1]quit
```

以上配置完成后，在 AR1 上执行 **display ospf routing** 10.1.3.2 命令，查看到达 10.1.3.0/24 网段的 OSPF 路由，会发现除了一条以 AR2 GE0/0/0 接口 IP 地址 10.1.1.2 为下一跳的主路，还生成一条备份路由，下一跳为 AR3 的 GE0/0/0 接口 IP 地址 10.1.2.2，备份链路类型为 LFA，AR1 上配置好 OSPF IP FRR 后生成的备份路由如图 6-102 所示。这表明我们的配置是成功的。

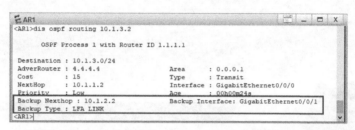

图 6-102 AR1 上配置好 OSPF IP FRR 后生成的备份路由

在 AR1 上配置好 OSPF IP FRR 后，当 AR1 与 AR2 之间的链路出现故障时，AR1 到 AR4 的流量会快速切换到经过 AR3 的备份链路进行转发，确保流量不中断。

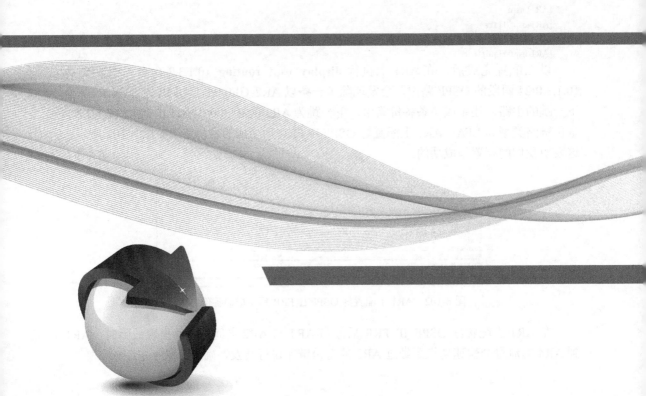

第7章
IS-IS 路由

本章主要内容

7.1　IS-IS 协议基础

7.2　IS-IS 报文格式

7.3　IS-IS 协议基本原理

7.4　IS-IS 的基本功能配置

7.5　IS-IS 路由控制

7.6　IS-IS 路由收敛

7.7　IS-IS 安全性

IS-IS 是目前常用的一种 IGP 类型的动态路由协议，而且它与 OSPF 一样，基于链路状态，是采用 SPF 算法的路由协议，但 IS-IS 最初并不是为 TCP/IP 网络开发的，而是为 OSI 网络的路由计算而开发的，之后才对 TCP/IP 架构提供了支持。

7.1　IS-IS 协议基础

中间系统到中间系统（Intermediate System-to-Intermediate System，IS-IS）是国际标准化组织（International Standards Organization，ISO）为它定义的开放系统互联（Open System Interconnection，OSI）网络中的无连接网络协议（Connection Less Network Protocol，CLNP）设计的一种动态路由协议。然后由 IETF 在 RFC 1195 中进行了扩展，同时支持 TCP/IP 和 OSI 两种网络结构，因此，将扩展后的 IS-IS 称为集成 IS-IS。

7.1.1　OSI 网络组成

在 OSI 网络中定义了无连接网络服务（Connection Less Network Service，CLNS）和面向连接的网络服务（Connection-Oriented Network Service，CONS）两类网络层服务。CLNS 类似于 TCP/IP 中的 IP 协议簇，属于无连接服务；而 CONS 类似于 TCP/IP 网络中的 TCP，属于面向连接的服务。提供 CLNS 服务的协议主要包括无连接网络协议（CLNP）、IS-IS 和终端系统到中间系统（End System to Intermediate System，ES-IS）。

1. CLNP

CLNP 是 OSI 网络的网络层数据报协议，提供了与 TCP/IP 网络中 IP 类似的功能，又被称为 ISO-IP。与 IP 一样，CLNP 也是一个无连接的网络层协议，提供无连接的网络层服务。需要说明的是，IP 是 TCP/IP 协议栈中唯一的网络层协议，来自高层的协议和数据绝大多数需要封装在 IP 报文中，再传输到数据链路层，重新封装在帧中进行传输。而在 OSI 网络环境中，前面提到的 CLNP、IS-IS、ES-IS 都是独立的网络层协议，都采用数据链路层封装。CLNP 使用网络服务接入点（Network Service Access Point，NSAP）地址来识别网络设备。

2. ES-IS

ES-IS 也是由 ISO 开发的，用来允许终端系统（例如，计算机）和中间系统（例如，路由器）进行路由信息的交换（也就是通常所说的计算机与路由器之间的路由），以推动 OSI 网络环境下网络层的路由选择和中继功能的操作。ES-IS 在 CLNP 网络中就像 IP 网络中的 ARP、ICMP 一样，为用户主机与路由器间提供路由信息交换功能。

7.1.2　IS-IS 基本术语

要正确理解 IS-IS 路由协议工作原理，首先要理解以下基本专业术语。

1. 中间系统（Intermediate System，IS）

IS 是指运行 IS-IS 协议的路由设备，与路由器具有相同的含义。

2. 终端系统（End System，ES）

ES 相当于通常所说的主机系统。ES 不参与 IS-IS 路由协议的处理，在 OSI 网络环境中使用专门的 ES-IS 协议定义 ES 与 IS 间的路由通信。

3. 路由域（Routing Domain，RD）

RD 是指由多个使用 IS-IS 协议的路由器所组成的范围。

4. 区域（Area）

与 OSPF 一样，IS-IS 也允许将整个路由域分为多个区域，并且总体上也分为普通区域和骨干区域两级的分层结构。其中，**普通区域必须与骨干区域直接连接（没有 OSPF 中的"虚连接"概念），普通区域之间不能有直接连接。**

骨干区域仅包含 Level-2 路由器，普通区域中只有 Level-1 路由器和 Level-1-2 路由器，Level-1-2 路由器用于连接普通区域和骨干区域，类似于 OSPF 中的 ABR。但 **IS-IS 中的骨干区域的区域 ID 可以任意**（OSPF 中的骨干区域的区域 ID 必须为 0），**且可以有多个骨干区域**（OSPF 中只有一个骨干区域）。有关 IS-IS 路由器类型将在下节具体介绍。

5. 系统 ID（System ID，Sys ID）

在 IS-IS 协议中使用 Sys ID 唯一标识一台路由器，必须保证在整个 IS-IS 路由域中每台路由器的系统 ID 都是唯一的，与 OSPF 中的路由器 ID（Router ID）一样。

6. 链路状态报文（Link State Packet，LSP）

LSP 是 IS-IS 网络中的设备用来通过泛洪方式向所有邻居通告自己的链路状态信息的报文，类似于 OSPF 中的 LSA（链路状态通告）。网络中每台路由器都会产生带有自己系统 ID 标识的 LSP 报文，通过发送 LSP 不断更新自己的链路状态信息。

7. 链路状态数据库（Link State Data Base，LSDB）

与 OSPF 路由器一样，IS-IS 路由器的每个区域也都有一个专门存放该区域接收所有 LSP 报文的数据库，这就是 LSDB。通过 LSP 泛洪，最终使整个区域内的所有路由器拥有相同的 LSDB。IS-IS 路由器利用各个区域的 LSDB，通过 SPF 算法（与 OSPF 使用的算法一样）计算生成自己的 IS-IS 路由表。

8. 指定 IS（Designated IS，DIS）

与在 OSPF 广播网络、NBMA 中要选举一个 DR（指定路由器）一样，在 IS-IS 广播网络类型（**IS-IS 仅支持广播类型网络和 P2P 网络两种类型**）中，也需要选举一个指定 IS（DIS），以便周期性地向区域内其他路由器进行区域 LSDB 数据库泛洪（**区域内的非 DIS 仅与 DIS 之间进行 LSDB 交互，非 DIS 之间不能直接进行 LSDB 交互**），使整个区域中各路由器的 LSDB 同步。但与 OSPF 中有备份 BDR（备份指定路由器）不一样，**IS-IS 中没有备份 DIS 的角色。**

7.1.3　IS-IS 路由器类型

根据各路由器所处的网络位置不同，或者作用不同，将运行 IS-IS 的路由器分成 Level-1（以下全部简称为 L1）、Level-2（以下全部简称为 L2）和 Level-1-2（以下全部简称为 L1/2）3 类。需要说明的是，所有 IS-IS 路由器缺省都属于 L1/2 类型。

1. L1 路由器

L1 路由器是一个 IS-IS **普通区域内部的路由器**，类似于 OSPF 网络中的普通区域内部路由器（IR），**只能在非骨干区域中存在**。而且 L1 路由器只能与属于同一区域的 L1 和 L1/2 路由器建立 L1 邻接关系（**不能与 L2 路由器建立邻接关系**），交换路由信息，并维护和管理本区域内部的一个 L1 LSDB。

L1 路由器的邻居都在同一个区域中，其 LSDB 包含本区域的路由信息以及到达同一区域中最近 L1/2 路由器的缺省路由，但到区域外的数据需要由最近的 L1/2 路由器进行转发。也就是说，L1 路由器只能转发区域内的报文，或者将到达其他区域的报文转发到距离它最近并且在同一区域的 L1/2 路由器。

2. L1/2 路由器

L1/2 路由器类似于 OSPF 网络中的 ABR（区域边界路由器），用于普通区域与骨干区域间的连接，缺省所有 IS-IS 路由器都属于 L1/2 类型。L1/2 路由器既可以与同一普通区域的 L1 路由器及其他 L1/2 路由器建立 L1 邻接关系，也可以与骨干区域 L2 路由器建立 L2 邻接关系。L1 路由器必须通过本区域内的 L1/2 路由器（如果有多个，则选择"最近"的一个）才能与骨干区域中的设备通信。

IS-IS 骨干网连续性示例如图 7-1 所示。L1/2 路由器必须维护两个 LSDB：用于区域内路由计算的 L1 LSDB 和用于区域间路由计算的 L2 LSDB。需要注意的是，**L1/2 路由器不一定要位于区域边界，在区域内部也有可能存在 L1/2 路由器**（就像 OSPF 中的 ASBR 不一定位于 AS 边界，也可以是区域内路由器一样）。**这是因为 IS-IS 要求网络中所有 L2、L1/2 的路由器的连接必须是物理连续的。**其中，图 7-1 中箭头指示的那台路由器就不位于区域边界。

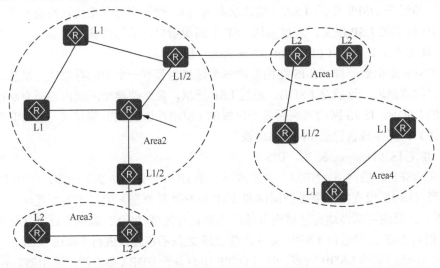

图 7-1　IS-IS 骨干网连续性示例

3. L2 路由器

L2 路由器是骨干区域中的路由器（**骨干区域中全是 L2 路由器，L1/2 路由器只能在普通区域**），主要用于通过与普通区域中的 L1/2 路由器连接，转发非骨干区域之间的报文，类似于 OSPF 网络中的 BR（骨干路由器）。

L2 路由器可与本区域中的其他 L2 路由器，以及普通区域中的 L1/2 路由器建立 L2 邻接关系，交换路由信息，维护一个 L2 的 LSDB。IS-IS 网络各骨干区域中的所有 L2 路由器和所有普通区域中的 L1/2 路由器必须有连续的物理连接，共同构成 IS-IS 网络的骨干网（**注意：不是骨干区域**），也称 L2 区域。而 IS-IS 网络中所有 L1 路由器与 L1/2 路由器连接所形成的区域统称为 L1 区域。需要说明的是，**L1 区域是分散的，不是连续的。**

7.1.4　IS-IS 路由类型

在整个 OSI 网络中，它的路由系统是分层次的，包括 4 个路由级别（或称 4 种路由类型）：L0（Level-0）、L1（Level-1）、L2（Level-2）和 L3（Level-3）。IS-IS 所能提供的路由仅包括其中的 L1、L2 两个级别。

1. L1 路由

L1 路由是**同一普通区域内**各 IS 之间的路由，即普通区域内路由。当 IS 收到一个到目标地址是本区域内地址的报文后，通过查看包的目的地址即可将报文发往正确的链路或目的节点。能提供 L1 路由的 IS-IS 路由器类型包括 L1 路由器和 L1/2 路由器两种。

2. L2 路由

L2 路由是不同区域间各 IS 之间的路由，即区域间路由。当一个 IS 收到一个目的地址不是本区域地址的报文时，便将其转发到正确的目的地或者将报文转发到其他区域，以便由其他区域中的 IS 转发到正确的目的地。能提供 L2 路由的 IS-IS 路由器类型包括 L2 路由器和 L1/2 路由器两种。

7.1.5 IS-IS 与 OSPF 区域划分的区别

IS-IS 虽然与 OSPF 一样，可以划分为多个区域，但二者在区域的划分上存在一些区别。

1. IS-IS 可以有多个骨干区域

OSPF 的设计基于骨干区域，而且只有一个骨干区域（可以有多个分离的骨干区域，但区域 ID 固定均为 0），所有的非骨干区域（通过 ABR）必须直接与骨干区域相连（如果非骨干区域与骨干区域之间没有直接物理连接，则要通过虚连接连接）。

IS-IS 中可以有多个骨干区域，且骨干区域 ID 任意，但它与 OSPF 一样，要求所有的非骨干区域必须直接（通过 L1/2 路由器）与骨干相连，普通区域之间不能直连。IS-IS 中的骨干区域全由 L2 路由器构成，在骨干区域内部必须与其他 L2 路由器直连，通过 L1/2 路由器与普通区域连接。

IS-IS 网络典型拓扑结构如图 7-2 所示，只有一个骨干区域（Area1），整个骨干网不仅包括骨干区域中的所有路由器，还包括各普通区域中的所有 L1/2 路由器。各 L2 和 L1/2 之间均有直接、连续的连接，中间没有 L1 路由器。

IS-IS 网络的一种非典型拓扑结构如图 7-3 所示，存在两个骨干区域，即 Area1 和 Area3。此时所有物理连续的 L1/2 和 L2 路由器就构成 IS-IS 的骨干网，即 IS-IS 骨干网是由所有的 L2 路由器和各 L1/2 路由器构成的，它们可以属于不同的区域，**但必须物理连续**，即中间不能为 L1 路由器。

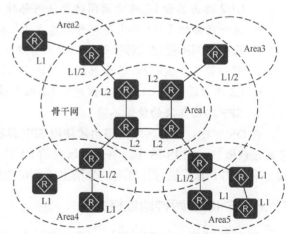

图 7-2　IS-IS 网络典型拓扑结构

2. 区域边界不同

OSPF 的区域边界在设备接口上，即 OSPF 的每条链路的两端接口都必须属于同一个区域，一台路由器的不同接口可以位于不同的区域中。而 IS-IS 的区域边界在链路上，**即同一链路的两端接口分别属于不同的区域**（参见图 7-2 和图 7-3），**且一台 IS-IS 路由**

器的各个接口都必须同属于一个区域。

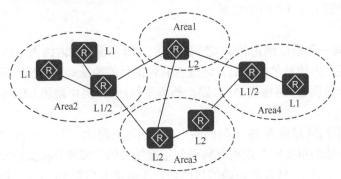

图 7-3　IS-IS 网络的一种非典型拓扑结构

3. 不同区域间路由器的邻接关系不同

OSPF 使用路由器接口来划分区域,一台路由器上的不同接口可能属于不同的多个区域,并可以与这些区域的路由器形成邻接关系。IS-IS 规定一台路由器上所有运行 IS-IS 的接口均属于同一个区域,L1 路由器只能建立 L1 级邻接关系;L2 路由器只能建立 L2 级邻接关系;L1/2 既可以与 L1 路由器建立 L1 级邻接关系,又可以与 L2 或者其他 L1/2 路由器建立 L2 级邻接关系,即在 IS-IS 路由协议中,只有同一层次的相邻路由器才可能成为邻接体。具体邻接关系的建立规则如下。

- 同一区域的 L1 路由器间可以建立 L1 级邻接,不同区域的 L1 路由器间不可能建立任何邻接关系。
- L1 路由器可与同一区域的 L1/2 路由器建立 L1 级邻接,但不能与不同区域的 L1/2 路由器和 L2 路由器间建立任何邻接关系。
- 同一区域的 L1/2 路由器间可以建立 L1 和 L2 级邻接关系,**但不同区域的 L1/2 路由器间不能建立邻接关系**,因为普通区域之间不能直连。
- 同一骨干区域的 L2 路由器间可以建立 L2 级邻接关系。
- L2 路由器可与 L1/2 路由器建立 L2 级邻接关系。

4. SPF 路由算法的使用不同

在 OSPF 中,只有区域内路由才使用 SPF 算法,区域间路由信息是直接通过骨干区域转发获取的。在 IS-IS 中,普通区域内的 L1 路由、区域间和骨干区域内部的 L2 路由都是采用 SPF 算法进行计算的,分别生成各自的最短路径树。

7.1.6　IS-IS 的两种地址格式

在 IS-IS 协议中有两种地址:一种是用来标识网络层服务的网络服务访问点(NSAP)地址;另一种是用来标识设备的网络实体名称(Network Entity Title,NET)地址。

1. NSAP 地址格式

NSAP 地址仅适用于 OSI 网络,是 OSI 网络中用于定位资源的地址,主要用于提供网络层和上层应用之间的接口,每个通信进程(不是每个接口)对应一个 NSAP 地址,类似于 TCP/IP 网络中的 Socket 套接字服务。

NSAP 包括初始域部分(Initial Domain Part,IDP)和域特定部分(Domain Specific

Part，DSP）两个部分，最长 20 字节，最短 8 字节，IS-IS NSAP 地址格式如图 7-4 所示。IDP 包括授权与格式标识符（Authority and Format Identifier，AFI）和初始域标识符（Initial Domain Identifier，IDI）两个部分，相当于 IP 地址中的主网络号。DSP 包括 DSP 高序列（High Order DSP）和 System ID（系统 ID）两个部分，相当于 IP 地址中的子网号和主机地址，与 IP 地址中由网络 ID 和主机 ID 两个部分组成类似。

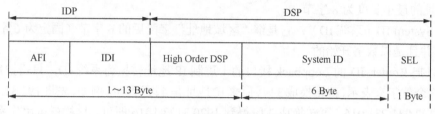

图 7-4　IS-IS NSAP 地址格式

- AFI：表示地址分配机构和地址格式，占 1 字节。AFI 等于 49 的地址是私有地址，就像 IP 地址中的局域网地址一样，而 AFI 等于 39 或 47 的地址属于 ISO 注册地址，相当于 IP 地址的公网地址。
- IDI：用来标识 IS-IS 路由域，可变长度。
- High Order DSP：用来进行区域划分，相当于 IP 地址中的子网 ID 部分。
- Sysytem ID：6 字节，用来区分主机，通常以 MAC 地址进行标识，相当于 IP 地址中的主机 ID 部分，类似于 OSPF 中的 Router ID（路由器 ID）。
- SEL：NSAP Selector，NSAP 选择器，1 字节，用来指示服务类型，不同的传输层协议对应不同的 SEL，相当于 TCP 中的端口号。

2. NET 地址格式

从以上分析可以看出，OSI 网络中的 NSAP 地址中包含了很多不同的字段，有些复杂。TCP/IP 网络对 NSAP 地址重新进行了优化，IS-IS 路由器以网络实体名称（NET）地址进行标识，原来的各字段重新分成 3 个部分：Area ID（区域 ID）、System ID 和 SEL。NET 地址格式如图 7-5 所示。其中，"Area ID"部分包括 NSAP 中的 AFI、IDI 和 High Order DSP 3 个字段，长度在 1～13 字节可变。System ID 和 SEL 这两个部分与图 7-4 中的对应字段一样，但 SEL 字段值固定为 0。

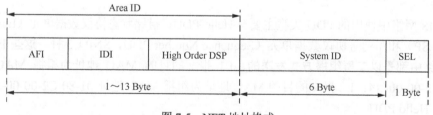

图 7-5　NET 地址格式

- Area ID（区域 ID）：是整个地址的最高字节序列，长度范围为 1～13，单位为字节，相当于 OSPF 网络中的"区域 ID"。一个 IS-IS 路由进程实例可以配置多个区域地址，主要用于区域合并或者区域划分。

同一个 Level-1 区域内的所有路由器必须具有相同的区域地址，Level-2 区域内的路由器可以具有不同的区域地址。区域 ID 可以简单地配置成"0000.0000.0001""0000.0000.0002"和"0000.0000.0003"格式（各数字均为十六进制）。一般情况下，一个路由器只须配置一个区域地址，且同一个区域中所有节点的区域地址都相同，但为了支持区域的平滑合并、分割及转换，在设备的实现中，一个 IS-IS 进程下最多可以配置 3 个区域地址。一般情况下，1 字节的长度足够定义区域地址，因此，在大多数的 IS-IS 实现中，NET 地址的最小长度为 8 字节。

- System ID（系统 ID）：它是继"区域地址"字段后的 6 字节（固定为 6 字节），并且是以数字开始的。

可以把 Router ID 的 Loopback 接口的十进制 IP 地址转换为系统 ID，只需把每个字节都用 3 个数字来表示，再转换成 3 段（原来 IP 地址是 4 段）即可。例如，先将 192.31.231.16 转换成 192.031.231.016，再转换成 3 段得到 1920.3123.1016 即可，这样就可用作系统 ID 了。不过，通常也是以"0000.0000.0001""0000.0000.0002"和"0000.0000.0003"格式来配置，便于区分。

从以上介绍可以看出，一个 NET 地址的 3 个部分中，最后两个部分的字节长度是固定的，仅有第一个部分（区域地址）的长度是可变的，因此，在给定一个 NET 地址时，往往是从最后往前来得出每部分的值。

如果一个 NSAP 地址为 49.0001.aaaa.bbbb.cccc.00，则 SEL（1 字节，2 位十六进制）为 00，系统 ID（6 字节，12 位十六进制）为 aaaa.bbbb.cccc，区域地址为 49.0001。此时区域地址仅为 3 字节，又因其 *AFI*=49，所以它是一个私有地址。又如另一个 NSAP 地址为 39.0f01.0002.0000.0c00.1111.00，则可以得出系统 ID 为 0000.0c00.1111，区域地址为 39.0f01.0002，又因其 *AFI*=39，所以它是一个公有地址。

7.2　IS-IS 报文格式

IS-IS 是直接运行在数据层的协议，其报文直接封装在数据链路层的帧中，路由器间通过协议数据单元（Protocol Data Unit，PDU）来传递链路状态信息，完成 LSDB 的同步。

7.2.1　IS-IS 主要报文类型

IS-IS 网络中使用的 PDU 类型主要有 Hello PDU、链路状态协议数据单元（Link-State PDU，LSP）和序列号协议数据单元（Sequence Number PDU，SNP）3 种。**这些 PDU 在广播网络中都是以二层组播方式发送的**，L1 报文的目的 MAC 地址为组播 MAC 地址 01-80-C2-00-00- 14；L2 报文的目的 MAC 地址为组播 MAC 地址 01-80-C2-00-00-15。

1. Hello PDU

与 OSPF 的 Hello 报文一样，IS-IS 的 Hello PDU 也是周期性地向邻居路由器发送的，用于建立和维持邻接关系，称为 IIH（IS-to-IS Hello）。但因为 IS-IS 是数据链路层协议，所以在建立邻接关系前不需要建立 TCP 传输连接。

另外，在 IS-IS 协议中，不同类型网络使用的 Hello PDU 格式有所不同。广播网中 L1 邻接关系的建立和维护使用的是 L1 LAN IIH PDU（类型号为 15）；广播网中 L2 邻接关系的建立和维护使用的是 L2 LAN IIH PDU（类型号为 16）；P2P 网络中使用的是 P2P IIH PDU（类型号为 17）。它们的报文格式有所不同，具体将在 7.2.3 小节介绍。

2. LSP

LSP 是包含 IS-IS 路由器链路状态信息的 PDU，用于与其他 IS-IS 路由器交换链路状态信息，类似于 OSPF 中的 LSA 报文。每个 IS-IS 路由器都会产生自己的 LSP，并向邻居路由器进行泛洪，同时又可以学习由邻居路由器泛洪而来的其他 IS-IS 路由器的 LSP。

LSP 也分为 L1 LSP（类型号为 18）和 L2 LSP（类型号为 20）两种。其中，L1 LSP 可由 L1 或者 L1/2 IS-IS 路由器产生，类似 OSPF 中的 Router-LSA；L2 LSP 可由 L2 或者 L1/2 IS-IS 路由器产生，类似于 OSPF 中的 Network-Summary-LSA。这些 LSP 是在对应级别（Level-1 或 Level-2）LSDB 中存储的，同一区域中各路由器上同级别的 LSDB 是完全同步的，而各级 LSDB 又是路由器通过 SPF 算法计算最短路径树和 IS-IS 路由表的依据。

3. SNP

SNP 通过描述全部或部分数据库中的 LSP 来同步各 LSDB，从而维护相同区域中同级别 LSDB 的完整与同步，类似于 OSPF 中的 DD 报文。SNP 又包括完全序列号协议数据单元（Complete SNP，CSNP）和部分序列号协议数据单元（Partial SNP，PSNP）两种。

PSNP 只列举最近收到的一个或多个 LSP 的序列号，能一次对多个 LSP 进行确认。同时，当发现自己的 LSDB 与对端邻居，或者广播网络中的 DIS 的 LSDB 不同步时，也是用 PSNP 来请求邻居或者 DIS 发送新的 LSP。

CSNP 包括本地某个级别 LSDB 中所有 LSP 的摘要信息，从而可以在相邻路由器间保持同级别 LSDB 同步。在广播网络中，CSNP 由 DIS 周期性发送（缺省的发送周期为 10s）；在 P2P 网络中，CSNP 只会在第一次建立邻接关系时发送。

CSNP 和 PSNP 也可以分为 L1 CSNP（类型号为 24）、L2 CSNP（类型号为 25）、L1 PSNP（类型号为 26）和 L2 PSNP（类型号为 27）。

7.2.2　IS-IS PDU 报头格式

IS-IS PDU 的基本结构如图 7-6 所示，包括一个 IS-IS 报头和可变长字段两个部分。其中，IS-IS 报头又包括通用报头（Common Header）和专用报头（Specific Header）两个部分。

图 7-6　IS-IS PDU 的基本结构

所有 IS-IS PDU 的通用报头是相同的，IS-IS 通用报头格式如图 7-7 所示，专用报头根据不同 PDU 的类型而不同。IS-IS 通用报头各字段说明如下。

① Intradomain routing protocol discriminator：域内路由协议鉴别符，占 1 字节，标识 PDU 的类型，IS-IS PDU 的固定值为 0x83。

② Length indicator：长度指示器，占 1 字节，以字节为单位标识 IS-IS **报头**部分（包括通用报

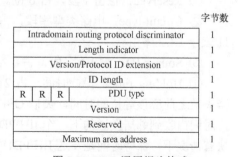

图 7-7　IS-IS 通用报头格式

头和各种 PDU 的专用报头两个部分）长度。

③ Version/Protocol ID extension：版本/协议 ID 扩展，占 1 字节，当前值固定为 0x01。

④ ID length：ID 长度，占 1 字节，标识 System ID 的长度，值为 0 时，表示 System ID 的长度为 6 字节。

⑤ R：保留位，固定为 0。

⑥ PDU type：PDU 类型，占 5 位，标识 IS-IS PDU 的类型。其值为 15 表示 L1 LAN IIH；其值为 16 表示 L2 LAN IIH；其值为 17 表示 P2P IIH；其值为 18 表示 L1 LSP；其值为 20 表示 L2 LSP；其值为 24 表示 L1 CSNP；其值为 25 表示 L2 CSNP；其值为 26 表示 L1 PSNP；其值为 27 表示 L2 CSNP。

⑦ Version：IS-IS 协议版本号，占 1 字节，当前值为 0x01。

⑧ Reserved：同⑤R，表示保留位，占 1 字节，固定为 0。

⑨ Maximum area address：最大区域地址，占 1 字节，标识支持的最大区域数，表示可以为一个路由器配置多少个不同的区域前缀。缺省值为 0，表示最多支持 3 个区域地址数。**IS-IS 路由器的各接口均必须在同一个区域中。**

7.2.3　IIH PDU 报文格式

IIH（IS-IS Hello）PDU 用来建立和维持 IS-IS 路由器之间的邻接关系。IIH PDU 包括 IS-IS PDU 通用报头、IIH PDU 专用报头和可变长字段 3 个部分。在 IIH PDU 专用报头部分包括发送者的系统 ID、分配的区域地址和发送路由器已知的链路上邻居标识。另外，IIH PDU 有以下 3 种类型。

① L1 LAN IIH PDU（类型号为 15）：广播网中 L1 路由器发送的 IIH PDU。

② L2 LAN IIH PDU（类型号为 16）：广播网中 L2 路由器发送的 IIH PDU。

③ P2P IIH PDU（类型号为 17）：在点对点网络上路由器发送的 IIH PDU。

L1 LAN IIH PDU 和 L2 LAN IIH PDU 统称为 LAN IIH PDU。不同类型 IIH PDU 的报文格式不完全一样，LAN IIH PDU 报文格式如图 7-8 所示，在广播网中，L1 和 L2 路由器发送的 LAN IIH PDU 报文格式，P2P IIH PDU 报文格式如图 7-9 所示，在 P2P 网络中，路由器发送的 P2P IIH PDU 报文格式。

专用报头部分相对于 LAN IIH PDU，P2P IIH PDU 中多了一个表示本地链路 **ID** 的 **"Local Circuit ID"** 字段，少了表示广播网中 **DIS** 的优先级的 **Priority** 字段，以及表示 **DIS** 和伪节点 **System ID** 的 **"LAN ID"** 字段，因为在 P2P 网络中不需要 DIS 选举。

① Reserved：保留字段，占 6 位。当前没有使用，始终为 0。

② Circuit type：电路类型字段，占 2 位。01 表示 L1 路由器，10 表示 L2 路由器，11 表示 L1/2 路由器。

③ Source ID：源 ID 字段，占 1 字节，标识发送该 IIH PDU 的路由器的系统 ID。

④ Holding time：保持时间，占 2 字节，用来通知它的邻居路由器在认为这台路由器失效之前应该等待的时间，类似 OSPF 中的 DeadInterval（死亡时间间隔）。如果在保持时间内收到邻居发送的下一个 IIH PDU，将认为邻居依然处于存活状态。在 IS-IS 中，缺省情况下，保持时间是发送 IIH PDU 间隔的 3 倍，但是在配置保持时间时，是通过指定一个 IIH PDU 乘数（Hello-Multiplier）配置的。例如，如果 IIH PDU 的间隔为 10s，IIH

PDU 乘数为 3，那么保持时间就是 30s。

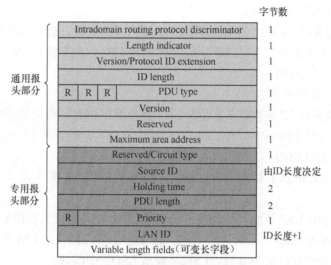

字节数

	字节数
Intradomain routing protocol discriminator	1
Length indicator	1
Version/Protocol ID extension	1
ID length	1
R R R PDU type	1
Version	1
Reserved	1
Maximum area address	1
Reserved/Circuit type	1
Source ID	由ID长度决定
Holding time	2
PDU length	2
R Priority	1
LAN ID	ID长度+1
Variable length fields（可变长字段）	

图 7-8　LAN IIH PDU 报文格式

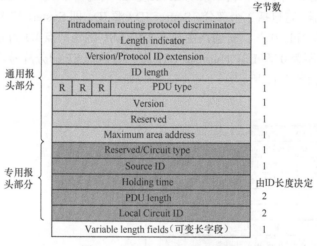

字节数

	字节数
Intradomain routing protocol discriminator	1
Length indicator	1
Version/Protocol ID extension	1
ID length	1
R R R PDU type	1
Version	1
Reserved	1
Maximum area address	1
Reserved/Circuit type	1
Source ID	1
Holding time	由ID长度决定
PDU length	2
Local Circuit ID	2
Variable length fields（可变长字段）	1

图 7-9　P2P IIH PDU 报文格式

⑤ PDU length：IIH PDU 长度字段，占 2 个字节，标识整个 IIH PDU 报文（包括通用报头）的长度（以字节为单位）。

⑥ Priority：优先级字段（**仅在 LAN IIH 中有此字段**），占 7 位，标识本路由器在 DIS 选举中的优先级。其值越大，优先级越高，该路由器成为 DIS 的可能性越大。

⑦ LAN ID：局域网 ID 字段（**仅在 LAN IIH 中有此字段**），由 DIS 路由器的系统 ID+1 个字节的伪节点 ID 组成，用来区分同一台 DIS 上的不同 LAN。

⑧ Local Circuit ID：本地电路 ID（**仅在 P2P IIH 中有此字段**），占 1 个字节，用来标识本地链路 ID。

7.2.4　LSP 报文格式

一个 LSP 包含了一个路由器的所有基本信息，例如，邻接关系、连接的 IP 地址前缀、OSI 终端系统、区域地址等。LSP 共分为以下两种类型。

1. L1 LSP（类型号为 18）

L1 LSP 是由支持 L1 路由的 L1 或者 L1/2 路由器产生的，会在本区域内部邻居路由器上泛洪。本区域中的所有 L1 LSP 完成交换后会在所有本区域 L1 或者 L1/2 路由器上形成完全一致的 L1 LSDB。

2. L2 LSP（类型号为 20）

L2 LSP 是由支持 L2 路由的 L2 或者 L1/2 路由器产生的，在位于不同区域中的邻居路由器上泛洪。当整个网络中所有 L2 LSP 交换完成后，在各支持 L2 路由的路由器上会形成完全一致的 L2 LSDB。

L1 LSP 和 L2 LSP 具有相同的报文格式，LSP 报文格式如图 7-10 所示，各字段解释如下。

① PDU length：LSP 长度，占 2 个字节，标识整个 LSP 报文的长度（包括通用报头）。

② Remaining lifetime：剩余生存时间，占 2 个字节，标识此 LSP 所剩的生存时间，单位为秒。当剩余生存时间为 0 时，LSP 将被从 LSDB 中清除。

③ LSP ID：LSP 标识符，占"系统 ID 长度+2"个字节，用来标识不同的 LSP 和生成 LSP 的源路由器。它包括 3 个部分：Source ID（源 ID，即 System ID）、Pseudonode ID（伪节点 ID，简称"PN-ID"，**普通路由器产生的 LSP 的伪节点 ID 为 0，伪节点产生的 LSP 的伪节点 ID 不为 0**）和 LSP Number（LSP 序列号，即 LSP 的分片号，简称"Frag-Nr"）。LSP ID 组成示例如图 7-11 所示。

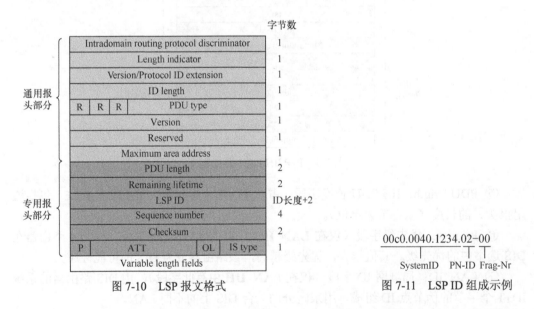

图 7-10　LSP 报文格式　　　　　图 7-11　LSP ID 组成示例

④ Sequence Number：序列号，占 4 个字节，标识每个 LSP 的序列号。每个 LSP 都拥有一个标识自己的 4 字节的序列号。**它是针对本地路由器发送的 LSP 而言的**，在路由器启动时发送的第一个 LSP 报文中的序列号为 1，之后当需要生成新的 LSP 时，新 LSP 的序列号在前一个 LSP 序列号的基础上加 1。更高的序列号意味着更新的 LSP。

⑤ Checksum：校验和，占 2 个字节，用于接收端校验传送的 LSP 的完整性和正确

性。当一台路由器收到一个 LSP 时，在将该 LSP 放入本地链路数据库和将其再泛洪给其他邻接路由器之前，会重新计算 LSP 的校验和，如果校验和与 LSP 中携带的校验和不一致，则说明此 LSP 传输过程中已经被破坏，不再泛洪。

⑥ P（Partition）：分区，占 1 位，表示区域划分或者分段区域的修复位，**仅与 L2 LSP 有关**。当 P 位被设置为 1 时，表明始发路由器支持自动修复区域的分段情况。

⑦ ATT（Attached）：区域关联，占 4 位，表示产生此 LSP 的路由器是否与其他区域相连。虽然 ATT 位同时在 L1 LSP 和 L2 LSP 中进行了定义，但是它**只会在 L1/2 路由器的 L1 LSP 中被设置**。当 L1/2 路由器在 L1 区域内传送 L1 LSP 时，如果 L1 LSP 中设置了 ATT 位（目前仅指 Default metric 位置 1，IS-IS LSP 的 ATT 字段的 4 位如图 7-12 所示），则表示该区域中的 L1 路由器可以通过此 L1/2 路由器通往外部区域。

L1/2 路由器发送的 L1 LSP ATT 位置 1 后，区域中的 L1 路由器也不一定会生成一个以该路由器为下一跳的缺省路由，还要看该 L1 路由器是不是距离它最近（开销最小）。

【说明】最初的 IS-IS 参数定义了 4 种度量类型，链路开销作为 Default metric（默认度量，缺省为 10），是指路径中所有 IS-IS 协议出接口的开销总和，所有路由器均支持。Delay metric（时延度量）、Expense metric（费用度量）和 Error metric（错误度量）是可选的 3 种度量类型。Delay metric 计算传输时延，Expense metric 计算链路使用成本，Error metric 计算出现与链路相关的错误的概率。目前，大多数仅支持 Default metric。

```
⊟ Type block(0x0b): Partition Repair:0, Attached bits:1, Overload bit:0, IS type:3
    0... .... = Partition Repair: Not supported
  ⊟ .000 1... = Attachment: 1
    0... = Error metric: Unset
    .0.. = Expense metric: Unset
    ..0. = Delay metric: Unset
    ...1 = Default metric: Set
    .... .0.. = Overload bit: Not set
    .... ..11 = Type of Intermediate System: Level 2 (3)
```

图 7-12　IS-IS LSP 的 ATT 字段的 4 位

⑧ OL（Overload）：过载，占 1 位，置 1 时表示本路由器因内存不足而导致 LSDB 不完整。**设置了过载标志位的 LSP 虽然还会在网络中扩散，但在各路由器中计算路由时，不会考虑设置了过载标志的路由器。** 也就是说，对路由器设置过载位后，其他路由器在进行 SPF 计算时不会使用这台路由器做转发，但仍会计算该过载路由器上的直连路由。

LSP 中设置了 OL 标志位的应用示例如图 7-13 所示，RouterA 到 10.1.1.0/24 网段的报文由 RouterB 转发，但如果 RouterB 所发的 LSP 报文中过载标志位置 1，RouterA 会认为 RouterB 的 LSDB 不完整，于是将报文通过 RouterD、RouterE 转发到 10.1.1.0/24 网段，转发到 RouterB 直连网段的报文则不受影响。

当系统因为各种原因无法保存新的 LSP，导致无法维持正常的 LSDB 同步时，该系统计算出的路由信息将出现错误。这种

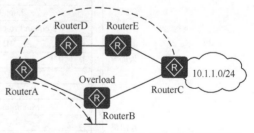

图 7-13　LSP 中设置了 OL 标志位的应用示例

情况下，系统可以自动进入过载状态，即通过该设备到达的路由不计算，但该设备的直

连路由不会被忽略。

【说明】除了设备异常可能导致自动进入过载状态，也可以通过手动配置使系统进入过载状态。当网络中的某些 IS-IS 设备需要升级或维护时，需要暂时将该设备从网络中隔离。此时可以给该设备设置过载标志位，这样就可以避免其他设备通过该节点转发流量。

如果因为设备进入异常状态导致系统进入过载状态，则此时系统将删除全部引入或渗透的路由信息；如果因为用户配置导致系统进入过载状态，则此时会根据用户的配置决定是否删除全部引入或渗透路由。

⑨ IS type：路由器类型字段，占 2 位，用来指明生成此 LSP 的路由器类型是 L1 路由器还是 L2 路由器，也表示收到此 LSP 的路由器将把这个 LSP 放在 L1 LSDB 中还是放在 L2 LSDB 中。其中，01 表示 L1，11 表示 L2。

7.2.5　SNP 报文格式

SNP 分为 CSNP 和 PSNP 两种。CSNP 报文格式如图 7-14 所示，PSNP 报文格式如图 7-15 所示。这两种 SNP 中专用报头部分的字段说明如下。

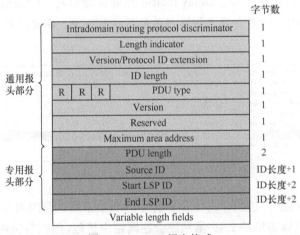

图 7-14　CSNP 报文格式

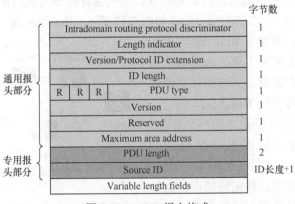

图 7-15　PSNP 报文格式

① PDU length：SNP PDU 长度字段，占 2 个字节，标识整个 SNP PDU 报文的长度（包括通用报头）。

② Source ID：源 ID 字段，占"系统 ID 长度+1"个字节，标识发送该 SNP PDU 的路由器的 System ID。

③ Start LSP ID：起始 LSP ID 字段（**仅 CSNP PDU 中有此字段**），占"系统 ID 长度+2"个字节，表示在可变字段中描述的 LSP 范围中的第一个 LSP ID 号。

④ End LSP ID：结束 LSP ID 字段（**仅 CSNP PDU 中有此字段**），占"系统 ID 长度+2"个字节，表示在可变字段中描述的 LSP 范围中的最后一个 LSP ID 号。

7.2.6 IS-IS PDU 可变长字段格式

在 IS-IS PDU 的最后一部分，都是"可变长字段"（Variable length fields）部分。"可变长字段"部分是各种 PDU 的真正内容，也是整个 PDU 的核心。这部分内容都是类型—长度—值（Type—Length—Value，TLV）结构。使用 TLV 结构构建报文的好处是其灵活性和扩展性较好，报文的整体结构固定，新增特性时只需增加新的 TLV 即可，不需要改变整个报文的整体结构。

TLV 数据结构由三大部分组成：T（Type），即 PDU 类型，不同类型由不同的值定义；L（Length），即 Value 字段的长度，以字节为单位；V（Value），即 PDU 的真正内容。但在 ISO 10589 和 RFC 1195 这两种当前 IS-IS 标准中，使用"Code"（代码）替换了前面所说的"Type"部分，因此，这种报文数据结构通常也称为 CLV（Code—Length—Value），可变长字段部分格式如图 7-16 所示。

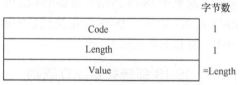

字节数

图 7-16 可变长字段部分格式

① Code：代码字段，占 1 个字节，表示 PDU 类型，不同的 IS-IS PDU 使用不同的类型，具体参见 7.2.1 小节相关说明。

② Length：长度字段，占 1 个字节，表示 Value 字段的长度，最大值为 255 字节。

③ Value：值字段，长度是可变的，表示实际承载的 PDU 内容，最大值为 255 字节。

在 IS-IS PDU 使用的各种 TLV 中，既有 ISO 10589 中定义的，也有 RFC 1195 中定义的。其中，ISO 定义的 TLV 用于 CLNP 网络环境，但是其中的大多数也用于 IP 网络环境；RFC 定义的 TLV 只用于 IP 环境。也就是说，对于一个 IS-IS PDU，后面既可以携带支持 CLNP 的 TLV，又可以携带支持 IP 的 TLV。如果一个路由器不能识别某个 TLV，那么将忽略它。

不同 TLV 类型和各种 IS-IS PDU 的对应关系见表 7-1。其中，Type 值从 1 到 10 的 TLV 在 ISO 10589 中定义，其他几种 TLV 在 RFC 1195 中定义。

表 7-1 不同 TLV 类型和各种 IS-IS PDU 的对应关系

TLV Type	名称	所应用的 PDU 类型
1	Area Addresses：区域地址	IIH、LSP
2	IS Neighbors（LSP）：中间系统邻接 LSP	LSP
4	Partition Designated Level2 IS：区域分段指定 L2 中间系统	L2 LSP
6	IS Neighbors（MAC Address）：中间系统邻接 MAC 地址	LAN IIH

续表

TLV Type	名称	所应用的 PDU 类型
7	IS Neighbors（SNPA Address）：中间系统邻接 SNPA（Subnetwork Point of Attachment，子网接入点）地址	LAN IIH
8	Padding：填充	IIH
9	LSP Entries：LSP 条目	SNP
10	Authentication Information：认证信息	IIH、LSP、SNP
128	IP Internal Reachability Information：IP 内部可达信息	LSP
129	Protocols Supported：支持的协议	IIH、LSP
130	IP External Reachability Information：IP 外部可达信息	L2 LSP
131	Inter-Domain Routing Protocol Information：域间路由协议信息	L2 LSP
132	IP Interface Address：IP 接口地址	IIH、LSP

7.3　IS-IS 协议基本原理

每台 IS-IS 路由器都会生成自己的 LSP（会不断更新），这些 LSP 包含该路由器所有使能 IS-IS 协议接口的链路状态信息。通过与相邻设备建立 IS-IS 邻接关系，交互 LSDB，可以实现整个 IS-IS 网络各设备的 LSDB 同步。然后，根据 LSDB 运用 SPF 算法计算出 IS-IS 路由。如果此 IS-IS 路由是到目的地址的最优路由，则此路由会下发到本地 IP 路由表中，并指导报文转发。

7.3.1　IS-IS 邻接关系建立原则

由于 IS-IS 最初是为 CLNP 网络设计的，所以邻接关系的建立与 IP 地址无关。但在 IP 网络中运行 IS-IS 时，邻接关系的建立需要在同一网段检查接口 IP 地址。但如果接口配置了从 IP 地址，则只要双方有某个 IP 地址（主 IP 地址或从 IP 地址）在同一网段就能建立邻接关系，不一定要求主 IP 地址在同一网段。

IS-IS 仅支持以太网、令牌环网、光纤分布式数据接口（Fiber Distributed Data Interface，FDDI）这类广播网络，以及链路层封装点到点协议（Point-to-Point Protocol，PPP）或者高级数据链路控制（High Level Data Link Control，HDLC）协议的 P2P 网络。**如果要在 NBMA（非广播多路访问）网络中使用（例如，X.25、FR 和 ATM 网络），则需要配置子接口，并配置子接口的类型为 P2P**。IS-IS 不能在 P2MP（点对多点）网络上运行。

IS-IS 按以下原则建立邻接关系。

① 只有同一层次的相邻路由器才有可能成为邻接，**即只能建立单跳的邻接关系，不能跨路由器建立邻接关系。**

② 建立邻接关系的 L1 路由器间必须在同一区域。

③ 链路两端 IS-IS 接口的网络类型必须一致，通过将以太网接口模拟成 P2P 接口，可以建立 P2P 链路邻接关系。

④ 缺省情况下，**链路两端 IS-IS 接口必须有处于同一网段的 IP 地址。**

缺省情况下，在 IP 网络上运行 IS-IS 时，需要检查对方 IP 地址。如果接口配置了从

IP，则只要双方有某个 IP（主 IP 或者从 IP）在同一网段就能建立邻居，不一定要与主 IP 地址在同一网段。

【说明】当链路两端 IS-IS 接口的 IP 地址不在同一网段时，如果配置接口对接收的 Hello PDU 不做 IP 地址检查，则可以建立邻接关系。对于 P2P 接口，可以配置接口忽略 IP 地址检查；对于以太网接口，需要将以太网接口模拟成 P2P 接口，然后才可以配置接口从而忽略 IP 地址检查。

7.3.2 广播网络上邻接关系的建立流程

IS-IS 邻接关系的建立是通过邻居设备间交互 IS-IS Hello PDU 进行的。总体来说，**IS-IS 在广播链路上需要进行 3 次握手验证，才可以建立邻接关系**。这一点与 OSPF 广播类型网络邻居的建立是一致的。需要注意的是，OSPF 位于网络层，由于其报文以网络层 IP 进行封装，所以是以组播 IP 地址发送 Hello 报文的。IS-IS 是链路层协议，其报文直接以链路层协议封装，是通过组播 MAC 地址发送 Hello PDU。

IS-IS 邻接状态分为 Down、Initial 和 Up 3 种。

- Down：邻接关系的初始状态。
- Initial：收到 IIH PDU，但报文中的邻接列表中未包含自己的系统 ID。
- Up：收到 IIH PDU，且报文中的邻接列表中包含自己的系统 ID。

在广播网络中，IS-IS 采用二层组播方式发送 Hello PDU，L1 IIH PDU 发送时的目的 MAC 地址为 01-80-C2-00-00-14（是一组播 MAC 地址）；L2 IIH 发送时的目的 MAC 地址为 01-80-C2-00-00-15（也是一组播 MAC 地址）。当邻居双方都收到了对方发来的 Hello PDU 后，就建立了它们之间的邻接关系。

下面以 L2 路由器为例介绍广播链路中建立邻接关系的过程，广播链路邻接关系建立流程示意如图 7-17 所示。L1 路由器之间建立邻居的过程与此相同。在此假设 RouterA 的 IS-IS 接口先使能 IS-IS。

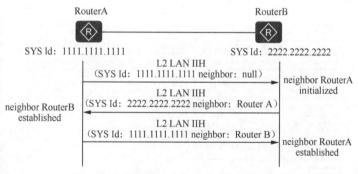

图 7-17 广播链路邻接关系建立流程示意

① 在 RouterA 连接 RouterB 的接口使能 IS-IS 协议后，立即以组播方式发送 L2 LAN IIH PDU，RouterA 发送的第一个 L2 LAN IIH PDU 如图 7-18 所示。此时，PDU 中包含一个 LAN ID，即 DIS 和伪节点的 System ID，无 "IS Neighbors（SNPA Address）" TLV 字段，因为此时还没有收到邻居发来的 Hello PDU，没有邻居的 SNPA Address（通常是映射成路由器的主机名）。

②　RouterB 收到 RouterA 发来的 L2 LAN IIH PDU 后会进行一系列的校验动作，例如，System ID 长度是否匹配、Max Area Address 是否匹配和验证密码（配置报文验证时）是否正确等。通过检验后，将自己和 RouterA 的邻接状态标识为 Initial（初始化）状态。然后，将 RouterA 的 System ID 添加到邻居表中，再向 RouterA 回复一个 L2 LAN IIH PDU。其中的"IS Neighbors（SNPA Address）"TLV 字段为 RouterA 的 SNPA 地址，标识 RouterA 为自己的邻接，RouterB 回复的 L2 LAN IIH PDU 如图 7-19 所示。

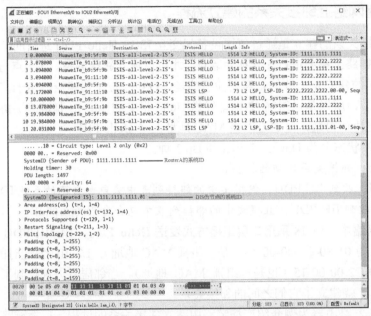

图 7-18　RouterA 发送的第一个 L2 LAN IIH PDU

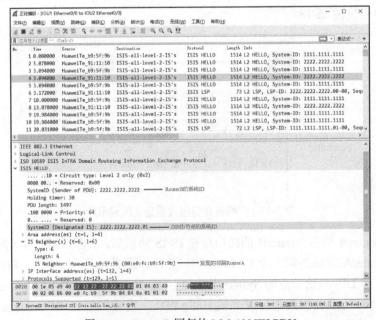

图 7-19　RouterB 回复的 L2 LAN IIH PDU

③ 在 RouterA 收到 RouterB 回复的 L2 LAN IIH PDU 后，发现其中有自己的 SNPA 地址，于是将自己与 RouterB 的邻接状态标识为 Up，并将 RouterB 的 System ID 添加到自己的邻居表中，标识 RouterB 为自己的邻接。然后 RouterA 再向 RouterB 发送一个在 "IS Neighbors（SNPA Address）" TLV 字段中标识 RouterB 的 SNPA 地址的 L2 LAN IIH PDU，RouterA 回复的 L2 LAN IIH PDU 如图 7-20 所示。

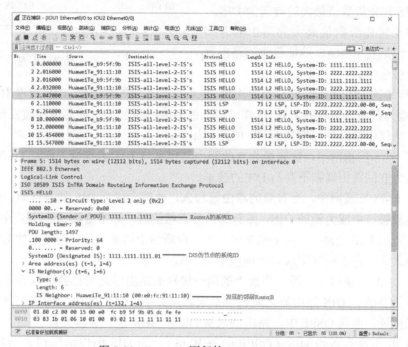

图 7-20 RouterA 回复的 L2 LAN IIH PDU

同时，在 RouterB 收到 RouterA 发来的 L2 LAN IIH PDU 报文后，发现其中有自己的 SNPA 地址，于是将自己与 RouterA 的邻接状态标识为 Up。由此可知，两个路由器成功建立了邻接关系。

7.3.3 DIS 选举

在广播网络中，IS-IS 路由器之间建立邻接关系后，路由器会等待两个 Hello PDU 间隔，在同网段的路由器之间进行指定 IS（DIS）选举。Hello PDU 中包含 Priority 字段，**Priority 值最大将被选举为该广播网的 DIS。如果优先级相同，则接口 MAC 地址较大的被选举为 DIS。**

DIS 用来创建和更新伪节点（Pseudonodes），并负责生成伪节点的 LSP，描述这个网段上有哪些网络设备。伪节点是用来模拟广播网络的一个虚拟节点，并非真实的路由器，**使用 DIS 的 System ID 和一个字节的 Circuit ID（非 0 值）进行标识。**

伪节点示意如图 7-21 所示，可以把一个共享网段模拟成一个伪节点，网段中的各路由器均与该伪节点有虚拟连接（Virtual Connection），相当于点到多点的连接。这样一来，使用伪节点可以简化网络拓扑，当网络发生变化时，需要产生的 LSP 数量也会变少（因为此时仅由伪节点发布），减少 SPF 的资源消耗。

伪节点记录了该广播网络内所有 IS-IS 路由器，以保证该广播网络中各 IS-IS 路由器的 LSDB 的同步。Level-1 和 Level-2 的 DIS 是分别选举的，用户可以为不同级别的 DIS 选举设置不同的优先级。DIS 的选举规则如下。

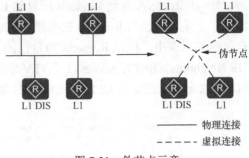

图 7-21　伪节点示意

- DIS 优先级数值**最大**的被选为 DIS。
- 如果优先级数值最大的路由器有多台，则其中 MAC 地址**最大**的路由器会被选中。

不同级别的 DIS 可以是同一台路由器，也可以是不同的路由器。**DIS 发送 Hello PDU 的时间间隔为普通路由器的 1/3**，这样可以确保 DIS 出现故障时能够快速被发现。

IS-IS 协议中 DIS 与 OSPF 中 DR 的区别如下。

- 在 IS-IS 广播网中，**优先级为 0 的路由器也参与 DIS 的选举**，而在 OSPF 中优先级为 0 的路由器则不参与 DR 的选举。
- 在 IS-IS 广播网中，**当有新的路由器加入，并符合成为 DIS 的条件时，这个路由器会被选中成为新的 DIS，原有的伪节点被删除，即抢占模式**。此更改会引起一组新的 LSP 泛洪。而在 OSPF 中，当一台新路由器加入后，即使它的 DR 优先级值最大，也不会立即成为该网段中的 DR，为非抢占模式。
- 在 IS-IS 广播网中，**同一网段上的同一级别的路由器之间都会形成邻接关系，包括所有的非 DIS 路由器之间也会形成邻接关系**，但 LSDB 的同步仍然依靠 DIS 来保证。而在 OSPF 中，路由器只与 DR 和 BDR 建立邻接关系。
- IS-IS 中没有备份 DIS（OSPF 中有 BDR），当 DIS 出现故障时，直接选举新的 DIS。

7.3.4　P2P 网络邻接关系的建立

在 P2P 网络中，邻接关系的建立使用两次握手机制。在两次握手机制中，只要路由器收到对端发来的在 IS Neighbors（SNPA Address）TLV 字段中包含自己 SNPA 地址的 Hello PDU，就单方面宣布邻居为 Up 状态，建立邻接关系。

两次握手机制存在明显缺陷。当路由器之间存在两条及以上的链路时，如果某条链路上到达对端的单向状态为 Down，而另一条链路同方向的状态为 Up，路由器之间还是可以建立起邻接关系的。SPF 在计算时会使用状态为 Up 的链路上的参数，这就导致没有检测到故障的路由器在转发报文时仍然试图通过状态为 Down 的链路。

正因如此，华为设备在点对点网络中默认采用了 3 次握手机制，需要通过 3 次发送 P2P 的 IS-IS Hello PDU 才能最终建立起邻接关系，类似广播链路上邻接关系的建立，参见图 7-17，二者不同的是，在 P2P 链路上发送的是 P2P IIH PDU，而不是 LAN IIH PDU。3 次握手机制解决了上述不可靠点到点链路中存在的问题。这种方式下，路由器只有在知道邻居路由器也接收到它的报文时，才宣布邻居路由器处于 Up 状态，从而建立邻接关系。

7.3.5　LSP 交互过程

IS-IS 通过交互 LSP 实现 LSDB 同步，路由域内的所有路由器都会产生自己的 LSP，发生以下事件时会触发一个新的 LSP。

① 邻居 Up 或 Down。

② IS-IS 相关接口 Up 或 Down。

③ 引入的 IP 路由发生变化。

④ 区域间的 IP 路由发生变化。

⑤ 接口被赋予了新的 metric 值。

⑥ 周期性更新（缺省为 15 分钟）。

每个 LSP 都拥有一个标识自己的 4 字节的序列号。在路由器启动时发送的第一个 LSP 报文中的序列号为 1，以后当需要生成同一个 LSP 的新 LSP 实例时，新 LSP 的序列号在前一个 LSP 实例序列号的基础上加 1。收到同一 LSP 的多个实例时的处理流程如图 7-22 所示，当邻居收到同一 LSP 的多个实例时，按照图 7-22 所示的流程处理。

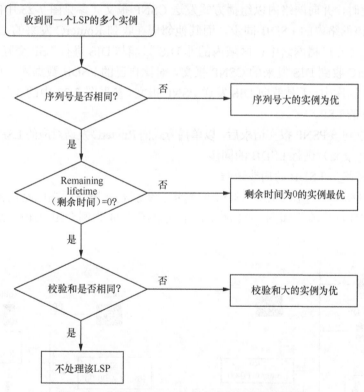

图 7-22　收到同一 LSP 的多个实例时的处理流程

【说明】每个 IS-IS LSP 都有一个 Remaining lifetime（剩余生存时间）字段（参见 7.2.4 节），它是用来标识当前 LSP 的剩余生存时间，是一个倒计时的计时器，用于老化 LSP，当该计时器为 0 时，对应的 LSP 需要从当前设备的 LSDB 中删除。

路由器收到一个 LSP 后，按照以下原则处理。

● 如果收到的 LSP 比本地 LSP 更优，或者是本地没有收到的 LSP，则在广播网络中将其加入数据库,并以组播的方式发送新的 LSP;在 P2P 网络,将其加入数据库,并发送 PSNP 报文来确认收到 LSP。

- 如果收到的 LSP 和本地 LSP 无法比较优劣,则不处理该 LSP。

1. 广播网络中新加入路由器与 DIS 同步 LSDB 的流程

广播链路 LSDB 更新流程如图 7-23 所示,下面以图 7-23 为例介绍广播链路中新加入路由器与 DIS 同步 LSDB 的流程。假设 RouterC 是新加入的,在广播网络中,这些 IS-IS 报文均以二层组播方式发送。

① 新加入的路由器 RouterC 首先发送 Hello PDU,与该广播域中的相邻路由器建立邻接关系。

② 建立邻接关系之后,RouterC 等待 LSP 刷新定时器超时,然后将自己的 LSP(参见图 7-23 中的 1 号 LSP 报文)发往组播地址(L1 LSP 的组播 MAC 地址为:01-80-C2-00-00-14,L2 LSP 的组播 MAC 地址为:01-80-C2-00-00-15)。由此可知,网络上的所有邻居都将收到该 LSP。

③ 该网段中的 DIS(RouterB)会把收到 RouterC 的 LSP 加入 LSDB 中,并等待 CSNP 报文定时器超时,并向网络内以组播方式发送 CSNP 报文(参见图 7-23 中的 2 号 CSNP 报文),进行该网络内的 LSDB 同步。而其他邻居在收到 RouterC 发来的 LSP 时会直接将其丢弃,因为在广播网络中,区域内的非 DIS 只能与 DIS 进行 LSP 交互。

④ RouterC 收到 DIS 发来的 CSNP 报文,对比自己的 LSDB 数据库,发现许多 LSP 并不在本地数据库中,于是就向 DIS 发送 PSNP 报文(参见图 7-23 中的 3 号 PSNP 报文)请求自己没有的 LSP。

⑤ DIS 收到该 PSNP 报文请求后,以单播方式向 RouterC 发送对应的 LSP(参见图 7-23 中的 4 号 LSP 报文)进行 LSDB 的同步。

2. P2P 网络上 LSDB 的同步流程

在 P2P 网络中不存在 DIS,LSDB 的同步、更新是在链路两端的路由器上进行的。P2P 链路 LSDB 同步流程如图 7-24 所示,下面以图 7-24 为例介绍 P2P 链路上 LSDB 的同步流程。

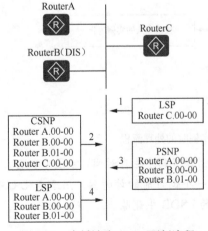

图 7-23　广播链路 LSDB 更新流程

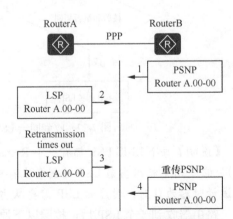

图 7-24　P2P 链路 LSDB 同步流程

① RouterA 先与 RouterB 建立邻接关系。

② 建立邻接关系之后，RouterA 与 RouterB 会先发送各自的 CSNP 给对端设备。如果一方发现自己的 LSDB 没有与接收到的 CSNP 同步（里面的数据库内容存在不一致的情况），则该方向另一方发送 PSNP 报文，请求索取相应的 LSP。

③ 现假定 RouterB 通过 PSNP 报文（参见图 7-24 中的 1 号 PNSP 报文）向 RouterA 索取某些所需的 LSP，RouterA 在收到该 PSNP 报文后，向 RouterB 发送请求的 LSP（参见图 7-24 中的 2 号 LSP 报文），同时启动 LSP 重传定时器，并等待 RouterB 发来用作收到确认的 PSNP 报文。

④ 如果在 LSP 重传定时器超时后，RouterA 还没有收到 RouterB 发送的 PSNP 报文作为应答，则重新发送原来已发送的 LSP（参见图 7-24 中的 3 号 LSP 报文），直至收到来自 RouterA 的响应 PSNP 报文（参见图 7-24 中的 4 号 PSNP 报文）。

【说明】从以上过程可以看出，在 P2P 链路上的 PSNP 报文有两种作用：一是用来向对方请求所需的 LSP；二是作为 Ack 应答以确认收到的 LSP。

7.3.6 IS-IS 路由计算原理

在 IS-IS 中，L1、L2 和 L1/2 路由器都采用 SPF 算法进行路由计算，具体介绍如下。

1. L1 路由器的路由计算原理

L1 路由器只维护 L1 LSDB，计算 L1 路由。L1 路由器的路由计算拓扑示例如图 7-25 所示，下面以图 7-25 中的 AR1 路由器的 L1 路由为例介绍 IS-IS L1 路由计算原理。

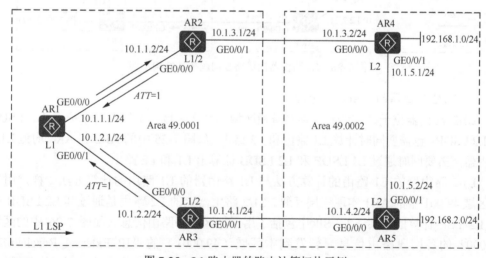

图 7-25 L1 路由器的路由计算拓扑示例

① AR1 作为 L1 路由器，只维护本区域 49.0001 中的 L1 LSDB。该 LSDB 包含了属于同区域中的 AR2、AR3 及 AR1 自己产生的 L1 LSP。在 L1 LSP 中包含了"IP Internal Reachability Information"（IP 内部可达信息）TLV，其中包括本地设备中在同一 IS-IS 进程下各接口 IP 地址所在的网段信息。

② AR1 根据自己 LSDB 中的 L1 LSP，通过 SPF 算法计算出区域 49.0001 内的拓扑结构，以及到达区域内的各网段路由信息。

③ AR2 和 AR3 作为区域 49.0001 的 L1/2 路由器，会在它们向该区域下发的 L1 LSP 中设置 ATT 标志位，用于向本区域内的 L1 路由器宣布可以通过自己到达其他区域。

④ AR1 收到 AR2 和 AR3 发送的带 ATT 标志位的 L1 LSP 后，计算出指向 AR2 或 AR3 的默认路由。

L1 路由的计算方式可能存在次优路径的问题。L1 路由器次优路径问题拓扑结构示例如图 7-26 所示，假设各链路的开销均为 10。因为 L1 路由器到达其他区域的 L1 路由计算中只考虑到本区域的 L1/2 路由器的开销，而 AR1 到达 AR2 和 AR3 的开销相等。这时 AR1 到达骨干区域 49.0002 AR5 上所连接的 192.168.2.0/24 网段就有两条等价路径（即图 7-26 中的路径 1 和路径 2）。但实际上，这两条路径的总路由开销是不一样的，最终可能使 AR1 发往 192.168.2.0/24 网段的数据包选择了经过 AR2、AR4 到达的这条次优路径。

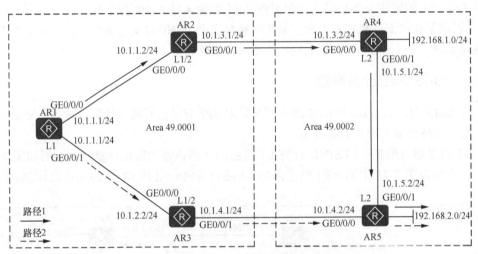

图 7-26 L1 路由器次优路径问题拓扑结构示例

2. L1/2 路由器的路由计算原理

L1/2 路由器位于区域边界，连接普通区域和骨干区域，所以同时维护了 L1 LSDB 和 L2 LSDB，也需要同时计算 L1 路由和 L2 路由。如图 7-25 中的 AR2 和 AR3 均为 L1/2 路由器，需要同时通过 L1 LSDB 和 L2 LSDB 计算出 L1 和 L2 路由。

L1/2 路由器的 L1 路由的计算方法与 L1 路由器的 L1 路由的计算方法一样，用于与区域 49.001 中的 AR1 实现三层互通。L1/2 路由器上的 L2 路由是通过其 L2 LSDB 中的 L2 LSP 计算的，其 L2 LSP 中包括了用于把区域外路由信息（如图 7-26 中的区域 49.0002 的各网段路由信息）转发到本区域（49.0001）的 "IP External Reachability Information"（IP 外部可达信息）TLV，同时又把本区域中的路由信息转发到其他区域（包括骨干区域和其他普通区域）的 "IP Internal Reachability Information" TLV，或同时包括用于转发外部引入路由信息的 "Inter-Domain Routing Protocol Information"（域间路由协议信息）TLV。

3. L2 路由器的路由原理

L2 路由器只维护 L2 LSDB，如图 7-25 中的 AR4 和 AR5 是 L2 路由器。L2 LSDB 中仅包含 L2 LSP，L2 LSP 仅在 L2 路由器之间，以及 L2 路由器与 L1/2 路由器之间传递。

L2 路由器根据 L2 LSDB 中的 L2 LSP 包含的 "IP Internal Reachability Information" TLV、"IP External Reachability Information" TLV，或同时包括用于转发外部引入路由信息的 "Inter-Domain Routing Protocol Information" TLV 来计算骨干区域的 L2 路由，到达其他普通区域的 L2 路由，以及转发外部引入的路由信息。

7.4　IS-IS 的基本功能配置

7.4.1　配置 IS-IS 基本功能

IS-IS 基本功能包括以下几项配置任务。在配置 IS-IS 基本功能之前，还需要配置接口 IP 地址，使相邻节点的网络层可达。

① 创建 IS-IS 进程。IS-IS 支持多进程，在同一个 VPN 实例下或者同在公网下可以创建多个 IS-IS 进程，每个进程之间互不影响，彼此独立。不同进程之间的路由信息交互相当于不同路由协议之间的路由交互，缺省是隔离的。**但 IS-IS 进程也只针对本地路由器，链路由两端的 IS-IS 进程号可以一样，也可以不一样。**

② 配置网络实体名称。网络实体名称 NET 是 NSAP 的特殊形式，由以下 3 个部分组成。

- 区域 ID（Area ID），区域 ID 的长度可以是变化的（1～13 个字节）。
- 系统 ID（System ID），长度为固定值 6 个字节，用于识别不同的 IS-IS 路由器。
- SEL：最后一个字节，固定为 00，是其中的系统 ID。

③ 配置全局 Level 级别。我们建议在设计 IS-IS 网络之初就全局规划好各路由器的 Level 级别，即 IS-IS 路由器类型。IS-IS 路由器的 Level 级别和接口的 Level 级别共同决定了建立邻接关系的 Level 级别。如果只有一个区域，则建议用户将所有路由器的 Level 全部设置为 L1 或者全部设为 L2，因为没有必要让所有路由器同时维护两个完全相同的 LSDB。在 IP 网络中使用时，我们建议将所有的路由器都设置为 L2，这样有利于以后的扩展。

④ 建立 IS-IS 邻居。由于 IS-IS 在广播网中和 P2P 网络中建立邻居的方式不同，所以针对不同类型的接口，可以配置不同的 IS-IS 属性。

- 在广播网中，IS-IS 需要选择 DIS，因此，通过配置 IS-IS 接口的 DIS 优先级，可以使拥有接口优先级最高的设备优选为 DIS。
- 在 P2P 网络中，IS-IS 不需要选择 DIS，因此，不需要配置接口的 DIS 优先级。

IS-IS 基本功能的配置步骤见表 7-2。

表 7-2　IS-IS 基本功能的配置步骤

步骤	命令	说明
1	**system-view**	进入系统视图
2	**isis** [*process-id*] [**vpn-instance** *vpn-instance-name*] 例如，[Huawei] **isis** 10	创建 IS-IS 进程，使能 IS-IS 协议，并进入 IS-IS 视图。 - *process-id*：可选参数，指定要创建的 IS-IS 进程号，取值范围为 1～65535 的整数。如果不指定本参数，则直接创建并启动 IS-IS 1 进程

续表

步骤	命令	说明
2	isis [process-id] [vpn-instance vpn-instance-name] 例如，[Huawei] isis 10	• **vpn-instance** *vpn-instance-name*：可选参数，指定 IS-IS 所属的 VPN 实例的名称，1~31 个字符，区分大小写，不支持空格。如果不指定本参数，则创建的 IS-IS 进程属于公网。 缺省情况下，未创建 IS-IS 进程，也没有使能 IS-IS 协议，可用 **undo isis** *process-id* 命令删除指定的 IS-IS 进程，去使能该进程下的 IS-IS 协议。 【说明】一个 IS-IS 进程只能绑定到一个 VPN 实例上，一个 VPN 实例可以绑定多个 IS-IS 进程。在删除 VPN 实例时，与该 VPN 实例绑定的 IS-IS 进程也将被删除
3	description description 例如，[Huawei-isis-10] description this process configure the area-authentication-mode	（可选）配置 IS-IS 进程的描述信息，可以方便地识别特殊进程，便于维护。参数 *description* 用来指定 IS-IS 进程的描述信息，取值范围为 1~80 个字符，区分大小写，支持空格。 【说明】使用本命令配置的 IS-IS 进程描述信息，不会在 LSP 中发布，但使用 **is-name** *symbolic-name* 命令配置的 IS-IS 进程描述信息，会在 LSP 中发布。 缺省情况下，不配置 IS-IS 进程的描述信息，可用 **undo description** 命令删除对应 IS-IS 进程下的描述信息
4	network-entity net 例如，[Huawei-isis-1] network-entity 10.0001. 1010.1020.1030.00	指定本地路由器在对应进程下的网络实体名称，格式为 X...X.XXXX.XXXX.XXXX.00（都是十六进制数），前面的 "X...X"（1~13 个字节）是区域地址，中间的 12 个 "X"（共代表 6 个字节）是路由器的 System ID，最后的 "00"（1 个字节）是 SEL。 【说明】在一个 IS-IS 路由器上配置多个 NET 时，必须保证它们的 System ID 部分都相同。只有在完成 IS-IS 进程的 NET 配置后，IS-IS 协议才能真正启动。 IS-IS 在建立 L2 邻居时，不检查区域地址是否相同，而在建立 L1 邻居时，区域地址必须相同，否则无法建立邻居
5	is-level { level-1	level-1-2	level-2 } 例如，[Huawei-isis-1] is-level level-1	配置设备的全局 Level 级别。 缺省情况下，IS-IS 设备级别为 L1/2，即同时参与 L1 和 L2 的路由计算，维护 L1 和 L2 两个 LSDB，可用 **undo is-level** 命令来恢复缺省配置。 【说明】在网络运行过程中，改变 IS-IS 设备的级别可能会导致 IS-IS 进程重启，并可能会造成 IS-IS 邻居断连，建议用户在配置 IS-IS 的同时完成设备级别的配置
6	quit	退出 IS-IS 进程视图，返回系统视图
7	interface interface-type interfac-e-number 例如，[Huawei]interface gigabitethernet 1/0/0	键入要建立 IS-IS 邻居的 IS-IS 接口，进入接口视图
8	isis enable [process-id] 例如，[Huawei-GigabitEthernet1/0/0]isis enable 1	在接口上使能 IS-IS 进程，可选参数 *process-id* 用来指定要使能的 IS-IS 进程号，取值范围为 1~65535 的整数，缺省值为 1。**一个接口只能使能一个 IS-IS 进程。** 配置该命令后，IS-IS 将通过该接口建立邻居、扩散 LSP 报文。 【注意】在全局使能 IS-IS 功能后，还必须在对应的 IS-IS 接口上使能 IS-IS 功能，否则接口仍然无法使用 IS-IS 协议。配置该命令后，IS-IS 将通过该接口建立邻居、扩散 LSP 报文。但

续表

步骤	命令	说明
8	**isis enable** [*process-id*] 例如，[Huawei- GigabitEthernet1/0/0]**isis** **enable** 1	由于 Loopback 接口不需要建立邻居，所以如果在 Loopback 接口下使能 IS-IS，只会将该接口所在的网段路由通过其他 IS-IS 接口发布出去。 缺省情况下，接口上未使能 IS-IS 功能，可用 **undo isis enable** 命令在接口上去使能 IS-IS 功能，并取消与 IS-IS 进程号的关联
9	**isis circuit-level** [**level-1** | **level-1-2** | **level-2**] 例如，[Huawei- GigabitEthernet1/0/0] **isis** **circuit-level level-1**	（可选）配置 IS-IS 路由器的接口链路类型 • **level-1**：多选一可选项，指定接口链路类型为 L1，即在本接口只能建立 L1 的邻接关系，仅可发送 L1 级别报文。 • **level-1-2**：多选一可选项，指定接口链路类型为 L1/2，即在本接口可以同时建立 L1 和 L2 邻接关系，会同时发送 L1 和 L2 级别的报文。 • **level-2**：多选一可选项，指定接口链路类型为 L2，即在本接口只能建立 L2 邻接关系，仅会发送 L2 级别的报文。 【注意】仅需要在 **L1/2** 路由器的不同接口配置对应的 **Level** 级别，L1、L2 级别的 IS-IS 路由器各接口直接继承 **is-level** 命令的全局级别配置。 在网络运行过程中，改变 IS-IS 接口的级别可能会导致网络振荡。建议用户在配置 IS-IS 时，即时完成路由器接口级别的配置。 缺省情况下，级别为 L1/2 的 IS-IS 路由器的接口链路类型为 L1/2，可以同时建立 L1 和 L2 的邻接关系，可用 **undo isis circuit-level** 命令恢复 L1/2 路由器的接口链路类型为缺省配置
10	**isis dis-priority** *priority* [**level-1** | **level-2**] 例如，[Huawei- GigabitEthernet1/0/0] **isis** **dis-priority** 127 **level-2**	（可选）设置接口（仅在 **Broadcast** 和 **NBMA** 网络的接口上可以配置）在进行 DIS 选举时的优先级 • *priority*：设置接口在进行 DIS 选举时的优先级，取值范围为 0~12 的整数，其值越大，优先级越高。 • **level-1**：二选一可选项，指定所设置的优先级为选举 L1 DIS 时的优先级。 • **level-2**：二选一可选项，指定所设置的优先级为选举 L2 DIS 时的优先级。 如果同时不选择 Level-1 和 Level-2 可选项，则所设置的优先级同时适用于 L1 和 L2 DIS 选举。 【说明】DIS 的优先级以 Hello PDU 的形式发布。拥有最高优先级的路由器可作为 DIS，在优先级相等的情况下，拥有最高 MAC 地址的路由器被选作 DIS。 如果通过 isis circuit-type 命令将广播接口模拟为 P2P 接口，则本命令在该接口失效；如果通过 **undo isis circuit-type** 命令将该接口恢复为广播接口，则 DIS 优先级也恢复为缺省优先级。 缺省情况下，广播网中 IS-IS 接口在 L1 和 L2 级别的 DIS 优先级均为 64，可用 **undo isis dis-priority** [*priority*] [**level-1** | **level-2**]命令恢复缺省优先级
11	**isis silent** [**advertise-zero-** **cost**] 例如，[Huawei- GigabitEthernet1/0/0]**isis** **silent**	（可选）配置 IS-IS 接口为抑制状态，即抑制该接口接收和发送 IS-IS 报文，但此接口的直连网段信息仍可以通过 IS-IS LSP 被发布出去。如果选择 **advertise-zero-cost** 为可选项，则指定在发布直连路由时其开销值为 0，缺省情况下，IS-IS 路由的链路开销值为 10。 缺省情况下，不配置 IS-IS 接口为抑制状态，可用 **undo isis silent** 命令恢复为缺省状态

续表

步骤	命令	说明
12	**isis circuit-type p2p** [**strict-snpa-check**] 例如，[Huawei-GigabitEthernet1/0/0] **isis circuit-type p2p**	（可选）将 IS-IS 广播网接口的网络类型模拟为 P2P 类型。选择 **strict-snpa-check** 可选项时，指定 IS-IS 对 LSP 和 SNP 报文的 SNPA 进行检查，只有报文中的 SNPA 地址存在于本地的邻居地址列表中才被接收，否则丢弃，从而保证网络的安全。 【说明】在使能 IS-IS 的接口上，当接口类型发生改变时，相关配置发生改变，具体如下。 • 使用本命令将广播网接口模拟成 P2P 接口时，接口发送 Hello PDU 的间隔时间、宣告邻居失效前 IS-IS 没有收到的邻居 Hello PDU 数目、点到点链路上 LSP 报文的重传间隔时间，以及 IS-IS 各种验证均恢复为缺省配置，而 DIS 优先级、DIS 名称、广播网络上发送 CSNP 报文的间隔时间等配置均失效。 • 使用 **undo isis circuit-type** 命令恢复接口的网络类型时，接口发送 Hello PDU 的间隔时间、宣告邻居失效前 IS-IS 没有收到的邻居 Hello PDU 数目、点到点链路上 LSP 报文的重传间隔时间、IS-IS 各种验证、DIS 优先级和广播网络上发送 CSNP 报文的间隔时间均恢复为缺省配置。 缺省情况下，接口网络类型根据物理接口决定，可用 **undo isis circuit-type** 命令恢复 IS-IS 接口的缺省网络类型
13	**isis peer-ip-ignore** 例如，[Huawei-GigabitEthernet1/0/0] **isis peer-ip-ignore**	（可选）配置对接收的 Hello PDU 不做 IP 地址检查。 缺省情况下，IS-IS 检查对端 Hello PDU 的 IP 地址，可用 **undo isis peer-ip-ignore** 命令恢复为缺省状态

配置好 IS-IS 基本功能后，可以通过以下 **display** 视图命令查看相关信息，验证配置结果，也可以使用以下 **reset** 用户视图命令复位 IS-IS 数据结构或者邻接关系。

① **display isis peer** [**verbose**] [*process-id* | **vpn-instance** *vpn-instance-name*]：查看指定或所有 IS-IS 进程中的邻居信息。

② **display isis interface** [**verbose**] [*process-id* | **vpn-instance** *vpn-instance-name*]：查看指定或所有 IS-IS 进程中的接口信息。

③ **display isis route** [*process-id* | **vpn-instance** *vpn-instance-name*] [**ipv4**] [**verbose** | [**level-1** | **level-2**] | *ip-address* [*mask* | *mask-length*]] *：查看指定或所有 IS-IS 进程中的 IS-IS 的路由信息。

④ **display isis** *process-id* **lsdb** [[**level-1** | **level-2**] | **verbose** | [**local** | *lsp-id* | **is-name** *symbolic-name*]] *：查看指定进程下符合条件的 IS-IS 的链路状态数据库信息。

⑤ **display isis name-table**：查看本地和远端 IS-IS 设备主机名到系统 ID 的映射关系表。

⑥ **reset isis all** [[*process-id* | **vpn-instance** *vpn-instance-name*] | **graceful-restart**] *：复位指定或所有 IS-IS 进程的数据结构。

⑦ **reset isis peer** *system-id* [*process-id* | **vpn-instance** *vpn-instance-name*]：复位指定或所有 IS-IS 进程的特定邻居。当 **IS-IS 路由策略或协议发生变化后，需要通过复位 IS-IS 特定邻居使新的配置生效。**

7.4.2　IS-IS 基本功能配置示例

IS-IS 基本功能配置示例的拓扑结构如图 7-27 所示。现网中有 4 台路由器，用户希望利用这 4 台路由器通过 IS-IS 协议实现网络互联，并且因为 RouterA 和 RouterB 性能相对较低，所以还要使这两台路由器处理的数据信息相对较少。

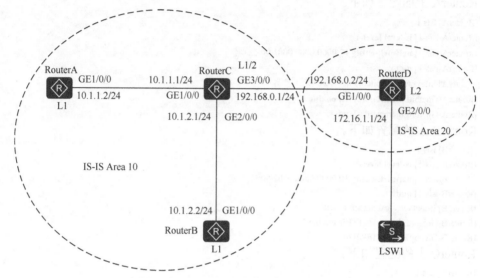

图 7-27　IS-IS 基本功能配置示例的拓扑结构

1. 基本配置思路分析

本示例中要求 RouterA 和 RouterB 仅需要处理较少的数据，需要把它们配置成普通区域中的 L1 路由器，同时与 RouterA、RouterB 相连的 RouterC 为 L1/2 路由器，相当于 OSPF 中的区域边界路由器，RouterD 在骨干区域中为 L2 路由器。

根据以上分析可以得出本示例以下的基本配置思路。

① 配置各路由器接口的 IP 地址。

② 配置各路由器的 IS-IS 基本功能。

2. 具体配置步骤

① 配置各路由器接口的 IP 地址。在此仅以 RouterA 为例介绍，RouterB、RouterC 和 RouterD 的配置方法一样，具体配置如下。

```
[RouterA] interface gigabitethernet 1/0/0
[RouterA-GigabitEthernet1/0/0] ip address 10.1.1.2 24
[RouterA-GigabitEthernet1/0/0] quit
```

② 配置各路由器的 IS-IS 基本功能。IS-IS 基本功能配置包括启动 IS-IS 进程（进程号只对本地设备有意义），配置全局路由器级别、网络实体名称，并要在各 IS-IS 接口上使能 IS-IS 功能。为了方便区分和记忆，把这 4 台路由器的 System ID（必须是 12 位十六进制数）分别配置为 0000.0000.0001、0000.0000.0002、0000.0000.0003、0000.0000.0004。

【注意】RouterA、RouterB 为 L1 路由器，因此，需要全局配置 Level-1 级别（缺省为 L1/2 级别），但不需要在各接口上再配置 Level 级别，直接继承全局的 Level-1 配置。

RouterD 为 L2 路由器，因此，需要全局配置 Level-2 级别，但不需要在各接口上再配置 Level 级别，直接继承全局的 Level-2 配置。

RouterC 为 L1/2 路由器，与缺省的 Level 级别一样，因此，不需要全局配置 Level 级别，但建议在各接口上建议根据所连接的路由器类型，选择配置 Level-1 或 Level-2，以避免接口发送一些不必要的 IS-IS 报文。

RouterA 上的配置如下。

```
[RouterA] isis 1
[RouterA-isis-1] is-level level-1
[RouterA-isis-1] network-entity 10.0000.0000.0001.00
[RouterA-isis-1] quit
[RouterA] interface gigabitethernet 1/0/0
[RouterA-GigabitEthernet1/0/0] isis enable 1
[RouterA-GigabitEthernet1/0/0] quit
```

RouterB 上的配置如下。

```
[RouterB] isis 1
[RouterB-isis-1] is-level level-1
[RouterB-isis-1] network-entity 10.0000.0000.0002.00
[RouterB-isis-1] quit
[RouterB] interface gigabitethernet 1/0/0
[RouterB-GigabitEthernet1/0/0] isis enable 1
[RouterB-GigabitEthernet1/0/0] quit
```

RouterC 上的配置如下。

```
[RouterC] isis 1
[RouterC-isis-1] network-entity 10.0000.0000.0003.00
[RouterC-isis-1] quit
[RouterC] interface gigabitethernet 1/0/0
[RouterC-GigabitEthernet1/0/0] isis enable 1
[RouterC-GigabitEthernet1/0/0] isis circuit-level level-1
[RouterC-GigabitEthernet1/0/0] quit
[RouterC] interface gigabitethernet 2/0/0
[RouterC-GigabitEthernet2/0/0] isis enable 1
[RouterC-GigabitEthernet2/0/0] isis circuit-level level-1
[RouterC-GigabitEthernet2/0/0] quit
[RouterC] interface gigabitethernet 3/0/0
[RouterC-GigabitEthernet3/0/0] isis enable 1
[RouterC-GigabitEthernet3/0/0] isis circuit-level level-2
[RouterC-GigabitEthernet3/0/0] quit
```

RouterD 上的配置如下。

```
[RouterD] isis 1
[RouterD-isis-1] is-level level-2
[RouterD-isis-1] network-entity 20.0000.0000.0004.00
[RouterD-isis-1] quit
[RouterD] interface gigabitethernet 1/0/0
[RouterD-GigabitEthernet1/0/0] isis enable 1
[RouterD-GigabitEthernet1/0/0] quit
[RouterD] interface gigabitethernet 2/0/0
[RouterD-GigabitEthernet2/0/0] isis enable 1
[RouterD-GigabitEthernet2/0/0] quit
```

【说明】因为本示例中各以太网链路两端均只有一个以太网端口，类似于 P2P 连接，所以为了减少不必要的 DIS 选举，可以把这些以太网接口都通过 isis circuit-type p2p 命令配置为 P2P 接口。

3. 配置结果验证

完成以上配置后，可以进行以下配置验证结果。

① 在各路由器上执行 **display isis peer** 命令，查看各路由器的 IS-IS 邻居列表，确认是否已与邻居路由器成功建立了邻接关系。在 RouterC 上执行 **display isis peer** 命令的输出如图 7-28 所示，在 RouterC 上执行该命令的输出，从中可以看出，其已分别与 RouterA、RouterB 和 RouterD 成功建立了邻接关系。

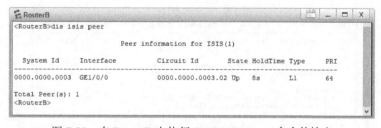

图 7-28　在 RouterC 上执行 **display isis peer** 命令的输出

【注意】在广播网络的 IS-IS 邻居列表中，"Circuit ID"（电路 ID）字段对应的值是 DIS 的接口 ID，其中前 3 个字节为 DIS 的系统 ID，最后一个字节是 DIS 接口的 ID 号。

图 7-28 中第一个表项中显示的邻居是 RouterA，因为在 RouterA 与 RouterC 连接的广播网络中，RouterA 被选举为 DIS（本示例中没有配置 DIS 优先级，所以是通过 MAC 地址进行 DIS 选举的），在该表项中的 Circuit ID 字段为 RouterA 上的 GE1/0/0 接口的接口 ID，而不是 RouterC 的 GE1/0/0 接口的接口 ID。但是在 RouterC 和 RouterD、RouterB 和 RouterD 连接的广播网络中，均最终是以 RouterC 作为 DIS，因此，这两个表项的 Circuit ID 字段值分别为 RouterC 连接这两个邻居的 GE2/0/0 和 GE3/0/0 接口的接口 ID，可在 RouterB 和 RouterC 上分别执行 **display isis peer** 命令进行验证。在 RouterB 上执行 **display isis peer** 命令的输出如图 7-29 所示，其只有 RouterC 这一个邻居，表项中的 Circuit ID 字段值也是 RouterC 的 GE2/0/0 接口的接口 ID，与图 7-28 中第二个表项中的 Circuit ID 字段值一样。

```
RouterB
<RouterB>dis isis peer

                    Peer information for ISIS(1)

  System Id     Interface        Circuit Id          State HoldTime Type    PRI
  ---------------------------------------------------------------------------
  0000.0000.0003 GE1/0/0         0000.0000.0003.02 Up    8s        L1      64

  Total Peer(s): 1
<RouterB>
```

图 7-29　在 RouterB 上执行 **display isis peer** 命令的输出

② 在各路由器上执行 **display isis lsdb** 命令查看 LSDB，从各路由器的输出信息中可以看到，同处于区域 10 的 RouterA、RouterB 和 RouterC 的 L1 LSDB 是完全一样的，实现了同步。带*的表项为本地设备产生的 LSP 表项，第 7 个字节为 "01" 是伪节点产生的 LSP 表项。在 RouterA 上执行 **display isis lsdb** 命令的输出如图 7-30 所示。在 RouterB 上执行 **display isis lsdb** 命令的输出如图 7-31 所示。

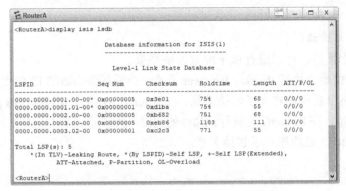

图 7-30　在 RouterA 上执行 **display isis lsdb** 命令的输出

```
RouterB
<RouterB>display isis lsdb

                  Database information for ISIS(1)
                  ----------------------------------

                  Level-1 Link State Database

LSPID                  Seq Num      Checksum    Holdtime    Length  ATT/P/OL
--------------------------------------------------------------------------------
0000.0000.0001.00-00   0x00000005   0x3e01      679         68      0/0/0
0000.0000.0001.01-00   0x00000001   0xd1ba      679         55      0/0/0
0000.0000.0002.00-00*  0x00000005   0xb682      680         68      0/0/0
0000.0000.0003.00-00   0x00000005   0xeb86      1110        111     1/0/0
0000.0000.0003.02-00   0x00000001   0xc2c3      698         55      0/0/0

Total LSP(s): 5
    *(In TLV)-Leaking Route, *(By LSPID)-Self LSP, +-Self LSP(Extended),
            ATT-Attached, P-Partition, OL-Overload

<RouterB>
```

图 7-31　在 RouterB 上执行 **display isis lsdb** 命令的输出

同位于 L2 区域的 RouterC 和 RouterD 的 L2 LSDB 也是完全一样的，也实现了同步。在 RouterC 上执行 **display isis lsdb** 命令的输出如图 7-32 所示。在 RouterD 上执行 **display isis lsdb** 命令的输出如图 7-33 所示。

```
RouterC
<RouterC>display isis lsdb

                  Database information for ISIS(1)
                  ----------------------------------

                  Level-1 Link State Database

LSPID                  Seq Num      Checksum    Holdtime    Length  ATT/P/OL
--------------------------------------------------------------------------------
0000.0000.0001.00-00   0x00000005   0x3e01      618         68      0/0/0
0000.0000.0001.01-00   0x00000001   0xd1ba      618         55      0/0/0
0000.0000.0002.00-00   0x00000005   0xb682      617         68      0/0/0
0000.0000.0003.00-00*  0x00000005   0xeb86      1050        111     1/0/0
0000.0000.0003.02-00*  0x00000001   0xc2c3      637         55      0/0/0

Total LSP(s): 5
    *(In TLV)-Leaking Route, *(By LSPID)-Self LSP, +-Self LSP(Extended),
            ATT-Attached, P-Partition, OL-Overload


                  Level-2 Link State Database

LSPID                  Seq Num      Checksum    Holdtime    Length  ATT/P/OL
--------------------------------------------------------------------------------
0000.0000.0003.00-00*  0x00000004   0x21f1      1050        100     0/0/0
0000.0000.0003.03-00*  0x00000001   0xf38f      1037        55      0/0/0
0000.0000.0004.00-00   0x00000003   0x303d      1049        68      0/0/0

Total LSP(s): 3
    *(In TLV)-Leaking Route, *(By LSPID)-Self LSP, +-Self LSP(Extended),
            ATT-Attached, P-Partition, OL-Overload

<RouterC>
```

图 7-32　在 RouterC 上执行 **display isis lsdb** 命令的输出

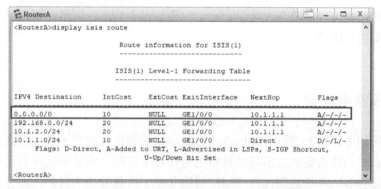

图 7-33 在 RouterD 上执行 **display isis lsdb** 命令的输出

③ 在各路由器上执行 **display isis route** 命令，查看各路由器的 IS-IS 路由信息，会发现 L1 区域中的路由器中只有本区域的明细路由，而没有其他区域的明细路由，但却有一条以本区域 L1/2 路由器为下一跳的缺省路由。

在 RouterA 上执行 **display isis route** 命令的输出如图 7-34 所示，在 RouterA 上执行该命令的输出，从中可以看出，其有本区域内的所有网段的明细路由，没有 L2 区域中的 172.16.1.0/24 网段路由，但却有一条到达其他区域的缺省路由，下一跳为区域 10 中L1/2 路由器 RouterC 的 GE1/0/0 接口 IP 地址 10.1.1.1。Flags 字段为路由信息标记，不同路由的标记具体说明如下。

- D 表示直连路由。
- A 表示此路由被加入单播路由表中。
- L 表示此路由通过 LSP 发布出去。

```
RouterA                                                    _ □ X
<RouterA>display isis route

                   Route information for ISIS(1)
                   -----------------------------

                   ISIS(1) Level-1 Forwarding Table
                   -------------------------------

IPV4 Destination   IntCost   ExtCost ExitInterface   NextHop      Flags
-------------------------------------------------------------------------
0.0.0.0/0          10        NULL    GE1/0/0         10.1.1.1     A/-/-/-
192.168.0.0/24     20        NULL    GE1/0/0         10.1.1.1     A/-/-/-
10.1.2.0/24        20        NULL    GE1/0/0         10.1.1.1     A/-/-/-
10.1.1.0/24        10        NULL    GE1/0/0         Direct       D/-/L/-
       Flags: D-Direct, A-Added to URT, L-Advertised in LSPs, S-IGP Shortcut,
              U-Up/Down Bit Set

<RouterA>
```

图 7-34 在 RouterA 上执行 **display isis route** 命令的输出

L2 区域包括所有 L1/2 路由器和 L2 路由器。在 L1/2 路由器上执行 **display isis route** 命令，会同时显示 L1 和 L2 路由表，在 L2 路由器上执行 **display isis route** 命令，仅会显示L2 路由表，L2 路由表中包含了整个 IS-IS 网络中的所有 IS-IS 路由。

在 RouterC 上执行 **display isis route** 命令的输出如图 7-35 所示，从中可以看出，其包括所在区域 10 中各网段路由的 L1 路由表和其他区域中路由信息的 L2 路由表，例如，区域 20 中的 172.16.1.0/24 网段路由。在 RouterD 上执行 **display isis route** 命令的输出如图 7-36 所示，其仅有 L2 路由，且与 RouterC 上的 L2 路由表中的路由表项完全一样。

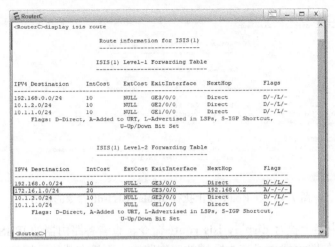

图 7-35　在 RouterC 上执行 **display isis route** 命令的输出

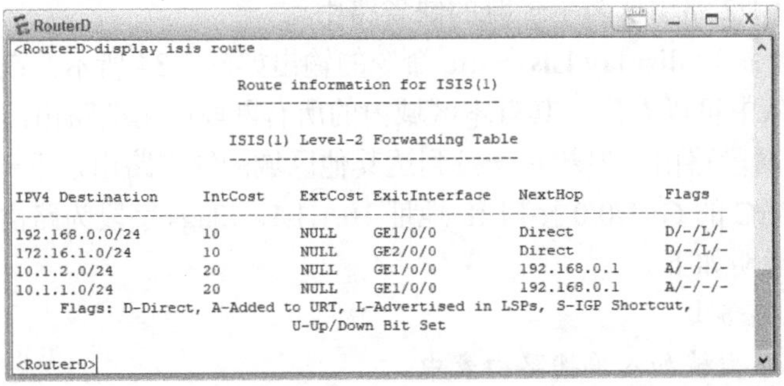

图 7-36　在 RouterD 上执行 **display isis route** 命令的输出

此时各网段均可以检测到已经运行通了，通过以上验证，可以证明本示例的配置是正确的，说明实验成功。

7.5　IS-IS 路由控制

在实际应用中，IS-IS 根据 SPF 算法计算出来的路由有时并不能满足用户的需求，例如，路由表中的路由条目过多将导致路由查找效率降低，网络中链路利用率不均衡，选择了次优路径等。为了达到优化 IS-IS 网络和便于流量管理的目的，往往需要更精确地控制网络的 IS-IS 路由。这些控制措施包括以下内容。

- 调整 IS-IS 协议的优先级。
- 调整 IS-IS 接口的开销。
- 配置 IS-IS 等价路由。
- 配置 IS-IS 路由渗透。
- IS-IS 缺省路由控制。
- 配置 IS-IS 引入外部路由。
- 通过策略过滤 IS-IS 路由。

7.5.1　调整 IS-IS 协议的优先级

一台路由器可能会同时运行多个路由协议，这时可能会发现到达同一目的地存在多条不同协议的路由，其中协议优先级高的路由将被优选。通过配置 IS-IS 协议的优先级，**可以提高所有 IS-IS 路由的优先级**，优选 IS-IS 的路由。如果结合路由策略的使用，还可以灵活地**仅将期望的部分 IS-IS 路由的优先级提高**，而不影响其他的路由选择。

在 IS-IS 进程视图下通过 **preference** { *preference* | **route-policy** *route-policy-name* }*命令调整 IS-IS 协议的优先级，分为以下 3 种情况。

① **preference** *preference*：为所有 IS-IS 协议的路由设定优先级。

② **preference** *preference* **route-policy** *route-policy-name*：为通过路由策略匹配的 IS-IS 路由和没有通过路由策略匹配的路由设定不同的优先级。

③ **preference route-policy** *route-policy-name preference*：为通过路由策略匹配的 IS-IS 路由设定优先级，不影响其他 IS-IS 路由的优先级。

以上 3 种格式命令中的参数说明如下。

- *preference*：可多选参数，指定 IS-IS 协议的优先级，取值范围为 1～255 的整数，其值越小，优先级越高。

- **route-policy** *route-policy-name*：可多选参数，指定用于过滤应用 IS-IS 优先级设置的路由策略名称，1～40 个字符，区分大小写，不支持空格。如果不指定本参数，则本命令的设置将应用于所有 IS-IS 路由。

如果在路由策略中配置 **apply preference** *preference* 子句，则通过路由策略匹配的 IS-IS 路由，应用该子句设定的优先级；没有通过路由策略匹配的 IS-IS 路由，其优先级由本命令中的 *preference* 参数设定。

缺省情况下，IS-IS 协议的优先级为 15，可用 **undo preference** 命令恢复所有 IS-IS 路由为缺省优先级。

7.5.2　调整 IS-IS 接口的开销

IS-IS 接口的开销有 3 种配置方式，按照优先级由高到低的具体说明如下。

① 接口开销：为单个接口设置开销，优先级最高。

② 全局开销：为所有接口设置开销，优先级中等。

③ 自动计算开销：根据接口带宽自动计算开销，优先级最低。

用户可以根据需要选择其中一种或多种接口开销配置方式。在配置接口的开销前，可以根据实际需要配置 IS-IS 的开销类型。如果没有为 IS-IS 接口配置任何开销值，**IS-IS 接口的默认开销值均为 10**，开销类型是 **narrow**。在实际应用中，为了方便 IS-IS 实现其扩展功能，通常将 IS-IS 的路由开销类型设置为 **wide** 模式。

1. 调整 IS-IS 接口的开销类型

在 IS-IS 进程下，执行 **cost-style** { **narrow** | **wide** | **wide-compatible** | { { **narrow-compatible** | **compatible** } [**relax-spf-limit**] } }命令调整接口的开销类型。

① **narrow**：多选一选项，指定 IS-IS 设备所有接口只能接收和发送的开销类型为 narrow 的路由。narrow 模式下路由的开销值取值范围为 1～63 的整数。

② **wide**：多选一选项，指定 IS-IS 设备所有接口只能接收和发送的开销类型为 wide 的路由。wide 模式下路由的开销值取值范围为 1～16777215 的整数。

③ **wide-compatible**：多选一选项，指定 IS-IS 设备所有接口可以接收的开销类型为 narrow 和 wide 的路由，但却只发送开销类型为 wide 的路由。

④ **narrow-compatible**：二选一选项，指定 IS-IS 设备所有接口可以接收的开销类型为 narrow 和 wide 的路由，但却只发送开销类型为 narrow 的路由。

⑤ **compatible**：二选一选项，指定 IS-IS 设备所有接口可以接收和发送的开销类型为 narrow 和 wide 的路由。

⑥ **relax-spf-limit**：可选项，指定 IS-IS 设备的所有接口可以接收的开销值大于 1023 的路由，对接口的链路开销值和路由开销值均没有限制，按照实际的路由开销值正常接收该路由。如果不选择此可选项，则会根据具体情况进行以下处理。

- 如果路由开销值小于或等于 1023，且该路由经过的所有接口的链路开销值都小于等于 63，则这条路由的开销值按照实际值接收，即**路由的开销值为该路由所经过的所有接口的链路开销值总和**。

- 如果路由开销值小于或等于 1023，但该路由经过的所有接口中有的接口链路开销值大于 63，则**设备只能学习到该接口（开销值大于 63 的接口）所在设备的其他接口的直连路由和该接口所引入的路由**，路由的开销值按照实际值接收，但路由路径中此后要经过的接口将丢弃该路由，此接口之后的路由也将被丢弃。

- 如果路由开销值大于 1023，则按照 1023 接收，可以接收链路开销值小于 1023 的接口所在网段的所有路由，但不接收链路开销值大于 1023 的接口所在网段的所有路由。

缺省情况下，IS-IS 设备各接口接收和发送路由的开销类型为 **narrow**，可用 **undo cost-style** 命令恢复 IS-IS 设备各接口接收和发送路由的开销类型为缺省类型。

2. 配置接口开销

根据前面的介绍，IS-IS 接口的开销有 3 种配置方式，IS-IS 接口开销的 3 种配置方法见表 7-3。一般只需选择一种配置方式，如果同时配置，则会按照前面介绍的优先级顺序来应用。

表 7-3 IS-IS 接口开销的 3 种配置方法

步骤	命令	说明
1	**system-view**	进入系统视图
2	**isis** [*process-id*] 例如，[Huawei] **isis**	启动对应的 IS-IS 进程，进入 IS-IS 视图
方式 1：全局开销配置（优先级中等）		
3	**circuit-cost** { *cost* | **maximum** } [**level-1** | **level-2**] 例如，[Huawei-isis-1] **circuit-cost 30**	设置 IS-IS 全局开销。 • *cost*：二选一参数，指定接口的链路开销值，当开销类型为 narrow、narrow-compatible 或 compatible 时，取值范围为 1～63 的整数；当开销类型为 wide 或 wide-compatible 时，取值范围为 1～16777214 的整数。 • **maximum**：二选一选项，指定接口的链路开销值为最大值——16777215，只有当 IS-IS 的开销类型为 wide 或 wide-compatible 模式时才可以选择该选项，此时该接口所在链路上生成的邻居 TLV 不能用于路由计算，仅用于传递 TE 相关信息

续表

步骤	命令	说明
3	**circuit-cost** { *cost* | **maximum** } [**level-1** | **level-2**] 例如，[Huawei-isis-1] **circuit-cost** 30	• **level-1**：二选一选项，指定开销值设置仅作用于 L1 链路，如果不指定配置链路开销的链路级别，则开销值设置同时作用于 L1 和 L2 级别的链路，具体要根据对应路由器的类型而定。 • **level-2**：二选一选项，指定开销值设置仅作用于 L2 链路，如果不指定配置链路开销的链路级别，则开销值设置同时作用于 L1 和 L2 级别的链路，具体要根据对应路由器的类型而定。 【注意】改变接口的链路开销值，会造成整个网络的路由重新计算，引起流量转发路径变化。 缺省情况下，没有配置所有 IS-IS 接口的链路开销值，可用 **undo circuit-cost** [*cost* | **maximum**] [**level-1** | **level-2**] 命令取消配置的所有 IS-IS 接口的链路开销值
方式 2：自动计算开销配置（优先级最低，仅适用于 wide 或 wide-compatible 开销类型的接口）		
3	**bandwidth-reference** *value* 例如，[Huawei-isis-1] **bandwidth-reference** 1000	配置计算带宽的参考值，取值范围为 1～2147483648 的整数，单位是 Mbit/s。 【说明】只有当开销类型为 **wide** 或 **wide-compatible** 时，使用本命令配置的带宽参考值才是有效的，此时各接口的开销值＝（bandwidth-reference/接口带宽值)×10；当开销类型为 **narrow**、**narrow-compatible** 或 **compatible** 时，各个接口的开销值根据**表 7-4** 来确定。 缺省情况下，带宽参考值为 100Mbit/s，可用 **undo bandwidth-reference** 命令恢复 IS-IS 接口开销，自动计算功能中所使用的带宽参考值，其缺省值为 100 Mbit/s
4	**auto-cost enable** 例如，[Huawei-isis-1] **auto-cost enable**	使能自动计算接口的开销值。当使能此功能后，对于某个 IS-IS 接口来说，如果既没有在接口视图下配置其开销值，也没有在 IS-IS 视图下配置全局开销值，则此接口的开销由系统自动计算，计算方法见上一步说明。 缺省情况下，未使能 IS-IS，根据带宽自动计算接口开销的功能，可用 **undo auto-cost enable** 命令去使能 IS-IS，根据带宽自动计算接口开销的功能
方式 3：接口开销配置（优先级最高）		
3	**quit**	退出 IS-IS 视图，返回系统视图
4	**interface** *interface-type interface-number* 例如，[Huawei]**interface** gigabitethernet 1/0/0	键入要配置开销的 IS-IS 接口，进入接口视图
5	**isis cost** { *cost* | **maximum** }[**level-1** | **level-2**] 例如，[Huawei-GigabitEthernet1/0/0] **isis cost** 5 **level-2**	为 IS-IS 接口设置具体的开销。命令中的参数和选项说明参见本表上面全局开销配置中的 **circuit-cost** 命令中的对应说明，只不过这里的参数和选项仅作用于对应的具体接口，而不是所有 IS-IS 接口。 【注意】只有当 IS-IS 的开销类型为 **wide** 或 **wide-compatible** 模式时，才可以选择 **maximum** 选项。要改变 Loopback 接口的开销，只能通过本命令设置，不能通过上面介绍的全局和自动计算方式配置。 缺省情况下，IS-IS 接口的链路开销值为 10，可用 **undo isis cost** [*cost* | **maximum**] [**level-1** | **level-2**]命令恢复指定类型链路 IS-IS 接口的开销值为缺省值

缺省情况下，IS-IS 接口开销值和接口带宽范围对应关系见表 7-4。

表 7-4　缺省情况下，IS-IS 接口开销和接口带宽范围对应关系

接口开销值	接口带宽范围
60	接口带宽≤10Mbit/s
50	10Mbit/s＜接口带宽≤100Mbit/s
40	100Mbit/s＜接口带宽≤155Mbit/s
30	155Mbit/s＜接口带宽≤622Mbit/s
20	622Mbit/s＜接口带宽≤2.5Gbit/s
10	2.5Gbit/s＜接口带宽

7.5.3　配置 IS-IS 等价路由

当 IS-IS 网络中有多条冗余链路时，可能会出现多条等价路由，此时有两种配置方式。

① 配置负载分担：等价路由优先级相等，流量被均匀地分配到每条等价路由链路上。该方式可以提高网络中链路的利用率，减少某些链路负担过重造成阻塞的情况。但是由于流量转发具有一定的随机性，所以该方式可能不利于业务流量的管理。

② 配置等价路由优先级：为等价路由中的每条路由明确配置优先级，使流量仅在优先级最高的路由路径上传输，优先级低的路由作为备用链路。该方式可以在不修改原有配置的基础上，指定某条路由被优选，便于业务的管理，同时可以提高网络的可靠性。

IS-IS 等价路由处理方式的配置步骤见表 7-5。

表 7-5　IS-IS 等价路由处理方式的配置步骤

步骤	命令	说明
1	**system-view**	进入系统视图
2	**isis** [*process-id*] 例如，[Huawei] **isis**	启动对应的 IS-IS 进程，进入 IS-IS 视图
	方式 1：配置负载分担方式	
3	**maximum load-balancing** *number* 例如，[Huawei-isis-1] **maximum load-balancing 2**	配置在负载分担方式下的等价路由的最大数量，取值范围会因为不同系列而有所不同，具体说明参见对应产品手册。 【说明】当组网中存在的等价路由数量大于本命令配置的等价路由数量时，将按照下面原则选取有效路由进行负载分担。 • 路由优先级：选取优先级高（优先级数值较小）的等价路由进行负载分担。 • 下一跳设备的 System ID：如果路由的优先级相同，则比较下一跳设备的 System ID，选取 System ID 小的路由进行负载分担。 • 本地设备出接口的索引：如果路由优先级和下一跳设备的 System ID 都相同，则比较下一跳出接口的接口索引，选取出接口索引较小的路由进行负载分担。 缺省情况下，不同系列支持最大等价路由的数量有所不同，参见对应产品手册，可用 **undo maximum load-balancing** [*number*] 命令删除所有或者指定负载分担方式下的等价路由数量配置，将其恢复为缺省配置

续表

步骤	命令	说明
		方式 2：配置等价路由优先级
3	**nexthop** *ip-address* **weight** *value* 例如，[Huawei-isis-1] **nexthop** 10.0.0.3 **weight** 1	配置指定等价路由的优先级 • *ip-address*：指定某条等价路由的下一跳 IP 地址，用于确定要配置优先级的等价路由。 • *value*：指定以上等价路由的优先级值，取值范围为 1～254 的整数。其值越小，优先级越高。 【说明】使用该命令可以配置每条等价路由的优先级，在不修改接口开销值的情况下，明确指定路由的下一跳，使该路由被优选。但配置该命令后，IS-IS 设备在转发到达目的网段的流量时，将不采用负载分担方式，而是将所有流量都转发到优先级最高的下一跳。 缺省情况下，等价路由优先级的值为 255，可用 **undo nexthop** *ip-address* 命令取消指定等价路由的优先级设置

7.5.4　配置 IS-IS 路由渗透

如果在一个 L1 区域中有多台 L1/2 设备与 L2 区域相连，每台 L1/2 设备都会在 L1 LSP 中设置 ATT 标志位，则该区域中就有到达 L2 区域和其他 L1 区域的多条出口路由。

【说明】ATT 比特标志位是 IS-IS LSP 报文中的一个字段，用来标识 L1 区域是否与其他区域关联。L1/2 设备在其生成的 L1 LSP 中设置该比特位为 1，以通知同一区域中的 L1 设备与其他区域相连，也就是说，与 L2 骨干区域相连（因为 L1 区域之间不能直连）。当 L1 区域中的设备收到 L1/2 设备发送的 ATT 比特位被置位的 L1 LSP 后，它将生成一条指向 L1/2 设备的缺省路由，以便数据可以被路由到其他区域。

在 IS-IS 协议中规定，L1 区域必须且只能与 L2 区域相连，不同的 L1 区域之间不直连。而且缺省情况下，L1 区域内的路由信息可以通过 L1/2 路由器发布到 L2 区域（即 L2 路由器知道整个 IS-IS 路由域的路由信息），但 L1/2 路由器并不将自己知道的其他 L1 区域及 L2 区域的路由信息发布到自己所连接的 L1 区域。这样该 L1 区域中的路由器将不了解本区域以外的路由信息，只将去往其他区域的报文发送到最近的 L1/2 路由器。

为了解决上述问题，IS-IS 提供了路由渗透（Route Leaking）功能，人为地把 L2 区域的路由信息注入普通的 L1 区域，保证普通区域也拥有整个 IS-IS 路由区域的路由信息，使 L1 区域中的路由器对某些或全部 L2 路由选择最佳路由路径。

IS-IS 路由渗透功能是在 L1/2 路由器上通过定义 ACL、路由策略、Tag 标记等方式，将符合条件的路由筛选出来，实现将其他 L1 区域和 L2 区域的部分路由信息通报给自己所在 L1 区域的目标。

路由渗透示例如图 7-37 所示，RouterA 发送报文给 RouterF，选择的最佳路径应该是 RouterA → RouterB → RouterD → RouterE → RouterF。因为这条链路上的 *cost* 值为 10+10+10+10=40，但在 RouterA 上实际查看发现发送到 RouterF 的报文选择的路径是：RouterA → RouterC → RouterE → RouterF，其 *cost* 值为 10+50+10=70，不是 RouterA 到

RouterF 的最优路由。这是因为 RouterA 作为 L1 路由器并不知道本区域外部的路由，发往区域外的报文只会选择由最近（总开销最小）的 L1/2 路由器产生的缺省路由发送，所以会出现 RouterA 选择次优路由 RouterA→RouterC→RouterE→RouterF 转发报文的情况。

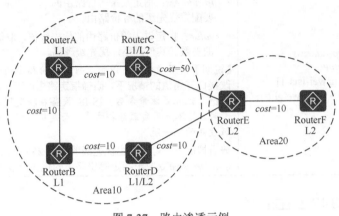

图 7-37　路由渗透示例

如果分别在 L1/2 路由器 RouterC 和 RouterD 上使能路由渗透功能，则使 Area20 中的 L2 路由仅可以通过 RouterD 渗透到 Area10 中，这样 Area10 中的 L1 路由器发给 RouterF 的报文就可以直接选择最优转发路径 RouterA→RouterB→RouterD→RouterE→RouterF。

在 **IS-IS** 路由渗透配置方面包括两个方向：一是可以控制由 **L2** 区域向 **L1** 区域的路由渗透；二是可以控制 **L1** 区域向 **L2** 区域的路由渗透。

1. 配置 L2 区域的路由渗透到 L1 区域

在 L1/2 路由器上可以控制 L2 区域的路由渗透到 L1 区域，其方法是在对应的 IS-IS 进程下使用 **import-route isis level-2 into level-1** [**filter-policy** { *acl-number* | **acl-name** *acl-name* | **ip-prefix** *ip-prefix-name* | **route-policy** *route-policy-name* } | **tag** *tag* | **direct** { **allow-filter-policy** | **allow-up-down-bit** } *] *命令配置。

配置该命令后，只有通过过滤策略的 L2 区域的路由信息才能渗透到 L1 区域中。缺省情况下，L2 区域的路由信息不渗透到 L1 区域，可用 **undo import-route isis level-2 into level-1** [**filter-policy** { *acl-number* | **acl-name** *acl-name* | **ip-prefix** *ip-prefix-name* | **route-policy** *route-policy-name* } | **tag** *tag* | **direct** { **allow-filter-policy** | **allow-up-down-bit** } *] *命令禁止指定的 L2 区域的路由向 L1 区域渗透。

2. 配置 L1 区域的路由渗透到 L2 区域

在 L1/2 路由器上还可控制 L1 区域的路由渗透到 L2 区域，其方法是在对应的 IS-IS 进程下使用 **import-route isis level-1 into level-2** [**tag** *tag* | **filter-policy** { *acl-number* | **acl-name** *acl-name* | **ip-prefix** *ip-prefix-name* | **route-policy** *route-policy-name* }| **direct allow-filter-policy**] *命令配置。

配置该命令后，只有通过过滤策略的 L1 区域的路由信息才能渗透到 L2 区域中。缺省情况下，L1 区域的路由信息全部渗透到 L2 区域，可用 **undo import-route isis level-1** into level-2 [filter-policy { *acl-number* | acl-name *acl-name* | ip-prefix *ip-prefix-name* | route-policy *route-policy-name* } | tag *tag* | direct allow-filter-policy] *命令禁止指定的 L1 路由向 L2 区域渗透。

7.5.5　IS-IS 缺省路由控制

在 IS-IS 中，主要通过以下 3 种方式控制缺省路由的生成和发布。

- 在 L1/2 路由器上控制其产生的 L1 LSP 中的 ATT 比特位置位的情况。
- 在 L1 路由器上设置不同收到 ATT 比特位置位的 L1 LSP 而生成缺省路由。
- 在 IS-IS 中发布缺省路由。

1. 在 L1/2 路由器上控制其产生的 L1 LSP 中的 ATT 比特位置位的情况

IS-IS 规定，如果 L1/2 设备根据 LSDB 判断通过 L2 区域比 L1 区域能够到达更多的区域，则该设备会在所发布的 L1 LSP 内将 ATT 比特位置位。对于收到 ATT 比特位置位的 L1 LSP 的 L1 设备，会自动生成一条到达该 L1/2 设备的缺省路由。

以上是缺省规则，在实际应用中，可以根据需要对 ATT 比特位置位情况进行手动设置。具体方法是在对应的 IS-IS 进程视图下通过 attached-bit advertise { always | never }命令配置。可用 undo attached-bit advertise 命令恢复 ATT 比特位缺省置位规则。

- always：二选一选项，设置 ATT 比特位永远置位，因此，缺省情况下收到该 LSP 的 L1 路由器就会生成缺省路由。L1 区域路由器最终是否会选择该缺省路由，还要看该路由的开销值是不是该路由器上所有缺省路由开销值中最小的。
- never：设置 ATT 比特位永远不置位，这样可以使收到该 LSP 的 L1 路由器不生成缺省路由。永远不会成为 L1 区域内路由器访问外部区域的网关设备。

【注意】虽然 ATT 比特位同时在 L1 LSP 和 L2 LSP 中进行了定义，但是只会在 L1 LSP 中被置位，并且只有 L1/2 路由器才会设置这个字段，因此，该命令仅对 L1/2 设备生效。

2. 在 L1 路由器上设置不同收到 ATT 比特位置位的 L1 LSP 而生成缺省路由

缺省情况下，L1 路由器在收到 ATT 比特位置位的 L1 LSP 报文后，会自动生成以发布该 L1 LSP 的 L1/2 路由器为目的地址的缺省路由。如果要使 L1 路由器即使收到 ATT 比特位置位的 L1 LSP 也不生成缺省路由，则可在对应的 IS-IS 进程视图下执行 attached-bit avoid-learning 命令。当 L1 路由器收到 ATT 比特位置位的 LSP 报文时，可以采用 undo attached-bit avoid-learning 命令恢复生成缺省路由。

通常在配置 L2 区域向 L1 区域进行路由渗透后（参见 7.5.4 节），要在 L1 路由器上配置不生成缺省路由，以免在与外部区域进行通信时选择了次优路由，因为此时到达外部网络已有具体路由了。

3. 在 IS-IS 中发布缺省路由

在具有外部路由的边界设备上配置 IS-IS 发布缺省路由可以使该设备在 IS-IS 路由域内发布一条缺省路由。在执行此配置后，IS-IS 域内的其他设备在转发流量时，会将所有去往外部路由域的流量首先转发到该设备，再通过该设备去往外部路由域。

通常，当网络中同时部署了 IS-IS 和其他路由协议时，为了实现 IS-IS 域内的流量可以到达 IS-IS 域外，可以采用以下两种方式。

① **在边界设备上**（引入外部路由的设备）配置向 IS-IS 域设备发布到达外部网络的缺省路由。

② **在边界设备上**将其他路由域的路由引入 IS-IS 中，具体说明将在 7.5.6 节介绍。

IS-IS 发布缺省路由的方法是在 IS-IS 进程下执行 **default-route-advertise** [**always** | **match default** | **route-policy** *route-policy-name*] [**cost** *cost* | **tag** *tag* | [**level-1** | **level-1-2** | **level-2**]]* [**avoid-learning**]命令，主要参数和选项的具体说明如下。

- **always**：多选一选项，指定设备无条件地发布缺省路由，且发布的缺省路由中将自己作为下一跳。

- **match default**：多选一选项，指定仅当路由表中存在其他路由协议或其他 IS-IS 进程生成的缺省路由才发布缺省路由。如果不选择此选项，则会强制产生该缺省路由。

- **route-policy** *route-policy-name*：多选一参数，指定仅当该边界设备的路由表中存在满足指定名称（1～40 个字符，区分大小写，不支持空格）路由策略的外部路由时，才向 IS-IS 域发布缺省路由，避免由于链路故障等原因造成该设备已经不存在某些重要的外部路由时，仍然发布缺省路由从而造成路由黑洞。**但此处的路由策略不影响 IS-IS 引入外部路由**。如果不选择此可选参数，则不会基于边界设备路由表中的路由进行过滤，直接根据其他条件产生缺省路由。

- **level-1** | **level-1-2** | **level-2**：可多选选项，分别指定发布的缺省路由级别为 L1、L1/2 和 L2。**如果不指定级别，则默认为生成 L2 级别的缺省路由**。如果在 L1 设备上配置了该命令，那么该设备只会向 L1 区域发布缺省路由，不会将缺省路由发布到 L2 区域；如果在 L2 设备上配置了该命令，那么该设备只会向 L2 区域发布缺省路由，不会将缺省路由发布到 L1 区域。缺省同时发布到 L1、L2 区域中。

- **avoid-learning**：可选项，指定避免 IS-IS 进程学习到其他路由协议或其他 IS-IS 进程生成的缺省路由，并添加到 IS-IS 路由表。如果路由表中已经存在学习到的缺省路由为活跃状态，则将此路由设置为不活跃状态。

缺省情况下，运行 IS-IS 协议的设备不生成缺省路由，可用 **undo default-route-advertise** 命令取消运行 IS-IS 协议的设备生成缺省路由。

7.5.6　配置 IS-IS 引入外部路由

在 IS-IS 路由域边界设备上配置 IS-IS 发布缺省路由，可以将去往 IS-IS 路由域外部的流量全部转到该设备来处理，这样一来。可能造成该边界设备的负担过重。另外，在有多个边界设备时，会存在去往其他路由域的最优路由的选择问题。此时，通过在具体边界设备上引入所连接的外部路由，让 IS-IS 域内的其他设备获悉全部或部分外部路由的方法就可以解决以上两个问题。

引入的外部路由包括其他进程 IS-IS 路由、静态路由、直连路由、RIP 路由、OSPF 路由和 BGP 路由等。**配置引入外部路由后，IS-IS 设备将把引入的外部路由全部发布到 IS-IS 路由域。但如果要实现网络互通，则必须双向相互引入**。需要说明的是，这里有两种不同的配置方式。

①当需要设置引入路由的开销时，可在对应 IS-IS 进程下通过 **import-route** { { **rip** |

isis | **ospf** } [*process-id*] | **static** | **direct** | **unr** | **bgp** [permit-ibgp] } [cost- type { external | internal } | **cost** *cost* | **tag** *tag* | route-policy *route-policy-name* | [level-1 | level- 2 | level-1-2]] ¹ 命令配置 IS-IS 引入外部路由。

②当需要保留引入路由的原有开销时，可以在对应 IS-IS 进程下通过 **import-route** { { **rip** | **isis** | **ospf** } [*process-id*] | **direct** | **unr** | **bgp** }**inherit-cost** [**tag** *tag* | route-policy *route-policy-name* | [level-1 | level-2 | level-1-2]] ¹命令配置 IS-IS 引入外部路由。但此时引入的源路由不能是 **static**（静态路由）。

尽管命令中的参数和选项非常多，但其中绝大多数是可选参数和可选项，都有缺省值，因此，一般情况下，在配置路由引入时仅需要指定必需的少数几个参数和选项。

【注意】在 IS-IS 协议中，本地引入的外部路由会在本地 IS-IS 路由表的"Redistribute Table"（重发布表）中存在，而在 RIP、OSPF 中，引入的外部路由在本地 RIP 路由表或 OSPF 路由表中是不存在的。这是 IS-IS 与它们的一个区别。但在重发布表中的不是 IS-IS 路由，也没有下发到本地的"Forwarding Table"（转发表）中，不会用来指导本地数据报文的转发。只有发布到邻居设备后，才会在邻居设备上生成对应的转发表项，指导数据报文的转发。

缺省情况下，IS-IS 不引入其他路由协议的路由信息，可用对应的 **undo** 格式命令删除指定的路由引入配置。

7.5.7　IS-IS 引入外部路由配置示例

IS-IS 外部路由引入配置示例的拓扑结构如图 7-38 所示，RouterA、RouterB、RouterC 和 RouterD 属于同一自治系统，要求它们之间通过 IS-IS 协议达到 IP 网络互连的目的。其中，RouterA 和 RouterB 为 L1 路由器，RouterC 作为 L1/2 路由器将两个区域相连，RouterD 为 L2 路由器。RouterA、RouterB 和 RouterC 的区域号为 10，RouterD 的区域号为 20。

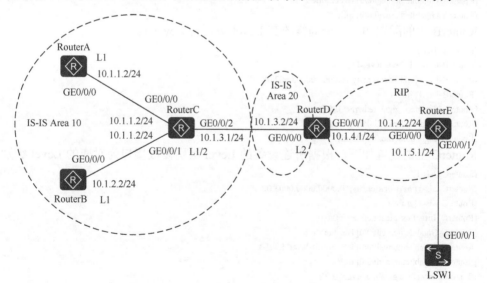

图 7-38　IS-IS 外部路由引入配置示例的拓扑结构

现在 RouterD 又连接了一个 RIP 网络，为了实现 IS-IS 网络和 RIP 网络的三层互通，需要在 IS-IS 进程中引入 RIP 路由，同时也需要在 RIP 进程中引入 IS-IS 路由。

1. 基本配置思路分析

本示例涉及 IS-IS 路由和 RIP 路由基本功能的配置，以及 IS-IS 路由引入 RIP 路由，RIP 路由引入 IS-IS 路由，本示例的基本配置思路如下。

① 配置各路由器接口的 IP 地址。

② 在 RouterA、RouterB、RouterC 和 RouterD 上配置 IS-IS 基本功能，其中，RouterD 上仅 GE0/0/0 接口上运行 IS-IS 协议。

③ 在 RouterD 的 GE0/0/1 接口和 RouterE 上配置 RIP 基本功能。

④ 在 RouterD 上配置 IS-IS 进程和 RIP 进程中的路由相互引入。

2. 具体配置步骤

① 配置各路由器接口的 IP 地址。在此，仅以 RouterA 上的配置为例进行介绍，其他各路由器接口 IP 地址的配置方法一样。RouterA 配置路由器接口的 IP 地址如下。

```
<RouterA> system-view
[RouterA]interface gigabitethernet0/0/0
[RouterA-Gigabitethernet0/0/0] ip address 10.1.1.2 24
[RouterA-Gigabitethernet0/0/0] quit
```

② 配置 IS-IS 基本功能。RouterA、RouterB 均为 L1 路由器，RouterC 为 L1/2 路由器，RouterD 为 L2 路由器，假设 RouterA～RouterD 的系统 ID 分别为 0000.0000.0001～0000.0000.0004，都使能 1 号路由进程（相邻路由器上运行的 IS-IS 进程号可以不一致）。

RouterA 上的配置如下，全局修改其 Level 级别为 Level-1。

```
[RouterA] isis 1
[RouterA-isis-1] is-level level-1
[RouterA-isis-1] network-entity 10.0000.0000.0001.00
[RouterA-isis-1] quit
[RouterA] interface gigabitethernet 0/0/0
[RouterA-Gigabitethernet0/0/0] isis enable 1
[RouterA-Gigabitethernet0/0/0] quit
```

RouterB 上的配置如下，全局修改其 Level 级别为 Level-1。

```
[RouterB] isis 1
[RouterB-isis-1] is-level level-1
[RouterB-isis-1] network-entity 10.0000.0000.0002.00
[RouterB-isis-1] quit
[RouterB] interface gigabitethernet 0/0/0
[RouterB-Gigabitethernet0/0/0] isis enable 1
[RouterB-Gigabitethernet0/0/0] quit
```

RouterC 上的配置如下，根据所连设备的 Level 级别修改接口为对应的 Level 级别。

```
[RouterC] isis 1
[RouterC-isis-1] network-entity 10.0000.0000.0003.00
[RouterC-isis-1] quit
[RouterC] interface gigabitethernet 0/0/0
[RouterC-Gigabitethernet0/0/0] isis enable 1
[RouterC-Gigabitethernet0/0/0] isis circuit-level  level-1
[RouterC-Gigabitethernet0/0/0] quit
[RouterC] interface gigabitethernet 0/0/1
[RouterC-Gigabitethernet0/0/1] isis enable 1
RouterC-Gigabitethernet0/0/1] isis circuit-level  level-1
[RouterC-Gigabitethernet0/0/1] quit
[RouterC] interface gigabitethernet 0/0/2
[RouterC-Gigabitethernet0/0/2] isis enable 1
```

```
RouterC-Gigabitethernet0/0/2] isis circuit-level level-2
[RouterC-Gigabitethernet0/0/2] quit
```

RouterD 上的配置如下，全局修改其 Level 级别为 L2。

```
[RouterD] isis 1
[RouterD-isis-1] is-level level-2
[RouterD-isis-1] network-entity 20.0000.0000.0004.00
[RouterD-isis-1] quit
[RouterD] interface gigabitethernet 0/0/0
[RouterD-Gigabitethernet0/0/0] isis enable 1
[RouterD-Gigabitethernet0/0/0] quit
```

完成以上配置后，可在 RouterA～RouterD 上执行 **display isis route** 命令查看各路由器的 IS-IS 路由信息。在 L1 路由器（例如 RouterA）上会看到仅一个 L1 LSDB，其中包含一条由本区域 L1/, 2 路由器发布、用于区域内路由器访问区域外网络的缺省路由和本区域的 L1 级别的路由。在 RouterA 上执行 **display isis route** 命令的输出如图 7-39 所示。

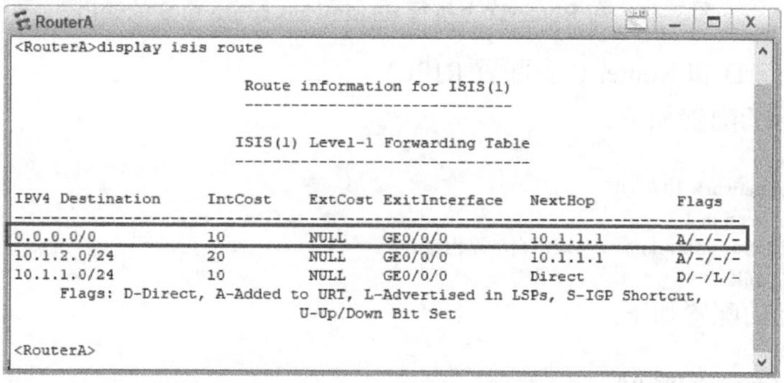

图 7-39　在 RouterA 上执行 **display isis route** 命令的输出

在 L1/2 路由器 RouterC 上有 L1 和 L2 两个 LSDB，在 L1 LSDB 中仅包括本区域内的路由，但没有缺省路由，因为在 L1 路由器中的那条缺省路由就是由此 L1/2 路由器发布的，在 L2 LSDB 中包括了整个 IS-IS 中的所有路由，在 RouterC 上执行 **display isis route** 命令的输出如图 7-40 所示。

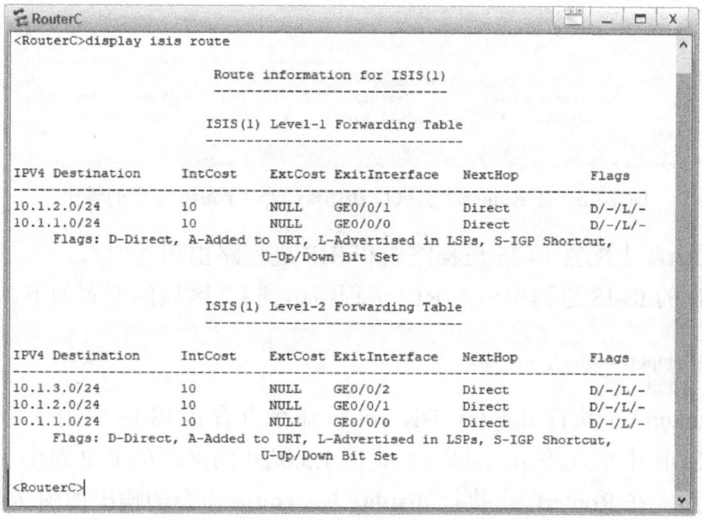

图 7-40　在 RouterC 上执行 **display isis route** 命令的输出

　　在 L2 路由器 RouterD 上会看到整个 IS-IS 网络中所有网段的路由。缺省情况下，各区域中的所有 L1 路由都会向 L2 区域渗透，但 L2 区域的缺省路由不向 L1 区域渗透，在 RouterD 上执行 **display isis route** 命令的输出如图 7-41 所示。

```
RouterD                                                    _  □  X
<RouterD>display isis route
                    Route information for ISIS(1)
                    ------------------------------

                    ISIS(1) Level-2 Forwarding Table
                    --------------------------------

IPV4 Destination    IntCost    ExtCost ExitInterface   NextHop      Flags
------------------------------------------------------------------------
10.1.3.0/24         10         NULL    GE0/0/0         Direct       D/-/L/-
10.1.2.0/24         20         NULL    GE0/0/0         10.1.3.1     A/-/-/-
10.1.1.0/24         20         NULL    GE0/0/0         10.1.3.1     A/-/-/-
          Flags: D-Direct, A-Added to URT, L-Advertised in LSPs, S-IGP Shortcut,
                            U-Up/Down Bit Set

<RouterD>
```

图 7-41　在 RouterD 上执行 **display isis route** 命令的输出

③ 在 RouterD 和 Router E 上配置 RIPv2。

RouterD 上的配置如下。

```
[RouterD] rip 1
[RouterD-rip-1] network 10.0.0.0
[RouterD-rip-1] version 2
[RouterD-rip-1] undo summary  #---取消自动路由聚合
[RouterD-rip-1] quit
```

RouterE 上的配置如下。

```
[RouterE] rip 1
[RouterE-rip-1] network 10.0.0.0
[RouterE-rip-1] version 2
[RouterE-rip-1] undo summary
```

完成以上配置后，在 RouterD 上执行 **display rip 1 route** 命令查看 RIP 路由表会发现此时仍只有 1 条非直连的 RIP 路由 10.1.5.0/24，在 RouterD 上执行 **display rip 1 route** 命令的输出如图 7-42 所示。此时 RouterE 与 RouterA、RouterB 不通。

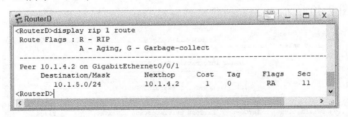

图 7-42　在 RouterD 上执行 **display rip 1 route** 命令的输出

④ 在 RouterD 上配置 IS-IS 进程路由和 RIP 进程路由相互引入。

在 RouterD 的 IS-IS 进程中引入 RIP 进程路由到 L2 区域的配置如下。

```
[RouterD] isis 1
[RouterD–isis-1] import-route rip 1 level-2
[RouterD–isis-1] quit
```

此时在 RouterC 上执行 **display isis route** 命令查看其 IS-IS 路由信息，发现已有在 RouterD L2 LSDB 中引入的 10.1.4.0/24 和 10.1.5.0/24 两网段的 RIP 路由了，RouterD 上引入 RIP 路由后，在 RouterC 上执行 **display isis route** 命令的输出如图 7-43 所示，但此时 RouterE 与 RouterA、RouterB 仍不通。

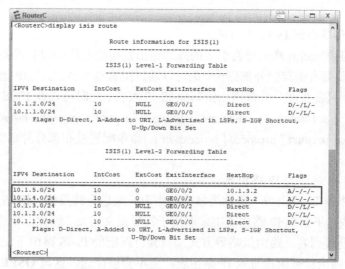

图 7-43　在 RouterC 上执行 **display isis route** 命令的输出

在 RouterD 的 RIP 进程中引入 IS-IS 路由的配置如下。

[RouterD] **rip** 1
[RouterD-rip-1] **import-route isis** 1
[RouterD-rip-1] **quit**

在 RouterE 上执行 **display rip** 1 **route** 命令查看其 RIP 路由表，发现已有 IS-IS 网络中的各网段路由，且此时 RouterE 可以 ping 通 IS-IS 路由域中各网段了，RouterD 上配置 IS-IS 路由和 RIP 路由相互引入后，在 RouterE 上执行 **display rip** 1 **route** 命令和成功 ping 通 RouterA 的输出如图 7-44 所示。至此，已证明在 IS-IS 路由域中成功引入了外部的 RIP 路由，实现了 IS-IS 路由域和 RIP 路由域的三层互通。

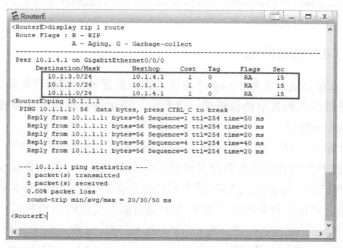

图 7-44　在 RouterE 上执行 **display rip** 1 **route** 命令和成功 ping 通 RouterA 的输出

7.5.8　通过策略过滤 IS-IS 路由

IS-IS 路由过滤包括发布外部路由到 IS-IS 路由域，以及发布 IS-IS 路由到 IP 路由表两个方面。

1. 发布外部路由到 IS-IS 路由域

当 IS-IS 路由域边界路由器将引入的外部路由发布给其他 IS-IS 设备时，如果对方 IS-IS 设备不需要拥有全部的外部路由，则可以通过配置基本 ACL 或 IP 地址前缀列表或路由策略来控制只发布部分外部路由给其他 IS-IS 设备。此时可以在 IS-IS 进程视图下执行 **filter-policy** { *acl-number* | **acl-name** *acl-name* | **ip-prefix** *ip-prefix-name* | **route-policy** *route-policy-name* }**export** [*protocol* [*process-id*]]命令配置发布部分外部路由到 IS-IS 路由域。

2. 发布 IS-IS 路由到 IP 路由表

IP 报文是根据 IP 路由表（也称为核心路由表）来进行转发的，IS-IS 路由表中的路由表项需要被成功下发到 IP 路由表中才能用于指导报文转发。因此，可以通过配置基本 ACL、IP 地址前缀列表、路由策略等方式，只允许匹配的 IS-IS 路由下发到 IP 路由表；不匹配的 IS-IS 路由将被阻止进入 IP 路由表，更不会被优选。**这与 OSPF 的接收路由过滤功能对应。**

如果 IS-IS 路由表中有到达某个目的网段的路由，但是并不希望将该路由下发到 IP 路由表中，则此时只可将部分 IS-IS 路由下发到 IP 路由表中，配置方法是在 IS-IS 进程视图下通过 **filter-policy** { *acl-number* | **acl-name** *acl-name* | **ip-prefix** *ip-prefix-name* | **route-policy** *route-policy-name* } **import** 命令，控制仅将部分符合条件的 IS-IS 路由下发到 IP 路由表中指导报文转发。

配置该命令后，**不会影响本地设备的 LSP 的扩散和 LSDB 的同步**，只会影响本地的 IP 路由表，即最终决定有哪些 IS-IS 路由在本地设备上生效。缺省情况下，没有配置 IS-IS 路由加入 IP 路由表时的过滤策略，可用 **undo filter-policy** [*acl-number* | **acl-name** *acl-name* | **ip-prefix** *ip-prefix-name* | **route-policy** *route- policy-name*] **import** 命令取消指定的 IS-IS 路由下发到 IP 路由表的过滤配置。

7.5.9　配置 IS-IS 路由聚合

IS-IS 的路由聚合是在任意 IS-IS 路由器上进行配置的，被聚合的路由可以是 IS-IS 路由，也可以是被引入的其他协议路由。聚合后，路由的开销值取所有被聚合路由中学习到的路由的最小开销值。

与其他动态路由协议一样，配置 IS-IS 路由聚合后，也不会影响本地设备的路由表，即本地 IP 路由表中仍然会以原有路由类型显示每条具体路由。但是会减少向邻居路由器发布 LSP 报文的扩散，接收到该 LSP 报文的其他设备的 IS-IS 路由表中对应连续网段中只会出现一条聚合路由。直到网络中被聚合的路由都出现故障而消失时，该聚合路由才会消失。

在对应的 IS-IS 进程下使用 **summary** *ip-address mask* [**avoid-feedback** | **generate_ null0_route** | **tag** *tag* | [**level-1** | **level-1-2** | **level-2**]]*命令配置 IS-IS 生成聚合路由。该命令中的主要选项说明如下。

- **avoid-feedback**：可多选选项，避免本地路由器通过路由 SPF 计算再次学习到这条聚合路由。因为聚合路由是用来向外发布的，不需要在本地路由表中存在。

- **generate_null0_route**：可多选选项，为防止路由环路，在本地路由器上为配置的聚合路由生成一条以聚合路由为目的地址、下一跳为 Null 0 的黑洞路由。这样在本地路由器上所有到达指定聚合路由网段的报文都将直接丢弃，使聚合路由在本地路由器上不起报文转发作用。

缺省情况下，没有配置 IS-IS 生成聚合路由，可用 **undo summary** *ip-address mask* [**level-1** | **level-1-2** | **level-2**]命令取消 IS-IS 生成的指定聚合路由。

在 L1/2 路由器上配置好聚合路由后，可在网络中的其他路由器上通过执行 **display isis route** 命令查看 IS-IS 路由表中的聚合路由；也可在网络中的其他路由器上通过执行 **display ip routing-table** [**verbose**]命令查看 IP 路由表中的聚合路由。

7.5.10 IS-IS 路由聚合配置示例

IS-IS 路由聚合配置示例的拓扑结构如图 7-45 所示，网络中有 3 台路由器通过 IS-IS 路由协议实现互联，且 RouterA 为 L2 路由器，RouterB 为 L1/2 路由器，RouterC 为 L1 路由器。但是由于 IS-IS 网络的路由条目过多造成 RouterA 系统资源负载过重，现要求降低 RouterA 的系统资源的消耗。

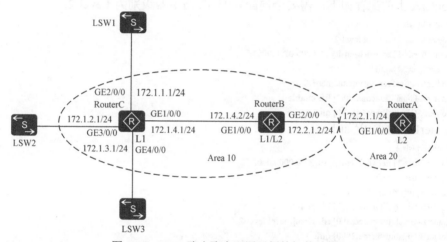

图 7-45 IS-IS 路由聚合配置示例的拓扑结构

1. 基本配置思路分析

本示例主要是希望对连接在 RouterC 的 4 个连续子网：172.1.1.0/24、172.1.2.0/24、172.1.3.0/24 和 172.1.4.0/24 的 IS-IS 路由，在由 RouterB 向 RouterA 发布的 L2 级别 IS-IS LSP 时进行路由聚合，可减小 RouterA 的路由表规模，降低系统资源消耗。

IS-IS 路由聚合功能也是在 IS-IS 基本功能完成的基础上进行配置的，由此可以得出本示例以下的基本配置思路。

① 配置各路由器的接口 IP 地址。

② 在各路由器上配置 IS-IS 基本功能，实现网络互联。

③ 在 RouterB 上配置对 172.1.1.0/24、172.1.2.0/24 和 172.1.3.0/24，以及 172.1.4.0/24 这 4 个连续子网的 IS-IS 路由进行聚合。

2. 具体配置步骤

① 配置各路由器的接口 IP 地址。在此仅以 RouterA 上的配置为例介绍，RouterB 和 RouterC 的配置方法一样。RouterA 接口 IP 地址的具体配置如下。

```
[RouterA] interface gigabitethernet 1/0/0
[RouterA-GigabitEthernet1/0/0] ip address 172.2.1.1 24
[RouterA-GigabitEthernet1/0/0] quit
```

② 在各路由器上配置 IS-IS 基本功能，包括全局使能 IS-IS 功能、配置网络实体名称和在各接口上使能 IS-IS 功能。RouterA、RouterB 和 RouterC 的系统 ID 分别设为 0000.0000.0001、0000.0000.0002 和 0000.0000.0003（均为 12 位十六进制）。

【注意】RouterA 为 L2 路由器，因此，需要全局配置 Level-2 级别（缺省为 L1/2 级别），但不需要在各接口上再配置 Level 级别，直接继承全局的 Level-2 配置。RouterC 为 L1 路由器，需要全局配置 Level-1 级别，但不需要在各接口上再配置 Level 级别，直接继承全局的 Level-1 配置。

RouterB 为 L1/2 路由器，与缺省的 Level 级别一样，因此，不需要全局配置 Level 级别，但在各接口上建议根据所连接的路由器类型，选择配置 Level-1 或 Level-2，以避免接口发送一些不必要的 IS-IS 报文。

RouterA 上的配置如下，需要全局配置 IS-IS 路由器级别为 Level-2。

```
[RouterA] isis 1
[RouterA-isis-1] is-level level-2
[RouterA-isis-1] network-entity 20.0000.0000.0001.00
[RouterA-isis-1] quit
[RouterA] interface gigabitethernet 1/0/0
[RouterA-GigabitEthernet1/0/0] isis enable 1
[RouterA-GigabitEthernet1/0/0] quit
```

RouterB 上的配置如下。

```
[RouterB] isis 1
[RouterB-isis-1] network-entity 10.0000.0000.0002.00
[RouterB-isis-1] quit
[RouterB] interface gigabitethernet 2/0/0
[RouterB-GigabitEthernet2/0/0] isis enable 1
[RouterB-GigabitEthernet2/0/0] isis circuit-level level-2
[RouterB-GigabitEthernet2/0/0] quit
[RouterB] interface gigabitethernet 1/0/0
[RouterB-GigabitEthernet1/0/0] isis enable 1
[RouterB-GigabitEthernet1/0/0] isis circuit-level level-1
[RouterB-GigabitEthernet1/0/0] quit
```

RouterC 上的配置如下，需要全局配置 IS-IS 路由器级别为 Level-1。

```
[RouterC] isis 1
[RouterC-isis-1] is-level level-1
[RouterC-isis-1] network-entity 10.0000.0000.0003.00
[RouterC-isis-1] quit
[RouterC] interface gigabitethernet 1/0/0
[RouterC-GigabitEthernet1/0/0] isis enable 1
[RouterC-GigabitEthernet1/0/0] quit
[RouterC] interface gigabitethernet 2/0/0
[RouterC-GigabitEthernet2/0/0] isis enable 1
[RouterC-GigabitEthernet2/0/0] quit
[RouterC] interface gigabitethernet 3/0/0
[RouterC-GigabitEthernet3/0/0] isis enable 1
```

```
[RouterC-GigabitEthernet3/0/0] quit
[RouterC] interface gigabitethernet 4/0/0
[RouterC-GigabitEthernet4/0/0] isis enable 1
[RouterC-GigabitEthernet4/0/0] quit
```

　　完成以上配置后,可以在 RouterA 上通过 **display isis route** 命令查看 IS-IS 路由表信息。配置路由聚合前,在 RouterA 上执行 **display isis route** 命令的输出如图 7-46 所示。从图 7-46 中可以看出,在 RouterA 上面有到达 RouterC 上连接的 4 个连续子网的 IS-IS 路由表项。

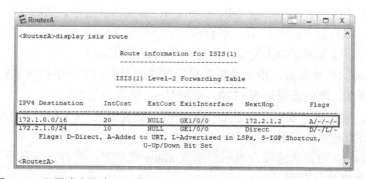

图 7-46　配置路由聚合前,在 RouterA 上执行 **display isis route** 命令的输出

　　③ 在 RouterB 上配置路由聚合,将 172.1.1.0/24、172.1.2.0/24、172.1.3.0/24 和 172.1.4.0/24 这 4 个连续子网的路由聚合成 172.1.0.0/16,具体配置如下。

```
[RouterB] isis 1
[RouterB-isis-1] summary 172.1.0.0 255.255.0.0 level-2
[RouterB-isis-1] quit
```

　　再在 RouterA 上执行 **display isis route** 命令,查看其 IS-IS 路由表,会发现原来的 172.1.1.0/24、172.1.2.0/24、172.1.3.0/24 和 172.1.4.0/24 这 4 条路由不见了,取而代之的是一条聚合路由 172.1.0.0/16,配置路由聚合后,在 RouterA 上执行 **display isis route** 命令的输出如图 7-47 所示。

```
RouterA
<RouterA>display isis route
                        Route information for ISIS(1)
                        ------------------------------

                    ISIS(1) Level-2 Forwarding Table
                    ------------------------------

IPV4 Destination    IntCost    ExtCost ExitInterface    NextHop        Flags

172.1.0.0/16        20         NULL    GE1/0/0          172.2.1.2      A/-/-/-
172.2.1.0/24        10         NULL    GE1/0/0          Direct         D/-/L/-
        Flags: D-Direct, A-Added to URT, L-Advertised in LSPs, S-IGP Shortcut,
                        U-Up/Down Bit Set

<RouterA>
```

图 7-47　配置路由聚合后,在 RouterA 上执行 **display isis route** 命令的输出

　　通过以上配置,已经成功把 RouterA 上连接的 4 个子网的路由信息,在 RouterB 发给 RouterA 的过程中聚合成一条 IS-IS 路由,减少了 RouterA 上的 IS-IS 路由表规模。

7.5.11　配置 IS-IS(IPv4)设备进入过载状态

　　在 IS-IS LSP 中有一个 OL 标志位,用来设置当前路由器是否处于过载状态。对设备

设置过载标志位后，其他设备在进行 SPF 计算时不会使用这台设备做转发，只计算该设备上的直连路由。

配置 IS-IS 设备进入过载状态可以使某台 IS-IS 设备暂时从网络中隔离，从而避免造成路由黑洞，具体配置方法是在对应的 IS-IS 进程视图下通过 **set-overload** [**on-startup** [*timeout1* | **start-from-nbr** *system-id* [*timeout1* [*timeout2*]] | **wait-for-bgp** [*timeout1*]] [**send-sa-bit** [*timeout3*]]] [**allow** { **interlevel** | **external** }*]命令配置非伪节点 LSP 的过载标志位。

- **on-startup**：多选一选项，表示路由器重启或者发生故障时，过载标志位在后面参数配置的时间内将保持被置位（即将 OL 标志位置 1）状态。如果需要在本路由器重启或发生故障时不被其他路由器计算 SPF 使用，则选择本选项；如果需要本路由器不被其他路由器计算 SPF 使用，则不要选择本选项，这样系统会立即在其发送的 LSP 报文中设置过载标志位。
- *timeout1*：二选一参数，指定系统启动后，维持过载标志位的时间，取值范围是 5~86400，单位是 s，缺省值是 600s。
- **start-from-nbr** *system-id*：二选一参数，表示根据 System ID 指定的邻居的状态，配置系统保持过载标志位时长。
- *timeout1* [*timeout2*]：可选参数，指定与邻居状态相关的过载标志位的时间，如果指定的邻居在 *timeout2* 超时前没有正常 Up，则系统过载标志位维持时间为 *timeout2*。*timeout2* 的取值范围是 5~86400，单位是 s，缺省值为 1200s（20min）；如果指定的邻居在 *timeout2* 超时前正常 Up，系统过载标志位将继续维持 *timeout1* 时长。*timeout1* 的取值范围是 5~86400，单位是 s，缺省值是 600s（10min）。
- **wait-for-bgp**：多选一选项，表示根据 BGP 收敛的状态，设置系统保持过载标志位时长。
- **send-sa-bit**：可选项，指定设备重启后发送的 Hello PDU 中携带 SA Bit。SA 的全称为 Suppress adjacency Advertisement，抑制邻接通告。邻居在接收到这种 SA 位被置 1 的 Hello PDU 后，不会将该设备通过 LSP 扩散出去，这样其他设备就不会与该设备建立邻接关系，从而避免出现路由黑洞。
- *timeout3*：可选参数，指定设备重启后发送的 Hello PDU 中携带 SA Bit 的时间，整数形式，取值范围是 5~120，单位是 s，缺省值是 30s。
- **allow**：可选项，表示允许发布地址前缀。缺省情况下，当系统进入过载状态时不允许发布地址前缀。
- **interlevel**：可多选选项，表示当配置 **allow** 选项时，允许发布从不同层次 IS-IS 学来的 IP 地址前缀。
- **external**：可多选选项，表示当配置 **allow** 选项时，允许发布从其他协议学来的 IP 地址前缀。

当路由器内存不足时，系统自动在发送的 LSP 报文中设置过载标志位，与用户是否配置了本命令无关。

缺省情况下，没有配置非伪节点 LSP 的过载标志位，可用 **undo set-overload** 命令恢复非伪节点 LSP 的过载标志位为 0。

7.6　IS-IS 路由收敛

提高对 IS-IS 网络中故障的响应速度，加快出现网络故障时的路由收敛速度，可以提高 IS-IS 网络的可靠性。以下 5 个方面的措施可以调整 IS-IS 网络的收敛性能，用户可以根据具体的应用环境选择一项或多项配置任务。但在配置 IS-IS 路由的收敛性能之前，需要配置 IS-IS 的基本功能。

① IS-IS 快速收敛扩展特性。IS-IS 快速收敛扩展特性主要包括增量最短路径优先算法（Incremental SPF，I-SPF）、部分路由计算（Partial Route Calculation，PRC）、智能定时器、LSP 快速扩散等技术。同时支持 IS-IS 故障恢复快速收敛技术，例如，通过 IS-IS Auto FRR 实现备份链路的快速切换，以及通过与 BFD 联动实现对故障的快速感知。其中的 PRC、智能定时器、FRR 技术原理与 OSPF 的对应技术原理类似。

② 配置 LSP 报文参数。

③ 配置 CSNP 报文参数。

④ 调整 SPF 的计算时间间隔。

⑤ 配置 IS-IS 路由按优先级收敛。

7.6.1　I-SPF

I-SPF 是指当网络拓扑改变时，只对受影响的节点进行路由计算，不对全部节点重新进行路由计算，从而加快了路由的计算。

在 ISO 10589 中定义使用 SPF 算法进行路由计算。当网络拓扑中有一个节点发生变化时，这种算法需要重新计算网络中的所有节点，计算时间长，占用过多的 CPU 资源，影响整个网络的收敛速度。而 I-SPF 改进了这个算法，除了第一次计算时需要计算全部的节点，后面的每次计算只需计算受到影响的节点，因此，降低了 CPU 的占用率，提高了网络收敛的速度。

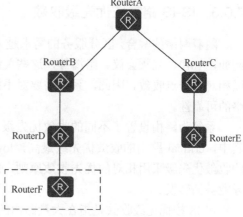

I-SPF 示例如图 7-48 所示，某网络初始只有 RouterA~RouterE 5 台路由器的情况下，运行 IS-IS 的网络收敛后 RouterA 计算出的最短路径树。此时 RouterA 到达 RouterD 的路径是 RouterA-RouterB-RouterD。

如果在 RouterD 下面再新连接一个 RouterF 的 IS-IS 路由器，则此时因为 RouterD 上新增了网段，所以会发送新的 LSP 在全网泛洪，RouterF 是新增的路由器，也会发送自己的 LSP 在全网泛洪。当 RouterA 收到来自 RouterD 和 RouterF 的 LSP 后，利用 I-SPF 重新进行最短

图 7-48　I-SPF 示例

路径树计算，计算出经过 RouterD 到达 RouterF 的路径，而对于 RouterA 到达其他节点的路径不会受新的 LSP 的影响而改变。

在 IS-IS 网络中，I-SPF 往往与 PRC 结合使用。如果 I-SPF 计算后的 SPT 发生了改变，PRC 只会处理那个变化的节点上的**所有**叶子（网段路由）；如果经过 I-SPF 计算后的 SPT 并没有发生变化，则 PRC 只会处理变化的叶子信息。例如，一个节点使用了一个 IS-IS 接口，则整个 SPT 不会改变，这时 PRC 只更新这个节点上的该接口路由信息，从而节省 CPU 的占用率。

7.6.2　LSP 快速扩散

正常情况下，当 IS-IS 收到其他路由器发来的 LSP 时，如果此 LSP 比本地 LSDB 中相应的 LSP 要新，则更新 LSDB 中的 LSP，并用一个定时器定期将 LSDB 内已更新的 LSP 扩散出去。

LSP 快速扩散特性改进了这种方式，使能了此特性的设备在收到一个或多个较新的 LSP 时，在路由计算之前，先将小于指定数量的 LSP 扩散出去，加快 LSDB 的同步过程，也可以加快 LSP 的扩散速度。这种方式在很大程度上可以提高整个网络的收敛速度。

配置 LSP 快速扩散的方法是在 IS-IS 进程视图下通过 **flash-flood** [*lsp-count* | **max-timer-interval** *interval* | [**level-1** | **level-2**]]*命令配置。

- *lsp-count*：可多选参数，指定每个接口一次扩散 LSP 的最大数量，整数形式，取值范围是 1～15，缺省值是 5。
- **max-timer-interval** *interval*：可多选参数，指定 LSP 扩散的最大间隔时间，整数形式，取值范围是 10～50000，单位是 ms，缺省值是 10。
- **level-1**：二选一可选项，表示在 Level-1 中使能此特性。如果命令中没有指定级别，则缺省同时在 Level-1 和 Level-2 中使能此功能。
- **level-2**：二选一可选项，表示在 Level-2 中使能此特性。如果命令中没有指定级别，则缺省同时在 Level-1 和 Level-2 中使能此功能。

缺省情况下，未使能 LSP 快速扩散特性，可用 **undo flash-flood** [*lsp-count* | **max-timer-interval** *interval* | [**level-1** | **level-2**]]*命令恢复对应参数的缺省配置。

7.6.3　IS-IS 路由按优先级收敛

随着网络的融合，区分服务的需求越来越强烈。某些路由可以指导关键业务的转发，例如，VoIP、视频会议、组播等，这些关键的业务路由需要尽快收敛，而非关键路由可以相对慢一点收敛。因此，系统需要对不同路由按不同的收敛优先级处理，从而提高网络的可靠性。

系统为路由设置了不同的收敛优先级，具体分为 critical、high、medium、low 4 种。其中，critical 路由的收敛优先级最高，low 路由的收敛优先级最低，系统根据这些路由的收敛优先级采用相对的优先收敛原则，即按照一定的调度比例进行路由收敛安装，指导业务的转发。

IS-IS 按优先级收敛是指在大量路由的情况下，能够让某些特定的路由（例如，匹配指定 IP 前缀的路由）优先收敛的一种技术。因此，用户可以把和关键业务相关的路由配置成相对较高的优先级，使这些路由更快收敛，从而减小关键业务受到影响的概率。通过对不同的路由配置不同的收敛优先级，达到重要的路由先收敛的目的，提高网络的可靠性。

IS-IS 路由收敛优先级的应用规则如下。

① 对于已存在的 IS-IS 路由，收敛优先级将依据 **prefix-priority** 命令重新设置。

② 对于新增加的 IS-IS 路由，收敛优先级将依据 **prefix-priority** 命令的过滤结果设置。

③ 如果一条路由符合多个收敛优先级的匹配规则，则这些收敛优先级中最高者当选为路由的收敛优先级。

④ L1 IS-IS 路由的收敛优先级高于 L2 IS-IS 路由的收敛优先级。

IS-IS 路由按优先级收敛的配置步骤见表 7-6。

表 7-6　IS-IS 路由按优先级收敛的配置步骤

步骤	命令	说明
1	**system-view**	进入系统视图
2	**isis** [*process-id*] 例如，[Huawei] **isis**	启动对应的 IS-IS 进程，进入 IS-IS 视图
3	**prefix-priority** [**level-1** | **level-2**] { **critical** | **high** | **medium** } { **ip-prefix** *prefix-name* | **tag** *tag-value* } 例如，[Huawei-isis-1]**prefix-priority level-1 critical tag 3**	配置 IS-IS 路由（包括 IS-IS 主机路由和缺省路由）的收敛优先级。 • **level-1**：二选一可选项，指定设置 L1 级别的 IS-IS 路由的收敛优先级，如果没有指定路由级别，则同时为 L1 和 L2 级别的 IS-IS 路由设置收敛优先级。 • **level-2**：二选一可选项，指定设置 L2 级别的 IS-IS 路由的收敛优先级，如果没有指定路由级别，则同时为 L1 和 L2 级别的 IS-IS 路由设置收敛优先级。 • **critical**：多选一选项，指定 IS-IS 路由的收敛优先级为 critical（最高级别）。 • **high**：多选一选项，指定 IS-IS 路由的收敛优先级为 high（高级别）。 • **medium**：多选一选项，指定 IS-IS 路由的收敛优先级为 medium（中级别）。 • **ip-prefix** *prefix-name*：二选一参数，指定用于过滤要设置收敛性能的 IS-IS 路由的 IP 地址前缀列表名称，1～169 个字符，区分大小写，不支持空格。 • **tag** *tag-value*：二选一参数，指定用于过滤要设置收敛性能的 IS-IS 路由的标记，整数形式，取值范围为 1～4294967295。 缺省情况下，IS-IS 主机路由和缺省路由的收敛优先级为 medium，其他 IS-IS 路由的收敛优先级为 low，可用 **undo prefix-priority** [**level-1** | **level-2**] { **critical** | **high** | **medium** } 命令恢复指定级别的 IS-IS 路由为缺省收敛优先级
4	**quit**	退出 IS-IS 视图，返回系统视图
5	**ip route prefix-priority-scheduler** *critical-weight high-weight medium-weight low-weight* 例如，[Huawei] **ip route prefix-priority-scheduler 10 2 1 1**	（可选）配置 IPv4 路由按优先级调度的比例。为了防止高优先级路由过多而导致低优先级路由迟迟得不到处理，进而影响网络的性能，可运行本命令来调整 IPv4 路由按优先级调度的比例。 • *critical-weight*：指定 Critical 队列的调度加权值（也就是比重），整数形式，取值范围为 1～10。 • *high-weight*：指定 High 队列的调度加权值，整数形式，取值范围为 1～10

续表

步骤	命令	说明
5	**ip route prefix-priority-scheduler** *critical-weight high-weight medium-weight low-weight* 例如，[Huawei] **ip route prefix-priority-scheduler** 10 2 1 1	• *medium-weight*：指定 Medium 队列的调度加权值，整数形式，取值范围为 1～10。 • *low-weight*：指定 Low 队列的调度加权值，整数形式，取值范围为 1～10。 缺省情况下，IPv4 路由按优先级调度的比例为 8:4:2:1，可用 **undo ip route prefix-priority-scheduler** 命令恢复 IPv4 路由按优先级调度为缺省比例

7.7 IS-IS 安全性

在对安全性要求较高的网络中，可以通过配置 IS-IS 认证来提高 IS-IS 网络的安全性。IS-IS 认证包括接口认证、区域认证和路由域认证 3 种方式，另外，还可以配置"校验和"认证。但在配置 IS-IS 网络安全性之前，需配置 IS-IS 的基本功能。

7.7.1 IS-IS 报文验证

IS-IS 报文验证是基于网络安全性的要求而实现的一种验证手段，通过在 IS-IS 报文中增加验证字段对报文进行验证。当本地路由器接收到远端路由器发送过来的 IS-IS 报文时，如果发现验证密码不匹配，则将收到的报文丢弃，达到自我保护的目的。

1. IS-IS 验证的分类

根据报文的种类，IS-IS 验证可以分为以下 3 类。

① 接口验证：对使能了 IS-IS 协议的接口以指定方式和密码验证 L1 和 L2 的 Hello PDU。对于 IS-IS 接口验证，有以下两种设置。

• 发送带验证 TLV 的验证报文，本地对收到的报文进行验证检查。
• 发送带验证 TLV 的验证报文，但本地对收到的报文不进行验证检查。

没通过接口验证的相邻设备间不能建立 IS-IS 邻接关系。

② 区域验证：是指在运行 IS-IS 的区域内部以指定方式和密码对接收的 L1 SNP 和 LSP 报文进行验证。

③ 路由域验证：是指在运行 IS-IS 的路由域内部不同区域间以指定方式和密码验证接收的 L2 SNP 和 LSP 报文。

对于区域和路由域验证，可以设置为 SNP 和 LSP 分开验证。

• 本地发送的 LSP 报文和 SNP 报文都携带验证 TLV，对收到的 LSP 报文和 SNP 报文进行验证检查。
• 本地发送的 LSP 报文携带验证 TLV，对收到的 LSP 报文进行验证检查；发送的 SNP 报文携带验证 TLV，但不对收到的 SNP 报文进行检查。
• 本地发送的 LSP 报文携带验证 TLV，对收到的 LSP 报文进行验证检查；发送的 SNP 报文不携带验证 TLV，也不对收到的 SNP 报文进行验证检查。
• 本地发送的 LSP 报文和 SNP 报文都携带验证 TLV，对收到的 LSP 报文和 SNP

报文都不进行验证检查。

以上 3 种验证又有以下 3 种验证方式。

① 明文验证：一种简单的验证方式，将配置的密码直接加入报文中，这种验证方式安全性不高。

② MD5 验证：通过将配置的密码进行 MD5 算法摘要之后再加入报文中，这样提高了密码的安全性。

③ Keychian 验证：通过配置随时间变化的密码链表来进一步提升网络的安全性。

2. 验证信息的携带形式

IS-IS 通过 TLV 的形式携带验证信息，验证 TLV 的类型为 10，具体格式如下。

① Type：ISO 定义验证报文的类型值为 10，长度为 1 字节。

② Length：指定验证 TLV 值的长度，长度为 1 字节。其中，0 为保留的类型，1 为明文验证，54 为 MD5 验证，255 为路由域私有验证方式。

③ Value：指定验证的类型和密码，长度为 1～254 字节。

7.7.2　配置 IS-IS 认证

通常情况下，IS-IS 不对发送的 IS-IS 报文封装认证信息，也不对收到的报文做认证检查。当恶意报文对网络进行攻击时可能会导致整个网络的信息被窃取，因此，需要配置 IS-IS 认证提高网络的安全性。

IS-IS 接口认证将认证信息封装到 Hello PDU 中，以确认邻居的有效性和正确性。IS-IS 接口认证包括简单认证、MD5 认证、HMAC-SHA256 认证和 Keychain（密钥链）认证，需要在邻居设备同一链路上的 IS-IS 接口上配置相同的认证模式和密码。

区域认证会将认证密码封装在 L1 区域的 IS-IS 非 **Hello PDU** 中，只有通过认证的报文才会被接收。因此，当需要对 **L1 区域进行认证时，需要对该 L1 区域所有 IS-IS 设备（包括 L1 设备和 L1/2 设备）配置 IS-IS 区域认证**。

路由域认证是将认证密码封装在 L2 区域的 IS-IS 非 **Hello PDU** 中，只有通过认证的报文才会被接收。因此，当需要对 **L2 区域进行认证时，需要对 L2 区域所有 IS-IS 设备（包括 L2 设备和 L1/2 设备）配置 IS-IS 路由域认证**。

【注意】在配置 IS-IS 认证时，要求同一区域或路由域的所有设备的认证方式和密码都必须一致，只有这样，IS-IS 报文才会正常扩散。但无论是否通过区域认证或者路由域认证，均不影响 L1 或者 L2 邻接关系的建立，因为这些认证信息不是在 Hello PDU 中携带的。

IS-IS 认证的配置步骤见表 7-7。

表 7-7　IS-IS 认证的配置步骤

步骤	命令	说明
1	**system-view**	进入系统视图
2	**interface** *interface-type interfac-e-number* 例如，[Huawei]**interface** gigabitethernet 1/0/0	键入要配置接口认证的 IS-IS 接口，进入接口视图。需要先通过 **isis enable** 命令在该接口上使能 IS-IS 功能

续表

步骤	命令	说明
3	isis authentication-mode simple { plain *plain-text* | [cipher] *plain-cipher-text* } [level-1 | level-2] [ip | osi] [send-only] 例如，[Huawei-GigabitEthernet1/0/0] isis authentication-mode simple huawei	（四选一）配置 IS-IS 接口的简单认证模式。 ● **plain** *plain-text*：二选一参数，指定简单认证的明文密码，1～16 个字符，可以为字母或数字，**区分大小写，不支持空格**。此模式下只能键入明文密码，且密码将以明文形式保存在配置文件中。 ● **cipher**：可选项，指定为密文密码，此时可以键入明文或密文密码，但在查看配置文件时以密文方式显示。 ● *plain-cipher-text*：二选一参数，指定简单认证的密文密码，可以为字母或数字，区分大小写，不支持空格，长度为 1～16 位明文密码或 32 位密文密码。 ● **level-1**：二选一可选项，指定所设置的认证密码仅作用于 L1 级 IS-IS Hello PDU 交互认证，如果不指定报文级别，则同时作用于 L1 和 L2 级 IS-IS Hello PDU 交互认证。 ● **level-2**：二选一可选项，指定所设置的认证密码仅作用于 L2 级 IS-IS Hello PDU 交互认证，如果不指定报文级别，则同时作用于 L1 和 L2 级 IS-IS Hello PDU 交互认证。 ● **ip**：二选一可选项，指定所设置的认证密码仅作用于 IP 网络，如果不指定，则缺省仅作用于 OSI 网络。 ● **osi**：二选一可选项，指定所设置的认证密码仅作用于 OSI 网络，如果不指定，则缺省仅作用于 OSI 网络。 ● **send-only**：可选项，指定仅对发送的 Hello PDU 加载认证信息，**不对接收的 Hello PDU 进行认证**。如果不指定此选项，则缺省为对发送的 Hello PDU 加载认证信息且对接收的 Hello PDU 进行认证。 缺省情况下，IS-IS 的 Hello PDU 中不添加认证信息，对接收到的 Hello PDU 也不做认证，可用 **undo isis authentication-mode simple** { **plain** *plain-text* | **cipher** *plain-cipher-text* } [**level-1** | **level-2**] [**ip** | **osi**] [**send-only**]命令取消简单认证，同时删除 Hello PDU 中的简单认证信息
	isis authentication-mode md5 { plain *plain-text* | [cipher] *plain-cipher-text* } [level-1 | level-2] [ip |osi] [send-only] 例如，[Huawei-GigabitEthernet1/0/0] isis authentication-mode md5 huawei	（四选一）配置 IS-IS 接口的 MD5 认证模式。 ● **plain** *plain-text*：二选一可选参数，指定认证的明文密码，1～255 个字符，可以为字母或数字，区分大小写，不支持空格。此模式下只能键入明文密码，密码将以明文形式保存在配置文件中。 ● **cipher**：可选项，指定为密文密码，此时可以键入明文或密文密码，但在查看配置文件时以密文方式显示。 ● *cipher-text*：二选一可选参数，指定简单认证的密文密码，可以为字母或数字，**区分大小写，不支持空格**，长度为 1～255 位明文密码或 20～392 位密文密码。 **其他参数和选项说明参见上面介绍的简单认证模式配置命令。** 缺省情况下，IS-IS 的 Hello PDU 中不添加认证信息，对接收到的 Hello PDU 也不做认证，可用 **undo isis authentication-mode md5** { **cipher** *plain-cipher-text* | **plain** *plain-text* }[**level-1** | **level-2**] [**ip** | **osi**] [**send-only**]命令取消 MD5 认证，同时删除 Hello PDU 中的 MD5 认证信息

步骤	命令	说明
	isis authentication-mode hmac-sha256 key-id *key-id* { **plain** *plain-text* | [**cipher**] *plain-cipher-text* } [**level-1** | **level-2**] [**send-only**] 例如，[Huawei-GigabitEthernet1/0/0] **isis authentication-mode hmac-sha256 1 huawei**	（四选一）配置 IS-IS 接口的 HMAC-SHA256 认证模式。 命令中的 *key-id* 参数用来指定 HMAC-SHA256 算法的密钥 ID，整数形式，取值范围为 0～65535。其他参数和选项说明参见 MD5 认证模式配置命令。 缺省情况下，IS-IS 的 Hello PDU 中不添加认证信息，对接收到的 Hello PDU 也不做认证，可用 **undo isis authentication-mode hmac-sha256 key-id** *key-id* { **plain** *plain-text* | **cipher** *plain-cipher-text* } [**level-1** | **level-2**] [**send-only**]命令取消 HMAC-SHA256 认证，同时删除 Hello PDU 中的 HMAC-SHA256 认证信息
3	**isis authentication-mode keychain** *keychain-name* [**level-1** | **level-2**] [**send-only**] 例如，[Huawei-GigabitEthernet1/0/0] **isis authentication-mode keychain isiskey**	（四选一）配置 IS-IS 接口的 Keychain 认证模式。 命令中的参数 *keychain-name* 用来指定 Keychain 名称，1～47 个字符，不区分大小写，不支持空格。其他选项说明参见前面介绍的简单认证模式配置命令。 【说明】所使用的 Keychain（密钥链）需已使用 **keychain** *keychain-name* 命令创建，然后分别通过 **key-id** *key-id*、**key-string** { [**plain**] *plain-text* | [**cipher**] *cipher-text* }和 **algorithm** { **hmac-md5** | **hmac-sha-256** | **hmac-sha1-12** | **hmac-sha1-20** | **md5** | **sha-1** | **sha-256** | **simple** }命令配置该 keychain 采用的 key-id、密码及其认证算法，必须保证本端和对端的 key-id、algorithm、key-string 相同，才能建立 IS-IS 邻居。 缺省情况下，IS-IS 的 Hello PDU 中不添加认证信息，对接收到的 Hello PDU 也不做认证，可用 **undo isis authentication- mode keychain** *keychain-name* [**level-1** | **level-2**] [**send-only**]命令取消 Keychain 认证，同时删除 Hello PDU 中的 Keychain 认证信息
4	**quit**	返回系统视图
5	**isis** [*process-id*] 例如，[Huawei]**isis**	启动对应的 IS-IS 进程，进入 IS-IS 视图
6	**area-authentication-mode** { { **simple** | **md5** } { **plain** *plain-text* | [**cipher**] *plain-cipher-text* } [**ip** | **osi**] | **keychain** *keychain-name* | **hmac-sha256 key-id** *key-id* } [**snp-packet** { **authentication-avoid** | **send-only** } | **all-send-only**] 例如，[Huawei-isis-1]**area-authentication-mode md5 hello**	（可选）配置区域认证模式，设置 IS-IS 区域按照预定的方式和密码认证收到的 L1 路由信息报文（LSP 和 SNP），并为发送的 L1 报文加上认证信息。它支持简单认证、MD5 认证、HMAC-SHA256 认证和 Keychain 认证 4 种模式。命令中除了以下选项，其他参数和选项说明参见第 3 步中对应的参数和选项说明，只不过这里是对 L1 区域的 SNP 和 LSP 报文（非 Hello PDU）进行认证。 ● **snp-packet**：二选一选项，指定认证 SNP 报文。 ● **authentication-avoid**：二选一选项，指定不对产生的 SNP 报文封装认证信息，也不认证收到的 SNP 报文。只对产生的 LSP 报文封装认证信息，并认证收到的 LSP 报文。 ● **send-only**：二选一选项，指定对产生的 LSP 和 SNP 报文封装认证信息，只认证收到的 LSP 报文，不认证收到的 SNP 报文。 ● **all-send-only**：二选一选项，指定仅对产生的 LSP 和 SNP 报文封装认证信息，不认证收到的 LSP 和 SNP 报文。 缺省情况下，系统不对产生的 L1 路由信息报文封装认证信息，也不认证收到的 L1 路由信息报文，可用 **undo area-authentication-mode** 命令恢复 IS-IS 区域认证为缺省状态

续表

步骤	命令	说明
7	**domain-authentication-mode** { { **simple** | **md5** } { **plain** *plain-text* | [**cipher**] *plain-cipher-text* } [**ip** | **osi**] | **keychain***keychain-name* | **hmac-sha256 key-id** *key-id* } [**snp-packet** { **authentication-avoid** | **send-only** } | **all-send-only**] 例如，[Huawei-isis-1] **domain-authentication-mode simple** huawei	（可选）设置 IS-IS 路由域中按照预设的方式和密码认证收到的 L2 路由信息报文，并在发送的 L2 区域报文中添加认证信息。命令中的参数和选项参见第 3 步中对应的参数和选项说明，只不过这里是对 L2 区域的 SNP 和 LSP 报文（非 Hello PDU）进行认证。 缺省情况下，系统不对产生的 L2 路由信息报文封装认证信息，也不会认证收到的 L2 路由信息报文，可用 **undo domain-authentication-mode** 命令恢复路由域认证为缺省状态

【说明】IS-IS 区域认证和路由域认证支持以下 4 种组合形式。

- 对发送的 LSP 和 SNP 报文都封装认证信息，并确认收到的 LSP 和 SNP 报文是否通过认证，丢弃没有通过认证的报文。该情况下不能选择 **snp-packet** 或 **all-send-only** 选项。
- 仅对发送的 LSP 报文封装认证信息，并认证收到的 LSP 报文，不对发送的 SNP 报文封装认证信息，也不认证收到的 SNP 报文。该情况下能选择 **snp-packet authentication- avoid** 选项。
- 对发送的 LSP 和 SNP 报文都封装认证信息，仅认证收到的 LSP 报文，不认证收到的 SNP 报文。这种情况下需要选择 **snp-packet send-only** 选项。
- 对发送的 LSP 和 SNP 报文都封装认证信息，但对收到的 LSP 和 SNP 报文都不认证。这种情况下需要选择 **all-send-only** 选项。

7.7.3　IS-IS 认证配置示例

IS-IS 认证配置示例的拓扑结构如图 7-49 所示，RouterA、RouterB、RouterC 和 RouterD 属于同一路由域，要求它们之间通过 IS-IS 协议达到 IP 网络互联的目的。其中，RouterA、RouterB 和 RouterC 属于同一个区域，区域号为 10；RouterD 属于另外一个区域，区域号为 20。

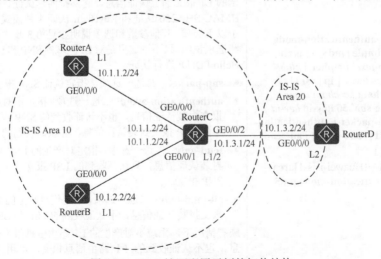

图 7-49　IS-IS 认证配置示例的拓扑结构

在区域 10 内配置区域验证，防止不可信任的路由信息加入区域 10 的 LSDB 中；在 RouterC 和 RouterD 上配置路由域验证，防止将不可信的路由信息注入当前路由域，分别在 RouterA、RouterB、RouterC 和 RouterD 上配置邻接关系验证。

1.　基本配置思路分析

从示例要求中可以看出，本示例要求配置 IS-IS 所支持的全部 3 种认证功能，即接口认证、区域认证和路由域认证，但由于它们都是在 IS-IS 基本功能基础上完成的，所以可得出本示例的基本配置思路，具体说明如下。

① 配置各路由器的接口 IP 地址。

② 配置各路由器的 IS-IS 基本功能。

③ 在 RouterA、RouterB、RouterC 和 RouterD 之间配置接口认证功能。

④ 在 RouterA、RouterB 和 RouterC 上配置区域认证功能。

⑤ 在 RouterC 和 RouterD 上配置路由域认证功能。

2.　具体配置步骤

（1）配置各路由器的接口 IP 地址

在此，仅以 RouterA 上的配置为例进行说明，其他各路由器接口 IP 地址的配置方法一样，RouterA 的配置如下。

```
<RouterA> system-view
[RouterA]interface gigabitethernet0/0/0
[RouterA-Gigabitethernet0/0/0] ip address 10.1.1.2 24
[RouterA-Gigabitethernet0/0/0] quit
```

（2）配置各路由器的 IS-IS 基本功能

RouterA 和 RouterB 均为 L1 路由器，RouterC 为 L1/2 路由器，RouterD 为 L2 路由器，假设 RouterA～RouterD 的系统 ID 分别为 0000.0000.0001～0000.0000.0004，都使能 1 号路由进程。

RouterA 上的配置如下。

```
[RouterA] isis 1
[RouterA-isis-1] is-level level-1
[RouterA-isis-1] network-entity 10.0000.0000.0001.00
[RouterA-isis-1] quit
[RouterA] interface gigabitethernet 2/0/1
[RouterA-Gigabitethernet2/0/1] isis enable 1
[RouterA-Gigabitethernet2/0/1] quit
```

RouterB 上的配置如下。

```
[RouterB] isis 1
[RouterB-isis-1] network-entity 10.0000.0000.0002.00
[RouterB-isis-1] is-level level-1
[RouterB-isis-1] quit
[RouterB] interface gigabitethernet 2/0/1
[RouterB-Gigabitethernet2/0/1] isis enable 1
[RouterB-Gigabitethernet2/0/1] quit
```

RouterC 上的配置如下。

```
[RouterC] isis 1
[RouterC-isis-1] network-entity 10.0000.0000.0003.00
[RouterC-isis-1] quit
[RouterC] interface gigabitethernet 0/0/0
[RouterC-Gigabitethernet0/0/0] isis enable 1
```

```
[RouterC-Gigabitethernet0/0/0] isis circuit-level  level-1
[RouterC-Gigabitethernet0/0/0] quit
[RouterC] interface gigabitethernet 0/0/1
[RouterC-Gigabitethernet0/0/1] isis enable 1
[RouterC-Gigabitethernet0/0/1] isis circuit-level  level-1
[RouterC-Gigabitethernet0/0/1] quit
[RouterC] interface gigabitethernet 0/0/2
[RouterC-Gigabitethernet0/0/2] isis enable 1
[RouterC-Gigabitethernet0/0/2] isis circuit-level  level-2
[RouterC-Gigabitethernet0/0/2] quit
```

RouterD 上的配置如下。

```
[RouterD] isis 1
[RouterD-isis-1] network-entity 20.0000.0000.0004.00
[RouterD-isis-1] is-level level-2
[RouterD-isis-1] quit
[RouterD] interface gigabitethernet 0/0/0
[RouterD-Gigabitethernet0/0/0] isis enable 1
[RouterD-Gigabitethernet0/0/0] quit
```

完成以上配置后，在各路由器上执行 **display isis route** 命令可查看各自的 IS-IS 路由表，会发现 RouterD 上已有 IS-IS 网络中的全部路由。

（3）在 RouterA、RouterB、RouterC 和 RouterD 之间配置邻接关系认证

分别在 RouterA 的 Gigabitethernet0/0/0、RouterC 的 Gigabitethernet0/0/0 配置接口认证，认证方式为 MD5 明文，认证密码为 "eRg"。

【说明】 在配置过程中可以通过执行 **display isis peer** 命令，验证一条链路只配置一端的邻接关系认证功能时，链路两端设备间不能建立最终邻接关系，只有链路两端同时配置相同的认证方式和相同的认证密码时，才能成功建立邻接关系，具体配置如下。

```
[RouterA] interface gigabitethernet 0/0/0
[RouterA-Gigabitethernet0/0/0] isis authentication-mode md5 plain cRg
[RouterA-Gigabitethernet0/0/0] quit
[RouterC] interface gigabitethernet 0/0/0
[RouterC-Gigabitethernet0/0/0] isis authentication-mode md5 plain eRg
[RouterC-Gigabitethernet0/0/0] quit
```

分别在 RouterB 的 Gigabitethernet0/0/0、RouterC 的 Gigabitethernet0/0/1 配置接口认证，认证方式为 MD5 明文，认证密码为 "t5Hr"，具体配置如下。

```
[RouterB] interface gigabitethernet 0/0/0
[RouterB-Gigabitethernet0/0/0] isis authentication-mode md5 plain t5Hr
[RouterB-Gigabitethernet0/0/0] quit
[RouterC] interface gigabitethernet 0/0/1
[RouterC-Gigabitethernet0/0/1] isis authentication-mode md5 plain t5Hr
[RouterC-Gigabitethernet0/0/1] quit
```

分别在 RouterC 的 Gigabitethernet0/0/2、RouterD 的 Gigabitethernet0/0/0 配置接口认证，认证方式为 MD5 明文，认证密码为 "hSec"，具体配置如下。

```
[RouterC] interface gigabitethernet 0/0/2
[RouterC-Gigabitethernet0/0/2] isis authentication-mode md5 plain hSec
[RouterC-Gigabitethernet0/0/2] quit
[RouterD] interface gigabitethernet 0/0/0
[RouterD-Gigabitethernet0/0/0] isis authentication-mode md5 plain hSec
[RouterD-Gigabitethernet0/0/0] quit
```

（4）在 RouterA、RouterB 和 RouterC 上配置区域认证

该认证方式为 MD5 明文认证，认证密码为 "10Sec"。

　　【说明】在配置过程中可以验证，区域认证配置是否成功不影响邻居设备间的邻接关系的建立，仅会影响设备之间的 IS-IS 报文交互和 LSDB 同步，具体配置如下。

```
[RouterA] isis 1
[RouterA-isis-1] area-authentication-mode md5 plain 10Sec
[RouterA-isis-1] quit
[RouterB] isis 1
[RouterB-isis-1] area-authentication-mode md5 plain 10Sec
[RouterB-isis-1] quit
[RouterC] isis 1
[RouterC-isis-1] area-authentication-mode md5 plain 10Sec
[RouterC-isis-1] quit
```

（5）在 RouterC 和 RouterD 上配置路由域认证

该认证方式为 MD5 明文认证，认证密码为"1020Sec"。

　　【说明】在配置过程中可以验证，路由域认证配置是否成功不影响邻居设备间的邻接关系的建立，仅会影响设备之间的 IS-IS 报文交互和 LSDB 同步，具体配置如下。

```
[RouterC] isis 1
[RouterC-isis-1] domain-authentication-mode md5 plain 1020Sec
[RouterC-isis-1] quit
[RouterD] isis 1
[RouterD-isis-1] domain-authentication-mode md5 plain 1020Sec
```

第8章
BGP 路由

本章主要内容

BGP 是一种外部网关路由协议，用于连接不同 AS 中的网络，但 BGP 自己不能产生路由，只能通过引入 IGP 路由而生成路由。同时，BGP 又是一种具有丰富路由属性的路由协议，可以灵活地进行路由选路。

8.1　BGP 基础

为方便管理规模不断扩大的网络，网络被分成了不同的自治系统（Autonomous System，AS）。1982 年，外部网关协议（Exterior Gateway Protocol，EGP）用于在 AS 之间动态交换路由信息。但是 EGP 比较简单，只发布网络可达的路由信息，而不优选路由信息，同时也没有考虑环路避免等问题，所以很快就无法满足网络管理的要求。

边界网关协议（Border Gateway Protocol，BGP）是用于取代最初的 EGP 而设计的另一种外部网关协议。与最初的 EGP 不同，BGP 能够进行路由优选、避免路由环路、更高效地传递路由和维护大量的路由。

8.1.1　AS

AS 是指在一个组织机构管辖下的拥有相同选路策略的设备集合。BGP 网络中的每个 AS 都被分配了一个唯一的 AS 号，用于区分不同的 AS。

BGP 中的 AS 号由 IANA 负责分发，分为 2 字节、4 字节两种表示方式。最初仅 2 字节 AS 号，取值范围为 1～65535 的整数，4 字节 AS 号是后来在 RFC 5396 中定义的，以便可以分配更多的 AS 号，其取值范围为 65536～4294967295 的整数（可以有不同表示格式），属于扩展 AS 号。

RFC 5398 中规定，在 2 字节 AS 号中，在 1～64511 的是公网 AS，在 64512～65534 的是私网 AS 号；在 4 字节 AS 号中，4200000000～4294967294 为私有 AS 号。

AS 有以下两种表示格式。

（1）Asplain AS（无格式 AS）

Asplain AS 号是一个普通的十进制整数，是 BGP 缺省的 AS 号格式。Asplain AS 号格式中的 AS 可以是 2 字节的，也可以是 4 字节的，不同的长度仅代表 AS 号的取值范围不同。例如，65526 是一个 2 字节的 AS 号，234567 是一个 4 字节的 AS 号。

（2）Asdot AS（点分 AS）

Asdot AS 号是一个由点分记数法表示的十进制数。它规定：如果是 2 字节的 AS 号（最大值为 65535），则直接用它的十进制整数表示，例如，65526 是一个 2 字节的 AS 号，仍用 65526 表示；如果是 4 字节的 AS 号，则采用点分记数法表示。

点分记数法的计算方法是先把这个 4 字节十进制 AS 号转换成二进制，然后从右向左每 16 位（2 字节）分成一段，在两段之间以小圆点分隔，再将这两段分别换算成十进制。例如，234567 是一个 4 字节的 AS 号，要采用点分格式的话，先把十进制整数 234567 转换成二进制，结果为 111001010001000111，然后从右向左每 16 位分成一段，分别得到 11 和 1001010001000111，然后在两段之间以小圆点分隔，最后再对这两段分别换算成十进制，即可得到结果为 3.37959。

尽管可以任意使用 Asplain 格式或者 Asdot 格式的 4 字节 AS 号，但在 **display** 命令的输出中，或者在正则表达式中仅显示或匹配一种格式。在使用正则表达式来匹配 Asdot AS 号时，因为在 Asdot 格式的 AS 中包括了一个在正则表达式中代表特殊含义的句点（.）符号，所以在句点前必须键入一个反斜杠（\），例如 1\.14，以确保正则表达式不会匹配失败。

采用缺省的 Asplain 格式时，配置格式与 display 命令的输出及正则表达式匹配的格式比较见表 8-1，采用缺省的 Asplain 格式时，两种不同 AS 配置格式情形下，**display** 命令的输出及正则表达式匹配的格式。从中可以看出，当采用 Asdot 格式输入 4 字节的 AS 号时，最终是以 Asplain 格式显示和匹配的，原来点分格式的 1.0~65535.65535 转换成非点分格式的 65536~4294967295。

表 8-1　采用缺省的 Asplain 格式时，配置格式与 display 命令的输出及正则表达式匹配的格式比较

配置格式	display 命令的输出格式及正则表达式匹配的格式
（Asplain 格式）2 字节：1~65535， 4 字节：65536~4294967295	2 字节：1~65535 4 字节：65536~4294967295
（Asdot 格式）2 字节：1~65535， 4 字节：1.0~65535.65535	2 字节：1~65535 4 字节：65536~4294967295

采用 Asdot 格式时，配置格式与 display 命令的输出及正则表达式匹配的格式比较见表 8-2，当强制设置为 Asdot 格式时，两种不同 AS 配置格式情形下，**display** 命令的输出及正则表达式匹配的格式。从中可以看出，当采用 Asplain 格式输入 4 字节的 AS 号时，最终是以 Asdot 格式显示和匹配的，原来非点分格式的 65536~4294967295 转换成了点分格式的 1.0~65535.65535。

表 8-2　采用 Asdot 格式时，配置格式与 display 命令的输出及正则表达式匹配的格式比较

配置格式	display 命令的输出格式及正则表达式匹配的格式
（Asplain 格式）2 字节：1~65535 4 字节：65536~4294967295	2 字节：1~65535 4 字节：1.0~65535.65535
（Asdot 格式）2 字节：1~65535 4 字节：1.0~65535.65535	2 字节：1~65535 4 字节：1.0~65535.65535

8.1.2　BGP 概述

BGP 经历了多个版本的发展。1980 年左右，为了解决网络规模不断扩大、路由数量不断增加的问题，提出了 AS 的概念，在 AS 之间使用 EGP 互联。但由于 EGP 只发布路由，不控制路由优选，且无路由环路避免机制，于是 1989 年发布了第一个 BGP 版本，即 BGP-1，对应 RFC 1105。在随后的 1990 年，又发布了 RFC 1163，即 BGP-2 版本，正式提出了路径属性概念。自此，BGP 可以基于路径属性进行路由优选和路径控制。

后来 BGP 又发布了多个版本：1994 年开始使用 BGP-4（RFC 1771）；2006 年之后单播 IPv4 网络使用 BGP-4（RFC 4271）版本，其他网络（例如 IPv6）使用 MP-BGP（多协议 BGP，对应 RFC 4760）版本，统一称之为 BGP4+。

BGP 的基本特点说明如下。

① BGP 是应用层协议，使用 TCP 作为其传输层协议，对应 TCP 179 号端口，基于 TCP 连接在对等体间建立 BGP 会话。

② BGP 只传递路由信息，不传递链路信息，因此，不会暴露 AS 内部的拓扑信息。

③ BGP 通常被称之为路径矢量路由协议，每条 BGP 路由可以携带多种路径属性。BGP 可以通过这些路径属性控制路径选择，而不是像 OSPF、IS-IS 那样只能通过路径开

销（cost）控制路径选择。因此，在路径选择上，BGP 具有丰富的可操作性，可以在不同场景下选择最适合的路径控制方式。

④ **BGP 只发送增量 BGP 路由，进行触发式更新，不会进行周期性更新。**

⑤ BGP 提供了丰富的路由策略，能够灵活地进行路由选路，并能指导对等体按策略发布路由。

⑥ BGP 支持 MPLS/VPN 的应用，可传递用户 VPN 路由。

⑦ BGP 提供了可用于防止路由振荡的路由聚合和路由衰减功能，可有效提高网络的稳定性。

BGP 存在 EBGP（External BGP，外部 BGP）和 IBGP（Internal BGP，内部 BGP）两种对等体关系，EBGP 和 IBGP 对等体示意如图 8-1 所示。

EBGP 对等体是位于不同 AS 的 BGP 路由器之间的 BGP 对等体关系。两台 BGP 路由器之间要建立 EBGP 对等体关系，必须满足两个条件：两个 BGP 路由器位于不同的 AS 中；在配置 EBGP 对等体时，**peer** 命令所指定的对等体 IP 地址之间要求路由可达，并且能建立 TCP 连接。

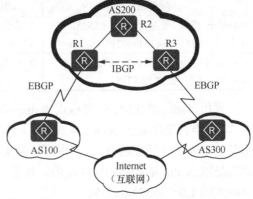

图 8-1　EBGP 和 IBGP 对等体示意

IBGP 对等体是位于同一 AS 内部的 BGP 路由器之间的 BGP 对等体关系。

因为 BGP 是应用层协议，是基于 TCP 建立 BGP 会话的，所以 EBGP 对等体和 IBGP 对等体均可以跨设备建立，即对等体之间均可以是非直连的。

8.2　BGP 报文及对等体关系建立

BGP-4 有 Open（建立）、Update（更新）、Notification（通知）、Keepalive（保持活跃）和 Route-refresh（路由刷新）5 种报文。其中，Keepalive 报文为周期性发送，其余报文为触发式发送。

① Open：用于协商 BGP 对等体参数，建立 BGP 对等体连接，在 BGP TCP 连接建立成功后发送。Open 报文类似于 OSPF 和 IS-IS 中的 Hello 报文。

② Update：用于在对等体之间交换路由信息，类似于 OSPF 中的 LSU 报文，在 BGP 对等体关系建立后，如果有路由需要发送或者路由发生变化，则向对等体发送。

③ Notification：用于报告错误信息，当 BGP 连接中断，或在 BGP 运行过程中发现错误时，向对等体发送。

④ Keepalive：用于保持 BGP 对等体连接，类似于在 OSPF 和 IS-IS 中通过 Hello 报文维护邻居关系。当 BGP 路由器收到对端发送的 Keepalive 报文时，将对等体状态置为已建立，同时后续双方会定期发送该报文，以保持 BGP 会话。

⑤ Route-refresh：用于在改变路由策略后，触发请求对等体重新发送路由信息。只

有支持路由刷新（Route-refresh）能力的 BGP 设备才会发送和响应此报文。

8.2.1　BGP 报头格式

BGP 的 5 种报文有相同的报头，BGP 报头格式如图 8-2 所示，各字段说明如下。

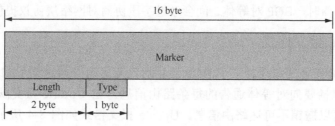

图 8-2　BGP 报头格式

① Marker：16 字节，不仅用于检查 BGP 对等体的同步信息是否完整，还用于 BGP 验证的计算。当不使用验证功能时，所有比特均为"1"，相当于一个报文的头部标识符。

② Length：2 字节，标识 BGP 报文总长度（包括报头在内），以字节为单位。

③ Type：1 字节，标识 BGP 报文的类型。其取值为 1～5，分别表示 Open、Update、Notification、Keepalive 和 Route-refresh 报文。其中，前 4 种报文在 RFC 1771 中定义，而 Route-refresh 报文在 RFC 2918 中定义。

8.2.2　Open 报文格式

Open 报文是 BGP 对等体间成功建立了 TCP 连接后发送的第一个报文，用于建立 BGP 对等体之间的连接关系。Open 报文格式如图 8-3 所示，各字段说明如下。

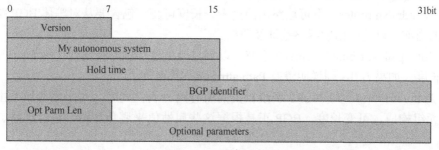

图 8-3　Open 报文格式

① Version：版本，1 字节，用于标识本地设备使用的 BGP 版本。对 BGP-4 来说，其值为 4。

② My autonomous system：我的 AS，2 字节或 4 字节，用于标识本地 AS 号。通过比较两端的 AS 号可以确定是 EBGP 连接（不同时），还是 IBGP 连接（相同时）。

③ Hold time：保持时间，2 字节，以秒为单位标识对等体与本地设备保持连接的时间。在建立对等体关系时，两端要协商 Hold time，并保持一致。如果在这个时间内未收到对端发来的 Keepalive 报文或 Update 报文，则认为 BGP 连接中断。

④ BGP identifier：BGP 标识符，4 字节，以点分十进制格式的 IP 地址的形式标识 BGP 路由器，即路由器的 Router ID。

⑤ Opt Parm Len（Optional Parameters Length）：可选参数长度，1 字节，标识 "Optional parameters"（可选参数）字段的总长度。其值如果为 0，则没有可选参数。

⑥ Optional parameters：可选参数，长度可变，用于多协议扩展（Multiprotocol Extensions）等功能，例如，BGP 验证信息。除了 IPv4 单播路由信息，"BGP4+" 还支持多种网络层协议，在会话协商时，BGP 对等体之间会通过字段协商对网络层协议提供支持能力。

8.2.3　Update 报文格式

在 BGP 对等体之间成功建立了 BGP 会话后，双方可开始利用 Update 报文进行路由信息交换，包括要向对等体通告的每条路由信息。**但 Update 报文既可以发布可达路由信息，也可以撤销不可达路由信息。**Update 报文格式如图 8-4 所示，各字段说明如下。

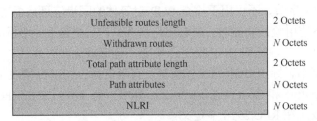

图 8-4　Update 报文格式

① Unfeasible routes length：以字节为单位标识不可达路由（Withdrawn routes）长度，占 2 字节，包含通知对等体从它的 BGP 路由表中要撤销的当前不可达路由的数量。如果为 0，则说明没有要撤销的路由，也就没有 Withdrawn routes 字段。

② Withdrawn routes：不可达路由的列表，长度可变，包含要从对等体 BGP 路由表中撤销的当前不可达路由的网络地址及前缀。

③ Total path attribute length：2 字节，以字节为单位标识路径属性（Path attributes）字段的长度。如果为 0，则说明没有 Path attributes 字段。

④ Path atributes：与 NLRI 字段相关的所有路径属性列表，每个路径属性由一个 TLV 三元组构成，可变长度。BGP 正是根据这些属性值来避免环路，进行选路、协议扩展等。

⑤ NLRI（Network Layer Reachability Information，标识网络层可达信息）：包含要向对等体通告的每条可达路由的前缀，长度可变。

一条 Update 报文可以通告**具有相同路径属性**的多条路由，这些路由放在 NLRI 字段中，Path Attributes 字段携带了这些路由的属性，BGP 根据这些属性进行路由选择。同时，Update 报文还可以携带多条不可达路由信息，被撤销的路由放在 Withdrawn routes 字段中，用来通知对等体要撤销的路由。

8.2.4　Notification 报文格式

当 BGP 检测到错误状态时，就会向对等体发出 Notification（通知）报文，之后 BGP 连接会立即中断。Notification 报文格式如图 8-5 所示，各字段说明如下。

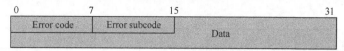

图 8-5　Notification 报文格式

① Error code：差错码，1 字节，指定错误类型，包括消息头出错、Open 消息错误、Update 消息错误、保持计时器超时、状态机错误和连接终止共 6 类，对应十六进制中的 1～6。

② Error subcode：差错子码，1 字节，描述错误类型的详细信息。

③ Data：错误消息内容，可变长度，用于辅助发现错误的原因。它的内容依赖于具体的差错码和差错子码，记录的是出错部分的数据。

主要 Notification 报文差错码、差错子码说明见表 8-3。

表 8-3　主要 Notification 报文差错码、差错子码说明

错误代码	子错误代码	错误说明
1	1	Marker 字段信息错误
	2	报文长度错误
	3	报文类型错误
2	1	不支持的 BGP 版本号
	2	对等体 AS 错误
	3	BGP 标识符错误
	4	不支持的可选参数
	5	验证失败
	6	不可接受的保持时间
	7	不支持的协商能力
3	1	畸形的属性列表（报文过大）
	2	不可识别的公认属性
	3	缺少公认属性
	4	属性标识错误
	5	属性长度错误
	6	无效的源属性
	7	AS 号环路
	8	无效的下一跳属性
	9	可选属性错误
	10	无效的网络层信息
	11	畸形的 AS-Path 属性
4	0	保持计时器超时
5	0	状态机错误
6	1	路由前缀超限
	2	管理员关闭
	3	邻居重新配置
	4	管理员重新连接
	5	拒绝连接

续表

错误代码	子错误代码	错误说明
6	6	其他配置变更
	7	连接冲突
	8	资源不足
	9	BFS 通知邻居 Down

8.2.5 Keepalive 报文格式

BGP 路由器在收到对端发送的 Keepalive 报文后，会将对等体状态置为 Established（已建立），然后会定期向对等体发送该报文，用来保持对等体连接的有效性。

Keepalive 报文格式中仅包含图 8-2 所示的 BGP 报头，没有附加其他任何字段。

8.2.6 Route-refresh 报文格式

Route-refresh 报文用来要求对等体重新发送指定地址族的路由信息，Route-refresh 报文格式如图 8-6 所示，各字段说明如下。

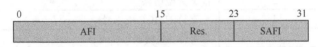

图 8-6　Route-refresh 报文格式

【说明】在使用 Open 报文进行 BGP 会话协商时，会在对等体之间协商是否支持路由刷新功能，如果支持，则可通过 **refresh bgp** 命令手动对 BGP 连接进行软复位。BGP 软复位可以在不中断 BGP 连接的情况下刷新 BGP 路由表，并应用新的策略。

① AFI：Address Family Identifier，地址族标识符，2 字节，用于标识所采用的地址族类型。

② Res.：保留，1 字节，必须全部置 0。

③ SAFI：Subsequent Address Family Identifier，子地址族标识符，1 字节，用于标识子地址族类型。

8.2.7 BGP 对等体关系建立

在 BGP 对等体关系建立过程中要用到 Open 和 Keepalive 两种报文。BGP 对等体关系成功建立后，则可以使用 Update 报文进行路由信息更新。但 BGP 是应用层协议，使用 TCP 179 号端口，因此，BGP 支持在非直连的路由器之间建立对等体关系。

BGP 对等体建立流程如图 8-7 所示，两台 BGP 路由器（可以是直连的，也可以是非直连的）建立对等体的基本流程，具体说明如下。

① 先启动 BGP 的一端（此处假设是 RouterA）向对端（RouterB）发起 TCP 连接建立请求，包括完整的 TCP 连接建立的 3 次握手过程。本步骤对应图中的第①部分。

② 两端成功建立了 TCP 连接后，即开始交互 BGP Open 报文，协商 BGP 会话参数。Open 报文中携带的参数包括 My autonomous system（本端的 AS 号）、Hold time（用于协商后续 Keepalive 报文发送的时间间隔），以及 BGP identifier（本端的 Router ID）。

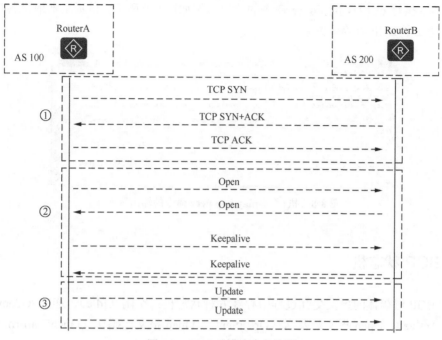

图 8-7　BGP 对等体建立流程

【说明】在 BGP 对等体建立过程中，两端都会向对端发起一个 TCP 连接建立过程，但实际上 BGP 只会保留其中一个 TCP 连接。选择的依据是从收到的 Open 报文中获取对端的 BGP identifer，即对端的 Router ID。如果本端的 Router ID 小于对端的 Router ID，则关闭本端的 TCP 连接，使用由对端主动发起的 TCP 连接进行后续的 BGP 报文交互。

③ 两端通过 Open 报文协商好参数后，即相互向对端发送 Keepalive 报文。一端在收到对端发来的 Keepalive 报文后，即与对端成功建立 BGP 对等体关系。然后，双方会按照在交互 Open 报文过程中协商的 Hold time 参数，定期发送 Keepalive 报文，用于保持它们之间的 BGP 对等体连接。

以上第②步和第③步对应图中的第②部分。

④ BGP 对等体关系建立后，两端 BGP 路由器相互向对端发送 Update 报文，通告路由信息。本步对应图中的第③部分，但不属于 BGP 对等体建立部分。

缺省情况下，BGP 使用报文的出接口作为 TCP 连接的本地接口。在配置 IBGP 对等体关系时，建议使用本地的 Loopback 接口的 IP 地址作为 TCP 连接的源 IP 地址：一是因为 Loopback 接口不会出现关闭情形，所以非常稳定；二是通过 Loopback 接口建立的 TCP 连接还可以借助 AS 内的 IGP 路由和可选的冗余拓扑结构来提高连接的可靠性，但此时要注意 IBGP 的多跳问题。

在配置 EBGP 对等体时，通常选用直连接口的 IP 地址作为 TCP 连接的源 IP 地址，因为 EBGP 连接的是不同 AS 中的设备，所以不能使用 IGP 路由和冗余拓扑结构来提高连接的可靠性。当然也可以使用 Loopback 接口来建立 EBGP 对等体间的 TCP 连接，但此时要注意 EBGP 的多跳问题。

建立好 BGP 对等体后，可以在设备任意视图下执行 **display bgp peer** 命令查看 BGP

对等体表。执行 **display bgp peer** 命令的输出示例如图 8-8 所示，显示了本地设备与另两台设备建立了 BGP 对等体关系。

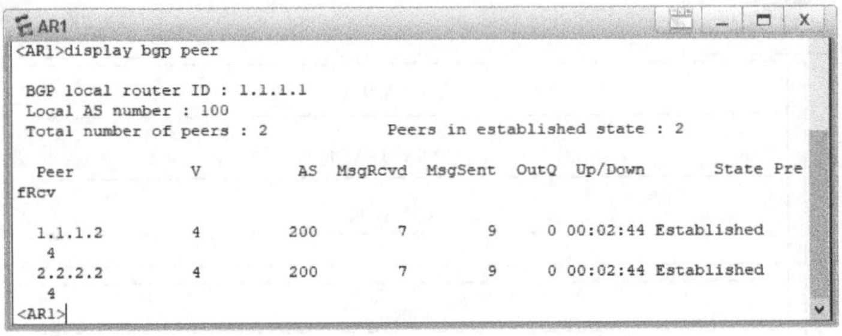

```
EAR1                                                        _ □ X
<AR1>display bgp peer

 BGP local router ID : 1.1.1.1
 Local AS number : 100
 Total number of peers : 2              Peers in established state : 2

  Peer              V          AS  MsgRcvd  MsgSent  OutQ  Up/Down      State Pre
fRcv

  1.1.1.2           4          200       7        9     0 00:02:44 Established
  4
  2.2.2.2           4          200       7        9     0 00:02:44 Established
  4
<AR1>
```

图 8-8　执行 **display bgp peer** 命令的输出示例

8.3　BGP 状态机

在 BGP 对等体的报文交互过程中存在 6 种状态机：空闲（Idle）、连接（Connect）、活跃（Active）、Open 报文已发送（OpenSent）、Open 报文已确认（OpenConfirm）和连接已建立（Established）。BGP 状态机的说明见表 8-4。

表 8-4　BGP 状态机的说明

状态机名称	说明
Idle	此状态的设备开始 TCP 连接建立，并监视对等体
Connect	正在进行 TCP 连接，等待完成中。所有验证功能的实现都是在 TCP 连接建立期间完成的。如果 TCP 连接成功，则进入 OpenSent 状态；如果 TCP 连接建立失败，则进入 Active 状态，并反复尝试新的连接
Active	TCP 连接没有建立成功，反复尝试新的连接
OpenSent	TCP 连接成功，并开始发送 Open 报文，协商 BGP 对等体的会话参数
OpenConfirm	BGP 会话协商成功后，向对端发送 Keepalive 报文，同时等待对端发来的 Keepalive 报文
Established	对端发来了 Keepalive 报文，BGP 连接建立成功，可使用 Update 报文向对端通告 BGP 路由信息

BGP 状态机的转换流程如图 8-9 所示。其中，在 BGP 对等体建立的过程中，使用了 Idle、Active 和 Established 3 种状态机。但需要注意的是，BGP 是一个应用层协议，而且使用的是 TCP 传输层协议，因此，在 BGP 对等体连接建立前先要在对等体间建立 TCP 连接。

① Idle 状态是 BGP 的初始状态。在 Idle 状态下，BGP 拒绝邻居发送的连接请求，只有在收到本设备的 Start 事件后，BGP 才开始尝试和其他 BGP 对等体进行 TCP 连接，并转换至 Connect 状态。

【说明】Start 事件是由一个操作者配置一个 BGP 过程，或者重置一个已经存在的过程，或者是路由器软件重置 BGP 过程引发的。任何状态中收到 Notification 报文或 TCP 拆链通知等 Error（错误）事件后，BGP 都会转换至 Idle 状态。

配置完 BGP 对等体后，设备会尝试建立 TCP 连接。此时如果无法发起 TCP 连接，设备将会一直停留在 Idle 状态。缺乏去往 BGP 对等体的路由会导致 BGP 路由器状态机一直处于 Idle 状态。

② 在 Connect 状态下，BGP 启动连接重传定时器，等待 TCP 完成连接。TCP 的 3 次握手建立过程均处于 Connect 状态。

- 如果 TCP 连接成功，那么本地 BGP 向对等体发送 Open 报文，并转换至 OpenSent 状态。
- 如果 TCP 连接失败，那么本地 BGP 转换至 Active 状态。
- 如果连接重传定时器超时后，本地 BGP 仍没有收到对等体的响应，那么本地 BGP 会继续尝试和其他 BGP 对等体进行 TCP 连接，停留在 Connect 状态。

③ 在 Active 状态下，本地 BGP 总是试图建立 TCP 连接。

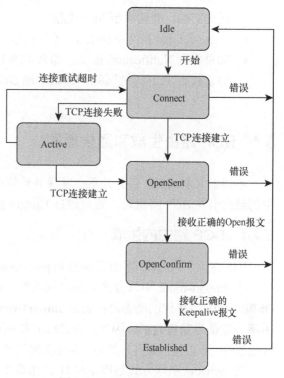

图 8-9　BGP 状态机的转换流程

- 如果 TCP 连接成功，那么本地 BGP 向对等体发送 Open 报文，关闭连接重传定时器，并转换至 OpenSent 状态。
- 如果 TCP 连接失败，那么本地 BGP 停留在 Active 状态。
- 如果连接重传定时器超时后本地 BGP 仍没有收到对等体的响应，那么本地 BGP 转换至 Connect 状态。

④ 在 OpenSent 状态下，本地 BGP 等待对等体的 Open 报文，并检查收到的 Open 报文中的 AS 号、版本号、认证密码等。

- 如果收到的 Open 报文正确，那么本地 BGP 向对等体发送 Keepalive 报文，并转换至 OpenConfirm 状态。
- 如果发现收到的 Open 报文有错误，那么本地 BGP 向对等体发送 Notification 报文给对等体，并转换至 Idle 状态。

⑤ 在 OpenConfirm 状态下，本地 BGP 等待来自对等体的 Keepalive 或 Notification 报文。如果收到 Keepalive 报文，则转换至 Established 状态，对等体关系建立过程就此完成；如果收到 Notification 报文，则转换至 Idle 状态。

⑥ 在 Established 状态下，本地 BGP 可以和 BGP 对等体交换 Update、Keepalive、Route-refresh 和 Notification 报文。

- 如果收到正确的 Update 或 Keepalive 报文，那么本地 BGP 就认为对端处于正常运行状态，将保持 BGP 连接。
- 如果收到错误的 Update 或 Keepalive 报文，那么本地 BGP 发送 Notification 报文

通知对端，并转换至 Idle 状态。

- Route-refresh 报文不会改变 BGP 状态。
- 如果收到 Notification 报文，那么本地 BGP 转换至 Idle 状态。
- 如果收到 TCP 拆链通知，那么本地 BGP 断开连接，转换至 Idle 状态。

8.4 BGP 路由生成和通告原则

不同于 IGP，BGP 自身并不会发现并计算产生路由，因此，BGP 只能将 IGP 路由表中的路由引入 BGP 路由表，然后通过 Update 报文传递给 BGP 对等体。

8.4.1 BGP 路由的生成

IGP 路由引入 BGP 路由表包括 import-route 和 network 两种方式。

① import-route 引入方式是按协议类型，将包括静态路由、直连路由，以及 RIP、OSPF、ISIS 等协议的动态路由通过 **import-route** 命令引入 BGP 路由表。**此时引入的路由不一定是当前有效的**，因为在协议路由表中的路由不一定是当前最优的。另外，也是一种粗放的引入方式，最多只能通过路由策略过滤，否则将引入对应类型的全部 IGP 路由。

② network 引入方式是逐条**将 IP 路由表中已经存在的有效路由**引入 BGP 路由表中，然后可以通过 Update 报文向其 BGP 对等体进行 BGP 路由信息通告。

Network 引入方式比 import-route 引入方式更精确，且引入的都是当前有效的最优路由。但 network 方式引入的路由必须是已存在于 IP 路由表中的路由条目，否则不会被成功引入 BGP 路由表中。

可在任意视图下执行 **display bgp routing-table** 命令查看本地的 BGP 路由表，执行 **display bgp routing-table** 命令的输出如图 8-10 所示，主要字段说明如下。

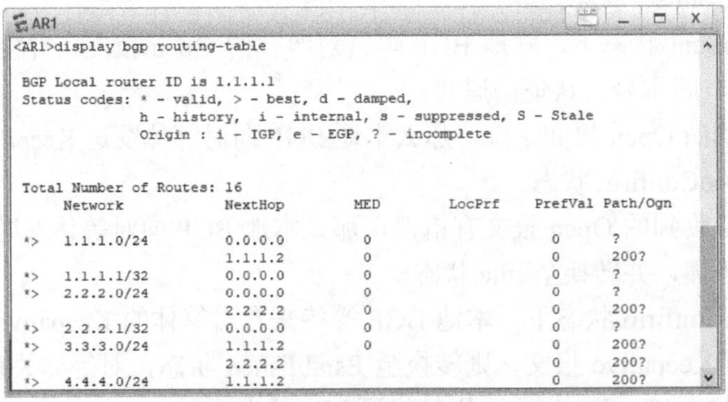

```
<AR1>display bgp routing-table

 BGP Local router ID is 1.1.1.1
 Status codes: * - valid, > - best, d - damped,
               h - history,  i - internal, s - suppressed, S - Stale
               Origin : i - IGP, e - EGP, ? - incomplete


 Total Number of Routes: 16
      Network            NextHop        MED        LocPrf    PrefVal Path/Ogn

 *>   1.1.1.0/24         0.0.0.0         0                     0      ?
                         1.1.1.2         0                     0      200?
 *>   1.1.1.1/32         0.0.0.0         0                     0      ?
 *>   2.2.2.0/24         0.0.0.0         0                     0      ?
                         2.2.2.2         0                     0      200?
 *>   2.2.2.1/32         0.0.0.0         0                     0      ?
 *>   3.3.3.0/24         1.1.1.2         0                     0      200?
 *                       2.2.2.2                               0      200?
 *>   4.4.4.0/24         1.1.1.2                               0      200?
```

图 8-10 执行 **display bgp routing-table** 命令的输出

- Network：路由的目的网络 IP 地址及子网掩码。
- NextHop：下一跳 IP 地址。

以下 4 个字段是 BGP 路由的路径属性，具体将在 8.6 节介绍。

- MED：Multi-Exit Discriminator，多出口鉴别器，是 BGP 路由的一种路径属性。

- LocaPrf：Local_Prefrence，本地优先级，是 BGP 路由的一种路径属性。
- Pref Val：Preferred-Value，首选值，是 BGP 路由的一种路径属性。
- Path/Ogn：Path/Origin，路径和源，是 BGP 路由的两种路径属性。

还可以通过 **display bgp routing-table** *ipv4-address* {*mask* | *mask-length*}命令查看指定 IP 地址/掩码长或掩码长度的 BGP 路由信息。

8.4.2　BGP 路由的 4 项通告原则

BGP 路由生成后，可通过 Update 报文向对等体通告，但除了首次，BGP 路由器只**通告要更新的 BGP 路由，不发送整个 BGP 路由信息**，且必须遵循以下 4 项通告原则。

（1）只通告最优且有效的 BGP 路由

这里所说的"有效"是指路由中指定的"下一跳"可达的意思，即要求该 BGP 路由的下一跳有路由可达。在执行 **display bgp routing-table** 命令查看 BGP 路由表时，同时有">"（最优）和"*"（有效）标识的代表是最优且有效的 BGP 路由。

BGP 通告原则拓扑示例一如图 8-11 所示。在图 8-11 所示网络中，已在 AS 100 中的 RouterA 上通过 **network 192.168.1.0 24** 命令向 BGP 路由表中引入了 Loopback1 接口所代表的 192.168.1.0/24 网段路由，通过 **import-route direct** 命令向 BGP 路由表中引入了所有直连路由，并且配置了各相邻 BGP 路由器之间的对等体关系。

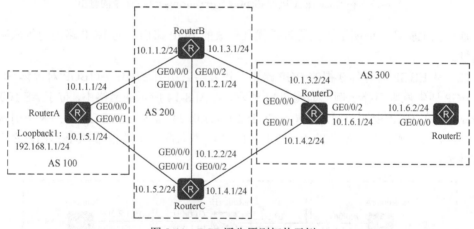

图 8-11　BGP 通告原则拓扑示例一

此时，在 RouterD 上执行 **display bgp routing-table** 命令的输出如图 8-12 所示，其中有 3 条是有效且最优的路由（前面均有"*"和">"符号），另外 3 条目的地址相同的路由的前面仅有"*"符号，这代表的是有效的路由，但不是最优的路由。

【说明】缺省情况下，BGP 只会选取一条最优的路由，没有等价路由，尽管可能存在多条到达同一目的地的 BGP 路由都是有效的，且 AS_Path 属性等都是一样的。BGP 路由的具体选优策略将在 8.8 节介绍。

在 RouterE 上执行 **display bgp routing-table** 命令，查看 RouterE 的 BGP 路由表，会发现 RouterD 只学习到了图 8-12 中的 3 条"有效且最优"的路由，另外 3 条"仅有效"的路由没有学习到，在 RouterE 上执行 **display bgp routing-table** 命令的输出如图 8-13 所示。

```
<RouterD>display bgp routing-table

 BGP Local router ID is 4.4.4.4
 Status codes: * - valid, > - best, d - damped,
               h - history,  i - internal, s - suppressed, S - Stale
               Origin : i - IGP, e - EGP, ? - incomplete


 Total Number of Routes: 6
      Network            NextHop        MED        LocPrf    PrefVal Path/Ogn

 *>   10.1.1.0/24        10.1.3.1                              0      200 100?
 *                       10.1.4.1                              0      200 100?
 *>   10.1.5.0/24        10.1.3.1                              0      200 100?
 *                       10.1.4.1                              0      200 100?
 *>   192.168.1.0        10.1.3.1                              0      200 100i
 *                       10.1.4.1                              0      200 100i
<RouterD>
```

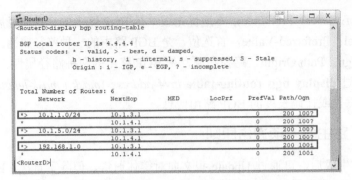

图 8-12　在 RouterD 上执行 **display bgp routing-table** 命令的输出

```
<RouterE>display bgp routing-table

 BGP Local router ID is 5.5.5.5
 Status codes: * - valid, > - best, d - damped,
               h - history,  i - internal, s - suppressed, S - Stale
               Origin : i - IGP, e - EGP, ? - incomplete


 Total Number of Routes: 3
      Network            NextHop        MED        LocPrf    PrefVal Path/Ogn

 i  10.1.1.0/24          10.1.3.1                   100        0      200 100?
 i  10.1.5.0/24          10.1.3.1                   100        0      200 100?
 i  192.168.1.0          10.1.3.1                   100        0      200 100i
<RouterE>
```

图 8-13　在 RouterE 上执行 **display bgp routing-table** 命令的输出

通过以上验证，证明了“只通告最优且有效的 BGP 路由”的 BGP 路由通告原则的正确性。

（2）从 EBGP 对等体获得的 BGP 路由，可发给它所有 EBGP 和 IBGP 对等体

BGP 通告原则拓扑示例二如图 8-14 所示。在图 8-14 所示的网络中，位于 AS 100 的 RouterA 已在 BGP 视图中通过 **network** 192.168.1.0 24 命令，向 BGP 路由表中引入了 Loopback1 接口所代表的网段路由 192.168.1.0/24，并且配置了各相邻 BGP 路由器之间的对等体关系。

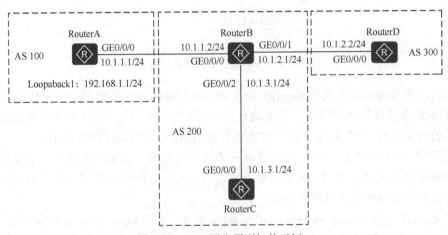

图 8-14　BGP 通告原则拓扑示例二

此时，在 RouterB 上执行 **display bgp routing-table** 命令，可以看到它已通过其 EBGP

对等体RouterA学习到了192.168.1.0/24路由，在RouterB上执行 **display bgp routing-table** 命令的输出如图 8-15 所示。

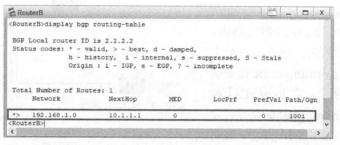

图 8-15 在 RouterB 上执行 **display bgp routing-table** 命令的输出

在 RouterC 上执行 **display bgp routing-table** 命令，可以看到它已通过其 IBGP 对等体 RouterB 学习到了 192.168.1.0/24 路由，在 RouterC 上执行 **display bgp routing-table** 命令的输出如图 8-16 所示；在 RouterD 上执行 **display bgp routing-table** 命令，可以看到它已通过其EBGP对等体RouterB学习到了192.168.1.0/24路由，在RouterD上执行 **display bgp routing-table** 命令的输出如图 8-17 所示。

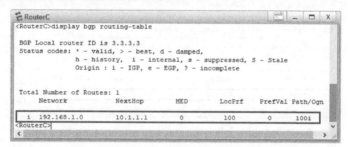

图 8-16 在 RouterC 上执行 **display bgp routing-table** 命令的输出

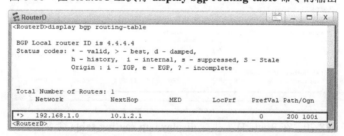

图 8-17 在 RouterD 上执行 **display bgp routing-table** 命令的输出

通过以上验证，可以证明"从EBGP对等体获得的BGP路由，可以发给它所有EBGP和IBGP对等体"的BGP路由通告原则的正确性。

（3）从 IBGP 对等体获得的 BGP 路由，只发给它的 EBGP 对等体，不会再发给它的其他 IBGP 对等体

BGP 通告原则拓扑示例三如图 8-18 所示。在图 8-18 所示的网络中，位于 AS 100 的 RouterB 已在 BGP 视图中通过 **network** 192.168.1.0 24 命令向 BGP 路由表中引入了 Loopback1 接口所代表的网段路由 192.168.1.0/24，并且配置了各相邻 BGP 路由器之间的对等体关系。

此时，在 RouterA 上执行 **display bgp routing-table** 命令，可以看到它已经学习到了其 IBGP 对等体 RouterA 学习引入的 192.168.1.0/24 网段路由，并且是最优且有效的，在 RouterA 上执行 **display bgp routing-table** 命令的输出如图 8-19 所示；在 RouterC 上执行 **display bgp routing-table** 命令，发现没有 192.168.1.0/24 网段路由，表明 RouterA 并没有向其 IBGP 对等体通告该 IBGP 路由。但是在 RouterD 上执行 **display bgp routing-table** 命令，又可以看到 192.168.1.0/24 网段路由，在

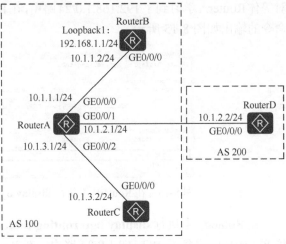

图 8-18　BGP 通告原则拓扑示例三

RouterD 上执行 **display bgp routing-table** 命令的输出如图 8-20 所示。

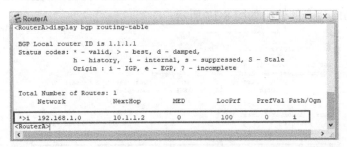

图 8-19　在 RouterA 上执行 **display bgp routing-table** 命令的输出

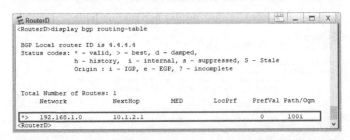

图 8-20　在 RouterD 上执行 **display bgp routing-table** 命令的输出

通过以上验证，可以证明"从 IBGP 对等体获得的 BGP 路由，只发给它的 EBGP 对等体，不会再发给它的其他 IBGP 对等体"的 BGP 路由通告原则的正确性。

（4）当一台 BGP 路由器从自己的 IBGP 对等体学习到一条 BGP 路由时，仅当从 IGP 也学习到该路由时才会将该路由信息通告给其 EBGP 对等体

这就是 BGP 同步规则，即要求 IBGP 路由与 IGP 路由同步。这一规则是针对 AS 域内有路由器不运行 BGP，且也没有在 IGP 路由表中引入 BGP 路由而形成的"路由黑洞"的特定场景。

BGP 通告原则拓扑示例四如图 8-21 所示。RouterA 与 RouterB，RouterE 与 RouterF 建立了 EBGP 对等体关系，RouterB 与 RouterE 建立了非直连的 IBGP 对等体关系，AS

200 中的各路由器通过 OSPF 实现三层互通，**但 RouterC 和 RouterD 上没有运行 BGP**。

现假设连接 RouterF 上的用户要访问 RouterA 上的 Loopback1 接口所代表的 192.168.1.0/24 网段的用户。这需要位于 AS100 中的 RouterA 把 192.168.1.0/24 网段路由信息传递给位于 AS300 中的 RouterF，其方法是 RouterA 先把 192.168.1.0/24 网段 BGP 路由信息通过 Update 报文传递给其 EBGP 对等体 RouterB，RouterB 再通过 Update 报文把该路由信息传递给其 IBGP 对等体 RouterE，RouterE 同样通过 Update 报文把该路由信息传递给其 EBGP 对等体 RouterF。

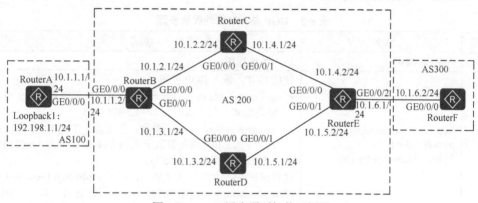

图 8-21　BGP 通告原则拓扑示例四

RouterF 获取到 192.168.1.0/24 网段 BGP 路由后，连接在它上面的用户就认为可以访问 192.168.1.0/24 网段的用户了。于是 RouterF 先通过查找 BGP 路由表，获知下一跳为 RouterE，把访问 192.168.1.0/24 网段的数据包传输到 RouterE。RouterE 也通过查找 BGP 路由表得知下一跳为 RouterB。但 RouterE 与 RouterB 不是直接连接的，于是需要通过 IGP 路由迭代到达 RouterB，根据 OSPF 把访问 192.168.1.0/24 网段的数据包传输到 RouterC 或 RouterD。但 RouterC 和 RouterD 上均不运行 BGP，只运行 OSPF，而且 OSPF 路由进程中也没有引入 BGP 路由，因此，这两台路由器上均没有到达 192.168.1.0/24 网段的 OSPF 和 BGP 路由，会直接丢弃该数据包，最终形成"黑洞路由"。

为了避免这种现象，BGP 路由通告规则中规定：一台路由器（例如，图 8-21 中的 RouterE）从其 IBGP 对等体（例如，图 8-21 中的 RouterB）获得了 BGP 路由时，仅当该路由器的 IGP 路由中也存在该网段的路由项时（例如，RouterE 的 OSPF 路由表中也有 192.168.1.0/24 网段路由表项），才可以将该路由信息通告给其 EBGP 对等体（例如，图 8-21 中的 RouterF），以免其 EBGP 对等体（例如，图 8-21 中的 RouterF）虽然学习到了对应网段的 BGP 路由，但最终仍无法访问该网段。

要解决这种"黑洞路由"问题，有两种方法：一是在 AS 边界路由器（例如，图 8-21 中的 RouterE）上将 BGP 路由（例如，192.168.1.0/24 网段路由）引入 IGP 路由进程（例如，图 8-21 中的 OSPF 路由进程），使 IGP 路由表中也有该网段的路由，这样 AS 域中的路由器（如图 8-21 中的 RouterC 和 RouterD）即使不运行 BGP，也在 IGP 中有该网段的路由；二是在整个 AS 域（例如，图 8-21 中的 AS 200）中各路由器上均运行 BGP，相邻路由器间建立 IBGP 对等体连接。

8.5　BGP 基本功能配置与管理

　　BGP 基本功能的配置主要包括启动 BGP 进程和配置 BGP 对等体，这是组建 BGP 网络的基础，是能够使用 BGP 其他功能的前提。另外，在 BGP 应用配置中，在 BGP 路由表中引入路由也是一项基础配置。

　　BGP 基本功能的配置步骤见表 8-5。

表 8-5　BGP 基本功能的配置步骤

步骤	命令	说明
1	**system-view**	进入系统视图
2	**bgp** { *as-number-plain* | *as-num-ber-dot* } 例如，[Huawei]**bgp** 100	使能 BGP，进入 BGP 视图。 • *as-number-plain*：二选一参数，指定整数形式的 AS 号，整数形式，取值范围为 1～4294967295。 • *as-number-dot*：二选一参数，指定点分形式的 AS 号，格式为 *x.y*，*x* 和 *y* 都是整数形式，*x* 的取值范围为 1～65535，*y* 的取值范围为 0～65535。 缺省情况下，BGP 是未使能的，可用 **undo bgp** [*as-number-plain* | *as-number-dot*]命令关闭指定进程的 BGP。但一个 BGP 设备只能位于一个 AS 中，即只能为 BGP 设备配置一个 AS 号
3	**router-id** *ipv4-address* 例如，[Huawei-bgp] **router-id** 1.1.1.1	配置 BGP 设备的 Router ID，IPv4 地址的点分十进制格式。**缺省情况下，BGP 会自动选取系统视图下配置的 Router ID 作为 BGP 协议的 Router ID。**如果在系统视图下也没有通过 **router id** 命令配置 Router ID，则按照下面的规则进行选择。 • 如果存在配置了 IP 地址的 Loopback 接口，则选择 Loopback 接口 IP 地址中**最大**的作为 Router ID。 • 如果没有配置了 IP 地址的 Loopback 接口，则从其他接口的 IP 地址中选择**最大**的作为 Router ID（不考虑接口的 **Up/Down** 状态）。 为了提高网络的稳定性，建议将 Router ID 手动配置为 Loopback 接口地址，因为 Loopback 接口一旦创建，永远有效。 【注意】当且仅当被选为 Router ID 的接口 IP 地址被删除/修改，才触发重新选择过程。其他情况均不触发重新选择的过程，例如，接口处于 Down 状态，已经选取了一个非 Loopback 接口 IP 地址后又配置了一个 Loopback 接口 IP 地址，配置了一个更大的接口 IP 地址等。 可用 **undo router-id** 命令恢复缺省配置
4	**peer** *ipv4-address* **as-number** { *as-number-plain* | *as-number-dot* } 例如，[Huawei-bgp] **peer** 1.1.1.2 **as-number** 100	创建 BGP 对等体。 • *ipv4-address*：指定要创建 BGP 对等体连接的对等体的 IP 地址。 • *as-number-plain*：二选一参数，指定对等体所属 AS 的整数形式，取值范围为 1～4294967295。 • *as-number-dot*：二选一参数，指定对等体所属 AS 的点分形式，格式为 *x.y*，*x* 和 *y* 都是整数形式，*x* 的取值范围为 1～65535，*y* 的取值范围为 0～65535。 缺省情况下，没有创建 BGP 对等体，可用 **undo peer** *ipv4-address* 命令删除指定的对等体

续表

步骤	命令	说明
5	peer *ipv4-address* **connect-interface** *interface-type interface-number* [*ipv4-source-address*] 例如，[Huawei-bgp] **peer 1.1.1.2 connect-interface** gigabitethernet 1/0/0	（可选）指定发送 BGP 报文的源接口，并可指定发起连接时使用的源 IP 地址。 • *ipv4-address*：指定对等体的 IPv4 地址。 • *interface-type interface-number*：指定与对等体建立 TCP 连接的源接口。 • *ipv4-source-address*：可选参数，指定源接口的源 IP 地址。 在如下场景中，需要配置本命令。 • 使用非直连物理接口建立 BGP 连接时，需要在两端均配置本命令，以保证两端连接的正确性。否则，可能导致 BGP 连接建立失败。 • 如果对端与本端的 loopback 口建立邻居，需要在本端指定的源接口是 loopback 口；如果对端与本端物理接口建立邻居，则需要在本端指定的源接口是物理接口。 • 如果物理接口下配置了多个 IP 地址，需要通过本命令指定源 IP 地址，否则可能导致 BGP 连接建立失败。 • 在两台设备通过多链路建立多个对等体时，需要使用本命令来为每个对等体指定建立连接的源接口，否则可能导致 BGP 连接建立失败。 在使用 Loopback 接口作为 BGP 报文的源接口时，必须注意以下事项。 • 确认 BGP 对等体的 Loopback 接口的地址是可达的。 • 如果是 EBGP 连接，还要配置下一步的 **peer ebgp-max-hop** 命令，允许 EBGP 通过非直连方式建立邻居关系。 缺省情况下，BGP 使用报文的出接口作为 BGP 报文的源接口，可用 **undo peer** *ipv4-address* **connect-interface** 命令恢复缺省设置
6	peer *ipv4-address* **ebgp-max-hop** [*hop-count*] 例如，[Huawei-bgp] **peer 1.1.1.2 ebgp-max-hop 2**	（可选）配置允许 BGP 同非直连网络上的对等体建立 EBGP 连接，并同时可以指定允许的最大跳数。 • *ipv4-address*：指定对等体的 IPv4 地址。 • *hop-count*：可选参数，指定允许的最大跳数，整数形式，范围为 1～255，缺省值为 255。当最大跳数指定为 1 时，表示建立的是直连 EBGP 连接，**不能与非直连网络上的设备建立 EBGP 对等体连接**。 【注意】如果在 EBGP 连接的其中一端配置了本命令，另一端也需要配置本命令。当 BGP 设备使用 Loopback 口建立 EBGP 对等体时，*hop-count* 值必须 ≥2，否则邻居无法建立。 缺省情况下，只能在物理直连链路上建立 **EBGP** 连接，可用 **undo peer** { *group-name* | *ipv4-address* | *ipv6-address* } **ebgp-max-hop** 命令恢复缺省配置
7	peer *ipv4-address* **description** *description-text* 例如，[Huawei-bgp] **peer 1.1.1.2 description ISP1**	（可选）配置对等体的描述信息。 • *ipv4-address*：指定要配置对等体描述信息的对等体的 IP 指定对等体的 IPv4 地址。 • *description-text*：指定对等体描述信息，1～80 个字符，可以是字母和数字，支持空格。 缺省情况下，没有配置对等体的描述信息，可用 **undo peer** *ipv4-address* **description** 命令删除指定对等体的描述信息

步骤	命令	说明
8	**import-route** *protocol* [*process-id*] [**med** *med* | **route-policy** *route-policy-name*] * 例如，[Huawei-bgp-af-ipv4] **import-route rip** 1	（可选）配置 BGP 引入其他协议的路由（但不包括各种缺省路由）进入本地 BGP 路由表中。 • *protocol*：指定要引入的路由协议类型，可以选择 **direct**、**isis**、**ospf**、**rip**、**static**、**unr**。 • *process-id*：可选参数，指定在引入 RIP、OSPF、IS-IS 协议路由时的对应进程号，整数形式，取值范围为 1～65535。 • **med** *med*：可多选参数，指定路由引入后的 MED 属性值，取值范围为 0～4294967295。用于判断进入其他 AS 时的路由优先级。 • **route-policy** *route-policy-name*：可多选参数，指定用于过滤要引入和修改 MED 属性的路由策略名称，1～40 个字符，不支持空格，区分大小写。 缺省情况下，BGP 未引入任何路由信息，可用 **undo import-route** *protocol* [*process-id*]命令删除指定的引入路由
9	**network** *ipv4-address* [*mask* | *mask-length*] [**route-policy** *route-policy-name*] 例如，[Huawei-bgp-af-ipv4] **network** 10.0.0.0 255.255.0.0	（可选）将 IP 路由表中的路由引入 BGP 路由表，并发布给对等体。如果存在到达同一网段有多条不同协议的路由，则**最终从各路由协议的路由中选出最优路由**。 • *ipv4-address*：指定要发布的 IPv4 路由的目的地址。 • *mask* | *mask-length*：可选参数，指定要发布的 IPv4 路由目的地址的子网掩码或子网掩码长度，如果没有指定本参数，则按自然网段地址的掩码进行处理。 • **route-policy** *route-policy-name*：用于过滤引入路由的路由策略名称。 缺省情况下，BGP 不将 IP 路由表中的路由引入 BGP 路由表中，可用 **undo network** *ipv4-address* [*mask* | *mask-length*]命令删除指定的引入路由

以上 BGP 基本功能配置好后，可以使用以下 **display** 视图命令进行管理，以验证配置结果。

① **display bgp peer** [**verbose**]：查看所有 BGP 对等体的信息。

② **display bgp peer** *ipv4-address* { **log-info** | **verbose** }：查看指定 BGP 对等体的信息。

③ **display bgp routing-table** [*ipv4-address* [*mask* | *mask-length*]]：查看指定或所有 BGP 路由信息。

8.6 BGP 的主要路径属性

BGP 路径属性（Path attributes）是通过 Update 报文发送的 BGP 路由信息一起发布的一组参数，BGP Update 报文中的路径属性示例如图 8-22 所示。它对特定的路由做了进一步描述，使路由接收者能够根据路径属性值对路由进行过滤和选择。

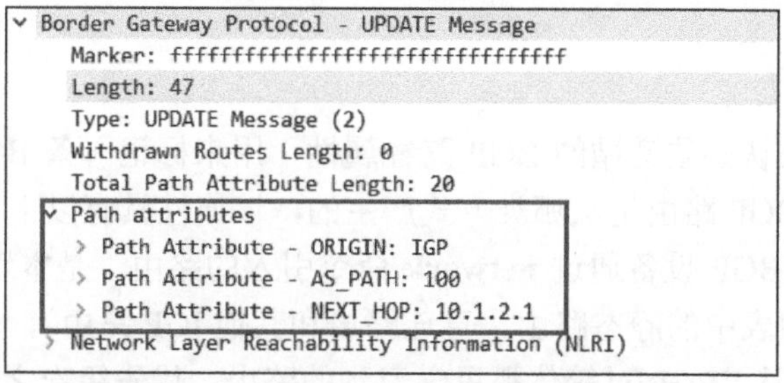

```
∨ Border Gateway Protocol - UPDATE Message
    Marker: ffffffffffffffffffffffffffffffff
    Length: 47
    Type: UPDATE Message (2)
    Withdrawn Routes Length: 0
    Total Path Attribute Length: 20
  ∨ Path attributes
    > Path Attribute - ORIGIN: IGP
    > Path Attribute - AS_PATH: 100
    > Path Attribute - NEXT_HOP: 10.1.2.1
  > Network Layer Reachability Information (NLRI)
```

图 8-22　BGP Update 报文中的路径属性示例

8.6.1　BGP 路径属性分类

任何一条 BGP 路由都包括多个路径属性，当 BGP 路由器将该路由信息通告给对等体的同时，通告对应 BGP 路由所携带的各个路径属性。BGP 路径属性总体来说分为公认属性和可选属性两大类。公认属性是所有 BGP 路由器都必须能够识别的属性，又分为以下两类。

① 公认必须遵循（Well-known Mandatory）：所有 BGP 路由器都可以识别此类属性（这就是公认的含义），**且必须在 Update 报文中存在**（这就是"必须遵循"的含义），否则对应的路由信息就会出错。

② 公认任意（Well-known Discretionary）：所有 BGP 路由器都可以识别此类属性，但不要求必须存在于 Update 报文中（这就是"任意"的含义），即就算缺少这类属性，路由信息也不会出错。

可选属性不需要被所有 BGP 路由器识别，又分为以下两类。

① 可选过渡（Optional Transitive）：BGP 路由器可以不识别此类属性（这就是可选的含义），但仍然会接收这类属性，**且可将该属性通告给其他对等体或其他 AS**（这就是"过渡"的含义）。

② 可选非过渡（Optional Non-transitive）：BGP 路由器可以不识别此类属性，也会接收这类属性，**但在接收时忽略该属性，不会将该属性通告给其他对等体或其他 AS**（这就是"非过渡"的含义），即仅在本地路由器上进行使用。

常见 BGP 路径属性及所属类型见表 8-6。

表 8-6　常见 BGP 路径属性及所属类型

属性名	类型
Origin（源）属性	公认必须遵循
AS_Path（AS 路径）属性	
Next_Hop（下一跳）属性	
Local_Pref（本地优先级）属性	公认任意
Atomic_Aggregate 属性	
Community（团体）属性	可选过渡
Aggregator 属性	
MED（Multi-Exit Discriminators，多出口区分）属性	可选非过渡
Originator_ID 属性	
Cluster_List 属性	
Pref Val（首选）属性	

8.6.2　Origin 属性

Origin 属性是公认必须遵循的 BGP 路径属性，用来标记一条 BGP 路由的路由信息源类型，指明当前 BGP 路由是从哪类方式产生的，该属性具有以下 3 种类型。

① IGP(i)：是 IBGP 设备通过 **network** 命令引入的路由，是本地 AS 内产生的路由（可以是本地 IP 路由表中的静态路由、直连路由和其他 IGP 路由），**优先级最高**。

② EGP(e)：是从 EBGP 对等体那里学习到的路由，**优先级次之**。

③ incomplete(?)：优先级最低，是通过其他方式学习的路由信息，例如，BGP 通过 **import-route** 命令引入的外部路由，**优先级最低**。但并不是说该类 BGP 路由不可达，而是表示该 BGP 路由的来源无法确定。

BGP 路由的 Origin 属性不可配置、不可修改，可在对应的 BGP 路由表项的"Ogn"字段中查看。BGP 路由 Origin 属性示例如图 8-23 所示。其中，"i"表示为 IGP 源类型。当去往同一目的地有多条不同 Origin 属性的路由时，在其他条件均相同的情况下，BGP 将按照 Origin 属性的以下顺序进行优选：IGP>EGP>Incomplete。

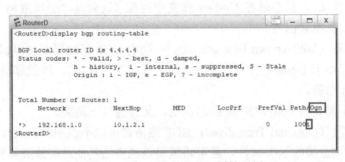

图 8-23　BGP 路由 Origin 属性示例

8.6.3　AS_Path 属性

AS_Path 属性也是公认必须遵循的 BGP 路径属性。它按矢量（所谓"矢量"就是带有方向的变量）顺序记录了某条路由从本地到达目的地址经过的所有 AS 号，即 AS_Path 列表。

AS_Path 列表可以理解为一个小括号里面包括顺序经过的 AS 号，各 AS 号之间以逗号分隔，且离本地设备越近的 AS 编号越在前面（即小括号的左边），例如，（200，400，100）表示该路由经过了 AS200、AS400 和 AS100 这 3 个 AS。其中，AS200 距离本地设备最近，AS100 距离本地设备最远，即路由的源 AS。AS_Path 属性可用于确保 BGP 路由在 EBGP 对等体之间无环路，这也是 BGP 路由优选的重要依据之一。

1. AS_Path 属性的变化规则

当 BGP 路由器在通告 BGP 路由信息时，AS_Path 属性的变化遵循以下原则。

（1）BGP 路由器通告自身引入的路由

① 将 BGP 路由发布给 EBGP 对等体时，创建一个携带本地 AS 号的 AS_Path 列表。

② 将 BGP 路由发布给 IBGP 对等体时，创建一个空的 AS_Path 列表。

（2）BGP 路由器通告从其他 BGP 路由器发送的 Update 报文中学习到的路由

① 将 BGP 路由发布给 EBGP 对等体时，把本地 AS 编号添加在 AS_Path 列表的最前面（最左边）。

② 将 BGP 路由发布给 IBGP 对等体时，不改变这条路由的 AS_Path 属性。

AS_Path 属性示例如图 8-24 所示，根据箭头所示的路由发布方向可以看出，有两条从 AS 50 区域中路由器到达目的网络 8.0.0.0 的路径（**路由发布方向是到达目的地址的路由路径的反方向**）。在这两条路由的通告路径中，会分别在 AS_Path 列表中依次添加所经过的 AS 号，并且最近的处于最前边，其他 AS 号按顺序依次排列，中间以逗号分隔，例如，最后 D=8.0.0.0（30，20，10）和 D=8.0.0.0（40，10）。

缺省情况下，BGP 不会接受 AS_Path 列表中已包含本地 AS 号的路由，以避免形成路由环路，与 RIP 的水平分割特性功能类似。AS 10 的路由器从 AS 20 或 AS 40 中的路由器收到包含 8.0.0.0 网络的 BGP Update 报文时，因为该路由的 AS_Path 列表中已包括了 AS 10，所以 AS 10 中的路由器不会更新该网段 BGP 路由。

AS_Path 属性也可用于路由的选择和过滤。在其他因素相同的情况下，BGP 会优先选择路径较短的路由。AS 50 中的 BGP 路由器会优先选择经过 AS 40 路径所通告的 8.0.0.0 网络 BGP 路由，因为经过该路径通告的 8.0.0.0 网络路由的 AS_Path 列表{40，10}短于经过 AS 30 的路径中通告的该网络的 AS_Path 列表{30，20，10}。

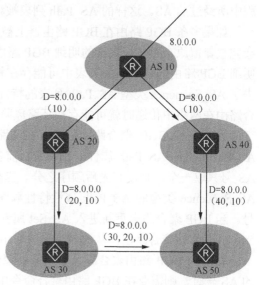

图 8-24　AS_Path 属性示例

2. 修改 AS_Path

路由的 AS_Path 属性可以通过配置修改。其修改方法是使用路由策略中的 **apply as-path** { *as-number-plain* &<1-10> { **additive** } | [**none**] **overwrite** }命令人为地追加、替换，甚至清空 AS_Path 列表，以便更灵活地控制 BGP 路由路径的选择。

- *as-number-plain*：指定要替换或追加的整数形式的 AS 号。在同一个命令行中最多可以同时指定 10 个 AS 号。
- **additive**：二选一选项，在原有 AS_Path 列表中的最左边追加指定的 AS 号。
- **overwrite**：二选一选项，用指定的 AS 号替换原有的 AS_Path 列表。
- **none**：可选项，清空原来的 AS_Path 列表。

配置此命令后，符合匹配条件的 BGP 路由的 AS_Path 列表将会改变。假设原来 AS_Path 为（30，40，50），在符合匹配条件的情况下，可出现以下情形。

- 如果配置了 **apply as-path** 60 70 80 **additive** 命令，则 AS_Path 列表更改为（60，70，80，30，40，50）。这种配置一般用于调整使路由不被优选。
- 如果配置了 **apply as-path** 60 70 80 **overwrite** 命令，则 AS_Path 列表更改为（60，70，80）。

- 如果配置了 **apply as-path none overwrite** 命令, 则 AS_Path 列表更改为空。BGP 在选路时, 如果 AS_Path 列表为空, AS_Path 长度按照 0 来处理。通过清空 AS_Path, 不但可以隐藏真实的路径信息, 还可以缩短 AS_Path 长度, 使路由被优选, 把流量引导向本自治系统。

3. AS_Path 类型

正常情况下形成的 BGP AS_Path 列表中的 AS 号是根据 BGP 路由传递过程中所经过的 AS 顺序添加的, 最右边的 AS 号是路由的产生者所在的 AS (即源 AS), 最左边的 AS 号是发送该路由的 BGP 对等体所在的 AS。处于 AS_Path 中间的 AS 号是路由传递过程中所经过的 AS。这样的 AS_Path 列表被称为 AS_Sequence。

如果多条 BGP 路由在 BGP 路由器上被聚合, 生成 BGP 聚合路由, 则该聚合路由不会完整保留原来那些被聚合的明细 BGP 路由所携带的 AS_Path 列表, 因为这些被聚合的明细 BGP 路由的 AS_Path 列表中可能存在相同的 AS 号, 也不存在明确的先后次序, 失去了 AS_Sequence 类型 AS_Path 列表的特性。但如果完全不携带 AS 路径信息, BGP 聚合路由在网络中传递时就可能存在环路风险。

为了解决 BGP 聚合路由可能存在环路风险问题, 规定要在 BGP 聚合路由中携带 AS_Set 类型的 AS_Path 属性, 携带聚合前各明细 BGP 路由中的 AS 路径信息, 但同一 AS 号只取一个, 且没有先后顺序之分。当聚合路由在向 EBGP 对等体通告时, 会按照 AS_Sequence 类型的 AS_Path 属性特性顺序在 AS_Path 属性中添加途径的各 AS 的 AS 号。当 BGP 聚合路由重新进入 AS_Set 属性中列出的任何一个 AS 时, BGP 都将会检测到, 并丢弃该聚合路由, 从而避免形成路由环路。

在配置 BGP 路由聚合时, 如果需要聚合路由携带所有明细路由中 AS_Path 属性中的 AS 号时, 则需要在 BGP 路由聚合命令中带上 **as-set** 选项, 即 **aggregate** *ipv4-address* { *mask* | *mask-length* } **as-set**。如果要抑制明细路由, 仅发布聚合路由, 则还可以在该命令后面加上 **detail-suppressed** 选项。

BGP 聚合路由 AS-SET 类型 AS_Path 属性配置示例如图 8-25 所示。在图 8-25 所示的网络中, 配置好各路由器的 BGP 基本功能, 在 RouterA 和 RouterB 上通过 **network** 命令在 BGP 路由表中引入 192.168.1.0/26、192.168.1.64/26、192.168.1.128/26 和 192.168.1.192/26 共 4 个子网的路由后, 在 RouterD 上执行 **display bgp routing-table** 命令, 可以看到它已学习到这 4 个子网的路由, 路由聚合前, 在 RouterD 上执行 **display bgp routing-table** 命令的输出如图 8-26 所示。其中, Path 字段中顺序显示了路由所经过的各个 AS 的 AS 号。

在 RouterC 的 BGP 视图下通过 **aggregate** 192.168.1.0 24 **as-set detail-suppressed** 命令对 4 个子网 BGP 路由进行聚合, 并且抑制明细 BGP 路由的通告。此时, 在 RouterD 上执行 **display bgp routing-table** 命令可以发现, 只有聚合后的 BGP 路由 192.168.1.0/24, {}号中的数字 200、100 是聚合路由的 AS_Set 类型 AS_Path 属性, 包括被聚合的明细 BGP 路由所经过的 AS 号, 但无顺序, 路由聚合后, 在 RouterD 上执行 **display bgp routing-table** 命令的输出如图 8-27 所示。但在 RouterA 和 RouterB 上执行 **display bgp routing-table** 命令, 查看 BGP 路由表时会发现无此聚合路由, 因为此聚合路由的 AS_Path 列表中包括这两个路由器所在的 AS 号, 并形成路由环路, 在接收时直接被丢弃。

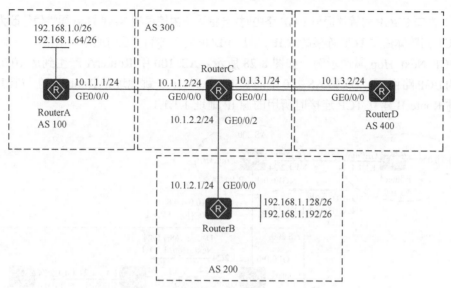

图 8-25 BGP 聚合路由 AS-SET 类型 AS_Path 属性配置示例

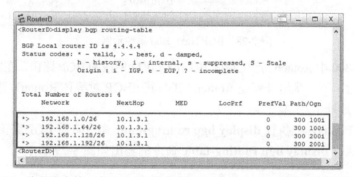

图 8-26 路由聚合前，在 RouterD 上执行 **display bgp routing-table** 命令的输出

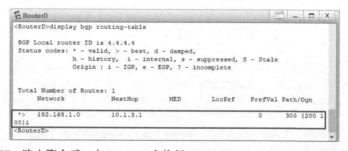

图 8-27 路由聚合后，在 RouterD 上执行 **display bgp routing-table** 命令的输出

8.6.4 Next_Hop 属性

Next_Hop 属性是公认必须遵循的 BGP 属性，用于指定到达目的网络的下一跳 IP 地址。当路由器学习到 BGP 路由时，需要对该路由的 Next_Hop 属性值进行检查，如果其标识的 IP 地址在本地路由可达，则为有效路由，否则为无效路由。

1. 缺省 Next_Hop 属性的设置规则

在不同场景下，路由器对 BGP 路由的缺省 Next_Hop 属性的设置规则如下。

① 在向 **EBGP** 对等体通告 **BGP** 路由时，会把该路由信息的 **Next_Hop** 属性值修改为本地与 **EBGP** 对等体建立 **TCP** 连接的源 **IP** 地址（EBGP 对等体间直连时通常为出接口 IP 地址）。

BGP Next_Hop 属性示例一如图 8-28 所示。AS 100 中 RouterA 产生到达 10.0.0.0/8 网段的 BGP 路由，在发布给 AS 200 中的 RouterB 时，下一跳地址是 RouterA 在与其 EBGP 对等体 RouterB 建立 TCP 连接时所用的源 IP 地址 1.1.1.1。

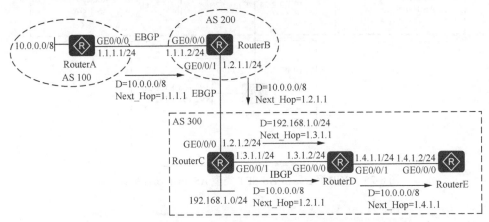

图 8-28　BGP Next_Hop 属性示例一

同理，AS 300 中 RouterC 产生到达 192.168.1.0/24 网段的 BGP 路由，在发布给 AS 200 中的 RouterB 时，下一跳地址就是 RouterC 在与其 EBGP 对等体 RouterB 建立 TCP 连接时所用的源 IP 地址 1.2.1.2。

以上可在 RouterB 上执行 **display bgp routing-table** 命令查看 BGP 路由表得到验证，在 RouterB 上执行 **display bgp routing-table** 命令的输出如图 8-29 所示。

```
RouterB
<RouterB>display bgp routing-table

BGP Local router ID is 1.1.1.2
Status codes: * - valid, > - best, d - damped,
              h - history, i - internal, s - suppressed, S - Stale
              Origin : i - IGP, e - EGP, ? - incomplete


Total Number of Routes: 2
     Network          NextHop        MED        LocPrf    PrefVal Path/Ogn

*>   10.0.0.0         1.1.1.1        0                    0       100i
*>   192.168.1.0      1.2.1.2        0                    0       300i
<RouterB>
```

图 8-29　在 RouterB 上执行 **display bgp routing-table** 命令的输出

RouterB 在向 AS 300 的 RouterC 转发从 AS 100 RouterA 得到的 10.0.0.0/8 网段的 BGP 路由时，其路由的下一跳地址为 RouterB 在与其 EBGP 对等体 RouterC 建立 TCP 连接的源 IP 地址 1.2.1.1。此时，可在 RouterC 上执行 **display bgp routing-table** 命令查看 BGP 路由表得到验证，在 RouterC 上执行 **display bgp routing-table** 命令的输出如图 8-30 所示。

RouterB 在向 AS 100 的 RouterA 转发从 AS 300 RouterC 得到的 192.168.1.0/24 网段的 BGP 路由时，其路由的下一跳地址为 RouterB 在与其 EBGP 对等体 RouterA 建立 TCP 连接的源 IP 地址 1.1.1.2。此时，可在 RouterA 上执行 **display bgp routing-table** 命令查看 BGP 路由表得到验证，在 RouterA 上执行 **display bgp routing-table** 命令的输出如

图 8-31 所示。

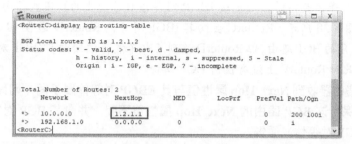

图 8-30　在 RouterC 上执行 **display bgp routing-table** 命令的输出

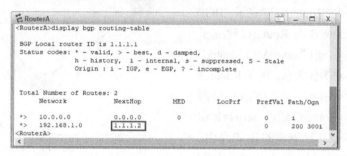

图 8-31　在 RouterA 上执行 **display bgp routing-table** 命令的输出

② **在向 IBGP 对等体转发从 EBGP 对等体学习到的路由时，不改变该路由信息的 Next_Hop 属性值**（但通过配置可改为转发该路由的 BGP 设备的出接口 IP 地址）。

RouterC 向同位于 AS 300 中的 IBGP 对等体 RouterD 转发从 RouterB 获得的 10.0.0.0/8 网段 BGP 路由时，其下一跳不改变，仍为 RouterC 从 RouterB 获得该 BGP 路由时所携带的 Next_Hop 属性值，即下一跳 IP 地址仍为 1.2.1.1，可在 RouterD 上执行 **display bgp routing-table** 命令查看 BGP 路由表得到验证，在 RouterD 上执行 **display bgp routing-table** 命令的输出如图 8-32 所示。

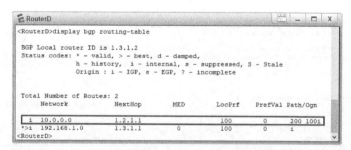

图 8-32　在 RouterD 上执行 **display bgp routing-table** 命令的输出

③ **将本地始发的路由发布给 IBGP 对等体时，将把该路由信息的 Next_Hop 属性值设置为本地在与 IBGP 对等体建立 TCP 连接的源 IP 地址**。

RouterC 向同位于 AS 300 中的 IBGP 对等体 Router 通告本地产生的 192.168.1.0/24 网段 BGP 路由时，下一跳为 RouterC 与其 IBGP 对等体 RouterD 建立 TCP 连接的源 IP 地址，即下一跳 IP 地址为 1.3.1.1。

【注意】为了避免在 AS 内部出现路由环路,规定从 IBGP 对等体收到的 BGP 路由(无论是从 EBGP 对等体获得的，还是该 IBGP 对等体自己产生的）不能再向其他 IBGP 对等体通告。如图 8-28 所示，RouterC 会向其 IBGP 对等体 RouterD 通告 10.0.0.0/8 和 192.168.1.0/24 两网段的 BGP 路由,但 RouterD 收到后却不能再继续向其 IBGP 对等体 RouterE 通告，因此，此时 RouterE 上没有任何 BGP 路由。

④ **BGP 路由器收到 Next_Hop 属性值与其 EBGP 对等体属于同一网段的 BGP 路由时，该路由器保持该 BGP 路由的 Next_Hop 属性值不变，并向其 BGP 对等体（可以是 IBGP 或者 EBGP 对等体）通告。**

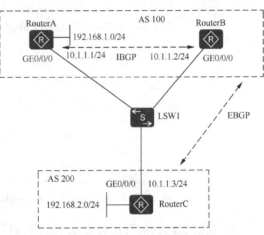

BGP Next_Hop 属性示例二如图 8-33 所示。RouterA 与 RouterB 建立了 IBGP 对等体关系，RouterB 与 RouterC 建立了 EBGP 对等体关系，但 RouterA 与 RouterC 没有建立 EBGP 对等体关系。现在 RouterA 通过 **network** 命令引入了 192.168.1.0/24 网段的 BGP 路由，RouterC 通过 **network** 命令引入了 192.168.2.0/24 网段的 BGP 路由。

RouterB 收到同位于 AS 100 中的 IBGP 对等体 RouterA 通告的 192.168.1.0/24 网段的 BGP 路由，其下一跳 IP 地址是 RouterA 的出接口 IP 地址 10.1.1.1。RouterB

图 8-33　BGP Next_Hop 属性示例二

与位于 AS 200 中的 RouterC 建立了 EBGP 对等体连接，但 RouterC 与 RouterB 建立 TCP 连接的源 IP 地址 10.1.1.3 与 192.168.1.0/24 网段 BGP 路由的 Next_Hop 属性值（10.1.1.1）在同一网段，所以 RouterB 在向 RouterC 通告该路由时，不改变原来的 Next_Hop 属性值，即下一跳仍为 10.1.1.1。此时可在 RouterC 上执行 **display bgp routing-table** 命令得到验证，在 RouterC 上执行 **display bgp routing-table** 命令的输出如图 8-34 所示。

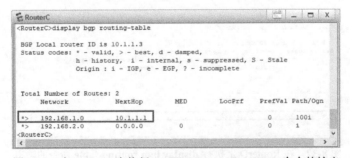

图 8-34　在 RouterC 上执行 **display bgp routing-table** 命令的输出

同样，RouterB 收到位于 AS 200 中的 EBGP 对等体 RouterC 通告的 192.168.2.0/24 网段的 BGP 路由，其下一跳 IP 地址是 RouterC 的出接口 IP 地址 10.1.1.3。RouterB 与同位于 AS 100 中的 RouterA 建立了 IBGP 对等体连接，但 RouterB 与 RouterA 建立 TCP 连接的源 IP 地址 10.1.1.2 与 192.168.2.0/24 网段 BGP 路由的 Next_Hop 属性值（10.1.1.3）在同一网段，因此，当 RouterB 在向其 IBGP 对等体 RouterA 通告该路由时，也不改变

原来的 Next_Hop 属性值，即下一跳仍为 10.1.1.3。此时可在 RouterA 上执行 **display bgp routing-table** 命令得到验证，在 RouterA 上执行 **display bgp routing-table** 命令的输出如图 8-35 所示。

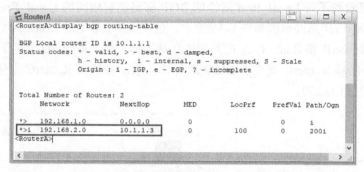

```
RouterA                                                         _  □  X
<RouterA>display bgp routing-table

 BGP Local router ID is 10.1.1.1
 Status codes: * - valid, > - best, d - damped,
               h - history,  i - internal, s - suppressed, S - Stale
               Origin : i - IGP, e - EGP, ? - incomplete


 Total Number of Routes: 2
     Network            NextHop        MED        LocPrf    PrefVal Path/Ogn

 *>    192.168.1.0      0.0.0.0        0                    0       i
 *>i  192.168.2.0       10.1.1.3       0          100       0       200i
<RouterA>
```

图 8-35　在 RouterA 上执行 **display bgp routing-table** 命令的输出

2．Next_Hop 属性的修改

BGP 路由器从 EBGP 对等体接收到 BGP 路由后，再向其 IBGP 通告时，缺省情况下，其 Next_Hop 属性值保持不变（仍为原来 EBGP 对等体的出接口 IP 地址），这样就可能使其 IBGP 对等体在收到该路由后，因为没有路由到达 Next_Hop 属性中指定的 IP 地址，而使收到的 BGP 路由为无效路由。

此时可通过 BGP 视图下的 **peer** *ipv4-address* **next-hop-local** 命令设置向 IBGP 对等体通告路由，把下一跳属性设为本地设备与 IBGP 对等体建立 TCP 连接的源 IP 地址，IBGP 对等体在收到 BGP 路由后，因为下一跳可达而成为有效路由。

在图 8-28 中，RouterC 向 RouterD 通告来自其 EBGP 对等体 RouterB 的 10.0.0.0/8 网段 BGP 路由时，其 Next_Hop 属性值保持不变，仍为 RouterB 的出接口 IP 地址 1.2.1.1，而在 RouterD 没有其他路由到达这个下一跳 IP 地址时，RouterD 在收到该 BGP 路由后会成为无效路由（前面没有"*"号）。但如果在 RouterC 上配置 **peer** 1.3.1.2 **next-hop-local** 命令，即可使 RouterC 向 RouterD 通告该路由时，修改其 Next_Hop 属性值为 RouterC 与 RouterD 建立 TCP 连接的源 IP 地址 1.3.1.1，因为这个 IP 地址是与 RouterD 直连链路的 IP 地址，通过直连路由即可到达，这样 RouterD 在收到 10.0.0.0/8 网段 BGP 路由后就是有效的。

8.6.5　Local_Pref 属性

Local_Pref 属性是公认任意的 BGP 属性，**用于判断流量从本地设备（通常是 AS 内部 BGP 路由器）离开本地 AS 时的最佳路径**。当一个 BGP 路由器通过不同的 IBGP 对等体得到的目的地址相同，但下一跳不同的多条位于外部 AS 的目的网络 BGP 路由时，将优先选择 Local_Pref 属性值较高的路由。**Local_Pref 属性值越大，其优先级越高**，缺省值为 100。

Local_Pref 属性只能在 IBGP 对等体之间传递，不能传递给 EBGP 对等体，即路由器在向 EBGP 对等体通告路由更新时，不携带 Local_Pref 属性。收到该 BGP 路由的路由会以本地设备配置的缺省 Local_Pref 属性值进行赋值。

可以在 BGP 视图下使用 **bgp default local-preference** 命令修改缺省的 Local_Pref 属

性值；也可以在 AS 边界路由器上使用入方向的策略，**对接收的所有 BGP 路由赋予相同的新 Local_Pref 属性**。

本地设备产生的每条 BGP 路由，无论是否修改了缺省的 **Local_Pref** 属性值，及从 **BGP 对等体接收到不带 Local_Pref 属性的 BGP 都将拥有相同的 Local_Pref 属性值**。

BGP Local_Pref 属性示例如图 8-36 所示。位于 AS 100 中的 RouterA 分别与同位于 AS 200 中的 RouterB 和 RouterC 建立了 EBGP 对等体关系，RouterD 也位于 AS 200 中，分别与 RouterB 和 RouterC 建立了 IBGP 对等体关系，并且在 RouterC 上修改其缺省的 Local_Pref 属性值为 200。

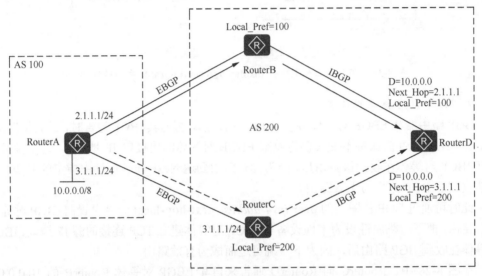

图 8-36　BGP Local_Pref 属性示例

RouterD 已分别通过 RouterB、RouterC 学习到了 RouterA 上发布的 10.0.0.0/8 网段的 BGP 路由。RouterC 修改了缺省的 Local_Pref 属性值为 200，因此，当 RouterC 从 RouterA 接收到 10.0.0.0/8 网段 BGP 路由时会为该路由赋予 200 的 Local_Pref 属性值，RouterC 继续向其 IBGP 对等体传递该路由时仍然保持该属性值不变。而 RouterB 上没有修改缺省的 Local_Pref 属性值，仍为 100，所以它向 RouterD 通告 10.0.0.0 网段的 BGP 路由时所携带的 Local_Pref 属性值为 100。

当连接在 RouterD 上的用户要访问 AS 100 中 10.0.0.0/8 网段用户时，需要选择一条最优路径。在其他条件都相同的情况下，会根据从 RouterB 和 RouterC 接收的这两条 10.0.0.0/8 网段 BGP 路由的 Local_Pref 属性值进行选优，值大的优先，最终确定选择经过 RouterC 的这条路径访问目的网络。

8.6.6　MED 属性

MED 属性是一个可选非过渡属性，是一种度量值，其**值越小越优先**，类似于 OSPF、IS-IS 协议中的链路开销（cost），用于本地设备（为 AS 边界路由器）向外部 AS 中的 EBGP 对等体指示进入本地 AS 的首选路径。当一个 BGP 路由器通过**不同的 EBGP 对等体**（Local_Pref 属性是通过不同 IBGP 对等体）得到的目的地址相同，但下一跳不同的多条位于外部 AS 目的网络 BGP 路由时，在其他条件相同的情况下，将优先选择 MED 值较小者作为最优路由。

BGP MED 属性示例一如图 8-37 所示。从位于 AS 100 中的 RouterA 访问位于 AS 200 RouterD 上的 10.0.0.0/8 网络时，流量将选择 Router B 作为入口进入 AS 200，因为 Router B 中的 MED 值为 0，小于 Router C 中值为 100 的 MED。

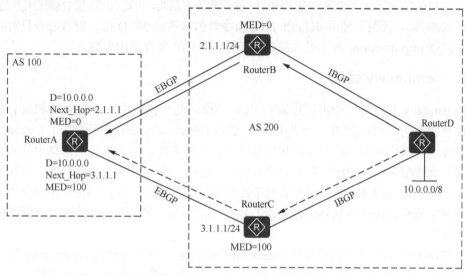

图 8-37　BGP MED 属性示例一

缺省情况下，**EBGP 路由器只比较来自同一个相邻 AS 的 BGP 路由的 MED 值**，不比较来自不同相邻 AS 的 BGP 路由的 MED 值。如果非要比较的话，则可以通过手动配置强制 BGP 比较来自不同 AS 的路由的 MED 值。

一台 BGP 路由器将 BGP 路由通告给 EBGP 对等体后，在该路由的后续传递中是否携带 MED 属性，在没有使用策略影响的情况下，需要根据以下条件判断。

① 如果该 BGP 路由是本地始发，例如，通过 **network** 或 **import-route** 命令引入，则缺省携带 MED 属性发送给 EBGP 对等体。

- 如果引入的是 IGP 路由，则引入后的 BGP 路由的 MED 值将继承路由在 IGP 中的度量值。BGP MED 属性示例二如图 8-38 所示，RouterB 如果通过 OSPF 学习到了 10.0.0.0/8 网段的路由，并且该 OSPF 路由在 RouterB 的 IP 路由表中的开销值为 100，则 RouterB 将该 OSPF 路由引入 BGP 路由表后，产生的 BGP 路由的 MED 值为 100。

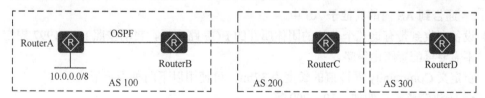

图 8-38　BGP MED 属性示例二

- 如果引入的是本地直连路由或静态路由，则引入后的 BGP 路由的 MED 值为 0，因为直连路由和静态路由的开销值为 0。

② 如果该路由是通过 BGP 学习到其他对等体传递而来的 BGP 路由，则将该路由向其他 EBGP 对等体通告时，默认不携带 MED 属性，因为 MED 属性是非过渡的，所以不能跨 AS 传递。在图 8-38 中，RouterC 从 RouterB 学习到 10.0.0.0/8 网段的 BGP 路由，再向 RouterD 通告时，缺省是不携带 MED 属性的。

③ 在 IBGP 对等体间传递 BGP 路由时，除非部署了策略，否则 MED 值会被保留并传递。

可以在 BGP 视图下使用 **default med** 命令修改缺省的 MED 值，但该命令只对本地设备上通过 **import-route** 命令引入的 BGP 路由和 BGP 聚合路由生效。

8.6.7　Community 属性

Community 属性是一个可选过渡的 BGP 属性，是一种路由标记。BGP 将具有相同特征的路由归为一组，称为一个"团体"，通过 Community 属性进行标识。Community 属性主要用来简化路由策略的应用和降低维护管理的难度，因为可以为团体中的所有路由成员一次性配置相同的路由属性和路由策略，也可以通过 Community 属性进行路由过滤，而无须采用 ACL 或 IP 前缀列表基于路由的网络前缀和子网掩码进行路由分类，并执行相应的策略。团体中的路由成员没有物理上的边界，**不同 AS 的路由可以属于同一个"团体"**。

一条路由可以携带一个或多个 Community 属性值，分为自定义 Community 属性和公认 Community 属性两种。RFC 1997 规定了以下 4 种公认的 Community 属性。

【说明】公认 Community 属性自带 BGP 路由过滤功能，因为除了 INTERNET 团体属性，其他 3 种都具有禁止向特定对等体通告的功能。但自定义 Community 属性自身不具备 BGP 路由过滤功能，需要通过 Community Filter（团体属性过滤器），或同时借助路由策略实现 BGP 路由过滤功能。

- INTERNET：属性值为 0。缺省情况下，所有的路由都属于 INTERNET 团体。具有此属性的路由可以被通告给所有的 BGP 对等体。
- NO_EXPORT：属性值为十进制的 4294967041，或者十六进制的 0xFFFFFF01。具有此属性的路由在收到后，不能被发布到本地 AS 之外（**不能发布给 EBGP 对等体，但却可以发布给 IBGP 对等体**）。
- NO_ADVERTISE：属性值为十进制的 4294967042，或者十六进制的 0xFFFFFF02。具有此属性的路由被接收后，**不能被通告给任何 BGP 对等体**。
- NO_EXPORT_SUBCONFED：属性值为十进制的 4294967043，或者十六进制的 0xFFFFFF03。具有此属性的路由被接收后，**不能被通告到本地 AS 之外，也不能通告到 AS 内的其他子 AS 中**。

设备在收到带有这几个公认的团体属性的 BGP 路由后，自动按照 RFC 1997 规定执行，不需要再配置路由策略。

自定义 Community 属性值的长度为 32bit，可使用以下两种表示形式。

- 十进制整数：例如，10、200 等。
- "AA:NN"格式：其中，AA 表示 AS 号，NN 是自定义的十进制整数编号，例如，1:1、100:1 等。

8.6.8 Atomic_Aggregate 和 Aggregator 属性

Atomic_Aggregate 属性和 Aggregator 属性均存在 BGP 聚合路由中。

Atomic_Aggregate 属于公认任意属性，相当于为 BGP 聚合路由打上一个预警标记，提示下游路由器此为聚合路由（**且是手动聚合路由，自动聚合路由没有 Atomic_Aggregate 属性**），丢失了明细路由的路径属性，本身并不承载任何信息。当 BGP 路由器收到一条 BGP 路由更新，且发现该路由携带有 Atomic_Aggregate 属性时，就知道该路由可能出现路径属性的丢失。此时，路由器把该路由再通告给其他对等体时，需要继续保留该路由的 Atomic_Aggregate 属性。收到该路由更新的路由器不能再将这条路由明细化。

Aggregator 属于可选过渡属性。当 BGP 路由被聚合时，路由器会为该聚合路由添加 Aggregator 属性，并在该属性中记录本地 AS 号及自己的 Router-ID，用于标记路由聚合行为发生在哪个 AS 和哪台 BGP 路由器上。

在图 8-25 中，RouterC 上配置了 BGP 聚合路由 192.168.1.0/24，向其 EBGP 对等体 RouterD 通告。此时，在 RouterD 上执行 **display bgp routing-table** 192.168.1.0 24 命令查看该聚合路由的详细信息，可以看到 Atomic_Aggregate 属性（标明该路由为手动聚合路由），以及 Aggregator 属性中记录的产生该聚合路由的 BGP 路由器（RouterC）所在的 AS 号（300）和 Router-ID（3.3.3.3），在图 8-25 中，RouterD 上执行 **display bgp routing-table** 192.168.1.0 24 命令的输出如图 8-39 所示。

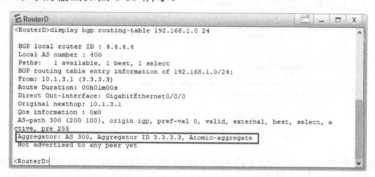

图 8-39　在图 8-25 中，RouterD 上执行 **display bgp routing-table** 192.168.1.0 24 命令的输出

8.6.9 Pref Val 属性

Pref Val（Preferred-Value，首选值）是华为设备的私有 BGP 路径属性，属于可选非过渡路径属性，**仅本地有效，且不会传递给任何 BGP 对等体**，用于本地选择到达目的地址的最佳路径。Pref Val 值越大，其优先级越高，缺省值为 0。当**本地 BGP 路由表中存在到相同目的地的多条 BGP 路由时，将优选 Pref Val 值大的路由**。

可以在 BGP 视图下执行 **peer** *ipv4-address* **preferred-value** *value* 命令为从指定对等体学来的所有路由配置 Pref Val 属性，整数形式，取值范围为 0～65535，其值越大越优先。缺省情况下，从对等体学来的 BGP 路由的 Pref Val 属性值为 0，也可以通过路由策略对从指定的对等体学习到的特定的 BGP 路由配置 Pref Val 属性值。

BGP Pref Val 属性示例如图 8-40 所示。在图 8-40 中，初始情况下，各 BGP 路径属性均为缺省值 0。在 RouterD 上通过 **network** 192.168.1.0 24 命令引入 192.168.1.0/ 24 网段

路由进入 BGP 路由表后，在 RouterA 上执行 **display bgp routing-table** 命令，可以见到有两条 192.168.1.0/24 网段的 BGP 路由，Pref Val 值均为缺省的 0。此时，BGP 根据其他路由选优原则选择了经过 RouterB 的路由为最优路由。初始配置下，RouterA 上的 BGP 路由表如图 8-41 所示。

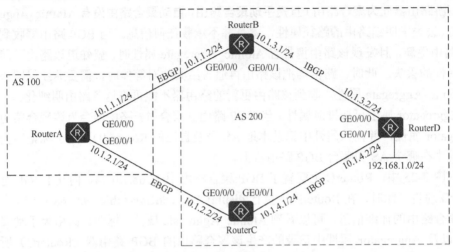

图 8-40　BGP Pref Val 属性示例

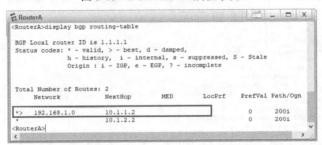

图 8-41　初始配置下，RouterA 上的 BGP 路由表

如果想要改变 RouterA 访问 192.168.1.0/24 网段的路由，使其变为经过 RouterC 的路径，则只需在 RouterA 的 BGP 视图下通过 **peer** 10.2.2.2 **prefrred-value** 100 命令把来自 RouterC 的所有 BGP 路由的 Pref Val 值改为大于 RouterB 上所采用的缺省值 0（本示例改为 100）即可。此时，在 RouterA 上执行 **display bgp routing-table** 命令，由此可见，已选择了经过 RouterC 的 192.168.1.0/24 路由为最优路由，修改了来自 RouterC 的路由的Pref Val 值后 RouterA 上的 BGP 路由表如图 8-42 所示。

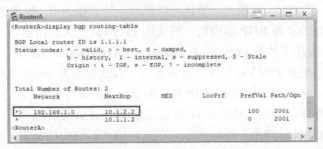

图 8-42　修改了来自 RouterC 的路由的 Pref Val 值后 RouterA 上的 BGP 路由表

8.7　BGP 路由反射器

为了防止路由环路的出现，BGP 规定对于从 AS 内部学习到的 IBGP 路由，收到后禁止向其他 IBGP 对等体传递，**这就是 IBGP 水平分割机制**。但这样可能会导致非 IBGP 对等体关系的 BGP 路由器之间不能相互通信。

为了保证 IBGP 对等体之间的连通性，需要在 AS 内各 BGP 路由器之间建立全对等体连接关系，但这样一来，当一个 AS 中的 BGP 设备数量有很多时，设备的配置将十分复杂，而且配置后网络资源和 CPU 资源的消耗都很大。

为了解决以上问题，BGP 提供了路由反射器（Route Reflector，RR）技术。

8.7.1　路由反射器角色

RR 可以在 AS 内各路由器间没有建立全对等体连接关系的情况下，实现 AS 内各 BGP 路由器间相互学习 BGP 路由，实现三层互通。在 RR 技术中，为一个 AS 内部的各 IBGP 设备定义了以下 3 种角色。路由反射器中的相关角色如图 8-43 所示。

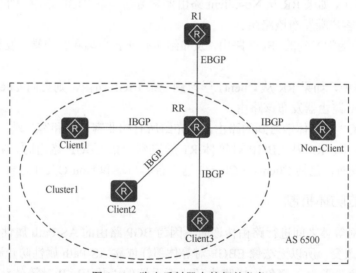

图 8-43　路由反射器中的相关角色

① RR（路由反射器）：允许把从 IBGP 对等体学习到的 BGP 路由反射到其他 IBGP 对等体，这样就使 IBGP 路由可以在 AS 内非全连接的场景下传递。

【注意】RR 只反射最优的有效路由，并且在进行路由反射时不会修改反射路由中的任何 BGP 路径属性，例如，AS_Path、Next_Hop、Local_Pref、MED、Community。如果 RR 修改这几个路径属性，则有可能产生路由环路。

② Client（客户端）：与 RR 形成反射邻居关系的 IBGP 设备。在 AS 内部，客户端只需与 RR 直连，建立 IBGP 对等体关系，彼此交换 BGP 路由信息；客户端之间不需要直接连接，不需要建立 IBGP 对等体关系，也不需要交换路由信息。客户端不需要任何

额外配置，也不会感知 RR 的存在。

　　③ Non-Client（非客户端）：AS 中既不是 RR，也不是客户端的 IBGP 设备。在 AS 内非客户端与 RR 之间，以及所有的非客户端之间仍然必须全连接，建立 IBGP 对等体关系。

　　RR 及其客户端共同构成一个 Cluster（集群，也称"反射簇"），一个集群中的 RR 可以同时作为另一个集群的客户端。可为每个集群配置一个 Cluster_ID（集群 ID），在 AS 内部始发 IBGP 路由的 BGP 设备称之为 Originator（始发者）。在 RR 技术中规定，同一集群内的客户端只需与该集群的 RR 直接交换路由信息，因此，客户端只需与 RR 之间建立 IBGP 连接，不需要与其他客户端建立 IBGP 连接，从而减少了 IBGP 连接数量。

　　在图 8-43 中，AS6500 内配置了一台设备作为 RR，3 台设备作为客户端，形成 Cluster1。此时，AS6500 中 IBGP 的连接数从配置 RR 前的 10 条减少到 4 条，不仅简化了设备的配置，也减轻了网络和 CPU 的负担。

8.7.2　路由反射规则

　　RR 向 IBGP 对等体反射路由的规则如下。

　　① **从非客户端学习到的 IBGP 路由，发布给所有客户端。**

　　在图 8-43 中，如果 RR 从 No-Client 路由器学习到一条 IBGP 路由，则会向 Client1～Client3 这 3 台客户端发布该路由。

　　② 从客户端学习到的 IBGP 路由，发布给所有非客户端和客户端（发起此路由的客户端除外）。

　　在图 8-43 中，如果 RR 从 Client1 学习到一条 IBGP 路由，则会向 Client2、Client3，以及 Non-Client 路由器发布该路由。

　　③ 从 EBGP 对等体学习到的路由，发布给所有的非客户端和客户端。

　　在图 8-43 中，RR 从 EBGP 对等体 R1 学习到一条 EBGP 路由时，将向它的所有 IBGP 对等体发布，包括 Client1～Client3 这 3 台客户端和 Non-Client 这台非客户端。

8.7.3　RR 的防环机制

　　在 IBGP 对等体之间进行路由传递时，因为 BGP 路由的 AS-Path 属性在 AS 内进行传递时不发生改变，所以无法像 EBGP 对等体那样依靠 AS-Path 属性防止路由环路。

　　RR 虽然解决了为了避免形成路由环路而设置的"从 IBGP 对等体获得的 BGP 路由不能再发布给其他 IBGP 对等体"的问题，但是在多 RR 场景下，仍然可能形成路由环路。

　　多 RR 引起路由环路的示例如图 8-44 所示，3 台路由器彼此直连，而且建立了 IBGP 对等体关系。RR1 和 RR2 为同一集群内互为备份的两个路由反射器配置了相同的 Cluster ID。Client 同时作为 RR1 和 RR2 的客户端，RR1 和 RR2 互为对方的客户端。当 Client 主动发送一条 IBGP 路由更新给 RR1，RR1 会把这条路由反射给 RR2，RR2 收到路由更新后又会反射给 Client，这样就形成了路由环路。

　　为了解决这一问题，RR 采用独有的 Originator_ID 属性和 Cluster_List 属性分别防止出现集群内部和集群之间的路由环路。

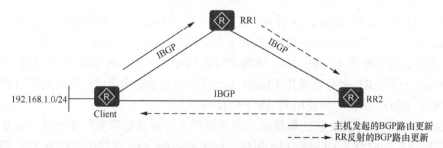

图 8-44　多 RR 引起路路环路的示例

1. 集群内部的防环机制

RR 在反射一条 BGP 路由时，会在该路由中增加 Originator_ID 属性，其值为在本地集群中向 RR 通告该路由的 BGP 路由器的 Router ID，用于防止集群内产生路由环路。如果集群内存在多个 RR，则 Originator_ID 属性由第一个反射该 BGP 路由的 RR 创建，并且不会被后续的 RR 更改。

通过 Originator_ID 属性防止集群内路由环路的工作原理是当 IBGP 对等体接收到这条路由时，将比较收到的 Originator_ID 和本地的 Router ID，如果两个 ID 相同，则丢弃该路由；否则，接收该更新路由。

在图 8-44 中，当 Client 从 RR2 收到原来由 Client 始发，并由 RR1 反射给 RR2 的 192.168.1.0/24 网段的路由更新时，会看到其中的 Originator_ID 是 Client 自己的 Router ID，于是 Client 会丢弃该路由，避免集群内部的路由环路。

2. 集群间的防环机制

一个 AS 中可以存在多个集群，各个集群的 RR 之间可以建立 IBGP 对等体。当 RR 所处的网络层不同时，可以将较低网络层次的 RR 配成客户端，形成分级 RR。当 RR 所处的网络层相同时，可以将不同集群的 RR 全连接，形成同级 RR。在实际的 RR 部署中，常用分级 RR 的场景。

多集群示例如图 8-45 所示，ISP 为 AS100 提供 Internet 路由。AS 6500 内部分为两个集群，其中，Cluster1 内的 4 台设备是核心路由器，采用备份 RR 的形式，而 Cluster2 内的 2 台设备是下级路由器，采用单 RR 结构。

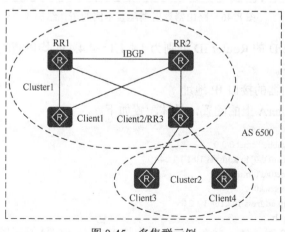

图 8-45　多集群示例

RR 中的每个集群（Cluster）使用 AS 内唯一的 Cluster_ID 进行标识，缺省时为 RR 的 Router ID。当一条 IBGP 路由第一次被 RR 反射后，就会在该路由中创建 Cluster_List 属性，并添加该集群的 Cluster_ID，该路由每经过另一个集群的 RR 都会添加该集群的 Cluster_ID。这样，RR 就可以使用 Cluster_List 属性来记录路由经过的所有集群的 Cluster_ID，类似于 EBGP 路由中所使用的 AS_PATH 属性。

通过 Cluster_List 属性防止集群间路由环路的工作原理是当 RR 接收到一条 BGP 更新路由时，RR 会检查其 Cluster_List 属性。如果 Cluster_List 属性中已经有本地 Cluster_ID，则丢弃该路由；否则，将其加入 Cluster List，然后通告该更新路由。

8.7.4　BGP 路由反射器配置及示例

RR 的基本配置很简单，仅需要在担当 RR 的 BGP 视图下使用 **peer** *ipv4-address* **reflect-client** 命令配置本地 BGP 路由器，作为由参数 *ipv4-address* 指定的 IBGP 对等体的 RR，相对应由该参数指定的 IBGP 对等体就是集群的客户端。然后在 BGP 视图下通过 **reflector cluster-id** *cluster-id* 命令配置路由反射器的集群 ID，其取值范围为 1～4294967295，整数形式，也可以用 IP 地址的形式标识。缺省情况下，每个 RR 使用自己的 Router ID 作为集群 ID。

通过前面的学习已经知道，RR 技术主要用于解决 IBGP 路由不能多跳传递的问题，下面通过一个示例来证明。

路由器返射器配置示例的拓扑结构如图 8-46 所示。AS 200 内的相邻路由器之间建立了 IBGP 对等体关系。位于 AS 100 中的 RouterA 向它的 EBGP 对等体 RouterB 通告了一条 192.168.1.0/24 网段的 BGP 路由。缺省情况下，RouterB 学习到这条 BGP 路由可以继续向它的 IBGP 对等体 RouterC 通告，RouterC 也可以学习到该 BGP 路由，但 RouterC 不能继续向它的 IBGP 对等体 RouterD 通告该条 IBGP 路由，即 RouterD 上没有 192.168.1.0/24 网段的 BGP 路由。

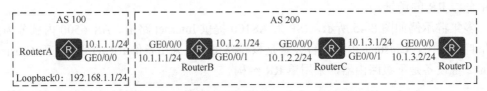

图 8-46　路由器返射器配置示例的拓扑结构

RouterA～RouterD 的 Router ID 分别为 1.1.1.1～4.4.4.4，均以直连物理接口建立 TCP 连接，具体配置如下。

（1）配置各路由器的接口 IP 地址

在此仅介绍 RouterA 上的配置，具体配置如下。

```
<RouterA> system-view
[RouterA] interface gigabitethernet 0/0/0
[RouterA-GigabitEthernet0/0/0] ip address 10.1.1.1 24
[RouterA-GigabitEthernet0/0/0]quit
[RouterA] interface loopback0
[RouterA-Loopback0] ip address 192.168.1.1 24
[RouterA-Loopback0]quit
```

（2）配置各 BGP 对等体，并在 RouterA 上将 192.168.1.0/24 网段路由引入 BGP 路由表

RouterA 上的配置如下。

```
[RouterA] bgp 100
[RouterA-bgp] router-id 1.1.1.1
[RouterA-bgp] peer 10.1.1.2 as-number 200
[RouterA-bgp] network 192.168.1.0 24
```

RouterB 上的配置如下。

```
[RouterB] bgp 200
[RouterB-bgp] router-id 2.2.2.2
[RouterB-bgp] peer 10.1.1.1 as-number 100
[RouterB-bgp] peer 10.1.2.2 as-number 200
```

RouterC 上的配置如下。

```
[RouterC] bgp 200
[RouterC-bgp] router-id 3.3.3.3
[RouterC-bgp] peer 10.1.2.1 as-number 200
[RouterC-bgp] peer 10.1.3.2 as-number 200
```

RouterD 上的配置如下。

```
[RouterD] bgp 200
[RouterD-bgp] router-id 4.4.4.4
[RouterD-bgp] peer 10.1.3.1 as-number 200
```

此时，在 RouterC 上执行 **display bgp routing-table** 命令，由此可见，已学习到 192.168.1.0/24 网段路由，但它是无效路由（前面没有 "*" 符号），配置 IGP 路由前，在 RouterC 上执行 **display bgp routing-table** 命令的输出如图 8-47 所示。在 RouterD 上执行 **display bgp routing-table** 命令，却没有这条路由。

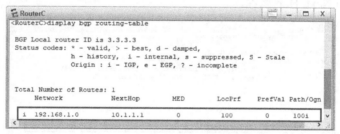

图 8-47　配置 IGP 路由前，在 RouterC 上执行 **display bgp routing-table** 命令的输出

（3）在 RouterC 上配置 RR

把 RouterC 配置为 RR，RouterB、RouterD 作为它的客户端，Cluster_ID 配置为 1，具体配置如下。

```
[RouterC-bgp] peer 10.1.2.1 reflect-client
[RouterC-bgp] peer 10.1.3.2 reflect-client
[RouterC-bgp] reflector cluster-id 1
```

此时，在 RouterD 上执行 **display bgp routing-table** 命令，依然没有 192.168.1.0/24 网段路由。这是因为 RouterC 学习到的 192.168.1.0/24 网段 BGP 路由是无效的（如图 8-47 所示），不能被反射。

之所以在 RouterC 上的 192.168.1.0/24 网段 BGP 路由是无效路由，是因为 RouterB 把这个从 EBGP 对等体学习的 EBGP 路由传递给 RouterB 时下一跳是不变的，仍为 RouterA 的 GE0/0/0 接口的 IP 地址 10.1.1.1，而 RouterC 目前没有任何路由可以到达该下一跳 IP 地址。具体解决办法有两个：一是在 AS 200 中通过 IGP（例如，OSPF）路由把各直连网段路由宣告进 IGP 路由表中；二是在 RouterB 上修改向 RouterC 通告 BGP 路由时把下一跳改为自己的出接口（GE0/0/1）的 IP 地址。因为 RouterB 的 GE1/0/0 接口与 RouterC 直接连接，所以 RouterC 可以到达。下面以在 AS 200 内运行 OSPF 为例介绍相关配置。

（4）在 AS 200 中配置 OSPF

假设各路由器均运行缺省的 1 号 OSPF 路由进程，并且均在区域 0 中，具体配置如下。

```
[RouterB] ospf
[RouterB-ospf-1] area 0
[RouterB-ospf-1-area-0.0.0.0] network 10.1.1.0 0.0.0.255
[RouterB-ospf-1-area-0.0.0.0] network 10.1.2.0 0.0.0.255

[RouterC] ospf
[RouterC-ospf-1] area 0
[RouterC-ospf-1-area-0.0.0.0] network 10.1.2.0 0.0.0.255
[RouterC-ospf-1-area-0.0.0.0] network 10.1.3.0 0.0.0.255

[RouterD] ospf
[RouterD-ospf-1] area 0
[RouterD-ospf-1-area-0.0.0.0] network 10.1.3.0 0.0.0.255
```

此时，分别在 RouterC 和 RouterD 上执行 **display bgp routing-table** 命令，可以看到均已有 192.168.1.0/24 网段 BGP 路由，且都是有效的，配置 IGP 路由后，在 RouterC 上执行 **display bgp routing-table** 命令的输出如图 8-48 所示，配置 IGP 路由和 RR 后，在 RouterD 上执行 **display bgp routing-table** 命令的输出如图 8-49 所示。从中可以看出，RouterC 向 RouterD 反射 192.168.1.0 24 网段路由时的下一跳 IP 地址不变，证明反射路由时不改变路由的 Next_Hop 属性。

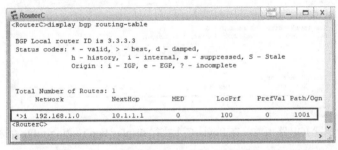

图 8-48　配置 IGP 路由后，在 RouterC 上执行 **display bgp routing-table** 命令的输出

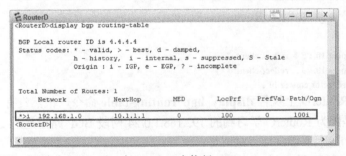

图 8-49　配置 IGP 路由和 RR 后，在 RouterD 上执行 **display bgp routing-table** 命令的输出

在 RouterD 上执行 **display bgp routing-table** 192.168.1.0 24 命令可以查看该路由的详细信息，RouterD 上 192.168.1.0/24 网段 BGP 路由详细信息如图 8-50 所示。从中可以看到，该反射路由是由 RouterC（Router ID 为 3.3.3.3）反射的，原始下一跳 IP 地址（Original nexthop）为 RouterA 的 GE0/0/0 接口 IP 地址 10.1.1.1，Originator 为 RR 的客户端 RouterB 的 Router ID 2.2.2.2，集群 ID（Cluster_ID）为 1。

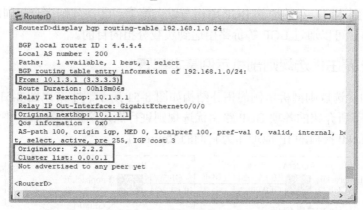

图 8-50　RouterD 上 192.168.1.0/24 网段 BGP 路由详细信息

8.8　BGP 路由优选策略及规则剖析

BGP 定义了多种路径属性，并且拥有丰富的路由策略工具，使 BGP 在路由控制和路径决策上变得非常灵活。为了指导路由选路，BGP 规定了下一跳策略和路由优选策略，其中下一跳策略就是首先丢弃下一跳（Next_Hop）不可达的路由的策略，其优先级比 BGP 路由优选策略高。

8.8.1　BGP 路由优选策略

当到达同一目的地存在多条下一跳可达路由时，BGP 依次对比下列规则来选择路由（由上至下优先级依次降低）。如果根据当前规则可以决策出最优的 BGP 路由，则不再继续比较下面的规则；否则，继续比较下一条规则。

① 优选首选（Pref Val）值最大的路由。**首选值越大越优先。**

② 优选本地优先级（Local_Pref）值最大的路由。**本地优先级值越大越优先。**如果路由没有本地优先级，那么 BGP 选路时将该路由按缺省的本地优先级 100 来处理。

③ 本地始发的 BGP 路由优先于从其他对等体学习到的 BGP 路由。本地始发的 BGP 路由的优先级顺序为：手动聚合路由、自动聚合路由、**network** 命令引入的路由、**import-route** 命令引入的路由。

④ 优选 AS 路径（AS_Path）值最短的路由。

⑤ 依次优选源（Origin）最优的路由。Origin 按优先级从高到低的顺序排列，依次为：IGP、EGP、Incomplete 的路由。

⑥ 对于来自同一 AS 的路由，优选 MED 值最小的路由。**MED 值越小越优先。**

⑦ 依次优选 EBGP 路由、IBGP 路由。

⑧ 优选到 BGP 路由下一跳的 IGP 度量值（metric）最小的路由。

⑨ 优选 Cluster_List 最短的路由。

⑩ 优选 Router ID（Originator_ID）最小的设备发布的路由。

⑪ 优选具有最小 IP 地址的对等体通告的路由。

当有多条到达同一目的地的 BGP 路由与以上第①～⑧条规则完全相同时，它将成为 BGP 等价路由，可以通过 BGP 等价路由达到负载分担的目的。

8.8.2　BGP 路由优选规则剖析示例基本配置

BGP 路由优选规则剖析示例的拓扑结构如图 8-51 所示。本节以图 8-51 所示拓扑结构为例，对上节所介绍的各项 BGP 路由优选规则进行深入剖析。图 8-51 中各 BGP 路由器使用 Loopback0 接口的 IP 地址作为它们的 Router ID。

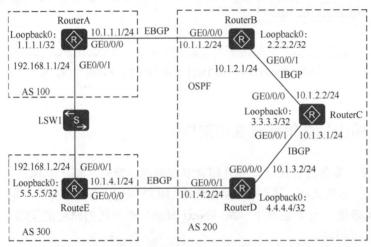

图 8-51　BGP 路由优选规则剖析示例的拓扑结构

AS 200 内部各 BGP 路由器以 Loopback0 接口建立 IBGP 对等体关系，并且通过 OSPF 实现三层互通（包括各自的 Loopback0 接口，但不包括连接外部 AS 的接口），AS 之间基于直连物理接口建立 EBGP 对等体关系，但 RouterA 和 RouterE 之间不建立 BGP 对等体关系。RouterA 和 RouterE 之间连接了一个共享网段 192.168.1.0/24，通过 **network** 命令引入 BGP 路由表中。

下面是各 BGP 路由器上的基本配置。

（1）配置各路由器的接口 IP 地址

在此仅介绍 RouterA 上的配置，具体配置如下。

```
<RouterA> system-view
[RouterA] interface gigabitethernet 0/0/0
[RouterA-GigabitEthernet0/0/0] ip address 10.1.1.1 24
[RouterA-GigabitEthernet0/0/0]quit
[RouterA] interface gigabitethernet 0/0/1
[RouterA-GigabitEthernet0/0/1] ip address 192.168.1.1 24
[RouterA-GigabitEthernet0/0/1]quit
[RouterA] interface loopback0
[RouterA-Loopback0] ip address 1.1.1.1 32
[RouterA-Loopback0]quit
```

（2）在 AS 200 内部配置 OSPF 路由

包括各路由器上的 Loopback0 接口所在的网段，但不包括连接外部 AS 的接口所在的网段，使 AS 内部各相邻路由器在使用 Loopback 接口建立 TCP 连接时三层互通。各路由器均启用缺省的 OSPF 1 号进程（实际应用中进程号任意），且均在区域 0 中。

RouterB 上的配置如下。

```
[RouterB] ospf
[RouterB-ospf-1] area 0
[RouterB-ospf-1-area-0.0.0.0] network 10.1.2.0 0.0.0.255
[RouterB-ospf-1-area-0.0.0.0] network 2.2.2.2 0.0.0.0
[RouterB-ospf-1-area-0.0.0.0] quit
[RouterB-ospf-1] quit
```

RouterC 上的配置如下。

```
[RouterC] ospf
[RouterC-ospf-1] area 0
[RouterC-ospf-1-area-0.0.0.0] network 10.1.2.0 0.0.0.255
[RouterC-ospf-1-area-0.0.0.0] network 10.1.3.0 0.0.0.255
[RouterC-ospf-1-area-0.0.0.0] network 3.3.3.3 0.0.0.0
[RouterC-ospf-1-area-0.0.0.0] quit
[RouterC-ospf-1] quit
```

RouterD 上的配置如下。

```
[RouterD] ospf
[RouterD-ospf-1] area 0
[RouterD-ospf-1-area-0.0.0.0] network 10.1.3.0 0.0.0.255
[RouterD-ospf-1-area-0.0.0.0] network 4.4.4.4 0.0.0.0
[RouterD-ospf-1-area-0.0.0.0] quit
[RouterD-ospf-1] quit
```

（3）配置各路由器的 BGP 基本功能

AS 200 内各相邻路由器使用 Loopback0 接口建立 TCP 连接，AS 之间使用直连物理接口建立 TCP 连接（RouterA 与 RouterE 之间不建立 BGP 对等体关系），并在 RouterA、RouterE 上将 192.168.1.0/24 网段路由引入 BGP 路由表。

RouterA 上的配置如下。

```
[RouterA] bgp 100
[RouterA-bgp] router-id 1.1.1.1
[RouterA-bgp] peer 10.1.1.2 as-number 200
[RouterA-bgp] network 192.168.1.0 24
```

RouterB 上的配置如下。

```
[RouterB] bgp 200
[RouterB-bgp] router-id 2.2.2.2
[RouterB-bgp] peer 10.1.1.1 as-number 100
[RouterB-bgp] peer 3.3.3.3 as-number 200
[RouterB-bgp] peer 3.3.3.3 connect-interface loopback0
```

RouterC 上的配置如下。

```
[RouterC] bgp 200
[RouterC-bgp] router-id 3.3.3.3
[RouterC-bgp] peer 2.2.2.2 as-number 200
[RouterC-bgp] peer 2.2.2.2 connect-interface loopback0
[RouterC-bgp] peer 4.4.4.4 as-number 200
[RouterC-bgp] peer 4.4.4.4 connect-interface loopback0
```

RouterD 上的配置如下。

```
[RouterD] bgp 200
[RouterD-bgp] router-id 4.4.4.4
[RouterD-bgp] peer 10.1.4.1 as-number 300
```

[RouterD-bgp] **peer** 3.3.3.3 **as-number** 200
[RouterD-bgp] **peer** 3.3.3.3 **connect-interface** loopback0

RouterE 上的配置如下。

[RouterE] **bgp** 300
[RouterE-bgp] **router-id** 5.5.5.5
[RouterE-bgp] **peer** 10.1.4.2 **as-number** 200
[RouterE-bgp] **network** 192.168.1.0 24

8.8.3 丢弃下一跳不可达 BGP 路由的规则剖析

完成上节 BGP 路由基本配置后，在 RouterC 上执行 **display bgp routing-table** 命令，会发现有两条到达 192.168.1.0/24 网段的路由，但均为无效路由，初始配置下 RouterC 的 BGP 路由表如图 8-52 所示。这两条路由的下一跳 IP 地址不可达。这样的无效路由，BGP 路由器会直接丢弃，不会再向对等体通知。

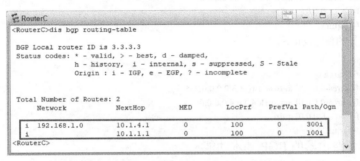

图 8-52 初始配置下 RouterC 的 BGP 路由表

下面分析 RouterC 上这两条 192.168.1.0/24 网段 BGP 路由的下一跳不可达的原因。图 8-52 中的第一条路由是通过 RouterD 学习到的，下一跳 IP 地址为 10.1.4.1，是 RouterE 的 GE0/0/0 接口的 IP 地址。RouterE 在 BGP 路由表中引入了 192.168.1.0/24 网段路由，传递给 EBGP 对等体 RouterD，此时路由的下一跳 IP 地址为 RouterE 的 GE0/0/0 接口的 IP 地址 10.1.4.1。因为 RouterE 的 GE0/0/0 接口直接与 RouterD 相连，所以 RouterD 收到该路由下一跳是可达的，路由也是有效的，于是继续向其 IBGP 对等体 RouterC 通告。在向 IBGP 对等体转发来自 EBGP 对等体的 BGP 路由时，Next_Hop 属性是不变的，即下一跳 IP 地址仍为 10.1.4.1。由于 RouterC 并没有与 RouterE 建立 TCP 连接，且 RouterD 连接 RouterE 的接口上没有运行 OSPF，所以 RouterC 没有路由到达这个下一跳 IP 地址，认为这个下一跳 IP 地址不可达，成为无效 BGP 路由。图 8-52 中的第二条 192.168.1.0/24 网段 BGP 路由为无效路由的原因也是如此。

要使 RouterC 上的这两条 192.168.1.0/24 网段 BGP 路由成为有效路由很简单，只需在 RouterB 和 RouterD 配置 RouterC 通告路由时，把下一跳改为自己与 RouterC 建立 TCP 连接的源 IP 地址即可，具体配置如下。

[RouterB-bgp] **peer** 3.3.3.3 **next-hop-local**
[RouterD-bgp] **peer** 3.3.3.3 **next-hop-local**

此时在 RouterC 上执行 **display bgp routing-table** 命令，发现原来无效的两条 192.168.1.0/24 网段 BGP 路由均已成为有效路由（前面有 "*" 符号），在 RouterB 和 RouterD 上修改下一跳配置后，RouterC 上的 BGP 路由表如图 8-53 所示。

```
RouterC                                                    _ □ X
<RouterC>display bgp routing-table

BGP Local router ID is 3.3.3.3
Status codes: * - valid, > - best, d - damped,
              h - history, i - internal, s - suppressed, S - Stale
              Origin : i - IGP, e - EGP, ? - incomplete


Total Number of Routes: 2
     Network         NextHop        MED        LocPrf     PrefVal Path/Ogn

*>i  192.168.1.0     2.2.2.2        0          100        0       100i
* i                  4.4.4.4        0          100        0       300i
<RouterC>
```

图 8-53　在 RouterB 和 RouterD 上修改下一跳配置后，RouterC 上的 BGP 路由表

8.8.4　优选 Pref Val 值最大的路由的规则剖析

在图 8-53 中，两条 192.168.1.0/24 网段 BGP 路由的 Pref Val（首选值）均为缺省值 0。因为这两条路由，缺省情况下，在 8.8.1 节介绍的 BGP 路由优先规则中前面 9 项规则都是相同的，仅在第 10 项规则中发布这两条路由的 BGP 路由器的 Router ID 不一样，Router ID 小的优先。由于 RouterB 的 Router ID（2.2.2.2）要小于 RouterD 的 Router ID（4.4.4.4），所以最终优选来自 RouterB 的路由。

Pref Val 用于本地选择到达目的地址的最佳路径，其值越大越优先。当本地 BGP 路由表中存在到达外部 AS 相同目的地的多条 BGP 路由时，将优选 Pref Val 值较大的。如果想改变图 8-53 中 RouterC 选择到达 192.168.1.0/24 网段的路径为经过 RouterD 的路由，只需在 RouteC 上配置从 RouterD 接收的 BGP 路由的 Pref Val 值大于从 RouterB 接收的 BGP 路由的 Pref Val 值即可。现仅在 RouteC 上修改从 RouterD 接收的 BGP 路由的 Pref Val 值为 100，从 RouterB 接收的 BGP 路由的 Pref Val 值保持缺省的 0 即可，具体配置如下。

```
[RouterC-bgp] peer 4.4.4.4 preferred-value 100
```

完成以上配置后，在 RouterC 上执行 **display bgp routing-table** 命令，会发现经过 RouterD 学习到的这条 192.168.1.0/24 网段路由为最优，在 RouterC 上修改 Pref Val 后，RouterC 的 BGP 路由表如图 8-54 所示。这条 BGP 路由的 Pref Val 值为 100，大于经过 RouterB 学习到这条路由的缺省 Pref Val 值 0。

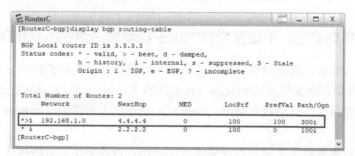

```
RouterC                                                    _ □ X
[RouterC-bgp]display bgp routing-table

BGP Local router ID is 3.3.3.3
Status codes: * - valid, > - best, d - damped,
              h - history, i - internal, s - suppressed, S - Stale
              Origin : i - IGP, e - EGP, ? - incomplete


Total Number of Routes: 2
     Network         NextHop        MED        LocPrf     PrefVal Path/Ogn

*>i  192.168.1.0     4.4.4.4        0          100        100     300i
* i                  2.2.2.2        0          100        0       100i
[RouterC-bgp]
```

图 8-54　在 RouterC 上修改 Pref Val 后，RouterC 的 BGP 路由表

8.8.5　优选 Local-Pref 最大的路由的规则剖析

Local-Pref 属性用于判断流量从本地设备离开本地 **AS** 时的最佳路径，其值越大越优先，缺省值为 100。只有在 Pref Val 值相同的情况下，才会比较 BGP 路由的 Local-Pref

值，因此，先要通过 **undo peer** 4.4.4.4 **preferred-value** 命令删除上节在 RouterC 上针对来自 RouterD 的 BGP 路由的本地优先级配置修改。

在图 8-51 中，AS 200 内部的 RouterC 访问 192.168.1.0/24 网段有两条路径：一条是 RouterC->RouterB->RouterA；另一条是 RouterC->RouterD->RouterE。现要仅对 192.168.1.0/24 网段修改 RouterB 和 RouterD 向 RouterC 通告路由时的 Local-Pref 属性，因此，需要通过路由策略进行配置。匹配工具可以采用 ACL 或 IP 前缀列表，在此采用 IP 前缀列表在 RouterD 上进行配置其向 RouterC 通告 BGP 路由的 Local-Pref 值为 200，大于 RouterB 上采用的缺省 Local-Pref 属性值 100，具体配置如下。

```
[RouterD] ip ip-prefix local-pref index 10 permit 192.168.1.0 24
[RouterD] route-policy local-pref permit node 10
[RouterD-route-policy] if-match ip-prefix local-pref
[RouterD-route-policy] apply local-pref 200
[RouterD-route-policy] quit
[RouterD] bgp 200
[RouterD-bgp] peer 3.3.3.3 route-policy local-pref export
```

完成以上配置后，在 RouterC 上执行 **display bgp routing-table** 命令，会发现经过 RouterD 学习到的这条 192.168.1.0/24 网段路由为最优，在 RouterD 上修改 Local-Pref 后，RouterC 的 BGP 路由表如图 8-55 所示。因为这条 BGP 路由的 Local-Pref 属性值为 200，大于经过 RouterB 学习到这条路由的缺省 Local-Pref 属性值为 100。

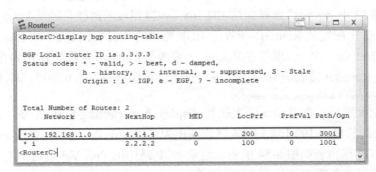

图 8-55　在 RouterD 上修改 Local-Pref 后，RouterC 的 BGP 路由表

8.8.6　优选本地路由，手动聚合路由优于自动聚合路由的规则剖析

本条规则为在前面各项规则均相同的条件下，优选本地生成的路由，从对等体学习的路由次之。如果在本地生成的到达同一目的地有多条 BGP 路由，则优先级按以下次序递减：手动聚合路由、自动聚合路由、**network** 命令引入的路由、**import-route** 命令引入的路由。

本节仅剖析本地路由优于从对等体学习的路由，以及手动聚合路由优于自动聚合路由的规则。现假设在图 8-51 的 RouterD 上配置两条分别到达两个虚设子网 192.168.1.0/125 和 192.168.1.128/25 的静态路由（指定出接口为 Null0 接口，表示为无实际转发作用的黑洞路由，因为此处的静态路由仅作为演示），引入 BGP 路由表中，然后对这两条静态路由进行聚合，生成 192.168.1.0/24。为了不影响网络中其他设备上的路由选路，在此抑制聚合路由中包含的明细路由向对等体通告，具体配置如下。

```
[RouterD]ip route-static 192.168.1.0 25 null0
[RouterD]ip route-static 192.168.1.128 25 null0
[RouterD] bgp 200
[RouterD-bgp] import-route static
[RouterD-bgp] aggregate 192.168.1.0 24 detail-suppressed
```

通过以上配置，RouterD 上会存在两条到达 192.168.1.0/24 网段的路由：一条是在本地通过聚合两条引入 BGP 路由表中静态路由而生成的手动聚合路由；另一条直接来自 EBGP 对等体 RouterE 通告。这时，在 RouterD 上执行 **display bgp routing-table** 命令可以看到，本地生成的手动聚合路由为最优路由，在 RouterD 配置好静态路由引入并生成聚合路由后，RouterD 的 BGP 路由表如图 8-56 所示。

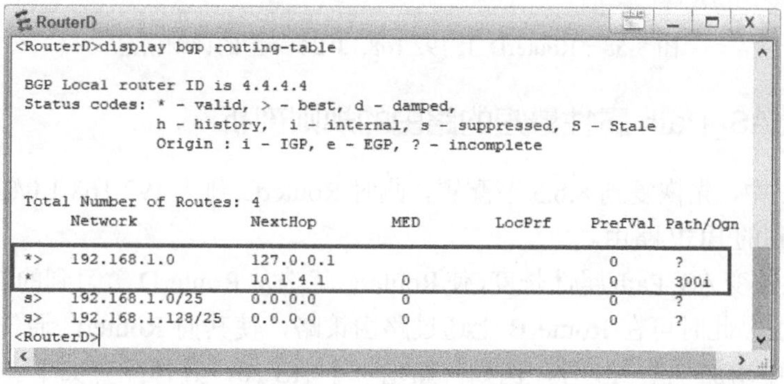

```
<RouterD>display bgp routing-table

 BGP Local router ID is 4.4.4.4
 Status codes: * - valid, > - best, d - damped,
               h - history,  i - internal, s - suppressed, S - Stale
               Origin : i - IGP, e - EGP, ? - incomplete


 Total Number of Routes: 4
      Network            NextHop        MED        LocPrf    PrefVal Path/Ogn

 *>   192.168.1.0        127.0.0.1                            0      ?
 *                       10.1.4.1       0                     0      300i
 s>   192.168.1.0/25     0.0.0.0        0                     0      ?
 s>   192.168.1.128/25   0.0.0.0        0                     0      ?
<RouterD>
```

图 8-56　在 RouterD 配置好静态路由引入并生成聚合路由后，RouterD 的 BGP 路由表

验证手动聚合路由优于自动聚合路由的规则如下，在本节前面的手动聚合路由配置的基础上，首先在 BGP 视图下执行 **summary automatic** 命令，开启 RouterD 的自动路由聚合功能。然后在 RouterD 上执行 **display bgp routing-table** 命令可以看到有 3 条 192.168.1.0/24 网段的 BGP 路由，在 RouterD 上开启自动路由聚合后，RouterD 的 BGP 路由表如图 8-57 所示。其中有两条是本地产生的路由：一条是自动路由聚合路由；另一条是手动聚合路由，但仍然不清楚最优的那条是手动聚合路由还是自动聚合路由。这时可以在 RouterD 上执行 **display bgp routing-table** 192.168.1.0 24 命令，RouterD 上 192.168.1.0 24 路由的详细信息如图 8-58 所示，从图 8-58 中可以看出手动聚合的那条路由是最优的（自动聚合路由不带有 Atomic aggregate 属性）。

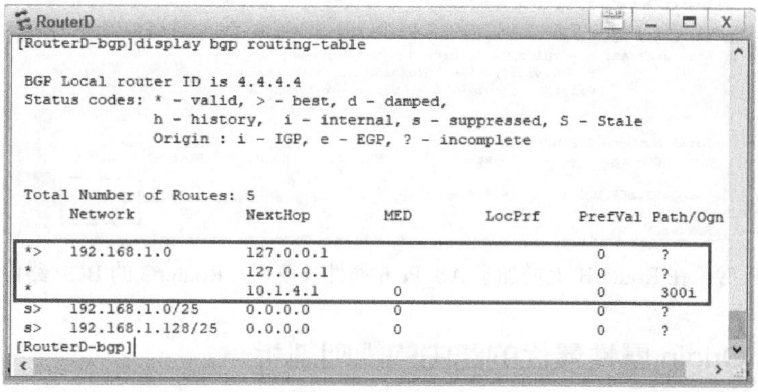

```
[RouterD-bgp]display bgp routing-table

 BGP Local router ID is 4.4.4.4
 Status codes: * - valid, > - best, d - damped,
               h - history,  i - internal, s - suppressed, S - Stale
               Origin : i - IGP, e - EGP, ? - incomplete


 Total Number of Routes: 5
      Network            NextHop        MED        LocPrf    PrefVal Path/Ogn

 *>   192.168.1.0        127.0.0.1                            0      ?
 *                       127.0.0.1                            0      ?
 *                       10.1.4.1       0                     0      300i
 s>   192.168.1.0/25     0.0.0.0        0                     0      ?
 s>   192.168.1.128/25   0.0.0.0        0                     0      ?
[RouterD-bgp]
```

图 8-57　在 RouterD 上开启自动路由聚合后，RouterD 的 BGP 路由表

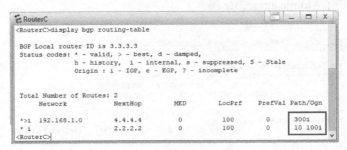

图 8-58　RouterD 上 192.168.1.0 24 路由的详细信息

8.8.7　优选 AS_Path 属性最短的路由的规则剖析

在图 8-51 中，先恢复到 8.8.3 节配置，此时 RouterC 到达 192.168.1.0/24 网段优选从 RouterB 学习到的 BGP 路由。

现要通过改变 AS_Path 属性长度，使 RouterC 优选从 RouterD 学习到的 192.168.1.0/24 网段 BGP 路由。此时可在 RouterB 上通过路由策略，使其向 RouterC 通告的 BGP 路由 AS_Path 属性中增加一个 AS 号，例如，新增一个 AS 10，具体配置如下。

```
[RouterB] ip ip-prefix as_path index 10 permit 192.168.1.0 24
[RouterB] route-policy as_path permit node 10
[RouterB-route-policy] if-match ip-prefix as_path
[RouterB-route-policy] apply as-path 10 additive
[RouterB-route-policy] quit
[RouterB] bgp 200
[RouterB-bgp] peer 3.3.3.3 route-policy as_path export
```

以上配置完成后，在 RouterC 上执行 **display bgp routing-table** 命令，即可见到 192.168.1.0/24 网段优选从 RouterD 学习到的路由，在 RouterB 上增加了 AS_Path 属性长度后，RouterC 的 BGP 路由表如图 8-59 所示。因为从 RouterD 学习到的该网段 BGP 路由的 AS_Path 属性中只有 1 个 AS 号，而从 RouterB 学习到的该网段 BGP 路由的 AS_Path 属性中有 2 个 AS 号，由此能够验证优选 AS_Path 属性最短的 BGP 路由的规则。

图 8-59　在 RouterB 上增加了 AS_Path 属性长度后，RouterC 的 BGP 路由表

8.8.8　优选 Origin 属性最优的路由的规则剖析

Origin 属性按照优先级的高低排序依次是：IGP、EGP 和 Incomplete。通过 **network**

命令引入的 BGP 路由属于 IGP 源类型，以"i"进行标识；通过 EBGP 对等体学习的 BGP 路由属于 EGP 源类型，以"e"进行标识；通过 **import-route** 命令引入的 BGP 路由属于 Incomplete 源类型，以"？"进行标识。BGP 路由的 Origin 属性不可配置、不可修改。

按照 8.8.3 节配置后，在 RouterA 和 RouterE 上都是通过 **network** 命令引入 192.168. 1.0/24 网段的路由进入 BGP 路由表的，因此，这两条 BGP 路由的源属性标识均为"i"，且根据 8.8.1 节介绍的 BGP 路由第 10 条优选规则，RouterC 优选从 RouterB 获取的 192. 168.1.0/24 网段 BGP 路由。

现在先恢复到 8.8.3 节的配置，然后在 RouterA 的 BGP 视图下通过 **undo network** 192.168.1.0 24 命令删除通过 **network** 命令引入 192.168.1.0/24 网段直连路由的配置，改为通过 **import-route** 命令调用路由策略引入 192.168.1.0/24 网段直连路由，使 RouterA 上生成的 192.168.1.0/24 网段 BGP 路由的源类型为 Incomplete 类型，具体配置如下。

```
[RouterA] ip ip-prefix origin index 10 permit 192.168.1.0 24
[RouterA] route-policy origin permit node 10
[RouterA-route-policy] if-match ip-prefix origin
[RouterA-route-policy] quit
[RouterA] bgp 100
[RouterA-bgp] import-route direct route-policy origin
```

以上配置完成后，在 RouterC 上执行 **display bgp routing-table** 命令，即可见到从 RouterB 上学习的 192.168.1.0/24 网段 BGP 路由的源类型标识变成"?"，最终优选从 RouterD 学习到的该网段 BGP 路由（源类型为 IGP），在 RouterA 上修改了 BGP 路由源类型后，RouterC 的 BGP 路由表如图 8-60 所示。由此验证了源类型为 IGP 的 BGP 路由优于源类型为 Incomplete 类型的 BGP 路由的优选规则。

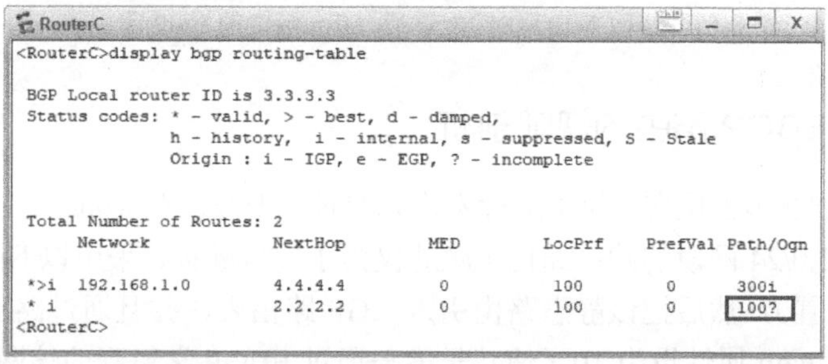

```
RouterC
<RouterC>display bgp routing-table

BGP Local router ID is 3.3.3.3
Status codes: * - valid, > - best, d - damped,
              h - history, i - internal, s - suppressed, S - Stale
              Origin : i - IGP, e - EGP, ? - incomplete


Total Number of Routes: 2
     Network          NextHop        MED      LocPrf    PrefVal Path/Ogn

*>i 192.168.1.0       4.4.4.4        0         100        0     3001
*  i                  2.2.2.2        0         100        0     100?
<RouterC>
```

图 8-60　在 RouterA 上修改了 BGP 路由源类型后，RouterC 的 BGP 路由表

8.8.9　优选 MED 属性值最小的路由的规则剖析

MED 用于向外部 AS 中的 EBGP 对等体指示进入本地 AS 的首选路径，类似于 OSPF、IS-IS 路由中的度量值。MED 属性可以通过配置修改。

先恢复到 8.8.3 节的配置，此时 RouterC 上的两条 192.168.1.0/24 网段 BGP 路由的 MED 值均为 0（表示不携带 MED 属性），如图 8-53 所示。此时根据 8.8.1 节介绍的 BGP 路由第 10 条优选规则，RouterC 优选从 RouterB 获取的 192.168.1.0/24 网段 BGP 路由。

在 RouterB 上通过路由策略修改其向 RouterC 通告 192.168.1.0/24 网段 BGP 路由的 MED 属性值为 100，优先级低于 RouterD 向 RouterC 通告该网段 BGP 路由所采用的缺省 MED 值 0。但是在本示例中，RouterA 和 RouterE 位于不同的 AS，而缺省情况下，BGP

只会对来自同一 AS 中相同目的地址的路由进行 MED 属性比较，但可以通过命令开启比较来自不同 AS 中相同目的地址的 BGP 路由的 MED 属性值。在 RouterC 上的具体配置如下。

```
[RouterB] ip ip-prefix med index 10 permit 192.168.1.0 24
[RouterB] route-policy med permit node 10
[RouterB-route-policy] if-match ip-prefix med
[RouterB-route-policy] apply cost 100
[RouterB-route-policy] quit
[RouterB] bgp 200
[RouterB-bgp] peer 3.3.3.3 route-policy med export
[RouterC-bgp] bgp 200
[RouterC-bgp] compare-different-as-med    #---开启比较不同 AS 中相同目的地址的 BGP 路由的 MED 属性值功能
```

以上配置完成后，在 RouterC 上执行 **display bgp routing-table** 命令，即可见到从 RouterB 学习到的 192.168.1.0/24 网段的 BGP 路由的 MED 属性值为 100，大于从 RouterD 学习到的该网段路由的 MED 属性值 0，所以最终优选从 RouterD 学习到的该网段路由，修改 MED 属性配置后，RouterC 的 BGP 路由表如图 8-61 所示。由此验证了优选 MED 属性值最小的 BGP 路由的规则。

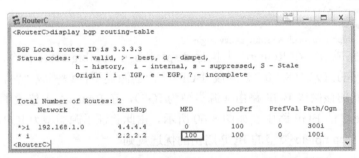

图 8-61　修改 MED 属性配置后，RouterC 的 BGP 路由表

8.8.10　优选 EBGP 路由的规则剖析

先恢复到 8.8.3 节的配置。为了进行本规则验证，先假设在 RouterC 上配置了一条同样到达 192.168.1.0/24 网段的静态路由（此处仅为了实现验证，采用以 Null0 接口为出接口的黑洞路由配置），然后把该静态路由引入 BGP 路由表，并且通过路由策略，把这条 BGP 路由的 AS_Path 属性设为 10（使其长度与通过 EBGP 学习到的该网段 BGP 路由的 AS_Path 属性的长度一样）。在此仅以向 RouterB 通告为例进行介绍，具体配置如下。

```
[RouterC] ip route-static 192.168.1.0 24 null0
[RouterC] ip ip-prefix as_path index 10 permit 192.168.1.0 24
[RouterC] route-policy as_path permit node 10
[RouterC-route-policy] if-match ip-prefix as_path
[RouterC-route-policy] apply as-path 10 additive
[RouterC-route-policy] quit
[RouterC] bgp 200
[RouterC-bgp] import-route static
[RouterC-bgp] peer 2.2.2.2 route-policy as_path export
```

因为在 8.8.2 节中，RouterA 上是以 **network** 命令方式引入了 192.168.1.0/24 网段路由，而本示例中在 RouterC 上又是以 **import-route** 命令方式引入了该网段路由，两条路由的源类型不一致，所以需要通过配置使它们的源类型一致，还需要在 RouterA 上采用 **import-route** 命令引入配置 192.168.1.0/24 网段路由，具体见 8.8.8 节配置。

以上配置完成后，RouterB 会收到来自 IBGP 对等体 RouterC 通告的 192.168.1.0/24 网段 IBGP 路由，同时 RouterB 又会从他们的 EBGP 对等体 RouterA 学习到该网段 EBGP 路由，在 RouterC 和 RouterA 修改配置后，RouterB 的 BGP 路由表如图 8-62 所示，从中可以看出，RouterB 最终优选从 RouterA 学习到的 192.168.1.0/24 网段 BGP 路由。这两条路由在前面介绍的各项路由优选规则中都相同，验证了 EBGP 路由优于 IBGP 路由的规则。

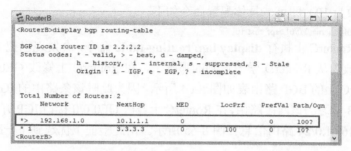

图 8-62　在 RouterC 和 RouterA 修改配置后，RouterB 的 BGP 路由表

8.8.11　优选到下一跳的 IGP 度量最小的路由的规则剖析

在 8.8.2 节介绍的基本配置中，RouterC 上的两条 192.168.1.0/24 网段 BGP 路由是按照 8.8.1 节介绍的优选规则中的第 10 项规则得出的，优选从 RouterB 学习到的该网段 BGP 路由为优选路由。本节要通过改变到达下一跳 IGP 路由度量的方式使 RouterC 优选从 RouterD 学习到的 192.168.1.0/24 网段 BGP 路由。

在 BGP 路由的详细信息中有一项关于去往原始下一跳（Original nexthop）的 IGP 路由开销（IGP cost）的描述，如果在 RouterC 上执行 **display bgp routing-table** 192.168.1.0 24 命令，则可以看到这两条路由到达原始下一跳的 OSPF 路由开销值相同，该值均为 1（这是千兆以太网接口缺省的 OSPF 路由开销值），RouterC 上两条 192.168.1.0/24 网段 BGP 路由去往初始下一跳的 IGP 开销如图 8-63 所示。

图 8-63　RouterC 上两条 192.168.1.0/24 网段 BGP 路由去往初始下一跳的 IGP 开销

对 RouterC 来说，通过 RouterB、RouterD 去往 192.168.1.0/24 网段的原始下一跳（即

第一跳）分别是这两台 BGP 路由器用于与 RouterC 建立 TCP 连接的源 IP 地址。因为这两台路由器与 RouterC 都是通过千兆以太网直连的，所以缺省值都是 1。

先把配置恢复到 8.8.3 节的配置，然后在 RouterC 上把到与 RouterB 连接这段链路的开销改成大于 1，与 RouterD 连接的这段链路的开销值保持缺省的 1 即可。OSPF 链路只计算出接口的开销，因此，只需把 RouterC 连接 RouterB 的 GE0/0/0 接口的开销值改成大于 1（此处改为 10）即可，具体配置命令如下。

> [RouterC-GigabitEthernet0/0/0] **ospf cost** 10

此时，在 RouterC 上执行 **display bgp routing-table** 命令，会发现已把 192.168.1.0/24 网段优选路由改为从 RouterD 学习得到的那条了，在 RouterC 上修改 GE0/0/0 接口 IGP 开销后，RouterC 上的 BGP 路由表如图 8-64 所示。因为此时该条路由的 IGP cost 值为 1，小于从 RouterB 学习的该网段路由，在 RouterC 上修改 GE0/0/0 接口 IGP 开销后，RouterC 上详细的 192.168.1.0/24 路由信息如图 8-65 所示。由此验证了优选到下一跳 IGP 开销小的路由的规则。

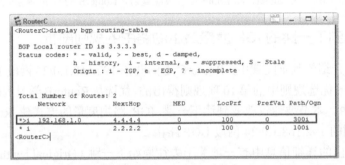

图 8-64　在 RouterC 上修改 GE0/0/0 接口 IGP 开销后，RouterC 上的 BGP 路由表

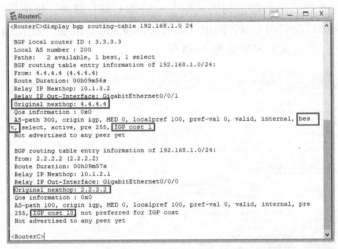

图 8-65　在 RouterC 上修改 GE0/0/0 接口 IGP 开销后，RouterC 上详细的 192.168.1.0/24 路由信息

缺省情况下，BGP 只会选择一条最优路由下发到 IP 路由表中，承担报文转发任务。但如果前面各项优选规则的配置都相同，就可以配置多条等价 BGP 路由进行负载分担。但需要注意的是，尽管可以配置多条 BGP 路由进入 IP 路由表进行负载分担，但仍然只会选择一条最优路由向对等体进行通告。

【注意】缺省情况下，BGP 路由器只会对 AS_Path 完全相同的路由进行负载分担，可以在 BGP 视图下使用 **load-balancing as-path-ignore** 命令忽略 AS_Path 不一致的问题。而且只有同为 IBGP，或者同为 EBGP 路由才能进行负载分担，IBGP 和 EBGP 路由不能形成负载分担。

在 8.8.3 节的配置基础上，在 RouterC 上进行如下配置。

```
[RouterC] bgp 200
[RouterC-bgp] load-balancing as-path-ignore
[RouterC-bgp] maximum load-balancing ibgp 2
```

通过以上配置，可使图 8-53 中的两条 192.168.1.0/24 网段 IBGP 路由为等价路由，一起进入 IP 路由表，在 RouterC 上配置了 BGP 负载分担后，下发到 IP 路由表中的两条等价 BGP 路由如图 8-66 所示。但在 BGP 路由表中仍只有一条来自 RouterB 的该网段 BGP 路由为最优路由。

```
                                                        X
 RouterC

<RouterC>display ip routing-table 192.168.1.0 24
Route Flags: R - relay, D - download to fib
------------------------------------------------------------------
Routing Table : Public
Summary Count : 2
Destination/Mask    Proto   Pre  Cost      Flags NextHop         Interface

    192.168.1.0/24  IBGP    255  0          RD   2.2.2.2         GigabitEthernet
0/0/0
                    IBGP    255  0          RD   4.4.4.4         GigabitEthernet
0/0/1

<RouterC>
```

图 8-66　在 RouterC 上配置了 BGP 负载分担后，下发到 IP 路由表中的两条等价 BGP 路由

8.8.12　优选 Cluster_List 最短的路由的规则剖析

Cluster_List 是路由反射器中的一种 BGP 路由属性，记录路由经过的所有集群的 Cluster_ID（缺省时为 RR 的 Router ID），类似于 EBGP 路由中使用的 AS_Path 属性。但这个属性仅在反射的 BGP 路由中存在，非反射的 BGP 路由中无 Cluster_List 属性，相当于 Cluster_List 属性为 0，类似于一条 IBGP 路由仅在本 AS 内传递时不带 AS_Path 属性，AS_Path 属性为 0。

为了进行本条规则的验证，需要先在 8.8.2 节介绍的基本配置中取消在 RouterE 上引入 192.168.1.0/24 网段路由进入 BGP 路由表，删除前面各小节中其他规则的配置，并添加以下 2 项配置。

① 把 RouterC 配置为 RR，RouterB 作为其客户端。

② 在 RouterB 与 RouterD 之间通过 Loopback 接口建立非直连 IBGP 对等体连接，其下一跳为自己的 TCP 连接源 IP 地址。其目的是使在 RouterB 上获得的两条 192.168.1.0/24 网段的下一跳相同，不能通过到达下一跳的 IGP 路由度量规则来比较 BGP 路由的优先级。具体修改配置如下。

```
[RouterE] bgp 300
[RouterE-bgp] undo network 192.168.1.0 24    #---取消引入 192.168.1.0/24 网段路由进入 BGP 路由表
[RouterC] bgp 200
[RouterC-bgp] peer 2.2.2.2 reflect-client    #---配置 RouterB 作为 RouterC 的客户端，RouterC 作为 RR
[RouterB] bgp 200
[RouterB-bgp] peer 4.4.4.4 as-number 200
[RouterB-bgp] peer 4.4.4.4 connect-interface loopback0    #---使用 Loopback0 接口与 RouterD 建立 TCP 连接
```

```
[RouterB-bgp] peer 4.4.4.4 next-hop-local
[RouterD] bgp 200
[RouterD-bgp] peer 2.2.2.2 as-number 200
[RouterD-bgp] peer 2.2.2.2 connect-interface loopback0
```

　　通过以上配置，RouterD 会收到两条关于 192.168.1.0/24 网段的 BGP 路由：一条是 RouterB 通过 IBGP 对等体关系直接向 RouterD 通告的；另一条是 RouterB 向 RouterC 通告，然后由 RouterC 反射给 RouterD 的。这两条的下一跳均为 RouterB 的 Loopback0 接口的 IP 地址，RouterD 上的 BGP 路由表如图 8-67 所示。

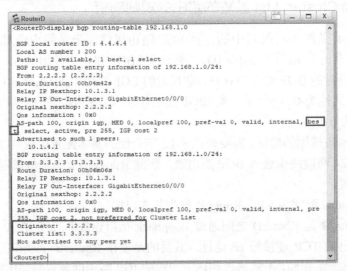

图 8-67　RouterD 上的 BGP 路由表

　　因为两条路由的下一跳相同，所以从图 8-67 中的 BGP 路由表无法确认最优的是 RouterD 直接向 RouterB 通告的。此时可以在 RouerB 上执行 **display bgp routing-table** 192.168.1.0 命令即可以看到，Cluster_List 的那条路由没有被优选，在 RouterD 上执行 **display bgp routing-table** 192.168.1.0 命令的输出如图 8-68 所示，由此验证了优选 Cluster_List 最短路由规则的正确性。

```
RouterD
<RouterD>display bgp routing-table 192.168.1.0

BGP local router ID : 4.4.4.4
Local AS number : 200
Paths:   2 available, 1 best, 1 select
BGP routing table entry information of 192.168.1.0/24:
From: 2.2.2.2 (2.2.2.2)
Route Duration: 00h04m42s
Relay IP Nexthop: 10.1.3.1
Relay IP Out-Interface: GigabitEthernet0/0/0
Original nexthop: 2.2.2.2
Qos information : 0x0
AS-path 100, origin igp, MED 0, localpref 100, pref-val 0, valid, internal, bes
t, select, active, pre 255, IGP cost 2
Advertised to such 1 peers:
    10.1.4.1
BGP routing table entry information of 192.168.1.0/24:
From: 3.3.3.3 (3.3.3.3)
Route Duration: 00h06m06s
Relay IP Nexthop: 10.1.3.1
Relay IP Out-Interface: GigabitEthernet0/0/0
Original nexthop: 2.2.2.2
Qos information : 0x0
AS-path 100, origin igp, MED 0, localpref 100, pref-val 0, valid, internal, pre
255, IGP cost 2, not preferred for Cluster List
Originator: 2.2.2.2
Cluster list: 3.3.3.3
Not advertised to any peer yet
<RouterD>
```

图 8-68　在 RouterD 上执行 **display bgp routing-table** 192.168.1.0 命令的输出

8.8.13　优选 Router ID（Originator_ID）最小的设备发布的路由的规则剖析

　　当通过前面各条规则无法得出最优 BGP 路由时，在非路由反射器场景中，比较发布该 BGP 路由的 BGP 路由器的 Router ID，在路由反射器场景中，比较的是发布该 BGP 路由的 BGP 路由器的 Originator_ID。

在 8.8.3 节图 8-52 中，RouterC 同时收到来自 RouterB 和 RouterD 通告的 192.168.1.0/24 网段 BGP 路由，在 8.8.1 节介绍的前 9 项规则全部相同时，比较的是第 10 项规则，即比较通告这两条 BGP 路由的 BGP 路由器 Router ID（本示例中，发布这两条路由的路由器的 Router ID 与路由的下一跳相同）。RouterB 的 Router ID 2.2.2.2 小于 RouterD 的 Router ID 4.4.4.4，因此，最终选择了来自 RouterB 的该网段路由为最优路由。

在路由反射器场景中，缺省情况下，BGP 反射路由中携带的 Originator_ID 属性也是发布该反射路由的 RR 的 Router ID。如果在同一个 Cluster 中，有多个 RR，且一个 BGP 路由器同时接收了多个 RR 反射的同一个网段的 BGP 路由，则会比较反射路由中所携带的 Originator_ID 属性。

因为 RR 场景是在同一 AS 内应用的技术，所以为了验证本条规则，需要对 8.8.2 节的拓扑结构做一些修改，把 RouterA 和 RouterE 同时加入 AS 200 中，相邻 BGP 路由器之间基于 Loopback0 接口建立 IBGP 对等体关系，各设备运行 OSPF（192.168.1.0/24 网段除外）。把 RouterB 和 RouterD 配置作为同一 Cluster（Cluster_ID 为 1）的 RR，RouterC 作为这两个 RR 的 Client。多 RR 场景的拓扑结构如图 8-69 所示，修改后的配置如下（接口 IP 地址的配置不变）。

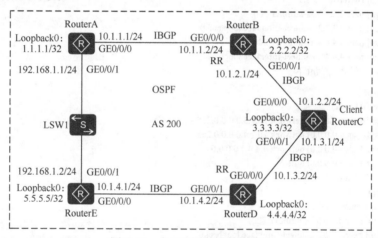

图 8-69　多 RR 场景的拓扑结构

RouterA 上的配置如下。

```
[RouterA] ospf
[RouterA-ospf-1] area 0
[RouterA-ospf-1-area-0.0.0.0] network 10.1.2.0 0.0.0.255
[RouterA-ospf-1-area-0.0.0.0] network 1.1.1.1 0.0.0.0
[RouterA-ospf-1-area-0.0.0.0] quit
[RouterA-ospf-1] quit
[RouterA] bgp 200
[RouterA-bgp] router-id 1.1.1.1
[RouterA-bgp] peer 2.2.2.2 as-number 200
[RouterA-bgp] peer 2.2.2.2 connect-interface loopback0
[RouterA-bgp] network 192.168.1.0 24
```

RouterB 上的配置如下。

```
[RouterB] ospf
[RouterB-ospf-1] area 0
[RouterB-ospf-1-area-0.0.0.0] network 10.1.1.0 0.0.0.255
[RouterB-ospf-1-area-0.0.0.0] network 10.1.2.0 0.0.0.255
```

```
[RouterB-ospf-1-area-0.0.0.0] network 2.2.2.2 0.0.0.0
[RouterB-ospf-1-area-0.0.0.0] quit
[RouterB-ospf-1] quit
[RouterB] bgp 200
[RouterB-bgp] router-id 2.2.2.2
[RouterB-bgp] peer 1.1.1.1 as-number 200
[RouterB-bgp] peer 1.1.1.1 connect-interface loopback0
[RouterB-bgp] peer 3.3.3.3 as-number 200
[RouterB-bgp] peer 3.3.3.3 connect-interface loopback0
[RouterB-bgp] peer 3.3.3.3 reflect-client
[RouterB-bgp] reflector cluster-id 1
```

RouterC 上的配置如下。

```
[RouterC] ospf
[RouterC-ospf-1] area 0
[RouterC-ospf-1-area-0.0.0.0] network 10.1.2.0 0.0.0.255
[RouterC-ospf-1-area-0.0.0.0] network 10.1.3.0 0.0.0.255
[RouterC-ospf-1-area-0.0.0.0] network 3.3.3.3 0.0.0.0
[RouterC-ospf-1-area-0.0.0.0] quit
[RouterC-ospf-1] quit
[RouterC] bgp 200
[RouterC-bgp] router-id 3.3.3.3
[RouterC-bgp] peer 2.2.2.2 as-number 200
[RouterC-bgp] peer 2.2.2.2 connect-interface loopback0
[RouterC-bgp] peer 4.4.4.4 as-number 200
[RouterC-bgp] peer 4.4.4.4 connect-interface loopback0
```

RouterD 上的配置如下。

```
[RouterD] ospf
[RouterD-ospf-1] area 0
[RouterD-ospf-1-area-0.0.0.0] network 10.1.3.0 0.0.0.255
[RouterD-ospf-1-area-0.0.0.0] network 10.1.4.0 0.0.0.255
[RouterD-ospf-1-area-0.0.0.0] network 4.4.4.4 0.0.0.0
[RouterD-ospf-1-area-0.0.0.0] quit
[RouterD-ospf-1] quit
[RouterD] bgp 200
[RouterD-bgp] router-id 4.4.4.4
[RouterD-bgp] peer 5.5.5.5 as-number 200
[RouterD-bgp] peer 5.5.5.5 connect-interface loopback0
[RouterD-bgp] peer 3.3.3.3 as-number 200
[RouterD-bgp] peer 3.3.3.3 connect-interface loopback0
[RouterD-bgp] peer 3.3.3.3 reflect-client
[RouterD-bgp] reflector cluster-id 1
```

RouterE 上的配置如下。

```
[RouterE] ospf
[RouterE-ospf-1] area 0
[RouterE-ospf-1-area-0.0.0.0] network 10.1.4.0 0.0.0.255
[RouterE-ospf-1-area-0.0.0.0] network 5.5.5.5 0.0.0.0
[RouterE-ospf-1-area-0.0.0.0] quit
[RouterE-ospf-1] quit
[RouterE] bgp 200
[RouterE-bgp] router-id 5.5.5.5
[RouterE-bgp] peer 4.4.4.4 as-number 200
[RouterE-bgp] network 192.168.1.0 24
```

以上配置完成后，RouterC 会同时收到来自 RouterB 和 RouterD 反射过来的 192.168.1.0/24 网段的 BGP 路由。因为 RouterB 和 RouterD 为同一 Cluster 的 RR，所以两个路由器

反射给 RouterC 的路由携带的 Cluster_ID 是相同的，缺省情况下，其 ID 分别是这两台路由器的 Router ID。此时，在 RouterC 上执行 **display bgp routing-table** 192.168.1.0 命令，会看到有两条 192.168.1.0/24 网段的 BGP 路由，且都在 Cluster_ID 为 1 的 Cluster 中，最终选择 Originator_ID 小的 BGP 路由，修改集群配置后，在 RouterC 上执行 **display bgp routing-table** 192.168.1.0 命令的输出如图 8-70 所示。由此验证了在 RR 场景中，当前面各条规则都未能比较出最优路由时，将比较 BGP 反射路由中携带的 Originator_ID 属性值，最小的优先。

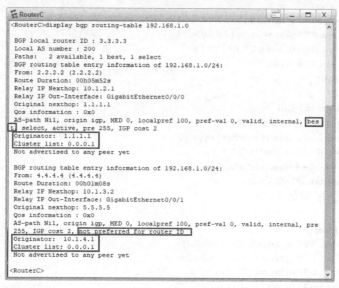

图 8-70　修改集群配置后，在 RouterC 上执行 **display bgp routing-table** 192.168.1.0 命令的输出

8.8.14　优选具有最小 IP 地址的对等体通告的路由的规则剖析

本条规则用于比较发布路由的 BGP 路由器的 Router ID 或 Originator_ID 属性。很显然，要参加优选的多条 BGP 路由中这两项参数也必须是一样的。由此可知，多条 BGP 路由必须来自同一 BGP 路由器。在图 8-69 所示的拓扑结构中，把 RouterA 同时与 RouterB 和 RouterD 连接，断开 RouterD 与 RouterE 的连接，修改后的拓扑结构如图 8-71 所示。

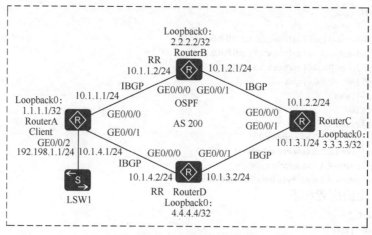

图 8-71　修改后的拓扑结构

AS 200 中各设备运行 OSPF（RouterA 的 GE0/0/2 接口除外），相邻 BGP 路由器之间基于 Loopback0 接口建立 IBGP 对等体关系。把 RouterB 和 RouterD 配置作为同一 Cluster（Cluster_ID 为 1）的 RR，RouterA 作为这两个 RR 的 Client。修改后的具体配置如下（接口 IP 地址配置略）。

RouterA 上的配置如下。

```
[RouterA] ospf
[RouterA-ospf-1] area 0
[RouterA-ospf-1-area-0.0.0.0] network 10.1.2.0 0.0.0.255
[RouterA-ospf-1-area-0.0.0.0] network 10.1.4.0 0.0.0.255
[RouterA-ospf-1-area-0.0.0.0] network 1.1.1.1 0.0.0.0
[RouterA-ospf-1-area-0.0.0.0] quit
[RouterA-ospf-1] quit
[RouterA] bgp 200
[RouterA-bgp] router-id 1.1.1.1
[RouterA-bgp] peer 2.2.2.2 as-number 200
[RouterA-bgp] peer 2.2.2.2 connect-interface loopback0
[RouterA-bgp] peer 4.4.4.4 as-number 200
[RouterA-bgp] peer 4.4.4.4 connect-interface loopback0
[RouterA-bgp] network 192.168.1.0 24
```

RouterB 上的配置如下。

```
[RouterB] ospf
[RouterB-ospf-1] area 0
[RouterB-ospf-1-area-0.0.0.0] network 10.1.1.0 0.0.0.255
[RouterB-ospf-1-area-0.0.0.0] network 10.1.2.0 0.0.0.255
[RouterB-ospf-1-area-0.0.0.0] network 2.2.2.2 0.0.0.0
[RouterB-ospf-1-area-0.0.0.0] quit
[RouterB-ospf-1] quit
[RouterB] bgp 200
[RouterB-bgp] router-id 2.2.2.2
[RouterB-bgp] peer 1.1.1.1 as-number 200
[RouterB-bgp] peer 1.1.1.1 connect-interface loopback0
[RouterB-bgp] peer 3.3.3.3 as-number 200
[RouterB-bgp] peer 3.3.3.3 connect-interface loopback0
[RouterB-bgp] peer 1.1.1.1 reflect-client
[RouterB-bgp] reflector cluster-id 1
```

RouterC 上的配置如下。

```
[RouterC] ospf
[RouterC-ospf-1] area 0
[RouterC-ospf-1-area-0.0.0.0] network 10.1.2.0 0.0.0.255
[RouterC-ospf-1-area-0.0.0.0] network 10.1.3.0 0.0.0.255
[RouterC-ospf-1-area-0.0.0.0] network 3.3.3.3 0.0.0.0
[RouterC-ospf-1-area-0.0.0.0] quit
[RouterC-ospf-1] quit
[RouterC] bgp 200
[RouterC-bgp] router-id 3.3.3.3
[RouterC-bgp] peer 2.2.2.2 as-number 200
[RouterC-bgp] peer 2.2.2.2 connect-interface loopback0
[RouterC-bgp] peer 4.4.4.4 as-number 200
[RouterC-bgp] peer 4.4.4.4 connect-interface loopback0
```

RouterD 上的配置如下。

```
[RouterD] ospf
[RouterD-ospf-1] area 0
[RouterD-ospf-1-area-0.0.0.0] network 10.1.3.0 0.0.0.255
```

```
[RouterD-ospf-1-area-0.0.0.0] network 10.1.4.0 0.0.0.255
[RouterD-ospf-1-area-0.0.0.0] network 4.4.4.4 0.0.0.0
[RouterD-ospf-1-area-0.0.0.0] quit
[RouterD-ospf-1] quit
[RouterD] bgp 200
[RouterD-bgp] router-id 4.4.4.4
[RouterD-bgp] peer 1.1.1.1 as-number 200
[RouterD-bgp] peer 1.1.1.1 connect-interface loopback0
[RouterD-bgp] peer 3.3.3.3 as-number 200
[RouterD-bgp] peer 3.3.3.3 connect-interface loopback0
[RouterD-bgp] peer 1.1.1.1 reflect-client
[RouterD-bgp] reflector cluster-id 1
```

以上配置完成后，RouterC 会同时收到来自 RouterB 和 RouterD 反射的 192.168.1.0/24 网段的 BGP 路由。因为 RouterB 和 RouterD 为同一 Cluster 的 RR，所以两个路由器反射给 RouterC 的路由携带的 Cluster_ID 是相同的，而且这两条 BGP 路由均来自客户端 RouterA，因此，RouterB 和 RouterD 在向 RouterC 反射路由时携带的 Originator_ID 也一样，缺省情况下，携带的是 RouterA 的 Router ID（1.1.1.1）。

此时，不能通过 Originator_ID 进行比较，只能通过对等体 IP 地址大小比较，小的优先。在 RouterC 上执行 **display bgp routing-table** 192.168.1.0 命令，会看到有两条 192.168.1.0/24 网段的 BGP 路由，对等体 IP 地址（From 字段）小的 BGP 路由为最优，修改配置后，在 RouterC 上执行 **display bgp routing-table** 192.168.1.0 命令的输出如图 8-72 所示。由此验证了如果前面各条规则都未能比较出最优路由，则将比较 BGP 反射路由中携带的对等体 IP 地址，最小的优先。

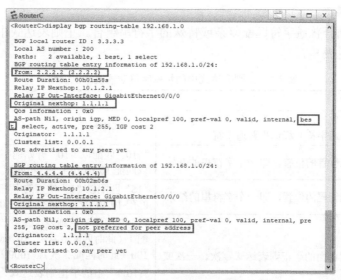

图 8-72　修改配置后，在 RouterC 上执行 **display bgp routing-table** 192.168.1.0 命令的输出

8.9　BGP 路由控制及高级特性

BGP 路由拥有更丰富的路径属性，因此，在路由控制方面也更灵活。针对 BGP 路由的这些路径属性，可以采用路由匹配工具，例如，ACL、IP 前缀列表、AS 路径过滤

器（AS_Path Filter）和团体属性过滤器（Community Filter）等，然后通过策略工具可以控制 BGP 路由的接收和发布，例如，过滤策略（Filter-Policy）、路由策略（Route-Policy）等。本节还将介绍 BGP 的一些高级特性，包括 ORF、对等体组，以及 BGP 安全等。

8.9.1　AS_Path Filter

AS_Path Filter 是以 BGP 中 AS_Path 属性作为匹配条件的过滤器，利用 BGP 路由中携带的 AS_Path 属性对 BGP 路由进行过滤。当不希望接收在 AS_Path 列表中含有特定 AS 号的 BGP 路由时，就可以通过 AS_Path Filter 对这些路由进行过滤。

【注意】AS_Path Filter 仅可以过滤始发于其他 AS 的 BGP 路由，而不能过滤始发于本地 AS 的 BGP 路由，因为 BGP 路由在 IBGP 对等体之间传递时是不添加本地 AS 号的。另外，AS_Path Filter 仅依据 BGP 路由 AS_Path 属性所包括的 AS 号进行过滤，不能针对 BGP 路由的具体 IP 网段进行过滤。

1. 正则表达式

AS_Path Filter 针对 AS 号的过滤是采用正则表达式的方式进行配置的。正则表达式按照一定的模板来匹配字符串的公式，该公式由普通字符和特殊字符组成。

（1）普通字符

普通字符匹配的对象是普通字符本身，包括大写和小写字母、数字、标点符号以及一些特殊符号。例如，a 匹配 abc 中的 a，10 匹配 10.113.25.155 中的 10，@匹配 xxx@xxx.com 中的@。

（2）特殊字符

特殊字符结合普通字符匹配复杂或特殊的字符串组合。正则表达式中的特殊字符功能及举例说明见表 8-7。

表 8-7　正则表达式中的特殊字符功能及举例说明

特殊字符	功能	举例
\	转义字符。将下一个字符（特殊字符或者普通字符）标记为普通字符	"*" 匹配*
^	匹配行首的位置，即一个字符串的开始	"^10" 匹配以 "10" 开始的字符串，例如，可以匹配 10.10.10.1，但不匹配 20.10.10.1
$	匹配行尾的位置，即一个字符串的结束	"1$" 匹配以 "1" 结束的字符串，例如，可以匹配 10.10.10.1，但不匹配 10.10.10.2
*	匹配前面的子正则表达式零次、一次或多次	"10*" 中的子正则表达式是 "0"，表示可以匹配 1（此时匹配 0 次）、10（此时匹配 1 次）、100（此时匹配 2 次）、1000······ "(10)*" 中的子正则表达式为 "10"，表示可以匹配空（此时匹配 0 次）、10（此时匹配 1 次）、1010（此时匹配 2 次）、101010······
+	匹配前面的子正则表达式一次或多次。与 "*" 类似，只是 "+" 至少要匹配子正则表达式 1 次	"10+" 中的子正则表达式为 "0"，表示可以匹配 10（此时匹配 1 次）、100（此时匹配 2 次）、1000······ (10)+ 中的子正则表达式为 "10"，可以匹配 10（此时匹配 1 次）、1010（此时匹配 2 次）、101010······

特殊字符	功能	举例
?	匹配前面的子正则表达式零次或一次。也与"*"类似，只是"?"不能匹配子正由表达式多次	"10?"中的子正则表达式为"0"，表示可以匹配 1（此时匹配 0 次）或者 10（此时匹配 1 次）。 "(10)?"中的子正则表达式为"10"，表示可以匹配空（此时匹配 0 次）或者 10（此时匹配 1 次）
.	匹配任意单个字符	"0.0"匹配任意字符的前后两端都是"0"的字符串，例如，可以匹配 0x0、020…… ".oo."匹配任意两个字符之间是连续两个"o"的字符串，例如，可以匹配 book、look、tool……
()	一对圆括号内的正则表达式作为一个子正则表达式，匹配子表达式一次或多次。圆括号内也可以为空	"100(200)+"中的子正则表达式为"200"，表示可以匹配 100200（此时匹配 1 次）、100200200（此时匹配 2 次）……
|	管道字符，逻辑或。例如，x|y 匹配 x 或 y	"100|200"匹配"100"和"200"中的任意一个，即可以匹配 100 或者 200。 "1(2|3)4"中的"2|3"是一个子正则表达式，可以匹配 124 或者 134，而不匹配 1234、14、1224、1334
[xyz]	匹配正则表达式中包含的任意一个字符	"[123]"可以匹配 255 中的 2
[^xyz]	匹配正则表达式中未包含的字符	"[^123]"可以匹配除了 123 的任何字符
[a-z]	匹配正则表达式指定范围内的任意字符	"[0-9]"可以匹配 0 到 9 之间的所有数字
[^a-z]	匹配正则表达式指定范围外的任意字符	"[^0-9]"可以匹配所有非数字字符
_	下划线，匹配任意的一个分隔字符。 • 匹配一个逗号（,）、左花括号（{}）、右花括号(})、左圆括号、右圆括号。 • 匹配输入字符串的开始位置。 • 匹配输入字符串的结束位置。 • 匹配一个空格	"_2008_"可以匹配 2008、空格 2008 空格、空格 2008、2008 空格、,2008,、{2008}、(2008)、{2008)、(2008}

【注意】某些特殊字符如果处在如下的正则表达式的特殊位置时会引起退化，成为普通字符。

- 特殊字符处在转义符号'\'之后，则发生转义，变为匹配该字符本身。
- 特殊字符"*""+""?"，处于正则表达式的第一个字符位置。例如，+45 匹配+45，abc(*def)匹配 abc*def。
- 特殊字符"^"，不在正则表达式的第一个字符位置。例如，abc^ 匹配 abc^。
- 特殊字符"$"，不在正则表达式的最后一个字符位置。例如，12$2 匹配 12$2。
- 右括号")"或者"]"没有对应的左括号"("或"["。例如，abc)匹配 abc)，0-9]匹配 0-9]。

在实际应用中，往往不是一个普通字符加上一个特殊字符配合使用，而是由多个普通字符和特殊字符组合，匹配某些特征的字符串。

- ^100$表示以 100 开始，并以 100 结束的字符串，即仅匹配 100。
- ^100_表示以 100 开始，后可以接任意分隔符（包括空格，逗号，圆括号等）的字符串，例如，可以匹配 100、100 200、100（300 等。

- 100$|300$ 表示以 100 或 300 结束的字符串，例如，100、1300、300、300 400 等。
- a(bc)?d 中的 "bc" 是子正则表达式，"？" 表示可以匹配子正则表达式 0 次或 1 次，则结果是可以匹配 ad、abcd，当然该字符串的前后面所包括的字符不会理会，所以也可以匹配 aefad，aghabcdkj。
- abd+f 表示匹配 "+" 号前一个字符 "c" 1 次或多次，则结果是可以匹配 abdcf、abdccf、abdcccf，同样该字符串的前后所包括的字符串也不会理会，因此，也可以匹配 inteabdcfrr、kdabdcccfwh 等。
- [234].[3-5] 包括了正则表达式中 3 种特殊符号，"[ ]" 是匹配正则表达式中包含的任意一个字符，"." 是匹配任意单个字符，[-] 匹配正则表达式指定范围内的任意字符。由此可知，本正则表达式可以匹配 2a3、3X4、4(5 等。

2. 正则表达式在 AS_Path 列表过滤中的应用

可以使用正则表达式来过滤 BGP 路由中的 AS_Path 列表，例如，要过滤 AS_Path 列表中所有包含 AS 100 的 BGP 路由，则正则表达式为 ^100$。如果要过滤掉所有以 AS 100 开始的 AS_Path 列表（即 AS 列表中最左边是 100），则正表达式为 ^100_ ；如果要过滤掉所有以 AS 100 结束的 AS_Path 列表（即 AS 列表中最右边是 100），则正则表达式为 _100$。

下面是正则表达式在 AS_Path 列表中过滤 AS 号的一些特殊应用。

- ^$：匹配不包括任何 AS 号的空 AS_Path 列表，即仅匹配由本地 AS 产生的 IBGP 路由。
- .*：匹配所有 BGP 路由。
- ^10.：匹配 AS_Path 列表中包括 10、100～109 的 AS 号（注意 AS 号只能是数字）的 BGP 路由。
- ^10[^0-5]：匹配除了 100～105 的任何 AS 号。

3. AS_Path Filter 的配置和应用

AS_Path 列表过滤是通过 AS_Path Filter 过滤器进行配置的。AS_Path Filter 是在系统视图下通过 **ip as-path-filter** { *as-path-filter-number* | *as-path-filter-name* } { **deny** | **permit** } *regular-expression* 命令创建的。

- *as-path-filter-number*：二选一参数，指定的 AS 路径过滤器编号，整数形式，取值范围为 1～256。
- *as-path-filter-name*：二选一参数，指定的 AS 路径过滤器名称，字符串形式，区分大小写，不支持空格，取值范围是 1～51，且不能都是数字。当输入的字符串两端使用双引号时，可以在字符串中输入空格。
- **deny**：二选一选项，指定 AS_Path 过滤器的匹配模式为拒绝。缺省为 **deny** 匹配模式，即如果某 BGP 路由没有匹配过滤器中的任何一条 **permit** 规则，则该路由最终不能通过。如果一个过滤器中的所有过滤规则都是 **deny**，则没有路由能通过该过滤器的过滤。
- **permit**：二选一选项，指定 AS_Path 过滤器的匹配模式为允许。
- *regular-expression*：指定用于 AS 路径过滤的正则表达式。

【说明】在同一个过滤器编号下，可以定义多条过滤规则（**permit** 或 **deny** 模式）。在匹配过程中，这些规则之间是逻辑 "或" 的关系，即只要路由信息通过其中一项规则，就认为通过由该过滤器编号标识的这组 AS_Path 过滤器。

创建好 AS_Path Filter 后，可以在 BGP 地址族视图下通过 **peer** { *group-name* | *ipv4-address* } **as-path-filter** { *as-path-filter-number* | *as-path-filter-name* } { **import** | **export** } 命令进行应用。

- *group-name*：二选一参数，指定对等体组的名称。
- *ipv4-address*：二选一参数，指定对等体的 IPv4 地址。
- *as-path-filter-number* | *as-path-filter-name*：指定要应用的 AS_Path 过滤器号或名称。
- **import** | **export**：指定对接收或发送的 BGP 路由进行过滤。

AS_Path Filter 还可以在路由策略视图下通过 **if-match as-path-filter** { *as-path-filter-number* &<1-16> | *as-path-filter-name* } 命令创建一个匹配规则而被调用。

8.9.2　AS_Path Filter 应用配置示例

AS_Path Filter 应用配置示例的拓扑结构如图 8-73 所示，相邻路由器间建立 EBGP 对等体关系，并在 RouterA、RouterB 和 RouterD 上把对应的 Loopback0 接口所代表的网段路由引入 BGP 路由表，通过 AS_Path Filter 实现以下目标。

- RouterB 不接收始发于 AS 400 的 BGP 路由。
- RouterD 不接收包含 AS 100 的 BGP 路由。

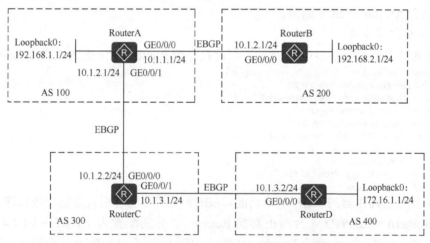

图 8-73　AS_Path Filter 应用配置示例的拓扑结构

1. 基本配置思路分析

AS_Path Filter 的应用有两种方式：一种是直接在 BGP 地址族视图下调用；另一种是在路由策略中调用。另外，一台 BGP 路由器不接收来自某个 AS 的路由也有两种配置方式：一是在发送端的 AS 边界路由器上配置；二是在接收端的 AS 边界路由器上配置。本示例将分别予以介绍。

针对 RouterB 不接收始发于 AS 400 的 BGP 路由的要求，可以在 RouterA 上配置向 RouterB 发布路由时通过 AS_Path Filter 进行过滤，也可以在 RouterB 上配置接收来自 RouterA 的路由时通过 AS_Path Filter 进行过滤，它们均拒绝 AS_Path 列表中第一个 AS 号（**最右边的 AS 号**）为 400 的 BGP 路由通过。此时，RouterB 将学习不到 RouterD 引入的 172.16.1.0/24 网段 BGP 路由。

针对 RouterD 不接收包含 AS 100 的 BGP 路由的要求，可以在 RouterC 上配置向 RouterD 发布路由时通过 AS_Path Filter 进行过滤，也可以在 RouterD 上配置接收来自 RouterC 的路由时通过 AS_Path Filter 进行过滤，均拒绝 AS_Path 列表中包含 AS 100 的 BGP 路由通过。此时，RouterD 将学习不到 RouterA 上的 192.168.1.0/24 网段 BGP 路由 和 RouterB 上的 192.168.2.0/24 网段 BGP 路由。

基于 AS_Path Filter 的 BGP 路由过滤是在完成 BGP 路由基本功能配置基础上进行 的，根据以上分析可以得出本示例的基本配置思路如下。

① 配置各路由器接口的 IP 地址。

② 配置各路由器的 BGP 基本功能，并分别将 RouterA、RouterB、RouterC 和 RouterD 上的 Loopback0 接口所在网段的路由通过 **network** 命令（也可以是 **import-route** 命令） 引入 BGP 路由表。

③ 在 RouterA 上配置 AS_Path Filter，拒绝向 RouterB 通告 AS_Path 属性中最右边 AS 号为 400 的 BGP 路由，或者在 RouterB 上配置 AS_Path Filter，拒绝从 RouterA 接收 AS_Path 列表中最右边 AS 号为 400 的 BGP 路由。

④ 在 RouterC 上配置 AS_Path Filter，拒绝向 RouterD 通告 AS_Path 属性中包含 AS 100 的 BGP 路由，或者在 RouterD 上配置 AS_Path Filter，拒绝从 RouterC 接收 AS_Path 列表中包含 AS 100 的 BGP 路由。

2. 具体配置步骤

（1）配置各路由器的接口 IP 地址，在此仅介绍 RouterA 上的配置，具体配置如下。

```
<RouterA> system-view
[RouterA] interface gigabitethernet 0/0/0
[RouterA-GigabitEthernet0/0/0] ip address 10.1.1.1 24
[RouterA-GigabitEthernet0/0/0]quit
[RouterA] interface gigabitethernet 0/0/1
[RouterA-GigabitEthernet0/0/1] ip address 10.1.2.1 24
[RouterA-GigabitEthernet0/0/1]quit
[RouterA] interface loopback0
[RouterA-Loopback0] ip address 192.168.1.1 24
[RouterA-Loopback0]quit
```

（2）配置各路由器的 BGP 基本功能。EBGP 对等体间使用直连物理接口建立 TCP 连接，RouterA～RouterD 4 台路由器的 Router ID 分别配置为 1.1.1.1～4.4.4.4，并在 RouterA、RouterB、RouterD 上 Loopback0 接口对应网段路由引入 BGP 路由表中。

RouterA 上的配置如下。

```
[RouterA] bgp 100
[RouterA-bgp] router-id 1.1.1.1
[RouterA-bgp] peer 10.1.1.2 as-number 200
[RouterA-bgp] peer 10.1.2.2 as-number 300
[RouterA-bgp] network 192.168.1.0 24
```

RouterB 上的配置如下。

```
[RouterB] bgp 200
[RouterB-bgp] router-id 2.2.2.2
[RouterB-bgp] peer 10.1.1.1 as-number 100
[RouterB-bgp] network 192.168.2.0 24
```

RouterC 上的配置如下。

```
[RouterC] bgp 300
[RouterC-bgp] router-id 3.3.3.3
```

```
[RouterC-bgp] peer 10.1.2.1 as-number 100
[RouterC-bgp] peer 10.1.3.2 as-number 400
```

RouterD 上的配置如下。

```
[RouterD] bgp 400
[RouterD-bgp] router-id 4.4.4.4
[RouterD-bgp] peer 10.1.3.1 as-number 300
[RouterD-bgp] network 172.16.1.0 24
```

以上配置完成后，在 RouterB 上执行 **display bgp routing-table** 命令，由此可以看到，它已学习到了 RouterA 和 RouterD 上所引入的两个网段的 BGP 路由，RouterB 上学习到的 RouterA 和 RouterD 所引入的两个网段的 BGP 路由如图 8-74 所示。在 RouterD 上执行 **display bgp routing-table** 命令，可以看到它已经学习到了 RouterA 和 RouterB 上所引入的两个网段的 BGP 路由，RouterD 上学习到的 RouterA 和 RouterB 所引入的两个网段的 BGP 路由如图 8-75 所示。

图 8-74 RouterB 上学习到的 RouterA 和 RouterD 所引入的两个网段的 BGP 路由

图 8-75 RouterD 上学习到的 RouterA 和 RouterB 所引入的两个网段的 BGP 路由

（3）在 RouterA 上配置 AS_Path Filter，拒绝向 RouterB 通告 AS_Path 列表中最右边 AS 号为 400 的 BGP 路由，或者在 RouterB 上配置 AS_Path Filter，拒绝从 RouterA 接收 AS_Path 列表中最右边 AS 号为 400 的 BGP 路由。

方案一：在 RouterA 上配置 AS_Path Filter，具体配置如下。

```
[RouterA] ip as-path-filter 1 deny _400$    #---拒绝 AS_Path 表列中以 AS 400 结束的 BGP 路由
[RouterA] ip as-path-filter 1 permit .*    #---允许其他所有 BGP 路由通过。必须配置，以允许其他路由通过，因为
AS_Path 过滤器的缺省匹配模式为 deny
```

采用直接调用 AS_Path Filter 的配置方式如下。

```
[RouterA] bgp 100
[RouterA-bgp] peer 10.1.1.2 as-path-filter 1 export    #---向对等体 RouterB 通告路由时调用 1 号 AS_Path 过滤器
```

以上配置完成后，在 RouterB 上执行 **display bgp routing-table** 命令，可以看到原来学习到的位于 AS 400 的 172.16.1.0/24 网段 BGP 路由没有了（对比图 8-74），在 RouterA

上配置并应用好 AS_Path Filter 后，RouterB 上的 BGP 路由表如图 8-76 所示。

```
RouterB                                                          _ □ X
<RouterB>display bgp routing-table

BGP Local router ID is 2.2.2.2
Status codes: * - valid, > - best, d - damped,
              h - history, i - internal, s - suppressed, S - Stale
              Origin : i - IGP, e - EGP, ? - incomplete


Total Number of Routes: 2
     Network          NextHop        MED        LocPrf     PrefVal Path/Ogn

 *>  192.168.1.0      10.1.1.1        0                      0     100i
 *>  192.168.2.0      0.0.0.0         0                      0     i
<RouterB>
```

图 8-76　在 RouterA 上配置并应用好 AS_Path Filter 后，RouterB 上的 BGP 路由表

采用路由策略调用 AS_Path Filter 的配置方式如下。

[RouterA] **route-policy** as-path **permit node** 10
[RouterA-route-policy] **if-match as-path-filter 1**
[RouterA-route-policy] **quit**
[RouterA] **bgp** 100
[RouterA-bgp] **peer** 10.1.1.2 **route-policy** as-path **export**

以上配置完成后，在 RouterB 上执行 **display bgp routing-table** 命令，得到的效果与图 8-76 一样，同样没有了以前学习到的 172.16.1.0/24 网段 BGP 路由。

方案二：在 RouterB 上配置 AS_Path Filter，具体配置如下。

[RouterB] **ip as-path-filter 1 deny** _400$
[RouterB] **ip as-path-filter 1 permit** .*

采用直接调用 AS_Path Filter 的配置方式，具体配置如下。

[RouterB] **bgp** 200
[RouterB-bgp] **peer** 10.1.1.1 **as-path-filter 1 import**　#---从对等体 RouterA 学习路由时调用 1 号 AS_Path Filter

以上配置完成后，在 RouterB 上执行 **display bgp routing-table** 命令，得到的效果一样，采用路由策略调用 AS_Path Filter 的配置方式，具体配置如下。

[RouterB] **route-policy** as-path **permit node** 10
[RouterB-route-policy] **if-match as-path-filter 1**
[RouterB-route-policy] **quit**
[RouterB] **bgp** 200
[RouterB-bgp] **peer** 10.1.1.1 **route-policy** as-path **import**

以上配置完成后，在 RouterB 上执行 **display bgp routing-table** 命令，得到的效果一样，如图 8-76 所示。

（4）在 RouterC 上配置 AS_Path Filter，拒绝向 RouterD 通告 AS_Path 列表中包含 AS 100 的 BGP 路由，或者在 RouterD 上配置 AS_Path Filter，拒绝从 RouterC 接收 AS_Path 列表中包含 AS 100 的 BGP 路由。

方案一：在 RouterC 上配置 AS_Path Filter，具体配置如下。

[RouterC] **ip as-path-filter 2 deny** _100_　#---拒绝 AS_Path 表列中包含 AS 100 的 BGP 路由
[RouterC] **ip as-path-filter 2 permit** .*　#---允许其他所有 BGP 路由通过

采用直接调用 AS_Path Filter 的配置方式，具体配置如下。

[RouterC] **bgp** 300
[RouterC-bgp] **peer** 10.1.3.2 **as-path-filter 2 export**　#---向对等体 RouterD 通告路由时调用 1 号 AS_Path Filter

以上配置完成后，在 RouterD 上执行 **display bgp routing-table** 命令，可以看到原来学习到的位于 AS 100 的 192.168.1.0/24 和位于 AS 200 的 192.168.2.0/24 两网段的 BGP 路由同时没有了（对比图 8-75），在 RouterC 上配置并应用好 AS_Path Filter 后，RouterD 上的 BGP 路由表如图 8-77 所示。这是因为原来在 RouterD 上的两个网段的 BGP 路由的

AS_Path 表中都包含了 AS 100。

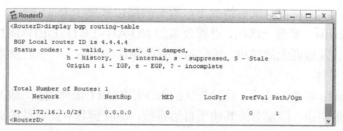

图 8-77 在 RouterC 上配置并应用好 AS_Path Filter 后，RouterD 上的 BGP 路由表

方案二：在 RouterD 上配置 AS_Path Filter，具体配置如下。

```
[RouterD] ip as-path-filter 2 deny _100_
[RouterD] ip as-path-filter 2 permit .*
```

采用直接调用 AS_Path Filter 的配置如下。

```
[RouterD] bgp 200
[RouterD-bgp] peer 10.1.3.1 as-path-filter 2 import  #---从对等体 RouterA 学习路由时调用 1 号 AS_Path Filter
```

以上配置完成后，在 RouterD 上执行 **display bgp routing-table** 命令，得到的效果一样，如图 8-77 所示。

采用路由策略调用 AS_Path Filter 的配置如下。

```
[RouterD] route-policy as-path permit node 10
[RouterD-route-policy] if-match as-path-filter 2
[RouterD-route-policy] quit
[RouterD] bgp 200
[RouterD-bgp] peer 10.1.3.1 route-policy as-path import
```

以上配置完成后，在 RouterD 上执行 **display bgp routing-table** 命令，得到的效果一样，如图 8-77 所示。

通过以上配置完全达到了本示例的目的。

8.9.3 Community Filter

团体过滤器（Community Filter）用来通过匹配 BGP 路由中的团体（Community）属性过滤 BGP 路由，可以在不便使用 ACL、IP Prefix List 和 AS_Path Filter 作为 BGP 路由匹配工具时，对发布和接收的 BGP 路由进行过滤。

Community Filter 有两种类型：一是基本 Community Filter，匹配团体号或公认 Community 属性；二是高级 Community Filter，使用正则表达式匹配团体号。

1. Community 属性设置

因为团体（Community）是可选过渡属性，不是必须在 BGP 路由中携带的，所以在配置 Community Filter 之前，必须提前为特定的 BGP 路由配置相应的 Community 属性。

团体属性是通过路由策略中的 **apply community** { *community-number* | *aa:nn* | **internet** | **no-advertise** | **no-export** | **no-export-subconfed** } &<1-32> [**additive**]命令对匹配的 BGP 路由统一设置的。

- *community-number* | *aa:nn*：多选一参数，指定团体属性中的团体号，一条命令最多可配置 32 个团体号。参数取值均为整数形式，*community-number* 的取值范围是 0～4294967295，*aa* 和 *nn* 的取值范围都是 0～65535。

- **internet**：多选一选项，设置公认的 INTERNET 团体属性，表示可以向任何对等体发送匹配的路由。缺省情况下，所有的路由都属于 INTERNET 团体。
- **no-advertise**：多选一选项，设置公认的 NO-ADVERTISE 团体属性，表示不向任何对等体发送匹配的路由，即收到具有此属性的路由后，不能发布给任何其他的 BGP 对等体。
- **no-export**：多选一选项，设置公认的 NO-EXPORT 团体属性，表示不向 AS 外发送匹配的路由，但发布给其他子自治系统，即收到具有此属性的路由后，不能发布到本地 AS 之外。
- **no-export-subconfed**：多选一选项，设置公认的 NO-EXPORT-SUBCONFED 团体属性，表示不向 AS 外发送匹配的路由，也不发布给其他子自治系统，即收到具有此属性的路由后，不能发布给任何其他的子自治系统。
- **additive**：可选项，表示本命令的操作是向 BGP 路由中追加对应的团体属性，缺省为团体属性更改操作。

在路由策略中对匹配的 BGP 路由设置好 Community 属性后，需要在 BGP 地址族视图下通过 **peer** { *ipv4-address* | *group-name* } **route-policy** *route-policy-name* { **import** | **export** }命令，指定对从对等体（组）接收（选择 **import** 选项时）或向对等体（组）发布（选择 **export** 选项时）与路由策略中匹配的 BGP 路由时添加对应的团体属性。

缺省情况下，BGP 不将扩展团体属性发布给任何对等体（组），可以在 BGP 地址族视图下通过 **peer** { *ipv4-address* | *group-name* } **advertise-ext-community** 命令配置将团体属性发布给指定的对等体或对等体组。

2. Community Filter 配置

为特定 BGP 路由配置好 Community 属性后，可以配置 Community Filter，并进行 BGP 路由过滤。

可在系统视图下通过 **ip community-filter** { **basic** *comm-filter-name* | *basic-comm-filter-num* } { **permit** | **deny** } [*community-number* | *aa:nn* | **internet** | **no-export-subconfed** | **no-advertise** | **no-export**] &<1-20>命令创建基本团体属性过滤器，或通过 **ip community-filter** { **advanced** *comm-filter-name* | *adv-comm-filter-num* } { **permit** | **deny** } *regular-expression* 命令创建高级团体属性过滤器。

- **basic** *comm-filter-name* | *basic-comm-filter-num*：指定基本团体属性过滤器名称或基本团体属性过滤器号，基本团体过滤器号为整数形式，取值范围为 1~99。
- **advanced** *comm-filter-name* | *adv-comm-filter-num*：指定高级团体属性过滤器名称或高级团体属性过滤器号，高级团体过滤器号为整数形式，取值范围为 100~199。
- **permit** | **deny**：指定团体属性过滤器的匹配模式为允许或者拒绝模式。
- *community-number* | *aa:nn*：多选一参数，指定前面设置的 BGP 路由团体号。
- **internet** | **no-export-subconfed** | **no-advertise** | **no-export**：多选一选项，指定对应的公认团体属性。
- &<1-20>：表示一条基本团体属性过滤器命令中可以最多带 20 个基本团体属性。
- *regular-expression*：通过正则表达式指定高级团体属性。

创建好 Community Filter 后，可以在路由策略中通过以下两条命令（根据需要选择其中一条即可）在路由策略中调用 Community Filter。

① **if-match community-filter** { *basic-comm-filter-num* [**whole-match**] | *adv-comm-filter-num* } **&<1-16>**。

② **if-match community-filter** *comm-filter-name* [**whole-match**]。

- *basic-comm-filter-num*：二选一参数，指定要应用的基本团体属性过滤器号。
- *adv-comm-filter-num*：二选一参数，指定要应用的高级团体属性过滤器号。
- *comm-filter-name*：指定要应用的团体属性过滤器名称。
- **whole-match**：可选项，表示完全匹配，即所有的团体都必须出现，仅对基本团体属性过滤器生效。
- **&<1-16>**：表示在一个命令行中可以带多个团体属性过滤器，但最多不能超过 16 个。

根据 BGP 路由的团体属性进行匹配时，符合条件的路由与本节点其他 **if match** 子句进行匹配，不符合条件的路由进入路由策略的下一节点。如果调用的团体属性过滤器不存在，则当前路由 permit。如果在一个路由策略节点下配置多条 **if-match community-filter** 子句，则 **if-match community-filter** 子句间是"或"的关系，与其他命令的 **if-match** 子句间仍是"与"的关系。

Community Filter 的应用也是在 BGP 视图下通过 **peer** { *ipv4-address* | *group-name* } **route-policy** *route-policy-name* { **import** | **export** }命令指定对从对等体（组）接收（选择 **import** 选项时）或向对等体（组）发布（选择 **export** 选项时）与路由策略中匹配的 BGP 路由时进行过滤。

8.9.4　Community Filter 应用配置示例

Community Filter 应用配置示例的拓扑结构如图 8-78 所示，某网络中各路由器均运行 BGP，各相邻路由器之间建立对应的 BGP 对等体关系。一开始用户要求通过 Community 属性及 Community Filter 实现 RouterE 上连接的用户不能访问 RouterC 上连接的 192.168.2.0/24、172.16.0.0/24 这两个网段，以及 RouterB 上连接的 172.16.1.0/24 网段的用户，后来又要求 RouterD 也不能访问 RouterB 上连接的 172.16.1.0/24 网段用户，其他用户间的访问不受限制。

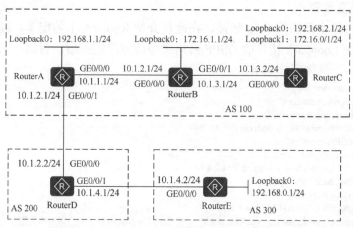

图 8-78　Community Filter 应用配置示例的拓扑结构

1. 基本配置思路分析

要实现本示例最初的要求，可以在 RouterC 上配置在向 RouterB 通告 192.168.2.0/24、172.16.0.0/24 这两个网段的 BGP 路由，以及 RouterB 向 RouterA 通告 172.16.1.0/24 网段的 BGP 路由时添加一个特定的团体属性，例如 100:1，并依次在 RouterB 上配置向 RouterA、在 RouterA 上配置向 RouterD 通告 BGP 路由时携带团体属性。然后在 RouterD 上创建 Community Filter，设置在向 RouterE 通告 BGP 路由时，或者在 RouterE 上创建 Community Filter，设置在从 RouterD 接收 BGP 路由时过滤 192.168.2.0/24、172.16.0.0/24、172.16.1.0/24 这 3 个网段的 BGP 路由，以实现 RouterE 不能访问这 3 个网段用户的目标。

至于不仅想要 RouterD，又不能访问 172.16.1.0/24 网段的用户，可以使 RouterB 向 RouterA 通告该网段 BGP 路由时修改配置，同时打上 100:1 和 NO-EXPORT 两个团体属性即可，这样就不能向其 EBGP 对等体 RouterD 进行通告了。

BGP 路由的 Community 属性和 Community Filter 都是在完成基本 BGP 功能配置基础上进行配置的。根据以上分析可以得出本示例的基本配置思路，具体说明如下。

（1）配置各路由器接口的 IP 地址。

（2）在 AS 100 内通过 OSPF 实现三层互通，包括各 Loopback 接口，但不包括连接 EBGP 对等体的接口。

（3）配置各路由器的 BGP 基本功能和路由器反射器功能，并分别将各路由上的 Loopback 接口所在网段的路由通过 **network** 命令（也可以是 **import-route** 命令）引入 BGP 路由表。

（4）在 RouterC 上配置在向 RouterB 通告 192.168.2.0/24 和 172.16.0.0/24 这两个网段 BGP 路由，以及在 RouterB 上配置向 RouterA 通告 172.16.1.0/24 网段 BGP 路由时设置团体属性为 100:1，并在 RouterB 上配置向 RouterA、在 RouterA 向 RouterD 通告路由时携带团体属性。

（5）在 RouterD 上创建 Community Filter 过滤器，拒绝向 RouterE 发布带有 100:1 团体属性的 BGP 路由，或者在 RouterE 上创建 Community Filter 过滤器，拒绝接收带有 100:1 团体属性的 BGP 路由。

（6）在 RouterB 配置向 RouterA 通告 172.16.1.0/24 网段 BGP 路由时同时携带 100:1 和 NO_EXPORT 两个团体属性，使其不能向外部 AS 传递，但可以在本地 AS 内部传递。

2. 具体配置步骤

（1）配置各路由器的接口 IP 地址，在此仅介绍 RouterA 上的配置，需要把 AS 100 中各路由器上的 Loopback 接口的 OSPF 网络类型改成广播类型，否则，只能生成 32 位掩码 OSPF 路由，具体配置如下。

```
<Huawei > system-view
[Huawei] system-name RouterA
[RouterA] interface gigabitethernet 0/0/0
[RouterA-GigabitEthernet0/0/0] ip address 10.1.1.1 24
[RouterA-GigabitEthernet0/0/0]quit
[RouterA] interface gigabitethernet 0/0/1
[RouterA-GigabitEthernet0/0/1] ip address 10.1.2.1 24
[RouterA-GigabitEthernet0/0/1]quit
[RouterA] interface loopback0
[RouterA-Loopback0] ip address 192.168.1.1 24
[RouterA-Loopback0] ospf network-type broadcast    #---指定 Loopback0 接口为广播网络类型
[RouterA-Loopback0]quit
```

（2）在 AS 100 内通过 OSPF 实现三层互通，包括各 Loopback 接口，但不包括连接 EBGP 对等体的接口。

假设各设备均运行 1 号 OSPF 进程（相邻设备的 OSPF 路由进程可以不同），加入区域 0。在此仅以 RouterA 为例进行介绍，其他路由器上的 OSPF 路由配置方法一样，参照即可，具体配置如下。

```
[RouterA] ospf 1
[RouterA-ospf-1] area 0
[RouterA-ospf-1-area-0.0.0] network 10.1.1.0 0.0.0.255
[RouterA-ospf-1-area-0.0.0] network 192.168.1.0 0.0.0.255
[RouterA-ospf-1-area-0.0.0] quit
[RouterA-ospf-1] quit
```

（3）配置各路由器的 BGP 基本功能和路由反射器功能。各对等体间使用直连物理接口建立 TCP 连接，RouterA～RouterE 的 Router ID 分别配置为 1.1.1.1～5.5.5.5，并在将各路由器上的 Loopback 接口对应网段路由引入 BGP 路由表中。

因为 IBGP 路由只能传一跳，所以缺省情况下，来自 RouterC 的 BGP 路由不能通过 RouterB 再传递到 RouterA，来自 RouterA 的 BGP 路由也不能通过 RouterB 传递给 RouterC。因此，把 RouterB 配置为 RR，**把 RouterC 作为它的客户端**，这样 RouterB 在收到来自 RouterA 或 RouterC 的 BGP 路由时就可以反射给对方了。但需要注意的是，**反射路由不会改变 BGP 路由的下一跳属性**，因此，需要在 AS 100 中通过 IGP（本示例采用 OSPF）实现三层互通，并且在 RouterA 上配置向 RouterB 发布路由时把下一跳改为自己与 RouterB 建立 TCP 连接时的源 IP 地址，否则 RouterB 上收到来自 RouterA 的外部 AS 路由时可能无效。

RouterA 上的配置如下。

```
[RouterA] bgp 100
[RouterA-bgp] router-id 1.1.1.1
[RouterA-bgp] peer 10.1.1.2 as-number 100
[RouterA-bgp] peer 10.1.1.2 next-hop-local   #---指定向 RouterB 通告 IBGP 路由时把下一跳改为自己的 TCP 连接源 IP
地址，使 RouterB 收到外部 AS 路由时有效
[RouterA-bgp] peer 10.1.2.2 as-number 200
[RouterA-bgp] network 192.168.1.0 24
```

RouterB 上的配置如下。

```
[RouterB] bgp 100
[RouterB-bgp] router-id 2.2.2.2
[RouterB-bgp] peer 10.1.1.1 as-number 100
[RouterB-bgp] peer 10.1.3.2 as-number 100
[RouterB-bgp]peer 10.1.3.2 reflect-client   #---配置 RouterB 为 RR，并把 RouterC 作为其客户端
[RouterB-bgp]network 172.16.1.0 24
```

RouterC 上的配置如下。

```
[RouterC] bgp 100
[RouterC-bgp] router-id 3.3.3.3
[RouterC-bgp] peer 10.1.3.1 as-number 100
[RouterC-bgp] network 192.168.2.0 24
[RouterC-bgp] network 172.16.0.0 24
```

RouterD 上的配置如下。

```
[RouterD] bgp 200
[RouterD-bgp] router-id 4.4.4.4
[RouterD-bgp] peer 10.1.2.1 as-number 100
[RouterD-bgp] peer 10.1.4.2 as-number 300
```

RouterE 上的配置如下。

```
[RouterE] bgp 300
[RouterE-bgp] router-id 5.5.5.5
[RouterE-bgp] peer 10.1.4.1 as-number 200
[RouterE-bgp] network 192.168.0.0 24
```

以上配置完成后，在 RouterE 上执行 **display bgp routing-table** 命令，可以看到它已经学习到了所引入的全部 5 个网段的 BGP 路由，包括 RouterC 上连接的 192.168.2.0/24 和172.16.0.0/24 两个网段的 BGP 路由，配置团体属性过滤前，RouterE 上的 BGP 路由表如图 8-79 所示。在 RouterD 上执行 **display bgp routing-table** 命令结果也一样。

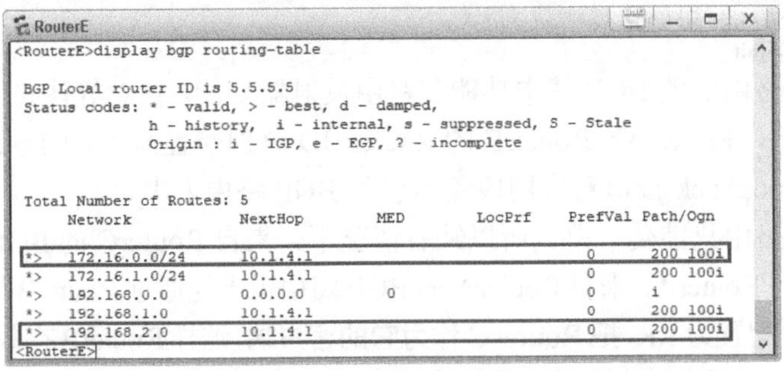

```
<RouterE>display bgp routing-table

BGP Local router ID is 5.5.5.5
Status codes: * - valid, > - best, d - damped,
              h - history, i - internal, s - suppressed, S - Stale
              Origin : i - IGP, e - EGP, ? - incomplete


Total Number of Routes: 5
      Network          NextHop        MED        LocPrf     PrefVal Path/Ogn

 *>   172.16.0.0/24    10.1.4.1                             0       200 100i
 *>   172.16.1.0/24    10.1.4.1                             0       200 100i
 *>   192.168.0.0      0.0.0.0        0                     0       i
 *>   192.168.1.0      10.1.4.1                             0       200 100i
 *>   192.168.2.0      10.1.4.1                             0       200 100i
<RouterE>
```

图 8-79　配置团体属性过滤前，RouterE 上的 BGP 路由表

（4）在 RouterC 上配置在向 RouterB 通告 192.168.2.0/24 和 172.16.0.0/24 这两个网段BGP 路由，以及在 RouterB 上配置向 RouterA 通告 172.16.1.0/24 网段 BGP 路由时设置团体属性为 100:1，允许携带团体属性，并在 RouterB 上配置向 RouterA、在 RouterA 向RouterD 通告路由时携带团体属性。

BGP 路由的团体属性是通过路由策略配置的，因此，需要先创建路由策略，匹配对应的 BGP 路由网段，然后为该网段的 BGP 路由设置团体属性。本示例采用 ACL 作为策略匹配工具，也可以采用 IP 前缀列表。

RouterC 上的配置如下。

```
[RouterC] acl 2000
[RouterC-basic-acl-2000] rule 5 permit source 192.168.2.0 0.0.0.255
[RouterC-basic-acl-2000] rule 10 permit source 172.16.0.0 0.0.0.255
[RouterC-basic-acl-2000] quit
[RouterC] route-policy commu permit node 10
[RouterC-route-policy] if-match acl 2000
[RouterC-route-policy] apply community 100:1
[RouterB-route-policy] quit
[RouterC] route-policy commu permit node 20    #---此模式的空节点用于允许其他路由不改变团体属性通过
[RouterC-route-policy] quit
[RouterC] bgp 100
[RouterC-bgp] peer 10.1.3.1 route-policy commu export
[RouterC-bgp] peer 10.1.3.1 advertise-community    #---允许向 RouterB 发布 BGP 路由时携带团体属性
[RouterC-bgp] quit
```

RouterB 上的配置如下。

```
[RouterB] acl 2000
[RouterB-basic-acl-2000] rule 5 permit source 172.16.1.0 0.0.0.255
[RouterB-basic-acl-2000] quit
[RouterB] route-policy commu permit node 10
[RouterB-route-policy] if-match acl 2000
[RouterB-route-policy] apply community 100:1
```

```
[RouterB-route-policy] quit
[RouterB] route-policy commu permit node 20
[RouterB-route-policy] quit
[RouterB] bgp 100
[RouterB-bgp] peer 10.1.1.1 route-policy commu export
[RouterB-bgp] peer 10.1.1.1 advertise-community
[RouterB-bgp] quit
```

RouterA 上的配置如下。

```
[RouterA] bgp 100
[RouterA-bgp] peer 10.1.2.2 advertise-community
[RouterA-bgp]quit
```

以上配置完成后，可以在 RouterA 或 RouterD 上执行 **display bgp routing-table** 192.168.2.0、**display bgp routing-table** 172.16.0.0 24、**display bgp routing-table** 172.16.1.0 24 命令查看对应 BGP 路由的详细信息，可以见到它们均携带了前面所配置的团体属性 100:1。配置好团体属性后，RouterD 上的 192.168.2.0 路由详细信息如图 8-80 所示，在 RouterD 上执行 **display bgp routing-table** 192.168.2.0 命令的输出，配置好团体属性后，RouterD 上的 172.16.1.0 路由详细信息如图 8-81 所示，在 RouterD 上执行 **display bgp routing-table** 172.16.1.0 命令的输出。

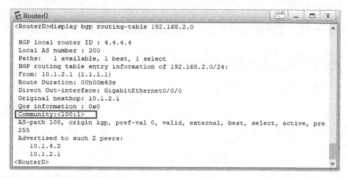

图 8-80　配置好团体属性后，RouterD 上的 192.168.2.0 路由详细信息

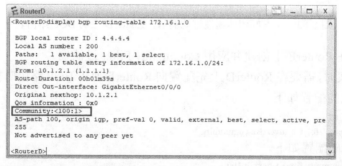

图 8-81　配置好团体属性后，RouterD 上的 172.16.1.0 路由详细信息

（5）在 RouterD 上创建 Community Filter 过滤器，拒绝向 RouterE 发布带有 100:1 团体属性的 BGP 路由，或者在 RouterE 上创建 Community Filter 过滤器，拒绝接收有 100:1 团体属性的 BGP 路由。

方案一：在 RouterD 上创建并应用 Community Filter 过滤器，具体配置如下。

```
[RouterD] ip community-filter 1 permit 100:1
[RouterD] route-policy comm-filter deny node 10
```

```
[RouterD-route-policy] if-match community-filter 1
[RouterD-route-policy] quit route-policy comm-filter permit node 20
[RouterD-route-policy] quit
[RouterD] bgp 200
[RouterD-bgp] peer 10.1.4.2 route-policy comm-filter export
```

以上配置完成后，在 RouterE 上执行 **display bgp routing-table** 命令，会发现携带 100:1 团体属性的 192.168.2.0/24、172.16.0.0/24 和 172.16.1.0/24 这 3 个网段的 BGP 路由不见了，但仍有其他两个网段的 BGP 路由，配置好团体属性过滤器后，RouterE 上的 BGP 路由表如图 8-82 所示。但 RouterD 上仍有全部的 5 条 BGP 路由，配置好团体属性过滤器后，RouterD 上的 BGP 路由表如图 8-83 所示。

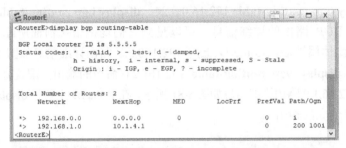

图 8-82 配置好团体属性过滤器后，RouterE 上的 BGP 路由表

```
<RouterD>display bgp routing-table

BGP Local router ID is 4.4.4.4
Status codes: * - valid, > - best, d - damped,
              h - history, i - internal, s - suppressed, S - Stale
              Origin : i - IGP, e - EGP, ? - incomplete


Total Number of Routes: 5
     Network          NextHop        MED        LocPrf    PrefVal Path/Ogn

*>   172.16.0.0/24    10.1.2.1                             0      100i
*>   172.16.1.0/24    10.1.2.1                             0      100i
*>   192.168.0.0      10.1.4.2       0                     0      300i
*>   192.168.1.0      10.1.2.1       0                     0      100i
*>   192.168.2.0      10.1.2.1                             0      100i
<RouterD>
```

图 8-83 配置好团体属性过滤器后，RouterD 上的 BGP 路由表

方案二：在 RouterE 上创建并应用 Community Filter 过滤器。

采用此方案时，需要在 RouterD 上先配置向 RouterE 通告 BGP 路由时携带团体属性。RouterD 上的配置如下。

```
[RouterD] bgp 200
[RouterD-bgp] peer 10.1.4.2 advertise-community
```

RouterE 上的配置如下。

```
[RouterE] ip community-filter 1 permit 100:1
[RouterE] route-policy comm-filter deny node 10
[RouterE-route-policy] if-match community-filter 1
[RouterE-route-policy] quit route-policy comm-filter permit node 20
[RouterE-route-policy] quit
[RouterE] bgp 300
[RouterE-bgp] peer 10.1.4.1 route-policy comm-filter import
```

以上配置完成后，可以达到同样的效果，RouterE 没有被团体属性过滤器过滤掉的 192.168.2.0/24、172.16.0.0/24 和 172.16.1.0/24 这 3 个网段的 BGP 路由。

（6）在 RouterB 配置向 RouterA 通告 172.16.1.0/24 网段 BGP 路由时同时携带 100:1

和 NO_EXPORT 两个团体属性。

因为一个对等体只能应用一个路由策略。为向 RouterA 通告 172.16.1.0/24 网段 BGP 路由携带 100:1 团体属性时，已在 RouterB 上创建了一个路由策略 commu，再向该网段追加 NO-EXPORT 团体属性，只能修改原来添加团体属性的 **apply** 语句，同时带上 100:1 和 NO-EXPORT 两个团体属性即可（**注意：在一个路由策略节点，同类 apply 命令只能有一个**），具体配置如下。

```
[RouterB] route-policy commu permit node 10
[RouterB-route-policy] apply community 100:1 no-export
[RouterB-route-policy] quit
```

以上配置完成后，在 RouterA 上执行 **display bgp routing-table** 172.16.1.0 24 命令，可以见到其已有两个团体属性，在 RouterB 上修改了团体属性后，RouterA 上 172.16.1.0/24 网段 BGP 路由详细信息如图 8-84 所示。此时，在 RouterC 上执行 **display bgp routing-table** 命令，发现 BGP 路由表中没有 172.16.1.0/24 网段 BGP 路由了，在 RouterB 上修改了团体属性后，RouterD 上的 BGP 路由表如图 8-85 所示。因为带有 NO-EXPORT 属性的 BGP 路由不能向 EBGP 对等体通告，所以 RouterA 在收到来自 RouterB 的该网段 BGP 路由后不能向 RouterC 通告，RouterC 自然不能访问该网段用户，达到了本实验的目的。

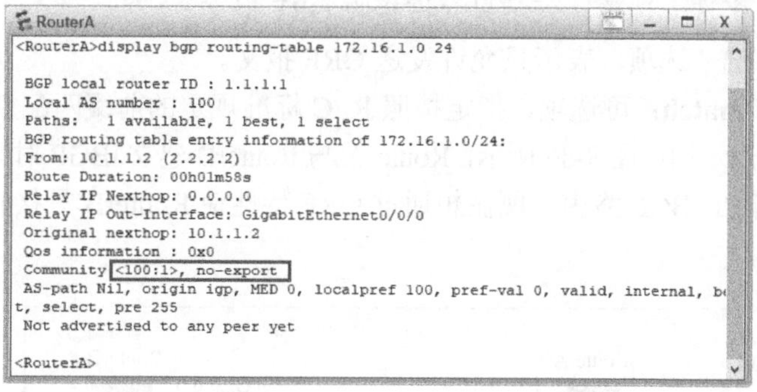

图 8-84　在 RouterB 上修改了团体属性后，RouterA 上 172.16.1.0/24 网段 BGP 路由详细信息

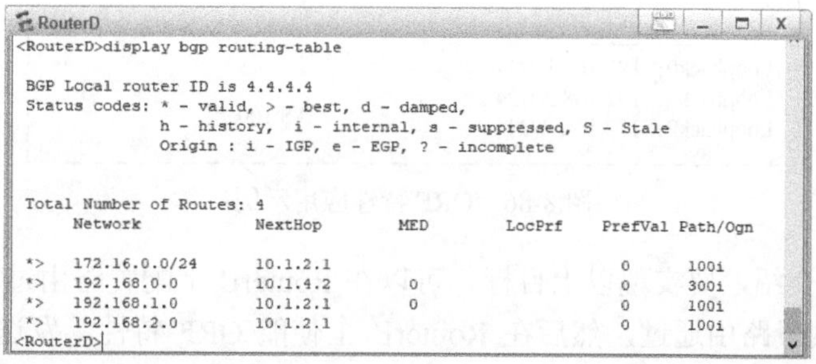

图 8-85　在 RouterB 上修改了团体属性后，RouterD 上的 BGP 路由表

8.9.5　配置 BGP ORF

RFC 5291、RFC 5292 规定了 BGP 基于前缀的输出路由过滤（Outbound Route Filtering，ORF）能力，能将本端设备配置的基于前缀的入口策略通过 Refresh 报文发送给 BGP 邻居。BGP 邻居再根据这些策略构造出口策略，在路由发送时对路由进行过滤，**仅发送对端需要的路由**。这样不仅可以避免本端设备接收大量无用的路由，降低本端设备的 CPU

使用率，还可以有效减少 BGP 邻居的配置工作，降低链路带宽的占用率。

当本端设备希望 BGP 邻居只发送它需要的路由，而 BGP 邻居又不愿意针对不同设备维护不同的出口策略时，可以运用 BGP ORF 特性。这样 BGP 路由器可以真正做到按需（按各邻居需要）向邻居发送 BGP 路由更新。

ORF 特性的配置涉及以下 2 条 BGP 地址族视图命令。

① **peer** { *group-name* | *ipv4-address* } **ip-prefix** *ip-prefix-name* { **import** | **export** }，配置对等体（组）基于 IP 前缀列表的入口路由过滤策略。

② **peer** { *group-name* | *ipv4-address* } **capability-advertise orf** [**non-standard-compatible**] **ip-prefix** { **both** | **receive** | **send** }，配置 BGP 对等体（组）使能基于地址前缀的 ORF 功能。缺省情况下，未使能 BGP 对等体（组）基于地址前缀的 ORF 功能。ORF 特性需要在对等体两端同时使能。

- **import**：二选一选项，对由指定对等体（组）接收的路由应用过滤策略。
- **export**：二选一选项，对向指定对等体（组）发送的路由应用过滤策略。
- **non-standard-compatible**：指定与非标准设备兼容。
- **both**：多选一选项，表示允许发送和接收 ORF 报文。
- **receive**：多选一选项，表示只允许接收 ORF 报文。
- **send**：多选一选项，表示只允许发送 ORF 报文。
- **standard-match**：可选项，指定按照 RFC 标准规定的前缀匹配规则来匹配路由。

ORF 特性应用示例如图 8-86 所示，RouterA 与 RouterB 建立 IBGP 对等体，在 RouterA 上引入了 3 个网段的 BGP 路由，现在想通过 ORF 特性使 RouterB 只接收 192.168.1.0/24 网段的 BGP 路由。

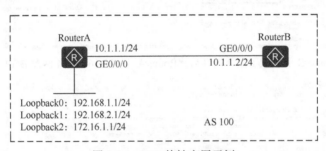

图 8-86　ORF 特性应用示例

根据前面的介绍，要实现以上目标，可以在 RouterB 上配置路由过滤策略，仅允许 192.168.1.0/24 网段路由通过，然后在 RouterB 上使能 ORF 特性，发送 ORF 报文，在 RouterA 上使能 ORF 特性，接收 ORF 报文。但在配置 ORF 特性前需要先完成 BGP 基本功能配置。

RouterA 上的配置如下。

```
<Huawei > system-view
[Huawei] system-name RouterA
[RouterA] interface gigabitethernet 0/0/0
[RouterA-GigabitEthernet0/0/0] ip address 10.1.1.1 24
[RouterA-GigabitEthernet0/0/0]quit
[RouterA] interface loopback0
```

```
[RouterA-Loopback0] ip address 192.168.1.1 24
[RouterA-Loopback0] quit
[RouterA] interface loopback1
[RouterA-Loopback1] ip address 192.168.2.1 24
[RouterA-Loopback1] quit
[RouterA] interface loopback2
[RouterA-Loopback2] ip address 172.16.1.1 24
[RouterA-Loopback2] quit
[RouterA] bgp 100
[RouterA-bgp] router-id 1.1.1.1
[RouterA-bgp] peer 10.1.1.2 as-number 100
[RouterA-bgp] network 192.168.1.0 24
[RouterA-bgp] network 192.168.2.0 24
[RouterA-bgp] network 172.16.1.0 24
```

RouterB 上的配置如下。

```
<Huawei > system-view
[Huawei] system-name RouterB
[RouterB] interface gigabitethernet 0/0/0
[RouterB-GigabitEthernet0/0/0] ip address 10.1.1.2 24
[RouterB-GigabitEthernet0/0/0]quit
[RouterB] bgp 100
[RouterB-bgp] router-id 2.2.2.2
[RouterB-bgp] peer 10.1.1.1 as-number 100
[RouterB-bgp]quit
```

以上配置完成后，在 RouterB 上执行 **display bgp routing-table** 命令，可以看到 RouterB 学习到了 RouterA 上引入的全部 3 条 BGP 路由，配置 ORF 特性前，RouterB 上的 BGP 路由表如图 8-87 所示。

```
<RouterB>display bgp routing-table

 BGP Local router ID is 2.2.2.2
 Status codes: * - valid, > - best, d - damped,
               h - history, i - internal, s - suppressed, S - Stale
               Origin : i - IGP, e - EGP, ? - incomplete


 Total Number of Routes: 3
     Network          NextHop         MED        LocPrf    PrefVal Path/Ogn

 *>i  172.16.1.0/24    10.1.1.1        0          100       0       i
 *>i  192.168.1.0      10.1.1.1        0          100       0       i
 *>i  192.168.2.0      10.1.1.1        0          100       0       i
<RouterB>
```

图 8-87　配置 ORF 特性前，RouterB 上的 BGP 路由表

下面是 ORF 特性配置，需要同时在 RouterA 和 RouterB 上使能 ORF 特性。

```
[RouterA-bgp] peer 10.1.1.2 capability-advertise orf ip-prefix receive  #---使能 ORF 特性，并接收 RouterB 发来的 ORF 报文
[RouterB] ip ip-prefix 1 permit 192.168.1.0 24  #--创建 IP 前缀列表，仅允许 192.168.1.0/24 网段通过
[RouterB] bgp 100
[RouterB-bgp] peer 10.1.1.1 ip-prefix 1 import  #---指定仅从 RouterA 上接收 192.168.1.0/24 网段 BGP 路由
[RouterB-bgp] peer 10.1.1.1 capability-advertise orf ip-prefix send  #---使能 ORF 特性，并向 RouterA 发送 ORF 报文
```

以上配置完成后，在 RouterB 上执行 **display bgp routing-table** 命令，发现只有 192.168.1.0/24 网段的 BGP 路由，配置 ORF 特性后，RouterB 上的 BGP 路由表如图 8-88 所示，达到了通过 ORF 特性过滤 BGP 路由的目的。

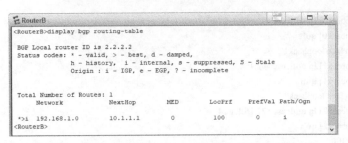

图 8-88　配置 ORF 特性后，RouterB 上的 BGP 路由表

8.9.6　配置 BGP 对等体组

在大型 BGP 网络中，对等体的数量众多，配置和维护极不方便。这时，对于那些存在相同配置的 BGP 对等体，可以将它们加入一个 BGP 对等体组进行批量配置，以简化管理的难度，并提高路由发布效率。**但对等体组中的成员仍可以单独配置不同的路由接收、发布策略。**

这里所说的对等体组可以是 IBGP 对等体组，也可以是 EBGP 对等体组，BGP 对等体组的配置步骤见表 8-8。与 BGP 对等体的配置方法非常类似，只不过这里是针对对等体组进行的配置，将在对等组中所有成员上生效。

【说明】当对单个对等体和其所加入的对等体组同时配置了某个功能时，对单个对等体的配置优先生效。重复表中的步骤 5，可以向对等体组中加入多个对等体。**当需要将 EBGP 对等体加入同一对等体组时，必须先配置各个 EBGP 对等体**，然后配置步骤 5。但当只需要将 IBGP 对等体加入同一对等体组时，则可以直接配置步骤 5，系统会自动在 BGP 视图下创建该对等体，并设置其 AS 编号为对等体组的 AS 号。

当使用 Loopback 接口或子接口的 IP 地址建立 BGP 对等体连接时，建议对等体两端同时配置表中的步骤 6，以保证两端连接的正确性。如果仅有一端配置该命令，则可能导致 BGP 连接建立失败。当使用 Loopback 接口建立 EBGP 对等体连接时，必须配置步骤 7，且 *hop-count* 参数值必须≥2，否则 EBGP 对等体连接将无法建立。

表 8-8　BGP 对等体组的配置步骤

步骤	命令	说明
1	**system-view**	进入系统视图
2	**bgp** { *as-number-plain* | *as-num-ber-dot* } 例如，[Huawei]**bgp** 100	启动 BGP，进入 BGP 视图
3	**group** *group-name* [**external** | **internal**] 例如，[Huawei-bgp] **group ex internal**	创建对等体组。 • *group-name*：指定所创建的对等体组的名称，1～47 个字符，区分大小写，不支持空格。 • **external**：二选一可选项，指定创建 EBGP 对等体组。 • **internal**：二选一可选项，指定创建 IBGP 对等体组。当不指定对等体组是 IBGP 对等体组还是 EBGP 对等体组时，**缺省创建的是 IBGP 对等体组**。 【说明】如果 BGP 对等体组内的对等体在某属性配置上与其加入的对等体组上的相同属性配置不一致，则当在恢复该

续表

步骤	命令	说明
3	**group** *group-name* [**external** | **internal**] 例如，[Huawei-bgp] **group ex internal**	对等体上对应属性配置时，该对等体会从对其所加入的对等体组上继承对应属性配置。 缺省情况下，系统中未创建对等体组，可用 **undo group** *group-name* 命令删除指定的对等体组。但删除对等体组会导致该组内没有配置 AS 号的对等体间中断连接，建议先删除对等体组里没有配置 AS 号的对等体，或给这些对等体先配置上 AS 号，然后删除对等体组，这样就不会中断对等体中的连接
4	**peer** *group-name* **as-number** { *as-number-plain* | *as-number-dot* } 例如，[Huawei-bgp] **peer ex as-number** 100	（可选）配置 EBGP 对等体组的 AS 号，如果是 IBGP 对等体组则不用配置本步骤。要求所有对等体组成员都处于同一个 AS 中。 缺省情况下，没有指定 EBGP 对等体组 AS 号，可用 **undo** *group-name* **peer as-number** 命令删除为指定的对等体组配置 AS 号
5	**peer** *ipv4-address* **group** *group-name* 例如，[Huawei-bgp] **peer** 1.1.1.2 **group** ex	向对等体组中加入对等体，如果是向 **EBGP** 对等体组中加入 **EBGP** 对等体，则需要先配置好各个 **EBGP** 对等体，再配置本步骤；如果是向 **IBGP** 对等体组中加入 **IBGP** 对等体，则可直接进行本步骤。命令中的参数 *ipv4-address* 和 *group-name* 分别用来指定要加入对等体组的对等体 IP 地址，以及所加入的对等体组的名称。 **需要对本地对等体组中的每个对等体成员执行本步操作。** 缺省情况下，对等体组中没有对等体，可用 **undo peer** *pv4-address* **group** *group-name* 命令从指定的对等体组中移除指定的对等体
6	**peer** *group-name* **connect-interface** *interface-type interface-number* [*ipv4-source-address*] 例如，[Huawei-bgp] **peer ex connect-interface** gigabitethernet 1/0/0	（可选）指定本地设备与 BGP 对等体组中的对等体成员之间建立 TCP 连接会话的源接口和源 IP 地址。命令中的参数 *group-name* 用来指定要配置建立 TCP 连接会话的源接口和源地址的 BGP 对等体所属的对等体组的名称。 **配置本命令后，本地设备与所有对等体组成员之间的 TCP 连接会话使用相同的源接口和源 IP 地址。** 缺省情况下，BGP 使用与邻居直连的物理接口作为 TCP 连接的源接口，可以采用 **undo peer** *group-name* **connect-interface** 命令恢复缺省设置
7	**peer** *group-name* **ebgp-maxhop** [*hop-count*] 例如，[Huawei-bgp] **peer ex as-number** 200 ebgp-maxhop2	（可选）指定本地设备与对等体组中的对等体成员建立 **EBGP** 连接（**不能是 IBGP 连接**）时所允许的最大跳数，以允许 BGP 与非直连网络上的设备建立 EBGP 对等体连接。命令中的参数 *group-name* 用来指定要配置 EBGP 对等体连接允许的最大跳数的 EBGP 对等体组名称

IBGP 对等体组配置示例的拓扑结构如图 8-89 所示，现要求采用 BGP 对等体的配置方法配置 AS 200 中的 IBGP 对等体关系，RouterA 上的具体配置如下。

```
<Huawei > system-view
[Huawei] system-name RouterA
[RouterA] interface gigabitethernet 0/0/0
[RouterA-GigabitEthernet0/0/0] ip address 10.1.1.1 24
[RouterA-GigabitEthernet0/0/0]quit
[RouterA] interface Loopback0
```

```
[RouterA-Loopback0] ip address 192.168.1.1 24
[RouterA-Loopback0] quit
[RouterA] bgp 100
[RouterA-bgp] router-id 1.1.1.1
[RouterA-bgp] peer 10.1.1.2 as-number 200
[RouterA-bgp] network 192.168.1.0 24
```

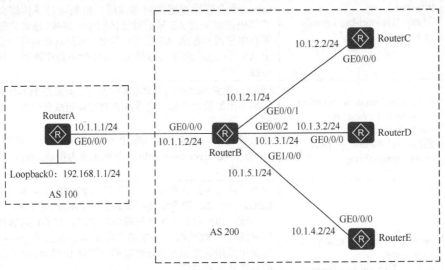

图 8-89　IBGP 对等体组配置示例的拓扑结构

RouterB 上的配置如下。

```
<Huawei > system-view
[Huawei] system-name RouterB
[RouterB] interface gigabitethernet 0/0/0
[RouterB-GigabitEthernet0/0/0] ip address 10.1.1.2 24
[RouterB-GigabitEthernet0/0/0]quit
[RouterB] interface gigabitethernet 0/0/1
[RouterB-GigabitEthernet0/0/1] ip address 10.1.2.1 24
[RouterB-GigabitEthernet0/0/1]quit
[RouterB] interface gigabitethernet 0/0/2
[RouterB-GigabitEthernet0/0/2] ip address 10.1.3.1 24
[RouterB-GigabitEthernet0/0/2]quit
[RouterB] interface gigabitethernet 1/0/0
[RouterB-GigabitEthernet1/0/0] ip address 10.1.4.1 24
[RouterB-GigabitEthernet1/0/0]quit
[RouterB] bgp 200
[RouterB-bgp] router-id 2.2.2.2
[RouterB-bgp] group ibgp1 internal
[RouterB-bgp] peer 10.1.2.2 group ibgp1
[RouterB-bgp] peer 10.1.3.2 group ibgp1
[RouterB-bgp] peer 10.1.4.2 group ibgp1
```

RouterC 上的配置如下。

```
<Huawei > system-view
[Huawei] system-name RouterC
[RouterC] interface gigabitethernet 0/0/0
[RouterC-GigabitEthernet0/0/0] ip address 10.1.2.2 24
[RouterC-GigabitEthernet0/0/0]quit
[RouterC] bgp 200
```

```
[RouterC-bgp] router-id 3.3.3.3
[RouterC-bgp] peer 10.1.2.1 as-number 200
```

RouterD 上的配置如下。

```
<Huawei> system-view
[Huawei] system-name RouterD
[RouterD] interface gigabitethernet 0/0/0
[RouterD-GigabitEthernet0/0/0] ip address 10.1.3.2 24
[RouterD-GigabitEthernet0/0/0]quit
[RouterD] bgp 200
[RouterD-bgp] router-id 4.4.4.4
[RouterD-bgp] peer 10.1.3.1 as-number 200
```

RouterE 上的配置如下。

```
<Huawei> system-view
[Huawei] system-name RouterE
[RouterE] interface gigabitethernet 0/0/0
[RouterE-GigabitEthernet0/0/0] ip address 10.1.4.2 24
[RouterE-GigabitEthernet0/0/0]quit
[RouterE] bgp 200
[RouterE-bgp] router-id 5.5.5.5
[RouterE-bgp] peer 10.1.4.1 as-number 200
```

以上配置完成后，在 RouterB 上执行 **display bgp group** ibgp1 命令查看名为 ibgp1 的 IBGP 对等体组信息，显示了对等体组名称、对等体组类型所包括的对等体组成员，以及这些成员与 RouterB 建立 BGP 连接的状态，在 RouterB 上执行 **display bgp group** ibgp1 命令的输出如图 8-90 所示。

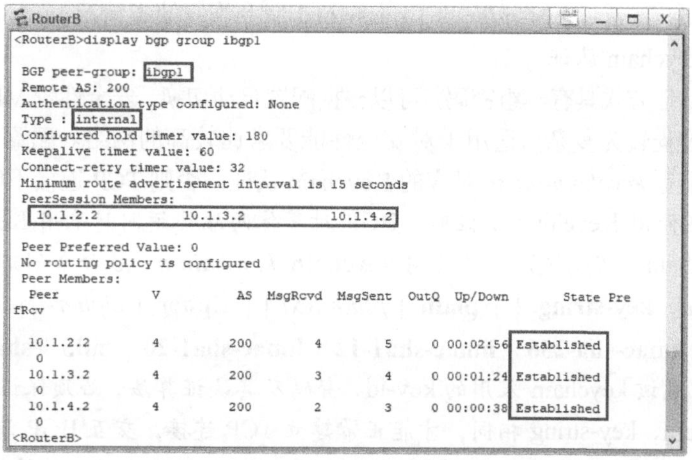

图 8-90　在 RouterB 上执行 **display bgp group** ibgp1 命令的输出

8.9.7　配置 BGP 安全性

常见的 BGP 攻击主要有两种：一种是通过非法接入，生成非法 BGP 路由干扰 BGP 路由表；另一种是在网络中发送大量非法 BGP 报文，使合法设备 CPU 利用率升高。通过使用 BGP 对等体连接认证和通用 TTL 安全保护机制（Generalized TTL Security Mechanism，BGP GTSM）功能，可以提高 BGP 网络的安全性。

BGP 对等体连接认证功能又分为 MD5 认证和 Keychain 认证两种，可以预防非法 BGP 对等体关系的建立。

1. 配置 MD5 认证

MD5 算法配置简单，配置后生成单一密码，需要人为干预才可以切换密码，适用于需要短时间加密的网络。如果 MD5 认证失败，则不建立 TCP 连接。**另外，BGP MD5 认证与 BGP Keychain 认证互斥，不能在同一对等体或者对等体组上配置。**

MD5 认证的配置方法是在 BGP 地址族视图下通过 **peer** { *ipv4-address* | *group-name* | } **password** { **cipher** *cipher-password* | **simple** *simple-password* } 命令配置 MD5 认证密码（**两端的认证方式和密码必须完全一致**）。

① *ipv4-address* | *group-name*|：指定要进行 MD5 认证的对等体 IPv4 地址或对等体组名称。

② **cipher** *cipher-password*：二选一参数，指定 MD5 密文密码，不允许空格，**区分大小写**，可以输入 1～255 个字符的明文，也可以输入 20～392 个字符的密文。

③ **simple** *simple-password* 二选一参数，指定 MD5 明文密码，1～255 个字符，不允许空格，**区分大小写**。

【注意】在配置 MD5 认证密码时，如果使用 **simple** 选项，则密码将以明文形式保存在配置文件中，存在安全隐患。建议使用 **cipher** 选项，将密码加密保存在配置文件中。

在采用输入明文方式来指定明文密码或密文密码字符串时，不支持以"$@$@"或"^#^#"同时作为起始和结束字符。

缺省情况下，BGP 对等体在建立 TCP 连接时对 BGP 消息不进行 MD5 认证，可用 **undo peer** { *group-name* | *ipv4-address* } **password** 命令恢复缺省情况。

2. 配置 Keychain 认证

Keychain 认证方式具有一组密码，可以根据配置自动切换，安全性较 MD5 认证方式更高，但是配置过程较为复杂，适用于对安全性能要求比较高的网络。配置 BGP Keychain 认证前，必须配置 *keychain-name* 对应的 Keychain 认证，否则 TCP 连接不能正常建立。

【注意】在使用 Keychian 认证时，BGP 对等体两端必须同时采用 Keychain 认证，所使用的 Keychain（密钥链）需已使用 **keychain** *keychain-name* 命令创建，然后分别通过 **key-id** *key-id*、**key-string** { [**plain**] *plain-text* | [**cipher**] *cipher-text* } 和 **algorithm** { **hmac-md5** | **hmac-sha-256** | **hmac-sha1-12** | **hmac-sha1-20** | **md5** | **sha-1** | **sha-256** | **simple** } 命令配置该 keychain 采用的 key-id、密码及其认证算法，必须保证本端和对端的 key-id、algorithm、key-string 相同，才能正常建立 TCP 连接，交互 BGP 消息。另外，需要说明的是，BGP Keychain 认证与 BGP MD5 认证互斥，不能在同一对等体间同时配置。

配置 BGP Keychain 认证的方法是在 BGP 地址族视图下使用 **peer** { *ipv4-address* | *group-name* } **keychain** *keychain-name* 命令。参数 *ipv4-address* | *group-name* 用来指定要进行 Keychain 认证的对等体 IPv4 地址或对等体组名称，参数 *keychain-name* 用来指定所采用的 Keychain 名称，1～47 个字符，区分大小写，不支持空格。**配置 BGP Keychain 认证前，必须先配置** *keychain-name* **参数对应的 Keychain**。

3. 配置 BGP GTSM 功能

BGP GTSM 通过检测 IP 报文头中的 TTL 值是否在一个预先设置好的范围内，并对不符合 TTL 值范围的报文进行允许通过或丢弃的操作，从而实现保护 IP 层以上的业务正常运行的目标，提高系统的安全性。

为了防止攻击者模拟真实的 BGP 报文对设备进行攻击，可以配置 GTSM 功能检测 IP 报文头中的 TTL 值。根据实际组网的需要，对不符合 TTL 值范围的报文，GTSM 可以设置为通过或丢弃。当配置 GTSM 缺省动作为丢弃时，可以根据网络拓扑选择合适的 TTL 有效范围，不符合 TTL 值范围的报文会被接口板直接丢弃，这样就避免了网络攻击者模拟的"合法"BGP 报文攻击设备。

BGP GTSM 功能的配置步骤见表 8-9。

表 8-9　BGP GTSM 功能的配置步骤

步骤	命令	说明
1	**system-view**	进入系统视图
2	**bgp** { *as-number-plain* | *as-number-dot* } 例如，[Huawei] **bgp** 100	启动 BGP，进入 BGP 视图
3	**peer** { *group-name* | *ipv4-address* } **valid-ttl-hops** [*hops*] 例如，[Huawei-bgp] **peer** gtsm-group **valid-ttl-hops** 1	在 BGP 对等体（组）发来的报文检查上应用 GTSM 功能。但 **GTSM 只会对匹配 GTSM 策略的报文进行 TTL 检查，而且 GTSM 的配置是对称的，需要在 BGP 连接的两端同时使能 GTSM 功能。**同时，也不能在同一对等体（组）上同时配置 **peer** { *group-name* | *ipv4-address* } **ebgp-max-hop** [*hop-count*]命令，因为 GTSM 和 EBGP-MAX-HOP 功能均会影响到发送出去的 BGP 报文的 TTL 值，存在冲突，只能对同一对等体或对等体组使能两种功能中的一种。 • *group-name* | *ipv4-address*：指定要使能 GTSM 功能的对等体组名称或对等体 IPv4 地址。 • *hops*：指定需要检测的 TTL 跳数值，整数形式，取值范围为 1～255，缺省值是 255，如果配置为 *hops*，则被检测的报文的 TTL 值有效范围为[255-*hops*+1，255]。 缺省情况下，BGP 对等体（组）上未配置 GTSM 功能，可用 **undo peer** { *group-name* | *ipv4-address* } **valid-ttl-hops** 命令撤销在指定 BGP 对等体（组）上应用的 GTSM 功能
4	**quit**	退出 BGP 视图，返回系统视图
5	**gtsm default-action** { **drop** | **pass** } 例如，[Huawei] **gtsm default-action drop**	（可选）设置没有匹配 GTSM 策略的报文的缺省动作。 • **drop**：二选一选项，指定未匹配 GTSM 策略的报文不能通过过滤，报文被丢弃。对于丢弃的报文，可以通过下一步将要介绍的 **gtsm log drop-packet** 命令打开日志信息开关，控制是否对报文被丢弃的情况记录日志，方便定位故障。 • **pass**：二选一选项，指定未匹配 GTSM 策略的报文通过过滤。 如果只通过 **gtsm default-action** 命令配置了缺省动作，则没有配置 GTSM 策略（**drop** 或 **pass**）时，GTSM 功能不起作用。 缺省情况下，未匹配 GTSM 策略的报文可以通过过滤，可以采用 **undo gtsm default-action drop** 命令取消未匹配 GTSM 策略的报文不能通过过滤的设置
6	**gtsm log drop-packet** [**all**] 例如，[Huawei] **gtsm log drop-packet**	（可选）打开当前单板（目前仅支持主控板，不支持接口板）或所有单板（选择 **all** 可选项时）的 LOG 信息开关，在单板 GTSM 丢弃报文时记录 LOG 信息。 缺省情况下，在单板 GTSM 丢弃报文时不记录 LOG 信息，可以采用 **undo gtsm log drop-packet** [**all**]命令关闭所有或者指定单板 LOG 信息的开关

8.9.8　BGP GTSM 应用配置示例

BGP GTSM 配置示例的拓扑结构如图 8-91 所示，RouterA 属于 AS 100，RouterB、RouterC、RouterD 属于 AS 200。在各路由器上运行 BGP，在 AS 200 内部运行 OSPF，现要求 RouterB 免受 BGP 报文的 CPU 攻击。

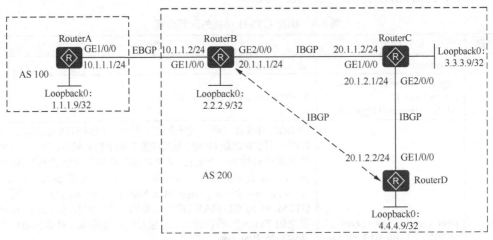

图 8-91　BGP GTSM 配置示例的拓扑结构

1. 基本配置思路分析

本示例是想让 RouterB 的 CPU 免受非法 BGP 报文的攻击，可以配置 GTSM 功能来实现。但 GSTM 功能需要在对等体两端同时配置，因此，需要在 RouterB 及它的所有对等体上同时配置 GSTM 功能。

另外，在这里需要明白一个原理，BGP 是应用层的，BGP 报文需要在网络层进行 IP 封装，而 IPv4 报文中有一个与 GSTM 功能密切相关的 TTL 字段。另外，由于 **BGP 报文仅在对等体之间进行交互，所以每个 BGP 报文都是由它的对等体始发的。这样一来，每个 BGP 报文始发时的 TTL 字段初始值都是 255，然后每经过一跳重新进行 IP 封装，TTL 值减 1，但只有当对方接收了 BGP 报文后，报文中的 TTL 值才减 1。**

对于 RouterB 与它的对等体间允许接受的 BGP 报文中的 TTL 值范围要根据拓扑结构来确定，直连 BGP 对等体，TTL 值的范围为[255，255]，因为在直连情况下，始发的 BGP 报文中的 TTL 值为 255，在对等体还没正式接收、在进行 TTL 值检查时，TTL 值仍为 255；非直连的要根据拓扑结构而定。

根据以上分析可以得出本示例的基本配置思路如下。

① 配置各路由器的接口 IP 地址。

② AS 200 内配置 OSPF 基本功能，实现各设备间的三层互通，同时也为后面 RouterB 和 RouterD 之间建立非直连的 IBGP 对等体关系提供网络基础。

③ 配置各路由器的 BGP 基本功能，通过 Loopback0 接口建立 IBGP 对等体关系。

④ 在 RouterB 和它的对等体之间配置好 GSTM 功能，即允许接收的 TTL 范围，超出范围的 BGP 报文选择缺省丢弃动作，保障 RouterB 免受 CPU 的攻击。

2. 具体配置步骤

（1）配置各路由器接口的 IP 地址。

在此仅介绍 RouterA 接口的 IP 地址的配置方法，具体配置如下。

```
<Huawei> system-view
[Huawei] sysname RouterA
[RouterA] interface gigabitethernet 1/0/0
[RouterA-GigabitEthernet1/0/0] ip address 10.1.1.1 255.255.255.0
[RouterA-GigabitEthernet1/0/0] quit
```

（2）在 AS 200 内配置各设备的 OSPF 基本功能。

本示例中，把 AS 200 内的设备接口（不包括连接外部 AS 的接口）划分在同一个 OSPF 区域中，理论上区域 ID 任意，在此用区域 0 来进行配置。

在此仅以 RouterB 上的配置为例进行介绍，具体配置如下。

```
[RouterB] ospf
[RouterB-ospf-1] area 0
[RouterB-ospf-1-area-0.0.0.0] network 20.1.1.0 0.0.0.255
[RouterB-ospf-1-area-0.0.0.0] network 2.2.2.9 0.0.0.0
[RouterB-ospf-1-area-0.0.0.0] quit
[RouterB-ospf-1] quit
```

（3）配置各路由器的 BGP 基本功能，建立各 BGP 对等体关系。

为了使建立的 IBGP 对等体更稳定，指定 Loopback 接口作为源接口，对等体 IP 地址也为对端的 Loopback 接口的 IP 地址。RouterA～RouterD 的 Router ID 分别为 1.1.1.9、2.2.2.9、3.3.3.9 和 4.4.4.9。其中，2.2.2.9、3.3.3.9 和 4.4.4.9 又分别为 RouterB、RouterC 和 RouterD 的 Loopback0 接口的 IP 地址。

RouterA 上的配置如下。

RouterA 仅与 RouterB 建立 EBGP 对等体关系，使用直连物理接口建立 BGP 连接。

```
[RouterA] bgp 100
[RouterA-bgp] router-id 1.1.1.9
[RouterA-bgp] peer 10.1.1.2 as-number 200
```

RouterB 上的配置如下。

RouterB 在向其 IBGP 对等体转发来自 RouterA 的 BGP 路由时不会改变其下一跳（RouterA 的 GE1/0/0 接口 IP 地址），使 RouterC、RouterD 在收到路由后因不能到达该下一跳而变为无效，因此，需要改变路由中的下一跳为 RouterB 与对等体建立 TCP 连接的源 IP 地址。

```
[RouterB] bgp 200
[RouterB-bgp] router-id 2.2.2.9
[RouterB-bgp] peer 10.1.1.1 as-number 100
[RouterB-bgp] peer 3.3.3.9 as-number 200      !---指定 RouterC 的 Loopback0 接口 IP 地址为对等体 IP 地址
[RouterB-bgp] peer 3.3.3.9 connect-interface LoopBack0   !---指定通过本端 Loopback0 接口与 RouterC 建立 BGP 连接
[RouterB-bgp] peer 3.3.3.9 next-hop-local     !---指定向 RouterC 发送的路由的下一跳属性值为本地建立 TCP 连接的源 IP 地址
[RouterB-bgp] peer 4.4.4.9 as-number 200      !---与 RouterD 建立非直连 IBGP 对等体关系前，一定要通过 IGP 路由确保
RouterB 与 RouterD 之间可以三层互通
[RouterB-bgp] peer 4.4.4.9 connect-interface LoopBack0
[RouterB-bgp] peer 4.4.4.9 next-hop-local
```

RouterC 上的配置如下。

```
[RouterC] bgp 200
[RouterC-bgp] router-id 3.3.3.9
[RouterC-bgp] peer 2.2.2.9 as-number 200
[RouterC-bgp] peer 2.2.2.9 connect-interface LoopBack0
```

```
[RouterC-bgp] peer 4.4.4.9 as-number 200
[RouterC-bgp] peer 4.4.4.9 connect-interface LoopBack0
```

RouterD 上的配置如下。

```
[RouterD] bgp 200
[RouterD-bgp] router-id 4.4.4.9
[RouterD-bgp] peer 2.2.2.9 as-number 200
[RouterD-bgp] peer 2.2.2.9 connect-interface LoopBack0
[RouterD-bgp] peer 3.3.3.9 as-number 200
[RouterD-bgp] peer 3.3.3.9 connect-interface LoopBack0
```

以上配置完成后，在 RouterB 上执行 **display bgp peer** 命令查看与 3 个 BGP 设备建立的对等体的连接状态，状态均为 **Established**，则表示成功建立，在 RouterB 上执行命令 **display bgp peer** 命令的输出如图 8-92 所示。

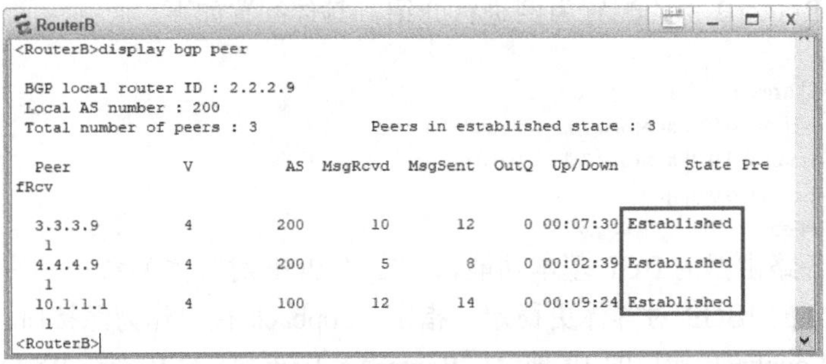

图 8-92　在 RouterB 上执行命令 **display bgp peer** 命令的输出

（4）在 RouterB 与它的对等体间配置 GSTM 功能。

RouterA 和 RouterB 之间是直连的，因此，TTL 到达对方的有效范围是[255，255]，根据 8.9.7 节表 8-9 中的 **peer valid-ttl-hops** 命令介绍的，在使能了 GSTM 功能后，TTL 值有效范围为[255–*hops*+1，255]，*hops* 为指定需要检测的 TTL 跳数值，得出此时在 **peer valid-ttl-hops** 命令中 *hops* 参数的取值只能为 1，具体配置如下。

```
[RouterA-bgp] peer 10.1.1.2 valid-ttl-hops 1
[RouterB-bgp] peer 10.1.1.1 valid-ttl-hops 1
```

以上配置完成后，在 RouterB 上执行 **display bgp peer** 10.1.1.1 **verbose** 命令查看 GTSM 功能配置情况，会发现 GSTM 功能已使能，有效 TTL 跳数为 1，BGP 连接状态也为 "Established"，在 RouterB 上执行 **display bgp peer** 10.1.1.1 **verbose** 命令的输出如图 8-93 所示。

用同样的方法配置 RouterB 和 RouterC 对等体之间的 GSTM 功能，因为也是直连，所以有效跳数也为 1，具体配置如下。

```
[RouterB-bgp] peer 3.3.3.9 valid-ttl-hops 1
[RouterC-bgp] peer 2.2.2.9 valid-ttl-hops 1
```

此时，同样可在 RouterB 上通过执行 **display bgp peer** 3.3.3.9 **verbose** 命令查看 RouterB 和 RouterC 之间的 GTSM 功能配置情况。

最后在 RouterB 和 RouterD 之间配置 GTSM 功能。两台路由器经过 RouterC 连接，经过一跳后，TTL 到达对方的有效范围是[254，255]，因此，此处的有效跳数值取 2，具体配置如下。

```
[RouterB-bgp] peer 4.4.4.9 valid-ttl-hops 2
[RouterD-bgp] peer 2.2.2.9 valid-ttl-hops 2
```

图 8-93　在 RouterB 上执行 **display bgp peer** 10.1.1.1 **verbose** 命令的输出

以上配置好后，可在 RouterB 上通过执行 **display bgp peer** 4.4.4.9 **verbose** 命令查看 RouterB 和 RouterD 之间的 GTSM 功能配置情况，此时会发现 GTSM 功能也已经使能，TTL 有效跳数为 2，BGP 连接状态为"Established"，在 RouterB 上执行 **display bgp peer** 4.4.4.9 **verbose** 命令的输出如图 8-94 所示。

图 8-94　在 RouterB 上执行 **display bgp peer** 4.4.4.9 **verbose** 命令的输出

在 RouterB 上执行 **display gtsm statistics all** 命令，可查看 RouterB 的 GTSM 统计信息，在缺省动作通过且没有非法报文的情况下，丢弃的报文数是 0。如果主机 PC 模拟 RouterA 的 BGP 报文对 RouterB 进行攻击，则因为该报文到达 RouterB 时，TTL 值不是 255，所以被丢弃，在 RouterB 的 GTSM 统计信息中丢弃的报文数也会相应增加。

8.10　BGP EVPN 基础

以太网虚拟专用网络（Ethernet Virtual Private Network，EVPN）是一种用于二层网络互联的 VPN 技术。EVPN 中使用的一项关键技术与三层的 BGP/MPLS IP VPN 类似，即 BGP-4 多协议扩展（Mutiprotocol Extensions for BGP-4，MP-BGP）。它通过 MP-BGP 中携带的可达性信息，不仅使不同站点的二层网络间通过控制平面实现 MAC 地址学习和传播（传统的二层网络中 MAC 地址学习和传播是通过数据平面中的数据报文进行的），还可以通过 EVPN 路由在三层网络中传播，实现不同站点间的三层互通。

8.10.1　MP-BGP 概述

MP-BGP 是在 RFC4760 中定义的，用于实现 BGP-4 的扩展，以允许 BGP 携带多种网络层协议，例如，IPv6、L3VPN、EVPN 等，使一个支持 MP-BGP 的路由器可以与仅支持 BGP-4 的路由器交互。

BGP-4 中针对 IPv4 网络有 3 个特有信息：Next_Hop 属性、Aggreator 属性和网络层可通达性信息，IPv4 NLRI（Network Layer Reachability Information，网络层可达信息）均在 Update 报文中携带。其中，Next_Hop 属性和 Aggreator 属性在路径属性（Path attributes）字段中，NLRI 字段与 Path attributes 字段并列。BGP-4 Update 报文结构如图 8-95 所示。

MP-BGP 为了支持多种网络层协议，需要对 BGP-4 增加如下两种能力。

① 关联其他网络层协议下一跳信息的能力。

② 关联其他网络层协议的 NLRI 的能力。

这两种能力被 IANA（互联网数字分址机构）统称为地址族（Address Family，AF）。为了向后兼容 IPv4，MP-BGP 增加了两种新的属性：MP_REACH_NLRI 和 MP_UNREACH_NLRI，分别用于表示可达的目的地信息和不可达的目的地信息。这两种属性均属于可选非过渡性属性。

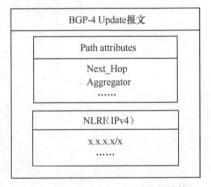

图 8-95　BGP-4 Update 报文结构

MP-BGP 会为每种网络层协议新增一个 Path attributes 字段，然后在该字段内再为每条可达路由信息新增一个 MP_REACH_NLRI 字段，在该字段内包括对应网络层协议的 Next_Hop 属性和 NLRI 信息。MP-BGP Update 报文结构如图 8-96 所示。

MP_REACH_NLRI 字段格式如图 8-97 所示，MP_REACH_NLRI 字段在 Update 报文中用于向邻居通告可达路由信息及可达路由的下一跳信息，具体说明如下。

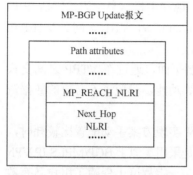

图 8-96　MP-BGP Update 报文结构

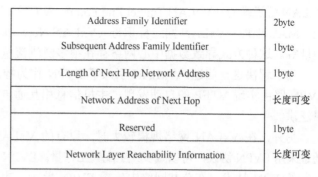

图 8-97　MP_REACH_NLRI 字段格式

- Address Family Identifier：AFI，地址族标识符，2 字节，标识了网络层协议，例如，2 表示 IPv6 协议，25 表示 EVPN。
- Subsequent Address Family Identifier：SAFI，子地址族标识符，1 字节，与 AFI 字段一起使用。如果 SAFI 为 1，AFI 为 2，则表示 IPv6 中的单播地址族。EVPN 对应的 AFI 为 25，SAFI 为 70。
- Length of Next Hop Network Address：下一跳地址的长度，1 字节。
- Network Address of Next Hop：下一跳地址，长度可变，格式由 AFI 和 SAFI 决定。
- Reserved：目前保留使用，1 字节，全为 0。
- Network Layer Reachability Information：网络层可达信息，包含可达的路由信息，长度可变。

MP_UNREACH_NLRI 也在 Update 报文中携带，用于撤销不可达的路由，MP_UNREACH_NLRI 字段格式如图 8-98 所示。其中，AFI 和 SAFI 字段的含义与 MP_REACH_NLRI 中的一样，Withdrawn Routes 字段列举需要撤销的路由，格式由 AFI 和 SAFI 决定。

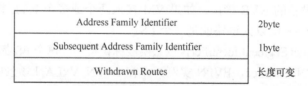

图 8-98　MP_UNREACH_NLRI 字段格式

8.10.2　EVPN 概述

EVPN 属于 L2VPN（二层 VPN），但与传统的 L2VPN 的实现原理有较大区别。例如，虚拟专用局域网服务（Virtual Private LAN Service，VPLS）。

传统的 L2VPN 中通过 ARP 广播泛洪学习远端 MAC 地址，这样 PE 将需要承载广播流量，占用较多端口带宽。EVPN 在控制平面中采用 MP-BGP，通过 Update 报文学习和发布 MAC 地址信息，而在数据平面上又采用 MPLS LSP 或者 IP 网络中的 GRE 隧道技术，构建传输隧道，传输数据报文，实现"转控分离"。

EVPN 是虚拟扩展局域网（Virtual extensible Local Area Network，VxLAN）中应用的一项技术。原有的 VxLAN 实现方案没有控制平面，是通过数据平面的流量泛洪进行

VxLAN 隧道端点（VxLAN Tunnel End Points，VTEP）发现和主机信息学习，包括 IP 地址、MAC 地址、VxLAN 网络标识符（VxLAN Network Identifier，VNI）、网关 VTEP IP 地址等。这种方式导致数据中心网络存在很多泛洪流量。

为了解决这一问题，VxLAN 引入了 EVPN 作为控制平面，通过在 VTEP 之间交换 EVPN 路由实现 VTEP 的自动发现、主机信息相互通告等功能，避免了不必要的数据流量泛洪。

另外，在 VxLAN 网络规模较大时，原有的 VxLAN 实现方案手动配置比较耗时，通过采用 EVPN 协议，可以减少人工配置工作量。EVPN 是采用类似于 BGP/MPLS IP VPN 机制的 VPN 技术，在公共网络中传播 EVPN 路由，也在一定程度上保障了用户私有数据在公共网络传播的安全性。因此，EVPN 应用于 VxLAN 网络，可以把原本依赖数据平面的 VTEP 发现和主机信息学习从数据平面转移到控制平面。

目前，EVPN 在城域网、数据中心网、园区网，以及最新的软件定义广域网（Software Defined Wide Area Network，SD-WAN）中广泛应用。

8.10.3　EVPN 路由

EVPN 在 BGP 的基础上定义了一种新的 NLRI，即 EVPN NLRI。EVPN NLRI 定义了新的 BGP EVPN 路由类型，用于处在三层网络的不同站点之间的 IP 地址学习和发布。

在包含 EVPN NLRI 的 MP_REACH_NLRI 格式中，AFI 是 25，SAFI 是 70，而 EVPN 的 NLRI 字段采用 TLV（Type-Length-Value，类型长度值）三元组结构。其中，Type 部分占 1 字节，指定 EVPN 路由类型；Length 部分占 1 字节，定义了 EVPN NLRI 字段的长度，Value 部分长度可变，对应的是 "Route Type Specific"（路由类型说明）。

为了能更好地理解 VPN 的路由类型，先了解如下相关概念。

- ES（Ethernet Segment，以太网段）：在 EVPN VxLAN 场景中，VM（虚拟机）接入网关设备的 NVE 接口。如果 VM 接入两个或多个 NVE 接口，那么这一组 VM 接入 NVE 的以太链路就是一个 ES。
- ESI（Ethernet Segment Identifier，以太网段标识符）：每个 ES 都有的唯一标识。
- EVI（EVPN Instance，EVPN 实例）：在 EVPN VxLAN 场景中，EVPN 实例的名称是其绑定桥接域（Bridge Domain，BD）的 ID。
- IRB（Integrated Routing and Bridge，集成路由及桥接）：是指携带了 VNI、MAC 地址、IP 地址信息的路由，可同时用于二、三层路由信息的传递。
- DF（Designated Forwarder，指定转发器）：在 VM 多归场景中，将 BUM 流量转发给 VM 的指定网关设备，需通过选举产生。

在 EVPN NLRI 中定义了如下 5 类（分别对应 Type 1～Type 5）应用于 VxLAN 控制平面的 BGP EVPN 路由类型。

- Ethernet Auto Discovery Route：以太网自动发现路由，是 EVPN 中的 Type 1 路由。
- MAC/IP Advertisement Route：MAC/IP 通告路由。
- Inclusive Muticast Route：集成组播路由。
- Ethernet Segment Route：以太网段路由。
- IP Prefix Route：IP 前缀路由。

1. 以太网自动发现路由

当各网关设备之间的 BGP EVPN 邻居关系建立成功后，网关设备之间会传递以太网自动发现路由。以太网自动发现路由可以向其他网关通告本端网关对接入站点的 MAC 地址的可达性，即网关对连接的站点是否可达。

以太网自动发现路由可以分为 Ethernet Auto-Discovery Per ES 路由和 Ethernet Auto-Discovery Per EVI 路由。其中，Ethernet Auto-Discovery Per ES 路由主要用于 ESI 多活场景中的快速收敛和水平分割，Ethernet Auto-Discovery Per EVI 路由主要用于 ESI 多活场景中的别名。

以太网自动发现路由的 NLRI 格式如图 8-99 所示，以太网自动发现路由中 NLRI 格式字段说明见表 8-10。

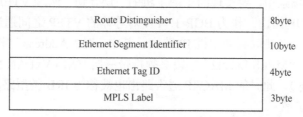

Route Distinguisher	8byte
Ethernet Segment Identifier	10byte
Ethernet Tag ID	4byte
MPLS Label	3byte

图 8-99　以太网自动发现路由的 NLRI 格式

表 8-10　以太网自动发现路由中 NLRI 格式字段说明

字段	Ethernet Auto-Discovery Per ES 路由	Ethernet Auto-Discovery Per EVI 路由
Route Distinguisher	由 VxLAN 网关上设置的源 VTEP IP 地址与 0 组合而成，例如 X.X.X.X:0	EVPN 实例下设置的 RD（Route Distinguisher）值
Ethernet Segment Identifier (ESI)	VxLAN 网关与某一 VM 连接的唯一标识。在 VM 多归场景中，VxLAN 网关通过这一字段获知哪些网关连接了同一个 VM	
Ethernet Tag ID	全为 F	用于标识一个 ES 下的不同的子广播域，全 0 标识该 EVI 只有一个广播域
MPLS Label	全为 0	绑定 EVPN 实例的 BD 所关联的 VNI

2. MAC/IP 通告路由

MAC/IP 通告路由在 VxLAN 控制平面中的作用如下。

（1）主机 MAC 地址通告

要实现同子网主机的二层互访，两端 VTEP 需要相互学习主机 MAC 地址。作为 BGP EVPN 对等体的 VTEP 之间通过交换 MAC/IP 路由，可以相互通告已经获取到的主机 MAC 地址。其中，MAC Address 字段为主机 MAC 地址。

（2）主机 ARP 通告

MAC/IP 路由可以同时携带主机 MAC 地址和主机 IP 地址，因此，该路由可以用来在 VTEP 之间传递主机 ARP 表项，实现主机 ARP 通告。其中，MAC Address 字段为主机 MAC 地址，IP Address 字段为主机 IP 地址。此时，MAC/IP 路由也被称为 ARP 类型路由。主机 ARP 通告主要用于以下 2 种场景。

① ARP 广播抑制。当三层网关学习到其子网下的主机 ARP 表项，生成对应的主机

信息（包含主机 IP 地址、主机 MAC 地址、二层 VNI、网关 VTEP IP 地址），通过传递 ARP 类型路由将主机信息同步到二层网关上。这样当二层网关再收到 ARP 请求时，先查找是否存在目的 IP 地址对应的主机信息，如果存在，则直接将 ARP 请求报文中的广播 MAC 地址替换为目的单播 MAC 地址，实现广播变单播，达到 ARP 广播抑制的目的。

②分布式网关场景下的虚拟机迁移。当一台虚拟机从当前网关迁移到另一个网关下之后，新网关学习到该虚拟机的 ARP（一般通过虚拟机发送免费 ARP 实现），并生成主机信息，然后通过传递 ARP 类型路由将主机信息发送给虚拟机的原网关。原网关收到后，感知到虚拟机的位置发生变化，触发 ARP 探测，当探测不到原位置的虚拟机时，撤销原位置虚拟机的 ARP 和主机路由。

（3）主机 IP 路由通告

在分布式网关场景中，要实现跨子网主机的三层互访，两端 VTEP（作为三层网关）需要互相学习主机 IP 路由。作为 BGP EVPN 对等体的 VTEP 之间通过交换 MAC/IP 路由，可以相互通告已经获取到的主机 IP 路由。其中，"IP Address"字段为主机 IP 路由的目的地址，同时，"MPLS Label2"字段必须携带三层 VNI（VxLAN Network Identifier，VxLAN 网络标识符）。此时的 MAC/IP 通告路由也被称为 IRB 类型路由。

（4）ND 表项扩散

MAC/IP 路由可以同时携带主机 MAC 地址和主机 IPv6 地址，因此，该路由可以用来在 VTEP 之间传递邻居发现（Neighbor Discovery，ND）表项，实现 ND 表项扩散。其中，MAC Address 字段为主机 MAC 地址，IP Address 字段为主机 IPv6 地址。此时，MAC/IP 通告路由也称为 ND 类型路由。

（5）主机 IPv6 路由通告

在分布式网关场景中，要实现跨子网 IPv6 主机的三层互访，网关设备需要互相学习主机 IPv6 路由。作为 BGP EVPN 对等体的 VTEP 之间通过交换 MAC/IP 通告路由，可以相互通告已经获取到的主机 IPv6 路由。其中，IP Address 字段为主机 IPv6 路由的目的地址，同时 MPLS Label2 字段必须携带三层 VNI。此时，MAC/I 通告 P 路由也称为 IRBv6 类型路由。

MAC/IP 通告路由的 NLRI 格式如图 8-100 所示，MAC/IP 通告路由的 NLRI 格式字段说明见表 8-11。

Route Distinguisher	8byte
Ethernet Segment Identifier	10byte
Ethernet Tag ID	4byte
MAC Address Length	1byte
MAC Address	6byte
IP Address Length	4或16byte
IP Address	4或16byte
MPLS Label1	3byte
MPLS Label2	0或3byte

图 8-100　MAC/IP 通告路由的 NLRI 格式

表 8-11　MAC/IP 通告路由的 NLRI 格式字段说明

字段	说明
Route Distinguisher	EVPN 实例下设置的 RD 值
Ethernet Segment Identifier	当前设备与对端连接定义的唯一标识
Ethernet Tag ID	当前设备上实际配置的 VLAN ID
MAC Address Length	路由携带的主机 MAC 地址的长度
MAC Address	路由携带的主机 MAC 地址
IP Address Length	路由携带的主机 IP 地址的掩码长度
IP Address	路由携带的主机 IP 地址
MPLS Label1	路由携带的二层 VNI
MPLS Label2	路由携带的三层 VNI

3. 集成组播路由

集成组播路由在 VxLAN 控制平面中主要用于 VTEP 的自动发现和 VxLAN 隧道的动态建立。作为 BGP EVPN 对等体的 VTEP，通过集成组播路由互相传递二层 VNI 和 VTEP IP 地址信息。其中，Originating Router's IP Address 字段为本端 VTEP IP 地址，MPLS Label 字段为二层 VNI。如果对端 VTEP IP 地址三层路由可达，则建立一条到对端的 VxLAN 隧道。同时，本端会创建一个基于 VNI 的头端复制表并将对端 VTEP IP 地址加入其中，用于后续 BUM 报文转发。

集成组播路由的 NLRI 报文中由前缀和提供商组播服务接口（Provider Multicast Service Interface，PMSI）属性组成。集成组播路由的前缀格式如图 8-101 所示，集成组播路由的 PMSI 属性格式如图 8-102 所示，集成组播路由的 NLRI 报文格式字段说明见表 8-12。

Route Distinguisher	8byte
Ethernet Tag ID	4byte
IP Address Length	1byte
Originating Router's IP Address	4或16byte

图 8-101　集成组播路由的前缀格式

Flags	1byte
Tunnel Type	1byte
MPLS Label	3byte
Tunnel Identifier	长度可变

图 8-102　集成组播路由的 PMSI 属性格式

表 8-12　集成组播路由的 NLRI 报文格式字段说明

字段	说明
Route Distinguisher	EVPN 实例下设置的 RD 值
Ethernet Tag ID	当前设备上的 VLAN ID，在此路由中，其值全为 0
IP Address Length	路由携带的本端 VTEP IP 地址的掩码长度

续表

字段	说明
Originating Router's IP Address	路由携带的本端 VTEP IP 地址
Flags	标志位，标识当前隧道是否需要叶子节点信息。 在 VxLAN 场景中，该字段没有实际意义
Tunnel Type	此路由携带的隧道类型。目前，在 VxLAN 场景中，支持的类型只有"6：Ingress Replication"，即头端复制，用于广播、单播和组播（Broadcast Unicast Multicast，BUM）报文转发
MPLS Label	路由携带的二层 VNI
Tunnel Identifier	路由携带的隧道信息。目前，在 VxLAN 场景中，该字段是本端 VTEP IP 地址

4. 以太网段路由

以太网段路由可以携带本端网关的 ESI 值、源地址和 RD 值（源地址：0），用来实现连接到相同 VM 的网关设备之间互相自动发现。以太网段路由主要用于指定转发器（Designated Forwarder，DF）选举。

以太网段路由的 NLRI 报文格式如图 8-103 所示，以太网段路由的 NLRI 格式字段说明见表 8-13。

Route Distinguisher	8byte
Ethernet Segment Identifier	10byte
IP Address Length	1byte
Originating Router's IP Address	4或16byte

图 8-103　以太网段路由的 NLRI 格式

表 8-13　以太网段路由的 NLRI 格式字段说明

字段	说明
Route Distinguisher	由 VxLAN 网关上设置的源 VTEP IP 地址与 0 组合而成，例如 X.X.X.X:0
Ethernet Segment Identifier (ESI)	VxLAN 网关与某一 VM 连接的唯一标识。在 VM 多归场景中，VxLAN 网关通过这一字段获知哪些网关连接了同一个 VM
IP Address Length	源地址长度，在 VxLAN 场景中为 VTEP 地址的长度
Originating Router's IP Address	源地址，在 VxLAN 场景中为 VTEP 地址

5. IP 前缀路由

IP 前缀路由的 IP Prefix Length 和 IP Prefix 字段既可以携带主机 IP 地址，也可以携带网段地址。当携带主机 IP 地址时，在 VxLAN 控制平面中主要用于主机 IP 路由通告；当携带网段地址时，通过传递该类型路由，可以实现 VxLAN 网络中的主机访问外部网络。

IP 前缀路由 NLRI 格式如图 8-104 所示，IP 前缀路由 NLRI 格式字段说明见表 8-14。

Route Distinguisher	8byte
Ethernet Segment Identifier	10byte
Ethernet Tag ID	4byte
IP Prefix Length	1byte
IP Prefix	4或16byte
GW IP Address	4或16byte
MPLS Label	3byte

图 8-104　IP 前缀路由 NLRI 格式

表 8-14　IP 前缀路由 NLRI 格式字段说明

字段	说明
Route Distinguisher	VPN 实例下设置的 RD 值
Ethernet Segment Identifier	当前设备与对端连接定义的唯一标识
Ethernet Tag ID	该字段取值全为 0
IP Prefix Length	路由携带的 IP 前缀掩码长度
IP Prefix	路由携带的 IP 前缀
GW IP Address	默认网关地址
MPLS Label	路由携带的三层 VNI

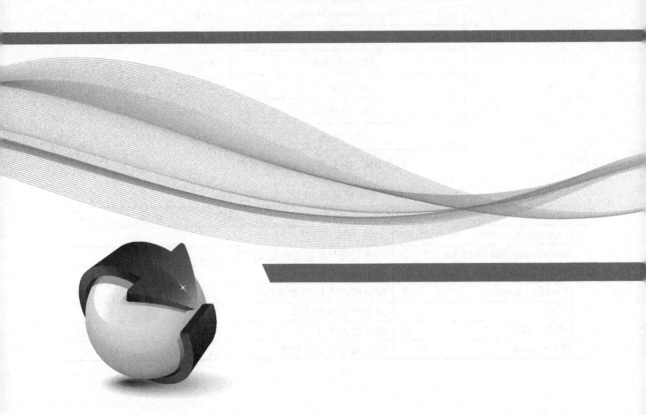

第9章
DHCP、BFD 和 VRRP

本章主要内容

9.1　DHCP 基础和工作原理

9.2　DHCP 中继配置

9.3　双向转发检测

9.4　虚拟路由冗余协议

　　本章介绍日常网络应用配置与管理中比较常用的 3 项技术：DHCP（动态主机配置协议）、BFD（双向转发检测）和 VRRP（虚拟路由冗余协议）。

　　DHCP 可以实现自动为用户终端（包括计算机、手机、平板计算机等）分配 IP 地址和网络参数，这既省去了人工为用户终端一个个配置 IP 地址的麻烦，也大幅降低了 IP 地址因配置而产生冲突的概率。BFD 用于对链路、接口或路由状态进行监视，发生故障时可以实现毫秒级的备份链路或备份路由的切换，大幅提高网络的可靠性和实用性。VRRP 通过冗余网关的配置，可解决网关单点故障的问题，也可大幅提高网络的可靠性。

9.1 DHCP 基础和工作原理

DHCP 是 IETF 于 1993 年发布的一种集中对用户 IPv4 地址进行动态管理和配置的技术，目前有 DHCPv4 和 DHCPv6 两种版本，分别应用于 IPv4 和 IPv6 网络，本章仅介绍 DHCPv4（下文简称 DHCP）。

DHCP 采用客户端/服务器(C/S)通信模式，由客户端（DHCP Client）向服务器（DHCP Server）提出配置申请，服务器返回为客户端分配的配置信息（包括 IP 地址、缺省网关、DNS Server、WINS Server 等参数），可以实现 IP 地址的动态分配，以及其他网络参数的集中配置管理，极大地降低了客户端的配置与维护成本。

9.1.1 DHCP 报文

DHCP 实现自动的 IP 地址、网络参数分配和集中管理是通过在 DHCP 服务器与 DHCP 客户端之间交互 DHCP 报文实现的。目前，DHCP 定义了 8 种报文，DHCP 的 8 种报文见表 9-1，具体的报文类型由 Options 53 定义。

表 9-1　DHCP 的 8 种报文

报文名称	说明
DHCP DISCOVER	DHCP 客户端首次登录网络时进行 DHCP 交互过程发送的第一个报文，用来寻找 DHCP 服务器
DHCP OFFER	DHCP 服务器用来响应 DHCP DISCOVER 报文，此报文携带了各种配置信息
DHCP REQUEST	此报文用于以下 3 种用途。 • 客户端初始化后，发送广播的 DHCP REQUEST 报文来回应服务器的 DHCP OFFER 报文。 • 客户端重启后，发送广播的 DHCP REQUEST 报文来确认先前被分配的 IP 地址等配置信息。 • 当客户端已经和某个 IP 地址绑定后，发送 DHCP REQUEST 单播或广播报文来更新 IP 地址的租约
DHCP ACK	服务器对客户端的 DHCP REQUEST 报文的确认响应报文，客户端收到此报文后，才真正获得了 IP 地址和相关的配置信息
DHCP NAK	服务器对客户端的 DHCP REQUEST 报文的拒绝响应报文，例如，DHCP 服务器收到 DHCP REQUEST 报文后，如果没有找到相应的租约记录，则发送 DHCP NAK 报文作为应答，告知 DHCP 客户端无法分配合适的 IP 地址
DHCP DECLINE	当客户端发现服务器分配给它的 IP 地址发生冲突时，会通过发送此报文来通知服务器，并且会重新向服务器申请地址
DHCP RELEASE	客户端可以通过发送此报文主动释放服务器分配给它的 IP 地址，当服务器收到此报文后，可将这个 IP 地址分配给其他客户端
DHCP INFORM	DHCP 客户端获取 IP 地址后，如果需要向 DHCP 服务器获取更为详细的配置信息（网关地址、DNS 服务器地址），则向 DHCP 服务器发送 DHCP INFORM 请求报文

9.1.2 DHCP 报文格式

所有 DHCP 报文具有相同的格式，DHCP 报文格式如图 9-1 所示，DHCP 报文格式中的字段说明见表 9-2。

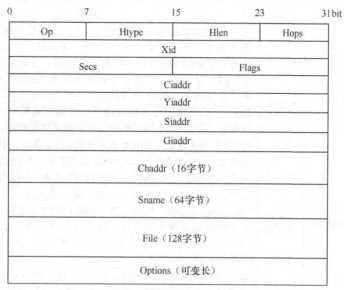

图 9-1　DHCP 报文格式

表 9-2　DHCP 报文格式中的字段说明

字段	长度	说明
Op (op code)	1 字节	DHCP 报文的类型，取值为 1 或 2，1 代表 DHCP 客户端发送的请求报文，2 代表 DHCP 服务器发送的响应报文
Htype (hardware type)	1 字节	硬件类型，以太网的值为 1
Hlen (hardware length)	1 字节	硬件地址长度，以太网的值为 6
Hops	1 字节	当前的 DHCP 报文经过的 DHCP 中继的数量。该字段由客户端或服务器设置为 0，每经过一个 DHCP 中继时，该字段加 1。该字段的作用是限制 DHCP 报文所经过的 DHCP 中继数量。 【注意】服务器和客户端之间的 DHCP 中继数量不得超过 16 个，也就是 Hops 字段值不能大于 16，否则 DHCP 报文将被丢弃
Xid	4 字节	DHCP 客户端发送请求报文时随机选取的一个整数，DHCP 服务器与该请求报文的响应报文中的该字段值一致，其目的是使 DHCP 服务器响应报文与对应的 DHCP 客户端请求报文关联
Secs (seconds)	2 字节	表示客户端从开始获取 IP 地址或 IP 地址续租更新后所经过的时间，单位是秒
Flags	2 字节	标志字段（只有最高位有意义，其余的 15 位均置 0），为单播或者广播响应标志位，0 表示 DHCP 客户端请求服务器以单播形式发送响应报文；1 表示客户端请求服务器以广播形式发送响应报文
Ciaddr (client ip address)	4 字节	客户端的 IP 地址，可以是服务器分配给客户端的 IP 地址（首次分配 IP 地址时）或者客户端已有的 IP 地址（IP 地址续租时）。客户端在初始化状态时没有 IP 地址，此字段为 0.0.0.0。 【说明】IP 地址 0.0.0.0 仅在采用 DHCP 方式的系统启动时，允许本主机利用它进行临时通信，不是有效目的地址
Yiaddr (your client ip address)	4 字节	服务器分配给客户端的 IP 地址。当服务器进行 DHCP 响应时，将分配给客户端的 IP 地址填入此字段
Siaddr (server ip address)	4 字节	客户端获得启动配置信息的服务器的 IP 地址

续表

字段	长度	说明
Giaddr（gateway ip address）	4 字节	第一个 DHCP 中继的 IP 地址。当客户端发出 DHCP 请求时，如果服务器和客户端不在同一个网段，那么第一个 DHCP 中继在将 DHCP 请求报文转发给 DHCP 服务器时，会把自己的 IP 地址填入该字段，DHCP 服务器会根据该字段来判断客户端所在的网段地址，从而选择合适的 IP 地址池，为客户端分配该网段的 IP 地址。DHCP 服务器还会根据该地址以单播方式将响应报文发送给该 DHCP 中继，再由 DHCP 中继将该报文转发给客户端。 【注意】如果在到达 DHCP 服务器前经过了多个 DHCP 中继，则该字段作为客户端所在的网段的标记，填充了第一个 DHCP 中继的 IP 地址后不会再变更，只是每经过一个 DHCP 中继，hops 字段的数值会加 1
Chaddr (client hardware address)	16 字节	表示客户端的 MAC 地址，该字段与前面的"hardware type"和"hardware length"保持一致。当客户端发出 DHCP 请求时，将自己的硬件地址填入该字段。对于以太网，当"hardware type"和"hardware length"分别为"1"和"6"时，该字段必须填入 6 字节的以太网 MAC 地址
Sname (server host name)	64 字节	客户端获取配置信息的服务器名字。该字段由 DHCP 服务器填写，是可选的。**如果填写，则必须是一个以 0 结尾的字符串**
File (file name)	128 字节	表示客户端需要获取的启动配置文件名。该字段由 DHCP 服务器填写，随着 DHCP 地址分配的同时下发至客户端。该字段是可选的，**如果填写，则必须是一个以 0 结尾的字符串**
Options	可变	DHCP 的选项字段，具体将在下节介绍

9.1.3　DHCP 报文 Options 字段

DIHCP 报文中的 Options 字段长度可变，**最长为 312 字节**，用来存放基本 DHCP 报文字段中没有定义的控制信息和参数，例如，DHCP 报文类型、DHCP 服务器分给客户端的配置信息、IP 地址租用期等信息。如果在 DHCP 服务器配置了 Options 字段，则 DHCP 客户端在申请 IP 地址时，会通过服务器的响应报文获得 Options 字段中的配置信息。

Options 字段由 Type、Length 和 Value 共 3 个部分组成，DHCP 报文 Options 字段的格式如图 9-2 所示。

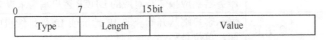

图 9-2　DHCP 报文 Options 字段的格式

- Type：1 字节，选项类型，取值范围为 1～255。在 RFC2132 中规定的知名 DHCP Options 见表 9-3。
- Length：1 字节，Value 字段的长度。
- Value：1 字节，长度可变，表示信息内容。

表 9-3　在 RFC2132 中规定的知名 DHCP Options

Type 字段值	说明
1	设置子网掩码选项
3	设置网关 IP 地址选项

Type 字段值	说明
4	设置时间服务器 IP 地址选项
6	设置 DNS 服务器 IP 地址选项
7	设置日志服务器 IP 地址选项
12	设置 DHCP 客户端的主机名选项
15	设置域名后缀选项
17	设置根路径选项
28	设置组播地址选项
33	设置静态路由。该选项中包含一组有分类静态路由（即目的地址的掩码固定为自然掩码，不能划分子网），客户端收到该选项后，将在路由表中添加这些静态路由。如果存在 Option 121，则忽略该选项
42	设置网络时间协议（Network Time Protocol，NTP）服务器 IP 地址
43	设置厂商自定义选项
44	设置 NetBios 服务器选项
46	设置 NetBios 节点类型选项
50	设置请求 IP 地址选项
51	设置 IP 地址租约时间选项
53	设置 DHCP 消息类型
54	设置服务器标识选项
55	设置请求选项列表。客户端利用该选项指明需要从 DHCP 服务器获取哪些网络配置参数。该选项内容为客户端请求的参数对应的选项值
58	设置续约 T1 时间，一般是租期时间的 50%
59	设置续约 T2 时间，一般是租期时间的 87.5%
60	设置厂商分类信息选项，用于标识 DHCP 客户端的类型和配置
61	设置客户端标识选项
66	设置简单文件传输协议（Trivial File Transfer Protocol，TFTP）服务器名选项，用来指定为客户端分配的 TFTP 服务器的域名
67	设置启动文件名，用来指定为客户端分配的启动文件名
77	设置用户类型标识
120	设置会话初始协议（Session Initiation Protocol，SIP）服务器 IP 地址选项。当前仅支持解析 IP 地址，不支持解析域名
121	设置无分类路由选项。该选项中包含一组无分类静态路由（即目的地址的掩码为任意值，可以通过掩码来划分子网），客户端收到该选项后，将在路由表中添加这些静态路由
129	设置呼叫服务器 IP 地址选项
184	保留选项，用户可以自定义该选项中携带的信息

9.1.4 DHCP 中继

DHCP 客户端广播发送的请求报文（即目的 IP 地址为 255.255.255.255）可使位于同一网段内的 DHCP 服务器接收到，但如果客户端和服务器不在同一网段，那么服务器就无法接收来自客户端的广播请求报文，服务器也就无法为客户端分配 IP 地址。此时，需要通过 DHCP 中继在客户端和服务器之间转发 DHCP 报文，这就是 DHCP 中继基本网络结构，DHCP 中继基本网络结构如图 9-3 所示。

图 9-3　DHCP 中继基本网络结构

DHCP 中继位于 DHCP 服务器与 DHCP 客户端之间，负责它们之间的 DHCP 报文转发，协助 DHCP 服务器向 DHCP 客户端动态分配 IP 地址。但 DHCP 中继的 DHCP 报文转发不同于传统的 IP 报文的直接转发，DHCP 中继在收到 DHCP 请求或应答报文后，会重新修改报文格式，并生成一个新的 DHCP 报文再进行转发。

在企业网络中，如果需要规划较多网段，且网段中的终端都需要通过 DHCP 自动获取 IP 地址等网络参数，则可以部署 DHCP 中继。由此可知，不同网段的终端可以共用一个 DHCP 服务器，节省了服务器资源，便于统一管理。

DHCP 中继信息是在 DHCP Option82 中携带，被称为中继代理信息选项（Relay Agent Information Option），属于自定义的 DHCP 选项。DHCP Option82 记录了 DHCP 客户端的位置信息，DHCP 中继或 DHCP Snooping 设备接收到 DHCP 客户端发送给 DHCP 服务器的请求报文后，会在该报文中添加 Option82，再转发给 DHCP 服务器。

管理员可以从 Option82 中获得 DHCP 客户端的位置信息，以便定位 DHCP 客户端，实现对客户端的安全和计费等控制。支持 Option82 的 DHCP 服务器还可以根据该选项的信息制定 IP 地址和其他参数的分配策略，提供更加灵活的地址分配方案。

Option82 最多可以包含 255 个子选项，使用时至少要定义一个子选项。目前，设备主要支持的子选项包括 Sub-Option1（代理电路 ID 子选项，Agent Circuit ID Sub-Option）、Sub-Option2（代理远程 ID 子选项，Agent Remote ID Sub-Option）、Sub-Option5（链路选择子选项，Link selection Sub-Option）。

Sub-Option1 的格式和默认填充如图 9-4 所示，通常在 DHCP 中继上配置，用来定义在传输报文时要携带 DHCP 客户端所连接的交换机端口配置的 VLAN ID 和二层端口号索引（端口索引的取值为端口物理编号减 1，对应 "Port Index" 字段，占 2 字节）。Sub-Option2 的格式和默认填充如图 9-5 所示，通常也是在 DHCP 中继上配置，用来定义在传输报文时要携带中继设备的 MAC 地址信息（对应 "MAC Address" 字段，占 6 字节）。

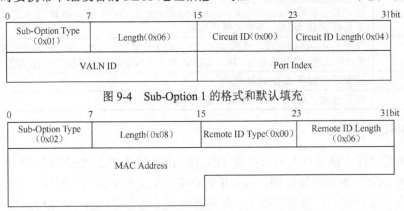

图 9-4　Sub-Option 1 的格式和默认填充

图 9-5　Sub-Option2 的格式和默认填充

Sub-Option5 包含了 DHCP 中继的 IP 地址，这样 DHCP 服务器在分配 IP 地址给客户端时就可以分配与该地址同网段的 IP 地址。

由于 Option82 的内容没有统一规定，不同厂商通常根据需要进行填充。

【说明】在 DHCP 自定义选项中，除了 Option82，还有一个常用的选项——Option43，被称为厂商特定信息选项。DHCP 服务器和 DHCP 客户端通过 Option43 交换厂商特定信息，当 DHCP 服务器收到包含 Option43 信息的 DHCP 请求报文后，将在应答报文中也携带 Option43，为客户端分配厂商指定的信息。在 WLAN 组网中，接入点（Access Point，AP）作为 DHCP 客户端时，DHCP 服务器可以通过 Option43 为 AP 指定接入控制器（Access Controller，AC）的 IP 地址，以方便 AP 与 AC 建立连接。

9.1.5　DHCP 客户端首次接入网络的 IP 地址分配原理

DHCP 客户端首次接入网络时，从 DHCP 服务器获取 IP 地址的流程来看，涉及 DHCP DISCOVER、DHCP OFFER、DHCP REQUEST 和 DHCP ACK 共 4 类 DHCP 报文。具体的 IP 地址分配过程要区分网络中有无 DHCP 中继场景，即区分 DHCP 客户端与 DHCP 服务器是否在同一网段中。

1. 无中继场景时，DHCP 客户端首次接入网络的 IP 地址分配原理

在无 DHCP 中继场景下（主要适用于小型网络），DHCP 客户端首次从 DHCP 服务器分配 IP 地址经历了 4 个阶段，无 DHCP 中继场景时，DHCP 客户端首次接入网络的 IP 地址分配过程如图 9-6 所示。

（1）发现阶段

DHCP 客户端在连接的网段中以广播方式（此时不知道 DHCP 服务器的 IP 地址）发送 DHCP DISCOVER 报文，查找本网段中可以为该客户端分配 IP 地址的 DHCP 服务器。

图 9-6　无 DHCP 中继场景时，DHCP 客户端首次接入网络的 IP 地址分配过程

DHCP DISCOVER 报文中携带了客户端的 MAC 地址（在 Chaddr 字段中）、需要请求的参数列表选项（Option55 中填充的内容，标识了客户端需要从服务器获取的网络配置参数）、广播标志位（DHCP DISCOVER 报文中的 Flags 字段，标识客户端请求服务器以单播或广播方式发送响应报文）等信息。

（2）提供阶段

DHCP 服务器收到 DHCP DISCOVER 报文后，选择与接收 DHCP DISCOVER 报文接口的 IP 地址在同一网段的地址池，然后从中选取一个可用的 IP 地址，**根据收到的来自客户端的 DHCP DISCOVER 报文中的广播标志位设置**，以单播（广播标志位为 0，目的 IP 地址为预分配给客户端的 IP 地址）或广播方式（广播标志位为 1，目的 IP 地址为 255.255.255.255）发送 DHCP OFFER 报文。DHCP OFFER 报文携带了希望分配给指定 MAC 地址客户端的 IP 地址（在 Yiaddr 字段中）及其租期等配置参数。

DHCP 服务器在地址池中为客户端选择 IP 地址的优先顺序如下。

① DHCP 服务器上已配置的与客户端 MAC 地址静态绑定的 IP 地址。

② 客户端发送的 DHCP DISCOVER 报文中 Option50 字段（请求 IP 地址选项）指定的地址。

③ DHCP 服务器上记录的曾经分配给客户端的 IP 地址。

④ 在地址池内顺序（通常是由大到小）查找可供分配的 IP 地址。

⑤ 如果未找到可供分配的 IP 地址，则依次查询超过租期、处于冲突状态的 IP 地址。

如果找到可用的 IP 地址，则分配该 IP 地址；否则，发送 DHCP NAK 报文作为应答，通知 DHCP 客户端无法分配 IP 地址。DHCP 客户端需要重新发送 DHCP DISCOVER 报文来申请 IP 地址。

为了防止分配出去的 IP 地址跟网络中其他客户端的 IP 地址冲突，DHCP 服务器在发送 DHCP OFFER 报文前，先要对预分配给该客户端的 IP 地址进行 ping 测试，发送 ICMP ECHO REQUEST 报文进行 IP 地址冲突检测。如果能 ping 通，则表示该地址已有设备使用了，然后等待重新接收到客户端发送的 DHCP DISCOVER 报文后，再按照前面介绍的顺序重新选择可用的 IP 地址。如果 DHCP 服务器等待 16s 后仍没有收到 ICMP ECHO REPLY 响应报文，则表示该 IP 地址可以分配给客户端。

（3）选择阶段

DHCP 客户端收到 DHCP OFFER 报文后（如果收到多个 DHCP 服务器发来的 DHCO OFFER 报文，通常只接收收到的第一个 DHCP OFFER 报文），以广播方式发送 DHCP REQUEST 报文。该报文中包含客户端想选择的 DHCP 服务器标识符（即 Option54）和客户端 IP 地址（即 Option50，填充了接收的 DHCP OFFER 报文中 Yiaddr 字段的 IP 地址）。

【说明】*以广播方式发送 DHCP REQUEST 报文的目的是通知所有的 DHCP 服务器，它已选择了某个 DHCP 服务器提供的 IP 地址，其他 DHCP 服务器可以重新将曾经分配给该客户端的 IP 地址分配给其他客户端。*

（4）确认阶段

DHCP 服务器收到 DHCP REQUEST 报文后，DHCP 服务器会根据收到的 DHCP REQUEST 报文中的广播标志位设置（广播标志位为 0，目的 IP 地址为预分配给客户端的 IP 地址）或广播方式（广播标志位为 1，目的 IP 地址为 255.255.255.255）发送 DHCP ACK 报文，表示客户端发送的 DHCP REQUEST 报文中所请求的 IP 地址（Option50 填充的）正式分配给客户端使用。

DHCP 客户端收到 DHCP ACK 报文后，会以广播方式发送免费 ARP 报文，探测本网段中是否有其他设备使用了该 IP 地址，即是否存在 IP 地址冲突。确认该 IP 地址没有被使用后，才正式接受并使用该 IP 地址，否则会向 DHCP 服务器以单播方式发送 DHCP DECLINE 报文，请求重新分配 IP 地址。

当 DHCP 服务器收到 DHCP 客户端发送的 DHCP REQUEST 报文后，如果 DHCP 服务器由于某些原因（例如，协商出错或者发送 REQUEST 过慢导致服务器已经把此地址分配给其他客户端）无法分配 DHCP REQUEST 报文中 Option50 填充的 IP 地址，则发送 DHCP NAK 报文作为应答，通知 DHCP 客户端无法分配此 IP 地址。DHCP 客户端需要重新发送 DHCP DISCOVER 报文来申请新的 IP 地址。

2. 有中继场景时 DHCP 客户端首次接入网络的 IP 地址分配原理

在有中继场景中（主要适用于大中型网络），DHCP 客户端首次接入网络的 IP 地址分配流程如图 9-7 所示。其中，DHCP 客户端和 DHCP 服务器的工作原理与无中继场景相同，在此仅介绍 DHCP 中继的工作原理。

图 9-7　DHCP 客户端首次接入网络的 IP 地址分配流程

（1）发现阶段

DHCP 中继接收到来自 DHCP 客户端广播发送的 DHCP DISCOVER 报文后，进行如下处理。

① 检查 DHCP DISCOVER 报文中的 Hops 字段，如果大于 16，则丢弃该报文；否则，将 Hops 字段值加 1（表明经过一次 DHCP 中继），然后继续执行第②步操作。

DHCP 报文中的 Hops 字段表示 DHCP 报文经过的 DHCP 中继的数量，该字段由客户端或服务器设置为 0，每经过一个 DHCP 中继时，该字段值加 1。Hops 字段的作用是限制 DHCP 报文经过的 DHCP 中继的数量。目前，设备最多支持 DHCP 客户端与服务器之间存在 16 个中继。

② 检查 DHCP DISCOVER 报文中的 Giaddr 字段。如果是 0，则将 Giaddr 字段设置为 DHCP 中继接收 DHCP DISCOVER 报文的接口 IP 地址；**否则不修改该字段**，然后继续执行第③步操作。

DHCP 报文中的 Giaddr 字段标识客户端网关的 IP 地址。如果 DHCP 服务器和 DHCP 客户端不在同一个网段且中间存在多个 DHCP 中继，则第一个 DHCP 中继会把自己接收 DHCP DISCOVER 报文接口的 IP 地址填入此字段，**后面的 DHCP 中继不修改此字段内容**，DHCP 服务器会根据此字段来判断客户端所在的网段地址，从而选择对应的 IP 地址池为客户端分配该网段的 IP 地址。

③ 将 DHCP DISCOVER 报文的目的 IP 地址改为 DHCP 服务器或下一跳中继设备的 IP 地址，源 IP 地址改为中继设备连接客户端的接口地址，通过路由转发将 DHCP DISCOVER 报文以单播方式发送到 DHCP 服务器或下一跳中继设备。

（2）提供阶段

DHCP 服务器接收到来自 DHCP 客户端的 DHCP DISCOVER 报文后，选择与报文中 Giaddr 字段为同一网段的地址池，并为客户端分配 IP 地址等参数（选择原则同无中继场景时 DHCP 客户端首次接入网络时），然后向 Giaddr 字段标识的 DHCP 中继以单播方式发送 DHCP OFFER 报文。

DHCP 中继收到来自 DHCP 服务器的 DHCP OFFER 报文后，会进行如下处理。

① 检查 DHCP OFFER 报文中的 Giaddr 字段，如果不是本地设备连接 DHCP 客户端侧接口的 IP 地址，则丢弃该报文；否则，继续第②步操作。

② DHCP 中继检查报文的广播标志位。如果广播标志位为 1，则将 DHCP OFFER 报文以广播方式转发给 DHCP 客户端；否则，将 DHCP OFFER 报文以单播方式转发给 DHCP 客户端。

（3）选择阶段

DHCP 中继接收到来自 DHCP 客户端的 DHCP REQUEST 报文的处理过程与"发现阶段"相同。

（4）确认阶段

DHCP 中继接收到来自 DHCP 服务器的 DHCP ACK 报文的处理过程与"提供阶段"相同。

9.1.6　DHCP 客户端 IP 地址续租原理

DHCP 服务器采用动态分配机制给客户端分配 IP 地址时，分配的 IP 地址有租期限制。DHCP 客户端向服务器申请地址时可以携带期望租期，服务器在分配租期时比较客户端期望租期和地址池中租期配置，分配其中一个较短的租期给客户端。租期满后，服务器会收回该 IP 地址，收回的 IP 地址可以继续分配给其他客户端使用。这种机制可以提高 IP 地址的利用率，避免客户端下线后 IP 地址继续被占用。如果 DHCP 客户端希望继续使用该地址，则需要更新 IP 地址的租期，即续租 IP 地址。

DHCP 客户端 IP 地址续租的流程需要区分有 DHCP 中继场景和无 DHCP 中继场景。

1. 无 DHCP 中继场景下的 DHCP 客户端 IP 地址续租原理

在无 DHCP 中继场景下，DHCP 客户端续租 IP 地址的流程如图 9-8 所示，具体说明如下。

① 当租期达到 50%（$T1$）时，DHCP 客户端会自动以**单播方式**向 DHCP 服务器发送 DHCP REQUEST（请求）报文，请求更新 IP 地址租期。如果 DHCP 客户端收到 DHCP 服务器响应的 DHCP ACK 报文，则租期更新成功（即租期

图 9-8　在无 DHCP 中继场景下，DHCP 客户端续租 IP 地址的流程

从 0 开始重新计算）；如果收到 DHCP NAK 报文，则重新发送 DHCP DISCOVER 报文请求新的 IP 地址。

② 当租期达到 87.5%（$T2$）时，如果仍未收到 DHCP 服务器的响答报文，DHCP 客户端会自动以**广播方式**向 DHCP 服务器发送 DHCP REQUEST 报文，请求更新 IP 地址租期。如果收到 DHCP 服务器响应的 DHCP ACK 报文，则租期更新成功（即租期从 0 开始重新计算）；如果收到 DHCP NAK 报文，则 DHCP 客户端需重新发送 DHCP DISCOVER 报文请求新的 IP 地址。

如果租期时间到后，DHCP 客户端仍没有收到 DHCP 服务器的响应报文，则停止使

用原来分配的 IP 地址，重新向服务器发送 DHCP DISCOVER 报文请求新的 IP 地址。

DHCP 客户端在租期时间到之前，如果不想使用所分配的 IP 地址（例如，客户端网络位置需要变更），则会触发 DHCP 客户端向 DHCP 服务器发送 DHCP RELEASE 报文，通知 DHCP 服务器释放 IP 地址的租期。DHCP 服务器会保留这个 DHCP 客户端的配置信息，将 IP 地址列在曾经分配过的 IP 地址中，以便后续重新分配给该客户端。

DHCP 客户端还可以通过发送 DHCP INFORM 报文向服务器请求更新配置信息。

2. 有 DHCP 中继场景下的 DHCP 客户端 IP 地址续租原理

在有 DHCP 中继场景下，DHCP 客户端续租 IP 地址的流程如图 9-9 所示，具体说明如下。

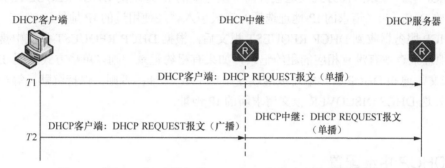

图 9-9　在有 DHCP 中继场景下，DHCP 客户端续租 IP 地址的流程

① 当租期达到 50%（$T1$）时，DHCP 客户端会自动以**单播方式向 DHCP 服务器**发送 DHCP REQUEST 报文，请求更新 IP 地址租期。如果 DHCP 客户端收到 DHCP 服务器响应的 DHCP ACK 报文，则租期更新成功（即租期从 0 开始重新计算）；如果收到 DHCP NAK 报文，则重新发送 DHCP DISCOVER 报文请求新的 IP 地址。

② 当租期达到 87.5%（$T2$）时，如果仍未收到 DHCP 服务器的响应报文，则 DHCP 客户端会自动以**广播方式向 DHCP 中继**发送 DHCP REQUEST 报文，DHCP 中继再以单播方式向 DHCP 服务器转发该 DHCP REQUEST 报文，请求更新 IP 地址租期。如果收到 DHCP 服务器响应的 DHCP ACK 报文，则租期更新成功（即租期从 0 开始重新计算）；如果收到 DHCP NAK 报文，则 DHCP 客户端需重新发送 DHCP DISCOVER 报文请求新的 IP 地址。

如果租期时间到后，DHCP 客户端仍没有收到服务器的响应报文，则客户端停止使用原来分配的 IP 地址，重新发送 DHCP DISCOVER 报文请求新的 IP 地址。

9.1.7　DHCP 客户端重用曾经使用过的 IP 地址的工作原理

DHCP 客户端非首次接入网络时，可以重用曾经使用过的地址。下面以无中继场景为例，介绍 DHCP 客户端重用曾经使用过 IP 地址的工作原理。有中继场景与无中继场景二者的区别在于，DHCP 中继对 DHCP 报文的处理。

在重用曾经使用过的 IP 地址的过程中包含"选择阶段"和"确认阶段"，在无 DHCP 中继场景下，重用曾经使用过的 IP 地址的工作流程如图 9-10 所示，具体说明如下。

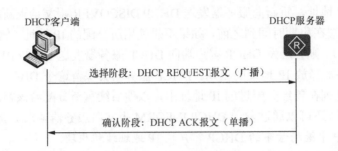

图 9-10　在无 DHCP 中继场景下，重用曾经使用过的 IP 地址的工作流程

DHCP 客户端以**广播方式**发送包含前一次分配的 IP 地址的 DHCP REQUEST 报文，报文中的 Option50（请求的 IP 地址选项）字段填入曾经使用过的 IP 地址。

DHCP 服务器收到 DHCP REQUEST 报文后，根据 DHCP REQUEST 报文中携带的 MAC 地址来查找有没有相应的租约记录，如果有租约记录，则以单播方式返回 DHCP ACK 报文，通知 DHCP 客户端可以继续使用这个 IP 地址；否则，保持沉默，等待客户端重新发送 DHCP DISCOVER 报文请求新的 IP 地址。

9.2　DHCP 中继配置

由于 DHCP 服务器的基本功能已在《华为 HCIA-Datacom 学习指南》一书中有详细介绍，所以在此不再赘述，本书仅介绍 DHCP 中继的配置方法。

9.2.1　配置设备作为 DHCP 中继

配置设备作为 DHCP 中继所包括的配置任务如下，DHCP 中继的配置步骤见表 9-4。

表 9-4　DHCP 中继的配置步骤

步骤	命令	说明
1	**system-view**	进入系统视图
2	**dhcp enable** 例如，[Huawei] **dhcp enable**	使能 DHCP 功能。如果要使能 DHCP 中继功能，则必须先全局使能 DHCP 功能。 缺省情况下，DHCP 功能处于未使能状态，可用 **undo dhcp enable** 命令去使能 DHCP 功能
3	**interface** *interface-type interface-number* 例如，[Huawei] **interface** gigabitethernet 1/0/0	键入 DHCP 中继连接 DHCP 客户端的三层接口，进入接口视图。 支持工作在 DHCP 中继模式的接口可以是三层物理/Eth-trunk 接口、子接口和 VLANIF 接口
4	**ip address** *ip-address* { *mask* | *mask-length* } 例如，[Huawei-GigabitEthernet1/ 0/0] **ip address** 129.102.0.1 255. 255.255.0	为以上 DHCP 中继接口配置 IP 地址。 一般情况下，DHCP 中继会配置在用户侧的网关接口上。此时，网关接口的 IP 地址必须与服务器上配置的地址池在同一网段，否则，会导致 DHCP 客户端无法获取 IP 地址

步骤	命令	说明
5	**dhcp select relay** 例如，[Huawei-GigabitEthernet1/ 0/0] **dhcp select relay**	在以上三层接口上使能 DHCP 中继功能。 【注意】在使能接口中继功能时，要注意以下几个问题。 • 为了保证 DHCP 报文能从 DHCP 服务器转发到 DHCP 中继，必须在 DHCP 服务器上配置到 DHCP 中继的路由。 • DHCP 服务器必须从全局地址池中选择和 DHCP 中继接口在同一网段的 IP 地址进行分配，其目的是保证 DHCP 客户端获取到的是本网段的 IP 地址，**DHCP 服务器与 DHCP 中继相连的接口不允许再配置接口地址池**。 • 在子接口上使能 DHCP 中继功能时，需要在子接口上配置 **arp broadcast enable** 命令，使能终结子接口的 ARP 广播功能。缺省情况下，终结子接口的 ARP 广播功能处于使能状态。 • 如果一个 Super-VLAN 接口下使能了 DHCP 中继功能后，则该 Super-VLAN 下不能使能 DHCP Snooping 功能。 缺省情况下，系统未使能 DHCP 中继功能，可用 **undo dhcp select relay** 命令去使能接口的 DHCP 中继功能
6	**dhcp relay server-ip** *ip-address* 例如，[Huawei-GigabitEthernet1/ 0/0] **dhcp relay server-ip** 10.1.1.3	配置 DHCP 中继所代理的 DHCP 服务器的 IP 地址。如果需要配置多个 DHCP 服务器的 IP 地址，则可重复执行该命令。每个使能中继功能的接口最多可配置 8 个 DHCP 服务器的 IP 地址。 缺省情况下，系统没有配置 DHCP 中继所代理的 DHCP 服务器的 IP 地址，可用 **undo dhcp relay server-ip** { *ip-address* | **all** } 命令删除 DHCP 中继所代理的 DHCP 服务器的 IP 地址
7	**quit**	返回系统视图
8	**dhcp relay trust Option82** 例如，[Huawei] **dhcp relay trust Option82**	（可选）使能 DHCP 中继信任 Option82 选项功能。当 DHCP 中继收到带有 Option82 选项，但是 Giaddr 字段为 0 的 DHCP 报文时，继续对报文进行处理，否则，丢弃该报文。 缺省情况下，系统使能信任 Option82 选项功能，可用 **undo dhcp relay trust Option82** 命令去使能 DHCP Relay 信任 Option82 选项功能

9.2.2　DHCP 中继配置示例

　　DHCP 中继配置示例的拓扑结构如图 9-11 所示，AR1 为 DHCP 服务器，SW1 为 DHCP 中继，同时为 SW2 和 SW3 中位于 VLAN10、VLAN20 内的用户分配 IP 地址，所在网段分别为 192.168.1.0/24 和 192.168.2.0/24，强制 PC2（MAC 地址为 5489-98A3-64AE）使用 192.168.1.2/24 地址。各 VLAN 中用户主机采用 DNS 服务器进行域名解析，IP 地址租用期均为 10 天。

　　1. 基本配置思路分析

　　在有 DHCP 中继场景下，DHCP 服务器为客户端分配 IP 地址的地址池只能采用全局地址池配置方案。本示例中，担当 DHCP 中继的是三层交换机 SW1，在此要以 VLANIF 接口与 DHCP 服务器和 DHCP 客户端进行三层连接，连接客户端侧的 VLANIF10 和

VLANIF20 接口作为 DHCP 中继接口。接下来，我们将介绍本示例的基本配置思路。

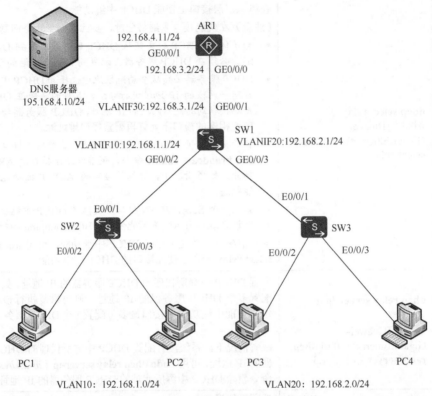

图 9-11 DHCP 中继配置示例的拓扑结构

① 在 AR1 上配置 DHCP 服务器功能，为 VLAN10 和 VLAN20 中的用户创建两个全局地址池，并分别配置相关的地址池属性，网关分别为 SW1 上的两个 DHCP 中继接口 VLANIF10 和 VLANIF20 的 IP 地址。

② 在两个全局地址池视图下配置 DNS 域名和 DNS 服务器 IP 地址。

③ 在 SW1 上配置各 VLAN 和 VLANIF 接口 IP 地址，启用 DHCP 中继功能，把 VLANIF10 和 VLANIF20 接口配置为 DHCP 中继接口，并与 DHCP 服务器（AR1 的 GE0/0/0 接口 IP 地址）进行绑定。

④ 在 SW2 和 SW3 上创建 VLAN10 和 VLAN20，并将各接口加入对应的 VLAN 中，各 PC 配置采用的是 DHCP 服务器 IP 地址分配的方式。

⑤ 在 AR1 和 SW1 上分别配置静态路由，实现整个网络三层互通。

2. 具体配置步骤

① 把 AR1 配置为 DHCP 服务器，为 192.168.1.0/24 和 192.168.2.0/24 创建两个全局地址池。

在 192.168.1.0/24 网段地址池中，为 PC2 静态分配 IP 地址 192.168.1.2/24，两地址池的 IP 地址租用期均为 10 天，网关地址为客户端所属 VLAN 的 VLANIF 接口 IP 地址，具体配置如下。

```
<Huawei>system-view
[Huawei]sysname AR1
[AR1]ip pool pool1
[AR1-ip-pool-pool1] network 192.168.1.0 mask 255.255.255.0
[AR1-ip-pool-pool1] lease day 10   #---配置 IP 地址租用期为 10 天
[AR1-ip-pool-pool1] gateway-list 192.168.1.1   #---指定地址池网关为 VLANIF10 接口的 IP 地址
[AR1-ip-pool-pool1] static-bind ip address 192.168.1.2 mac-address 5489-98A3-64AE   #---静态绑定 PC2 的 MAC 地址
和预分配的 IP 地址
[AR1-ip-pool-pool1] quit
[AR1]ip pool pool2
[AR1-ip-pool-pool2] network 192.168.2.0 mask 255.255.255.0
[AR1-ip-pool-pool2] lease day 10
[AR1-ip-pool-pool2] gateway-list 192.168.2.1
[AR1-ip-pool-pool2] quit
[AR1]dhcp enable
[AR1]interface gigabitethernet0/0/0
[AR1-GigabitEthernet0/0/0]ip address 192.168.3.2 24
[AR1-GigabitEthernet0/0/0]dhcp select global   #---指定采用全局地址池的 DHCP 服务器功能
[AR1-GigabitEthernet0/0/0]quit
```

② 在两个全局地址池视图下配置 DNS 域名和 DNS 服务器 IP 地址，具体配置如下。

```
[AR1]ip pool pool1
[AR1-ip-pool-pool1]import all   #---使能全局地址池下动态获取 DNS 服务器 IP 地址、DNS 域名后缀和 NetBIOS 服务
器 IP 地址的功能
[AR1-ip-pool-pool1] domain-name lycb.com   #---指定 DNS 域名为 lycb.com
[AR1-ip-pool-pool1]dns-list 192.168.4.10   #---指定 DNS 服务器 IP 地址为 192.168.4.10
[AR1-ip-pool-pool1]quit
[AR1]ip pool pool2
[AR1-ip-pool-pool2]import all
[AR1-ip-pool-pool2]domain-name lycb.com
[AR1-ip-pool-pool2]dns-list 192.168.4.10
[AR1-ip-pool-pool2]quit
```

③ 在 SW1 上配置各 VLAN 和 VLANIF 接口 IP 地址，启用 DHCP 中继功能，把 VLANIF10 和 VLANIF20 接口配置 DHCP 中继接口，并与 DHCP 服务器（AR1 的 GE0/0/0 接口 IP 地址）进行绑定，具体配置如下。

```
<Huawei>system-view
[Huawei]sysname SW1
[SW1]dhcp enbale
[SW1]vlan batch 10 20 30
[SW1]interface gigabitethernet0/0/1
[SW-GigabitEthernet0/0/1]port link-type access
[SW-GigabitEthernet0/0/1]port default vlan 30
[SW-GigabitEthernet0/0/1]quit
[SW1]interface vlanif 30
[SW1-vlanif30]ip address 192.168.3.1 24
[SW1-vlanif30] quit
[SW1]interface gigabitethernet0/0/2
[SW-GigabitEthernet0/0/2]port link-type trunk
[SW-GigabitEthernet0/0/2]port trunk allow-pass vlan 10
[SW-GigabitEthernet0/0/2]quit
[SW1]interface vlanif10
[SW1-vlanif10]ip address 192.168.1.1 24
[SW1-vlanif10]dhcp select relay   #---使能 DHCP 中继功能
```

```
[SW1-vlanif10]dhcp relay server-ip 192.168.3.2   #---指定 DHCP 服务器 IP 地址为 192.168.3.2
[SW1-vlanif10] quit
[SW1]interface gigabitethernet0/0/3
[SW-GigabitEthernet0/0/3]port link-type trunk
[SW-GigabitEthernet0/0/3]port trunk allow-pass vlan 20
[SW-GigabitEthernet0/0/3]quit
[SW1]interface vlanif 20
[SW1-vlanif 20]ip address 192.168.2.1 24
[SW1-vlanif 20]dhcp select relay
[SW1-vlanif 20]dhcp relay server-ip 192.168.3.2
[SW1-vlanif 20] quit
```

④ 在 SW2 和 SW3 上创建 VLAN10 和 VLAN20，并将各接口加入对应的 VLAN 中，各 PC 配置采用的是 DHCP 服务器 IP 地址分配的方式。

SW2 上的具体配置如下。

```
<Huawei>system-view
[Huawei]sysname SW2
[SW2]vlan 10
[SW2-vlan10]quit
[SW2]interface ethernet0/0/1
[SW2-Ethernet0/0/1]port link-type trunk
[SW2-Ethernet0/0/1]port trunk allow-pass vlan 10
[SW2-Ethernet0/0/1]quit
[SW2]interface ethernet0/0/2
[SW2-Ethernet0/0/2]port link-type access
[SW2-Ethernet0/0/2]port default vlan 10
[SW2-Ethernet0/0/2]quit
[SW2]interface ethernet0/0/3
[SW2-Ethernet0/0/3]port link-type access
[SW2-Ethernet0/0/3]port default vlan 10
[SW2-Ethernet0/0/3]quit
```

SW3 上的具体配置如下。

```
<Huawei>system-view
[Huawei]sysname SW3
[SW3]vlan 20
[SW3-vlan20]quit
[SW3]interface ethernet0/0/1
[SW3-Ethernet0/0/1]port link-type trunk
[SW3-Ethernet0/0/1]port trunk allow-pass vlan 20
[SW3-Ethernet0/0/1]quit
[SW3]interface ethernet0/0/2
[SW3-Ethernet0/0/2]port link-type access
[SW3-Ethernet0/0/2]port default vlan 20
[SW3-Ethernet0/0/2]quit
[SW3]interface ethernet0/0/3
[SW3-Ethernet0/0/3]port link-type access
[SW3-Ethernet0/0/3]port default vlan 20
[SW3-Ethernet0/0/3]quit
```

在各 PC 上配置采用的是 DHCP 服务器 IP 地址分配的方式，具体配置此处不再展开论述。

⑤ 在 AR1 和 SW1 分别配置静态路由，实现整个网络三层互通

此处采用静态缺省路由配置方式，也可以采用明细静态路由，或动态路由配置，具

体配置如下。

```
[AR1]ip route-static 0.0.0.0 0 192.168.3.1   #---配置访问 DHCP 客户端侧网络的缺省静态路由
[SW1]ip route-static 0.0.0.0 0 192.168.3.2   #---配置 DHCP 客户端访问 DHCP 服务器侧的缺省静态路由
```

3. 配置结果验证

以上配置完成后，可以进行以下配置结果验证。

① 在 AR1 上执行 **display ip pool name** pool1 或 **display ip pool name** pool2 命令，查看创建的两个全局地址池的配置信息，pool1 地址池信息输出结果如图 9-12 所示，pool2 地址池信息输出结果如图 9-13 所示。

图 9-12　pool1 地址池信息输出结果

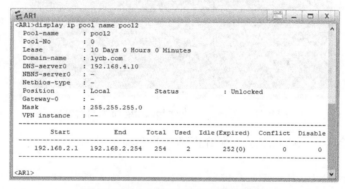

图 9-13　pool2 地址池信息输出结果

② 在 SW1 上执行 **display dhcp relay all** 命令查看 DHCP 中继配置信息，验证配置结果。在 SW1 上执行 **display dhcp relay all** 命令的输出如图 9-14 所示。

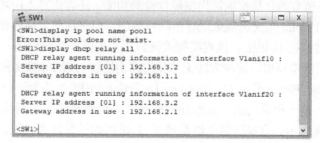

图 9-14　在 SW1 上执行 **display dhcp relay all** 命令的输出

③ 在各 PC 上执行 **ipconfig** 命令，验证各 PC 是否已从 DHCP 服务器分配到 IP 地址、DNS、网关等信息。在 PC1 上执行 ipconfig 命令的输出如图 9-15 所示，在 PC2 上执行 ipconfig 命令的输出如图 9-16 所示，从中验证 PC2 获取了指定的 192.168.1.2/24 地址。

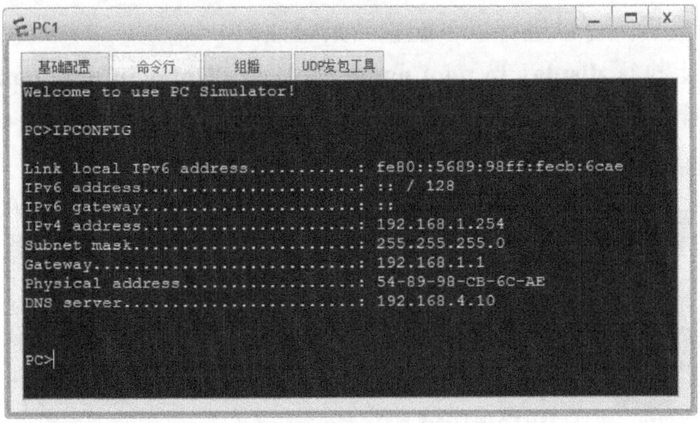

图 9-15　在 PC1 上执行 **ipconfig** 命令的输出

图 9-16　在 PC2 上执行 **ipconfig** 命令的输出

通过以上验证，已证明本示例配置正确，且实验是成功的。

9.3　双向转发检测

在现有网络中，有些链路通常是通过硬件检测信号（例如，SDH 告警）来检测链路故障的，但并不是所有的介质都能够提供硬件检测功能，还有依靠上层协议（例如，各种路由协议）自身的 Hello 报文机制来进行故障检测的，但是这些上层协议的 Hello 检测机制的检测时间通常都在 1s 以上，这对某些关键应用来说是无法容忍的。在一些小型三层网络中，通常采用静态路由，这种方法无法使用路由协议的 Hello 报文机制来检测故障。

双向转发检测（Bidirectional Forwarding Detection，BFD）是为了解决上述检测机制的不足而产生的，是一种通用的、标准化的快速故障检测机制，与网络介质、网络协议无关，可用于快速检测、监视网络中链路或者 IP 路由的转发连通状况。

BFD 是一种简单的"Hello"协议，通过在检测两端建立 BFD 会话通道，然后周期性地发送 BFD 控制报文。如果一端在规定的时间内没有收到对端的 BFD 控制报文，则认为该通道的某个部分发生故障。BFD 广泛应用于链路故障检测，并能实现与接口状态、静态路由、各种动态路由和 VRRP 等联动。

9.3.1　BFD 控制报文格式

BFD 控制报文采用用户数据协议（User Datagram Protocol，UDP）封装，单跳检测的 UDP 目的端口号为 3784，多跳检测的 UDP 目的端口号为 4784 或 3784。根据不同场景，封装不同，BFD 控制报文包括强制和可选的认证两个部分。不同的认证类型，认证部分的格式不同，在此不作详细介绍。

BFD 控制报文中的强制部分格式如图 9-17 所示，BFD 控制报文强制部分各字段说明见表 9-5。

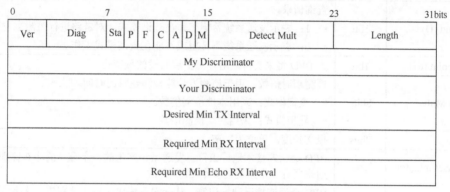

图 9-17　BFD 控制报文的强制部分格式

表 9-5　BFD 控制报文强制部分各字段说明

字段	长度	说明
Version (Vers)	3bits	BFD 协议版本号，目前为 1
Diagnostic (Diag)	5bits	诊断字，标明本地 BFD 系统最近一次会话状态发生变化的原因，取值及含义如下： • 0——No Diagnostic（不诊断） • 1——Control Detection Time Expired（控制检测超时） • 2——Echo Function Failed（回显功能失效） • 3——Neighbor Signaled Session Down（邻居信令会话关闭） • 4——Forwarding Plane Reset（转发平面重置） • 5——Path Down（路径中断） • 6——Concatenated Path Down（连接通道关闭） • 7——Administratively Down（管理关闭） • 8——Reverse Concatenated Path Down（反向连接通道关闭） • 9～31——Reserved for future use（保留将来使用）
State (Sta)	2bits	BFD 本地状态。 • 0——AdminDown（管理关闭） • 1——Down（关闭） • 2——Init（初始化） • 3——up（开启）

续表

字段	长度	说明
Poll (P)	1bit	参数发生改变时，发送方在 BFD 控制报文中该标志置位（即置 1），此时接收方收到该 BFD 控制报文后必须立即响应
Final (F)	1bit	发送 P 标志置位的响应报文中必须将 F 标志置位。 • 1：表示发送系统响应一个接收到 P 比特位为 1 的 BFD 包。 • 0：表示发送系统不响应一个 P 比特位为 1 的包
Control Plane Independent (C)	1bit	转发/控制分离标志，一旦置位（置 1），控制平面的变化不影响 BFD 检测，例如，控制平面为 IS-IS，当 IS-IS 重启或执行 GR 时，BFD 可以继续监测链路状态；置 0 时，表示 BFD 控制报文在控制平面传输
Authentication Present (A)	1bit	认证标识，置 1 代表会话需要验证
Demand (D)	1bit	查询请求。 • 1：表示发送系统希望工作在查询模式，对链路进行监测。 • 0：表示发送系统不希望或不能在查询模式工作
Multipoint (M)	1bit	为 BFD 将来支持点对多点扩展而设的预留位
Detect Mult	8bits	检测超时倍数，用于检测方计算检测超时的时间。 • 查询模式：采用本地检测倍数。 • 异步模式：采用对端检测倍数
Length	8bits	报文长度，单位为字节
My Discriminator	32bits	BFD 会话连接本地标识符。发送系统产生的一个唯一的非 0 鉴别值，用来区分一个系统的多个 BFD 会话
Your Discriminator	32bits	BFD 会话连接远端标识符。从远端系统接收到的鉴别值，这个域直接返回接收到的 "My Discriminator"，如果不知道这个值，就返回 0
Desired Min TX Interval	32bits	本地支持的最小 BFD 控制报文发送间隔，单位为μs
Required Min RX Interval	32bits	本地支持的最小 BFD 控制报文接收间隔，单位为μs
Required Min Echo RX Interval	32bits	本地支持的最小 Echo 报文接收间隔，单位为μs（如果本地不支持 Echo 功能，则设置为 0）

9.3.2 BFD 会话建立

BFD 会话建立有两种方式：一种是静态建立 BFD 会话；另一种是动态建立 BFD 会话。静态和动态创建 BFD 会话的主要区别在于本地标识符（Local Discriminator）和远端标识符（Remote Discriminator）的配置方式不同。

标识符是用来标识对应 BFD 会话中本地和远端实体的数字标识，BFD 通过控制报文中的本地标识符和远端标识符来区分不同的 BFD 会话。当然，这个"本地"和"远端"是相对的，即本地配置的远端标识符就是对端配置的本地标识符，本地配置的本地标识符也就是对端配置的远端标识符。

静态建立 BFD 会话是指通过命令行手动配置 BFD 会话参数，包括配置本地标识符和远端标识符等，然后手工下发 BFD 会话建立请求。动态建立 BFD 会话中的本地标识符由触发创建 BFD 会话的系统动态分配，远端标识符从收到对端的 BFD 控制报文中的 Local Discriminator 字段学习而来，具体描述如下。

1. 动态分配本地标识符

当应用程序触发动态创建 BFD 会话时，系统分配本地动态会话标识符区域中可用的一个标识值作为本次 BFD 会话的本地标识符，然后向对端发送 Remote Discriminator 字段值为 0 的 BFD 控制报文进行会话协商。

2. 自学习远端标识符

当 BFD 会话的另一端收到 Remote Discriminator 字段值为 0 的 BFD 控制报文时，判断该报文是否与本地 BFD 会话匹配（查看 0 号标识符是否已被占用），如果与本地 BFD 会话匹配，则学习接收到的 BFD 控制报文中的 Local Discriminator 字段的值，以获取远端标识符，否则，中断 BFD 会话。这种 BFD 会话方式主要用于与动态路由协议的联动中，并且同一时刻、同一链路只允许建立一组 BFD 会话。

BFD 与 OSPF 联动会话建立流程如图 9-18 所示，图 9-18 为一个简单的 BFD 检测示例，RouterA 和 RouterB 两台设备上同时配置了 OSPF 与 BFD。

图 9-18　BFD 与 OSPF 联动会话建立流程

① RouterA 和 RouterB 通过自己 OSPF 的 Hello 机制发现邻居并建立连接。

② OSPF 建立好新的邻居关系后，将相应的邻居信息（包括邻居的 IP 地址和本设备的 IP 地址等）通告给本设备的 BFD 功能模块。

③ BFD 根据收到的邻居信息与对应邻居开始 BFD 会话建立过程（建立过程又可以分为静态建立和动态建立两种方式）。会话建立以后，BFD 才能开始检测链路状态，一旦出现故障，可做出快速反应。

9.3.3　BFD 会话状态

BFD 会话状态有 4 种：Down（关闭）、Init（初始化）、Up（开启）和 AdminDown（管理关闭）。会话状态的变化通过 BFD 控制报文的 Sta 字段来传递，系统根据自己本地的会话状态和接收到的对端 BFD 控制报文驱动状态改变。BFD 状态机的建立和拆除采用的是 3 次握手机制，以确保两端系统都能知道状态的变化。

在 BFD 会话过程中使用了 Init、Up 和 Down 这 3 种状态。其中，Init 和 Up 用来建立 BFD 会话，Down 用来关闭 BFD 会话。AdminDown 是管理员通过手动操作关闭 BFD 会话，在状态机中 AdminDown 也是 Down 状态。

1. Down 状态

Down 状态表明 BFD 会话是关闭的。一个 Down 状态的 BFD 会话维持在该状态，直到收到对端发来的 BFD 控制报文，并且报文中的 Sta 字段标志着对端状态不是 Up。如果收到 BFD 控制报文中的 Sta 字段标志的是 Down 状态，则 BFD 会话状态机从 Down 状态跳转到 Init 状态；如果收到 BFD 控制报文中 Sta 字段标志的是 Init 状态，则 BFD 会话状态机从 Down 状态跳转到 Up 状态；如果收到 BFD 控制报文中的 Sta 字段标志的是 Up 状态，则 BFD 会话状态机维持 Down 状态。

2. Init 状态

Init 状态表示的是正与远端通信，并且本地会期望进入 Up 状态，但是远端还没响应。

一个 Init 状态的 BFD 会话会维持在该状态，到收到对端 Sta 字段标志为 Init 或 Up 状态的 BFD 控制报文，BFD 会话状态会跳转到 Up 状态，否则，等到检测时间超时后，便会跳转到 Down 状态，与远端失去通信。

3. Up 状态

Up 状态表示的是 BFD 会话成功建立，并且正在确认链路的连通性，会话一直保持在 Up 状态，直到链路发生故障，或者进行 AdminDown 操作，跳转到 Down 状态。

4. AdminDown 状态

AdminDown 状态意味着 BFD 会话被管理员人为关闭，这会导致远端系统 BFD 会话进入 Down 状态，并且一直保持 Down 状态，直到本端退出 AdminDown 状态。

BFD 会话建立时的状态机迁移流程如图 9-19 所示，具体描述如下。

① RouterA 和 RouterB 各自启动 BFD 状态机，初始状态为 Down，发送状态为 Down 的 BFD 控制报文。对于静态配置 BFD 会话，报文中的远端标识符的值是用户指定的；对于动态创建 BFD 会话，远端标识符的值是 0。

② RouterB 收到来自 RouterA 的状态为 Down 的 BFD 控制报文后，状态切换至 Init，并发送状态为 Init 的

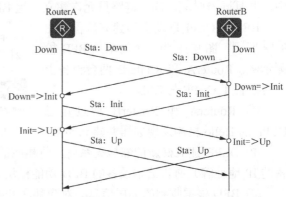

图 9-19　BFD 会话建立时的状态机迁移流程

BFD 控制报文，同时，不再处理接收到的状态为 Down 的 BFD 控制报文。同理，RouterA 在收到来自 RouterB 的状态为 Down 的 BFD 控制报文后，状态也切换至 Init，并发送状态为 Init 的 BFD 控制报文，也不再处理接收到的状态为 Down 的 BFD 控制报文。

③ RouterB 在收到来自 RouterA 的状态为 Init 的 BFD 控制报文后，本地状态切换至 Up；RouterA 在收到来自 RouterB 的状态为 Init 的 BFD 控制报文后，本地状态也切换至 Up。

当发现故障时，源端首先会向对端发送 AdminDown 状态的 BFD 控制报文，对端在收到这个报文后，会发送状态为 Down 的 BFD 控制报文（表明自己已关闭 BFD 会话），同时，关闭本端的 BFD 会话。源端在收到对端发来的状态为 Down 的 BFD 控制报文后，源端 BFD 状态也变为 Down 状态，并关闭自己的 BFD 会话。

9.3.4　BFD 检测模式

BFD 检测模式是先在两个系统间建立 BFD 会话，然后沿它们之间的路径周期性地发送 BFD 控制报文，如果一方在既定的时间内没有收到对方发来的 BFD 控制报文或者自己发送的 BFD 控制报文返回（配置单臂回声功能时），则认为路径上发生了故障。

检测到故障时的 BFD 处理机制如图 9-20 所示，现假设在图 9-20 所示的网络（采用 OSPF 路由）中，RouterB 检测到 RouterA（到达邻居）的链路出现了故障，则 RouterA 和 RouterB 上的 BFD 功能会进行如下处理。

① 通过 OSPF 的 Hello 机制，检测到链路出现故障（假设 RouterB 与中间路由器之

间的链路出现了故障）。

② RouterB 与 RouterA 之间的 BFD 会话状态首先变为 Down。

③ RouterB 与 RouterA 各自的 BFD 功能模块通知本地 OSPF 进程，BFD 邻居不可达。

图 9-20　检测到故障时的 BFD 处理机制

④ 本地 OSPF 进程中断与对端设备的 OSPF 邻居关系，由 OSPF 进行重新拓扑计算，实现快速的网络收敛。

BFD 有两种检测模式：异步模式和查询模式。

- 异步模式：两端系统之间相互周期性地发送 D 标志位置 0 的 BFD 控制报文，如果一方在检测时间内没有收到对端发来的 BFD 控制报文，就认为此 BFD 会话的状态是 Down。
- 查询模式：本端单方连续发送多个 D 标志位置 1 的 BFD 控制报文，如果在检测时间内没有收到对端返回的 BFD 控制报文，就宣布 BFD 会话状态为 Down。

异步模式和查询模式二者的本质区别在于检测的位置不同。在异步模式下，本端按一定的发送周期发送 BFD 控制报文，检测位置为远端，即远端检测本端是否周期性地发送 BFD 控制报文；而在查询模式下，本端检测自身发送的 BFD 控制报文是否得到回应，用于检测链路的连通性。

9.3.5　BFD 检测时间

BFD 会话检测时长由 BFD 控制报文中的 Desired Min Tx Interval、Required Min Rx Interval 和 Detect Multi 这 3 个时间参数字段决定。BFD 控制报文的实际发送时间、实际接收时间由 BFD 会话协商决定。

- 本地 BFD 控制报文的实际发送时间=MAX｛本地配置的发送时间间隔，对端配置的接收时间间隔｝
- 本地 BFD 控制报文的实际接收时间=MAX｛对端配置的发送时间间隔，本地配置的接收时间间隔｝

在异步模式下，本地 BFD 控制报文的实际检测时间=本地 BFD 控制报文的实际接收时间间隔×对端配置的 BFD 检测倍数

在查询模式下，本地 BFD 控制报文的实际检测时间=本地 BFD 控制报文的实际接收时间间隔×本端配置的 BFD 检测倍数

缺省情况下，BFD 报文发送时间间隔和接收时间间隔均为 1000ms，本地检测倍数为 3 次。BFD 会话等待恢复时间为 0s，会话延迟进入 Up 状态的时间也为 0s。

9.3.6　BFD Echo 功能

BFD Echo 功能也称为 BFD 单臂回声功能，是由本地送的 BFD Echo 报文，远端系统将报文环回（**只作环回转发，不作其他处理**）的一种检测机制用来检测转发链路的连通性，主要应用于在 2 台单跳的 3 层设备（中间可以有 1 台或多台 2 层设备）中只有 1 台支持 BFD 功能，另 1 台设备不支持 BFD 功能，但支持基本的网络层转发。

BFD Echo 功能应用示意如图 9-21 所示，RouterA 支持 BFD 功能，RouterB 不支持 BFD 功能。在 RouterA 上配置 BFD Echo 功能的 BFD 会话后，可以检测 RouterA 到 RouterB 之间的单跳路径。RouterB 接收到 RouterA 发送的 BFD 控制报文后，直接在网络层将该报文环回。通过这一特性，就可以实现快速检测 RouterA 和 RouterB 之间的直连链路的连通性。

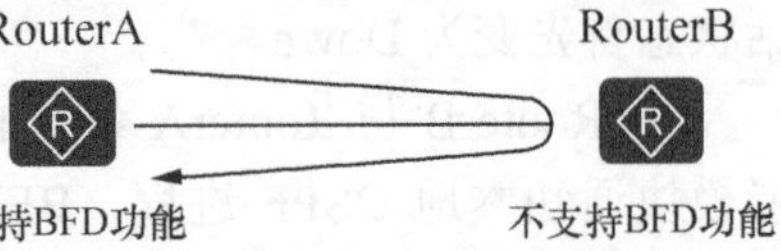

图 9-21   BFD Echo 功能应用示意

9.3.7 BFD 主要应用

BFD 的主要应用体现在与其他功能的联动方面，帮助其他应用快速检测链路或 IP 路由故障。

BFD 的联动功能通过监测模块、Track 模块和应用模块 3 个部分实现。其中，监测模块负责对链路状态、网络性能等进行监测，并将探测的结果通知给 Track 模块；Track 模块收到监测模块的探测结果后，及时改变 Track 跟踪对象的状态，并通知应用模块；应用模块根据收到的 Track 跟踪对象状态，对其进行相应的处理，从而实现联动。BFD 可以实现联动的对象包括静态路由、各种动态路由、策略路由、接口备份等。

1. BFD 检测 IP 链路

在 IP 链路上建立 BFD 会话，可以利用 BFD 检测机制快速检测故障。BFD 既可以检测 IP 链路（即 3 层链路）支持单跳检测和多跳检测，也可以检测 2 层链路状态。

- BFD 单跳检测是指对两个直连系统进行 IP 连通性检测，"单跳"是 IP 链路的一跳。
- BFD 多跳检测是指 BFD 可以检测两个系统之间的多跳路径。

BFD 检测单跳链路示意如图 9-22 所示。此时，BFD 会话**要绑定本端出接口**，因为在直连情况下确定出接口后，相应要检测的到达对端设备的链路也被唯一确定了。

BFD 多跳检测示例如图 9-23 所示，此时，BFD 会话绑定对端的 IP 地址，**不绑定本端出接口**。因为在这种非直连情况下，绑定出接口不能唯一确定要检测的对端设备（因为中间可能还有多个设备），只有绑定了要监测设备的 IP 地址，才能最终唯一确定要检测所到达的设备。

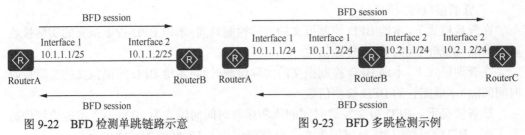

图 9-22   BFD 检测单跳链路示意   图 9-23   BFD 多跳检测示例

2. BFD 与接口状态联动

BFD 与接口状态联动可以提供一种简单的联动机制，使 BFD 检测行为可以关联指定接口状态，提高了接口感应链路故障的灵敏度。在 BFD 与接口状态联动中，BFD 检测到链路故障后会立即上报 Down 消息到相应接口，使接口进入一种管理 Down 状态，即 BFD Down 状态。该状态等效于链路协议 Down 状态，在该状态下，接口只可以处理 BFD 控制报文，从而使该接口也可以快速感知链路故障，向系统日志发出告警信息。

BFD 与接口状态联动示例如图 9-24 所示，链路中间存在其他 2 层设备，虽然在源端和目的端的 3 层仍是有效连接的，但实际的物理线路被分成两段。一旦中间链路出现故障，两端设备需要比较长的时间才能检测到，导致直连路由收敛慢。如果在 RouterA 和 RouterB 上配置 BFD 会话的同时，配置接口联动功能后，当 BFD 检测到链路出现故障时，就会立即上报 Down 消息到相应接口，使接口进入 BFD Down 状态，该接口也可以快速感知链路故障，在控制台中向管理员提示告警信息。

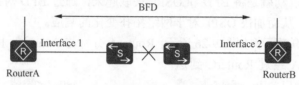

图 9-24　BFD 与接口状态联动示例

3. BFD 与虚拟路由冗余协议联动

虚拟路由冗余协议（Virtual Router Redundancy Protocol，VRRP）的主要特点是当 Master（主）设备出现故障时，Backup（备用）设备能够快速接替 Master（主）设备的转发工作，尽量缩短数据流的中断时间。

在没有采用 BFD 与 VRRP 联动机制前，当 Master（主）设备出现故障时，VRRP 依靠 Backup（备）设备设置的超时时间来判断是否应该抢占，切换速度在 1s 以上。将 BFD 应用于 Backup（备）设备对 Master（主）设备的检测后，可以实现对 Master（主）设备故障的快速检测。如果设备通信不正常，则可以在 50ms 以内自动升级为 Master（主）设备，实现快速的主备切换，缩短用户流量中断时间。

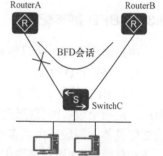

BFD 与 VRRP 联动示例如图 9-25 所示，RouterA 和 RouterB 之间配置 VRRP 备份组建立主备关系，RouterA 为主用设备，RouterB 为备用设备，用户传输来的流量从 RouterA 出去。当在 RouterA 和 RouterB 之间建立 BFD 会话后，VRRP 备份组监视该 BFD 会话，当 BFD 会话状态变为 Down 时，系统会自动通过修改备份组优先级实现主备快速切换。

图 9-25　BFD 与 VRRP 联动示例

例如，当 BFD 检测到 RouterA 和 RouterC 之间的链路故障时，给 VRRP 上报一个 BFD 检测 Down 事件，RouterB 上 VRRP 备份组的优先级增加，增加后的优先级大于 RouterA 上的 VRRP 备份组的优先级，于是 RouterB 立刻上升为 Master（主）设备，后继的用户流量就会通过 RouterB 转发，从而实现 VRRP 的主备快速切换。

4. BFD 与静态路由联动

与动态路由协议不同，静态路由自身没有检测机制，当网络发生故障的时候，除非直连下一跳不可达，否则，不会自动收敛。BFD 与静态路由联动特性是利用 BFD 会话来检测静态路由所在链路的状态。

BFD 与静态路由联动可为每条静态路由绑定一个 BFD 会话，当这条静态路由上绑定的 BFD 会话检测到链路故障（由 Up 转为 Down）后，BFD 会将故障上报路由管理系统，由路由管理模块将这条路由设置为"非激活"（Inactive）状态。当这条静态路由上绑定的 BFD 会话成功建立或者从故障状态恢复后（由 Down 转为 Up），BFD 会上报路由管理模块，由路由管理模块将这条静态路由设置为"激活"（Active）状态。

BFD 与静态路由联动也仅可检测直连下一跳（中间不能隔离任何其他设备，包括 2 层交换机）的状态，路由路径中的非直连链路状态不能检测。

5．BFD 与 OSPF 联动

BFD 与 OSPF 联动就是将 BFD 和 OSPF 关联起来，通过 BFD 对链路故障的快速感应进而通知 OSPF，从而加快 OSPF 对于网络拓扑变化的响应。

BFD 与 OSPF 联动示例如图 9-26 所示，RouterA 分别与 RouterC、RouterD 建立 OSPF 邻居关系。RouterA 经过 RouterC 到达 RouterB 的路由出接口为 Interface 1。当他们之间的 OSPF 邻居状态迁移到 FULL 状态时通知 BFD 模块，在他们之间建立 BFD 会话。

当 RouterA 和 RouterC 之间链路出现故障时，BFD 首先感知到并通知 RouterA。

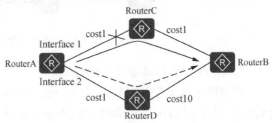

图 9-26　BFD 与 OSPF 联动示例

RouterA 处理 OSPF 邻居 Down 事件，重新进行 OSPF 路由计算，新的路由出接口为 Interface 2，经过 RouterD 到达 RouterB，达到了快速网络收敛的目的。

BFD 与 OSPF 联动也仅可以检测与直连邻居之间的链路状态，但与邻居之间可以存在 2 层设备。

9.3.8　BFD 基本配置

由于需求不同，所以创建的 BFD 会话类型也有所区别，具体说明如下。

1．单跳 BFD 检测

单跳 BFD 检测是指建立 BFD 会话的两个设备接口在同一个 IP 网段。这里有两种情形：一是两个设备间直接连接；二是两个设备间虽然是非直连连接，但它们之间只有其他 2 层设备。局域网内，多个 2 层设备间的 BFD 检测也是单跳检测。

在单跳 BFD 检测环境中，两设备间连接的接口可以是 3 层的，也可以是 2 层的。通过配置静态 BFD 单跳检测，可实现单跳链路的快速检测。

2．多跳 BFD 检测

多跳 BFD 检测是指建立 BFD 会话的设备间相隔了三层 IP 网段。因为 BFD 自身没有邻居发现机制，所以在配置 BFD 多跳检测之前，需要配置动态路由协议，以保证 BFD 会话两端的设备路由可达。

多跳检测环境中，两端用于建立 BFD 会话的接口必须是 3 层接口或子接口，不能是 2 层接口。在创建 BFD 会话绑定信息时，仅需要指定要绑定的对端 IP 地址，**不需要指定本端出接口**，因为此时具体的检测路径是通过路由表项确定的。

3．静态标识符自协商 BFD

如果对端设备采用动态 BFD，而本端设备既要与之互通，又要能够实现 BFD 检测静态路由，则必须配置静态标识符自协商 BFD。这种情况下，创建的是动态 BFD 会话，主要用于检测静态路由在实现 3 层互通网络中的应用。

4. BFD 单臂回声功能

通过配置单臂回声功能，实现快速检测和监视网络中的直连链路。

BFD 会话的具体配置步骤见表 9-6。

表 9-6　BFD 会话的具体配置步骤

步骤	命令	说明
1	**system-view** 例如，< Huawei > **system-view**	进入系统视图
2	**bfd** 例如，[Huawei] **bfd**	使能全局 BFD 功能，并进入 BFD 视图 缺省情况下，全局 BFD 功能处于未使能状态，可用 **undo bfd** 命令全局去使能 BFD 功能。执行 **undo bfd** 命令后，BFD 的所有功能将会关闭；如果已经配置了 BFD 会话信息，则所有的 BFD 会话的信息都会被删除
3	**default-ip-address** *ip-address* 例如，[Huawei-bfd] **default-ip-address** 224.0.0.150	（可选）配置 BFD 缺省组播 IP 地址，取值范围为 224.0.0.107～224.0.0.250。**创建单跳 BFD 检测时采用不同 BFD 会话所在的设备必须配置不同的缺省组播 IP 地址，以避免 BFD 控制报文被错误转发。**当前网络中存在其他协议使用原缺省组播地址，或者 BFD 检测路径上存在重叠的 BFD 会话时需要更改缺省组播地址，但如果已经配置了采用缺省组播地址的 BFD 会话，则不能再更改缺省组播地址。 缺省情况下，BFD 使用组播 IP 地址 224.0.0.184 发送 BFD 协议报文，可用 **undo default-ip-address** 命令恢复组播地址为缺省值
4	**quit**	退出 BFD 视图，返回系统视图
5	**bfd** *session-name* **bind peer-ip** *ip-address* [**vpn-instance** *vpn-name*] **interface** *interface-type interface-number* [**source-ip** *ip-address*] 例如，[Huawei] **bfd test bind peer-ip** 1.1.1.2 **interface** gigabitethernet 1/0/0.1	**（多选一）仅适用于有 IP 地址的 3 层接口或 3 层子接口，创建单跳检测 BFD 会话，并进入 BFD 会话视图。** ① *session-name*：指定 BFD 会话的名称，1～15 个字符，不支持空格。当输入的字符串两端使用双引号时，可在字符串中输入空格。 ② **peer-ip** *ip-address*：指定 BFD 会话绑定的对端 IP 地址。它与 **source-ip** *ip-address* 参数指定的源 IP 地址在同一 IP 网段。 ③ **vpn-instance** *vpn-name*：可选参数，指定 BFD 会话绑定的 VPN 实例名称（该 VPN 实例必须已创建）。如果不指定 VPN 实例，则认为对端 IP 地址是公共网络中的 IP 地址。 ④ **interface** *interface-type interface-number*：指定绑定 BFD 会话的本端接口类型和接口编号。**单跳检测必须绑定对端 IP 地址和本端出接口（必须是 3 层的）。** ⑤ **source-ip** *ip-address*：可选参数，指定 BFD 控制报文携带的源 IP 地址。在 BFD 会话协商阶段，如果不配置该参数，则系统将在本地路由表中查找去往对端 IP 地址的出接口，然后以该出接口的 IP 地址作为本端发送 BFD 控制报文的源 IP 地址；在 BFD 会话检测链路阶段，如果不配置该参数，则系统会将 BFD 控制报文的源 IP 地址设置为一个固定的值。**通常情况下，不需要配置该参数**，但当 BFD 与单播反向路径转发（Unicast Reverse Path Forwarding, URPF）特性一起应用时，由于 URPF 会对接收到的报文进行源 IP 地址检查，则用户需要手工配置 BFD 控制报文的源 IP 地址

续表

步骤	命令	说明
5	**bfd** *session-name* **bind peer-ip** *ip-address* [**vpn-instance** *vpn-name*] **interface** *interface-type interface-number* [**source-ip** *ip-address*] 例如，[Huawei] **bfd** test **bind peer-ip** 1.1.1.2 **interface** gigabitethernet 1/0/0.1	【说明】在第一次创建单跳检测 BFD 会话时，必须绑定对端 IP 地址和本端相应接口，且创建后不可修改。如果需要修改，则只能删除后重新创建。需要注意的是，系统只检查 IP 地址是否符合 IP 地址格式，不检查其正确性，绑定错误的对端 IP 地址或源 IP 地址将导致 BFD 会话无法建立。 目前，**BFD** 会话不会感知路由切换，所以如果绑定的对端 **IP** 地址改变引起路由切换到其他链路上，除非原链路转发不通，否则，**BFD** 不会重新协商。 缺省情况下，未创建 BFD 会话绑定，可用 **undo bfd** *session-name* 命令删除指定的 BFD 会话，同时取消对应 BFD 会话的绑定信息
	bfd *session-name* **bind peer-ip default-ip interface** *interface-type interface-number* [**source-ip** *ip-address*] 例如，[Huawei] **bfd** test **bind peer-ip default-ip interface** gigabitethernet 1/0/0.1	（多选一）适用于 2 层接口、3 层接口或 3 层子接口，创建单跳检测 **BFD** 会话，并进入 BFD 会话视图。命令中的 **peer-ip default-ip** 用来指定 BFD 会话绑定由本表第 3 步配置的缺省组播 IP，缺省情况下，组播缺省地址为 224.0.0.184。 【注意】在 3 层接口或者 3 层子接口上创建组播 BFD 会话时，需要在 3 层接口上配置 IP 地址，使其协议层处于 Up 状态，否则，组播 BFD 会话无法协商成功。 当组播 BFD 会话绑定的 3 层接口协议状态为 Down 时，通过配置 **unlimited-negotiate** 命令，使能组播 BFD 会话无条件协商功能，使 BFD 检测可以顺利执行。缺省情况下，未创建 BFD 会话绑定，可用 **undo bfd** *session-name* 命令删除指定的 BFD 会话，同时取消对应 BFD 会话的绑定信息
	bfd *session-name* **bind peer-ip** *ip-address* [**vpn-instance** *vpn-name*] [**source-ip** *ip-address*] 例如，[Huawei] **bfd** test **bind peer-ip** 10.1.1.2	（多选一）创建多跳检测 **BFD** 会话，并进入 BFD 会话视图。在创建多跳 BFD 会话时，必须绑定对端 IP 地址，不需要绑定出接口，但必须通过 IP 路由确保两端 3 层互通
	bfd *session-name* **bind peer-ip** *ip-address* [**vpn-instance** *vpn-name*] [**interface** *interface-type interface-number*] **source-ip** *ip-address* **auto** 例如，[Huawei] **bfd** test **bind peer-ip** 10.1.1.2 **interface** gigabitethernet 1/0/0 **source-ip** 10.1.1.1 **auto**	（多选一）创建静态标识符自协商 **BFD 会话**，并进入 BFD 会话视图。绑定的出接口必须是配置了 IP 地址的 3 层接口，必须配置源 IP 地址，必须指定明确的对端 IP 地址，不能使用组播 IP 地址，必须通过 IP 路由确保两端 3 层互通
	bfd *session-name* **bind peer-ip** *peer-ip* [**vpn-instance** *vpn-instance-name*] **interface** *interface-type interface-number* [**source-ip** *ip-address*] **one-arm-echo** 例如，[Huawei] **bfd** test **bind peer-ip** 10.10.10.1 **interface** gigabitethernet 1/0/0 **one-arm-echo**	（多选一）创建单臂回声功能的 **BFD** 会话，并进入 BFD 会话视图。单臂回声功能的 BFD 会话只能应用于 **BFD** 单跳检测中，只需在支持 BFD 功能的一端配置本地标识符（不需要配置远端标识符），绑定的出接口必须是配置了 IP 地址的 3 层接口

续表

步骤	命令	说明
6	**discriminator local** *discr-value* 例如，[Huawei-bfd-session-test] **discriminator local** 80	（可选）配置 BFD 会话的本地标识符，标识符用来区分两个系统之间的多个 BFD 会话，取值范围为 1～8191 的整数。**当配置静态标识符自协商 BFD 时，不需要执行本步配置** 【注意】在配置标识符时，需要注意以下几个问题。 • 只有静态 BFD 会话才能配置本地标识符和远端标识符 • BFD 会话的本地标识符和远端标识符分别对应，即本端的本地标识符与对端的远端标识符相同，否则，会话无法达到 Up 状态 • 对于使用缺省组播 IP 地址的 BFD 会话，同一设备上配置的本地标识符和远端标识符不能相同（其他情况下可以相同） • 静态 BFD 会话的本地标识符和远端标识符配置成功后，不可以修改。如果需要修改静态 BFD 会话本地标识符或者远端标识符，则必须先删除该 BFD 会话，再配置本地标识符或者远端标识符
7	**discriminator remote** *discr-value* 例如，[Huawei-bfd-session-test] **discriminator remote** 80	（可选）配置 BFD 会话的远端标识符，标识符用来区分两个系统之间的多个 BFD 会话，取值范围为 1～8191 的整数。**当配置静态标识符自协商 BFD 及配置 BFD 单臂回声功能时，不需要执行本步配置**
8	**commit** 例如，[Huawei-bfd-session-test] **commit**	提交 BFD 会话配置。无论改变任何 BFD 配置，必须执行本命令后才能使配置生效 【说明】BFD 会话建立需要满足一定的条件，包括绑定的接口状态是 Up、有去往 peer-ip 的可达路由，在使用本命令提交配置时，如果当前不满足会话建立条件，则系统将保留该会话的配置表项，但会话表项不能建立

配置好 BFD 功能后，可以通过以下 **display** 任意视图命令检查配置结果，查看已配置的 BFD 会话情况，也可以用以下 **reset** 用户视图命令清除 BFD 会话统计信息。

- **display bfd interface** [*interface-type interface-number*]：查看使能了 BFD 功能的指定接口或者所有接口的信息。
- **display bfd session** { **all** | **static** | **discriminator** *discr-value* | **dynamic** | **peer-ip** { **default- ip** | *peer-ip* [**vpn-instance** *vpn-instance-name*] } | **static-auto** } [**verbose**]：查看符合指定条件或者所有 BFD 会话信息。
- **display bfd statistics**：查看 BFD 全局统计信息。
- **display bfd statistics session** { **all** | **static** | **dynamic** | **discriminator** *discr-value* | **peer-ip default-ip** | **peer-ip** *peer-ip* [**vpn-instance** *vpn-name*] | **static-auto** }：查看符合指定条件或者所有 BFD 会话统计信息。
- **reset bfd statistics** { **all** | **discriminator** *discr-value* }：清除指定标识符或者所有 BFD 会话的统计信息。

9.3.9　BFD 联动配置

BFD 联动配置功能使 BFD 和其他协议能够联合使用，可以提高协议的切换性能，减少业务流量丢弃。BFD 可以与接口状态、子接口状态、静态路由、OSPF 路由、IS-IS 路由、BGP 路由等实现联动。在此仅介绍与静态路由和 OSPF 路由联动的配置方法。

1. BFD 与静态路由联动

静态路由只能与静态 BFD 进行联动，因此，先要创建静态的 BFD 会话，然后在两端设备要监视的主静态路由上配置关联的 BFD 会话，具体命令如下（先在系统视图下执行 **bfd** 命令，全局使能 BFD 功能，并在两端设备上创建好对应的静态 BFD 会话）：**ip route-static** *ip-address* { *mask* | *mask-length* } { *nexthop-address* | *interface-type interface-number* [*nexthop-address*] } [**preference** *preference* | **tag** *tag*] * **track bfd-session** *cfg-name* [**description** *text*]。其中，**track bfd-session** *cfg-name* 参数就是用来指定要关联的静态 BFD 会话的。

需要注意的是，因为静态路由无法感知非直连链路的故障，所以 BFD 与静态路由联动也只能是单跳链路的检测，会话两端之间不能隔离任何其他设备。

2. BFD 与 OSPF 路由联动

OSPF 通过周期性地向邻居发送 Hello 报文来实现邻居检测，检测到故障所需时间比较长，超过 1s。如果需要提高链路状态变化时 OSPF 的收敛速度，则可以在运行 OSPF 的链路上配置 BFD 特性。当 BFD 检测到链路故障时，能够将故障通告给路由协议，触发路由协议的快速收敛；如果邻居关系为 Down，则动态删除 BFD 会话。

OSPF 路由仅可以与动态 BFD 会话进行联动，可以在指定进程或指定接口下进行配置，BFD 与 OSPF 路由联动的配置步骤见表 9-7。

需要注意的是，OSPF 与 BFD 联动后，OSPF 只与状态达到 Full 的邻居建立起 BFD 会话，所以需要在监视的 OSPF 路由路径各设备上同时配置 BFD 与 OSPF 联动特性。

表 9-7　BFD 与 OSPF 路由联动的配置步骤

步骤	命令	说明
1	**system-view**	进入系统视图
2	**bfd** 例如，[Huawei] **bfd**	使能全局 BFD 功能，并进入 BFD 视图
3	**quit**	返回系统视图
4	**ospf** [*process-id*] 例如，[Huawei] **ospf 10**	进入 OSPF 进程视图
5	**bfd all-interfaces enable** 例如，[Huawei-ospf-10] **bfd all-interfaces enable**	在 OSPF 进程下使能 BFD 特性。当配置了全局 BFD 特性，且邻居状态达到 Full 时，OSPF 为该进程下所有具有邻接关系的邻居建立 BFD 会话。 缺省情况下，在 OSPF 进程下不使能 BFD 特性，可用 **undo bfd all-interfaces enable** 命令取消 OSPF 进程下的 BFD 特性
6	**bfd all-interfaces** { **min-rx-interval** *receive-interval*	**min-tx-interval** *transmit-interval*	**detect-multiplier** *multiplier-value* } * 例如，[Huawei-ospf-10] **bfd all-interfaces min-tx-interval 400**	指定建立 BFD 会话的各个参数值 • **min-rx-interval** *receive-interval*：可多选参数，指定期望从对端接收 BFD 报文的最小接收间隔，整数形式，其取值范围是 10～2000，单位是 ms。缺省值是 1000ms。 • **min-tx-interval** *transmit-interval*：可多选参数，指定向对端发送 BFD 报文的最小发送间隔，整数形式，其取值范围是 10～2000，单位是 ms。缺省值是 1000ms

续表

步骤	命令	说明
6	**bfd all-interfaces** { **min-rx-interval** *receive-interval* | **min-tx-interval** *transmit-interval* | **detect-multiplier** *multiplier-value* } * 例如，[Huawei-ospf-10] **bfd all-interfaces min-tx-interval 400**	• **detect-multiplier** *multiplier-value*：可多选参数，指定本地检测倍数，整数形式，其取值范围是 3～50，缺省值是 3。 可用 **undo bfd all-interfaces** { **min-rx-interval** | **min-tx-interval** | **detect-multiplier** } *命令恢复 BFD 会话参数为缺省值
7	**quit**	返回系统视图
8	**interface** *interface-type interface-number* 例如，[Huawei] **interface gigabitethernet 1/0/0**	（可选）进入运行 OSPF 与 BFD 联动的接口视图
9	**ospf bfd block** 例如，[Huawei-GigabitEthernet1/0/0] **ospf bfd block**	（可选）阻塞以上接口 OSPF 与 BFD 联动的特性。 缺省情况下，系统不阻塞接口与 BFD 联动的特性，可用 **undo ospf bfd block** 命令取消该阻塞特性
10	**ospf bfd enable** 例如，[Huawei-GigabitEthernet1/0/0] **ospf bfd enable**	（可选）使能以上接口 OSPF 与 BFD 联动的特性。 缺省情况下，OSPF 接口下不使能与 BFD 联动的特性，可用 **undo ospf bfd** 命令恢复缺省配置
11	**ospf bfd** { **min-rx-interval** *receive-interval* | **min-tx-interval** *transmit- interval* | **detect-multiplier** *multiplier-value* } * 例如，[Huawei-GigabitEthernet1/0/0] **ospf bfd min-rx-interval 400 detect-multiplier 4**	（可选）指定以上接口创建 BFD 会话的参数值，各参数说明参见第 5 步说明。 BFD 报文实际发送时间间隔和检测倍数一般推荐使用缺省值，即不执行该命令，可用 **undo ospf bfd** { **min-rx-interval** | **min-tx-interval** | **detect-multiplier** } *命令恢复 BFD 会话参数为缺省值

9.3.10　BFD 单跳检测 2 层链路配置示例

单跳检测 2 层链路配置示例的拓扑结构如图 9-27 所示，RouterA 和 RouterB 通过 2 层接口连通。用户希望可以实现设备间链路故障的快速检测。

图 9-27　单跳检测 2 层链路配置示例的拓扑结构

由于本示例要对两直连路由器的 2 层链路进行检测，所以需要采用静态建立 BFD 会话配置方式，明确指出建立 BFD 会话的参数，包括本端/远端会话标识符和绑定的本地出接口。**需要注意的是，一端配置的本地标识符要与另一端配置的远端标识符一致。**

1. RouterA 上的配置

① 使能 RouterA 上的全局 BFD 功能，具体配置如下。

```
<Huawei> system-view
[Huawei] sysname RouterA
[RouterA] bfd
[RouterA-bfd] quit
```

② 配置 RouterA 上的 BFD 会话。需要注意的是，要同时配置使用缺省 BFD 组播 IP

地址建立 BFD 会话，并指定本端出接口，具体配置如下。

```
[RouterA] bfd atob bind peer-ip default-ip interface ethernet 0/0/0   !---创建一个名为 atob 的 BFD 会话绑定信息
[RouterA-bfd-session-atob] discriminator local 1      !---配置本地标识符为 1，与 RouterB 上配置的远端标识符一致
[RouterA-bfd-session-atob] discriminator remote 2     !---配置远端标识符为 2，与 RouterB 上配置的本地标识符一致
[RouterA-bfd-session-atob] commit
[RouterA-bfd-session-atob] quit
```

2. RouterB 上的配置

① 使能 RouterB 上的全局 BFD 功能，具体配置如下。

```
<Huawei> system-view
[Huawei] sysname RouterB
[RouterB] bfd
[RouterB-bfd] quit
```

② 配置 RouterB 上的 BFD 会话。要同时配置使用缺省 BFD 组播 IP 地址建立 BFD 会话，并指定本端出接口，具体配置如下。

```
[RouterB] bfd btoa bind peer-ip default-ip interface ethernet 0/0/0
[RouterB-bfd-session-btoa] discriminator local 2
[RouterB-bfd-session-btoa] discriminator remote 1
[RouterB-bfd-session-btoa] commit
[RouterB-bfd-session-btoa] quit
```

配置后，在 RouterA 和 RouterB 上分别执行 **display bfd session all verbose** 命令，可以看到建立了一个单跳（**One Hop**）检测的 BFD 会话，且会话状态为 Up。

在直连链路正常情况下，在 RouterA 上执行 **display bfd session all verbose** 命令的输出如图 9-28 所示，可以看出，之所以两端路由器绑定的对端 IP 地址（见"Bind Peer IP Address"项）是 224.0.0.184 这个组播 IP 地址，以组播方式发送 BFD 控制报文，建立 BFD 会话，是因为本示例中没有修改缺省的组播 IP 地址，同时绑定了出接口，详见"Bind Interface"项。

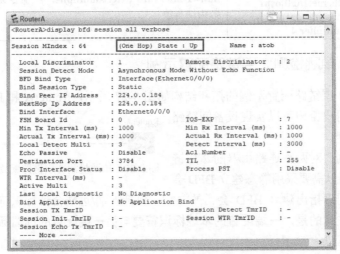

图 9-28　在直连链路正常情况下，在 RouterA 上执行 **display bfd session all verbose** 命令的输出

在 RouterA 的 Eth0/0/0 接口上执行 **shutdown** 命令操作，模拟链路故障。然后在 RouterA 和 RouterB 上执行 **display bfd session all verbose** 命令即可看到原来建立的单跳检测的 BFD 会话的状态变为 Down。在直连链路出现故障的情况下，在 RouterA 上执行

display bfd session all verbose 命令的输出如图 9-29 所示。

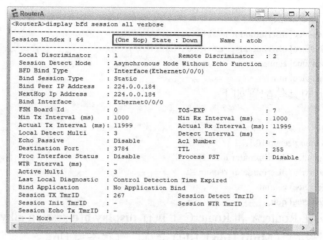

图 9-29　在直连链路出现故障情况下，在 RouterA 上执行 **display bfd session all verbose** 命令的输出

通过以上验证，BFD 可以快速检测出单跳链路出现的故障。

9.3.11　BFD 多跳检测配置示例

BFD 多跳检测配置示例的拓扑结构如图 9-30 所示，RouterA 和 RouterC 之间通过配置静态路由实现互通。用户希望可以对 RouterA 和 RouterC 之间的链路故障进行快速检测。

图 9-30　BFD 多跳检测配置示例的拓扑结构

在本示例中，RouterA 和 RouterC 中间隔离了 3 层设备 RouterB，因此，需要采用多跳检测方式。静态 BFD 多跳检测中出接口必须是配置了 IP 地址的 3 层接口，需要指出远端 IP 地址（远端出接口 IP 地址），但不需要绑定出接口，同时两端必须有到达对端 IP 地址的路由（本示例采用静态路由）。另外，因为创建的是静态 BFD 会话，所以也需要配置本地和远端标识符，且一端配置的本地标识符要与另一端配置的远端标识符一致。

① 配置各接口 IP 地址，以及 RouterA 和 RouterC 到达对端的静态路由。

下面仅以 RouterA 上的配置为例进行介绍，RouterB 和 RouterC 上的配置类似，但 RouterB 上不需要配置静态路由，具体配置如下。

```
<Huawei> system-view
[Huawei] sysname RouterA
[RouterA] interface gigabitethernet0/0/0
[RouterA-GigabitEthernet0/0/0]  ip address 10.1.1.1 24
[RouterA-GigabitEthernet0/0/0]  quit
[RouterA] ip route-static 10.2.0.0 24 10.1.1.2
```

② 在 RouterA 和 RouterC 上配置与对端之间的多跳检测 BFD 会话。因为是多跳检测，所以配置时不需要指定出接口，但要指定对端 IP 地址，具体配置如下。

- RouterA 上的具体配置如下。

```
[RouterA] bfd
[RouterA-bfd] quit
[RouterA] bfd atoc bind peer-ip 10.2.1.2
[RouterA-bfd-session-atoc] discriminator local 10
[RouterA-bfd-session-atoc] discriminator remote 20
[RouterA-bfd-session-atoc] commit
[RouterA-bfd-session-atoc] quit
```

- RouterC 上的具体配置如下。

```
[RouterC] bfd
[RouterC-bfd] quit
[RouterC] bfd ctoa bind peer-ip 10.1.1.1
[RouterC-bfd-session-ctoa] discriminator local 20
[RouterC-bfd-session-ctoa] discriminator remote 10
[RouterC-bfd-session-ctoa] commit
[RouterC-bfd-session-ctoa] quit
```

配置完成后，在 RouterA 和 RouterC 上执行 **display bfd session all verbose** 命令，可以看到建立了一个多跳（**Multi Hop**）BFD 会话，且状态为 Up。

链路正常时，在 RouterA 上执行 **display bfd session all verbose** 命令的输出如图 9-31 所示，从图 9-31 中可以看出，两端路由器绑定的是对端出接口的 IP 地址（Bind Peer IP Address），以单播方式发送 BFD 控制报文，建立 BFD 会话，但没有绑定出接口。

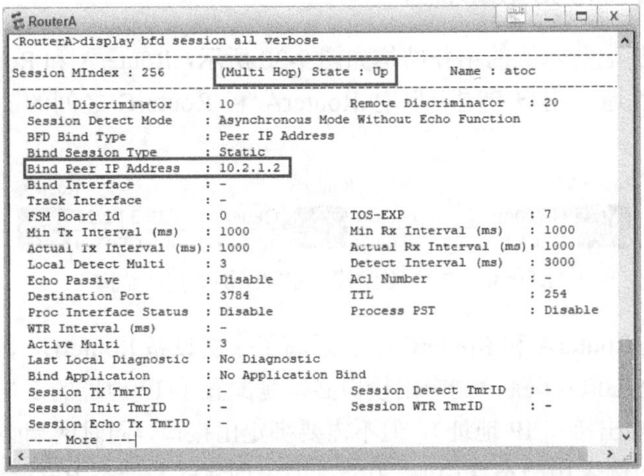

图 9-31　链路正常时，在 RouterA 上执行 **display bfd session all verbose** 命令的输出

在 RouterA 的 GE1/0/0 接口上执行 **shutdown** 操作，模拟链路故障。配置完成后，在 RouterA 和 RouterC 上执行 **display bfd session all verbose** 命令，可以看到原来建立的多跳检测的 BFD 会话状态变为 Down。

通过以上验证，BFD 也可以快速检测出多跳链路出现的故障。

9.3.12　BFD 与静态路由联动配置示例

BFD 与静态路由联动配置示例的拓扑结构如图 9-32 所示，AR1—AR3 为 PC1 与 PC2 互访的主静态路由路径，AR1—AR2—AR3 为备份静态路由路径。现要求当主静态路由出现故障时，BFD 会话能及时感知并切换到备份静态路由路径，继续实现 PC1 与 PC2 所连网络 3 层互通。

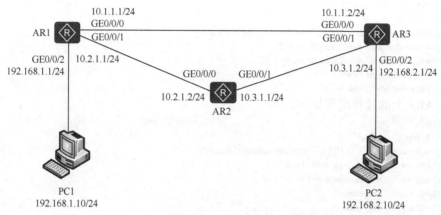

图 9-32　BFD 与静态路由联动配置示例的拓扑结构

【说明】由于静态路由状态只受单条链路状态影响，所以与 BFD 联动的静态路由只能是单跳检测，本示例主静态路径中，AR1 只能与 AR3 直接连接（中间 2 层设备都不允许有）。

1. 基本配置思路分析

本示例中在 192.168.1.0/24 和 192.168.2.0/24 网段之间有两条相互备份的静态路由，通过不同优先级配置，使 AR1 与 AR3 的直连路径的静态路由成为主静态路由，并通过 BFD 监视，一旦发现主静态路由不通，激活经过 AR2 路径的备份路由。

本示例的基本配置思路如下。

① 配置各路由器接口的 IP 地址。

② 在 AR1 和 AR3 上配置静态单跳检测 BFD 会话。

③ 在 AR1、AR3 上分别配置两条不同优先级、到达用户网络的静态路由。

④ 在 AR2 上配置分别到达 192.168.1.0/24、192.168.2.0/24 两网段的静态路由。

2. 具体配置步骤

（1）配置各路由器接口的 IP 地址。

在此仅以 AR1 上的接口 IP 地址配置为例进行介绍，其他路由器上的配置方法一样，具体配置如下。

```
<Huawei> system-view
[Huawei] sysname AR1
[AR1] interface gigabitethernet 0/0/0
[AR1-GigabitEthernet0/0/0] ip address 10.1.1.1 255.255.255.0
[AR1-GigabitEthernet0/0/0] quit
[AR1] interface gigabitethernet 0/0/1
[AR1-GigabitEthernet0/0/1] ip address 10.2.1.1 255.255.255.0
[AR1-GigabitEthernet0/0/1] quit
[AR1] interface gigabitethernet 0/0/2
[AR1-GigabitEthernet0/0/2] ip address 192.168.1.1 255.255.255.0
[AR1-GigabitEthernet0/0/2] quit
```

（2）在 AR1 和 AR3 上配置静态单跳检测 BFD 会话。

此处的 BFD 会话监控的仅是针对静态路由主路径，即 AR1 与 AR3 直连的路径。

① AR1 上的具体配置如下。

```
[AR1]bfd
[AR1-bfd]quit
[AR1]bfd test bind peer-ip 10.1.1.2 interface gigabitethernet0/0/0
[AR1-bfd-session-test] discriminator local 10
[AR1-bfd-session-test] discriminator remote 100
[AR1-bfd-session-test] commit
[AR1-bfd-session-test] quit
```

② AR3 上的具体配置如下。

```
[AR3]bfd
[AR3-bfd]quit
[AR3]bfd test bind peer-ip 10.1.1.1 interface gigabitethernet0/0/0
[AR3-bfd-session-test] discriminator local 100
[AR3-bfd-session-test] discriminator remote 10
[AR3-bfd-session-test] commit
[AR3-bfd-session-test] quit
```

（3）在 AR1 配置两条到达 192.168.2.0/24（AR1 与 AR3 直连路径的主静态路由优先级更高），在 AR3 上配置两条到达 192.168.1.0/24（AR3 与 AR1 直连路径的主静态路由优先级更高）。

① AR1 上的具体配置如下。

```
[AR1]ip route-static 192.168.2.0 24 10.1.1.2 track bfd-session test  #---以缺省优先级 60 配置与 BFD 会话联动，经过
LSW1 到达 192.168.2.0/24 网段的主静态路由
[AR1]ip route-static 192.168.2.0 24 10.2.1.2   preference 80  #---以更低优先级 80 配置经过 AR3 到达 192.168.2.0/24
网段的备份静态路由
```

② AR3 上的具体配置如下。

```
[AR3]ip route-static 192.168.1.0 24 10.1.1.1 track bfd-session test
[AR3]ip route-static 192.168.1.0 24 10.3.1.1 preference   80
```

（4）在 AR2 上配置分别到达 192.168.1.0/24、192.168.2.0/24 两网段的静态路由，具体配置如下。

```
[AR2]ip route-static 192.168.1.0 24   10.2.1.1
[AR2]ip route-static 192.168.2.0 24   10.3.1.2
```

3. 配置结果验证

以上配置完成后，可进行以下配置结果验证。

① 在 AR1 和 AR3 上执行 **display bfd session all** 命令，查看当前 BFD 会话状态，正常情况下，在 AR1 上执行 **display bfd session all** 命令的输出如图 9-33 所示，从中可以看出，AR1 与 AR3 之间当前的 BFD 会话状态处于 Up。

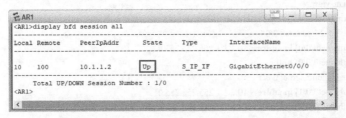

图 9-33　正常情况下，在 AR1 上执行 **display bfd session all** 命令的输出

② 在 AR1 和 AR3 上执行 **display ip routing-table protocol static** 命令，查看当前的静态路由。在主静态路由正常时，AR1 上的静态路由如图 9-34 所示，从中可以看出，存在两条到达 192.168.2.0/24 网段的静态路由，但只有通过 AR1 与 AR3 直连路径的这条主静态路由有效，经过 AR2 的那条静态路由当前无效，属于备份路由。

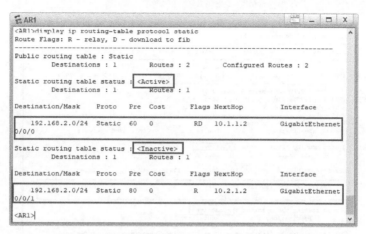

图 9-34　在主静态路由正常时，AR1 上的静态路由

③ 在 PC1 与 PC2 之间相互执行 **ping** 和 **Tracert** 命令，发现可以互通，并且走的是 AR1 与 AR3 的主静态路由路径。主静态路由正常时，PC1 对 PC2 执行 **ping** 和 **Tracert** 命令的结果如图 9-35 所示。

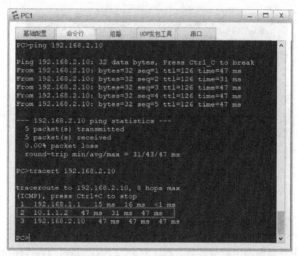

图 9-35　主静态路由正常时，PC1 对 PC2 执行 **ping** 和 **Tracert** 命令的结果

④ 在 AR1 的 GE0/0/0 接口上执行 **shutdown** 命令，模拟主静态路由出现故障，然后在 AR1 和 AR3 上执行 **display bfd session all** 命令，发现原来建立的 BFD 会话呈 Down 状态，执行 **display ip routing-table protocol static** 命令，发现到达对方的静态路由均为经过 AR2 的备份静态路由路径。

主静态路由出现故障时，AR3 上的静态路由如图 9-36 所示，从中可以看出，它有两条到达 192.168.1.0/24 网段的静态路由，原来经过 AR2 路径的备份静态路由变为有效路由，而原来通过 AR3 与 AR1 直连路径的主静态路由变为无效路由。

此时，在 PC1 与 PC2 之间相互执行 **ping** 和 **Tracert** 命令，发现仍可以互通，但走的是经过 AR2 的备份静态路由路径。主静态路由出现故障时，PC1 对 PC2 执行 **ping** 和 **Tracert** 命令的结果如图 9-37 所示。

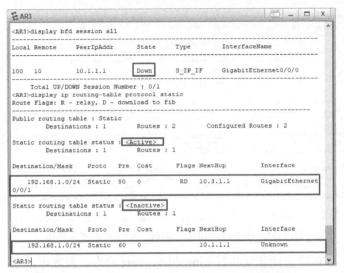

图 9-36　主静态路由出现故障时，AR3 上的静态路由

图 9-37　主静态路由出现故障时，PC1 对 PC2 执行 **ping**、**Tracert** 命令的结果

当主静态路由路径故障恢复后，PC1 与 PC2 之间的通信路径又恢复走 AR1 与 AR3 直连的主静态路由路径。

9.3.13　BFD 与 OSPF 路由联动配置示例

BFD 与 OSPF 路由联动配置示例拓扑结构如图 9-38 所示，整个网络运行 OSPF，AR1—AR2—AR4 为 PC1 与 PC2 互访的主路由路径，AR1—AR3—AR4 为备份路由路径。现要求当主 OSPF 路由出现故障时，BFD 会话能及时感知并切换到备份 OSPF 路由，继续实现 PC1 与 PC2 所连网络 3 层互通。

1．基本配置思路分析

本示例中在 192.168.1.0/24 和 192.168.2.0/24 网段之间有两条相互备份的 OSPF 路由路径，通过不同开销值配置，使经过 AR2 路径的 OSPF 路由成为主路由，并通过 BFD

与 OSPF 路由联动对主 OSPF 路由状态进行监视，一旦发现主 OSPF 路由无效，激活经过 AR3 路径的备份路由。

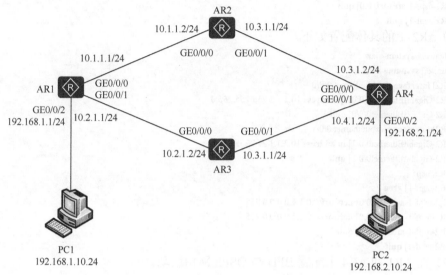

图 9-38　BFD 与 OSPF 路由联动配置示例拓扑结构

本示例的基本配置思路如下。

① 配置各路由器接口的 IP 地址和 OSPF 路由，通过调整链路开销值，使 AR1 与 AR4 之间经过 AR3 的路径成为备份 OSPF 路由路径。

② 在 AR1 和 AR4 上配置 BFD 与 OSPF 路由联动。

2. 具体配置步骤

（1）配置各路由器接口的 IP 地址和 OSPF 路由。

把 AR1 和 AR4 的 GE0/0/1 接口的 OSPF 开销值调为 10（千兆以太网接口缺省的 OSPF 链路开销值为 1），使 AR1 与 AR4 所连网段经过 AR3 路径的 OSPF 路由成为备份路由。

本示例假设各路由器同在区域 0 中（单区域 OSPF 网络中的区域 ID 任意），不同路由器上配置的 OSPF 进程号可以不同。在此仅以 AR1 和 AR2 上的配置为例进行介绍，AR4 上的配置与 AR1 上的配置类似，AR3 上的配置与 AR2 上的配置类似。

① AR1 上的具体配置如下。

```
<Huawei> system-view
[Huawei] sysname AR1
[AR1] interface gigabitethernet 0/0/0
[AR1-GigabitEthernet0/0/0] ip address 10.1.1.1 255.255.255.0
[AR1-GigabitEthernet0/0/0] quit
[AR1] interface gigabitethernet 0/0/1
[AR1-GigabitEthernet0/0/1] ip address 10.2.1.1 255.255.255.0
[AR1-GigabitEthernet0/0/1] ospf cost 10    #---调大接口开销值
[AR1-GigabitEthernet0/0/1] quit
[AR1] interface gigabitethernet 0/0/2
[AR1-GigabitEthernet0/0/2] ip address 192.168.1.1 255.255.255.0
[AR1-GigabitEthernet0/0/2] quit
[AR1] ospf 1
[AR1-ospf-1] area 0
```

```
[AR1-ospf-1-area-0.0.0.0] network 10.1.1.0 0.0.0.255
[AR1-ospf-1-area-0.0.0.0] network 10.2.1.0 0.0.0.255
[AR1-ospf-1-area-0.0.0.0] network 192.168.1.0 0.0.0.255
[AR1-ospf-1-area-0.0.0.0] quit
[AR1-ospf-1] quit
```

② AR2 上的具体配置如下。

```
<Huawei> system-view
[Huawei] sysname AR2
[AR2] interface gigabitethernet 0/0/0
[AR2-GigabitEthernet0/0/0] ip address 10.1.1.2 255.255.255.0
[AR2-GigabitEthernet0/0/0] quit
[AR2] interface gigabitethernet 0/0/1
[AR2-GigabitEthernet0/0/1] ip address 10.3.1.1 255.255.255.0
[AR2-GigabitEthernet0/0/1] quit
[AR2] ospf 1
[AR2-ospf-1] area 0
[AR2-ospf-1-area-0.0.0.0] network 10.1.1.0 0.0.0.255
[AR2-ospf-1-area-0.0.0.0] network 10.3.1.0 0.0.0.255
[AR2-ospf-1-area-0.0.0.0] quit
[AR2-ospf-1] quit
```

（2）在 AR1 和 AR4 上配置 BFD 与 OSPF 路由联动。

BFD 参数均采用缺省配置。下面仅以 AR1 上的配置为例进行介绍，AR4 上的配置一样，具体配置如下。

```
[AR1]bfd
[AR1-bfd]quit
[AR1] ospf 1
[AR1-ospf-1]bfd all-interfaces enable
[AR1-ospf-1] quit
```

3. 配置结果验证

以上配置完成后，可进行以下配置结果验证。

① 在 AR1 和 AR4 上执行 **display bfd session all** 命令，查看当前 BFD 会话状态，正常情况下，在 AR1 上执行 **display bfd session all** 命令的输出如图 9-39 所示，从中可以看出，AR1 与 AR2 之间当前的 BFD 会话状态处于 Up，而 AR1 与 AR3 之间当前的 BFD 会员状态处于 Down，因为 AR3 上没有使能 BFD 与 OSPF 路由联动特性，而 AR2 上使能了。

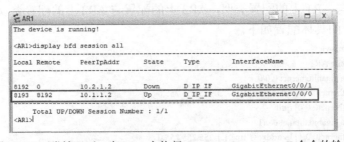

图 9-39　正常情况下，在 AR1 上执行 **display bfd session all** 命令的输出

② 在 AR1 和 AR4 上执行 **display ospf routing** 命令，发现到达对方内网的只有一条经过 AR2 路径的主 OSPF 路由。正常情况下，在 AR1 上执行 **display ospf routing** 命令的输出如图 9-40 所示，从中可以看出，它到 192.168.2.0/24 网段只有一条以 AR2 为下一跳的 OSPF 路由，开销值为 3。

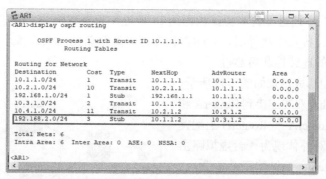

图 9-40 正常情况下，在 AR1 上执行 **display ospf routing** 命令的输出

③ 在 AR2 上关闭 GE0/0/0 接口，模拟主 OSPF 路由出现故障，然后在 AR1 和 AR4 上执行 **display ospf routing** 命令，发现到达对方内网的只有一条经过 AR3 路径的备份 OSPF 路由。在主 OSPF 路由出现故障时，在 AR4 上执行 **display ospf routing** 命令的输出如图 9-41 所示，从中可以看出，它到 192.168.1.0/24 网段只有一条以 AR3 为下一跳的 OSPF 路由，开销值为 12。

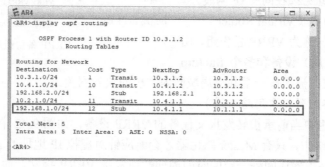

图 9-41 在主 OSPF 路由出现故障时，在 AR4 上执行 **display ospf routing** 命令的输出

经过验证，已证明以上 BFD 与 OSPF 联动配置是正确的。

9.4 虚拟路由冗余协议

虚拟路由冗余协议（Virtual Router Redundancy Protocol，VRRP）是一种容错协议，可以通过把几台路由设备联合组成一台虚拟的路由设备，将虚拟路由设备的 IP 地址作为用户的默认网关，实现与外部网络通信。当网关设备发生故障时，VRRP 机制能够快速选举新的网关设备承担数据流量，从而保障网络的可靠通信。

9.4.1 VRRP 基本概念

在网络部署中，主机一般使用缺省网关与外部网络联系，容易出现单点故障，如果这个单一设备的缺省网关发生故障，则主机与外部网络的通信将被彻底中断。

VRRP 的出现很好地解决了这个问题。因为虚拟路由器的 IP 地址代表了整个虚拟路由器中各个成员路由设备，所以 VRRP 能够在不改变组网的情况下，将多台路由设备组成一个虚拟路由器，通过配置虚拟路由器的 IP 地址作为缺省网关，实现对缺省网关的备份。当现有网关设备发生故障时，VRRP 机制能够选举新的网关设备承担数据流量，从而保障网络通信的连续性和可靠性。

VRRP 备份组形成示意如图 9-42 所示，HostA 通过 SwitchA 双线连接到 RouterA 和 RouterB。现在 RouterA 和 RouterB 上配置 VRRP 备份组，对外体现为一台虚拟路由器，实现到达 Internet 的链路冗余备份。

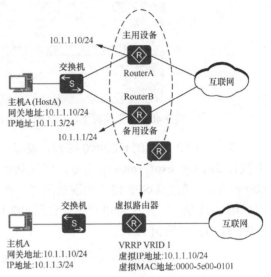

图 9-42　VRRP 备份组形成示意

1. VRRP 路由器（VRRP Router）

VRRP 路由器是指运行 VRRP 协议的设备（可以是路由器，也可以是 3 层交换机，下同），**可以加入一个或多个虚拟路由器备份组中。在同一个备份组中，各路由器的下行接口（称为 VRRP 接口）必须是 3 层接口，它们的 IP 地址必须在同一 IP 网段。**

2. 虚拟路由器（Virtual Router）

虚拟路由器又称为 VRRP 备份组，由**一个 Master（主用）设备和多个 Backup（备用）设备组成**，被当作一个共享局域网内主机的缺省网关。

3. Master 路由器（主用路由器）

VRRP 备份组中当前承担转发报文任务的 VRRP 设备，如图 9-42 中的 RouterA。在每个 VRRP 备份组中，只有 Master 路由器才会响应针对虚拟 IP 地址的 ARP 请求，而且 Master（主用）路由器还间隔一定的时间周期性地发送 VRRP 报文，向属于同一 VRRP 备份组中的其他路由器通告自己的存活情况。

4. Backup 路由器（备用路由器）

VRRP 备份组中一组没有承担转发任务的 VRRP 设备，如图 9-42 中的 RouterB，但当 Master（主用）路由器出现故障时，它们可以通过选举成为新的 Master（主用）路由器。

5. Priority（优先级）

VRRP 优先级是 VRRP 备份组中 Master（主用）路由器的选举依据，取值范围为 0～255，该值越大，优先级越高。如果同一 VRRP 备份组中各成员路由器中的优先级值相等，则比较 VRRP 接口 IP 地址的大小，IP 地址大的优先。

6. VRID

虚拟路由器标识用来唯一标识一个 VRRP 备份组。

7. 虚拟 IP 地址（Virtual IP Address）

分配给虚拟路由器的 IP 地址。一个虚拟路由器可以有一个或多个 IP 地址（多个 IP 地址时，只有一个是主 IP 地址，其他均为从 IP 地址），由用户配置，**但必须与下行的 VRRP 接口 IP 地址在同一 IP 网段。**

8. IP 地址拥有者（IP Address Owner）

如果一个 VRRP 设备的虚拟路由器的 IP 地址与其 VRRP 接口 IP 地址一样，则该设备被称为 IP 地址拥有者。**如果该 IP 地址拥有者可用，则将直接成为 Master（主用），不用选举，也不可以抢占，除非该设备不可用。**

9. 虚拟 MAC 地址（Virtual MAC Address）

虚拟路由器根据虚拟路由器 ID（VRID）生成的 MAC 地址。一个虚拟路由器拥有一个虚拟 MAC 地址：00-00-5E-00-01-{*VRID*}。当虚拟路由器回应 ARP 请求时，使用的是虚拟 MAC 地址，而不是 VRRP 接口的真实 MAC 地址。

10. VRRP 优先级

用来标识虚拟路由器中各成员路由设备的优先级，虚拟路由器根据优先级选举出 Master（主用）路由器和 Backup（备用）路由器。

11. 抢占模式

如果在 Backup（备用）路由器上使能了抢占功能，则当 Backup（备用）路由器发现自己的优先级比当前 Master（主用）路由器的优先级更高时，Backup（备用）路由器将立即切换成 Master（主用）状态，成为该 VRRP 备份组中新的 Master（主用）路由器。

12. 非抢占模式

如果在 Backup（备用）路由器上没有使能抢占功能，只要 Master（主用）路由器没有出现故障，Backup（备用）路由器即使发现自己的优先级比当前 Master（主用）路由器的优先级更高，也只能保持为 Backup（备用）状态，不会抢占成为新的 Master（主用）路由器，直到 Master（主用）路由器失效。

9.4.2 VRRP 报文

VRRP 只有一种报文，那就是 Advertisment（通告）报文，以组播方式发送，目的 IP 地址是 224.0.0.18。TTL 值固定为 255。VRRP 报文通过下行 VRRP 接口发送，将 Master（主用）路由器的优先级和状态通告给同一备份组的所有 Backup（备用）路由器。

VRRP 报文格式如图 9-43 所示，VRRP 报文格式各字段说明见表 9-8。

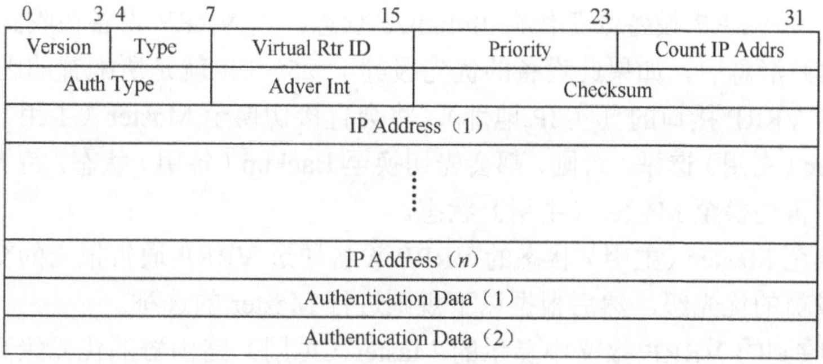

图 9-43 VRRP 报文格式

表 9-8 VRRP 报文格式各字段说明

报文字段	说明
Version	VRRP 协议版本号，取值为 2
Type	VRRP 报文类型，取值为 1，表示 Advertisement（通告）类型
Virtual Rtr ID（VRID）	虚拟路由器 ID，取值范围为 1~255

续表

报文字段	说明
Priority	表示 Master（主用）路由器在备份组中的优先级，取值范围是 0～255。其中，0 表示设备要停止参与 VRRP 备份组，用来使备份设备尽快成为 Master（主用）路由器（**会立即发送 VRRP 通告报文，不必等到计时器超时**）；255 则保留给虚拟路由器 IP 地址的拥有者，缺省值是 100
Count IP Addrs	表示 VRRP 备份组中配置的虚拟 IP 地址的个数
Auth Type	VRRP 报文的认证类型。协议中指定了以下 3 种类型。 • 0：Non Authentication，表示不进行认证。 • 1：Simple Text Password，表示采用明文密码认证方式。 • 2：IP Authentication Header，表示采用 MD5 认证方式
Adver Int	表示 VRRP 通告报文的发送时间间隔，单位是 s，缺省值为 1s
Checksum	16 位校验和，用于检测 VRRP 报文中的数据破坏情况
IP Address	表示 VRRP 备份组的虚拟 IP 地址，所包含的地址数定义在 "Count IP Addrs" 字段
Authentication Data	表示认证数据。目前，只有明文密码认证和 MD5 认证才用到该部分，对于其他认证方式，一律填 0

9.4.3 VRRP Master（主用）选举和状态通告

在 VRRP 工作过程中，定义了以下两个定时器。

Adver_Interval 定时器：Master（主用）路由器发送 VRRP 报文的时间间隔，缺省为 1s。

Master_Down 定时器：Backup（备用）路由器认为 Master（主用）路由器无效，将自己切换成 Master 状态的时间，等于 3 倍 Adver_Interval 定时器+Skew_time（偏移时间）。其中，Skew_time ＝［256-Backup（备用）路由器的优先级值］÷256。

1. Master 路由器的选举

VRRP 根据优先级来确定虚拟路由器中每台设备的角色，对应 Master（主用）状态或 Backup（备用）状态。如果优先级越高，则越有可能成为 Master（主用）路由器。

初始创建的 VRRP 设备都工作在 Initialize 状态，当 VRRP 设备在收到 VRRP 接口 Startup（启动）消息后，如果此设备的优先级等于 255（也就是所配置的虚拟路由器 IP 地址是本设备 VRRP 接口的真实 IP 地址），将会直接切换至 Master（主用）状态，**不需要进行 Master**（主用）**选举**。否则，都会先切换至 Backup（备用）状态，待 Master_Down 定时器超时后再切换至 Master（主用）状态。

首先切换至 Master（主用）状态的 VRRP 设备通过 VRRP 通告报文的交互获知虚拟设备中其他成员的优先级，然后根据以下规则进行 Master 的选举。

① 如果收到的 VRRP 报文中显示的 Master（主用）路由器的优先级高于或等于自己的优先级，则当前 Backup（备用）路由器保持 Backup（备用）状态。

② 如果 VRRP 报文中 Master（主用）路由器的优先级低于自己的优先级，当采用抢占方式时（**缺省为抢占方式**），则当前 Backup（备用）路由器将切换至 Master（主用）状态；当采用非抢占方式时，当前 Backup（备用）路由器仍保持 Backup（备用）状态。

③ 如果创建了备份组的某 VRRP 设备为 IP 地址拥有者，则在收到接口 Up 的消息后直接切换至 Master（主用）状态。

【说明】如果有多个 VRRP 设备同时切换到 Master 状态，通过 VRRP 通告报文的交互进行协商后，优先级较低的 VRRP 设备将切换为 Backup 状态，优先级最高的 VRRP 设备成为最终的 Master 路由器。多台路由器的 VRRP 优先级相同时，在 Master_Down 定时器超时后同时由 Backup 状态切换为 Master 状态，再根据 VRRP 设备上 VRRP 备份组所在接口主 IP 地址大小进行比较，**IP 地址较大的成为 Master 路由器**。

2．Master 路由器状态的通告

Master 路由器会按照 Adver_Interval 定时器周期性地发送 VRRP 报文，在 VRRP 备份组中公布其配置信息（优先级等）和工作状况。Backup 路由器通过接收到 Master 路由器发来的 VRRP 报文的情况来判断 Master 路由器是否工作正常。

（1）当 Master 路由器主动放弃 Master 地位（例如，Master 路由器退出备份组）时，会发送优先级为 0 的 VRRP 报文，使 Backup 路由器快速切换为 Master 路由器（当有多台 Backup 路由器时也要进行 Master 选举），而不用等到 Master_Down 定时器超时。这个切换的时间称为 Skew_time。因为各 Backup 路由器的优先级可能不同，所以这个 Skew_time 时间也可能不同，用来避免 Master 路由器出现故障时，备份组中的多个 Backup 路由器在同一时刻同时转变为 Master 路由器。

（2）当 Master 路由器发生网络故障（例如，设备本身出现故障，或下行链路出现故障）而不能发送 VRRP 报文时，Backup 路由器并不能立即知道其工作状况，要等到 Master_Down 定时器超时后，才会认为 Master 路由器无法正常工作，从而将状态切换为 Master（同样，当有多台 Backup 路由器时也要进行 Master 选举）。

（3）Master 路由器还可以在监视到其上行链路接口变为 Down 状态后，降低自己的优先级，然后在下次 VRRP 报文发送定时器超时后，向备份组中发送 VRRP 报文，让其他 Backup 路由器成为 Master 路由器。

9.4.4　VRRP 基本工作原理

VRRP 的工作原理主要体现在设备的协议状态改变上。在 VRRP 中定义了 3 种状态机：初始状态（Initialize）、主用状态（Master）、备用状态（Backup）。其中，只有处于 Master 状态的设备才可以转发发送到虚拟路由器 IP 地址的数据报文。VRRP 3 种状态机之间的转换关系如图 9-44 所示，VRRP 协议的 3 种状态及相互转换关系见表 9-9。

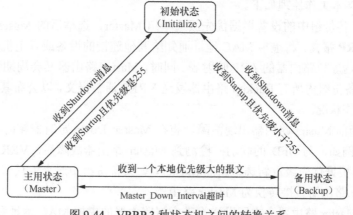

图 9-44　VRRP 3 种状态机之间的转换关系

表 9-9　VRRP 协议的 3 种状态及相互转换关系

状态	说明
Initialize	初始状态，为 VRRP 不可用状态，在此状态时，设备不会对 VRRP 报文做任何处理。通常刚配置 VRRP 时或设备检测到故障时会进入该状态。 收到接口 Startup（启动）的消息后，如果设备的优先级为 255（表示该设备为虚拟路由器 IP 地址拥有者），则直接成为 Master 路由器，如果设备的优先级小于 255，则会先切换至 Backup 状态
Master	主用状态，表示当前设备为 Master 路由器。当 VRRP 设备处于 Master 状态时，该设备会做以下工作。 • 定时发送 VRRP 通告报文。 • 以虚拟 MAC 地址响应对虚拟 IP 地址的 ARP 请求。 • 转发目的 MAC 地址为虚拟 MAC 地址的 IP 报文。 • 如果是这个虚拟 IP 地址的拥有者，则接收目的 IP 地址为这个虚拟 IP 地址的 IP 报文；否则，丢弃这个 IP 报文。 • 如果收到比自己优先级高的 VRRP 报文，或者收到与自己优先级相等的 VRRP 报文，**且本地接口 IP 地址小于源端接口 IP 地址时**，则立即转变为 Backup 状态（**仅在抢占模式下生效**）。 • 收到接口 Shutdown（关闭）消息后，则立即转变为 Initialize 状态
Backup	备用状态，表示当前设备为 Backup 路由器。当 VRRP 设备处于 Backup 状态时，该设备将会做以下工作。 • 接收 Master 路由器发送的 VRRP 通告报文，判断 Master 路由器的状态是否正常。 • 对目的 IP 地址为虚拟路由器 IP 地址的 ARP 请求不做响应。 • 丢弃目的 MAC 地址为虚拟路由器 MAC 地址的 IP 报文。 • 丢弃目的 IP 地址为虚拟路由器 IP 地址的 IP 报文。 • 如果收到优先级和自己相同的 VRRP 报文，或者优先级比自己高的 VRRP 报文，则重置 Master_Down 定时器（**不进一步比较 IP 地址**）。 • 如果收到比自己优先级低的 VRRP 报文，且该报文优先级是 0（表示发送 VRRP 报文的原 Master 路由器声明不再参与 VRRP 组了）时，定时器时间设置为 Skew_time（偏移时间）。 • 如果收到比自己优先级低的 VRRP 报文，且该报文优先级不是 0，则丢弃报文，并立刻转变为 Master 状态（**仅在抢占模式下生效**）。 • 如果 Master_Down 定时器超时，则立即转变为 Master 状态。 • 如果收到接口 Shutdown 消息，则立即转变为 Initialize 状态

VRRP 的基本工作原理如下。

① VRRP 备份组中的设备根据优先级选举出 Master，选举后的 Master 路由器会通过**发送免费 ARP 报文**，将虚拟 MAC 地址通知给其他连接的设备或者主机，以便在这些设备上建立到达虚拟路由器的 ARP 映射表。同时，Master 路由器又会周期性地通过下行 VRRP 接口向备份组内所有 Backup 路由器发送 VRRP 通告报文，以公布其配置信息（优先级等）和工作状况。

② 如果当前 Master 路由器出现故障，将在 Master_Down 定时器超时后，或者由其他联动技术（例如，与 BFD 的联动）检测到 Master 路由器故障后，VRRP 备份组中的 Backup 路由器根据优先级重新选举新的 Master。如果备份组中原来就只有 2 台设备，则原来的 Backup 路由器直接转换为 Master 路由器。

③ 新的 Master 路由器会立即发送携带虚拟路由器的虚拟 MAC 地址和虚拟 IP 地址

信息的免费 ARP 报文，刷新与它连接的主机或设备中的 MAC 表项，从而把用户流量引到新的 Master 路由器，整个过程对用户完全透明（也就是不需要用户干预）。

④ 当原 Master 路由器故障恢复时，如果该路由器为虚拟路由器 IP 地址拥有者（优先级为 255），将直接切换至 Master 状态；否则，将首先切换至 Backup 状态，并将其优先级恢复为故障前配置的优先级。

⑤ 如果 Backup 路由器设置为抢占方式，则当 Backup 路由器的优先级高于当前 Master 路由器时，将立即抢占现有 Master 路由器；否则，仅在当前 Master 路由器不可用时，Backup 路由器才有可能成为新的 Master 路由器。

9.4.5　VRRP 的两种主备模式

在 VRRP 的主备应用中，根据不同的应用需求可以配置为 VRRP 主备备份模式和 VRRP 负载分担模式两种。

1. VRRP 主备备份模式

主备备份模式是 VRRP 提供备份功能的基本模式，是指同一时间仅由 Master 路由器负责业务数据的处理，所有 Backup 路由器均处于待命（备份）状态，不进行业务数据处理，仅在当前 Master 路由器出现故障时，再从 Backup 路由器中选举一台设备成为新的 Master 路由器，接替原来 Master 路由器的业务处理工作。因为至少有一台设备长期处于待命状态，所以这不是一种经济的方式，会造成设备浪费。

VRRP 主备备份模式示例如图 9-45 所示，在所建立的虚拟路由器中包括一个 Master 路由器和两台 Backup 路由器。

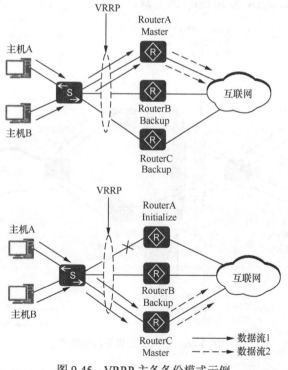

图 9-45　VRRP 主备备份模式示例

正常情况下，RouterA 为 Master 路由器并承担业务转发任务，RouterB 和 RouterC 为 Backup 路由器且不承担业务转发。RouterA 定期发送 VRRP 报文通知 RouterB 和 RouterC 自己工作正常。如果 RouterA 发生故障，则 RouterB 和 RouterC 会重新选举新的 Master 路由器，继续为主机提供数据转发服务，实现网关备份的功能。

当 RouterA 故障恢复后，在抢占方式下，将重新抢占为 Master，因为它的优先级比 RouterB 和 RouterC 设备得高，除非它们中至少有一台修改为比 RouterA 更高的优先级；在非抢占方式下，RouterA 将继续保持为 Backup 状态，直到新的 Master 路由器出现故障时才有可能通过重新选举成为 Master 状态。

2. VRRP 负载分担模式

综上所述，主备备份模式显然有些浪费资源了，因为大多数时间 Backup 路由器没有发挥作用，所以通常采用的是"VRRP 负载分担模式"。VRRP 负载分担模式可以充分发挥每台 VRRP 设备的业务处理能力。需要注意的是，**负载分担模式需要建立多个指派不同设备为 Master 路由器的 VRRP 备份组**，同一台 VRRP 路由器可以加入多个备份组，在不同的备份组中具有不同的优先级。每个备份组与 VRRP 主备备份模式的基本原理和报文协商过程都是相同的，对于每个 VRRP 备份组，包含一个 Master 路由器和若干 Backup 路由器。

通过创建多个带虚拟 IP 地址的 VRRP 备份组，为不同的用户指定不同的 VRRP 备份组作为网关，实现负载分担，这是最常用的负载分担方式。

多网关负载分担示意如图 9-46 所示，配置了两个 VRRP 备份组：在 VRRP 备份组 1 中，RouterA 为 Master 路由器，RouterB 为 Backup 路由器；在 VRRP 备份组 2 中，RouterB 为 Master 路由器，RouterA 为 Backup 路由器。

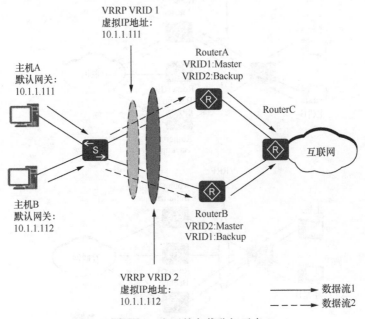

图 9-46　多网关负载分担示意

可使一部分用户（例如，一个 VLAN 中的用户）将 VRRP 备份组 1 作为网关，另一部分用户（例如，另一个 VLAN 中的用户）将 VRRP 备份组 2 作为网关。这样既可以实现对基于不同用户（例如，基于 VLAN 的用户）的业务流量的负载分担，又起到了相互备份的作用。

9.4.6 VRRP 的典型应用

VRRP 的典型应用主要体现在与其他技术的联动方面，包括与接口状态联动、与 BFD 或路由联动等。

1. VRRP 与接口状态联动监视上行接口状态

VRRP 自身只能监视其下行的 VRRP 接口状态，不能监视上行的非 VRRP 接口状态。当 VRRP 路由器上行接口或直连链路发生故障时，VRRP 无法感知，这会引起业务流量中断。此时，通过在 **Master 路由器上**部署 VRRP 与接口状态联动监视上行接口（可以是 2 层或 3 层接口）可以有效地解决上述问题。当 Master 路由器的上行接口或直连链路发生故障时，通过调整自身优先级，触发主备切换，确保流量正常转发。

① 当被监视的接口为 2 层接口时，VRRP 监视的对象是 2 层接口的**物理状态**，VRRP 备份组根据接口的物理状态调整自身的优先级。

② 当被监视的接口为 3 层接口时，VRRP 监视的对象是 3 层接口的**协议状态**，VRRP 备份组根据接口的协议状态调整自身的优先级。

配置 VRRP 与接口状态联动时，备份组中 Master 和 Backup 设备必须都工作在抢占方式下，建议 Backup 设备配置为立即抢占，Master 设备配置为时延抢占。

VRRP 可以通过 Increased 和 Reduced 方式来监视接口状态。

① 如果 VRRP 路由器上配置以 Increased 方式监视一个接口，则当被监视的接口状态变成 Down 后，该 VRRP 路由器的优先级增加指定值。

② 如果 VRRP 路由器上配置以 Reduced 方式监视一个接口，则当被监视的接口状态变为 Down 后，该 VRRP 路由器的优先级降低指定值（一定要使该 VRRP 路由器优先级降低后的值小于 Backup 路由器上配置的优先级值）。

VRRP 监视上行接口状态示例如图 9-47 所示，RouterA 和 RouterB 之间配置 VRRP 备份组，都工作在抢占方式下。在 RouterA 上配置以 Reduced 方式监视上行接口 Interface1，当 Interface1 故障时，RouterA 降低自身优先级，通过报文协商，RouterB 抢占成为 Master，确保用户流量正常转发。

2. VRRP 与 BFD 联动监视上下行链路状态

VRRP 只能感知 VRRP 备份组之间的故障，而配置 VRRP 监视上行接口仅能感知 Master 路由器上行接口或直连链路的故障，当 Master 路由器**上行非直连链路**故障时，VRRP 无法感知，这会导致用户流量丢失。

通过在 Master **路由器**上配置 VRRP 与 BFD 联动，使用 BFD 会话检测 Master 路由器上行链路状态，当 BFD 检测到上行链路故障时，及时通知 VRRP 备份组降低 Master 路由器的优先级，触发主备切换，以实现链路切换，减小链路故障对业务转发的影响。联动 BFD 可以实现毫秒级的故障检测，从而使主备切换速度更快。

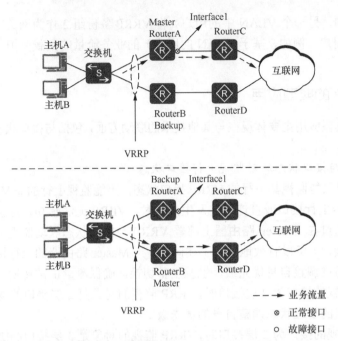

图 9-47　VRRP 监视上行接口状态示例

VRRP 与 BFD 联动监视上行链路状态示例如图 9-48 所示，RouterA 和 RouterB 之间配置 VRRP 备份组，二者都工作在抢占方式下。在 RouterA 到 RouterE 之间配置 BFD 检测，并在 RouterA 上配置 VRRP 与 BFD 联动。当 BFD 检测到 RouterA 到 RouterE 之间的链路故障时，通知 RouterA 降低自身优先级，通过 VRRP 报文协商，使 RouterB 抢占成为 Master，确保用户流量正常转发。

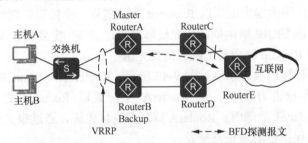

图 9-48　VRRP 与 BFD 联动监视上行链路状态示例

当上行链路故障恢复时，原 Master 路由器在备份组中的优先级将恢复为原来的值，重新抢占成为 Master，继续承担流量转发的业务。

另外，VRRP 备份组通过收发 VRRP 报文进行主备状态协商，以实现设备的冗余备份功能。当 VRRP 备份组之间的链路出现故障时，Backup 设备需要等待 Master_Down 定时器后才能感知故障并切换为 Master 路由器，切换时间通常在 3s 以上。在等待切换期间内，业务流量仍会发往 Master 路由器，此时会造成数据丢失。通过在 Master 路由器和 Backup 路由器之间建立 BFD 会话并与 VRRP 备份组进行绑定，可快速检测 VRRP 备份组之间的连通状态，并在出现故障时及时通知 VRRP 备份组进行主备切换，实现毫秒级的切换速度，减少流量丢失。

VRRP 与 BFD 联动监视下行链路状态示例如图 9-49 所示，RouterA 和 RouterB 之间配置了 VRRP 备份组，二者都工作在抢占方式下。其中，RouterB 为立即抢占模式。在 RouterA 和 RouterB 两端下行链路上创建 BFD 会话，并在 RouterB 上配置 VRRP 与 BFD 联动。当 VRRP 备份组间出现故障时，BFD 快速检测故障，并通知 RouterB 增加指定的优先级（此时 RouterB 的优先级必须高于 RouterA 的优先级），RouterB 立即抢占为 Master，用户侧流量通过 RouterB 转发，实现了主备的快速切换。

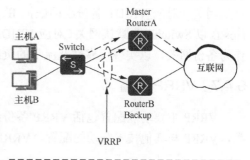

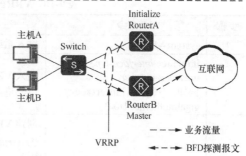

VRRP 支持与静态的 BFD 会话类型或静态标识符自协商的 BFD 会话类型的联动。

3. VRRP 与 MSTP 联动

MSTP 是将一个或多个 VLAN 映射到一个生成树的实例，可以实现多链路的负载均衡。例如，用户希望在存在冗余备份链路的同时消除网络中的环路，在一条上行链路断开的时候，流量能切换到另外一条上行链路转发，

图 9-49　VRRP 与 BFD 联动监视下行链路状态示例

还能合理利用网络带宽。可以通过在网络中部署 VRRP 与 MSTP 联动功能进行解决。

VRRP 与 MSTP 联动应用示例如图 9-50 所示，主机通过 SwitchC 接入网络，SwitchC 通过双上行连接 SwitchA 和 SwitchB 来接入互联网。在 SwitchA 和 SwitchB 上均创建了两个 MSTI（MSTI 1 和 MSTI 2），MSTI 1 映射 VLAN2，MSTI2 映射 VLAN3。由于接入备份的需要，用户部署了冗余链路，但冗余备份链路的存在导致出现 2 层环路，所以可能会引起广播风暴和 MAC 地址表项被破坏。

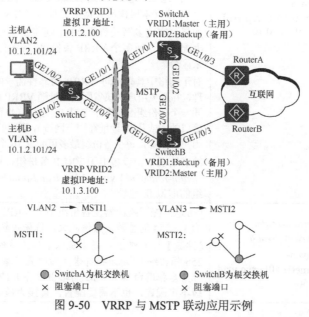

图 9-50　VRRP 与 MSTP 联动应用示例

　　此时在 SwitchA 和 SwitchB 上配置两个 VRRP 备份组，并配置 HostA 以 SwitchA 为默认网关（对应 VRID1 备份组的虚拟 IP 地址）接入互联网，SwitchB 作为备份网关；HostB 以 SwitchB 为默认网关（对应 VRID2 备份组的虚拟 IP 地址）接入互联网，SwitchA 作为备份网关，以实现可靠性及流量的负载分担。

9.4.7　VRRP 配置

　　VRRP 主要功能配置包括 VRRP 备份组的创建与配置，以及可选的 VRRP 定时器参数，VRRP 与其他技术联动的配置，VRRP 主要功能配置步骤见表 9-10。

表 9-10　VRRP 主要功能配置步骤

步骤	命令	说明
1	**system-view**	进入系统视图
2	**interface** *interface-type interface-number* 例如，[Huawei] **interface** gigabitethernet 1/0/0	键入 VRRP 接口，可以是 3 层物理接口、逻辑接口或者子接口，进入接口视图
3	**vrrp vrid** *virtual-router-id* **virtual- ip** *virtual-address* 例如，[Huawei-GigabitEthernet1/0/0] **vrrp vrid 1 virtual-ip** 10.10.10.10	创建 VRRP 备份组并为备份组指定虚拟 IP 地址。 ① *virtual-router-id*：指定所创建的 VRRP 备份组号，取值范围为 1～255 的整数。 ② *virtual-address*：指定所创建的 VRRP 备份组的虚拟 IP 地址。**虚拟路由器的 IP 地址必须与 VRRP 接口的真实 IP 地址在同一网段。** 【注意】在配置 VRRP 备份组时，要注意以下几个问题。 • 各备份组之间的虚拟 IP 地址不能重复。 • 保证同一备份组的各成员设备上配置相同的备份组号。 • 不同接口之间的备份组号可以相同。 • 在配置虚拟 IP 地址时，一定不要配置与用户主机相同的 IP 地址，否则，本网段报文都将被发送到用户主机，从而导致本网段的数据不能被正确转发。 如果要实现多网关负载分担，则需要重复执行本命令在接口上配置两个或多个 VRRP 备份组，各备份组之间以备份组号来区分。 对于网络中具有相同 VRRP 可靠性需求的用户，为了便于管理，并避免用户侧缺省网关地址随 VRRP 配置而改变，可以为同一个备份组配置多个虚拟 IP 地址（也都必须与对应 VRRP 接口的主或从 IP 地址在同一网段），不同的虚拟 IP 地址为不同用户群服务，每个备份组最多可配置 16 个虚拟 IP 地址。 缺省情况下，设备上无 VRRP 备份组，可用 **undo vrrp vrid** *virtual-router-id* [**virtual-ip** *virtual-address*]删除 VRRP 备份组的虚拟 IP 地址
4	**vrrp vrid** *virtual-router-id* **priority** *priority-value* 例如，[Huawei-GigabitEthernet1/0/0] **vrrp vrid 1 priority** 150	（可选）配置路由器在备份组中的 VRRP 优先级，取值范围为 1～254 的整数，**数值越大，优先级越高。** 【注意】优先级值 0 是系统保留作为特殊用途的，优先级值 255 保留给 IP 地址拥有者（即配置了路由器的某接口 IP 地址为虚拟路由器 IP 地址的路由设备）。**IP 地址拥有者的优先级不可配置，也不需要配置，直接为最高的 255**

续表

步骤	命令	说明
4	**vrrp vrid** *virtual-router-id* **priority** *priority-value* 例如，[Huawei-GigabitEthernet1/0/0] **vrrp vrid 1 priority** 150	VRRP 备份组中设备优先级取值相同的情况下，先切换至 Master 状态的设备为 Master 路由器，其余 Backup 设备不再进行抢占；如果同时竞争 Master，则比较 VRRP 备份组所在接口的 IP 地址大小，IP 地址较大的接口所在的设备当选为 Master 路由器。 缺省情况下，优先级的取值是 100，可用 **undo vrrp vrid** *virtual-router-id* **priority** 命令恢复设备在指定 VRRP 备份组中的优先级为缺省值
5	**vrrp vrid** *virtual-router-id* **timer advertise** *advertise-interval* 例如，[Huawei-GigabitEthernet1/ 0/0]**vrrp vrid 1 timer advertise 5**	（可选）配置发送 VRRP 通告报文的时间间隔（**仅需 Master 路由器上配置**），取值范围为 1～255 的整数，单位是 s。 缺省情况下，发送 VRRP 报文的时间间隔是 1 s，可用 **undo vrrp vrid** *virtual-router-id* **timer advertise** 命令恢复指定 VRRP 备份组中 Master 发送 VRRP 报文的时间间隔为缺省值
6	**vrrp vrid** *virtual-router-id* **preempt-mode timer delay** *delay-value* 例如，[Huawei-GigabitEthernet1/ 0/0] **vrrp vrid 1 preempt-mode timer delay 5**	（可选）配置路由器为延迟抢占方式，并配置抢占延迟时间，取值为 0～3600s 的整数。 缺省情况下，抢占延迟时间为 0，即为立即抢占。立即抢占方式下，Backup 路由器一旦发现自己的优先级比当前的 Master 的优先级高，就会抢占成为 Master，用执行 **undo vrrp vrid** *virtual-router-id* **preempt-mode** 命令可以恢复缺省的立即抢占方式。通常是在 **Backup** 路由器上配置立即抢占，**Master** 路由器配置延迟抢占。 【说明】执行 **vrrp vrid** *virtual-router-id* **preempt-mode disable** 命令设置对应 VRRP 备份组中的路由器采用非抢占方式。可用执行 **undo vrrp vrid** *virtual-router-id* **preempt-mode** 命令恢复缺省的抢占方式
7	**vrrp vrid** *virtual-router-id* **track interface** *interface-type interface-number* [**increased** *value-increased* | **reduced** *value-reduced*] 例如，[Huawei-GigabitEthernet1/0/0] **vrrp vrid 1 track interface** gigabitethernet 2/0/0 **reduced** 50	（可选）在 Master 路由器上配置 VRRP 与接口状态联动功能，监视行接口状态。 ① **interface** *interface-type interface-number*：指定要监视的上行接口，可以 2 层或 3 层接口。 ② **increased** *value-increased*：二选一可选参数，指定当被监视的接口状态变为 Down 时，优先级增加的数值，整数形式，取值是 1～254。增加后的优先级最高只能达到 254。 ③ **reduced** *value-reduced*：二选一可选参数，指定当被监视的接口状态变为 Down 时，优先级降低的数值，整数形式，取值是 1～255。缺省情况下，当被监视的接口变为 Down 时，优先级的数值降低 10。 【注意】配置的优先级降低值必须确保优先级降低后 Master 设备的优先级低于 Backup 设备的优先级，以触发主备切换。 缺省情况下，VRRP 通过监视接口的状态实现主备快速切换的功能未使能，可用 **undo vrrp vrid** *virtual-router-id* **track interface** [*interface-type interface-number*]命令取消配置 VRRP 与指定接口状态联动监视接口功能
8	**vrrp vrid** *virtual-router-id* **track bfd-session** { *bfd-session-id* | **session-name** *bfd-configure-name* } [**increased** *value-increased* | **reduced**	（可选）在 Master 路由器上配置 VRRP 与 BFD 联动监视上行链路，或在 Master 和（或）Backup 路由器监视下行链路。 ① **vrid** *virtual-router-id*：指定 VRRP 备份组号。 ② *bfd-session-id*：二选一参数，指定被监视的 BFD 会话的

续表

步骤	命令	说明
8	value-reduced] 例如，[Huawei-GigabitEthernet1/0/0] **vrrp vrid 1 track bfd-session session-name** hello **reduced** 40	本地标识符，整数形式，取值是 1～8191。 ③ **session-name** *bfd-configure-name*：二选一参数，指定被监视的 BFD 会话的名称。 ④ **increased** *value-increased* | **reduced** *value-reduced* 可选参数说明参见第 7 步。 【注意】在配置 VRRP 备份组联动 BFD 时。 ・ 通常只在 Master 路由上配置 VRRP 与 BFD 联动监视上行链路，发现链路故障时，降低 Master 路由器的优先级值。 ・ 可在 Master 和（或）Backup 路由器上配置 VRRP 与 BFD 联动，监视下行链路，发现链路故障时可选择降低 Master 路由器的优先级值，或选择增加 Backup 路由器的优先级值。 ・ 配置 VRRP 与 BFD 联动时，备份组中 Master 和 Backup 路由器都必须工作在抢占方式下，建议 Backup 设备配置为立即抢占，Master 设备配置为时延抢占。 ・ 当 VRRP 备份组中存在 IP 地址拥有者时，不允许对其配置监视 BFD 会话功能。 ・ 如果选择了 **session-name** *bfd-configure-name* 参数，则只能绑定静态标识符自协商的 BFD 会话类型。 ・ 如果选择了 *bfd-session-id* 参数，则只能绑定静态的 BFD 会话类型。 缺省情况下，VRRP 通过监视 BFD 会话状态来实现主备切换的功能未使能，可用 **undo vrrp vrid** *virtual-router-id* **track bfd-session** [*bfd-session-id* | **session-name** *bfd-configure-name*] 命令去使能 VRRP，通过联动 BFD 会话状态来实现主备切换的功能

9.4.8　VRRP 主备备份配置示例

VRRP 主备备份配置示例拓扑结构如图 9-51 所示，HostA 通过 Switch 双线连接到 RouterA 和 RouterB。用户希望实现在正常情况下，主机以 RouterA 为默认网关接入互联网；而当 RouterA 发生故障时，RouterB 接替作为网关继续进行工作，实现网关的冗余备份；修复 RouterA 故障后，可以在 20s 内重新成为网关（即抢占时延为 20s）。

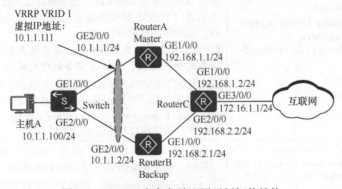

图 9-51　VRRP 主备备份配置示例拓扑结构

1. 基本配置思路分析

本示例仅要求实现主备备份，故可仅配置一个备份组。两成员设备的下行 VRRP 接口必须是 3 层的（可以是物理接口，也可以是 VLANIF、Eth-Trunk 或子接口）。假设整个网络（包括 VRRP 路由器下行的 VRRP 接口所连网段）采用 OSPF 配置路由。用户主机上以 VRRP 备份组虚拟 IP 地址作为默认网关。

本示例的基本配置思路如下。

① 配置各设备接口 IP 地址及 OSPF 路由协议，使各路由器间 3 层连通。

② 在 RouterA 和 RouterB 上各创建并配置一个相同备份组号的 VRRP 备份组。其中，RouterA 上配置较高优先级和 20s 抢占时延，作为 Master 路由器承担流量转发；RouterB 上配置较低优先级，作为 Backup 路由器，实现网关冗余备份。

2. 具体配置步骤

（1）配置各设备接口 IP 地址及 OSPF 路由协议

假设本示例中各路由器同在 OSPF 区域 0 中（单区域 OSPF 网络的区域 ID 可以任意），均采用缺省的 1 号 OSPF 路由进程（各路由器运行的 OSPF 路由进程可以不同）。在此仅以 RouterA 为例进行介绍，具体配置如下，RouterB 和 RouterC 的配置与之类似，此处不再展开论述。

```
<Huawei> system-view
[Huawei] sysname RouterA
[RouterA] interface gigabitethernet 2/0/0
[RouterA-GigabitEthernet2/0/0] ip address 10.1.1.1 24
[RouterA-GigabitEthernet2/0/0] quit
[RouterA] interface gigabitethernet 1/0/0
[RouterA-GigabitEthernet1/0/0] ip address 192.168.1.1 24
[RouterA-GigabitEthernet1/0/0] quit
[RouterA] ospf 1                                    !---创建 OSPF 进程 1
[RouterA-ospf-1] area 0                             !---创建骨干区域 0
[RouterA-ospf-1-area-0.0.0.0] network 10.1.1.0 0.0.0.255      !---把位于 10.1.1.0/24 网段的接口加入区域 0 中
[RouterA-ospf-1-area-0.0.0.0] network 192.168.1.0 0.0.0.255  !--- 把位于 192.168.1.0/24 网段的接口加入区域 0 中
[RouterA-ospf-1-area-0.0.0.0] quit
[RouterA-ospf-1] quit
```

（2）配置主备备份 VRRP 备份组

RouterA 和 RouterB 上配置的 VRRP 备份组号、虚拟 IP 地址必须相同。

① RouterA 上的配置

在 RouterA 上创建 VRRP 备份组 1，配置虚拟路由器 IP 地址（**必须与 VRRP 接口 GE2/0/0 的 IP 地址在同一网段**），并设置 RouterA 在该备份组中的优先级为 120、抢占时间为 20s，具体配置如下。

```
[RouterA] interface gigabitethernet 2/0/0                         !---进入 VRRP 接口 GE2/0/0（下行接口）视图
[RouterA-GigabitEthernet2/0/0] vrrp vrid 1 virtual-ip 10.1.1.111  !---创建 1 号备份组，并配置 IP 地址为 10.1.1.111
[RouterA-GigabitEthernet2/0/0] vrrp vrid 1 priority 120           !---配置 RouterA 在备份组 1 中的优先级为 120
[RouterA-GigabitEthernet2/0/0] vrrp vrid 1 preempt-mode timer delay 20 !---配置 RouterA 在备份组 1 中为抢占模式，
抢占时延为 20s，使其在故障恢复后能立即恢复为 Master 路由器角色
[RouterA-GigabitEthernet2/0/0] quit
```

② RouterB 上的配置

在 RouterB 上创建 VRRP 备份组 1，配置与 RouterA 上备份组 1 相同的虚拟 IP 地址，并配置其在该备份组中的优先级为缺省值 100，使其成为 Backup 路由器。采用缺省的抢

占工作模式，抢占时延为 0s，即立即抢占，具体配置如下。

```
[RouterB] interface gigabitethernet 2/0/0
[RouterB-GigabitEthernet2/0/0] vrrp vrid 1 virtual-ip 10.1.1.111
[RouterB-GigabitEthernet2/0/0] quit
```

3. 配置结果验证

以上配置好后，可进行以下配置结果验证。

① 在 RouterA 和 RouterB 上分别执行 **display vrrp** 命令，可以看到 RouterA 在备份组中的状态为 Master，RouterB 在备份组中的状态为 Backup。在 RouterA 上执行命令的 **display vrrp** 输出如图 9-52 所示，由图 9-52 可知，其为 Master 状态，VRRP 优先级为 120，工作在缺省的抢占模式，抢占时延为 120s。

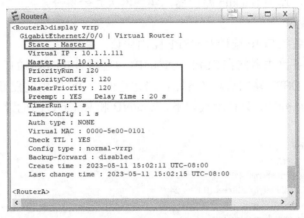

图 9-52　在 RouterA 上执行命令的 **display vrrp** 输出

在 HostA 上配置 IP 地址和网关（VRRP 1 备份组虚拟 IP 地址），此处不再展开论述。然后在 HostA 上 ping RouterC 的 GE3/0/0 接口，可以 ping 通，正常情况下，HostA 成功 ping 通 RouterC GE3/0/0 接口的结果如图 9-53 所示。

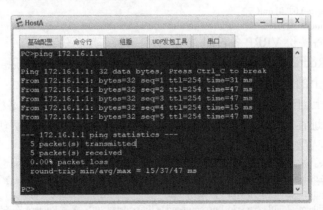

图 9-53　正常情况下，HostA 成功 ping 通 RouterC GE3/0/0 接口的结果

② 在 RouterA 的接口 GE2/0/0 上执行 **shutdown** 命令，模拟 RouterA 故障。立即在 RouterB 上执行 **display vrrp** 命令查看 VRRP 状态信息，可以看到 RouterB 的状态已是 Master，RouterA 下行链路出现故障时，在 RouterB 上执行命令的 **display vrrp** 输出如

图 9-54 所示。因为 RouterB 是工作在缺省的抢占模式，而且为立即抢占，所以此时在 HostA 上 ping RouterC GE3/0/0 接口，也可以 ping 通。

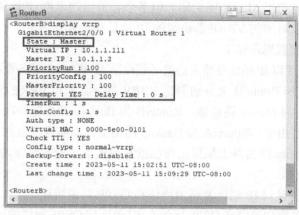

图 9-54　RouterA 下行链路出现故障时，在 RouterB 上执行命令的 **display vrrp** 输出

③ 在 RouterA 的接口 GE2/0/0 上执行 **undo shutdown** 命令，等待 20s 后在 RouterA 上执行 **display vrrp** 命令查看 VRRP 状态信息，可以看到 RouterA 的状态又恢复为 Master。通过以上验证，表示配置是正确的。

9.4.9　VRRP 多网关负载分担配置示例

VRRP 多网关负载分担配置示例拓扑结构如图 9-55 所示，HostA 和 HostC 通过 Switch 双线连接到 RouterA 和 RouterB。用户希望 HostA 以 RouterA 为默认网关接入互联网，RouterB 作为备份网关；HostC 以 RouterB 为默认网关接入互联网，RouterA 作为备份网关，以实现流量的负载均衡。原 Master 路由器故障恢复后，可以在 20s 内重新成为网关。

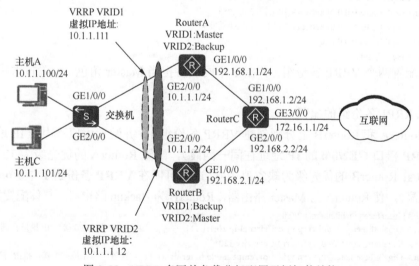

图 9-55　VRRP 多网关负载分担配置示例拓扑结构

1. 基本配置思路分析

本示例要求两台用户主机采用不同的设备作为默认网关实现流量的负载均衡，因

此，需要采用 VRRP 多网关负载分担方式。负载分担方式 VRRP 备份组的配置方法与主备备份方式 VRRP 组的配置方法是一样的，不同的只是负载分担方式在不同备份组中要指定不同的成员设备担当 Master 路由器，但多个备份组的虚拟 IP 地址是在网一 IP 网段的。用户主机上要以对应的 VRRP 备份组的 IP 地址作为默认网关。

本示例的基本配置思路如下。

① 配置各设备接口 IP 地址及路由协议（假设采用 OSPF），使各设备间 3 层连通。

② 在 RouterA 和 RouterB 上分别创建 VRRP 备份组 1 和 VRRP 备份组 2。在备份组 1 中，配置 RouterA 为 Master 路由器，RouterB 为 Backup 路由器；在备份组 2 中，配置 RouterB 为 Master 路由器，RouterA 为 Backup 路由器，以实现流量的负载均衡。同时，对应备份组中的 Master 路由器上配置工作在抢占模式下，抢占时延均为 20s。

2. 具体配置步骤

（1）配置各设备接口 IP 地址及路由协议和 OSPF 路由协议

假设本示例中各路由器同在 OSPF 区域 0 中（单区域 OSPF 网络的区域 ID 可以任意），均采用缺省的 1 号 OSPF 路由进程（各路由器运行的 OSPF 路由进程可以不同）。在此仅以 RouterA 为例进行介绍，具体配置如下，RouterB 和 RouterC 的配置与之类似，此处不再展开论述。

```
<Huawei> system-view
[Huawei] sysname RouterA
[RouterA] interface gigabitethernet 1/0/0
[RouterA-GigabitEthernet1/0/0] ip address 192.168.1.1 24
[RouterA-GigabitEthernet1/0/0] quit
[RouterA] interface gigabitethernet 2/0/0
[RouterA-GigabitEthernet2/0/0] ip address 10.1.1.1 24
[RouterA-GigabitEthernet2/0/0] quit
[RouterA] ospf 1
[RouterA-ospf-1] area 0
[RouterA-ospf-1-area-0.0.0.0] network 10.1.1.0 0.0.0.255
[RouterA-ospf-1-area-0.0.0.0] network 192.168.1.0 0.0.0.255
[RouterA-ospf-1-area-0.0.0.0] quit
[RouterA-ospf-1] quit
```

（2）配置两个 VRRP 备份组，并指定不同设备担当 Master 角色，配置抢占模式和抢占时延。

① VRRP1 备份组的配置

在 RouterA 和 RouterB 上分别创建 VRRP 备份组 1，并配置虚拟路由器 IP 地址（**必须与 VRRP 接口 GE2/0/0 的 IP 地址在同一网段**），配置 RouterA 的优先级为 120、抢占时延为 20s；RouterB 的优先级为缺省值 100（**这样可使在 VRRP 备份组 1 中 RouterA 的优先级更高**），使 RouterA 为 Master 路由器，RouterB 为 Backup 路由器，具体配置如下。

```
[RouterA] interface gigabitethernet 2/0/0
[RouterA-GigabitEthernet2/0/0] vrrp vrid 1 virtual-ip 10.1.1.111          !---要与 GE2/0/0 接口 IP 地址在同一网段
[RouterA-GigabitEthernet2/0/0] vrrp vrid 1 priority 120
[RouterA-GigabitEthernet2/0/0] vrrp vrid 1 preempt-mode timer delay 20 !---配置工作在抢占模式，抢占时延为 20s
[RouterA-GigabitEthernet2/0/0] quit

[RouterB] interface gigabitethernet 2/0/0
[RouterB-GigabitEthernet2/0/0] vrrp vrid 1 virtual-ip 10.1.1.111
[RouterB-GigabitEthernet2/0/0] quit
```

② VRRP 2 备份组上的配置

在 RouterA 和 RouterB 上分别创建 VRRP 备份组 2，并配置虚拟路由器 IP 地址（要与备份组 1 的虚拟 IP 地址不同，但也必须与 VRRP 接口 GE2/0/0 的 IP 地址在同一网段），这里要配置 RouterB 的优先级为 120（担当 Master 路由器），抢占时延为 20s；RouterA 的优先级为缺省值 100（这样可使在 VRRP 备份组 2 中 RouterB 的优先级更高），使 RouterB 为 Master 路由器，RouterA 为 Backup 路由器，具体配置如下。

```
[RouterB] interface gigabitethernet 2/0/0
[RouterB-GigabitEthernet2/0/0] vrrp vrid 2 virtual-ip 10.1.1.112
[RouterB-GigabitEthernet2/0/0] vrrp vrid 2 priority 120
[RouterB-GigabitEthernet2/0/0] vrrp vrid 2 preempt-mode timer delay 20
[RouterB-GigabitEthernet2/0/0] quit

[RouterA] interface gigabitethernet 2/0/0
[RouterA-GigabitEthernet2/0/0] vrrp vrid 2 virtual-ip 10.1.1.112
[RouterA-GigabitEthernet2/0/0] quit
```

3. 配置结果验证

以上配置完成后，可以进行以下配置结果验证。

① 在 RouterA 上执行 **display vrrp** 命令，可以看到 RouterA 在备份组 1 中作为 Master 路由器，在备份组 2 中作为 Backup 路由器，在 RouterA 上执行 **display vrrp** 命令输出如图 9-56 所示。

在 RouterB 上执行 **display vrrp** 命令，可以看到 RouterB 在备份组 1 中作为 Backup 路由器，在备份组 2 中作为 Master 路由器，在 RouterB 上执行 **display vrrp** 命令输出如图 9-57 所示。

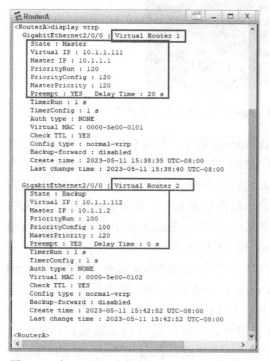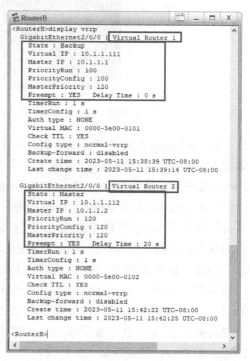

图 9-56　在 RouterA 上执行 **display vrrp** 命令输出　图 9-57　在 RouterB 上执行 **display vrrp** 命令输出

此时，首先在 HostA、HostC 上配置 IP 地址和网关（分别为 VRRP 1、VRRP 2 备份组虚拟 IP 地址）；然后在 HostA、HostC 上分别 ping RouterC 的 GE3/0/0 接口，均可以 ping 通，但 HostA 是以 RouterA 为网关路由器，HostC 是以 RouterB 为网关路由器，走的不同路线，实现了负载分担。HostA 成功 ping 通 RouterC 的 GE3/0/0 接口的结果如图 9-58 所示，HostC 成功 ping 通 RouterC 的 GE3/0/0 接口的结果如图 9-59 所示。

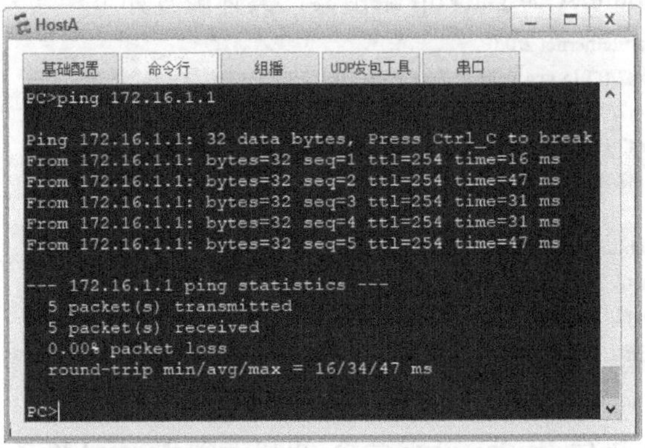

图 9-58　HostA 成功 ping 通 RouterC 的 GE3/0/0 接口的结果

图 9-59　HostC 成功 ping 通 RouterC 的 GE3/0/0 接口的结果

② 在 RouterA 的接口 GE2/0/0 上执行 **shutdown** 命令，模拟 RouterA 出现故障。立即在 RouterB 上执行 **display vrrp** 命令查看 VRRP 状态信息，可以看到 RouterB 在两个 VRRP 备份组中的状态均是 Master（RouterA 的状态为 Init），RouterA 下行链路出现故障时，在 RouterB 上执行 **display vrrp** 命令的输出如图 9-60 所示。因为 RouterB 在 VRRP 1 备份组中是工作在缺省的抢占模式，而且为立即抢占。此时，HostA 和 HostC 均以 RouterB 作为网关路由器，均可以成功 ping 通 RouterC 的 GE3/0/0 接口。

同理，如果仅在 RouterB 的接口 GE2/0/0 上执行 **shutdown** 命令，模拟 RouterB 出现故障，立即在 RouterA 上执行 **display vrrp** 命令查看 VRRP 状态信息，则可以看到 RouterA 在两个 VRRP 备份组中的状态均已是 Master（RouterB 的状态为 Init）。因为 RouterA 在 VRRP 2 备份组中工作在缺省的抢占模式，而且为立即抢占。此时，HostA 和 HostC 均以 RouterA 作为网关路由器，均可以成功 ping 通 RouterC 的 GE3/0/0 接口。

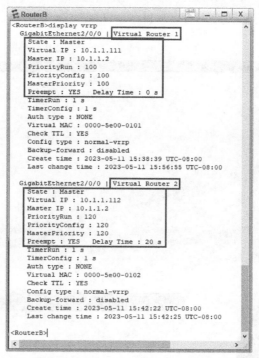

图 9-60 RouterA 下行链路出现故障时，在 RouterB 上执行 **display vrrp** 命令的输出

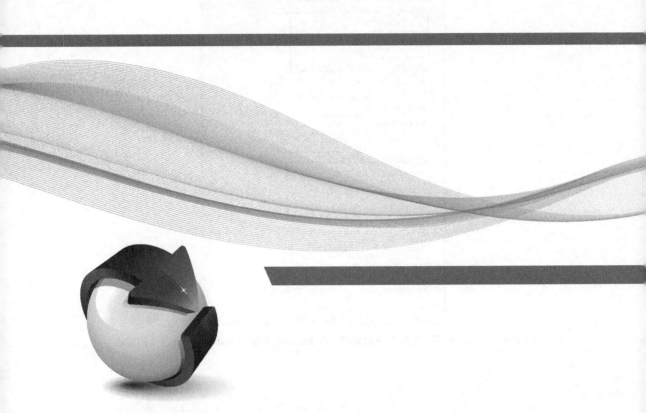

第10章
MPLS 和 MPLS LDP

本章主要内容

多协议标签交换（Multi-Protocol Label Switching，MPLS）是一种主要应用于运营商网络的数据交换技术。与传统的 IP 路由方式相比，采用标签转发方式可以提高数据转发效率。但随着设备硬件性能的不断提升，MPLS 在提高数据转发效率上的优势逐渐弱化，但其转控分离特点使其在 VPN（虚拟专用网）、QoS（服务质量）和 TE（流量工程）等新兴应用中得到广泛应用。

本章最主要介绍的是 MPLS 的基础知识、基本技术原理，以及基于标签分发协议（Label Distribution Protocol，LDP）动态 MPLS 标签分配建立 MPLS 隧道的技术原理和配置方法。

10.1　MPLS 基础

20 世纪 90 年代中期，IP 路由器技术的发展远远滞后于计算机网络的发展速度，主要表现在转发效率低下，并无法提供有效的 QoS 保证。其本质原因是当时硬件技术存在限制，基于最长匹配算法的 IP 路由技术必须使用软件查找路由，转发性能低下，旨在提高路由器数据转发效率的 MPLS 就被提出。

与传统的 IP 路由方式相比，MPLS 在数据转发时，MPLS 只需在网络边缘进行 IP 报头分析，而不用在每跳进行 IP 报头分析，中间节点设备只需快速的标签交换即可，不需要复杂的 IP 报头分析和路由选优，提高了转发效率。但随着路由器硬件性能不断提高，MPLS 在数据转发效率上的优势逐渐被弱化，但其支持多层标签嵌套和设备内转控分离的特点，使在 VPN、QoS、流量工程（Traffic Engineering，TE）等应用中得到广泛应用。

10.1.1　MPLS 网络结构

MPLS 网络的典型结构如图 10-1 所示，网络中各路由器（也可以是 3 层交换机）称为标签交换路由器（Label Switching Router，LSR）。由这些 LSR 构成的网络区域称为 MPLS 域（MPLS Domain）。其中，位于 MPLS 域边缘、连接其他网络（例如，IP 网络）的 LSR 称为边缘路由器（Label Edge Router，LER），MPLS 域内的 LSR 称为核心 LSR（Core LSR）。

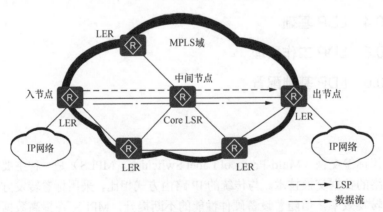

图 10-1　MPLS 网络的典型结构

MPLS 域也称为 MPLS/IP 骨干网，属于所有用户共享的底层公网，不同用户在这个 MPLS 公网上可以建立自己的私网，即 VPN 网络，可以是 3 层 VPN（L3VPN，例如，BGP/MPLS IP VPN），也可以是 2 层 VPN（L2VPN，例如，VLL、PWE3、VPLS 等）。

IP 报文在 MPLS 网络转发过程中经过的路径称为标签交换路径（Label Switched Path，LSP）。一条 LSP 可以看作一条 MPLS 隧道，专用于一类 IP 报文的传输。其中，入口 LER 称为入节点（Ingress），位于 LSP 中间的 LSR 称为中间节点（Transit）；LSP

的出口 LER 称为出节点（Egress）。

一条 LSP 可以有 0 个、1 个或多个中间节点，**但有且只有一个入节点和一个出节点**。根据 LSP 的方向（也是数据传输方向），MPLS 报文由 Ingress 发往 Egress，则 Ingress 是 Transit 的上游节点，Transit 是 Ingress 的下游节点。同理，Transit 是 Egress 的上游节点，Egress 是 Transit 的下游节点。**但 LSP 是单向的，要实现隧道两端所连网络的互通，仅一个方向的 LSP 是不行的**，还需要建立相反方向、Ingress 和 Egress 角色互换的 LSP。

10.1.2　MPLS 标签

MPLS 标签（MPLS Label）是一个短而定长（这样开销可以很小），**且只具有本地意义**（不需要全网唯一）的整数形式的数字标识符，用于唯一标识一个报文所属的分类，这个分类称为转发等价类（Forwarding Equivalence Class，FEC）。一个 FEC 中的数据在同一台设备上都将以等价（相同）的方式进行处理，且被分配相同的 MPLS 标签。

FEC 可以根据报文中的源 IP 地址、目的 IP 地址、源端口、目的端口、VPN 实例、QoS 策略等要素中的一个或多个进行划分，但通常是根据目的 IP 地址划分。例如，在采用最长匹配原则的 IP 路由转发中，采用同一条路由的所有报文就是一个 FEC。在每台 MPLS 设备上，每个 FEC 与 MPLS 标签之间有一个映射关系。针对同一 FEC，不同设备上分配的标签可以相同，也可以不同。

1. MPLS 标签封装

MPLS 有两种封装模式，在以太网、PPP 网络中采用"帧封装"模式，在 ATM 网络中采用"信元封装"模式，在此仅介绍应用最广的帧封装模式。

帧封装模式是在原来数据帧中的二层协议头和三层协议头（通常为 IP 协议头）之间插入一个或多个 MPLS 标签（MPLS Label），帧封装模式 MPLS 帧格式如图 10-2 所示。

图 10-2　帧封装模式 MPLS 帧格式

MPLS 标签的字段长度为 4 字节，MPLS 标签结构如图 10-3 所示，封装在数据链路层和网络层之间，可以支持任意的链路层协议。

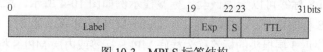

图 10-3　MPLS 标签结构

在图 10-3 中，具体参数说明如下。

- Label：20bits，标签值，一个整数。
- Exp：3bits，标识 MPLS 报文的优先级，即 MPLS 优先级，用于 QoS，取值范围为 0~7 的整数。**数值越小，优先级越低**。当设备队列阻塞时，优先发送优先级高的报文。
- S：1bit，栈底标志位。因为 MPLS 支持多层标签，即标签嵌套，所以为了识别哪个标签是 MPLS 报文中最后一个标签，用了这样一比特位进行标识。如果栈底标签被弹出（剥离），则表示报文中不再携带 MPLS 标签，也就不再是 MPLS 报文。S 标志位置为 1 时，表明该标签为最底层标签，其他各层标签该位为 0。

- TTL：8bits，与 IP 报文中的 TTL（Time To Live）意义相同，用于限制 MPLS 报文传输的距离，即最多还能传输多少跳下游节点。当 TTL 值为 0 时，即报文不能再传输了。初始化时有可能是 255，也有可能是从 IP 报头中的 TTL 字段复制得到的。

图 10-3 中 Label 字段的取值范围表示标签空间，标签空间的具体划分如下。

① 0～15：特殊标签，其中，3 个常用的特殊标签如下。

- 0：IPv4 Explicit NULL Label（IPv4 显式空标签），专用于 IPv4 报文，表示该标签必须被弹出（即标签被剥离）。如果出节点分配给倒数第二跳节点的标签值为 0，则倒数第二跳 LSR 需要将值为 0 的标签正常压入报文标签栈顶部，转发给最后一跳。最后一跳发现报文携带的标签值为 0，则将标签弹出。
- 2：IPv6 Explicit NULL Label（IPv6 显式空标签），专用于 IPv6 报文，表示该标签必须被弹出。如果出节点分配给倒数第二跳节点的标签值为 2，则倒数第二跳节点需要将值为 2 的标签正常压入报文标签栈顶部，转发给最后一跳。最后一跳发现报文携带的标签值为 2，则直接将标签弹出。
- 3：Implicit NULL Label（隐式空标签），倒数第二跳 LSR 进行标签交换时，如果发现交换后的出标签值为 3，则将该标签弹出，并将报文发给最后一跳。最后一跳收到该报文直接进行 IP 转发或下一层标签转发。

② 16～1023：静态 LSP 和静态基于约束条件的标签交换路径（Constraint-based Routed Label Switched Path，CR-LSP）共享的标签空间。

③ 1024 及以上：标签分发协议（Label Distribution Protocol，LDP）、资源预留协议-流量工程（Resource Reservation Protocol-Traffic Engineering，RSVP-TE）、多协议边界网关协议（MultiProtocol-Border Gateway Protocol，MP-BGP）等动态信令协议使用的标签空间。

2. MPLS 标签栈

如果 MPLS 报文中封装了多个 MPLS 标签（例如，LDP LSP 标签，也有 BGP LSP 标签、MPLS CR-LSP 标签或 VC 标签等），就形成标签栈（Label Stack）。

理论上，MPLS 标签可以无限嵌套。标签栈示例如图 10-4 所示，靠近 2 层帧头的标签称为栈顶 MPLS 标签或外层 MPLS 标签（Outer MPLS label），此时，S 标志位置（栈底标识）设为 0；靠近 3 层报头的标签称为栈底 MPLS 标签或内层 MPLS 标签（Inner MPLS Label），此时 S 标志位置设为 1。中间还可能有更多层次的 MPLS 标签，S 标志位置均设为 0，但指导数据转发的仅是外层标签（例如，LSP 标签），内层标签通常在 MPLS 网络传输中不会发生变化，仅用于在到达出节点时查找报文转发的出接口。

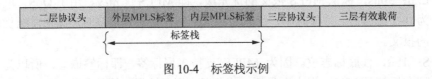

图 10-4　标签栈示例

在数据链路层协议中，帧头部分都有一个用于标识上层协议类型的字段，例如，以太网帧中的 Type 字段，PPP 帧中的 Protocol 字段。在 MPLS 帧中把这些字段的值作为 PID（协议 ID），用来标识帧头后面的是普通 IP 报文，还是 MPLS 报文。在以太网帧中，0x0800 代表 IP，0x8847 为 MPLS 单播报文，0x08848 为 MPLS 组播报文；在 PPP 帧中，0x8021 代表 IPCP，0x8281 为 MPLS 单播报文，0x8283 为 MPLS 组播报文。

10.1.3　MPLS 标签动作

在 MPLS 报文转发过程中涉及标签压入（Push）、标签交换（Swap）和标签弹出（Pop）这 3 个动作。

1. Push

Push：标签压入动作，可能会在 Ingress 或 Transit 上发生。

标签压入动作是指在 IP 报文的二层协议头和 IP 报头之间插入一个 MPLS 标签，标签压入动作的两种情形如图 10-5 所示，在 IP 报头前面插入标签 100，或者是在现有标签栈顶部再增加一个新标签，如图 10-5 中的第二行是在原有栈顶标签 200 的前面再新增一个新标签 300。在 BGP/MPLS IP VPN 的 Ingress 可能会在一个 IP 报文中同时压入多层公网或私网 MPLS 标签。

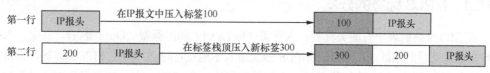

图 10-5　标签压入动作的两种情形

2. Swap

Swap：标签交换动作，会在 Transit 发生。

当 MPLS 报文在 MPLS 域内转发时，Transit 根据标签转发信息库（Label Forwarding Information Base，LFIB）的查找，匹配到相应的表项后，用下一跳分配的出标签交换 MPLS 报文中原有的栈顶标签。原有 MPLS 报文中可以携带有一层或多层 MPLS 标签，但仅交换最外层的标签。标签交换动作的两种情形如图 10-6 所示，其中图 10-6 中的第一行是在单层标签 MPLS 帧把标签 100 替换为标签 200；图 10-6 中的第二行是对双层标签 MPLS 帧中的栈顶标签 100 替换为标签 300。

图 10-6　标签交换动作的两种情形

3. Pop

Pop：标签弹出动作，会在倒数第二跳 Transit 或 Egress 发生。

当 MPLS 报文离开 MPLS 域时，Egress 剥离 MPLS 报文外层的标签，使后续的报文转发按照 IP 路由进行。标签弹出动作的两种情形如图 10-7 所示，其中，图 10-7 中的第一行是去掉单层标签 MPLS 帧的标签 100，还原为原始的 IP 报文；图 10-7 中的第二行是去掉双层标签的 MPLS 中的外层标签 100，使后续按照余下的标签 200 进行转发。

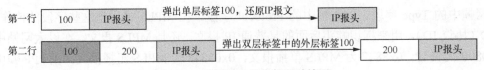

第一行　100　IP报头　　弹出单层标签100，还原IP报文　　IP报头

第二行　100　200　IP报头　　弹出双层标签中的外层标签100　　200　IP报头

图 10-7　标签弹出动作的两种情形

可以利用倒数第二跳弹出（Penultimate Hop Popping，PHP）特性，在倒数第二跳节点处将标签弹出，减少最后一跳的负担，使最后一跳节点直接进行 IP 路由转发或者下一层标签转发。默认情况下，华为设备支持 PHP 特性，支持 PHP 的 Egress 分配给倒数第二跳的标签值为 3。

10.2　MPLS 标签转发原理

理解采用 MPLS 标签进行数据转发原理的基础和前提是理解 MPLS 标签分发原理、LSP 建立流程、MPLS 体系结构等。

10.2.1　MPLS 标签的分发

在 MPLS 映射表中有两类标签：入标签（In Label）和出标签（Out Label）。其中，入标签是指到达某目的地址（FEC）的 MPLS 报文进入本地设备时必须带上 MPLS 标签，否则，本地设备不能识别，因为本地设备通过入标签来标识一个 FEC；出标签是指从本地设备发送到达某目的地址的 MPLS 报文必须带上 MPLS 标签，否则，不能把报文转发到正确的下一跳。

MPLS 标签最初是由目的 FEC 所在的 Egress 分发的，作为 Egress 为该 FEC 分配的入标签，然后通过标签映射消息向 Ingress 方向（也即建立的 LSP 方向，与 LSP 方向相反），沿着对应 FEC 的路由路径依次向上游节点传递。

标签映射消息到了上游节点后，映射消息中携带的 MPLS 标签作为当前节点对应FEC 的出标签添加到标签映射表中，然后，当前节点再为该 FEC 分配一个入标签，在标签映射表中与出标签建立映射关系后，继续向上游节点传递，直到 Ingress。

Ingress 不需要为 FEC 分配入标签，Egress 也不需要为 FEC 分配出标签。由此可见，在数据传输方向（也即 LSP 方向，与标签分发方向相反），上游节点为发送的 MPLS 报文中携带的出标签与本地节点分配的入标签是相同的，MPLS 标签分配基本流程如图 10-8所示。

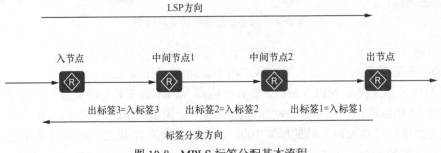

LSP方向

入节点　　　中间节点1　　　中间节点2　　　出节点

出标签3=入标签3　　　出标签2=入标签2　　　出标签1=入标签1

标签分发方向

图 10-8　MPLS 标签分配基本流程

在 Transit 上，每个 MPLS 报文进入设备时都会根据 MPLS 报文中携带的 MPLS 标签（是本地 Transit 的入标签），在标签映射表中找到与该标签映射的出标签，继而找到对应的出接口，再把 MPLS 报文携带的标签替换为映射的出标签，然后从映射的出接口转发出去。

MPLS 报文的标签转发过程就是不断用本地节点中某 FEC 映射的出标签（也是下游节点的入标签）替换 MPLS 报文中携带的、由本地节点为该 FEC 分配的入标签（也是上游节点的出标签）的过程。然后，依据出标签在建立的标签转发表中找到出接口，向下游节点进行转发。

每跳设备仅需要为每个 FEC 分配一个标签，即入标签，Ingress 除外，且上游节点的出标签与本地设备分配的入标签必须相同。

MPLS 网络中各节点携带的 MPLS 标签示例如图 10-9 所示，从图 10-9 中可以看出，在数据传输方向，上游节点配置的出标签与下游节点配置的入标签相同。在静态 LSP 中，MPLS 入标签和出标签都是管理员手动配置的，而在由 LDP 动态建立的 LSP 中，MPLS 标签是通过 LDP 自动分配的。

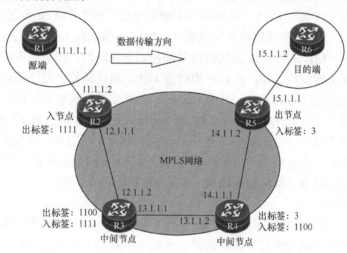

图 10-9　MPLS 网络中各节点携带的 MPLS 标签示例

10.2.2　LSP 的建立方式

LSP 是 MPLS 报文在 MPLS 网络中转发时经过的路径，可以看作由报文传输方向各节点（Ingress 除外）为对应 FEC 分配的 MPLS 入标签组成。因为每台设备上为每个 FEC 分配的入标签是唯一的，并与由下游节点分配的出标签建立映射关系，所以入标签确定后，即可确定唯一的转发路径。LSP 仅用于指导报文从 MPLS 骨干网入节点（Ingress）到达出节点（Egress）之间的转发。

LSP 是由途经节点分段建立的，路径中各节点上为某 FEC 建立的 LSP 串联后就是对应 FEC 的整条 LSP。各节点上建立的 LSP 是由入标签，对应映射的出标签及下一跳来确定转发路径的。像 IP 路由中从当前节点到达某目的网段可能有多条 IP 路由一样，在 MPLS 网络中，从当前节点到达某 FEC 也可能会建立多条不同的转发路径（绑定多个不同的出标签、出接口和下一跳），**但在同一时刻只有一条路径是最优的、有效的。**

MPLS 中的 LSP 可以通过在各节点上静态配置标签来建立，也可以通过一些协议为节点动态分配标签来建立。静态 LSP 类似于静态路由，需要管理员在每个节点上分别手工配置，动态 LSP 相当于动态路由，是由标签分配协议为节点动态分配标签。

1. 静态 LSP

静态 LSP 是管理员通过手动方式为各个 FEC 分配标签而建立的，不需要标签分发协议参与，也不需要 IP 路由参与（但在 Ingress 上仍需要配置到达 FEC 的路由，通常是配置静态路由）。由于静态 LSP 各节点上不能相互感知到整个 LSP 的建立情况，因此，静态 LSP 是一个本地的概念，即本地 LSP 是否建立成功，仅与本地设备对应端口的 MPLS 功能及状态有关。当然，最终还需要途经的各节点都建立好基于某 FEC 的 LSP，才能实现报文在 MPLS 网络中从入节点正确、成功地转发到出节点。

在静态 LSP 配置中，对于 MPLS 域中的不同节点所需配置的标签不一样。

- 对于 Ingress 只须配置出标签。
- 对于 Transit 需要同时配置入标签和出标签。
- 对于 Egress 只须配置入标签。

配置好静态 LSP 后，相当于在设备上手动创建好了每个 FEC 的标签信息表（Label Information Base，LIB）和标签转发信息表（Label Forwarding Information Base，LFIB），而且一般情况下，LIB 和 LFIB 包括的标签都是完全相同的，因为手工配置方式一般只配置真正用于报文转发的 LSP，所以不像动态 LSP，通过标签分发协议会生成一些当前无效的 LSP。但需要注意的是，LSP 是单向的，如果需要两端能正常通信，源端和目的端的通信需要建立双向 LSP，这两条 LSP 的 Ingress 和 Egress 角色是互换的。

静态 LSP 不使用标签发布协议，不需要交互控制报文，因此，消耗资源比较小，适用于拓扑结构简单并且稳定的小型网络。但通过静态方式分配标签建立的 LSP 不能根据网络拓扑变化动态调整（就像静态路由一样），需要管理员干预。

2. 动态 LSP

动态 LSP 是通过标签发布协议动态建立的，但同时也需要 IP 路由参与，以便按照路由路径在相邻节点间交换标签映射消息，达到由下游向上游分发 MPLS 标签，最终建立 LSP 的目的。不同标签发布协议的 LSP 的建立原理是不一样的。

在动态 LSP 建立中，主要使用以下 3 种标签发布协议。

（1）LDP

LDP 是专为标签发布而制定的协议，是最常用的标签发布协议。LDP 根据 IGP 及 BGP 对应的 IP 路由信息以逐跳方式建立 LSP。

（2）RSVP-TE

RSVP-TE（资源预留协议流量工程）是对 RSVP（资源预留协议）的扩展，用于建立 CR-LSP。其拥有普通 LDP LSP 不具备的一些功能，例如，发布带宽预留请求、带宽约束、链路颜色和显式路径等。

（3）MP-BGP

MP-BGP 是在 BGP 基础上扩展的协议。MP-BGP 支持为 MPLS VPN 业务中私网路由和跨域 VPN 的标签路由分配 BGP LSP 标签。

10.2.3　MPLS 体系架构

总体来说，MPLS 体系架构是由控制平面（Control Plane，CP）和转发平面（Forwarding

Plane，FP）两个部分组成。但在这两个部分中，各自又包括了相互关联的多个子项，MPLS 体系架构如图 10-10 所示。

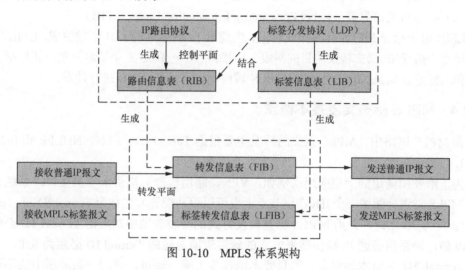

图 10-10　MPLS 体系架构

1. 控制平面

控制平面负责产生和维护路由信息和 MPLS 标签信息，所使用的是对应的各种路由协议和标签分发协议，负责对 IP 报文和 MPLS 标签报文转发的控制。要控制 IP 报文和 MPLS 标签报文转发就需要有产生、维护路由和标签信息的能力，这就是控制平面的基本功能，包括 3 个子项，各子项的具体职责说明如下。

（1）路由信息表（Routing Information Base，RIB）

RIB 是由各种 IP 路由协议生成的，用于进行路由选择。骨干网中的 MPLS 标签的分发、标签交换路径（Label Switched Path，LSP）的建立仍必须依据 IP 路由表。

（2）标签分发协议（Label Distribution Protocol，LDP）

LDP 是一种动态标签分发协议，负责 MPLS 标签的动态分发、LFIB（标签转发信息表）、LIB（标签信息表）的生成，结合 RIB 实现 LSP 的建立和拆除等工作。

（3）标签信息表（Label Information Base，LIB）

LDP 结合 MPLS 标签与 IP 路由中的 RIB 后可生成 LIB，保存了每个标签与对应转发等价类（Forwarding Equivalence Class，FEC）的映射关系，用于管理 MPLS 标签信息。在 LIB 中包括 FEC 网段、入标签、出标签、分发出标签的下游节点等元素，他们之间建立了一一映射关系。

2. 转发平面

转发平面即数据平面（Data Plane，DP），负责普通 IP 报文的转发及 MPLS 标签报文的转发。转发平面包括用于指导 IP 报文和 MPSL 标签报文转发的转发表项。

（1）转发信息表（Forwarding Information Base，FIB）

FIB 用于指导 IP 报文转发，从 RIB 中提取必要的路由信息生成，但仅提取当前有效的路由表项信息生成。当报文离开 MPLS 域时，要按 FIB 进行转发。

FIB 中包括目的网段、出接口、下一跳 IP 地址、路由标记、路由优先级等信息。在 FIB 中的表项都是当前有效的，如果过段时间到达同一目的地址改变了所使用的路由表项，或者原来对应的路由表项被删除了，则原来的 FIB 表项也会自动删除，以确保里面的表项都可以在当时用于指导 IP 报文的转发。

（2）标签转发信息表（Label Forwarding Information Base，LFIB）

LFIB 用于指导 MPLS 标签报文转发，由通过 LDP 生成的 LIB 下发生成。LFIB 中除了包括用于指导 IP 报文转发的目的网段、出接口、下一跳这 3 个基本元素，还包括了出标签和入标签。如果 MPLS 报文在 MPLS 域内，则需要按 LFIB 进行转发。

10.2.4 MPLS 标签转发基本概念

在 MPLS 网络中，MPLS 报文的转发主要根据 Tunnel ID、FTN、NHLFE 和 ILM。

1. Tunnel ID

为了给使用隧道的上层应用（例如，VPN、路由管理）提供统一的接口，系统会自动为 MPLS 隧道分配了一个 ID（在出节点上也可以手动配置），也称为 Tunnel ID。该 Tunnel ID 的长度为 32 比特，**采用 MPLS 标签转发方式的转发表项中对应的 Tunnel ID 必须是非 0x0 的，而采用普通 IP 路由转发方式的转发表项对应的 Tunnel ID 必须为 0x0。**

Tunnel ID 只有本地意义，即只要本地设备上唯一即可，即同一条隧道中的不同节点的 Tunnel ID 可以一样，也可以不一样。但同一设备中针对同一 FEC 的 NHLFE 和 ILM 表项中的 Tunnel ID 是相同的。

2. NHLFE

下一跳标签转发表项（Next Hop Label Forwarding Entry，NHLFE）根据 LFIB 生成，用于指导 MPLS 报文向下一跳转发。NHLFE 包括 Tunnel ID、出接口（OUT IF）、下一跳（NEXTHOP）、出标签（OUT Label）、标签操作类型（OPER，包括压入标签、弹出标签或替换标签）等信息，NHLFE 表项示例如图 10-11 所示，可以根据 MPLS 报文中携带的出标签在 NHLFE 中找到对应的出接口、下一跳进行报文转发。

3. FTN

FEC 与 NHLFE 的映射称为 FTN（FEC-to-NHLFE）。通过执行 **display fib** 命令查看 FIB 表中 Tunnel ID 值不为 0 的转发表项，能够获得 FTN 的详细信息。

FTN 只在 Ingress 存在，因为只在 Ingress 需要用到 FEC 中的分类信息来查找所需压入的出标签，再根据该出标签映射的 NHLFE 找到对应的出接口、下一跳进行报文转发。后面的节点都是直接根据 MPLS 报文中携带的出标签，在 NHLFE 中找到与出标签映射的出接口、下一跳信息进行报文的转发。

4. ILM

入标签与 NHLFE（下一跳标签转发表项）的映射称为入标签映射（Incoming Label Map，ILM），也是由 LFIB 生成，包括 Tunnel ID、入标签（IN Label）、入接口（IN IF）、标签操作类型（OPER）等信息，ILM 表项示例如图 10-12 所示。ILM 可使本地设备的入标签和出标签、Tunnel ID 建立对应的关联关系，主要用于进行 Transit 标签交换。

OUT IF	Tunnel ID	OPER	NEXTHOP	OUT Label
IF2	0x10	PUSH	1.1.1.2	z

图 10-11 NHLFE 表项示例

IN Label	IN IF	OPER	Tunnel ID
z	IF2	SWAP	0x10

图 10-12 ILM 表项示例

10.2.5　MPLS 标签转发基本流程

在 MPLS 转发过程中，FIB（仅在 Ingress 使用）、ILM 和 NHLFE 表项都是通过 Tunnel ID 关联的。当 IP 报文从 Ingress 进入 MPLS 域时，首先查看 FIB 表，检查目的 IP 地址对应的 Tunnel ID 值是否为 0x0。如果 Tunnel ID 值为 0x0，则进入正常的 IP 转发流程；如果 Tunnel ID 值不为 0x0，则进入 MPLS 转发流程。

MPLS 报文在骨干网中不同节点的具体转发流程有所不一样。

1. Ingress 的转发流程

在 Ingress 上是通过查询 FIB 表和 NHLFE 表指导报文的转发。

① 首先根据 IP 报文的目的 IP 地址查看 FIB 表，根据与目的 IP 地址对应的 Tunnel ID，如果需要采用 MPLS 转发，则 Tunnel ID 值肯定不为 0x0。

② 根据 FIB 表的 Tunnel ID 找到对应的 NHLFE（下一跳标签转发表项），在 LSP 已经建立的情况下，可在 NHLFE 查看对应的出接口、下一跳、出标签和标签操作类型（此时为 Push）。

③ 在 IP 报文的二层协议头和三层 IP 报头之间压入一个出标签，同时处理 TTL，然后将封装好的 MPLS 报文发送给下一跳。

2. Transit 的转发流程

在 Transit 上是通过查询 ILM（入标签映射）表和 NHLFE 表指导 MPLS 报文的转发。

① 首先，根据 MPLS 报文中的出标签值查看对应的 ILM 表（上游节点压入的出标签与本地节点的入标签是相同的），可以得到对应的本地 Tunnel ID。

② 然后，根据 ILM 表的 Tunnel ID 找到对应的 NHLFE 表项，可以得到下一跳转发所需的出接口、下一跳、出标签和标签操作类型。

③ MPLS 报文的处理方式根据不同的标签值而不同。

- 如果得到的出标签值≥16（表示该出标签不是特殊的标签），则用本地节点为该 FEC 分配的出标签替换原来 MPLS 报文中携带的标签（此时标签操作类型为 Swap），同时处理 TTL，然后将替换完标签的 MPLS 报文发送给下一跳。
- 如果得到的出标签值为 3，则直接弹出 MPLS 报文中原来的出标签（此时标签操作类型为 Pop），同时处理 TTL，然后进行 IP 转发或下一层标签转发。

3. Egress 的转发流程

在 Egress 上，仅需通过查询 ILM 表来指导 MPLS 报文的转发，或通过查询 IP 路由表指导 IP 报文转发，因为出节点在 MPLS 域对应的 LSP 中没有下一跳设备，所以不需要再利用 NHLFE 表来查询报文转发的出接口和下一跳。

① 如果 Egress 收到的是不带 MPLS 标签的 IP 报文，则查看 IP 路由表，进行 IP 转发。

② 如果 Egress 收到的是带有 MPLS 标签的 MPLS 报文，则查看 ILM 表获得标签操作类型，同时处理 TTL。

- 如果标签中的栈底标志位 S=1，则表明该标签是栈底标签，直接弹出该标签，然后进行 IP 转发。

- 如果标签中的栈底标志位 S=0，则表明还有下一层标签（此时至少还有两层标签），可继续进行下一层标签转发。

10.2.6 MPLS 标签转发示例

下面以支持 PHP 的 LSP 为例，介绍 MPLS 报文的具体标签转发流程。

MPLS 报文基本转发示例如图 10-13 所示，MPLS 标签已分发完成，建立了一条 LSP，其目的地址为 10.1.1.10/24，其 MPLS 报文的基本转发过程如下（已建立好了到达 10.1.1.10/24 地址的 LSP）。

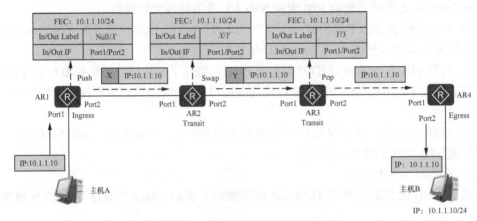

图 10-13　MPLS 报文基本转发示例

① Ingress AR1 在 Port1 上收到目的地址为 10.1.1.10 的 IP 报文后，首先根据 IP 报文的目的 IP 地址查看 FIB 表，根据与目的 IP 地址对应的 Tunnel ID，查看 Tunnel ID 值是否为 0，如果该值为 0，则进行正常的 IP 转发流程，否则，采用 MPLS 标签转发。

根据 FIB 表的 Tunnel ID 找到对应的 NHLFE，因为本节点是入节点，标签动作为 Push，所以需要压入的标签是根据 FEC 10.1.1.10 与标签的映射关系找到。此处假设 $X \geq 16$，作为本地设备的出标签，也是下游设备 AR2 分配给 FEC 10.1.1.10 入标签。然后，把 MPLS 报文从 NHLFE 表项中找到的出标签 X 所映射的出接口 Port2 转发出去。

② Transit AR2 收到带标签的 MPLS 报文后，首先根据 MPLS 报文中的出标签值查看对应的 ILM 表，得到对应的本地 Tunnel ID。

再根据 ILM 表的 Tunnel ID 找到对应的 NHLFE 表项。因为本节点是 Transit，标签动作 Swap，用本地为 FEC 10.1.1.10/24 分配的出标签（假设为 $Y \geq 16$）替换报文中原来的 MPLS 标签（X），然后从 NHLFE 表项中找到出标签 Y 映射的出接口 Port2 转发出去。

③ 倒数第二跳 Transit AR3 在收到带标签的 MPLS 报文后，首先也是根据 MPLS 报文中的出标签值查看对应的 ILM 表，得到本地对应的 Tunnel ID。

首先根据 ILM 表的 Tunnel ID 找到对应的 NHLFE 表项。因为该节点是倒数第二跳 LSR，一般由 Egress 分配了"3"这种特殊的出标签，替换报文中原来的 MPLS 标签 Y，然后打算从出标签 3 所映射的出接口转发出去。但是因为标签 3 是一个特殊的标签，必须弹出，所以需要先进行 PHP 操作，弹出标签（此时报文已不带 MPLS 标签），从 NHLFE 表项中找到的出标签 3 所映射的接口 Port2 转发报文。

④ EgressAR4 收到无 MPLS 标签的 IP 报文后，直接根据对应的 IP 路由表项把数据传输给目的主机 10.1.1.10/24。

可在每跳设备上任意视图下执行 **display mpls lsp verbose** 命令查看建立的 LSP 信息，输出结果如下。

```
<Huawei> display mpls lsp verbose
            LSP Information: LDP LSP
------------------------------------------------------------
  No                    :  2
  VrfIndex              :
  Fec                   :  10.2.2.2/32
  Nexthop               :  10.1.1.2
  In-Label              :  NULL
  Out-Label             :  3
  In-Interface          :  ----------
  Out-Interface         :  GE1/0/0
  LspIndex              :  9217
  Token                 :  0x802009
  FrrToken              :  0x0
  LsrType               :  Ingress
  Outgoing token        :  0x0
  Label Operation       :  PUSH
  Mpls-Mtu              :  ------
  TimeStamp             :  21086sec
  Bfd-State             :  ---
  BGPKey                :  -----
```

10.3　静态 LSP 配置

静态 LSP 的优点是不使用标签发布协议，不需要交互控制报文，资源消耗比较少，缺点是通过静态方式建立的 LSP 不能根据网络拓扑变化动态调整，而且需要管理员逐条手动配置，因此，适用于拓扑结构简单、规模比较小，并且有稳定的网络。

10.3.1　配置静态 LSP

静态 LSP 的路径也已通过手工配置明确指定，不需要通过 IP 路由在各节点间传递 MPLS 标签映射消息进行 MPLS 标签分配，各节点设备可以直接沿着手工指定的 LSP 路径通过为 FEC 分配的 MPLS 标签进行转发。理论上，在 MPLS/IP 骨干网中不需要通过 IP 路由实现互通。但当 IP 报文进入 Ingress 时，仍需要通过查找 FIB，仅当存在到达目的 FEC 的 FIB 表项，且当对应的 Tunnel ID 值不为 0x0 时，才能进行 MPLS 标签转发，因此，在 Ingress 处必须有到达对应目的 FEC 的有效路由表项，可以是静态路由，也可以是动态路由。

【说明】当采用静态路由配置时，仅要求在 Ingress 上配置到达 FEC 目的地址的路由，Transit 和 Egress 上不需要存在到达 FEC 目的地址的静态路由；但如果采用动态路由，则必须在整个 LSP 路径上实现公网（包括目的 FEC 对应的网段）路由互通，因为动态路由表项是通过学习邻居设备发来的路由信息（包括下一跳信息）后才生成的，公网路由不通，则 Egress 上的目的 FEC 路由信息就不可能传递到 Ingress。

　　配置静态 LSP 时要遵循以下原则：根据数据传输方向，上游节点 MPLS 出标签值要与下游节点 MPLS 入标签值相等，但在不同类型节点上所需配置的参数不完全一样，具体说明如下。

　　① 入节点需要指定 LSP 的目的 IP 地址（通常是 LSP 出节点用于担当 LSR-ID 的 Loopback 接口 IP 地址）、下一跳（可同时选配出接口）和出标签（不需要配置入标签）。

　　② 中间节点需要配置入接口、下一跳（可同时选配出接口）、入标签和出标签。

　　③ 出节点需要配置入接口和入标签（不需要配置出标签）。

　　要实现源和目的端相互通信，需要分别以两端 LER 为出节点创建双向静态 LSP。

　　静态 LSP 的创建包括以下主要配置任务：配置 LSR ID→使能 MPLS→配置静态 LSP，使用的标签空间为 16～1023，静态 LSP 的配置步骤见表 10-1。

表 10-1　静态 LSP 的配置步骤

步骤	命令	说明
1	**system-view**	进入系统视图
	配置 MPLS LSR ID	
2	**mpls lsr-id** *lsr-id* 例如，[Huawei] **mpls lsr-id** 1.1.1.1	配置本节点的 LSR ID，用于唯一标识一个 LSR，分十进制格式（与 IPv4 地址格式一样，类似 OSPF、BGP 路由器 ID） 在网络中部署 MPLS 业务时，必须首先配置 LSR ID，因为 **LSR 没有缺省的 LSR ID，必须手工配置**。为了提高网络的可靠性，推荐（只是推荐，可以直接配置为其他 IPv4 地址格式的 LSR ID）使用 LSR 某个 Loopback 接口的地址作为 LSR ID。建议 LSR ID 与 OSPF 或 BGP 的 Router ID 配置一样，整个网络唯一，用于对设备进行区分。 缺省情况下，没有配置 LSR ID，可用 **undo mpls lsr-id** 命令删除 LSR 的 ID。但如果要修改已经配置的 LSR ID，则必须先在系统视图下执行 **undo mpls** 命令，再使用本命令配置
	使能 MPLS	
3	**mpls** 例如，[Huawei] **mpls**	全局使能本节点的 MPLS，并进入 MPLS 视图。 缺省情况下，节点的 MPLS 能力处于未使能状态，可用 **undo mpls** 命令去使能全局 MPLS 功能，删除所有 MPLS 配置（除了 LSR ID）
4	**quit**	返回系统视图
5	**interface** *interface-type interface-number* 例如，[Huawei] interface gigabitethernet 1/0/0	进入需要转发 MPLS 报文接口的视图，**必须是三层接口，且必须是 MPLS 节点间相连的接口**
6	**mpls** 例如，[Huawei-GigabitEthernet1/0/0] **mpls**	使能以上接口的 MPLS。在需要部署 MPLS 业务的网络中，在节点上全局使能 MPLS 后，还需要在接口上使能 MPLS，才能够进行 MPLS 的其他配置。 缺省情况下，接口的 MPLS 能力处于未使能状态，可用 **undo mpls** 命令去使能接口的 MPLS 功能，删除所在接口的 MPLS 配置（包括接口下所有的 MPLS 配置）

步骤	命令	说明
		配置静态 LSP
7	**static-lsp ingress** *lsp-name* **destination** *ip-address* { *mask-length* | *mask* } { **nexthop** *next-hop-address* | **outgoing-interface** *interface-type interface-number* }* **out-label** *out-label* 例如，[Huawei] **static-lsp ingress** staticlsp1 **destination** 10.1.0.0 16 **nexthop** 10.1.1.2 **out-label** 100	（三选一）在 Ingress 上配置静态 LSP。主要配置目的 IP 地址、下一跳 IP 地址（可同时配置出接口）和出标签。 • *lsp-name*：指定 LSP 名称（注意：不是 LSR ID），字符串形式，区分大小写，不支持空格，长度范围是 1～19。当输入的字符串两端使用双引号时，可以在字符串中输入空格。 • **destination** *ip-address*：指定目的 IP 地址。 • *mask-length* | *mask*：指定目的 IP 地址所对应的子网掩码长度或子网掩码。 • **nexthop** *next-hop-address*：可多选参数，指定下一跳 IP 地址，如果是以太网链路，则必须配置下一跳 IP 地址。 • **outgoing-interface** *interface-type interface-number*：可多选参数，指定 LSP 的出接口，只有点到点链路才能选择单独配置出接口，不配置下一跳。在以太网中，如果到达下一跳存在多出接口时，需要同时指定下一跳和出接口。 • **out-label** *out-label*：指定出标签值，整数形式，取值范围是 16～1048575。 推荐采用指定下一跳的方式配置静态 LSP，确保本地路由表中存在与指定目的 IP 地址精确匹配的路由，包括目的 IP 地址和下一跳 IP 地址。 【说明】配置静态 LSP 时，需要注意配置的静态 LSP 的路径一定要和路由信息完全匹配。 • 如果在配置静态 LSP 时指定了下一跳，则在配置 IP 静态路由时也必须指定下一跳，否则，不能建立静态 LSP。 • 如果 LSR 之间使用动态路由协议互通，则 LSP 的下一跳 IP 地址必须与路由表中的下一跳 IP 地址一致。 缺省情况下，没有为入节点配置静态 LSP，可用 **undo static-lsp ingress** *lsp-name* 命令为入节点删除一条 LSP，但需要修改配置时，可以直接重新配置，而不需要先删除原来的配置
	static-lsp transit *lsp-name* **incoming-interface** *interface-type interface-number* **in-label** *in-label* { **nexthop** *next-hop-address* | **outgoing-interface** *interface-type interface-number* }* **out-label** *out-label* 例如，[Huawei] **static-lsp transit** bj-sh **incoming-interface** gigabitethernet 1/0/0 **in-label** 123 **nexthop** 202.34.114.7 **out-label** 253	（三选一）在 Transit 上配置静态 LSP。主要配置入接口、入标签（与上游节点配置的出标签要一致），下一跳 IP 地址（可同时配置出接口）和出标签命令中的参数与在 Ingress 上配置的 **static-lsp ingress** 命令中对应参数说明一样，参照即可。只是这里要同时配置入接口/入标签（**incoming-interface/in-label**）、下一跳、出接口/出标签（**nexthop**、**outgoing-interface/out-label**），入标签的取值范围为 16～1023，出标签的取值范围为 16～1048575。推荐采用指定下一跳的方式配置静态 LSP，确保本地路由表中存在与指定目的 IP 地址精确匹配的路由表项，包括目的 IP 地址和下一跳 IP 地址。如果 LSP 出接口为以太网类型，则必须配置下一跳以保证 LSP 的正常转发。 缺省情况下，没有为中间转发节点配置静态 LSP，可用 **undo static-lsp transit** *lsp-name* 命令为中间转发节点删除一条 LSP，但需要修改配置时，可直接重新配置，而不需要先删除原来的配置

续表

步骤	命令	说明
7	**static-lsp egress** *lsp-name* **incoming-interface** *interface-type interface-number* **in-label** *in-label* [**lsrid** *ingress-lsr-id* **tunnel-id** *tunnel-id*] 例如，[Huawei] **static-lsp egress** bj-sh **incoming-interface** gigabitethernet 1/0/0 **in-label** 233	（三选一）在 Egress 上配置静态 LSP。主要配置入接口、入标签（与倒数第二跳节点配置的出标签要一致）。命令中的参数与在 Egress 上配置的 **static-lsp egress** 命令中对应参数说明一样，参考即可。可选参数 **lsrid** *ingress-lsr-id* **tunnel-id** *tunnel-id* 分别用来指定入节点的 LSR ID 和隧道 ID（取值范围是 1～65535）。 缺省情况下，没有在出节点配置静态 LSP，可用 **undo static-lsp egress** *lsp-name* 命令在出节点删除配置的静态 LSP。如果要修改 **incoming-interface** *interface-type interface-number*、**in-label** *in-label* 参数，而不需要先删除原来的 LSP，只需重新执行本命令配置即可

配置好静态 LSP 后，可执行以下 **display** 命令查看相关信息。

① **display mpls static-lsp** [*lsp-name*] { [**include** | **exclude**] *ip-address mask-length* } [**verbose**]：查看静态 LSP 的信息。

② **display mpls label static available** { [**label-from** *label-index*] **label-number** *label-number* }：查看静态业务可以使用的标签。

另外，还可以执行 **ping lsp** ip *destination-address mask-length* 命令检测 LSP 的连通性。

【说明】从上表的静态 LSP 配置可以看出，只有 Ingress 才需要配置目的 IP 地址（相当于进行 FEC 划分），在 Transit 和 Egress 上均不需要配置目的 IP 地址，所以为了确保各设备配置的静态 LSP 可以完整体现对应 FEC 的整条 LSP，建议各设备上针对同一 FEC 配置的静态 LSP 名称相同。

另外，在同一设备上配置的一条 LSP 中，入标签和出标签可以相同，也可以不同，但上游节点的出标签值必须与下游节点的入标签相同。因为不同 LSP 代表了不同的 FEC，所以对于同一设备上为不同 LSP 所分配的入标签必须不同。

10.3.2　静态 LSP 配置示例

动态路由方式 AR 路由器静态 LSP 配置示例的拓扑结构如图 10-14 所示，LSR_1、LSR_2、LSR_3 为某 MPLS 骨干网设备，均为华为 AR G3 系列路由器。现要求在骨干网上创建稳定的公网隧道来承载 L2VPN 或 L3VPN 业务。

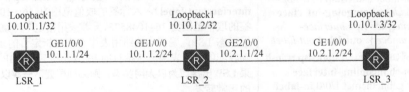

图 10-14　动态路由方式 AR 路由器静态 LSP 配置示例的拓扑结构

1. 基本配置思路分析

因为本示例的拓扑结构简单且稳定，所以可采用静态 LSP 配置方式更适合，又因为

LSP 是单向的，所以如果要实现各设备所连的网络互通，则需要配置两条静态 LSP：一条是由 LSR_1 到 LSR_3 的 LSP（假设名称为 LSP1），此时 LSR_1 为 Ingress，LSR_2 为 Transit，LSR_3 为 Egress；另一条是由 LSR_3 到 LSR_1 的 LSP（假设名称为 LSP2），此时 LSR_3 为 Ingress，LSR_2 为 Transit，LSR_1 为 Egress。

本示例骨干网采用动态路由方式在入节点上生成到达出节点 FEC 的路由表项。根据本章前文的介绍，采用动态路由方式时，必须在 LSP 路径各节点上进行动态路由配置。在此采用 OSPF 路由实现骨干网中 LSP 路径上各网段的 3 层互通。

本示例基本配置思路如下。

① 配置各设备接口的 IP 地址，包括 Loopback1 接口的 IP 地址。

② 在各设备上配置 OSPF，实现骨干网（包括目的 FEC 对应的网段）的 3 层互通。以 LSR_1 和 LSR_3 上的 Loopback1 接口 IP 地址作为建立对应 LSP 的目的 FEC。

③ 在各设备上配置 LSR ID，使能全局和公网侧接口的 MPLS 能力。

④ 配置两条相反方向的静态 LSP。

在两条静态 LSP 的 Ingress 上配置目的地址、下一跳和出标签的值；在 Transit 上配置入接口、与上游节点出标签相同的入标签的值、对应的下一跳 IP 地址和出标签的值；在 Egress 上配置入接口、与上游节点出标签相同的入标签的值。

2. 具体配置步骤

① 配置各设备接口（包括 Loopback1 接口）的 IP 地址。

在此仅以 LSR_1 为例进行介绍，其他设备的接口 IP 地址配置方法一样，具体配置如下。

```
<Huawei> system-view
[Huawei] sysname LSR_1
[LSR_1] interface loopback 1
[LSR_1-LoopBack1] ip address 10.10.1.1 32
[LSR_1-LoopBack1] quit
[LSR_1] interface gigabitethernet 1/0/0
[LSR_1-GigabitEthernet1/0/0] ip address 10.1.1.1 24
[LSR_1-GigabitEthernet1/0/0] quit
```

② 在各设备上配置 OSPF，实现骨干网（包括目的 FEC 对应的网段）的 IP 连通性。

在此仅以 LSR_1 为例进行介绍，其他设备的 OSPF 配置方法一样，具体配置如下。

```
[LSR_1] ospf 1
[LSR_1-ospf-1] area 0
[LSR_1-ospf-1-area-0.0.0.0] network 10.10.1.1 0.0.0.0
[LSR_1-ospf-1-area-0.0.0.0] network 10.1.1.0 0.0.0.255
[LSR_1-ospf-1-area-0.0.0.0] quit
[LSR_1-ospf-1] quit
```

配置好 OSPF 路由后，在各节点上执行 **display ospf routing** 命令，可以看到相互之间学到了彼此的路由，需要注意的是，LSR_1 和 LSR-3 上 Loopback1 接口网段路由。在 LSR_1 上执行 **display ospf routing** 命令的输出如图 10-15 所示。

③ 在各设备上配置 LSR ID，使能全局和公网侧接口的 MPLS 能力。LSR ID 是以各自的 Loopback1 接口 IP 地址进行配置。

在此仅以 LSR_1 为例进行介绍，其他设备的 OSPF 配置方法一样，具体配置如下。

```
[LSR_1] mpls lsr-id 10.10.1.1
[LSR_1] mpls
```

```
[LSR_1-mpls] quit
[LSR_1] interface gigabitethernet 1/0/0
[LSR_1-GigabitEthernet1/0/0] mpls
[LSR_1-GigabitEthernet1/0/0] quit
```

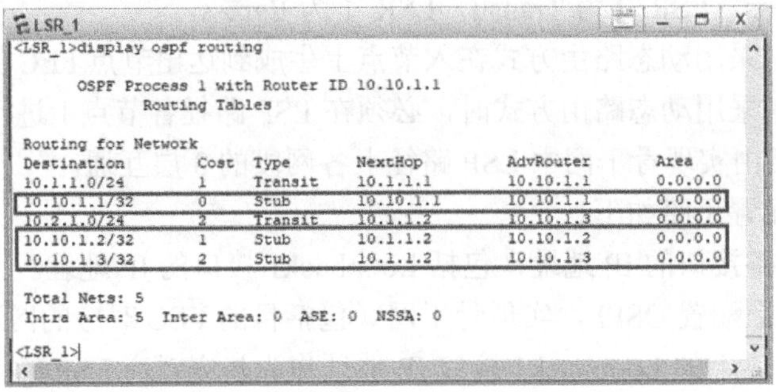

```
LSR_1
<LSR_1>display ospf routing

        OSPF Process 1 with Router ID 10.10.1.1
              Routing Tables

Routing for Network
Destination     Cost   Type      NextHop      AdvRouter     Area
10.1.1.0/24     1      Transit   10.10.1.1    10.10.1.1     0.0.0.0
10.10.1.1/32    0      Stub      10.10.1.1    10.10.1.1     0.0.0.0
10.2.1.0/24     2      Transit   10.10.1.2    10.10.1.3     0.0.0.0
10.10.1.2/32    1      Stub      10.10.1.2    10.10.1.2     0.0.0.0
10.10.1.3/32    2      Stub      10.10.1.2    10.10.1.3     0.0.0.0

Total Nets: 5
Intra Area: 5  Inter Area: 0  ASE: 0  NSSA: 0

<LSR_1>
```

图 10-15　在 LSR_1 上执行 **display ospf routing** 命令的输出

④ 创建两条相反方向的静态 LSP。这里涉及两个方向的两条 LSP，LSR_1 和 LSR_3 在不同 LSP 中的角色不一样。

在配置静态 LSP 时，同一 LSP 中上游节点配置的出标签与下游节点配置的入标签必须一致。我们建议先规划好各节上的入标签和出标签（Ingress 上只须配置出标签，Egress 上只须配置入标签）。因为本示例中均为以太网链路，而且到达下一跳不存在多条路径，所以均不需要指定出接口。

本示例中，两条静态 LSP 中各节点 MPLS 标签规划如下。

① LSP1:Ingress（LSR_1）的出标签为 20；Transit（LSR_2）的入标签为 20，出标签为 40；Egress（LSR_3）的入标签为 40。

② LSP2:Ingress（LSR_3）的出标签为 30；Transit（LSR_2）的入标签为 30，出标签为 60；Egress（LSR_1）的入标签为 60。

创建从 LSR_1 到 LSR_3 的静态 LSP1。LSR_1 为 Ingress，LSR_3 为 Egress。

\#---Ingress LSR_1 上的配置。

配置目的 IP 地址（LSR_3 的 Loopback1 接口 IP 地址）、下一跳（LSR_2 的 GE1/0/0 接口 IP 地址）和出标签 20，具体配置如下。

```
[LSR_1] static-lsp ingress LSP1 destination 10.10.1.3 32 nexthop 10.1.1.2 out-label 20
```

\#---Transit LSR_2 上的配置。

配置入接口（LSR_2 的 GE1/0/0 接口）、入标签（20，要与 LSR_1 的出标签一致）、下一跳（LSR_3 的 GE1/0/0 接口 IP 地址）和出标签 40，具体配置如下。

```
[LSR_2] static-lsp transit LSP1 incoming-interface gigabitethernet 1/0/0 in-label 20 nexthop 10.2.1.2 out-label 40
```

\#---Egress LSR_3 上的配置。

配置入接口（LSR_3 的 GE1/0/0 接口）和入标签（40，要与 LSR_2 的出标签一致），具体配置如下。

```
[LSR_3] static-lsp egress LSP1 incoming-interface gigabitethernet 1/0/0 in-label 40
```

创建从 LSR_3 到 LSR_1 的静态 LSP2。LSR_3 为 Ingress，LSR_1 为 Egress，具体配置如下。

\#---Ingress LSR_3 上的配置。

配置目的 IP 地址（LSR_1 的 Loopback1 接口 IP 地址）、下一跳（LSR_2 的 GE2/0/0 接口 IP 地址）和出标签 30，具体配置如下。

> **[LSR_3] static-lsp ingress** LSP2 **destination** 10.10.1.1 32 **nexthop** 10.2.1.1 **out-label** 30

#---Transit LSR_2 上的配置。

配置入接口（LSR_2 的 GE2/0/0 接口）、入标签（30，要与 LSR_1 的出标签一致）、下一跳（LSR_1 的 GE1/0/0 接口 IP 地址）和出标签 60，具体配置如下。

> **[LSR_2] static-lsp transit** LSP2 **incoming-interface** gigabitethernet 2/0/0 **in-label** 30 **nexthop** 10.1.1.1 **out-label** 60

#---Egress LSR_1 上的配置。

配置入接口（LSR_1 的 GE1/0/0 接口）和入标签（60，要与 LSR_2 的出标签一致），具体配置如下。

> **[LSR_1] static-lsp egress** LSP2 **incoming-interface** gigabitethernet 1/0/0 **in-label** 60

3. 配置结果验证

以上配置完成后，可以进行以下配置结果验证。

① 在各节点上执行 **display mpls static-lsp** 或 **display mpls static-lsp verbose** 命令查看静态 LSP 的状态或详细信息。在 LSR_3 上执行 **display mpls static-lsp** 和 **display mpls static-lsp verbose** 两条命令的输出如图 10-16 所示，其中的两条静态 LSP 的状态均为 Up。

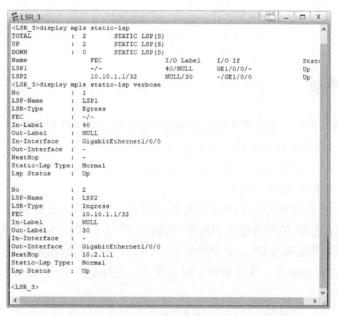

图 10-16　在 LSR_3 上执行 **display mpls static-lsp** 和
display mpls static-lsp verbose 两条命令的输出

② 在 LSR_3 上执行 **ping lsp ip** 10.10.1.1 32 命令，ping 到达 LSR_1 Loopback1 接口 IP 地址的 LSP 是通的，在 LSR_3 上执行 **ping lsp ip** 命令的结果如图 10-17 所示。同样在 LSR_1 上执行 **ping lsp ip** 10.10.1.3 32 命令，ping 到达 LSR_3 Loopback1 接口 IP 地址的 LSP 也是通的，在 LSR_1 上执行 **ping lsp ip** 命令的结果如图 10-18 所示。

通过前面的验证，已可证明本示例的配置是正确且成功的。

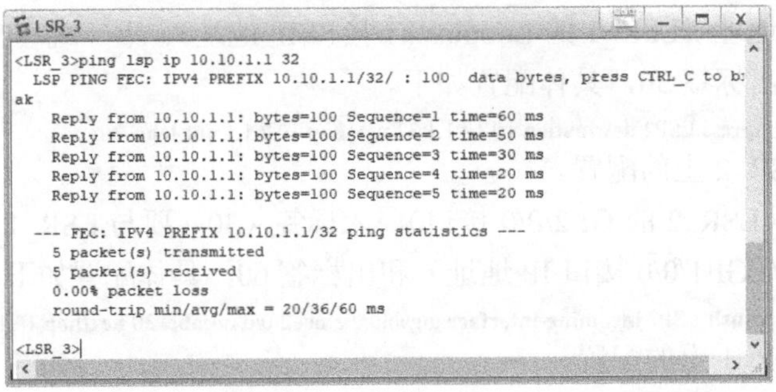

```
<LSR_3>ping lsp ip 10.10.1.1 32
  LSP PING FEC: IPV4 PREFIX 10.10.1.1/32/ : 100  data bytes, press CTRL_C to br
ak
    Reply from 10.10.1.1: bytes=100 Sequence=1 time=60 ms
    Reply from 10.10.1.1: bytes=100 Sequence=2 time=50 ms
    Reply from 10.10.1.1: bytes=100 Sequence=3 time=30 ms
    Reply from 10.10.1.1: bytes=100 Sequence=4 time=20 ms
    Reply from 10.10.1.1: bytes=100 Sequence=5 time=20 ms

  --- FEC: IPV4 PREFIX 10.10.1.1/32 ping statistics ---
    5 packet(s) transmitted
    5 packet(s) received
    0.00% packet loss
    round-trip min/avg/max = 20/36/60 ms

<LSR_3>
```

图 10-17　在 LSR_3 上执行 **ping lsp ip** 命令的结果

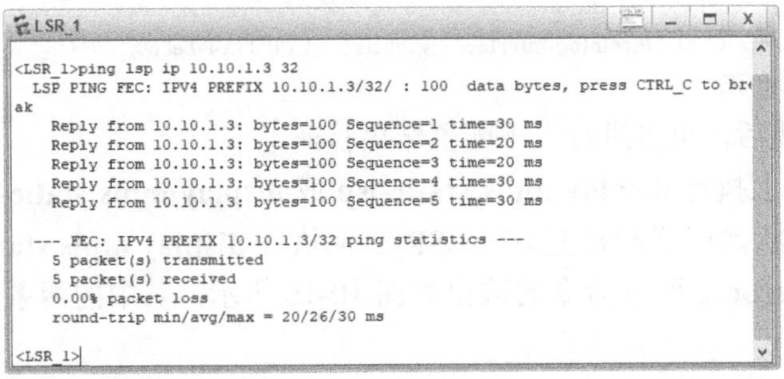

```
<LSR_1>ping lsp ip 10.10.1.3 32
  LSP PING FEC: IPV4 PREFIX 10.10.1.3/32/ : 100  data bytes, press CTRL_C to bre
ak
    Reply from 10.10.1.3: bytes=100 Sequence=1 time=30 ms
    Reply from 10.10.1.3: bytes=100 Sequence=2 time=20 ms
    Reply from 10.10.1.3: bytes=100 Sequence=3 time=20 ms
    Reply from 10.10.1.3: bytes=100 Sequence=4 time=30 ms
    Reply from 10.10.1.3: bytes=100 Sequence=5 time=30 ms

  --- FEC: IPV4 PREFIX 10.10.1.3/32 ping statistics ---
    5 packet(s) transmitted
    5 packet(s) received
    0.00% packet loss
    round-trip min/avg/max = 20/26/30 ms

<LSR_1>
```

图 10-18　在 LSR_1 上执行 **ping lsp ip** 命令的结果

10.4　LDP 基础

LDP 是 MPLS 体系中非常重要的标签发布控制协议。如果把静态 LSP 比作静态路由，则 LDP 相当于一种动态路由协议，也就是说，它不需要网络维护人员手工在各节点上逐条配置 LSP，通过 LDP 就可以在各节点上动态建立 LSP，极大地减轻了维护人员的工作量，同时也减少了配置错误的发生。

LDP 规定了标签分发过程中的各种消息及相关处理过程，负责 FEC 的分类、MPLS 标签的分配，以及 LSP 的动态建立和维护等操作。通过 LDP，LSR 可以把网络层的路由信息直接映射到数据链路层的 LSP 交换路径上，实现在网络层动态建立 LSP。目前，LDP 广泛地应用在 VPN 服务上，具有组网、配置简单、支持基于路由动态建立 LSP、支持大容量 LSP 等优点。

10.4.1　LDP 基本概念

在利用 LDP 动态建立 LSP 的过程中，涉及以下基本概念。

1. LDP 对等体

LDP 对等体是指相互之间存在直接的 LDP 会话，可直接使用 LDP 来交换标签消息（包括标签请求消息和标签映射消息）的两个 LSR。在 LDP 对等体中，通过它们之间的 LDP 会话可以获得下游对等体为某 FEC 分配的 MPLS 入标签，然后作为本端对应 FEC 的出标签。

LDP 对等体之间可以是直连的，也可以是非直连的。LSR 对等体示例如图 10-19 所示，LSR_1 下面连接了一台 2 层交换机 SW，然后在这台 2 层交换机下又连接多个 LSR 路由器，则 LSR_1 与 LSR_2、LSR_3 和 LSR_4 之间可以看作直连的对等体关系，同理，LSR_5 与 LSR_2、LSR_3 和 LSR_4 之间也是直连对等体关系，但 LSR_1 与 LSR_5 之间也可以建立对等体关系，此时他们之间是非直连对等体关系。

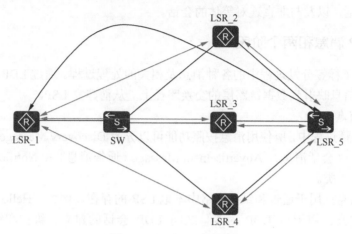

图 10-19　LSR 对等体示例

2. LDP 邻接体

如果一台 LSR 接收到对端发送的 Hello 消息，就会在两端之间建立 LDP 邻接体关系（也就是邻居关系），但这种 LDP 邻接体存在两种类型，具体说明如下。

① 本地邻接体（Local Adjacency）：通过**组播形式**（目的 IP 地址为 224.0.0.2，代表本地子网中的所有路由器）发送 Hello 消息（称为"链路 Hello 消息"）发现的邻接体称为本地邻接体。

如果一个源路由器通过一接口以组播方式发送一条 Hello 消息，则在这条链路下的所有直连路由器都会收到，然后这些路由器就是这个源路由器的本地邻接体。如图 10-19 中的 LSR_1 以组播方式发送一条 Hello 消息，则 LSR_2、LSR_3 和 LSR_4 都可以收到，他们都是 LSR_1 的本地邻接体。

② 远端邻接体（Remote Adjacency）：通过**单播形式**发送 Hello 消息（称之为"目标 Hello 消息"）发现的邻接体叫作远端邻接体。

远端邻接体通常认为是非直连的，但也可以是直连的。如图 10-19 中的 LSR_1 向 LSR_5 以单播方式发送一条 Hello 消息，则 LSR_5 就是 LSR_1 的远端邻接体。

LDP 通过邻接体来维护对等体的存在，对等体的类型取决于维护它的邻接体的类型。一个对等体可以由多个邻接体来维护，如果同时包括本地邻接体和远端邻接体，则该对等体类型为本远（本地和远端）共存对等体。

3. LDP 会话

LDP 会话用于在 LSR 之间交换标签映射、释放会话等消息。只有存在邻接体的两端对等体之间，才能建立 LDP 会话。区分于本地邻接体和远端邻接体，在这两类邻接体之间建立的 LDP 会话也对应分为以下两种类型。

① 本地 LDP 会话（Local LDP Session）：直连的本地 LDP 邻接体之间建立的 LDP
会话。

② 远端 LDP 会话（Remote LDP Session）：远端 LDP 邻接体之间建立的 LDP 会话，
邻接体之间可以是直连的，也可以是非直连的。

本地 LDP 会话和远端 LDP 会话可以共存，也就是一个对等体上可以同时创建与直
连对等体的会话，以及与非直连对等体的会话。

10.4.2　LDP 消息和两个阶段

LDP 规定了标签分发过程中的各种消息及相关的处理过程。通过 LDP，LSR 可以把
网络层的路由信息映射到数据链路层的交换路径上，从而建立 LSP。

1. LDP 消息

在 LDP 会话过程中，所使用消息按照功能可以分为 Discovery Message（发现消息）、
Session Message（会话消息）、Advertisement Message（通告消息）和 Notification Message
（通知消息）四大类。

① 发现消息：用于通告和维护网络中本地 LSR 的存在，例如，Hello 消息。

② 会话消息：用于与 LDP 对等体之间 LDP 会话的建立、维护和终止，例如，
Initialization（初始化）消息、Keepalive（保持活跃）消息。

③ 通告消息：用于创建、改变和删除 FEC 的标签映射，例如，标签映射消息、Address
（地址）、Address Withdraw（地址撤销）。

④ 通知消息：用于提供建议性的消息和差错通知。

LDP 消息类型见表 10-2。

表 10-2　LDP 消息类型

消息类型	消息名称	传输层协议	说明
Discovery（发现）	Hello	UDP	在 LDP 发现机制宣告本地 LSR 并发现邻居
Session（会话）	Initialization		在 LDP 会话过程中协商参数
	Keepalive		监控 LDP 会话中 TCP 连接的状态
Advertisement（通告）	Address	TCP	宣告本地接口 IP 地址
	Address Withdraw		撤销本地接口 IP 地址
	Label Mapping		宣告 FEC 与标签之间的映射关系
	Label Request		请求 FEC 的标签映射
	Label Abort Request		终止未完成的 Label Request 消息
	Label Withdraw		撤销 FEC 与标签之间的映射关系
	Label Release		释放标签
Notification（通知）	Notification		通知 LDP 对等体信息

为了保证 LDP 消息的可靠发送，除了发现消息使用 UDP 传输，其他 3 种 LDP 消息
都使用 TCP 传输。在所使用的传输层端口上，要区分以下几种情况。

• Hello 消息都使用 UDP 传输，**源端口和目的端口均为 UDP 646**（LDP 端口号）。

• LDP 会话、通告和通知消息中，主动方（**对等体间 IP 地址大的一方**）发送的消

息中的源端口为任意 TCP 端口，目的端口为 TCP 646（LDP 端口号）；被动方发送的消息中的源端口为 TCP 646 端口，目的端口为任意 TCP 端口。

2．LDP 的两个工作阶段

LDP 工作过程主要分为两个阶段：一是在对等体之间建立 LDP 会话；二是在对等体之间建立 LSP。

（1）在对等体之间建立 LDP 会话

在这个过程中，LSR 设备先通过发送 Hello 消息来发现对等体，然后在 LSR 之间建立 LDP 会话。会话建立后，LDP 对等体之间通过周期性地发送 Hello 消息和 Keepalive 消息来保持这个会话。

- LDP 对等体之间通过周期性发送 Hello 消息表明自己希望继续**维持邻接关系**。如果 Hello 保持定时器超时，仍没有收到对端发来新的 Hello 消息，则会删除它们之间的邻接关系。邻接关系被删除后，本端 LSR 将向对端发送 Notification 消息，结束它们之间的 LDP 会话。
- LDP 对等体之间，通过发送 Keepalive 消息来**维持 LDP 会话**。如果会话保持定时器（Keepalive 保持定时器）超时，仍没有收到对端发来新的 Keepalive 消息，则本端 LSR 将向对端发送 Notification 消息，关闭它们之间的 TCP 连接，结束 LDP 会话。

（2）在对等体之间建立 LSP

LDP 会话建立成功后，LDP 通过发送标签请求和标签映射消息，在 LDP 对等体之间通告 FEC 和标签的绑定关系，从而建立 LSP。

10.4.3　LDP 报文格式

LDP 报文包括 LDP 头部和 LDP 消息两个部分。LDP 头部携带了 LDP 版本、报文长度等内容，共 10 字节，LDP 头部格式如图 10-20 所示，各字段说明如下。

2Bytes（字节）	2Bytes（字节）	6Bytes（字节）
Version	PDU Length	LDP Identifier

图 10-20　LDP 头部格式

- Version：2 字节，标识 LDP 版本号，当前版本号为 1。
- PDU Length：2 字节，以字节为单位标识了 LDP 报文中除了 Version 字段和本字段的其他部分的总长度。
- LDP Identifier：6 字节，表示 LDP ID，其中，前 4 字节用来唯一标识一个 LSR，后 2 字节用来标识 LSR 的标签空间。

LDP 消息中携带了消息类型、消息长度等信息，LDP 消息格式如图 10-21 所示，各字段说明如下。

1bit	2Bytes	2Bytes	4Bytes	可变长	可变长
U	Type	Message Length	Messafge ID	Mandatory Parameters	Optional Parameters

图 10-21　LDP 消息格式

- U：1 比特，为 Unknown Message bit（未知消息比特位）。当 LSR 收到一个无法识别的消息时，该消息的 U 比特位置为 0 时，LSR 会返回给该消息的生成者一个通告；当 U 比特位置为 1 时，忽略该无法识别的消息，不发送通告给该消息生成者。

- Type：2 字节，表示消息的类型。目前，LDP 定义的常用消息有 Notification、Hello、Initiazation、KeepAlive、Address、Address Withdraw、Label Mapping、Label Request、Label Abort Request、Label Withdraw 和 Label Release。
- Message Length：2 字节，以字节为单位标识 Message ID、Mandatory Parameters 和 Optional Parameters 这 3 个字段的总长度。
- Message ID：4 字节，标识一个消息。
- Mandatory Parameters 和 Optional Parameters 分别为可变的该消息比选的参数和可选的参数。

10.5　LDP 工作原理

本节介绍 LDP 会话、LDP 标签发布与管理、LDP LSP 的建立工作原理。

10.5.1　LDP 会话状态机

每台运行 LDP 的 LSR 除了必须配置 LSR ID，还必须拥有 LDP ID。LDP ID 的长度为 48bits，由 32bits 的 LSR ID 和 16bits 的标签空间标识符构成，格式为"LSR ID:标签空间标识符"，例如，1.1.1.1:10。标签空间标识符有以下两种形态。

① 0：表示基于设备（或者基于平台）的标签空间。
② 非 0：表示基于接口的标签空间。

LDP 会话有以下 5 种状态机，用于 LDP 会话协商，LDP 会话状态机及相互转换如图 10-22 所示。

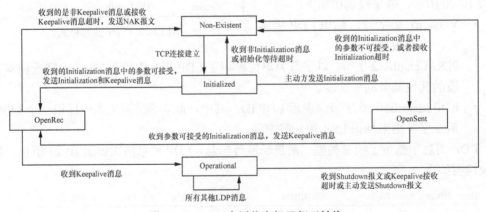

图 10-22　LDP 会话状态机及相互转换

① Non-Existent（不存在）：该状态为 LDP 会话的最初状态。在此状态下，双方发送 Hello 消息，选举主动方。在收到 TCP 连接成功建立事件后，触发变为 Initialized（初始化）状态。

② Intialized（初始化）：该状态下分为主动方和被动方两种情况。主动方发送Initialization（初始）消息，然后本端转为 OpenSent 状态，等待对端回应 Initialization 消息；被动方在 Intialized 状态下等待主动方向自己发送 Initialization 消息。如果收到的Initialization 消息中的参数可接受，则向主动方发送 Initialization 和 Keepalive 消息，然后本端转为 OpenRec 状态。主动方和被动方在此状态下收到任何非 Initialization 消息或等待超时，都会再次转换为 Non-Existent 状态。

③ OpenSent（开始发送）：该状态是主动方发送完 Initialization 消息后的状态。在此状态下等待被动方应答 Initialization 消息和 Keepalive 消息。如果收到的 Initialization 消息中的参数可接受，则本端转换为 OpenRec 状态；如果参数不能接受或者 Initialization 消息超时，则断开原来建立的 TCP 连接，转换为 Non-Existent 状态。

④ OpenRec（开始接收）：在该状态下，无论主动方还是被动方，都是发送 Keepalive 消息后的状态，在等待对方响应 Keepalive 消息。如果收到对方发来的 Keepalive 消息，就转换为 Operational 状态，如果收到其他消息，或者接收 Keepalive 消息超时，则转换为 Non-Existent 状态。

⑤ Operational（操作）：该状态是 LDP 会话成功建立的标志。在此状态下，可以发送和接收所有其他 LDP 消息。在此状态下，如果接收 Keepalive 消息超时，收到致使错误的 Notification 消息，或者自己主动发送的 Shutdown 报文结束会话，都会转换为Non-Existent 状态。

10.5.2　LDP 会话的建立流程

通过 LDP 发现 LDP 对等体后，就可以在对等体之间建立 LDP 会话。只有建立了LDP 会话，才能建立后续的 LDP LSP。

1. LDP 发现机制

LDP 有两种用于 LSR 发现潜在的 LDP 对等体的机制。

① 基本发现机制：用于发现直连链路上的 LSR。

LDP 基本发现机制是 LSR 通过周期性地以组播方式发送 LDP 链路 Hello 消息（LDP Link Hello），发现直连链路上的 LDP 对等体，并与之建立本地 LDP 会话。

LDP 链路 Hello 消息使用 UDP 传输，目的 IP 地址是组播地址 224.0.0.2，源/目的端口均为 UDP 646。如果 LSR 在特定接口接收到邻居 LSR 发来的 LDP 链路 Hello 消息，则表明该接口存在 LDP 对等体。

② 扩展发现机制：用于发现非直连链路上的 LSR。

扩展发现机制是 LSR 周期性地以单播方式发送 LDP 目标 Hello 消息（LDP Targeted Hello）到指定 IP 地址，发现非直连链路上的 LDP 对等体，并与之建立远端 LDP 会话。

LDP 目标 Hello 消息也使用 UDP 传输，目的 IP 地址是指定的对端单播 IP 地址，**源/目的端口均为 UDP 646**。如果 LSR 接收到 LDP 目标 Hello 消息，则表明该 LSR 存在 LDP对等体。

2. LDP 会话的建立过程

两台 LSR 之间交换 Hello 消息会触发 LDP 会话的建立。在 LSR 之间建立 LDP 会话的过程总体可以划分为 3 个阶段：一是发现阶段，通过交互 Hello 消息，相互建立 LDP

的 TCP 连接；二是会话阶段，通过交互 LDP 会话初始化消息（Initialization Message），协商会话参数；三是保持阶段，相互交互 Keepalive 消息，建立 LDP 会话。

　　LDP 会话建立的基本流程如图 10-23 所示，LSRA 和 LSRB 的 LSR ID 分别为 10.10.1.1 和 10.10.1.2，具体步骤如下。

　　① 首先，LSRA 与 LSRB 之间互相发送 Hello 消息，基于不同发现机制采用不同的发送方式。双方使用 Hello 消息 IP 报文中"源 IP 地址"字段填充的 IP 地址（称为"传输地址"）进行 LDP 会话建立。**传输地址是本端的 LSR-ID 对应的接口的 IP 地址。**

　　② 然后，传输地址较大的一方作为主动方，发起建立 LDP 的 TCP 连接。

　　在图 10-23 中，LSRB 的传输地址（10.10.1.2）大于 LSRA 的传输地址（10.10.1.1），

图 10-23　LDP 会话建立的基本流程

因此，LSRB 作为主动方发起建立 TCP 连接，LSRA 作为被动方等待对方发起连接。

　　LDP Hello 消息示例如图 10-24 所示，图 10-24 的上框中显示了 LDP 对等体间交互 Hello 消息（包括图中第 37、38 号的两个报文）、建立 TCP 连接（包括图中第 40~42 号的 3 个报文）的报文交互流程，下面框中显示的是 LSRA 发送的一个 Hello 消息（对应图中的第 37 号报文）格式，传输地址是它的 LSR ID 10.10.1.1，也是 Hello 消息 IP 报文的源 IP 地址。

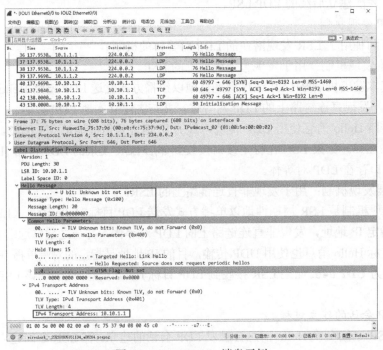

图 10-24　LDP Hello 消息示例

③ LDP 的 TCP 连接建立成功后，首先由主动方 LSRB 向被动方 LSRA 发送初始化（Initialization）消息，协商建立 LDP 会话的相关参数。源端口任意，目的端口为 TCP 646，LDP 初始化消息示例如图 10-25 所示。

图 10-25　LDP 初始化消息示例

初始化消息中包括 LDP 会话的相关参数，例如，LDP 版本（Session Protocol Version）、会话标签分发方式（Session Label Advertisement Discipline）、会话 Keepalive 保持定时器（Session Keepalive Time）、会话环路检测（Session Loop Detection）功能是否启用（缺省不启用）、最大 PDU（Session Max PDU Length）、会话接收方 LSR ID（Session Receiver LSR Identifier）和会话接收方标签空间（Session Receive Label Space Identifier，缺省为0）等。

④ 被动方 LSRA 收到来自 LSRB 的初始化消息后，LSRA 向主动方 LSRB 发送初始化消息和 Keepalive 消息，被动方发送的初始化消息和 Keepalive 消息示例如图 10-26 所示。发送的会话初始化消息中包括的参数与图 10-25 一样。在 Keepalive 消息中主要包括消息类型（Message Type，此处为 Keeppalive Message，值为十六进制的 201）、消息长度（Message Length 为 4 字节）和消息 ID（Message ID）。

如果被动方 LSRA 不能接受主动方发来的初始化消息中的相关参数，则发送 Notification 消息终止 LDP 会话的建立。

⑤ 主动方 LSRB 收到被动方 LSRA 发来的初始化和 Keepalive 消息后，如果接受 LSRA 发来的相关初始化参数值，则向被动方 LSRA 发送 Keepalive 消息和地址消息（Address Message），主动方发送的 Keepalive 消息和地址消息示例如图 10-27 所示。Keepalive 消息所包括的内容与图 10-26 中的一样，地址消息中包括本端各个接口的 IP 地址如图 10-27 中的 10.1.1.2 和 10.10.1.2。

图 10-26　被动方发送的初始化消息和 Keepalive 消息示例

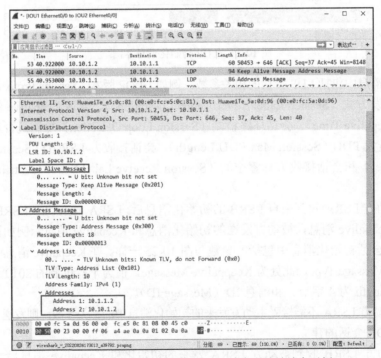

图 10-27　主动方发送的 Keepalive 消息和地址消息示例

如果主动方 LSRB 不能接受相关参数，则发送 Notification 消息给被动方 LSRA 终止 LDP 会话的建立。

可以通过 **display mpls ldp peer** 命令查看 LDP 会话对等体状态，也以可以通过 **display**

mpls ldp session 命令查看会话状态。

⑥ 被动方 LSRA 收到主动方 LSRB 发来的 Keepalive 消息和 Address 消息后，会单独发送 Address 消息给主动方，被动方发送的地址消息示例如图 10-28 所示。在地址消息中包括了被动方各接口 IP 地址，如图 10-28 中的 10.1.1.1 和 10.10.1.1。

图 10-28　被动方发送的地址消息示例

当双方都收到对端的 Keepalive 消息和地址消息后，两对等体之间的 LDP 会话就建立成功了，进入下一步的 LSP 建立阶段。

10.5.3　LDP 的标签发布和管理

在 MPLS 网络中，下游 LSR 决定标签和 FEC 的绑定关系，并将这种绑定关系发给上游的 LSP。LDP 通过发送标签请求和标签映射消息，在 LDP 对等体之间通告 FEC 和标签的绑定关系来建立 LSP，而标签的发布和管理由标签发布模式、标签分配控制模式和标签保持模式来决定。

1. 标签发布模式

在 MPLS LSP 路径上的每个设备都会针对每个 FEC 在当前设备上，按由小到大的顺序（最小标签为 1024）分配一个当前没有使用的入标签（可确保为每个 FEC 分配的标签都是唯一的）。标签总体是自下游向上游进行分配的，具体过程如下。

① 先由下游（LSP 方向）设备（最初是 Egress 设备）分别为某 FEC 分配入标签，然后向本端设备发送标签映射消息（Label Mapping Message，类型值为 0x400）。入标签为 3 的标签映射消息示例如图 10-29 所示，入标签为 1024 的标签映射消息示例如图 10-30 所示（十六进制值为 0x400）。

图 10-29　入标签为 3 的标签映射消息示例

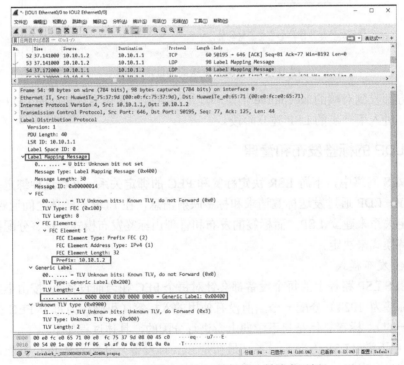

图 10-30　入标签为 1024 的标签映射消息示例

② 本端设备把收到的标签映射消息中的标签作为本端设备，针对该 FEC 的出标签，再为该 FEC 分配一个入标签。

③ 本端设备再向其上游设备发送标签映射消息，把本端设备为该 FEC 分配的入标签作为上游设备针对该 FEC 的出标签。

以此类推，直到最终在 Ingress 设备上分配了针对该 FEC 的出标签。

"标签发布模式"（Label Advertisement Mode）是指是否要等到上游向自己发送某 FEC 的标签请求消息，才向上游发送该 FEC 的标签映射消息，控制的是本地设备向上游设备发布标签映射消息的条件，有如下两种模式。需要说明的是，具有邻接关系的上下游 LSR 必须使用相同的标签发布模式。

① **下游自主模式 DU**（Downstream Unsolicited）：对于一个特定的 FEC，LSR 不需要从上游 LSR 获得标签请求消息即可自主进行标签分配与分发，即不管上游设备是否向下游设备发出标签请求，下游设备在学习了新的 FEC 后可立即向上下游对等体（注意：会向所有对等体发送，不仅限向上游对等体发送）发送该 FEC 的标签映射消息。

两种标签发布模式示例如图 10-31 所示，如果各 LSR 上配置的标签发布模式为 DU，则对于目的地址为 192.168.1.1/32 的 FEC，最下游（Egress）会通过标签映射消息主动向他的上游（Transit）通告自己为主机路由 192.168.1.1/32 分配的入标签（将作为 Transit 的出标签）；然后 Transit 再利用标签映射消息主动分别向他的上游（Ingress）、下游（Egress）通告自己为主机路由 192.168.1.1/32 分配的入标签。**需要注意的是，之所以向下游通告的标签映射消息最终不会起作用，是因为下游已为该 FEC 分配好了入标签，且已建立好该 FEC 的 LSP。**

图 10-31   两种标签发布模式示例

【说明】 标签发布模式为 DU 时，系统默认支持 LDP 为所有对等体分配标签，即每个节点都可以向所有的对等体发送标签映射消息，不再区分上下游关系。当只对上游对等体分配了标签，发送标签映射消息的时候，要根据路由信息对会话的上下游关系进行确认。如果发生路由变化，上下游关系倒换，则新的下游需要重新给上游节点发送标签映射消息，收敛比较慢。

DU 标签发布模式的最大优势就是简单（这也是华为设备上的缺省标签发布模式），不需要上游设备请求，下游设备主动向上游设备分发标签。

② **下游按需模式 DoD**（Downstream on Demand）：对于一个特定的 FEC，LSR 只有在获得上游 LSR 发送的标签请求消息之后才会向上游发送标签映射消息，进行标签分配。在这种模式中，标签映射消息**不会向下游发送**，因为在这种情形下，标签是严格按照从下游向上游方向分配的，只有上游设备才会向下游设备发送标签请求消息。

在图 10-31 中，如果各 LSR 上配置的标签发布模式为 DoD，对于目的地址为 192.168.1.1/32 的 FEC，如果最上游（Ingress）向它的下游（Transit）发送标签请求消息，此时如果 Transit 还没有获取该 FEC 的出标签，则不会向 Ingress 发送分配标签的标签映射消息。但 Transit 可以继续向他的下游（Egress）发送标签请求消息。此时，如果 Egress 以标签映射消息向 Transit 通告了 FEC 192.168.1.1/32 的入标签（将作为 Transit 的出标签），那么 Transit 在为该 FEC 分配了入标签后，即可通过标签映射消息向他的上游（Ingress）通告 192.168.1.1/32 的入标签（将作为 Ingress 的出标签）。

【注意】DoD 标签发布模式虽然在节点向下游节点请求标签时可能会带来一些时延，但可以真正按需获取每个 FEC 的标签，使各 LSR 上不会出现太多无用的标签映射。因为在 DoD 模式下，上游设备可只根据需要向特定的下游设备请求标签，这样即使有多个对等体可以到达同一目的主机，其他对等体也不会向本地设备为此 FEC 分配标签。

2. 标签分配控制模式

标签分配控制模式（Label Distribution Control Mode，LDCM）是指是否要等到下游向自己发送了某 FEC 的标签映射消息才为该 FEC 分配入标签，并向上游发送该 FEC 的标签映射消息，**主要控制的是本地设备为 FEC 分配入标签的条件**，主要包括以下两种模式。

① 独立标签分配控制模式（Independent）：本地 LSR 可以自主地分配一个入标签绑定到某个 FEC，然后向上游 LSR 进行标签通告，为上游设备分配对应 FEC 的出标签，不需要等待下游 LSR 给本地 LSR 分配该 FEC 的出标签。

在这种分配控制模式下，LSR 在路由表中发现一个路由（对应一个 FEC）后，就会马上为该 FEC 分配一个标签，然后向上游 LSR 进行通告，根本不考虑其下游 LSR 是否已为该 FEC 分配了入标签。这样就很可能会因为下游 LSR 还没有为该 FEC 分配入标签、没有成功建立该 FEC 的 LSP，使其上游 LSR 即使已为该 FEC 分配了标签、建立了 LSP，也无法与目的主机通信，造成数据丢失。

② 有序标签分配控制模式（Ordered）：对于 LSR 上某个 FEC 的标签映射，只有当该 LSR 已经从其下一跳收到了基于此 FEC 的标签映射消息，或者该 LSR 就是此 FEC 的出节点时，该 LSR 才可以为此 FEC 分配入标签，然后向上游 LSR 发送此 FEC 的标签映射消息。

在这种分配控制模式下，LSR 必须要等到下游 LSR 已为本地 LSR 分配了某 FEC 的出标签后，才能为该 FEC 分配入标签。很显然，在这种分配控制模式中，最初进行入标签分配的是 Egress（出节点），Egress 的入标签也是作为倒数第二跳 Transit 的出标签，然后一级一级、有序地向上游进行标签分配。

标签分配控制模式与标签发布模式的组合见表 10-3。

表 10-3　标签分配控制模式和标签发布模式的组合

标签发布模式 / 标签分配控制模式	下游自主模式 （Downstream Unsolicited，DU）	下游按需模式 （Downstream on Demand，DoD）
独立标签分配控制模式（Independent）	DU Independent：二者都是独立模式，LSR（Transit）不需要等待收到下游发来基于某 FEC 的标签映射消息，也不需要上游发来标签映射请求消息，直接以自己为该 FEC 分配的入标签通过标签映射消息向上游进行回应	DoD＋Independent：LSR（Transit）仅在收到上游发来的基于某 FEC 的标签请求消息后，不需要等待收到下游发来的基于该 FEC 的标签映射消息，直接以自己为该 FEC 分配的入标签通过标签映射消息向上游进行回应

续表

标签发布模式 标签分 配控制模式	下游自主模式 （Downstream Unsolicited，DU）	下游按需模式 （Downstream on Demand，DoD）
有序标签分配控制 方式（Ordered）	DU＋Ordered：LSR（Transit）不需要等待上游发出标签请求消息，但仅当收到下游发来的基于某 FEC 的标签映射消息，并为该 FEC 分配入标签后，就直接向上游发送标签映射消息	DoD＋Ordered：下游（Transit）在收到上游发来的基于某 FEC 的标签请求消息后，仅当收到下游发来的基于该 FEC 的标签映射消息，并为该 FEC 分配入标签后，才向上游发送标签映射消息

3.　标签保持模式

标签保持模式（**Label Retention Mode，LRM**）是指 LSR 对收到的标签映射消息的处理模式，标签保持模式见表 10-4。LSR 收到的标签映射可能来自下一跳（本地对等体），也可能来自非下一跳（远端对等体）。

表 10-4　标签保持模式

标签保持模式	含义	说明
自由标签保持模式 （Liberal）	对于从邻居 LSR 收到的标签映射消息，无论邻居 LSR 是不是自己的下游设备都保留	当网络拓扑变化引起下一跳邻居改变时： • 使用自由标签保持模式，LSR 可以直接利用原来非下游邻居发来的标签映射消息，迅速重建 LSP，但需要更多的内存和标签空间；
保守标签保持模式 （Conservative）	对于从邻居 LSR 收到的标签映射消息，只有当邻居 LSR 是自己的下游设备时才保留	• 使用保守标签保持模式，LSR 只保留来自下游邻居的标签映射消息，节省了内存和标签空间，但 LSP 的重建会比较慢

目前，华为设备支持如下两种组合模式。

① 下游自主模式（DU）＋ 有序标签分配控制模式（Ordered）＋ 自由标签保持模式（Liberal），该方式为缺省模式，**即 LSR 在收到下游标签映射消息后，可自主向其上游发送标签映射消息，且将收到的标签映射消息全部保留。**

② 下游按需模式（DoD）＋有序标签分配控制模式（Ordered）＋ 保守标签保持模式（Conservative），**即 LSR 在同时收到上游标签映射请求和下游标签映射消息后，才向上游发送标签映射消息，且只保留来自下游设备发来的标签映射消息。**

10.5.4　LDP LSP 的建立过程

LSP 的建立过程实际就是将 FEC 和标签进行绑定，并将这种绑定通告 LSP 上游相邻 LSR 的过程。

1. LDP LSP 建立的基本规则

LDP LSP 的建立是通过接收下游设备为 FEC 分配的入标签（作为本地设备的出标签），或者同时为该 FEC 分配入标签，建立 FEC 与 MPLS 标签、出接口之间映射关系后而完成的。要建立基于某 FEC 的 LSP，首先要为对应的 FEC 分配标签。标签的分配必须遵循以下原则。

① 入标签的分配是按由小到大（最小值为 1024）的顺序分配的，分配当前未分配的最小标签。

② 同一 LSP 的下游邻居为 FEC 分配的入标签一定要与上游邻居为该 FEC 分配的出标签必须保持一致。

③ 同一设备上同一 FEC 所映射的出标签可能有多个（它们之间可以相同，也可以不同），分别来自不同下游邻居，也就是一个 FEC 可以映射多个出标签和出接口。

④ 同一设备上同一 FEC 只会分配一个入标签，即对于入标签，每个 FEC 在同一设备上都是唯一的。

每个路由表项都对应一个 FEC，缺省情况下，通过标签映射消息的通告，每个 FEC 都可能会在整个 MPLS 域网络的所有节点（包括本地设备）上建立 LSP，就像动态路由协议通过路由信息通告在整个网络或者特定区域内建立路由表项一样。

LDP LSP 建立的规则如下。

① 在直接连接某 FEC 对应的网段（缺省仅为 32 位掩码的主机路由）的节点上会为该 FEC 仅创建一个包含入标签的 LSP（无出标签，也无入/出接口）。

② 在其他节点上都会对非直连网段 FEC 同时创建两个 LSP：其中一个是以本地节点作为 Ingress，用于指导从本地节点访问 FEC 所代表的目的主机的 LSP，仅包括出标签和出接口；另一个则是以本地节点作为 Transit 的 LSP，用于指导上游设备访问 FEC 所代表的目的主机，并包括入标签、出标签和出接口。

LDP LSP 建立示例一如图 10-32 所示，任意一节点上执行 **display mpls lsp** 命令，即可看到为本地直连网段所创建的是仅包含入标签的 LSP（无出标签，也无入/出接口）。此时本地设备既是该 FEC 的 Ingress 设备，又是该 FEC 的 Egress 设备，所以分配的入标签为可弹出的标签（默认为 3）。这种 LSP 因为对应的 FEC 在本地，所以没有实际意义。

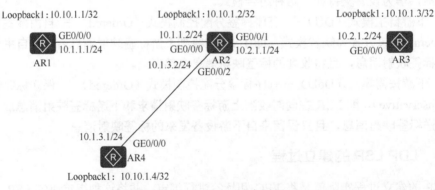

图 10-32　LDP LSP 建立示例一

在 AR2 上执行 **display mpls lsp** 命令的输出如图 10-33 所示，因为 10.10.1.2/32 是直接连接在 AR2 上的，所以为这个 FEC 创建的 LSP 就仅包括入标签（3），无出标签，也无入/出接口。

图 10-33 中的其他 LSP 均为到达非 AR2 本地直连 32 位掩码网段所创建的 LSP，各有两条。例如，为 AR3 上的 10.10.1.3/32 主机网段建立两条 LSP。

其中，第 1 条可以看作把 AR2 当成到达 10.10.1.3/32 的 Ingress 的 LSP，即作为从 AR2 本地访问 10.10.1.3/32 的 LSP，只包括出标签（无入标签）和出接口 GE0/0/1。第 2

条则可以看作把 AR2 当成到达 10.10.1.3/32 的 Transit 的 LSP，为其上游设备 AR1 访问 10.10.1.3/32 的 LSP，同时，包括本地为 10.10.1.3/32 分配的入标签（1025）、出标签（3），以及出接口 GE0/0/1。

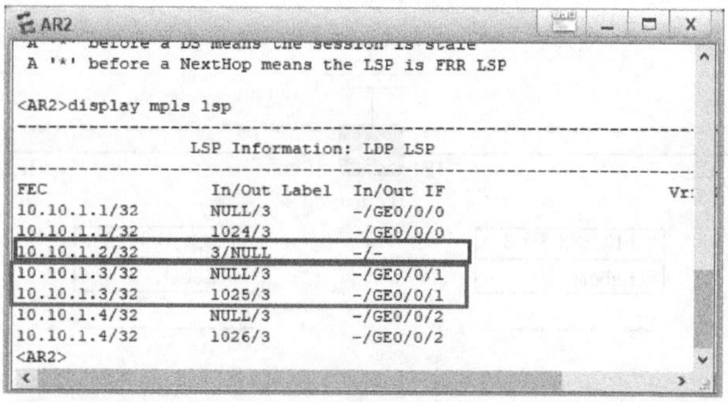

图 10-33 在 AR2 上执行 **display mpls lsp** 命令的输出

在其他节点上执行 **display mpls lsp** 命令的输出结果类似，都可以看到已为本地直连 FEC 网段建立一条仅包括入标签（无出标签和出接口）的 LSP，为其他非直连 FEC 网段各建立两条 LSP。其中一条仅包括出标签和出接口，另一条则同时包括入/出标签和出接口，但这两条 LSP 的出接口是一样的。在 AR3 上执行 **display mpls lsp** 命令的输出如图 10-34 所示。

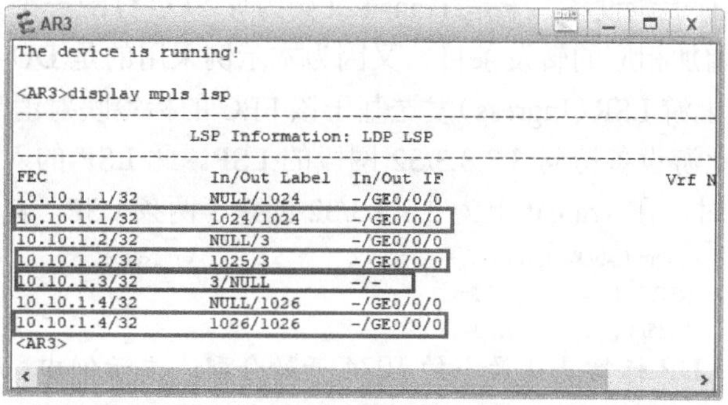

图 10-34 在 AR3 上执行 **display mpls lsp** 命令的输出

2. LDP LSP 建立过程示例

LDP LSP 建立示例二如图 10-35 所示，且以下游"自主标签发布模式"（不需要上游请求）和"有序标签控制模式"（必须先得到下游分配的出标签）的组合，以从 Ingress 到 Egress 的 3.3.3.3/32 网段建立 LDP LSP 为例，介绍 LDP LSP 建立的基本流程。

① 当 Egress 发现自己的路由表中出现了新的主机路由 3.3.3.3/32，并且这一路由不属于任何现有的 FEC 时，Egress 会首先为路由表项新建一个 FEC（默认主机路由都会触发建立 LSP），分配一个入标签（通常在 Egress 上分配可以弹出的标签 3），建立 FEC 3.3.3.3/32 与入标签的映射，然后在本地建立一条该 FEC 的 LSP，具体配置如下。

FEC	In/Out Label	In/Out IF	Vrf Name
3.3.3.3/32	3/NULLL	-/-	

② 随后，Egress 会主动向其上游 Transit 发送标签映射消息，标签映射消息中包含为该 FEC 分配的入标签（3）和绑定的 FEC 3.3.3.3/32 等信息。

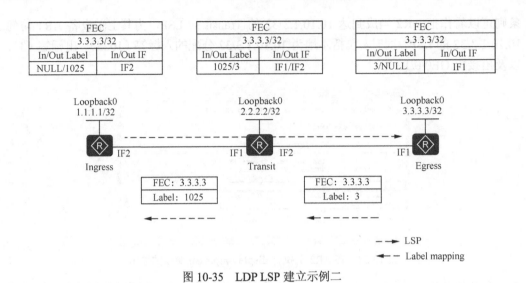

图 10-35　LDP LSP 建立示例二

③ Transit 收到标签映射消息后，根据路由判断标签映射的发送者（Egress）是否为该 FEC 的下一跳。如果是该 FEC 的下一跳，则在标签转发表（LFIB）中直接增加相应的转发条目，然后创建一个用于从本地访问 3.3.3.3/32 的 LSP，仅包括出 Egress 分配的出标签（3）和出接口。

因为 Transit 还有上游设备，于是 Transit 又会为该 FEC 分配一个入标签（1025），并在其标签转发表中增加相应的转发条目，又因为本示例采用的是 DU 标签发布模式，所以 Transit 会主动向上游 LSR（Ingress）发送基于该 FEC 的标签映射消息（3.3.3.3→1025），建立一条用于指导上游设备访问 3.3.3.3/32 网段的 LSP。此 LSP 的入标签和出标签分别为 1025 和 3，即此时，在 Transit 上为 3.3.3.3/32 创建了两条 LSP，具体配置如下。

FEC	In/Out Label	In/Out IF	Vrf Name
3.3.3.3/32	NULL/3	-/IF2	
3.3.3.3/32	1025/3	-/IF2	

【说明】MPLS LDP 标签是从最小的 1024 开始分配。本示例中，Transit 已先为到达 FEC 1.1.1.1/32 网段分配 1024 的标签，所以 Transit 为 FEC 3.3.3.3/32 网段分配了标签 1025，具体配置如下。

FEC	In/Out Label	In/Out IF	Vrf Name
1.1.1.1/32	NULL/3	-/GE0/0/0	
1.1.1.1/32	**1024/3**	**-/GE0/0/0**	

④ Ingress 收到标签映射消息后，根据路由判断标签映射的发送者（Transit）是否为该 FEC 的下一跳。如果是该 FEC 下一跳，则在标签转发表中直接增加相应的转发条目，然后创建一个用于从本地访问 3.3.3.3/32 的 LSP，仅包括由 Transit 分配的出标签（1025）和出接口。另外，虽然 Ingress 后面无上游节点，但它仍会再为该 FEC 分配一个入标签，创建一条同时包括入/出标签（1026/1025）、出接口的 LSP，但实际上这条 LSP 是没有意义的，因为它上面没有上游设备，具体配置如下。

FEC	In/Out Label	In/Out IF	Vrf Name
3.3.3.3/32	NULL/1025	-/IF2	
3.3.3.3/32	1026/1025	-/IF2	

Ingress 也会为到达 FEC 2.2.2.2/32 网段分配入标签 1024，具体配置如下。

FEC	In/Out Label	In/Out IF	Vrf Name
2.2.2.2/32	NULL/3	-/GE0/0/0	
2.2.2.2/32	1024/3	-/GE0/0/0	

通过以上步骤就完成了整个 MPLS 网络中各节点基于 3.3.3.3/32 的各条 LSP 的建立，接下来，各节点就可以利用所建立的 LSP，为到达该 FEC 的报文进行 MPLS 标签转发。

10.6　LDP 基础配置

本节介绍的是在使用 LDP 建立动态 LSP 中必选和一些常用的可选配置任务的配置方法。

10.6.1　配置 LDP 必选基本功能

LDP 基本功能包括 LSR ID、全局 MPLS/LDP 使能、本地或远端 LDP 会话，配置 LDP 必选基本功能的步骤见表 10-5，除了远端 LDP 会话，其他各项任务均需要在各 LSR 上配置。

表 10-5　配置 LDP 必选基本功能的步骤

步骤	命令	说明
1	**system-view**	进入系统视图
2	**mpls lsr-id** *lsr-id* 例如，[Huawei] **mpls lsr-id** 1.1.1.1	配置 LSR ID，用于唯一标识一个 LSR。 缺省情况下，没有配置 LSR ID，可用 **undo mpls lsr-id** 命令删除 LSR 的 ID。但如果要修改已经配置的 LSR ID，必须先在系统视图下执行 **undo mpls** 命令，再使用本命令配置
3	**mpls** 例如，[Huawei] **mpls**	全局使能 MPLS，并进入 MPLS 视图。 缺省情况下，节点的 MPLS 能力处于未使能状态，可用 **undo mpls** 命令去使能全局 MPLS 功能，删除所有 MPLS 配置（除了 LSR ID）
4	**quit**	返回系统视图
5	**mpls ldp** 例如，[Huawei] **mpls ldp**	使能全局 LDP 功能，并进入 MPLS-LDP 视图。 缺省情况下，没有使能全局 LDP 功能，可用 **undo mpls ldp** 命令去使能全局 LDP 功能，删除所有 LDP 配置
6	**quit**	返回系统视图
7	**interface** *interface-type interface-number* 例如，[Huawei] **interface** gigabitethernet 1/0/0	进入需要建立 LDP 会话的公网接口视图，必须是三层接口
8	**mpls** 例如，[Huawei-GigabitEthernet1/0/0] **mpls**	使能以上接口的 MPLS 功能。 缺省情况下，接口的 MPLS 能力处于未使能状态，可用 **undo mpls** 命令去使能接口的 MPLS 功能，删除所在接口的 MPLS 配置
9	**mpls ldp** 例如，[Huawei-GigabitEthernet1/0/0] **mpls ldp**	使能接口的 MPLS LDP 功能。 缺省情况下，接口的 MPLS LDP 能力处于未使能状态，可用 **undo mpls ldp** 命令去使能接口上的 MPLS LDP 功能
10	**quit**	返回系统视图

步骤	命令	说明
11	**mpls ldp remote-peer** *remote-peer-name* 例如，[Huawei] **mpls ldp remote-peer** HuNan	（可选）创建 MPLS LDP 远端对等体，并进入 MPLS LDP 远端对等体视图。参数 *remote-peer-name* 指定远端对等体名称，字符串形式，不支持空格，**不区分大小写**，长度范围为 1～32。当输入的字符串两端使用双引号时，可在字符串中输入空格。 缺省情况下，没有创建远端对等体，可用 **undo mpls ldp remote-peer** *remote-peer-name* 命令删除远端对等体
12	**remote-ip** *ip-address* 例如，[Huawei-mpls-ldp-remote-rtc] **remote-ip** 10.1.1.1	（可选）配置 MPLS LDP 远端对等体的 IP 地址。**配置的远端对等体的 IP 地址必须是远端对等体的 LSR ID**。当 LDP LSR ID 和 MPLS LSR ID 不一致时，本命令中的 *ip-address* 参数是指 LDP LSR ID。修改或删除已经配置的远端对等体地址会导致相应的远端 LDP 会话被删除，造成 MPLS 业务中断。 缺省情况下，没有配置 LDP 远端对等体的 IP 地址，可用 **undo remote-ip** 命令删除配置

LDP 会话配置好后，可用 **display mpls ldp session** { *peer-id* | [**all**] [**verbose**] }命令查看指定或所有对等体间的 LDP 会话状态，如果建立成功，则显示状态为"Operational"。

10.6.2 配置标签发布和分配控制模式

标签发布模式和标签分配控制模式均有缺省配置，因此，一般情况下，不需要进行本节所介绍的配置，但在实际应用中，如果确需要更改缺省配置，则可采取本节介绍的配置方法，但必须先完成 LDP 必选基本功能配置。

LDP 标签发布模式是下游设备向上游设备发布标签映射消息的模式，分为下游自主模式（DU）和下游按需模式（DoD）两种，需要在具体的 MPLS 接口视图下通过 **mpls ldp advertisement** { **dod** | **du** }命令配置。**具有标签分发邻接关系的上游 LSR 和下游 LSR 之间接口必须使用相同的标签通告模式。**

① **dod**：二选一选项，指定标签发布模式为下游按需标签分发模式，即上游向下游请求标签时，下游才能向上游发送标签绑定/映射。

② **du**：二选一选项，标签发布模式为下游自主标签分发模式，即下游可以主动向上游发送标签绑定/映射，不需要上游的请求。

缺省情况下，标签发布模式为下游自主标签分发（DU），可用 **undo mpls ldp advertisement** 命令恢复缺省设置。但修改标签发布模式会导致 LDP 会话重建，造成 MPLS 业务短时间中断。当对等体之间存在多链路的时候，所有接口的标签发布模式必须相同。

LDP 标签分配控制模式是指本地设备在向上游设备通告 FEC 标签映射消息前是否要求收到下游的 FEC 标签映射消息，分为独立（Independent）模式和有序（Ordered）模式两种。需要针对特定 LSP，在 Egress 和 Transit 的 MPLS LDP 视图下通过 **label distribution control-mode** { **independent** | **ordered** }命令配置。

① **independent**：二选一选项，指定 LDP 标签分配控制模式为独立标签分配控制。

② **ordered**：二选一选项，指定 LDP 标签分配控制模式为有序标签分配控制。

缺省情况下，LDP 的标签分配控制模式为有序标签分配控制（即采用 Ordered 模式），可用 **undo label distribution control-mode** 命令恢复为缺省配置。在重新部署业务时，如果希望业务能够快速建立，则可以配置采用独立标签分配控制（即采用 Independent 模式）。

10.6.3　配置 LDP LSP 建立的触发策略

缺省情况下，使能 MPLS LDP 后，各设备上的 32 位主机路由将自动建立 LSP。如果不通过策略控制，则将有大量的 LSP 建立，而其中又包括许多当前无用，甚至建立不成功的 LSP，导致资源浪费。

为了节省设备资源，可通过 LSP 建立触发策略控制 LDP LSP 的建立。但在不同节点上，可配置的 LDP LSP 建立触发策略不一样。

在 Ingress 和 Egress 上，MPLS 视图下执行 **lsp-trigger** { **all** | **host** | **ip-prefix** *ip-prefix-name* | **none** }命令配置 lsp-trigger 策略，使仅符合条件的路由触发建立 LSP。

① **all**：多选一选项，指定在 MPLS 域内的静态和 IGP 路由都将触发建立 LSP，我们不推荐采用这种模式。

② **host**：多选一选项，指定仅 MPLS 域内的 32 位掩码的主机 IP 路由触发建立 LSP，这是缺省选项。

③ **ip-prefix** *ip-prefix-name*：多选一参数，指定根据 IP 地址前缀列表触发建立 LSP。最终结果是：凡是不在 IP 地址前缀列表许可范围中的路由及所有以该节点为 Ingress 的其他路由都将被禁止建立 LSP。

④ **none**：多选一选项，不触发建立 LSP，**但不能限制本地直连路由 LSP 的建立**。

【注意】本命令只对 Ingress LSP 和 Egress LSP 有效。配置触发建立 LSP 的策略为 host 时（这是缺省配置），在不同的节点执行的配置效果也不同：**在 Ingress 执行时，触发 MPLS 域所有的 32 位掩码路由建立 LDP LSP；在 Egress 执行该命令时，触发本地 32 位掩码路由建立 LDP LSP**。

如果要实现两端以 MPLS 标签转发模式通信，则需要在两端同时允许 FEC 路由；如果不允许本端 FEC 路由，那么本端不能触发发送该 FEC 的标签映射消息到达对端，对端也就不能建立到达本端的 Egress LSP；如果不允许对端 FEC 路由，那么尽管本端会收到对端 FEC 的标签映射消息，但本端仍不能建立到达对端的 Egress LSP，也就无法实现两端网段以 MPLS 标签交换模式互通。

缺省情况下，触发策略为 host，即根据 32 位地址掩码的主机 IP 路由（不包括 MPLS 接口的 32 位地址掩码的主机 IP 路由）触发建立 LSP，可用 **undo lsp-trigger** 命令恢复缺省设置。

在 Transit 上，MPLS 视图下执行 **propagate mapping for ip-prefix** *ip-prefix-name* 命令配置 propagate mapping 策略，仅允许符合过滤条件路由的标签映射消息向上游发送，可以有效减少上游 LSP 的数量，节约网络资源。需要注意的是，propagate mapping 策略也仅可限制非本地直连路由的标签映射消息向上游发送，对本地直连的路由不起作用。

通常情况下，建议配置 lsp-trigger 策略；如果在 Ingress 和 Egress 上不能配置策略，则配置 propagate mapping 策略，但均需要事先配置好所需的 IP 前缀列表。

10.6.4 配置 LDP 传输地址和 PHP 特性

1. 配置 LDP 传输地址

LDP 传输地址就是用来在对等体之间建立 LDP 对等间会话的 IP 地址。因为 LDP 会话是基于 TCP 连接的，当两台 LSR 之间要建立 LDP 会话前，必须先确认对端的 LDP 传输地址。通常情况下，因为缺省是使用 LSR ID 作为传输地址，所以这个 LDP 传输地址是不需要另外配置的。**但当本端配置作为 LSR ID 的 Loopback 接口的 IP 地址是公网 IP 地址，而对端配置作为 LSR ID 的 Loopback 接口的 IP 地址是私网 IP 地址时，则需要为本端也配置私网 IP 地址作为传输地址，使对等体之间能够使用私网 IP 地址建立连接。**

在 LDP 会话的**接口视图**下通过 **mpls ldp transport-address** { *interface-type interface-number* | **interface** }命令配置该接口建立 LDP LSP 的传输地址。

① *interface-type interface-number*：二选一参数，指定 LDP 使用此接口 IP 地址作为 TCP 传输地址，通常作为 MPLS LSR ID 的 Loopback 接口。

② **interface**：二选一选项，指定 LDP 使用当前接口的 IP 地址作为 TCP 传输地址。

缺省情况下，公网的 LDP 传输地址等于节点的 LSR ID，私网的传输地址等于启用了 MPLS LDP 功能的物理接口的主 IP 地址，可用 **undo mpls ldp transport-address** 命令恢复缺省配置。修改 LDP 传输地址的配置时，会话不会立刻中断，而是等待 Hello 保持定时器超时后中断。

当两个 LSR 之间存在多条链路，而且要在多条链路上建立 LDP 会话时，会话的同一端的各接口都应采用默认的传输地址，或者配置相同的传输地址。如果会话的一端接口配置了不同的传输地址，则将导致 LDP 会话只能建立在一条链路上。

2. 配置 PHP 特性

倒数第二跳弹出（Penultimate Hop Popping，PHP）特性就是在倒数第二个节点上弹出标签的特性，这是在 Egress 上配置的。PHP 特性可使倒数第二跳节点在向 Egress 发送 MPLS 报文时将最外层的出标签弹出（如果最外层出标签被弹出后只剩下栈底标签，则也将被弹出），以使最后一跳可以直接进行 IP 转发或者下一层标签转发，减少最后一跳标签交换的负担。

在 Egress 的 MPLS 视图下，通过 **label advertise** { **explicit-null** | **implicit-null** | **non-null** }命令配置 PHP 特性。

① **explicit-null**：多选一选项，不支持 PHP 特性，指定 Egress 向倒数第二跳分配显式空标签，显式空标签的值为 0。如果 Egress 分配给倒数第二跳节点的标签值为 0，那么倒数第二跳需要将值为 0 的标签正常压入报文标签值顶部，转发给 Egress。如果 Egress 发现报文携带的标签值为 0，那么将标签弹出（即标签的弹出是在 Egress 进行的，不是在倒数第二跳节点进行的）。

② **implicit-null**：多选一选项，支持 PHP 特性，指定 Egress 向倒数第二跳分配隐式空标签，隐式空标签的值为 3。倒数第二跳节点进行标签交换时，如果发现交换后的标

签值为 3，则将标签弹出（即标签的弹出是在倒数第二跳节点进行的），并将报文发给 Egress。Egress 在收到该报文后直接进行 IP 转发或下一层标签转发。

③ **non-null**：多选一选项，不支持 PHP 特性，指定 Egress 向倒数第二跳正常分配标签，分配的标签值不小于 16。

缺省情况下，Egress 向倒数第二跳分配隐式空标签（implicit-null），推荐采用缺省配置，可以减少 Egress 的转发压力，提高转发效率，可用 **undo label advertise** 命令恢复缺省配置。

10.6.5　MPLS LDP LSP 配置示例

MPLS LDP LSP 示例的拓扑结构如图 10-36 所示，各路由器已通过 OSPF 实现 3 层互通（包括连接用户的私网网段），现要求通过 MPLS 和 LDP 实现 PC1 和 PC2 所在网段的用户，以 MPLS 标签交换模式互通。

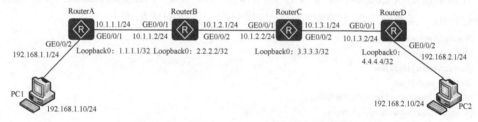

图 10-36　MPLS LDP LSP 示例的拓扑结构

1. 基本配置思路分析

本示例的目的是让 PC1、PC2 所在的 192.168.1.0/24 和 192.168.2.0/24 网段的用户在骨干网上以 MPLS 标签交换的模式实现互通。缺省情况下，LDP 仅为 32 位掩码的主机路由建立 LSP，不满足本示例的要求，所以需要配置 LSP 建立的触发策略，允许 192.168.1.0/24 和 192.168.2.0/24 这两个非 32 位掩码网段建立 LSP。

本示例的基本配置思路如下。

① 配置各设备的接口 IP 地址、OSPF 路由和主机 IP 地址及网关。

② 配置骨干网 MPLS 和 LDP。

③ 在 RouterA 和 RouterB 上配置 LSP 建立触发策略，同时，允许 192.168.1.0/24 和 192.168.2.0/24 两网段触发建立 LDP LSP。

2. 具体配置步骤

① 配置各设备的接口 IP 地址、OSPF 路由和主机 IP 地址及网关。

本示例中，需要同时为连接用户的 RouterA 和 RouterE GE0/0/2 接口配置 OSPF 路由，以便两端可以相互学习到对端用户网段的路由，最终建立 LSP。另外，为了便于验证，在各路由器担当 LSR ID 的 Loopback0 接口网段也运行 OSPF。

RouterA 上的具体配置如下，其他路由器上的配置与其类似，PC1 和 PC2 的 IP 地址和网关配置此处不再多做介绍。

```
<Huawei> system-view
[Huawei] sysname RouterA
[RouterA] interface loopback 0
```

```
[RouterA-LoopBack1] ip address 1.1.1.1 32
[RouterA-LoopBack1] quit
[RouterA] interface gigabitethernet 0/0/1
[RouterA-GigabitEthernet0/0/1] ip address 10.1.1.1 24
[RouterA-GigabitEthernet0/0/1] quit
[RouterA] interface gigabitethernet 0/0/2
[RouterA-GigabitEthernet0/0/2] ip address 192.168.1.1 24
[RouterA-GigabitEthernet0/0/2] quit
[RouterA] ospf 1
[RouterA-ospf-1] area 1
[RouterA-ospf-1-area-0.0.0.1] network 10.1.1.0 0.0.0.255
[RouterA-ospf-1-area-0.0.0.1] network 192.168.1.0 0.0.0.255
[RouterA-ospf-1-area-0.0.0.1] network 1.1.1.1 0.0.0.0
[RouterA-ospf-1-area-0.0.0.1] quit
[RouterA-ospf-1] quit
```

② 配置骨干网 MPLS 和 LDP。

各路由器均以 Loopback0 接口 IP 地址作为 LSR ID。下面仅以 RouterA 上的配置为例进行介绍，其他路由器上的配置方法与其一样，具体配置如下。

```
[RouterA] mpls lsr-id 1.1.1.1
[RouterA] mpls
[RouterA-mpls] mpls ldp
[RouterA-mpls] quit
[RouterA] interface gigabitethernet 0/0/1
[RouterA-GigabitEthernet0/0/1] mpls
[RouterA-GigabitEthernet0/0/1] mpls ldp
[RouterA-GigabitEthernet0/0/1] quit
```

完成上述配置后，在各路由器上执行 **display mpls ldp lsp** 命令，按 LSP 查看已建立的 LDP。从输出结果可以看出，按照缺省配置，各路由器 Loopback0 接口对应的主机路由均已建立了 LDP LSP，但其他网段均不能建立 LDP LSP。没有配置 LSP 建立触发策略前，RouterA 上建立的 LDP LSP 如图 10-37 所示，在 RouterA 上执行该命令的输出，从中可以看出，到达 RouterD 只建立了 4.4.4.4/32 这个主机路由的 LDP LSP，没有建立到达 192.168.2.0/24 路由的 LDP LSP。

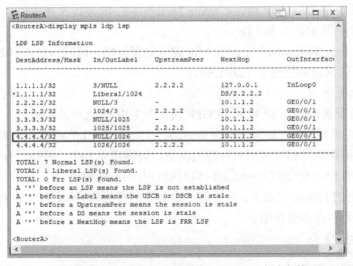

图 10-37　没有配置 LSP 建立触发策略前，RouterA 上建立的 LDP LSP

③ 在 RouterA 和 RouterB 上配置 LSP 建立触发策略，同时，允许 192.168.1.0/24 和 192.168.2.0/24 两网段触发建立 LDP LSP。

因为 RouterA 和 RouterD 的配置完全一样，所以在此仅介绍 RouterA 上的配置，具体配置如下。

```
[RouterA] ip ip-prefix ldp-lsp index 10 permit 192.168.1.0 24 #---允许 192.168.1.0/24 网段建立 LSP
[RouterA] ip ip-prefix ldp-lsp index 20 permit 192.168.2.0 24 #---允许 192.168.2.0/24 网段建立 LSP
[RouterA] mpls
[RouterA-mpls] lsp-trigger ip-prefix ldp-lsp  #---调用前面名为 ldp-lsp 的 IP 前缀列表
[RouterA-mpls] quit
```

3. 配置结果验证

完成以上配置后，验证在配置并应用 LSP 建立触发策略后，RouterA 和 RouterD 上所建立的 LSP 的变化，以及 PC1 与 PC2 通信的数据交换模式。

① 在 RouterA 或 RouterD 上执行 **display mpls ldp lsp** 命令，发现少了许多 LSP，仅有允许的 192.168.1.0/24 和 192.168.2.0/24 两网段建立的 LDP LSP（包括 IngressLSP、Transit LSP 和 Egress LSP）和其他网段的非 Ingress LSP 和非 Egress LSP，其他所有路由的 Ingress LSP 和 Egress LSP 均已过滤。

配置 LSP 建立触发策略后，RouterA 上建立的 LDP LSP 如图 10-38 所示，它有到达 RouterD 上 192.168.2.0/24 网段的 Egress LSP。配置 LSP 建立触发策略后，RouterD 上建立的 LDP LSP 如图 10-39 所示，它有到达 RouterA 上 192.168.1.0/24 网段的 Egress LSP。

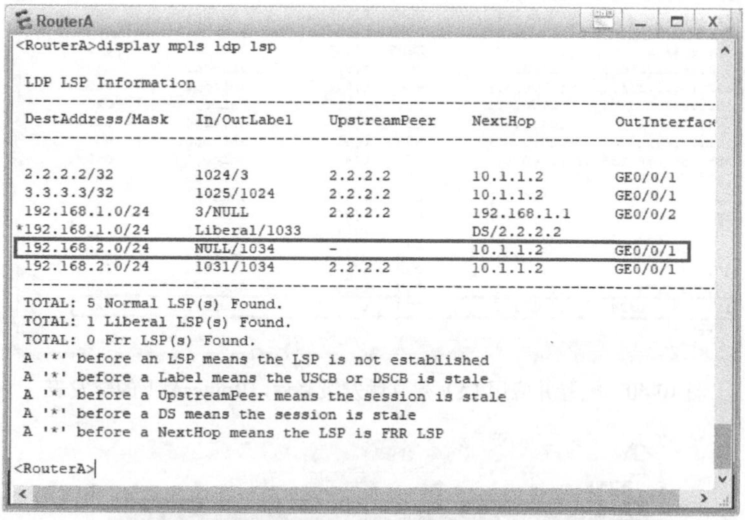

```
<RouterA>display mpls ldp lsp

 LDP LSP Information
 -------------------------------------------------------------------------------
 DestAddress/Mask   In/OutLabel    UpstreamPeer    NextHop         OutInterface
 -------------------------------------------------------------------------------

 2.2.2.2/32         1024/3         2.2.2.2         10.1.1.2        GE0/0/1
 3.3.3.3/32         1025/1024      2.2.2.2         10.1.1.2        GE0/0/1
 192.168.1.0/24     3/NULL         2.2.2.2         192.168.1.1     GE0/0/2
*192.168.1.0/24     Liberal/1033                   DS/2.2.2.2
 192.168.2.0/24     NULL/1034      -               10.1.1.2        GE0/0/1
 192.168.2.0/24     1031/1034      2.2.2.2         10.1.1.2        GE0/0/1
 -------------------------------------------------------------------------------
 TOTAL: 5 Normal LSP(s) Found.
 TOTAL: 1 Liberal LSP(s) Found.
 TOTAL: 0 Frr LSP(s) Found.
 A '*' before an LSP means the LSP is not established
 A '*' before a Label means the USCB or DSCB is stale
 A '*' before a UpstreamPeer means the session is stale
 A '*' before a DS means the session is stale
 A '*' before a NextHop means the LSP is FRR LSP

<RouterA>
```

图 10-38 配置 LSP 建立触发策略后，RouterA 上建立的 LDP LSP

② 在 RouterA 或 RouterD 上执行 **display fib** 命令，会发现到达对端私网的转发表中 Tunnel ID 为非 0，表示采用 MPLS 标签交换模式。配置并应用 LSP 建立触发策略后，RouterA 上的转发表如图 10-40 所示。其中，192.168.2.0/24 网段的转发表中 Tunnel ID 为 oxf，非 0x0，表示从 RouterA 到达该网段的数据将采用 MPLS 标签交换模式。

③ 在 PC1 上 ping PC2，并在骨干网路径上抓包，会发现 ICMP 报文封装了 MPLS 标签，表示采用 MPLS 标签交换。PC1 成功 ping 通 PC2 的结果如图 10-41 所示。

```
RouterD
<RouterD>display mpls ldp lsp

 LDP LSP Information
 -------------------------------------------------------------------------------
 DestAddress/Mask   In/OutLabel    UpstreamPeer    NextHop         OutInterface
 -------------------------------------------------------------------------------

 2.2.2.2/32         1024/1024      3.3.3.3         10.1.3.1        GE0/0/1
 3.3.3.3/32         1025/3         3.3.3.3         10.1.3.1        GE0/0/1
 192.168.1.0/24     NULL/1033      -               10.1.3.1        GE0/0/1
 192.168.1.0/24     1029/1033      3.3.3.3         10.1.3.1        GE0/0/1
 192.168.2.0/24     3/NULL         3.3.3.3         192.168.2.1     GE0/0/2
*192.168.2.0/24     Liberal/1034                   DS/3.3.3.3
 -------------------------------------------------------------------------------
 TOTAL: 5 Normal LSP(s) Found.
 TOTAL: 1 Liberal LSP(s) Found.
 TOTAL: 0 Frr LSP(s) Found.
 A '*' before an LSP means the LSP is not established
 A '*' before a Label means the USCB or DSCB is stale
 A '*' before a UpstreamPeer means the session is stale
 A '*' before a DS means the session is stale
 A '*' before a NextHop means the LSP is FRR LSP

<RouterD>
```

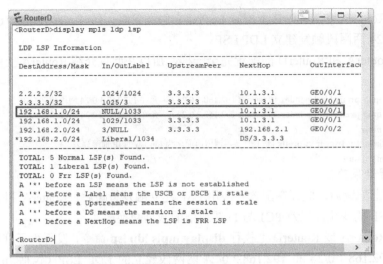

图 10-39　配置 LSP 建立触发策略后，RouterD 上建立的 LDP LSP

```
RouterA
<RouterA>display fib
Route Flags: G - Gateway Route, H - Host Route,    U - Up Route
             S - Static Route,  D - Dynamic Route, B - Black Hole Route
             L - Vlink Route
 ------------------------------------------------------------------------------
 FIB Table:
 Total number of Routes : 17

Destination/Mask     Nexthop         Flag  TimeStamp     Interface      TunnelID
3.3.3.3/32           10.1.1.2        DGHU  t[976]        GE0/0/1        0x0
2.2.2.2/32           10.1.1.2        DGHU  t[976]        GE0/0/1        0x0
4.4.4.4/32           10.1.1.2        DGHU  t[53]         GE0/0/1        0x0
192.168.1.255/32     127.0.0.1       HU    t[9]          InLoop0        0x0
192.168.1.1/32       127.0.0.1       HU    t[9]          InLoop0        0x0
10.1.1.255/32        127.0.0.1       HU    t[9]          InLoop0        0x0
10.1.1.1/32          127.0.0.1       HU    t[9]          InLoop0        0x0
1.1.1.1/32           127.0.0.1       HU    t[4]          InLoop0        0x0
255.255.255.255/32   127.0.0.1       HU    t[4]          InLoop0        0x0
127.255.255.255/32   127.0.0.1       HU    t[4]          InLoop0        0x0
127.0.0.1/32         127.0.0.1       HU    t[4]          InLoop0        0x0
127.0.0.0/8          127.0.0.1       U     t[4]          InLoop0        0x0
10.1.1.0/24          10.1.1.1        U     t[9]          GE0/0/1        0x0
192.168.1.0/24       192.168.1.1     U     t[9]          GE0/0/2        0x0
10.1.2.0/24          10.1.1.2        DGU   t[53]         GE0/0/1        0x0
10.1.3.0/24          10.1.1.2        DGU   t[53]         GE0/0/1        0x0
192.168.2.0/24       10.1.1.2        DGU   t[1755]       GE0/0/1        0xf
<RouterA>
```

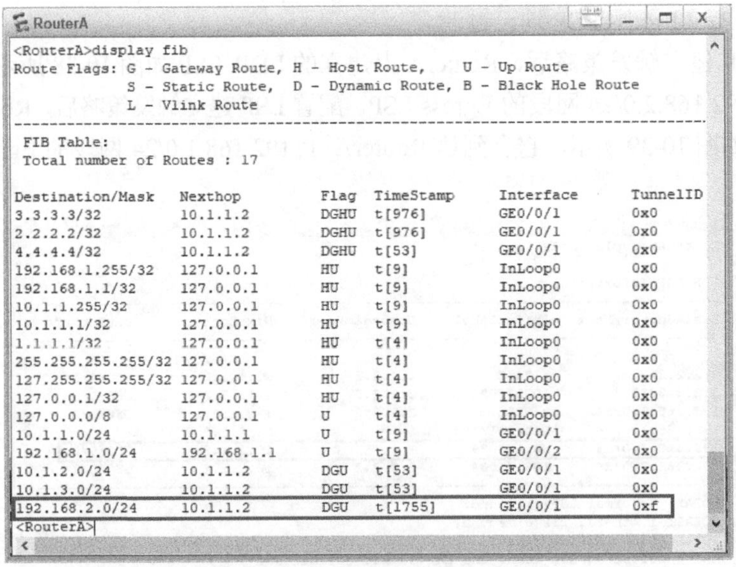

图 10-40　配置并应用 LSP 建立触发策略后，RouterA 上的转发表

```
PC1
基础配置  命令行  组播  UDP发包工具  串口
PC>ping 192.168.2.10

Ping 192.168.2.10: 32 data bytes, Press Ctrl_C to break
From 192.168.2.10: bytes=32 seq=1 ttl=124 time=31 ms
From 192.168.2.10: bytes=32 seq=2 ttl=124 time=32 ms
From 192.168.2.10: bytes=32 seq=3 ttl=124 time=31 ms
From 192.168.2.10: bytes=32 seq=4 ttl=124 time=31 ms
From 192.168.2.10: bytes=32 seq=5 ttl=124 time=31 ms

--- 192.168.2.10 ping statistics ---
  5 packet(s) transmitted
  5 packet(s) received
  0.00% packet loss
  round-trip min/avg/max = 31/31/32 ms

PC>
```

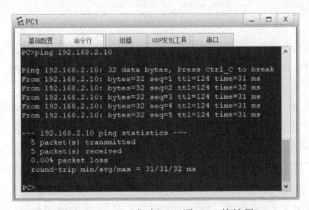

图 10-41　PC1 成功 ping 通 PC2 的结果

　　因为 192.168.1.0/24 和 192.168.2.0/24 网段的 OSPF 路由已通过 MPLS 骨干网传播，所以即使没有 MPLS 也可以通过 IP 路由互通。在 PC1 ping PC2 的同时，在 RouterA 的 GE0/0/1 接口（也可以是骨干网路径上其他接口）上进行抓包，发现进行了 MPLS 封装，PC1 ping PC2 时 ICMP 报文的 MPLS 封装如图 10-42 所示。

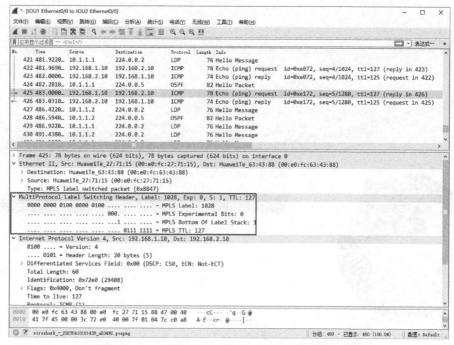

图 10-42　PC1 ping PC2 时 ICMP 报文的 MPLS 封装

　　通过以上验证，已证明 PC1 与 PC2 通信采用的是 MPLS 标签交换模式，配置正确。

第11章
MPLS VPN

本章主要内容

　　本章所说的"MPLS VPN"特别是指 BGP/MPLS IP VPN，是一种 3 层 VPN，用于通过公网 MPLS 隧道连接两个处于不同 IP 网段的用户内网。

　　BGP/MPLS IP VPN 网络一般是由电信运营商搭建的，用户通过购买 VPN 服务来实现用户网络之间的私网路由传递及数据通信。本章将介绍 BGP/MPLS IP VPN 中所涉及的基础知识和基本的技术原理，主要包括 BGP/MPLS IP VPN 基本组成、组网结构、私网路由标签分配，以及 PE 之间 VPN 路由的发布原理和 VPN 报文的转发原理。

11.1　MPLS VPN 概述

MPLS VPN 是一种 MPLS L3VPN（三层 VPN），特指 BGP/MPLS IP VPN，通常是由电信运营商搭建的，由用户购买 VPN 服务，实现远程用户网络之间的互通和数据传递。它使用 BGP 在电信运营商 MPLS 骨干网上发布用户的私网 VPN 路由，转发 VPN 报文。

MPLS VPN 的基本网络结构如图 11-1 所示，包括 CE（用户网络边缘设备）、PE（服务提供商网络的边缘设备）和 P（服务提供商网络中的骨干设备）3 个主要组成部分。

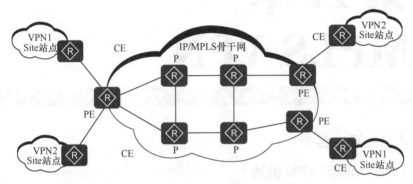

图 11-1　MPLS VPN 的基本网络结构

① CE（Customer Edge）：用户网络边缘设备，有接口直接与服务提供商 PE 相连。CE 可以是路由器或交换机，也可以是一台主机。通常情况下，CE "感知" 不到 VPN 的存在，也不需要支持 MPLS。

② PE（Provider Edge）：是服务提供商网络的边缘设备，与 CE 直接相连。在 MPLS 网络中，对 VPN 的所有处理都发生在 PE 上，所以对 PE 性能要求较高。

③ P（Provider）：服务提供商网络中的骨干设备，不与 CE 直接相连。P 设备只须具备基本 MPLS 转发能力，不需要维护 VPN 信息。

PE 和 P 设备仅由服务提供商管理，CE 设备仅由用户管理，除非用户把管理权委托给服务提供商。一台 PE 设备可以接入多台 CE 设备，一台 CE 设备也可以连接属于相同或不同服务提供商的多台 PE 设备。

Site（站点）通俗地讲就是用户内部网络，可以从以下几个方面理解其含义。

① Site 是指相互之间具备 IP 连通性的一组 IP 系统，但这种 IP 连通性是不需要通过运营商网络来实现的。

Site 示例如图 11-2 所示，在图 11-2 左半边的网络中，"A 市 X 公司总部网络" 是一个 Site，"B 市 X 公司分支机构网络" 是另一个 Site。这两个网络各自内部的任何 IP 设备之间不需要通过电信运营商提供的网络就可以实现互通。

② Site 的划分是根据设备的拓扑关系，而不是地理位置，尽管在大多数情况下，一个 Site 中的设备地理位置相邻。地理位置隔离的两组 IP 系统，如果他们使用专线互联，也不需要通过电信运营商提供的网络就可以 IP 互通，此时这两组 IP 系统就属于一个 Site。

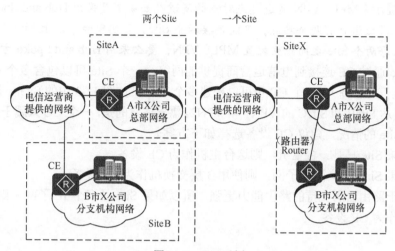

图 11-2　Site 示例

如图 11-2 右半边网络中，"B 市的分支机构网络"不通过电信运营商提供的网络，而是通过专线直接与"A 市的总部网络"相连，则"A 市的总部网络"与"B 市的分支机构网络"就同属一个 Site。

③ 一个 Site 可以属于多个 VPN。

一个 VPN（也即 VPN 网络）可以看作多个要相互通信的 Site 的集合，但一个 Site 可能需要通过相同或不同电信运营商连接多个彼此需要互通的 Site，因此，一个 Site 可以属于多个 VPN。

一个 Site 属于多个 VPN 的示例如图 11-3 所示，X 公司位于 A 市的决策部网络（SiteA）要同时与位于 B 市的研发部网络（SiteB）和位于 C 市的财务部网络（SiteC）互通，但 SiteB 与 SiteC 之间没有建立 VPN 连接。这种情况下，可以构建两个 VPN（VPN1 和 VPN2）网络来实现，SiteA 和 SiteB 的连接属于 VPN1，SiteA 和 SiteC 的连接属于 VPN2，这样才能使 SiteB 与 SiteC 之间不能互通。很显然，SiteA 同时属于 VPN1 和 VPN2 了。

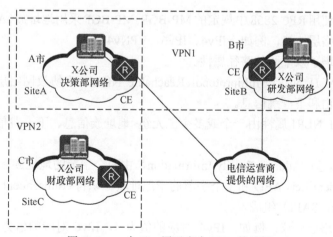

图 11-3　一个 Site 属于多个 VPN 的示例

【经验提示】MPLS VPN 隧道是点对点的隧道，如果不是采用 Hub and Spoke 方案，则一条 MPLS 隧道只有两个端点，只能连接两个 Site。要实现两个以上 Site 之间的相互通信，要么每两个 Site 之间独立配置 MPLS VPN，要么采用 Hub and Spoke 方案。

④ Site 通过 CE 连接到电信运营商提供的网络，一个 Site 可以包含多个 CE（用于连接多个电信运营商），一个 CE 也可以构建多个 VPN，如图 11-3 中的 SiteA 上的 CE 同时建立了到达 SiteB 和 SiteC 的 VPN1 和 VPN2。需要注意的是，一个 CE 只属于一个 Site。

根据 Site 的情况，建议 CE 设备选择如下方案。

- 如果 Site 只是一台主机，则这台主机作为 CE 设备。
- 如果 Site 是单个 IP 子网，则使用 3 层交换机作为 CE 设备。
- 由于路由器所支持的路由能力更强，所以如果 Site 是多个 IP 子网，则使用路由器作为 CE 设备。

11.2　MPLS VPN 技术特性及应用

MPLS VPN 不是单一的 VPN 技术，而是多种技术结合的综合解决方案。要想实现同一 VPN 中不同站点之间的通信，首先就要实现不同站点之间的 VPN 路由交互。在基本 MPLS VPN 中，VPN 路由信息的发布仅涉及 CE 和 PE，P 设备仅负责维护 MPLS 骨干网的公网路由，不需要了解和维护用户的 VPN 路由。

VPN 路由信息的发布过程包括本地 CE 到入口 PE、入口 PE 到出口 PE，以及出口 PE 到远端 CE。其中，本地 CE 到入口 PE、出口 PE 到远端 CE，CE 与 PE 之间的路由信息交互方式都采用的是静态路由、IGP（主要是 OSPF 和 IS-IS）路由和 BGP 路由。但无论采用哪种路由，CE 与 PE 之间交互的都是标准的 IPv4 路由，而非 MPLS VPN 路由。

在 MPLS VPN 中，因为标准的 BGP 不支持 VPN 路由，所以 VPN 路由信息交互技术主要体现在入口 PE 与出口 PE 之间，需要使用基于 BGP 扩展的 MP-BGP 来支持 VPN 路由。

11.2.1　MP-BGP

MPLS VPN 使用 RFC 2858 中规定的 MP-BGP。MP-BGP 采用地址族（Address Family）来区分不同的网络层协议，例如，IPv4、IPv6、VPNv4 等。

MP-BGP 新增了以下两种路径属性。

① MP_REACH_NLRI:Multiprotocol Reachable NLRI，多协议网络层可达性信息，用于发布可达路由和下一跳信息。

MP_REACH_NLRI 属性由一个或多个三元组<地址族信息、下一跳信息和网络可达性信息>组成。

- 地址族信息：Address Family Information，由两个字节的地址族标识符（Address Family Identifier，AFI）和 1 个字节的子地址族标识符（Subsequent Address Family Identifier，SAFI）组成。

AFI 标识网络层协议，例如，IPv4 对应的值为 1，IPv6 对应的值为 2。SAFI 表示 NLRI 的类型，AFI 为 1，SAFI 为 128，表示 NLRI 中的地址为 MPLS VPNv4 地址。

- 下一跳信息（Next Hop Network Address Information，NHNAI）：由 1 个字节的下一跳网络地址长度和可变长的下一跳网络地址组成。
- 网络层可达性信息（NLRI）：由一个或多个三元组<长度、标签、前缘>组成。

② MP_UNREACH_NLRI:Multiprotocol Unreachable NLRI，多协议网络层不可达性信息，用于撤销不可达路由。

MP_UNREACH_NLRI 属性由一个或多个三元组<地址族标识、子地址族标识、撤销的路由>组成。其中，地址族标识（AFI）和子地址族标识（SAFI）与前面 MP_REACH_NLRI 中"地址族信息"字段介绍的一样。要撤销的路由就是具体要撤销的路由网络地址和掩码长度。

11.2.2　VPN 实例（虚拟路由转发）

PE 在接收到 CE 传递来的私网路由后，需要独立保存在不同的 VPN 路由表中。这些不同的 VPN 路由表就称为 VPN 实例，或者虚拟路由转发（Virtual Routing and Fowarding，VRF）。

VPN 实例是 PE 为直接相连的 Site 建立并维护的一个专门实体。PE 上的各个 VPN 实例之间相互独立，并与公网路由转发表相互独立。可以将每个 VPN 实例看作一台虚拟的路由器，维护独立的地址空间，并有连接对应 Site 私网的接口。

PE 上存在多个路由转发表，其中，包括一个公网（骨干网）路由转发表及一个或多个为连接的各 Site 配置的 VPN 私网路由转发表，VPN 实例示意如图 11-4 所示。VPN 实例路由是 MPLS VPN 网络中 PE 上配置到达指定 Site 的私网路由。如果不指定这个 VPN 实例参数，则表示所配置的是公网（骨干网）路由，用于公网数据包转发。

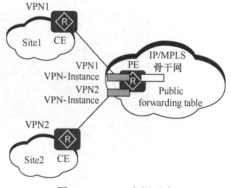

图 11-4　VPN 实例示意

【注意】同一 PE 上为连接的各 Site 配置的 VPN 实例名必须唯一，不同 PE 上配置的 VPN 实例名可以相同，也可以不同。但为了便于识别，同一 VPN 中不同 PE 为连接各 Site 配置的 VPN 实例名通常保持一致。在各 PE 之间通过 MP-BGP 构建 IBGP 对等体后，每个 VPN 实例中将包括同一 VPN 中各 Site 中的私网路由。

PE 通过与 Site 连接的接口与 VPN 实例关联，实现 Site 与 VPN 实例的关联。同一 PE 上不同 VPN 之间的路由隔离是通过 VPN 实例实现的。总体来说，VPN、Site、VPN 实例之间有如下关系。

① VPN 是多个要相互通信的 Site 的组合（至少包括两个 Site），一个 Site 可以属于一个或多个 VPN。

② 每个 Site 在 PE 上都会关联一个 VPN 实例，VPN 实例综合了它所关联的 Site 的 VPN 成员关系和路由规则，多个 Site 根据 VPN 实例的配置规则可组合成一个 VPN。

③ VPN 实例与 VPN 没有一一对应的关系，因为同一 VPN 中连接不同 PE 的各 Site 所配置的 VPN 实例名可以相同，也可以不同。但在同一 PE 上，VPN 实例与 Site 之间是一一对应的关系。

VPN 实例中包含了对应 Site 的 VPN 成员关系和路由规则等信息，例如，VPN 路由表、标签转发表、与 VPN 实例绑定的 PE 接口，以及 VPN 实例的管理信息。VPN 实例管理信息中包括路由标识符（Route Distinguisher，RD）、路由过滤策略、成员接口列表等。

11.2.3　RD 和 VPN-IPv4 地址

VPN 是一种私有网络，即通过私有 IP 地址段进行路由通信。不同的 VPN 独立管理自己所使用的网络地址范围，也称为地址空间（Address Space）。因为站点是用户网络，所以不同 VPN 的地址空间可能会在一定范围内重叠。

地址空间重叠示例如图 11-5 所示，PE1 连接 VPNA 中 CE1 的链路与连接 VPNB 中 CE3 的链路都使用了 14.1.1.0/24 网段地址，PE2 连接 VPNA 中 CE2 的链路与连接 VPNB 中 CE4 的链路都使用了 34.1.1.0/24 网段地址，这就发生了地址空间的重叠。

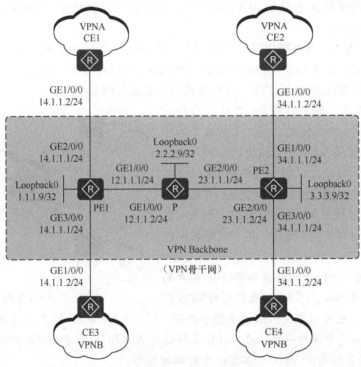

图 11-5　地址空间重叠示例

正常情况下，在同一设备上的两个端口上是不能配置同一 IP 网段的地址的，但是通过与不同 VPN 实例的绑定，就可以这样配置（必须先绑定 VPN 实例，后配置接口 IP 地址），因为来自 CE 的普通 IPv4 路由会在 IPv4 路由前缀加上特定的 RD。

以下两种情况允许 VPN 使用重叠的地址空间。

① 两个 VPN 没有共同的站点，例如，图 11-5 中 VPNA 与 VPNB 所连接的站点是完全不一样的。

② 两个 VPN 虽然有共同的站点，但此站点中的设备不需要与两个 VPN 中使用重叠地址空间的设备互访。

因为传统 BGP 采用的是标准的 IP 地址，所以传统 BGP 无法正确处理地址空间重叠

VPN 的路由。假设 VPN1 和 VPN2 中 CE 和 PE 连接的接口都使用了 10.110.10.0/24 网段的地址，并各自发布了一条去往此网段的路由。虽然本端 PE 通过不同的 VPN 实例可以区分地址空间重叠 VPN 的路由，但是这些 BGP VPN 路由发往对端 PE 后，因为不能进行负载分担，所以对端 PE 将根据 BGP 选路规则只选择其中一条 VPN 路由，从而导致去往另一个 VPN 的路由丢失。

在 MPLS VPN 中，PE 之间使用 BGP-4 的多协议扩展（Multiprotocol Extensions for BGP-4，MP-BGP）发布 VPN 路由，并使用 VPN-IPv4（简称 VPNv4）地址来解决地址空间重叠的问题。VPN-IPv4 地址共有 12 个字节，即"标准的 4 个字节 IPv4 地址前缀+8 字节的 RD（路由标识符）"，VPNv4 地址结构如图 11-6 所示。

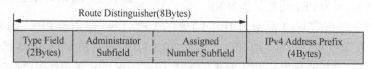

图 11-6　VPNv4 地址结构

RD 一共有 8 个字节，包括两个主要部分：Type（类型）子字段为 2 个字节，后面的 Administator（管理者）和 Assigned Number（分配的数字）2 个子字段一共有 6 个字节，都属于 Value（值）部分，即是 RD 的真正赋值。Type 子字段的值（只有 0、1、2 这 3 个取值）决定了 RD 的格式和数值。

① Type 为 0 时，Administrator 子字段占 2 个字节，必须包含一个公网 AS 号（整数形式）；Assigned Number 子字段占 4 个字节，包含由服务提供商分配的一个整数，即 RD 的最终格式为"16 位自治系统号:32 位用户自定义整数"，例如，100:1。**这是缺省的格式。**

② Type 为 1 时，Administrator 子字段占 4 个字节，必须包含一个公网 IPv4 地址（点分十进制格式）；Assigned Number 子字段占 2 个字节，包含由服务提供商分配的一个整数，即 RD 的最终格式为"32 位 IPv4 地址:16 位用户自定义整数"，例如，172.1.1.1:1。

③ Type 为 2 时，Administrator 子字段占 4 个字节，必须包含一个公网 AS 号（整数形式）；Assigned Number 子字段占 2 个字节，包含由服务提供商分配的一个整数，即 RD 的最终格式为"32 位自治系统号:16 位用户自定义整数"，其中的自治系统号最小值为 65536，例如，65536:1。

【说明】为了保证 VPN-IPv4 地址全局唯一，建议不要将 Administrator 子字段的值设置为私网 AS 号或私网 IPv4 地址。但这些 AS 号和 IPv4 地址没有强制要求，没有规定必须与哪个 AS 或接口关联，只要能使为各站点分配的 RD 在全局保持唯一即可。

因为在原来的 IPv4 地址前缀前加唯一的 RD，所以 RD 可用于区分使用相同地址空间的 IPv4 前缀，使各站点的 VPN-IPv4 路由前缀全局唯一，解决多个 VPN 的地址空间重叠问题。另外，RD 不用于 P 节点的 IP 数据包转发，仅用于 PE 区分一个 IP 数据包所属的 VPN 实例。例如，一个 PE 连接了两个站点，它们发布的私网路由的前缀都是 10.0.0.0，此时必须在 PE 为来自这两个站点的私网路由加上唯一的 RD。由此可见，RD 与 VPN 实例一一对应，通常要求全局唯一。

因为 VPN-IPv4 路由只在公网中可见，只用于公网上路由信息的分发，所以 VPN-IPv4 地址对客户端设备来说是不可见的。启用了 MP-BGP 后，PE 从 CE 接收到标准的 IPv4

路由后会通过添加 RD 转换为全局唯一的 VPN-IPv4 路由，然后在公网上发布。RD 的结构使每个服务供应商可以独立地为每个站点分配唯一的 RD，但为了在 CE 双归属（同时连接两个 PE）的情况下保证路由正常，必须保证不同 PE 上连接的同一个 CE 所配置的 RD 是全局唯一的。

CE 双归属组网示意如图 11-7 所示，CE 以双归属方式接入 PE1 和 PE2。PE1 同时作为 BGP 路由反射器（Route Reflector，RR）。在该组网中，PE1 作为骨干网边界设备发布一条 IPv4 前缀为 10.1.1.1/8 的 VPN-IPv4 路由给 PE3。因为 PE1 同时又作为 RR，

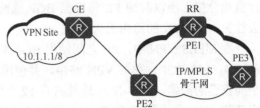

图 11-7　CE 双归属组网示意

所以会反射 PE2 发布的 IPv4 前缀为 10.1.1.1/8 的 VPN-IPv4 路由给 PE3。如果该 VPN 在 PE1 和 PE2 上配置的 RD 一样，则 PE3 上到达 10.1.1.1/8 的两条 VPN-IPv4 路由的地址相同，因此，PE3 只会接收直接从 PE1 发来的到达 10.1.1.1/8 的这条最优 VPN-IPv4 路由，其路径为：CE→PE1→PE3。当 PE1 与 CE 之间的直连链路出现故障时，PE3 删除 10.1.1.1/8 的 VPN-IPv4 路由，无法正确转发到该目的地址的 VPN 数据。而实际上，PE3 应该还有一条到 10.1.1.1/8 的路由，其路径为：PE3→PE1→PE2→CE。

此时，如果该 VPN 在 PE1 和 PE2 上分配的 RD 不同，则到达 10.1.1.1/8 两条 VPN-IPv4 路由的地址不同，因此，PE3 会从 PE1 收到两条到 10.1.1.1/8 的 VPN-IPv4 路由。当 PE1 与 CE 之间的任何一条链路（包括直连链路和经过 PE2 的链路）出现故障时，PE3 将删除其中对应的一条，仍保留另一条，从而使到 10.1.1.1/8 的数据能正确转发。

11.2.4　VPN Target 属性

MP-BGP 将 VPNv4 路由信息传递到远端 PE 后，远端 PE 又需要将该 VPNv4 路由导入本地正确的 VPN 路由表（即 VPN 实例或 VRF）中。此时，MPLS VPN 使用 BGP 扩展团体属性-VPN Target（也称为 Route Target，RT）来控制 VPN 路由信息的发布和接收。每个 VPN 实例可以配置一个或多个 VPN Target 属性。

在 PE 上，每个 VPN 实例都会与一个或多个 VPN Target 属性绑定。VPN Target 属性包括以下两类。

① Export Target（ERT，导出目标）：本地 PE 从直连 Site 到 IPv4 路由后，转换为 VPN-IPv4 路由，并为这些路由设置 Export Target 属性，发布给其他 PE。Export Target 属性作为 BGP 的扩展团体属性随 BGP 路由信息发布。当从 VRF 表中导出 VPN 路由时，要用 Export Target 对 VPN 路由进行标记。

② Import Target（IRT，导入目标）：PE 收到其他 PE 发布的 VPN-IPv4 路由时，检查其 Export Target 属性，仅当该 Export Target 属性值与某 VPN 实例中配置的 Import Target 属性值一致时，方可把该 VPN-IPv4 路由加入本地对应的 VRF 中。

通过 VPN Target 属性的匹配检查，最终使 VPN 连接的两个 Site 之间可以相互学习对端的私网 VPN-IPv4 路由，实现三层互通。

与 RD 相同，VPN Target 也是由 Type、Administrator 和 Assigned Number 这 3 个字段组成的，并且表示形式也一样，具体说明如下。

- 16 位 AS 号（整数形式）：32 位用户自定义整数，例如，100:1。
- 32 位 IPv4 地址（点分十进制格式）：16 位用户自定义整数，例如，172.1.1.1:1。
- 32 位 AS 号（整数形式）：16 位用户自定义整数，其中，AS 号最小值为 65536，例如，65536:1。

在 MPLS VPN 网络中，通过 VPN Target 属性来控制 VPN 路由信息在各站点之间的发布和接收。VPN Export Target 和 Import Target 的设置相互独立，并且都可以设置多个值，能够实现灵活的 VPN 访问控制，从而实现多种 VPN 组网方案。

例如，某 VPN 实例的 Import Target 包含 100:1、200:1 和 300:1，当收到的路由信息的 Export Target 为 100:1、200:1、300:1 中的任意值时，都可以被注入该 VPN 实例中。通常情况下，为了方便设置，把同一 VPN 实例的 Export Target 和 Import Target 属性值设置成相同值。

远端 PE 根据 VPNv4 路由携带的 VPN Target（也即 RT）属性将路由导入正确的 VPN 实例后，VPNv4 路由的 RD 值将剥离，然后以标准的 IPv4 路由通告给 CE。MPLS VPN 基本概念的比较见表 11-1。

表 11-1 综合了以上介绍的 Site、VPN 实例、RD 和 VPN Target 的主要用途和特性，可以方便大家更好地区分这些概念。

表 11-1　MPLS VPN 基本概念的比较

概念	用途说明	主要特性	唯一性要求
站点（Site）	标识 PE 所连接的一个用户网络	• 根据设备的拓扑关系划分的，而不是根据地理位置划分的。 • 一个站点可以包含多个 CE，但一个 CE 只属于一个站点。 • 一个站点可以属于多个 VPN	• 一个站点与一个 VPN 实例一一对应。 • 一个站点分配一个唯一的 RD（路由标识符）
VPN 实例（VRF）	VPN 实例也称为 VRF（VPN 路由转发表），用于在同一 PE 上隔离不同 VPN 的路由	• 每个站点在 PE 上都关联一个 VPN 实例。 • 在同一 PE 上，同一 VPN 中关联的所有站点的路由都将加入同一个 VRF 中	• 同一 PE 上连接的不同站点的 VPN 实例名必须唯一。 • 不同 PE 上连接的站点所配置的 VPN 实例名可以相同，也可以不同。 • 同一 VPN 中，不同 PE 上连接的站点配置的 VPN 实例名可以相同，也可以不同
RD	在原有普通 IPv4 路由前缀前面加一个唯一的 8 个字节 RD（路由标识符），用于解决不同 VPN 地址空间重叠问题	有以下 3 种表示形式。 • 16 位 AS 号：32 位用户自定义数字。 • 32 位 IPv4 地址：16 位用户自定义数字。 • 32 位 AS 号：16 位用户自定义数字。 以上 AS 号、IPv4 地址和自定义数字通常情况下可随便分配，但要确保每个 VPN 实例上配置的 RD 全局（整个 MPLS 网络）唯一，建议采用公网 AS 号	每个 PE 上连接的每个站点（或 VPN 实例）要分配一个全局唯一的 RD，即站点与 RD 也一一对应

续表

概念	用途说明	主要特性	唯一性要求
VPN Target（RT）	BGP 扩展团体属性，分为 Export Target 和 Import Target 两种属性，用于控制 VPN 路由在各站点间的发布和接收，仅当接收的 VPN 路由带有 Export Target 属性与本地 PE 上某 VPN 实例配置的 Import Target 属性一致时，才会把该 VPN 路由加入此 VPN 实例中	也有以下 3 种表示形式。 • 16 位自治系统号:32 位用户自定义数字。 • 32 位 IPv4 地址:16 位用户自定义数字。 • 32 位自治系统号:16 位用户自定义数字。 以上 AS 号、IPv4 地址和自定义数字可随便分配	无统一的唯一性要求，但在具体场景下，有时要求不同 VPN 实例所配置的 VPN Target 属性唯一

11.2.5　MPLS VPN 典型组网结构

MPLS VPN 的应用比较广泛，对应多种不同的组网结构，本节介绍一些典型组网结构供大家在实际部署中应用。

1. Intranet VPN

典型情况下，一个 VPN 中的用户相互之间能够进行流量转发，但同一 VPN 中的用户不能与任何其他 VPN 中的用户通信。

这种组网方式的 VPN 称为 Intranet VPN，其站点通常属于同一个组织。此时需要为每个 VPN 分配一个 VPN Target，同时作为该 VPN 的 Export Target 和 Import Target，并且各 VPN 的 VPN Target 唯一。在这种组网结构中，同一 VPN 网络中各 VPN 实例上配置的 Export Target 和 Import Target 属性值通常是相同的。不同 VPN 网络中配置的 Export Target 和 Import Target 属性值不同。

Intranet VPN 组网结构示意如图 11-8 所示，PE 上为 VPN1 分配的 VPN Target 值为 100:1，为 VPN2 分配的 VPN Target 值为 200:1。这样可使 VPN1 的两个 Site 之间互访，VPN2 的两个 Site 之间也可以互访，但 VPN1 和 VPN2 的 Site 之间不能互访。

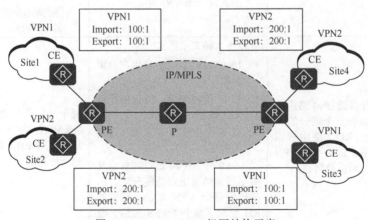

图 11-8　Intranet VPN 组网结构示意

2. Extranet VPN

如果一个 VPN 用户希望访问其他 VPN 中的某些站点，可以使用 Extranet 组网方案。

对于这种组网，如果某个 VPN 需要访问共享站点，则该 VPN 的 Export Target 属性值必须包含在共享站点的 VPN 实例的 Import Target 属性值中，其 Import Target 属性值必须包含在共享站点 VPN 实例的 Export Target 属性值中。这种情形下，不同 VPN 实例的 VPN Target 没有唯一性要求。

Extranet 组网示意如图 11-9 所示，因为 Site3 连接的 PE3 的 Import Target 属性值同时包含了 VPN1 的 PE1 中的 Export Target 100:1 和 VPN2 的 PE2 中的 Export Target 200:1，所以 VPN1 的 Site3 能够同时被 VPN1 和 VPN2 访问。另外，因为 Site3 连接的 PE3 的 Export Target 属性值同时包含了 VPN1 的 PE1 中的 Import Target 100:1 和 VPN2 的 PE2 中的 Import Target 200:1，所以 Site3 也可以同时访问 VPN1 的 Site1 和 VPN2 的 Site2。因为它们中一端的 Export Target 属性值与另一端的 Import Target 属性值没有任何包含关系，所以 VPN1 的 Site1 和 VPN2 的 Site2 之间不能互访。

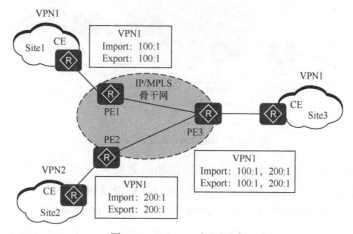

图 11-9　Extranet 组网示意

由此可知，PE3 能够同时接收 PE1 和 PE2 发布的 VPN-IPv4 路由，PE3 发布的 VPN-IPv4 路由也能够同时被 PE1 和 PE2 接收，但 PE3 不会把从 PE1 接收的 VPN-IPv4 路由发布给 PE2，也不会把从 PE2 接收的 VPN-IPv4 路由发布给 PE1。

3. Hub and Spoke

如果希望在 VPN 中设置中心访问控制设备，其他用户的互访都要通过该中心访问控制设备进行，则可以使用 Hub and Spoke 组网方案。其中，中心访问控制设备所在的站点称为 Hub 站点，其他用户站点称为 Spoke 站点。Hub 站点侧接入 VPN 骨干网的设备称为 Hub-CE，Spoke 站点侧接入 VPN 骨干网的设备称为 Spoke-CE。VPN 骨干网侧接入 Hub 站点的设备叫 Hub-PE，接入 Spoke 站点的设备称为 Spoke-PE。Spoke 站点需要把路由发布给 Hub 站点，再通过 Hub 站点发布给其他 Spoke 站点。Spoke 站点之间不直接发布路由。Hub 站点对 Spoke 站点之间的通信进行集中控制。

对于这种组网情况，需要在各 PE 上设置两个 VPN Target 属性，一个为 "Hub"，另一个为 "Spoke"，Hub&Spoke 组网结构示意如图 11-10 所示。各 PE 上的 VPN 实例的

VPN Target 设置规则如下。

① Spoke-PE：Export Target 为"Spoke"（代表 VPN 路由从 Spoke 发出），Import Target 为"Hub"（代表 VPN 路由来自 Hub）。任意 Spoke-PE 的 Import Route Target 属性不与其他 Spoke-PE 的 Export Route Target 属性相同，其目的是使任意两个 Spoke-PE 之间不直接发布 VPN 路由，不让这些 Spoke 之间直接互通。

② Hub-PE：Hub-PE 上需要使用两个接口或子接口分别属于不同的 VPN 实例，一个用于接收 Spoke-PE 发来的路由，其 VPN 实例的 Import Target 为"Spoke"（代表 VPN 路由来自 Spoke）；另一个用于向 Spoke-PE 发布路由，其 VPN 实例的 Export Target 为"Hub"（代表 VPN 路由从 Hub 发出）。

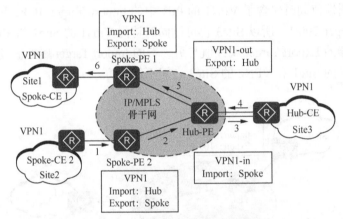

图 11-10　Hub&Spoke 组网结构示意

在 Hub-and-Spoke 组网方案中，最终实现的结果如下。

- Hub-PE 能够接收所有 Spoke-PE 发布的 VPN-IPv4 路由。
- Hub-PE 发布的 VPN-IPv4 路由能够为所有 Spoke-PE 接收。
- Hub-PE 将从 Spoke-PE 学到的路由发布给 Hub-CE，并将从 Hub-CE 学到的路由发布给所有 Spoke-PE。因此，Spoke 站点之间可以通过 Hub 站点互访。
- 任意 Spoke-PE 的 Import Target 属性不与其他 Spoke-PE 的 Export Target 属性相同。因此，任意两个 Spoke-PE 之间不直接发布 VPN-IPv4 路由，Spoke 站点之间不能直接互访。

下面以图 11-10 中的 Site2 向 Site1 发布路由为例，介绍 Spoke 站点之间的路由发布过程（步骤对应图 11-10 中的序号）。

① Site2 中的 Spoke-CE 2 将站点内的私网路由发布给 Spoke-PE 2。

② Spoke-PE 2 将该路由转变为 VPN-IPv4 路由后，通过 MP-BGP 发布给 Hub-PE。

③ Hub-PE 将该路由学习到 VPN1-in 的路由表中，并将其转变为普通 IPv4 路由发布给 Hub-CE。

④ Hub-CE 通过 VPN 实例路由再将该路由返回发布给 Hub-PE，Hub-PE 将其学习到 VPN1-out 的路由表中。

⑤ Hub-PE 将 VPN1-out 路由表中的私网路由转变为 VPN-IPv4 路由，通过 MP-BGP 发布给 Spoke-PE 1。

⑥ Spoke-PE 1 将 VPN-IPv4 路由转变为普通 IPv4 路由发布到 Site1。

4. 本地 VPN 互访

由于不同的业务需求，连接在同一个 PE 设备上不同 VPN 的 Site 站点需要进行数据互通时，可以采用本地 VPN 互访组网方案。目前，**只有 S 系列交换机部分机型支持**，具体说明参见产品手册。

通过 VPN Target 属性来控制 VPN 路由信息在各 Site 之间的发布和接收，可以实现本地 VPN 互访需求。一般来说，不同 VPN 各自规划了属于自己的 VPN Target 属性。本地 VPN 互访组网结构示意如图 11-11 所示。

在图 11-11 中，VPNA 的 Import Target 属性值和 Export Target 属性值均为 100:1，VPNB 的 Import Target 属性值和 Export Target 属性值均为 200:1。

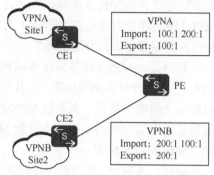

图 11-11　本地 VPN 互访组网结构示意

如果需要 VPNA 用户和 VPNB 用户实现互通，则可以配置本地 VPN 互访，此时要在 PE 上将 VPNA 的 Import Target 属性中增加一条 200:1，VPNB 的 Import Target 属性中增加一条 100:1。因此，VPNA 和 VPNB 的用户就可以互相访问了。

11.3　MPLS VPN 路由技术原理

在 MPLS VPN 网络中，PE 支持维护和处理 VPN 路由，但 P 设备不支持也不处理 VPN 路由，来自用户的数据报文在 P 设备上肯定不能进行转发。因此，要想在 MPLS 骨干网上为用户构建私网专用隧道，用户数据报文在骨干网上传输时，可保留私网信息按照公网 MPLS 标签进行转发，其基本的设计思想如下。

① PE 在收到本端直连站点用户访问对端 PE 所连站点用户的 IP 报文后，首先根据接收 IP 报文的接口绑定的 VPN 实例，找到对应的 VPN 实例路由表，根据报文中的目的 IP 地址（为对端站点的私网 IP 地址）在 VPN 路由表中找到对应的路由表项，封装为该 VPN-IPv4 路由分配的私网 MPLS 标签，把普通的 IP 报文转换成 VPN-IPv4 报文。

② 本端 PE 根据前面找到的 VRF，在 VRF 转发表中找到对应转发表项中映射的 Tunnel ID，即所使用的公网 MPLS 隧道，在向下一跳设备转发 VPNv4 报文前，再封装一层公网 MPLS 标签。因此，进入 PE 的 IP 报文在 MPLS 隧道转发前要进行两次 MPLS 封装，一共封装了两层 MPLS 标签，私网 MPLS 标签在里层，公网 MPLS 标签在外层。

③ 最后，封了两层 MPLS 标签的用户数据报文按照外层的公网 MPLS 标签在公网 MPLS 隧道（由 LDP 建立）中进行传输。到了远端 PE 时，去掉外层的公网 MPLS 标签，根据内层的私网 MPLS 标签找到对应的 VRF，然后从 VRF 绑定的接口，在去掉内层私网 MPLS 标签后以标准的 IPv4 路由方式传递给远端的对应 CE。

根据以上分析，如果要理解 MPLS VPN 的工作原理，则至少要理解私网 MPLS 标签的分配，私网 VPN-IPv4 路由加入对端 VPN 实例路由表，私网 VPN-IPv4 路由的发布和

MPLS VPN 的报文转发等几个方面内容，下面分别予以介绍。

11.3.1 私网 MPLS 标签的分配

用户发送的 IP 报文到了 PE 设备后要转换成携带有私网 MPLS 标签的 VPN 报文，然后，通过公网 MPLS 隧道以 MPLS 标签方式进行透明转发。公网 MPLS 标签是在公网 MPLS 隧道建立时就已在各节点上为对应的 FEC 分配完成，那私网路由（即 VPN 路由）MPLS 标签又是如何分配的呢？

私网路由 MPLS 标签是在本端 PE 设备从直连的私网站点用户接收到私网路由更新、加入对应的 VPN 实例路由表，并引入本地 BGP 路由表中后由 BGP 分配，用于在 MP-BGP 对等体之间唯一标识一条私网 VPN-IPv4 路由或一个 VPN 实例。但需要注意的是，BGP 仅为从本端学习到的私网路由分配 MPLS 标签，不会为通过 MP-BGP 对等体学习的私网路由分配 MPLS 标签。

此时，本端 PE 作为对应私网路由 BGP LSP 的 Egress，为该私网路由分配的 MPLS 入标签就是私网路由标签。私网路由标签不是用于指导 VPN 报文在 MPLS 骨干网中转发，而是用于当从对端 PE 接收到访问本端站点用户的 VPN 报文时，根据报文中携带的私网 MPLS 标签（此时外层公网 MPLS 标签已去掉）找到对应的 VPN 实例路由表项，进而找到绑定的本地 PE 的出接口，然后把 VPN 报文还原为普通的 IPv4 报文后，从该出接口按照普通的 IPv4 路由转发。VPN 报文在骨干网上的转发是依据外层公网 MPLS 标签进行的，私网路由标签位于里层。

可以通过执行 **display mpls lsp** 命令查对应的 BGP LSP，以及作为 Egress 的本地 PE 为对应 BGP LSP 分配私网路由入标签。

PE 上为私网路由分配 MPLS 标签的方法包括以下两种。

（1）**基于路由的 MPLS 标签分配**：为 VPN 路由表中每条从本地直接 Site 学习到的私网路由分配一个标签（one label per route）。这种方式的缺点是：因为每个 LSP 都会对应一条 ILM 表项，所以当路由数量比较多时，设备入标签映射表（Incoming Label Map，ILM）需要维护的表项也会增多，从而提高了对设备容量的要求。

（2）**基于 VPN 实例的 MPLS 标签分配**：为本地直连 Site 对应的每个 VPN 实例分配一个标签，该 VPN 实例里的所有私网路由共享同一个标签。这种分配方法的好处是节约了标签。我们通常采用的是这种标签分配方式。

PE 在利用 MP-BGP 向对端 PE 发布 VPN-IPv4 私网路由时，会通过 MP-BGP 的 Update 报文携带该私网标签（还携带对应 VPN 实例配置的 RD、VPN-Target 属性），其目的是使对端 PE 连接的站点用户在访问本端对应私网路由网段中的用户时，在对端 PE 向本端 PE 发送 VPN 报文前，采用该私网路由 MPLS 标签进行封装；到了本端 PE 时，即可根据该私网路由标签找到对应的 VPN 实例所绑定的出接口，最终把来自对端 PE 的 VPN 报文转换成普通的 IP 报文，依据 IPv4 路由转发到本端站点中对应的目的用户。

【说明】私网路由标签、RD 和 VPN-IPv4 路由信息都在 MP-BGP Update 消息中的 NLRI 字段中，而 VPN-Target 属性是在 Update 消息 Extended_Communities（扩展团体）属性字段中。设备是否接收所收到的路由更新的唯一依据是，Update 消息中所携带的 VPN-Target 属性是否与 VPN 实例已配置的 VPN-Target 属性匹配，匹配哪个 VPN 实例，该路由就会加入哪个 VPN 实例的 VRF 中。

另外，RD、VPN-Target 属性仅在 MP-BGP Update 消息中，仅用于路由更新，在 VPN 报文中不携带，但私网路由标签会在 VPN 报文的帧头后添加，用于 MP-BGP 对等体区分 VPN 报文所属的 VPN 实例。

11.3.2 私网 VPN-IPv4 路由加入对端 VPN 实例路由表

在 MP-BGP 对等体一端 PE 上学习的直连 VPN 实例站点中的私网路由，需要通过 MP-BGP 中的 Update 消息向对端 PE 进行通告，使对端 PE 上的对应 VPN 实例路由表也可加入本端 PE 所学习到的私网路由。在对端 PE 上的 VPN 实例路由表中添加本端私网路由的过程需要经过私网路由交叉、公网隧道迭代、私网路由的选择规则这些步骤。

1. 私网路由交叉

当 PE 通过 MP-BGP 的 Update 消息收到来自其他 PE 或 RR（路由反射器）的 VPN-IPv4 路由时，并不一定会把所有学习到的这些私网路由都加入自己对应的 VPN 实例路由表中，而是需要先经过以下规则检查，只有通过检查的 VPN-IPv4 路由才可进行下一步的 VPN-Target 属性匹配。

- 检查其下一跳（是与本端 PE 建立了 MP-BGP 对等体关系的对端 PE，或 RR）是否可达。如果下一跳不可达，则该路由被丢弃。
- 对于 RR 发送过来的 VPN-IPv4 路由，如果收到的路由中 Cluster_List 包含自己的 Cluster ID，则丢弃这条路由，因为这是一条环回路由。

【说明】在路由反射器（Route Reflector，RR）技术中规定，同一集群内的客户机只需与该集群的 RR 直接交换路由信息，因此，客户机只需与 RR 之间建立 IBGP 连接，不需要与其他客户机建立 IBGP 连接，从而减少了 IBGP 连接数量。在 MPLS VPN 方案中，通常 MPLS 骨干网中各节点都在同一个 AS 中（也有经过多个 AS 的），一个 VPN 中的各 PE 之间是 IBGP 对等体关系。

- 进行 BGP 的路由策略过滤，如果不通过，则丢弃该路由。

经过以上处理之后，PE 把没有丢弃的私网路由与本地的各个 VPN 实例配置的 Import Target 属性进行匹配，这个匹配的过程就称为私网路由交叉。

私网路由交叉就是把所接收到的私网 VPN 路由携带的 Export Target 属性与本地 PE 上 VPN 实例上配置的 Import Target 属性进行匹配，如果一致的话，就认为交叉成功，可以作为候选（**但还不能最后决定**）加入该 VPN 实例中。可执行 **display ip routing-table vpn-instance** 命令查看某 VPN 实例中已学习的 VPN-IPv4 路由。以下是在一个 MPLS VPN 实际应用中查看名为 vpna 中的 VPN-IPv4 路由的示例。其中，协议类型（Proto 字段）为 IBGP 的路由就是从 MP-BGP 对等体学习到的私网路由。

在 PE 上还有一种特殊的路由，即来自本地 CE、属于不同 VPN 的路由。对于这种路由，如果其下一跳直接可达或可迭代成功，PE 也将其与本地的其他 VPN 实例的 Import Target 属性匹配，该过程称为"本地交叉"（对来自其他 PE 的 VPN 路由进行的路由交叉可称之为"远端交叉"）。例如，CE1 所在的 Site 属于 VPN1，CE2 所在的 Site 属于 VPN2，且 CE1 和 CE2 同时接入 PE1。当 PE1 收到来自 CE1 的 VPN1 的路由时，也会与 VPN2 对应的 VPN 实例的 Import Target 属性匹配。

2. 公网隧道迭代

经过前面的私网路由交叉完成后，需要根据 VPN-IPv4 路由的目的 IPv4 前缀进行路由迭代，查找从本端 PE 到达对端 PE（私网路由的源端 PE）的公网 MPLS 隧道（**本地交叉的路由除外**），以便确定传输到达该目的网络的报文可使用的公网 MPLS 隧道。将私网路由迭代到相应的公网隧道的过程叫作"公网隧道迭代"。在一个 PE 上每个公网隧道都有一个唯一的 Tunnel ID。只有隧道迭代成功，该私网路由才有可能（**也不是最后的决定**）被放入对应的 VPN 实例路由表。

公网隧道迭代成功（即找到对应的公网隧道）后，保留该隧道的标识符 Tunnel ID，供后续转发报文时使用。到达对端私网的 VPN 报文转发时，该私网路由会根据 VPN 实例中对应转发表项的 Tunnel ID 查找对应的公网隧道，经过公网 MPSL 标签封装后然后从该隧道上发送出去。

3. 私网路由的选择规则

经过路由交叉和公网隧道迭代成功，来自其他 PE 的私网 VPN 路由仍可能不被加入 VPN 实例路由表中，从本地 CE 学习的普通 IPv4 路由和本地交叉成功的路由也可能不被加入 VPN 实例路由表中，还要进行私网路由的选择，其主要目的是避免路由环路。

对于到同一目的地址的多条路由，如果不进行路由的负载分担，则按如下规则选择其中的一条。

- 如果同时存在直接从 CE 学习到的路由和路由交叉（包括本地交叉和远端交叉）成功后的同一目的地址路由，则优选直接从 CE 学习到的路由。
- 如果同时存在本地交叉路由和从其他 PE 接收并远端交叉成功后的同一目的地址路由，则优选本地交叉路由。

对于到同一目的地址的多条路由，如果进行路由的负载分担，则遵循以下原则。

- 优先选择从本地 CE 学习到的路由。只有一条从本地 CE 学习到的路由而有多条交叉路由（包括本地交叉路由和远端交叉路由）的情况下，也只选择从本地 CE 学习到的路由。
- 只能在从本地 CE 学习到的路由之间负载分担，也只能在交叉路由（包括本地交叉路由和远端交叉路由）之间负载分担，**不会在本地 CE 学习到的路由和交叉路由之间分担，即只能在同一类型的路由间进行负载分担**。
- 参与负载分担的 BGP 路由的 AS_PATH 属性必须完全相同。

11.3.3　私网 VPN-IPv4 路由的发布

下面以图 11-12 为例（PE-CE 之间使用 BGP，公网隧道为 LSP），说明将 CE2 的一条普通 IPv4 路由发布到 CE1 的整个过程。

① 在 CE2 的 BGP IPv4 单播地址族下引入 CE2 下面所连接网段的 IGP 路由。此时的路由是普通 IPv4 路由。

② CE2 将该路由随普通的 BGP Update 消息一起发布给 Egress PE（本示例中 PE 与 CE 之间采用 BGP 路由）。Egress PE 从连接 CE2 的接口收到 Update 消息，根据入接口绑定的 VPN 实例，把该路由转化为 VPN-IPv4 路由，加入对应的 VPN 实例中。

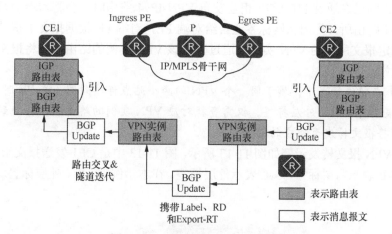

图 11-12　VPN-IPv4 路由发布示例

③ Egress PE 为该路由分配私网 MPLS 标签，并将该标签和 VPN-IPv4 路由信息加入 MP-IBGP 的 Update 消息中的 NLRI 字段中，Export Target 属性加入 MP-BGP Update 消息的扩展团体属性字段中，然后将该 Update 消息通过公网 MPLS 隧道（要封装对应的公网 MPLS 标签）发送给其 MP-IBGP 对等体的 Ingress PE。

④ Ingress PE 收到来自 Egress PE 的 Update 消息（此时已去掉了公网 MPLS 标签）后，对其中的私网路由进行路由交叉，将 VPN-IPv4 路由与本地 VPN 实例的 Import VPN-Target 进行匹配。匹配成功后，将该 VPN 路由加入本地对应的 VPN 实例中，然后根据路由目的 IPv4 地址进行隧道迭代，查找合适的公网 MPLS 隧道。如果迭代成功，则保留该隧道的 Tunnel ID 和 MPLS 标签。

⑤ Ingress PE 通过普通的 BGP Update 消息发布给 CE1。此时的路由又还原为普通 IPv4 路由。

⑥ CE1 收到该路由后，把该路由加入自己的 BGP 路由表中。通过在 IGP 中引入 BGP 路由的方法，可使 CE1 把对端 CE2 的私网路由加入本地的 IGP 路由表。

通过以上步骤就把 CE2 端的私网 IPv4 路由依次成功发布到直连的 PE2、远端的 PE1，以及远端 CE1 上，完成整个 VPN 路由的发布过程。当然，以上过程只是将 CE2 的路由发布给 CE1。如果要实现 CE1 与 CE2 的互通，则还需要将 CE1 的路由发布给 CE2，其过程与上面的步骤类似，此处不再赘述。

11.3.4　MPLS VPN 的报文转发

在基本 MPLS VPN 应用中，VPN 报文转发采用两层标签方式。

- 外层（公网）标签在骨干网内部进行交换，指示从本端 PE 到对端 PE 的一条 LSP。VPN 报文利用这层标签可以沿 LSP 到达对端 PE。

公网隧道可以是 LSP 隧道、MPLS TE/DS-TE 隧道和 GRE 隧道。

- 内层（私网）标签在从对端 PE 到达对端 CE 时使用，指示报文应被送到哪个站点，或者到达哪个 CE。这样，对端 PE 根据内层标签就可以找到转发该报文的出接口。

　　当 PE 之间已在通过 MP-BGP 相互发布 VPN-IPv4 路由时，会将本端学习的每个私网 VPN-IPv4 路由所分配的私网标签通告给对端 PE，对端 PE 根据报文中携带的私网标签可以找确定报文所属的 VPN 实例，通过查找该 VPN 实例的路由表，将报文正确地转发到相应的站点。

　　【说明】在特殊情况下，属于同一个 VPN 的两个站点连接到同一个 PE 时，PE 不需要为 VPN 报文封装内、外层标签，仅需查找对应 VPN 实例的路由表，再找到报文的出接口，即可将报文转发至相应的站点。

　　MPLS VPN 报文转发示例如图 11-13 所示。图 11-13 中是 CE1 发送报文给 CE2 的过程，其中，I-L 表示内层标签，O-L 表示外层标签。在本示例中，内、外层标签均为 MPLS LSP 标签。

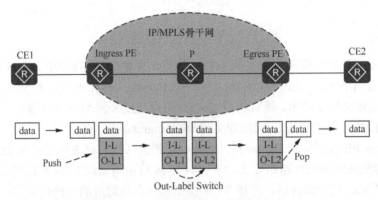

图 11-13　MPLS VPN 报文转发示例

　　① CE1 向 Ingress PE 发送一个要访问远端 CE2 所连接站点中目标主机的普通 IPv4 报文。

　　② Ingress PE 从绑定了 VPN 实例的接口上接收 IPv4 报文包后进行如下操作。

- 先根据绑定的 VPN 实例的 RD 查找对应 VPN 的转发表（VRF）。
- 根据 IPv4 报文中的目的 IPv4 前缀，在 VRF 中查找对应的 Tunnel ID，然后将报文打上对应的私网（内层）MPLS 标签（I-L），根据 Tunnel ID 找到隧道，把普通的 IPv4 报文转换成 VPN 报文。
- 在 VPN 报文从找到的隧道发送出去之前，对 VPN 加装一层公网（外层）MPLS 标签（O-L1）。此时，VPN 报文中携带有两层 MPLS 标签。

　　③ 该 VPN 报文携带两层 MPLS 标签穿越骨干网。骨干网的每台 P 设备都仅对该 VPN 报文的外层标签进行交换，内层私网路由标签保持不变。

　　PE 接口发送的报文的二层 MPLS 标签结构如图 11-14 所示。这是 Ingress PE 向 Egress PE 发送的一个 ICMP 请求报文的报文结构示例，它包括了两层 MPLS 标签。其中，外层标签为 1025（MPLS Bottom os label stack:0，表示后面还有 MPLS 标签，非栈底标签），内层标签为 1026（MPLS Bottom os label stack:1，表示此为 MPLS 栈底标签）。

　　【经验提示】因为 Egress 为倒数第二跳分配的标签通常是支持 PHP 特性的，所以在倒数第二跳把报文传输 Egress 时会先弹出外层标签。这样一来，Egress 接收到的报文往往只带有一层标签。PE 接口接收的报文的一层 MPLS 标签结构如图 11-15 所示。这是

Ingress PE 连接 P 的接口上接收到来自对端的响应 ICMP 报文的报文结构示例。其中，显示只有一层 MPSL 标签（MPLS Bottom os label stack:1，表示此为 MPLS 栈底标签）。在 Egress PE 连接 P 的接口接收 ICMP 请求报文的报文结构一样，也只有一层 MPLS 标签，也是因为外层标签在倒数第二跳弹出了。

　　如果是两个 PE 相连，则报文在 PE 间直连链路上传输时均只带一层 MPLS 标签，这层标签就是内层私网标签，因为此时两个 PE 互相为对方的倒数第二跳，在发送报文时会弹出外层的 MPLS 标签。但在这种 PE 直连的情况下，我们一般配置是不支持 PHP 的，这样两个直连的 PE 在发送报文时就不会弹出外层标签了。

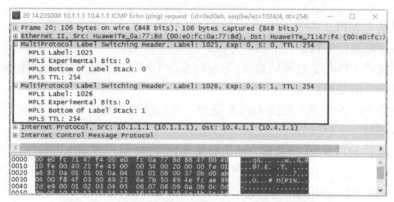

图 11-14　PE 接口发送的报文的二层 MPLS 标签结构

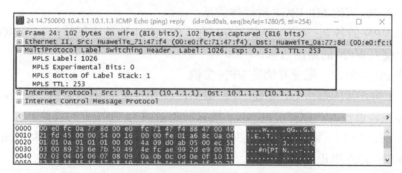

图 11-15　PE 接口接收的报文的一层 MPLS 标签结构

　　如果不支持 PHP，Egress PE 就会收到携带了两层标签的 VPN 报文，交给 MPLS 协议模块处理。MPLS 协议将去掉外层标签，本示例最后的外层标签是 O-L2，但如果应用了 PHP 特性，则此标签会在到达 Egress PE 之前的一跳弹出，Egress PE 只能收到带有内层标签的报文，可参见图 11-15。

　　④ 剥离了外层 LSP 标签后，Egress PE 就可以看见内层标签 I-L，先根据内层私网路由标签查找到 VPN 实例，可确定该 VPN 实例所绑定的出接口。由于报文中的内层标签处于栈底，所以将内层标签剥离，然后把报文从找到的出接口转发给 CE2。此时，报文只是普通的 IPv4 报文。

　　综上所述，报文就成功地从 CE1 传到 CE2 了，CE2 再按照普通的 IPv4 报文转发过程将报文传送到目的主机。

11.4   配置基本 MPLS VPN

基本 MPLS VPN 是指 MPLS 骨干网中的设备均接入同一个电信运营商的网络中，不跨 AS 域，其中的 PE、P、CE 设备也不兼任其他功能。通过基本 MPLS VPN，可实现相同或不同 VPN 中不同站点之间的相互通信。

11.4.1   MPLS VPN 配置任务

要实现基本 MPLS VPN 功能，首先要完成 MPLS 基本功能的配置，建立公网 MPLS 隧道。其主要配置任务包括以下两个方面。

一是配置骨干网各节点间的路由。为 MPLS 骨干网各节点配置静态路由或 IGP 路由，实现骨干网的三层互通。

二是在骨干网各节点上使能 MPLS 能力，包括使能 MPLS 功能，并配置 LDP 建立公网 MPLS 隧道。

在正式配置 MPLS VPN 之前，还需要先确定 VPN 用户的需求，包括需要支持多少用户，每个用户要加入多少 VPN，每个 VPN 需要多少 VPN 实例，确定骨干网各节点之间、PCE 与 CE 之间使用的路由协议。

基本 MPLS VPN 所包括的配置任务如下。

（1）配置 PE 间的 MP-IBGP 对等体关系

在每个 VPN 的各 PE 间使能 MP-BGP，在 VPN-IPv4 地址族下建立 MP-IBGP 对等体关系，用于交互 VPN 的路由信息。

（2）在 PE 上创建、配置并绑定 VPN 实例

在 PE 上为连接的每个 CE 创建 VPN 实例，由 MP-BGP 动态为每个 VPN 实例分配私网路由标签，通过 MP-BGP 的 Update 消息发布给同一 VPN 中的其他 PE，然后在 PE 连接 CE 的三层接口上绑定为该 CE 创建的 VPN 实例，使该 CE 下面的私网路由可以进入对应的 VPN 实例 BGP 路由表中。

（3）配置 PE 和 CE 间的路由交换

PE 和 CE 间的三层网络连接，可以根据实际需要选择配置静态路由、IGP 或者 BGP 路由。但在 CE 和 PE 上配置路由协议时，需要注意以下差异。

- CE 属于客户端设备，不支持 MP-BGP，不能感知到 VPN 的存在，因此，在 CE 上配置路由协议时，不会带 VPN 的相关参数。
- PE 属于电信运营商网络的边缘设备，用来与 CE 交换路由信息，支持 MP-BGP。PE 可以与不同 VPN 的 CE 相连接，因此，PE 上需要维护不同的 VRF。在 PE 上配置路由协议时，需要指定该路由协议属于的 VPN 实例名称。在 PE 上配置 IGP 时，需要在 VPN 实例的 BGP 路由表和对应的 IGP 路由进程中相互引入对方的路由。

11.4.2   配置 PE 之间的 MP-IBGP 对等体关系

在基本 MPLS VPN 中，PE 之间要建立 MP-IBGP 对等体关系（两端在同一 AS 域中），

以使两端 PE 之间可以直接相互学习对方的私网 VPN-IPv4 路由。

PE 之间 MP-IBGP 对等体的配置步骤见表 11-2，需要在同一 VPN 中的各 PE 上分别配置。总的来说，MP-IBGP 对等体的配置方法与普通的 IBGP 对等体的配置方法差不多，唯一不同的是，MP-IBGP 对等体的配置中最后还需要在 VPN-IPv4 地址族视图下使能 MP-IBGP 对等体间交换 VPN-IPv4 路由信息的能力。

表 11-2 PE 之间 MP-IBGP 对等体的配置步骤

步骤	命令	说明
1	**system-view**	进入系统视图
2	**bgp** { *as-number-plain* | *as-number-dot* } 例如，[Huawei] **bgp** 100	使能 BGP，进入 BGP 视图。 • *as-number-plain*：二选一参数，以整数形式的 AS 号指定 PE 所在的 AS，取值范围为 1~4294967295。 • *as-number-dot*：二选一参数，以点分形式的 AS 号指定 PE 所在的 AS，格式为 *x.y*，*x* 和 *y* 都是整数形式，*x* 的取值范围是 1~65535，*y* 的取值范围是 0~65535。 缺省情况下，BGP 是关闭的，可用 **undo bgp** [*as-number-plain* | *as-number-dot*] 命令恢复缺省配置
3	**peer** *ipv4-address* **as-number** *as-number* 例如，[Huawei-bgp] **peer** 10.1.1.1 **as-number** 100	配置 BGP 对等体。 • *ipv4-address*：指定对等体的 IPv4 地址，可以是直连对等体的接口 IP 地址（**仅适用于 PE 直连的情形**），也可以是路由可达的对等体的 Loopback 接口地址（必须事先在各 PE 上配置好至少一个 Loopback 接口及 IP 地址）。 • *as-number*：指定对等体所在的 AS 号。此处的 AS 号要与本端 PE 所在的 AS 号一致，因为他们是在同一 AS 中，所以 IBGP 是对等体关系。 缺省情况下，没有创建 BGP 对等体，可用 **undo peer** *ipv4-address* **as-number** *as-number* 命令删除指定对等体
4	**peer** *ipv4-address* **connect-interface loopback** *interface-number* 例如，[Huawei-bgp] **peer** 10.1.1.1 **connect-interface loopback** 0	指定本端 PE 与对等体 PE 间建立 BGP TCP 连接的源接口。 • *ipv4-address*：指定对等体的 IPv4 地址，可以是直连对等体的接口 IP 地址（**仅适用于 PE 直连情形**），也可以是路由可达对等体的 Loopback 接口地址。 • *interface-number*：指定与 BGP 对等体间建立 TCP 连接的本端 Loopback 接口编号。因为在 MPLS VPN 中，PE 之间通常不是直连的，所以要以 Loopback 接口建立 TCP 连接。 缺省情况下，BGP 使用报文的出接口作为 BGP 报文的源接口，可以采用 **undo peer** *ipv4-address* **connect-interface** 命令恢复缺省设置
5	**ipv4-family vpnv4** [**unicast**] 例如，[Huawei-bgp] **ipv4-family vpnv4**	进入 BGP-VPNv4 地址族视图，选择可选项 **unicast** 时，表示进入的仅支持单播通信的 BGP-VPNv4 地址族视图，不选择该选项时，将进入同时支持单播和组播通信的 BGP-VPNv4 地址族视图。可以采用 **undo ipv4-family vpnv4** 命令删除 BGP-VPNv4 地址族视图下的所有配置
6	**peer** *ipv4-address* **enable** 例如，[Huawei-bgp-af-vpnv4] **peer** 10.1.1.1 **enable**	使能与指定对等体交换 VPN-IPv4 路由信息的能力，最终在 PE 之间建立 MP-IBGP 对等体关系。 缺省情况下，仅使能了 BGP-IPv4 单播地址族的公网路由信息交换能力，此时不用执行本命令，可用 **undo peer** *ipv4-address* **enable** 命令禁止与指定对等体交换 VPN-IPv4 路由信息

11.4.3 在 PE 上创建、配置并绑定 VPN 实例

VPN 实例也称为 VPN 路由转发表（VRF），用于将 VPN 私网路由与公网路由隔离，不同 VPN 实例之间的路由相互隔离。但需要注意的是，**VPN 实例是一个本地概念，也就是仅要求在本地 PE 上为各 Site 创建的 VPN 实例的名称唯一**，不同 PE 上创建的 VPN 实例名可以相同，也可以不同。但通常为了便于 VPN 区分，把同一 VPN 中连接不同 PE 各站点的 VPN 实例名配置相同。

创建 VPN 实例后，还要配置与 VPN 实例密切相关的其他配置，包括 RD、VPN-Target 和私网路由标签分发方式。RD 与 VPN 实例也是一一对应的关系，即在同一 PE 上每个 VPN 实例的 RD 必须是唯一的（最好全网唯一），用于区分每个 VPN 实例的 VPN 路由。VPN-Target 是一种 MP-BGP 扩展团体属性，包括入方向 Import Target 属性和出方向 Export Target 属性，二者分别用于控制 PE 对 VPN-IPv4 路由的接收和发布。私网路由标签分发方式有两种：一种是基于 VPN 实例所有私网路由统一分配一个标签；另一种是基于路由为每条私网路由单独分配一个标签。

创建并配置 VPN 实例后，就要把配置的 VPN 实例与对应 CE 连接的 PE 接口（**不一定是直接连接的物理接口，但必须是三层的**）绑定，使配置的 VPN 实例得到应用。

【说明】如果 PE 连接 CE 的接口不与 VPN 实例绑定，则该接口将属于公网接口，无法转发 VPN 报文。绑定了 VPN 实例的 PE 接口将属于私网接口，需重新配置 IP 地址，以实现 PE-CE 之间的路由交互。接口与 VPN 实例绑定后，将删除接口上已经配置的 IP 地址、路由协议等三层特性（包括 IPv4 和 IPv6）。需要注意的是，绑定 VPN 实例的私网接口的 IP 地址要在绑定了 VPN 实例后再配置，否则，即使配置了也将被删除。

在 PE 上创建、配置并绑定 VPN 实例的具体步骤见表 11-3。

表 11-3　在 PE 上创建、配置并绑定 VPN 实例的具体步骤

步骤	命令	说明
1	**system-view**	进入系统视图
2	**ip vpn-instance** *vpn-instance-name* 例如，[Huawei] **ip vpn-instance** vrf1	创建 VPN 实例，并进入 VPN 实例视图。参数 *vpn-instance-name* 用来指定所创建的 VPN 实例名称、字符串形式，区分大小写，不支持空格，长度范围是 1～31。当输入的字符串两端使用双引号时，可在字符串中输入空格。**在同一 PE 上创建的各 VPN 实例的名称必须唯一。** 执行本命令创建 VPN 实例，相当于在 PE 上创建了一个虚拟的路由转发表，最终将包括与本 VPN 实例绑定的 Site 在同一 VPN 中的所有 Site 的私网路由。 缺省情况下，未配置 VPN 实例，可用 **undo ip vpn-instance** *vpn-instance-name* 命令删除指定的 VPN 实例，则该 VPN 实例里的所有配置都会被清除
3	**description** *description-information* 例如，[Huawei-vpn-instance-vrf1] **description** Only for SiteA&B	（可选）配置 VPN 实例的描述信息。为方便用户记忆 VPN 实例的创建信息，可以为 VPN 实例配置描述信息。参数 *description-information* 用来指定 VPN 实例的描述信息和字符串形式，支持空格，区分大小写，长度范围是 1～242。 缺省情况下，没有为 VPN 实例配置描述信息，可用 **undo description** 命令删除当前 VPN 实例的描述信息

步骤	命令	说明
4	**ipv4-family** 例如，[Huawei-vpn-instance-vrf1] **ipv4-family**	使能以上 VPN 实例的 IPv4 地址族，并进入 VPN 实例 IPv4 地址族视图。后续的 RD 和 VPN-target 扩展团体属性等都必须在 VPN 实例 IPv4 地址族视图下配置。 缺省情况下，未使能 VPN 实例的 IPv4 地址族，可用 **undo ipv4-family** 命令恢复缺省配置
5	**route-distinguisher** *route-distinguisher* 例如，[Huawei-vpn-instance-vrf1-af-ipv4] **route-distinguisher** 22:1	为以上 VPN 实例配置 RD。如果执行本命令前，还未使能 IPv4 地址族，则执行本命令时会同时使能 IPv4 地址族。 不同的 VPN 实例中可能存在相同的路由前缀，为了便于 PE 设备区别，为 VPN 实例配置唯一的 RD 后，VPN 实例路由表中的各私网路由都会添加该 RD 属性，使之成为全局唯一的 VPN-IPv4 或者 VPN-IPv6 路由前缀，解决了地址空间重叠的问题。 参数 *route-distinguisher* 用来指定 RD，有以下 4 种格式。 • **2 字节自治系统号：4 字节用户自定义数**，例如，101:3。自治系统号的取值范围是 0~65535；用户自定义数的取值范围是 0~4294967295。其中，自治系统号和用户自定义数不能同时为 0，即 RD 的值不能是 0:0。 • **整数形式 4 字节自治系统号：2 字节用户自定义数**，自治系统号的取值范围是 65536~4294967295；用户自定义数的取值范围是 0~65535。例如，65537:3。其中，自治系统号和用户自定义数不能同时为 0，即 RD 的值不能是 0:0。 • **点分形式 4 字节自治系统号：2 字节用户自定义数**，点分形式自治系统号通常写成 *x.y* 的形式，*x* 和 *y* 的取值范围都是 0~65535，用户自定义数的取值范围是 0~65535，例如，0.0:3 或者 0.1:0。其中，自治系统号和用户自定义数不能同时为 0，即 RD 的值不能是 0.0:0。 • **IPv4 地址：2 字节用户自定义数**，例如，192.168.122.15:1。IP 地址的取值范围是 0.0.0.0~255.255.255.255；用户自定义数的取值范围是 0~65535。 缺省情况下，没有为 VPN 实例地址族配置 RD，但一旦配置了 **RD 便不能被修改或删除**。如果要修改 RD 或删除 RD，需要先删除对应的 VPN 实例或者去使能 VPN 实例 IPv4 地址族。 【说明】VPN 实例 IPv4 地址族只有配置了 RD 后才生效。同一 PE 上的不同 VPN 实例配置的 RD 不能相同。在 CE 双归属的情况下，为了保证路由正常，PE 上的 RD 要求全局唯一
6	**vpn-target** *vpn-target* &<1-8> [**both** | **export-extcommunity** | **import-extcommunity**] 例如，[Huawei-vpn-instance-vrf1-af-ipv4] **vpn-target** 3:3 **export-extcommunity**	为以上 VPN 实例配置 VPN-target 扩展团体属性，用来控制 VPN 路由信息的接收和发布。对 VPN 实例配置了 VPN Target 后，VPN 实例相应地址族只会接收通过 VPN Target 过滤的路由。 • *vpn-target*：指定 VPN-Target 扩展团体属性。一条命令最多可配置 8 个，如果希望在 VPN 实例中配置更多的 VPN Target，则可多次执行该命令。VPN-Target 扩展团体属性具有与本表第 5 步中 RD 相同的 4 种格式。 • **both**：多选一选项，指定将 *vpn-target* 参数值同时作为 Import Target 和 Export Target 扩展团体属性值，**这是缺省选项**。 • **export-extcommunity**：多选一选项，指定将 *vpn-target* 参数值仅作为 Export Target 扩展团体属性

步骤	命令	说明
6	**vpn-target** *vpn-target* &<1-8> [**both** | **export-extcommunity** | **import-extcommunity**] 例如，[Huawei-vpn-instance-vrf1-af-ipv4] **vpn-target** 3:3 **export-extcommunity**	• **import-extcommunity**：多选一选项，指定将 *vpn-target* 参数值仅作为 Import Target 扩展团体属性。 【注意】配置该命令不会覆盖之前配置的 VPN Target，但之前配置的 VPN Target 数达到最大值时，之后添加 VPN Target 时将不会成功。进行 VPN 路由交叉时，接收到的 VPNv4 路由中携带的 Export Target 属性值中如果有一个与本地 VPN 实例下配置的 Import Target 属性值一致，即可交叉成功。 缺省情况下，未配置 VPN 实例地址族 VPN-Target 扩展团体属性，可用 **undo vpn-target** { **all** | *vpn-target* &<1-8> [**both** | **export-extcommunity** | **import-extcommunity**] }命令删除 VPN 实例地址族中指定的 VPN-Target 扩展团体属性
7	**quit**	返回系统视图
8	**interface** *interface-type interface-number* 例如，[Huawei] **interface** gigabitethernet0/0/0	进入需要绑定 VPN 实例的接口视图，必须是三层接口
9	**ip binding vpn-instance** *vpn-instance-name* 例如，[Huawei-Gigabitethernet0/0/0] **ip binding vpn-instance** vrf1	将当前接口与指定 VPN 实例绑定。所绑定的 VPN 实例是在上节已创建好，并且使能了 IPv4 地址族。 缺省情况下，接口不与任何 VPN 实例绑定，属于公网接口，可用 **undo ip binding vpn-instance** *vpn-instance-name* 命令取消接口与 VPN 实例的绑定。 【注意】接口不能与未使能任何地址族的 VPN 实例绑定。去使能 VPN 下的某个地址族（IPv4 或 IPv6）时，将清理接口下该类地址的配置；当 VPN 实例下没有地址族配置时，将解除接口与 VPN 实例的绑定关系
10	**ip address** *ip-address* { *mask* | *mask-length* } 例如，[Huawei-Gigabitethernet0/0/0] **ip address** 10.1.1.1 24	重新配置接口的 IP 地址，配置的 IP 地址是私网 IP 地址，与 CE 直连时，通常与 CE 连接该 PE 的接口的 IP 地址在同一 IP 网段。 【注意】配置接口与 VPN 实例绑定后，或取消接口与 VPN 实例的绑定，都会清除该接口的 IP 地址、三层特性和 IP 相关的路由协议

11.4.4　配置 PE 与 CE 之间路由

在 MPLS VPN 中，PE 与 CE 之间的路由交换方式可以有多种不同的配置方式，包括静态路由、各种 IGP 路由和 BGP 路由。其主要不同体现在 PE 配置上，CE 上的各种路由方法与普通对应路由的配置方法完全一样，在此不作介绍。

1. 配置 PE 与 CE 之间使用 EBGP

如果 PE 与 CE 之间采用 BGP 建立 EBGP 对等体关系，则需要在两端同时配置 BGP 路由协议，从而实现它们之间的 BGP 路由交换。PE 与 CE 之间使用 EBGP 时的 PE 的配置步骤见表 11-4，CE 上的配置与普通 EBGP 的配置方法一样，但需要将 VPN 路由通过 **import-route** 或者 **network** 命令引入 BGP 路由表中。

表 11-4　PE 与 CE 之间使用 EBGP 时的 PE 配置步骤

步骤	命令	说明
1	**system-view**	进入系统视图
2	**bgp** { *as-number-plain* | *as-number-dot* } 例如，[Huawei] **bgp 100**	进入 PE 所在 AS 的 BGP 视图
3	**ipv4-family vpn-instance** *vpn-instance-name* 例如，[Huawei-bgp] **ipv4-family vpn-instance** vrf1	进入 PE 连接对应 CE 的接口所绑定的 VPN 实例的 IPv4 地址族视图，表明以下配置仅作用于对应的 VPN 实例，属于对应 VPN 实例的私网路由配置。 当 PE 连接多个 CE 时，要分别执行本命令进行相应配置
4	**as-number** *as-number* 例如，[Huawei-bgp-vrf1] **as-number 6500**	（可选）为以上 VPN 实例的 IPv4 地址族配置单独的 AS 号（相当于 PE 的 AS 号下面为每个 VPN 实例分配的子 AS 号），**不能与 BGP 视图下配置的 AS 号相同**。一般不配置，仅当进行网络迁移或业务标识时，如果需要将一台物理设备在逻辑上模拟为多台 BGP 设备，则可以通过该命令为每个 VPN 实例 IPv4 地址族配置不同的 AS 号。 【注意】当 VPN 实例已经配置单独的 AS 号时，不可以再配置联盟。当配置联盟时，不可以在 VPN 实例下再配置单独的 AS 号。 缺省情况下，VPN 实例采用 BGP 的 AS 号，可用 **undo as-number** 命令恢复缺省配置
5	**peer** *ipv4-address* **as-number** *as-number* 例如，[Huawei-bgp-vrf1] **peer 10.1.1.2 as-number 200**	将 CE 配置为 VPN 私网 EBGP 对等体。 • *ipv4-address*：指定对等体 CE 的 IPv4 地址，可以是直连对等体的接口 IP 地址，也可以是路由可达的对等体的 Loopback 接口地址。 • *as-number*：指定 CE 所在的 AS 号，因为它们是在不同的 AS 中，建立的是 EBGP 对等体关系，所以要与 PE 的 AS 号不一样。 缺省情况下，没有创建 BGP 对等体，可用 **undo peer** *ipv4-address* 命令删除指定的对等体
6	**peer** *ipv4-address* **ebgp-max-hop** [*hop-count*] 例如，[Huawei-bgp-vrf1] **peer 10.1.1.2 ebgp-max-hop**	（可选）配置 EBGP 连接的最大跳数。如果 EBGP 对等体之间是直接连接，则不用配置本步骤，否则必须使用本命令允许它们之间经过多跳建立 TCP 连接。 • *ipv4-address*：指定对等体 CE 的 IPv4 地址，同样可以是直连对等体的接口 IP 地址（仅限直接连接时，最多中间仅有二层交换设备），也可以是路由可达的对等体的 Loopback 接口地址。 • *hop-count*：可选参数，指定最大跳数，整数形式，其取值范围为 1～255，缺省值为 255。如果指定的最大跳数为 1，则不能同非直连网络上的对等体建立 EBGP 连接。 缺省情况下，只能在物理直连链路上建立 EBGP 连接，可用 **undo peer ebgp-max-hop** *ipv4-address* **ebgp-max-hop** 命令恢复缺省配置
7	**import-route direct** [**med** *med* | **route-policy** *route-policy-name*] * 例如，[Huawei-bgp-vrf1] **import-route direct**	（可选）引入与本端 CE 直连的路由，两个命令选择其中一个。**当需要将与本端 CE 直连链路的直连路由引入 VPN 路由表中时，发布给对端 PE 时才需要配置。** • **med** *med*：可多选参数，指定引入路由的多出口区分（Multi-Exit Discriminators，MED）度量值，整数形式，其取值范围是 0～4294967295。MED 属性用于 EBGP 对等体判断流量进入其他 AS 时的最优路由

步骤	命令	说明
7	**network** *ipv4-address* [*mask* | *mask-length*] [**route-policy** *route-policy-name*] 例如，[Huawei-bgp-vrf1] **network** 10.1.1.0 24	• **route-policy** *route-policy-name*：可多选参数，使用指定的 Route-Policy 过滤器过滤路由和修改路由属性，该路由策略必须已配置。 • *ipv4-address* [*mask* | *mask-length*]：指定要引入与本端 CE 直连的路由的网络地址和子网掩码或子网掩码长度。 【注意】PE 会自动学习到与本地 CE 直连的路由，该路由优于本地 CE 通过 EBGP 发布过来的直连路由，而且进入的是公网路由表。因此，如果不配置该步骤，则 PE 不会将该直连路由加入 BGP-VPN 路由表中，然后通过 MP-BGP 发布给对端 PE。 缺省情况下，BGP 未引入任何路由信息，可用 **undo import-route direct** 或 **undo network** *ipv4-address* 命令删除引入的与本端 CE 直连的路由
8	**peer** { *group-name* | *ipv4-address* } **soo** *site-of-origin* 例如，[Huawei-bgp-vrf1] **peer** 10.1.1.2 **soo** 10.2.2.2:45	（可选）配置 CE 的源站点（Site-of-Origin，SoO）属性。**VPN 某站点有多个 CE 通过 BGP 接入不同的 PE 时，如果在 PE 上配置了下一步的 AS 号替换功能，则此 VPN 站点的私网路由将会被替换 AS 号，这样从 CE 发往 PE 的 VPN 路由可能经过骨干网又回到该站点，很可能引起 VPN 站点内路由环路。** **如果两个 VPN 站点所处的自治系统使用的是私有 AS 号，且两个 VPN 站点的 AS 号相同，则会导致同一 VPN 的不同站点之间无法连通。**应用 SoO 特性后，当 PE 收到 CE 发来的路由后，会为该路由添加 SoO 属性并发布给其他 PE 对等体。其他 PE 对等体向接入的 CE 发布路由时，会检查 VPN 路由携带的 SoO 属性，如果与本地配置的 SoO 属性相同，则 PE 不会向 CE 发布该路由。 • *group-name*：二选一参数，指定要启用 SoO 属性的 BGP 对等体组（事先要配置好），字符串形式，区分大小写，不支持空格，其长度范围是 1～47。当输入的字符串两端使用双引号时，可在字符串中输入空格。 • *ipv4-address*：二选一参数，指定 BGP 对等体 CE 的 IP 地址。 • *site-of-origin*：指定 SoO 扩展团体属性，SoO 属性的取值具有与 RD 相同的 4 种表示形式。 缺省情况下，没有为 BGP VPN 实例下的 EBGP 对等体配置 BGP SoO，可用 **undo peer** { *group-name* | *ipv4-address* | *ipv6-address* } **soo** 命令删除配置的 SoO
9	**peer** *ipv4-address* **substitute-as** 例如，[Huawei-bgp-vrf1] **peer** 10.1.1.2 **substitute-as**	（可选）使能指定对等体的 AS 号替换功能。 由于 BGP 使用 AS 号检测路由环路，为了保证路由信息的正确发送，所以需要为物理位置不同的站点分配不同的 AS 号。**如果物理不同的 CE 使用相同的 AS 号，则需要在 PE 上配置 BGP 的 AS 号替换功能。**但使能 AS 号替换功能后，在 CE 多归属（一个 CE 连接到多个 PE）的情况下可能引起路由环路。 缺省情况下，没有使能 AS 号替换功能，可用 **undo peer** *ipv4-address* **substitute-as** 命令恢复缺省配置
10	**routing-table rib-only** [**route-policy** *route-policy-name*] 例如，[Huawei-bgp-vrf1] **routing-table rib-only**	（可选）禁止 BGP 私网路由下发到私网 VPN 路由表。 当 BGP 路由表中私网路由数量较多的时候，这些路由全部下发到 PE 私网 VPN 路由表，会占用很多内存。如果所有私网路由均不需要指导流量转发，则可配置 **routing-table rib-**

步骤	命令	说明
10	**routing-table rib-only** [**route-policy** *route-policy-name*] 例如，[Huawei-bgp-vrf1] **routing-table rib-only**	**only** 命令禁止所有 BGP 私网路由下发到私网 VPN 路由表。如果仅部分路由不需要指导流量转发，则可以通过路由策略过滤。 【注意】CE 下面所连接的各内网网段路由完全可以由 CE 上配置的路由转发，不用下发到 PE 上，通常只需把 PE 与 CE 之间直连的 **BGP** 路由下发到 PE 的私网 VPN 路由表中即可。如果直接配置了 **routing-table rib-only** 命令，则将导致流量中断。此时，可以通过配置静态路由或缺省路由指导流量转发。缺省情况下，BGP 优选的所有路由都将下发到 VPN 路由表，可以采用 **undo routing-table rib-only** 命令恢复缺省配置

2. 配置 PE 与 CE 之间使用静态路由

如果 PE 与 CE 通过静态路由连接，则 PE 与 CE 之间使用静态路由时的 PE 配置步骤见表 11-5。PE 上的主要配置的任务包括以下两个方面。

一是配置从 PE 到达 CE 内网的 VPN 实例静态路由。

二是在相同 VPN 实例中引入前面配置的 VPN 实例静态路由。

CE 上的配置方法与普通静态路由的配置方法相同。

表 11-5　PE 与 CE 之间使用静态路由时的 PE 配置步骤

步骤	命令	说明
1	**system-view**	进入系统视图
2	**ip route-static vpn-instance** *vpn-source-name destination-address* { *mask*	*mask-length* } *interface-type interface-number* [*nexthop-address*] [**preference** *preference*	**tag** *tag*] * 例如，[Huawei] **ip route-static vpn-instance** vrf1 10.1.1.0 24	为指定 VPN 实例配置静态路由。参数 *vpn-source-name* 用来指定源 VPN 实例的名称，配置的静态路由将被引入指定 VPN 实例的路由表中
3	**bgp** { *as-number-plain*	*as-number-dot* } 例如，[Huawei] **bgp** 100	进入 PE 所在 AS 的 BGP 视图
4	**ip v4-family vpn-instance** *vpn-instance-name* 例如，[Huawei-bgp] **ip v4-family vpn-instance** vrf1	进入 BGP-VPN 实例 IPv4 地址族视图
5	**import-route static** [**med** *med*	**route-policy** *route-policy-name*] * 例如，[Huawei-bgp-vrf1] **import-route static**	将以上配置的 VPN 实例的静态路由引入 BGP-VPN 实例 IPv4 地址族路由表。在 BGP-VPN 实例 IPv4 地址族视图下执行该命令后，PE 把本端 CE 学到的 VPN 路由引入 BGP 中，形成 VPNv4 路由发布给对端 PE

3. 配置 PE 与 CE 之间使用 OSPF

如果把 PE 与 CE 通过 OSPF 路由连接，则 PE 与 CE 之间使用 OSPF 路由时的 PE 配置步骤见表 11-6，主要的配置任务包括以下 3 个方面。

- 创建 VPN 实例 OSPF 路由进程（**不能与骨干网上的 OSPF 路由进程相同**）和 OSPF 区域（与 CE 连接 PE 的接口在同一个区域中），通告 PE 连接 CE 的接口所在网段。

- 在以上 VPN 实例的 OSPF 路由进程中，引入来自对端 PE 的 VPN-IPv4 路由。通常是仅引入同一 VPN 中其他 PE 所连接的 Site 的私网路由。

- 在以上 VPN 实例路由表中引入前面创建的 VPN 实例的 OSPF 进程路由。

CE 上的配置方法与普通 OSPF 路由的配置方法相同。

表 11-6　PE 与 CE 之间使用 OSPF 路由时的 PE 配置步骤

步骤	命令	说明
1	**system-view**	进入系统视图
2	**ospf** *process-id* [**router-id** *router-id*] **vpn-instance** *vpn-instance-name* 例如，[Huawei] **ospf** 1 **router-id** 1.1.1.1 **vpn-instance** vrf1	创建 PE 与 CE 之间的 OSPF 实例，并进入 OSPF 视图
3	**import-route** bgp [**permit-ibgp**] [**cost** *cost* | **route-policy** *route-policy-name* | **tag** *tag* | **type** *type*]* 例如，[Huawei-ospf-1] **import-route** bgp	在以上 OSPF 进程下引入 BGP-VPNv4 路由，使本端 PE 把从对端 PE 学到的 VPN-IPv4 路由引入本地 OSPF 路由表中，进而发布给本端 CE
4	**area** *area-id* 例如，[Huawei-ospf-1] **area** 1	进入 OSPF 区域视图。参数 *area-id* 用来指定区域的标识
5	**network** *ip-address wildcard-mask* 例如，[Huawei-ospf-1-area-0.0.0.1] **network** 10.1.1.0 0.0.0.255	在 VPN 实例绑定的 PE 接口所在网段运行 OSPF
6	**quit**	返回 OSPF 路由进程视图
7	**quit**	返回系统视图
8	**bgp** { *as-number-plain* | *as-number-dot* } 例如，[Huawei] **bgp** 100	进入 PE 所在 AS 的 BGP 视图
9	**ipv4-family vpn-instance** *vpn-instance-name* 例如，[Huawei-bgp] **ipv4-family vpn-instance** vrf1	进入 BGP-VPN 实例 IPv4 地址族视图
10	**import-route ospf** *process-id* [**med** *med* | **route-policy** *route-policy-name*]* 例如，[Huawei-bgp-vrf1] **import-route ospf** 1	将以上配置的 VPN 实例的 OSPF 路由引入本地 VPN 实例 IPv4 地址族 BGP 路由表中，使本端 CE 通告的私网路由最终可以通过本端 PE 发布给对端 CE

4. 配置 PE 与 CE 之间使用 IS-IS

当把 PE 与 CE 通过 IS-IS 路由连接时，PE 与 CE 之间使用 IS-IS 路由时的 PE 配置步骤见表 11-7。主要的配置任务包括以下 3 个方面。

一是创建 VPN 实例 IS-IS 路由进程和 IS-IS 区域（PE 与 CE 连接的两端接口在同一区域中），在 PE 连接 CE 的接口上使能对应的 IS-IS 路由进程，通告所在网段。

二是在以上 VPN 实例的 IS-IS 路由进程中，引入来自对端 PE 的 VPN-IPv4 路由。通常是仅引入同一 VPN 中其他 PE 所连接的 Site 的私网路由。

三是在以上 VPN 实例中引入前面创建的 VPN 实例的 IS-IS 进程路由。

CE 上的配置方法与普通 IS-IS 路由的配置方法相同。

表 11-7　PE 与 CE 之间使用 IS-IS 路由时的 PE 配置步骤

步骤	命令	说明
1	**system-view**	进入系统视图
2	**isis** *process-id* **vpn-instance** *vpn-instance-name* 例如，[Huawei] **isis** 1 **vpn-instance** vrf1	创建 PE 与 CE 之间的 IS-IS 实例，并进入 IS-IS 视图

续表

步骤	命令	说明
3	**network-entity** *net* 例如，[Huawei-isis-1] **network-entity** 10.0001. 1010.1020.1030.00	设置网络实体名称
4	**is-level** { **level-1** | **level-1-2** | **level-2** } 例如，[Huawei-isis-1] **is-level level-1**	（可选）设置 Level 级别
5	**import-route bgp** [**cost-type** { **external** | **internal** } | **cost** *cost* | **tag** *tag* | **route-policy** *route-policy-name* | [**level-1** | **level-2** | **level-1-2**]][*] 例如，[Huawei-isis-1] **import-route bgp**	在以上 IS-IS 路由进程下引入 BGP-VPNv4 路由，使本端 PE 把从对端 PE 学到的 VPNv4 路由引入本地 IS-IS 路由表中，进 而发布给本端 CE
6	**quit**	返回系统视图
7	**interface** *interface-type interface-number* 例如，[Huawei] **interface gigabitethernet** 1/0/0	进入绑定 VPN 实例的 PE 的接口视图
8	**isis enable** [*process-id*] 例如，[Huawei-GigabitEthernet1/0/0] **isis enable** 1	在以上接口上运行指定的 IS-IS 进程
9	**quit**	退回系统视图
10	**bgp** { *as-number-plain* | *as-number-dot* } 例如，[Huawei] **bgp** 100	进入 PE 所在 AS 的 BGP 视图
11	**ip v4-family vpn-instance** *vpn-instance-name* 例如，[Huawei-bgp] **ip v4-family vpn-instance** vrf1	进入 BGP-VPN 实例 IPv4 地址族视图
12	**import-route isis** *process-id* [**med** *med* | **route-policy** *route-policy-name*][*] 例如，[Huawei-bgp-vrf1] **import-route isis** 1	将前面配置的 VPN 实例 IS-IS 路由引入 VPN 实例 IPv4 地址族 BGP 路由表中， 使本端 CE 通告的私网路由最终可以通 过本端 PE 发布给对端 CE

基本 MPLS VPN 配置好后，可以在 PE 上执行以下 **display** 命令查看所创建的 VPN 实例 IPv4 地址族的信息，包括 RD 值及其相关属性。

- **display ip vpn-instance** [**verbose**] [*vpn-instance-name*]：查看指定或所有 VPN 实例的简要或详细信息。

- **display ip vpn-instance import-vt** *ivt-value*：查看所有具备指定 Import vpn-target 属性的 VPN 实例信息。

- **display ip routing-table vpn-instance** *vpn-instance-name*：在 PE 上查看指定 VPN 实例 IPv4 地址族的路由信息。

- **display bgp vpnv4** { **all** \| **vpn-instance** *vpn-instance-name* } **routing-table** [**statistics**] **label**：查看 BGP 路由表中的标签路由信息。

- **display ip vpn-instance** [*vpn-instance-name*] **interface**：查看指定 VPN 实例所绑定的接口信息。

- **display bgp vpnv4** { **all** \| **route-distinguisher** *route-distinguisher* \| **vpn-instance** *vpn-instance-name* } **routing-table**：查看指定或所有 BGP VPNv4 路由表信息。

11.4.5 MPLS VPN 配置示例

MPLS VPN 配置示例的拓扑结构如图 11-16 所示，CE1 连接公司总部研发区、CE3 连接分支机构研发区，CE1 和 CE3 属于 vpna（采用相同的 VPN 实例名）；CE2 连接公司总部非研发区、CE4 连接分支机构非研发区，CE2 和 CE4 属于 vpnb（采用相同的 VPN 实例名）。

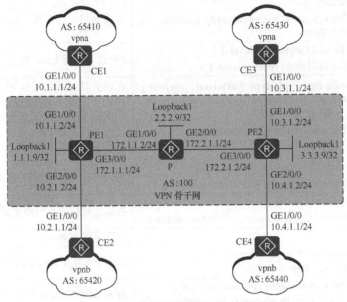

图 11-16　MPLS VPN 配置示例的拓扑结构

现公司要求在 PE1 与 CE1、PE2 与 CE3 之间采用 EBGP 交互路由信息，PE1 与 CE2、PE2 与 CE4 之间采用 OSPF 交互路由信息，通过部署 MPLS VPN 实现总部与分支机构之间的安全互通，但研发区与非研发区之间的数据隔离，即 CE1 仅可与 CE3 互通，C2 仅可与 CE4 互通。

1. 基本配置思路分析

本示例中要部署两个 VPN，即 CE1 与 CE3 的 vpna，CE2 与 CE4 的 vpnb。为了使同一 VPN 中两站点的用户三层互通，不同 VPN 间隔离，可为不同 VPN 使用不同的 VPN-target 属性值。本示例假设 vpna 使用的 VPN-target 属性为 111:1，vpnb 使用的 VPN-target 属性为 222:2，且同时赋予 Export Target 和 Import Target 属性。

在建立 MPLS VPN 前，要确保骨干网三层路由（本示例假设采用 OSPF）互通，并且已通过 LDP 建立了公网 MPLS 隧道。另外需要注意的是，两个 VPN 中的 CE 与 PE 之间采用的路由协议不同。

根据以上分析可以得出本示例的基本配置思路如下。

① 在骨干网各节点上配置公网接口（不包括 PE 连接 CE 的接口）的 IP 地址和 OSPF 路由，以实现骨干网的三层互通。

② 在骨干网各节点上全局和公网接口上使能 MPLS 和 LDP 能力，建立公网 MPLS LDP LSP 隧道。

③ 配置两 PE 之间的 MP-IBGP 对等体关系，交互 VPN 路由信息。

④ 在两 PE 上为所连接的站点创建 VPN 实例，并与 PE 连接 CE 的接口绑定，然后为该接口配置 IP 地址。

⑤ 在 PE1 与 CE1、PE2 与 CE3 之间配置 EBGP 路由，引入它们之间直连链路的直

连路由。在 PE1 与 CE2、PE2 与 CE4 之间配置 OSPF 路由（**路由进程号不能与骨干网中的 OSPF 路由进程号相同**），通告与 VPN 实例所绑定的对应 PE 接口所在网段路由，同时引入来自对端 PE 的 VPN-IPv4 路由。

⑥ 在各 CE 上配置接口 IP 地址，并在 CE1、CE3 上配置与所连 PE 的 EBGP 对等体关系，在 CE2 和 CE4 上配置 OSPF 路由。

2.　具体配置步骤

① 在骨干网各节点上配置公网侧接口（不包括 PE 连接 CE 的接口）的 IP 地址和 OSPF 路由，以实现骨干网的三层互通。

在 PE1、P、PE2 的公网侧接口上运行 OSPF，加入同一个 OSPF 区域（单区域 OSPF 网络的区域 ID 任意，本示例以区域 0 为例进行介绍），OSPF 进程号可以相同，也可以不同（在此均为缺省的 1 号为例介绍）。

下面仅以 PE1 的配置为例，其他设备的配置方法也一样。

```
<Huawei> system-view
[Huawei] sysname PE1
[PE1] interface loopback 1
[PE1-LoopBack1] ip address 1.1.1.9 32
[PE1-LoopBack1] quit
[PE1] interface gigabitethernet 3/0/0
[PE1-GigabitEthernet3/0/0] ip address 172.1.1.1 24
[PE1-GigabitEthernet3/0/0] quit
[PE1] ospf
[PE1-ospf-1] area 0
[PE1-ospf-1-area-0.0.0.0] network 172.1.1.0 0.0.0.255
[PE1-ospf-1-area-0.0.0.0] network 1.1.1.9 0.0.0.0
[PE1-ospf-1-area-0.0.0.0] quit
[PE1-ospf-1] quit
```

完成以上配置后，骨干网相邻节点之间应建立 OSPF 邻接关系，执行 **display ospf peer** 命令可以看到它们之间的邻居状态为 Full；执行 **display ospf routing** 命令可以看到两 PE 之间已相互学习到了对方的 Loopback1 接口所在网段的 OSPF 路由。在 PE1 上执行 **display ospf peer** 和 **display ospf routing** 命令的输出如图 11-17 所示。

② 在骨干网各节点上全局和公网接口上使能 MPLS 和 LDP 能力，构建公网 MPLS LDP LSP 隧道。各节点的 LSR-ID 与各自的 Loopback1 接口 IP 地址相同。

下面仅以 PE1 的配置为例介绍，其他设备的配置方法一样。

```
[PE1] mpls lsr-id 1.1.1.9
[PE1] mpls
[PE1-mpls] quit
[PE1] mpls ldp
[PE1-mpls-ldp] quit
[PE1] interface gigabitethernet 3/0/0
[PE1-GigabitEthernet3/0/0] mpls
[PE1-GigabitEthernet3/0/0] mpls ldp
[PE1-GigabitEthernet3/0/0] quit
```

完成上述配置后，骨干网相邻节点之间应已建立了本地 LDP 会话，执行 **display mpls ldp session** 命令可以看到相邻节点之间已建立了 LDP 会话；执行 **display mpls ldp lsp** 命令可以查看各节点所建立的 LDP LSP 情况。在 PE1 上执行 **display mpls ldp session** 和 **display mpls ldp lsp** 命令的输出如图 11-18 所示。从图 11-18 中可以看出，PE1 已与 P 建立了本地 LDP 会话，并建立了到达 PE2 3.3.3.9/32 网段的 Ingress LDP LSP。

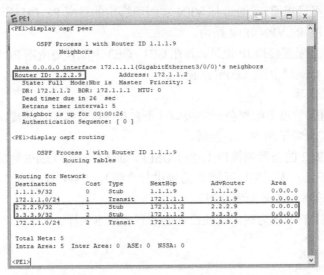

图 11-17　在 PE1 上执行 **display ospf peer** 和 **display ospf routing** 命令的输出

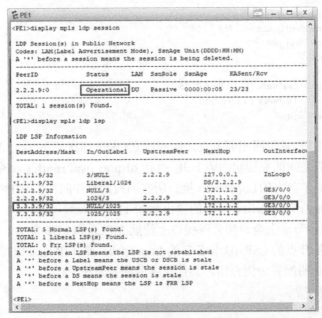

图 11-18　在 PE1 上执行 **display mpls ldp session** 和 **display mpls ldp lsp** 命令的输出

③ 配置两 PE 之间的 MP-IBGP 对等体关系，交互 VPN 路由信息。因为 PE1 与 PE2 不是直接连接的，所以在配置与对端 PE 建立 IBGP 对等体时的 TCP 连接源接口不能是物理接口，要用各自的 Loopback 接口，关键还要在 VPNv4 地址族下使能它们之间的 VPN 路由信息交互能力。

#---PE1 上的配置如下。

```
[PE1] bgp 100
[PE1-bgp] peer 3.3.3.9 as-number 100
[PE1-bgp] peer 3.3.3.9 connect-interface loopback 1
```

[PE1-bgp] **ipv4-family vpnv4**
[PE1-bgp-af-vpnv4] **peer** 3.3.3.9 **enable**　#---使能与 PE2 交互 VPN 路由信息的能力
[PE1-bgp-af-vpnv4] **quit**
[PE1-bgp] **quit**

#---PE2 上的配置如下。

[PE2] **bgp** 100
[PE2-bgp] **peer** 1.1.1.9 **as-number** 100
[PE2-bgp] **peer** 1.1.1.9 **connect-interface** loopback 1
[PE2-bgp] **ipv4-family vpnv4**
[PE2-bgp-af-vpnv4] **peer** 1.1.1.9 **enable**
[PE2-bgp-af-vpnv4] **quit**
[PE2-bgp] **quit**

完成以上配置后，在两 PE 上执行 **display bgp peer** 或 **display bgp vpnv4 all peer** 命令，可以看到两 PE 之间已建立了 MP-IBGP 对等体关系。在 PE1 上执行 **display bgp peer** 命令的输出如图 11-19 所示。

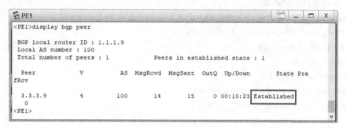

图 11-19　在 PE1 上执行 **display bgp peer** 命令的输出

④ 在两 PE 上为所连接的站点创建 VPN 实例，并与 PE 连接 CE 的接口绑定，然后为该接口配置 IP 地址。

本示例为了区分两个不同的 VPN，为 PE1 连接 CE1 对应的站点和 PE2 上连接 CE3 对应的站点配置相同的 VPN 实例名 vpna，配置相同的 VPN-Target 属性 111:1；为 PE1 连接 CE2 对应的站点和 PE2 上连接 CE4 对应的站点配置相同的 VPN 实例名 vpnb，配置相同的 VPN-Target 属性 222:2，以实现总部和分支机构的安全互通，但研发区和非研发区之间的数据隔离。PE1 上 vpna 实例的 RD 为 100:1，vpnb 的 RD 为 100:2；PE2 上 vpna 实例的 RD 为 200:1，vpnb 的 RD 为 200:2。

【说明】在非重叠私网地址空间情况下，只须确保同一 PE 上 VPN 实例所配置的 RD 值唯一即可，此处在两 PE 上为各 VPN 实例配置不同的 RD 值。

#---PE1 上的配置如下。

[PE1] **ip vpn-instance** vpna
[PE1-vpn-instance-vpna] **ipv4-family**
[PE1-vpn-instance-vpna-af-ipv4] **route-distinguisher** 100:1　#---为 vpna 实例配置的 RD 为 100:1
[PE1-vpn-instance-vpna-af-ipv4] **vpn-target** 111:1 **both**　#---为 vpna 实例配置 export-target 和 import-target 相同的属性值 111:1
[PE1-vpn-instance-vpna-af-ipv4] **quit**
[PE1-vpn-instance-vpna] **quit**
[PE1] **ip vpn-instance** vpnb
[PE1-vpn-instance-vpnb] **ipv4-family**
[PE1-vpn-instance-vpnb-af-ipv4] **route-distinguisher** 100:2
[PE1-vpn-instance-vpnb-af-ipv4] **vpn-target** 222:2 **both**
[PE1-vpn-instance-vpnb-af-ipv4] **quit**
[PE1-vpn-instance-vpnb] **quit**

```
[PE1] interface gigabitethernet 1/0/0
[PE1-GigabitEthernet1/0/0] ip binding vpn-instance vpna
[PE1-GigabitEthernet1/0/0] ip address 10.1.1.2 24
[PE1-GigabitEthernet1/0/0] quit
[PE1] interface gigabitethernet 2/0/0
[PE1-GigabitEthernet2/0/0] ip binding vpn-instance vpnb
[PE1-GigabitEthernet2/0/0] ip address 10.2.1.2 24
[PE1-GigabitEthernet2/0/0] quit
```

#---PE2 上的配置如下。

```
[PE2] ip vpn-instance vpna
[PE2-vpn-instance-vpna] ipv4-family
[PE2-vpn-instance-vpna-af-ipv4] route-distinguisher 200:1
[PE2-vpn-instance-vpna-af-ipv4] vpn-target 111:1 both
[PE2-vpn-instance-vpna-af-ipv4] quit
[PE2-vpn-instance-vpna] quit
[PE2] ip vpn-instance vpnb
[PE2-vpn-instance-vpnb] ipv4-family
[PE2-vpn-instance-vpnb-af-ipv4] route-distinguisher 200:2
[PE2-vpn-instance-vpnb-af-ipv4] vpn-target 222:2 both
[PE2-vpn-instance-vpnb-af-ipv4] quit
[PE2-vpn-instance-vpnb] quit
[PE2] interface gigabitethernet 1/0/0
[PE2-GigabitEthernet1/0/0] ip binding vpn-instance vpna
[PE2-GigabitEthernet1/0/0] ip address 10.3.1.2 24
[PE2-GigabitEthernet1/0/0] quit
[PE2] interface gigabitethernet 2/0/0
[PE2-GigabitEthernet2/0/0] ip binding vpn-instance vpnb
[PE2-GigabitEthernet2/0/0] ip address 10.4.1.2 24
[PE2-GigabitEthernet2/0/0] quit
```

完成以上配置后，在 PE1 上执行 **display ip vpn-instance verbose** 命令的输出如图 11-20 所示。从图 11-20 中可以看出已创建的两个 VPN 实例，在详细信息中显示这两个 VPN 实例的名称、RD 和 VPN-Target 属性等参数值。

图 11-20　在 PE1 上执行 **display ip vpn-instance verbose** 命令的输出

⑤ 在 PE1 与 CE1、PE2 与 CE3 之间配置 EBGP 路由，引入它们之间直连链路的直连路由。在 PE1 与 CE2、PE2 与 CE4 之间配置 OSPF 路由（**路由进程号不能与骨干网中的 OSPF 路由进程号相同**），通告与 VPN 实例所绑定的对应 PE 接口所在网段路由，同时引入来自对端 PE 的 VPN-IPv4 路由。

\#---PE1 与 CE1 的 EBGP 对等体连接的具体配置如下。

```
[PE1] bgp 100
[PE1-bgp] ipv4-family vpn-instance vpna
[PE1-bgp-vpna] peer 10.1.1.1 as-number 65410   #---指定 CE1 为 EBGP 对等体
[PE1-bgp-vpna] import-route direct   #---引入 vpna 实例绑定的接口所在链路的直连路由
[PE1-bgp-vpna] quit
```

\#---PE1 与 CE2 的 OSPF 连接的具体配置如下。

```
[PE1]ospf 2 router-id 1.1.1.9 vpn-instance vpnb   #---创建 OSPF 进程，并绑定 VPN 实例 vpnb
[PE1-ospf-2] import-route bgp   #---本端 PE 把从对端 PE 学到的 BGP VPN 路由引入 VPN 实例的 OSPF 路由表
[PE1-ospf-2] area 0.0.0.0
[PE1-ospf-2-area-0.0.0.0] network 10.2.1.0 0.0.0.255
[PE1-ospf-2-area-0.0.0.0] quit
[PE1-ospf-2] quit
[PE1] bgp 100
[PE1-bgp] ipv4-family vpn-instance vpnb
[PE1-bgp-af-vpnv4] import-route ospf 2   #---将本端 OSPF 私网路由引入 VPN 实例 BGP 路由表
[PE1-bgp-af-vpnv4] quit
[PE1-bgp] quit
```

\#---PE2 与 CE3 的 EBGP 对等体连接的具体配置如下。

```
[PE2] bgp 100
[PE2-bgp] ipv4-family vpn-instance vpna
[PE2-bgp-vpna] peer 10.3.1.1 as-number 65430
[PE2-bgp-vpna] import-route direct
[PE2-bgp-vpna] quit
```

\#---PE2 与 CE4 的 OSPF 连接的具体配置如下。

```
[PE2]ospf 2 router-id 3.3.3.9 vpn-instance vpnb   #---创建 OSPF 进程，并绑定 VPN 实例 vpnb
[PE2-ospf-2] import-route bgp   #---本端 PE 把从对端 PE 学到的 BGP VPN 路由引入 VPN 实例的 OSPF 路由表
[PE2-ospf-2] area 0.0.0.0
[PE2-ospf-2-area-0.0.0.0] network 10.4.1.0 0.0.0.255
[PE2-ospf-2-area-0.0.0.0] quit
[PE2-ospf-2] quit
[PE2] bgp 100
[PE2-bgp] ipv4-family vpn-instance vpnb
[PE2-bgp-af-vpnv4] import-route ospf 2   #---将本端 OSPF 私网路由引入 VPN 实例 BGP 路由表
[PE2-bgp-af-vpnv4] quit
[PE2-bgp] quit
```

⑥ 在各 CE 上配置接口 IP 地址，并在 CE1、CE3 上配置与所连 PE 的 EBGP 对等体关系，在 CE2 和 CE4 上配置 OSPF 路由。

CE2 和 CE4 采用缺省的 OSPF 1 号进程、区域 ID 为 0。下面仅以 CE1 和 CE2 上的配置为例进行介绍。

\#---CE1 上的具体配置如下。

```
<Huawei> system-view
[Huawei] sysname CE1
[CE1] interface gigabitethernet 1/0/0
```

```
[CE1-GigabitEthernet1/0/0] ip address 10.1.1.1 24
[CE1-GigabitEthernet1/0/0] quit
[CE1] bgp 65410
[CE1-bgp] peer 10.1.1.2 as-number 100   #---指定 PE1 为 EBGP 对等体
[CE1-bgp] quit
```

#---CE2 上的具体配置如下。

```
<Huawei> sysname CE2
[CE2] interface GigabitEthernet0/0/1
[CE2-GigabitEthernet0/0/1] ip address 10.2.1.2 255.255.255.0
[CE2-GigabitEthernet0/0/1] quit
[CE2]ospf 1
[CE2-ospf-1] area 0.0.0.0
[CE2-ospf-1-area-0.0.0.0] network 10.2.1.0 0.0.0.255
[CE2-ospf-1-area-0.0.0.0] quit
[CE2-ospf-1] quit
```

3. 配置结果验证

完成以上配置后，可以进行如下配置结果验证。

① 在两个 PE 上执行 **display bgp vpnv4 vpn-instance vpna peer** 命令，可以看到两个 PE 在 vpna 实例中与对应 CE 之间已建立 EBGP 对等体关系；执行 **display ip routing-table vpn-instance vpnb** 命令，可以看到本端 PE 的 vpnb 实例路由表中有达到远端对应 CE 私网网段路由。在 PE1 上执行 **display bgp vpnv4 vpn-instance vpna peer** 命令的输出如图 11-21 所示。

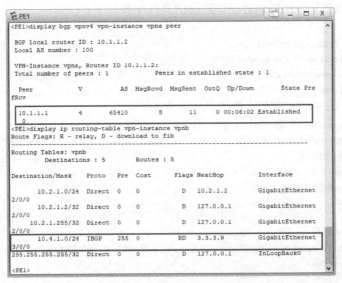

图 11-21　在 PE1 上执行 **display bgp vpnv4 vpn-instance vpna peer** 命令的输出

② 在 CE1 和 CE3 上执行 **display bgp routing-table** 命令，可以看到已相互学习到对端私网的路由。在 CE1 上执行 **display bgp routing-table** 命令的输出如图 11-22 所示，已有 CE3 上连接的私网网段 10.3.1.0/ 24 的 BGP 路由。

在 CE2 和 CE4 上执行 **display ospf routing-table** 命令，可以看到已相互学习到对端的私网的路由。在 CE3 上执行 **display ospf routing** 命令的输出如图 11-23 所示，已有 CE4 上连接的私网网段 10.3.1.0/24 的 OSPF 路由。

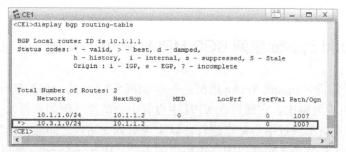

图 11-22　在 CE1 上执行 **display bgp routing-table** 命令的输出

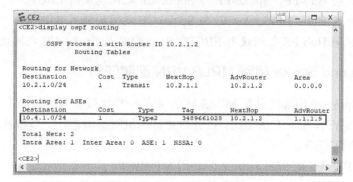

图 11-23　在 CE3 上执行 **display ospf routing** 命令的输出

③ 验证同一 VPN 的 CE 间能够相互 ping 通，不同 VPN 的 CE 不能相互 ping 通。

在 CE1（10.1.1.1）上可以 ping 通 CE3（10.3.1.1），但不能 ping 通 CE4（10.4.1.1），CE1 ping CE3 和 CE4 的结果如图 11-24 所示；同理在 CE2（10.2.1.1）上能 ping 通 CE4，但不能 ping 通 CE3，CE2 ping CE3 和 CE4 的结果如图 11-25 所示。

图 11-24　CE1 ping CE3 和 CE4 的结果

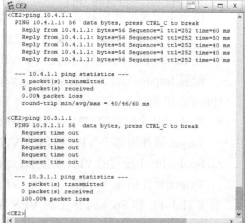

图 11-25　CE2 ping CE3 和 CE4 的结果

通过以上结果验证，已实现了同一 VPN 中的用户互通，不同 VPN 中的用户不通，即达到了研发区与非研发区之间数据隔离的目的，达到了预期的目的。

11.5　Hub and Spoke 组网 BGP/MPLS IP VPN 配置

　　11.2.5 节介绍的 Hub and Spoke 组网是基本 MPLS VPN 的一种扩展应用，经常应用于银行等金融机构网络中。它通过在 VPN 中设置中心站点（例如总行），要求其他站点（例如支行）的互访都通过中心站点进行，以实现对分支站点之间通信的集中控制。

　　依据 PE 与 CE 节点之间使用的路由协议的不同，Hub and Spoke 有以下组网方案。

- Hub-CE 与 Hub-PE、Spoke-PE 与 Spoke-CE 之间均使用 EBGP。
- Hub-CE 与 Hub-PE、Spoke-PE 与 Spoke-CE 之间均使用 IGP。
- Hub-CE 与 Hub-PE 之间使用 EBGP，Spoke-PE 与 Spoke-CE 之间使用 IGP。

11.5.1　Hub and Spoke 组网 MPLS VPN 配置任务

　　Hub and Spoke 结构其实只是 MPLS VPN 中的一种比较特殊的组网方式，在配置方面与基本 MPLS VPN 配置方法相比，需针对特殊的组网结构进行一些特殊的配置，具体包括以下几项配置任务。

　　（1）配置 Hub-PE 与 Spoke-PE 之间使用 MP-IBGP

　　Hub-PE 与所有的 Spoke-PE 都需要建立 MP-IBGP 对等体，**但 Spoke-PE 之间不需要建立 MP-IBGP 对等体关系**。Hub-PE 与 Spoke-PE 之间建立 MP-IBGP 对等体的配置方法与 11.4.2 节介绍的配置方法一样。

　　（2）配置 PE 上的 VPN 实例

　　在每个 Spoke-PE 及 Hub-PE 上都需要配置 VPN 实例，但不同 PE 的 VPN 实例配置要求有所不同，这是在配置方面与基本 BGP/MPLS IP VPN 最主要的区别。

- 在 Hub-PE 上需配置两个 VPN 实例：**一个仅需配置 Import-Target 扩展团体属性，仅用于过滤接收所有来自 Spoke-PE 的 VPNv4 路由，另一个仅需配置 Export-Target 扩展团体属性，仅用于过滤向 Spoke-PE 发布的 VPNv4 路由。**
- 在 Spoke-PE 中，只须配置一个 VPN 实例，但在 VPN-Target 属性配置中要分别配置 Import-Target 和 Export-Target 扩展团体属性。

Hub-PE 和 Spoke-PE 上的 VPN 实例 VPN-Target 属性配置还必须满足以下要求。

- Spoke-PE 上配置的 VPN 实例 Import-Target 属性要包含 Hub-PE 上仅配置了 Export-Target 属性的那个 VPN 实例的 VPN-Target 属性值。
- Spoke-PE 上配置的 VPN 实例 Export-Target 属性要包含 Hub-PE 上仅配置了 Import-Target 属性的那个 VPN 实例的 VPN-Target 属性值之中。

　　有关 Hub-PE 和 Spoke-PE 上的 VPN 实例的具体配置方法均与 11.4.3 节介绍的配置方法一样，只须注意在 Hub-PE 和 Spoke-PE 上 VPN 实例的配置区别即可。

　　（3）配置接口与 VPN 实例绑定

　　本项配置任务需要在 Hub-PE 及所有 Spoke-PE 上进行配置。绑定 VPN 实例的接口属于私网接口，需要重新配置 IP 地址，以实现 PE 与 CE 之间的路由交互。

　　在 Hub-PE 连接 Hub-CE 方向上，Hub-PE 要使用两个物理接口，或者一个物理接口上划分两个子接口与 Hub-CE 连接，分别绑定在 Hub-PE 上所创建的两个 VPN 实例。具体配置方法与 11.4.3 节介绍的配置方法完全一样。

（4）配置 PE 与 CE 之间路由交换

需要在 Hub-PE 与 Hub-CE 之间，及所有 Spoke-PE 与 Spoke-CE 之间进行配置对应的路由。这方面与基本 MPLS VPN 中 PE 与 CE 之间的路由配置方法也是一样的，也可以根据实际需要采用静态路由、各种 IGP 路由和 BGP 路由连接，参见 11.4.4 节。但在 Hub-PE 与 Hub-CE 之间的路由交换配置方面还要根据不同的路由协议进行一些特殊的配置，具体介绍见下一节。

在配置 Hub and Spoke 之前，需要完成以下任务。

- 对 MPLS 骨干网（PE、P）配置 IGP，实现骨干网的 IP 连通性。
- 对 MPLS 骨干网（PE、P）配置 MPLS 基本能力和 MPLS LDP（或 RSVP-TE）。
- 在 CE 上配置接入 PE 接口的 IP 地址。

11.5.2 配置 Hub-PE 与 Hub-CE 之间的路由交换

在 Hub and Spoke 组网方式中，当 **Hub-PE 与 Hub-CE 使用 EBGP 时，Hub-PE 上必须手工配置允许本地 AS 编号重复**。

Hub-PE 与 Hub-CE 使用 EBGP 组网示意如图 11-26 所示。在 Hub and Spoke 组网中，来自 Spoke-CE 的路由需要在 Hub-CE 和 Hub-PE 上转一圈，再通过其他接口或子接口绑定的 VPN 实例发给其他 Spoke-PE。如果 Hub-PE 与 Hub-CE 之间使用 EBGP，则 Hub-PE 会对该路由进行 AS 环路检查；如果 Hub-PE 发现该路由已包含自己的 AS 号就会丢弃该路由，则 Hub-PE 上必须手工配置允许本地 AS 编号重复。

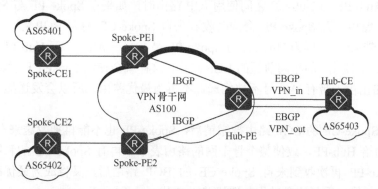

图 11-26 Hub-PE 与 Hub-CE 使用 EBGP 组网示意

另外，在 Hub-PE 和 Hub-CE 之间采用不同的路由配置方式时，不仅对 Spoke-PE 与 Spoke-CE 之间采用的路由交换配置方式有要求，还需增加一些特别的配置，具体说明如下。

（1）Hub-PE 与 Hub-CE 之间使用 EBGP

当 Hub-PE 与 Hub-CE 之间使用 EBGP 路由时，Spoke-PE 与 Spoke-CE 之间可以使用任意路由方式。但当 Spoke-PE 与 Spoke-CE 之间也使用 EBGP 路由方式时，在 Hub-PE 上要**允许本地 AS 编号重复**，各 PE 与 CE 之间均使用 EBGP 时 Hub-PE 的配置步骤见表 11-8。

表 11-8　各 PE 与 CE 之间均使用 EBGP 时 Hub-PE 的配置步骤

步骤	命令	说明
1	**system-view**	进入系统视图
2	**bgp** { *as-number-plain* | *as-number-dot* } 例如，[Huawei] **bgp** 100	进入 Hub-PE 所在 AS 的 BGP 视图
3	**ipv4-family vpn-instance** *vpn-instance-name* 例如，[Huawei-bgp] **ipv4-family vpn-instance** vrf1	进入 BGP-VPN 实例 IPv4 地址族视图。参数 *vpn-instance-name* 用来指定 Hub-PE 上配置的 VPN-out VPN 实例
4	**peer** *ip-address* **allow-as-loop** [*number*] 例如，[Huawei-bgp-af-ipv4-vrf1] **peer** 10.1.1.2 **allow-as-loop** 1	允许路由环路。 • *ip-address*：指定 Hub-PE 对等体（Hub-CE）的 IP 地址，通常为 Loopback 接口 IP 地址。 • *number*：可选参数，指定本地 AS 号的重复次数，整数形式，取值范围为 1～10，这里仅需取 1，允许 AS 重复 1 次的路由通过。 缺省情况下，不允许本地 AS 号重复，可用 **undo peer** *ip-address* **allow-as-loop** 命令恢复缺省情况

（2）Hub-PE 与 Hub-CE 之间使用 IGP

当 Hub-PE 与 Hub-CE 之间使用 IGP 路由（不包括使用静态路由和 BGP 路由情形）时，**Spoke-PE 与 Spoke-CE 之间仅可使用静态路由或 IGP 路由**（不能使用 BGP 路由）。

因为当 Hub-PE 与 Hub-CE 之间使用 IGP 路由时，如果在 Spoke-PE 与 Spoke-CE 之间使用 BGP 路由，则 Spoke-PE 会同时收到来自 Spoke-CE 的源 BGP 路由，以及经过 Hub-PE 的不带 AS 号（因为 Hub-PE 与 Spoke-PE 是在同一 AS 中，而 Hub-PE 与 Hub-CE 间采用的是 IGP 路由）的相同前缀的 BGP 路由，这样就会使源 Spoke-CE 发给 Spoke-PE 的源 BGP 路由由于带有 AS 号不被优选，不再为最优路由，所以会发送撤销该路由的 Update 消息。

当来自 Spoke-CE 的 BGP 路由被撤销后，Spoke-PE 也不能再把发送来自 Spoke-CE 的 BGP 路由给 Hub-PE，致使整个骨干网的路由表中不再有 Spoke-CE 的私网路由了。这样当 Spoke-PE 再次收到来自 Spoke-CE 的 BGP 路由后，又将成为最优路由，并向 Hub-PE 发布，然后重复这个过程，造成路由震荡。

此时，各 PE 与 CE 之间的静态路由（**Hub-PE 与 Hub-CE 之间不能采用静态路由**），或 IGP 路由的配置方法参见 11.4.4 节中对应的说明。

（3）Hub-PE 与 Hub-CE 之间使用静态路由

如果 Hub-PE 和 Hub-CE 之间使用静态路由，则 Spoke-PE 与 Spoke-CE 之间可使用任意路由方式，具体配置方法也参见 11.4.4 节对应的说明。**但如果 Hub-CE 使用静态缺省路由接入 Hub-PE**，则可以将此缺省路由发布给所有 Spoke-PE，**Hub-CE 使用静态缺省路由时**，**Hub-PE 的静态路由配置步骤见表 11-9。**

表 11-9　Hub-CE 使用静态缺省路由时，Hub-PE 的静态路由配置步骤

步骤	命令	说明
1	**system-view**	进入系统视图
2	**ip route-static vpn-instance** *vpn-source-name* **0.0.0.0 0.0.0.0** *nexthop-address* [**preference** *preference* | **tag** *tag*]* [**description** *text*] 例如，[Huawei] **ip route-static vpn-instance** vpn1 0.0.0.0 0.0.0.0 192.168.1.1	配置到达 Hub-CE 内网的 VPN 实例静态缺省路由。缺省情况下，没有为 VPN 实例配置静态缺省路由，可以采用 **undo ip route-static vpn-instance** *vpn-source-name* **0.0.0.0 0.0.0.0** *nexthop-address* 命令删除指定的静态缺省路由
3	**bgp** { *as-number-plain* | *as-number-dot* } 例如，[Huawei] **bgp** 100	进入 Hub-PE 所在 AS 的 BGP 视图
4	**ipv4-family vpn-instance** *vpn-instance-name* 例如，[Huawei-bgp] **ipv4-family vpn-instance** vpn1	进入 BGP-VPN 实例 IPv4 地址族视图，参数 *vpn-instance-name* 是 VPN-out 的 VPN 实例名
5	**network 0.0.0.0 0** 例如，[Huawei-bgp-af-ipv4-vp1] **network 0.0.0.0 0**	通过 MP-BGP 给所有 Spoke-PE 发布缺省路由。 【注意】在 BGP 路由表中，静态缺省路由不能通过 **import static** 命令引入，只能通过 **network** 命令引入

11.5.3　Hub and Spoke 结构 MPLS VPN 配置示例

Hub and Spoke 结构 MPLS VPN 配置示例的拓扑结构如图 11-27 所示。某银行希望通过 MPLS VPN 实现总行和各分行的安全互访，同时要求分行的 VPN 流量必须通过总行转发，以实现对流量的监控。Spoke-CE 连接分支机构，Hub-CE 连接公司总部，要实现 Spoke-CE 之间的流量经过 Hub-CE 转发。

1．基本配置思路分析

本示例计划在 Hub-PE 与 Hub-CE 之间、Spoke-PE 与 Spoke-CE 之间均采用 EBGP 路由。根据 11.5.2 节的介绍，此时要在 Hub-PE 上配置允许路由环路。根据 11.5.1 节介绍的配置任务可得出本例如下的配置思路。

① 在骨干网各节点上配置各接口（包括 Loopback 接口，但不包括连接 CE 的接口）的 IP 地址和 OSPF 路由，实现骨干网各节点间的三层互通。

② 在骨干网各节点全局及各公网接口上使能 MPLS 和 LDP 能力，建立公网 MPLS LDP LSP 隧道。

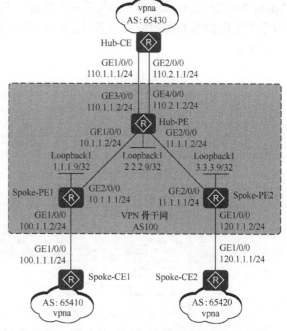

图 11-27　Hub and Spoke 结构 MPLS VPN 配置示例的拓扑结构

③ 在 Hub-PE 与两 Spoke-PE 之间建立 MP-IBGP 对等体关系，交换 VPN 路由信息。

④ 在各 PE（包括 Hub-PE 和 Spoke-PE）上配置 VPN 实例，绑定 PE 连接 CE（包括 Hub-CE 和 Spoke-CE）的接口，并配置该接口的 IP 地址。

⑤ 在各 PE 与直连的 CE 之间建立 EBGP 对等体关系，在各 PE 的 VPN 实例中引入与直连 CE 之间的直连路由。Hub-PE 上配置允许接收 AS 重复 1 次的路由，以接收 Hub-CE 发布的路由。

2．具体配置步骤

① 在骨干网各节点上配置各接口（包括 Loopback1 接口，但不包括连接 CE 的接口）的 IP 地址和 OSPF 路由，实现骨干网 Hub-PE 和 Spoke-PE 的三层互通。

下面仅以 Spoke-PE1 为例介绍，其他节点的配置方法一样，具体配置如下。

```
<Huawei> system-view
[Huawei] sysname Spoke-PE1
[Spoke-PE1] interface loopback 1
[Spoke-PE1-LoopBack1] ip address 1.1.1.9 32
[Spoke-PE1-LoopBack1] quit
[Spoke-PE1] interface gigabitethernet 2/0/0
[Spoke-PE1-GigabitEthernet2/0/0] ip address 10.1.1.1 24
[Spoke-PE1-GigabitEthernet2/0/0] quit
[Spoke-PE1] ospf 1
[Spoke-PE1-ospf-1] area 0
[Spoke-PE1-ospf-1-area-0.0.0.0] network 10.1.1.0 0.0.0.255
[Spoke-PE1-ospf-1-area-0.0.0.0] network 1.1.1.9 0.0.0.0
[Spoke-PE1-ospf-1-area-0.0.0.0] quit
[Spoke-PE1-ospf-1] quit
```

完成以上配置后，在各 PE 上执行 **display ospf peer** 命令可以看到 Hub-PE 与两 Spoke-PE 之间已建立 OSPF 邻接关系，状态为 Full。在 Hub-PE 上执行 **display ospf peer** 命令的输出如图 11-28 所示。从图 11-28 中可以看出，它已与两个 Spoke-PE 建立了 OSPF 邻接关系。

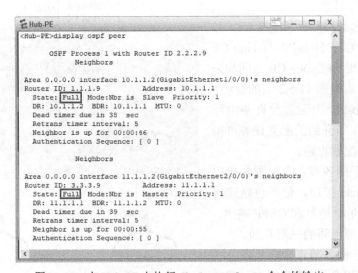

图 11-28　在 Hub-PE 上执行 **display ospf peer** 命令的输出

在各 PE 上执行 **display ip routing-table** 命令，由此可知，它们已相互学习了 PE 的

Loopback1 接口 IP 地址所在网段的 OSPF 路由。在 Hub-PE 上执行 **display ip routing-table** 命令的输出如图 11-29 所示。从图 11-29 中可以看出，它已学习到了两 Spoke-PE 上的 Loopback1 接口 IP 地址所在网段的 OSPF 路由。

```
<Hub-PE>display ip routing-table
Route Flags: R - relay, D - download to fib
------------------------------------------------------------------------
Routing Tables: Public
         Destinations : 13      Routes : 13

Destination/Mask    Proto  Pre  Cost     Flags NextHop      Interface

        1.1.1.9/32  OSPF   10   1          D   10.1.1.1     GigabitEthernet
1/0/0
        2.2.2.9/32  Direct 0    0          D   127.0.0.1    LoopBack1
        3.3.3.9/32  OSPF   10   1          D   11.1.1.1     GigabitEthernet
2/0/0
      10.1.1.0/24   Direct 0    0          D   10.1.1.2     GigabitEthernet
1/0/0
      10.1.1.2/32   Direct 0    0          D   127.0.0.1    GigabitEthernet
1/0/0
    10.1.1.255/32   Direct 0    0          D   127.0.0.1    GigabitEthernet
1/0/0
      11.1.1.0/24   Direct 0    0          D   11.1.1.2     GigabitEthernet
2/0/0
      11.1.1.2/32   Direct 0    0          D   127.0.0.1    GigabitEthernet
2/0/0
    11.1.1.255/32   Direct 0    0          D   127.0.0.1    GigabitEthernet
2/0/0
     127.0.0.0/8    Direct 0    0          D   127.0.0.1    InLoopBack0
     127.0.0.1/32   Direct 0    0          D   127.0.0.1    InLoopBack0
 127.255.255.255/32 Direct 0    0          D   127.0.0.1    InLoopBack0
 255.255.255.255/32 Direct 0    0          D   127.0.0.1    InLoopBack0

<Hub-PE>
```

图 11-29   在 Hub-PE 上执行 **display ip routing-table** 命令的输出

② 在骨干网各节点全局及各公网接口上使能 MPLS 和 LDP 能力，建立公网 MPLS LDP LSP 隧道。

#---Hub-PE 上的配置如下。

因为 Hub-PE 上连接了两个 Spoke-PE，**为了针对不同 FEC 所分配的标签保持唯一，所以必须在 Hub-PE 上配置采用非空标签的分配方式**，不支持 PHP，不使 Hub-PE 为不同 FEC 分配相同的 0 或 3 的空标签。

```
[Hub-PE] mpls lsr-id 2.2.2.9
[Hub-PE] mpls
[Hub-PE-mpls] label advertise non-null   #---指定为倒数第二跳分配非空标签
[Hub-PE-mpls] quit
[Hub-PE] mpls ldp
[Hub-PE-mpls-ldp] quit
[Hub-PE] interface gigabitethernet 1/0/0
[Hub-PE-GigabitEthernet1/0/0] mpls
[Hub-PE-GigabitEthernet1/0/0] mpls ldp
[Hub-PE-GigabitEthernet1/0/0] quit
[Hub-PE] interface gigabitethernet 2/0/0
[Hub-PE-GigabitEthernet2/0/0] mpls
[Hub-PE-GigabitEthernet2/0/0] mpls ldp
[Hub-PE-GigabitEthernet2/0/0] quit
```

#---Spoke-PE1 上的配置如下。

```
[Spoke-PE1] mpls lsr-id 1.1.1.9
[Spoke-PE1] mpls
[Spoke-PE1-mpls] quit
[Spoke-PE1] mpls ldp
[Spoke-PE1-mpls-ldp] quit
[Spoke-PE1] interface gigabitethernet 2/0/0
```

```
[Spoke-PE1-GigabitEthernet2/0/0] mpls
[Spoke-PE1-GigabitEthernet2/0/0] mpls ldp
[Spoke-PE1-GigabitEthernet2/0/0] quit
```

#---Spoke-PE2 上的配置如下。

```
[Spoke-PE2] mpls lsr-id 3.3.3.9
[Spoke-PE2] mpls
[Spoke-PE2-mpls] quit
[Spoke-PE2] mpls ldp
[Spoke-PE2-mpls-ldp] quit
[Spoke-PE2] interface gigabitethernet 2/0/0
[Spoke-PE2-GigabitEthernet2/0/0] mpls
[Spoke-PE2-GigabitEthernet2/0/0] mpls ldp
[Spoke-PE2-GigabitEthernet2/0/0] quit
```

完成以上配置后，在各 PE 上执行 **display mpls ldp session** 命令，可以看到骨干网上相邻节点间已建立了 LDP 会话；执行 **display mpls ldp lsp** 命令可看到它们建立 LDP LSP 的情况。在 Hub-PE 上执行 **display mpls ldp session** 和 **display mpls ldp lsp** 命令的输出如图 11-30 所示。可以看到 Hub-PE 与 Spoke-PE1（1.1.1.9/32）和 Spoke-PE2（3.3.3.9/32）建立了本地 LDP 会话，也建立了到达两个 Spoke-PE 的 Ingress LDP LSP。

图 11-30 在 Hub-PE 上执行 **display mpls ldp session** 和 **display mpls ldp lsp** 命令的输出

③ 在 Hub-PE 与两 Spoke-PE 间建立 MP-IBGP 对等体关系，交换 VPN 路由信息。此处，在 Hub-PE 和两 Spoke-PE 上不需要配置允许 AS 号重复一次，因为它们之间是 IBGP 对等体关系，所以接收 IBGP 路由时并不会进行 AS-PATH 属性检查。

#---Spoke-PE1 上的配置如下。

```
[Spoke-PE1] bgp 100
[Spoke-PE1-bgp] peer 2.2.2.9 as-number 100
```

```
[Spoke-PE1-bgp] peer 2.2.2.9 connect-interface loopback 1
[Spoke-PE1-bgp] ipv4-family vpnv4
[Spoke-PE1-bgp-af-vpnv4] peer 2.2.2.9 enable
[Spoke-PE1-bgp-af-vpnv4] quit
```

#---Spoke-PE2 上的配置如下。

```
[Spoke-PE2] bgp 100
[Spoke-PE2-bgp] peer 2.2.2.9 as-number 100
[Spoke-PE2-bgp] peer 2.2.2.9 connect-interface loopback 1
[Spoke-PE2-bgp] ipv4-family vpnv4
[Spoke-PE2-bgp-af-vpnv4] peer 2.2.2.9 enable
[Spoke-PE2-bgp-af-vpnv4] quit
```

#--- Hub-PE 上的配置如下。

```
[Hub-PE] bgp 100
[Hub-PE-bgp] peer 1.1.1.9 as-number 100
[Hub-PE-bgp] peer 1.1.1.9 connect-interface loopback 1
[Hub-PE-bgp] peer 3.3.3.9 as-number 100
[Hub-PE-bgp] peer 3.3.3.9 connect-interface loopback 1
[Hub-PE-bgp] ipv4-family vpnv4
[Hub-PE-bgp-af-vpnv4] peer 1.1.1.9 enable
[Hub-PE-bgp-af-vpnv4] peer 3.3.3.9 enable
[Hub-PE-bgp-af-vpnv4] quit
```

完成以上配置后，在各 PE 上执行 **display bgp peer** 或 **display bgp vpnv4 all peer** 命令，可以看到两 Spoke-PE 与 Hub-PE 之间建立了 MP-IBGP 对等体关系。在 Hub-PE 上执行 **display bgp peer** 命令的输出如图 11-31 所示。

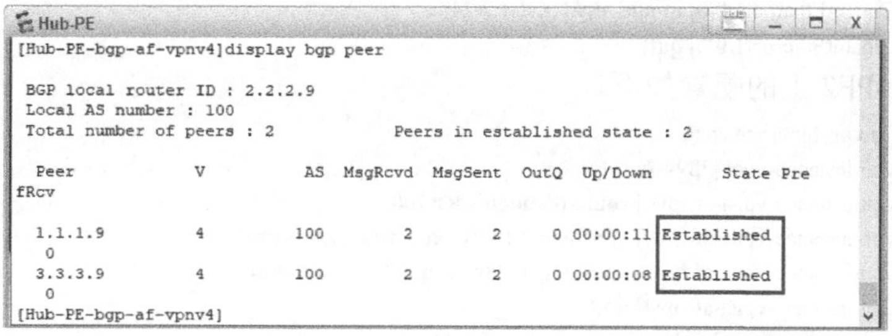

图 11-31　在 Hub-PE 上执行 **display bgp peer** 命令的输出

④ 在各 PE 上配置 VPN 实例，绑定 PE 连接 CE 的接口，并配置该接口的 IP 地址。

在 Hub-PE 上创建两个 VPN 实例：一个用于接收来自 Spoke-PE 的 IBGP 路由，其 Import-Target 属性值配置为 100:1；另一个用于向 Spoke-PE 发布 IBGP 路由，其 VPN 实例的 Export-Target 属性值配置为 200:1。然后把两个 VPN 实例与连接 Hub-CE 的对应接口绑定，并配置这两个接口的 IP 地址。

各 Spoke-PE 上只创建一个 VPN 实例，其 Export-Target 属性值配置为 100:1，用于与 Hub-PE 上接收来自 Spoke-PE 路由的 VPN 实例进行匹配，其 Import-Target 属性值配置为 200:1，用于与 Hub-PE 上向 Spoke-PE 发送路由的 VPN 实例进行匹配。

#---Hub-PE 上的配置如下。

```
[Hub-PE] ip vpn-instance vpn_in
[Hub-PE-vpn-instance-vpn_in] ipv4-family
[Hub-PE-vpn-instance-vpn_in-af-ipv4] route-distinguisher 100:21
[Hub-PE-vpn-instance-vpn_in-af-ipv4] vpn-target 100:1 import-extcommunity
```

```
[Hub-PE-vpn-instance-vpn_in-af-ipv4] quit
[Hub-PE-vpn-instance-vpn_in] quit
[Hub-PE] ip vpn-instance vpn_out
[Hub-PE-vpn-instance-vpn_out] ipv4-family
[Hub-PE-vpn-instance-vpn_out-af-ipv4] route-distinguisher 100:22
[Hub-PE-vpn-instance-vpn_out-af-ipv4] vpn-target 200:1 export-extcommunity
[Hub-PE-vpn-instance-vpn_out-af-ipv4] quit
[Hub-PE-vpn-instance-vpn_out] quit
[Hub-PE] interface gigabitethernet 3/0/0
[Hub-PE-GigabitEthernet3/0/0] ip binding vpn-instance vpn_in
[Hub-PE-GigabitEthernet3/0/0] ip address 110.1.1.2 24
[Hub-PE-GigabitEthernet3/0/0] quit
[Hub-PE] interface gigabitethernet 4/0/0
[Hub-PE-GigabitEthernet4/0/0] ip binding vpn-instance vpn_out
[Hub-PE-GigabitEthernet4/0/0] ip address 110.2.1.2 24
[Hub-PE-GigabitEthernet4/0/0] quit
```

#---Spoke-PE1 上的配置如下。

```
[Spoke-PE1] ip vpn-instance vpna
[Spoke-PE1-vpn-instance-vpna] ipv4-family
[Spoke-PE1-vpn-instance-vpna-af-ipv4] route-distinguisher 100:1
[Spoke-PE1-vpn-instance-vpna-af-ipv4] vpn-target 100:1 export-extcommunity
[Spoke-PE1-vpn-instance-vpna-af-ipv4] vpn-target 200:1 import-extcommunity
[Spoke-PE1-vpn-instance-vpna-af-ipv4] quit
[Spoke-PE1-vpn-instance-vpna] quit
[Spoke-PE1] interface gigabitethernet 1/0/0
[Spoke-PE1-GigabitEthernet1/0/0] ip binding vpn-instance vpna
[Spoke-PE1-GigabitEthernet1/0/0] ip address 100.1.1.2 24
[Spoke-PE1-GigabitEthernet1/0/0] quit
```

#---Spoke-PE2 上的配置如下。

```
[Spoke-PE2] ip vpn-instance vpna
[Spoke-PE2-vpn-instance-vpna] ipv4-family
[Spoke-PE2-vpn-instance-vpna-af-ipv4] route-distinguisher 100:3
[Spoke-PE2-vpn-instance-vpna-af-ipv4] vpn-target 100:1 export-extcommunity
[Spoke-PE2-vpn-instance-vpna-af-ipv4] vpn-target 200:1 import-extcommunity
[Spoke-PE2-vpn-instance-vpna-af-ipv4] quit
[Spoke-PE2-vpn-instance-vpna] quit
[Spoke-PE2] interface gigabitethernet 1/0/0
[Spoke-PE2-GigabitEthernet1/0/0] ip binding vpn-instance vpna
[Spoke-PE2-GigabitEthernet1/0/0] ip address 120.1.1.2 24
[Spoke-PE2-GigabitEthernet1/0/0] quit
```

⑤ 在各 PE 与直连的 CE 之间建立 EBGP 对等体关系，在各 PE 的 VPN 实例中引入与直连 CE 之间的直连路由。Hub-PE 上配置允许接收 AS 重复 1 次的路由。

#---Hub-PE 上的配置如下。

```
[Hub-PE] bgp 100
[Hub-PE-bgp] ipv4-family vpn-instance vpn_in
[Hub-PE-bgp-vpn_in] peer 110.1.1.1 as-number 65430
[Hub-PE-bgp-vpn_in] import-route direct    #---引入与 Hub-CE 直连链路的直连路由
[Hub-PE-bgp-vpn_in] quit
[Hub-PE-bgp] ipv4-family vpn-instance vpn_out
[Hub-PE-bgp-vpn_out] peer 110.2.1.1 as-number 65430
[Hub-PE-bgp-vpn_out] peer 110.2.1.1 allow-as-loop 1    #---允许在与对等体 Hub-CE 的 BGP 交互报文中出现一次 AS 号重复
[Hub-PE-bgp-vpn_out] import-route direct
[Hub-PE-bgp-vpn_out] quit
[Hub-PE-bgp] quit
```

#---Hub-CE 上的配置如下。

```
<Huawei> system-view
[Huawei] sysname Hub-CE
[Hub-CE] interface gigabitethernet 1/0/0
[Hub-CE-GigabitEthernet1/0/0] ip address 110.1.1.1 24
[Hub-CE-GigabitEthernet1/0/0] quit
[Hub-CE] interface gigabitethernet 2/0/0
[Hub-CE-GigabitEthernet2/0/0] ip address 110.2.1.1 24
[Hub-CE-GigabitEthernet2/0/0] quit
[Hub-CE] bgp 65430
[Hub-CE-bgp] peer 110.1.1.2 as-number 100
[Hub-CE-bgp] peer 110.2.1.2 as-number 100
[Hub-CE-bgp] quit
```

#---Spoke-CE1 上的配置如下。

```
<Huawei> system-view
[Huawei] sysname Spoke-CE1
[Spoke-CE1] interface gigabitethernet 1/0/0
[Spoke-CE1-GigabitEthernet1/0/0] ip address 100.1.1.1 24
[Spoke-CE1-GigabitEthernet1/0/0] quit
[Spoke-CE1] bgp 65410
[Spoke-CE1-bgp] peer 100.1.1.2 as-number 100
[Spoke-CE1-bgp] quit
```

#---Spoke-PE1 上的配置如下。

```
[Spoke-PE1] bgp 100
[Spoke-PE1-bgp] ipv4-family vpn-instance vpna
[Spoke-PE1-bgp-vpna] peer 100.1.1.1 as-number 65410
[Spoke-PE1-bgp-vpna] import-route direct
[Spoke-PE1-bgp-vpna] quit
[Spoke-PE1-bgp] quit
```

#---Spoke-CE2 上的配置如下。

```
<Huawei> system-view
[Huawei] sysname Spoke-CE2
[Spoke-CE2] interface gigabitethernet 1/0/0
[Spoke-CE2-GigabitEthernet1/0/0] ip address 120.1.1.1 24
[Spoke-CE2-GigabitEthernet1/0/0] quit
[Spoke-CE2] bgp 65420
[Spoke-CE2-bgp] peer 120.1.1.2 as-number 100
[Spoke-CE2-bgp] quit
```

#---Spoke-PE2 上的配置如下。

```
[Spoke-PE2] bgp 100
[Spoke-PE2-bgp] ipv4-family vpn-instance vpna
[Spoke-PE2-bgp-vpna] peer 120.1.1.1 as-number 65420
[Spoke-PE2-bgp-vpna] import-route direct
[Spoke-PE2-bgp-vpna] quit
[Spoke-PE2-bgp] quit
```

完成以上配置后，在各 PE 上执行 **display bgp vpnv4 all peer** 命令，可以看到各 PE 与其直连 CE 之间已建立了 EBGP 对等体关系；执行 **display ip vpn-instance verbose** 命令可以看到它们的 VPN 实例配置情况。在 Hub-PE 上执行 **display bgp vpnv4 all peer** 和 **display ip vpn-instance verbose** 命令的输出如图 11-32 所示。从图 11-32 中可以看出，它与 Hub-CE 已建立了 EBGP 对等体关系，并且配置了 vpn_in 和 vpn_out 两个 VPN 实例。

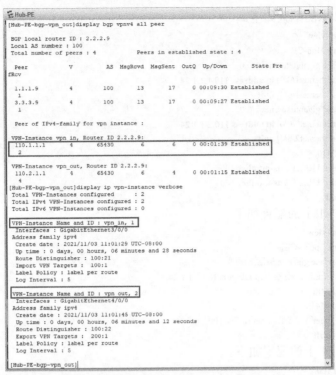

图 11-32　在 Hub-PE 上执行 **display bgp vpnv4 all peer** 和 **display ip vpn-instance verbose** 命令的输出

3. 配置结果验证

完成以上配置后，可以进行以下配置结果验证。

① 在两 Spoke-PE 之间执行 ping 命令，可以互通，但使用 Tracert 命令可以看到 Spoke-PE 之间的通信流量是经过 Hub-PE 转发。在 Spoke-PE1 上执行 ping 3.3.3.9（Spoke-PE2）和 tracert 3.3.3.9 命令的输出如图 11-33 所示。

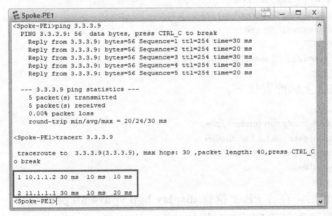

图 11-33　在 Spoke-PE1 上执行 ping 3.3.3.9（Spoke-PE2）和 tracer 3.3.3.9 命令的输出

② 在两 Spoke-CE1 上执行 **display bgp routing-table** 命令，可以看到去往对端 Spoke-CE 的 BGP 路由的 AS 路径中存在重复的 AS 号 100。在 Spoke-CE1 上执行 **display bgp routing-table** 命令的输出如图 11-34 所示。此时，Spoke-CE1 与 Spoke-CE2 可以互通了，也可以与

Hub-CE 互通，Spoke-CE1 上分别成功 ping 通 Spoke-CE2 和 Hub-CE 的结果如图 11-35 所示。

图 11-34　在 Spoke-CE1 上执行 **display bgp routing-table** 命令的输出

图 11-35　Spoke-CE1 分别成功 ping 通 Spoke-CE2 和 Hub-CE 的结果

通过验证，已证明本示例前面的配置是正确的，实验成功。

11.6　MCE 配置与管理

多 VPN 实例 CE（Multi-VPN-Instance CE，MCE）是一种可承担多个 VPN 实例的路由器角色。具备 MCE 功能的设备可以连接多个站点，然后把所接入的多个站点集中连接在一个 PE 上，这样用户不需要为每个 VPN 实例都配备一个 CE，减少用户网络设备的投入。

11.6.1　MCE 产生的背景

传统的 MPLS VPN 架构要求每个 VPN 实例单独使用一个 CE 与 PE 相连。但随着用户业务的不断细化和对安全需求的提高，在很多情况下，一个网络内的用户需要建立多个 VPN，且要求不同 VPN 用户间的业务完全隔离。此时，为每个 VPN 单独配置一台 CE 将增加用户的设备开支和维护成本，而多个 VPN 共用一台 CE，使用同一个路由转发表（在 CE 上不需要配置 VPN 实例的所有路由均在同一个 IP 路由表中），又无法保证数据的安全性。使用 MCE 技术后，就可以有效解决前面所提到的多 VPN 带来的数据安全与网络成本之间的矛盾。

MCE 是将 PE 设备的部分功能扩展到 CE 设备，通过将不同的接口与 VPN 实例绑定，并为每个 VPN 实例创建和维护独立的路由转发表，能够隔离私网内不同 VPN 的报文转发路径。也正因如此，MCE 与普通的 CE 的最大区别就是，MCE 上需要配置 VPN 实例，这样可以做到不同 VPN 的 VRF 相互隔离，而普通的 CE 不能创建 VPN 实例，无法做到不同 VPN 的路由表隔离。

在采用 MCE 前，用户网络中每个 VPN 实例分别通过一台独立的 CE 与 PE 连接，部署 MCE 前的组网结构如图 11-36 所示。在采用 MCE 后，各用户 VPN 不需要配备独立的 CE，只需部署一台 MCE 设备即可实现多 VPN 的集中连接，部署 MCE 后的组网结构如图 11-37 所示。

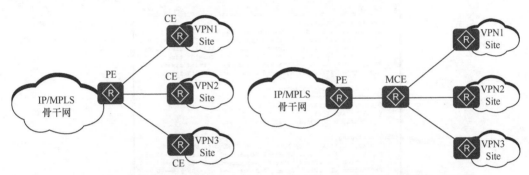

图 11-36　部署 MCE 前的组网结构　　　　图 11-37　部署 MCE 后的组网结构

11.6.2　MCE 主要配置任务

在 MCE 中，PE 设备上都需要创建并配置 VPN 实例，在连接 MCE 的 PE 设备上因为要支持多 VPN 实例，所以要在该 PE 上通过多个物理接口或子接口与 MCE 连接，每个接口或子接口绑定一个物理接口或子接口。MCE 设备也需要创建并配置 VPN 实例，并且在双向接口上与对应的 VPN 实例绑定。在接收来自所连 CE 的路由信息时，根据接收接口绑定的 VPN 实例，将路由信息添加到对应 VPN 实例的路由表中。在接收来自直连 PE 发布的对端 VPN 路由时，也会根据在 MCE 连接 PE 的物理接口或子接口绑定的对应 VPN 实例，将 VPN 路由添加到对应的 VPN 实例的路由表中。

在 MCE 的实现中，MCE 设备涉及与直连 PE 和 CE 两个方面的路由信息交换。

（1）MCE 与 Site（普通 CE）间的路由信息交换

MCE 与 Site 间的路由交换配置方法与基本 BGP/MLPS IP VPN 中的 PE 与 CE 间的路由交换配置方法一样，可以是任意一种路由方式。

- 如果采用静态路由，则可以通过静态路由与 VPN 实例绑定的功能，将各 VPN 之间的静态路由隔离，解决不同 VPN 实例间的地址空间重叠问题。
- 如果采用 RIP、OSPF 或者 IS-IS 之类 IGP 路由，则需要将对应的 IGP 路由进程与 VPN 实例绑定的功能，实现在 MCE 上不同 VPN 实例间路由的隔离。
- 如果采用 BGP 路由，则需要在 MCE 上为每个 VPN 实例配置 BGP 对等体，并引入相应 VPN 实例内的 IGP 路由信息。

（2）MCE 与 PE 间的路由信息交换

由于在 MCE 设备上已经将路由信息与具体的 VPN 实例绑定，而且在 MCE 与 PE 之间也通过接口对 VPN 实例的报文进行了区分，所以 MCE 与 PE 之间只需简单的路由配置，并将 MCE 的 VPN 路由引入 MCE 与 PE 间的路由进程中，即可实现不同 VPN 中的私网路由信息以相互隔离的方式传播。

MCE 与 PE 之间可以使用静态路由、RIP、OSPF、IS-IS 或 BGP 交换路由信息。

11.6.3 配置 MCE 与 Site 间的路由

在 MCE 配置中，PE 和 MCE 上 VPN 实例的配置方法与基本 MPLS VPN 中 PE 上的 VPN 实例配置方法基本一样，主要是多了 MCE 与 Site，以及 MCE 和 PE 间的路由配置。本节先介绍 MCE 与 Site 之间的路由配置。

在配置 MCE 之前，需完成以下任务。

- 在 MCE 及其接入的 PE 上配置 VPN 实例（每个业务配置一个 VPN 实例）。
- 配置局域网相关接口的链路层协议和网络层协议，将局域网接入 MCE 上。每个业务使用一个接口接入 MCE。
- 在 MCE 的每个接口及 PE 接入 MCE 的子接口上都绑定相应的 VPN 实例，并配置 IP 地址。

MCE 与 Site 之间的路由协议可以是静态路由、OSPF、IS-IS 或 BGP。根据实际情况选择其一，在 Site 设备上只需正常配置路由协议即可，不需要特殊配置。

1. 配置 MCE 和 Site 间使用静态路由

如果 MCE 与 Site 间使用静态路由连接，则在 MCE 上通过 **ip route-static vpn-instance** *vpn-source-name destination-address* { *mask* | *mask-length* } { *nexthop-address* [**public**] | *interface-type interface-number* [*nexthop-address*] } [**preference***preference* | **tag** *tag*][*]命令为每个 VPN 实例配置一条去往 Site 的静态路由。Site 端进行普通的静态路由配置即可。

2. 配置 MCE 和 Site 间使用 OSPF

如果 MCE 与 Site 间决定采用 OSPF，MCE 上的 OSPF 路由的配置步骤见表 11-10，而在 Site 上进行普通的 OSPF 路由配置即可。

表 11-10 MCE 上的 OSPF 路由的配置步骤

步骤	命令	说明
1	**system-view**	进入系统视图
2	**ospf** [*process-id*	**router-id** *router-id*][*] **vpn-instance** *vpn-instance-name* 例如，[Huawei] **ospf** 100 **router-id** 10.10.10.1 **vpn-instance** vpna	创建 MCE 与 Site 间的 OSPF 实例，并进入 OSPF 视图
3	**import-route** { **bgp** [**permit-ibgp**]	**direct**	**unr**	**rip** [*process-id-rip*]	**static**	**isis** [*process-id-isis*]	**ospf** [*process-id-ospf*] } [**cost** *cost*	**type** *type*	**tag** *tag*	**route-policy** *route-policy-name*] * 例如，[Huawei-ospf-100] **import-route rip** 40 **type** 2 **tag** 33 **cost** 50	（可选）引入由 PE 发布的远端 Site 的静态路由 Static、直连路由 direct、用户网络路由 unr、RIP、其他进程 OSPF、IS-IS 或 BGP 路由到本地 OSPF 进程中

续表

步骤	命令	说明
4	**area** *area-id* 例如，[Huawei-ospf-100] **area** 0	创建 OSPF 区域，进入 OSPF 区域视图
5	**network** *ip-address wildcard-mask* 例如，[Huawei-ospf-100-area-0.0.0.0] **network** 10.1.1.0 0.0.0.255	在 VPN 实例绑定的接口所在网段运行 OSPF

3. 配置 MCE 和 Site 间使用 IS-IS

如果 MCE 与 Site 间决定采用 IS-IS，MCE 上的 IS-IS 路由的配置步骤见表 11-11，而在 Site 上进行普通的 IS-IS 路由配置即可。

表 11-11　MCE 上的 IS-IS 路由的配置步骤

步骤	命令	说明
1	**system-view**	进入系统视图
2	**isis** *process-id* **vpn-instance** *vpn-instance-name* 例如，[Huawei] **isis** 1 **vpn-instance** vrf1	创建 MCE 与 Site 间的 IS-IS 实例，并进入 IS-IS 视图
3	**network-entity** *net* 例如，[Huawei-isis-1] **network-entity** 10.0001.1010. 1020.1030.00	设置网络实体名称
4	**import-route** { **direct** | **static** | **unr** | { **ospf** | **rip** | **isis** } [*process-id*] | **bgp** } [**cost-type** { **external** | **internal** } | **cost** *cost* | **tag** *tag* | **route-policy** *route-policy-name* | [**level-1** | **level-2** | **level-1-2**]] * 或 **import-route** { { **ospf** | **rip** | **isis** } [*process-id*] | **bgp** | **direct** | **unr** }**inherit-cost** [{ **level-1** | **level-2** | **level-1-2** } | **tag** *tag* | **route-policy** *route-policy-name*] * 例如，[Huawei-isis-1] **import-route ospf** 1 **level-1**	（可选）引入由 PE 发布的远端 Site 的静态路由 Static、直连路由 direct、用户网络路由 unr、RIP、OSPF、其他进程 IS-IS 或 BGP 路由到本地 OSPF 进程中
5	**quit**	返回系统视图
6	**interface** *interface-type interface-number* 例如，[Huawei] **interface** gigabitethernet 1/0/0	进入绑定 VPN 实例的 MCE 接口视图
7	**isis enable** [*process-id*] 例如，[Huawei-GigabitEthernet1/0/0] **isis enable** 1	在以上接口上运行指定的IS-IS进程

4. 配置 MCE 和 Site 间使用 BGP

当 MCE 与 Site 间决定采用 BGP 时，MCE 上的 BGP 路由的配置步骤见表 11-12，Site 上的 BGP 路由的配置步骤见表 11-13。

表 11-12　MCE 上的 BGP 路由的配置步骤

步骤	命令	说明
1	**system-view**	进入系统视图
2	**bgp** { *as-number-plain* | *as-number-dot* } 例如，[Huawei] **bgp** 200	进入 MCE 所在 AS 域的 BGP 视图
3	**ipv4-family vpn-instance** *vpn-instance-name* 例如，[Huawei-bgp] **ipv4-family vpn-instance** vpna	进入 BGP-VPN 实例 IPv4 地址族视图

续表

步骤	命令	说明
4	**peer** *ipv4-address* **as-number** *as-number* 例如，[Huawei-bgp] **peer** 10.1.1.1 **as-number** 65510	将 Site 中和 MCE 相连的设备配置为 VPN 私网 EBGP 对等体
5	**import-route** *protocol* [*process-id*] [**med** *med* | **route-policy** *route-policy-name*] * 例如，[Huawei-bgp] **import-route rip** 1	（可选）引入由 PE 发布的远端 CE 的路由。在本 VPN 实例中，如果 MCE 和 PE 之间使用的是其他路由协议，则需要执行本步配置

表 11-13　Site 上的 BGP 路由的配置步骤

步骤	命令	说明
1	**system-view**	进入系统视图
2	**bgp** { *as-number-plain* | *as-number-dot* } 例如，[Huawei] **bgp** 65510	进入 Site 所在 AS 域的 BGP 视图
3	**peer** *ipv4-address* **as-number** *as-number* 例如，[Huawei-bgp] **peer** 10.1.1.2 **as-number** 200	将 Site 中和 MCE 相连的设备配置为 VPN 私网 EBGP 对等体
4	**import-route** *protocol* [*process-id*] [**med** *med* | **route-policy** *route-policy-name*] * 例如，[Huawei-bgp] **import-route rip** 1	配置引入 VPN 内的 IGP 路由。Site 需要将自己所能到达的 VPN 网段地址发布给接入的 MCE

11.6.4　配置 MCE 与 PE 之间的路由

MCE 与 PE 之间的路由协议也可以是静态路由、OSPF、IS-IS 和 BGP 等。PE 中路由的配置方法与基本 MPLS VPN 组网中 PE 中路由的配置方法相同，参见 11.4.4 节。MCE 上路由的配置方法其实与 11.6.3 节介绍的 MCE 与 Site 间的路由交换中对应路由方式的配置方法差不多，只存在细微的差别，下面对其进行具体介绍。

1. 配置 MCE 和 PE 间使用静态路由

如果 MCE 与 PE 之间使用静态路由连接，则在 MCE 上通过 **ip route-static vpn-instance** *vpn-source-name* *destination-address* { *mask* \| *mask-length* } {*nexthop-address* [**public**] \| *interface-type interface-number* [*nexthop-address*] } [**preference***preference* \| **tag** *tag*] *命令为每个 VPN 实例配置一条去往 PE 的静态路由。

2. 配置 MCE 和 PE 间使用 OSPF

当 MCE 与 PE 之间决定采用 OSPF 动态路由协议时，MCE 上的 OSPF 路由的配置步骤见表 11-14。

表 11-14　MCE 上的 OSPF 路由的配置步骤

步骤	命令	说明
1	**system-view**	进入系统视图
2	**ospf** [*process-id* | **router-id** *router-id*] * **vpn-instance** *vpn-instance-name* 例如，[Huawei] **ospf** 100 **router-id** 10.10.10.1 **vpn-instance** vpna	创建 MCE 与 PE 间的 OSPF 实例，并进入 OSPF 视图

续表

步骤	命令	说明
3	**import-route** { **bgp** [**permit-ibgp**] | **direct** | **unr** | **rip** [*process-id-rip*] | **static** | **isis** [*process-id-isis*] | **ospf** [*process-id-ospf*] } [**cost** *cost* | **type** *type* | **tag** *tag* | **route-policy** *route-policy-name*] * 例如，[Huawei-ospf-100] **import-route rip** 40 **type** 2 **tag** 33 **cost** 50	（可选）引入 Site 内的 VPN 路由到本地 OSPF 进程中。在本 VPN 实例中，如果 MCE 和 Site 之间使用的是其他路由协议或其他进程 OSPF 路由，则都需要执行本步骤，否则远端 Site 无法学习到本端 Site 的私网路由
4	**vpn-instance-capability simple** 例如，[Huawei-ospf-100] **vpn-instance-capability simple**	关闭 OSPF 实例的路由环路检测功能。 在 MCE 设备上部署 OSPF VPN 多实例时，在跨越了 MPLS/IP 骨干网之后一般都是 Type-3、Type-5 或 Type-7 类型的 LSA（这些 LSA 对应的路由都属于汇聚类的路由），而在 Type-3、Type-5 或 Type-7 LSA 中的 DN、Bit 缺省置 1（其他 LSA 缺省置 0），为了避免生成环路，OSPF 在进行路由计算时会忽略这部分 DN。Bit 置 1 的 Type-3、Type-5 或 Type-7 类 LSA，这样一来，MCE 不会接收 PE 发来的到达远端 Site 的私网路由。因此，这种情况下需要通过本命令配置取消 OSPF 路由环路检测功能，不检查 DN Bit 和 Route-tag 而直接计算出所有 OSPF 路由，Route-tag 恢复为缺省值 1。 【注意】配置本命令将会带来以下影响。 • 在 MCE 上配置本命令后，如果 OSPF 没有配置骨干区域 0，则该 MCE 不会成为 ABR。 • 配置本命令后，OSPF 进程不可以引入 IBGP 路由。 • 配置本命令后，BGP 引入的 OSPF 路由中不会携带 OSPF Domain ID、OSPF Route-tag 和 OSPF Router ID。 • 缺省情况下，当 BGP 引入 OSPF 路由时，MED 值（MED 属性相当于 IGP 使用的度量值）为 OSPF 的 cost 值加 1。配置本命令后，cost 值不会加 1，即 MED 值变为 OSPF 的 cost 值。因此，会引起 BGP 引入 OSPF 路由的 MED 值变化，影响 BGP 选路。 缺省情况下，OSPF 实例的路由环路检测功能处于开启状态，可用 **undo vpn-instance-capability** 命令使能 DN 位检查，以防止发生路由环路
5	**area** *area-id* 例如，[Huawei-ospf-100] **area** 0	创建 OSPF 区域，进入 OSPF 区域视图
6	**network** *ip-address wildcard-mask* 例如，[Huawei-ospf-100-area-0.0.0.0] **network** 10.1.1.0 0.0.0.255	在 VPN 实例绑定的接口所在网段运行 OSPF

3. 配置 MCE 和 PE 间使用 IS-IS

当 MCE 与 PE 间决定采用 IS-IS 动态路由协议时，MCE 上的 IS-IS 路由的配置步骤见表 11-15。

4. 配置 MCE 和 PE 间使用 BGP

当 MCE 与 PE 间决定采用 BGP 动态路由协议时，MCE 上的 BGP 路由的配置步骤见表 11-16。

表 11-15　MCE 上的 IS-IS 路由的配置步骤

步骤	命令	说明
1	**system-view** 例如，<Huawei> **system-view**	进入系统视图
2	**isis** *process-id* **vpn-instance** *vpn-instance-name* 例如，[Huawei] **isis 1 vpn-instance** vrf1	创建 MCE 与 PE 间的 IS-IS 实例，并进入 IS-IS 视图
3	**network-entity** *net* 例如，[Huawei-isis-1] **network-entity** 10.0001.1010. 1020.1030.00	设置网络实体名称
4	**import-route** { **direct** | **static** | **unr** | { **ospf** | **rip** | **isis** } [*process-id*] | **bgp** } [**cost-type** { **external** | **internal** } | **cost** *cost* | **tag** *tag* | **route-policy** *route-policy-name* | [**level-1** | **level-2** | **level-1-2**]] * 或 **import-route** { { **ospf** | **rip** | **isis** } [*process-id*] | **bgp** | **direct** | **unr** }**inherit-cost** [{ **level-1** | **level-2** | **level-1-2** } | **tag** *tag* | **route-policy** *route-policy-name*] * 例如，[Huawei-isis-1] **import-route ospf 1 level-1**	（可选）引入 Site 内 VPN 路由到本地 IS-IS 进程中。在本 VPN 实例中，如果 MCE 和 Site 之间使用的是其他路由协议或其他进程 IS-IS 路由，则都需要执行本步骤，否则本端 Site 的私网路由无法通过 PE 发布到远端 Site
5	**quit**	返回系统视图
6	**interface** *interface-type interface-number* 例如，[Huawei] **interface** gigabitethernet 1/0/0	进入绑定 VPN 实例的 MCE 接口视图
7	**isis enable** [*process-id*] 例如，[Huawei-GigabitEthernet1/0/0] **isis enable 1**	在以上接口上运行指定的 IS-IS 进程

表 11-16　MCE 上的 BGP 路由的配置步骤

步骤	命令	说明
1	**system-view**	进入系统视图
2	**bgp** { *as-number-plain* | *as-number-dot* } 例如，[Huawei] **bgp 65510**	进入 MCE 所在 AS 域的 BGP 视图
3	**ipv4-family vpn-instance** *vpn-instance-name* 例如，[Huawei-bgp] **ipv4-family vpn-instance** vpna	进入 BGP-VPN 实例 IPv4 地址族视图
4	**peer** *ipv4-address* **as-number** *as-number* 例如，[Huawei-bgp] **peer 10.1.1.1 as-number** 200	将 PE 配置为 VPN 私网 EBGP 对等体
5	**import-route** *protocol* [*process-id*] [**med** *med* | **route-policy** *route-policy-name*] * 例如，[Huawei-bgp] **import-route rip 1**	（可选）引入由 PE 发布的远端 Site 的 VPN 路由。在本 VPN 实例中，如果 MCE 和 Site 之间使用的是其他路由协议，则需要执行本步骤，否则本端 Site 去学习远端 Site 的私网路由

完成以上配置后，使用 **display ip routing-table vpn-instance** *vpn-instance-name* [**verbose**] 命令在多实例 CE 上查看 VPN 路由表，可以看到对于每种业务，多实例 CE 上都有到本地所连站点和到远端站点的路由。

11.6.5　MCE 配置示例

MCE 配置示例的拓扑结构如图 11-38 所示。某公司需要通过 MPLS VPN 实现总部和分支间的互通，同时需要隔离两种不同的业务。PE1 与 CE1、CE2 之间采用 EBGP 连接，PE1 与 PE2 之间采用 MP-IBGP 连接，位于 AS 100 中，PE2 与 MCE 之间采用 OSPF 连接，MCE 与 CE3、CE4 之间采用 RIP-2 连接。

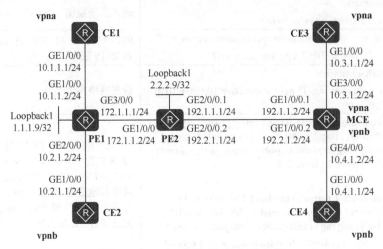

图 11-38 MCE 配置示例的拓扑结构

为了节省开支，希望分支通过一台 CE 接入 PE。其中，CE1、CE2 连接企业总部，CE1 属于 vpna，CE2 属于 vpnb；MCE 连接企业分支，通过 CE3 和 CE4 分别连接 vpna 和 vpnb。现要求属于相同 VPN 的用户之间能互相访问，但不同 VPN 的用户之间不能互相访问，从而实现不同业务之间的隔离。

1. 基本配置思路分析

本示例是非跨域的 BGP/MPLS IP VPN 网络，PE1 与 PE2 在同一 AS 域中，PE1 与 PE2 采用 MP-IBGP 连接，因此，总体上可以按照基本 MPLS VPN 来配置，唯一的区别是这里在分支机构中采用 MCE 来作为两个分支的共同 CE。

在本示例中，要在 PE2 上创建并配置 VPN 实例，绑定连接 MCE 的对应接口（本示例采用以太网子接口），在 MCE 上创建并配置 VPN 实例，且要同时绑定连接普通 CE 的接口和连接 PE 的对应接口（本示例采用以太网子接口）。另外，PE2 与 MCE 之间采用的是 OSPF 连接，而 MCE 与 CE3、CE4 之间采用的是 RIP-2 连接，因此，需要在 MCE 上配置 RIP 和 OSPF 路由的相互引入，这样才可以使 MCE 把本端所连接的企业分支 CE3、CE4 的私网路由发布给 PE2，并最终发布到企业总部的 CE1 和 CE2 中；同时，又能将 PE2 发布的来自 CE1、CE2 的私网路由发布给 CE3 和 CE4。

根据前面的介绍，再结合本示例可以得出如下的基本配置思路。

① 在两 PE 上配置各公网接口（包括 Loopback1 接口）的 IP 地址及 OSPF 路由，实现两 PE 之间的三层互通。

② 在两 PE 全局和公网接口上使能 MPLS 和 LDP 能力，在两 PE 之间建立公网 MPLS LDP LSP 隧道。

③ 在两 PE 上配置 VPN 实例，绑定与 CE 或 MCE 连接的接口，并配置这些接口的 IP 地址。

④ 在 MCE 设备上配置 VPN 实例，绑定与 PE2、CE3 或 CE4 连接的接口，并配置

这些接口的 IP 地址。

⑤ 在 PE1 与 PE2 之间建立 MP-IBGP 对等体，在 PE1 与 CE1、CE2 之间建立 EBGP 对等体，并引入它们之间直连链路的路由。

⑥ 在 PE2 和 MCE 之间配置 VPN 实例 OSPF 路由，并引入本地对应的 VPN BGP 进程，将 BGP 路由引入本地 OSPF 进程中。

⑦ 在 MCE 与 CE3、CE4 之间配置 RIP-2 路由，并在 MCE 上引入该 RIP-2 路由到对应 VPN 实例的 OSPF 进程中，在 MCE 上将与 PE2 之间的 VPN 实例 OSPF 路由引入对应 VPN 实例的 RIP-2 进程中。

2. 具体配置步骤

① 在两 PE 上配置各公网接口（包括 Loopback1 接口）的 IP 地址及 OSPF 路由，实现两 PE 之间的三层互通。

下面仅以 PE1 上的配置为例进行介绍，PE2 上的配置方法一样。

```
<Huawei> system-view
[Huawei] sysname PE1
[PE1] interface loopback 1
[PE1-LoopBack1] ip address 1.1.1.9 32
[PE1-LoopBack1] quit
[PE1] interface gigabitethernet 3/0/0
[PE1-GigabitEthernet3/0/0] ip address 172.1.1.1 24
[PE1-GigabitEthernet3/0/0] quit
[PE1] ospf
[PE1-ospf-1] area 0
[PE1-ospf-1-area-0.0.0.0] network 1.1.1.9 0.0.0.0
[PE1-ospf-1-area-0.0.0.0] network 172.1.1.0 0.0.0.255
[PE1-ospf-1-area-0.0.0.0] quit
[PE1-ospf-1] quit
```

完成以上配置后，通过执行 **display ip routing-table** 命令可以查看到两 PE 之间已相互相学习了对方的 Loopback1 接口 IP 地址所在网段的 OSPF 路由的地址。在 PE1 上执行 **display ip routing-table** 命令的输出如图 11-39 所示。从图 11-39 中可以看出，它已学习到 PE2 上的 Loopback1 接口 IP 地址所在网段的 OSPF 路由。

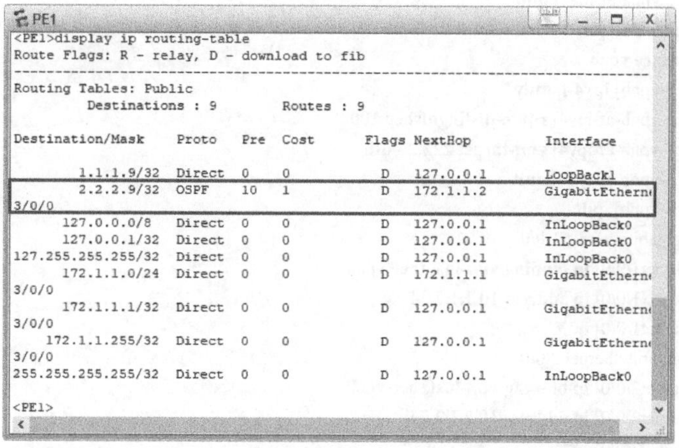

```
PE1
<PE1>display ip routing-table
Route Flags: R - relay, D - download to fib
------------------------------------------------------------------------------
Routing Tables: Public
         Destinations : 9        Routes : 9

Destination/Mask    Proto   Pre  Cost      Flags NextHop         Interface

        1.1.1.9/32  Direct  0    0           D   127.0.0.1       LoopBack1
        2.2.2.9/32  OSPF    10   1           D   172.1.1.2       GigabitEthern
3/0/0
      127.0.0.0/8   Direct  0    0           D   127.0.0.1       InLoopBack0
      127.0.0.1/32  Direct  0    0           D   127.0.0.1       InLoopBack0
127.255.255.255/32  Direct  0    0           D   127.0.0.1       InLoopBack0
      172.1.1.0/24  Direct  0    0           D   172.1.1.1       GigabitEthern
3/0/0
      172.1.1.1/32  Direct  0    0           D   127.0.0.1       GigabitEthern
3/0/0
    172.1.1.255/32  Direct  0    0           D   127.0.0.1       GigabitEthern
3/0/0
255.255.255.255/32  Direct  0    0           D   127.0.0.1       InLoopBack0

<PE1>
```

图 11-39　在 PE1 上执行 **display ip routing-table** 命令的输出

② 在两 PE 全局和公网接口上使能 MPLS 和 LDP 能力，在 PE 之间建立公网 MPLS

LDP LSP 隧道。

下面仅以 PE1 上的配置为例进行介绍，需要提醒的是，PE2 上的配置方法与 PE1 一样。

```
[PE1] mpls lsr-id 1.1.1.9
[PE1] mpls
[PE1-mpls] quit
[PE1] mpls ldp
[PE1-mpls-ldp] quit
[PE1] interface gigabitethernet 3/0/0
[PE1-GigabitEthernet3/0/0] mpls
[PE1-GigabitEthernet3/0/0] mpls ldp
[PE1-GigabitEthernet3/0/0] quit
```

完成以上配置后，在两 PE 上执行 **display mpls ldp session** 命令，可以看到两个 PE 之间已成功建立 LDP 会话，在 PE1 上执行 **display mpls ldp session** 命令的输出如图 11-40 所示。

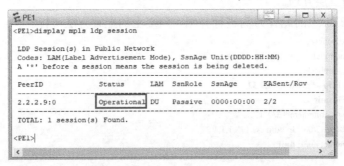

图 11-40　在 PE1 上执行 **display mpls ldp session** 命令的输出

③ 在两 PE 上配置 VPN 实例，绑定与 CE 或 MCE 连接的接口，并配置这些接口的 IP 地址。需要注意的是，相同 VPN 中的 VPN-Target 属性值要匹配。

#---PE1 上的配置如下。

```
[PE1] ip vpn-instance vpna
[PE1-vpn-instance-vpna] ipv4-family
[PE1-vpn-instance-vpna-af-ipv4] route-distinguisher 100:1
[PE1-vpn-instance-vpna-af-ipv4] vpn-target 111:1 both
[PE1-vpn-instance-vpna-af-ipv4] quit
[PE1-vpn-instance-vpna] quit
[PE1] ip vpn-instance vpnb
[PE1-vpn-instance-vpnb] ipv4-family
[PE1-vpn-instance-vpnb-af-ipv4] route-distinguisher 100:2
[PE1-vpn-instance-vpnb-af-ipv4] vpn-target 222:2 both
[PE1-vpn-instance-vpnb-af-ipv4] quit
[PE1-vpn-instance-vpnb] quit
[PE1] interface gigabitethernet 1/0/0
[PE1-GigabitEthernet1/0/0] ip binding vpn-instance vpna
[PE1-GigabitEthernet1/0/0] ip address 10.1.1.2 24
[PE1-GigabitEthernet1/0/0] quit
[PE1] interface gigabitethernet 2/0/0
[PE1-GigabitEthernet2/0/0] ip binding vpn-instance vpnb
[PE1-GigabitEthernet2/0/0] ip address 10.2.1.2 24
[PE1-GigabitEthernet2/0/0] quit
```

#---PE2 上的配置如下。

因为 PE2 与 MCE 之间只有一条物理链路，但又划分为两个 VPN 实例，所以在 PE2

和 MCE 上均要划分两个以太网子接口，分别用来绑定一个 VPN 实例。这里均采用 Dot1q 终结子接口（也可以是其他以太网子接口类型）配置方式，其中，终结的 VLAN 任意，只要同一子接口虚拟链路两端配置的终结 VLAN 相同即可，具体配置如下。

```
[PE2] ip vpn-instance vpna
[PE2-vpn-instance-vpna] ipv4-family
[PE2-vpn-instance-vpna-af-ipv4] route-distinguisher 200:1
[PE2-vpn-instance-vpna-af-ipv4] vpn-target 111:1 both
[PE2-vpn-instance-vpna-af-ipv4] quit
[PE2-vpn-instance-vpna] quit
[PE2] ip vpn-instance vpnb
[PE2-vpn-instance-vpnb] ipv4-family
[PE2-vpn-instance-vpnb-af-ipv4] route-distinguisher 200:2
[PE2-vpn-instance-vpnb-af-ipv4] vpn-target 222:2 both
[PE2-vpn-instance-vpnb-af-ipv4] quit
[PE2-vpn-instance-vpnb] quit
[PE2] interface gigabitethernet 2/0/0.1
[PE2-GigabitEthernet2/0/0.1] dot1q termination vid 10   #---配置以上子接口为 Dot1q 子接口，这里的 VLAN ID 随意，
只要不同子接口终结的 VLAN 不同就行。以太网接口必须配置 VLAN 或 QINQ 终结、使能子接口的 ARP 广播功能（缺
省已使能）才能 Up
[PE2-GigabitEthernet2/0/0.1] ip binding vpn-instance vpna
[PE2-GigabitEthernet2/0/0.1] ip address 192.1.1.1 24
[PE2-GigabitEthernet2/0/0.1] quit
[PE2] interface gigabitethernet 2/0/0.2
[PE2-GigabitEthernet2/0/0.2] dot1q termination vid 20
[PE2-GigabitEthernet2/0/0.2] ip binding vpn-instance vpnb
[PE2-GigabitEthernet2/0/0.2] ip address 192.2.1.1 24
[PE2-GigabitEthernet2/0/0.2] quit
```

④ 在 MCE 设备上配置 VPN 实例，绑定与 PE2、CE3 或 CE4 连接的接口，并配置这些接口的 IP 地址。相同 VPN 实例上配置的 VPN-Target 属性要与 PE2 上的对应配置一致。

因为 MCE 与 PE2 只有一条物理链路，所以 MCE 连接 PE2 的物理端口上也要划分两个以太网子接口，用来分别绑定不同的 VPN 实例，终结的 VLAN 也没有实际意义，仅要与 PE2 上对应子接口终结的 VLAN ID 一致，具体配置如下。

```
<Huawei> system-view
[Huawei] sysname MCE
[MCE] ip vpn-instance vpna
[MCE-vpn-instance-vpna] ipv4-family
[MCE-vpn-instance-vpna-af-ipv4] route-distinguisher 300:1
[MCE-vpn-instance-vpna-af-ipv4] vpn-target 111:1 both
[MCE-vpn-instance-vpna-af-ipv4] quit
[MCE-vpn-instance-vpna] quit
[MCE] ip vpn-instance vpnb
[MCE-vpn-instance-vpnb] ipv4-family
[MCE-vpn-instance-vpnb-af-ipv4] route-distinguisher 300:2
[MCE-vpn-instance-vpnb-af-ipv4] vpn-target 222:2 both
[MCE-vpn-instance-vpnb-af-ipv4] quit
[MCE-vpn-instance-vpnb] quit
[MCE] interface gigabitethernet 3/0/0
[MCE-GigabitEthernet3/0/0] ip binding vpn-instance vpna
[MCE-GigabitEthernet3/0/0] ip address 10.3.1.2 24
[MCE-GigabitEthernet3/0/0] quit
[MCE] interface gigabitethernet 4/0/0
[MCE-GigabitEthernet4/0/0] ip binding vpn-instance vpnb
```

```
[MCE-GigabitEthernet4/0/0] ip address 10.4.1.2 24
[MCE-GigabitEthernet4/0/0] quit
[MCE] interface gigabitethernet 1/0/0.1
[MCE-GigabitEthernet1/0/0.1] dot1q termination vid 10
[MCE-GigabitEthernet1/0/0.1] ip binding vpn-instance vpna
[MCE-GigabitEthernet1/0/0.1] ip address 192.1.1.2 24
[MCE-GigabitEthernet1/0/0.1] quit
[MCE] interface gigabitethernet 1/0/0.2
[MCE-GigabitEthernet1/0/0.2] dot1q termination vid 20
[MCE-GigabitEthernet1/0/0.2] ip binding vpn-instance vpnb
[MCE-GigabitEthernet1/0/0.2] ip address 192.2.1.2 24
[MCE-GigabitEthernet1/0/0.2] quit
```

⑤ 在 PE1 与 PE2 之间建立 MP-IBGP 对等体，在 PE1 与 CE1、CE2 之间建立 EBGP 对等体，并引入它们之间直连链路的直连路由。

\#---PE1 上的配置如下。

```
[PE1] bgp 100
[PE1-bgp] peer 2.2.2.9 as-number 100
[PE1-bgp] peer 2.2.2.9 connect-interface LoopBack1
[PE1-bgp] ipv4-family vpnv4
[PE1-bgp-af-vpnv4] peer 2.2.2.9 enable
[PE1-bgp-af-vpnv4] quit
[PE1-bgp] ipv4-family vpn-instance vpna
[PE1-bgp-vpna] peer 10.1.1.1 as-number 65410
[PE1-bgp-vpna] import-route direct
[PE1-bgp-vpna] quit
[PE1-bgp] ipv4-family vpn-instance vpnb
[PE1-bgp-vpnb] peer 10.2.1.1 as-number 65420
[PE1-bgp-vpnb] import-route direct
[PE1-bgp-vpnb] quit
[PE1-bgp] quit
```

\#---PE2 上的配置如下。

```
[PE2] bgp 100
[PE2-bgp] peer 1.1.1.9 as-number 100
[PE2-bgp] peer 1.1.1.9 connect-interface LoopBack1
[PE2-bgp] ipv4-family vpnv4
[PE2-bgp-af-vpnv4] peer 1.1.1.9 enable
[PE2-bgp-af-vpnv4] quit
[PE2-bgp] quit
```

\#---CE1 上的配置如下。

```
<Huawei> system-view
[Huawei] sysname CE1
[CE1]interface GigabitEthernet1/0/0
[CE1-GigabitEthernet1/0/0] ip address 10.1.1.1 255.255.255.0
[CE1-GigabitEthernet1/0/0] quit
[CE1] bgp 65410
[CE1-bgp] peer 10.1.1.2 as-number 100
[CE1-bgp] quit
```

\#---CE2 上的配置如下。

```
<Huawei> system-view
[Huawei] sysname CE2
[CE2]interface GigabitEthernet1/0/0
[CE2-GigabitEthernet1/0/0] ip address 10.2.1.1 255.255.255.0
[CE2-GigabitEthernet1/0/0] quit
```

```
[CE2] bgp 65420
[CE2-bgp] peer 10.2.1.2 as-number 100
[CE2-bgp] quit
```

完成以上配置后，在 PE1 上执行 **display bgp vpnv4 all peer** 命令，可以看见 PE1 与 PE2 之间建立了 MP-IBGP 对等体关系，PE1 与 CE1、CE2 之间建立了 EBGP 对等体关系。在 PE1 上执行 **display bgp vpnv4 all peer** 命令的输出如图 11-41 所示。

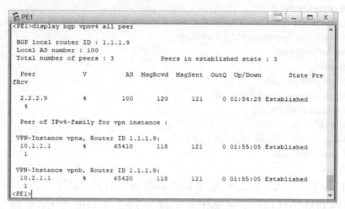

图 11-41　在 PE1 上执行 **display bgp vpnv4 all peer** 命令的输出

⑥ 在 PE2 和 MCE 之间配置 VPN 实例 OSPF 路由，并引入本地对应 VPN BGP 进程中，将 BGP 路由引入本地 OSPF 进程中。**不同 VPN 实例下的 OSPF 路由进程号不一样，以便不同 VPN 实例的 OSPF 路由表相互隔离。**

\#---PE2 上的配置如下。

在 PE2 上要将 MCE 的 VPN 实例 OSPF 路由引入对应的 VPN 实例 BGP 路由表中，以便将 MCE 连接的 Site 路由通过 PE2 发布给 PE1 和 CE1、CE2。同时，也要在 PE2 上将与 PE1 连接的 BGP 路由引入 OSPF 路由表中，以便向 MCE 发布来自 PE1 的 CE1、CE2 的私网路由，进而可以发布给 CE3 和 CE4。

```
[PE2] ospf 100 vpn-instance vpna
[PE2-ospf-100] area 0
[PE2-ospf-100-area-0.0.0.0] network 192.1.1.0 0.0.0.255
[PE2-ospf-100-area-0.0.0.0] quit
[PE2-ospf-100] import-route bgp   #---引入 PE2 上 vpna 实例的 BGP 路由，包括 CE1 上的私网 VPN 路由
[PE2-ospf-100] quit
[PE2] ospf 200 vpn-instance vpnb
[PE2-ospf-200] area 0
[PE2-ospf-200-area-0.0.0.0] network 192.2.1.0 0.0.0.255
[PE2-ospf-200-area-0.0.0.0] quit
[PE2-ospf-200] import-route bgp
[PE2-ospf-200] quit
[PE2] bgp 100
[PE2-bgp] ipv4-family vpn-instance vpna
[PE2-bgp-vpna] import-route ospf 100
[PE2-bgp-vpna] quit
[PE2-bgp] ipv4-family vpn-instance vpnb
[PE2-bgp-vpnb] import-route ospf 200
[PE2-bgp-vpnb] quit
[PE2-bgp] quit
```

#---MCE 上的配置如下。

在 MCE 上要将 MCE 与 CE3、CE4 之间的 RIP 路由引入 MCE 与 PE2 之间对应 VPN 实例的 OSPF 路由表中。另外，需要说明的是，配置不进行环路检查。

```
[MCE] ospf 100 vpn-instance vpna
[MCE-ospf-100] vpn-instance-capability simple   #---不进行环路检查，不检查 DN Bit 和 Route-tag 而直接计算出所有
OSPF 路由
[MCE-ospf-100] import-route rip 100
[MCE-ospf-100] area 0
[MCE-ospf-100-area-0.0.0.0] network 192.1.1.0 0.0.0.255
[MCE-ospf-100-area-0.0.0.0] quit
[MCE-ospf-100] quit
[MCE] ospf 200 vpn-instance vpnb
[MCE-ospf-200] vpn-instance-capability simple
[MCE-ospf-200] import-route rip 200
[MCE-ospf-200] area 0
[MCE-ospf-200-area-0.0.0.0] network 192.2.1.0 0.0.0.255
[MCE-ospf-200-area-0.0.0.0] quit
[MCE-ospf-200] quit
```

⑦ 在 MCE 与 CE3、CE4 之间配置 RIP-2 路由，并在 MCE 上引入该 RIP-2 路由到对应 VPN 实例的 OSPF 进程中，在 MCE 上将与 PE2 之间的 VPN 实例 OSPF 路由引入对应 VPN 实例的 RIP-2 进程中。

#---MCE 上的配置如下。

```
[MCE] rip 100 vpn-instance vpna
[MCE-rip-100] version 2
[MCE-rip-100] network 10.0.0.0
[MCE-rip-100] import-route ospf 100   #---引入 MCE 与 PE2 之间 vpna 实例的 OSPF 路由
[MCE-rip-100] quit
[MCE] rip 200 vpn-instance vpnb
[MCE-rip-200] version 2
[MCE-rip-200] network 10.0.0.0
[MCE-rip-200] import-route ospf 200
[MCE-rip-200] quit
```

#---CE3 上的配置如下。

```
<Huawei> system-view
[Huawei] sysname CE3
[CE3]interface GigabitEthernet1/0/0
[CE3-GigabitEthernet1/0/0] ip address 10.3.1.1 255.255.255.0
[CE3-GigabitEthernet1/0/0] quit
[CE3] rip 100
[CE3-rip-100] version 2
[CE3-rip-100] network 10.0.0.0
[CE3-rip-100] import-route direct   #---引入直连路由
```

#----CE4 上的配置如下。

```
<Huawei> system-view
[Huawei] sysname CE4
[CE4]interface GigabitEthernet1/0/0
[CE4-GigabitEthernet1/0/0] ip address 10.4.1.1 255.255.255.0
[CE4-GigabitEthernet1/0/0] quit
[CE4] rip 200
[CE4-rip-200] version 2
[CE4-rip-200] network 10.0.0.0
[CE4-rip-200] import-route direct
```

3. 配置结果验证

以上配置全部完成后，可以进行以下配置结果验证。

① 在 MCE 设备上执行 **display ip routing-table vpn-instance** 命令，可以看到有去往对端 CE 的路由。在 MCE 上执行 **display ip routing-table vpn-instance vpna** 命令的输出如图 11-42 所示。从图 11-42 中可以看到，它已有去往 vpna 实例 10.1.1.0/24 网段的 OSPF 路由。

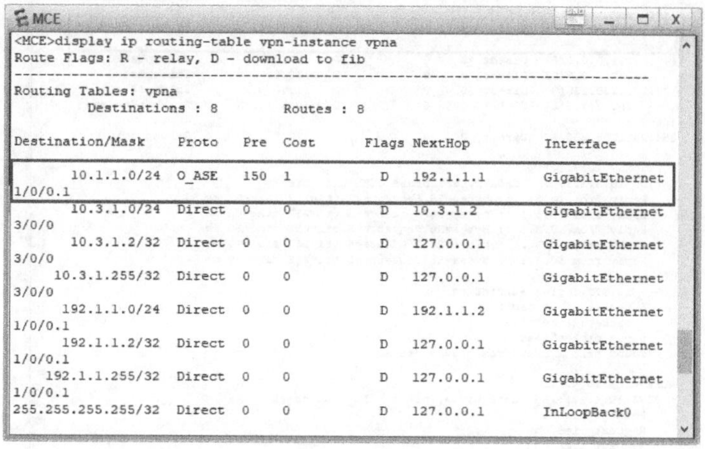

```
<MCE>display ip routing-table vpn-instance vpna
Route Flags: R - relay, D - download to fib
------------------------------------------------------------------------------
Routing Tables: vpna
         Destinations : 8        Routes : 8

Destination/Mask    Proto   Pre  Cost      Flags NextHop         Interface

       10.1.1.0/24  O_ASE   150  1           D   192.1.1.1       GigabitEthernet
1/0/0.1
       10.3.1.0/24  Direct  0    0           D   10.3.1.2        GigabitEthernet
3/0/0
       10.3.1.2/32  Direct  0    0           D   127.0.0.1       GigabitEthernet
3/0/0
     10.3.1.255/32  Direct  0    0           D   127.0.0.1       GigabitEthernet
3/0/0
      192.1.1.0/24  Direct  0    0           D   192.1.1.2       GigabitEthernet
1/0/0.1
      192.1.1.2/32  Direct  0    0           D   127.0.0.1       GigabitEthernet
1/0/0.1
    192.1.1.255/32  Direct  0    0           D   127.0.0.1       GigabitEthernet
1/0/0.1
255.255.255.255/32  Direct  0    0           D   127.0.0.1       InLoopBack0
```

图 11-42 在 MCE 上执行 **display ip routing-table vpn-instance vpna** 命令的输出

② 在两 PE 上执行 **display ip routing-table vpn-instance** 命令，可以看到去往对端 CE 的路由。在 PE1 上执行 **display ip routing-table vpn-instance** vpna 命令的输出如图 11-43 所示。从图 11-43 中可以看出，它已学习了到达 MCE 192.1.1.0/24 网段和 CE3 10.3.1.0/24 网段的 IBGP 路由。

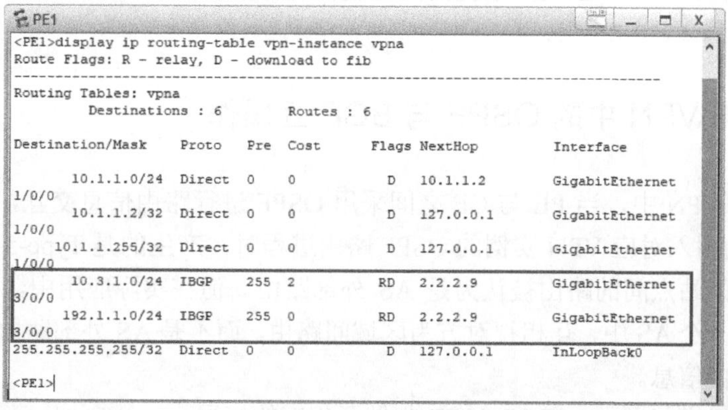

```
<PE1>display ip routing-table vpn-instance vpna
Route Flags: R - relay, D - download to fib
------------------------------------------------------------------------------
Routing Tables: vpna
         Destinations : 6        Routes : 6

Destination/Mask    Proto   Pre  Cost      Flags NextHop         Interface

       10.1.1.0/24  Direct  0    0           D   10.1.1.2        GigabitEthernet
1/0/0
       10.1.1.2/32  Direct  0    0           D   127.0.0.1       GigabitEthernet
1/0/0
     10.1.1.255/32  Direct  0    0           D   127.0.0.1       GigabitEthernet
1/0/0
       10.3.1.0/24  IBGP    255  2           RD  2.2.2.9         GigabitEthernet
3/0/0
      192.1.1.0/24  IBGP    255  0           RD  2.2.2.9         GigabitEthernet
3/0/0
255.255.255.255/32  Direct  0    0           D   127.0.0.1       InLoopBack0

<PE1>
```

图 11-43 在 PE1 上执行 **display ip routing-table vpn-instance** vpna 命令的输出

③ 在各 CE 上分别执行 **display ip routing-table** 命令，可以看到已学习到去往相同 VPN 实例中对端 CE 的路由。在 CE1 与 CE3、CE2 与 CE4 之间进行 ping 测试，发现二者可以互通，但 CE1 不能与 CE2、CE4 互通，CE3 也不能与 CE2、CE4 互通，实现了不同 VPN 的通信相互隔离的目标。在 CE1 上执行 **display ip routing-table** 命令，以及 ping 测试 CE3 和 CE4 的结果如图 11-44 所示。

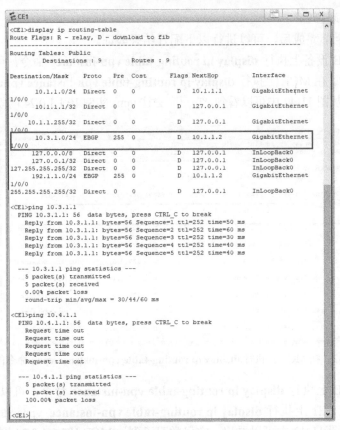

图 11-44　在 CE1 上执行 **display ip routing-table** 命令，以及 ping 测试 CE3 和 CE4 的结果

通过以上验证，可以证明本示例的配置是正确且成功的。

11.7　MPLS VPN 中的 OSPF 与 BGP 互操作

在 MPLS VPN 中，当 PE 与 CE 之间采用 OSPF 进行路由信息交互，在远端 PE 将 BGP VPN 路由引入对应 VPN 实例的 OSPF 路由进程时，产生的是 Type-5 LSA，因为缺省情况下，不同站点间的路由被认为是 AS 外部路由。但在实际应用中，如果两个要互通的站点在同一个 AS 中，互相视对方为区域间路由，而不是 AS 外部路由，这样就能更好地保留原路由信息。

为了解决以上问题，BGP 和 OSPF 都做了相应的拓展。

11.7.1　BGP 新增的扩展团体属性

在 MPLS VPN 中，如果需要互通的两个站点在同一 AS 中，为了使从 VPN 实例 BGP 路由表中引入 OSPF 路由进程时不会因产生 Type-5 LSA 而丢失部分 OSPF 路由信息，BGP 新增了可携带 OSPF 路由信息的团体属性，包括域 ID（Domain ID）和路由类型（Route Type，RT）。

1. 域 ID

域 ID 中扩展团体属性用来标识和区分不同的路由域。在 PE 上将站点的 OSPF 路由引入 BGP 路由表时，将根据该 VPN 实例的 OSPF 配置为 BGP 路由添加域 ID 属性，作为 BGP 的扩展团体属性在骨干网上传播。在对端 PE 上反向将 BGP 路由引入 OSPF 路由表时，如果发现 BGP 路由携带的域 ID 与本地相同，则认为两个站点属于同一个 OSPF 路由域，反之，则认为不在同一个 OSPF 路由域。OSPF 域 ID 只有本地意义，不同进程的域 ID 相互没有影响。但同一 VPN 的所有 OSPF 进程应配置相同的域 ID，以保证路由发布的正确性。

域 ID 需要在绑定 VPN 实例的 OSPF 进程视图下使用 **domain-id** { **null** | *domain-id* [**type** *type* **value** *value* | **secondary**] [*] }命令配置。

- *domain-id*：二选一参数，指定 OSPF 域标识符，可以采用整数形式或点分十进制形式。如果采用整数形式，则取值范围是 0～4294967295，输出时会转化成点分十进制显示；如果采用点分十进制形式，则按输入的内容显示。
- **null**：二选一选项，指定 OSPF 域的标识符为空。如果不同 OSPF 路由域都使用 NULL 作为域 ID，则无法进行 OSPF 路由域区分，因此，它们之间的路由被认为是区域内路由。
- **type** *type*：可多选可选参数，指定 OSPF 域标识符的类型，取值范围是 0005、0105、0205 和 8005，缺省值是 0005。
- **value** *value*：可多选可选参数，指定 OSPF 域标识符类型的值，十六进制，取值范围是 0x0～0xffff，缺省值是 0x0。
- **secondary**：可多选可选项，指定次级域标识符。每个 OSPF 进程上 **domain-id secondary** 的最大条目数是 1000 条。

缺省情况下，域标识符的值为 NULL，可用 **undo domain-id** [*domain-id* [**type** *type* **value** *value*]]命令恢复为缺省值。建议与同一个 VPN 相关的所有 OSPF 实例都使用相同的域 ID。

2. 路由类型

路由类型（Route Type，RT）扩展团体属性包括 3 个部分：一是被引入 BGP 路由表中 OSPF 路由的区域 ID；二是路由类型；三是外部路由的类型（1 或 2）。被引入的 OSPF 路由类型包括 OSPF 的 Type-1、Type-2、Type-3、Type-5 和 Type-7 共 5 种类型。

PE 会根据 BGP 路由中的域 ID 和路由类型属性，将产生不同类型的 OSPF LSA 发布到对应的 VPN 实例的 OSPF 进程中。如果 BGP 路由中携带的域 ID 与本地相同，则携带 Type-1、Type-2 和 Type-3 路由类型属性的 BGP 路由在引入 OSPF 路由进程时都将产生 Type-3 LSA，携带 Type-5 和 Type-7 路由类型属性的 BGP 路由在引入 OSPF 路由进程时产生对应的 LSA；如果 BGP 路由中携带的域 ID 与本地不同，则携带所有路由类型属性的 BGP 路由都将产生 Type-5 或 Type-7 LSA。

11.7.2 OSPF 路由防环机制

在 MPLS VPN 中，如果一端 CE 双归接入两个 PE，且采用 OSPF 连接，就可能会形成路由环路。此时，涉及的 OSPF 环路路由可能由 Type-3、Type-5、Type-7 LSA 产生，因为只有这几种 OSPF LSA 可以跨区域传递。

1. Type-3 路由防环机制

产生 Type-3 OSPF 路由环路通常是在同一 VPN 中两端站点都通过 OSPF 骨干区域与 PE 互联，并且一端采用双归接入方式与两个 PE 连接的场景。Type-3 OSPF 路由环路示例如图 11-45 所示。

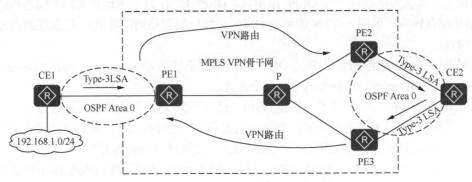

图 11-45　Type-3 OSPF 路由环路示例

下面是 CE1 发布直连网段 192.168.1.0/24 路由信息到对端 CE2 的过程。

① CE1 作为 ABR，通过 Type-3 LSA 发布 192.168.1.0/24 网段的 OSPF 路由信息到 PE1。

② PE1 将该 VPN 实例的 OSPF 路由引入对应 VPN 实例的 BGP 路由表中，形成 VPN 路由。

③ PE1 通过 MP-BGP 将该 VPN 路由分别发布给 PE2 和 PE3，使 PE2 和 PE3 均会收到 192.168.1.0/24 网段的 BGP 路由。后续处理仅以 PE2 进行介绍，PE3 的处理方式与 PE2 的一样。

④ PE2 也是 ABR，又将该 BGP 路由引入对应的 VPN 实例，即与 CE2 互联的 OSPF 路由进程中，以 Type-3 LSA 发布给 CE2。

⑤ CE2 也是 ABR，又将来自 PE2 的 192.168.1.0/24 网段 Type-3 LSA 发布给 PE3。

这样一来，PE3 会收到两条 192.168.1.0/24 网段路由，其中一条来自 PE1 的 BGP 路由，另一条是由 PE2 从 BGP 路由表引入 OSPF 路由进程，经 CE2 转发的 OSPF 路由（最终也会被引入 BGP 路由表中）。

由于缺省情况下，IGP 路由的优先级高于 BGP 路由的优先级，使 PE3 最终会优选来自 CE2，通过 OSPF 路由引入 BGP 路由表中 192.168.1.0/24 网段 BGP 路由。然后，PE2 再通过 MP-BGP 在 MPLS VPN 骨干网中返还发布给 PE1。最终使 PE1 上存在两条到达 192.168.1.0/24 网段的 BGP 路由，其中一条是由从 CE1 学习到的 OSPF 路由引入的，另一条是通过 PE3 对等体学习到的（事实上还有第三条，也就是通过 PE2 对等体学习到的），形成路由环路。

为了防止 Type-3 路由环路，OSPF 多实例进程使用 LSA Options 字段中一个原先未使用的比特位作为标志位，称之为 DN（Down）位。DN 比特位只会在明细的 Type-3、Type-5 和 Type-7 LSA（非缺省路由对应的这些 LSA）中置 1，其他 LSA 中均固定为 0。

PE 路由器的 OSPF VPN 实例在通过 SPF 计算 OSPF 路由时，忽略 DN 比特位置 1 的 LSA。缺省情况下，OSPF 产生的 DN 比特位置 1，可通过 **dn-bit-set disable ｛ summary | ase | nssa ｝**命令禁止设置 OSPF LSA 的 DN 位。

在图 11-45 中，如果 PE2 在向 CE2 发布的 Type-3 LSA 中将 DN 比特位置 1，这样经 CE2 转到 PE3 时，PE3 就不会再使用该 Type-3 LSA 计算路由了，PE3 就不会把该 LSA 计算的路由引入 BGP 路由表中再发布到 PE1，成功避免了 Type-3 路由环路。

有些场景使用 DN 比特位也不能避免 Type-3 路由环路。在图 11-45 中，CE2 与 PE2 和 PE3 连接时加入了不同的区域，如与 PE2 同在区域 0 中，与 PE3 连接在区域 1 中。这时，CE2 向 PE3 转发自 PE2 引入后的 192.168.1.0/24 网段 Type-3 OSPF 路由信息时，就不是以 Type-3 LSA 发布了，可能是缺省的 Type-3 LSA，这时 DN 比特位不再置 1，使 PE3 仍然会使用该 LSA 计算路由，最终还会使 PE1 形成路由环路。

在有些场景下，DN 比特位置位时会导致无法进行路由学习。例如，OSPF 应用在 VPN- OptionA 跨域场景时，本端 ASBR 路由器把 BGP 路由引入 OSPF 区域中，在对端 ASBR 发布 Type-3 LSA 时，就会使对端 ASBR 无法将 OSPF 路由引入 BGP 路由中。另外，当 PE 连接 MCE 场景时，MCE 需要计算 PE 发布的某些路由，也需要取消 DN 比特位置位。

2．Type-5/Type-7 路由防环机制

如果两端 CE 位于不同的路由域中，则一端路由在对端 PE 上从 BGP 路由表中引入 OSPF 路由表时，就会产生 Type-5 或 Type-7 LSA。这两种 LSA 也可以使用前面介绍的 DN 比特位来防环，但更多的是使用 Route Tag（路由标记）来防环。

Type-5 OSPF 路由环路示例如图 11-46 所示。CE1 与 PE1 是采用 EBGP 对等体连接，CE2 与 PE2、PE3 采用的是 OSPF 连接方式。此时，PE2 和 PE3 向 CE2 发布来自 CE1 的 192.168.1.0/24 网段路由信息时，发布的就是 Type-5（CE2 与 PE2、PE3 采用普通区域连接时）或 Type-7 LSA（CE2 与 PE2、PE3 采用 NSSA 或 Totally NSSA 区域连接时），同样会使 PE1 针对 192.168.1.0/24 网段形成路由环路。

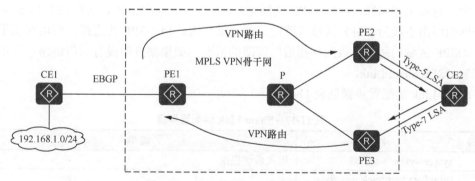

图 11-46　Type-5 OSPF 路由环路示例

Route Tag 只用于 VPN 场景，防止 CE 双归属时，发生 Type-5 或 Type-7 LSA 环路，因为该标记只能针对外部 AS 路由来设置。当 PE 根据收到的 BGP VPN 路由生成 Type-5 或 Type-7 LSA 时，会携带所配置的路由标记。当 PE 将来自对端 CE 的 OSPF 外部路由发布给本地连接的 CE 之前会使路由带上该标记。如果在同一站点的另一台 PE 路由器发现在接收到的 OSPF 外部路由中的路由标记与本地配置的一样，则会忽略该路由，以避

免形成路由环路。

路由标记不在 BGP 的扩展团体属性中传递，只是本地概念，只有在收到 BGP 路由并进入 OSPF 路由进程，产生 Type-5 或 Type-7 LSA 的设备上有意义。可以通过 **route- tag** 命令设置 VPN 路由标记，缺省情况下，路由标记是根据本地的 BGP AS 号计算得到（0xD000+AS 号），如果没有配置 BGP，则默认为 0。

3. OSPF 伪连接

OSPF 伪连接（Sham Link）是 MPLS VPN 骨干网上两个 PE 之间的点到点链路。通常情况下，BGP 对等体之间通过 BGP 扩展团体属性在 MPLS VPN 骨干网上承载路由信息。另一端 PE 上运行的 OSPF 可利用这些信息来生成 PE 到 CE 的区域间路由。但如果本地 CE 所在网段和远端 CE 所在网段间存在一条区域内 OSPF 链路，则称之为后门链路（Backdoor Link），OSPF 伪连接应用示意如图 11-47 所示。

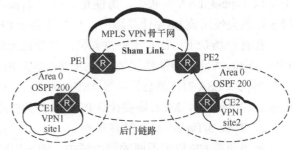

图 11-47　OSPF 伪连接应用示意

Sham Link 被看作 VPN 实例之间的链路，链路端点就是两端 PE 的端点地址，分别作为建立连接时的源 IP 地址和目的 IP 地址。但该点地址是两 PE 的 Loopback 接口 IP 地址，并且绑定了对应的 VPN 实例，其路由也已通过 BGP 在骨干网中进行了发布。同一 OSPF 进程可以有多条 Sham Link，且可以使用相同的端点地址，但不同 OSPF 进程中的 Sham Link 不能使用相同的端点地址。

当 LSA 在 Sham Link 中传播时，所有的 OSPF 路由类型都不会改变。这种情况下，经过后门链路的路由是区域内路由，其优先级要高于经过 MPLS VPN 骨干网的区域间路由，将导致 VPN 流量总是通过后门链路转发，而不走骨干网。

为了避免上述问题，可以在 PE 之间建立 OSPF（Sham Link），使经过 MPLS VPN 骨干网的路由也成为 OSPF 区域内路由，并且被优选。但 OSPF 伪连接仅应用在属于同一个 OSPF 区域的两个站点间存在后门链路的情况，如果站点间没有后门链路，则不需要配置 OSPF Sham Link。

Sham Link 的配置步骤见表 11-17。

表 11-17　Sham Link 的配置步骤

步骤	命令	说明
1	**system-view**	进入系统视图
2	**interface loopback** *interface-number* 例如，[Huawei] **interface** loopback 1	进入要创建 Sham Link 的 Loopback 接口的视图
3	**ip binding vpn-instance** *vpn-instance-name* 例如，[Huawei-interface-loopback1] **ip binding vpn-instance** vpna	将以上 Loopback 接口绑定 VPN 实例

步骤	命令	说明
4	**ip address** *ip-address* { *mask* | *mask-length* } 例如，[Huawei-interface-loopback1] **ip address** 1.1.1.1 32	为以上 Loopback 接口配置 IP 地址
5	**quit**	返回系统视图
6	**bgp** { *as-number-plain* | *as-number-dot* } 例如，[Huawei] **bgp** 100	进入 BGP 视图
7	**ipv4-family vpn-instance** *vpn-instance-name* 例如，[Huawei-bgp] **ipv4-family vpnv4**	进入 BGP-VPN 实例 IPv4 地址族视图
8	**network** *ipv4-address* [*mask* | *mask-length*] 例如，[Huawei-bgp-af-vpnv4] **network** 1.1.1.1 32	将 Sham Link 的端点地址的路由引入 BGP
9	**quit**	返回 BGP 视图
10	**quit**	返回系统视图
11	**ospf** *process-id* 例如，[Huawei] **ospf** 1	进入 OSPF 视图
12	**area** *area-id* 例如，[Huawei-ospf-1] **area** 0	进入 OSPF 区域视图
13	**sham-link** *source-ip-address destination-ip-address* [**smart-discover** | **cost** *cost* | **dead** *dead-interval* | **hello** *hello-interval* | **retransmit** *retransmit-interval* | **trans-delay** *trans-delay-interval*][*] 例如，[Huawei-ospf-1-area-0.0.0.1] **sham-link** 10.1.1.1 10.2.2.2	配置 Sham Link 如下。 • *source-ip-address*：指定 Sham Link 源端点 IP 地址。 • *destination-ip-address*：指定 Sham Link 目的端点 IP 地址。 • **smart-discover**：可多选选项，设置主动的立即发送 Hello 报文。 • **cost** *cost*：可多选参数，指定 Sham Link 开销，整数形式，取值范围是 1～65535，缺省值是 1。 • **dead** *dead-interval*：指定失效时间，整数形式，取值范围是 1～235926000，单位是 s，必须与其建立虚连接路由器的 *dead-interval* 值相等，并至少为 *hello-interval* 值的 4 倍，缺省值为 40s。 • **hello** *hello-interval*：可多选参数，指定接口上发送 Hello 报文的间隔，整数形式，取值范围是 1～65535，单位是 s，必须与本路由器建立虚连接的路由器上的 *hello-interval* 值相等，缺省值为 10s。 • **retransmit** *retransmit-interval*：可多选参数，指定接口上重传 LSA 报文的时间间隔，整数形式，取值范围是 1～3600，单位是 s，缺省值为 5s。 **trans-delay** *trans-delay-interval*：可多选参数，指定接口上延迟发送 LSA 报文的时间间隔，整数形式，取值范围是 1～3600，单位是 s，缺省值为 1s。 缺省情况下，OSPF 不配置 Sham Link，可用 **undo sham-link** *source-ip-address destination-ip-address* [[**simple** | **md5** | **hmac-md5** | **hmac-sha256** | **authentication-null** | **keychain**] | **smart-discover** | **cost** | **dead** | **hello** | **retransmit** | **trans-delay**][*]命令删除 Sham Link 或恢复 Sham Link 的参数为缺省值

11.8 跨域 MPLS VPN 简介

基本 BGP/MPLS IP VPN 中各节点设备都是在同一电信运营商网络、同一 AS 域中，这也就同时要求 VPN 所连接的各个用户站点（例如，公司总部和分支机构）都在同一城市中。因为不同城市的电信运营商，即使是同一品牌的也是各自独立管理的，不太可能在同一个 AS 中。但事实上，随着终端用户的网络规模和分布应用范围不断拓展，在一个企业内部的站点数目越来越多、分布的范围也越来越广，不同站点连接不同的服务提供商已非常普遍。这时，基本 BGP/MPLS IP VPN 方案显然满足不了用户的需求。

为此，需要扩展 BGP/MPLS IP VPN 现有的协议和修改其原有体系框架，推出一个可跨域（Inter-AS）连接的 BGP/MPLS IP VPN 方案，以便骨干网可以穿过多个电信运营商间的链路来发布 VPN-IPv4 路由信息和私网路由标签信息。这就是在 RFC4364 中介绍的跨域 BGP/MPLS IP VPN 方案。

跨域 BGP/MPLS IP VPN 中的"跨域"是指 VPN 通信中穿越的 MPLS/IP 骨干网跨越多个 AS 域，骨干网中的 PE 和 P 节点设备可能不在同一个电信运营商网络，跨域 BGP/MPLS IP VPN 网络示意如图 11-48 所示。这里不仅涉及不同 AS 互联，还涉及 VPN 路由和私网路由标签的跨 AS 域传播。

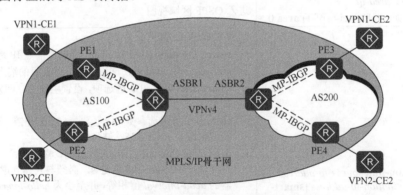

图 11-48 跨域 BGP/MPLS IP VPN 网络示意

RFC4364 中提出了 3 种跨域 VPN 解决方案，具体方案说明如下。

- 跨域 VPN-OptionA（Inter-Provider Backbones OptionA）方式：需要跨域的 VPN 在 AS 边界路由器（AS Boundary Router，ASBR）间通过专用的接口管理自己的 VPN 路由，建立 VRF-to-VRF 的连接。
- 跨域 VPN-OptionB（Inter-Provider Backbones OptionB）方式：ASBR 间通过 MP-EBGP 发布带标签的 VPN-IPv4 路由，也称为 EBGP redistribution of labeled VPN-IPv4 routes between ASBRs，即 ASBR 间的标签 VPN-IPv4 路由 EBGP 重发布。
- 跨域 VPN-OptionC（Inter-Provider Backbones OptionC）方式：不同 AS 域的 PE 间通过多跳（Multi-hop）MP-EBGP 发布带标签的 VPN-IPv4 路由，也称为 Multihop EBGP redistribution of labeled VPN-IPv4 routes between PE routers，即 PE 间的标签 VPN-IPv4 路由多跳 EBGP 重发布。

第12章
IPv6、DHCPv6 和 OSPFv3

本章主要内容

12.1　IPv6 基础

12.2　ICMPv6

12.3　NDP

12.4　IPv6 单播地址配置

12.5　DHCPv6 基础及地址自动配置

12.6　OSPFv3 基础及配置

　　IPv6（Internet Protocol Version 6）也称为下一代 IP（Internet Protocol Next Generation，IPng），是因特网工程任务组（Internet Engineering Task Force，IETF）设计的一套规范，是 IPv4 的升级版本。

　　目前，正是全球由 IPv4 网络向 IPv6 网络过渡的关键时刻，学习和掌握 IPv6 网络的配置与管理方法迫在眉睫。本章将集中介绍有关 IPv6 的基础知识、IPv6 地址分配，无状态地址自动配置，基于 DHCPv6 有状态地址自动配置，以及专用于 IPv6 网络的 OSPFv3 路由基础功能配置与管理方法。

12.1 IPv6 基础

随着计算机网络的普及和应用的高速发展，IPv4 公网地址早已用完。虽然后来出现了一些临时性的解决方案，例如，无类别域间路由选择（Classless Inter-Domain Routing，CIDR）和网络地址转换（Network Address Translation，NAT）技术，但均不能从根本上解决 IPv4 公网地址严重不足的问题。2011 年 2 月 3 日，因特网编号分配机构（Internet Assigned Numbers Authority，IANA）宣布将最后的 486 万个 IPv4 地址平均分配给了 5 个区域因特网注册管理机构（Regional Internet Registry，RIR），此后，IANA 再没有任何可分配的 IPv4 地址。

12.1.1 IPv6 的主要优势和过渡技术

IPv6 经历了近 30 年的发展，技术层面上已基本成熟，且目前得到了广泛的支持。截至 2019 年 10 月，全球 1527 个顶级域中有 1505 个域支持 IPv6，占总量的 98.6%。

1. IPv6 的主要优势

IPv6 的主要优势体现在以下几个方面。

（1）近乎无限的地址空间

与 IPv4 相比，IPv6 最直观的优势就是地址数得到了空前扩展。IPv6 地址由 128 位组成（IPv4 地址是 32 位），仅从数量级来说，IPv6 拥有的地址空间就是 IPv4 的 2^{96} 倍，号称世界上每粒沙子都可以分到一个 IPv6 地址。

（2）更细的层次化地址结构

IPv6 地址的层次化结构比 IPv4 地址的层次化结构更细，这主要得益于 IPv6 地址有128 位。在规划 IPv6 地址时，可以根据使用场景和管理需求精细划分各种地址段空间。

（3）支持即插即用

IPv6 除了支持 IPv4 传统的手工地址配置方式和 DHCP 服务器自动地址分配方式，还支持无状态地址自动配置（StateLess Address AutoConfiguration，SLAAC）方式，使任何主机和终端均可以即插即用，不需要事先为配置 IPv6 地址。

（4）内置安全特性

互联网络层安全协议（Internet Protocol Security，IPSec）技术虽然在 IPv4 网络得到广泛应用，但其实最初是为 IPv6 网络设计的。在 IPv6 报头就可以有专门的认证扩展报头（AH 报头）和安全净载扩展报头（ESP 报头），因此，基于 IPv6 的各种协议报文（例如，各种路由协议和邻居发现报文等）都可以得到端到端的加密。

（5）可扩展性强

IPv6 的扩展性主要体现在一系列可选的扩展报头。这些扩展报头会根据需求选择性地插在 IPv6 基本报头和有效载荷之间，协助 IPv6 完成数据加密、移动通信、最优路径选择、QoS 等，并可提高报文的转发效率，因为扩展报头仅在需要时插入。

（6）更好地支持移动性

IPv6 通过移动检测、获取转交地址、转交地址注册、隧道转发等机制，可使移动终端全程使用不变的 IPv6 地址进行移动通信。

（7）更好的 QoS 支持

IPv6 保留了 IPv4 所有的 QoS 属性，还额外定义了 20 字节的流标签字段，可以为应用程序或者终端所用，针对特殊的服务和数据流，分配特定的资源。

2. IPv6 的过渡

由于目前仍主要是 IPv4 网络，所以在短时间内 IPv6 将会与 IPv4 共存，用户可以选择采用以下方式向 IPv6 过渡。

（1）IPv4/IPv6 双栈技术

这种过渡方式要求设备同时支持 IPv4 和 IPv6，这两种协议的网络独立部署并共存。当需要过渡到 IPv6 时，可直接把应用切换到 IPv6 网络。这种过滤方式相对简单、易于理解，所需的网络规划设计工作量少，但要求所有设备均支持 IPv6。

（2）隧道技术

隧道技术是将一种协议的数据封装在另一种协议中，包括 IPv6 to IPv4 隧道（将 IPv6 数据包封装在 IPv4 数据包中）和 IPv4 to IPv6 隧道（将 IPv4 数据包封装在 IPv6 数据包中）两种，二者分别适用于在 IPv4 传输网络中实现 IPv6 孤岛之间的互通（IPv6 over IPv4 隧道示意如图 12-1 所示），或者在 IPv6 传输网络中实现 IPv4 孤岛之间的互通。适用的场景是网络的主体 IPv4 或 IPv6，但存在一些需要互通且与主体网络使用的 IP 版本不同的边缘网络。这种过渡技术需要隧道端点设备支持双栈及相应的隧道技术。

图 12-1　IPv6 over IPv4 隧道示意

（3）转换技术

这种转换技术实现的是 IPv6 地址和 IPv4 地址的转换（主要是通过改写 IP 报头实现的），将 IPv4 流量转换成 IPv6 流量，反之，适用于纯 IPv4 网络与纯 IPv6 网络的互通。但这种过渡技术破坏了端到端连接的完整性，还需要针对特殊应用提供应用层网关（Application Layer Gateway，ALG）功能，需要在网络中配备 NAT 设备和 DNS 设备。

12.1.2　IPv6 报文格式

RFC 2460 定义了 IPv6 报文格式，分为 IPv6 基本报头、IPv6 扩展报头和上层协议数据单元三部分。上层协议数据单元一般是由上层协议报头和有效载荷构成，如第 6 版互联网控制报文协议（Internet Control Message Protocol version 6，ICMPv6）报文、TCP 或 UDP 数据段等。

1. IPv6 基本报头格式

每个 IPv6 报文都必须有一个基本报头，**固定为 40 个字节**，包括 8 个字段，提供报文转发的基本信息，转发路径上的所有路由器都会解析。IPv4 报头与 IPv6 基本报头的比较如图 12-2 所示。与 IPv4 报头格式相比，IPv6 的基本报头格式更简单。主要字段的变化说明如下（对照图中的格式）。

（1）在 IPv4 报头中带删除线的字段表示在 IPv6 基本报头中被删除了

① 因为 IPv6 基本报头长度固定为 40 个字节，所以删除了 IPv4 报头中的 IP 头部长度（IP Header Length，IHL）字段。

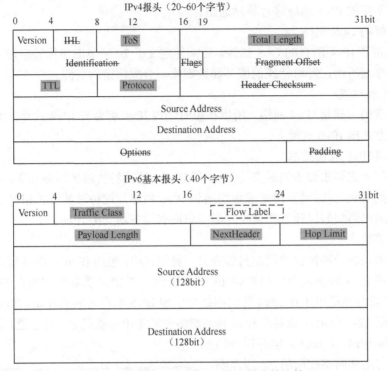

图 12-2　IPv4 报头与 IPv6 基本报头的比较

　　② 因为 IPv6 有专门的"分段"扩展报头，所以 IPv4 中与分段相关的 Identification（标识）、Flags（标志）和 Fragment Offset（分片偏移）3 个字段也从 IPv6 基本报头中删除。

　　③ 在 IPv6 协议栈中的第二层和第四层均提供了校验功能，因此，在 IPv6 基本报头中取消了 Header Checksum（校验和）字段。

　　④ IPv6 中所有选项均以单独的扩展报头方式呈现，而且已要求各扩展报头长度均为 8 字节的整数倍，因此，在 IPv6 基本报头中删除了 Options 和 Padding 两个字段。

　　（2）在 IPv4 报头和 IPv6 基本报头中带背景的字段表示字段名称或位置发生了变化，主要功能没本质变化

　　① IPv6 基本报头中的 Traffic Class（流分类）字段与 IPv4 报头中的服务类型（Type of Service，ToS）字段功能类似。

　　② IPv6 基本报头中的 Payload Length（有效载荷长度）与 IPv4 报头中的 Total Length（总长度）字段功能类似。

　　③ IPv6 基本报头中的 Hop Limit（跳数限制）与 IPv4 报头中的生存时间（Time To Live，TTL）字段功能类似。

　　④ IPv6 基本报头中的 Next Header（下一个报头）与 IPv4 报头中的 Protocol（协议）字段功能类似。

　　（3）在 IPv6 基本报头中虚线框的字段表示相对于 IPv4 报头来说是新增的字段

　　仅 Flow Label（流标签）一个字段，其他字段在 IPv4 报头和 IPv6 基本报头中的名称、位置和功能都是一样的，包括 Version（版本）、Source Address（源地址）和 Destination Address（目的地址）3 个字段。

IPv6 基本报头中各字段的主要含义如下。

① Version：版本号，4 比特。对于 IPv6，其值为 0x06。

② Traffic Class：流类别，8 比特，等同于 IPv4 报头中的 ToS 字段，表示 IPv6 报文的类别或优先级，主要应用于服务质量（Quality of Service，QoS）。

③ Flow Label：流标签，20 比特，用于标识这个数据包属于源节点和目的节点之间的一个特定数据包序列，需要由中间的路由器进行特殊处理。

流可以理解为特定应用或进程的来自某一源地址发往一个或多个目的地址的连续报文。流标签+源/目的 IPv6 地址可以唯一确定一个数据流，中间网络设备可以根据这些信息更加高效地区分数据流，因为同一数据流的基本属性在传输过程中是不会改变的。这样，报文在 IP 网络中传输时会保持原有的顺序，提高了处理效率。随着三网合一的发展，IP 网络不仅要求能够传输传统的报文，还需要能够传输语音、视频等报文。这种情况下，流标签字段的作用就显得更重要。

④ Payload Length：有效载荷长度，16 比特，**包括可选的扩展报头和上层协议数据单元**。但该字段只能表示最大长度为 65535 字节（2^{16}）的有效载荷，超过这个值时，该字段会置 0，此时有效载荷的长度用"逐跳选项"扩展报头中的超大有效载荷选项来表示。

⑤ Next Header：下一个报头，8 比特，定义了紧跟在 IPv6 报头后面的第一个扩展报头（如果存在）的类型，或者上层协议数据单元中的协议类型。

⑥ Hop Limit：跳数限制，8 比特。该字段类似于 IPv4 报头中的 TTL 字段，定义了IPv6 报文所能经过的最大跳数，即三层设备数。每经过一个路由器，该数值减去 1，当该字段的值为 0 时，报文将被丢弃。

⑦ Source Address：源地址，128 比特，表示发送方的 IPv6 地址。

⑧ Destination Address：目的地址，128 比特，表示接收方的 IPv6 地址。

IPv6 为了更好地支持各种选项处理，提出了扩展头的概念，新增选项时不必修改现有 IPv6 的报头结构。

2. IPv6 扩展报头格式

在 IPv4 报头中包括了所有选项，每个中间路由器都必须检查这些选项是否存在，降低了数据包处理和转发的效率。在 IPv6 中，相关的可选选项放在扩展报头中后，中间路由器就不需要处理每个可能出现的选项，提高了数据包处理和转发的效率。

IPv6 扩展报头包含了一些扩展的报文转发信息，例如，分段、加密和认证等，但这些都不是必要的，也不是每个路由器都需要处理的。仅当需要路由器或者目的节点对 IPv6报文做某些特殊处理时，才发送一个或多个扩展报头。

一个 IPv6 报文可以包含 0 个、1 个或多个扩展报头。IPv6 扩展报头的长度不受限制，不同扩展报头的长度也可以不同。**但为了提高扩展报头处理和传输层协议的性能，扩展报头长度总是 8 个字节的整数倍。**

IPv6 扩展报头的主要字段如图 12-3 所示，各字段说明如下。

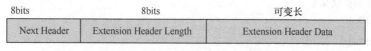

图 12-3　IPv6 扩展报头的主要字段

① **每个扩展报头中都含有一个"下一个报头"（Next Header）字段**，用于指明下一个扩展报头的类型。路由器转发 IPv6 报文时，根据基本报头中 Next Header 字段值来决定是否要处理扩展报头，因为扩展报头通常是由目的节点进行处理的，所以并不是所有的扩展报头都需要中间转发路由器查看和处理。当根据扩展报头的类型判断不需要转发路由器处理该扩展报头时，该路由器将直接根据基本报头转发，提高转发效率。

② Extension Header Length：报头扩展长度，8 比特，表示扩展报头的长度（不包含 Next Header 字段）。

③ Extension Header Data：扩展报头数据，长度可变，包含了扩展报头的具体内容，是一系列选项字段和填充字段的组合。

目前，RFC 2460 中定义了 6 个 IPv6 扩展报头，即逐跳选项报头、目的选项报头、路由报头、分片报头、认证（AH）报头和封装安全净载（ESP）报头，主要 IPv6 扩展报头类型说明见表 12-1。

表 12-1　主要 IPv6 扩展报头类型说明

扩展报头类型	代表该类报头的 Next Header 字段值	描述
逐跳选项报头	0	主要用于为在传输路径上的每跳转发指定发送参数，**传输路径上的每台中间节点设备都要读取并处理该扩展报头**。逐跳选项报头目前的主要应用有以下 3 种，每跳节点都必须处理。 • 用于巨型载荷（载荷长度超过 65535 字节）。 • 用于设备提示，使设备检查该选项的信息，而不是简单地转发出去。 • 用于资源预留协议（RSVP）
目的选项报头	60	**仅目的节点才会处理**，可包括多种选项，移动通信中的"家乡地址"选项
路由报头	43	指定源路由，用于 IPv6 源节点指定数据包到达目的地的路径上所必须经过的中间节点。**IPv6 基本报头中的"目的地址"不是数据包的最终地址，而是路由报头中所列出的第一个地址**
分片报头	44	IPv6 报文发分片信息，只由目的地处理
认证（AH）报头	51	对应 AH 报头，由 IPSec 使用，提供认证、数据完整性以及重放保护。它还对 IPv6 基本报头中的一些字段进行保护，只由目的地处理
封装安全净荷（ESP）报头	50	对应为 ESP 报头，由 IPSec 使用，提供认证、数据完整性以及重放保护和 IPv6 数据包的保密，只由目的地处理

当一个 IPv6 报文中包含超过一种扩展报头时，这些扩展报头必须按照以下顺序在 IPv6 基本报头后依次嵌入。

① IPv6 基本报头。

② 逐跳选项报头。

③ 目的选项报头。

④ 路由报头。

⑤ 分片报头。

⑥ 认证（AH）报头。

⑦ 封装安全净荷（ESP）报头。

⑧ 目的选项报头。

⑨ 上层协议报文。

如果 IPv6 数据包中没有扩展报头，则基本报头的 Next Header 字段值指明上层协议类型。如基本报头的 Next Header 字段值为 6，则表明上层协议为 TCP。**只有逐跳选项报头、路由报头才需要中间设备处理。**

另外，每个 IPv6 报文中除了目的选项报头最多可以出现两次，其他扩展报头在一个 IPv6 报文中最多只能出现一次。目的选项报头在一个报文中最多只能出现两次，一次是在路由报头之前，另一次是在上层协议报文之前。**但如果没有路由报头，则目的选项报头也只能出现一次。**

12.1.3　IPv6 地址格式

IPv6 地址长度为 128 比特，分成 8 段，每段用 4 位十六进制数表示（16 位二进制），每段之间用冒号分隔，即 xxxx:xxxx:xxxx:xxxx:xxxx:xxxx:xxxx:xxxx 格式。在 IPv6 地址中，十六进制字母大小写不敏感，例如，A 等同于 a。

IPv4 地址是 32 位，理论上有 2^{32}=4294967296 个地址，而 IPv6 地址是 128 位的，理论上有 $2^{128}=2^{96}\times2^{32}$ 个地址，是 IPv4 地址数的 2^{96} 倍，这一数字相当于地球表面每平方米可以分配到 67 万亿个地址。

1．IPv6 地址表示形式

一个 IPv6 地址由地址前缀和接口 ID 两个部分组成，IPv6 地址的基本组成如图 12-4 所示。IPv6 的地址前缀用来标识 IPv6 网络，相当于 IPv4 地址中的网络 ID；接口 ID 用来标识接口，相当于 IPv4 地址中的主机 ID。

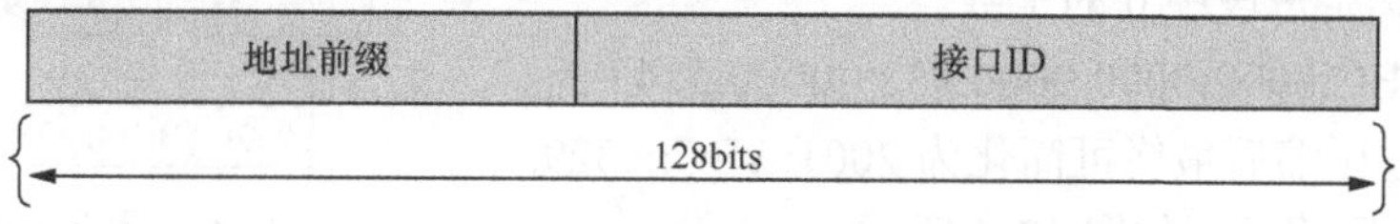

地址前缀	接口ID

128bits

图 12-4　IPv6 地址的基本组成

与 IPv4 地址类似，IPv6 地址也用 IPv6 地址/前缀长度的方式来表示，例如，2001:DB08:9000:000:0001:0000:0AC0:347D/64，64 位代表前缀长度。IETF 对 IPv6 地址类型进行了精细划分，不同类型的 IPv6 地址被赋予了不同的前缀，且受地址分配机构的严格管理。常用的 IPv6 地址或前缀见表 12-2。

表 12-2　常用的 IPv6 地址或前缀

IPv6 地址或前缀	含义
2001::/16	用于 IPv6 因特网，类似于 IPv4 公网地址
2002::/16	用于 IPv6 to IPv4 隧道
FE80::/10	链路本地地址前缀，用于本地链路范围内通信
FF00::/8	组播地址前缀，用于 IPv6 组播
::/128	未指定地址，类似于 IPv4 中的 0.0.0.0 地址
::1/128	环回地址，类似于 IPv4 中的 127.0.0.1 地址

接口 ID 可通过手工配置，系统通过软件自动生成，或由 IEEE EUI-64 规范生成。其中，由 EUI-64 规范自动生成方式最常用。

IEEE EUI-64 规范是将接口的 48 位 MAC 地址转换为 IPv6 接口标识的过程，MAC 地址转换为 IPv6 接口标识的过程如图 12-5 所示。MAC 地址的前 24 位（用 c 表示的部分）为公司标识，后 24 位（用 n 表示的部分）为扩展标识符，从高位数第 7 位是 0。转换的第一步将 FFFE 插入 MAC 地址的公司标识和扩展标识符之间，第二步把从高位数第 7 位的 0（表示此 MAC 地址为全局管理地址）改为 1，表示此 MAC 地址全球唯一。

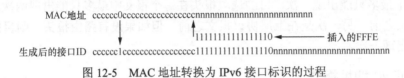

图 12-5　MAC 地址转换为 IPv6 接口标识的过程

这种由 MAC 地址产生 IPv6 地址接口标识的方法可以减少配置的工作量，但任何人都可以通过接口的二层 MAC 地址推算出对应三层的 IPv6 地址，这样很不安全。

2. IPv6 地址压缩规则

由于 IPv6 地址长度有 128 位，所以书写时会非常不方便。另外，IPv6 地址的巨大空间，使 IPv6 地址中往往会包含多个 0，所以可以采用以下压缩规则，使 IPv6 地址更简洁。

- 每个 16 比特组中的前导 0 可以省略。
- 如果一个 16 比特组全为 0，则可用一个 0 表示。
- 如果包含连续两个或多个均为 0 的 16 比特组，则可以用双冒号（::）来代替。**但在一个 IPv6 地址中只能使用一次双冒号，**否则，设备将压缩后的地址恢复成 128 位时，无法确定每段中 0 的个数。

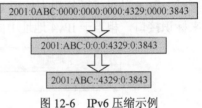

图 12-6　IPv6 压缩示例

2001:0ABC:0000:0000:0000:4329:0000:3843 的 IPv6 地址经过压缩后最终可简化为 2001:ABC::4329:0:3843，IPv6 压缩示例如图 12-6 所示。

12.1.4　IPv6 单播地址

IPv6 地址分为单播地址、组播地址和任播地址 3 种类型。IPv6 地址中没有广播类型的地址，是以更丰富的组播地址代替广播地址，同时增加了任播地址。

- 单播地址（Unicast Address）：标识一个接口。目的地址为单播地址的报文会被送到配置该 IP 地址的接口。在一个接口上可以配置多个 IPv6 单播地址。
- 组播地址（Multicast Address）：标识多个接口。目的地址为组播地址的报文会被送到在该组播组中的所有接口。只有加入相应组播组的接口才会侦听到发往该组播地址的报文。
- 任播地址（Anycast Address）：标识一组接口（通常属于不同的节点设备）。目的地址为任播地址的报文将被发送到配置了相同任播地址、路由意义上最近的一个接口。

IPv6 定义了多种单播地址，目前，常用的单播地址有未指定地址、环回地址、全球单播地址（Global Unicast Address，GUA）、链路本地地址（Link Local Address，LLA）、
唯一本地地址（Unique Local Address，ULA）。

（1）未指定地址

IPv6 中的未指定地址即 0:0:0:0:0:0:0:0/128 或者::/128，类似于 IPv4 中的 0.0.0.0/32
地址。该地址可以表示某个接口或者节点还没有 IPv6 地址，可以作为某些报文的源 IPv6
地址，例如，在邻居请求（Neighbor Solicitation，NS）报文的重复地址检测中会出现源
IPv6 地址是“::”的报文不会被路由设备转发。

（2）环回地址

IPv6 中的环回地址即 0:0:0:0:0:0:0:1/128 或者::1/128，与 IPv4 中的 127.0.0.0/8 作用
相同，主要用于设备给自己发送报文。**但 IPv6 中的环回地址只有这一个。**该地址通常用
来作为一个虚接口的地址（例如，Loopback 接口）。实际发送的数据包中不能使用环回
地址作为源 IPv6 地址或者目的 IPv6 地址。

（3）全球单播地址

GUA 是带有全球单播前缀的 IPv6 地址，用于需要有因特网访问需求的主机，其作
用相当于 IPv4 中的公网地址。IPv6 全球单播地址需要向电信运营商或者直接向所在地
区的 IPv6 地址管理机构申请。这种类型的地址允许路由前缀的聚合，从而限制了全球路
由表项的数量。

GUA 由全球路由前缀（固定为 001）、子网 ID 和接口 ID 组成，全球单播 IPv6 地址
的结构如图 12-7 所示。

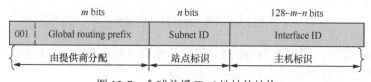

图 12-7　全球单播 IPv6 地址的结构

- Global routing prefix：全球路由前缀，用于标识一个网络，类似于 IPv4 地址的网
  络 ID。由提供商（Provider）指定给一个组织机构，通常全球路由前缀至少为 45
  位（加上最高 3 位，则至少是 48 位）。目前已经分配的全球路由前缀的最高 3
  比特均为 001。
- Subnet ID：子网 ID，与 IPv4 中的子网 ID 的作用类似，用于组织机构划分本地
  子网络。
- Interface ID：接口 ID，用来标识一个设备（Host）的接口。通常情况下，接口
  ID 部分为 64 位，其余三部分一起可看作网络部分，也是 64 位。

（4）链路本地地址

LLA 是一种 IPv6 中的应用范围受限制的地址类型，只能在连接到同一本地链路（二
层意义上的链路）的节点之间通信使用，例如，IPv6 地址无状态自动配置和 IPv6 邻居
发现，**但仅限物理接口配置**（由同一个物理接口划分的各子接口的链路本地地址相同）。
本地链路前缀为 FE80::/10（最高 10 位值为 1111111010），中间 54 位全为 0，最低 64 位
代表接口 ID，链路本地地址的结构如图 12-8 所示。

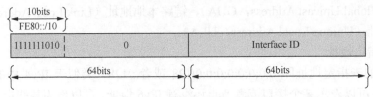

图 12-8　链路本地地址的结构

当一个节点使能 IPv6，且接口使能了接口自动生成链路本地地址的功能，则接口会自动配置一个链路本地地址（其固定的前缀+EUI-64 规则形成的接口标识）。这种机制使两个连接到同一链路的 IPv6 节点不需要做任何配置就可以通信。**以链路本地地址为源地址或目的地址的 IPv6 报文不会被路由器转发到其他链路。**

链路本地地址用于邻居发现协议和 IPv6 全球单播或唯一本地地址无状态自动配置过程中，链路本地上节点之间的通信。每个接口可以配置多个 IPv6 地址，**但只能有一个链路本地地址。**

（5）唯一本地地址

ULA 是另一种应用范围受限的地址，只能在内网使用，相当于 IPv4 中的局域网 IP 地址。唯一本地地址的结构如图 12-9 所示，各组成部分的说明如下。

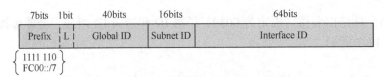

图 12-9　唯一本地地址的结构

- Prefix：前缀；固定为 FC00::/7，**仅表示前面 7 位必须是 1111 110**，代表了一个地址块，目前仅使用了 FD00::/8 地址段。
- L：L 标志位，其值为 1 代表该地址属于为在本地网络范围内使用的地址，**这样专用于本地网络（不能在其他网络中路由）使用的唯一本地地址的前 8 位固定为 1111 1101**，对应为 FD00::/8；其值为 0（即 FC00::/8）时被保留，用于后续扩展。
- Global ID：全球唯一前缀，通过伪随机（使用随机函数）方式产生。
- Subnet ID：子网 ID，划分子网使用。
- Interface ID：接口标识。

12.1.5　IPv6 组播地址

IPv6 组播地址与 IPv4 组播地址的用途相同，均是用来标识一组接口，一般这些接口属于不同的节点。一个节点可能属于 0 到多个组播组。发往组播地址的报文被组播地址标识的所有接口接收。

1. IPv6 组播地址格式

一个 IPv6 组播地址由前缀（Prefix）、标志（Flag）字段、范围（Scope）字段以及组播组 ID（Global ID）4 个部分组成，IPv6 组播地址的结构如图 12-10 所示，各部分字段说明如下。

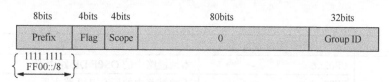

图 12-10　IPv6 组播地址的结构

- Prefix：前缀，IPv6 组播地址的前缀是 FF00::/8，**即最高字节全为 1 的 IPv6 地址即为 IPv6 组播地址。**
- Flag：标志，4 比特。其值全为 0 时，表示当前的组播地址是由 IANA 分配的一个永久分配地址，相当于公网 IPv6 组播地址；其值为 1、2 时，表示当前的组播地址是任意源组播（Any-Source Multicast，ASM）范围的组播地址；其值为 3 时，表示当前的组播地址是指定源组播（Source-Specific Multicast，SSM）范围的组播地址。其他值暂时未分配。
- Scope：作用域，4 比特，用来限制组播数据流在网络中传播的范围，IPv6 组播地址 Scope 字段的取值和含义见表 12-3。
- Group ID：组播组 ID，112 比特，用在由 Scope 字段所指定的范围内唯一标识组播组，该标识可能是永久分配的或临时的。目前，RFC2373 并没有将所有的 112 位都定义成组播组 ID，而是建议仅使用最低的 32 位作为组播组 ID，将其余的 80 位都置 0。

表 12-3　IPv6 组播地址 Scope 字段的取值和含义

取值	含义
0、3、F	保留（reserved）
1	节点（或接口）本地范围（node/interface-local scope），单个接口有效
2	链路本地范围（link-local scope），例如，FF02::1
4	管理本地范围（admin-local scope），即可本地管理的范围
5	站点本地范围（site-local scope），即本地站点范围
6、7、9~D	未分配（unassigned）
8	机构本地范围（organization-local scope），即本地组织范围
E	全球范围（global scope）
其他	未分配

常用的 IPv6 组播地址及含义见表 12-4。

表 12-4　常用的 IPv6 组播地址及含义

范围	IPv6 组播地址	含义
节点（或接口）本地范围	FF01::1	本地接口连接的所有节点
	FF01::2	本地接口连接的所有路由器
链路本地范围	FF02::1	本地链路中的所有节点
	FF02::2	本地链路中的所有路由器
	FF02::3	未定义
	FF02::4	本地链路中的所有 DVMRP 路由器
	FF02::5	本地链路中的所有 OSPF 路由器

续表

范围	IPv6 组播地址	含义
链路本地范围	FF02::6	本地链路中的 OSPF DR 路由器
	FF02::9	本地链路中的所有 RIP 路由器
	FF02::A	本地链路中的所有 EIGRP 路由器
	FF02::B	本地链路中的移动代理
	FF02::D	本地链路中的所有 PIM 路由器
	FF02::1:FFXX:XXXX	Solicited-Node（被请求节点）地址，XX:XXXX 表示节点 IPv6 地址的后 24 位
站点本地范围	FF05::2	本地站点中的所有路由器
	FF05::1:3	本地站点中的所有 DHCPv6 服务器
	FF05::1:4	本地站点中的所有 DHCPv6 中继
	FF05::1:1000～FF05::1:13FF	服务位置

2. IPv6 组播 MAC 地址

以太网传输单播 IP 报文时，目的 MAC 地址是下一跳的单播 MAC 地址。但在传输组播数据时，因目的地址不再是一个具体的接收者，而是一个成员不确定的组，使用的目的 MAC 地址是组播 MAC 地址。

IPv6 组播 MAC 地址一共也是 48 位，最高 16 位固定为 33:33，后 32 位是从 IPv6 组播地址的后 32 位映射而来的。 IPv6 组播 MAC 地址的映射示例如图 12-11 所示。

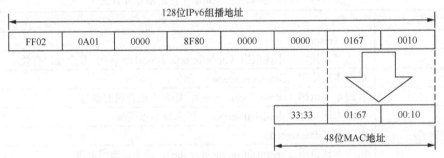

图 12-11　IPv6 组播 MAC 地址的映射示例

3. 被请求节点组播地址

被请求节点（Solicited-Node）地址是一种特殊的组播地址，主要用于邻居发现机制和地址重复检测功能，仅本地链路有效。当一个节点具有了单播地址或任播地址，就会生成一个被请求节点组播地址，加入这个组播组。

IPv6 中没有广播地址，也不使用 ARP，但是仍然需要从 IP 地址解析到 MAC 地址的功能。在 IPv6 中，这个功能通过邻居请求（Neighbor Solicitation，NS）报文完成。当一个节点需要解析某个 IPv6 地址对应的 MAC 地址时，会发送 NS 报文，报文的目的 IPv6 地址是需要解析的 IPv6 单播地址或任播地址所对应的被请求节点组播地址，只有在该组播组的节点会检查处理。

被请求节点组播地址是通过节点（或接口）的单播地址或 IPv6 任播地址生成，具体是由前缀 FF02:0:0:0:0:1:FF00::/104 和单播地址或 IPv6 任播地址的最低 24 位组成的。例如，一个单播唯一本地址为 FC00::1，因其最后 24 位::1，所以可得出其被请求节点组播地址为 FF02:0:0:0:0:1:FF00::1。

由于被请求节点组播地址仅利用了 IPv6 单播地址或任播地址的最低 24 位，这样，**凡是低 24 位相同的 IPv6 单播地址或任播地址具有相同的被请求节点组播地址**。然而，在采用 EUI-64 格式配置的 IPv6 单播地址或任播地址中，后 64 位都是接口的接口 ID，**这样一个接口无论配置了多少 IPv6 地址，它们对应的被请求节点组播地址是相同的**。

12.1.6　IPv6 任播地址

任播地址标识一组网络接口（通常属于不同的节点），共享 IPv6 单播地址空间。目前，**IPv6 任播地址既可以作为 IPv6 报文的目的地址，也可以作为 IPv6 报文的源地址**。以任播地址作为目的地址时，数据包将发送给到该任播地址中路由意义上最近的一个网络接口。但任播地址与单播地址在格式上无差异，二者唯一的区别就是任播地址的一台设备可以给多台配置了相同 IPv6 地址（任播地址）的设备发送报文。

任播地址主要用来在给多个主机或者节点提供相同服务时，提供冗余功能和负载分担功能，例如，最常用的各种应用或网络服务器的负载分担，用户使用最近的服务器进行应用访问。任播 IPv6 地址应用示例如图 12-12 所示，通过任播地址就可以使网络中不同用户通过不同路由访问距离最近的 Web 服务器。

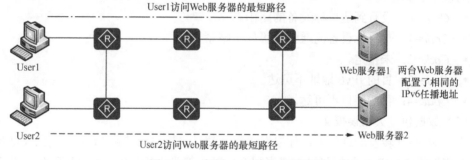

图 12-12　任播 IPv6 地址应用示例

12.2　ICMPv6

在 IPv4 网络中，ICMP 用于检测和报告各种差错信息，IPv6 网络中的 ICMPv6 是 IPv6 的基础协议之一，除了可以提供与 ICMP 类似的功能，还提供了许多扩展功能，例如，邻接点发现、无状态地址配置、重复地址检测、路径最大传输单元（Path Maximum Transmission Unit，PMTU）发现等。

12.2.1　ICMPv6 报文格式

ICMPv6 的协议类型号为 58，ICMPv6 报文格式如图 12-13 所示，各字段说明如下。
* Type：表明消息的类型，0~127 表示错误报文类型，128~255 表示消息报文类型。

图 12-13　ICMPv6 报文格式

- Code：表示此消息类型细分的类型。
- CheckSum：表示 ICMPv6 报文的校验和。
- ICMPv6 数据：具体内容由 ICMPv6 报文类型确定。

1．ICMPv6 错误报文的分类

ICMPv6 错误报文用于报告在转发 IPv6 数据包过程中出现的错误。ICMPv6 错误报文可以分为以下 4 种。

（1）目的不可达错误报文

在 IPv6 报文转发的过程中，当设备发现目的地址不可达时，就会向发送报文的源节点发送 ICMPv6 目的不可达错误报文，同时在报文中会携带引起该错误报文的具体原因。

目的不可达错误报文的 Type 字段值为 1。根据错误的具体原因，*Code* 字段又可以细分为以下 5 类。

- *Code*=0：没有到达目标设备的路由。
- *Code*=1：与目标设备的通信被管理策略禁止。
- *Code*=2：未指定。
- *Code*=3：目的 IPv6 地址不可达。
- *Code*=4：目的端口不可达。

（2）数据包过大错误报文

在 IPv6 报文转发的过程中，如果发现报文超过出接口的链路 MTU，则向发送报文的源节点发送 ICMPv6 数据包过大错误报文，其中携带出接口的链路 MTU 值。数据包过大错误报文是 Path MTU 发现机制的基础。

数据包过大错误报文的 Type 字段值为 2，*Code* 字段值为 0。

（3）时间超时错误报文

在 IPv6 报文收发过程中，当设备收到 Hop Limit 字段值等于 0 的数据包，或者当设备将 Hop Limit 字段值减为 0 时，会向发送报文的源节点发送 ICMPv6 超时错误报文。对于分段重组报文的操作，如果超过设定时间，也会产生一个 ICMPv6 超时报文。

超时错误报文的 *Type* 字段值为 3，根据错误的具体原因，*Code* 字段又可细分为以下两类。

- *Code*=0：在传输中超越了跳数限制。
- *Code*=1：分片重组超时。

（4）参数错误报文

当目的节点收到一个 IPv6 报文时，会对报文进行有效性检查，如果发现问题，则会向报文的源节点回应一个 ICMPv6 参数错误报文。

参数错误报文的 Type 字段值为 4，根据错误的具体原因，*Code* 字段又可细分为以下 3 类。

- *Code*=0：IPv6 基本头或扩展头的某个字段有错误。
- *Code*=1：IPv6 基本头或扩展头的 Next Header 字段值不可识别。
- *Code*=2：扩展头中出现未知的 IPv6 选项。

2. ICMPv6 信息报文的分类

ICMPv6 信息报文提供诊断功能和附加的主机功能，例如，多播侦听发现和邻居发现等功能。常见的 ICMPv6 信息报文主要包括回显请求报文（Echo Request）和回显应答报文（Echo Reply）两种。这两种报文也就是通常使用的 Ping 报文。

- 回显请求报文：用于发送到目标节点，使目标节点立即发回一个回显应答报文。回显请求报文的 *Type* 字段值为 128，*Code* 字段值为 0。
- 回显应答报文：当收到一个回显请求报文时，ICMPv6 会用回显应答报文进行响应。回显应答报文的 *Type* 字段值为 129，*Code* 字段值为 0。

12.2.2　ICMPv6 的 PMTU 发现机制

ICMPv6 常用于 Ping 测试、邻居发现、无状态地址配置和 PMTU 发现等。其中，Ping 测试功能与 IPv4 网络中 ICMP 的 ping 测试功能是一样的，都是通过 Echo Request 和 Echo Reply 两种报文实现的。ICMPv6 在无状态地址配置、邻居发现中的应用将在本章后面具体介绍，在此仅介绍 PMTU 发现机制。

在 IPv4 网络中，报文如果过大，则必须分片发送，所以在每个节点发送报文之前，设备都会根据发送接口的最大传输单元（Maximum Transmission Unit，MTU）来对报文进行分片。但是在 IPv6 网络中，为了减少中间转发设备的处理压力，**中间转发设备不对 IPv6 报文进行分片，报文的分片将仅在源节点进行**。当中间转发设备的接口收到一个报文后，如果发现报文长度比转发接口的 MTU 值大，则会将其丢弃，同时将转发接口的 MTU 值通过 ICMPv6 的"Packet Too Big"消息发给源主机，源主机以该值重新发送 IPv6 报文，这样带来了额外流量开销。

PMTU 发现机制可以事先发现整条传输路径上各链路的 MTU 值，然后以整条传输路径上最小的 MTU 值发送数据包，减少由于重传带来的额外流量开销。但 PMTU 发现机制也是通过 ICMPv6 的"Packet Too Big"消息来完成的。其基本原理是：首先源节点假设 PMTU 就是其出接口的 MTU，发出一个试探性的报文，当转发路径上存在一个小于当前假设的 PMTU 时，转发设备就会向源节点发送"Packet Too Big"消息，并且携带自己的 MTU 值。此后，源节点将 PMTU 的假设值更改为新收到的 MTU 值后继续发送试探报文。如此反复，直到报文到达目的地之后，源节点就能知道到达目的地的 PMTU 了。

PMTU 发现机制示例如图 12-14 所示。

① PC1 先发送一个 PMTU 值为 1500 个字节的试探 IPv6 数据包到 R1，由于 R1 到达下一跳 R2 的出接口 PMTU=1400 个字节，于是 R1 返回 PC1 一个 ICMPv6 Packet Too Big 错误消息（*Type*=2），同时告诉新的 PMTU 值为 1400 个字节。

② PC1 收到由 R1 返回的 ICMPv6 错误消息后，再发一个 PMTU 值为 1400 个字节的试探 IPv6 数据包，可以到达 R2，但当 R2 继续向其下一跳 PC2 转发时，发现出接口

的 PMTU 值为 800，于是 R2 又返回 PC1 一个 ICMPv6 Packet Too Big 错误消息，同时告诉新的 MTU 值为 800 个字节。

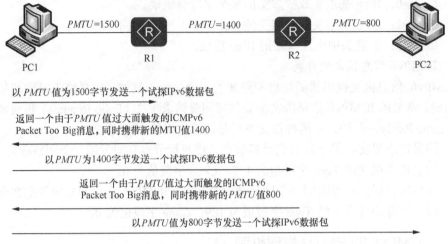

图 12-14　PMTU 发现机制示例

③ PC1 收到由 R2 返回的 ICMPv6 错误消息后，再发一个 PMTU 值为 800 个字节的试探 IPv6 数据包，直接可以到达目的地 PC2，不会返回 ICMv6 消息。于是最终确定，PC1 以后发送给 PC2 的数据包的 PMTU 值为 800 个字节。

12.3　NDP

邻居发现协议（Neighbor Discovery Protocol，NDP）是 IPv6 体系中一个非常重要的基础协议，可以实现路由器发现、地址解析、邻居状态跟踪、重复地址检测和重定向等功能。但 NDP 使用的是 ICMPv6 报文，报文仍然需要经过 IPv6 封装。

12.3.1　路由器发现

IPv6 地址可以支持无状态地址自动配置，即主机通过某种机制获取网络的前缀信息，然后自己生成地址的接口 ID 部分。路由器发现功能是 IPv6 地址自动地址配置功能的基础，用来发现与本地链路相连的设备，并获取相关的 IPv6 地址前缀和其他配置参数，分别对应以下 3 项功能。
- 路由器发现：主机定位邻居路由器及选择哪一个路由器作为缺省网关的过程。
- 前缀发现：主机发现本地链路上的一组 IPv6 前缀的过程，用于主机的地址自动配置。
- 参数发现：主机发现相关操作参数的过程，例如，报文的缺省跳数限制、地址配置方式等信息。

NDP 的路由器发现功能通过以下两种 ICMPv6 报文实现。
- 路由器请求（Router Solicitation，RS）报文：主机接入网络后通常希望尽快获取本地链路的 IPv6 网络前缀信息，可以立刻**以组播方式**发送 RS 报文。

RS 报文在 ICMPv6 报文中的 Type 字段值为 133，源 IPv6 地址均为主机网卡的链路本地地址，目的地址为 FE02::2 组播地址（代表本地链路上的所有路由器）。在 Options（选项）部分包括了源端的链路层地址。

- 路由器通告（Router Advertisement，RA）报文：每台 IPv6 路由器为了让二层网络上的主机和设备知道自己的存在，会周期性地**以组播方式**发送 RA 报文。RA 报文中会带有本地链路的 IPv6 网络前缀、路由、MTU 信息，以及一些标志位信息，具体参见 12.4.1 节。

RA 报文在 ICMPv6 报文中的 Type 字段值为 134，可以在收到 RS 报文时触发产生，也可以由路由器周期性（时间间隔随机，缺省最小为 200s，最大为 600s）地自动产生，但源 IPv6 地址均为路由器出接口的链路本地地址，目的地址均为 FE02::1 组播地址（代表本地链路上的所有设备）。

NDP 路由器发现功能示例如图 12-15 所示。

图 12-15　NDP 路由器发现功能示例

① 主机 PC1 启动时，会以自己网卡的本地链路本地地址（假设为 FE80::5489-9854-58B0）作为源 IPv6 地址，以 FE02::2 组播地址作为目的 IPv6 地址，在本地链路范围内发送 RS 报文。

② 与 PC1 在同一链路的 R1（也可能还有其他路由器）收到 PC1 发送的 RS 报文后，触发响应 RA 报文，源 IPv6 地址为 R1 连接 PC1 侧的接口的链路本地地址（假设为 FE80::5489-9864-49B0），目的 IPv6 地址为 FE02::1，在本地链路范围内组播发送。

在 R1 回应 PC1 的 RA 报文中携带了出接口配置的 IPv6 地址前缀、MTU、自动配置标志等参数。这样 PC1 就可以根据获知的 IPv6 地址前缀信息为自己分配 IPv6 地址，同时将以 R1 出接口的**链路本地地址**作为自己的缺省网关，实现无状态地址自动配置。

12.3.2　地址解析

在 IPv4 以太网中，当源主机需要和目标主机通信时，必须先通过 ARP 获得目标主机的 MAC 地址，以便进行以太网帧封装。ARP 报文是直接封装在以太网帧中（不需要经过 IPv4 封装），以太网协议类型为 0x0806，代表上层协议是 ARP。虽然我们把 ARP

看作三层协议，但普遍观点认为 ARP 为第 2.5 层的协议，因为 ARP 报文不经过 IPv4 封装。

在 IPv6 网络中，同样需要从 IPv6 地址解析链路层地址的功能。但在 IPv6 协议栈中没有 ARP，是使用 NDP 来实现这个功能的。NDP 本身是基于 ICMPv6 实现的，以太网协议类型为 0x86DD，表示其上层协议是 IPv6，在 IPv6 报文中的 "Next Header" 字段值为 58，表示为 ICMPv6 报文。由于 NDP 使用的所有报文均封装在 ICMPv6 报文中，一般来说，NDP 被看作第 3 层的协议。

在三层完成地址解析主要带来以下 3 个好处。

- 不同的二层介质（不仅限于以太网）可以采用相同的地址解析协议。
- 可以使用三层的安全机制避免地址解析攻击。
- 使用组播方式发送请求报文，减少了二层网络的性能压力。

NDP 的地址解析过程中使用了两种 ICMPv6 报文：NS 报文和邻居通告（Neighbor Advertisement，NA）报文。

- NS 报文：Type 字段值为 135，Code 字段值为 0，在地址解析中的作用类似于 IPv4 中的 ARP 请求报文。在 NS 报文中有一个目标地址（Target Address）字段，代表请求解析的 IPv6 地址，不能是组播 IPv6 地址。
- NA 报文：Type 字段值为 136，Code 字段值为 0，在地址解析中的作用类似于 IPv4 中的 ARP 应答报文。在 NA 报文中也有一个目标地址字段，代表解析的 IPv6 地址。

NDP 地址解析示例如图 12-16 所示。

图 12-16　NDP 地址解析示例

① PC1 在向 PC2 发送报文之前必须解析出 PC2 的 MAC 地址，所以 PC1 会**以组播方式**发送一个 NS 报文，其中源地址为 PC1 的 IPv6 单播地址（假设为 2001::54A0:1254:58B0），目的地址为 PC2 的被请求节点组播地址（FF02:0:0:0:0:1:FF95:49B0），目标地址为 PC2 的 IPv6 地址，表示 PC1 想要知道 PC2 的 MAC 地址。同时需要说明的是，在 NS 报文的 Options 字段中还携带了源端（PC1）的 MAC 地址。

【说明】被请求节点组播地址是由前缀 FF02:0:0:0:0:1:FF00::/104 和 IPv6 单播地址或任播地址的最后 24 位组成的。在本示例中，PC2 的 IPv6 单播地址为 2001::86B3:6495:49B0，最后 24 位为 95:4980，在前面再加上 FF02:0:0:0:0:1:FF，则等于 FF02:0:0:0:0:1:FF95:49B0。

② 当 PC2 接收到了 NS 报文之后，就会**以单播方式**回应 NA 报文。其中，源地址为

PC2 的 IPv6 单播地址（假设为 2001::86B3:6495:49B0），目的地址为 PC1 的 IPv6 单播地址（2001::54A0:1254:58B0），目标地址也为 PC2 的 IPv6 地址，PC2 的 MAC 地址也被放在 Options 字段中。这样就完成了一个地址解析的过程。

12.3.3　邻居状态跟踪

为了及时了解通信路径的状态，IPv6 维护了一张邻居表，每个邻居都有相应的状态，可以通过 **display ipv6 neighbors** 命令查看。RFC2461 中定义了 5 种邻居状态，分别是未完成（Incomplete）、可达（Reachable）、陈旧（Stale）、时延（Delay）和探查（Probe），IPv6 邻居状态见表 12-5。邻居状态迁移流程如图 12-17 所示，其中，Empty 表示邻居表项为空。

表 12-5　IPv6 邻居状态

邻居状态	说明
Incomplete	邻居不可达。表示正在通过 NS/NA 报文交互进行地址解析，但邻居的链路层地址还没探测到。如果地址解析成功，则进入 Reachable 状态
Reachable	邻居可达。表示邻居正处于邻居可达时间内（缺省为 30s）的可达状态。如果超过规定的时间，该表项没有被使用，则进入 Stale 状态
Stale	邻居是否可达未知。表示该表项在规定时间内没有被使用。此时除非有发送到邻居的报文，否则不会对邻居是否可达进行探测
Delay	邻居是否可达未知。已向邻居发送报文，但仍没收到邻居的响应报文。如果在指定时间内没有收到邻居的响应报文，则进入 Probe 状态
Probe	邻居是否可达未知。已向邻居发送 NS 报文，探测邻居是否可达。如果在规定时间内收到邻居返回的 NA 报文，则进入 Reachable 状态，否则进入 Incomplete 状态

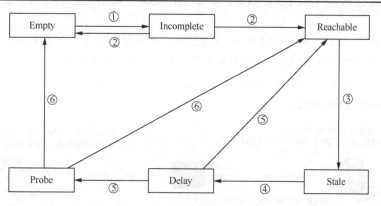

图 12-17　邻居状态迁移流程

下面以两个邻居节点（假设为 A 和 B）之间相互通信的过程中，在节点上查看邻居状态的变化为例（假设 A、B 之前从未通信），说明邻居状态迁移的过程（流程号对应图 12-17 中的序号）。

① A 先发送 NS 报文，并生成缓存条目，此时 B 的邻居状态为 Incomplete。

② 如果 B 回复 NA 报文，则 B 的邻居状态由 Incomplete 变为 Reachable，否则，固定时间后，B 的邻居状态由 Incomplete 变为 Empty，即删除表项。

③ 在变为 Reachable 状态后，经过邻居可达时间（缺省为 30s），邻居状态由 Reachable

变为 Stale，即未知是否可达。如果在变为 Reachable 状态后，A 收到 B 的非请求 NA 报文（即 B 周期性主动发送的 NA 报文），且报文中携带的 B 的链路层地址和原来 B 的邻居状态表项中的链路地址不同，则 B 的邻居状态会马上变为 Stale。

④ 在 Stale 状态，如果 A 要向 B 发送数据，则 B 的邻居状态由 Stale 变为 Delay，并向 B 发送 NS 请求。

⑤ 在经过固定时间后，B 的邻居状态由 Delay 变为 Probe，其间如果有 NA 应答，则邻居状态由 Delay 变为 Reachable。

⑥ 在 Probe 状态下，A 每隔一定时间间隔（缺省为 1s）向 B 以单播方式发送 NS 报文（目的地址为 B 的 IPv6 链路本地地址），发送固定次数（缺省为 3 次）后，收到 NA 应答报文，则 B 的邻居状态变为 Reachable，否则 B 的邻居状态变为 Empty，即删除表项。

12.3.4　重复地址检测

在接口使用某个 IPv6 单播地址之前，为了探测其他节点是否使用了该地址，都要进行重复地址检测（Duplicate Address Detect，DAD）。尤其是在自动配置地址的时候，进行 DAD 是很有必要的。

一个 IPv6 单播地址在分配给一个接口之后，在通过重复地址检测之前称为试验地址（Tentative Address）。此时，该接口不能使用这个试验地址进行单播通信，但是仍然会加入两个组播组：ALL-NODES 组播组和试验地址所对应的 Solicited-Node 组播组。

IPv6 重复地址检测技术和 IPv4 中的免费 ARP 类似：节点向试验地址所对应的 Solicited-Node 组播组发送 NS 报文。NS 报文中目标地址（Target Address）为该试验地址。如果收到某个其他站点回应的 NA 报文，就证明该地址已被使用，节点将不能使用该试验地址通信。

如果两个节点配置相同的 IPv6 单播地址，且同时进行重复地址检测，则当一方收到对方发出的 DAD NS 报文时，则本地不再启用该 IPv6 单播地址。

重复地址检测示例如图 12-18 所示。假设 PC1 和 PC2 都分配了同一个 IPv6 单播地址 2001::86B3:6495:49B0。

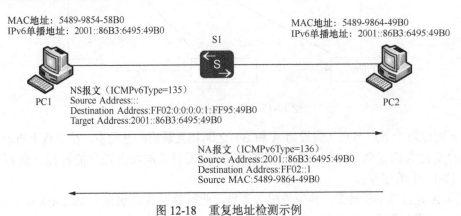

图 12-18　重复地址检测示例

① PC1 的 IPv6 地址 2001::86B3:6495:49B0 为新配置地址，即 2001::86B3:6495:49B0 为 PC1 的试验地址。PC1 向 2001::86B3:6495:49B0 的 Solicited-Node 组播组 FF02:0:0:0:0:1:

FF95:49B0 发送一个以 2001::86B3:6495:49B0 为请求目的地址的 NS 报文进行重复地址检测，但由于 2001::86B3:6495:49B0 并未正式指定，所以 NS 报文的源 IPv6 地址为未指定地址。

② 当 PC2 收到该 NS 报文后，有以下两种处理方法。

- 如果 PC2 发现 2001::86B3:6495:49B0 是自身的一个试验地址，则 PC2 放弃使用这个地址作为接口 IPv6 地址，并且不会发送 NA 报文。
- 如果 PC2 发现 2001::86B3:6495:49B0 是一个已经正常使用的地址，则 PC2 会向 FF02::1 发送一个 NA 报文，包含 2001::86B3:6495:49B0。因此，PC1 收到这个报文后就会发现自身的试验地址是重复的，被标识为 duplicated 状态，在 PC1 上该试验地址不生效。

如果在规定时间内 PC1 没有收到任何 NA 应答报文，则认为该 IPv6 单播地址在本地链路是唯一的，可以分配给接口。

12.3.5　重定向

NDP 的重定向功能是当网关设备发现报文从其他网关设备转发更好，它就会发送重定向报文告知报文的发送者，让报文发送者选择另一个网关设备。

重定向报文也承载在 ICMPv6 报文中，其 Type 字段值为 137，源地址（Source Address）为缺省网关的链路本地地址，目的地址（Destination Address）为发送数据包的源主机链路本地地址。在数据（Data）部分为目标地址（Target Address），也是目标网关的链路本地地址，在选项（Options）部分包括被重定向的数据包的报头。

当设备收到一个报文后，只有在以下情况才会向报文发送者发送重定向报文。

- 报文的目的地址不是一个组播地址。
- 报文并非通过路由转发给设备。
- 经过路由计算后，路由的下一跳出接口是接收报文的接口。
- 设备发现报文的最佳下一跳 IPv6 地址和报文的源 IPv6 地址处于同一网段。
- 设备检查报文的源地址，发现自身的邻居表项中有用该地址作为 IPv6 全球单播地址或链路本地地址的邻居存在。

NDP 重定向示例如图 12-19 所示。发送数据包的源主机为 PC1，缺省网关为 R1 连接 PC1 侧的接口的 IPv6 地址，目标网关为 R2 连接 PC1 侧的接口的 IPv6 地址。

① 现假设 PC1 要发送数据包到 Server，按照缺省网关配置，数据包会被发送到 R1。

② R1 在接收到 PC1 发给 Server 的数据包后，经检查发现，发给 Server 的数据包应该转发到与 R1 在同一网段的 R2，于是 R1 会向 PC1 发送一个 ICMPv6 重定向报文，通知 PC1 向 Server 发送数据时应直接发给 R2。ICMP 重定向报文中，源地址为 R1 的链路本地地址，目的地址为 PC1 的链路本地地址，目标地址为 R2 的链路本地地址，在选项部分包括 PC1 发给 Server 的数据包的报头。

③ PC1 收到重定向报文后，会向新的网关 R2 发送给 Server 的数据包，再由 R2 转发给 Server。

【说明】综合前面各小节的介绍，NDP 使用了 5 个 ICMPv6 报文：*Type*=133 的 RS 报文与 *Type*=134 的 RA 报文可以实现路由器发现和主机网关发现，IPv6 地址自动配置；*Type*=135 的 NS 报文和 *Type*=136 的 NA 报文可以实现邻居链路层地址解析，重复地址检测；*Type*=137 为重定向报文，可以实现重定向功能。

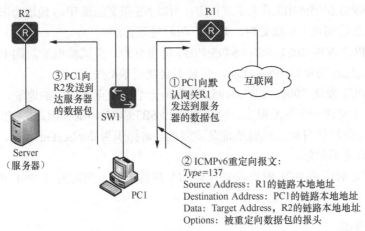

图 12-19 NDP 重定向示例

12.4 IPv6 单播地址配置

IPv6 单播地址配置分为静态配置和动态配置两种方式。其中，静态配置就是通过管理员手动为接口或主机配置具体的 IPv6 地址；动态配置又分为有状态地址自动配置（Stateful Address Automatic Configuration，SAAC）和无状态地址自动配置（Stateless Address Automatic Configuration，SLAAC）两种。有状态地址自动配置是通过 DHCPv6 服务实现的，无状态地址自动配置是通过 NDP 中的 RS/RA 报文交互实现的。

12.4.1 RA 报文

在IPv6地址的有状态/无状态自动配置方式是通过ICMPv6 RA报文中的M（Managed Address Configuration）和O（Other Stateful Configuration Flag）标志位来控制的，RA 报文如图 12-20 所示。

【说明】这里所谓的"有状态"是指分配的 IPv6 地址是有记录的（分配完后会记录 IPv6 地址分给了哪个用户端，该 IPv6 地址的使用状态信息等记录）、可集中管理的，只有通过 DHCPv6 服务器自动分配的 IPv6 地址才称为有状态的。"无状态"是指所分配的 IPv6 地址没有记录，也不能集中管理。

- 如果 M 和 O 标志位均置 1，则对应"有状态"的地址配置方式，采用 DHCPv6，IPv6用户端将从 DHCPv6 服务器端获取完整的 128 位 IPv6 地址，同时包括 DNS、SNTP 服务器等地址参数。当 M 标志位为 1 时，终端可以忽略 O 标志位。
- 如果 M 和 O 标志位均置 0（这是缺省配置），则对应无状态的地址配置方式，使能了 ICMPv6 RA 功能的路由器会周期性地以 RA 报文通告该链路上的 IPv6 地址前缀，或主机发送路由器查询的 ICMPv6 RS 报文，路由器回复 RA 报文告知该链路 IPv6 地址前缀。主机根据路由器回应的 RA 报文，获得 IPv6 地址前缀信息，然后使用该地址前缀，再加上本地接口 ID，形成 IPv6 单播地址。

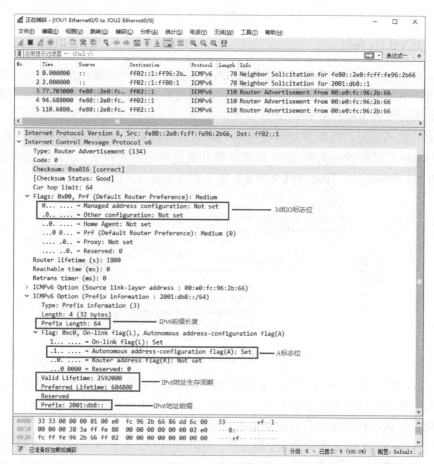

图 12-20　RA 报文

可以使用 **ipv6 nd autoconfig managed-address-flag** 命令设置 M 标志位，使用 **ipv6 nd autoconfig other-flag** 命令设置 O 标志位。

在 RA 报文的 ICMPv6 Prefix Information（前缀信息）选项部分包括前缀长度（Prefix-Length）和 IPv6 前缀（Prefix），还有一个用于指示终端设备能否使用该前缀进行"无状态"地址自动配置的 A 标志位（Autonomous Addr-conf flag），该标志位置 1 时表示终端可以使用该前缀进行"无状态"自动配置，该标志位置 0 时，则不能进行无状态自动配置。可使用 **ipv6 nd ra prefix no-autoconfig** 命令将设置 A 标志位为 0，具体设置参见图 12-20。

另外，在 RA 报文的 ICMPv6 Prefix Information 选项部分，还显示了本端 IPv6 地址生存周期，包括 Valid Lifetime（有效生存周期）和 Preferred Lifetime（优选生存周期），具体设置参见图 12-20。当终端获取到前缀并生成 IPv6 单播地址后，首先进入 Tentative（试验）状态，在通过 DAD 后，该地址将进入 Preferred（优选）状态，并在 Preferred Lifetime 内保持该状态。在 Preferred 状态下，终端可以正常收发报文，Preferred Lifetime 超时后地址进入 Deprecate（废除）状态，并在 Valid Lifetime 时间内保持该状态。在 Deprecate 状态下，该地址仍然有效，现有的连接可以继续使用该地址，但是无法使用该地址建立新的连接。当 Valid Lifetime 超时后，地址进入 Invalid（无效）状态，表示该地址无法继续使用。

12.4.2　IPv6 SLAAC

SLAAC 是 IPv6 的一个亮点功能，使 IPv6 主机能够非常便捷地接入 IPv6 网络中，即插即用，不需要手工配置繁冗的 IPv6 地址，不需要部署应用服务器（例如，DHCPv6 服务器）就可以为主机分发 IPv6 地址。

IPv6 无状态地址自动配置功能通过路由器发现功能来发现与本地链路相连的设备，并获取与地址自动配置相关的 IPv6 地址前缀和其他网络配置参数，其中主要用到 NDP 的 RS 和 RA 两种报文。IPv6 的 RS 和 RA 报文交互如图 12-21 所示。

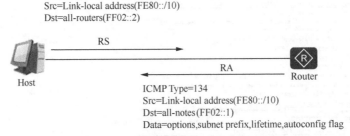

图 12-21　IPv6 的 RS 和 RA 报文交互

① Host 根据本地的接口 ID 自动生成链路本地地址，然后以组播方式向本地链路中的所有路由器发送路由器请求 RS 报文，源 IPv6 地址为 Host 的链路本地地址，目的 IPv6 地址为代表链路本地作用域所有路由器的组播地址 FF02::2。

② Router 收到 Host 发来的 RS 报文后，将以组播方式发送 RA 报文，告知主机该网段的默认路由器和相关网络参数。源 IPv6 地址为 Router 的发送接口的链路本地地址，目的 IPv6 地址为代表链路本地作用域所有节点（包括路由器和主机）的组播地址 FF02::1。

在 RA 报文中还定义了本地设备优先级的"默认路由器优先级"（Default Router Prefrence：01 为高优先级；00 为中优先级，且为默认值；11 为低优先级；10 保留，未使用）的标志位和本地设备所连网段的"路由前缀信息"（Prefix Information）选项，帮助主机在发送报文时选择合适的转发设备。

③ Host 收到 Router 发来的 RA 报文后，根据报文所携带的地址前缀信息，再加上本地接口 ID 信息，生成 IPv6 单播地址。

12.4.3　IPv6 单播地址配置

【注意】在配置 IPv6 地址时需要注意以下两个方面。

- 对于 IPv6 全球单播地址和唯一本地地址，链路两端接口的地址前缀均必须对应相同，否则，链路两端使用这两个地址时，**ping** 测试是不通的。
- 链路本地地址的最高 10 位前缀必须满足 FE80::/10 的要求，链路两端接口的 IPv6 链路本地地址的最低 64 位接口 ID 必须不同，否则就会认为两个链路本地地址相同，造成 IPv6 地址冲突，导致该接口的 IPv6 的状态会显示 DOWN，所配置的 IPv6 地址都会显示 TENTATIVE（表示是未经检测的试验地址），具体配置如下。

```
Serial1/0/0 current state : UP
IPv6 protocol current state : DOWN
IPv6 is enabled, link-local address is FEA2::1 [TENTATIVE]
   Global unicast address(es):
     2002::2, subnet is 2002::/64 [TENTATIVE]
```

1. IPv6 全球单播地址配置

IPv6 全球单播地址类似于 IPv4 公网地址，最高 3 位固定为 "001"。IPv6 全球单播地址有以下 3 种配置方式。

（1）采用 EUI-64 格式

接口的 IPv6 地址的前缀就是所配置的地址前缀，而接口 ID 通过 EUI-64 规范自动生成，**接口 ID 为固定的 64 位。**

基于 IEEE EUI-64 格式的 IPv6 地址的生成是基于已存在的 MAC 地址来创建 64 位接口 ID，这样生成的接口 ID 在本地和全球范围都是唯一的，能标识每个网络接口。接口通过从 RA 报文获得的地址前缀和 EUI-64 格式生成的接口 ID 可以实现 IPv6 地址的自动配置。

（2）手工配置

用户手工配置 IPv6 全球单播地址。这是唯一与本地址的配置方法一样的一种配置方式。

（3）自动配置

自动配置包括通过 DHCPv6 进行的有状态地址分配和通过 RS、RA 报文进行的无状态地址分配两种，在此仅介绍无状态地址分配方式。无状态地址分配方式下生成的 IPv6 全球单播地址格式为对端接口的前缀+根据 **EUI-64 规范把 48 位的 MAC 地址转换成 64 位的接口标识。**

IPv6 全球单播地址的配置步骤见表 12-6。每个接口可以最多有 10 个地址前缀不同的 IPv6 全球单播地址。**手工配置的全球单播地址的优先级高于自动配置的全球单播地址，即如果在接口已经自动生成全球单播地址的情况下，手工配置前缀相同的全球单播地址，自动配置的地址将被覆盖。此后，即使删除手工配置的全球单播地址，已被覆盖的自动配置的全球单播地址也不会恢复。仅当再次接收到 RA 报文后，设备根据报文携带的地址前缀信息，重新生成全球单播地址。**

如果某个接口原来已经配置了 IPv6 地址，在收到 RA 报文自动配置新的 IPv6 全球单播地址后，原有的 IPv6 全球单播地址也不会被删除。如果停止发送 RA 报文，并且等接口自动配置的 IPv6 全球单播地址有效时间（在 RA 报文中携带）到期后，自动配置的地址会被删除，接口会使用成原来配置的全球单播 IPv6 地址。

表 12-6　IPv6 全球单播地址的配置步骤

步骤	命令	说明
1	**system-view**	进入系统视图
2	**ipv6** 例如，[Huawei] **ipv6**	使能 IPv6 报文转发功能。**缺省情况下，IPv6 报文转发功能处于未使能状态**，可用 **undo ipv6** 命令去使能设备转发 IPv6 单播报文
3	**interface** *interface-type interface-number* 例如，[Huawei] **interface** gigabitethernet 1/0/0	进入接口视图，必须是三层接口

步骤	命令	说明
4	**ipv6 enable** 例如，[Huawei-GigabitEthernet1/0/0] **ipv6 enable**	使能接口的 IPv6 功能。缺省情况下，**接口上的 IPv6 功能处于未使能状态**。只有接口视图下和系统视图下都使能了 IPv6，接口才具有 IPv6 转发功能
5	**ipv6 address** { *ipv6-address prefix-length*	*ipv6-address/prefix-length* } 例如，[Huawei-GigabitEthernet1/0/0] **ipv6 address** 2001::1 64	（三选一）手工配置 IPv6 全球单播地址。 • *ipv6-address prefix-length*：二选一参数，以空格分隔的形式指定 IPv6 地址及前缀长度。IPv6 地址为 128 位，通常分为 8 组，每组为 4 个十六进制数的形式。格式为 X:X:X:X:X:X:X:X；前缀长度的取值范围为 1~128。 • *ipv6-address/prefix-length*：二选一参数，以"/"分隔形式指定 IPv6 的地址及前缀长度，取值范围同上。 **一个接口上最多可配置 10 个全球单播地址**。为接口配置全球单播地址后，如果没有为该接口配置链路本地地址，系统会根据链路本地地址前缀和接口 MAC 地址自动生成一个链路本地地址。前缀长度是 128 位的 IPv6 地址只能配置在 Loopback 接口上。在同一设备的接口上，不允许配置网段重叠的 IPv6 地址。 缺省情况下，接口没有配置全球单播地址，可以采用 **undo ipv6 address** [*ipv6-address prefix-length*	*ipv6-address/prefix-length*] 命令删除接口的全球单播地址。如果未指定 IPv6 地址和前缀长度，则删除该接口上的所有 IPv6 地址
	ipv6 address { *ipv6-address prefix-length*	*ipv6-address/prefix-length* } **eui-64** 例如，[Huawei-GigabitEthernet1/0/0] **ipv6 address** 2001:: 64 **eui-64**	（三选一）采用 EUI-64 格式形成 IPv6 全球单播地址。**参数 *ipv6-address* 仅可指定高 64 位，低 64 位即使指定了也会被自动生成的 EUI-64 格式覆盖，*prefix-length* 取值不能大于 64（通常为 64 位）。** 执行本命令为接口配置 EUI-64 格式的全球单播 IPv6 地址后，如果没有为该接口配置链路本地地址，系统也会根据链路本地地址前缀和接口 MAC 地址自动生成一个链路本地地址。不能为环回地址（::1/128）、未指定地址（::/128）、组播地址和任播地址配置 EUI-64 格式的 IPv6 地址。 缺省情况下，接口没有配置 EUI-64 格式的全球单播地址，可用 **undo ipv6 address** { *ipv6-address prefix-length*	*ipv6-address/prefix-length* } **eui-64** 命令删除接口的 EUI-64 格式的全球单播地址
	ipv6 address auto global 例如，[Huawei-GigabitEthernet1/0/0] **ipv6 address auto global**	（三选一）使能无状态地址自动配置 IPv6 全球单播地址，**接受由对端设备发送的 RA 报文进行无状态地址自动配置**。收到 RA 报文的接口可自动配置 IPv6 全球单播地址，生成的 IPv6 地址中带有 RA 报文的前缀和设备的接口标识。如果设备没有收到 RA 报文，则设备只能自动配置链路本地地址，实现与本地节点互通。 缺省情况下，无状态地址自动配置 IPv6 全球单播地址功能处于未使能状态，可用 **undo ipv6 address auto global** 命令恢复缺省配置
6	**undo ipv6 nd ra halt** 例如，[Huawei-GigabitEthernet1/0/0] **undo ipv6 nd ra halt**	（可选）在对端设备接口上使能系统发布 RA 报文功能。仅在需要为所连接的主机或接口进行无状态地址自动配置时才需配置，使所连接的主机或接口可以自动配置 IPv6 全球单播地址。一般情况下，当设备与路由设备相连时，即网络内没有主机时，不需要使能系统发布 RA 报文的功能。 缺省情况下，系统发布 RA 报文功能处于未使能状态，可用 **ipv6 nd ra halt** 命令恢复缺省配置

2. IPv6 链路本地地址配置

链路本地地址常用于邻居发现协议和无状态地址自动配置。与全球单播 IPv6 地址一样，链路本地 IPv6 地址也可以通过两种方式获得（**仅可在物理接口上配置链路本地地址，由同一物理接口划分的各子接口的链路本地地址相同**）。

（1）自动生成

设备根据固定的**链路本地地址前缀（FE80::/10）+根据 EUI-64 规范把 48 位的 MAC 地址转换成 64 位的接口 ID**，自动为接口生成链路本地地址（除了开头的 10 位前缀和最后的 64 位接口 ID，中间的 54 位全为 0）。

（2）手工指定

用户手工配置 IPv6 链路本地地址，当然，手工指定的链路本地地址的前缀也必须是 FE80::/10。

IPv6 链路本地地址的配置步骤见表 12-7。

表 12-7　IPv6 链路本地地址的配置步骤

步骤	命令	说明
1	**system-view**	进入系统视图
2	**ipv6** 例如，[Huawei] **ipv6**	使能 IPv6 报文转发功能
3	**interface** *interface-type interface-number* 例如，[Huawei] **interface gigabitethernet 1/0/0**	进入接口视图，必须是三层接口
4	**ipv6 enable** 例如，[Huawei-GigabitEthernet1/0/0] **ipv6 enable**	使能接口的 IPv6 功能
5	**ipv6 address** *ipv6-address* **link-local** 例如，[Huawei-GigabitEthernet1/0/0] **ipv6 address fe80::1 link-local**	（二选一）手工配置接口的链路本地地址。参数 *ipv6- address* 用来指定接口的 IPv6 链路本地地址，总长度为 128 位，通常分为 8 组，每组采用的为 4 个十六进制数的形式。格式为 X:X:X:X:X:X:X:X，地址前缀必须是 FE80::/10。 **【注意】**在配置链路本地地址时要注意以下两个方面： • 可以为接口配置多个 IPv6 地址，但是每个接口只能有一个链路本地地址； • 接口下如果存在自动分配的链路本地地址时，执行本命令后，原链路本地地址将被覆盖。 缺省情况下，接口没有配置链路本地地址，可以采用 **undo ipv6 address** *ipv6-address* **link-local** 命令删除接口的链路本地地址
	ipv6 address auto link-local 例如，[Huawei-GigabitEthernet1/0/0] **ipv6 address auto link-local**	（二选一）为接口配置自动生成的链路本地地址。 缺省情况下，接口没有配置自动生成的链路本地地址，可以采用 **undo ipv6 address auto link-local** 命令删除自动生成的链路本地地址

【说明】可以通过 **ping ipv6** 命令以链路本地地址测试同一链路两端设备的连通性，但必须指定出接口。

3．IPv6 任播地址配置

任播地址共享单播地址空间用来标识一组接口，IPv6 任播地址的配置步骤见表12-8。发送到任播地址的数据包被传输给此地址所标识的一组接口中距离源节点路由意义上最近的一个接口。

表 12-8　IPv6 任播地址的配置步骤

步骤	命令	说明
1	**system-view**	进入系统视图
2	**ipv6** 例如，[Huawei] **ipv6**	使能 IPv6 报文转发功能
3	**interface** *interface-type interface-number* 例如，[Huawei] **interface gigabitethernet 1/0/0**	进入接口视图，必须是三层接口
4	**ipv6 enable** 例如，[Huawei-GigabitEthernet1/0/0] **ipv6 enable**	使能接口的 IPv6 功能
5	**ipv6 address** { *ipv6-address prefix-length* | *ipv6-address/prefix-length* } **anycast** 例如，[Huawei-GigabitEthernet1/0/0] **ipv6 address fc00:c058:6301:: 48 anycast**	配置接口的 IPv6 任播地址，参数 *ipv6-address prefix-length* | *ipv6-address/prefix-length* 的说明与表 12-6 介绍的 IPv6 全球单播地址的参数说明一样。前缀长度是 128 位的 IPv6 地址只能配置在 Loopback 接口上。缺省情况下，系统没有配置 IPv6 任播地址，可用 **undo ipv6 address** [*ipv6-address prefix-length* | *ipv6-address/ prefix-length*]命令删除指定的 IPv6 任播地址

配置好接口 IPv6 单播地址后，可在任意视图下执行 **display ipv6 interface** [*interface-type interface-number* \| **brief**]命令查看接口的 IPv6 地址信息；在接口视图下执行 **display this ipv6 interface** 命令查看当前接口的 IPv6 地址信息。

12.5　DHCPv6 基础及地址自动配置

DHCPv6 针对 IPv6 地址配置，提供了以下 3 种配置方式。

（1）DHCPv6 有状态自动配置

DHCPv6 服务器自动配置 IPv6 地址/前缀及其他网络配置参数，例如，域名服务（Domain Name Service，DNS）、网络信息服务（Network Information Service，NIS）服务器地址等参数。

（2）DHCPv6 无状态自动配置

用户端 IPv6 地址仍通过路由通告方式自动生成，DHCPv6 服务器只分配除了 IPv6 地址的网络配置参数。

（3）DHCPv6 前缀代理

通过 DHCPv6 前缀代理（Prefix Delegation，PD）功能，下层网络路由器不需要手工指定用户侧链路的 IP 地址前缀，只需向上层网络路由器提出前缀分配申请，上层网络路由器就可以分配合适的 IPv6 地址前缀给下层路由器。下层路由器再把获得的前缀进一步细分成 64 位前缀长度的子网网段，把细分的地址前缀再通过 RA 报文与 IPv6 主机直连的用户链路上，实现主机的 IPv6 地址自然配置，完成 IPv6 网络的层次化布局。

12.5.1　DHCPv6 简介

当主机采用 RS/RA 报文的无状态地址自动配置方式来获取 IPv6 地址时，路由器并不记录主机的 IPv6 地址信息，可管理性较差，而且这种 IPv6 地址分配方式的 IPv6 主机只能获取 IPv6 地址，无法获取 DNS 服务器地址等网络配置信息，可用性也较差。

DHCPv6 属于一种有状态地址自动配置协议，DHCPv6 与 IPv4 网络中的 DHCPv4 服务器 IPv4 地址分配方式的基本原理一样。在有状态地址配置过程中，DHCPv6 服务器可以为主机分配 IPv6 地址和网络配置参数，并对已经分配的 IPv6 地址和 DHCPv6 用户端集中管理。

DHCPv6 服务器与 DHCPv6 用户端之间使用 UDP 交互 DHCPv6 报文，**用户端使用的 UDP 端口号是 546，服务器使用的 UDP 端口号是 547**。

DHCPv6 架构中主要包括以下 3 种角色（与 IPv4 网络中的 DHCPv4 协议架构一样）。

① DHCPv6 用户端：通过与 DHCPv6 服务器进行交互，获取 IPv6 地址/前缀和网络配置信息，完成自身的 IPv6 地址配置功能。

② DHCPv6 服务器：负责处理来自 DHCPv6 用户端或中继的地址分配、续约、释放等请求，为 DHCPv6 用户端分配 IPv6 地址/前缀和其他网络配置信息。

③ DHCPv6 中继：负责转发来自 DHCP 用户端方向或服务器方向的 DHCPv6 报文，协助 DHCPv6 用户端和 DHCPv6 服务器完成地址配置功能。

DHCPv6 中继是可选的设备，仅当 DHCPv6 用户端和 DHCPv6 服务器不在同一链路范围内，或者 DHCPv6 用户端和 DHCPv6 服务器无法以单播方式进行交互的情况下，才需要 DHCPv6 中继的参与。

在 DHCPv6 中，每个 DHCPv6 服务器或用户端有且只有一个唯一标识符——DHCPv6 唯一标识符（DHCPv6 Unique Identifier，DUID）。DHCPv6 用户端/服务器 DUID 的内容分别通过 DHCPv6 报文中的 Client Identifier（用户端标识符）或 Server Identifier（服务器标识符）选项来携带。两种选项的格式一样，通过 option-code 字段的取值来区分是 Client Identifier 还是 Server Identifier 选项。

DHCPv6 在 IPv6 分配过程中用到以下两个 IPv6 组播地址。

① FF02::1:2（All DHCP Relay Agents and Servers）：所有 DHCPv6 服务器和中继代理的组播地址，这个地址是链路（Link）范围的，**用于 DHCPv6 用户端向相邻的服务器及中继代理发送 DHCPv6 报文**，网络中所有 DHCPv6 服务器和中继代理都是该组的成员。**DHCPv6 服务器和中继向用户端发送报文时采用单播方式，目的 IPv6 地址为用户端的链路本地地址**。

② FF05::1:3（All DHCP Servers）：所有 DHCPv6 服务器组播地址。这个地址是站点（Site）范围的，**用于中继代理和服务器之间的通信**，同一站点内的所有 DHCPv6 服务器都是此组的成员。

12.5.2　DHCPv6 报文

DHCPv6 进行 IPv6 地址自动分配、续约、释放过程也是通过各种 DHCPv6 报文交互方式进行的。目前，DHCPv6 定义了 13 种不同类型的报文，DHCPv6 报文类型与 DHCPv4 报文的对应关系见表 12-9（自上至下，各报文的对应类型值为 1~13）。

表 12-9　DHCPv6 报文类型与 DHCPv4 报文的对应关系

DHCPv6 报文	DHCPv4 报文	说明
SOLICIT	DISCOVER	DHCPv6 用户端使用 Solicit 报文来发现 DHCPv6 服务器的位置
ADVERTISE	OFFER	DHCPv6 服务器发送 Advertise 报文响应 Solicit 报文，宣告自己能够为该 DHCPv6 用户端提供 DHCPv6 服务
REQUEST	REQUEST	DHCPv6 用户端发送 Request 报文向 DHCPv6 服务器请求 IPv6 地址和其他配置信息
CONFIRM	—	DHCPv6 用户端向任意可达的 DHCPv6 服务器发送 Confirm 报文检查自己目前获得的 IPv6 地址是否适用与它所连接的链路
RENEW	REQUEST	DHCPv6 用户端向为其分配 IPv6 地址、提供配置信息的 DHCPv6 服务器发送 Renew 报文延长租约地址的租约期，即进行 IPv6 地址更新
REBIND	REQUEST	如果 Renew 报文没有得到应答，DHCPv6 用户端向任意可达的 DHCPv6 服务器发送 Rebind 报文续租、更新 IPv6 地址
REPLY	ACK/NAK	DHCPv6 服务器在以下场合发送 Reply 报文。 • DHCPv6 服务器发送携带了 IPv6 地址和配置信息的 Reply 消息响应从 DHCPv6 用户端收到的 Solicit、Request、Renew 和 Rebind 报文。 • DHCPv6 服务器发送携带配置信息的 Reply 消息响应收到的 Information-Request 报文。 • 响应 DHCPv6 用户端发来的 Confirm、Release 和 Decline 报文
DECLINE	DECLINE	DHCPv6 用户端向 DHCPv6 服务器发送 Decline 报文，声明 DHCPv6 服务器分配的一个或多个地址在用户端所在链路上已经被使用了
RECONFIGURE	—	DHCPv6 服务器向 DHCPv6 用户端发送 Reconfigure 报文，提示 DHCPv6 用户端在 DHCPv6 服务器上存在新的网络配置信息
INFORMATION-REQUEST	INFORM	DHCPv6 用户端向 DHCPv6 服务器发送 Information-Request 报文请求除了 IPv6 地址的网络配置信息
RELAY-FORW	—	中继代理通过 Relay-Forward 报文向 DHCPv6 服务器转发 DHCPv6 用户端请求报文
RELAY-REPL	—	DHCPv6 服务器向中继代理发送 Relay-Reply 报文，其中携带了转发给 DHCPv6 用户端的报文

DHCPv6 报文格式如图 12-22 所示，各字节说明如下。

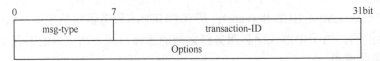

图 12-22　DHCPv6 报文格式

- msg-type：表示报文的类型，占 1 字节，取值范围为 1～13 的整数。
- transaction-ID：DHCPv6 交互 ID，也叫事务 ID，占 3 字节，用来标识一个来回的 DHCPv6 报文交互。例如，Solicit/Advertise 报文为一个交互，Request/Reply 报文为另外一个交互，二者有不同的事务 ID。交互 ID 特点如下：交互 ID 是 DHCPv6 用户端生成的一个随机值，DHCPv6 用户端应当保证交互 ID 具有一定的随机性；对于 DHCPv6 服务器响应报文和相应的请求报文，二者交互 ID 保持一致；如果是 DHCPv6 服务器主动发起的会话报文，则交互 ID 为 0。
- Options：DHCPv6 的选项字段，长度可变。此字段包含了 DHCPv6 服务器分配给 IPv6 主机的配置信息，例如，DNS 服务器的 IPv6 地址等信息。

12.5.3　DHCPv6 有状态地址自动配置原理

当 DHCPv6 收到路由器发送的 RA 报文中，M 和 O 两标识位均为 1 时，表明要采用 DHCPv6 有状态地址自动配置方式，此时，DHCPv6 服务器与 DHCPv6 用户端包括四步交互方式和两步交互方式两种。

1. 四步交互方式

四步交互方式常用于网络中存在多个 DHCPv6 服务器的情形，四步交互方式 DHCPv6 服务器 IPv6 地址分配的流程如图 12-23 所示，详细说明如下。

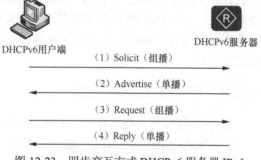

图 12-23　四步交互方式 DHCPv6 服务器 IPv6 地址分配的流程

① DHCPv6 用户端首先以**组播**方式（源地址为用户端自己的 IPv6 链路本地地址，**目的地址为** FF02::1:2）发送 Solicit 报文来查找可以为其提供 IPv6 地址分配的 DHCPv6 服务器。

② DHCPv6 服务器收到 DHCPv6 用户端发来的 Solicit 报文后，如果认为可以为该用户端分配 IPv6 地址，就以**单播**方式（源地址为 DHCPv6 服务器自己的 IPv6 链路本地地址，目的地址为用户端的 IPv6 链路本地地址）发送 Advertise 报文。

③ 当收到多个 DHCPv6 服务器返回的 Advertise 报文时，DHCPv6 用户端根据 DHCPv6 Advertise 报文的接收顺序和报文中携带的 DHCPv6 服务器的优先级选择其中一个为其分配地址和配置信息，然后通过**组播**方式（源地址为用户端自己的 IPv6 链路本地地址，目的地址仍为 FF02::1:2）发送 Request 报文请求分配 IPv6 地址。

④ 选定的 DHCPv6 服务器在收到来自 DHCPv6 用户端的 Request 报文后，再以**单播**方式（源地址为 DHCPv6 服务器自己的 IPv6 链路本地地址，目的地址为用户端的 IPv6 链路本地地址）向用户端发送 Reply 报文进行确认或否认，进而完成整个 IPv6 地址的申请和分配。

2. 两步交互方式

两步交互方式常用于网络中只有一个 DHCPv6 服务器的情形，两步交互方式 DHCPv6 服务器 IPv6 地址分配的流程如图 12-24 所示，详细说明如下。

① DHCPv6 用户端首先通过组播方式（源地址为用户端自己的 IPv6 链路本地地址，**目的地址为** FF02::1:2）发送一个包含"Rapid Commit"（快速确认）选项的 Solicit 报文

来查找可以为其提供 IPv6 地址分配服务
的 DHCPv6 服务器。

② DHCPv6 服务器收到用户端的
Solicit 报文后，如果 DHCPv6 服务器配
置使能了两步交互方式，并且发现来自
用户端的 Solicit 报文中也包含 Rapid
Commit 选项，则直接以单播方式（源地
址为 DHCPv6 服务器自己的 IPv6 链路本

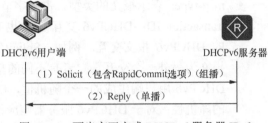

图 12-24　两步交互方式 DHCPv6 服务器 IPv6
地址分配的流程

地地址，目的地址为用户端的 IPv6 链路本地地址）响应 Reply 报文，为用户端分配 IPv6
地址和网络配置参数，完成地址申请和分配。

两步交互方式可以提高 DHCPv6 地址分配的效率，但在网络中存在多个 DHCPv6 服
务器的情形，这样会造成多个 DHCPv6 服务器都向用户端响应 Reply 报文，为用户端分
配 IPv6 地址，但是用户端实际只可能使用其中一个服务器为其分配的 IPv6 地址和配置
信息。为了防止发生这种情况，管理员可以确认 DHCPv6 服务器是否支持两步交互地址
分配方式。DHCPv6 服务器端如果没有配置使能两步交互方式，则无论用户端的 Solicit
报文中是否包含"Rapid Commit"选项，服务器都采用四步交互方式为用户端分配地址
和配置信息。

12.5.4　IPv6 地址租约更新

在 IPv6 地址租约更新中涉及以下 4 个时间参数。

- Valide Lifetime：有效生命期，IPv6 地址/前缀的生存周期，用于指定 IPv6 地址/
  前缀的过期时间，过期后所有使用该地址的用户下线。配置时必须不小于 3h，
  且不得小于 Preferred Lifetime 时间。
- Preferred Lifetime：优选生命期，用于计算 IPv6 地址续租时间和重绑定时间，配
  置时间不得小于 2h。
- T1：IPv6 地址续租（Renew）的时间，缺省为 Preferred Lifetime 的 50%。
- T2：IPv6 地址重绑定（Rebind）的时间，缺省为 Preferred Lifetime 的 80%。

另外，还涉及身份联盟（Identity Association，IA）和 DUID 两个概念：IA 可使 DHCPv6
服务器和用户端能够识别、分组和管理一系列相关 IPv6 地址的结构，又分为 IA_NA（非
临时地址身份联盟）和 IA_PD（代理前缀身份联盟）；DUID 用来标识一台设备，每个
DHCPv6 服务器、用户端和中继设备都有自己的 DUID。

DHCPv6 服务器为 DHCPv6 用户端分配的地址是有租约的，租约由生命周期（包括
地址的"首选生命周期"和"有效生命期"构成）和续租时间点（IA 的 T1、T2）构成。
IPv6 地址有效生命期结束后，DHCPv6 用户端不能再使用该地址。在有效生命期到达之
前，如果 DHCPv6 用户端希望继续使用该地址，则需要更新该地址的租约。IPv6 地址/
前缀更新流程如图 12-25 所示，详细说明如下。

① DHCPv6 用户端为了延长与 IA 关联地址的有效生命期和首选生命周期，在 T1
（缺省为优选生命期的 0.5 倍）时刻，以单播方式发送包含 IA 选项的 Renew 报文给
DHCPv6 服务器，其中 IA 选项中携带需要续租的 IA 地址选项。

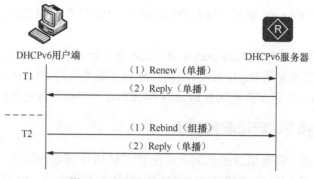

图 12-25　IPv6 地址/前缀更新流程

② DHCPv6 服务器收到 Renew 报文后，如果确定用户端可以使用该 IPv6 地址，则 DHCPv6 服务器以单播方式回应续约成功的 Reply 报文，通知 DHCPv6 用户端已经成功更新地址租约；如果该 IPv6 地址不可以再分配给原 DHCPv6 用户端，则 DHCPv6 服务器以单播方式回应续约失败的 Reply 报文，通知 DHCPv6 用户端不能获得新的租约。

③ 如果 DHCPv6 用户端一直没有收到 T1 时刻续租报文的回应报文，那么在 T2（缺省为优选生命期的 0.8 倍时）时刻，DHCPv6 用户端以组播方式向 DHCPv6 服务器发送 Rebind 报文，申请续租该 IPv6 地址。

④ DHCPv6 服务器收到 Rebind 报文后，如果 DHCPv6 用户端可以继续使用该 IPv6 地址，则 DHCPv6 服务器以单播方式回应续约成功的 Reply 报文，通知 DHCPv6 用户端已经成功更新地址/前缀租约；如果该地址不可以再分配给该 DHCPv6 用户端，则 DHCPv6 服务器以单播方式回应续约失败的 Reply 报文，通知 DHCPv6 用户端不能获得新的租约。

如果 DHCPv6 用户端没有收到 DHCPv6 服务器的应答报文，则在到达有效生命期后，DHCPv6 用户端停止使用该地址。

12.5.5　DHCPv6 无状态地址自动配置原理

在主机生成链路本地地址并检测无地址冲突后，会首先通过 RS 报文发起路由器发现过程，本地链路上的路由器会回应 RA 报文。如果 RS 报文中的 M 标志位为 0，O 标志位为 1，则表示主机将通过 DHCPv6 无状态地址自动配置来获取除了 IPv6 地址的其他配置参数，包括 DNS、SIP、SNTP 等服务器配置信息。DHCPv6 无状态地址自动配置流程如图 12-26 所示，详细说明如下。

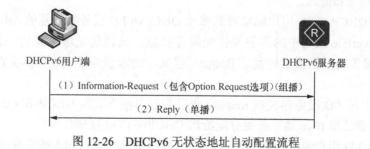

图 12-26　DHCPv6 无状态地址自动配置流程

① DHCPv6 用户端以组播方式向 DHCPv6 服务器发送 Information-Request 报文，该

报文中携带 Option Request 选项，指定 DHCPv6 用户端需要从 DHCPv6 服务器获取配置参数。

② DHCPv6 服务器收到 Information-Request 报文后，为 DHCPv6 用户端分配网络配置参数，并以单播方式发送 Reply 报文，将网络配置参数返回给 DHCPv6 用户端。DHCPv6 用户端根据收到 Reply 报文提供的参数完成 DHCPv6 用户端无状态地址配置。

12.5.6　DHCPv6 PD 自动配置原理

DHCPv6 PD 是一种前缀分配机制，并在 RFC3633 中得以标准化。在一个层次化的网络拓扑结构中，不同层次的 IPv6 地址分配一般是手工指定的。但手工配置 IPv6 地址的扩展性不好，不利于 IPv6 地址的统一规划管理。

DHCPv6 前缀代理机制可以解决这个问题，DHCPv6 PD 自动配置流程如图 12-27 所示，详细说明如下。

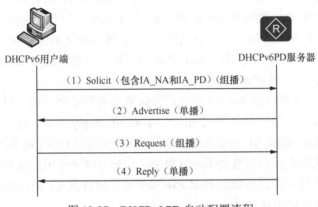

图 12-27　DHCPv6 PD 自动配置流程

① DHCPv6 PD 用户端以单播方式向 DHCPv6 PD 服务器发送 Solicit 报文，请求为其分配 IA_NA 地址（为用户端 WAN 侧端口分配的 IPv6 地址）和 IA_PD 前缀（为用户端 LAN 侧端口分配的 IPv6 地址前缀）。

② DHCPv6 PD 服务器收到 Solicit 报文后，如果 Solicit 报文中没有携带 Rapid Commit 选项，或 Solicit 报文中携带 Rapid Commit 选项，但服务器不支持快速分配过程，则 DHCPv6 服务器以单播方式向 DHCPv6 PD 用户端回应 Advertise 报文，确认可以为其分配的 IPv6 地址和前缀。

③ 如果 DHCPv6 PD 用户端接收到多个 DHCPv6 PD 服务器回复的 Advertise 报文，则根据各 Advertise 报文中的服务器优先级等参数，选择优先级最高的一台 PD 服务器，并向该服务器以组播方式发送 Request 报文，请求服务器确认为其分配 IPv6 地址和前缀。

④ DHCPv6 PD 服务器收到 Request 报文后以单播方式向 DHCPv6 PD 用户端回应 Reply 报文，确认将 IPv6 地址前缀分配给该 DHCPv6 PD 用户端。

DHCPv6 PD 用户端收到 IA_PD 前缀后，与终端进行 RS、RA 报文交互，在 RA 报文中将携带的 IA_PD 前缀下发到终端。

12.5.7　DHCPv6 中继工作原理

DHCPv6 中继工作原理如图 12-28 所示。DHCPv6 用户端通过 DHCPv6 中继转发报文，获取 IPv6 地址/前缀和其他网络配置参数（例如，DNS 服务器的 IPv6 地址等）。

图 12-28　DHCPv6 中继工作原理

① DHCPv6 用户端向所有 DHCPv6 服务器和 DHCPv6 中继发送目的地址为 FF02::1:2（组播地址）的请求报文。

② DHCPv6 中继转发报文有以下两种情况。

- 如果 DHCPv6 中继和 DHCPv6 用户端位于同一个链路上，即 DHCPv6 中继为 DHCPv6 用户端的第一跳中继，中继转发直接来自用户端的报文，此时 DHCPv6 中继实质上也是用户端的 IPv6 网关设备。DHCPv6 中继收到用户端的报文后，将其封装在 Relay-Forward 报文的中继消息选项（Relay Message Option）中，并将 Relay-Forward 报文发送给 DHCPv6 服务器或下一跳中继。

- 如果 DHCPv6 中继和 DHCPv6 用户端不在同一个链路上，中继收到的报文是来自其他中继的 Relay-Forward 报文，中继将构造一个新的 Relay-Forward 报文，并将新的 Relay-Forward 报文发送给 DHCPv6 服务器或下一跳中继。

③ DHCPv6 服务器从 Relay-Forward 报文中解析出 DHCPv6 用户端的请求，为 DHCPv6 用户端选取 IPv6 地址和其他配置参数，构造应答消息，将应答消息封装在 Relay-Reply 报文的中继消息选项中，并将 Relay-Reply 报文发送给 DHCPv6 中继。

④ DHCPv6 中继从 Relay-Reply 报文中解析出 DHCPv6 服务器的应答，转发给 DHCPv6 用户端。如果 DHCPv6 用户端接收到多个 DHCPv6 服务器的应答，则根据报文中的服务器优先级选择一个 DHCPv6 服务器，后续从该 DHCPv6 服务器获取 IPv6 地址和其他网络配置参数。

12.5.8　DHCPv6 地址确认、冲突检测和释放流程

1．DHCPv6 地址确认

当 DHCPv6 用户端有断电、掉线或者漫游等情况发生，用户端会向 DHCPv6 服务器发送 Confirm 报文确认自己的 IPv6 地址是否可用。如果 DHCPv6 服务器确认用户端的 IPv6 地址是合法的，则以 Reply 报文回应。如果用户端没有收到 DHCPv6 服务器的回

应，则用户端需要重新启动地址申请流程。

2．DHCPv6 地址冲突检测

DHCPv6 用户端申请到 IPv6 地址后，会在开始使用该地址之前发起 DAD。如果检测到存在地址冲突，则 DHCPv6 用户端向 DHCPv6 服务器发送 Deline 报文，DHCPv6 服务器会向用户端发送 Reply 报文确认，用户端不再使用该地址。

3．DHCPv6 地址释放

当 DHCPv6 用户端不再使用某个 IPv6 地址时，将向 DHCPv6 服务器发送 Release 报文，DHCPv6 服务器收到后会以 Reply 报文响应，对应 IPv6 地址不再分配给原用户端。

12.5.9　DHCPv6 服务器配置

本节介绍采用 DHCPv6 服务器进行有状态 IPv6 地址分配的配置方法，但在配置之前需完成以下任务。

- 在系统视图和对应接口视图下使能 IPv6 功能。
- 保证 DHCPv6 用户端和路由器之间链路正常，能够通信。
- （可选）对于存在 DHCPv6 中继的场景，配置路由器到 DHCPv6 中继或 DHCPv6 用户端的路由。

在 DHCPv6 服务器上进行的基本配置任务如下，DHCPv6 服务器的配置步骤见表 12-10。

表 12-10　DHCPv6 服务器的配置步骤

步骤	命令	说明
1	**system-view**	进入系统视图
2	**dhcpv6 duid** { **ll** | **llt** } 例如，[Huawei] **dhcpv6 duid ll**	（可选）配置 DUID。 - **ll**：二选一选项，指定设备采用链路层地址（即 MAC 地址）方式生成 DUID。 - **llt**：二选一选项，指定设备采用链路层地址（即 MAC 地址）+时间的方式生成 DUID。 缺省情况下，设备以 **ll** 方式生成 DUID
3	**dhcpv6 pool** *pool-name* 例如，[Huawei] **dhcpv6 pool pool1**	创建 IPv6 地址池，进入 IPv6 地址池视图。参数 *pool-name* 用来配置 DHCPv6 地址池名称，字符串形式，不支持空格，区分大小写，长度范围是 1～31，可以设定为包含数字、字母和下划线 "_" 或 "." 的组合。 缺省情况下，系统没有创建 IPv6/IPv6 PD 地址池
4	**address prefix** *ipv6-prefix/* *ipv6-prefix-length* [**life-time** { *valid-lifetime* | **infinite** } { *preferred-lifetime* | **infinite** }] 例如，[Huawei-dhcpv6-pool-pool1] **address prefix fc00:1::/64 life-time infinite infinite**	指定 IPv6 地址池绑定的网络前缀和前缀长度。 - *ipv6-prefix*：地址池网络地址，总长度为 128 位，通常分为 8 组，每组为 4 个十六进制数的形式。格式为 X:X:X:X:X:X:X:X。 - *ipv6-prefix-length*：地址池的网络前缀长度，整数形式，取值范围是 1～128。 - **life-time**：可选项，指定地址池的有效期。 - *valid-lifetime*：二选一可选参数，指定分配的 IPv6 地址的有效生命期（即地址租期），整数形式，取值范围为 60～172799999，单位为 s，默认值为 172800，即 2 天

步骤	命令	说明
4	**address prefix** *ipv6-prefix/ ipv6-prefix-length* [**life-time** { *valid-lifetime* | **infinite** } { *preferred-lifetime* | **infinite** }] 例如，[Huawei-dhcpv6-pool-pool1] **address prefix** fc00:1::/ 64 **life-time infinite infinite**	• **infinite**：二选一可选项，指定有效生命期或优先生命周期为无穷大。当优先生命周期配置为无穷大时，则有效生命期期必须配置为无穷大。 • *preferred-lifetime*：二选一参数，指定优先有效生命期（即发送地址租约更新的有效期），整数形式，取值范围为 60～172799999，单位为 s，默认值为 86400，即 1 天（即为有效生命期的 50%），必须小于且等于有效生命期。 缺省情况下，IPv6 地址池下没有配置地址前缀和生命周期
5	**excluded-address** *start-ipv6-address* [**to** *end-ipv6-address*] 例如，[Huawei-dhcpv6-pool-pool1] **excluded-address** fc00: 1::1 **to** fc00:1::10	配置 IPv6 地址池中不参与自动分配的起始、结束 IPv6 地址。 **注意**：DHCPv6 服务器网关接口的 IPv6 地址没有像 DHCPv4 那样自动排除，所以也必须包括在被排除的范围中。 缺省情况下，地址池中所有 IPv6 地址都参与自动分配。如果只有一个 IPv6 地址不参与自动分配，则指定参数 *start-ipv6-address* 即可。多次执行该命令可以排除多个不参与自动分配的 IPv6 地址或 IPv6 地址段
6	**static-bind address** *ipv6-address* **duid** *client-duid* [**life-time** { *valid-lifetime* | **infinite** }] 例如，[Huawei-dhcpv6-pool-pool1] **static-bind address** fc00:1::2 **duid** abcdef **life-time infinite**	（可选）静态绑定 IPv6 地址与用户端 DUID。用户端主机的 DUID 可以通过 **ipconfig /all** 命令查询。 • *ipv6-address*：指定地址池下静态绑定的 IPv6 地址。 • **duid** *client-duid*：配置与参数 *ipv6-address* 指定的 IPv6 地址静态绑定 DHCPv6 用户端的 DUID。 • *valid-lifetime*：二选一参数，指定绑定表项的有效期，整数形式，取值范围为 60～172799999，单位为 s，默认值为 172800，即 2 天。 • **infinite**：二选一选项，指定绑定表项永久有效。 缺省情况下，地址池下没有绑定 IPv6 地址与用户端 DUID
7	**dns-server** *ipv6-address* 例如，[Huawei-dhcpv6-pool-pool1] **dns-server** fc00:1::1	（可选）配置为 DHCPv6 用户端分配的 DNS 服务器 IPv6 地址
8	**dns-domain-name** *dns-domain-name* 例如，[Huawei-dhcpv6-pool-pool1] **dns-domain-name** huawei.com	（可选）配置为 DHCPv6 用户端分配的域名后缀
9	**quit**	返回系统视图
10	**dhcp enable** 例如，[Huawei] **dhcp enable**	全局使能 DHCPv6 服务
11	**dhcpv6 server** { **allow-hint** | **preference** *preference-value* | **rapid-commit** | **unicast** } * 例如，[Huawei] **dhcpv6 server preference** 255	（二选一）在系统视图下使能 DHCPv6 服务器。 • **allow-hint**:可多选选项，指定 DHCPv6 服务器优先为用户端分配它期望的 IPv6 地址或者前缀。如果用户端期望的前缀不在接口可分配的前缀池中，或者已经分配给其他用户端，则服务器忽略用户端的期望前缀选项，并为用户端分配其他空闲前缀。 • **preference** *preference-value*：可多选参数，指定设备发送的 DHCPv6 Advertise 报文中的服务器优先级，取值范围是 0～255 的整数，缺省值为 0。**其值越大，优先级越高。** 通常仅在网络中存在多台 DHCPv6 服务器时才需要指定

步骤	命令	说明
11	**dhcpv6 server {allow-hint |preference** *preference-value* |**rapid-commit | unicast }** * 例如，[Huawei] **dhcpv6 server preference** 255	**DHCPv6 用户端会根据 DHCPv6 Advertise 报文中服务器优先级的高低来选择级别最高的服务器来为自己分配 IPv6 地址或前缀。** • **rapid-commit**：可多选选项，指定设备支持快速分配地址或前缀功能，即采用两步交互方式，缺省为 4 步交互方式。 • **unicast**：可多选选项，指定在地址续租过程中，DHCPv6 用户端和服务器之间采用单播通信。 缺省情况下，系统视图下 DHCPv6 服务器功能处于未使能状态
12	**interface** *interface-type interface-number* 例如，[Huawei] **interface** gigabitethernet 0/0/1	进入 DHCP 服务器接口视图
13	**dhcpv6 server** *pool-name* [**allow-hint | preference** *preference-value* | **rapid-commit | unicast**] * 例如，[Huawei-GigabitEthernet0/0/1] **dhcpv6 server** pool1 **preference** 255	（二选一）在接口下使能 DHCPv6 服务器功能	在以上接口下绑定所使用的 DHCPv6 地址池，使能 DHCPv6 服务器功能。其中的 *pool-name* 参数用来指定所使用的 DHCPv6 地址池名称，其他参数和选项的说明参见本表第 11 步在系统视图下使能 DHCPv6 服务器功能的配置命令，但均只作用于所绑定的地址池。**一个接口下只能绑定一个 DHCPv6 地址池。** 缺省情况下，接口下 DHCPv6 服务器功能处于未使能状态

（1）配置 DUID

DUID 是 DHCPv6 设备的唯一标识符，每个 DHCPv6 服务器或用户端只有一个唯一标识符，服务器使用 DUID 来识别不同的用户端，用户端则使用 DUID 来识别服务器，可以用 **display dhcpv6 duid** 命令查看当前设备的 DUID。

（2）配置 IPv6 地址池

DHCPv6 服务器需要从地址池中选择合适的 IPv6 地址分配给 DHCPv6 用户端，用户需要创建地址池并配置 IPv6 地址池的相关属性，包括 IPv6 地址范围、配置信息刷新时间、不参与自动分配的 IPv6 地址和静态绑定的 IPv6 地址。根据用户端的实际需要，IPv6 地址分配方式可以选择动态分配方式或静态绑定方式。

（3）（可选）配置 IPv6 地址池网络服务器地址信息

为了保证 DHCPv6 用户端的正常通信，DHCPv6 服务器在给用户端分配 IPv6 地址的同时，需指定 DNS 服务器等网络服务配置信息。

（4）使能 DHCPv6 服务器功能

当配置设备作为 DHCPv6 服务器时，支持在系统视图下或接口视图下使能 DHCPv6 服务器功能。在不存在中继的情形下通常选择接口下配置，因为此种情形下如果选择在系统视图下使能 DHCPv6 服务器功能，则 **DHCPv6 服务器仅支持以无状态方式为用户端分配网络参数**（即 DHCPv6 服务器只分配除了 IPv6 地址的配置参数，包括 DNS、NIS、SNTP 服务器等，用户端的 IPv6 地址仍然通过路由通告方式自动生成），如果想以 **DHCPv6 有状态方式为用户端分配网络参数**，则可以在接口视图下使能 DHCPv6 服务器。

另外，**DHCPv6 服务器功能无论是在接口视图下使能，还是在系统视图下使能，均**

无须配置网关，因为均是以 **DHCPv6** 报文的出接口的链路本地地址作为网关。

配置好后，可以在任意视图下执行 **display dhcpv6 pool** 命令用来查看 DHCPv6 服务器上配置的地址池信息，执行 **display dhcpv6 server** 命令查看 DHCPv6 服务器上的配置信息，执行 **display dhcpv6 duid** 命令查看当前的 DUID。

12.5.10　DHCPv6 服务器和用户端配置示例

DHCPv6 服务器和用户端配置示例拓扑结构如图 12-29 所示。一公司内部网络需要

采用 DHCPv6 服务器自动为用户端分配 IPv6 地址和 DNS 服务器配置。AR1 担当 DHCPv6 服务器角色，GE0/0/0 接口 IPv6 地址为 fc00:0:02001::1/64，为用户端分配的 IPv6 地址网段为一局域网专用的唯一本地地址段 fc00:0:02001::/64。担当 DHCPv6 用户端的既有用户主机，又有路由器接口（R2 的 GE0/0/0 接口）。网络中还有一台 DNS 服务器，IPv6 地址为 fc00:0:0:2001::2/64，对应的 DNS 为 lycb.com。

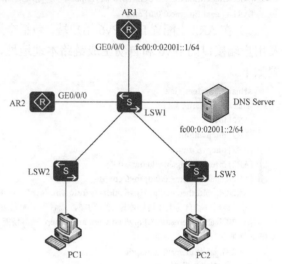

图 12-29　DHCPv6 服务器和用户端配置示例拓扑结构

1. 基本配置思路分析

本示例中的 DHCPv6 用户端同时包括用户主机和华为 AR 路由器，因此，

本示例需要同时在华为设备上配置 DHCPv6 服务器和用户端功能，其中，AR1 为 DHCPv6 服务器，AR2 为 DHCPv6 用户端。本示例的基本配置思路如下。

① 在 AR1 上配置 DHCPv6 服务器功能，指定地址池为 fc00:0:0:2001::/64，排除 AR1 的 DHCPv6 服务器 GE0/0/0 接口的 IPv6 地址和 DNS 服务器 IPv6 地址，采用接口方式进行配置，使 DHCPv6 服务器可以为用户端自动分配 IPv6 地址、DNS 服务器和 DNS 等网络参数信息。

② 在 AR2 的 GE0/0/0 接口和各 PC 上配置 DHCPv6 用户端的功能，在进行以上配置前，先要使能各设备的全局和接口 IPv6 功能，并在设备的 DHCPv6 用户端接口配置好链路本地地址才能进行后面的 DHCPv6 配置。

2. 具体配置步骤

① 在 AR1 上配置 DHCPv6 服务器，包括全局使能 IPv6 和 DHCPv6 服务，配置 DUID 及 DHCPv6 地址池，在 DHCPv6 服务器接口上使能 IPv6，配置为用户端分配 IPv6 地址的 DHCPv6 地址池，具体配置如下。

```
<Huawei>system-view
[Huawei]sysname AR1
[AR1]ipv6   #---全局使能 IPv6 功能
[AR1] dhcp enable   #---全局使能 DHCP 服务
[AR1] dhcpv6 duid ll   #--配置采用设备的 MAC 地址生成 DUID
AR1] dhcpv6 pool pool1   #---创建名为 pool1 的 DHCPv6 地址池
[AR1-dhcpv6-pool-pool1] address prefix fc00:0:0:2001::/64   #---指定 DHCPv6 地址池网络前缀为 fc00:0:0:2001::/64，
```

必须与 DHCPv6 服务器接口 IPv6 地址在同一网段

```
[AR1-dhcpv6-pool-pool1] excluded-address fc00:0:0:2001::1 to fc00:0:0:2001::2   #---在地址池中排除网关接口地址
fc00:0:0:2001::1 和 DNS 服务器地址 fc00:0:0:2001::2
[AR1-dhcpv6-pool-pool1] dns-server fc00:0:0:2001::2   #---指定 DNS 服务器 IPv6 地址
[AR1-dhcpv6-pool-pool1] dns-domain-name lycb.com   #---指定 DNS 为 lycb.com
[AR1-dhcpv6-pool-pool1] quit
[AR1] interface gigabitethernet0/0/0
[AR1-GigabitEthernet0/0/0] ipv6 enable   #---在接口上使能 IPv6 功能
[AR1-GigabitEthernet0/0/0] ipv6 address fc00:0:0:2001::1 64   #---为 DHCPv6 服务器配置 IPv6 唯一本地地址
[AR1-GigabitEthernet0/0/0] dhcpv6 server pool1   #---指定使用前面创建的 DHCPv6 地址池为用户端进行 IPv6 地址分配
[AR1-GigabitEthernet0/0/0] quit
```

② 在 AR2 上配置 DHCPv6 用户端，包括全局使能 IPv6 和 DHCPv6 服务，配置 DUID 及用户端接口的 IPv6 和自动生成链路本地地址，采用有状态地址自动分配方式，具体配置如下。

```
<Huawei>system-view
[Huawei]sysname AR2
[AR2] ipv6
[AR2] dhcp enable
[AR2] dhcpv6 duid ll
[AR2] interface gigabitethernet0/0/0
[AR2-GigabitEthernet0/0/0] ipv6 enable
[AR2-GigabitEthernet0/0/0] ipv6 address auto link-local   #---因为接口在没有配置全局地址前，不能自动生成链路本地
地址，所以必须启动自动生成链路本地地址功能，或者手工配置接口链路本地地址
[AR2-GigabitEthernet0/0/0] ipv6 address auto dhcp   #---使能 DHCPv6 用户端以 DHCPv6 有状态地址自动分配方式获
取 IPv6 地址及其他网络配置参数
[AR2-GigabitEthernet0/0/0] quit
```

3. 实验结果验证

以上配置全部完成后，即可进行实验结果验证，查看 DHCPv6 服务器配置，验证配置是否正确，查看 DHCPv6 用户端是否可以成功获取到所需分配的 IPv6 地址和其他网络配置参数。

① 验证 DHCPv6 服务器的配置。在 AR1 上任意视图下执行 **display dhcpv6 pool** 命令可以查看 DHCPv6 地址池配置，执行 **display dhcpv6 server** 查看 DHCPv6 服务器配置，验证配置是否正确。在 AR1 上执行 **display dhcpv6 pool** 和 **display dhcpv6 server** 命令的输出如图 12-30 所示。

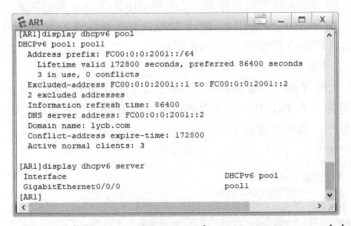

图 12-30　在 AR1 上执行 **display dhcpv6 pool** 和 **display dhcpv6 server** 命令的输出

② 在 AR2 上任意视图下执行 **display ipv6 interface brief** 命令，查看接口摘要配置，从图中可以验证 DHCPv6 用户端接口是否已成功分配到了 IPv6 地址。在 AR2 上执行 **display ipv6 interface brief** 命令的输出如图 12-31 所示，从图 12-31 中可以发现，AR2 的 G0/0/0 接口已成功分到了一个 IPv6 地址 FC00:0:0:2001::3。

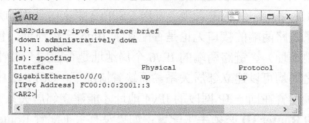

图 12-31　在 AR2 上执行 **display ipv6 interface brief** 命令的输出

③ 在 PC 上执行 **ipconfig** 命令可以验证 PC 是否已成功分配到了 IPv6 地址。PC1 上配置的 IPv6 地址信息如图 12-32 所示。从图 12-32 中可以发现，PC1 已成功分到了一个 IPv6 地址 FC00:0:0:2001::4，网关为 AR1 的 GE0/0/0 接口（DHCPv6 服务器接口）链路本地地址，因为在无中继场景下，DHCPv6 服务器始终以出接口的链路本地地址作为用户端的网关。

图 12-32　PC1 上配置的 IPv6 地址信息

12.6　OSPFv3 基础及配置

OSPFv3 是运行于 IPv6 网络的 OSPF 路由协议（最初由 RFC2740 定义，最新由 RFC5340 定义）。OSPFv3 是一个独立的网络层路由协议，与 OSPFv2 版本不兼容。但 OSPFv3 的 IP 号也与 OSPFv2 一样，仍为 89，而且 OSPFv3 在许多方面均与 OSPFv2 一致或类似。

12.6.1　OSPFv3 与 OSPFv2 的基本区别

OSPFv3 与 OSPFv2 的区别很多，基本体现在如下几个方面。
- OSPFv3 专用于 IPv6 网络，OSPv2 专用于 IPv4 网络，二者互不兼容。
- OSPFv3 使用 FF02::5 组播地址代表所有 OSPFv3 路由器，而 OSPFv2 中使用的是 224.0.0.5 组播地址代表所有 OSPFv2 路由器。
- OSPFv3 使用物理接口的链路本地地址为源地址发送 OSPF 报文，OSPFv2 使用接口的单播 IPv4 地址作为源地址发送 OSPF 报文。相同链路上的路由器互相学习与之相连的其他路由器的链路本地地址，并在报文转发的过程中将这些地址当成下一跳信息使用。因此，即使接口上没有配置全球单播或唯一本地地址，也可以实现网络中各个路由器之间的 OSPFv3 路由信息交互。

- 在 OSPFv3 网络中，邻居关系建立发送 OSPFv3 报文时使用的是链路本地地址，因此，一条链路两端的接口无论是否配置了 IPv6 全局地址（包括全球单播地址和唯一本地地址）、链路两端的 IPv6 全局地址是否在同一 IP 网段，OSPFv3 邻居路由器之间均可以建立邻居关系。而缺省情况下，OSPFv2 中广播类型网络链路两端必须配置在同一 IP 网段的 IPv4 地址才能建立邻居关系。

- **OSPFv3 的 Router ID 必须手工配置**：如果没有手工配置 Router ID，OSPFv3 将无法正常运行，而 OSPFv2 中 Router ID 可以通过自动选举获取。

- OSPFv3 在广播型网络和 NBMA 网络中选举 DR 和 BDR 的过程与 OSPFv2 相似，但 IPv6 使用 FF02::6 组播地址表示 DR 路由器，而 OSPFv2 中使用 224.0.0.6 组播地址表示 DR 路由器。

- OSPFv3 直接使用 IPv6 的扩展头部（AH 和 ESP）来实现认证及安全处理，不再像 OSPFv2 那样需要自身配置安全功能完成邻居或区域认证，OSPFv3 报文中也没认证功能的相关字段。

12.6.2　OSPFv3 支持的网络类型

OSPFv3 与 OSPFv2 一样，根据链路层协议类型，也将网络分为广播网络、NBMA 网络、P2P 网络和 P2MP 网络 4 种，OSPFv3 支持的 4 种网络类型见表 12-11。但与 OSPFv2 版本的这 4 种网络类型的特性相比，在对 Hello 报文、DD 报文、LSR 报文、LSU 报文、LSAck 报文采用组播发送方式时的组播目的地址与其不同。

表 12-11　OSPFv3 支持的 4 种网络类型

网络类型	含义
广播（Broadcast）网络	当链路层协议是 Ethernet、FDDI 时，缺省是 Broadcast 类型，在该类型的网络中，存在以下两种情况。 - 通常以组播形式发送 Hello 报文、LSU 报文和 LSAck 报文。其中，目的地址 FF02::5 为代表所有 OSPFv3 路由器的组播地址；目的地址 FF02::6 为代表 OSPFv3 DR/BDR 的组播地址。 - **以单播形式发送 DD 报文和 LSR 报文**
NBMA（Non-Broadcast Multiple Access）网络	当链路层协议是帧中继（FR）、ATM 或 X.25 时，缺省是 NBMA 类型。 在该类型的网络中，**所有类型的 OSPFv3 协议报文均以单播形式发送**
点到多点（Point-to-Multipoint，P2M）网络	没有一种链路层协议会被缺省地认为是 PP2MP 类型，必须由其他的网络类型强制更改。通常是将非全连通的 NBMA 改为 P2M 的网络。在该类型的网络中，存在以下两种情况。 - 以组播形式（目的地址为 FF02::5）发送 Hello 报文。 - 其他协议报文（DD 报文、LSR 报文、LSU 报文、LSAck 报文）均以单播形式发送
点到点（Point-to-Point，P2P）网络	当链路层协议是 PPP、HDLC 和 LAPB 时，缺省是 P2P 类型。在该类型的网络中，**以组播形式（目的地址为 FF02::5）发送所有类型 OSPFv3 协议报文**

12.6.3　OSPFv3 的 LSA 类型

在 LSA 方面，与 OSPFv2 版本相比，OSPFv3 除了新增了几类 LSA，原来的一些类型 LSA 的特性也发生了变化，OSPFv3 LSA 类型见表 12-12。

表 12-12　OSPFv3 LSA 类型

LSA 类型	LSA 作用
Router-LSA（Type-1）	路由器 LSA。设备会为每个运行 OSPFv3 接口所在的区域产生一个 LSA，描述了设备的链路状态和开销，**但不包括 IP 地址信息**，在所属的区域内传播
Network-LSA（Type-2）	网络 LSA。由广播网络和 NBMA 网络的 DR 产生，描述本网段接口的链路状态，**但不包括 IP 地址信息**，只在 DR 所处区域内传播
Inter-Area-Prefix-LSA（Type-3）	区域间前缀 LSA。由 ABR 产生，描述一条到达本自治系统内其他区域的 IPv6 前缀地址的路由，并在与该 LSA 相关的区域内传播
Inter-Area-Router-LSA（Type-4）	区域间路由器 LSA。由 ABR 产生，描述一条到达本自治系统内的 ASBR 的路由，并在与该 LSA 相关的区域内传播
AS-External-LSA（Type-5）	AS 外部 LSA。由 ASBR 产生，描述到达其他 AS 的路由，传播到整个 AS（Stub 区域和 NSSA 区域除外）。缺省路由也可以用 Type-5 LSA 来描述
NSSA LSA（Type-7）	NSSA LSA。由 NSSA 区域 ASBR 产生，描述到达其他 AS 的路由，仅在 NSSA 区域内传播
Link-LSA（Type-8）	链路 LSA。OSPFv3 **新增** LSA。每个设备都会为每条链路产生一个 Link-LSA，描述到此链路上的链路本地地址和 IPv6 地址前缀，并提供将会在 Network-LSA 中设置的链路选项，仅在此链路内传播
Intra-Area-Prefix-LSA（Type-9）	区域内部前缀 LSA。OSPFv3 **新增** LSA，由于 Router LSA 和 Network LSA 不再包含 IP 地址信息，导致 Intra-Area-Prefix LSA 的引入，用于在区域内通告 IPv6 地址前缀信息。每个设备及 DR 都会产生一个或多个此类 LSA，在所属的区域内传播。 • 普通 OSPFv3 路由器产生的此类 LSA，描述的是与 Route-LSA 相关联的 IPv6 地址前缀。 • DR 设备产生的此类 LSA，描述的是与 Network-LSA 相关联的 IPv6 地址前缀
Grace LSA（Type-11）	OSPFv3 **新增** LSA，由重启设备在重启的时候生成，在本地链路范围内传播。这个 LSA 描述了重启设备的重启原因和重启时间间隔，其目的是通知邻居本设备将进入平滑重启（Graceful Restart，GR）

12.6.4　OSPFv3 基本功能配置

OSPFv3 基本功能包括以下 3 项配置任务，但要在路由器上运行 OSPFv3 协议，首先在路由器全局和对应的接口上使能 IPv6 功能，配置 IPv6 地址。

（1）启动 OSPFv3

OSPFv3 支持多进程，在一台路由器可以启动多个 OSPFv3 进程，不同 OSPFv3 进程之间由不同的进程号区分。OSPFv3 进程号也只在本地有效，不影响与其他路由器之间的报文交换，与 OSPFv2 版本一样。

【注意】OSPFv3 的 Router ID 必须手工配置，不像 OSPFv2 从接口 IP 地址那里自动选举得到，因为在 OSPFv3 中的 Router ID 仍采用 IPv4 格式，而接口 IP 地址已是 IPv6 格式了。缺省情况下，路由器上没有设置 OSPFv3 协议的 Router ID，因此，在 OSPFv3

路由器上必须手工配置 Router ID，否则 OSPFv3 无法正常运行。

（2）在接口上使能 OSPFv3

在系统视图使能 OSPFv3 后，还需要在接口使能 OSPFv3。

【说明】在本项配置任务中，接口加入区域的配置方法与 OSPFv2 的配置不一样，OSPFv3 中只能在具体的接口视图下分别指定加入的区域，使能的 OSPF 路由进程不能在区域视图下通过 **network** 命令进行全局配置。考虑到 IPv6 地址太长，如果采用 **network** 命令一一通告的话，则很容易出错，直接在接口上使能对应进程的配置方法更简单、可靠。

（3）（可选）配置网络类型

OSPFv3 也支持广播、NBMA、P2P 和 P2MP 这 4 种网络类型，每种接口都有其缺省的网络类型，且一般不用更改。

OSPFv3 基本功能的配置步骤见表 12-13。

表 12-13　OSPFv3 基本功能的配置步骤

步骤	命令	说明
1	**system-view**	进入系统视图
2	**ospfv3** [*process-id*] 例如，[Huawei] **ospfv3**	启动 OSPFv3，进入 OSPFv3 视图。*process-id* 可选参数的取值范围是 1~65535 的整数。如果不指定进程号，缺省使用的进程号为 1。 缺省情况下，系统不运行 OSPFv3 协议，可用 **undo ospfv3** *process-id* 命令关闭 OSPFv3 进程
3	**router-id** *router-id* 例如，[Huawei-ospfv3-1] **router-id 10.1.1.3**	配置 Router ID，Router ID 是一个 32bit 无符号整数，采用 IPv4 地址的形式，是一台路由器在自治系统中的唯一标识。在同一 AS 中，任意设备间均不能配置相同的 **Router ID**，同一设备上在不同进程中的 **Router ID** 号也必须不同。 缺省情况下，没有设置 OSPFv3 协议的路由器 ID 号，可用 **undo router-id** 命令删除当前进程下已设置的路由器 ID 号
4	**quit**	返回系统视图
5	**interface** *interface-type interface-number* 例如，[Huawei] **interface gigabitethernet 1/0/0**	进入接口视图，必须是三层接口
6	**ospfv3** *process-id* **area** *area-id* 例如，[Huawei-GigabitEthernet1/0/0] **ospfv3 1 area 1**	在接口上使能指定的 OSPFv3 进程。 （1）*process-id*：指定当前接口要使能的 OSPFv3 进程的 ID 号，整数形式，取值范围是 1~65535。 （2）**area** *area-id*：创建并指定当前接口所在链路要加入的区域号，可以是十进制整数（取值范围是 0~4294967295）或 IPv4 地址格式。 缺省情况下，接口上不使能 OSPFv3 协议，可以采用 **undo ospfv3** *process-id* **area** *area-id* 命令将接口去使能 OSPFv3
7	**ospfv3 network-type** { **broadcast** | **nbma** | **p2mp** [**non-broadcast**] | **p2p** } 例如，[Huawei-GigabitEthernet1/0/0] **ospfv3 network-type nbma**	（可选）配置接口的网络类型。命令中的参数和选项说明如下。 （1）**broadcast**：多选一选项，将接口的网络类型改为广播类型。 （2）**nbma**：多选一选项，将接口的网络类型改为 NBMA 类型。 （3）**p2mp**：多选一选项，将接口的网络类型改为 P2MP 类型

续表

步骤	命令	说明
7	**ospfv3 network-type** { **broadcast** | **nbma** | **p2mp** [**non-broadcast**] | **p2p** } 例如，[Huawei-GigabitEthernet1/0/0] **ospfv3 network-type nbma**	（4）**non-broadcast**：可选项，将接口的网络类型改为非广播的点到多点类型。 （5）**p2p**：多选一选项，将接口的网络类型改为 P2P 类型。缺省情况下，接口的网络类型根据物理接口而定。以太网接口的网络类型为 **broadcast**，串口（封装 PPP 或 HDLC 协议时）网络类型为 **p2p**，ATM 和 Frame-relay 接口的网络类型为 nbma，可用 **undo ospfv3 network-type** [**broadcast** | **nbma** | **p2mp** [**non-broadcast**] | **p2p**]命令恢复 OSPFv3 接口缺省的网络类型

　　配置好以上 OSPFv3 基本功能后，可在任意视图下执行 **display ospfv3** 命令验证 OSPFv3 配置及相关参数，执行 **display ospfv3** [*process-id*] **routing** 命令可以查看 OSPFv3 路由表，执行 **display ospfv3 peer** 命令可以查看邻居状态。

12.6.5　OSPFv3 路由配置示例

　　OSPFv3 路由配置示例拓扑结构如图 12-33 所示。一公司需要改造原来的 IPv4 网络，升级为 IPv6 网络。在图 12-33 中，各路由器的 Loopback0 接口各代表一个所连接的内部网段。

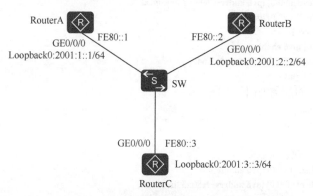

图 12-33　OSPFv3 路由配置示例拓扑结构

　　1. 基本配置思路分析

　　因为 OSPFv3 进行路由更新时使用的是链路本地地址，所以各路由器之间连接的接口只配置链路本地地址，也可以实现所连接的其他全球单播或唯一本地网段的三层互通。

　　① 配置各接口 IPv6 地址。需要注意的是，此处各物理接口配置的是链路本地地址（当然也可以配置全球单播地址或唯一本地地址，此时会自动配置接口的链路本地地址），前缀必须是 FE80::/10，各 Loopback0 接口配置的是全球单播地址（当然也可以唯一本地地址），且不在同一 IP 网段。

　　② 配置各路由器的 OSPFv3 路由。RouterA、RouterB 和 RouterC 的路由器 ID 分别为 1.1.1.1、2.2.2.2 和 3.3.3.3，各物理接口和 Loopback0 接口均加入同一个区域中（单区域时的区域 ID 可任意，此处为区域 1）。

2. 具体配置步骤

① 配置各物理接口的 IPv6 链路本地地址和 Loopback0 接口的 IPv6 全球单播地址（地址前缀长度假设为 64）。需要注意的是，在配置接口 IPv6 地址前，必须先全局在接口下使能 IPv6 功能。

- RouterA 上的配置如下。

```
<Huawei>system-view
[Huawei] sysname RouterA
[RouterA]ipv6   #---全局使能 IPv6 功能
[RouterA]interface gigabitethernet0/0/0
[RouterA-Gigabitethernet0/0/0] ipv6 enable   #---在接口下使能 IPv6 功能
[RouterA-Gigabitethernet0/0/0] ipv6 address fe80::1 link-local   #---配置接口链路本地地址
[RouterA-Gigabitethernet0/0/0] quit
[RouterA]interface loopback0
[RouterA-Loopback0] ipv6 enable
[RouterA-Loopback0] ipv6 address 2001:1::1 64 #---配置 Loopback0 接口全球单播地址
[RouterA-Loopback0] quit
```

- RouterB 上的配置如下。

```
<Huawei>system-view
[Huawei] sysname RouterB
[RouterB]ipv6
[RouterB]interface gigabitethernet0/0/0
[RouterB-Gigabitethernet0/0/0] ipv6 enable
[RouterB-Gigabitethernet0/0/0] ipv6 address fe80::2 link-local
[RouterB-Gigabitethernet0/0/0] quit
[RouterB]interface loopback0
[RouterB-Loopback0] ipv6 enable
[RouterB-Loopback0] ipv6 address 2001:2::2 64
[RouterB-Loopback0] quit
```

- RouterC 上的配置如下。

```
<Huawei>system-view
[Huawei] sysname RouterC
[RouterC]ipv6
[RouterC]interface gigabitethernet0/0/0
[RouterC-Gigabitethernet0/0/0] ipv6 enable
[RouterC-Gigabitethernet0/0/0] ipv6 address fe80::3 link-local
[RouterC-Gigabitethernet0/0/0] quit
[RouterC]interface loopback0
[RouterC-Loopback0] ipv6 enable
[RouterC-Loopback0] ipv6 address 2001:3::3 64
[RouterC-Loopback0] quit
```

配置好接口 IPv6 地址后，可执行 **display ipv6 interface** 命令查看接口信息。在 RouterA 上执行 **display ipv6 interface** 命令的输出如图 12-34 所示。每个接口配置了 IPv6 地址后会加入一些特殊的组播组中，包括相应节点的 Solicited-Node（被请求节点）组播组、代表所有节点的 FF02::1 组播组以及代表所有 IPv6 路由器的 FF02::2 组播组。

② 配置 OSPFv3 路由，把各接口都加入同一 OSPFv3 区域（本示例采用缺省的 1 号进程，区域 1）。

- RouterA 上的配置如下。

```
[RouterA]ospfv3
[RouterA-ospfv3-1]router-id 1.1.1.1   #---配置路由器 ID，必须配置
```

```
[RouterA-ospfv3-1]quit
[RouterA]interface gigabitethernet0/0/0
[RouterA-GigabitEthernet0/0/0]ospfv3 1 area 1    #---把 G0/0/0 接口加入 OSPFv3 1 中的区域 1 中
[RouterA-GigabitEthernet0/0/0] quit
[RouterA-GigabitEthernet0/0/0]interface loopback0
[RouterA-LoopBack0]ospfv3 1 area 1
[RouterA-LoopBack0]quit
```

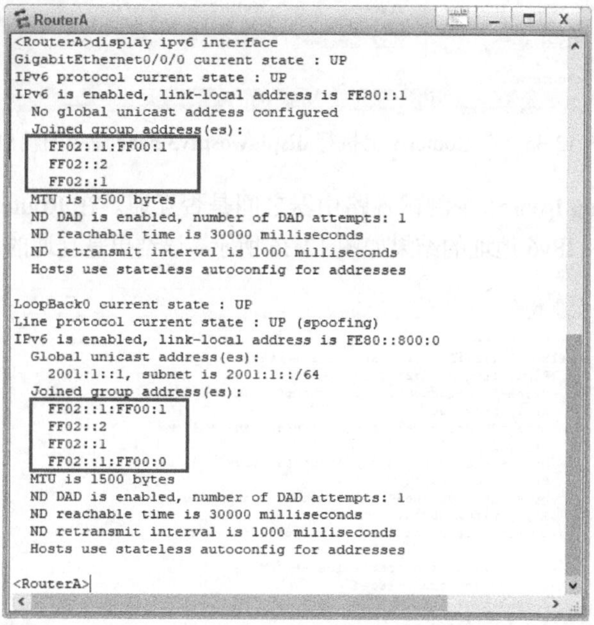

```
RouterA                                              ▭ _ □ X
<RouterA>display ipv6 interface
GigabitEthernet0/0/0 current state : UP
IPv6 protocol current state : UP
IPv6 is enabled, link-local address is FE80::1
  No global unicast address configured
  Joined group address(es):
    FF02::1:FF00:1
    FF02::2
    FF02::1
  MTU is 1500 bytes
  ND DAD is enabled, number of DAD attempts: 1
  ND reachable time is 30000 milliseconds
  ND retransmit interval is 1000 milliseconds
  Hosts use stateless autoconfig for addresses

LoopBack0 current state : UP
Line protocol current state : UP (spoofing)
IPv6 is enabled, link-local address is FE80::800:0
  Global unicast address(es):
    2001:1::1, subnet is 2001:1::/64
  Joined group address(es):
    FF02::1:FF00:1
    FF02::2
    FF02::1
    FF02::1:FF00:0
  MTU is 1500 bytes
  ND DAD is enabled, number of DAD attempts: 1
  ND reachable time is 30000 milliseconds
  ND retransmit interval is 1000 milliseconds
  Hosts use stateless autoconfig for addresses

<RouterA>
```

图 12-34　在 RouterA 上执行 **display ipv6 interface** 命令的输出

- RouterB 上的配置如下。

```
[RouterB]ospfv3
[RouterB-ospfv3-1]router-id 2.2.2.2
[RouterB-ospfv3-1]quit
[RouterB]interface gigabitethernet0/0/0
[RouterB-GigabitEthernet0/0/0]ospfv3 1 area 1
[RouterB-GigabitEthernet0/0/0] quit
[RouterB-GigabitEthernet0/0/0]interface loopback0
[RouterB-LoopBack0]ospfv3 1 area 1
[RouterB-LoopBack0]quit
```

- RouterC 上的配置如下。

```
[RouterC]ospfv3
[RouterC-ospfv3-1]router-id 3.3.3.3
[RouterC-ospfv3-1]quit
[RouterC]interface gigabitethernet0/0/0
[RouterC-GigabitEthernet0/0/0]ospfv3 1 area 1
[RouterC-GigabitEthernet0/0/0] quit
[RouterC-GigabitEthernet0/0/0]interface loopback0
[RouterC-LoopBack0]ospfv3 1 area 1
[RouterC-LoopBack0]quit
```

配置好后，可在路由器上执行 **display ospfv3 peer** 命令查看邻居关系。在 RouterA
上执行 **display ospfv3 peer** 命令的输出如图 12-35 所示，从图 12-35 中可以看出，RouterA

已与 RouterB 和 RouterC 建立好了邻接关系，进入 Full 状态。因为这 3 台路由器连接了同一 IP 网段，且为广播类型的以太网段，所以会进行 DR 和 BDR 选举，从输出信息中也可以看出 RouterA 为 DR，RouterB 为 BDR，RouterC 为 DROther。

图 12-35　在 RouterA 上执行 **display ospfv3 peer** 命令的输出

然后，利用 **ping ipv6** 命令测试各路由器之间是否互通。在 RouterA 上 ping RouterB 上的 Loopback0 接口 IPv6 地址的结果如图 12-36 所示，该结果是互通的，其他的测试类似。

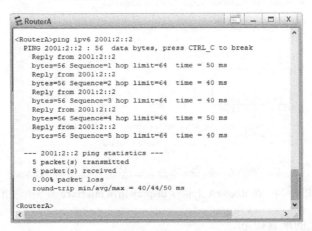

图 12-36　在 RouterA 上 ping RouterB 上的 Loopback0 接口 IPv6 地址的结果

还可以在各路由器的任意视图下执行 **display ospfv3 routing** 命令查看 OSPFv3 路由表。在 RouterA 上执行 **display ospfv3 routing** 命令的输出如图 12-37 所示，从图 12-37 中可以看出，它有到达 RouterB 和 RouterC 上的 Loopback0 接口所代表的网段的 OSPFv3 路由了，之所以它们的 GE0/0/0 接口并没有配置 IPv6 全球单播地址，是因为 OSPFv3 是通过链路本地地址进行路由信息通告的。

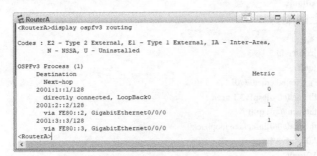

图 12-37　在 RouterA 上执行 **display ospfv3 routing** 命令的输出

通过以上验证，证明我们的配置是成功和正确的。

第13章
IP 组播基础

本章主要内容

13.1 IP 组播基础

13.2 IGMP

13.3 PIM 基础及工作原理

　　IP 组播是指三层的组播传输方式,许多协议报文都是采用这种方式传输,例如,本书前面介绍的 OSPF、BGP 等路由协议中一些报文,ICMPv6 中的 NS、RS 等请求报文。组播传输方式可以通过一次报文的发送,传输到多个特定的接收者,实现点对多点的数据传输,减少了网络中链路带宽和设备性能的消耗。

　　在 HCIP-Datacom 认证中仅需要了解一些 IP 组播中的常见协议基础知识,包括 IP 组播传输方式、常见 IP 组播协议,以及 IGMP、PIM 基础知识和基本工作原理。

13.1　IP 组播基础

随着互联网的不断发展，网络中各种数据、话音和视频信息越来越多，同时，新兴的电子商务、网上会议、视频点播、远程教学等服务也逐渐兴起。这些服务大多符合点对多点的数据传输模式，对信息安全性、有偿性、网络带宽提出了较高的要求。

相较于单播和广播的通信方式，组播方式可以有效地节约网络带宽、降低网络负载，而且接收用户还可得到控制，因此，在 IPTV、实时数据传送和多媒体会议等网络业务中广泛应用。

13.1.1　IPv4 网络的 3 种数据传输方式

IPv4 协议定义了 3 种 IP 数据包的传输方式：单播（unicast）传输、广播（broadcast）传输和组播（multicast）传输。

1. 单播传输

单播传输用于发送数据包到单个目的地，且每份数据都需要单独发送。这是最常见的一种传输方式，是一种点对点的传输方式。采用该传输方式时，系统为每个需求该数据的用户单独建立一条数据传输通道（可以根据路由计算路径，也可以通过 VPN 隧道等），并采用不同目的 IP 地址、目的 MAC 地址进行封装后为每个用户独自发送一份数据，使网络中传输的数据量与要求接收该数据的用户量成正比。

单播方式传输数据示意如图 13-1 所示，假设用户 C（HostC）需要从数据源（Source）获取某数据，则数据源必须和用户 C 的设备建立单独的传输通道。假设用户 A（HostA）也想要得到与 HostC 一样的数据，则数据源又得单独给 HostA 发送一份该数据。这样一来，网络带宽可能成为数据传输中的瓶颈，不利于数据规模化发送。

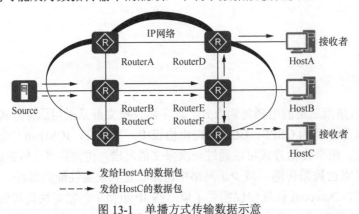

图 13-1　单播方式传输数据示意

2. 广播方式的数据传输过程

广播是指发送数据包到同一广播域或子网内的所有设备的一种数据传输方式，是一种点对多点的传输方式。如果采用广播方式，则系统会为网络中所有用户各传送一个数据副本，不管它们是否需要。通常是不知道接收者在网络中的位置，或者不知道接收者地址时才选择的一种传输方式。在 DHCP 服务器的自动 IP 地址分配过程中,如果 DHCP 客户端要向 DHCP 服务器申请 IP 地址,但不知道哪台设备可以提供这项服务,客户端能够以广播的方式发送 DHCP DISCOVER 报文。但**广播通信只能在一个网段内,不能跨网段。**

　　广播方式传输数据示意如图 13-2 所示,各设备均在同一个网段内。假设用户 A、C 需要从数据源获取数据,而数据源如果采用广播方式发送该数据,则不仅用户 A、C 可以收到该数据,而且包括本来不希望接收该数据的用户 B,以及本网段内所有其他用户都可以收到该数据。因此,这样不仅不能保障信息的安全性,而且会造成同一网段中的信息泛滥,浪费了大量带宽。

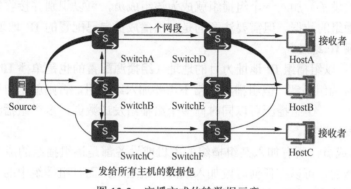

图 13-2　广播方式传输数据示意

3. 组播方式传输数据

组播与广播在传输方式上有些类似,但存在本质区别,主要体现在以下两个方面。

① 组播虽然也是一种点对多点的传输方式,但它的接收者限定在特定组播中,只需不是同一子网即可。

② 组播方式不像广播方式那样经过一个设备都从各接口进行泛洪发送,而是沿着组播建立的最短路径树(Shortest Path Tree,SPT),仅在距离接收者最近的节点设备上才根据到达各接收者的路径进行有限发送。

　　组播方式传输数据示意如图 13-3 所示,假设用户 A、C 需要从数据源获取数据,为了将数据顺利地传输给真正需要该数据的用户,需要将用户 A、C 组成一个接收者集合(就是组播组),由网络中各路由器根据该集合中各接收者的分布情况,在 RouterE 上进行数据转发和复制,最后准确地传输给实际需要的接收者 A 和 C。

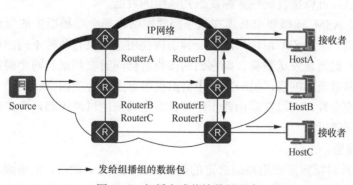

图 13-3　组播方式传输数据示意

　　综上所述，相比单播传输方式，组播传输方式由于被传递的信息在距离信息源尽可能远的网络节点才开始被复制和分发，所以用户的增加不会导致信息源负载的加重和网络资源消耗的明显增加。相比广播传输方式，组播传输方式由于被传递的信息只会发送给需要该信息的接收者，所以不会造成网络资源的浪费，并能提高信息传输的安全性。

13.1.2　组播基本概念

　　在理解组播通信原理前，需要先了解以下几个重要的基本概念。

　　① 组播组：用组播 IP 地址标识的一个集合，是一个组播成员的集合。任何用户主机（或其他接收设备）加入一个组播组就成为该组成员，可以识别并接收发往以该组播地址标识的组播组的数据。但需要注意的是，**组播成员自己配置的 IP 地址不是组播 IP 地址，仍是单播 IP 地址**。

　　② 组播源：以组播组 IP 地址为目的地址（**组播源配置的也是单播 IP 地址**），发送 IP 报文的信源称为组播源，但组播源通常不需要加入组播组，否则就是自己接收自己发送出去的数据了。一个组播源可以同时向多个组播组发送数据，多个组播源也可以同时向一个组播组发送数据。

　　③ 组播组成员：所有加入某组播组的主机或设备都是该组播组的成员，但组播组中的成员是动态的，可以在任何时段加入或离开组播组，而且组播组中的成员可以分布在网络中的任何地方，只要有对应的组播路由到达即可。

　　④ 组播路由器：支持三层组播功能的路由器或三层交换机（通常它们不是组播组成员）。组播路由器不仅能够提供组播路由功能，也能够在与用户连接的末梢网段上提供组播组成员的管理功能。

13.1.3　组播服务模型

　　根据接收者接收数据时对数据源的选择，组播服务分为任意源组播（Any-Source Multicast，ASM）和特定源组播（Source-Specific Multicast，SSM）两种模型。

　　1. ASM 模型

　　ASM 模型仅针对组地址提供组播分发，即只要目的地址是某个组地址，则该数据就会发给该组播组中所有成员。此时，生成的组播信息表项是（*，组），*代表组播源任意，"组"代表组地址，仅有一个变量。任何源发布到该组地址的数据得到同样的服务，接收者加入组播组以后可以接收到任意源发送到该组的数据。

　　正因如此，ASM 模型要求必须在整个组播网络中每个组播组中的组地址都是唯一的，即同一时刻一个 ASM 地址只能被一种组播使用。如果有两种不同的应用程序使用了同一个 ASM 组地址发送数据，则它们的接收者会同时收到来自两个源的数据。这样一方面会导致网络流量拥塞，另一方面也会给接收者主机造成困扰。

　　为了提高安全性，可以在路由器上配置针对组播源的过滤策略，允许或禁止来自某些组播源的报文通过。

　　2. SSM 模型

　　SSM 模型针对特定源和组播组绑定的数据流提供服务。此时，组播源和组地址同时作为网络服务的变量，只要其中有一个变量不同，就会属于不同的组播应用。接收者在加入组播组时，可以指定只接收哪些源的数据或指定拒绝接收来自哪些源的数据。加入组播组以后，主机只会收到指定源发送到该组的数据。

SSM 模型对组地址不再要求全网唯一，只需每个组播源所绑定的组地址保持唯一。不同的源之间可以使用相同的组地址，因为 SSM 模型中针对每个（源，组）信息都会生成表项。这样一方面节省了组地址，另一方面也不会导致网络拥塞。

13.1.4　组播地址

为了使组播源和组播组成员之间进行三层组播通信，需要使用 IP 组播地址。同时，为了在本地物理网络上实现组播信息的正确传输，需要提供链路层组播，使用组播 MAC 地址。组播数据传输时，其目的地不是一个具体的接收者，而是一个成员不确定的组，因此，需要将 IP 组播地址映射为组播 MAC 地址。

1. 组播 IP 地址

在 IPv4 地址分类中，D 类就是组播地址，取值范围为 224.0.0.0～239.255.255.255，其中包括了很多地址，但不同地址段具有不同用途，D 类地址的范围及用途见表 13-1。常见的永久组播地址见表 13-2。

表 13-1　D 类地址的范围及用途

D 类地址范围	用途
224.0.0.0～224.0.0.255	永久组地址。ANA 为路由协议预留的 IP 地址（也称为保留组地址），用于标识一组特定的网络设备，供路由协议查找、拓扑查找时使用，不用于组播转发
224.0.1.0～231.255.255.255 233.0.0.0～238.255.255.255	可用的任意源组播（ASM）组地址，全网范围内有效
232.0.0.0～232.255.255.255	缺省情况下的指定源组播（SSM）地址，全网范围内有效
239.0.0.0～239.255.255.255	本地管理组地址，仅在本地管理域内有效。在不同的管理域内重复使用相同的本地管理组地址不会导致冲突，类似于局域网单播 IPv4 地址

表 13-2　常见的永久组播地址

永久组地址	含义
224.0.0.0	不分配
224.0.0.1	网段内所有主机和路由器（等效于广播地址）
224.0.0.2	所有组播路由器
224.0.0.3	不分配
224.0.0.4	距离矢量组播路由协议（Distance Vector Multicast Routing Protocol，DVMRP）路由器
224.0.0.5	开放最短路径优先（Open Shortest Path First，OSPF）路由器，代表本网段所有 OSPF 路由器
224.0.0.6	指定路由器（Designated Router，DR），代表本网段 OSPF DR
224.0.0.7	共享树（Shared Tree，ST）路由器
224.0.0.8	ST 主机
224.0.0.9	路由信息协议版本 2（Routing Information Protocol version 2，RIP-2）路由器
224.0.0.11	移动代理（Mobile-Agents）

续表

永久组地址	含义
224.0.0.12	动态主机配置协议（Dynamic Host Configuration Protocol，DHCP）服务器/中继代理
224.0.0.13	所有协议无关组播（Protocol Independent Multicast，PIM）路由器
224.0.0.14	资源预留协议（Resource Reservation Protocol，RSVP）封装
224.0.0.15	所有有核树（Core-Based Tree，CBT）路由器
224.0.0.16	指定子网带宽管理（Subnetwork Bandwidth Management，SBM）
224.0.0.17	所有 SBM
224.0.0.18	虚拟路由器冗余协议（Virtual Router Redundancy Protocol，VRRP）
224.0.0.22	所有使能因特网组管理协议（Internet Group Management Protocol，Version 3，IGMPv3）的路由器
224.0.0.19～224.0.0.21 224.0.0.23～224.0.0.255	未指定

2. 组播 MAC 地址

在以太网中，组播传输 IP 报文时，因传输目标不再是一个具体的接收者，而是一个成员不确定的组，所以在进行二层封装时，目的 MAC 地址是对应的组播 MAC 地址。组播通信中的组播 MAC 地址是由对应的组播 IP 地址映射而来。

IANA 规定，IPv4 组播 MAC 地址的高 24 位固定为 0x01005e，第 25 位固定为 0，低 23 位为组播 IPv4 地址，IPv4 组播地址到 MAC 组播地址的映射关系如图 13-4 所示（组播 IPv4 地址中的低 23 位映射到组播 MAC 地址的低 23 位）。例如，组播地址 224.0.1.1 对应的组播 MAC 地址为 01-00-5e-00-01-01。

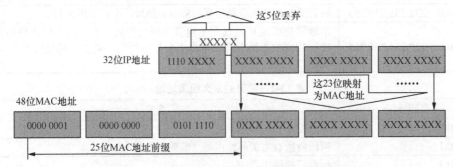

图 13-4　IPv4 组播地址到 MAC 组播地址的映射关系

由于 IPv4 组播地址的高 4 位是 1110，代表组播标识，而低 28 位中只有 23 位被映射到 MAC 地址，这样 IP 地址中就会有 5 位数据丢失，直接的结果是出现了 32（2^5）个 IP 组播地址映射到同一组播 MAC 地址上。例如，IP 地址为 224.0.1.1、224.128.1.1、225.0.1.1、239.128.1.1 等组播 MAC 地址都为 01-00-5e-00-01-01。网络管理员在分配地址时必须考虑这种情况。

13.1.5　IPv4 组播协议

要实现一套完整的组播服务，需要在网络各个位置部署多种组播协议相互配合，共同运作。IPv4 组播协议见表 13-3。但不同结构的组播网络所需使用的组播协议不完全一样，单一的二层交换机网络仅需要 IGMP Snooping 即可实现基本的组播通信，单一的三层设备网络，仅组播组管理协议（Internet Group Management Protocol，IGMP）也可实现基本的组播通信。

表 13-3　IPv4 组播协议

协议	功能	说明
IGMP	IGMP 是负责 IPv4 组播成员管理的协议，与用户主机相连。IGMP 在主机端实现组播组成员加入与离开，在上游的三层设备中，实现组成员关系的维护与管理，同时，支持与上层组播路由协议的信息交互	截至目前，IGMP 有 3 个版本：IGMPv1、IGMPv2 和 IGMPv3。所有 IGMP 版本都支持 ASM 模型。IGMPv3 可以直接应用于 SSM 模型，而 IGMPv1 和 IGMPv2 需要借助 SSM Mapping 技术才支持 SSM 模型
PIM（Protocol Independent Multicast，协议无关组播）	PIM 作为一种 IPv4 网络中的组播路由协议，主要用于将网络中的组播数据流发送到有组播数据请求的组成员所连接的组播设备（例如 IGMP 设备）上，从而实现组播数据的路由查找与转发。PIM 包括协议无关组播——稀疏模式（Protocol Independent Multicast Sparse Mode，PIM-SM）和协议无关组播——密集模式（Protocol Independent Multicast Dense Mode，PIM-DM）。PIM-SM 适合规模较大、组成员相对比较分散的网络；PIM-DM 适合规模较小、组播组成员相对比较集中的网络	在 PIM-DM 模式下不需要区分 ASM 模型和 SSM 模型。在 PIM-SM 模式下根据数据和协议报文中的组播地址区分 ASM 和 SSM。 • 如果在 SSM 组播地址的范围内，则按照 PIM-SM 在 SSM 中的实现流程进行处理。PIM-SSM 不但效率高，而且简化了组播地址分配流程，特别适用于特定组只有一个特定源的情况。 • 如果在 ASM 组播地址范围内，则按照 PIM-SM 在 ASM 中的实现流程进行处理
MSDP（Multicast Source Discovery Protocol，组播源发现协议）	MSDP 是为了解决多个 PIM-SM 域之间互连的一种域间组播协议，用来发现其他 PIM-SM 域内的组播源信息，将远端域内的活动信源信息传递给本地域内的接收者，从而实现组播报文的跨域转发	只有当 PIM-SM 使用 ASM 模型时，才需要使用 MSDP
MBGP	MBGP 实现了跨 AS 域的组播转发。适用于组播源与组播接收者在不同 AS 域的场景	—
IGMP Snooping	IGMP Snooping 功能可以使交换机工作在二层时，通过侦听上游的三层设备和用户主机之间发送的 IGMP 报文来建立组播数据报文的二层转发表，管理和控制组播数据报文的转发，进而有效抑制组播数据在二层网络中扩散	与 IGMP 对应，IGMP Snooping 就是 IGMP 在二层设备中的延伸协议，可以通过配置 IGMP Snooping 的版本使交换机可以处理不同 IGMP 版本的报文

13.2　IGMP

IGMP 是 TCP/IP 协议簇中负责 IPv4 组播成员管理的协议，用来在组播接收者和与其直接相邻的组播路由器之间建立和维护组播成员关系。IGMP 通过在组播接收者和组播路由器之间交互 IGMP 报文实现组播成员管理功能，是在距离组播接收者最近的三层设备上进行配置。IGMP 消息封装在 IP 报文中，其 IP 的协议号为 2。截至目前，IGMP 有 IGMPv1（由 RFC 1112 定义）、IGMPv2（由 RFC 2236 定义）和 IGMPv3（由 RFC 3376 定义）3 个版本。

13.2.1　IGMPv1

IGMPv1 是最初的版本，主要基于查询和响应机制来完成对组播组成员的管理。运行 IGMPv1 版本协议的主机可以通过发送加入（Join）消息加入直接相连的组播路由器上特定的组播组，但离开时不会发送离开信息（leave messages）。IGMPv1 组播路由器使用基于超时的机制去发现其成员不关注的组。

1. IGMPv1 报文格式

IGMPv1 报文格式如图 13-5 所示，IGMPv1 报文字段说明见表 13-4，具体包括以下两种报文。

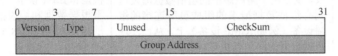

图 13-5　IGMPv1 报文格式

表 13-4　IGMPv1 报文字段说明

字段	说明
Version	IGMP 版本，值为 1
Type	报文类型。该字段有以下两种取值。 • 0x1：表示普遍组查询报文。 • 0x2：表示成员报告报文
Unused	在 IGMPv1 中，该字段在发送时被设为 0，并在接收时被忽略
CheckSum	IGMP 报文的校验和。校验和是对 IGMP 报文长度（即 IP 报文的整个有效负载）的检测。CheckSum 字段在进行校验计算时设为 0，发送报文时将计算的校验和插入该字段中。当接收报文时，校验和必须在处理该报文之前进行检验
Group Address	组地址。在普遍组查询报文中，该字段设为 0；在成员报告报文中，该字段为成员加入的组地址

（1）普遍组查询报文（General Query）

普遍组查询报文是**查询器**（运行 IGMPv1 的路由器，由选举确定）**主动**向共享网络上所有主机和路由器发送的查询报文（报文类型为 0x1），用于了解哪些组播组存在成员，有成员的组播组才会发送数据。

（2）成员报告报文（Report）

成员报告报文是**主机**（也需运行 IGMPv1）为了响应普遍查询报文、加入某个组播组而**被动**向组播路由器发送的，或者是主机**主动**向组播路由器发送的报告消息（报文类型为 0x2），主动申请加入某个组播组。

IGMPv1 是基于查询/响应机制来完成组播组管理的，如果一个网段内有多个运行 IGMP 的组播路由器，就需要选举出一个 IGMP 查询器。在 IGMPv1 中，由组播路由协议 PIM 选举（**在 IGMPv1 中，查询器并不是由 IGMP 自己选举**）出唯一的组播信息转发者（Assert Winner 或 DR）作为 IGMPv1 的查询器，负责该网段的组成员关系查询。

在图 13-6 组播网络中，RouterA 和 RouterB 连接在同一网段，假设已由 PIM 选举出 RouterA 为 IGMP 查询器。HostA 和 HostB 想要接收发往组播组 G1 的数据，而 HostC 想要接收发往组播组 G2 的数据。

2．普遍组查询和响应机制

通过普遍组查询和响应，IGMP 查询器可以了解到该网段内哪些组播组存在成员，具体说明如下。

① IGMP 查询器（RouterA）以目的 IP 地址为 224.0.0.1（**包括同一网段内所有主机和路由器**）、目的 MAC 地址为 0100-5e00-0001 发送普遍组查询报文；收到该查询报文的组成员启动定时器。

普遍组查询报文是周期性发送的，发送周期可以通过命令配置，在缺省情况下，每隔 60 秒发送一次。HostA 和 HostB 是组播组 G1 的成员，则在本地启动定时器 Timer-G1，缺省情况下，定时器的范围为 0～10 秒的随机值。

② 第一个定时器超时的组成员发送针对该组的报告报文。

假设 HostA 上的 Timer-G1 超时，HostA 向该网段发送目的 IP 地址为 G1 的报告报文。这样，如果组成员也想加入组 G1 的 HostB 会收到此报告报文，则停止定时器 Timer-G1，不再发送针对 G1 的报告报文。这样 HostB 的报告报文被抑制，可以减少网段上的流量。

③ IGMP 查询器接收到 HostA 的报告报文后，了解本网段内存在组播组 G1 的成员，则由组播路由协议生成（*，G1）组播转发表项，"*"代表任意组播源。此后，网络中一旦有组播组 G1 的数据到达路由器，将向该网段转发。

IGMPv1 组播网络示意如图 13-6 所示，IGMPv1 普遍组查询和响应机制示意如图 13-7 所示。

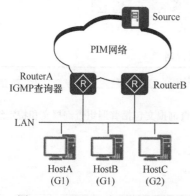

图 13-6　IGMPv1 组播网络示意

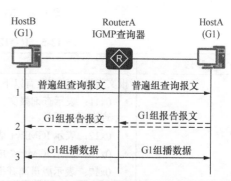

图 13-7　IGMPv1 普遍组查询和响应机制示意

3．新组成员加入

假设 HostC 要加入组播组 G2，IGMPv1 新组成员加入过程如图 13-8 所示，具体描述如下。

① 主机 HostC 不等待普遍组查询报文，主动发送针对 G2 的报告（Report）报文（**目的 IP 地址为 G2**），以声明加入。

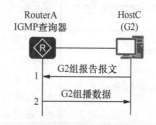

图 13-8　IGMPv1 新组成员加入过程

② IGMP 查询器接收 HostC 的报告报文后，了解本网段内出现了组播组 G2 的成员，则生成组播转发项（*，G2）。此后，网络中一旦有 G2 的数据到达路由器，将向该网段转发。

4. 组成员离开

IGMPv1 没有专门定义离开组的报文。主机离开组播组后也不会再对普遍组查询报文做出回应。例如，在图 13-6 中，假设 HostA 想要退出组播组 G1，则 HostA 收到 IGMP 查询器发送的普遍组查询报文时，不再发送针对 G1 的报告报文。但因为该网段内还存在 G1 组成员 HostB，所以 HostB 会向 IGMP 查询器发送针对 G1 的报告报文，IGMP 查询器无法感知 HostA 的退出。

假设 HostC 想要退出组播组 G2，HostC 收到 IGMP 查询器发送的普遍组查询报文时，也不再发送针对 G2 的报告报文。因为此时该网段内没有组 G2 的其他成员，致使 IGMP 查询器不会收到 G2 组成员的报告报文，所以会在一定时间（缺省值为 130 秒）后，删除 G2 所对应的组播转发表项。

13.2.2　IGMPv2 的改进

IGMPv2 是 IGMPv1 的改进版，具体改进了两个方面：一是 IGMPv2 增加了独立的查询器选举机制（**IGMPv1 中的查询器是 PIM 选举产生的**）；二是增加了离开组机制，包含了离开信息，允许迅速向组播路由协议（例如，PIM）报告组成员提示终止情况（**IGMPv1 中没有离开机制**），这对高带宽组播组或易变形组播组成员而言是非常重要的。

1. IGMPv2 报文格式

IGMPv2 报文格式如图 13-9 所示，其中，IGMPv2 报文字段说明见表 13-5。

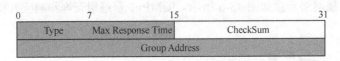

图 13-9　IGMPv2 报文格式

表 13-5　IGMPv2 报文字段说明

字段	说明
Type	报文类型。该字段有以下 4 种取值。 • 0x11：表示查询报文。IGMPv2 的查询报文包括普遍组查询报文和特定组查询报文两类。 • 0x12：表示 IGMPv1 成员报告报文。 • 0x16：表示 IGMPv2 成员报告报文。 • 0x17：表示成员离开报文
Max Response Time	最大响应时间。成员主机在收到 IGMP 查询器发送的普遍组查询报文后，需要在最大响应时间内做出回应。**该字段是 IGMPv2 新增的，仅在 IGMP 查询报文中有效**
CheckSum	IGMP 报文的校验和与 IGMPv1 报文中的该字段的功能一样
Group Address	组地址。 • 在普遍组查询报文中，该字段设为 0。 • 在特定组查询报文中，该字段为要查询的组地址。 • 在成员报告报文和离开报文中，该字段为成员要加入或离开的组地址

除了以上报文格式的区别，IGMPv2 相比 IGMPv1 之间的区别更多体现在具体工作原理上。IGMPv2 组网示意如图 13-10 所示，在组播网络中，RouterA 和 RouterB 连接主机网段，假设 HostA 和 HostB 想要接收发往组播组 G1 的数据，HostC 想要接收发往组播组 G2 的数据。

2. 查询器选举机制

IGMPv2 使用独立的查询器选举机制，当共享网段上存在多个组播路由器时，**运行 IGMP 接口的 IP 地址最小的路由器成为查询器**，IGMPv2 查询器选举过程如图 13-11 所示。

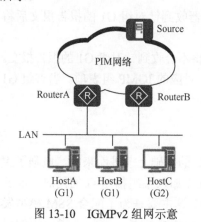

图 13-10　IGMPv2 组网示意

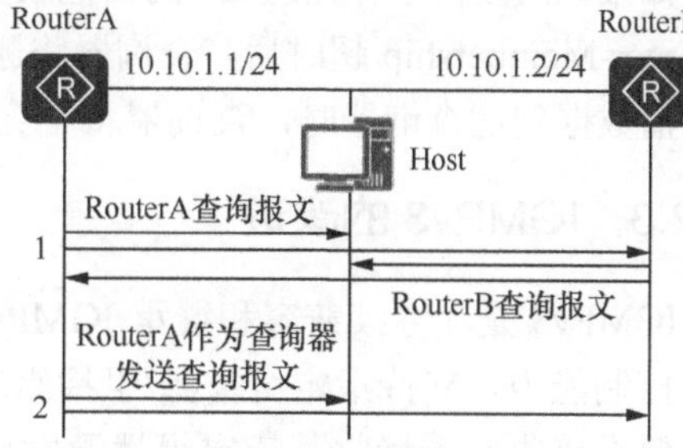

图 13-11　IGMPv2 查询器选举过程

① 最初，所有运行 IGMPv2 的组播路由器（RouterA 和 RouterB）都认为自己是查询器，以 224.0.0.1 为目的 IP 地址（对应的目的 MAC 地址为 0100-5e00-0001）向本网段内的所有主机和组播路由器发送普遍组查询报文。

RouterA 和 RouterB 在收到对方发送的普遍组查询报文后，将报文的源 IP 地址与自己的接口地址作比较。通过比较，IP 地址最小的组播路由器将成为查询器，其他组播路由器成为非查询器（Non-Querier）。本示例中，假设 RouterA 的接口地址小于 RouterB，则 RouterA 当选为查询器，RouterB 为非查询器。

② 此后，将由 IGMP 查询器（RouterA）向本网段内的所有主机和其他组播路由器发送普遍组查询报文，而非查询器（RouterB）则不再发送普遍组查询报文。

非查询器（RouterB）上都会启动一个定时器（即其他查询器存在时间定时器）。在该定时器超时前，如果收到来自查询器的查询报文，则重置该定时器；否则，就认为原查询器失效，并发起新的查询器选举过程。此定时器就相当于查询器的有效保持定时器。

3. 离开组机制

与 IGMPv1 相比，IGMPv2 除了增加了独立的查询器选举机制，还增加了组离开机制。下面以图 13-10 中的主机 HostA 离开组播组 G1 的过程（IGMPv2 离开组示意如图 13-12 所示）为例进行介绍，具体描述如下。

① 当 HostA 退出组播组时会向本地网段内的所有组播路由器（**目的地址为 224.0.0.2，不包括主机**）发送针对组 G1 的离开报文。

② 查询器收到组成员发来的离开报文后，会对报文中涉及的组（目的 IP 地址为该

组的组播地址，本示例中为 HostA 原来所加入的组 G1）发送特定组查询报文。发送间隔和发送次数可以通过命令配置，缺省情况下，每隔 1 秒发送一次，共发送两次。同时查询器启动组成员关系定时器（Timer-Membership=发送间隔×发送次数）。

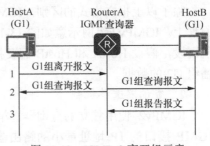

图 13-12　IGMPv2 离开组示意

③ 因为在该网段内还存在组 G1 的其他成员（如图 13-12 中的 HostB），这些成员（HostB）在收到查询器发送的特定组查询报文后，会立即发送针对组 G1 的报告报文（**目的 IP 地址同样为 G1**）。查询器收到针对组 G1 的报告报文后将继续维护该组成员关系。

如果该网段内不存在组 G1 的其他成员，则查询器将不会收到针对组 G1 的报告报文。在 Timer-Membership 超时后，查询器将删除（*，G1）对应的 IGMP 组表项。当有组 G1 的组播数据到达查询器时，查询器将不会向下游转发。

13.2.3　IGMPv3 的改进

IGMPv3 是在继续兼容和继承 IGMPv1 和 IGMPv2 的基础上改进而来的，增强了主机的控制能力，支持指定组播源/组播组功能，即主机在加入某组播组 G 的同时，能够明确要求接收或不接收某特定组播源发出的组播信息。这主要是为了配合 SSM 模型发展起来的，提供了在报文中携带组播源信息的能力，使组播成员能够加入指定源的组播组。

1. IGMPv3 报文格式

在报文类型上，与 IGMPv1 和 IGMPv2 相比，IGMPv3 存在以下区别。

① IGMPv3 报文包含两大类：查询报文和成员报告报文。IGMPv3 没有定义专门的成员离开报文，成员离开通过特定类型的报告报文来传达。

② 查询报文中不仅包含普遍组查询报文和特定组查询报文，还新增了特定源组查询报文（Group-and-Source-Specific Query）。该报文由查询器向共享网段内特定组播组成员发送，用于查询该组成员是否愿意接收特定源发送的数据。特定源组查询通过在报文中携带一个或多个组播源地址来达到这一目的。

③ 成员报告报文不仅包含主机想要加入的组播组，也包含主机想要接收来自哪些组播源的数据。IGMPv3 增加了针对组播源的过滤模式（INCLUDE/EXCLUDE，即包括/排除），将组播组与源列表之间的对应关系简单的表示为 [G，INCLUDE，(S1、S2...)]，表示只接收来自指定组播源 S1、S2……发往组 G 的数据；或 [G，EXCLUDE，(S1、S2...)] 表示只接收除了组播源 S1、S2……的组播源发给组 G 的数据。当组播组与组播源列表的对应关系发生变化时，IGMPv3 报告报文会将该关系变化存放于组记录（Group Record）字段，发送给 IGMP 查询器。

④ 在 **IGMPv3 中一个成员报告报文可以携带多个组播组信息**，而之前的版本，一个成员报告只能携带一个组播组。这样在 IGMPv3 中报文数量大大减少。

IGMPv3 查询报文格式如图 13-13 所示，其中，IGMPv3 查询报文字段说明见表 13-6。

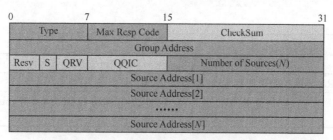

图 13-13　IGMPv3 查询报文格式

表 13-6　IGMPv3 查询报文字段说明

字段	说明
Type	报文类型，取值为 0x11
Max Response Code	最大响应时间。成员主机在收到 IGMP 查询器发送的普遍组查询报文后，需要在最大响应时间内做出回应
CheckSum	IGMP 报文的校验和，也与 IGMPv1 报文中该字段的功能一样
Group Address	组地址。在普遍组查询报文中，该字段设为 0；在特定组查询报文和特定源组查询报文中，该字段为要查询的组地址
Resv	保留字段。发送报文时该字段设为 0；接收报文时，对该字段不做处理
S	该比特位为 1 时，所有收到此查询报文的其他路由器不启动定时器刷新过程，但是此查询报文并不抑制查询器选举过程和路由器的主机侧处理过程
QRV	如果该字段非 0，则表示查询器的健壮系数（Robustness Variable）。如果该字段为 0，则表示查询器的健壮系数大于 7。路由器接收到查询报文时，如果发现该字段为非 0，则将自己的健壮系数调整为该字段的值；如果发现该字段为 0，则不做处理
QQIC	IGMP 查询器的查询间隔。非查询器收到查询报文时，如果发现该字段非 0，则将自己的查询间隔参数调整为该字段的值；如果发现该字段为 0，则不做处理
Number of Sources	报文中包含的组播源的数量。对于普遍组查询报文和特定组查询报文，该字段为 0；对于特定源组查询报文，该字段为非 0。此参数的大小受到所在网络 MTU 大小的限制
Source Address	组播源地址，其数量受到 Number of Sources 字段值大小的限制

IGMPv3 成员报告报文格式如图 13-14 所示，其中，IGMPv3 成员报告报文字段说明见表 13-7。Group Record 字段格式如图 13-15 所示，Group Record 字段中的子字段说明见表 13-8。

图 13-14　IGMPv3 成员报告报文格式

表 13-7　IGMPv3 成员报告报文字段说明

字段	说明
Type	报文类型，取值为 0x22
Reserved	保留字段。发送报文时该字段设为 0；接收报文时，对该字段不做处理

续表

字段	说明
CheckSum	IGMP 报文的校验和，也与 IGMPv1 报文中该字段的功能一样
Number of Group Records	报文中包含的组记录的数量
Group Record	组记录。Group Record 字段格式如图 13-15 所示，Group Record 字段中的子字段说明见表 13-8

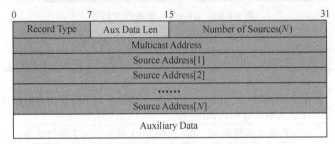

图 13-15　Group Record 字段格式

表 13-8　Group Record 字段中的子字段说明

字段	说明
Record Type	组记录的类型，共分为三大类。 ① 当前状态报告。用于对查询报文进行响应，通告自己目前的状态，分为两种。 • MODE_IS_INCLUDE，表示接收源地址列表包含的源发往该组的组播数据。如果指定源地址列表为空，该报文无效。 • MODE_IS_EXCLUDE，表示不接收源地址列表包含的源发往该组的组播数据。 ② 过滤模式改变报告。当组和源的关系在 INCLUDE 和 EXCLUDE 之间切换时，会通告过滤模式发生变化，分为两种。 • CHANGE_TO_INCLUDE_MODE，表示过滤模式由 EXCLUDE 转换到 INCLUDE，接收源地址列表包含的新组播源发往该组播组的数据。如果指定源地址列表为空，则主机将离开组播组。 • CHANGE_TO_EXCLUDE_MODE，表示过滤模式由 INCLUDE 转换到 EXCLUDE，拒绝源地址列表包含的新组播源发往该组的组播数据。 ③ 源列表改变报告。当指定源发生改变时，会通告源列表发生变化，分为两种。 • ALLOW_NEW_SOURCES，表示在现有的基础上，需要接收源地址列表包含的组播源发往该组播组的组播数据。如果当前对应关系为 INCLUDE，则向现有源列表中添加这些组播源；如果当前对应关系为 EXCLUDE，则从现有阻塞源列表中删除这些组播源。 • BLOCK_OLD_SOURCES，表示在现有的基础上，不再接收源地址列表包含的组播源发往该组播组的组播数据。如果当前对应关系为 INCLUDE，则从现有源列表中删除这些组播源；如果当前对应关系为 EXCLUDE，则向现有源列表中添加这些组播源
Aux Data Len	辅助数据长度。在 IGMPv3 的报告报文中，不存在辅助数据字段，该字段设为 0
Number of Sources	本记录中包含的源地址数量
Multicast Address	组地址
Sources Address	组播源地址
Auxiliary Data	辅助数据。预留给 IGMP 后续扩展或后续版本。在 IGMPv3 的报告报文中，不存在辅助数据。关于该字段的详细说明，请参考 RFC 3376

　　在工作机制上，与 IGMPv2 相比，IGMPv3 增加了主机对组播源的选择能力，其中包括特定源组加入机制和特定源组查询两个方面。

　　2. 特定源组加入机制

　　IGMPv3 的成员报告报文的目的地址为 224.0.0.22（代表同一网段所有使能 IGMPv3 的路由器，也是一个永久组播地址）。通过在报告报文中携带组记录，主机在加入组播组的同时能够明确要求接收或不接收特定组播源发出的组播数据。

　　特定源组的组播数据流路径示意如图 13-16 所示，网络中存在 S1 和 S2 两个组播源，均向组播组 G 发送组播数据，但 Host 仅希望接收从组播源 S1 发往组播组 G 的信息。如果 Host 和组播路由器之间运行的是 IGMPv1 或 IGMPv2，Host 加入组播组 G 时无法对组播源进行选择，即无论其是否需要，都会同时接收到来自组播源 S1 和 S2 的数据。如果采用 IGMPv3，则成员主机可以通过以下两种方法选择仅接收 S1 组播数据。

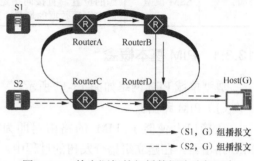

图 13-16　特定源组的组播数据流路径示意

- 方法一：Host 发送 IGMPv3 报告报文 [G，INCLUDE，（S1）]，指定仅接收源 S1 向组播组 G 发送的数据。
- 方法二：Host 发送 IGMPv3 报告报文 [G，EXCLUDE，（S2）]，指定不接收源 S2 向组播组 G 发送的数据，从而仅有来自 S1 的组播数据才能传递到 Host。

　　3. 特定源组查询

　　当接收到组成员发送的改变组播组与源列表的对应关系的报告时，例如，CHANGE_TO_INCLUDE_MODE（变为"包括"模式）、CHANGE_TO_EXCLUDE_MODE（变为"排除"模式），IGMP 查询器均会发送特定源组查询报文。如果组成员希望接收其中任意一个源的组播数据，则其将反馈报告报文。IGMP 查询器根据反馈的组成员报告更新该组对应的源列表。

13.3　PIM 基础及工作原理

　　PIM 中的"协议无关"是指与单播路由协议类型无关，即 PIM 可以直接利用任何协议类型的单播路由来生成自己的组播路由表指导组播数据转发。

　　PIM 的工作模式主要有 PIM 密集模式（PIM-Dense Mode，PIM-DM）和 PIM 稀疏模式（PIM-Sparse Mode，PIM-SM）两种。其中，PIM-SM 模式中又包括 ASM 模型和 SSM 模型两种实现方式。SSM 模型与 ASM 模型之间的最大差异为是否指定了组播源，PIM 实现方式比较见表 13-9。

表 13-9　PIM 实现方式比较

协议	模型分类	适用场景	工作机制
PIM-DM	ASM 模型	适合规模较小、组播组成员相对比较密集的局域网	通过周期性"扩散—剪枝"维护一棵连接组播源和组成员的单向无环 SPT
PIM-SM	ASM 模型	适合网络中的组成员相对比较稀疏，分布广泛的大型网络	采用接收者主动加入的方式建立组播分发树，需要维护 RP、构建 RPT、注册组播源
	SSM 模型	适合网络中的用户预先知道组播源的位置，直接向指定的组播源请求组播数据的场景	采用 PIM-SM 的部分技术，**直接在组播源与组成员之间建立 SPT，不需要维护 RP、构建 RPT、注册组播源**

13.3.1　PIM 基本概念

典型单域 PIM 网络如图 13-17 所示。

（1）PIM 路由器

在接口上使能了 PIM 的路由器即为 PIM 路由器。在建立组播分发树的过程中，PIM 路由器又分为以下几种。

① 第一跳路由器：在组播转发路径上与组播源相连且负责转发该组播源发出的组播数据的 PIM 路由器，如图 13-17 中的 RouterE。

② 叶子路由器：与用户主机相连的 PIM 路由器，但连接的用户主机不一定为组成员，如图 13-17 中的 RouterA、RouterB、RouterC。

③ 最后一跳路由器：在组播转发路径上与组播组成员相连，且负责向该组成员转发组播数据的 PIM 路由器，如图 13-17 中的 RouterA、RouterB。

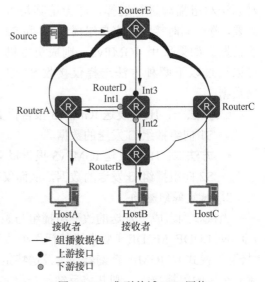

图 13-17　典型单域 PIM 网络

④ 中间路由器：在组播转发路径上第一跳路由器与最后一跳路由器之间的 PIM 路由器，如图 13-17 中的 RouterD。

（2）组播分发树

PIM 网络以组播组为单位在路由器上建立一条点到多点的组播转发路径。由于组播转发路径呈现树型结构，也称为组播分发树（Multicast Distribution Tree，MDT）。

组播分发树主要包括以下两种。

- **以组播源为根**，以组播组成员为叶子的组播分发树称为最短路径树（Shortest Path Tree，SPT）。SPT 同时适用于 PIM-DM 网络和 PIM-SM 网络，如图 13-17 中的 RouterE→RouterD→RouterA/RouterB/RouterC 就是一棵以 Source 为根，以 HostA、HostB 和 HostC 为叶子的 SPT。

- **以汇集点（Rendezvous Point，RP）为根**，以组播组成员为叶子的组播分发树称为汇集点树（RP Tree，RPT）。RPT 仅适用于 PIM-SM 网络。

【说明】RP 为网络中一台重要的 PIM 路由器，用于处理源端 DR 注册信息及组成员加入请求，网络中的所有 PIM 路由器都必须知道 RP 的地址，类似于一个供求信息的汇聚中心。一个 RP 可以同时为多个组播组服务，但一个组播组只能对应一个 RP。

（3）PIM 路由表项

PIM 路由表项即通过 PIM 协议建立的组播路由表项，主要用于指导转发的信息，包括组播源 IP 地址（是一个单播 IP 地址）、组播组 IP 地址（是一个组播 IP 地址）、上游接口（本地路由器上接收到组播数据的接口，如图 13-17 中 RouterD 的 Int3 接口）和下游接口（将组播数据转发出去的接口，如图中 RouterD 的 Int1 和 Int2 接口）。

PIM 网络中存在两种路由表项：（S，G）路由表项或（*，G）路由表项。S 表示组播源 IP 地址，G 表示组播组 IP 地址，*表示任意组播源。其中，（S，G）路由表项中明确指定了组播源 S 的位置，主要用于在 PIM 路由器上建立 SPT（最短路径树），并适用于 PIM-DM 和 PIM-SM 网络。（*，G）路由表项中代表不知道组播源位置，只知道组播组 IP 地址，主要用于在 PIM 路由器上建立 RPT（汇集点树），仅适用于 PIM-SM 网络。

PIM 路由器上可能同时存在以上两种路由表项。如果收到源地址为 S，组地址为 G 的组播报文，且通过 RPF（逆向路径转发）检查，则按照如下的规则转发。

- 如果存在（S，G）路由表项，则由（S，G）路由表项指导报文转发。
- 如果不存在（S，G）路由表项，只存在（*，G）路由表项，则先依照（*，G）路由表项创建（S，G）路由表项，再由（S，G）路由表项指导报文转发。

【说明】组播路由转发与单播路由转发不同。由于组播报文的目的地址为组播地址，只是标识了一组接收者，无法通过目的地址来找到接收者的位置，但是组播报文的"来源位置"，即源地址是确定的，所以组播报文的转发主要是根据其源地址来保证转发路径正确性。

路由器在收到一份组播报文后，会根据报文的源地址通过单播路由表查找到达"报文源"的路由，查看到"报文源"的路由表项的出接口是否与收到组播报文的入接口一致。如果一致，则认为该组播报文从正确的接口到达，从而保证了整个转发路径的正确性和唯一性。这个过程称为 RPF 检查。

13.3.2　PIM-DM 基本工作原理

PIM-DM（PIM 密集模式）使用"推"（Push，即直接向成员推送组播数据）模式转发组播报文，**一般应用于组播组成员规模相对较小、相对密集的网络**。在实现过程中，它会假设网络中的组成员分布非常稠密，每个网段都可能存在组成员。当有活跃的组播源出现时，PIM-DM 会将组播源发来的组播报文扩散到整个网络的 PIM 路由器上，再裁剪不存在组播报文转发的分支。

PIM-DM 通过周期性地进行"扩散（Flooding）—剪枝（Prune）"过程来构建并维护一棵连接组播源和组成员的单向无环源指定最短路径树（Source specific shortest Path Tree，SPT）。如果在下一次"扩散—剪枝"进行前，被裁剪的分支由于其叶子路由器上有新的组成员加入而希望提前恢复转发状态，则也可通过嫁接（Graft）机制主动恢复其对组播报文的转发。

综上所述，PIM-DM 的关键工作机制包括邻居发现、扩散、剪枝、嫁接、断言和状态刷新。其中，扩散、剪枝、嫁接是构建 SPT 的主要方法。

1. 邻居发现（Neighbor Discovery）

在 PIM 路由器每个使能 PIM 的接口上都会对外发送 Hello 报文。封装 Hello 报文的组播报文的目的地址是 224.0.0.13（**代表同一网段中所有 PIM 路由器，是一个永久组播地址**）、源地址为接口的 IP 地址、TTL 数值为 1。Hello 报文的作用是发现 PIM 邻居、协调各项 PIM 报文参数，并维持邻居关系。

在发现 PIM 邻居的过程中，同一网段中的 PIM 路由器都必须接收目的地址为 224.0.0.13 的组播 Hello 报文，以便彼此知晓对方的邻居信息，建立邻居关系。只有邻居关系建立成功后，PIM 路由器之间才能相互接收 PIM 报文，从而创建组播路由表项。

Hello 报文中携带多项 PIM 报文参数，主要用于 PIM 邻居之间 PIM 报文的控制，协调各项 PIM 协议报文参数，具体包括以下几种。

① DR_Priority：表示各路由器接口竞选 DR（指定路由器）的优先级，优先级越高越容易获胜，担当 IGMPv1 的查询器（需要注意的是，如果是运行 IGMPv2 或 IGMPv3，则采用专门的查询器选举机制，不用 PIM 来指定）。

② Holdtime：表示保持邻居为可达状态的超时时间，超过这个时间没收到邻居发来的 Hello 报文，即认为该邻居不可达。

③ LAN_Delay：表示共享网段内传输 Prune（剪枝）报文的延迟时间，超过这个时间，这个报文将被丢弃。

④ Neighbor-Tracking：表示邻居跟踪功能。

⑤ Override-Interval：表示 Hello 报文中携带的否决剪枝的时间间隔。当超过这个时间后，原来的剪枝状态就要被中止，恢复对应出接口的组播转发功能。

2. 维持邻居关系

PIM 路由器之间会周期性地发送 Hello 报文。如果 Holdtime 超时还没有收到该 PIM 邻居发出的新的 Hello 报文，则认为该邻居不可达，将其从邻居列表中清除。PIM 邻居的变化将导致网络中组播拓扑的变化。如果组播分发树上的某上游或下游邻居不可达，则将导致组播路由重新收敛，组播分发树迁移。

3. 扩散

当 PIM-DM 网络中出现活跃的组播源之后，组播源发送的组播报文将在全网内"扩散"（Flooding）。"扩散"其实就是为了下一步的"剪枝"和"断言"操作。当 PIM 路由器接收到组播报文，并根据单播路由表进行 RPF 检查，通过后就会在该路由器上创建（S，G）表项。在 PIM 路由器的下游接口列表中包括除上游接口，与所有 PIM 邻居相连的接口，到达的组播报文将从各个下游接口转发出去。最后组播报文扩散到达叶子路由器，此时会出现以下两种情况。

① 如果与该叶子路由器相连用户网段上存在组成员，则将与该网段相连的接口加入（S，G）表项的下游接口列表中，后续的组播报文会向组成员转发。

② 如果与该叶子路由器相连用户网段上不存在组成员，且不需要向其下游 PIM 邻居转发组播报文，则执行"剪枝"机制，从组播路径中去掉这部分路径。

【说明】有时，组播报文扩散到一个连着多台 PIM 路由器的共享网段时，会出现在这些 PIM 路由器上进行的 RPF 检查都能通过的情况，从而有多份相同报文转发到这个网段。此时，需要执行"断言"机制，保证只有一个 PIM 路由器向该网段转发组播报文。

具体将在本节后面介绍。

扩散示意如图 13-18 所示，在 PIM-DM 网络中，RouterA、RouterB 和 RouterC 之间通过发送 Hello 报文建立了 PIM 邻居关系。HostA 通过 RouterA 与 HostA 之间运行的 IGMP 加入了组播组 G，HostB 没有加入任何组播组。

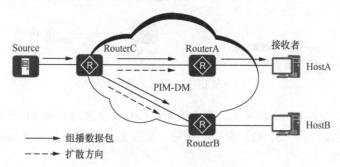

图 13-18　扩散示意

① 组播源 S 开始向组播组 G 发送组播报文。

② RouterC 接收到源发送的组播报文后，根据单播路由表进行 RPF 检查。RPF 检查通过后创建（S，G）表项，下游接口列表包括 RouterA 和 RouterB 相连的接口，后续到达的报文向 RouterA 和 RouterB 转发。

③ RouterA 接收来自 RouterC 的组播报文，通过 RPF 成功检查后，在本地创建对应（S，G）表项，同时因为 RouterA 的下游网段存在该组播组的成员 HostA，所以在（S，G）表项的下游接口列表添加与组成员 HostA 相连的接口，后续到达的报文向 HostA 转发。

④ RouterB 接收来自 RouterC 的组播报文，因为与 RouterB 相连，所以下游网段不存在组成员和 PIM 邻居，所以执行剪枝操作，不会发送组播数据到 HostB 上。

4. 剪枝（Prune）

当 PIM 路由器接收到组播报文后，通过 RPF 检查，但是下游网段没有组播报文需求时，PIM 路由器会向上游发送剪枝报文，通知上游路由器禁止向下游接口转发，将其从（S，G）表项的下游接口列表中删除。剪枝操作由叶子路由器发起，逐跳向上，最终组播转发路径上只存在与组成员相连的分支。

路由器为被裁剪的下游接口启动一个剪枝定时器，定时器超时后，接口恢复转发。这时，组播报文又会重新在全网范围内扩散，新加入的组成员可以接收到组播报文。随后，下游不存在组成员的叶子路由器再次将向上发起剪枝操作。通过这种周期性的"扩散—剪枝"，PIM-DM 周期性地刷新 SPT。当下游接口被剪枝后，会执行以下操作。

① 如果下游叶子路由器有组成员加入，并且希望在下次"扩散—剪枝"前恢复组播报文转发，则执行"嫁接"机制。

② 如果下游叶子路由器一直没有组成员加入，希望该接口保持抑制转发状态，则执行"状态刷新机制"。

剪枝示意如图 13-19 所示，RouterB 上未连接组成员。在这种情况下，RouterB 会向上游发起剪枝请求，具体过程如下。

① RouterB 向上游 RouteC 发送 Prune 报文，通知 RouterC 不用再转发数据到该下游网段。

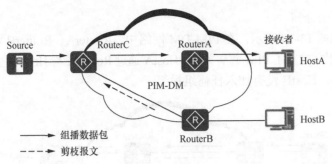

图 13-19　剪枝示意

② RouterC 收到 Prune 报文后，停止该下游接口（也就是与 RouterB 相连的出接口）转发，将该下游接口从（S，G）表项中删除，后续到达的报文只向 RouterA 转发。

5. 嫁接（Graft）

如果原来因为没有组成员而被剪枝的叶子路由器上，突然又有了新的组成员，想要接收来自某组播组的数据，则此时 PIM-DM 会通过"嫁接机制"让这些新组成员快速加入对应的组播组，接收组播报文。

嫁接过程从叶子路由器开始，到有组播报文到达的路由器结束。具体的机制是：首先，叶子路由器通过 IGMP 了解与其相连的用户网段上，组播组 G 有新的组成员加入；然后，叶子路由器会向上游发送 Graft 报文，请求上游路由器恢复相应出接口转发，将其添加在（S，G）表项下游接口列表中。

嫁接示意如图 13-20 所示，示例中的具体嫁接过程如下。

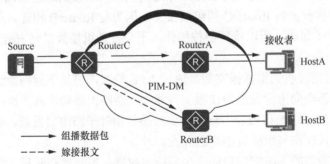

图 13-20　嫁接示意

① RouterB 希望立即恢复对 HostB 组播报文的转发，向上游路由器 RouterC 发送 Graft 报文，请求恢复相应出接口转发组播报文。

② RouterC 收到 Graft 报文后，恢复与 RouterB 相连的出接口转发，将该接口添加到（S，G）表项中的下游接口列表中，这样后续到达的报文向 RouterB 转发，直达 HostB。

6. 状态刷新（State Refresh）

在 PIM-DM 网络中，为了避免被裁剪的接口因为"剪枝定时器"超时而恢复转发，**距离组播源最近的第一跳路由器**会周期性地触发 State Refresh 报文，并在全网扩散。收到状态刷新（State Refresh）报文的 PIM 路由器会刷新剪枝定时器的状态，其目的是查找原来被剪枝的路径上是否有组播成员要加入，如果有新的组成员加入，则立即中止剪枝状态，对应路径的组播转发；如果仍没有组成员加入，则该接口将一直处于抑制转发状态。

状态刷新示意如图 13-21 所示,与 RouterC 上被裁剪接口相连的叶子路由器上一直没有组成员加入,其状态刷新过程如下。

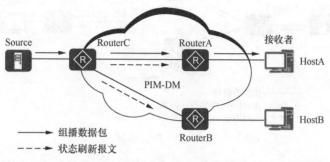

图 13-21 状态刷新示意

① RouterC 触发状态刷新,将 State Refresh 报文向 RouterA 和 RouterB 扩散。

② 由于 RouterC 上存在被裁剪接口(与 RouterB 相连的接口),刷新该接口的"剪枝定时器"的状态,所以在下一次"扩散—剪枝"来临时,因为 RouterB 上仍然没有组成员加入,所以 RouterC 上被裁剪的接口仍将被抑制转发组播报文。否则,原来被裁剪接口加入对应的组播组中,恢复为转发状态。

7. 断言(Assert)

如果一个网段内有多个相连的 PIM 路由器通过 RPF 检查后向该网段转发相同的组播报文,则需要通过"断言机制"来保证只有一个 PIM 路由器向该网段转发组播报文,以保证组成员不接收多份相同的组报文。

这个"断言机制"是在 PIM 路由器接收到邻居路由器发送的相同组播报文后,以组播的方式向本网段的所有 PIM 路由器发送 Assert 报文,目的地址为 224.0.0.13(**代表所有 PIM 路由器**)。其他 PIM 路由器在接收到 Assert 报文后,将自身参数与对方报文中携带的参数做比较,进行 Assert 竞选,竞选规则如下。

① 单播路由协议优先级较高者获胜。

② 如果优先级相同,则到组播源的路径开销较小者获胜。

③ 如果以上都相同,则下游接口 IP 地址最大者获胜。

根据 Assert 竞选结果,路由器将执行不同的操作。

① 获胜一方的下游接口称为 Assert Winner,将负责后续对该网段组播报文的转发。

② 失败一方的下游接口称为 Assert Loser,后续不会对该网段转发组播报文,PIM 路由器也会将其从(S,G)表项下游接口列表中删除。

Assert 竞选结束后,该网段上只存在一个下游接口,只传输一份组播报文。所有 Assert Loser 可以周期性地恢复组播报文转发,从而引发周期性的 Assert 竞选。

断言示意如图 13-22 所示,RouterB 和 RouterC 均通过了 RPF 检查,创建了(S,G)表项,并且二者的下游接口连接在同一网段,RouterB 和 RouterC 都向该网段发送组播报文。此时就会发生断言过程,具体过程如下。

① RouterB 和 RouterC 从各自上游接口接收到 RouterA 发来的组播报文,这时,RouterB 和 RouterC 就会分别向共享网段发送 Assert 报文。

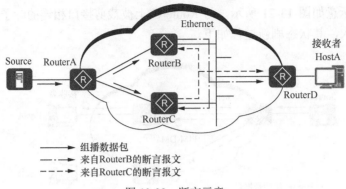

图 13-22　断言示意

② RouterB 在收到 RouterC 发来的 Assert 报文后，将自身的路由信息与 Assert 报文中携带的路由信息进行比较，由于 RouterB 自身到组播源的开销较小而获胜，所以后续组播报文仍然向共享网段转发，RouterC 在接收到组播报文后丢弃。

③ 同样，RouterC 在接收到 RouterB 发来的 Assert 报文，也将自身的路由信息与报文中携带的路由信息进行比较，由于 RouterC 自身到组播源的开销较大而落败，所以禁止相应下游接口向该网段转发组播报文，将其从（S，G）表项的下游接口列表中删除。

13.3.3　PIM-SM（ASM）工作原理

需要说明的是，PIM-DM 模式仅支持 ASM，PIM-SM 却同时支持 ASM 和 SSM 两种模型。在 ASM 中，它使用"拉"（Pull）模式转发组播报文，一般应用于组播组成员规模相对较大、相对稀疏的网络。其基本工作机制如下。

① 在网络中维护一台 RP，可以为随时出现的组成员或组播源服务。网络中所有 PIM 路由器都知道 RP 的位置。

② 当网络中出现组成员（用户主机通过 IGMP 加入某组播组 G）时，最后一跳路由器向 RP 发送 Join 报文，逐跳创建（*，G）表项，生成一棵以 RP 为根的 RPT。

③ 当网络中出现活跃的组播源时（信源向某组播组 G 发送第一个组播数据时），第一跳路由器将组播数据封装在 Register 报文中单播发往 RP，在 RP 上创建（S，G）表项，注册源信息。

在 ASM 模型中，PIM-SM 的关键机制包括邻居发现、DR 竞选、RP 发现、RPT 构建、组播源注册、SPT 切换、剪枝、断言。其中，"邻居发现""断言机制"与 13.3.2 节 PIM-DM 中介绍的"邻居发现"和"断言机制"是完全一样的，参见即可。

1. DR 竞选

在组播源或组成员所在的网段，通常同时连接着多台 PIM 路由器。这些 PIM 路由器之间通过交互 Hello 报文成为 PIM 邻居，Hello 报文中携带 DR 优先级和该网段接口地址。PIM 路由器将自身条件与对方报文中携带的信息进行比较，选举出唯一的 DR（每个网段要选举一个 DR）来负责源端或组成员端组播报文的收发，竞选规则如下。

① DR 优先级较高者获胜（在网段中所有 PIM 路由器都支持 DR 优先级的情况下）。

② 如果 DR 优先级相同，或该网段存在至少一台 PIM 路由器不支持在 Hello 报文中

携带 DR 优先级，则 IP 地址较大者获胜。

③ 如果当前 DR 出现故障，则将导致 PIM 邻居关系超时，其他 PIM 邻居之间会触发新一轮的 DR 竞选。

在 ASM 模型中 DR 的主要作用如下。

① 在连接组播源的共享网段，由 DR 负责向 RP 发送 Register 注册（组播源注册）报文。与组播源相连的 DR 称为源端 DR。

② 在连接组成员的共享网段，由 DR 负责向 RP 发送 Join 加入（组成员加入）报文，与组成员相连的 DR 称为组成员端 DR。

2. RP 发现

一个 RP 可以同时为多个组播组服务，但一个组播组只能对应一个 RP，目前可以通过以下方式配置 RP。

① 静态 RP：需要在网络中所有 PIM 路由器上配置相同的 RP 地址，静态指定 RP 的位置。

② 动态 RP：在 PIM 域内选择几台 PIM 路由器，配置候选 RP（Candidate-RP，C-RP）来动态竞选出 RP。不过此时还需要通过配置候选 BSR（Candidate-BSR，C-BSR）选举出 BSR，收集 C-RP 的通告信息，向 PIM-SM 域内的所有 PIM 路由器发布。

【说明】BSR（自举路由器）是 PIM-SM 网络中的管理核心，负责收集网络中候选 RP（C-RP）发来的宣告信息（Advertisement Message），然后将为每个组播组选择部分 C-RP 信息组成 RP-Set（即组播组和 RP 的映射数据库），并以 BSR 消息发布到整个 PIM-SM 网络，从而使网络内的所有路由器（包括 DR）都知道 RP 的位置。

在 BSR 的选举过程中，初始阶段每个 C-BSR 都认为自己是 BSR，向全网发送 Bootstrap 报文。Bootstrap 报文中携带 C-BSR 地址、C-BSR 的优先级。每台 PIM 路由器都会收到所有 C-BSR 发出的 Bootstrap 报文，通过比较这些 C-BSR 信息，竞选产生 BSR。BSR 的竞选规则如下。

① C-BSR 优先级较高者获胜（优先级数值越大，其优先级越高）。

② 如果优先级相同，则 IP 地址较大的 C-BSR 获胜。

动态 RP 竞选机制示意如图 13-23 所示。

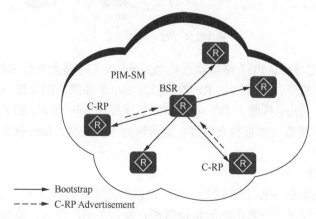

图 13-23　动态 RP 竞选机制示意

① C-RP 向 BSR 发送 Advertisement 报文，报文中携带 C-RP 地址、服务的组范围和 C-RP 优先级。

② BSR 收到这些 Advertisement 报文后，将这些信息汇总为 RP-Set（RP 集），封装在 Bootstrap 报文中，发布给全网的每台 PIM-SM 路由器。

③ 各 PIM 路由器收到 Bootstrap 报文后，使用相同的规则进行计算和比较，从多个针对特定组的 C-RP 中竞选出该组 RP。这些规则包括以下内容。

- 与用户加入的组地址匹配的 C-RP 服务的组范围掩码最长者获胜。
- 如果以上比较结果相同，则 C-RP 优先级较高者获胜（优先级数值越小，其优先级越高）。
- 如果以上比较结果都相同，则执行 Hash 函数，计算结果较大者获胜。
- 如果以上比较结果都相同，则 C-RP 的 IP 地址较大者获胜。

④ 由于所有 PIM 路由器使用相同的 RP-Set 和竞选规则，所以得到的组播组与 RP 之间的对应关系也相同。各 PIM 路由器将"组播组—RP"对应关系保存，以指导后续的组播操作。

3. RPT 构建

PIM-SM RPT 是一棵以 RP 为根，以存在组成员关系的 PIM 路由器为叶子的组播分发树，PPT 构建示意如图 13-24 所示。当网络中出现组成员时（用户主机通过 IGMP 加入某组播组 G），组成员端 DR 向 RP 发送 Join 报文，在通向 RP 的路径上逐跳创建（*，G）表项，生成一棵以 RP 为根的 RPT。

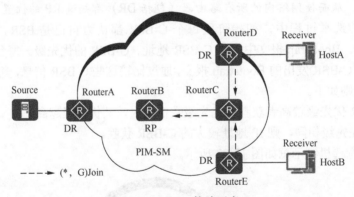

图 13-24　RPT 构建示意

在 RPT 构建过程中，PIM 路由器在收/发 Join 报文时都会进行 RPF 检查。接收者 DR 首先执行 RPF 检查：查找到达 RP 的单播路由，单播路由的出接口为上游接口，下一跳为 RPF 邻居。然后，接收者 DR 向该 RPF 邻居发送 Join 报文。RPF 邻居接收到 Join 报文后，执行 RPF 检查，如果检查通过，则继续向上游发送。Join 报文逐跳上送，直至到达 RP。

4. 组播源注册

组播源注册也是在 RP 上进行的，但注册信息是通过源端 DR 传递到 RP 的。在 PIM-SM 网络中，任何一个新出现的组播源都必须先在 RP 注册，然后才能将组播报文传输到组成员，具体过程如下。

① 组播源将组播报文发给源端 DR。

② 源端 DR 接收到组播报文后，将其封装在 Register 报文中，发送给 RP。

③ RP 接收到 Register 报文后，将其解封装，并根据报文中的信息建立对应（S，G）表项，然后将组播数据沿 RPT 发送到达组成员。

13.3.4　PIM-SM（SSM）工作原理

SSM 是借助 PIM-SM 的部分技术和 IGMPv3/MLDv2 来实现的，不需要维护 RP、不需要构建 RPT、不需要注册组播源，可以直接在源与组成员之间建立 SPT。

SSM 的特点是网络用户能够预先知道组播源的具体位置，因此，用户在加入组播组时可以明确指定从哪些源接收信息。组成员端 DR 了解用户主机的需求后，直接向源端 DR 发送 Join 报文。Join 报文逐跳向上传输，在源与组成员之间建立 SPT。

在 SSM 模型中，PIM-SM 的关键机制包括邻居发现、DR 竞选、构建 SPT（最短路径树）。其中，"邻居发现"机制与 13.4.2 节介绍的 PIM-DM 邻居发现机制一样，而"DR 竞选"机制与 13.4.3 节介绍的 PIM-SM（ASM）的"DR 竞选"机制一样，分别参见即可。下面仅介绍其 SPT 构建原理。

在 PIM-SM 中，因为不需要配置 RP，所以不再使用 RPT，而是使用 SPT 来指导组播报文的转发。SPT 构建示例如图 13-25 所示，介绍了 PIM-SM（SSM 模型）中的 SPT 构建流程。

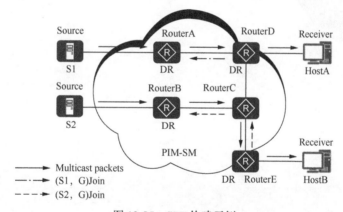

图 13-25　SPT 构建示例

① 担当组成员端 DR 的 RouterD、RouterE 借助 IGMPv3，了解用户主机有到相同组播组不同组播源的组播需要，于是分别逐跳向源方向（SSM 模型中组播源是已知的）发送 Join 报文。

② 沿途各 PIM 路由器通过提取 Join 报文中的相关信息分别创建（S1，G）、（S2，G）表项，最终就形成从源 S1 到组成员 HostA、源 S2 到组成员 HostB 的 SPT。

③ SPT 建立后，源端就会将组播报文沿着 SPT 分发给组成员。

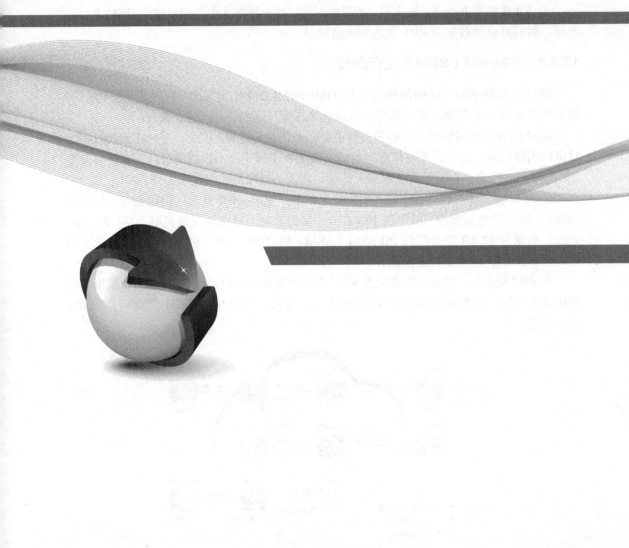

第14章
大型 WLAN 组网

大型 WLAN 由于网络中的设备多，网络结构复杂，接入的用户多、分布广、移动性强，相对于小型 WLAN 来说，在配置和维护上难度更大一些。为了优化大型 WLAN，提高网络的可靠性和体验感，开发了一些专门的技术。

本章专门介绍主要选用于大型 WLAN 的 VLAN Pool、DHCP Option43、空口扫描、射频调优、WLAN 漫游、NAC 接入控制、VRRP 双机热备份、双链路冷/热备份、"N+1" 备份等技术的基本工作原理及相关功能的配置与管理方法，有关华为设备 WLAN 基础知识和中小型 WLAN 网络的配置与管理方法请参见《华为 HCIA-Datacom 学习指南》。

14.1　大型 WLAN 概述

WLAN 因其以无形的电磁波作为传输介质,用户可以随时随地接入网络,不再受传统物理传输介质束缚,极大地简化了网络工程组网,从而受到广大用户的青睐。再加上近些年,随着新 WLAN 技术的不断涌现,WLAN 接入带宽、安全保护等方面基本达到与传统以太网媲美的效果,因此,得到了快速且广泛的应用。

目前,无论是家庭,还是每个学校、政府机构、酒店、医院、商业中心、车站、机场等,WLAN 的应用无处不在。

1. 大型 WLAN 主要特点

大型 WLAN 主要分布在政府办公网、制造业生产网、大型校园网、大型园区网等,其主要特点体现在以下 4 个方面。

(1)网络规模大

在大型 WLAN 中,涉及的 WLAN 设备型号、数量较多,且分布的位置较分散,网络结构更复杂,运维的难度比较大,运维的成本较高。例如,机场、高铁站面积大,如果要实现无死角全覆盖,且能为用户提供无缝漫游,就需要在整个场地安装、部署诸多 WLAN 设备,进而导致整个 WLAN 网络的配置、管理和运维难度也比较大。

(2)用户多、分布广

建立大型 WLAN 网络的原因之一是接入该无线网络的用户很多,而且这些用户分布比较广,且移动性强,对网络体验要求高。这对 WLAN 网络的设计和管理提出了更高的要求。

(3)安全要求高

在大型 WLAN 中,由于 WLAN 用户类型不同,所以必须对不同终端用户接入 WLAN 的权限进行区分。例如,一般的访客只能通过 WLAN 接入公共网络,而员工可以通过 WLAN 访问公司的内部网络,合作伙伴又可授权访问内部网络的部分资源等。这些都需要相应的网络接入控制和用户认证方案来实现。

(4)可靠性要求高

因为大型 WLAN 中用户非常多,并发流量非常大,这不仅要求 WLAN 中各设备的转发性能和自身的可靠性有保障,而且还要能通过技术手段实时对整个网络的运行状态进行监控。

2. 大型 WLAN 关键技术

华为的大型 WLAN 方案中,经常会用到以下 6 个方面技术。

(1)VLAN Pool

VLAN Pool(VLAN 池)在中小型 WLAN 网络中已广泛使用,通过把多个业务 VLAN 加入一个 VLAN 池中,可使同一个 SSID 下绑定多个业务 VLAN,把用户分配到不同的 VLAN 中,缩小广播域,减少网络中的广播报文,提升网络性能。

(2)DHCP Option43 和 Option52

当 AC 和 AP 之间是三层组网时,AP 通过发送广播请求报文的方式无法发现 AC,这时需要在 DHCP 服务器回应给 AP 的报文中携带的 Option43 字段(IPv4 网络)或 Option

52（IPv6 网络）向 AP 通告 AC 的 IP 地址。

（3）空口扫描和射频调优

空口（无线接口）扫描就是 AP 利用部分空口资源，周期性地扫描 Wi-Fi 信道，可以探测和收集周围环境中的无线信号信息，用于射频调优、频谱分析、WLAN 定位或者无线入侵检测系统（Wireless Intrusion Detection System，WIDS）的数据分析。

射频调优可以动态调整 AP 的信道和发送功率，可以使各 AP（同一 AC 管理的 AP）承受的负载保持相对平衡，保证 AP 工作在一个最佳状态。

（4）漫游技术

WLAN 漫游是指 STA 在不同 AP 覆盖范围之间移动且保持用户业务不中断的特性，这是增强 WLAN 网络移动性体验非常重要的一个方面。

（5）准入控制技术

在大型 WLAN 中，接入用户较多且类型较复杂，为了提高 WLAN 接入的安全，可以采用网络接入控制（Network Access Control，NAC）准入控制技术对接入用户进行认证，还可以结合身份认证、授权和记账协议（Authentication Authorization and Accounting，AAA）对不同用户进行授权、计费。

（6）高可靠技术

为了提高 WLAN 网络的可靠性、实用性，可以在 AC 上配置采用虚拟路由冗余协议（Virtual Router Redundancy Protocol，VRRP）热备份、双链路冷/热备份、"N+1" 备份技术。

14.2　VLAN Pool

因为 WLAN 灵活的接入方式，所以许多用户可能会在某个地点（例如，办公区入口或体育场馆入口）由同一个 AP 集中接入 WLAN 中，再漫游到其他 AP 覆盖的无线网络中。如果每个 SSID 中只有一个业务 VLAN，则很容易导致接入用户数较多的区域出现 IP 地址资源不足，而其他区域又存在 IP 地址资源浪费的情况。

VLAN Pool（VLAN 池）技术是一种把多个 VLAN 加入一个 VLAN Pool 中，并与一个 SSID 进行绑定，提供多个 VLAN 的管理和分配算法的技术。这样，接入的用户就可以分配到不同的 VLAN 中，减小广播域，减少网络中的广播报文数量，提升网络性能。

VLAN Pool 分配 VLAN 的算法有以下两种。

① 顺序分配法：根据用户的上线顺序为工作站分配业务 VLAN，VLAN Pool 尽量保证所有 VLAN 分配给 STA 的 IP 地址数目相近。但同一个 STA 如果多次上线，则每次获取的地址通常都不相同。

② HASH 分配算法：根据用户 MAC 地址进行 HASH 运算后的值分配 VLAN，只要 VLAN Pool 里面的 VLAN 不发生变化，通常 STA 都会获取到固定的业务 VLAN，STA 重新上线时也会被尽量优先分配到之前使用过的 IP 地址。

VLAN Pool 与业务 VLAN 一样，都是在虚拟接入点（Virtual Access Point，VAP）模板下配置引用的。VAP 是在一个物理 AP 上虚拟出多个 AP，每个被虚拟出的 AP 就是一个 VAP，每个 VAP 提供和物理 AP 一样的功能。

当用户终端从某个 VAP 接入，首先判断该 VAP 是否有 VLAN Pool。如果该 VAP 绑定了某个 VLAN Pool，则使用 VLAN Pool 中配置的分配算法为 STA 分配一个 VLAN。

VLAN Pool 的配置步骤见表 14-1。当业务 VLAN 配置为 VLAN Pool 时，要注意以下两个方面内容。

① 配置 VLAN Pool 为业务 VLAN 后，不允许删除 VLAN Pool 里面的 VLAN，如果需要删除 VLAN，则需先取消该 VLAN Pool 作为业务 VLAN。

② 在配置双栈地址池的情况下，如果某 VLAN Pool 已经给 STA 分配了 IPv4 地址或 IPv6 地址，则认为 STA 获取地址成功，该 VLAN Pool 不会再重新分配一个新的 VLAN 给 STA。

表 14-1　VLAN Pool 的配置步骤

步骤	命令	说明
1	**system-view**	进入系统视图
2	**vlan batch** { *vlan-id1* [**to** *vlan-id2*] } &<1-10>	批量创建 VLAN
3	**vlan pool** *pool-name* 例如，[HUAWEI] **vlan pool test**	创建 VLAN Pool，并进入 VLAN Pool 视图。 参数 *pool-name* 用来指定 VLAN Pool 的名称，字符串类型，可输入的字符串长度为 1～31 个字符。不能包含 "?" 和空格，双引号不能出现在字符串的首尾。 缺省情况下，设备上没有 VLAN Pool，可用 **undo vlan pool** *pool-name* 命令删除指定的 VLAN Pool
4	**vlan** { *start-vlan* [**to** *end-vlan*] } &<1-10> 例如，[HUAWEI-vlan-pool-test] **vlan 9 12 to 14**	将指定 VLAN 添加到 VLAN Pool 中。 缺省情况下，VLAN Pool 下没有 VLAN，可用 **undo vlan** { { *start-vlan* [**to** *end-vlan*] } &<1-10>	**all** }命令将指定 VLAN 从 VLAN Pool 中删除
5	**assignment** { **even**	**hash** } 例如，[HUAWEI-vlan-pool-test] **assignment even**	配置 VLAN Pool 中的 VLAN 分配算法。 • **even**：二选一选项，指定 VLAN 分配算法为顺序分配。 • **hash**：二选一选项，指定 VLAN 分配算法为 HASH 分配 缺省情况下，VLAN Pool 中的 VLAN 分配算法为 **hash**，可用 **undo assignment** 命令恢复 VLAN Pool 中的 VLAN 分配算法为缺省值
6	**quit**	返回系统视图
7	**wlan** 例如，[HUAWEI] **wlan**	进入 WLAN 视图
8	**vap-profile name** *profile-name* 例如，[HUAWEI-wlan-view] **vap-profile name** vap1	进入 VAP 模板视图
9	**service-vlan vlan-pool** *pool-name* 例如，[HUAWEI-wlan-vap-prof-vap1] **service-vlan vlan-pool test**	配置 VAP 的业务 VLAN pool。 缺省情况下，VAP 的业务 VLAN 为 VLAN1，可用 **undo service-vlan** 命令恢复 VAP 的业务 VLAN 为缺省值

14.3　DHCP 技术

在大型 WLAN 中，经常会用到的 DHCP 技术的主要内容包括两个方面：一是由于

WLAN 规模比较大，STA 与 DHCP 服务器很难都处于同一个二层网络，因此，要在 STA 和 DHCP 服务器之间配置 DHCP 中继，这与有线网络中的 DHCP 中继功能的工作原理和配置方法一样，具体参见本书第 9 章。

　　二是当 **AC 和 AP 不在同一网段时**，AP 无法通过发送广播请求报文的方式发现 AC，此时就需要通过 DHCP 服务器回应给 AP 的报文中携带的 Option43（IPv4 网络）或 Option52（IPv6 网络）字段来向 AP 通告 AC 的 IP 地址，即 AC 的无线接入点控制与规范（Control And Provisioning of Wireless Access Points，CAPWAP）源 IP 地址。

　　DHCP Option43 是在 DHCP IP 地址池中配置的，DHCP Option43 配置步骤见表 14-2。

表 14-2　DHCP Option43 配置步骤

步骤	命令	说明
1	**system-view**	进入系统视图
2	**ip pool** *ip-pool-name* 例如，[HUAWEI] **ip pool** global1	进入 DHCP 服务器 IP 地址池视图
3	**Option43 sub-Option 1 hex** *hex-string* 例如，[HUAWEI-ip-pool-global1] **Option43 sub-Option1 hex** C0A80001C0A80002	（三选一）以十六进制格式配置 AC 的 IP 地址，偶数位长度的十六进制字符串。多个十六进制 IP 地址之间不留空格分隔，可配置的长度范围是 1~252。 缺省情况下，未配置 DHCP 43 选项，可用 **undo Option43 sub-Option** 1 命令删除恢复缺省配置
	Option43 sub-Option 2 ip-address *ip-address* &<1-8> 例如，[HUAWEI-ip-pool-global1] **Option43 sub-Option2 ip-address** 192.168.0.1 192.168.0.2	（三选一）以十进制点分格式直接配置 AC 地址的 IP 地址，最多可配置 8 个 IP 地址，各 IP 地址以空格分隔。 在缺省情况下，未配置 DHCP 43 选项，可用 **undo Option 43 sub-Option2** 命令删除恢复缺省配置
	Option43 sub-Option3 ascii *ascii-string* 例如，[HUAWEI-ip-pool-global1] **Option43 sub-Option3 ascii** 192.168.0.1, 192.168.0.2	（三选一）以 ASCII 格式配置 AC 的 IP 地址，字符串形式，支持空格，区分大小写，可以包括多个 IP 地址，以英文逗号分隔，总长度范围是 1~253 个字符。 缺省情况下，未配置 DHCP 43 选项，可用 **undo Option 43 sub-Option** 3 命令删除恢复缺省配置

14.4　空口扫描

　　空口扫描就是 AP 利用部分空口资源，周期性地扫描 Wi-Fi 信道，这样可以探测和收集周围环境中的无线信号信息，包括工作信道、接收信号强度指示（Received Signal Strength Indicator，RSSI）等。AC 对各 AP 上报的空口扫描结果进行相应的算法处理以后，便可以获知整个覆盖区域内的无线网络信息，从而实现射频调优、智能漫游、AI 漫游、频谱分析、WIDS 和 WLAN 终端定位等业务。

　　缺省情况下，AP 已开启空口扫描功能，在国家码限定的所有信道上进行扫描。空口扫描模板的配置步骤见表 14-3，根据实际需要选择配置空口扫描信道集合、空口扫描的持续时间和时间间隔等参数。

表 14-3 空口扫描模板的配置步骤

步骤	命令	说明
1	**system-view**	进入系统视图
2	**wlan** 例如，[HUAWEI] **wlan**	进入 WLAN 视图
3	**air-scan-profile name** *profile-name* 例如，[HUAWEI-wlan-view] **air-scan-profile name** test	创建空口扫描模板，并进入空口扫描模板视图。 缺省情况下，系统已经存在名为 "default" 的缺省空口扫描模板
4	**undo scan-disable** 例如，[HUAWEI-wlan-air-scan-prof-test] **undo scan-disable**	（可选）开启空口扫描功能。 缺省情况下，空口扫描功能处于开启状态，可用 **scan-disable** 命令关闭空口扫描功能
5	**scan-channel-set { country-channel | dca-channel | work-channel }** 例如，[HUAWEI-wlan-air-scan-prof-test] **scan-channel-set dca-channel**	（可选）配置空口扫描信道集合。 • **country-channel**：多选一选项，指定空口扫描信道集合为 AP 对应国家码支持的所有信道。 • **dca-channel**：多选一选项，指定空口扫描信道集合为调优信道集合。选择此选项，需配置本表第 11 步。 • **work-channel**：多选一选项，指定空口扫描信道集合为 AP 当前工作信道。 缺省情况下，空口扫描信道集合为 AP 对应国家码支持的所有信道，可用 **undo scan-channel-set** 命令恢复空口扫描信道集合为缺省值
6	**scan-period** *scan-time* 例如，[HUAWEI-wlan-air-scan-prof-test] **scan-period** 80	（可选）配置空口扫描的持续时间，整数形式，取值范围是 60～100，单位是 ms。 缺省情况下，空口扫描持续时间为 60ms
7	**scan-interval** *scan-time* 例如，[HUAWEI-wlan-air-scan-prof-test] **scan-interval** 3000	（可选）配置空口扫描的时间间隔，整数形式，取值范围是 300～600000，单位是 ms。 缺省情况下，空口扫描间隔时间为 10000ms，可用 **undo scan-interval** 命令空口扫描间隔时间为缺省值
8	**quit**	返回 WLAN 视图
9	**regulatory-domain-profile name** *profile-name* 例如，[HUAWEI-wlan-view] **regulatory-domain-profile name** default	进入域管理模板。 缺省情况下，系统上存在名为 **default** 的域管理模板
10	**dca-channel 5g bandwidth { 20MHz | 40MHz | 80MHz | auto }** 例如，[HUAWEI-wlan-regulate-domain-default] **dca-channel 5g bandwidth** 40MHz	（可选）配置调优带宽。 如果选择 auto，在国家码支持信道数≥6 个的情况下，设备在执行射频调优时，5G 频段默认使用 40MHz 带宽，不需要手动配置即可获得更大的调优带宽。如果可用的信道数< 6 个，则设备会在对应频段上依次尝试减小调优带宽（80MHz→40MHz→20MHz），直至可用的信道数≥6 个，或者调优带宽减小到 20MHz
11	**dca-channel { 2.4g | 5g } channel-set** *channel-value* 例如，[HUAWEI-wlan-regulate-domain-default] **dca-channel 5g channel-set** 149，153，157，161	（可选）配置调优信道集合。 • **2.4g| 5g**：指定要调优的射频所在频段为 2.4GHz 或 5GHz。 • **channel-set** *channel-value*：指定调优信道集合，字符串类型，用户可以根据提示选择需要调优的信道，当选择多个信道时，中间请用逗号 "，" 隔开

续表

步骤	命令	说明
11	dca-channel { 2.4g	5g } channel-set *channel-value* 例如，[HUAWEI-wlan-regulate-domain-default] dca-channel 5g channel-set 149，153，157，161	【说明】为了确保调优效果，建议调优信道不少于 3 个。由于 2.4GHz 频段存在重叠信道，所以建议用户在配置调优信道时，选择 1、6、11 或者 1、5、9、13 的非重叠信道组合。如果 AP 有 3 个射频工作在 5GHz 频段，则至少需要配置 5 个调优信道。如果 AP 有两个射频工作在 5GHz 频段，则至少需要配置 3 个调优信道。 缺省情况下，2GHz 射频下为 1、6、11 信道，5G 射频为对应国家码下的所有信道。用户在配置调优信道时，可以根据屏幕提示指定信道，采用 undo dca-channel { 2.4g	5g } channel-set 命令恢复调优信道集合为缺省值
12	quit	返回 WLAN 视图
13	radio-2g-profile name *profile-name* 例如，[HUAWEI-wlan-view] radio-2g-profile name 2g-radio	（二选一）进入 2G 射频模板。 缺省情况下，系统上存在名为 default 的 2G 射频模板
	radio-5g-profile name *profile-name* 例如，[HUAWEI-wlan-view] radio-5g-profile name 5g-radio	（二选一）进入 5G 射频模板。 缺省情况下，系统上存在名为 default 的 5G 射频模板
14	air-scan-profile *profile-name* 例如，[HUAWEI-wlan-radio-2g-prof-2g-radio] air-scan-profile test	在射频模板下引用空口扫描模板。 缺省情况下，射频模板引用的是缺省空口扫描模板 "default"

以上配置好后，可在任意视图下执行 **display air-scan-profile** { **all** | **name** *profile-name* }命令，查看在射频模板下引用的空口扫描模板及配置。

14.5　射频调优

在大型 WLAN 中，逐个 AP 手动配置信道，不仅浪费精力，而且容易出错，出现相邻 AP 所用信道重叠，造成信号干扰。射频调优主要包括信道调整、功率调整、冗余射频调整 3 个方面。通过配置射频调优，动态调整 AP 使用的信道、带宽和发送功率，可以使同一 AC 管理的各 AP 承受的负载保持相对平衡，保证各 AP 工作在一个最佳状态。但射频调优功能不适用于 AP 互相无法感知的场景，例如，AP 使用定向天线、AP 相隔较远或者 AP 之间被阻隔等导致无法互相感知的情况。

射频调优功能有以下 3 种模式。

① 自动调优模式：设备会根据调优间隔（间隔由参数 interval 指定，缺省值是 1440 分钟，起始时间为 03:00:00）进行周期性的全局调优。在自动模式下，设备会持续进行邻居探测，并刷新邻居信息，遇到调优间隔，会触发全局调优。

② 手动调优模式：设备不会主动调优，用户需要执行 **calibrate manual startup** [{ **ap-group** *group-name* }&<1-4> | **ap-id** *ap-list*]命令来手动触发全局调优或局部调优

（通过指定 AP 组或 AP）。

　　③ 定时调优模式：设备仅在每天指定时刻（由参数 **time** 指定）触发全局调优。

　　当以上 3 种工作模式互斥时，用户可以根据自己的实际情况选择一种，射频调优的配置步骤见表 14-4。建议用户使用**定时调优**，执行 **calibrate enable schedule time** *time-value* [**time-range** *time-range-name*]命令，并将调优时间定为用户业务空闲时段（例如，当地时间 00:00～06:00）。

表 14-4　射频调优的配置步骤

步骤	命令	说明
1	**system-view**	进入系统视图
2	**wlan** 例如，[HUAWEI] **wlan**	进入 WLAN 视图
3	**ap-group name** *group-name* 例如，[HUAWEI-wlan-view] **ap-group name** ap-group1	（二选一）进入 AP 组视图
	ap-id *ap-id*、**ap-mac** *ap-mac* 或 **ap-name** *ap-name* 例如，[HUAWEI-wlan-view] **ap-id** 0	（二选一）进入 AP 视图。参数 *ap-id*、*ap-mac* 和 *ap-name* 分别代表 AP ID、AP MAC 地址和 AP 名称
4	**radio** *radio-id* 例如，[HUAWEI-wlan-ap-group-ap-group1] **radio** 0	进入射频视图。参数 *radio-id* 用来指定射频 ID，只能取 0 或 1
5	**calibrate auto-channel-select enable** 例如，[HUAWEI-wlan-ap-group-ap-group1] **calibrate auto-channel-select enable**	（可选）使能信道自动选择功能。 在 AP 组射频视图下，缺省使能信道自动选择功能；AP 射频视图下，缺省未配置信道自动选择功能，可以采用 **undo calibrate auto-txpower-select** 命令恢复缺省配置
6	**calibrate auto-txpower-select enable** 例如，[HUAWEI-wlan-ap-group-ap-group1] **calibrate auto-txpower-select enable**	（可选）使能发送功率自动选择功能。 在 AP 组射频视图下，缺省使能发送功率自动选择功能；在 AP 射频视图下，缺省未配置发送功率自动选择功能，可用 **undo calibrate auto-txpower-select enable** 命令恢复缺省配置
7	**calibrate auto-bandwidth-select enable** 例如，[HUAWEI-wlan-ap-group-ap-group1] **calibrate auto-bandwidth-select enable**	（可选）使能动态带宽选择（DBS）功能。 在 AP 组射频视图下，缺省关闭动态带宽选择功能；在 AP 射频视图下，缺省未配置动态带宽选择功能，可用 **undo calibrate auto-bandwidth-select enable** 命令恢复缺省配置。 此命令仅针对 5G 射频有效

　　以上配置完成后，执行以下命令查看或清除调优统计信息。

　　① **display wlan calibrate global configuration**：查看射频调优的全局配置信息。

　　② **display wlan calibrate statistics** { **ap-name** *ap-name* | **ap-id** *ap-id* } **radio** *radio-id*：查看射频调优功能的统计信息。

　　③ **reset wlan calibrate statistics** { **ap-name** *ap-name* | **ap-id** *ap-id* } **radio** *radio-id*：清除射频调优功能的统计信息。

14.6　漫游技术

WLAN 的最大优势是 STA 不受物理介质所处位置的影响，可以在 WLAN 覆盖范围内四处移动，这样就需要 STA 在移动过程中能够保持业务不中断，WLAN 漫游技术因此而产生。同一个扩展服务集（Extend Service Set，ESS）内包含多个 AP 设备（配置的 SSID 一致），当 STA 从一个 AP 覆盖区域移动到另一个 AP 覆盖区域时，利用 WLAN 漫游技术可以实现 STA 用户业务的平滑过渡。

如果要实现在两个 AP 之间漫游，则必须满足以下条件。

① 两个 AP 的信号覆盖区域之间不能有间断（通常应保证有部分重叠）。

② 两个 AP 在同一 ESS 中，即配置相同的 SSID，但所选择的信道不能相同。

③ 两个 AP 的安全模板配置必须相同（安全模板名可以不同），认证模板中的认证方式和认证参数配置也必须相同，认证模板名也可以不同。

WLAN 漫游可以保证用户分配的 IP 地址和用户的授权信息不变，也避免了漫游过程中因认证（例如，802.1x 认证）时间过长而导致数据包丢失甚至业务中断的现象，因为快速漫游避免了 STA 重新认证的过程，所以保证了用户业务不中断。

14.6.1　AC 内漫游

AC 内漫游是指 STA 在由同一个 AC 管理的 AP 之间漫游。

AP 之间漫游示例如图 14-1 所示，WLAN 中的两个 AP 在同一 ESS 中，且由同一 AC 管理，STA 从 AP1 所覆盖的区域进入 AP2 所覆盖的区域时，可以保证 STA 分配的 IP 地址不变，授权信息不变，访问 Internet（互联网）的路径可以无缝切换。

【说明】AC 在网络中有直连式和旁挂式两种连接方式。其中，直连式是 AC 与 AP、外部网络采用串行连接的方式，图 14-1 中采用的是 AC 直连式。旁挂式是 AC 旁挂在其他设备上，不与 AP 和外部网络串行连接。

当 STA 在移动过程中，如果逐渐远离原来接入的 AP，则链路的信号质

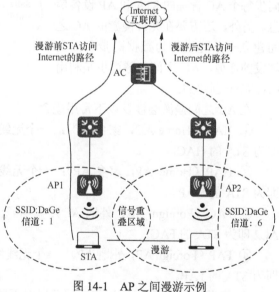

图 14-1　AP 之间漫游示例

量会逐渐下降。当感知到信号质量下降到一定程度（对应设置的"漫游门限"值），STA 会主动漫游到附近的 AP 来提高信号质量。

在图 14-1 中，STA 已经通过 AP1 接入 Internet（互联网）。此时，STA 需要从 AP1 的覆盖范围移动到分配了同一业务 VLAN 的 AP2 的覆盖范围，按照如下的流程实现漫游功能。

① STA 首先与 AP1 建立连接，在各信道中发送 Probe Request。AP2 在信道 6 中收到请示后，通过信道 6 进行应答。STA 收到应答后，对其进行评估，确定同哪个 AP 关联最适合，最终选择了 AP2。

② STA 通过信道 6 向 AP2 发送重认证请求，认证成功后，AP2 向 STA 返回重认证响应。

③ STA 通过信道 6 向 AP2 发送关联请求，AP2 使用关联响应做出应答，建立用户与 AP2 之间的关联。在此之前，STA 与 AP1 的关联一直保持。当 STA 与 AP2 建立好了关联后，STA 通过信道 1 向 AP1 发送 802.11 解除关联信息，删除用户与 AP1 之间的关联。

14.6.2　AC 之间漫游

在大型 WLAN 中，网络覆盖范围非常大，用户可以移动的范围也非常大，这样就可能存在 AC 之间漫游。

AC 之间漫游示例如图 14-2 所示，WLAN 中的两个 AP 在同一 ESS 中，但由于不同 AC（分别为 AC1 和 AC2）管理，STA 从 AP1 所覆盖的区域进入 AP2 所覆盖的区域时，也可以保证 STA 分配的 IP 地址不变，授权信息不变，访问 Internet 的路径可以无缝切换。

为了支持 AC 之间漫游，需要配置漫游组，同一漫游组内的所有 AC 需要同步每个 AC 管理的 STA 和 AP 设备信息。另外，还需要在允许漫游的 AC 之间建立一条隧道作为数据同步和报文转发的通道，AC 之间的隧道也是利用 CAPWAP 创建的。

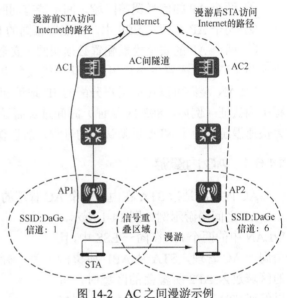

图 14-2　AC 之间漫游示例

在 AC 之间漫游会涉及以下常用概念。

① HAC（Home AC，家乡 AC）：一个无线终端首次关联的 AC。图 14-2 中的 AC1 即为 STA 的 HAC。

② HAP（Home AP，家乡 AP）：一个无线终端首次关联的 AP。图 14-2 中的 AP1 即为 STA 的 HAP。

③ FAC（Foreign AC，外地 AC）：一个无线终端漫游后关联的 AC。图 14-2 中的 AC2 即为 STA 的 FAC。

④ FAP（Foreign AP，外地 AP）：一个无线终端漫游后关联的 AP。图 14-2 中的 AP2 即为 STA 的 FAP。

⑤ 漫游组：在 WLAN 网络中，可以对不同的 AC 进行分组，STA 可以在同一个组中不同的 AC 之间进行漫游，这个组称为漫游组。

⑥ AC 之间隧道：漫游组内的 AC 之间建立的一条作为数据同步和报文转发的通道。如图 14-2 中 AC1 和 AC2 之间建立 AC 之间隧道用于数据同步和报文转发。

当 STA 在 AC 之间进行漫游，要选定一个 AC（既可以是漫游组外的 AC，也可以

是漫游组内选择的一个 AC）作为漫游组服务器。在该 AC 上维护组的成员列表，并下发到漫游组内的各 AC，使漫游组内的各 AC 之间相互认识，并建立 AC 之间隧道。

一个 AC 可以同时作为多个漫游组的漫游组服务器，但自身只能加入一个漫游组。漫游组服务器管理其他 AC 的同时不能被其他的漫游组服务器管理，即如果一个 AC 是作为漫游组服务器角色负责向其他 AC 同步漫游配置，则它无法再作为被管理者接受其他 AC 向其同步漫游配置。

家乡代理是能够和 STA 家乡网络的网关**二层互通**的一台设备，通常是由 HAC 或 HAP 兼任。为了支持 STA 漫游后能正常访问家乡网络，需要将 STA 的业务报文通过 AC 间隧道转发到家长代理，再由家乡代理进行转发。如图 14-2 中，STA 可以选择 AP1 或 AC1 作为家乡代理。

14.6.3　二层/三层漫游

根据 STA 是否在同一个子网内漫游，在 AC 之间漫游分为二层漫游和三层漫游两种，但同一个 VLAN Pool 内的漫游仍然属于二层漫游。

二层漫游是指一个 STA 在两个或多个网内绑定了同一个 SSID，具有相同业务 VLAN（或 VLAN Pool）的 AP 之间来回切换接入 WLAN。在漫游切换过程中，STA 的接入属性（例如，分配的业务 VLAN、获取的 IP 地址等）不会有任何变化，直接平滑过渡，也不会有丢包或断线重连的现象。

二层漫游后，STA 仍然在原来的子网中，FAP/FAC 对二层漫游用户的报文转发同普通新上线用户没有区别，直接在 FAP/FAC 本地的网络转发，不需要通过 AC 之间隧道转回到 HAP/HAC 中转，二层漫游示例如图 14-3 所示。

三层漫游是指 STA 漫游前后绑定的业务 VLAN 不同，AP 提供的业务网络也是不同的三层网络，对应不同的网关。此时，为了保持漫游用户 IP 地址不变，需要将用户流量迁回转发到初始

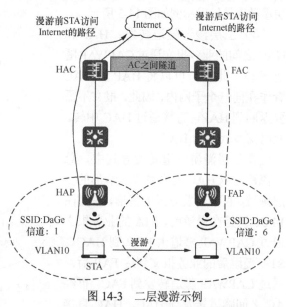

图 14-3　二层漫游示例

接入网段的 AP，以实现跨 VLAN 漫游。但用户漫游前后不在同一个子网中，为了支持用户漫游后仍能正常访问漫游前的网络，需要将用户流量通过 CAPWAP 隧道进行转发。

【说明】有时两个业务 VLAN 的 VLAN ID 相同，但又不在同一子网中。为了避免系统仅凭借 VLAN ID 将用户在两个子网间的漫游误判为二层漫游，需要通过漫游域来确定设备是否在同一个子网中，即只有 VLAN ID 相同，且漫游域也相同时才认为是二层漫游，否则为三层漫游。

根据 WLAN 数据转发类型，三层漫游又有以下两种**访问原网络**的流量转发方式。

① 三层漫游直接转发：在 WLAN 直接转发方式中，HAP 和 HAC 之间的业务报文

不通过 CAPWAP 隧道封装，无法判定 HAC 与 HAP 是否在同一子网中，因此，此时默认将漫游后的报文返回到 HAP 进行中转。**此时采用 HAP 为家乡代理。**

以 HAP 为家乡代理时的三层漫游直接转发示例如图 14-4 所示，STA 漫游后将业务报文发给 FAP，然后通过 CAPWAP 隧道将业务报文转发给 FAC。FAC 收到业务报文后，通过 FAC 与 HAC 之间的 AC 隧道转发到 HAC。HAC 通过 CAPWAP 隧道将报文再转发给 HAP。HAP 再以直接转发的方式将业务报文转发到外部网络。

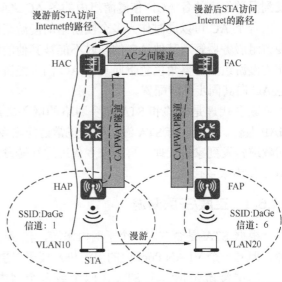

图 14-4　以 HAP 为家乡代理时的三层漫游直接转发示例

在图 14-4 中，如果将 HAC 设为家乡代理，则业务报文从 FAC 经 AC 隧道到达 HAC 后，直接通过 HAC 转发到外部网络，以 HAC 为家乡代理时的三层漫游直接转发示例如图 14-5 所示。

② 三层漫游隧道转发：HAP 和 HAC 之间的业务报文通过 CAPWAP 隧道封装，此时，可以将 HAP 和 HAC 看作在同一个子网内，因此，报文不需要返回到 HAP，直接通过 HAC 中转。此时家乡代理为 HAC。

在三层漫游隧道转发方式中，总体流程与以 HAC 为家乡代理情形的三层漫游、直接转发方式的情形，参见图 14-5。只是在漫游前，STA 的业务报文通过 CAPWAP 隧道由 HAP 到 HAC。STA 漫游后的业务报文到达 FAP 后，通过 CAPWAP 隧道转发到 FAC，再经 AC 之间隧道转发到 HAC，HAC 直接将业务报文发送给上层网络，通常不再转发到 HAP。

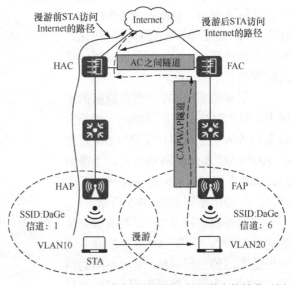

图 14-5　以 HAC 为家乡代理时的三层漫游直接转发示例

14.6.4　WLAN 漫游配置

对于小型的 WLAN，一个 AC 可以满足 WLAN 的覆盖需求，当用户在同一个 AC 内漫游时，网络业务不中断。此时配置好 WLAN 基本业务，且参与漫游的各个 AP 满足以下条件即可实现 AC 内漫游。

① 关联在同一个 AC 上。
② 配置相同的安全策略。

③ 配置相同的 SSID。

④ 如果 AC 上配置了 NAC 业务，则需要保证下发给各个 AP 的认证策略和授权策略相同。

对于大中型 WLAN，需要多个 AC 才能满足 WLAN 的覆盖需求，当用户在不同的 AC 之间漫游时，网络业务不中断。此时配置好 WLAN 基本业务，且参与漫游的各个 AP 需要满足以下条件。

① 关联在不同的 AC 上。

② 配置相同的安全策略。

③ 配置相同的 SSID。

④ 如果 AC 上配置了 NAC 业务，则需要保证参与漫游的各个 AC 上配置了相同的认证策略和授权策略，同时下发给各个 AP 的认证策略和授权策略也是相同的。

AC 之间漫游包括的基本配置任务如下，AC 之间漫游的配置步骤见表 14-5。

（1）配置 AC 之间隧道 DTLS 加密

配置 AC 之间隧道数据包传输层安全（Datagram Transport Layer Security，DTLS）加密后，AC 通过发现机制获取其他 AC 的 IP 地址后，进入 DTLS 协商阶段，即 AC 根据此 IP 地址与其他 AC 协商建立 AC 之间隧道。在这个过程中，AC 之间隧道采用 DTLS 来加密传输 UDP 报文，可提高报文传输的安全性。

建议先配置预共享密钥，使 AC 上的预共享密钥一致，再使能 AC 之间隧道 DTLS 加密功能。如果先使能 AC 之间隧道 DTLS 加密功能，则此时若各 AC 的预共享密钥不同，DTLS 协商会失败，AC 之间隧道建立链路失败。

（2）配置漫游组

漫游组配置有以下两种方法，且两种方法互斥。

① 指定漫游组服务器：需要在漫游组服务器上配置漫游组，并在漫游组中添加成员 AC，**同时需要在漫游组成员 AC 上指定漫游组服务器**，然后漫游组服务器将漫游组配置信息下发到各成员 AC。每个成员 AC 在收到漫游组配置信息后，自动和漫游组中的其他成员 AC 建立 AC 之间隧道，用于在 STA 漫游时互相交换 STA 的信息以及转发业务报文。

② 不指定漫游组服务器：需要在漫游组内每个 AC 上配置漫游组，并添加成员 AC。

（3）（可选）配置漫游域

网络中有时候会出现以下情况：两个子网的 VLAN ID 相同，但是这两个子网又属于不同的子网。为了避免系统仅依据 VLAN ID 将用户在两个子网之间的漫游误判为二层漫游，此时需要通过配置漫游域来确定设备是否在同一个子网内，只有当 VLAN 相同且漫游域也相同时，才是二层漫游，否则是三层漫游。

（4）（可选）配置家乡代理

用户漫游到其他 AP 后，默认以 HAP 作为家乡代理。用户漫游时自动在 FAP 和家乡代理之间建立一条隧道，用户的流量通过家乡代理中转，以保证用户漫游后仍能访问原网络。

如果 AC 和用户的网关二层可达，例如，AC 在用户 VLAN 内，或者 AC 是用户的网关，则可以配置用户的家乡代理在 HAC 上，减轻 HAP 的负担，并且可以缩短 FAP 到家乡代理的隧道长度，提升转发效率。

表 14-5 AC 之间漫游的配置步骤

步骤	命令	说明
1	system-view	进入系统视图
2	capwap dtls inter-controller psk *psk-value* 例如，[HUAWEI] capwap dtls inter-controller psk Dage_2023	配置 AC 之间隧道 DTLS 加密使用的预共享密钥，字符串形式，*psk-value* 可以是 48 位或 68 位的密文密码，也可以是长度范围是 8~32 的显式密码。密码中必须至少包含大写字母、小写字母、数字或特殊字符中的两种格式。 缺省情况下，未配置 DTLS 加密使用的预共享密钥
3	capwap dtls inter-controller control-link encrypt { auto | on | off } 例如，[HUAWEI] capwap dtls inter-controller control-link encrypt on	配置 AC 之间控制隧道的 DTLS 加密功能（华为模拟器暂不支持本命令中的选项）。 • **auto**：多选一选项，根据对端的 DTLS 加密功能是否开启，自适应开启或关闭。 • **on**：多选一选项，开启 DTLS 加密功能。 • **off**：多选一选项，关闭 DTLS 加密功能。 缺省情况下，AC 之间控制隧道的 DTLS 加密功能自适应开启，可用 undo capwap dtls inter-controller control-link encrypt 命令恢复 AC 之间控制隧道的 DTLS 加密功能为缺省配置
4	capwap dtls inter-controller data-link encrypt 例如，[HUAWEI] capwap dtls inter-controller data-link encrypt	使能 AC 之间数据隧道的 DTLS 加密功能（华为模拟器暂不支持本命令）。 缺省情况下，未使能 AC 之间数据隧道的 DTLS 加密功能，可用 undo capwap dtls inter-controller data-link encrypt 命令去使能 AC 之间数据隧道的 DTLS 加密功能
5	wlan 例如，[HUAWEI] wlan	进入 WLAN 视图
6	mobility-server local ip-address *ipv4-address* 例如，[HUAWEI-wlan-view] mobility-server local ip-address 192.168.10.1	配置漫游组内 AC 之间建立连接的本地 IP 地址。 漫游组内 AC 之间建立连接的本地 IP 地址必须是 AC 的 CAPWAP 源地址。当配置了多个 CAPWAP 源地址时，仅可以指定一个 CAPWAP 源地址作为 AC 之间建立连接的 IP 地址。 缺省情况下，未配置漫游组内 AC 之间建立连接的本地 IP 地址，可用 undo mobility-server local 命令删除漫游组内 AC 之间建立连接的本地 IP 地址
7	mobility-server ip-address *ipv4-address* 例如，[HUAWEI-wlan-view] mobility-server ip-address 10.1.1.1	（可选）指定 AC 为漫游组服务器。此处添加的 AC 的 IP 地址为 AC 的 CAPWAP 源 IP 地址。 缺省情况下，设备未指定漫游组服务器，可用 undo mobility-server ip-address 命令删除漫游组服务器配置
8	mobility-group name *group-name* 例如，[HUAWEI-wlan-view] mobility-group name mobi	创建一个漫游组，并进入该漫游组的配置视图。 【说明】如果在第 7 步指定了漫游组服务器，则需要在漫游组服务器上配置漫游组；如果没有指定漫游组服务器，则各成员 AC 均需配置漫游组。 缺省情况下，系统没有创建漫游组，可用 undo mobility-group { name *group-name* | all } 命令删除指定的漫游组
9	member ip-address *ipv4-address* [description *description*] 例如，[HUAWEI-mc-mg-mobi] member ip-address 10.2.1.1	向漫游组中添加一个 AC 成员，AC 一次只能加入一个漫游组中，不可以同时加入多个漫游组。 缺省情况下，系统没有向漫游组中添加成员，可用 undo member ip-address *ipv4-address* 命令从漫游组中删除一个成员

步骤	命令	说明
10	**quit**	返回 WLAN 视图
11	**vap-profile name** *profile-name* 例如，[HUAWEI-wlan-view] **vap-profile name** huawei	（可选）进入 VAP 模板视图。 缺省情况下，系统上存在名为 **default** 的 VAP 模板
12	**vlan-mobility-group** *vlan-mobility-group-id* 例如，[HUAWEI-wlan-vap-prof-huawei] **vlan-mobility-group** 100	（可选）配置漫游域 ID，整数形式，取值范围为 1～4094。 缺省情况下，漫游域 ID 为 1，可用 **undo vlan-mobility- group** 命令恢复漫游域 ID 的缺省值
13	**home-agent** { **ac** | **ap** } 例如，[HUAWEI-wlan-vap-prof-huawei] **home-agent ac**	（可选）选择 HAP 或者 HAC 作为家乡代理。 **只有在三层漫游且转发模式为直接转发时配置家乡代理有意义。** 对于二层漫游出去的用户，流量在 FAC 直接转发；对于隧道转发三层漫游的用户，流量直接通过 HAC 中转。 缺省情况下，漫游用户默认的家乡代理为 HAP，可用 **undo home-agent** 命令恢复漫游用户缺省的家乡代理

WLAN 漫游功能配置好后，可在 AC 的任意视图下执行以下 **display** 命令查看相关配置。

① **display mobility-server**：查看漫游组服务器的相关配置。

② **display mobility-group** { **name** *group-name* \| **all** }：查看指定漫游组的配置信息。

③ **display station roam-track** sta-mac *mac-address*：查看 STA 的漫游轨迹。

④ **display station unsteerable**，查看 STA "不可切换" 记录。

14.6.5　AC 之间二层漫游配置示例

AC 之间二层漫游配置示例的拓扑结构如图 14-6 所示，AC_1 和 AC_2 属于同一个漫游组，且 STA 漫游前后在同一个业务 VLAN 101、同一个子网中。AC_1 作为 DHCP 服务器为 AP 和 STA 分配 IP 地址，业务数据转发方式为隧道转发，二层漫游配置示例的 WLAN 参数规划见表 14-6。

【说明】当用户新开局时，对于 AP 的射频信道的设置，用户可以根据网络规划手动指定，也可以使用射频调优功能自动选择最佳信道。本示例中采用射频调优功能自动选择最佳信道。

1. 基本配置思路分析

本示例是 WLAN 二层漫游，两个 AC 在同一子网中，因此，两个 AC 上的配置总体是对称的，只是 DHCP 服务器仅由 AC_1 担当，且需要建立 CAPWAP 隧道，需要配

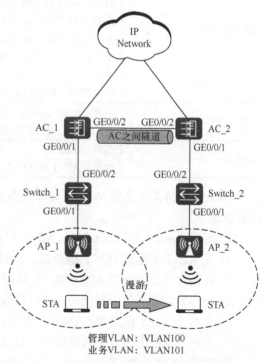

管理VLAN：VLAN100
业务VLAN：VLAN101

图 14-6　AC 之间二层漫游配置示例的拓扑结构

置两个 AC 之间的链路二层互通。

表 14-6　二层漫游配置示例的 WLAN 参数规划

配置项	数据
DHCP 服务器	AC_1 作为 DHCP 服务器，为 STA 和 AP 分配 IP 地址
AP 的 IP 地址池	10.1.1.3～10.1.1.254/24
STA 的 IP 地址池	10.1.2.3～10.1.2.254/24
AC 的源接口 IP 地址	源接口：VLANIF100 AC_1：10.1.1.1/24 AC_2：10.1.1.2/24
AP 组	名称：ap-group1 引用模板：VAP 模板 dage-net，域管理模板 default
域管理模板	名称：default 国家码：中国
SSID 模板	名称：dage-net SSID 名称：dage-net
安全模板	名称：dage-net 安全策略：WPA-WPA2+PSK+AES 密码：DaGe_2023
VAP 模板	名称：dage-net 转发模式：隧道转发 业务 VLAN：VLAN101 引用模板：SSID 模板 dage-net，安全模板 dage-net
空口扫描模板	名称：wlan-airscan 探测信道集合：调优信道 空口扫描间隔时间：60000ms 空口扫描持续时间：60ms
2G 射频模板	名称：wlan-radio2g 引用模板：空口扫描模板 wlan-airscan
5G 射频模板	名称：wlan-radio5g 引用模板：空口扫描模板 wlan-airscan
漫游组	名称：mobility 成员：AC_1 和 AC_2

　　WLAN 漫游是在完成 WLAN 基本业务配置的基础上进行的，下面是本示例的基本配置思路。

　　① 配置 Switch_1、Switch_2、AC_1 和 AC_2 上的 VLAN。

　　② 在 AC_1 上配置 DHCP 服务器，同时为 AP 和 STA 分配 IP 地址。

　　③ 在两个 AC 上配置 AP 上线，包括创建 AP 组、配置 AC 的系统参数，包括国家码、AC 与 AP 之间通信的源接口，并以离线方式导入 AP。

　　④ 在两个 AC 上配置 WLAN 业务参数，实现 STA 上线。

　　⑤ 在两个 AC 上开启射频调优功能自动选择 AP 最佳信道和功率。

　　⑥ 在两个 AC 上配置 WLAN 二层漫游功能，实现 AC 之间二层漫游。

2. 具体配置步骤

本示例中，WLAN 业务数据采用隧道转发方式，因此，要求业务报文在 AP 与 AC 之间建立的 CAPWAP 隧道中转发，AP 与 AC 之间的链路不允许业务 VLAN101 数据通过，仅允许管理 VLAN100 的数据通过，并且交换机与 AP 的连接接口的 PVID 要管理 VLAN100，以便接收到 AP 的无标签管理 VLAN100 帧后，再打上管理 VLAN100 标签，反之，在交换机向 AP 发送管理 VLAN100 帧时去掉 VLAN 标签。但 AC 之间的链路要同时允许管理 VLAN 和业务 VLAN 数据通过，以便实现 AC 之间的业务同步，建立 CAPWAP 隧道。

① 配置 Switch_1、Switch_2、AC_1 和 AC_2 上的 VLAN。

\#---Switch_1 上的配置如下。

将 GE0/0/1 和 GE0/0/2 接口加入 VLAN100，GE0/0/1 的缺省 VLAN 为 VLAN100，具体配置如下。

```
<HUAWEI> system-view
[HUAWEI] sysname Switch_1
[Switch_1] vlan batch 100
[Switch_1] interface gigabitethernet 0/0/1
[Switch_1-GigabitEthernet0/0/1] port link-type trunk
[Switch_1-GigabitEthernet0/0/1] port trunk pvid vlan 100
[Switch_1-GigabitEthernet0/0/1] port trunk allow-pass vlan 100
[Switch_1-GigabitEthernet0/0/1] quit
[Switch_1] interface gigabitethernet 0/0/2
[Switch_1-GigabitEthernet0/0/2] port link-type trunk
[Switch_1-GigabitEthernet0/0/2] port trunk allow-pass vlan 100
[Switch_1-GigabitEthernet0/0/2] quit
```

\#---Switch_2 上的配置如下。

将 GE0/0/1 和 GE0/0/2 接口加入 VLAN100，GE0/0/1 的缺省 VLAN 为 VLAN100，具体配置如下。

```
<HUAWEI> system-view
[HUAWEI] sysname Switch_2
[Switch_2] vlan batch 100
[Switch_2] interface gigabitethernet 0/0/1
[Switch_2-GigabitEthernet0/0/1] port link-type trunk
[Switch_2-GigabitEthernet0/0/1] port trunk pvid vlan 100
[Switch_2-GigabitEthernet0/0/1] port trunk allow-pass vlan 100
[Switch_2-GigabitEthernet0/0/1] quit
[Switch_2] interface gigabitethernet 0/0/2
[Switch_2-GigabitEthernet0/0/2] port link-type trunk
[Switch_2-GigabitEthernet0/0/2] port trunk allow-pass vlan 100
[Switch_2-GigabitEthernet0/0/2] quit
```

\#---AC_1 上的配置如下。

将 GE0/0/1 接口加入 VLAN100，GE0/0/2 接口加入 VLAN100 和 VLAN101，并配置管理 VLANIF100 和业务 VLANIF101 接口的 IP 地址，建立 CAPWAP 隧道，具体配置如下。

```
<HUAWEI> system-view
[HUAWEI] sysname AC_1
[AC_1] vlan batch 100 101
[AC_1] interface gigabitethernet 0/0/1
[AC_1-GigabitEthernet0/0/1] port link-type trunk
[AC_1-GigabitEthernet0/0/1] port trunk allow-pass vlan 100
```

```
[AC_1-GigabitEthernet0/0/1] quit
[AC_1] interface gigabitethernet 0/0/2
[AC_1-GigabitEthernet0/0/2] port link-type trunk
[AC_1-GigabitEthernet0/0/2] port trunk allow-pass vlan 100 101
[AC_1-GigabitEthernet0/0/2] quit
[AC_1] interface vlanif 100
[AC_1-Vlanif100] ip address 10.1.1.1 255.255.255.0
[AC_1-Vlanif100] quit
[AC_1] interface vlanif 101
[AC_1-Vlanif101] ip address 10.1.2.1 255.255.255.0
[AC_1-Vlanif101] quit
```

#---AC_2 上的配置如下。

将 GE0/0/1 接口加入 VLAN100，GE0/0/2 接口加入 VLAN100 和 VLAN101，并配置管理 VLANIF100 和业务 VLANIF101 接口的 IP 地址，建立 CAPWAP 隧道，具体配置如下。

```
<HUAWEI> system-view
[HUAWEI] sysname AC_2
[AC_2] vlan batch 100 101
[AC_2] interface gigabitethernet 0/0/1
[AC_2-GigabitEthernet0/0/1] port link-type trunk
[AC_2-GigabitEthernet0/0/1] port trunk allow-pass vlan 100
[AC_2-GigabitEthernet0/0/1] quit
[AC_2] interface gigabitethernet 0/0/2
[AC_2-GigabitEthernet0/0/2] port link-type trunk
[AC_2-GigabitEthernet0/0/2] port trunk allow-pass vlan 100 101
[AC_2-GigabitEthernet0/0/2] quit
[AC_2] interface vlanif 100
[AC_2-Vlanif100] ip address 10.1.1.2 255.255.255.0
[AC_2-Vlanif100] quit
[AC_2] interface vlanif 101
[AC_2-Vlanif101] ip address 10.1.2.2 255.255.255.0
[AC_2-Vlanif101] quit
```

② 在 AC_1 上配置 DHCP 服务器，为 STA 和 AP 分配 IP 地址。

AC_1 采用接口地址池配置方式，VLANIF100 接口为 AP 提供 IP 地址，VLANIF101 接口为 STA 提供 IP 地址，具体配置如下。

```
[AC_1] dhcp enable
[AC_1] interface vlanif 100
[AC_1-Vlanif100] dhcp select interface
[AC_1-Vlanif100] dhcp server excluded-ip-address 10.1.1.2   #---排除 DHCP 服务器接口 VLAN100 的 IP 地址
[AC_1-Vlanif100] quit
[AC_1] interface vlanif 101
[AC_1-Vlanif101] dhcp select interface
[AC_1-Vlanif101] dhcp server excluded-ip-address 10.1.2.2
[AC_1-Vlanif101] quit
```

③ 在两个 AC 上配置 AP 上线。

因为两个 AC 上的配置基本相同，在此仅以 AC_1 上的配置为例进行介绍。在 AC_2 上添加的 AP 的 MAC 地址为 00e0-fc9c-1800 的 AP，名称为 AP_2。

#---创建 AP 组，用于将相同配置的 AP 都加入同一 AP 组中，具体配置如下。

```
[AC_1] wlan
[AC_1-wlan-view] ap-group name ap-group1
[AC_1-wlan-ap-group-ap-group1] quit
```

#---创建域管理模板，在域管理模板下配置 AC 的国家码并在 AP 组下引用域管理模

板，具体配置如下。

```
[AC_1-wlan-view] regulatory-domain-profile name default
[AC_1-wlan-regulate-domain-default] country-code cn
[AC_1-wlan-regulate-domain-default] quit
[AC_1-wlan-view] ap-group name ap-group1
[AC_1-wlan-ap-group-ap-group1] regulatory-domain-profile default
[AC_1-wlan-ap-group-ap-group1] quit
[AC_1-wlan-view] quit
```

#---配置 AC_1 的源接口，具体配置如下。

```
[AC_1] capwap source interface vlanif 100
```

#---在 AC_1 上离线导入 AP，并将 AP_1 加入 AP 组"ap-group1"中。假设 AP_1 的 MAC 地址为 00e0-fcc1-4780，名称配置为 AP_1，具体配置如下。

```
[AC_1] wlan
[AC_1-wlan-view] ap auth-mode mac-auth   #---采用 MAC 认证方式
[AC_1-wlan-view] ap-id 0 ap-mac 00e0-fcc1-4780
[AC_1-wlan-ap-0] ap-name AP_1
[AC_1-wlan-ap-0] ap-group ap-group1   #---加入名为 ap-group1 的 AP 组
[AC_1-wlan-ap-0] quit
```

AP 上电后，在两个 AC 上执行 **display ap all** 命令，查看上线的 AP。在 AC_1 上执行 **display ap all** 命令的输出如图 14-7 所示，从中可以看到 MAC 地址为 00e0-fcc1-4780 的 AP（即 AP_1）的"State"字段为"nor"时，表示该 AP 已正常上线。在 AC_2 上执行 **display ap all** 命令的输出如图 14-8 所示，从中可以看到 MAC 地址为 00e0-fc9c-1800 的 AP（即 AP_2）的"State"字段为"nor"时，表示该 AP 已正常上线。

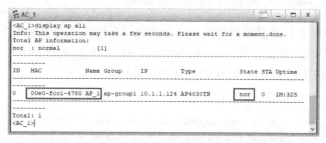

图 14-7　在 AC_1 上执行 **display ap all** 命令的输出

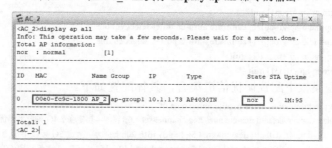

图 14-8　在 AC_2 上执行 **display ap all** 命令的输出

④ 在两个 AC 上配置 WLAN 业务参数，实现 STA 上线。

在 WLAN 业务参数配置中包括安全模板、SSID 模板、VAP 模板，并在 VAP 模板中引入安全模板和 SSID 模板。因为本示例为二层漫游，所以两个 AC 上的这些 WLAN 参数配置是一致的（模板名称可以不同，但参数配置必须一致），在此也仅以 AC_1 上的配置为例进行介绍。

#---创建名为"dage-net"的安全模板，并配置安全策略，具体配置如下。

```
[AC_1-wlan-view] security-profile name dage-net
[AC_1-wlan-sec-prof-dage-net] security wpa-wpa2 psk pass-phrase DaGe_2023 aes #---使用 WPA 和 WPA2 混合认证方式，使用 AES 数据加密方式
[AC_1-wlan-sec-prof-dage-net] quit
```

#---创建名为"dage-net"的 SSID 模板，并配置 SSID 名称为"dage-net"，具体配置如下。

```
[AC_1-wlan-view] ssid-profile name dage-net
[AC_1-wlan-ssid-prof-dage-net] ssid dage-net
[AC_1-wlan-ssid-prof-dage-net] quit
```

#---创建名为"dage-net"的 VAP 模板，配置业务数据转发模式、业务 VLAN，并且引用安全模板和 SSID 模板，具体配置如下。

```
[AC_1-wlan-view] vap-profile name dage-net
[AC_1-wlan-vap-prof-dage-net] forward-mode tunnel   #---指定采用隧道业务数据转发方式
[AC_1-wlan-vap-prof-dage-net] service-vlan vlan-id 101   #---指定业务 VLAN 为 VLAN101
[AC_1-wlan-vap-prof-dage-net] security-profile dage-net   #---引用安全模板
[AC_1-wlan-vap-prof-dage-net] ssid-profile dage-net   #---引用 SSID 模板
[AC_1-wlan-vap-prof-dage-net] quit
```

#---配置 AP 组引用 VAP 模板，AP 上射频 0 和射频 1 都使用 VAP 模板"dage-net"的配置，具体配置如下。

```
[AC_1-wlan-view] ap-group name ap-group1
[AC_1-wlan-ap-group-ap-group1] vap-profile dage-net wlan 1 radio 0
[AC_1-wlan-ap-group-ap-group1] vap-profile dage-net wlan 1 radio 1
[AC_1-wlan-ap-group-ap-group1] quit
```

⑤ 在两个 AC 上开启射频调优功能自动选择 AP 最佳信道和功率。

因为两个 AC 上的配置一样，所以在此仅以 AC_1 上的配置为例进行介绍。

#---使能射频的信道和功率自动调优功能，具体配置如下。

```
[AC_1-wlan-view] ap-group name ap-group1
[AC_1-wlan-ap-group-ap-group1] radio 0
[AC_1-wlan-group-radio-ap-group1/0] calibrate auto-channel-select enable   #---使能自动信道选择功能
[AC_1-wlan-group-radio-ap-group1/0] calibrate auto-txpower-select enable   #---使能自动功率选择功能
[AC_1-wlan-group-radio-ap-group1/0] quit
[AC_1-wlan-ap-group-ap-group1] radio 1
[AC_1-wlan-group-radio-ap-group1/1] calibrate auto-channel-select enable
[AC_1-wlan-group-radio-ap-group1/1] calibrate auto-txpower-select enable
[AC_1-wlan-group-radio-ap-group1/1] quit
[AC_1-wlan-ap-group-ap-group1] quit
```

#---在域管理模板下配置调优信道集合，具体配置如下。

```
[AC_1-wlan-view] regulatory-domain-profile name default
[AC_1-wlan-regulate-domain-default] dca-channel 2.4g channel-set 1,6,11   #---指定在 2.4G 频段下调优 1、6 和 11 这 3 个频道
[AC_1-wlan-regulate-domain-default] dca-channel 5g bandwidth 20mhz   #---指定 5G 频段中信道的带宽为 20MHz
[AC_1-wlan-regulate-domain-default] dca-channel 5g channel-set 149，153，157，161 #---指定在 5G 频段下调优 149、153、157 和 161 这 4 个频道
[AC_1-wlan-regulate-domain-default] quit
```

#---创建空口扫描模板"wlan-airscan"，并配置调优信道集合、扫描间隔时间和扫描持续时间，具体配置如下。

```
[AC-wlan-view] air-scan-profile name wlan-airscan
[AC_1-wlan-air-scan-prof-wlan-airscan] scan-channel-set dca-channel
```

```
[AC_1-wlan-air-scan-prof-wlan-airscan] scan-period 60   #---指定空口扫描持续的时间为 60s
[AC_1-wlan-air-scan-prof-wlan-airscan]scan-interval 60000 #---指定空口扫描持续的时间间隔为 60000s
[AC_1-wlan-air-scan-prof-wlan-airscan] quit
```

【说明】空口扫描模板需要被射频模板引用才能生效。射频模板又需要在 AP 或 AP 组被引用才能生效。

#---创建 2G 射频模板"wlan-radio2g",并在该模板下引用空口扫描模板"wlan-airscan",具体配置如下。

```
[AC_1-wlan-view] radio-2g-profile name wlan-radio2g
[AC_1-wlan-radio-2g-prof-wlan-radio2g] air-scan-profile wlan-airscan
[AC_1-wlan-radio-2g-prof-wlan-radio2g] quit
```

#---创建 5G 射频模板"wlan-radio5g",并在该模板下引用空口扫描模板"wlan-airscan",具体配置如下。

```
[AC_1-wlan-view] radio-5g-profile name wlan-radio5g
[AC_1-wlan-radio-5g-prof-wlan-radio5g] air-scan-profile wlan-airscan
[AC_1-wlan-radio-5g-prof-wlan-radio5g] quit
```

#---在名为"ap-group1"的 AP 组下引用 5G 射频模板"wlan-radio5g"和 2G 射频模板"wlan-radio2g",具体配置如下。

```
[AC_1-wlan-view] ap-group name ap-group1
[AC_1-wlan-ap-group-ap-group1] radio-5g-profile wlan-radio5g radio 1
[AC_1-wlan-ap-group-ap-group1] radio-2g-profile wlan-radio2g radio 0
[AC_1-wlan-ap-group-ap-group1] quit
```

以上配置好后,先将射频调优模式设为手动调优,然后执行命令手动触发射频调优,具体配置如下。

```
[AC_1-wlan-view] calibrate enable manual
[AC_1-wlan-view] calibrate manual startup
```

待执行手动调优一小时后,调优结束。将射频调优模式改为定时调优,并将调优时间定为用户业务空闲时段(例如,当地时间 00:00～06:00),具体配置如下。

```
[AC_1-wlan-view] calibrate enable schedule time 06:00:00
```

⑥ 在两个 AC 上配置 WLAN 二层漫游功能,实现 AC 间漫游。

#---AC_1 上的配置。

- 创建漫游组,并配置 AC_1 和 AC_2 为漫游组成员。

```
[AC_1-wlan-view] mobility-group name mobility
[AC_1-mc-mg-mobility] member ip-address 10.1.1.1
[AC_1-mc-mg-mobility] member ip-address 10.1.1.2
[AC_1-mc-mg-mobility] quit
```

- 配置 AC 之间控制隧道 DTLS 加密。

【说明】自 V200R021C00 版本开始,配置 CAPWAP 源接口或源地址时,会检查和安全相关的配置是否已存在,包括 DTLS 加密的 PSK(AC 和 AP 的 DTLS 加密使用的预共享密钥)、AC 之间 DTLS 加密的 PSK(AC 之间隧道 DTLS 加密使用的预共享密钥)、登录 AP 的用户名和密码、全局的离线管理 VAP 的登录密码。这些均已存在才能成功配置,否则会提示用户先完成相关配置。如果不需要进行 CAPWAP 隧道认证,则在 AC 系统视图下执行 capwap dtls no-auth enable 命令,具体配置如下。

```
[AC_1] capwap dtls inter-controller psk DaGe_2023
[AC_1] capwap dtls inter-controller control-link encrypt on #---开启 AC 之间控制隧道的 DTLS 加密功能
[AC_1] capwap dtls inter-controller data-link encrypt  #---使能 AC 之间数据隧道的 DTLS 加密功能
```

#---AC_2 上的配置。

- 创建漫游组，配置 AC_1 和 AC_2 为漫游组成员。

```
[AC_2-wlan-view] mobility-group name mobility
[AC_2-mc-mg-mobility] member ip-address 10.1.1.1
[AC_2-mc-mg-mobility] member ip-address 10.1.1.2
[AC_2-mc-mg-mobility] quit
```

- 配置 AC 之间控制隧道 DTLS 加密，具体配置如下。

```
[AC_2] capwap dtls inter-controller psk DaGe_2023
[AC_2] capwap dtls inter-controller control-link encrypt on
[AC_2] capwap dtls inter-controller data-link encrypt
```

3. 配置结果验证

以上配置完成后，可进行以下配置结果验证。

① 分别在 AC_1 和 AC_2 上执行 **display vap ssid dage-net** 命令查看 VAP 信息，当"Status"显示"ON"时，表示 AP 对应射频上的 VAP 已创建成功，即表示 WLAN 业务配置会自动下发给 AP。在 AC_1 上执行 **display vap ssid dage-net** 命令的输出如图 14-9 所示，在 AC_2 上执行 **display vap ssid dage-net** 命令的输出如图 14-10 所示。

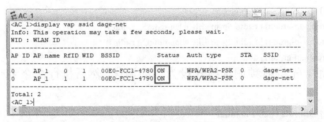

图 14-9　在 AC_1 上执行 **display vap ssid dage-net** 命令的输出

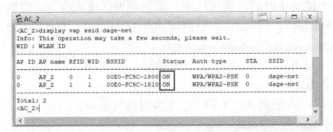

图 14-10　在 AC_2 上执行 **display vap ssid dage-net** 命令的输出

② 在两个 AC 上执行 **display mobility-group name mobility** 命令，查看漫游组成员状态。在 AC_1 上执行 **display mobility-group name mobility** 命令的输出如图 14-11 所示，在"State"列中，两漫游成员均显示"normal"时，表示 AC_1 和 AC_2 漫游正常。

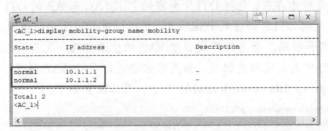

图 14-11　在 AC_1 上执行 **display mobility-group name mobility** 命令的输出

③ STA 在 AP_1 的覆盖范围内搜索到 SSID 为"dage-net"的无线网络，输入密码 DaGe_2023，成功连接后，在 AC_1 上执行 **display station ssid dage-net** 命令，可以看到 STA 关联 AP_1，STA 的 MAC 地址为"5489-983a-29d1"，获得的 IP 地址为 10.1.2.201，漫游前在 AC_1 上执行 **display station ssid dage-net** 命令的输出如图 14-12 所示。

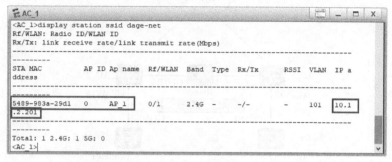

图 14-12　漫游前在 AC_1 上执行 **display station ssid dage-net** 命令的输出

当 STA 从 AP_1 的覆盖范围移动到 AP_2 的覆盖范围时，在 AC_2 上执行 **display station ssid dage-net** 命令，又可以看到 STA 关联到了 AP_2，获得的 IP 地址不变，仍为 10.1.2.201，漫游后在 AC_1 上执行 **display station ssid dage-net** 命令的输出如图 14-13 所示。

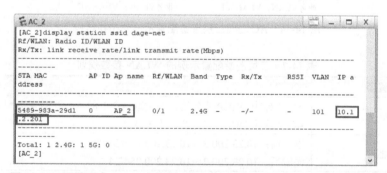

图 14-13　漫游后在 AC_1 上执行 **display station ssid dage-net** 命令的输出

④ 在 AC_2 上执行 **display station roam-track sta-mac** 5489-983a-29d1 命令，可以查看该 STA 的漫游轨迹，即由 AP_1 到 AP_2。

【说明】如果在华为模拟器上做本实验，则由于华为模拟器对漫游配置中部分 AC 之间隧道的 DTLS 加密配置命令不支持，造成 AC 之间的隧道建立配置不成功，执行命令时会查找不到正确的 STA 漫游轨迹。

经过以上验证，证明本示例前面的配置是正确且成功的。

14.6.6　AC 之间三层漫游配置示例

AC 之间三层漫游配置示例的拓扑结构如图 14-14 所示，AC_1 和 AC_2 属于同一个漫游组，但 STA 漫游前后在不同的业务 VLAN 中（前后分别为 VLAN101 和 VLAN102）、不同子网中。AC_1 作为 DHCP 服务器，为关联 AC_1 的 AP 和 STA 分配 IP 地址；AC_2

作为 DHCP 服务器，为关联 AC_2 的 AP 和 STA 分配 IP 地址，业务数据转发方式为直接转发，三层漫游配置示例的 WLAN 参数规划见表 14-7。

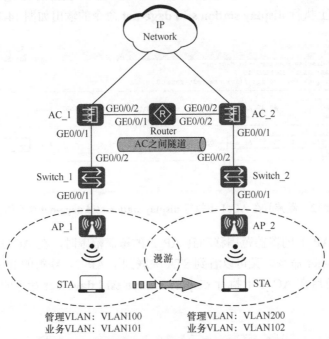

图 14-14　AC 之间三层漫游配置示例的拓扑结构

表 14-7　三层漫游配置示例的 WLAN 参数规划

配置项	数据
DHCP 服务器	AC_1 作为 DHCP 服务器，为关联 AC_1 的 AP 和 STA 分配 IP 地址 AC_2 作为 DHCP 服务器，为关联 AC_2 的 AP 和 STA 分配 IP 地址
AP 的 IP 地址池	漫游前：10.23.100.2～10.23.100.254/24 漫游后：10.23.200.2～10.23.200.254/24
STA 的 IP 地址池	漫游前：10.23.101.2～10.23.101.254/24 漫游后：10.23.102.2～10.23.102.254/24
AC_1 的源接口 IP 地址	源接口：VLANIF100: 10.23.100.1/24
AC_2 的源接口 IP 地址	源接口：VLANIF200: 10.23.200.1/24
AP 组	漫游前：名称为 ap-group1，引用 VAP 模板 dage-net1、域管理模板 default 漫游后：名称为 ap-group2，引用 VAP 模板 dage-net2、域管理模板 default
域管理模板	名称：default 国家码：中国
SSID 模板	名称：dage-net SSID 名称：dage-net
安全模板	名称：dage-net 安全策略：WPA-WPA2+PSK+AES 密码：DaGe_2023

续表

配置项	数据
空口扫描模板	名称：wlan-airscan 探测信道集合：调优信道 空口扫描间隔时间：60000ms 空口扫描持续时间：60ms
2G 射频模板	名称：wlan-radio2g 引用模板：空口扫描模板 wlan-airscan
5G 射频模板	名称：wlan-radio5g 引用模板：空口扫描模板 wlan-airscan
漫游组	名称：mobility 成员：AC_1 和 AC_2

1. 基本配置思路分析

在本示例中，漫游的两个 AC 之间隔离了一个路由器，处于不同子网中，如果要在两个 AC 之间建立 CAPWAP 隧道，就需要使两个 AC 三层互通。下面是本示例的基本配置思路。

① 配置 Switch_1、Switch_2、AC_1 和 AC_2 上的 VLAN。

② 配置两个 AC 之间的三层网络互通。

③ 在两个 AC 上配置 DHCP 服务器，各自为漫游前后的 AP 和 STA 分配 IP 地址。

④ 在两个 AC 上配置 AP 上线，包括创建 AP 组、配置 AC 的系统参数，包括国家码、AC 与 AP 之间通信的源接口，并以离线方式导入 AP。

⑤ 在两个 AC 上配置 WLAN 业务参数，实现 STA 上线。

⑥ 在两个 AC 上开启射频调优功能，自动选择 AP 最佳信道和功率。

⑦ 在两个 AC 上配置 WLAN 三层漫游功能，实现 AC 之间漫游。

2. 具体配置步骤

（1）配置 Switch_1、Switch_2、AC_1 和 AC_2 上的 VLAN

本示例采用直接转发方式，因此，需要在 AP 与 AC 之间的链路上同时允许管理 VLAN 和业务 VLAN 数据帧通过，交换机连接 AP 的接口的 PVID 要管理 VLAN，以便接收到 AP 的无标签管理 VLAN 帧后，再打上管理 VLAN 标签，反之，在交换机向 AP 发送管理 VLAN 帧时去掉 VLAN 标签。

#---Switch_1 上的配置。

将 GE0/0/1 和 GE0/0/2 接口加入 VLAN100、VLAN101，GE0/0/1 接口的缺省 VLAN 为 VLAN100，具体配置如下。

```
<HUAWEI> system-view
[HUAWEI] sysname Switch_1
[Switch_1] vlan batch 100 101
[Switch_1] interface gigabitethernet 0/0/1
[Switch_1-GigabitEthernet0/0/1] port link-type trunk
[Switch_1-GigabitEthernet0/0/1] port trunk pvid vlan 100
[Switch_1-GigabitEthernet0/0/1] port trunk allow-pass vlan 100 101
[Switch_1-GigabitEthernet0/0/1] quit
[Switch_1] interface gigabitethernet 0/0/2
[Switch_1-GigabitEthernet0/0/2] port link-type trunk
```

```
[Switch_1-GigabitEthernet0/0/2] port trunk allow-pass vlan 100 101
[Switch_1-GigabitEthernet0/0/2] quit
```

#---Switch_2 上的配置。

将 GE0/0/1 和 GE0/0/2 接口加入 VLAN200、VLAN102，GE0/0/1 接口的缺省 VLAN 为 VLAN200，具体配置如下。

```
<HUAWEI> system-view
[HUAWEI] sysname Switch_2
[Switch_2] vlan batch 200 102
[Switch_2] interface gigabitethernet 0/0/1
[Switch_2-GigabitEthernet0/0/1] port link-type trunk
[Switch_2-GigabitEthernet0/0/1] port trunk pvid vlan 200
[Switch_2-GigabitEthernet0/0/1] port trunk allow-pass vlan 200 102
[Switch_2-GigabitEthernet0/0/1] quit
[Switch_2] interface gigabitethernet 0/0/2
[Switch_2-GigabitEthernet0/0/2] port link-type trunk
[Switch_2-GigabitEthernet0/0/2] port trunk allow-pass vlan 200 102
[Switch_2-GigabitEthernet0/0/2] quit
```

#---AC_1 上的配置。

将 GE0/0/1 接口加入 VLAN100 和 VLAN101，具体配置如下。

```
<HUAWEI> system-view
[HUAWEI] sysname AC_1
[AC_1] vlan batch 100 101
[AC_1] interface gigabitethernet 0/0/1
[AC_1-GigabitEthernet0/0/1] port link-type trunk
[AC_1-GigabitEthernet0/0/1] port trunk allow-pass vlan 100 101
[AC_1-GigabitEthernet0/0/1] quit
```

#---AC_2 上的配置。

将 GE0/0/1 接口加入 VLAN200 和 VLAN102，具体配置如下。

```
<HUAWEI> system-view
[HUAWEI] sysname AC_2
[AC_2] vlan batch 200 102
[AC_2] interface gigabitethernet 0/0/1
[AC_2-GigabitEthernet0/0/1] port link-type trunk
[AC_2-GigabitEthernet0/0/1] port trunk allow-pass vlan 200 102
[AC_2-GigabitEthernet0/0/1] quit
```

（2）配置 AC 之间的三层互通

本示例采用静态路由实现 AC 之间的三层互通，在 AC_1 上管理 VLANIF100 接口与 AC_2 上的管理 VLANIF200 接口建立 CAPWAP 隧道，具体配置如下。

#---Router 上的配置。

```
<HUAWEI> system-view
[HUAWEI] sysname Router
[Router] interface gigabitethernet 0/0/1
[Router-GigabitEthernet0/0/1] ip address 10.23.100.2 255.255.255.0
[Router-GigabitEthernet0/0/1] quit
[Router] interface gigabitethernet 0/0/2
[Router-GigabitEthernet0/0/2] ip address 10.23.200.2 255.255.255.0
[Router-GigabitEthernet0/0/2] quit
```

#---AC_1 上的配置。

将 GE0/0/2 接口加入 VLAN100，PVID 也等于 VLAN100，使其发送的管理 VLAN

帧不带标签，配置 AC_1 到 AC_2 的路由，下一跳为 10.23.100.2，具体配置如下。

```
[AC_1] interface gigabitethernet 0/0/2
[AC_1-GigabitEthernet0/0/1] port link-type trunk
[AC_1-GigabitEthernet0/0/1] port trunk allow-pass vlan 100
[AC_1-GigabitEthernet0/0/1] port trunk pvid vlan 100
[AC_1-GigabitEthernet0/0/1] quit
[AC_1] ip route-static 10.23.200.0 24 10.23.100.2
```

#---AC_2 上的配置。

将 GE0/0/2 接口加入 VLAN200，PVID 也等于 VLAN200，使其发送的管理 VLAN
帧不带标签，配置 AC_2 到 AC_1 的路由，下一跳为 10.23.200.2，具体配置如下。

```
[AC_2] interface gigabitethernet 0/0/2
[AC_2-GigabitEthernet0/0/1] port link-type trunk
[AC_2-GigabitEthernet0/0/1] port trunk allow-pass vlan 200
[AC_2-GigabitEthernet0/0/1] port trunk pvid vlan 200
[AC_2-GigabitEthernet0/0/1] quit
[AC_2] ip route-static 10.23.100.0 24 10.23.200.2
```

（3）在两个 AC 上配置 DHCP 服务器，各自为漫游前后的 AP 和 STA 分配 IP 地址

#---在 AC_1 上配置 VLANIF100 接口为 AP 提供 IP 地址，VLANIF101 接口为 STA
提供 IP 地址，具体配置如下。

```
[AC_1] dhcp enable
[AC_1] interface vlanif 100
[AC_1-Vlanif100] ip address 10.23.100.1 255.255.255.0
[AC_1-Vlanif100] dhcp select interface
[AC_1-Vlanif100] quit
[AC_1] interface vlanif 101
[AC_1-Vlanif101] ip address 10.23.101.1 255.255.255.0
[AC_1-Vlanif101] dhcp select interface
[AC_1-Vlanif101] quit
```

#---在 AC_2 上配置 VLANIF200 接口为 AP 提供 IP 地址，VLANIF102 接口为 STA
提供 IP 地址，具体配置如下。

```
[AC_2] dhcp enable
[AC_2] interface vlanif 200
[AC_2-Vlanif100] ip address 10.23.200.1 255.255.255.0
[AC_2-Vlanif100] dhcp select interface
[AC_2-Vlanif100] quit
[AC_2] interface vlanif 102
[AC_2-Vlanif102] ip address 10.23.102.1 255.255.255.0
[AC_2-Vlanif102] dhcp select interface
[AC_2-Vlanif102] quit
```

（4）在两个 AC 上配置 AP 上线

因为两个 AC 上的配置基本一致，所以在此仅以 AC_1 上的配置为例进行介绍。在
AC_2 上添加的 AP 的 MAC 地址为 00E0-FCE3-37F0 的 AP，名称为 "AP_2"，CAPWAP
源接口为 VLANIF200，具体配置如下。

#---创建 AP 组，用于将相同配置的 AP 都加入同一 AP 组中。

```
[AC_1] wlan
[AC_1-wlan-view] ap-group name ap-group1
[AC_1-wlan-ap-group-ap-group1] quit
```

#---创建域管理模板，在域管理模板下配置 AC 的国家码，并在 AP 组下引用域管理
模板，具体配置如下。

```
[AC_1-wlan-view] regulatory-domain-profile name default
[AC_1-wlan-regulate-domain-default] country-code cn
[AC_1-wlan-regulate-domain-default] quit
[AC_1-wlan-view] ap-group name ap-group1
[AC_1-wlan-ap-group-ap-group1] regulatory-domain-profile default
[AC_1-wlan-ap-group-ap-group1] quit
[AC_1-wlan-view] quit
```

#---配置 AC_1 的源接口，具体配置如下。

```
[AC_1] capwap source interface vlanif 100
```

#---在 AC_1 上离线导入 AP，并将 AP 加入 AP 组"ap-group1"中。假设 AP 的 MAC 地址为 00e0-fcce-72f0，名称为 AP_1，具体配置如下。

```
[AC_1] wlan
[AC_1-wlan-view] ap auth-mode mac-auth
[AC_1-wlan-view] ap-id 0 ap-mac 00e0-fcce-72f0
[AC_1-wlan-ap-0] ap-name AP_1
[AC_1-wlan-ap-0] ap-group ap-group1
[AC_1-wlan-ap-0] quit
```

将 AP 上电后，在两个 AC 上执行 **display ap all** 命令查看已上线的 AP。在 AC_1 上执行 **display ap all** 命令的输出如图 14-15 所示，从中可以看到 MAC 地址为 00e0-fcce-72f0 的 AP（AP_1）的"State"字段为"nor"时，表示该 AP 已正常上线。在 AC_2 上执行 **display ap all** 命令的输出如图 14-16 所示，从中可以看到 MAC 地址为 00e0-fce3-37f0 的 AP（AP_2）的"State"字段为"nor"时，表示该 AP 已正常上线。

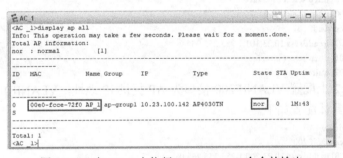

图 14-15　在 AC_1 上执行 **display ap all** 命令的输出

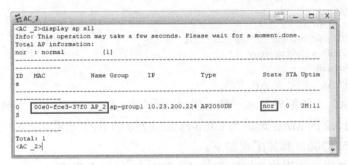

图 14-16　在 AC_2 上执行 **display ap all** 命令的输出

（5）在两个 AC 上配置 WLAN 业务参数，实现 STA 上线

在 WLAN 业务参数配置中包括安全模板、SSID 模板、VAP 模板，并在 VAP 模板中引入安全模板和 SSID 模板。

在此仅以 AC_1 上的配置为例进行介绍，AC_2 上的 VAP 模板中配置业务 VLAN 为 VLAN102，VAP 模板名为 dage-net2。

#---创建名为 "dage-net" 的安全模板，并配置安全策略，具体配置如下。

```
[AC_1-wlan-view] security-profile name dage-net
[AC_1-wlan-sec-prof-dage-net] security wpa-wpa2 psk pass-phrase DaGe_2023 aes
[AC_1-wlan-sec-prof-dage-net] quit
```

#---创建名为 "dage-net" 的 SSID 模板，并配置 SSID 名称为 "dage-net"，具体配置如下。

```
[AC_1-wlan-view] ssid-profile name dage-net
[AC_1-wlan-ssid-prof-dage-net] ssid dage-net
[AC_1-dage-net-prof-dage-net] quit
```

#---创建名为 "dage-net1" 的 VAP 模板，配置直接业务数据转发模式、业务 VLAN，并且引用安全模板和 SSID 模板，具体配置如下。

```
[AC_1-wlan-view] vap-profile name dage-net1
[AC_1-wlan-vap-prof-dage-net1] forward-mode direct-forward
[AC_1-wlan-vap-prof-dage-net1] service-vlan vlan-id 101
[AC_1-wlan-vap-prof-dage-net1] security-profile dage-net
[AC_1-wlan-vap-prof-dage-net1] ssid-profile dage-net
[AC_1-wlan-vap-prof-dage-net1] quit
```

#---配置 AP 组引用 VAP 模板，AP 上射频 0 和射频 1 都使用 VAP 模板 "dage-net1" 的配置，具体配置如下。

```
[AC_1-wlan-view] ap-group name ap-group1
[AC_1-wlan-ap-group-ap-group1] vap-profile dage-net1 wlan 1 radio 0
[AC_1-wlan-ap-group-ap-group1] vap-profile dage-net1 wlan 1 radio 1
[AC_1-wlan-ap-group-ap-group1] quit
```

（6）在两个 AC 上开启射频调优功能自动选择 AP 最佳信道和功率

因为两个 AC 上的配置基本一致，所以在此仅以 AC_1 上的配置为例进行介绍。

#---使能射频的信道和功率自动调优功能，具体配置如下。

```
[AC_1-wlan-view] ap-group name ap-group1
[AC_1-wlan-ap-group-ap-group1] radio 0
[AC_1-wlan-group-radio-ap-group1/0] calibrate auto-channel-select enable
[AC_1-wlan-group-radio-ap-group1/0] calibrate auto-txpower-select enable
[AC_1-wlan-group-radio-ap-group1/0] quit
[AC_1-wlan-ap-group-ap-group1] radio 1
[AC_1-wlan-group-radio-ap-group1/1] calibrate auto-channel-select enable
[AC_1-wlan-group-radio-ap-group1/1] calibrate auto-txpower-select enable
[AC_1-wlan-group-radio-ap-group1/1] quit
[AC_1-wlan-ap-group-ap-group1] quit
```

#---在域管理模板下配置调优信道集合，具体配置如下。

```
[AC-wlan-view] regulatory-domain-profile name default
[AC_1-wlan-regulate-domain-default] dca-channel 2.4g channel-set 1,6,11
[AC_1-wlan-regulate-domain-default] dca-channel 5g bandwidth 20mhz
[AC_1-wlan-regulate-domain-default] dca-channel 5g channel-set 149,153,157,161
[AC_1-wlan-regulate-domain-default] quit
```

#---创建空口扫描模板 "wlan-airscan"，并配置调优信道集合、扫描间隔时间和扫描持续时间，具体配置如下。

```
[AC-wlan-view] air-scan-profile name wlan-airscan
[AC_1-wlan-air-scan-prof-wlan-airscan] scan-channel-set dca-channel
[AC_1-wlan-air-scan-prof-wlan-airscan] scan-period 60
[AC_1-wlan-air-scan-prof-wlan-airscan] scan-interval 60000
[AC_1-wlan-air-scan-prof-wlan-airscan] quit
```

#---创建 2G 射频模板"wlan-radio2g",并在该模板下引用空口扫描模板"wlan-airscan",具体配置如下。

```
[AC_1-wlan-view] radio-2g-profile name wlan-radio2g
[AC_1-wlan-radio-2g-prof-wlan-radio2g] air-scan-profile wlan-airscan
[AC_1-wlan-radio-2g-prof-wlan-radio2g] quit
```

#---创建 5G 射频模板"wlan-radio5g",并在该模板下引用空口扫描模板"wlan-airscan",具体配置如下。

```
[AC_1-wlan-view] radio-5g-profile name wlan-radio5g
[AC_1-wlan-radio-5g-prof-wlan-radio5g] air-scan-profile wlan-airscan
[AC_1-wlan-radio-5g-prof-wlan-radio5g] quit
```

#---在名为"ap-group1"的 AP 组下引用 5G 射频模板"wlan-radio5g"和 2G 射频模板"wlan-radio2g",具体配置如下。

```
[AC_1-wlan-view] ap-group name ap-group1
[AC_1-wlan-ap-group-ap-group1] radio-5g-profile wlan-radio5g radio 1
[AC_1-wlan-ap-group-ap-group1] radio-2g-profile wlan-radio2g radio 0
[AC_1-wlan-ap-group-ap-group1] quit
```

以上配置好后,先将射频调优模式设为手动调优,然后执行命令手动触发射频调优,具体配置如下。

```
[AC_1-wlan-view] calibrate enable manual
[AC_1-wlan-view] calibrate manual startup
```

待执行手动调优一小时后,调优结束。将射频调优模式改为定时调优,并将调优时间定为用户业务空闲时段(例如,当地时间 00:00～06:00),具体配置如下。

```
[AC_1-wlan-view] calibrate enable schedule time 06:00:00
```

(7)在两个 AC 上配置 WLAN 三层漫游功能,实现 AC 间漫游

#---配置 AC_1 上的漫游功能,将 AC_1 和 AC_2 设为漫游组成员,具体配置如下。

```
[AC_1-wlan-view] mobility-group name mobility
[AC_1-mc-mg-mobility] member ip-address 10.23.100.1
[AC_1-mc-mg-mobility] member ip-address 10.23.200.1
[AC_1-mc-mg-mobility] quit
```

#---配置 AC_2 上的漫游功能,将 AC_1 和 AC_2 设为漫游组成员,具体配置如下。

```
[AC_2-wlan-view] mobility-group name mobility
[AC_2-mc-mg-mobility] member ip-address 10.23.100.1
[AC_2-mc-mg-mobility] member ip-address 10.23.200.1
[AC_2-mc-mg-mobility] quit
```

#---在 AC_1 上配置 AC 之间控制隧道 DTLS 加密,具体配置如下。

```
[AC_1] capwap dtls inter-controller psk DaGe_2023
[AC_1] capwap dtls inter-controller control-link encrypt on
[AC_1] capwap dtls inter-controller data-link encrypt
```

#---在 AC_2 上配置 AC 之间控制隧道 DTLS 加密,具体配置如下。

```
[AC_2] capwap dtls inter-controller psk DaGe_2023
[AC_2] capwap dtls inter-controller control-link encrypt on
[AC_2] capwap dtls inter-controller data-link encrypt
```

3. 配置结果验证

完成以上配置后,可以进行以下配置结果验证。

① 在两个 AC 上执行 **display mobility-group name mobility** 命令,查看漫游组成员状态。在 AC_1 上执行 **display mobility-group name mobility** 命令的输出如图 14-17 所示,在"State"列中两漫游成员均显示为"normal"时,表示 AC_1 和 AC_2 漫游正常。

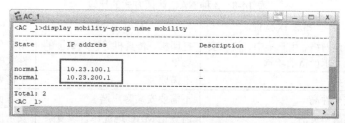

图 14-17 在 AC_1 上执行 **display mobility-group name mobility** 命令的输出

STA 在 AP_1 的覆盖范围内搜索到 SSID 为"dage-net"的无线网络，输入密码 DaGe_2023，并正常连接。

② 在 AC_1 上执行 **display station ssid dage-net** 命令，查看 STA 的接入信息，可以看到 STA 关联到了 AP_1，STA 的 MAC 地址为"5489-986c-4124"，获取的 IP 地址为 10.23.101.214，漫游前在 AC_1 上执行 **display station ssid dage-net** 命令的输出如图 14-18 所示。

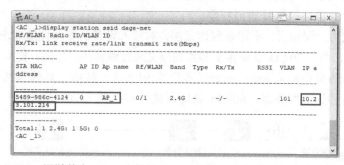

图 14-18 漫游前在 AC_1 上执行 **display station ssid dage-net** 命令的输出

当 STA 从 AP_1 的覆盖范围移动到 AP_2 的覆盖范围时，在 AC_2 上执行 **display station ssid dage-net** 命令，查看 STA 的接入信息，可以看到 STA 关联到了 AP_2，所获取的 IP 地址应保持不变。

③ 在 AC_2 上执行 **display station roam-track sta-mac** 5489-986c-4124 命令，可以查看该 STA 的漫游轨迹。

经过以上验证，证明本示例前面的配置是正确且成功的。

14.7 网络接入控制

网络接入控制（Network Access Control，NAC）通过对接入网络的客户端和用户的认证保证网络的安全，是一种"端到端"的安全技术。

NAC 包括 3 种认证方式：802.1x 认证、MAC 认证和 Portal 认证。由于这 3 种认证方式的认证原理不同，所以各自适合的场景也有所差异，在实际应用中，可以根据场景部署某一种合适的认证方式，也可以部署几种认证方式组成的混合认证，混合认证的组合方式以设备实际支持为准。3 种 NAC 认证方式的比较见表 14-8。

表 14-8   3 种 NAC 认证方式的比较

对比项	802.1x 认证	MAC 认证	Portal 认证
适合场景	新建网络、用户集中、信息安全要求严格的场景	打印机、传真机等接入认证的场景	用户分散、用户流动性大的场景
客户端需求	需要	不需要	不需要
优点	安全性高	不需要安装客户端	部署灵活
缺点	部署不灵活	需登记 MAC 地址，管理复杂	安全性不高

NAC 通常与 AAA 互相配合，共同完成接入认证功能。

NAC 可用于用户和接入设备之间的交互，负责控制用户的接入方式，即用户采用 802.1x、MAC 或 Portal 中的哪一种方式接入，确保合法用户和接入设备建立安全稳定的连接。AAA 用于接入设备与认证服务器之间的交互，AAA 服务器通过对接入用户进行认证、授权和计费实现对接入用户访问权限的控制。

1. 802.1x 协议

802.1x 协议属于一种**基于端口**的网络接入控制协议，是指在局域网接入设备的端口这一级验证用户身份并控制其访问权限。

802.1x 协议为二层协议，不需要到达三层，对接入设备的整体性能要求不高，可以有效降低建网成本，而且 802.1x 认证报文和数据报文通过逻辑接口分离，提高了安全性。

802.1x 系统为典型的 Client/Server（客户端/服务器）结构，具体包括 3 个实体：客户端、接入设备和认证服务器，802.1x 认证系统结构如图 14-19 所示。

客户端   接入设备   认证服务器

图 14-19   802.1x 认证系统结构

① 客户端一般为一个用户终端设备，用户可以通过启动客户端软件发起 802.1x 认证。客户端必须支持局域网上的可扩展认证协议（Extensible Authentication Protocol over LANs，EAPoL）。

② 接入设备通常为支持 802.1x 协议的网络设备，为客户端提供接入局域网的端口，**该端口可以是物理端口，也可以是逻辑端口**。

③ 认证服务器用于实现对用户进行认证、授权和计费，通常为远程认证拨入用户服务（Remote Authentication Dial In User Service，RADIUS）的服务器。

2. MAC 认证

MAC 认证的全称为 MAC 地址认证，是一种基于接口和终端 MAC 地址对用户的访问权限进行控制的认证方法。MAC 认证方式很简单，**用户终端不需要安装任何客户端软件**，在认证过程中，**也不需要用户手动输入用户名和密码**，能够对不具备 802.1x 认证能力的终端进行认证，例如，打印机和传真机等。

MAC 认证系统为典型的客户端/服务器结构，包括 3 个实体：终端、接入设备和认证服务器，MAC 认证系统结构如图 14-20 所示。

图 14-20　MAC 认证系统结构

① 终端：尝试接入网络的终端设备。

② 接入设备：是终端访问网络的网络控制点，是企业安全策略的实施者，负责按照客户网络制定的安全策略，实施相应的准入控制（允许、拒绝、隔离或限制）。

③ 认证服务器：用于确认尝试接入网络的终端身份是否合法，还可以指定身份合法的终端所能拥有的网络访问权限。

3. Portal 认证

Portal 认证通常也称为 Web 认证，一般将 Portal 认证网站称为门户网站。用户上网时，必须在门户网站进行认证，如果未认证成功，则仅可以访问特定的网络资源，只有认证成功后，才可以访问其他网络资源。

Portal 认证具有以下优点。

① 客户端不需要安装额外的软件，直接在 Web 页面上认证，简单方便。

② 便于运营，可以在 Portal 页面上进行业务拓展，例如，广告推送、企业宣传等。

③ 技术成熟，被广泛应用于电信运营商、连锁快餐店、酒店、学校等网络。

④ 部署位置灵活，可以在接入层或关键数据的入口做访问控制。

⑤ 用户管理灵活，可基于用户名与 VLAN/IP 地址/MAC 地址的组合对用户进行认证。

Portal 认证系统结构如图 14-21 所示，主要包括客户端、接入设备、Portal 服务器与认证服务器 4 个基本要素。

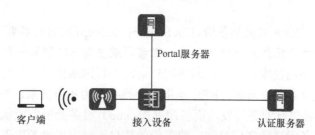

图 14-21　Portal 认证系统结构

① 客户端：安装有运行 HTTP/HTTPS 的浏览器的主机。

② 接入设备：交换机、路由器等接入设备的统称，主要具有以下 3 个方面的作用。

一是在认证之前，将认证网段内用户的所有 HTTP/HTTPS 请求都重定向到 Portal 服务器。

二是在认证过程中，与 Portal 服务器、认证服务器交互，完成对用户身份认证、授权与计费的功能。

三是通过认证后，允许用户访问被管理员授权的网络资源。

③ Portal 服务器：接收客户端认证请求的服务器系统，提供免费门户服务和认证界面，与接入设备交互客户端的认证信息。

④ 认证服务器：与接入设备交互，完成对用户的认证、授权与计费。

4. MAC 优先的 Portal 认证

MAC 优先的 Portal 认证是指用户在成功 Portal 认证后，于一定时间内断开网络重新连接，能够直接通过 MAC 认证接入，不需要输入用户名和密码重新进行 Portal 认证。该功能需要在设备配置"MAC+Portal"的混合认证，同时，在认证服务器上开启 MAC 优先的 Portal 认证功能，并配置 MAC 地址有效时间，用户 Portal 认证成功后，在 MAC 地址有效时间内，可以通过 MAC 认证重新接入网络。

在 MAC 优先的 Portal 认证中，客户端用户首次认证时，接入设备会把客户端的 MAC 地址发到 RADIUS 服务器进行认证，但由于 RADIUS 服务器未查找到 MAC 地址信息，导致认证失败，触发客户端用户进行 Portal 认证。认证成功后，RADIUS 服务器会自动保存客户端的 MAC 地址。当客户端因无线信号不稳定，或离开无线信号覆盖区域导致客户端掉线而重新尝试接入网络时，接入设备会把客户端的 MAC 地址发到 RADIUS 服务器进行认证。

如果客户端的 MAC 地址还保存在 RADIUS 服务器，则 RADIUS 服务器校验用户名和密码（用户名和密码均为 MAC 地址）后，直接进行授权，用户授权后即可以直接访问网络，不需要再次输入用户名和密码进行认证。

如果客户端的 MAC 地址在 RADIUS 服务器已经过期，则 RADIUS 服务器会删除保存的客户端 MAC 地址。MAC 地址认证失败后，接入设备会向客户端用户推送 Portal 认证页面。客户端用户需要重新输入用户名和密码完成身份认证。

14.8　VRRP 双机热备份

本节重点描述 VRRP 双机热备份（Hot Standby Backup，HSB）。需要说明的是，**VRRP 热备份和在本章后面介绍的双链路热备份，二者要求主备 AC 型号一致。**

VRRP 是冗余路由技术，为下行网络用户访问上行网络提供由多台路由器组成的虚拟网关，解决网关单点故障问题。HSB 是指两台设备互为备份关系，在正常情况下，由主用（Master）设备进行业务转发，而备用（Backup）设备处于监控状态。同时，主用设备实时向备用设备发送状态信息和需要备份的信息。当主用设备出现故障后，备用设备及时接替主用设备的业务。VRRP 双机热备份技术既可以解决单一 AC 故障问题，同时又可以使相互备份的 AC 之间的配置信息相互同步。

WLAN 中的 VRRP 双机热备份是以 AC 作为冗余设备，主/备 AC 通过 VRRP 对外虚拟为同一个 IP 地址，形成一台虚拟 AC，WLAN VRRP 热备份典型拓扑结构如图 14-22 所示。在正常情况下，主 AC 备份 AP 信息、STA 信息和 CAPWAP 链路信息，担任虚拟 AC 的具体工作，并通过 HSB 主

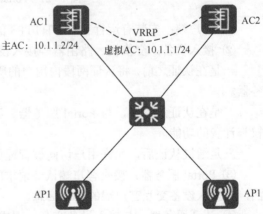

图 14-22　WLAN VRRP 热备份典型拓扑结构

备通道将信息同步给备 AC。当主 AC 出现故障时，备 AC 接替其工作。所有 AP 和虚拟 AC 建立一条 CAPWAP 隧道。

14.8.1　HSB 基础

HSB 的实现主要分为两个环节，即正常情况下的数据同步，以保证主备设备的信息一致，以及故障与故障恢复时的流量切换，进而保证故障后业务能够不中断且正常运行。

HSB 主备服务负责在两个互为备份的设备之间建立主备备份通道，维护主备通道的链路状态，为其他业务提供报文的收发服务，并在备份链路发生故障时，通告主备业务组及备份组进行相应的处理。

HSB 主备服务主要包括以下两个方面。

① 建立主备备份通道：通过配置主备服务本端和对端的 IP 地址和端口号，从而建立主备机制报文发送的 TCP 通道，为其他业务提供报文的收发及链路状态变化通知的服务。

② 维护主备通道的链路状态：通过发送主备服务报文和重传机制来防止因 TCP 连接中断时间过长，但协议栈没有检测到该连接的中断发生。如果在主备服务报文时间间隔与重传次数乘积的时间内还没有收到对端发送的主备服务报文，则设备会收到异常通知，并且准备重建主备备份通道。

当主用设备出现故障，流量切换到备份设备时，要求主用设备和备份设备的会话表项完全一致，否则有可能导致会话中断。因此，需要一种机制在主用设备会话建立或表项变化时，将相关信息同步保存到备份设备上。HSB 主备服务处理模块可以提供数据的备份功能，它负责在两个互为备份的设备之间建立主备通道，并维护主备通道的链路状态，提供报文的收发服务。

HSB 数据同步的方式有批量备份、实时备份和定时同步 3 种。

（1）批量备份

主用设备工作了一段时间后，可能已经存在大量的会话表项，此时加入备份设备，在两台设备上配置双机热备份功能后，先运行的主用设备会将已有的会话表项一次性同步到新加入的备份设备上，这个过程称为批量备份。

（2）实时备份

主用设备在运行过程中，可能会产生新的会话表项。为了保证主备设备上表项的完全一致，主用设备在产生新表项或表项变化后会及时备份到备份设备上，这个过程称为实时备份。HSB 可实时备份用户数据、CAPWAP 隧道信息、AP 表项、DHCP 地址信息。

（3）定时同步

为了进一步保证主备设备上表项的完全一致，备用设备会每隔 30 分钟检查其已有的会话表项与主用设备是否一致，如果不一致，则将主用设备上的会话表项同步到备用设备，这个过程称为定时同步。

14.8.2　VRRP 热备份工作原理

VRRP 热备份流程包括主备协商、数据备份、主备倒换和主备回切 4 个阶段。

1. 主备协商

在 VRRP 热备份组网中，HSB 备份组绑定 VRRP 备份组，通过 VRRP 协商出主备

AC 角色。VRRP 热备份中的主备协商如图 14-23 所示，AC1 和 AC2 加入 VRRP 组，两台 AC 通过 VRRP 协商出 AC1 为 Master 角色，AC2 为 Backup 角色。在 HSB 备份组中，AC1 为主，处于工作状态，AC2 为备，处于备份状态。

确认主备 AC 后，主 AC 通过发送免费 ARP 报文，将虚拟 MAC 地址通知与它连接的设备或者主机，从而承担报文转发任务，并且主 AC 周期性地向备 AC 发送 VRRP 通告报文，以公布其配置信息（优先级等）和工作状况。AP 和 VRRP 虚拟 IP 地址之间建立一条 CAPWAP 链路，此时 AP 由主 AC 管理。

2. 数据备份

主备 AC 确定后，HSB 备份组通知主 AC 相关业务模块，将 STA 表项、CAPWAP 链路及 AP 表项等信息通过 HSB 主备通道同步备份给备 AC，VRRP 热备份的数据备份如图 14-24 所示。

3. 主备倒换

当正常工作时，所有 AP 的业务均由主 AC 处理，将产生的会话信息通过主备通道传送到备 AC 进行备份。备 AC 不处理业务，只用作备份。仅当主 AC 上下行链路或自身出现故障时，备 AC 才会由备份状态倒换为工作状态，主 AC 由工作状态倒换为备份状态，此时所有 AP 的业务转由备 AC 进行处理。

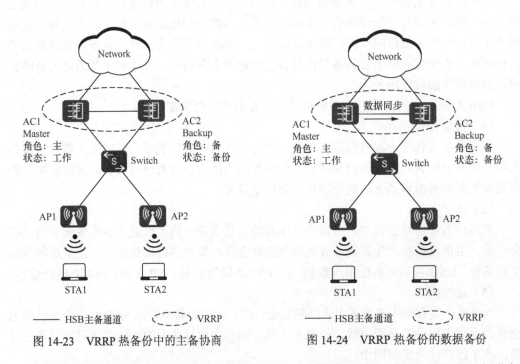

图 14-23　VRRP 热备份中的主备协商　　　　图 14-24　VRRP 热备份的数据备份

因为在数据备份阶段，备 AC 上已从主 AC 备份了会话信息，所以可以保证新发起的会话能正常建立，当前正在进行的会话也不会中断，提高了网络可靠性。

VRRP 热备份的主备倒换如图 14-25 所示，描述了主 AC 出现的 3 种故障情形。该情形具体包括主 AC 下行链路故障、主 AC 上行链路故障和主 AC 故障。根据故障点的不同，主备倒换流程上存在差异，下面进行具体介绍。

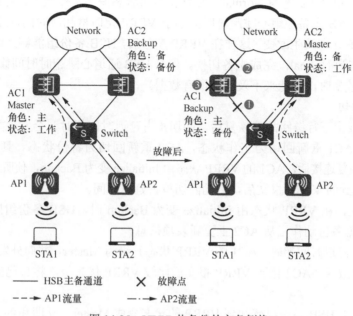

图 14-25 VRRP 热备份的主备倒换

（1）主 AC 下行链路故障后主备倒换流程

① 由于 HSB 备份组绑定的 VLANIF（例如，管理 VLAN 对应的 VLANIF）加入下行链路，当 AC1 下行链路故障时，AC1 的 HSB 备份组感知到 VLANIF 状态为 Down，通过 HSB 主备通道通知 AC2 的 HSB 备份组独立运行。

② AC2 HSB 备份组收到通知后，通知自身业务模块变更 AP 状态为 Normal。

③ 当 AC1 下行链路断开时，VRRP 机制也会感知到 VRRP 心跳超时，使 AC2 的 VRRP 状态变更为 Master。新的主 AC-AC2 发送携带虚拟 MAC 地址和虚拟 IP 地址信息的免费 ARP 报文，刷新与它连接的主机或设备中的 MAC 表项，从而把业务流量引到新的 Master 设备上来，由 AC2 管理 AP，AC2 由备份状态变为工作状态。

（2）主 AC 上行链路故障后主备倒换流程

① VRRP 联动功能监视上行链路或接口状态。当 AC1 上行链路断开时，VRRP 备份组会降低 AC1 优先级，并将信息发送给 AC2。

② AC2 接收到信息后，发现 AC1 的优先级低于自己，AC2 切换为工作状态。AC1 收到 AC2 的优先级比自己高，切换为备份状态。业务流量切换到 AC2。需要注意的是，此时 AC1 和 AC2 必须都工作在抢占方式下。

（3）主 AC 故障后主备倒换流程

① 当主 AC 故障，HSB 主备通道中断时，HSB 模块不能向备 AC 通知主 AC 发生异常。于是只能等待 HSB 通道心跳超时，或 VRRP Master_Down_Interval 定时器超时。

② 缺省情况下，VRRP 定时器超时时间先达到，AC2 的 VRRP 状态变为 Master。AC2 判断自身的 HSB 备份组状态，由于 HSB 通道心跳未超时，所以 HSB 备份组此时的状态仍为 Backup。

③ 等待 HSB 主备通道心跳超时，AC2 的 HSB 备份组切换为独立运行状态，通知

自身业务模块变更 AP 状态为 Normal。AC2 由备份状态变为工作状态，完成主备倒换。

如果修改 HSB 主备通道心跳超时时间小于 VRRP 定时器超时时间，HSB 备份组状态会先于 VRRP 状态发生改变。这样在 VRRP 超时后，HSB 备份组能够及时通知业务模块变更 AP 状态为 Normal，完成主备切换。但是 HSB 通道心跳超时时间修改用时很短，当备份数据量较多时，可能来不及备份所有数据。

4. 主备回切

当主 AC 或上下行链路故障恢复后，回切抢占延迟时间超时，会发生主备回切。如图 14-25 中的 AC1 重新回切为工作状态，AC2 重新回切为备份状态，具体流程如下。

① AC1 恢复连接后，AC1 的 VRRP 状态由 Initialize 变为 Backup，侦听 VRRP 报文。在确认 AC2 收到的 VRRP 报文后，启动回切抢占延迟时间。

② AC1 上，在 VRRP 状态由 Initialize 变为 Backup 时，HSB 备份组感知到此状态变化，触发数据备份动作，从 AC2 上更新表项信息。

③ 当抢占延迟时间超时，AC1 的 VRRP 状态升级为 Master，并向外发送通知报文，将 AC1 的链路激活。AC2 接到 VRRP 报文后比较 VRRP 优先级，将自己的 VRRP 状态变为 Backup。

④ AC1 上，HSB 备份组感知到 VRRP 的状态变成 Master，立即和备 AC 上的 HSB 备份组协商。AC2 的 AP 状态变成 Standby，AC1 的 AP 状态变为 Normal，AC1 重新变回工作状态，AC2 重新恢复为备份状态，完成主备回切。

14.8.3　VRRP 热备份配置

VRRP 热备份涉及的配置任务如下，VRRP 热备份的配置步骤见表 14-9，可以在两 AC 上同时配置。

① 创建 VRRP 备份组并配置虚拟 IP 地址。

② 创建 HSB 主备服务，建立 HSB 主备备份通道的 IP 地址和端口号。

③ 创建 HSB 备份组，配置 HSB 备份组绑定 HSB 主备服务、VRRP 备份组、WLAN 业务和 DHCP 服务。

④ 使能 HSB 备份组。

表 14-9　VRRP 热备份的配置步骤

步骤	命令	说明
1	**system-view**	进入系统视图
2	**interface** *interface-type interface-number* 例如，[Huawei] **interface** gigabitethernet 1/0/0	进入 AC 下行链路接口的接口视图
3	**vrrp vrid** *virtual-router-id* **virtual-ip** *virtual-address* 例如，[Huawei-GigabitEthernet1/0/0] **vrrp vrid** 1 **virtual-ip** 10.1.1.2	创建 VRRP 备份组并给备份组配置虚拟 IP 地址。 • **vrid** *virtual-router-id*：指定 VRRP 备份组号，整数形式，取值范围为 1～255。 • **virtual-ip** *virtual-address*：指定 VRRP 备份组的虚拟 IP 地址

续表

步骤	命令	说明
4	**vrrp vrid** *virtual-router-id* **priority** *priority-value* 例如，[Huawei-GigabitEthernet1/0/0] **vrrp vrid** 1 **priority** 150	配置 AC 在备份组中的优先级，整数形式，取值范围为 1～254，其数值越大，优先级越高。优先级值为 0 是系统保留作为特殊用途的，优先级值为 255 是保留给 IP 地址拥有者的。 缺省情况下，优先级的取值是 100，可用 **undo vrrp vrid** *virtual-router-id* **priority** 命令恢复设备在 VRRP 备份组中的优先级为缺省值
5	**admin-vrrp vrid** *virtual-router-id* 例如，[Huawei-GigabitEthernet1/0/0] **admin-vrrp vrid** 1	（可选）指定管理 VRRP 备份组，整数形式，取值范围是 1～255。管理 VRRP（mVRRP）备份组可以绑定其他的业务 VRRP 备份组、业务接口或 PW 通道，并根据绑定关系，决定相关业务备份组、业务接口或 PW 通道的主备状态。业务 VRRP 绑定管理 VRRP 后，不再发送相关 VRRP 通告报文进行设备间的主备协商，其状态由管理 VRRP 决定，从而大幅减少 VRRP 通告报文对网络带宽和 CPU 处理性能的影响。 作为网关的管理 VRRP 备份组既处理协议报文，也处理业务报文。非网关的管理 VRRP 备份组只处理协议报文，不处理业务报文
6	**quit**	返回系统视图
7	**hsb-service** *service-index* 例如，[Huawei] **hsb-service** 0	创建 HSB 备份服务，并进入 HSB 备份服务视图。参数 *service-index* 用来指定主备服务编号，固定为 **0**。 缺省情况下，未创建 HSB 主备服务，可用 **undo hsb-service** *service-index* 命令删除一个 HSB 主备服务
8	**service-ip-port local-ip** *local-ip-address* **peer-ip** *peer-ip-address* **local-data-port** *local-port* **peer-data-port** *peer-port* 例如，[Huawei-hsb-service-0] **service-ip-port local-ip** 192.168.1.1 **peer-ip** 192.168.1.2 **local-data-port** 10240 **peer-data-port** 10240	配置建立 HSB 主备备份通道。 • **local-ip** *local-ip-address*：HSB 主备服务绑定的本端 IP 地址，即本端的 CAPWAP 源地址。 • **peer-ip** *peer-ip-address*：HSB 主备服务绑定的对端 IP 地址，即对端的 CAPWAP 源地址。 • **local-data-port** *local-port*：指定 HSB 主备服务的本端 TCP 端口号，整数形式，取值范围为 10240～49152。 • **peer-data-port** *peer-port*：指定 HSB 主备服务的对端 TCP 端口号，整数形式，取值范围为 10240～49152。 HSB 主备备份通道参数必须在本端和对端同时配置。 缺省情况下，HSB 主备服务的 IP 地址和端口号未配置，可用 **undo service-ip-port** [**local-ip** *local-ip-address* **peer-ip** *peer-ip-address* **local-data-port** *local-port* **peer-data-port** *peer-port*] 命令删除 HSB 主备服务 IP 地址和端口号
9	**quit**	返回系统视图
10	**hsb-group** *group-index* 例如，[Huawei] **hsb-group** 0	创建 HSB 备份组，并进入 HSB 备份组视图。参数 *group-index* 用来指定主备备份组编号，固定为 **0**
11	**bind-service** *service-index* 例如，[Huawei-hsb-group-0] **bind-service** 0	配置 HSB 备份组绑定的主备服务。 缺省情况下，HSB 备份组未绑定 HSB 主备服务，可用 **undo bind-service** *service-index* 命令删除 HSB 备份组绑定的 HSB 主备服务

步骤	命令	说明
12	**track vrrp vrid** *vitual-router-id* **interface** *interface-type interface-number* 例如，[Huawei-hsb-group-0] **track vrrp vrid 1 interface** gigabitethernet 1/0/0	配置 HSB 备份组绑定的 VRRP 备份组。参数 *interface-type interface-number* 为本端的 VRRP 接口。 【说明】缺省情况下，备份组中的路由器采用抢占模式，抢占前要将原主设备上的数据批量备份到本设备，由于批量备份数据根据业务量多少需要一定的时间，为了保证主备切换时批量数据能够备份成功，不影响已有业务，所以在主设备的备份组上，先执行 **vrrp vrid** *virtual-router-id* **preempt-mode timer delay** *delay-value* 命令，配置抢占延迟时间功能。根据设备业务规格大小所需的批量备份时间配置适当的抢占延迟时间，建议延迟时间大于批量备份的时间。 缺省情况下，HSB 备份组未绑定 VRRP 备份组，可用 **undo track vrrp** [**vrid** *vitual-router-id* **interface** *interface-type interface-number*]命令删除 HSB 备份组绑定的 VRRP 备份组
13	**quit**	返回系统视图
14	**hsb-service-type ap** { **hsb-group** *group-index* | **hsb-service** *service-index* } 例如，[Huawei] **hsb-service-type ap hsb-group** 0	配置 WLAN 业务绑定 HSB 备份组或 HSB 主备服务，保证在主 AC 故障时，WLAN 业务能够不中断且顺利切换到备 AC。 缺省情况下，HSB 备份组（或 HSB 主备服务）未绑定 WLAN 业务，可用 **undo hsb-service-type ap** { **hsb-group** *group-index* | **hsb-service** *service-index* }命令取消对应的绑定
15	**hsb-service-type dhcp hsb-group** *group-index* 例如，[Huawei] **hsb-service-type dhcp hsb-group** 0	配置 DHCP 业务绑定 HSB 备份组（**不能绑定 HSB 主备服务**），保证在主 AC 故障时，DHCP 业务能够不中断且顺利切换到备 ACDHCP 服务器。双机热备是指网络部署两台 DHCP 服务器设备形成主备机制，当主用服务器出现故障，链路需要切换到备份 DHCP 服务器之前，用户地址分配状态信息将同步备份到备份服务器上。备份 DHCP 服务器可以继续为用户分配 IP 地址，并且不会存在地址重复分配现象。 缺省情况下，HSB 备份组未绑定 DHCP 业务，可用 **undo hsb-service-type dhcp hsb-group** *group-index* 命令取消 HSB 备份组绑定 DHCP 业务
16	**hsb-service-type access-user** { **hsb-group** *group-index* | **hsb-service** *service-index* } 例如，[Huawei] **hsb-service-type access-user hsb-group** 0	配置 NAC 业务绑定 HSB 备份组或 HSB 主备服务，保证在主 AC 故障时，NAC 业务能够不中断且顺利切换到备 AC。 缺省情况下，系统中没有配置 NAC 业务绑定 HSB 备份组（或 HSB 主备服务），可用 **undo hsb-service-type access-user** { **hsb-group** *group-index* | **hsb-service** *service-index* } 命令取消对应的绑定
17	**hsb-group** *group-index* 例如，[Huawei] **hsb-group** 0	进入 HSB 备份组视图
18	**hsb enable** 例如，[Huawei-hsb-group-0] **hsb enable**	在 HSB 备份组下使能 HSB 主备备份功能。 【注意】HSB 备份组使能后不能进行业务功能与 HSB 备份组绑定的操作，请在使能 HSB 备份组前进行业务功能的绑定。 缺省情况下，HSB 主备备份功能未使能，可用 **undo hsb enable** 命令在 HSB 备份组下使能 HSB 主备备份功能

以上配置好后，可在任意视图下执行以下 display 命令查看相关配置信息。

① **display hsb-group** *group-index*：查看 HSB 主备备份组信息。

② **display hsb-service** *service-index*：查看 HSB 主备服务信息。

14.8.4　VRRP 热备份示例

　　VRRP 热备份配置示例的拓扑结构如图 14-26 所示，某企业希望采用 VRRP 热备份方式提高无线用户的数据传输的可靠性。AC 作为 DHCP 服务器为 AP 和 STA 分配 IP 地址，业务数据采用隧道转发方式。VRRP 热备份配置示例的 WLAN 参数规划见表 14-10。

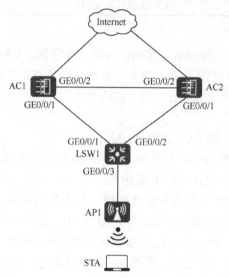

图 14-26　VRRP 热备份配置示例的拓扑结构

表 14-10　VRRP 热备份配置示例的 WLAN 参数规划

配置项	数据
AC1 的源接口	VLANIF100：10.23.100.1/24
AC2 的源接口	VLANIF100：10.23.100.2/24
VRRP 备份组的虚拟 IP 地址	10.23.100.3/24
DHCP 服务器	AC 作为 DHCP 服务器，为 AP 和 STA 分配地址
AP 的网关	VLANIF100：10.23.100.3/24
AP 的 IP 地址池	10.23.100.4～10.23.100.254/24
STA 网关	VLANIF101：10.23.101.3/24
STA 的 IP 地址池	10.23.101.4～10.23.101.254/24
VAP 模板	名称：DaGe-net 转发模式：隧道转发 业务 VLAN：VLAN101 引用模板：安全模板 DaGe-net、SSID 模板 DaGe-net
AP 组	名称：ap-group1 引用模板：VAP 模板 DaGe-net、域管理模板 default
域管理模板	名称：default 国家码：中国
SSID 模板	名称：DaGe-net SSID 名称：DaGe-net
安全模板	名称：DaGe-net 安全策略：WPA-WPA2+PSK+AES 密码：DaGe_2023

续表

配置项	数据
AC1 的主备通道 IP 地址和端口号	IP 地址：VLANIF102，10.23.102.1/24 TCP 端口号：10241
AC2 的主备通道 IP 地址和端口号	IP 地址：VLANIF102，10.23.102.2/24 TCP 端口号：10241

1. 基本配置思路分析

本示例 AP 与 AC 是二层网络连接的，在同一个子网。VRRP 热备份功能的配置包括 VRRP 主备工作模式和 HSB 主备备份两个方面。二者均是在两个 AC 上进行配置的，但事先要按照 WLAN 基本业务配置方法，在两个 AC 上进行基础配置。以下是本示例的基本配置思路。

① 配置 LSW1、AC1 和 AC2 上的 VLAN。

② 在两个 AC 上配置 DHCP 服务器，为 AP 和 STA 分配 IP 地址。

③ 在 AC1 和 AC2 上配置 VRRP 备份组。其中，AC1 上配置较高优先级，作为主用设备承担流量转发；AC2 上配置较低优先级，作为备用设备。

④ 在两个 AC 上配置双机热备份功能，将 AC1 上的业务信息通过备份链路批量备份和实时备份到 AC2 上，保证在主设备故障时业务能够不中断地顺利切换到备份设备。

⑤ 在两个 AC 上配置 AP 上线，配置 AC 的系统参数，包括国家码、AC 与 AP 之间通信的源接口，并以离线方式导入 AP。

⑥ 在两个 AC 上配置 WLAN 业务参数，实现 STA 访问 WLAN 网络。

2. 具体配置步骤

（1）配置 LSW1、AC1 和 AC2 上的 VLAN

因为本示例采用隧道转发方式，所以 AP 与 AC 之间的链路上不能允许业务 VLAN 101 的数据帧通过，只能允许管理 VLAN100 的帧通过，而且 LSW1 与 AP 的连接接口的 PVID 要管理 VLAN100。AC1 与 AC2 之间通过 VLANIF102 接口建立主备通道。

#---LSW1 上的配置。

将 GE0/0/1、GE0/0/2、G30/0/3 接口加入 VLAN100，GE0/0/3 的缺省 VLAN 为 VLAN100，具体配置如下。

```
<HUAWEI> system-view
[HUAWEI] sysname LSW1
[LSW1] vlan batch 100
[LSW1] interface gigabitethernet 0/0/1
[LSW1-GigabitEthernet0/0/1] port link-type trunk
[LSW1-GigabitEthernet0/0/1] port trunk allow-pass vlan 100
[LSW1-GigabitEthernet0/0/1] quit
[LSW1] interface gigabitethernet 0/0/2
[LSW1-GigabitEthernet0/0/2] port link-type trunk
[LSW1-GigabitEthernet0/0/2] port trunk allow-pass vlan 100
[LSW1-GigabitEthernet0/0/2] quit
[LSW1] interface gigabitethernet 0/0/3
[LSW1-GigabitEthernet0/0/1] port link-type trunk
[LSW1-GigabitEthernet0/0/1] port trunk pvid vlan 100
[LSW1-GigabitEthernet0/0/1] port trunk allow-pass vlan 100
[LSW1-GigabitEthernet0/0/1] quit
```

\#---AC1 上的配置。

将连接 LSW1 的 GE0/0/1 接口加入 VLAN100 中，GE0/0/2 接口加入 VLAN102，并配置 VLANIF100、VLANIF101 和 VLANIF102 的 IP 地址。其中，VLANIF100、VLANIF101 作为 DHCP 服务器，分别为 AP 和 STA 分配 IP 地址，VLANIF102 作为 AC 之间建立 HSB 主备通道的 IP 地址，具体配置如下。

```
<HUAWEI> system-view
[HUAWEI] sysname AC1
[AC1] vlan batch 100 101 102
[AC1] interface gigabitethernet 0/0/1
[AC1-GigabitEthernet0/0/1] port link-type trunk
[AC1-GigabitEthernet0/0/1] port trunk allow-pass vlan 100
[AC1-GigabitEthernet0/0/1] quit
[AC1] interface gigabitethernet 0/0/2
[AC1-GigabitEthernet0/0/2] port link-type trunk
[AC1-GigabitEthernet0/0/2] port trunk allow-pass vlan 102
[AC1-GigabitEthernet0/0/2] quit
[AC1] interface vlanif 100
[AC1-Vlanif100] ip address 10.23.100.1 24
[AC1-Vlanif100] quit
[AC1] interface vlanif 101
[AC1-Vlanif101] ip address 10.23.101.1 24
[AC1-Vlanif101] quit
[AC1] interface vlanif 102
[AC1-Vlanif102] ip address 10.23.102.1 24
[AC1-Vlanif102] quit
```

\#---AC2 上的配置。

将连接 LSW1 的 GE0/0/1 接口加入 VLAN100 中，GE0/0/2 接口加入 VLAN102，并配置 VLANIF100、VLANIF101 和 VLANIF102 的 IP 地址。其中，VLANIF100、VLANIF101 作为 DHCP 服务器，分别为 AP 和 STA 分配 IP 地址，VLANIF102 作为 AC 之间建立 HSB 主备通道的 IP 地址，具体配置如下。

```
<HUAWEI> system-view
[HUAWEI] sysname AC2
[AC2] vlan batch 100 101 102
[AC2] interface gigabitethernet 0/0/1
[AC2-GigabitEthernet0/0/1] port link-type trunk
[AC2-GigabitEthernet0/0/1] port trunk allow-pass vlan 100
[AC2-GigabitEthernet0/0/1] quit
[AC2] interface gigabitethernet 0/0/2
[AC2-GigabitEthernet0/0/2] port link-type trunk
[AC2-GigabitEthernet0/0/2] port trunk allow-pass vlan 102
[AC2-GigabitEthernet0/0/2] quit
[AC2] interface vlanif 100
[AC2-Vlanif100] ip address 10.23.100.2 24
[AC2-Vlanif100] quit
[AC2] interface vlanif 101
[AC2-Vlanif101] ip address 10.23.101.2 24
[AC2-Vlanif101] quit
[AC2] interface vlanif 102
[AC2-Vlanif102] ip address 10.23.102.2 24
[AC2-Vlanif102] quit
```

（2）在两个 AC 上配置 DHCP 服务器，为 AP 和 STA 分配 IP 地址

配置时需要注意的是，10.23.100.1 和 10.23.101.1 已分配给主 AC，10.23.100.2 和 10.23.101.2 已分配给备 AC，10.23.100.3 和 10.23.101.3 已分配给 VRRP 虚地址，因此，需要在主 AC、备 AC 的接口地址池中配置好不参与自动分配的 IP 地址。

#---AC1 上的具体配置如下。

```
[AC1] dhcp enable
[AC1] interface vlanif 100
[AC1-Vlanif100] dhcp select interface
[AC1-Vlanif100] dhcp server excluded-ip-address 10.23.100.1 10.23.100.3
[AC1-Vlanif100] quit
[AC1] interface vlanif 101
[AC1-Vlanif101] dhcp select interface
[AC1-Vlanif101] dhcp server excluded-ip-address 10.23.101.1 10.23.101.3
[AC1-Vlanif101] quit
```

#---AC2 上的具体配置如下。

```
[AC2] dhcp enable
[AC2] interface vlanif 100
[AC2-Vlanif100] dhcp select interface
[AC2-Vlanif100] dhcp server excluded-ip-address 10.23.100.2 10.23.100.3
[AC2-Vlanif100] quit
[AC2] interface vlanif 101
[AC2-Vlanif101] dhcp select interface
[AC2-Vlanif101] dhcp server excluded-ip-address 10.23.101.2 10.23.101.3
[AC2-Vlanif101] quit
```

（3）在 AC1 和 AC2 上配置 VRRP 备份组

① AC1 上的配置如下。

#---配置 VRRP 备份组的状态恢复延迟时间为 30s。

```
[AC1] vrrp recover-delay 30
```

#---在 AC1 上创建管理 VRRP 备份组，配置 AC1 在该备份组中的优先级为 120，并配置抢占时间为 1800s，具体配置如下。

```
[AC1] interface vlanif 100
[AC1-Vlanif100] vrrp vrid 1 virtual-ip 10.23.100.3
[AC1-Vlanif100] vrrp vrid 1 priority 120
[AC1-Vlanif100] vrrp vrid 1 preempt-mode timer delay 1800
[AC1-Vlanif100] admin-vrrp vrid 1
[AC1-Vlanif100] quit
```

#---在 AC1 上创建业务 VRRP 备份组，并配置抢占时间为 1800s。配置业务 VRRP 备份组与管理 VRRP 备份组的绑定关系，并指定当管理 VRRP 处于非 Master 状态时，与其绑定的业务 VRRP 所在接口的状态不会变为 Down，具体配置如下。

```
[AC1] interface vlanif 101
[AC1-Vlanif101] vrrp vrid 2 virtual-ip 10.23.101.3
[AC1-Vlanif101] vrrp vrid 2 preempt-mode timer delay 1800
[AC1-Vlanif101] vrrp vrid 2 track admin-vrrp interface vlanif 100 vrid 1 unflowdown
[AC1-Vlanif101] quit
```

② AC2 上的配置。

#---配置 VRRP 备份组的状态恢复延迟时间为 30s，具体配置如下。

```
[AC2] vrrp recover-delay 30
```

#---在 AC2 上创建管理 VRRP 备份组，具体配置如下。

```
[AC2] interface vlanif 100
[AC2-Vlanif100] vrrp vrid 1 virtual-ip 10.23.100.3
[AC2-Vlanif100] admin-vrrp vrid 1
[AC2-Vlanif100] quit
```

#---在 AC2 上创建业务 VRRP 备份组，具体配置如下。

```
[AC2] interface vlanif 101
[AC2-Vlanif101] vrrp vrid 2 virtual-ip 10.23.101.3
[AC2-Vlanif101] vrrp vrid 2 track admin-vrrp interface vlanif 100 vrid 1 unflowdown
[AC2-Vlanif101] quit
```

（4）在两个 AC 上配置双机热备份功能

① AC1 上的配置。

#---在 AC1 上创建 HSB 主备服务 0，并配置其主备通道 IP 地址和端口号，配置 HSB 主备服务报文的重传次数和发送间隔，具体配置如下。

```
[AC1] hsb-service 0
[AC1-hsb-service-0] service-ip-port local-ip 10.23.102.1 peer-ip 10.23.102.2 local-data-port 10241 peer-data-port 10241
[AC1-hsb-service-0] service-keep-alive detect retransmit 3 interval 6
[AC1-hsb-service-0] quit
```

#---在 AC1 上创建 HSB 备份组 0，并配置其绑定 HSB 主备服务 0 和管理 VRRP 备份组，具体配置如下。

```
[AC1] hsb-group 0
[AC1-hsb-group-0] bind-service 0
[AC1-hsb-group-0] track vrrp vrid 1 interface vlanif 100
[AC1-hsb-group-0] quit
```

#---配置 NAC、WLAN 和 DHCP 业务绑定 HSB 备份组，具体配置如下。

```
[AC1] hsb-service-type access-user hsb-group 0
[AC1] hsb-service-type ap hsb-group 0
[AC1] hsb-service-type dhcp hsb-group 0
```

#---使能双机热备功能，具体配置如下。

```
[AC1] hsb-group 0
[AC1-hsb-group-0] hsb enable
[AC1-hsb-group-0] quit
```

② AC2 上的配置如下。

#---在 AC2 上创建 HSB 主备服务 0，并配置其主备通道 IP 地址和端口号，配置 HSB 主备服务报文的重传次数和发送间隔，具体配置如下。

```
[AC2] hsb-service 0
[AC2-hsb-service-0] service-ip-port local-ip 10.23.102.2 peer-ip 10.23.102.1 local-data-port 10241 peer-data-port 10241
[AC2-hsb-service-0] service-keep-alive detect retransmit 3 interval 6
[AC2-hsb-service-0] quit
```

#---在 AC2 上创建 HSB 备份组 0，并配置其绑定 HSB 主备服务 0 和管理 VRRP 备份组，具体配置如下。

```
[AC2] hsb-group 0
[AC2-hsb-group-0] bind-service 0
[AC2-hsb-group-0] track vrrp vrid 1 interface vlanif 100
[AC2-hsb-group-0] quit
```

#---配置 NAC、WLAN 和 DHCP 业务绑定 HSB 备份组，具体配置如下。

```
[AC2] hsb-service-type access-user hsb-group 0
[AC2] hsb-service-type ap hsb-group 0
[AC2] hsb-service-type dhcp hsb-group 0
```

#---开启双机热备功能，具体配置如下。

```
[AC2] hsb-group 0
[AC2-hsb-group-0] hsb enable
[AC2-hsb-group-0] quit
```

（5）在两个 AC 上配置 AP 上线

配置 AP 组和域管理模板，离线导入 AP。因为两个 AC 上的配置完全一致，在此仅以 AC_1 上的配置为例进行介绍，具体配置如下。

```
[AC1] wlan
[AC1-wlan-view] ap-group name ap-group1
[AC1-wlan-ap-group-ap-group1] quit
[AC1-wlan-view] regulatory-domain-profile name default
[AC1-wlan-regulate-domain-default] country-code cn
[AC1-wlan-regulate-domain-default] quit
[AC1-wlan-view] ap-group name ap-group1
[AC1-wlan-ap-group-ap-group1] regulatory-domain-profile default
[AC1-wlan-ap-group-ap-group1] quit
[AC1-wlan-view] quit
[AC1] capwap source ip-address 10.23.100.3
[AC1] wlan
[AC1-wlan-view] ap auth-mode mac-auth
[AC1-wlan-view] ap-id 0 ap-mac 00e0-fc0b-30d0
[AC1-wlan-ap-0] ap-name AP_1
[AC1-wlan-ap-0] ap-group ap-group1
[AC1-wlan-ap-0] quit
```

（6）在两个 AC 上配置 WLAN 业务参数，实现 STA 访问 WLAN 网络功能

WLAN 业务参数包括安全模板、SSID 模板、VAP 模板。因为两个 AC 上的配置完全一致，所以在此仅以 AC1 上的配置为例进行介绍。

#---创建名为"DaGe-net"的安全模板，并配置安全策略，共享密钥为 DaGe_2023，具体配置如下。

```
[AC1-wlan-view] security-profile name DaGe-net
[AC1-wlan-sec-prof-DaGe-net] security wpa-wpa2 psk pass-phrase DaGe_2023 aes
[AC1-wlan-sec-prof-DaGe-net] quit
```

#---创建名为"DaGe-net"的 SSID 模板，并配置 SSID 名称为"DaGe-net"，具体配置如下。

```
[AC1-wlan-view] ssid-profile name DaGe-net
[AC1-wlan-ssid-prof-DaGe-net] ssid DaGe-net
[AC1-wlan-ssid-prof-DaGe-net] quit
```

#---创建名为"DaGe-net"的 VAP 模板，配置业务数据转发模式为隧道转发，指定业务 VLAN101，并且引用安全模板和 SSID 模板，具体配置如下。

```
[AC1-wlan-view] vap-profile name DaGe-net
[AC1-wlan-vap-prof-DaGe-net] forward-mode tunnel
[AC1-wlan-vap-prof-DaGe-net] service-vlan vlan-id 101
[AC1-wlan-vap-prof-DaGe-net] security-profile DaGe-net
[AC1-wlan-vap-prof-DaGe-net] ssid-profile DaGe-net
[AC1-wlan-vap-prof-DaGe-net] quit
```

#---配置 AP 组引用 VAP 模板，AP 上射频 0 和射频 1 都使用 VAP 模板"DaGe-net"的配置，具体配置如下。

```
[AC1-wlan-view] ap-group name ap-group1
[AC1-wlan-ap-group-ap-group1] vap-profile DaGe-net wlan 1 radio 0
[AC1-wlan-ap-group-ap-group1] vap-profile DaGe-net wlan 1 radio 1
```

[AC1-wlan-ap-group-ap-group1] **quit**
[AC1-wlan-view] **quit**

3. 检查配置结果

以上配置完成后，可执行以下配置结果验证。

① 在两个 AC 上执行 **display ap all** 命令，可以看到 MAC 地址为 00e0-fc0b-30d0 的 AP（即 AP_1）的工作状态。在 AC1 上执行 **display ap all** 命令的输出如图 14-27 所示，AP 的工作状态为 nor，表示该 AP 已正常上线；在 AC2 上执行 **display ap all** 命令的输出如图 14-28 所示，AP 的工作状态为 standby，表示该 AP 处于备份状态。

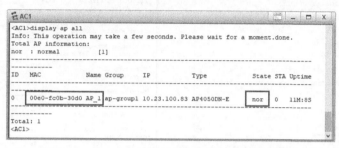

图 14-27　在 AC1 上执行 **display ap all** 命令的输出

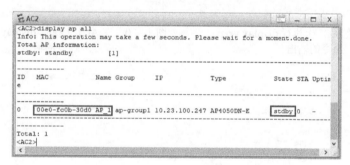

图 14-28　在 AC2 上执行 **display ap all** 命令的输出

② 在两个 AC 上分别执行 **display vrrp** 命令，可以看到在两个 VRRP 备份组中，AC1 的 State 字段的显示为 **Master**，AC2 的 State 字段的显示为 **Backup**。在 AC1 上执行 **display vrrp** 命令的输出如图 14-29 所示，AC1 在两个备份组中均为 Master 状态。

③ 在两个 AC 上执行 **display hsb-service 0** 命令，查看主备服务的建立情况，执行 **display hsb-group 0** 命令，查看 HSB 备份组的运行情况。可以看到 **Service State** 字段的显示为 **Connected**，说明主备服务通道已经成功建立，以及 HSB 主备组状态和当前设备角色。在 AC1 上执行 **display hsb-service 0** 命令的输出如图 14-30 所示，从中可以看出 HSB 主备服务通道已建立（connected），当前 AC1 是主（Master）设备，主备组状态为活跃（Active）。

④ AP 下的无线接入用户可以搜索到 SSID 标识为 "DaGe-net" 的 WLAN 网络并正常上线，STA1 接入 WLAN 的界面如图 14-31 所示。

⑤ 通过重启主 AC 的方式，模拟主 AC 故障的场景，验证备份配置。重启 AC1，当 AP 与 AC1 的链路中断后，AC2 切换为主 AC，保证业务的稳定。

在 AC1 重启期间，STA 上业务不中断。AP 切换到 AC2 上线，在 AC2 上执行 **display ap all** 命令可以查看 AP 的状态由 **standby** 变为 **normal**。当 AC1 重启恢复正常时，触发主备回切后，AP 会自动重新到 AC1 正常上线。

图 14-29　在 AC1 上执行 **display vrrp** 命令的输出

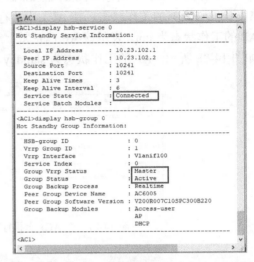

图 14-30　在 AC1 上执行 **display hsb-service 0** 命令的输出

图 14-31　STA1 接入 WLAN 的界面

14.9　双链路冷备份

通过一个 AP 与两个 AC 分别建立主/备 CAPWAP 链路实现的备份称为双链路冷备份，双链路冷备份组网示例如图 14-32 所示。CAPWAP 双链路机制协商出主备 AC。主 AC 管理 AP 并为 AP 提供业务服务，**备 AC 只做主 AC 的备份，不提供业务服务，且 AC 之间不同步信息**。一旦工作中的主 AC 出现意外故障，备 AC 切换到工作状态顶替主

AC 工作。STA 需要重新上线,业务会有短暂中断。

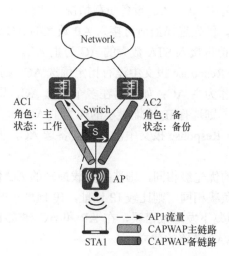

图 14-32 双链路冷备份组网示例

双链路冷备份的目的主要是提供 AC 备份,减少意外发生的 AC 或 CAPWAP 链路故障引起的网络故障。如果有异地容灾需求,即需要在异地分别部署主 AC、备 AC,且对可靠性要求较低的场景,则可以采用双链路冷备份。

14.9.1 基本工作原理

双链路冷备份流程包括主备协商、主备倒换和主备回切 3 个阶段。

1. 主备协商

主备协商是指 AP 从两个 AC 中选出一个主 AC 和一个备 AC,然后 AP 和主 AC 建立 CAPWAP 主链路,和备 AC 建立 CAPWAP 备链路。

建立主链路时,除了 Discovery 阶段要提前优选出主 AC,其他过程跟正常情况下的 CAPWAP 隧道建立过程一致,参见《华为 HCIA-Datacom 学习指南》第 9 章。

在 Discovery 阶段,打开双链路冷备份功能后,AP 开始发送 Discovery Request 报文,分为单播方式和广播方式。

① 如果预先通过静态方式、DHCP 服务器方式或 DNS 方式指定了主 AC、备 AC 的 IP 地址,则 AP 分别向主 AC、备 AC 发送单播 Discovery Request 报文请求与主 AC、备 AC 关联。

② 如果没有配置 AC 的静态 IP 地址,或者发送的单播 Discovery Request 报文后没有收到响应,AP 将发送广播 Discovery Request 报文请求同网段内可关联的 AC。

无论是采用单播发现还是广播发现方式,如果主 AC、备 AC 都正常,均会响应 Discovery Response 报文,则在该报文中携带优选 AC 的 IP 地址、备选 AC 的 IP 地址、双链路特性开关、各自的优先级、各自的负载情况及各自的 IP 地址。

AP 收集到主 AC、备 AC 响应的 Discovery Response 报文后,根据优选 AC 的 IP 地址、备选 AC 的 IP 地址、AC 的优先级、设备的负载情况,以及 AC IP 地址来选择主 AC,并开始与其建立 CAPWAP 主链路,具体的优选顺序如下。

① AP 查看 Discovery Response 报文中的优选 AC,如果只有一个优选 AC,则此 AC

作为主 AC。如果存在多个优选 AC，则选择负载最轻的 AC 作为主 AC，如果负载相同，则选择 IP 地址最小的作为主 AC。AC 设备负载情况是比较 AC 接入的 AP 个数和 STA 个数，负载轻的为主 AC。优先选择当前可接入 AP 数大的 AC 为主 AC，如果当前可接入 AP 数相同，则选择当前可接入 STA 数大的 AC 为主 AC。

② 如果在 Discovery Response 报文中没有指定优选 AC，则查看备选 AC；如果只有一个备选 AC，则此 AC 作为主 AC；如果存在多个备选 AC，则选择负载最轻的 AC 作为主 AC；如果负载相同，则选择 IP 地址最小的作为主 AC。

③ 如果在 Discovery Response 报文中没有指定备选 AC，则比较 AC 的优先级，优先级值小的作为主 AC。

④ 如果有多个 AC 的优先级相同，则选择负载最轻的 AC 作为主 AC。

⑤ 如果多个 AC 的负载相同，则比较 IP 地址，IP 地址小的作为主 AC。

为了避免业务配置重复下发导致错误，在 AP 和 AC 建立主隧道并且配置下发完成后，才开始启动备 CAPWAP 链路的建立。

2. 主备倒换

主备倒换由 AP 进行判断操作。当主 AC 出现故障或者下行链路断开时，主 AC、备 AC 会进行主备倒换，主 AC 由工作状态倒换为备份状态，备 AC 由备份状态倒换为工作状态，具体流程如下。

① AP 和主 AC、备 AC 建立双链路后，会定期向主 AC、备 AC 发送 Echo 报文进行 CAPWAP 心跳检测，检查 CAPWAP 链路状态。

② 当链路出现故障时，AC 无法回应 AP 的 Echo 报文。在连续经过一定次数的 CAPWAP 心跳检测间隔时间内，如果主 AC 没有回应 AP，则 AP 判断主 CAPWAP 链路出现故障。

③ AP 在发送给备 AC 的 Echo Request 报文中携带主 AC 信息，备 AC 收到 Echo Request 报文后，将自动切换为工作状态，备 CAPWAP 链路也切换为工作状态，同时，AP 把 STA 的数据业务向新的主 AC 发送。

3. 主备回切

AP 定期发送 Discovery Request 报文检测原来的主链路的状态。如果原来的主链路恢复后，且 AP 检测到该链路的优先级比当前工作的链路优先级更高，则触发回切等待。

为了避免网络震荡导致频繁倒换，AP 等待 20 个 Echo 周期时间后，如果原来的主链路一直正常，则通知 AC 进行主备回切，原主 AC 重新切换为工作状态，新主 AC 重新切换为备份状态，主链路重新恢复为工作状态。如果原来的主链路又发生故障，则取消回切。

14.9.2　双链路冷备份配置

双链路冷备份配置主要包括指定主 AC、备 AC，启用双链路冷备份功能两个方面，双链路冷备份的配置步骤见表 14-11。

表 14-11　双链路冷备份的配置步骤

步骤	命令	说明
1	**system-view**	进入系统视图
2	**wlan**	进入 WLAN 视图

步骤	命令	说明
3	**ap-system-profile name** *profile-name* 例如，[HUAWEI-wlan-view] **ap-system-profile name** sys1	创建 AP 系统模板，并进入模板视图，如果模板已存在，则直接进入模板视图。 缺省情况下，系统上存在名为 default 的 AP 系统模板，可用 **undo ap-system-profile** { **name** *profile-name* | **all** } 命令删除 AP 系统模板
4	**primary-access ip-address** *ip-address* 例如，[HUAWEI-wlan-ap-system-prof-sys1] **primary-access ip-address** 10.33.12.56	配置优选 AC 的 IP 地址。 缺省情况下，未配置优选 A3C 的 IP 地址，可用 **undo primary-access** 命令复选优选 AC 的 IP 地址为缺省值
5	**backup-access ip-address** *ip-address* 例如，[HUAWEI-wlan-ap-system-prof-sys1] **backup-access ip-address** 10.33.12.78	配置备选 AC 的 IP 地址。 缺省情况下，未配置备选 AC 的 IP 地址，可用 **undo backup-access** 命令恢复备选 AC 的 IP 地址为缺省值
6	**quit**	返回 WLAN 视图
7	**ap-group name** *group-name* 例如，[HUAWEI-wlan-view] **ap-group name** group1	（二选一）进入 AP 组视图
8	**ap-id** *ap-id*、**ap-mac** *ap-mac* 或 **ap-name** *ap-name* 例如，[HUAWEI-wlan-view] **ap-id** 1	（二选一）进入 AP 视图
9	**ap-system-profile** *profile-name* 例如，[HUAWEI-wlan-ap-group-group1] **ap-system-profile** sys1	应用 AP 系统模板。 缺省情况下，AP 组下引用名为 default 的 AP 系统模板，AP 下未引用 AP 系统模板，可用 **undo ap-system-profile** 命令删除 AP 或 AP 组引用的指定 AP 系统模板
10	**quit**	返回 WLAN 视图
11	**undo ac protect restore disable** 例如，[HUAWEI-wlan-view] **ac protect restore disable**	使能全局回切功能。 如果关闭全局回切功能开关，则在备 AC 切换为主 AC 之后，即使原主 AC 与 AP 的链路恢复，也不会重新切换至原主 AC。 缺省情况下，全局回切功能处于使能状态，可用 **ac protect restore disable** 命令去使能全局回切功能
12	**ac protect enable** 例如，[HUAWEI-wlan-view] **ac protect enable**	使能双链路备份功能。 缺省情况下，全局双链路备份功能未使能，可用 **undo ac protect enable** 命令去使能全局双链路备份功能
13	**ap-reset** { **all** | **ap-name** *ap-name* | **ap-mac** *ap-mac* | **ap-id** *ap-id* | **ap-group** *ap-group* | **ap-type** { **type** *type-name* | **type-id** *type-id* } } 例如，[HUAWEI-wlan-view] **ap-reset ap-name** N1-2	复位 AP 设备，使双链路备份功能生效

以上配置好后，可在任意视图下执行以下 **display** 命令查看相关配置。

① **display ac protect**：查看所有双链路备份信息。

② **display ap-system-profile** { **all** \| **name** *profile-name* }：查看优选 AC IP、备选 AC IP 和主备链路切换模式的一些相关配置。

14.10　双链路热备份

在双链路冷备份的基础上，如果通过 HSB 主备通道从工作状态的 AC 向备份状态的 AC 同步备份 STA 动态表项信息，则这种备份就是双链路热备份。一旦工作中的主 AC 出现意外故障，备 AC 能迅速切换到主 AC 的角色顶替工作。

双链路热备份的主备 AC 不受地理位置限制，部署灵活，两个 AC 还可进行负载分担，能有效利用资源，但其主备切换速度慢于 VRRP 热备份，需要说明的是，VRRP 只能部署在主备 AC 是二层组网互通的场景，且不支持主备 AC 负载分担。因此，在对网络可靠性要求高，但无法满足主备 AC 二层组网互通，或者希望配置主备 AC 负载分担的场景，推荐使用双链路热备份。

14.10.1　基本工作原理

在工作原理方面，双链路热备份与 14.9 节介绍的双链路冷备份相比，多了一个主备 AC 之间可以通过 HSB 主备通道进行数据备份，其他与主备协商、主备倒换和主备回切这 3 个阶段的工作原理一样，参见即可。

在双链路热备份中，主备 AC 绑定 HSB 主备服务，通过 HSB 主备服务创建的 HSB 主备通道备份 STA 的表项信息，从而支持 STA 在主备倒换或者主备回切时业务不中断。同步方式包括批量备份、实时备份和定时同步，具体参见 14.8.1 节。

双链路热备份支持主备方式和负载分担方式两种组网形式，双链路热备份数据备份示意如图 14-33 所示。在主备场景下，AC1 作为 AP1 和 AP2 的主 AC，AC2 作为 AP1 和 AP2 的备 AC，所有用户表项数据会从 AC1 同步到 AC2。在负载分担场景中，AC1 作为 AP1 的主 AC、AC2 作为 AP1 的备 AC，AP1 上用户在 AC1 上的数据表项会从 AC1 同步到 AC2；同理，AP2 在 AC2 上的数据表项会从 AC2 同步到 AC1。

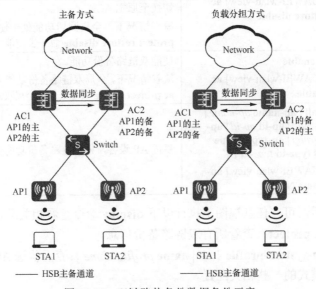

图 14-33　双链路热备份数据备份示意

【注意】双链路热备份不支持备份 DHCP 信息，如果 AC 作为 DHCP 服务器为 AP 和 STA 分配 IP 地址，则在主 AC 出现故障后，AP 和 STA 需要重新获取 IP，所以建议采用其他设备作为 DHCP 服务器。如果必须使用 AC 作为 DHCP 服务器，则需要在主 AC、备 AC 上手动规划不同范围的地址池，防止重复分配 IP 地址。

14.10.2　双链路热备份配置

双链路热备份功能是在双链路冷备份的基础上再结合 HSB 主备服务实现的，因此，首先要配置的也是双链路冷备份功能，具体参见 14.9.2 节表 14-11。然后配置 HSB 主备服务（**不需要配置 HSB 备份组**），并将 WLAN、DHCP、NAC 控制业务绑定到 HSB 备份组上，具体参见 14.8.3 节表 14-9 中第 7 步、第 8 步、第 14 步和第 16 步。

配置好后，可执行以下 **display** 命令查看相关配置。

① **display hsb-service** *service-index*：查看 HSB 主备服务的信息。

② **display ac protect**：查看所有双链路备份信息。

③ **display ap-system-profile** { **all** | **name** *profile-name* }：查看优选 AC IP、备选 AC IP 和主备链路切换模式相关配置。

④ **display sync-configuration status**：查看无线配置同步场景下对端 AC 的状态信息。

14.10.3　备份方式的双链路热备份配置示例

双链路热备份配置示例的拓扑结构如图 14-34 所示，某企业构建了无线局域网，为用户提供 WLAN 上网服务。目前，企业希望采用双链路热备份方式提高无线用户的数据传输的可靠性。

Router 作为 DHCP 服务器为 AP 和 STA 分配 IP 地址，业务数据转发方式为直接转发，双链路配置示例的 WLAN 参数规划见表 14-12。

1. 基本配置思路分析

本示例的业务数据采用的是直接转发方式，因此，在配置 VLAN 时要确保 STA 发送的业务数据直接经过交换机到达外网。另外，本示例采用双链路热备份，要在两个 AC 上同时配置双 CAPWAP 链路备份和 HSB 备份组。以下是本示例的基本配置思路。

① 在 SwitchA、SwitchB、AC1 和 AC2 上配置 VLAN。

② 在 Router 上配置 DHCP 服务器，为 AP 和 STA 分配 IP 地址。

③ 在两个 AC 上配置 AP 上线，配置 AC 的系统参数，包括国家码、AC 与 AP 之间通信的源接口，并以离线方式导入 AP。

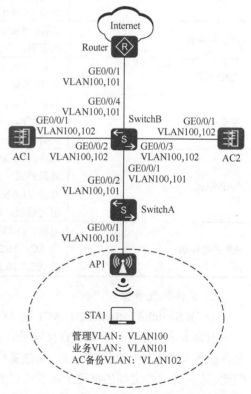

图 14-34　双链路热备份配置示例的拓扑结构

④ 在两个 AC 上配置 WLAN 参数，实现 STA 上线。

⑤ 在两个 AC 上配置双链路备份和 HSB 主备服务。

表 14-12　双链路配置示例的 WLAN 参数规划

配置项	数据
AP 管理 VLAN	VLAN100
STA 业务 VLAN	VLAN101
AC 备份 VLAN	VLAN102
DHCP 服务器	Router 作为 DHCP 服务器，为 AP 和 STA 分配地址 STA 网关：10.23.101.1/24 AP 网关：10.23.100.1/24
AP 地址池	10.23.100.4～10.23.100.254/24
STA 地址池	10.23.101.2～10.23.101.254/24
AC 源接口	VLANIF100
AC1 的管理 IP 地址	VLANIF100 接口：10.23.100.2/24
AC2 的管理 IP 地址	VLANIF100 接口：10.23.100.3/24
AC1 的主备通道 IP 地址和端口号	IP 地址：VLANIF102，10.23.102.1/24 端口号：10241
AC2 的主备通道 IP 地址和端口号	IP 地址：VLANIF102，10.23.102.2/24 端口号：10241
AP 组	名称：ap-group1 引用模板：VAP 模板 DaGe-net、域管理模板 default、AP 系统模板 DaGe-net
域管理模板	名称：default 国家码：中国
SSID 模板	名称：DaGe-net SSID 名称：DaGe-net
安全模板	名称：DaGe-net 安全策略：WPA-WPA2+PSK+AES 密码：DaGe_2023
VAP 模板	名称：DaGe-net 转发模式：直接转发 业务 VLAN：VLAN101 引用模板：SSID 模板 DaGe-net、安全模板 DaGe-net
AP 系统模板	名称：DaGe-net 主 AC：10.23.100.2 备 AC：10.23.100.3

2. 具体配置步骤

① 在 SwitchA、SwitchB、AC1 和 AC2 上配置 VLAN。

因为本示例业务数据采取直接转发方式，所以 AC1、AC2 与 SwitchB 之间的链路不允许业务 VLAN101 的数据通过。而热备份需要在 AC1 与 AC2 之间进行业务表项备份，因此，在两个 AC 之间的链路上需要通过其他 VLAN（本示例采用 VLAN102）进行备份数据传输。

#---SwitchA 上的配置。

将连接 AP 的 GE0/0/1 接口、连接 SwitchB 的 GE0/0/2 接口加入 VLAN100 和 VLAN 101，GE0/0/1 接口的 PVID 为 VLAN100，具体配置如下。

```
<HUAWEI> system-view
[HUAWEI] sysname SwitchA
[SwitchA] vlan batch 100 101
[SwitchA] interface gigabitethernet 0/0/1
[SwitchA-GigabitEthernet0/0/1] port link-type trunk
[SwitchA-GigabitEthernet0/0/1] port trunk pvid vlan 100
[SwitchA-GigabitEthernet0/0/1] port trunk allow-pass vlan 100 101
[SwitchA-GigabitEthernet0/0/1] quit
[SwitchA] interface gigabitethernet 0/0/2
[SwitchA-GigabitEthernet0/0/2] port link-type trunk
[SwitchA-GigabitEthernet0/0/2] port trunk allow-pass vlan 100 101
[SwitchA-GigabitEthernet0/0/2] quit
```

#---SwitchB 上的配置。

将连接 SwitchA 的 GE0/0/1 接口，连接 Router 的 GE0/0/4 接口加入 VLAN100 和 VLAN101，连接两个 AC 的 GE0/0/2 接口和 GE0/0/3 接口加入 VLAN100、VLAN102（此为备份 VLAN），具体配置如下。

```
<HUAWEI> system-view
[HUAWEI] sysname SwitchB
[SwitchB] vlan batch 100 101 102
[SwitchB] interface gigabitethernet 0/0/1
[SwitchB-GigabitEthernet0/0/1] port link-type trunk
[SwitchB-GigabitEthernet0/0/1] port trunk allow-pass vlan 100 101
[SwitchB-GigabitEthernet0/0/1] quit
[SwitchB] interface gigabitethernet 0/0/2
[SwitchB-GigabitEthernet0/0/2] port link-type trunk
[SwitchB-GigabitEthernet0/0/2] port trunk allow-pass vlan 100 102
[SwitchB-GigabitEthernet0/0/2] quit
[SwitchB] interface gigabitethernet 0/0/3
[SwitchB-GigabitEthernet0/0/3] port link-type trunk
[SwitchB-GigabitEthernet0/0/3] port trunk allow-pass vlan 100 102
[SwitchB-GigabitEthernet0/0/3] quit
[SwitchB] interface gigabitethernet 0/0/4
[SwitchB-GigabitEthernet0/0/4] port link-type trunk
[SwitchB-GigabitEthernet0/0/4] port trunk allow-pass vlan 100 101
[SwitchB-GigabitEthernet0/0/4] quit
```

#---AC1 上的配置。

将连接 SwitchB 的 GE0/0/1 接口加入 VLAN100、VLAN102，具体配置如下。

```
<HUAWEI> system-view
[HUAWEI] sysname AC1
[AC1] vlan batch 100 102
[AC1] interface gigabitethernet 0/0/1
[AC1-GigabitEthernet0/0/1] port link-type trunk
[AC1-GigabitEthernet0/0/1] port trunk allow-pass vlan 100
[AC1-GigabitEthernet0/0/1] quit
[AC1] interface vlanif 100
[AC1-Vlanif100] ip address 10.23.100.2 24
[AC1-Vlanif100] quit
[AC1] interface vlanif 102
```

```
[AC1-Vlanif102] ip address 10.23.102.1 24
[AC1-Vlanif102] quit
```

#---AC2 上的配置。

将连接 SwitchB 的 GE0/0/1 接口加入 VLAN100、VLAN102，具体配置如下。

```
<HUAWEI> system-view
[HUAWEI] sysname AC2
[AC2] vlan batch 100 102
[AC2] interface gigabitethernet 0/0/1
[AC2-GigabitEthernet0/0/1] port link-type trunk
[AC2-GigabitEthernet0/0/1] port trunk allow-pass vlan 100
[AC2-GigabitEthernet0/0/1] quit
[AC2] interface vlanif 100
[AC2-Vlanif100] ip address 10.23.100.3 24
[AC2-Vlanif100] quit
[AC2] interface vlanif 102
[AC2-Vlanif102] ip address 10.23.102.2 24
[AC2-Vlanif102] quit
```

② 在 Router 上配置 DHCP 服务器，为 AP 和 STA 分配 IP 地址。

要先确保 Router 的 GE0/0/1 接口为二层接口。如果该接口为三层接口，则需要划分两个子接口，分别用来终结管理 VLAN100 和业务 VLAN101，并以对应的子接口作为 DHCP 服务器分别为 AP 和 STA 分配 IP 地址，具体配置如下。

```
<Huawei> system-view
[Huawei] sysname Router
[Router] vlan batch 100 101
[Router] dhcp enable
[Router] ip pool sta
[Router-ip-pool-sta] network 10.23.101.0 mask 24
[Router-ip-pool-sta] gateway-list 10.23.101.1
[Router-ip-pool-sta] quit
[Router] ip pool ap
[Router-ip-pool-ap] network 10.23.100.0 mask 24
[Router-ip-pool-ap] excluded-ip-address 10.23.100.2
[Router-ip-pool-ap] excluded-ip-address 10.23.100.3
[Router-ip-pool-ap] gateway-list 10.23.100.1
[Router-ip-pool-ap] quit
[Router] interface vlanif 100
[Router-Vlanif100] ip address 10.23.100.1 24
[Router-Vlanif100] dhcp select global
[Router-Vlanif100] quit
[Router] interface vlanif 101
[Router-Vlanif101] ip address 10.23.101.1 24
[Router-Vlanif101] dhcp select global
[Router-Vlanif101] quit
[Router] interface gigabitethernet 0/0/1
[Router-GigabitEthernet0/0/1] port link-type trunk
[Router-GigabitEthernet0/0/1] port trunk allow-pass vlan 100 101
[Router-GigabitEthernet0/0/1] quit
```

③ 在两个 AC 上配置 AP 上线。

因为两个 AC 上的配置完全一致，所以在此仅以 AC1 上的配置为例进行介绍。AP 的 MAC 地址为 00e0-fc7e-22a0，具体配置如下。

```
[AC1] wlan
[AC1-wlan-view] ap-group name ap-group1
```

```
[AC1-wlan-ap-group-ap-group1] quit
[AC1-wlan-view] regulatory-domain-profile name default
[AC1-wlan-regulate-domain-default] country-code cn
[AC1-wlan-regulate-domain-default] quit
[AC1-wlan-view] ap-group name ap-group1
[AC1-wlan-ap-group-ap-group1] regulatory-domain-profile default
[AC1-wlan-ap-group-ap-group1] quit
[AC1-wlan-view] quit
[AC1] capwap source interface vlanif 100
[AC1] wlan
[AC1-wlan-view] ap auth-mode mac-auth
[AC1-wlan-view] ap-id 0 ap-mac 00e0-fc7e-22a0
[AC1-wlan-ap-0] ap-name AP1
[AC1-wlan-ap-0] ap-group ap-group1
[AC1-wlan-ap-0] quit
```

以上配置完成后，在两个 AC 上执行 **display ap all** 命令可查看 AP 上线的情况。在 AC1 上执行 **display ap all** 命令的输出如图 14-35 所示，从中可以看出 AP1 的状态为 normal，表示已正常上线，在 AC2 上执行 **display ap all** 命令的输出如图 14-36 所示，AP1 的状态为 standby，表示处于备份状态，因为此时 AC2 为备份工作状态。

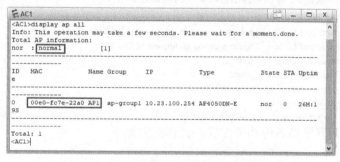

图 14-35　在 AC1 上执行 **display ap all** 命令的输出

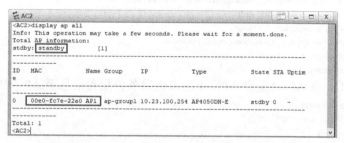

图 14-36　在 AC2 上执行 **display ap all** 命令的输出

④ 在两个 AC 上配置 WLAN 业务参数，实现 STA 上线。

因为两个 AC 上的配置完全一致，所以在此仅以 AC1 上的配置为例进行介绍。

#---创建名为"DaGe-net"的安全模板，并配置安全策略，具体配置如下。

```
[AC1-wlan-view] security-profile name DaGe-net
[AC1-wlan-sec-prof-DaGe-net] security wpa-wpa2 psk pass-phrase DaGe_2023 aes
[AC1-wlan-sec-prof-DaGe-net] quit
```

#---创建名为"DaGe-net"的 SSID 模板，并配置 SSID 名称为"DaGe-net"，具体配置如下。

```
[AC1-wlan-view] ssid-profile name DaGe-net
[AC1-wlan-ssid-prof-DaGe-net] ssid DaGe-net
[AC1-wlan-ssid-prof-DaGe-net] quit
```

#---创建名为 "DaGe-net" 的 VAP 模板，配置业务数据转发模式、业务 VLAN，并且引用安全模板和 SSID 模板，具体配置如下。

```
[AC1-wlan-view] vap-profile name DaGe-net
[AC1-wlan-vap-prof-DaGe-net] forward-mode direct-forward
[AC1-wlan-vap-prof-DaGe-net] service-vlan vlan-id 101
[AC1-wlan-vap-prof-DaGe-net] security-profile DaGe-net
[AC1-wlan-vap-prof-DaGe-net] ssid-profile DaGe-net
[AC1-wlan-vap-prof-DaGe-net] quit
```

#---配置 AP 组引用 VAP 模板，AP 上射频 0 和射频 1 都使用 VAP 模板 "DaGe-net" 的配置，具体配置如下。

```
[AC1-wlan-view] ap-group name ap-group1
[AC1-wlan-ap-group-ap-group1] vap-profile DaGe-net wlan 1 radio 0
[AC1-wlan-ap-group-ap-group1] vap-profile DaGe-net wlan 1 radio 1
[AC1-wlan-ap-group-ap-group1] quit
```

⑤ 在两个 AC 上配置双链路备份和 HSB 主备服务。

#---AC1 上的双链路备份功能配置，具体配置如下。

```
[AC1-wlan-view] ap-system-profile name DaGe-net
[AC1-wlan-ap-system-prof-DaGe-net] primary-access ip-address 10.23.100.2
[AC1-wlan-ap-system-prof-DaGe-net] backup-access ip-address 10.23.100.3
[AC1-wlan-ap-system-prof-DaGe-net] quit
[AC1-wlan-view] ap-group name ap-group1
[AC1-wlan-ap-group-ap-group1] ap-system-profile DaGe-net
[AC1-wlan-ap-group-ap-group1] quit
[AC1-wlan-view] ac protect enable    #---使能双链路备份功能
```

#---AC2 上的双链路备份功能配置，具体配置如下。

```
[AC2-wlan-view] ap-system-profile name DaGe-net
[AC2-wlan-ap-system-prof-DaGe-net] primary-access ip-address 10.23.100.2
[AC2-wlan-ap-system-prof-DaGe-net] backup-access ip-address 10.23.100.3
[AC2-wlan-ap-system-prof-DaGe-net] quit
[AC2-wlan-view] ap-group name ap-group1
[AC2-wlan-ap-group-ap-group1] ap-system-profile DaGe-net
[AC2-wlan-ap-group-ap-group1] quit
[AC2-wlan-view] ac protect enable
```

#---在主 AC、备 AC 上重启 AP，下发双链路备份配置信息至 AP，具体配置如下。

```
[AC1-wlan-view] ap-reset all
Warning: Reset AP(s), continue?[Y/N]:y
[AC1-wlan-view] quit
[AC2-wlan-view] ap-reset all
Warning: Reset AP(s), continue?[Y/N]:y
[AC2-wlan-view] quit
```

#---AC1 上的 HSB 主备服务配置，具体配置如下。

```
[AC1] hsb-service 0
[AC1-hsb-service-0] service-ip-port local-ip 10.23.102.1 peer-ip 10.23.102.2 local-data-port 10241 peer-data-port 10241
[AC1-hsb-service-0] quit
[AC1] hsb-service-type ap hsb-service 0    #---将 WLAN 业务与 HSB 0 主备服务绑定
[AC1] hsb-service-type access-user hsb-service 0    #---将 NAC 业务与 HSB 0 主备服务绑定
```

#---AC2 上的 HSB 主备服务配置，具体配置如下。

```
[AC2] hsb-service 0
[AC2-hsb-service-0] service-ip-port local-ip 10.23.102.2 peer-ip 10.23.102.1 local-data-port 10241 peer-data-port 10241
```

```
[AC2-hsb-service-0] quit
[AC2] hsb-service-type ap hsb-service 0
[AC2] hsb-service-type access-user hsb-service 0
```

3. 配置结果验证

以上配置完成后，可进行以下配置结果验证。

① 在两个 AC 上执行 **display ac protect** 和 **display ap-system-profile name DaGe-net** 命令，查看到双链路备份的配置信息。在 AC1 上执行 **display ac protect** 和 **display ap-system-profile name DaGe-net** 命令的输出如图 14-37 所示。

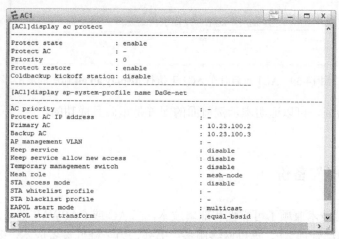

图 14-37　在 AC1 上执行 **display ac protect** 和 **display ap-system-profile name DaGe-net** 命令的输出

② 在两个 AC 上执行 **display hsb-service 0** 命令，查看主备服务的建立情况，可以看到 Service State 字段的显示为 **Connected**，说明主备服务通道已经成功建立。在 AC1 上执行 **display hsb-service 0** 命令的输出如图 14-38 所示。

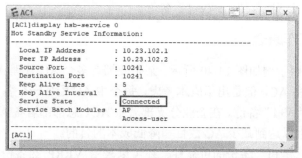

图 14-38　在 AC1 上执行 **display hsb-service 0** 命令的输出

在 AP1 下的无线接入用户可以搜索到 SSID 标识为 "DaGe-net" 的 WLAN，正确输入密码 DaGe_2023，然后正常上线。

通过重启（在用户视图下执行 **reboot** 命令）主 AC 的方式，模拟主 AC 故障的场景，验证备份配置。重启 AC1，当 AP 与 AC1 的链路中断后，AC2 切换为主 AC，保证业务的稳定性。

在 AC1 重启期间，STA 上业务不中断。AP 切换到 AC2 上线（但切换延迟时间比较长），在 AC2 上执行 **display ap all** 命令可以查看 AP 的状态由 **standby** 变为 **normal**，

AC1 重启时在 AC2 上执行 **display ap all** 命令的输出如图 14-39 所示。在 AC1 重启恢复正常后，会触发主备回切（回切换延迟时间也比较长），此时，AP 又会自动重新关联到 AC1 上，正常上线。

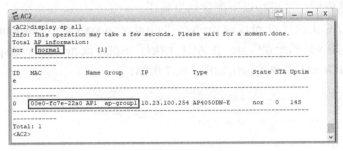

图 14-39　AC1 重启时在 AC2 上执行 **display ap all** 命令的输出

通过以上验证，可以证明本示例前面的配置是正确且成功的。

14.11　"*N*+1"备份

"*N*+1"备份技术兼顾了可靠性和部署成本。当 AC 或 CAPWAP 链路故障时，备 AC 将替代主 AC 继续管理 AP，提供网络服务；另外，为了降低设备成本，多个主 AC 可以共用一个备 AC。但对于一个 AP，只有一个主 AC 和一个备 AC，这种备份方式称为"*N*+1"备份。主 AC 不可用后，备 AC 替代主 AC 工作，主 AC 恢复后，备 AC 可准确识别出业务回切到哪个主 AC 上。

当用户希望有可靠的网络服务，能容忍短暂的网络中断，同时，希望控制网络设备部署成本，这种场景下推荐使用"*N*+1"备份。

14.11.1　基本工作原理

"*N*+1"备份组网示例如图 14-40 所示，某企业拥有多个 AC 管理 AP，为了提高网络可靠性，需要使用备 AC，但是出于成本考虑，每个主 AC 配备一个备 AC 成本太高。为了降低成本，使用"*N*+1"备份。在企业分支部署主 AC、总部部署备 AC，AC_1、AC_2，共用一个备 AC_3，以达到减少 AC 数目和降低成本的目的。

如果希望提高"*N*+1"备份的可靠性，还可以采用 VRRP 热备份和"*N*+1"备份组合的组网方式，即两个 AC 之间配置 VRRP 热备份，对外呈现为一台虚拟设备，不同的虚拟设备间配置"*N*+1"备份，"*N*+1"备份叠加 VRRP 备份组网示例如图 14-41 所示。

"*N*+1"备份流程包括主备协商、主备倒换和主备回切 3 个阶段。

1. 主备协商

主备协商是指 AP 从多个 AC 中选出一个主 AC 和一个备 AC，AP 和主 AC 建立主 CAPWAP 链路，但不与备 AC 建立 CAPWAP 链路。

在"*N*+1"备份组网中，AP 与 AC 建立 CAPWAP 链路过程和普通的 CAPWAP 链路建立过程类似，二者的区别是在 Discovery 阶段，AP 发现 AC 后，还要选择出最高优先级的 AC 作为主 AC 接入。

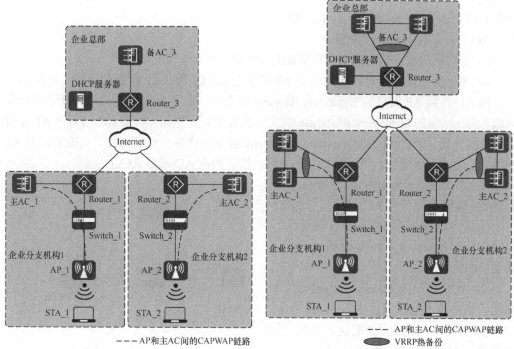

图 14-40　"N+1" 备份组网示例　　　图 14-41　"N+1" 备份叠加 VRRP 备份组网示例

在 Discovery 阶段，AP 发送 Discovery Request 报文，AC 在收到 AP 的报文后会回应 Discovery Response 报文，并在 Discovery Response 报文中携带优选 AC 的 IP 地址、备选 AC 的 IP 地址、"N+1" 备份开关、AC 优先级、负载情况和 AC 的 IP 地址。AP 根据收到的多个 AC 回应的信息，选择主 AC 并开始与其建立 CAPWAP 链路。主 AC 的具体优选顺序如下。

① AP 查看 Discovery Response 报文中的优选 AC，如果只有一个优选 AC，则此 AC 作为主 AC。如果存在多个优选 AC，则选择负载最轻的 AC 作为主 AC。如果负载相同，则选择 IP 地址最小的作为主 AC。

AC 设备负载情况的比较方式是 AC 接入的 AP 个数和 STA 个数，负载轻的作为主 AC。优先选择当前可接入 AP 数大的 AC 为主 AC，如果当前可接入的 AP 数相同，则选择当前可接入 STA 数大的 AC 为主 AC。

② 如果 Discovery Response 报文中没有指定优选 AC，则查看备选 AC，如果只有一个备选 AC，则此 AC 作为主 AC，如果存在多个备选 AC，则选择负载最轻的 AC 作为主 AC。如果负载相同，则选择 IP 地址最小的作为主 AC。

③ 如果 Discovery Response 报文中也没有指定备选 AC，则比较 AC 的优先级，优先级最高的作为主 AC。优先级取值越小，优先级越高。

④ 在各 AC 的优先级相同的情况下，选择负载最轻的 AC 作为主 AC。

⑤ 在各 AC 的负载相同的情况下，继续比较 IP 地址，IP 地址小的作为主 AC。

【说明】在规划 "N+1" 备份组网时，需要保证通过比较 AC 的优先级就能选择出主

AC，以确保所有 AP 都能够在预先规划的主 AC 中上线。否则 AP 上线时会根据 AC 的负载或 IP 地址情况选择主 AC，无法确保 AP 在预先规划的主 AC 中上线，或者保证通过指定的优选 AC 和备选 AC 选择主 AC。

AC 上存在以下两种优先级。

① 全局优先级：针对所有 AP 配置的 AC 优先级。

② 个性优先级：针对指定的单个 AP 或指定 AP 组中的 AP 配置的 AC 优先级。

当 AC 收到 AP 发送的 Discovery Request 报文时，如果 AC 没有为该 AP 配置个性优先级，则在回应的 Discovery Response 报文中携带全局优先级；如果 AC 已为该 AP 配置了个性优先级，则在回应的 Discovery Response 报文中携带个性优先级。正确配置主 AC 和备 AC 的不同优先级，可以控制 AP 能够在指定的主 AC 或备 AC 上线。

主 AC 的选择示例如图 14-42 所示，假设 AP 能够发现所有 AC。

① 在 Discovery 阶段，AP_1 通过向 AC 发送 Discovery Request 报文，请求 AC 的回应。

② AC 回应 Discovery Response 报文，其中携带 AC 的优先级信息。AC 先判断是否为指定 AP 配置了个性优先级，如果是，则返回 AP 个性优先级，否则返回全局优先级。当 AC_1 接收到 AP_1 的 Discovery Response 报文时，由于 AC_1 仅指定了 AP_1 的个性优先级，则返回给 AP_1 的优先级为 3。AC_2 和 AC_3 没有为 AP_1 配置个性优先级，所以 AC_2 回应全局优先级 6，AC_3 回应全局优先级 5。

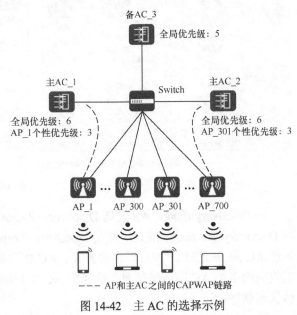

图 14-42　主 AC 的选择示例

③ AP_1 根据所有 AC 回应的信息，进行优先级比较，比较出 AC_1 的优先级最高，选择 AC_1 作为主 AC，发送关联请求接入。

如果 AC_1 或 AC_1 和 AP_1 之间的 CAPWAP 链路发生故障，在主 AC 上没有指定备 AC 的前提条件下，AP_1 会重新发送 Discovery Request 报文，获取 AC 的优先级。此时 AC_2 回应全局优先级 6，AC_3 回应全局优先级 5，比较出 AC_3 优先级最高，因此，选择 AC_3 作为备 AC 发送关联请求接入。

2. 主备倒换

在正常情况下，AP 只和主 AC 建立 CAPWAP 链路，并定期向主 AC 发送心跳报文进行心跳检测，不与备 AC 建立 CAPWAP 链路。当 AP 检测到心跳报文超时后，认为 AP 和主 AC 之间的链路中断后，会与备 AC 建立 CAPWAP 链路。建立链路存在以下两种情况。

① 如果主 AC 上配置备 AC 的 IP 地址，则 AP 直接和备 AC 建立 CAPWAP 链路。

② 如果主 AC 上未配置备 AC 的 IP 地址，则 AP 需要通过发送广播 Discovery Request

报文发现 AC，重新进行主备选择、选出备 AC，再和备 AC 建立 CAPWAP 链路。

在建立 CAPWAP 链路后，备 AC 会重新下发配置给 AP，为了保证备 AC 下发给 AP 的 WLAN 业务配置和主 AC 下发的相同，必须要求所有主 AC 上的 WLAN 相关业务配置都要在备 AC 上得到同样配置。AP 选择备 AC 建立 CAPWAP 链路，在备 AC 中上线并由备 AC 下发配置的过程称为主备倒换。

为了保证 AP 能够在主备倒换后正常工作，需要同时满足以下两个要求。

① 备 AC 中能够上线的 AP 数不小于任意一个主 AC 中实际上线 AP 数。

假设备 AC 中能够上线的 AP 数为 500，则每个主 AC 最多只能有 500 个 AP 上线，如果某个主 AC 中上线 600 个，此主 AC 故障后，由于备 AC 上最多只支持 500 个 AP 上线，剩余的 100 个 AP 将下线，无法继续为 STA 提供业务。

② 所有主 AC 中上线的 AP 数总和不能超过备 AC 中可配置 AP 的规格数目。

可配置 AP 的规格数目是指在 AC 上能够添加的 AP 的最大数目。假设备 AC 中可配置 AP 的规格数目为 1000，主 AC_1 中有 300 个 AP 上线，主 AC_2 中有 400 个 AP 上线，如果继续增加主 AC，则新增的主 AC 中上线的 AP 最多不能超过 300 个。原因在于所有主 AC 中上线的每个 AP 都要在备 AC 中添加并配置相应的业务。这样任意一个主 AC 发生故障，主备倒换后，备 AC 都能够为 AP 提供和原来相同的业务。

多个主 AC 同时发生故障、进行主备倒换后，不能保证它们管理的所有 AP 都能够在备 AC 中上线。主备倒换示例如图 14-43 所示，假设 AP_1 到 AP_300 共 300 个 AP 在 AC_1 中上线，AP_301 到 AP_700 共 400 个 AP 在 AC_2 中上线，AC_3 作为备 AC 且最多允许 500 个 AP 上线。

① 如果 AC_1 故障，AP_1 到 AP_300 共 300 个 AP 都会进行主备倒换在 AC_3 中上线；当 AC_1 故障恢复后，AP_1 到 AP_300 进行主备回切，重新在 AC_1 中上线。

② 如果 AC_1 故障恢复后，AC_2 发生故障，则 AP_301 到 AP_700 共 400 个 AP 都会进行主备倒换，在 AC_3 中上线；当 AC_2 故障恢复后，AP_301 到 AP_700 进行主备回切，重新在 AC_2 中上线。

③ 如果 AC_1 和 AC_2 同时发生故障，此时仅最先与 AC_3 关联成功的 500 个 AP 能够进行主备倒换，在 AC_3 中上线，剩余的 200 个 AP 无法在 AC_3 中继续上线，这些 AP 的业务将中断。

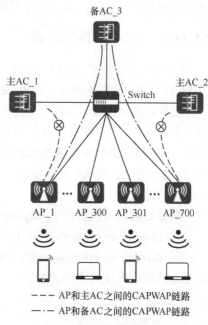

图 14-43 主备倒换示例

【说明】在"N+1"备份中，N 的取值取决于备 AC 上可配置 AP 规格数目和 N 个主 AC 实际管理的 AP 数目，即要求 N 个主 AC 实际管理的 AP 数目总和不大于备 AC 上可配置 AP 规格数目。

3. 主备回切

AP 和备 AC 建立 CAPWAP 链路后，从备 AC 获取对应主 AC 的 IP 地址，然后定期

发送 Primary Discovery Request 报文对主 AC 进行
探测。主 AC 恢复后，会回应 AP 的探测报文，并
携带优先级。AP 通过 AC 回应的报文判断主 AC 恢
复，且主 AC 的优先级高于当前连接 AC 的优先级，
如果回切开关已使能，则会触发回切。为了避免网络
震荡导致频繁倒换，通常会在等待 20 个心跳周期后，
通知 AC 进行主备回切。主备回切示例如图 14-44 所
示，AP 会和当前 AC 断开 CAPWAP 链路，继而和主
AC 重新建立 CAPWAP 链路，同时，AP 把 STA 的
数据业务向原主 AC 上发送，以便备 AC 释放资源
为其他主 AC 继续提供备份服务。AP 重新与主 AC
建立 CAPWAP 链路，在主 AC 中上线并由主 AC
下发配置的过程称为主备回切。

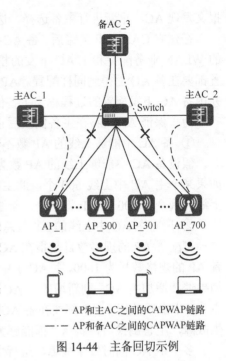

图 14-44　主备回切示例

　　如果主备 AC 是通过优选 AC 和备选 AC 选择
出来的，则当主 AC 恢复后，会回应 AP 的探测报
文，AP 通过优选 AC 回应的报文判断主 AC 恢复，
如果回切开关已使能，则会触发回切。

14.11.2　"N+1" 备份配置

　　"N+1" 备份配置与 14.9.2 节介绍的双链路冷备份的配置方法基本一致，不同的是，
表 14-11 中第 12 步要改为 "undo ac protect enable" 命令，使能 "N+1" 备份功能。

　　另外，在 "N+1" 备份中，虽然会有两个以上 AC，但每个 AP 只会规划一个主 AC
和一个备 AC，**对于同一个 AP，只需在其所属的主、备 AC 上分别创建同名的 AP 系统
模板，AP 系统模板中指定相同的优选 AC 和备选 AC 即可。不同的主 AC** 需要为各自
AP 创建不同名称的 AP 系统模板，以免在备 AC 上出现 AP 系统模板配置混淆，无法正
确配置的情况。

　　配置好后，可执行以下 **display** 命令，查看相关配置。

　　① **display ac protect**：查看所有双链路备份信息。

　　② **display ap-system-profile** { **all** | **name** *profile-name* }：查看优选 AC IP、备选 AC IP
和主备链路切换模式的相关配置。

第 15 章
网络管理、维护、故障排除与割接

本章主要内容

网络管理、网络维护、网络故障排除和网络割接是网络工程师日常工作的重要方面。本章专门就上述内容介绍相关基础知识，并与大家分享相关工作经验。

15.1　网络管理

网络管理听起来很宽泛，什么是网络管理，管理什么，有哪些管理方法等，很多朋友，特别是初入行的朋友说不清楚。在此，结合笔者从业 30 余年的经验，谈谈自己对网络管理的理解。

15.1.1　网络管理概述

网络管理，通俗而言就是对网络的管理。网络管理的目的也是网络维护人员的作用，主要体现在两个方面：一是确保网络及业务应用正常稳定地运行；二是及时发现和恢复网络或业务应用故障。

要实现以上两个目的，必须要有相应的方法。传统的网络管理模式基本上都是人工方式，工作效率低、业务开通慢、故障发现难。因为网络和业务的全面运行状态很难通过一些命令执行就可以获知，网络故障的预防和定位仅通过人工方式是很难奏效的。随着人工智能、大数据、云计算等新兴技术的发展，企业网络模型也面临数字化转型，传统的人工网络管理模式也开始向数字化转型。

在网络管理方面，目前存在以下两种最新趋势。

（1）管理自动化

传统的网络管理方式是基于网络管理人员在设备上以命令行（CLI）的人工方式逐台设备进行配置与管理。到后面发展到基于图形界面的简单网络管理协议（Simple Network Management Protocol，SNMP）管理控制系统，可以集中管理整个网络，实现半自动化管理。现在随着新兴的基于业务语言的智能化管理系统的开发，可以实现网络管理的全生命周期的自动化，即从网络规划、设计、部署、配置下放、策略配置，以及网络运行状态的监控、维护与管理等，实现全程自动化。

（2）运维智能化

智能化是网络管理的更高级别能力，也是未来网络管理的发展方向。传统的网络管理模式很简单，主要是关注网络和设备的关键性能指标（Key Performance Indicator，KPI），无法实时、全面感知用户体验和业务运行质量。在当今网络时代，各行各业、各部门的业务严重依赖计算机网络运行，网络连接的质量直接影响到业务的运行质量，影响企业的运作效率，因此，需要有更智能化的网络管理方式来满足企业应用需求，就像医生为了医治病人，需要采用更先进、更智能化的医疗设备一样。这就是运维智能化的发展方向。

要实现自动化、智能化的网络管理，就必须有一套具有相应能力的网络管理系统。目前，各设备厂商，甚至一些应用程序开发商，推出了各种不同的网络管理系统。这些网络管理系统，总体来说，其基本体系结构与基于 SNMP 开发的网络管理系统一样，涉及两类关键元素：管理设备和被管理设备。其中，管理设备称为网络管理站，安装了网络管理系统软件，被管理设备称为代理设备，是运行了某种管理协议的设备，接受管理设备的管理。被管理设备安装的管理协议进程称为"代理"。网络管理系统的基本架构如

图 15-1 所示。

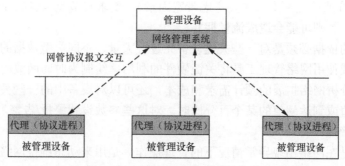

图 15-1　网络管理系统的基本架构

15.1.2　网络管理的功能模型

OSI 网络管理系统模型如图 15-2 所示。

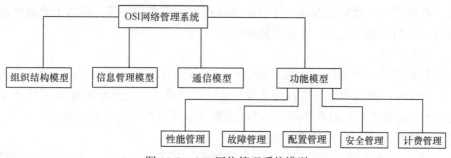

图 15-2　OSI 网络管理系统模型

1. 组织结构模型

组织结构模型描述了网络管理系统组件的功能和基础架构，定义管理者、代理和被管理对象，以及他们之间的关系。

2. 信息管理模型

信息管理模型描述了被管理对象及其关联的管理信息库（Management Information Base，MIB）。管理信息结构（Structure of Management Information，SMI）定义了存储在 MIB 中的管理信息的语法和语义。

3. 通信模型

通信模型描述了管理者与被管理者之间交换信息的方式，包括传输协议、应用程序和传输消息 3 个关键元素。

4. 功能模型

功能模型描述了网络管理的性能管理、故障管理、配置管理、安全管理和计费管理 5 个功能区域。

下面针对功能模型中的 5 个功能区域进行简要说明，这是网络管理的主要工作。

（1）性能管理

性能管理与评估、报告被管理对象的行为和有效性有关，例如，响应时间、数据收发速率、CPU/内存利用率、错包率等。性能管理最初体现在网络规划阶段对各节点设备软/硬件配置和介质的选配上（主要考虑带宽因素），要求与节点承受的业务功能、业务流量大小匹配，否则可能会造成流量拥塞。

性能管理的依据必须是对一些关键设备先进行大量、不同类型数据的收集和分析，然后手动绘制或使用网络管理工具将关键硬件的利用率绘制为时间函数的趋势图，编制趋势报告，以分析网络扩展的预计需求和成本，还可以对设备中的一些关键参数设置阈值，当到达阈值或到达阈值的某个百分比时，对这些参数设置警报/告警。

（2）故障管理

故障管理是在网络出现异常情况下的管理操作，是用来动态维持网络正常运行并达到一定的服务水平的一系列活动。故障管理涉及对异常行为（可能是人为操作错误，也可能是电缆问题或配置错误等方面）的预防、检测和隔离，以确保网络长期稳定可靠，在发生故障时可以及时发现并得到修复。

故障管理通常需要使用电缆测试仪检查链路是否断开，使用像 ping、tracert 之类的 ICMP 命令测试网络是否通畅。当发现故障时，应详细记录故障发生的时间、地点、网络位置、业务类型、故障情况等，还可借助远程监控手段和协议分析器工具监控故障位置的流量，并做好相关记录，生成故障报告。

（3）配置管理

配置管理涉及多个方面，例如，确定不同设备进行配置下发的方式（可以是人工本地配置，也可以由控制中心远程自动下发，还可以采用开局批量配置等），配置的更新和备份方式（针对设备不同的重要级别，可能需要采取不同的配置更新或备份方式），另外，还需要充分考虑到不同配置的读写权限。

在 SDN、Python 等技术的支持下，配置管理也正在向自动化、智能化的方向发展。

（4）安全管理

安全管理的目的是保护网络和数据免受未经授权的访问和安全攻击，包括身份认证、加密和授权等方面的安全功能。安全管理还涉及加密密钥及其他相关信息的生成、分发和存储。

在网络体系结构中，每层都有相应的安全防范技术，根据用户需求选择、构建立体的网络安全防护体系。在一些较大型网络中，还需要对不同网络位置的设备根据业务通信需求采用不同的安全技术、设置不同的安全级别。例如，接入层设备需要对访问用户进行认证（例如，802.1x 认证、MAC 认证、Portal 认证等）和授权，通常采用远程认证拨入用户服务（Remote Authentication Dial In User Service，RADIUS）实施；汇聚层和核心层设备还可能需要配置冗余设施，以构建安全传输通道。对网络出口设备，还需要配备可以包括提供实时事件监视和事件日志的安全系统，例如，防火墙和和入侵检测系统。

（5）计费管理

计费管理可以计量被管理对象的使用费用，并确定使用成本。但需要注意的是，"计费"并不一定就是代表网络使用的经济费用，还可以是某用户、业务或服务的网络资源消耗。此时，可能对一些关键用户、业务或服务收集相关的网络带宽、硬件资源、占用时间等设置计费参数，维护用于计费目的的数据库存，以及准备资源使用情况和计费报告。

15.2 网络管理协议简介

可用于网络管理的协议有许多，有传统的，也有新兴的。也这些网络管理协议总体可分为配置管理和网络监控两大类。其中，网络监控类中又包括性能管理和故障管理两个子类。

配置管理类的网络管理协议主要有 CLI（命令行）方式的 Telnet、安全外壳（Security Shell，SSH），以及图形化界面的简单网络管理协议（Simple Network Management Protocol，SNMP）和网络配置协议（Network Configuration Protocol，NETCONF）。网络监控类的网络管理协议比较多，既有包括同时具备配置管理功能的 Telnet/SSH、SNMP 和 NETCONF，又有专用于网络监控的 sFlow、Netstream、Telemetry、LLDP 和端口镜像等。

SNMP 和 NETCONF 一般用于配置下发，sFlow、Netstream 和 Telemetry 一般用于数据上报。随着网络技术的快速发展，网络管理技术也加速向数字化转型，从面向网元的管理模式向场景自动化方向发展，例如，华为的 iMaster NCE 系统。

15.2.1 CLI 方式的 Telnet/SSH

CLI 是在图形用户界面得到普及前使用最为广泛的用户界面，也是我们最常用的一种网络管理方式。尽管图形化、自动化、智能化是目前网络管理发展的必然趋势，但 CLI 方式仍将是一种非常重要，甚至必不可少的一种管理方式，至少会作为一种补充方式持续存在，因为有些管理通过 CLI 方式执行一些管理命令，其方式更直接、效率更高。

CLI 方式通常不支持鼠标操作，用户通过键盘输入指令，设备收到指令后予以执行。网络管理员可以采用 CLI 方式对设备进行配置和监控，操作简单便捷，但在较大网络中，这种管理方式的工作量大，且容易出错，通常作为补充管理方式存在。

CLI 方式有本地方式和远程方式两种。其中，本地方式通过管理端口（例如，Consol 口、MiniUSB 口）直接连接并登录到设备的操作系统进行配置管理。远程 CLI 方式主要通过 Telnet 和 SSH 实现，同时支持配置管理和网络监控管理功能。Telnet 是使用专门的 TCP 23 号端口进行通信，但不是一种安全的通信协议，因为它在网络上传输的数据都是明文格式，包括密码，主要用于安全的内网环境。

SSH 使用专门的 TCP 22 号端口进行通信，且是一种非常安全的通信协议，因为它在网络上传输的数据都是经过加密的。另外，SSH 还使用公钥对访问者的身份进行验证，更加安全。

15.2.2 SNMP

SNMP 是一种广泛应用于 TCP/IP 网络的网络管理协议，也同时支持网络配置管理和网络监控管理功能。SNMP 提供了一种通过运行网络管理软件的中心计算机（即网络管理工作站 NMS）来集中管理网元的方法。目前，主要应用的有 SNMPv1、SNMPv2c 和 SNMPv3 共 3 个版本，用户可根据实际情况选择配置一个或多个版本。

SNMP 系统包括网络管理系统（Network Management System，NMS）、代理进程 Agent、

被管理对象（Management Object，MO）和管理信息库（Management Information Base，MIB）4 个部分组成，SNMP 系统组成如图 15-3 所示。目前，针对中小型企业的各种网络管理系统仍主要是基于 SNMP 开发的。

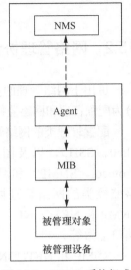

图 15-3　SNMP 系统组成

1. NMS

NMS 在网络中扮演管理者角色，是一个采用 SNMP 对网络设备进行管理/监视的软件系统，运行在 NMS 服务器上。

NMS 可以向被管理设备上的 Agent 发出请求，查询或修改一个或多个具体的被管理对象参数值；也可以接收被管理设备上的 Agent 主动发送的 Trap 信息，以获知被管理设备当前的状态。

2. Agent

Agent 是被管理设备中运行的一个 SNMP 代理进程，用于维护被管理设备的信息数据，并响应来自 NMS 的查询或修改请求，把管理数据汇报给发送请求的 NMS。

Agent 在接收到 NMS 的查询或修改请求信息后，通过 MIB 表完成相应指令，并把操作结果响应到 NMS。当设备发生故障或者出现其他事件时，设备也会通过 Agent 主动发送信息到 NMS，向 NMS 报告设备当前的状态变化。

3. MO

MO 是指被管理对象。每个被管理设备可能包含多个被管理对象，被管理对象可以是设备中的某个硬件（例如，一块接口板），也可以是在硬件、软件（例如，路由选择协议）上配置的参数集合。

4. MIB

MIB 是一个数据库，指明了被管理设备所维护的变量（即能够被 Agent 查询和设置的信息），定义了被管理设备的一系列属性，例如，对象的名称、对象的状态、对象的访问权限和对象的数据类型等。

Agent 通过查询 MIB，可以获知被管理设备当前的状态信息；Agent 通过修改 MIB，可以设置被管理设备的状态参数。

MIB 采用和域名系统 DNS 相似的树型结构，根（root）在最上面，没有名字，其他对象都在相应层次分配一个数字型的唯一标识符。MIB 视图示例如图 15-4 所示，这是 MIB 的一部分，它又称为对象命名树，在 root 下一层中列出了 ccitt、iso 和 joint-iso-ccitt 3 个对象，分配的标识符分别是 0、1、2。

对象标识符（Object Identifier，OID）是描述一个被管理对象相对于根的完整路径，例如，system 对象的 OID 为 1.3.6.1.2.1.1，除了最后一个"1"代表自己节点，其余的数字分别代表依次从根开始到达本地对象所经过的节点，分别为 iso、org、dod、internet、mgmt、mib。

通过 OID 树，可以高效且方便地管理其中所存储的管理信息，同时，也方便对其中的信息进行批量查询。

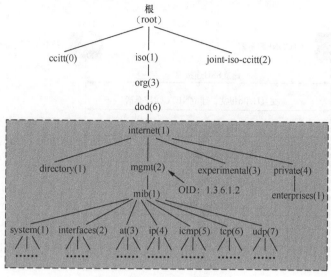

图 15-4 MIB 视图示例

15.2.3 NETCONF

NETCONF 是一种基于可扩展标记语言（eXtensible Markup Language，XML）的网络配置协议，通过可编程的方式实现网络配置的自动化，从而简化、加速网络服务的部署。目前，NETCONF 在 SDN 中应用广泛，华为的 iMaster NCE 网管系统也运行 NETCONF。

IETF 于 2003 年成立 NETCONF 工作组，其目的是开发一种全新基于 XML 的网络配置协议。该工作组已于 2006 年 12 月通过了 NETCONF 协议的基本标准 RFC4741～4744，2011 年 6 月，RFC6241、RFC6242 替代了原有的 RFC4741、RFC4742，RFC4743 和 RFC4744。

NETCONF 系统包括 NETCONF 客户端和 NETCONF 服务器两种角色，NETCONF 系统组成如图 15-5 所示。NETCONF 客户端是网管系统，NETCONF 服务器是被管理的网络设备。NETCONF 客户端和 NETCONF 服务器之间使用 SSH 实现安全传输，客户端使用远程过程调用（Remote Procedure Call，RPC）向服务器发送配置请求，服务器对收到的 RPC 操作请求进行解析与处理，并发送 RPC 应答给客户端。

NETCONF 客户端和 NETCONF 服务器之间的交互流程如图 15-6 所示。其中，Hello 报文用于交换双方对 NETCONF 的支持能力，达成一致后建立 NETCONF 会话。

NETCONF 提供了一套管理网络设备的机制，用户可以增加、修改、删除、备份、恢复、锁定、解锁设备的配置，同时还具备事务和会话操作能力，从而获取设备的配置和状态信息。

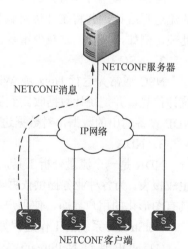

图 15-5 NETCONF 系统组成

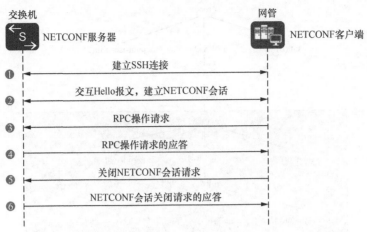

图 15-6 NETCONF 客户端和 NETCONF 服务器之间的交互流程

15.2.4 NetStream

NetStream 是一种基于网络流信息的统计技术，可以对网络中的业务流量情况进行统计和分析，在网络的接入层、汇聚层和核心层设备上均可部署。

NetStream 支持 IP 报文和 MPLS 报文的统计，对接口出/入方向的流量使用 NetStream 采样的方法。通过设定适当的采样间隔，只针对样本报文进行流信息统计分析，也可基本反映整个网络流的状况，同时，也能降低使能 NetStream 功能对设备性能的影响。

一个典型的 NetStream 系统是由网络流数据输出器（NetStream Data Exporter，NDE）、网络流数据收集器（NetStream Collector，NSC）和网络流数据分析器（NetStream Data Analyzer，NDA）3 个部分组成。

1. NDE

NDE 是配置了 NetStream 功能的设备，负责对网络流进行分析处理，提取符合条件的流进行统计，并将统计信息输出到 NDA 设备。在统计信息输出前，也可对数据进行处理，例如，聚合，以减少重复信息传输，浪费设备资源。

2. NSC

NSC 通常为运行 Unix 或 Windows 系统上的一个应用程序，负责解析来自 NDE 的统计信息，并把统计数据收集到数据库中，供 NDA 进行解析。一个 NSC 可以采集多个 NDE 设备输出的数据，对数据进行进一步过滤和聚合。

3. NDA

NDA 是一个流量分析工具，负责从 NSC 中提取统计数据，进行进一步加工处理，生成报表，为各种业务提供依据，例如，流量计费、网络规划和攻击监测等。通常，NDA 具有图形化的用户界面，使用户可以方便地获取、显示和分析收集的数据。

NetStream 系统的工作过程如下。

① NDE 通过 NetStream 采样获取指定接口的流量信息，并按照一定条件建立 NetStream 流，并把采集到的关于流的详细统计信息定期发送给 NSC。

② 统计信息由 NSC 初步处理后发送给 NDA。

③ NDA 对数据进行分析，用于计费、网络规划等应用，并显示结果。

在实际的应用中，NSC 和 NDS 一般集成在一台 NetStream 服务器上。NetStream 功能原理示意如图 15-7 所示，配置了 NetStream 功能的设备（即 NDE）业务流量正常转发，NetStream 模块按一定的采样方式进行 NetStream 采样，形成 NetStream 流，并按一定的老化方式对流进行老化处理。NetStream 服务器最后按一定的输出方式输出 NetStream 流。

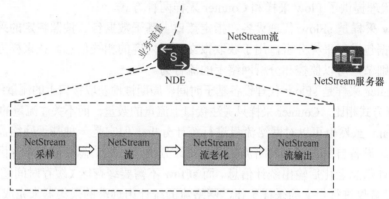

图 15-7　NetStream 功能原理示意

NetStream 流有以下两种输出方式。

① 原始流输出方式：在流老化时间超时后，每条流的统计信息都要输出到 NSC，其优点是 NSC 可以得到每条流的详细统计信息。

② 聚合流输出方式：设备对与聚合关键项完全相同的原始流统计信息进行汇总，得到对应的聚合流统计信息，可以明显减少流输出时所占用的网络带宽。

15.2.5　采样流

采样流（sampled Flow，sFlow）是由 InMon、HP 和 FoundryNetworks 3 家公司于 2001 年联合开发的一种网络监测技术。它采用数据流随机采样技术，可以提供完整的第 2～4 层，甚至是全网范围内的流量信息，可以适应超大网络流量环境下的流量分析，让用户详细实时地分析网络传输流的性能、趋势和存在的问题。

sFlow 关注的是接口的流量和转发情况，以及设备的整体运行状态，适合于网络异常监控和网络异常定位。sFlow 系统包含一个嵌入在设备中的 sFlow Agent（sFlow 代理）和远端的 sFlow Collector（sFlow 采集器）设备，sFlow 系统组成如图 15-8 所示。sFlow 代理通过 sFlow 采样获取接口统计信息和数据信息，将信息封装成 sFlow 报文（采用 UDP 封装，缺省目的端口号为知名端口 6343）。当 sFlow 报文缓冲区满或是在 sFlow 报文缓存时间（缓存时间为 1s）超时后，sFlow 代理会将 sFlow 报文发送到指定的 sFlow 采集器。sFlow 采集器对 sFlow 报文进行分析，并显示分析结果。

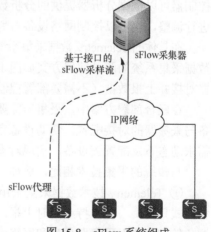

图 15-8　sFlow 系统组成

与远端网络监控（Remote Network Monitoring，RMON）这样的数据包采样技术不同，sFlow 是一种导出格式，增加了关于被监视数据包的更多信息，并使用嵌入网络设备中的 sFlow 代理转发被采样数据包，因此，在功能和性能上都超越了当前使用的 RMON、RMON II 和 NetFlow 技术。sFlow 技术之所以如此独特，主要是因为它能够在整个网络中以连续实时的方式完全监视每个端口，**但不需要镜像监视端口**，对整个网络性能的影响非常小。

sFlow 代理提供了 Flow 采样和 Counter 采样两种方式。

① Flow 采样是 sFlow 代理设备在指定接口上**基于数据包、按照特定的采样方向和采样比**对数据包进行采样分析，用于获取报文数据内容的相关信息。该采样方式主要是关注流量的细节，可以监控和分析网络上的流行为。

② Counter 采样是 sFlow 代理设备**基于时间、周期性**地获取接口上的流量统计信息。与 Flow 采样方式相比，Counter 采样只关注接口上流量的数量，而不关注流量的详细信息。

NetStream 虽然也可以对网络流量进行统计分析，但它是一种基于网络流信息的统计技术，网络设备自身需要对网络流量进行统计分析，并把信息存储在缓存区。当缓存区满或流统计信息老化后输出统计信息。**而 sFlow 不需要缓存区**（缓存时间超过 1s 即发送），网络设备仅进行报文的采样工作，网络流的统计由远端的采集器来完成。

15.2.6　Telemetry

Telemetry 也即 Network Telemetry，即网络遥测技术，主要用于网络监控，包括报文检查和分析、安全入侵和攻击检测、智能收集数据、应用的性能管理等。

基于 Telemetry 技术的数据采集系统分为设备侧和网管侧两个部分。其中，设备侧是指被管理的网络设备，用于接受网管侧的采集指令，对网管侧指定的数据源进行采样，并将采样数据传送给网管侧的采集器。

网管侧是 Telemetry 技术的核心，主要包含采集器 CampusInsight、分析器 CampusInsight 和控制器 Agile Controller-Campus 3 个组件，其作用分别如下。

① 采集器：用于接收和存储被管理设备上报的监控数据。

② 分析器：用于分析由采集器接收、被管理设备上报的监控数据。

③ 控制器：用于配置、管理网络中的设备，使其可以向采集器上报所需要的数据。控制器可以根据分析器提供的分析数据，为网络设备下发配置，对网络设备的转发行为进行调整，也可以控制网络设备对哪些数据进行采样和上报。

在具体的 Telemetry 数据采集系统部署中，分独立部署和联合部署两种方案，Telemetry 数据采集系统的两种部署方案如图 15-9 所示。独立部署方案是指被管理设备单独与采集器对接并上报数据（不需要部署控制器），根据采集的数据实现网络质量感知。

在联合部署方案中，采集器需要与控制器联合部署，通过控制器自动下发被管理设备与采集器的对接配置，帮助设备完成数据上报功能，同时，控制器可以根据采集器的需求动态下发配置到设备，实现对设备的路径跟踪和故障界定。

与传统的采集技术相比，例如，SNMP、CLI 等，Telemetry 具有以下优势。

① Telemetry 技术数据采集采用"推模式"，与传统监控的"拉"模式的区别是，这种方式只订阅一次，持续定时上报。这种主动推送的方式可以提升检测数据的实时性，避免轮询方式对采集器自身和网络流量的影响。

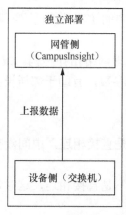
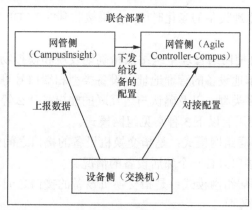

图 15-9　Telemetry 数据采集系统的两种部署方案

② Telemetry 是基于谷歌远程过程调用（Google Remote Procedure Call，gRPC）的一项监控设备性能和故障的远程数据采集技术。它采用"推"模式可以及时获取丰富的监控数据，实现对网络故障的快速定位。而同样采用"推"模式的 SNMP Trap 和日志功能虽然设备也可以主动将数据上报给监控设备，但仅上报事件和告警，监控的数据内容极其有限，无法准确地反映网络状况。

③ 按照 YANG 模型（一种数据建模语言，可定义数据的层次化结构）组织数据，基于 Google 主导的统一数据流格式谷歌协议缓存（Google Protocol Buffer，GPB）编码，并通过 Http2 协议传输数据。Telemetry 基于标准数据模型，简化采集器分析监测数据的难度，可以实现多厂商兼容管理，降低适配难度。

15.2.7　链路层发现协议

随着网络规模越来越大，网络设备种类繁多，并且各自的配置错综复杂，对网络管理能力的要求也越来越高。传统网络管理系统多数只能分析到三层网络拓扑结构，无法确定网络设备的详细拓扑信息、是否存在配置冲突等。因此，需要有一个标准的二层信息交流协议。

链路层发现协议（Link Layer Discovery Protocol，LLDP）是在 IEEE 802.1ab 中定义，是一种标准的二层发现方式，可以将本端设备的管理地址、设备标识、接口标识等信息组织起来，并发布给自己的邻居设备。邻居设备收到这些信息后，将其以标准的 MIB 形式保存，以供网络管理系统查询，判断链路的通信状态。

通过 LLDP 获取的设备二层信息能够快速获取相连设备的拓扑状态，显示出客户端、交换机、路由器、应用服务器以及网络服务器之间的路径。检测设备之间的配置冲突、查询网络失败的原因。企业网用户可以通过使用网管系统，对支持运行 LLDP 的设备进行链路状态监控，在网络发生故障的时候快速进行故障定位。

当使能 LLDP 功能时，设备会周期性（缺省为 30s）地向邻居设备发送 LLDP 报文。如果设备的本地配置发生变化，则立即发送 LLDP 报文，以将本地信息的变化情况尽快通知邻居设备。远端设备会对收到的 LLDP 报文及其携带的 TLV 进行有效性检查，通过检查后再将邻居信息存储在 SNMP MIB 中，并根据 LLDP 报文中 TLV 携带的 TTL 值设置邻居信息在本地设备的老化时间。如果接收到的 LLDP 中的 TTL 值等于零，将立刻老化该邻居信息。

LLDP 可使网络管理系统站点精确地发现和模拟物理网络拓扑结构。发送的 LLDP 报文包括了本地设备的管理地址、设备类型和端口号等参数，有助于邻居设备确定本地设备属于什么类型，以及确认与之互联的端口是什么等。

LLDP 应用有以下 3 种常见组网模式。

① 单邻居组网模式：是指交换机设备的接口之间是直接相连，中间没有跨任何的设备，而且接口只有一个邻居设备的情况。

② 多邻居组网模式：是指交换机设备的接口之间不是直接相连，这时每个接口的邻居不止一个。

③ 链路聚合组网模式：是指交换机设备的接口之间存在链路聚合，接口之间是直接相连，链路聚合之间的每个接口只有一个邻居设备。

15.2.8　端口镜像

端口镜像是指将镜像端口（源端口）的入/出方向（也可以同时监控入/出两个方向）报文到观察端口（目的端口），端口镜像示意如图 15-10 所示。镜像端口是被监控的端口，从镜像端口流经的所有报文或匹配流分类规则的报文将被复制到观察端口。观察端口是连接监控设备的端口，用于输出从镜像端口复制过来的报文。

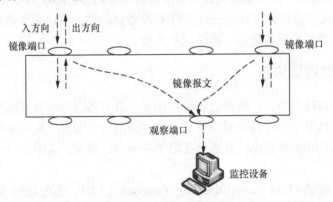

图 15-10　端口镜像示意

端口镜像分为本地端口镜像和远程端口镜像，观察端口与镜像端口在同一设备上时称为本地端口镜像，否则为远程端口镜像。通常在交换机上配置的二层端口镜像，在路由器上配置三层端口镜像。

端口镜像是设备复制一份从镜像端口流经的**所有报文**，并传送到指定的观察端口进行分析和监控。有时这种全面镜像的方式并不适用，特别是当我们仅需要对某一类业务的流量进行监控时，于是就产生了流镜像模式。

流镜像属于流策略中流行为的一种，是仅将镜像端口上**特定业务流**的报文复制到观察端口进行分析和监控。在流镜像中，镜像端口应用了包含流镜像行为的流策略。如果从镜像端口流经的报文匹配流分类规则，则将被复制到观察端口。与端口镜像类似，根据监控设备在网络中位置的不同，流镜像也可以分为本地流镜像和远程流镜像两种。值得注意的是，在远程流镜像中，如果包含流镜像的流策略应用在 VLAN 上，则该 VLAN 和用于转发镜像报文的中间二层网络的 VLAN 不能相同。

【注意】一般观察端口专门用于镜像流量的转发，因此，不在上面配置其他业务，防止镜像流量与其他业务流量在观察端口上同时转发，互相影响。

在设备上应用镜像功能时，如果镜像过多，则会占用较多的设备内部转发带宽，影响其他业务转发。另外，如果镜像端口的带宽大于观察端口的带宽，例如，镜像端口的带宽是 1000Mbit/s，观察端口的带宽是 100Mbit/s，则会导致观察端口因带宽不足而不能及时转发全部的镜像报文，发生丢包现象。

15.3　网络维护

如果要保证网络各项功能正常运行，就需要对网络进行日常维护和故障处理。日常维护是预防性的、有计划的维护工作，而故障处理则是基于事件触发的维护工作。良好的日常维护习惯能够帮助网络工程师及时发现故障隐患，做到防患于未然。当设备出现异常或故障时，网络工程师需要及时、准确地收集设备运行过程中发生的事件。

15.3.1　网络维护概述

网络维护可分为两个层次：一是日常维护；二是出现故障后的故障排除，但本书仅针对网络设备的维护，不包括服务器和客户主机的维护。其中，网络维护的首要任务就是保证网络能够稳定、可靠地运行，且满足用户应用需求。

网络维护不仅是技术问题，还是管理问题，因为日常维护对操作人员的技术要求不高，但对操作的规范性要求比较高，只有这样才能确保整个网络的主要细节功能都能良好运行。通过日常维护可以得出网络在正常工作情况下的各种参数，例如，网络设备运行的系统版本、网络带宽、网络安全，从而为故障排除工作打下良好基础。

日常维护分为设备环境维护和设备软硬件维护两大部分。其中，设备环境是指设备运行的机房、供电、散热等外部环境，是设备运行的基础条件，工作人员需要亲临现场，甚至借助一些专业工具进行观察和测量。设备软硬件运行情况与设备运行的具体业务有关，网络工程师需要熟练掌握 VRP 系统常用的维护命令，工作人员可以现场操作，也可以远程操作。

日常维护工作是有计划的例行工作，因此，针对各项操作整理一份检查清单是十分必要的。不同网络设备的检查清单可以参考相应的产品文档，日常维护所需检查的项目也可以由客户自定义，但通常包括设备环境检查、设备基本信息检查、设备运行状态检查、设备接口内容检查、业务运行状态检查、软件与配置的备份等方面。

1. 设备环境检查

设备环境检查主要是检查机房的清洁、温度、湿度、电磁场、散热、照明和消防等方面。设备环境正常是保证设备正常运行的前提，但比较容易执行，通常是通过肉眼观察或借助一些常见的测量工具可以完成的。对一些关键设备，建议技术人员每天定时检查。当有故障发生时，技术人员并不会第一时间去检查设备环境。因为相比其他因素，设备环境更加稳定和不容易发生故障。

设备运行环境检查项目和方法见表 15-1。

表 15-1　设备运行环境检查项目和方法

检查项目	方法/工具	评估标准和说明
设备安装位置	观察	设备应安装在通风、干燥的环境中，而且安装位置牢固、平整，周围不得有杂物堆积。另外，设备安装位置的变化，做好相关记录，特别是关键设备的位置
机房温度	观察/温度计	不同级别的机房对机房温度的要求不同，可以参照 GB50174—2017、GB2887—2001 标准要求执行
机房湿度	观察/湿度计	不同级别的机房对机房湿度的要求不同，可以参照 GB50174—2017、GB2887—2001 标准要求执行
机房空调运行状况	观察/空调	空调可持续稳定运行，使机房的温度和湿度保持在设备规定的范围内
照明状况	观察	确保机房内照明良好，方便维护人员在夜间操作
清洁状况	观察	地面和所有设备都应干净整洁、无明显灰尘，设备的防尘网要及时清洗或更换，以免影响机柜及风扇的通风和散热
散热状况	观察	机房排气扇、设备风扇正常运转。不要在设备架上、通风口上放置杂物，还应定期清洁设备风扇、机房排气扇的防尘网
线缆布放	观察	电源线与业务线要分开布放，而且要求布放整齐、有序、固定牢靠，最好有便于查找的标识，过道地面上不应摆放线缆
接地方式及接地电阻是否符合要求	观察	要求机房的工作地、保护地、建筑防雷地分开设置。例如，因机房条件限制，也可以采用联合接地。尤其对于处于户外的设备，接地非常重要，否则容易遭雷击而损坏
供电系统是否正常	观察/电压表	要求供电系统运行稳定，直流额定电压范围为−48～60V，交流额定电压范围为 100～240V，且 UPS 工作正常
机房防电磁场干扰	磁强仪	机房内的电磁场强度不大于 800A/m
机房消防	观察/测试	机房火灾自动报警系统工作正常

2. 设备基本信息检查

设备基本信息主要是指设备运行的基本软/硬件信息，一般可以使用 VRP 系统自带的对应 **display** 命令进行检查，包括各种软/硬件版本检查、License 检查、软件包检查、补丁检查、配置文件检查、系统时间检查、设备存储空间检查和配置正确性检查等，设备基本信息检查见表 15-2。

表 15-2　设备基本信息检查

检查项目	执行命令	评估标准
设备运行的版本	display version	查看单板 PCB（印制电路板）版本号、VRP 系统和设备的软件版本号、BootROM 版本号等是否与要求相符
系统软件和配置文件	display startup	检查以下系统文件名是否正确：本次启动的系统软件文件、下次启动的系统软件文件、本次启动使用的配置文件、下次启动使用的配置文件，本次启动使用的补丁文件、下次启动使用的补丁文件等
补丁信息	display patch-information	检查补丁版本号、补丁名称、补丁状态、加载位置等基本信息是否与实际要求一致，且必须已生效

续表

检查项目	执行命令	评估标准
License 信息	display license、display license state	查看 License 文件名、版本及运行状态、有效期、控制项等内容是否符合要求，确认是否需要升级
配置的正确性	display current-configuration	查看当前生效的配置参数，验证配置的正确性
系统时间	display clock	系统时间需要与网络管理服务器的时间保持一致（误差不超过 5 分钟）
存储空间	dir、dir flash、dir slave# flash、dir cfcard、dir slave#cfcard	检查 Flash、SD 卡、CF 卡的存储空间是否够用，里面的文件是否有用，否则，在用户视图下执行 **delete/unreserved** 命令删除
信息中心	display info-center	"Information Center" 项必须为 enable
Debug 开关	display debugging	设备正常运行时，Debug 开关应全部关闭

3. 设备运行状态检查

设备运行状态检查重点关注设备硬件的运行状态，例如，板卡、电源、风扇、温度、CPU、内存等。一般设备都设置了告警灯，通常硬件故障都会导致告警灯亮，因此，通过现场观察即可发现设备的异常运行。

设备运行状态也可以通过执行相应的 **display** 命令查看，主要检查项目包括部件运行状态、告警信息、设备复位情况、CPU 状态、设备温度、内存占用率、设备温度、风扇状态、电源状态、日志信息等。设备运行状态检查见表 15-3。对于板卡、电源、风扇等部件的运行状态，应遵照厂商的相关指导进行判断，有必要时联系厂商进行指导。如果认为硬件有故障，则可以联系供应商处理。

表 15-3　设备运行状态检查

检查项目	检查方法	评估标准
部件运行状态	display device	重点关注部件在位（Online 项为 Present 表示在位）信息，以及状态信息是否正常（Status 项为 Normal 表示部件运行正常）
设备复位情况	display reset-reason、display reboot-info	通过查看复位（reset）、重启（reboot）信息（包括复位、重启时间和原因），确认无非正常复位、重启
设备温度	display temperature	各模块当前的温度应在正常工作的上下限之间
风扇状态	display fan	Present 项为 YES 表示正常
电源状态	display power	State 项为 Supply 表示正常
告警信息	display alarm all	无告警信息，如果有告警信息，则要记录，对于严重以上的告警需立即分析处理
CPU 状态	display cpu-usage	各模块的 CPU 占用率正常，如果 CPU 占用率超过 80%，则建议重点关注
内存占用率	display memory-usage	内存占用情况正常。如果内存占用率超过 60%，则建议重点关注
日志信息	display logbuffer、display trapbuffer	在缓存中没有异常信息
主用板/备用板的备份状态	display switchover state	主备板同时存在时，需要有主备板的显示状态信息，分别对应 HA FSM State（master）项和 HA FSM State（slave）项。倒换完成，设备开始正常工作后，主用板需要显示为 "readtime or routine backup"，表示正常

4. 设备接口内容检查

网络设备通过接口来交换数据报文，接口状态异常会影响网络的正常运行，因此，接口的工作状态非常重要。如果接口出现大量丢包，并且在短时间内不断增加，则通常被认为是由链路（包括物理接口）的各方面问题造成的。

接口内容主要检查的项目包括接口状态、接口错包情况、接口配置、PoE 供电等方面，接口内容检查见表 15-4。

表 15-4　接口内容检查

检查项目	检查方法	评估标准
接口状态	display interface brief	接口的二/三层协议状态是否满足规划需求，接口的收发流量是否过大（长期超过带宽的 70%）
接口错包	display interface	业务运行时，检查接口有无错包，包括 CRC 错包等
接口配置	display current-configuration interface	接口的配置项合理，例如，接口双工模式、协商模式、速率配置等
PoE 供电	display poe power-state interface interface-type interface-number	PoE 供电状态正常，仅适用于采用 PoE 供电的接口

5. 业务运行状态检查

业务运行状态主要是指各网络协议的运行状态，主要检查项目包括 MAC 地址表信息、ARP 表信息、VLAN 信息、DHCP 服务状态、OSPF 邻居状态、IS-IS 邻居状态、BGP 邻居状态、VRRP 状态、MSTP 状态等，业务运行状态检查见表 15-5。

表 15-5　业务运行状态检查

检查项目	检查方法	评估标准
MAC 地址表信息	display mac-address	MAC 地址表信息正确
ARP 表信息	display arp	ARP 表信息是否正确
VLAN 信息	display vlan	VLAN 配置信息正确
DHCP 服务	display dhcp configuration	DHCP 项为 Enable 表示 DHCP 服务已使能
路由表信息	display ip routing-table	具有到达目标地址的缺省路由或者其他精确路由。对于处于同一网络中同一层次的设备，如果运行相同的路由协议，则各设备上的路由条目应该相差不大
路由协议邻居状态	display ospf peer、display isis peer、display bgp peer	OSPF 邻居状态为 Full；IS-IS 邻居状态为 Up；BGP 邻居状态为 Established
VRRP 状态	display vrrp、display vrrp statistics	备份组中设备的 VRRP 状态不能同时为 Master
MSTP 状态	display stp brief	指定端口和根端口的 STP 状态为 FORWARDING

6. 软件与配置的备份

备份是把对应的文件传输到备份服务器或其他存储介质上，其目的是在极端情况下能快速恢复网络功能。备份方法有很多种，通常采用 FTP 或者 TFTP，通过 CLI 将相应的文件传输到服务器上。需要注意的是，文件备份与恢复都是在 FTP 或者 TFTP 客户端执行操作。备份文件的存储需要根据企业容灾等级设置而定，通常选择本地（本公司网络中的服务器）备份，也可选择异地（例如，远程的集团总部）备份。

① 配置文件的备份，建议每周照例进行，在设备的配置变更之前，也应进行配置文件的备份。

② 软件与配置（包括 License 文件）都需要备份，其目的是在极端情况下恢复网络功能。

当设备因硬件故障而无法启动，或者更换同型号的设备后，如果没有备份的配置文件，业务很难快速恢复，就会导致用户的网络应用长时间停止或用户业务数据严重丢失。软件版本也必须要有备份，以便设备的软件系统恢复或回退，但同一产品、同一版本只需要备份一次即可。

License 文件是一类特殊文件，它针对具体产品进行了设置，一旦意外丢失，则需要经过厂商的流程重新申请，而通常这个流程需要提供一些证明材料，申请周期比较长。如果有备份的 License 文件，则可以快速恢复到设备上。

15.3.2　信息中心

信息中心是设备的信息枢纽，记录了设备运行过程中各个模块产生的 Log、Trap 和 Debug 信息，信息类型见表 15-6。通过配置信息中心，对设备产生的信息按照信息类型、严重级别等进行分类或筛选，用户可以灵活地控制信息输出到不同的输出方向（例如，控制台、用户终端、日志主机等）。这样，用户或网络管理员可以从不同的方向收集设备产生的信息，方便监控设备运行状态和定位故障。

表 15-6　信息类型

信息类型	内容描述
Log	Log 主要记录用户操作、系统故障、系统安全等信息，包括用户日志、安全日志和诊断日志。 • 用户日志：记录用户操作和系统运行信息。 • 安全日志：记录包含账号管理、协议、防攻击和状态等内容。 • 诊断日志：记录协助进行问题定位的信息
Trap	Trap 是系统检测到故障而产生的通知，主要记录故障等系统状态信息。 这类信息不同于 Log，其最大的特点是需要及时通知、提醒管理用户和对时间敏感
Debug	Debug 是系统对设备内部运行的信息的输出，主要用于跟踪设备内部运行的轨迹。 只有在设备上打开相应模块的调试开关，设备才能产生 Debug 信息

1. 信息的分级

当设备产生的信息较多时，用户难以分辨哪些是设备正常运转的信息，哪些是出现故障时产生的，并需要处理的信息。如果对信息进行分级，用户就可以根据信息的级别进行粗略判断，及时采取措施，屏蔽不需要处理的信息。

根据信息的严重等级或紧急程度，信息被分为 8 个等级，信息的分级见表 15-7，其显示值越小，信息级别越高。

表 15-7　信息的分级

显示值	严重等级	描述
0	Emergencies（紧急）	设备有致命的异常，系统已经无法恢复正常，必须重启设备或修复。例如，程序异常导致设备重启和内存的使用被检测出错误等
1	Alert（警报）	设备有重大的异常，需立即采取措施。例如，设备内存占用率达到极限等

显示值	严重等级	描述
2	Critical（严重）	设备有异常，需要采取措施进行处理或原因分析。例如，设备内存占用率低于下限阈值和 BFD 探测出设备不可达等
3	Error（错误）	设备有操作错误或异常流程，不会影响后续业务，但是需要关注并分析原因。例如，用户的错误指令、用户密码错误和检测出错误协议报文等
4	Warning（告警）	设备运转有异常，可能引起业务故障，需要引起注意。例如，用户关闭路由进程、BFD 探测的一次报文丢失和检测出错误协议报文等
5	Notification（通知）	设备正常运转的关键操作信息。例如，接口 shutdown、邻居发现和协议状态机的正常跳转等
6	Informational（信息）	设备正常运转的一般性操作信息。例如，用户使用 display 命令等
7	Debugging（调试）	设备正常运转的一般性信息，用户不需要关注

2. 信息的输出

设备产生的信息可以向远程终端、控制台、Log 缓冲区、日志文件、SNMP 代理等方向输出。为了便于对各个方向信息的输出控制，信息中心定义了 10 条信息通道，通道之间独立输出，互不影响。缺省情况下，0～5 号通道已配置了通道名，且有缺省的信息输出方向（9 号通道也有缺省的信息输出方向），缺省的信息传输通道与输出方向的对应关系如图 15-11 所示。

用户可以根据自己的需要配置信息的输出规则，控制不同类别、不同等级的信息从不同的信息通道输出到不同的输出方向。缺省情况下，Log、Trap 和 Debug 信息从缺省的信息通道输出。用户可以根据需要更改信息通道的名称，也可以更改信息通道与输出方向之间的对应关系。例如，用户配置通道 6 的名称为 user1，

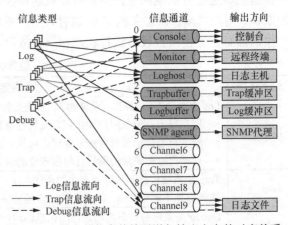

图 15-11　缺省的信息传输通道与输出方向的对应关系

发往日志主机的信息使用通道 6，则发往日志主机的信息都会从通道 6 输出，不再从通道 2 输出。信息输出通道与输出方向、信息类型的缺省对应关系见表 15-8。

表 15-8　信息输出通道与输出方向、信息类型的缺省对应关系

通道号	缺省通道名	缺省输出方向	缺省对应的信息类型
0	Console	控制台	控制台，即通过 Console 口登录设备的方式，可以接收 Log 信息、Trap 信息、Debug 信息
1	Monitor	远程终端	远程终端，即通过 VTY 登录设备的方式，可以接收 Log 信息、Trap 信息、Debug 信息，方便远程维护
2	Loghost	日志主机	日志主机，可以接收 Log 信息、Trap 信息、Debug 信息。信息在日志主机上以文件形式保存，供随时查看
3	Trapbuffer	Trap 缓冲区	Trap 缓冲区，可以接收 Trap 信息
4	Logbuffer	Log 缓冲区	Log 缓冲区，可以接收 Log 信息

续表

通道号	缺省通道名	缺省输出方向	缺省对应的信息类型
5	SNMPagent	SNMP 代理	SNMP 代理，可以接收 Trap 信息
6	Channel6	未指定	保留，可由用户指定输出方向
7	Channel7	未指定	保留，可由用户指定输出方向
8	Channel8	未指定	保留，可由用户指定输出方向
9	Channel9	日志文件	日志文件，可以接收 Log、Trap、Debug 信息

3. 信息的过滤

为了使信息的输出控制更灵活，信息中心提供了信息过滤的功能。设备正常运行后，各模块在业务处理时都会上报信息。当用户希望过滤某些不需要关注的业务模块/级别的信息时，可以配置信息在信息通道中的过滤功能。

信息中心通过信息过滤表实现信息在通道中的过滤。信息过滤表是根据信息的分类、分级和来源进行过滤的。信息过滤表记录的内容包括信息模块号、Log 信息输出开关状态、Log 信息输出过滤级别、Trap 信息输出开关状态、Trap 信息输出过滤级别、Debug 信息输出开关状态和 Debug 信息输出过滤级别。

Log 信息格式如图 15-12 所示，Log 信息格式中各字段的含义见表 15-9。

```
<int_16>Time Stamp  TimeZone HostName %% dd ModuleName/ Serverity/ Brief (1) [DDD]:Description
    1         2           3          4    5  6       7            8        9   10    11          12
```

1	2	3	4	5	6	7	8	9	10	11	12
前导符	时间戳	时区	主机名	华为标识	版本号	模块名	日志分级	信息摘要	日志标识	流水号	详细信息

图 15-12　Log 信息格式

表 15-9　Log 信息格式中各字段的含义

字段	字段含义	说明
\<int_16>	前导符	在向日志主机发送信息的时候添加前导符，在设备本地保存信息时不加前导符
TimeStamp	时间戳，信息输出的时间	时间戳有以下 4 种格式可供选择。 • boot 型：指定时间戳采用相对时间类型，即系统启动后经过的时间。格式是 xxxxxx.yyyyyy，xxxxxx 为系统启动后经过时间的毫秒数高 32 位，yyyyyy 为低 32 位。 • date 型：指定时间戳采用系统当前日期和时间。中文环境下为 yyyy/mm/dd hh:mm:ss；英文环境下为 mm dd yyyy hh:mm:ss。 • short-date 型：指定时间戳采用短日期格式。这种格式的时间戳与 date 型的时间戳基本相同，唯一区别是短日期格式取消了年份的显示。 • format-date 型：按照年、月、日、时、分、秒的格式显示：YYYY-MM-DD hh:mm:ss。 Log 信息缺省采用 date 型时间戳
TimeZone	本地时区信息	此信息与 display clock 显示信息中的 "Time Zone" 字段一致
HostName	主机名	—

续表

字段	字段含义	说明
%%	华为公司的标识	标识该 Log 信息是由华为公司的产品输出的
dd	版本号	标识该 Log 信息格式的版本
ModuleName	模块名	向信息中心输出信息的模块名称
Serverity	日志的级别	Log 信息的级别
Brief	信息摘要	Log 信息的简要解释
(1)	信息的类别	信息的类型如下。 • l：Log 信息。 • S：安全日志信息。 • D：诊断日志信息
[DDD]	日志流水号	缺省情况下，日志信息可以向控制台、Log 缓冲区、日志文件和 VTY 终端发送。在 Log 缓冲区中，该值大小取决于 Log 缓冲区的大小。例如，Log 缓冲区的大小为 100，则日志流水号的取值范围是 0～99
Description	详细信息	Log 信息的具体内容

Trap 信息格式如图 15-13 所示，Trap 信息格式中各字段的含义见表 15-10。

```
#Time Stamp    TimeZone  HostName   ModuleName/ Serverity/ Brief :Description
1          2           3          4          5            6            7      8

信         时          时         主         模           告           信      详
息         间          区         机         块           警           息      细
类         戳                     名         名           分           摘      信
别                                                        级           要      息
```

图 15-13　Trap 信息格式

表 15-10　Trap 信息格式中各字段的含义

字段	字段含义	说明
#	信息类型	"#" 表示为告警信息，仅在 Trap 缓冲区中存在
TimeStamp	时间戳，信息输出的时间	时间戳的格式与 Log 信息格式中的时间戳格式一样，参见表 15-9 中的说明。 Trap 信息缺省采用 date 型时间戳
TimeZone	本地时区信息	此信息与 display clock 显示信息中的 "Time Zone" 字段一致
HostName	主机名	主机名与模块名之间用一个空格隔开
ModuleName	模块名	向信息中心输出信息的模块名称
Serverity	严重级别	Trap 信息的级别
Brief	简要描述	Trap 信息的简要解释
Description	描述信息	Trap 信息的具体内容

4. 信息中心的常见配置

信息中心常见的功能配置见表 15-11。因为缺省情况下，信息中心功能、终端显示、终端日志、终端 Debug 功能均处于使能状态，而且多数信息通道有缺省配置，所以一般情况下，不需要任何额外的配置，即可使用信息中心的常见功能。

表 15-11 信息中心常见的功能配置

步骤	命令	说明
1	**system-view**	进入系统视图
2	**info-center enable** 例如，[HUAWEI] **info-center enable**	使能信息中心功能。 缺省情况下，信息中心功能处于使能状态，可用 **undo info-center enable** 或 **info-center disable** 命令用来去使能信息中心功能
3	**info-center channel** *channel-number* **name** *channel-name* 例如，[HUAWEI] **info-center channel 0 name** execconsole	（可选）为指定编号的信息通道命名。 • *channel-number*：指定通道编号，整数形式，取值范围是 0～9。 • *channel-name*：指定通道名称，字符串形式，不区分大小写，长度范围是 1～30 个字符，**只能由字母或数字组成，并且首字符只能为字母**。 缺省情况下，各信息通道的名称参见表 15-8，可用 **undo info-center channel** *channel-number* 命令恢复指定编号信息通道的名称
4	**info-center filter-id** { *id* | **bymodule-alias** *modname alias* } [**bytime** *interval* | **bynumber** *number*] 例如，[HUAWEI] **info-center filter-id 40391010**	（可选）配置对指定的 Log 或 Trap 信息进行过滤的功能。 • *id*：二选一参数，指定需要过滤的 Log 或 Trap 信息对应的 ID 信息，十六进制的数值形式，长度是 8。 • **bymodule-alias** *modname alias*：二选一参数，指定需要过滤的 Log 或 Trap 信息对应的模块名称和助记符名称，枚举值类型，根据设备的实际配置情况选取。 • **bytime** *interval*：二选一可选参数，指定间隔时间，即两条允许发送日志之间的时间间隔，整数形式，取值范围是 1～86400，单位是 s。 • **bynumber** *number*：二选一可选参数，指定丢弃日志数目，两条允许发送日志之间的丢弃报文数目，整数形式，取值范围是 1～1000。 缺省情况下，不对任何 Log 或 Trap 信息进行过滤，可用 **undo info-center filter-id** { *id* | **bymodule-alias** *modname alias* } [**bytime** *interval* | **bynumber** *number*] 命令取消对指定的 Log 或 Trap 信息进行过滤的功能
5	**info-center logbuffer** 例如，[HUAWEI] **info-center logbuffer**	（可选）使能 Log 信息向 Log 缓冲区的发送功能。 缺省情况下，Log 信息向 Log 缓冲区的发送功能处于使能状态，可用 **undo info-center logbuffer** 命令去使能 Log 信息向 Log 缓冲区的发送功能
6	**info-center loghost** *ip-address* [**channel** { *channel-number* | *channel-name* } | **facility** *local-number* | **language** *language-name* | { **source-ip** *source-ip-address* } | **transport** { **udp** | **tcp ssl-policy** *policy-name* }][*] 例如，[HUAWEI] **info-center loghost 10.1.1.1 channel** channel6	（可选）配置向日志主机输出信息。 • *ip-address*：指定日志主机的 IPv4 地址。 • **channel** { *channel-number* | *channel-name* }：可多选可选参数，指定向日志主机发送信息所使用的信息通道编号或名称。 • **facility** *local-number*：可多选可选参数，指定设置日志主机的记录工具，取值范围是 local0～local7。缺省值是 local7。 • **language** *language-name*：可多选可选参数，指定信息输出到日志主机所显示的语言模式，枚举值类型，取值为 English

步骤	命令	说明
6	**info-center loghost** *ip-address* [**channel** { *channel-number* | *channel-name* } | **facility** *local-number* | **language** *language-name* | { **source-ip** *source-ip-address* } | **transport** { **udp** | **tcp ssl-policy** *policy-name* }] 例如，[HUAWEI] **info-center loghost** 10.1.1.1 **channel** channel6	• **source-ip** *source-ip-address*：指定向日志主机发送信息的源接口地址。 • **transport** { **udp** | **tcp ssl-policy** *policy-name* }：可多选可选参数，指定信息的传输方式是 UDP 或 TCP 方式，如果是 TCP 方式，则可指定所用的 SSL 策略名称
7	**info-center** { **console** | **logbuffer** | **logfile** | **monitor** | **snmp** | **trapbuffer** } **channel** { *channel-number* | *channel-name* } 例如，HUAWEI] **info-center monitor channel** monitor	（可选）配置信息输出时所使用的信息通道，{ **console** | **logbuffer** | **logfile** | **monitor** | **snmp** | **trapbuffer** }分别用来指定向控制台、Log 缓冲区、日志文件、用户终端、SNMP 代理和 Trap 缓冲区输出信息
8	**quit**	返回到用户视图
9	**terminal monitor** 例如，<HUAWEI> **terminal monitor**	（可选）使能终端显示信息中心发送信息的功能。 缺省情况下，用户终端显示功能处于未使能状态，可用 **undo terminal monitor** 命令去使能终端显示信息中心发送信息的功能
10	**terminal logging** 例如，<HUAWEI> **terminal logging**	（可选）使能终端显示 Log 信息功能。 缺省情况下，终端显示 Log 信息功能处于使能状态，可用 **undo terminal logging** 命令去使能终端显示 Log 信息功能
11	**terminal debugging** 例如，<HUAWEI> **terminal debugging**	（可选）使能终端显示 Debug 信息功能。 缺省情况下，终端显示 Debug 信息功能处于未使能状态，可用 **undo terminal debugging** 命令去使能终端显示 Debug 信息功能

完成信息中心配置后，可通过以下 **display** 或 **reset** 命令进行管理。

① **display logbuffer** [**size** *size* \| **slot** *slot-id* \| **module** *module-name* \| **security** \| **level** { *severity* \| *level* }][*]：查看 Log 缓冲区记录的信息。

② **display logfile** *file-name* [*offset* \| **hex**][*]：查看日志文件信息。

③ **display trapbuffer** [**size** *value* \| **slot** *slot-id* \| **module** *module-name* \| **level** { *severity* \| *level* }][*]：查看信息中心 Trap 缓冲区记录的信息。

④ **display info-center**：查看信息中心输出方向的配置信息。

⑤ **reset info-center statistics**：清除各模块的信息统计数据。

⑥ **reset logbuffer**：清除 Log 缓冲区中的日志信息。

⑦ **reset trapbuffer**：清除 Trap 缓冲区中的信息。

15.3.3 其他信息收集工具

除了使用信息中心收集信息，还可使用系统自带的报文捕获 **capture-packet** 命令和流量统计 **statistic enable** 命令对信息进行收集和统计。

1. 捕获报文

当设备的业务流量出现异常，例如，流量状态与流量类型不符时，可以使用报文捕获功能抓取业务报文并进行分析，以便及时处理非法报文，保证网络数据的正常传输。

报文捕获功能可在系统视图下执行 **capture-packet** { **interface** *interface-type interface-number* | **acl** *acl-number* } * [**vlan** *vlan-id* | **cvlan** *cvlan-id*] * **destination** { **file** *file-name* | **terminal** } * [**car cir** *car-value* | **time-out** *time-out-value* | **packet-num** *number* | **packet-len** *length*] *命令，捕获符合指定规则的业务报文，**capture-packet** 命令参数说明见表 15-12。

表 15-12　**capture-packet** 命令参数说明

参数	参数说明	取值
interface *interface-type interface-number*	捕获指定接口的报文	—
acl *acl-number*	捕获匹配指定 ACL 的报文	整数形式，取值范围是 2000～5999
vlan *vlan-id*	捕获指定 VLAN 的报文	整数形式，取值范围是 1～4094
cvlan *cvlan-id*	捕获指定内层 VLAN 的报文	整数形式，取值范围是 1～4094
destination	捕获的报文上送目的地	—
file *file-name*	将捕获的报文保存在指定的文件里，文件名必须为 *.cap 格式	字符串形式，长度范围是 5～63
terminal	将捕获的报文传送到终端显示	—
car cir *car-value*	捕获报文的速率	整数形式，取值范围是 8～256，单位为 kbit/s。缺省情况下，速率是 64kbit/s
time-out *time-out-value*	捕获报文的超时时间，超时后自动关闭	整数形式，取值范围是 1～300，单位为 s。缺省情况下，超时时间为 60s
packet-num *number*	捕获报文的数量，捕获指定数量的报文后自动关闭	整数形式，取值范围是 1～1000。缺省情况下，捕获报文的数量为 100 个
packet-len *length*	捕获报文的长度	整数形式，取值范围是 20～64，单位为 bit/s。缺省情况下，默认显示为 64bit/s

2. 流量统计

流量统计功能可以帮助用户了解应用流量策略后通过或者被丢弃的流量情况，由此分析和判断流策略的应用是否合理，也有助于进行相关业务的故障诊断与排查。

流量统计功能是通过流策略配置实现的，先配置要进行统计的流量的流分类，然后配置 **statistic enable** 命令的流行为，最后创建流策略，并在要进行流量统计的接口出/入方向上应用该流策略。有关流策略的配置方法参见第 5 章 5.5 节。

15.4　网络故障排除

网络故障是指由于某种原因而使网络失去规定功能，并影响业务运行的现象。网络故障涉及的范围非常广泛，可以是用户终端的，也可以是网络设备的，还可以是网络线路的，在此我们主要针对网络设备和线路的故障排除方法进行介绍。

出现网络故障后系统的表现也是多种多样，例如，系统告警、网络不通、丢包、错包、业务中断、协议震荡、网络环路等。网络故障可以按照可能引发故障的原因进行分类，例如，硬件类（设备自身问题）、性能类（设备性能问题）、软件类（软件包问题）、配置类（功能配置问题）、线路类（网络线路问题）、对接类（接口与传输介质连接问题）等。

网络故障现象及分类见表 15-13，√ 表示对应类故障可能引发对应的故障现象。在出现网络故障时，可以根据故障现象与故障分类的关联关系，有针对性地逐一排查，以提高故障排除效率。

表 15-13   网络故障现象及分类

现象 / 分类	系统告警	网络环路	业务不通	业务中断	业务瞬断	丢包	协议异常	协议震荡	路由异常
硬件类	✓			✓		✓			
性能类	✓			✓	✓	✓	✓	✓	✓
软件类			✓				✓		✓
配置类		✓	✓	✓			✓		✓
线路类			✓	✓	✓	✓	✓	✓	✓
对接类		✓	✓				✓		
其他	✓		✓	✓	✓	✓			

15.4.1   排除网络故障的基本流程

排除网络故障必须遵循一定的排除思路和流程，否则很难实现高效、精准的故障排除。排除网络故障的基本流程如图 15-14 所示。

1. 报告故障

故障报告记录见表 15-14。在一般情况下，网络故障的第一感知人并非网络维护人员，而是其他业务相关部门人员。网络工程师经常会接到各种求助电话，报告无法上网、网页无法打开、访问不了服务器等故障。网络工程师在接到故障报告后，要主动与报告人员沟通，并按表 15-14 的要求登记和记录。

2. 确认故障

在了解基本的网络故障信息后，网络工程师需要对网络故障进行详细分析，从以下 3 个方面对故障进行确认，尽可能做好一份《故障确认报告》。

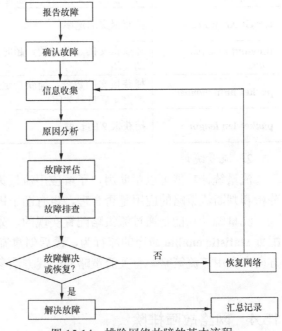

图 15-14   排除网络故障的基本流程

表 15-14   故障报告记录

记录项目	记录内容
故障报告者	包括姓名、所在部门、职位级别、主要工作、使用计算机的位置
故障现象描述	网络接入方式（有线或无线）、发现故障的时间、详细的故障现象
故障频率	故障是突发的、偶尔的或频繁的
用户操作	出现故障前后，用户对自己的终端做了哪些操作，例如，是否更改了 IP 地址、DNS 服务器，是否安装了桌面防火墙软件或安全控制软件等

①　故障的表现：出现故障时的现象是什么？

②　故障的时间：用户是在什么时间发现的故障？或者经分析后推测的故障出现的真实时间。

③　故障的主体：哪个网络业务出现了故障？

有的网络故障影响的网络业务比较单一，例如，DHCP 服务器配置不当，则只会影响客户端的 IP 地址分配；有的网络故障影响的网络业务比较多，例如，路由协议配置不当，网络线路有问题，可能使全网或部分区域的所有业务都受到影响。网络工程师需要根据故障现象初步分析，为后续的故障原因查找提供依据。

④　故障的位置：哪个网络组件出现了故障？

根据故障现象确定受影响的是哪条线路、哪个区域、哪个 VLAN，是内网连接，还是仅外网连接受影响，这样可以把故障位置进一步锁定。

最后确认该故障是否属于自己的负责范围，如果不属于自己的负责范围，则通知负责该范围的同事。

3. 信息收集

如果所发生的网络故障比较简单，则可能很快确定故障原因并进行排除。但有时故障原因可能比较复杂，不能快速判定出具体的故障原因和位置，此时为了精准、快速地排除网络故障，就需要收集与故障现象相关的网络组件信息，例如，相关文档、往期同类故障报告、网络变更情况。收集信息的方法可以使用设备操作系统自身的操作命令、抓包工具软件、网管软件等。

【注意】有些收集信息的操作，例如，对设备执行 **debug** 命令打开某功能模块的调试开关，可能会导致设备的 CPU 占用率过高，严重情况下，甚至会使设备停止响应用户的操作指令，从而引发新的网络故障。因此，在收集信息的时候应评估这些风险，平衡引入新故障的风险与解决现有故障的紧迫性之间的关系，并明确告知用户这些风险，由用户决定是否进行风险较大的信息收集工作。

4. 原因分析

相关信息收集完成后，需要对收集的信息进行分析处理，即通过对故障信息、以往维护信息、变更信息的汇总，结合个人经验和团队经验综合的故障原因判断和分析，得到可能导致网络故障的原因列表。同时根据表 15-13，排除最不可能的故障原因，从而缩小故障排查范围。

5. 故障评估

在正式进行故障排除前，还可能需要进行故障评估工作。在此阶段可能需要搭建临时网络环境。对复杂的网络故障，如果经过评估认为短时间内无法排除故障，而用户又需要马上恢复网络的吸入性，这时可能需要临时跳过故障节点，搭建替代的网络环境。

在搭建临时网络环境时，应充分考虑到解决问题的迫切性与绕过某些安全限制措施的危险性，应与用户进行充分沟通，并在得到许可的情况下执行。

6. 故障排查

根据前面得出的故障原因列表，对可能的故障原因逐一排查，通常是对最容易发现的物理故障进行排除，例如，网线松动、网线掉落、设备断电或死机等。

如果不是明显的物理故障，则需要根据故障原因进行列表分析，对可能的故障原因逐一排查。在此阶段，同样需要平衡解决问题的迫切性与引入新故障的风险之间的矛盾。应该明确告知用户排查工作可能带来的风险，并在得到许可的情况下执行相关操作。

有些情况下，通过逐一排查的过程涉及网络变更，这时必须做好完善的应急预案和回退准备。如果在排查过程中，故障现象并没有消失，则需要对以前所做的网络更改进行恢复，然后重新进行故障信息收集、故障原因分析。

7. 解决故障

如果通过逐一排查工作找到了故障的根本原因，并排除了故障，这时故障排除流程就结束了。在复杂的网络环境中，故障现象消失后仍需要观察一段时间，一方面确认用户报告的故障已得到了解决，另一方面确认故障排除过程中没有引入新的故障。

8. 汇总记录

排除网络故障后，网络工程师必须对本次故障排除过程进行汇总分析，并将汇总分析记录存档。同时，需要对之前故障排除流程中所有进行变更的配置和软件进行备份。另外，为了避免发生同类故障现象，还可以向用户提出改进建议。

15.4.2 网络故障排除方法

进行网络故障排除需要根据不同的故障现象采用最为适用的排除方法，而不是所有故障都按照同一方法进行排除。常用的故障排除方法有以下 5 种。

1. 观察法

对于物理故障，可通过观察设备指示灯颜色、状态、设备气味快速进行排除，通常这是我们进行网络故障排除时采用的第一个方法。例如，接口指示灯不亮（可能是接口损坏、网线松动或网线断路）、接口指示灯长时间不停闪烁（可能是协商问题，也可能有环路，短时间的不停闪烁可能是正常状态）、功能指示灯（例如，交换机堆叠指示灯、模式指示灯）不亮或呈红色或其他色，或者设备电源指示灯不亮、机内有焦味（可能是设备风扇、CPU 风扇工作不正常，导致机内温度过高）。

2. 分层处理法

根据表 15-13 分析可知，如果导致该故障可能的原因较多，而且涉及多个网络体系结构层次，则建议采用分层处理法，即按照 TCP/IP 体系结构由低到高逐层排查。因为所有模型都遵循相同的基本前提，即当模型的所有低层结构正常工作时，它的高层结构才能正常工作。

首先检查物理层中的接口状态、线缆及接口等是否正常，然后检查数据链路层的数据封装是否正确，接口的链路层协议是否 Up，二层寻址是否正常，再检查网络层中是否有对应的路由，路由协议工作是否正常、安全认证配置是否正确等。最后检查传输层的 TCP 连接是否正常建立，TCP、UDP 端口是否打开等。

3. 分段处理法

数据包转发过程中可能要经过多台设备、多段物理链路或多个网络。每段物理链路的连接都有可能发生故障，采用分段处理法有时也是有效的。这时如果条件允许的话，则建议根据分析的结果，对怀疑有问题的部分，使用网络搭建临时模拟环境，把网络中当前的配置在模拟器中进行相同配置，这样就不会对现有网络造成影响。

如果用户不能访问某服务器，则可以按照正常情况下的数据包转发路径，逐个设备查看所需的路由表项，也可以从源端对路径中的每个网络采用 **ping** 或 **tracert** 命令进行测试。当发现路径不通时，检查该段路径中的相关配置、接口/协议状态、线路连接等。当条件具备时，也可以在 **ping** 或 **tracert** 命令测试时进行抓包分析。

4. 替换法

替换法是检查硬件问题最常用的方法之一。如果发现设备配置没问题，则很有可能是网络硬件设施（例如，网线）的问题。如果怀疑是网线原因，更换一根确定是完好的网线测试；如果怀疑是接口模块有问题，则尝试更换一个其他接口模块，或者把上游设备的接口连接到另一台同层次的设备上。

5. 对比法

这里所说的对比法是对比配置，比对正常情况下和故障状态下的配置文件、软件版本、硬件型号等内容，检查二者之间的差异。如果该故障现象确认是配置问题，且涉及的配置项比较多，逐项去排查的难度较大，此时可在用户视图下通过 **compare configuration** [*configuration-file* [*current-line-number save-line-number*]]命令对当前配置文件与正确的配置文件进行比较。

15.5 网络割接

网络割接就是对正在运行的网络，在不影响当前网络业务的运行情况下进行升级、改造或迁移，通常也称为网络迁移。

网络割接的常见场景包括网络扩容，新增一些设备；网络改造，对现有网络进行升级改造，可能涉及网络结构的调整，包括物理结构或逻辑结构的调整；设备替换，将原有老设备升级为新设备，或者更换为其他厂商的设备，或者用其他类型的设备替代；配置变更，在不改变网络物理拓扑结构的情况下，对设备配置进行变更，可能对正在运行的业务产生影响；线路切换，把原有较窄带宽的 Inernet 接入线路替换带宽更高的接入线路，或者是把内网某个部门的网络线路进行全面替换。

15.5.1 网络割接的基本流程

通常，业务运行网络要求 24 小时不间断，而割接一般都是对正在使用的线路、设备进行操作，网络割接将会直接影响其承载的业务运行，极易造成业务应用的中断。如何制定最完善的割接方案、执行最完美的割接流程，以规避割接中的风险、减少乃至消除对业务系统的影响，都是在割接前需要详细考虑的事情。

网络割接是一个相对难度较高的工作，尤其是在应对电信运营商、金融、政府或者大型企业的核心网络进行割接时，每个割接动作都需要非常谨慎，否则，如果操作失败，则会造成的影响可能是非常重大的。因此，网络割接，对专业工程师的技术、技能和经验等都提出了一定的要求。

在实施割接项目前，先要拟定好整个割接操作的基本流程，通常分为前期准备、割接实施和割接收尾 3 个阶段，每个阶段又分为许多具体的工作流程，项目割接的基本流程如图 15-15 所示。在割接工作中，应坚持以用户正常工作为先的原则，在保障公司通信设备正常工作的前提下进行割接。

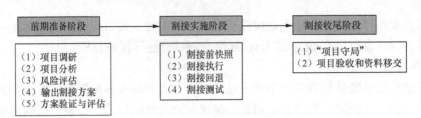

图 15-15　项目割接的基本流程

15.5.2　前期准备阶段

前期准备工作非常重要，否则，在割接中可能会遇到很多意想不到的问题，最终导致割接失败，甚至无法回退到割接前的状态。

在前期准备阶段需要做的工作比较多，包括项目调研、项目分析、风险评估，输出割接方案。最后还要对确认的割接方案进行验证、评审，通过后才可进入下一阶段——割接实施。

1．项目调研

项目调研阶段在整个网络割接过程中非常重要，如果前期准备不妥当、不全面，则很可能导致后面的割接实施工作无法顺利展开，最终导致割接失败，甚至网络不能恢复。

项目调研阶段要做的主要工作非常多，非常详细，主要包括人员通知与协调、配件和工具准备、网络权限准备、信息采集、业务模型分析和现网硬件环境观察等。当然，具体割接方案需要准的事项可能存在较大不同，对于比较简单的割接方案，可以适当从简。

（1）人员通知与协调

本项工作包含通知割接涉及的单位、部门。如果需要有配合人员，则要确定各人员（包括甲方、乙方，还可能有监理方）的职责、各阶段工作开始/结束的时间，以及人员联系方式等。协调业务受影响的部门该怎样配合，通知相应厂商的技术支持人员在应急情况下的解决方案等。

（2）配件和工具准备

本项工作主要是准备割接使用的板卡、光纤、网线等备件和工具。割接工具包括设备起降工具、网线测试仪、网络测试仪、光功率计、静电手镯、光纤熔接机、光时域反射仪（Optical Time-Domain Reflectometer，OTDR）、静电袋、Console 线、照明设备，以及网络调试和监控工具等。对于涉及需要架放线缆的割接，应该提前将需要的线缆放置好，并且测试无误。

（3）网络权限准备

在进行网络割接时，可能需要用到一些特权，这时就需要提前取得设备的控制权限，如果有 AAA 进行认证管理，则需要提前设置本地管理员账号，以备在与 AAA 服务器不可达的情况下仍然可以获得足够的权限。对于远程操作网络设备割接，需要确定好该设备本地 Console（控制台）的访问方式，防止一旦出现故障或者误操作，导致该设备脱网。

（4）信息采集

割接前的信息采集包括静态信息采取和动态信息采集两个方面。其中，静态信息采集包括详细拓扑信息、设备类型、设备配置、设备版本、License、接口类型等；动态信息采集包括网络流量、带宽信息、协议状态、协议表项、时延/抖动、丢包率等。这些静态/动态信息可用于分析网络情况，以及割接前后网络情况的对比分析，判断割接前后业务是否正常。

（5）业务模型分析

业务模型分析是对客户的业务流量走向、业务流量大小进行观察和分析，包括流量走向的变化和链路流量的大小，可用于割接前后的对比。

（6）现网硬件环境观察

在调研的最后阶段，还需要对网络的环境进行观察，主要包括光纤接口对应关系、光纤配线架（Optical Distribution Frame，ODF）位置、接口标识，同时要对相应接口的对应关系进行记录。ODF 主要应用于骨干网、城域网及接入光纤网络，具有主干光缆的连接、成端、分配、分光和调度功能。

2. 项目分析

完成对割接项目的调研之后，需要对照网络现有配置和状态，对客户的需求进行分析、梳理，分析客户对割接前后网络需求的变化，例如，拓扑结构、接入方式、链路带宽、新业务承载能力、设备性能、网络可靠性等，并以《客户需求分析表》进行逐一记录。

3. 风险评估

根据项目调研、需求分析结果，以及割接方案的框架进行割接风险分析与评估，针对可能出现的风险项目提前制定应对措施，并将对应的风险项目所需采取的措施向责任人进行确认。风险评估需要涉及的技术人员参与讨论，将各个风险的责任人明确到具体的技术人员。

4. 输出割接方案

根据调研结果、项目分析结果、技术人员风险评估编写相应的割接方案。在割接方案中需要将前期准备、割接实施和割接收尾这 3 个阶段的详细工序、操作方法进行明确。

（1）前期准备

在前期准备部分中，要详细描述项目背景、现网概述、割接目标、人员配备和分工、风险评估等方面。

（2）割接实施

在割接实施部分中，要详细描述割接准备工作、割接实施步骤和方法、业务测试、回退和应急预案。割接实施步骤的划分应遵循"对现有网络的影响由小到大"的顺序进行。例如，要新增一台设备，第一步要做的不是把新增设备连接在现有网络，而是先独立完成新增设备的相关硬件和软件配置。因为还没有连接其他设备，所以相应的配置不会对现有网络造成任何影响。第二步是把要与新增设备相连接的相邻设备进行相应的配置，因为相关接口上还没有连接新设备，所以相关接口的配置也不会生效，也不会对现有网络造成影响。最后一步才是把新增设备与这些相邻设备通过线缆相连接，使新设备与相邻设备之间的配置正常工作。

对于每步操作（例如，旧设备下架、新设备上架、新设备配置、状态检查和业务调试等）的开始/完成时间，所要采用的工具、配件、设备、配置更改操作方法（要细化到具体的命令行），完成后的确认和异常信息记录，以及回退应急预案（需要细化到回退、应急预案的每步操作）等都要具体化，而且要责任到人。建议画出完整的新、旧拓扑结构图，以及更改部分的局部拓扑结构图，并对更改的位置和主要内容进行明确标识。

（3）割接收尾

在割接收尾部分中，要详细描述现场"项目守局"（项目完成后对割接后的效果的观察）的人员/时间安排，项目完成后的资料移交和项目验收流程。

5. 方案验证与评审

对于比较大型或风险较高的割接项目，输出的割接方案还应报建设单位主管部门审批后方可实施，主管部门最好能组织相关部门的人员对割接方案进行严格会审。

15.5.3　割接实施阶段

割接实施阶段又分为割接前快照、割接执行、割接回退、割接测试和检查等重要环节。另外，网络割接应避开业务高峰时段，选择系统负荷较轻时进行，建议一般的系统在 0:00～4:00 进行割接，并要尽可能地缩短割接持续时间。在割接过程中，原则上原有线路不得拆除，为回退做好准备，割接成功后，原有线路方可拆除。

1. 割接前快照

割接前快照是在正式实施割接前，对现网配置、数据进行一次备份或采集，例如，对配置文件进行备份，对端口状态、流量收发（端口收/发速率、错包率等）、路由协议状态（多少个协议邻居、多少条协议路由）、STP 状态（各端口的角色和工作状态）、MAC 地址表项和 ARP 表项等数据进行采集，其目的是在割接完成后，或因割接失败而回退后，对比业务是否工作正常。

2. 割接执行

割接执行阶段，割接人员要按照提前准备好的割接步骤严格执行，如果遇到特殊原因需要更改实施步骤或方法，则需经相关负责人确认。在割接过程中，每步操作均需记录实际操作的起始/结束时间点、执行的动作和执行的结果。如果有异常，则要及时记录异常现象，并根据割接方案中规划的应急预案进行操作，及时报告给相关负责人。

3. 割接回退

如果发现某步骤不能完成，或者中途出现异常故障且无法在预定的时间内恢复，则需要按照割接方案中规划的回退方法进行回退操作。具体的回退范围可以根据实际情况，与客户协商，具体选择部分退回还是全部退回。

4. 割接测试

割接完成后，为了验证割接是否成功，还需要对整体的网络状态和业务运行状态测试。网络状态测试是对割接后现网的状态数据再进行一次采集，与割接前的快照数据进行对比，查看是否更优。业务运行状态可以通过 **ping**、**tracert** 或者第三方网管工具软件测试网络的连通性、时延、抖动等参数是否符合客户需求，客户端应用是否正常。

15.5.4　割接收尾阶段

通过前面割接完成后的测试，验证割接成功后，还不是割接项目最后的完成阶段，一方面，还需对完成割接后的网络和业务运行状态进行一段时间（具体时间长短需事先与客户协商好）的继续观察，称为"项目守局"，只要在这段时间内仍能继续工作正常，才算割接项目真正完成。

另一方面，完成割接项目而且在"项目守局"期间，网络/业务工作正常后，项目负责人还需整理整个项目所涉及的资料和文档，向客户进行移交，客户对割接项目做最后验收。必要时，还要对客户的相关工作人员针对割接后网络的特点、新添加的设备、操作注意事项等进行必要的培训。